배 · 만들기의 · 모든 · 것

조선 기술

조선 기술

배 만들기의 모든 것

초판 1쇄 발행일 2011년 12월 30일

초판 7쇄 발행일 2023년 8월 10일

엮은이 대한조선학회
펴낸이 이원중

펴낸곳 지성사 출판등록일 1993년 12월 9일 등록번호 제10-916호
주소 (03458) 서울시 은평구 진흥로 68, 2층
전화 (02) 335-5494 팩스 (02) 335-5496
홈페이지 www.jisungsa.co.kr 이메일 jisungsa@hanmail.net

ISBN 978-89-7889-250-6 (93550)

잘못된 책은 바꾸어 드립니다. 책값은 뒤표지에 있습니다.

이 도서의 국립중앙도서관 출판예정도서목록(CIP)은 서지정보유통지원시스템 홈페이지
(http://seoji.nl.go.kr)와 국가자료공동목록시스템(http://www.nl.go.kr/kolisnet)에서
이용하실 수 있습니다. (CIP제어번호: CIP2012000036)

배 · 만들기의 · 모든 · 것

조선 기술

造船 技術

대한조선학회 편

지성사

발간사

우리 조선 해양 산업계가 많은 어려움 속에서도 선진 조선 국가들의 기술 장벽과 자국 정부의 적극적인 지원을 받는 후발 국가들의 맹렬한 추격에도 불구하고, 잠시 동안의 침체에서 벗어나 다시 세계 제1위로 우뚝 서게 된 것은 무척 당연하고도 다행스러운 일이 아닐 수 없습니다. 이것은 무엇보다도 그동안 학교, 연구소 및 산업체에서 조선 해양 산업의 발전을 위하여 분투해 오신 대한조선학회 회원 여러분을 위시한 조선 해양 기술인의 노력으로 확보된 우수한 인력과 축적된 기술 노하우 덕분이라고 생각합니다.

조선 해양공학의 발전과 응용 및 보급에 기여함으로써 과학 기술 진흥에 이바지함을 목적으로 하는 사단법인 대한조선학회도 그동안 회원 여러분의 헌신적인 노력으로 많은 전문서적을 발간하여 우수한 조선 해양 기술인의 육성에 크게 기여하여 왔다고 자부하고 있습니다. 그러나 학회가 창립된 지 어언 60년에 가까운 작금까지도 조선 해양 산업계에 입문하고자 하는 학생들이나 이미 관련 업계에 종사하고 있는 비전공 기술 인력들이 조선 해양공학의 전반적인 이론이나 관련 기술을 체계적으로 이해하고 조감할 수 있는 도서를 쉽게 찾아볼 수 없다는 것은 매우 아쉬웠습니다.

이번 『조선 기술』의 발간은 이러한 아쉬움을 메워줄 수 있는 매우 시의적절한 기회가 될 것입니다. 학회의 원로이신 김효철 편찬위원장을 비롯하여 이재욱, 장석, 이창섭 전임 회장님과 황성혁 황화상사 사장님 등이 의기 투합하여 이 책의 출판을 결심하고 실행에 옮기게 된 것은, 우리 학회로서는 매우 다행스러운 일이 아닐 수 없습니다. 물론 『조선 기술』을 기획하는 단계에서 적극 격려해주시고 물심양면으로 후원해주신 (주)한국해사기술 신동식 회장님의 열정이 아니었으면, 이 책의 발간은 아직까지 탁상공론에 머물고 있을 지도 모릅니다. 최근 미국 조선학회에서 출간한 『기본 조선학』 개정판 시리즈를 순차 발간하고 있으며, 비전공자를 위한 조선공학 소개 책자를 출판하고 있는 것에 비추어볼 때, 차제에 우리 학회도 조선 기술의 보급을 위한 적극적인 역할을 담당해야 마땅하지 않겠느냐는 논의가 학회 원로들의 친선모임에서 이루어진 것도 이 책을 기획하게 된 직접적인 동기가 되었음을 밝히고자 합니다.

『조선 기술』의 집필에는 여러 회원분들이 참여해주셨습니다. 특히, 집필을 성공적으로 이끄신 김효철 위원장님을 비롯한 편찬위원 여러분과 학회 도서편찬위원장이신 울산대학교 신현경 교수님의 강력한 추진력과 공헌에 감사드립니다. 또한, 집필에 적극적으로 참여해주신 학회 산하 수조시험연구회, 선박유체역학연구회, 선박해양구조연구회, 해양공학연구회, 선박설계연구회, 선박생산기술연구회, 함정기술연구회, 해양레저선박연구회 회장님들과 집필위원, 실무위원을 비롯한 많은 집필진들의 노고에도 깊은 감사를 드리고자 합니다. 물론 훌륭한 책을 만들려는 지성사의 의욕과 이를 가능케 한 높은 기술력도 이 책의 완성도를 높이는 데 크게 도움이 되었습니다.

마지막으로, 이번 『조선 기술』의 발간이 우수 인력의 양성을 통하여 우리나라 조선 해양 산업의 경쟁력과 세계 제1위 조선국의 위상을 드높이는 데 일조할 수 있기를 기대하며, 앞으로 더욱 충실한 조선 해양공학 관련 서적들이 출판되는 계기가 되었으면 합니다.

2011년 12월

대한조선학회 회장(2010~2011) 이승희

○ 『조선 기술』 편찬 사업 추진 경과 ○

2010년 한여름에 들어서며 이승희 회장을 비롯한 몇 사람이 연구과제 수행 계획을 놓고 난상토론을 벌인 일이 있다. 이 자리에서 논의된 내용 가운데 외국의 문헌을 근거로 하여 조선학을 교육하는 불합리한 현실을 바로잡아야 한다는 의견의 비중이 높았다. 단위 과제를 성공적으로 수행하여 우리나라 조선 산업에 기여해야 하는 것도 물론 매우 중요하지만, 그보다도 더 중요한 것은 조선공학의 이해를 돕기 위한 제대로 된 지침서가 필요하다는 의견이 지배적이었다. 조선 산업이 세계 선두의 자리를 차지하게 되었음에도 불구하고, 우리의 발전된 기술을 정리하여 교육하는 것이 아니라 지난날의 지식이 정리되어 있을 뿐인 외국 서적에 의존하는 상황에서 나온 고언이었다.

마침 학회의 황종흘 원로 회원은 대한민국 학술원 연구로 조선 기술 관련 연구 계획을 구상 중이었으며, 학회에서는 이신형 회원이 미국 조선학회에서 출간한 『비조선기술자를 위한 조선공학』의 번역 사업에 착수한 상태였다. 이들 계획이 모두 조선 기술 발전을 위하여 긴요하다는 것은 너무나도 분명하였으나, 세계 선박 시장에서 선두의 지위를 차지한 우리의 기술 경쟁력을 강화하기 위해서는 좀 더 폭넓은 범위를 망라하며 공학적 기초 지식을 가진 사람들이 널리 읽을 수 있는 도서를 출간하는 것 또한 중요하다는 점을 인식하게 되었다.

이에 조선 산업에 뜻을 두는 기술자라면 전공 영역에 관계없이 조선 기술 전반의 핵심을 살펴볼 수 있는 도서의 집필과 출판의 가능성을 타진하고 구체화하는 노력이 필요하다고 판단하게 되었다. 이에 학회 원로들의 친선 모임을 계기로 하여, 2010년 7월 하순부

터 10월 상순 사이에 4차례의 걸쳐 도서편찬준비위원회를 개최하였다. 위원회에는 김정호, 김효철, 이승희, 이재욱, 이창섭, 장석, 황성혁 회원 등이 참여하였으며 김효철이 모임의 간사 역할을 하였다. 편찬준비위원회에서는 도서의 성격, 편찬의 원칙, 목차의 구성, 집필진의 선정, 산업계의 참여 독려, 필요 예산의 확보와 같은 문제들을 다루었다.

2010년 10월 21일 개최된 대한조선학회 정기총회를 계기로, 편찬위원회 구성 원칙에 대한 논의가 있었으며 편찬준비위원과 학회 산하의 연구회 회장과 주요 기관을 망라하여 22명의 편찬위원을 선임하였다. 다른 한편으로 학회 정기총회를 통하여 편찬사업에 업계의 적극적인 참여 의사를 확인하였으며 주요 대학의 교수들이 편찬사업에 참여하는 계기도 마련되었다. 또한, 한국해사기술의 신동식 회장은 집필에 필요한 예산을 후원하기로 결정하여 주심에 따라 편찬 작업이 탄력적으로 운영될 수 있는 기틀이 마련되었다. 지성사에서는 출판을 맡아 주시기로 결정하고 편찬을 촉진할 수 있도록 적극적으로 지원해 주셨다.

2010년 11월 17일에 『조선 기술』 편찬위원으로 선임된 위원 22명의 명단은 아래와 같다.

『조선 기술』 편찬위원 명단 (2010년 11월 17일 위원선임 시점 기준)

강사준	한국조선협회 상무	이창섭	충남대학교 교수
김정호	한국조선해양기자재공업협동조합 전무	이춘주	해양시스템안전연구소 해양운송연구부 책임연구원
김춘곤	대한조선학회 선박생산기술연구회 회장 현대미포조선 부사장	이홍기	대한조선학회 수조시험연구회 회장 현대중공업 상무
김효철	서울대학교 명예교수	임효관	STX조선해양 전무
봉현수	한국조선협회 기술협의회 회장 한진중공업 부사장	장 석	해양시스템안전연구소 전 소장
신종계	대한조선학회 해양레저선박연구회 회장 서울대학교 교수	전영기	한국선급 기술지원본부장
신현경	대한조선학회 도서편찬위원회 위원장 울산대학교 교수	전호환	대한조선학회 함정기술연구회 회장 부산대학교 교수
원윤상	대한조선학회 해양공학연구회 회장 삼성중공업 전무	조태익	대한조선학회 선박설계연구회 회장 대우조선해양 전무
윤범상	대한조선학회 선박유체역학연구회 회장 울산대학교 교수	홍석윤	대한조선학회 선박해양구조연구회 회장 서울대학교 교수
이승희	대한조선학회 회장 인하대학교 교수	황보승면	삼성중공업 전무이사
이재욱	인하대학교 명예교수	황성혁	황화상사 대표이사

편찬위원의 면면을 살펴보면, 조선업계와 학계 그리고 관련 기관으로부터 조선 기술 전 분야를 망라하는 최고의 기술인들로 이루어진 균형 잡힌 편찬위원회가 조직되었음을 알 수 있다.

『조선 기술』 편찬위원회는 2010년 11월 17일 제1회 편찬회의를 개최하고 도서의 주요 목차를 결정하였으며 장별로 집필 책임을 분담하였다. 분담 부분에 대하여 집필의 기본 원칙을 심의 결정하는 한편, 세부 목차를 결정하고 해당 분야에 대한 세부 집필위원을 선임하는 작업 등을 수행하였다. 이후 2011년 1월 14일 제2회 편찬회의에서는 집필위원을 선임하고 구체적인 세부 원고 집필 요령을 배포하였으며 추천된 집필위원들에 대한 선임 및 통보 작업을 수행하였다. 초기에는 다루어야 할 세부 기술 항목이 많고 장을 구성하는 기술 요소들을 장별로 통일해야 하므로, 편찬위원들은 분담하는 장의 집필에도 참여하게 되었다.

구체적 집필 단계에서는 장별 기술 요소의 특성에 따라 소수의 인원이 집필하는 경우가 있었는가 하면 초기부터 많은 위원이 집필에 참여하는 경우도 있었다. 그러나 구체적 집필과정에서 소수 인원이 작성한 원고의 보완을 위하여 전문가의 지원을 받아 원고를 보완하여야 하는 경우가 있었는가 하면, 역으로 여러 집필자가 집필하다 보니 중복되는 기술이 불가피하게 나타나 몇 사람의 원고를 통합하여 하나의 원고로 만들어야 하는 경우도 있었다. 또한, 원고의 검토와 통합 과정에서 전문가의 도움을 받아야 했으므로 실질적으로 도서 집필에 도움을 주신 전문가들은 지속적으로 늘어나 최종 단계에서는 아래의 명단에서 보는 바와 같이 집필위원이 66명으로 늘어났다.

『조선 기술』 집필위원 명단

강사준	강영진	김경래	김노식	김덕준	김명현	김상현	김성현	김성환	김정제
김정호	김춘곤	김효철	김희정	노인식	류재문	문종린	문준식	박노준	박상현
박형길	배상은	봉현수	서대원	서용수	서정천	서형균	성정현	송준태	신정도
신종계	신현경	심상목	양영준	오정근	원윤상	윤범상	이상수	이선택	이수근
이승희	이영길	이인규	이재욱	이재웅	이창섭	이춘주	이현엽	이홍기	임상흔
임승준	임효관	장 석	전영기	전호환	정병철	정태영	조권희	조대승	조태익
하태범	허 돈	홍석윤	황보승면	황성혁	황정호				

집필위원회의 결의에 따라 집필은 2011년 4월 30일로 종료하고 원고를 제출받았다. 제출 원고를 수합하고 이를 원고 집필 원칙에 맞추어 정리하였으며 도서 편찬을 발의하

였던 김정호, 김효철, 이승희, 이재욱, 이창섭, 장석, 황성혁 회원 등이 중심이 되어 원고를 분담하여 체제의 통일과 중복 부분의 통합 및 누락 부분의 보완을 계획하였다. 이 과정에서 특정 분야의 전문가들의 도움을 받기도 했다. 또한, 문장의 구성에서 독자의 이해를 돕기 위하여 가급적 만연체의 표기를 간결하게 바꾸거나, 수동형 문장을 능동형 문장으로 전환하는 작업, 그리고 맞춤법의 통일 등에 관해서는 지성사 편집진의 도움을 받았다.

2011년 5월 12일부터 2011년 12월 16일 사이에 6회에 걸친 편집위원회를 거치며 원고 교정을 수행하여 원고를 다듬었다. 우선 위원들이 분담하여 교정을 수행하고 필요 부분에 대하여 전문가의 교정과 보완을 거쳐 통합 원고로 재작성된 원고를 2011년 8월 30일부터 순차로 출판사에 전달하였다. 출판사에서는 교정과 편집 그리고 삽화의 재작성에 이르는 일련의 작업을 수행하여 출판 준비 작업에 착수하였다. 이 과정에서 인용한 문헌 자료의 저작권 문제와 참고문헌의 보완 등이 이루어졌다. 최종 교정과 확인을 거쳐 학회의 신 임원진에게 잔무를 넘기지 않도록 2011년 12월에 인쇄를 하게 되었다.

한국의 조선계 전체가 협심하여 편찬한 『조선 기술』은 조선공학에 뜻을 두는 젊은이들이 조선 산업과 기술 전반을 이해하는 데 지침서가 될 것이다. 조선 기술자들에게는 조선 기술 전반을 개관하는 도서로 활용될 수 있으며, 비조선 기술자들에게는 조선 산업에 참여하기에 앞서 반드시 읽어야 하는 도서로 2012년 초 독자들에게 선보일 것이다. 끝으로 이 책의 출간에 있어서는 대한조선학회의 류제양, 김미경 님의 큰 도움이 있었음을 밝힌다. 이분들 외에 조선소를 비롯한 각급 기관에서 도움을 주신 많은 분들이 있음에도 일일이 밝히지 못하였음을 몹시 아쉽게 생각한다.

2011년 12월

조선 기술 편찬위원장 김효철

••자문위원 명단

김사수 부산대학교 명예교수
김정제 울산대학교 명예교수
김훈철 한국기계연구소 전소장
남상태 대우조선해양 사장, 한국조선협회 회장
노인식 삼성중공업 사장
민계식 현대중공업 회장
반석호 한국해양연구원 대덕분원 분원장
신동식 한국해사기술 회장
신상호 STX조선해양 사장
오공균 한국선급 회장
오병욱 현대삼호중공업 사장
이재용 한진중공업 사장
최원길 현대미포조선 사장
한성섭 한국ABS선급 사장
한장섭 한국조선협회 부회장
홍성완 인하대학교 명예교수
황종흘 서울대학교 명예교수

••집필위원 명단

강사준 한국조선협회 상무
강영진 인하대학교 위촉연구원
김경래 (주)TMS(한진중공업 기술업무대행) 구조설계팀장
김노식 현대미포조선 차장
김덕준 대우조선해양 부장
김명현 부산대학교 교수
김상현 인하대학교 교수
김성현 한국조선협회 과장
김성환 한국해양연구원 해양운송연구부 전문연구원
김정제 울산대학교 명예교수
김정호 한국조선해양기자재공업협동조합 전무이사
김춘곤 대한조선학회 선박생산기술연구회 회장 현대미포조선 자문위원
김효철 서울대학교 명예교수
김희정 삼성중공업 조선해양연구소 책임연구원
노인식 충남대학교 교수
류재문 충남대학교 교수
문종린 현대미포조선 부장
문준식 한국선급 수석연구원
박노준 (주)TMS(한진중공업 기술업무대행) 대표이사
박상현 현대미포조선 부장
박형길 삼성중공업 조선해양연구소 추진기파트장
배상은 대우조선해양 차장
봉현수 한국조선협회 기술협의회 회장 한진중공업 부사장
서대원 인하대학교 황해권수송시스템 연구센터 연구원
서용수 현대미포조선 상무
서정천 서울대학교 교수

서형균 대우조선해양 이사
성정현 한국선급 수석검사원
송준태 울산대학교 초빙 교수
신정도 한국선급 팀장
신종계 대한조선학회 해양레저선박연구회 회장
서울대학교 교수
신현경 대한조선학회 도서편찬위원회 위원장
울산대학교 교수
심상목 중소조선연구원 본부장
양영준 STX조선해양 상무
오정근 인하대학교 정석물류통상 연구원 연구 교수
원윤상 대한조선학회 해양공학연구회 회장
삼성중공업 전무
윤범상 대한조선학회 선박유체역학연구회 회장
울산대학교 교수
이상수 한국선급 선임검사원
이선택 대우조선해양 전문위원
이수근 현대미포조선 상무
이승희 대한조선학회 회장
인하대학교 교수
이영길 인하대학교 교수
이인규 대우조선해양 부장
이재욱 인하대학교 명예교수
이재웅 한국선급 선임검사원
이창섭 충남대학교 교수
이춘주 한국해양연구원 해양운송연구부 책임연구원
이현엽 충남대학교 교수
이홍기 대한조선학회 수조시험연구회 회장
울산대학교 교수
임상흔 현대미포조선 상무
임승준 삼성중공업 해양기본설계팀 대리
임효관 STX조선해양 전무
장 석 한국해양연구원 해양시스템안전연구소 전 소장

전영기 한국선급 기술지원본부장
전호환 대한조선학회 함정기술연구회 회장
부산대학교 교수
정병철 STX조선해양 부장
정태영 한국기계연구원 연구위원
조권희 한국해양대학교 교수
조대승 부산대학교 교수
조태익 대한조선학회 선박설계연구회 회장
대우조선해양 전무
하태범 한국선급
허 돈 대우조선해양 부장
홍석윤 대한조선학회 선박해양구조연구회 회장
서울대학교 교수
황보승면 삼성중공업 전무이사
황성혁 황화상사 대표이사
황정호 황화상사 이사

차례

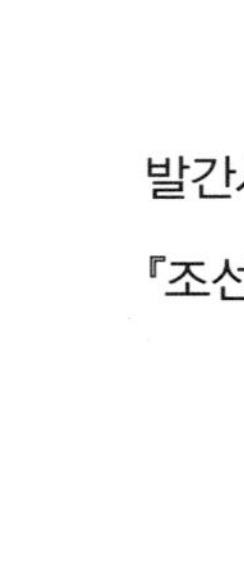

제3장 선박 설계

제4장 선형 설계

제5장 저항과 추진

제6장 선박의 운동과 조종

제7장 선박 추진기관

제8장 일반 배치

제9장 선체의 구조

제10장 의장 시스템

제11장 선박 건조

제12장 관리 기술

제13장 함정

제14장 해양레저선박

제15장 해양구조물

제16장 선박의 수명과 기술의 전망

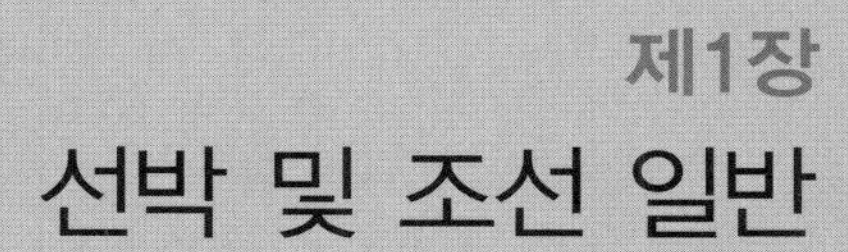

제1장 선박 및 조선 일반

1. 선박의 정의와 의미

1.1 사전적 정의

우리말 사전에서 '배'에 대한 정의는 '사람이나 짐 따위를 싣고 물 위로 떠다니도록 나무나 쇠로 만든 물건으로서 모양과 쓰임에 따라 보트, 나룻배, 기선(汽船), 군함(軍艦), 화물선, 여객선, 유조선 따위로 나눈다.'고 되어 있다. 또한 '선박(船舶)' 이라는 어휘를 구성하는 한자의 뜻을 한문사전에서 찾아보면, 선(船)은 강배와 같은 뜻(船同舡通)이고, 박(舶)은 바다를 건너는 큰 배(航海大船)라는 뜻이다. 한편, 우리가 흔히 사용하고 있는 정(艇)은 좁고 길며 작은 배(狹長小船)라고 했으며, 함(艦)은 싸움배(戰船)로서 사방에 판을 씌워 화살과 돌을 막는다고 했다(四方施版以禦矢石). 그리고 해군을 함대(海軍日艦隊)라 하고 전선을 군함(戰船日軍艦)이라고 설명한다. 더욱이 배의 종류와 속구, 그리고 성능을 나타내는 한자 172자에는 좌측 변에 주(舟)를 붙여서 선박 관련 어휘임을 분명히 표기하고 있다.

한편, 영어에서 배에 대한 대표적 어휘인 'ship'은 큰 배를 뜻하므로 우리말의 선박에 해당한다. 또 다른 어휘로 'boat'는 우리말 그대로 보트로 통용되지만 작은 배를 뜻하는 단정(短艇)에 가깝다. 영어권에서도 정확한 기준이 없어서 미국 오대호 지역에서 사용되는 길이 300m급 광석 운반선은 'ore boat'라 부르고 있다. 'vessel'은 크기에 관계없이 사용되므로 우리말의 배 또는 선박에 해당한다. 그리고 'craft'는 대체로 작은 배를 뜻하므로 주정에 해당한다고 볼 수 있다. 수송 수단이나 운송업자를 뜻하는 'carrier'는 항공모함을 뜻하기도 하며, 작은 돛단배로 인식되는 'yacht'는 수백 명이 선상 모임을 가질 수 있는 영국 황실의 의전용 선박을 요트라 칭하기도 한다.

이처럼 배는 바다, 강, 호수 등의 물에서 항행(航行)하는 물체로서 사람 또는 물건을 운반하거나 작업을 수행하는 구조물이라고 정의할 수 있다.

1.2 실용적 정의

선박을 건조하는 주요한 목적은 화물이나 승객의 수송, 스포츠 활동, 군사적 활동, 과학 탐사 활동, 생산 활동, 타선 지원 활동 등이라고 할 수 있다. 하지만, 공학 기술 측면에서는 설계상에 설정한 목적을 달성할 수 없는 구조물은 선박이라고 볼 수 없다.

첫째, 선박은 부양성을 확보하여야 하므로 사람이 만들 수 있는 구조물로서, 물에 띄워 놓고 운송하고자 하는 화물을 적재할 수 있어야 한다. 또한 적절한 경제성 범위에서 건조하여 선원들이 손쉽게 운용할 수 있으며 직관적으로 친밀감을 줄 수 있어야 한다.

둘째, 선박은 이동성을 확보하여야 하므로 취역할 수역에 적합한 내항 성능이 있어야 한다. 내항 성능을 복원 안정성에 치중하여 결정하면 배는 폭이 넓어야 하나, 폭을 너무 넓히면 저항 성능이 나빠져서 운항 경제성이 불리해진다. 선박이 거친 해역에서 항해하려면 우수한 선체강도가 요구되나 구조강도에 치중하면 선체 중량은 증가하고 적재 능력이 저하되어 경제성을 상실한다. 따라서 선박은 적정 수준의 구조강도를 가지며 기상 상태가 나쁠 때도 과도한 운동이 일어나거나 갑판에 침수가 일어나지 않게 설계해야 한다.

셋째, 선박은 독자적인 생존성이 확보되어야 하므로 운항 중에 별도의 보급 없이 독자적인 기능 유지를 위하여 운항기간 동안 필요한 연료, 식료품, 신선한 물을 운반할 수 있어야 한다. 강을 건너는 페리선일 때는 불과 몇 분을 운항할 수도 있으나 함정일 때는 몇 달을 운항해야 할 때도 있다. 또한 선박은 운항에 나서면 장시간 동안 연속 운전이 불가피하므로 모든 구성요소들은 높은 신뢰성이 요구된다.

넷째, 선박은 쾌적한 안락성이 확보되어야만 운항을 담당하는 소수의 선원이 승선하여 장기간 생활하며 제한된 영역에서 운항 업무를 수행할 수 있다. 따라서 선원들의 일상생활뿐 아니라 휴식을 위한 시설도 함께 갖추어야 한다. 선원들의 근무와 생활 공간이 효율적으로 운용될 수 있도록 배치되어야 하며, 소음과 진동으로부터 보호하는 것이 바람직하다. 선체동요는 적정 수준 이내에 들어야 하고 극심한 외기온도에서도 견딜 수 있도록 하는 장치가 필요하다.

다섯째, 선박은 근본적으로 안전성이 보장되어야 하며 특히 승객이 탑승하는 선박에서는 더욱 높은 안전성이 요구된다. 그러므로 선박은 운항 중 화재, 폭발, 폭풍, 충돌, 좌초 등으로 인한 피해 발생 가능성을 최소화할 수 있어야 한다. 선박에서는 이러한 사고들이 일어나더라도 선박이 완전히 손상되지 않도록 대비하는 기능들이 있어야 한다. 극단적으로 선박 자체를 상실하게 되더라도 인명 안전을 보장할 수 있는 다양한 구명장비들을 갖추어야 한다.

선박은 건조 목적에 맞게 가장 경제적으로 건조되었다고 하더라도 앞에서 언급한 요소들이 효과적으로 확보되지 못하면 선박으로서 가치를 인정받을 수 없다.

1.3 법률적 정의

현행 법령으로 살펴보면 「선박법」, 「선박안전법」, 「어선법」, 「선박등기법」, 「수상레저안전법」, 「낚시어선법」, 「체육시설의 설치 이용에 관한 법령」, 「해상오염방지법」, 「해상교통안전법」, 「건설기계관리법」, 「경륜 · 경정법」, 「상법」, 「해운법」, 「항만법」 등 수많은 법령에서 선박을 다루고 있다. 같은 선박을 법령에 따라서 법의 적용범위를 다르게 하거나 적용대상에서 제외하기도 한다.

「해상법」에서는 상행위 및 기타 영리를 목적으로 항해에 사용하는 선박을 대상으로 하므로 단정(短艇), 노도선(櫓櫂船), 공용선(公用船)은 포함되지 않는다. 여기서 기타 영리를 목적으로 하는 선박으로 어선과 같이 직접적으로 상행위를 하지 않는 선박도 현행법에서는 선박에 포함한다. 또한 강, 호수, 항만, 운하만을 운항하는 내수선(內水船)은 해양을 항행하지 않으므로 상법상 선박이 아니다. 한편 건조 중인 선박은 상법상 선박이 아니나 경우에 따라서는 건조 중인 선박도 법률상 선박으로 간주하는 경우가 있다.

「선박법」에서는 선박을 수상 또는 수중에서 항행용으로 사용하거나 사용할 수 있는 배 종류를 말하며, 부양력을 가지고 있는 구조물로서 사람, 재화를 적재할 수 있는 능력을 갖춘 선박이라 정의한다. 과거에는 부선(艀船), 준설선(浚渫船) 등과 같이 자체 추진장치를 갖추지 않아 다른 선박에 의하여 끌리거나 밀려서 항행하는 해상구조물은 선박으로 인정되지 않았다. 그러나 현행법에서는 이와 같은 선박 종류도 선박으로 인정하고 있다. 그리고 엔진을 사용하여 추진하는 기선, 돛을 사용하여 추진하는 범선, 자력 항행 능력이 없는 부선 등으로 선박을 구분한다.

「어선법」에서는 어로 활동과 수산물 운반 또는 수산물 가공에 종사하는 선박을 다루고 있으며 수산업에 대한 시험, 조사, 지도, 단속, 교습 등에 종사하는 공용 선박도 어선에 포함하고 있다. 총톤수 20톤 이상의 등록어선에는 선박 국적증서를 발급하고, 총톤수 20톤 미만에 대해서는 선적증서, 그리고 5톤 미만에서는 등록필증을 발급하고 있다.

「수상레저안전법」이나 「체육시설의 설치 이용에 관한 법령」에서는 스포츠 활동이나 레저 활동에 쓰이는 카누나 카약은 물론이고, 서프보드와 같은 용구조차도 선박과 같은 범주에 넣어 관리하고 있다. 경륜 · 경정 사업에서 얻어지는 수익금의 일부를 「경륜 · 경정법」에 근거하여 모터보트 산업 육성에 투입하고 있다. 한편, 요즘 등장한 수면 위로 나는 배로 불리는 수면비행 선박(WIG, Wing In Ground effect ship)은 물 위로 낮게 떠서 수면과 날개 사이에서 추가의 양력을 얻도록 설계된다. 일반 항공기는 공기저항이 줄어드는 고공에서 경제성이 인정되는 데 비해, WIG는 수면으로부터 양력의 도움을 받으려면 뜰 수 있는 높이에 한계가 있으며 물의 충격을 견딜 수 있는 구조로 되어 있어야 한다. 따라서 국제해사기구(IMO)와 국제민간항공기구(ICAO)의 협약에서 선박으로 분류하고 있다. 「해상교통안전법」에서는 수상항공기와 WIG를 모두 선박으로 분류하고 있다.

다른 한편으로, 「해양오염방지법」에서는 부유식이거나 고정식 시추선과 플랫폼을 선박의 범주로 분류하고 있다. 「선박안전법」에서는 수상호텔을 부유식 해상구조물의 범주에 넣어 선박으로 취급하고 있으나, 「하천법」이나 「공유수면관리 및 매립에 관한 법률」의 승인을 받은 공연장이나 수상호텔 등의 설치구조물은 선박으로 취급하지 않는다.

2. 선박의 특성

우리나라의 조선 산업을 현대화시킨 큰 사건이 있었다. 그것은 바로 현대중공업이 모래사장만 있는 상태에서 초대형 유조선을 주문받은 것이다. 그러나 이 사건으로 인하여 많은 사람들은 선박 건조를 경험이 없고 시설조차 없는 상태에서 도면 몇 장 있으면 건조할 수 있는, 어렵지 않은 기술이라고 생각하기도 한다. 하지만 30만 톤급의 유조선을 중심으로 선박의 특질을 생각해보면 이것은 아주 큰 오산임을 알 수 있다.

예를 들어, 300K VLCC Venus Glory(331m×58m×31m, 15.1knot, 300,000dead weight ton)를 살펴보자. 길이는 63빌딩 높이의 1.5배 정도, 폭은 축구장 폭에 비견되고, 깊이는 10층 건물에 해당하며, 갑판에는 축구장 3개를 배치할 수 있다. 적재량이 30만 톤이므로 이를 유조차에 옮겨실으면 경부고속도로에 20톤 적재 유조차를 100m 간격으로 배치하여 3개 차선을 유조차로 메울 수 있는 어마어마한 양이다.

조선 산업을 노동 집약형 산업이라고 보는 시각도 있다. 그러나 2010년 우리나라의 선박 건조 실적은 2,640만GT 정도이며, 조선인력은 13만 2,700명으로 추산되므로 1인당 연간 선박 건조량은 199톤 정도이다. 1.4톤 정도의 경승용차가 선박의 총톤수 기준으로는 0.7톤 정도에 해당하므로 연간 284대 정도의 노동 생산성에 비교될 수 있다. 결국, 단순 노동 집약 산업으로 평가하는 것은 적절하지 않다. 그리고 경인선 철도 부설 후 100년이 지난 2000년대에 들어서며 비로소 레일의 장대화가 이루어지기 시작했는데, 선박은 길이 300m 이상인 유조선을 1970년대 초반에 이미 전체를 용접으로 건조하는 기술력을 갖추었다.

선박을 옥외에서 남북 방향으로 배치하여 놓고 건조하면, 선박의 오른쪽과 왼쪽의 강철판은 오전과 오후의 온도차에도 신축량이 바뀌므로 선체의 중심선의 굽어짐도 따라서 바뀐다. 하지만 선박의 프로펠러 축은 건조 후 직선 상태여야 하므로 선체 건조와 용접작업은 고도로 정밀하게 수행하여야 한다. 특히 폭이 60m 정도 되는 선박의 외판들이 이음부분에서 어긋나지 않게 이어지려면 차이가 1mm 이상되어서는 안 된다. 이는 선박의 폭을 기준할 경우 1/60,000에 해당하는데 정밀기계 가공에 버금가는 값이다. 이처럼 1,000톤 단위의 블록으로 제작하고 선행 의장으로 처리된 모든 부재가 서로 맞아야 하는 정밀도를 고려하면, 결코 단순한 노동력으로 선박을 건조할 수 없다는 것을 알 수 있다.

또한 선박은 수상 또는 수중에서 스스로의 힘으로 원하는 방향으로 이동할 수 있어야 한다. 초대형 유조선을 흔히 저속 비대선이라고 하는데 대체로 15knots 정도의 속력으로 설계하고 있다. 그런데 현행 「해상교통안전법」에서 15knots 이상의 속력을 가지는 여객선을 고속 여객선이라 한다. 1knots의 속력은 1,852m/hour의 속력에 해당하므로 10knots의 속력은 2시간 16분대의 기록을 보유한 마라톤 선수의 속력에 해당한다. 따라서 유조선의 속력은 결코 느린 것이 아니다.

30만 톤급 유조선의 신조선 가격은 146백만 달러(2007년도 말 기준)로서 소형 승용차 1만 대의 가격과 비슷하며 막대한 자본이 집약될 때 비로소 생산할 수 있는 제품이다. 3만 5,000마력 정도의 디젤기관으로 추진하며 직경 10m 정도의 추진기가 1.5rps 정도의 속도로 회전하므로 프로펠러의 날개 끝은 약 47m/sec의 속도로 물을 가르게 된다. 프로펠러에서 발생된 추력은 축을 통하여 선체에 전달되어 선박을 추진하게 한다. 배수량이 40만 톤 이상이며 축구장 3개를 갑판에 배치할 수 있는 거대한 부유구조물을 하나의 축으로 밀어 선박을 직선 항로로 민첩하게 달리도록 하고 있는 것이다.

선주의 입장에서는 막대한 투자가 요구되는 사업이므로 발주에 앞서서 기존의 유사 선박에 비하여 더욱 높은 수익성을 가질 수 있는 요구 조건을 내세워 발주하고, 선박 설계자는 선박의 수명기간 중 선박의 경제성을 염두에 두고 선박을 설계한다. 선박은 주문생산품이므로 항상 새로운 설계를 제시하는데, 유조선은 배 길이의 1/15,000 정도의 외판 두께로 가볍게 설계하여 선체 중량을 경감시키고 있다. 계란의 껍데기 두께가 최대 치수의 1/100 정도인 점을 생각한다면 이해가 쉬울 것이다. 즉, 극단적인 조건에서 구조를 설계하면서도 20~30년에 이르는 수명기간 중 거친 해상에서 운항하더라도 안전하고 기능이 저하되지 않아야 하므로 고도의 설계 기술이 필요하다는 것을 알 수 있다.

선박이 종동요, 즉 피칭(pitching)을 일으키면 선수 또는 선미부에 놓인 부재와 의장품들은 끊임없이 튀어오르다 떨어지기를 반복하며, 운동 각속도가 초당 1° 정도의 작은 각속도를 가질 때도 길이 320m의 선박이라면 파도의 표면과의 상대운동 속도는 6m/sec 정도에 이른다. 이는 1.8m 정도의 높이에서 물체를 자유낙하시킨 것에 해당한다. 이와 같이 육상에 설치되는 기기들에서는 상상할 수 없는 하중이 작용하는 상태로 긴 기간 동안 연속 운전하더라도 성능이 보장되어야 한다. 자동차는 시험용 차량으로 장시간의 내구도 실험을 거쳐 출시하는 데도 20년의 수명을 보장하기 어려운 것에 비하면, 시험도 하지 않고 20~30년의 수명을 보장해야 하는 선박 건조의 어려움을 쉽게 짐작할 수 있다.

선박에 수많은 자동화기기를 채택함에 따라 선원의 수는 큰 폭으로 줄어들었으나 운항시간에는 큰 변화가 없다. 이는 장기간 소수의 선원들이 교대근무로 선박을 운항하게 된다는 뜻이다. 근무시간 중 선원 간 접촉 기회도 많지 않으므로 선원들의 심리적 안정은 물론 일상생활을 하는 데 불편함이 없는 거주시설이 갖추어져 있어야 한다. 또한 선원들이 작업하는 데 피로하지 않도록 선체운동이나 진동 및 소음의 수준도 적정해야 한다. 특히 크루즈선(cruise ship)인 경우에는 대양 항해에 익숙지 못한 승객이 탑승하기 때문에 편의성과 안락성이 더욱 우수해야 하며 아울러 관광 및 오락성도 겸비되어야 한다.

선체는 파랑을 헤치며 운항하므로 파도와 바람에 의해 선체운동이 발생하기 때문에 횡동요에 대한 충분한 복원 안정성을 가져야 하고 슬래밍(slamming)이나 갑판침수(green water) 등의 현상에도 대비해야 한다. 만재 상태에서는 배수량이 50만 톤에 가까운 선박이 번잡한 항로에서 다른 선박과 충돌을 일으키지 않고 안전하게 운항해야 할 뿐만 아니라, 기상과 해상 상태의 변동에도 불구하고 장거리 항로에서 정시 운항을 할 수 있어야만 해운업자가 안심하고 사업 계획을 수립할 수 있다.

지난 2010년 우리나라에서는 376척의 선박을 건조하여 361척을 해외에 수출한 것으로 집계되었다. 금액으로는 491억 달러를 수출하여 우리나라 수출상품 중 기여도가 10.5%에 이른다. 우리나라는 세계 어느 곳에서나 통용될 수 있는 우수한 선박을 공급하고 있는 것이다. 실제로 선박은 국제무역에 종사함으로써 국제 항로에 취항하여 타국의 항구에 입항하게 된다. 따라서 국제해사기구(IMO)의 선박 관련 규정을 준수해야 하고, 국제선급연합회(IACS) 및 선급의 각종 규정에 적합한 선박이어야 한다.

선박은 그 소속된 국가의 국적을 취득해야 하며, 그 나라의 국기를 계양하고 외국 항구에 입항하여도 본국의 영토로 인정받는다. 최근의 한 예로, 한국 국적선이 소말리아 해적에 피습되었을 때 한국 해군이 이들을 제압하고 체포하여 국내에서 재판을 했다. 이것은 선박이 국제적으로 대한민국의 영토로 인정되고 있음을 보여주는 예이다.

3. 선박의 종류

선박은 수많은 방식으로 분류할 수 있는데 사용 목적, 운항지역, 운항방식, 선체의 형상, 크기, 속도, 추진방식 등에 따라 다양하게 분류한다.

선박을 설계하는 시점에 특정한 지역을 운항지역으로 한정하여 지역 특성에 맞게 설계한 경우에는 다른 해역에서 선박으로서의 적합한 성능을 보장받을 수 없는 경우가 발생하기도 하므로, 운항지역이 선박의 종류를 뜻하기도 한다. 예컨대 갑판에 결빙이 예상되는 한랭지역에서 조업하는 어선을 온난지역에서 사용하려 할 때는 선박의 운동 특성이 적합하지 않아 사용하지 못할 수도 있다.

선박을 사용하는 선주는 사업목적에 따라 운용방식을 정기선, 부정기선 또는 용선 등으로 나누기도 하고, 선체의 특성에 따라 배수량형, 활주형, 공기부양형, 쌍동형, 삼동형 등으로 분류하기도 한다. 또한 선박의 운하 통항 여부, 특정항만의 입항 가능 여부, 보편적 화물 운송 단위 등을 기준으로 분류하거나, 선박의 속도 그리고 추진방식 등에 따라서도 선박을 분류할 수 있다. 선박을 분류함에 있어서 위의 분류요소 2개 이상을 동시에 적용하는 경우도 있다.

각각의 분류방법에 대하여 상세한 설명을 덧붙이려면 상당한 지면이 필요하므로 여기에서는 선박의 사용목적에 따른 분류를 중심으로 설명하기로 한다. 대표적인 주문생산품인 선박은 선주가 설정하는 사용목적에 따라 설계 개념을 달리하여 설계하게 된다. 사용목적도 구체화하면 수없이 많은 경우를 생각할 수 있으나, 크게 화물이나 승객의 수송, 스포츠 활동, 군사적 활동, 과학 탐사 활동, 생산 활동, 타선 지원 활동 등을 생각할 수 있다.

화물이나 승객 수송을 사업으로 하는 선박을 총칭하여 상선이라 하며 「선박법」이 주된 법령으로 적용된다. 스포츠 활동을 목적으로 하는 선박은 「수상레저안전법」을 적용받는다. 군사적 활동을 목적으로 하는 함정과 과학 탐사를 목적으로 하는 각종 조사선이나 탐사선이 있으며, 생산 활동을 목적으로 하는 선박으로는 어선이 대표적이다. 최근 들어서는 해양에서의 석유 채굴이 보편화하면서 각종 해양구조물이 주요한 대상으로 부각되었다. 그리고 다른 선박의 기능을 지원하기 위한 각종 지원용 선박이 있다.

3.1 상선

승객이나 화물을 운송하는 선박을 총칭하여 상선(商船)이라 하고 수송하고자 하는 대상에 따라 다목적 화물선, 컨테이너선, 산적 화물선, 유조선, 유류광석 겸용선, 액화가스 운반선, 화학제품 운반선, 자동차 운반선 등으로 구분한다. 이들 선박이 취급하는 주요 화물로는 **표 1-1**과 같은 것들을 생각할 수 있으며 이들 화물의 특성을 반영하여 설계가 이루어진다.

표 1-1 화물의 형태와 해상 물동량 (2008년 말 기준)

여객	건화물			액체 화물		특수 화물
	단위 화물	벌크 화물				
		화물	10억 톤-마일	화물	10억 톤-마일	
	컨테이너	철광석	4,617	원유	10,117	가축
단순 왕복 항로 여객	차량	석탄	3,703	석유제품	2,860	목재
지정 항로 여객	중량 화물	곡물	1,551	화학제품		고압가스
기획 항로 승객	냉동 화물	보크사이트/알루미나	272	LPG/LNG		시멘트
차량 및 승객	잡화	인광석	155	액체식품		
		기타 광물	9,703			

3.2 레저스포츠 관련 선박

레저스포츠 활동을 목적으로 하는 선박으로서 일반 상선과 다르게 다량생산 체제로 보급형을 생산하여 공급하기도 하며, 비용을 고려하지 않고 선박을 설계하고 건조하는 경우도 있다. 극단적인 경우로는 아메리카컵 요트경기 대회에서 단 한 번의 경기 출전을 위하여 천문학적인 비용을 들이기도 한다. 전 세계적인 시장규모도 상당한 수준에 이르고 있어서 또 다른 거대한 선박시장을 형성하며, 국제적인 보트 쇼가 매년 세계 여러 도시에서 개최되고 있다. 또한, 세계 대회에 출전하는 상위 그룹의 우수한 선수들이 중심이 되어 보트 쇼와 연계하여 전 세계를 순방하며 경기를 개최함으로써 기량을 유지하고 있다. 우리나라에서는 레저스포츠용 선박을 「수상레저안전법」에 정의하고 있는데, 고무보트나 서프보드와 같은 단순 기구도 선박의 범주에 넣어 관리하고 있다.

3.3 군함

군함은 일반 상선과는 많이 다르다. 국방 정책에 따라 경제성보다는 작전 수행 능력에 치중하여 설계 건조하며, 시제함을 우선 건조하여 성능을 평가한 후 양산에 들어가는 경우가 많다. 선박에는 무기체계를 갖추고 있으며 선박과 무기체계의 운용을 위하여 다수의 병력이 상주하는 점이 일반 상선과 크게 다르다. 구조 또한 중구조로 설계되고 있으나 함정의 수명은 물리적 수명보다는 무기체계의 발전으로 조기에 퇴역하는 경우도 있다. 이러한 함정의 수요는 공격형 전력과 방어형 전력의 비중을 고려하여 국방 정책으로 결정된다.

공격형 수상함정은 대수상함전, 대잠수함전, 대항공기전이 주 임무이다. 최근 해전 양상이 연안 해전으로 전환됨에 따라 대형 전투함의 경우에 대지상전까지 작전임무가 확대되었다. 특히 강력한 해군력을 가진 국가에서는 항공모함이 주력 함정으로 운용되고 있으며 작전영역도 크게 확대되었다. 지역 방어나 함대의 방어를 목적으로 작전을 수행하는 기뢰전함, 호위함 등이 있으며 상륙작전을 담당하는 선박들도 있다.

잠수함은 은밀성을 토대로 작전해역에서 정찰, 감시 및 정보수집 임무를 수행하는 한편, 아군 함정의 해상 교통로 및 기동전투단 방호 임무, 적기지 봉쇄 및 이동로 차단 등의 임무를 수행한다. 최근 무기체계의 발전으로 전술적 임무와 정밀타격 등이 가능하게 되었으며 특수부대의 특수작전 지원 임무도 수행한다.

표 1-2 함정의 분류

수상함		잠수함
공격형	방어형	
항공모함(Aircraft Carrier)	프리게이트(Frigate)	원자력 추진 전략 잠수함(SSBN)
전함(Battle Ship)	초계함(Corvett)	원자력 추진 유도탄 잠수함(SSGN)
순양함(Cruiser)	고속정(High Speed Craft)	원자력 추진 공격 잠수함(SSN)
구축함(Destroyer)	기뢰전함(Mine Warfare Ship)	디젤 전기 추진 잠수함(SSK)
상륙함(Amphibious Ship)	지원함(Auxiliary Ship)	AIP 잠수함
		잠수정

3.4 어선

「어선법」에 따르면 어업, 어획물운반업 또는 수산물가공업에 종사하는 선박과 수산업에 관한 시험 · 조사 · 지도 · 단속 또는 교습에 종사하는 선박을 총칭하여 어선(漁船)이라 한다. 어로구역으로는 바다와 바닷가 그리고 육상에 조성된 인공해수면으로 「수산업법」에서 구역을 정하고 있으며 별도로 내수면 어업에 관해서는 「내수면어업법」의 적용을 받는다. 또한, 어선의 어로구역이 동해 · 황해 및 동중국해와 북위 25° 선 이북(以北), 동경 140° 선 이서(以西)의 태평양 해역을 제외한 해외의 해역에서 수산동식물을 포획 채취하는 사업을 하는 선박은 따로 구분하여 「원양산업발전법」의 적용을 받는다.

어선의 종류는 어구, 어법, 포획어류 등에 따라서 다양하게 나눌 수 있다. 또한 인공양식 기술이 발전함에 따라 해조류, 어류, 패류 등의 양식을 지원하는 관리선과 작업선 등이 있고, 이외에도 수산물 가공선과 운반선 등이 있다.

표 1-3 어선의 종류

구분	종류
어구, 어법에 따른 분류	트롤어선, 선망어선, 연승어선, 유자망어선, 자망어선, 안강망어선, 권현망어선, 통발어선, 잠수작업 지원선
양식장 지원 선박	관리선, 급이선, 해조류 채취선, 패류 채취선
가공선	염장작업선, 멸치 가공선, 급속 냉동선, 공모선
운반선	어획물 수집 운반선, 미끼 운반선, 어로작업 보급선,
지원선	어로시험선, 어업 조사선, 어업 지도선, 어로 단속선, 어로 실습선

3.5 기타 특수선

3.5.1 과학 탐사선

선박을 이용한 각종 조사 및 탐사 업무에 종사하는 선박들로서 주요 업무에 따라서 적합한 성능을 가지도록 설계 건조된다. 대표적인 선박으로는 해양 조사선, 기상 관측선, 해저지질 조사선, 자원 탐사선, 극지 조사선, 수로 조사선, 수산자원 조사선, 심해 탐사선 등이 있다.

3.5.2 해양구조물

해양구조물은 조선소에서 생산하는 제품으로서 해양에서의 석유 생산이 확대됨에 따라서 비중이 점차 높아지고 있다. 「선박법」에 명시된 표현은 없으나, '선박'이란 수상 또는 수중에서 항행용으로 사용하거나 사용할 수 있는 배 종류를 말하므로 자력 항행 능력

(自力航行能力)이 있는 해양구조물은 자연스럽게 선박으로 분류할 수 있다. 또한, 자력 항행 능력이 없어 다른 선박에 의하여 끌리거나 밀려서 항행되는 부유구조물을 선박의 범주에 넣을 경우에는 자항 능력이 없는 해양구조물도 선박으로 규정할 수 있다. 한편, 「해양오염방지법」에서는 부유식이거나 고정식 시추선과 플랫폼을 명시적으로 선박의 범주로 분류하고 있다. 따라서 해양구조물은 **표 1-4**와 같이 정리할 수 있다.

표 1-4 해양구조물의 분류

고정식 해양구조물	잭업 리그, 인장각식 해양구조물, 스퍼 브이(SPUR buoy)
부유식 해양구조물	드릴쉽, 반 잠수식 시추 및 생산설비, 부유식 석유 생산-저장-하역 시스템
생산 지원 해양장비	파이프 부설선, 해양플랫폼 제거선, 심해 유전 개발선, 심해 잠수정

4. 우리나라 선박 기술의 근원

4.1 고대의 선박

우리나라에서는 기원전 2131년에 선박을 건조한 기록과 기원전 723년과 기원전 667년 일본을 정복했다는 기록이 『단군세기』에 나온다. 2007년에는 창녕에서 길이 3.1~4m인 통나무 배가 출토되었는데 제작 연대가 8000년 전으로 측정되었다. 또한 **그림 1-1**에서 보는 것과 같이 청동기시대 유적인 경남 울주군 반구대 암각화에 그려져 있는 세 척의 선박 그림 중에서 한 척에는 18명이 승선하여 큰 고래를 포획한 사실이 잘 묘사되어 있으므로, 당시에 이미 훌륭한 구조의 배가 있었음을 짐작할 수 있다.

4.2 삼국시대

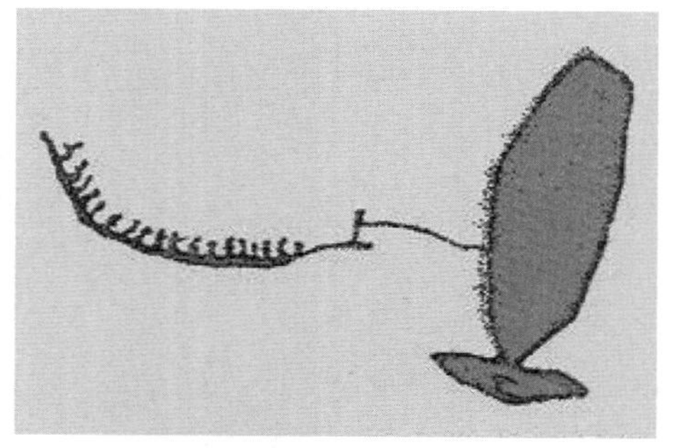

그림 1-1 경남 울주군의 반구대 암각화 실측 모사도

삼국시대에는 농경이 주요 생산 활동이고 어업은 부수적이었으나, 동예를 중심으로 영흥만 일대에서 배를 매어 놓고 조수 간만의 차를 이용하는 어로 활동이 발달했다. 또한 어장이 형성되자 운반선, 장삿배, 거룻배, 나룻배 등이 건조되었다.

5~6세기의 신라 및 가야 시대에 제사용으로 사용하던 배 모양 토기를 **그림 1-2**에서 살펴보면 상당한 수준의 조선술을 보유하고 있었음을 알 수 있다. 삼국시대 이전에 삼한에서 왜

국으로 배를 타고 건너간 사람들은 가야 사람이었는데, 가야 시대의 고분과 고대 일본의 고분에서 통나무배 모양의 토용이 출토되고 있어서 이를 통해 이런 모양의 배로 낙동강 하구에서 쓰시마를 거쳐 북규슈로 운항한 것을 짐작할 수 있다.

그림 1-2 가야시대의 주형(舟形) 토기

이후 삼국을 통일한 신라는 해상 교통과 해안 방어를 위해 함선의 관리와 운영에 힘썼다. 그리고 장보고로 하여금 완도에 청해진을 설치하게 하고 남해에 출몰하는 해적을 소탕하게 했으며, 무역선을 건조하여 당과 왜를 상대로 무역을 진흥하고 삼국 사이의 해상 운송을 전담토록 했다.

4.3 고려시대

고려 태조 왕건이 함대를 이끌고 견훤의 나주 수군기지를 공략하여 후백제를 멸망시키고 삼국 통일의 위업을 이룬 것은, 조선 기술과 운항 기술이 뛰어났으며 우수한 함선을 보유하고 있었기 때문이다. 『고려사 세가』를 보면, 왕건의 함선 중에 '큰 배 십여 척은 길이가 16보(90~96자)가 되며 배 위에 다락을 지어 세우고 방패도 설치했으며, 말을 달릴 만하고 수병 30인을 태운다.' 라고 기술하고 있다.

1985년에 완도에서 출토된 고려선은 고려 초기인 서기 1000~1100년경에 건조된 것으로 판명되었다. 장보고의 무역선보다 170~270년 정도 뒤에 건조된 것으로 고려선을 복원한 **그림 1-3**은 통일신라와 고려시대의 조선술을 가름해볼 수 있는 유물이다.

고려는 조창을 설치하고 조운선을 두어 적재량을 정해 나라에서 징수한 조세를 서해안 해로와 남한강, 한강, 예성강 등의 수로로 지방에서 왕도로 운반하는 조운제도를 실시했다. 이에 사용되는 초마선은 형상과 건조법이 완도 출토 고려선과 같으며, 세곡 1,000석을 적재하는 것으로 알려져 있다.

그림 1-3 고려시대 완도선의 복원 모형선

또한, 고려는 원나라의 요구로 여몽연합군의 일본 정벌을 위하여 전함도감을 설치하여 조선 능력을 확장하고 발전시켰으며, 전함을 건조하여 중국에 수출했고 이 전함으로 일본 정벌에 나섰다. 비록 두 차례의 원정에 실패했으나, 고려 전함은 선형이 안정적이고 파도를 잘 타며 매우 견고한 구조로 되어 있어 파도에 파손되지 않고 온전하였다고 한다. 이로 미루어볼 때 고려의 조선술이 매우 발달했었음을 짐작할 수 있다.

4.4 조선시대

고려의 수군 활동과 조선 기술의 전통을 계승한 조선왕조는 창궐하는 왜구를 섬멸하기 위하여 수군의 강화 및 전함의 개선과 증가에 노력했다. 세종 때에 전함사(典艦司)에서는 다른 나라의 선체를 참조하고 절충하여 새로운 선형을 제조했다. 전시에는 갑판구조물을 달고 사용하다가 평시에는 이것을 떼어내고 조운에 활용하도록 하였는데, 이를 각각 맹선(猛船)과 조운선(漕運船)이라 했다.

삼포왜란 이후 왜선이 더욱 길어지고 높아지며 견고해지자 조선은 이에 대응하여 새로운 판옥선을 개발했다. 판옥선은 평전선 위에 기둥을 세우고 판자로 뱃집을 꾸몄으며 뱃집 위에 군사를 지휘하는 장대를 설치했다. 노군들이 뱃집 안에서 노를 젓는 구조로 대선은 군사 160명 정도가 승선할 수 있는 크기였다. 평전선 개념에서 판옥선으로 변환되면서 배 목수들은 선상에 판옥을 올림으로써 발생할 문제점과 배의 균형, 복원력을 검토하는 등 조선 기술도 함께 발전하는 계기가 되었다.

1591년 좌수영 수군절도사로 부임한 이순신은 왜구의 침입을 염려해 특수 전함인 거북선을 만들었다. 거북선은 우리나라 조선 기술사에서 판옥선에 이은 획기적인 발명이었다. 조선 기술면에서는 평전선에서 판옥전선 개념으로 발전된 것이 판옥선이라 하면, 노천판옥에서 복개판옥의 개념으로 발전된 것이 거북선이다. 거북선은 14문의 대구경 대포를 탑재하고 발포할 수 있는 견고한 구조로 건조되었으며 **그림 1-4**와 같은 형상이 전해지고 있다.

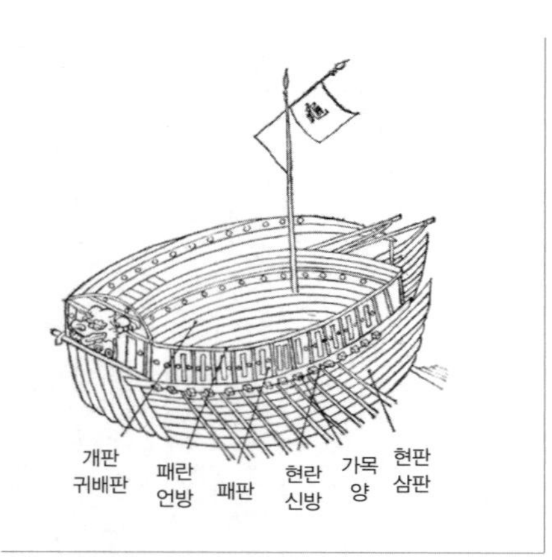

그림 1-4 통제영 거북선

규장각 도서 중 『전병각선도(戰兵各船圖)』에는 전선, 병선, 조운선의 그림이 나타나 있으며, 45도 투시도법으로 그려진 이 전선 설계도는 외부 구조를 상세하게 표현하고 선박의 건조에 필요한 치수가 적혀 있다. 이 도면을 기본으로 하여 배목수는 전통 한선의 비례법과 조선법식을 응용하여 전선의 전개도와 평면도를 작도할 수 있도록 되어 있어서 필요한 선재의 치수를 알 수 있다. 이런 전통 선박의 투시도를 바탕으로 선박의 길이, 폭, 깊이 중 어느 하나를 알면 선박을 재현할 수 있다.

당시에는 조선용 소나무가 생산되는 솔밭 근처의 해안 모래사장에 조선소를 설치하고, 이곳에서 나무를 켜고 잘라서 선재를 마련하는 나뭇간과 연장을 다루는 대장간, 의장품을 보관하기 위한 곳간을 두었다. 또한, 배목수를 이곳에 기숙시키며 배를 건조했다. 우리나라 서남해안은 해안선이 복잡하고 조수 간만의 차가 심하기 때문에 해안에서 조선하려면 선박 완공 후의 진수방법을 고려하고, 완공일자를 예측하여 조수에 대비하여 물이 들어오는 바로 앞에 배를 고일 선대를 만들어 배를 지었다. 배가 완공되면 가로 고임 나무를 제거하고 길이방향 고임 나무에 배가 잘 미끄러지도록 된장을 바른 후 만조 때 배를 밀어내어 선수 쪽으로 진수시켰다. 진수가 끝나면 의장품을 설치하고 돛대를 세운 후, 배의 복원력을 시험하고 선창에 바윗돌을 밑짐으로 채워서 배의 전후좌우 균형과 안정성을 보정했다. 이를 통해 조선시대 배의 설계 기술 및 조선 기술이 매우 발달되었다는 것을 알 수 있다.

5. 세계 조선 산업의 발전

5.1 세계 조선 산업의 변천과정

조선 산업의 발전 요소로 선박 수요, 항해술, 조선 재료, 추진기관, 조선 기술, 조선 시스템 등을 들 수 있다. 현재까지 이들 요소들의 꾸준한 발전을 통하여 세계 각국이 조선 산업을 발전시켜 왔다.

고대 이집트에서는, 나일강 유역에서의 수운이 필요해짐에 따라 돛과 노로 추진하고 방향타를 설치한 목구조선이 출현했다. 이어 그리스시대에는 갤리선이 지중해를 누볐으며 이 갤리선은 로마시대까지 활용되었다.

중세기에는 스칸디나비아의 바이킹선, 독일 북부의 한자 코그선이 대표적인 선박으로 활용되었으며, 지중해에서는 갤리선이 한층 더 발전했다. 신라시대에 장보고의 무역선은 청해진을 중심으로 중국과 일본으로 교역하였다. 13~14세기에는 삼본 마스트선인 캐랙선이 널리 보급되었으며, 지리 탐험에 나서면서 아메리카 대륙 발견과 동양 항로 개척에 활용되었다. 17~19세기에는 범선이 점차 대형화되고 횡범과 종범 장치가 조합된 쾌속 클리퍼범선이 발달하였다. 1900년대 초까지는 범선이 주력 선대였던 관계로 아메리카 대륙의 풍부한 산림자원에 힘입어 양질의 목재가 조달되어 양질의 선박을 생산할 수 있었기 때문에 결국 미국이 세계 조선업의 발전을 이끌어왔다.

그러나 산업혁명 이후 기계화가 이룩되고 철강 산업이 발달한 유럽이 조선 재료와 동력기관의 발달에 힘입어 조선 산업의 발전을 선도했다. 특히 영국은 강선과 기선 부분에서 조선 기술의 발전을 주도했으며, 이와 같은 대세는 1950년대 중반까지 이어졌다. 한편 우리나라는 대한제국 말기에 양무호와 광제호를 도입하여 해군을 현대화하려 하였으나 국운이 다하여 기회를 잡지 못하였다. 이후 일제 강점기에 일부 조선공장이 일본의 군수공장으로 전환되었고 극히 일부의 기술자들이 일본의 강선 건조 기술을 접하게 되었다.

이어 용접 기술의 발전과 제2차 세계 대전 중 군수물자의 대량수송 수요가 생김에 따라 미국은 대형 선박의 기획 생산을 추진했으며, 이에 따라 리벳선에서 용접선으로 전환시키는 기술 혁신을 미국이 선도하게 되었다. 그러나 제2차 세계 대전이 종료된 후, 미국의 용접선 기술이 일본으로 전래되어 선체 블록 건조공법의 개발과 아울러 대형선 건조 기술의 개발로 1950년대 후반부터는 일본이 조선 건조량에서 세계 선두를 차지하게 되었다. 일본은 선박의 대형화 추세에 따라서 대형 건조 도크를 건설하고 용접 기술과 선체 블록 건조 기술을 더욱 발전시켜 2000년대 초까지 세계 조선 산업을 이끌었다.

우리나라는 한국전쟁 당시 대한조선공사가 중심이 되어 함정 수리를 하며 현대적인 조선 기술을 익힘으로써 조선 산업에 진입할 수 있는 기초를 구축했다. 2000년대에 들어서면서는 선박의 설계와 생산 과정에 전산화 시스템을 도입하여 독자적인 기술을 발전시켜 나갔다. 이에 따라 고객의 복잡하고 세밀한 요구사항을 반영하는 설계 업무를 신속하고 정확하게 수행하며 고객의 만족도를 높이고, 선체 공작에서 작업의 정밀도를 향상시켰다. 또한 3차원 대형 블록의 탑재공법을 개발하여 선박 건조 공기를 대폭 단축시켜 세계 조선 산업을 선도하고 있다.

5.2 한국 조선업체의 발전

5.2.1 (주)한진중공업

(주)한진중공업의 전신인 대한조선공사의 역사는 우리나라 근대 조선 산업의 역사와 일치한다. 1937년 7월, 조선(朝鮮)중공업 주식회사로 시작하여 서조철공소와 조선주강을 매입하고 3,000톤급 선대 2기와 6,000톤급 도크 1기를 건설하면서 근대 조선소로서 출발했다. 광복 후 조선중공업의 종업원들이 회사를 관리했으나, 1945년 12월 미군정 당국은

회사를 정부 투자기관인 신한공사에 귀속시켜 운영하도록 하였다.

1948년 정부 수립 이후, 조선 공업의 진흥을 위해 1950년 1월 「대한조선공사법」에 의거하여 반관반민 형태의 주식회사 대한조선공사가 설립되었으나 신조선 수주량 부족, 기자재의 높은 수입 의존도, 낮은 생산성 등으로 경영에 어려움을 겪었다. 5.16 이후 국영 대한조선공사로 재출범하여, 정부의 근대화 계획에 따라 1965년 12월에 일본으로부터 시설차관을 도입하고 내자 지원으로 생산시설을 확장하여 최대 1만 2,000톤급, 연간 6만 6,000톤의 선박 건조 능력과 최대 2만 톤급 선박 수리 능력을 갖추게 되었다. 국영화 이후 비로소 본격적인 철강선 건조를 시작하여 1964년 건조한 1,600톤급 화물선인 신양호가 미국선급협회(ABS)의 인증을 받음으로써 국내 최초로 국제 인증을 획득했다. 이어 1968년에는 대만 정부가 발주한 250톤급 어선 20척을 수주함으로써 국내 최초로 수출선을 건조했다.

1960년대 후반에 들어 운영난으로 극동해운(주)이 1968년 11월에 인수하여 주식회사 대한조선공사로 재출범했다. 민영화 후 경영의 내실화와 합리화 노력으로 1970년대 들어 점차 정상화되고 시설도 확장하여, 1차로 제2도크를 6만 톤급으로 확장하고 선각공장 신축, 대형 조립장 신설, 제2안벽 연장 등 부대시설을 보강했다. 2차로는 1976년까지 15만 톤급의 제3도크 신설과 함께 각종 기계장비를 보강했다.

한편 1983년에 노르웨이의 선주로부터 수주한 6척의 다목적 화물선(PROBO 선)은 정유제품, 광석, 산적화물 등 여러 종류의 화물을 실을 수 있는 세계 최초의 다목적 선박으로 최첨단 위성항법장치, 선박 운항 관리 전산 시스템, 화물창 밀폐 시스템을 장착한 신개념의 화물선이었다. 그러나 1985년 당시 세계 해운 경기가 극심하게 침체되면서 선주 측은 인도시기의 연장 요구에 이어 기술적 하자를 문제삼아 인수를 기피하였으며, 결국은 총 4,000만 달러의 선가를 감액해주자 인도해 갔다. 그러나 조선 경기의 불황이 장기화되고 적자가 누적되어 (주)대한조선공사는 한진그룹에 인수되었다.

한진그룹의 경영 정상화 노력으로 1992년 이후 이 회사에서 건조한 선박이 연속적으로 세계 최우수 선박으로 선정되었으며, 멤브레인형 LNG선 건조를 비롯하여 세계 초고속 컨테이너선, 첨단 자동화설비를 장착한 해저케이블선, 6,000TEU급 컨테이너선을 건조했다. 2006년에는 필리핀 Subic에 부지 70만 평의 조선소를 건설하기 시작하여 첫 선박인 4,300TEU 컨테이너선을 인도했으며, 필리핀 조선소와 연계한 글로벌 생산 시스템을 기반으로 초대형 컨테이너선, LNG선, 탱커 등을 주력 선종으로 하는 등 해양 사업 진출을 적극 추진하고 있다.

5.2.2 현대중공업(주)

1970년 3월 현대건설이 처음에는 울산시의 전하만 일대의 부지를 마련하고 15만 톤급 규모의 조선소로 계획했으나, 차관 도입에 의한 독자적 건설로 사업 계획을 변경하였다. 이후 부지 17만 5,000평에 건물 3만 7,611평, 드라이도크 1기를 건설하며, 최대 건조 능력 50만 DWT급, 연간 5척의 VLCC를 생산하는 초대형 조선소가 탄생했다.

1972년 3월 역사적인 조선소 건설 기공식을 가졌고, 4월에는 그리스의 리바노스사와 26만 DWT급 원유 운반선 2척의 건조계약을 체결하여 선박을 건조하면서 동시에 조선소를 건설했다. 1972년 공사 시작과 함께 건설 계획을 부분적으로 확대하여 최대 건조 능력을 70만 DWT로 늘려 건조도크를 2기로 하고 부지는 60만 평, 건물은 4만 2,818평으로 보강하였다.

1973년 선각공장을 준공하고 골리앗 크레인을 설치하였으며, 12월에는 '현대조선중공업주식회사'로 출범했다. 1974년 6월에는 1, 2호선 명명식과 조선소 준공식을 동시에 거행했다. VLCC 수요가 급증함에 따라 1차 확장을 통해 최대 건조 능력을 100만 DWT급으로 늘렸고, 제3도크의 크기를 560m로 확장하고 의장 안벽 450m를 신설했다. 1975년 5월, 1차 확장공사가 완료되었을 때 조선소의 연간 건조 능력은 376만 DWT, 강재 처리 능력은 53만 톤으로 크게 증가했다. 이어 1977년에 4, 5도크, 1978년에 6도크, 1979년에 7도크를 완공하여 모두 7개의 도크를 갖추었다.

한편, 1973년 말 제1차 석유파동으로 세계 해운 · 조선 경기는 냉각되기 시작하였으며, 1974년 후반부터는 선주들의 발주해약 사태로 인해 현대중공업도 어려움을 겪었다. 전 세계적으로 VLCC의 발주가 끊긴 1974년 중반부터는 대형선 위주에서 다목적 화물선, 벌크선, 목재 운반선 등의 중형선까지 병행하는 등 수주선형을 다변화시켜 시황에 대처하는 한편, 조선소 내에 철구사업부와 현대미포조선소를 설립하는 등 사업영역을 확대해 나갔다.

1983년에 용접기술연구소를 발족하고, 1984년에 선박해양연구소를 설립했으며 선박 건조, 해양 개발, 플랜트, 엔진, 로봇, 중장비기계 등의 영역을 확장했다. 1991년 9월 LNG선 건조공장을 준공하고, 1994년 6월에는 한국 최초로 LNG 운반선을 건조했다. 한편 1996년에는 VLCC 전용 8, 9호 도크를 완공하고 전용 선각공장을 세워 생산라인의 과부하 현상을 해소했으며, 도크별로 전문선형을 건조해 품질을 높이고 생산성을 향상시켰다.

2004년 10월 현대중공업은 선박 건조도크를 사용하지 않고 새로운 육상건조공법으로 선박을 진수하는 데 성공했다. 또한 2006년 초에는 재화중량톤 기준으로 선박 건조량 1억 톤을 돌파하는 대기록을 달성했는데, 100년 이상의 오랜 역사를 가진 영국, 일본 등의 조선소와 비교하더라도 손색없는 기록이었다.

2000년대 들어 현대중공업은 초대형 컨테이너선, 여객선, LNG 운반선 등 고부가가치 선박과 해양플랜트 건조에 집중하는 전략을 채택했다. 2005년 초 중국 코스코로부터 1만 TEU급 컨테이너선을 수주하였고, 2007년에는 세계 최대급인 1만 3,000TEU급 컨테이너선 8척을 수주했다. 현대중공업은 2007년 9월 미국 글로벌 산타페사로부터 드릴쉽을 수주하여 드릴쉽 시장에도 진출했다.

또한, LNG선의 대형화에 부응하여 2007년 11월에는 디젤엔진으로 추진되는 21만 6,000m³급의 초대형 LNG선을 탄생시킴으로써 스팀터빈 추진, 전기 추진, 디젤엔진 추진 등 3가지 추진방식으로 LNG선을 건조할 수 있게 되었다. 2009년 1월에 FPSO 전문 도크를 완공하여 공기와 생산원가 절감에 성공하였으며, 2010년 3월에 전북 군장산업단지에 54만 평 부지에 130만 톤급 도크 1기와 1,650톤 골리앗 크레인을 갖춘 군산조선소를 완공했다.

5.2.3 대우조선해양(주)

1973년 5월 대한조선공사는 옥포조선소 건설 계획을 확정하였으며, 1973년 10월 부지 100만 평에 신조선용 100만 DWT급 도크 1기, 15만 DWT급 선대 1기, 50만 DWT급 수리도크 1기를 중심으로 하는 조선소 건설공사를 착공했다. 세계적인 경기 침체와 조선시장 불황으로 옥포조선소 건설공사가 중단되자 대우그룹이 이를 인수하여 1978년 9월 대우조선공업주식회사를 설립했다.

1979년 9월 노르웨이로부터 2만 2,500톤급 화학제품 운반선 4척을 수주하여, 1982년 5월 첫 번째 건조 선박인 Bow Pioneer 호를 Skibs A/S Storlt사에 인도하여 높은 기술력이 요구되는 화학제품 운반선의 건조 경험을 쌓았다. 1981년 4월에 100만 톤급 제1도크 완공, 9월에 900톤급 골리앗 크레인을 설치하고, 10월에 옥포조선소 종합 준공식을 가졌다. 1985년에는 생산성 향상과 원가 절감을 추진하여 경쟁력을 높였다. 1991년에 흑자를 달성했으며, 5월에는 1,000만 톤 인도라는 기록을 수립했다.

조선 부문의 주요 생산품목으로는 주력 선종인 VLCC를 비롯하여 원유 운반선, 정유 운반선, 산적 화물선, 자동차 운반선, LNG선 등 다양한 선종을 건조하고 있으며, 이 중

VLCC 부분에서 높은 경쟁력을 가지고 있다. 조선 부문은 1백만 톤급 제1도크와 900톤급 골리앗 크레인, 35만 톤급 제2도크와 450톤급 문형 크레인 등의 대형 설비를 보유하고 있으며 연 220만GT의 상선 건조 능력을 가지고 있다.

한편, 1983년 아랍에미리트의 선주에 바지선을 건조, 인도하면서 시작된 특수선 사업은 고속 초계함, 구축함, 잠수함, 심해 탐사선 등의 특수 목적 선박을 대상으로 하고 있다. 1993년 4월에는 국산 1호인 잠수함 '이천함'을 건조해 해군에 인도한 데 이어 자매함 4척을 추가로 건조해 해군에 인도했다. 1996년 2월에는 러시아 극동해양연구소와 공동으로 수중 6,000m까지 탐사할 수 있는 심해 잠수정 '옥포 6000'을 개발했다.

1997년 국가 외환 위기를 맞아 대우조선은 워크아웃 대상기업에 포함되었으나 기술과 원가 경쟁력이 뛰어나 단시간 내에 정상화를 이룩하고, 2000년 11월에 대우중공업(주)에서 분리 독립해 나왔다. 2002년에는 사명을 대우조선해양(주)으로 바꾸고 조선해양 분야의 전문회사로 재탄생했다.

근래에는 45만 톤급 ULCC, LNG 운반선, LPG 운반선, FPSO, FSRU 등을 건조하였으며, 많은 선박이 우수 선박으로 인정받았다. 특히, 2005년에는 세계 최초로 재기화설비를 갖추어 육상터미널이 필요없는 천연가스운반선인 LNG-RU를 인도했다. 2011년에 길이 325m, 폭 61m, 높이 32m에 자체 중량 12만 톤인 FPSO를 건조해 인도하였다.

현재 생산설비로는 길이 530m, 폭 131m, 깊이 14.5m인 도크를 포함하는 건조도크 2기, 플로팅 도크 4기, 육상건조대 2기를 보유하고 있으며, 연간 70여 척의 대형 선박을 생산하고 있다. 중장기 전략으로 2009년부터 조선 사업뿐만 아니라 종합 중공업으로 자리잡기 위하여 그린에너지, 신재생에너지 분야로 사업을 확장하고 있다.

5.2.4 삼성중공업(주)

삼성그룹은 1973년 5월에 조선업을 시작하기로 결정하였다. 조선소 건설 입지를 통영군 광도면 안정리로 잠정 확정하고, 1974년 8월 일본 IHI와 합작으로 '삼성중공업주식회사'를 설립하였다. 이후 오일쇼크로 부득이하게 조선소의 착공을 잠정 연기하였으나, 1977년 4월에 우진조선을 인수하여 조선 사업을 재개하였다. 우진조선은 경남 거제군 신현면 장평리 소재 공업단지에 10만 톤급 규모의 선박 건조도크를 건설하여 연간 10만 톤급 선박 4척의 건조를 목표로 설립한 고려조선주식회사의 후신이었다.

1977년 4월 삼성은 상호를 '삼성조선주식회사'로 변경하였고 독자적인 새 건설 계획을 수립하였다. 세계 조선업계의 장단기 전망을 고려하여 제1기에는 당초 계획을 수정보완하는 방향으로, 제2기에는 대폭 확장하는 방향으로 기본 계획을 세워 조선소를 건설하였다. 1978년 10월에 건조도크의 구축공사가 완성됨에 따라 길이 240m 폭 46m, 깊이 11m, 선박 건조 능력 6만 5,000톤 규모의 1호 도크가 완성되었으며, 1979년 12월 말에 연간 최대 건조 능력 15만 톤 규모인 제1기 공사를 완료하였다.

이후 1980년 3월 제2도크 신설을 중심으로 거제조선소 2기 확장 사업을 추진키로 하고, 의장공장, 선각공장 증축 및 각종 부대시설 공사를 진행하였다. 건설 공사가 끝난 1983년 2월 조선 부문은 최대선 건조 능력 25만 DWT, 연간 건조 능력 45만GT의 시설 능력에 3,300명의 종업원을 고용하는 조선소로서의 면모를 갖추게 되었으며 생산 규모의 적정화를 기할 수 있게 되었다. 한편, 1983년 1월을 기하여 삼성중공업이 삼성조선과 대성중공업을 흡수합병하여 '삼성중공업주식회사'로 단일 체제가 되었다.

삼성중공업은 1992~1993년 중에 LNG선, 초고속선 등 고부가가치 선박의 개발을 완료하는 한편, 세계 조선 시황의 호전에 대비하여 제3도크를 건설하였다. 1994년 10월 말에 길이 640m, 폭 97.5m, 깊이 12.7m의 도크를 완공함으로써 VLCC 건조체제를 갖추게 되었다. 1996년 12월에 13만 8,000m³급 LNG선을 수주했으며 원활한 자재 조달을 위해 중국 영파(寧波)에 선박 블록 생산공장을 준공했다. 2000년 8월에는 2만 8,000톤급 대형 여객선을 진수함으로써 크루즈선 건조 사업의 첫발을 내딛게 되었다. 2001년 11월 업계에서는 처음으로 플로팅 도크를 선박 건조에 도입하여, 2002년 1월 플로팅 도크 가동 44일 만에 7만 3,000톤급 FPSO를 진수하여 플로팅 도크를 신조선 생산에 본격 이용하기 시작했다.

2004년 12월에는 1만 2,000TEU급 컨테이너선을 개발하여 대형화를 주도했으며, 2005년 7월에는 선박 자동설계 시스템인 GSCAD를 도입하여 3차원 선박 설계를 수행하는 능력을 갖추었고, 11월에는 쇄빙유조선을 수주하는 등 2005년 조선해양 사업부문에서 72억 달러를 수주하여 고부가선의 수주비중을 80%로 높였다. 2010년 1월 '온실가스를 30% 감축한 친환경 선박 건조'를 골자로 하는 녹색경영 선포식을 갖고 친환경제품 및 기술 개발을 본격화하고 있다. 2010년 기준 건조 능력 380만 톤(CGT)의 생산시설을 갖춘 조선회사로 성장하였다.

5.2.5 (주)현대미포조선

현대미포조선소는 1975년 4월 현대조선중공업 수리선 사업부를 분리 독립하여 선박 수리 전문회사인 '(주)현대미포조선소'로 출범했다. 가동 첫해인 1975년에 48척, 1976년에는 148척, 1977년에는 196척의 선박을 수리하는 실적을 기록하며 성장을 지속하였다. 당시 현대미포조선소의 80만DWT 수리시설 능력으로는 해외 수리조선소와의 경쟁은 물론 국내외 수요에 효과적으로 대처하기 어려워, 1982년 11월 제2공장을 확장하여 도크 7기, 215만DWT 생산 능력을 갖춘 수리조선소로 거듭 태어났다.

고도의 기술력이 요구되는 해저파이프 부설선 개조 프로젝트를 성공적으로 완수했으며, 전 세계로부터 수주한 다양한 수리, 개조공사를 수행하여 세계 최대 수리조선소로서의 위치를 확고히 하였다. 이후 경쟁력 향상을 위해 제4도크 확장, 1안벽 연장공사 등 시설 확장을 하고, 1994년 12월 해치커버 공장을 준공하여 후발 수리조선업체와의 차별화 및 사업 다각화를 위해 많은 노력을 기울였다.

그러나 신흥 수리업체가 본격적으로 출현하자 사업 다각화 경영전략을 수립하고 신조선 사업에 진출하였다. 1997년 12월 노르웨이의 원유생산정제 및 저장선인 '람폼 반프(Ramform Banff)' 호를 처음으로 인도했다. 이후 수리선 선주와의 신조선 계약을 체결하여 신조 조선소로의 본격적인 변신을 꾀하게 되었다. 현대미포조선은 수리, 개조 조선소에서 중형 선박 건조를 통한 신조 조선소로 성공적으로 변신하였으며, 이제 세계 1위의 중형 선박 건조회사로 확고히 자리 잡았다.

현대미포조선의 발전은 국내외 대형 조선업체들이 주력하고 있는 대형선 위주의 수주 정책에서 벗어나 중형선 개발에 역량을 집중한 것과 석유화학제품 운반선을 비롯해 중형 컨테이너선을 주력 제품으로 건조 선종을 특화한 데서 비롯된다.

현대미포조선이 특화하고 있는 중형 석유화학제품 운반선은 뛰어난 품질과 기술로 인해 전 세계 선주사들 사이에서 '미포탱커'라는 독자적 상품으로 자리잡고 있다. 3만 5,000DWT, 3만 7,000DWT, 4만 6,000DWT 등 독자적인 선형으로 개발된 중형 PC선은 세계 해운 시장에서 이미 우수 선형으로 자리 잡고 있으며, 전 세계 발주량의 절반이 넘는 물량을 수주하고 있다. 아울러 세계 해운시장의 수요에 더욱 탄력적이고 기민하게 대처하기 위해 주력 선종인 PC선과 컨테이너선 이외에 LPG 운반선, PCTC선, RORO선, 오픈 해치 벌크선 시장에도 성공적으로 진출하였다. 늘어나는 수주로 생산량 증대에 대비해 전남 대불공장, 장생포공장, 온산공장 등 생산설비를 확충하였다.

5.2.6 현대삼호중공업(주)

현대양행은 대형 선박시장의 활황을 예상하고 1992년에 전남 영암에 88만 평의 삼호조선소를 조성하였다. 조선소 착공 4년 만에 신조선 도크 1기, 신조 · 수리 겸용 도크 1기, 600톤 골리앗 크레인 3기 등의 시설을 완성하였다. 1996년 2월에 첫 선박인 2,500TEU 컨테이너선인 ZIM SYDNEY 호를 성공적으로 선주에게 인도한 것을 시작으로 삼호조선소는 대형 선박 30여 척을 인도하였다. 그러나 1997년 외환 위기를 넘기지 못하고 12월에 부도가 났으며, 1999년 현대중공업이 위탁경영하며 회사명을 삼호중공업으로 변경하였다. 조선소 운영 경험과 해외 영업망을 바탕으로 작업물량 확보에 나선 위탁경영단은 수주선박의 선가를 정상화시키고, 단기간에 추가 수주에 성공하였다.

삼호중공업은 2001년 처음으로 800억 원가량의 순이익을 달성하고, 2002년 7월 현대중공업그룹 계열사로 정식 편입하였다. 2003년 1월 브랜드 가치를 제고하기 위해 회사이름을 현대삼호중공업으로 변경하였으며, 그해 12월 1,000만DWT 선박 건조 기록을 달성하며 회사의 높은 성장성을 인정받게 되었다.

2005년 6월 영국의 BP사와 15만 5,000CBM급 멤브레인형 LNG선 건조계약을 체결하였으며, 같은 해 11월에는 프랑스 TOTAL사로부터 32만 1,000DWT급 FPSO 건조계약을 체결하였다. 이러한 노력의 결과로 현대삼호중공업은 벌커와 VLCC 등 탱커, 1만 3,100TEU 초대형 컨테이너선은 물론 LNG선과 LPG선, 자동차 운반선, FPSO 등 대부분의 상선과 해양설비에 이르는 다양한 건조 경험과 세계적인 경쟁력을 확보하였다.

2008년 5월과 2009년 9월에 연간 16만 5,000DWT급 선박 건조가 가능한 육상 건조장과 길이 543m의 돌핀 안벽을 완공하였으며, 도크를 확장하고 블록공장을 조성하였다. 이로써 현대삼호중공업은 100만 평의 공장에 2곳의 도크와 1곳의 육상건조장, 600톤에서 1,200톤에 이르는 골리앗 크레인 6기 등 대형 설비를 갖춘 조선기업으로 성장하였다.

5.2.7 STX조선해양

1962년 1월 부산 영도에서 대한조선철공소로 출발한 후, 1967년 4월 동양조선공업 주식회사로 사명을 변경하고 동양조선, 안전조선, 국제창고를 흡수 통합하면서 대동조선주식회사로 새 출발하였다. 1973년 8월에는 화물창 내 셀 가이드를 설치한 GT 2,000톤급 컨테이너선을 건조하여 기술력을 인정받았다. 그해 12월 7,000톤급 신조선대 2기, 30톤

주행 크레인을 설치하고 조선소의 면모를 갖추었다. 1980년대 초 목재 운반선을 주로 건조하였고, 1980년대에는 참치 연승어선, 컨테이너선, 화학제품 운반선 등을 건조하였다.

1993년에는 중형 선박을 전문적으로 건조하는 진해조선소 건설에 착수하였다. 1996년 6월 진해시 원포동 22만 평 부지에 도크(320m×74m×11m) 1기, 300톤 골리앗 크레인 2기, 선각공장, 선행 의장공장, 도장공장 등의 설비를 갖추었다. 대동조선은 4만 6,000톤급 화학제품 운반선, 컨테이너선, 파나막스급 석유제품 운반선 등을 건조하였으나 경영위기를 극복하지 못하고 2001년 9월 (주)STX에 인수되었다.

2002년 1월 STX조선(주)으로 회사명을 변경한 후 2만 3,000CBM LPG 탱커 건조를 비롯하여 중형급 석유제품 운반선 분야에서 세계 시장 점유를 확대하였다. 2004년 이후 STX조선은 선박 건조 경험과 독자적 건조공법을 개발하여 건조 척수 및 건조량 부문에서 연평균 40% 수준의 성장을 이루었으며, 2009년에는 '30억 불 수출의 탑' 을 수상하였다.

2004년에는 육상건조공법(SLS, Skid Launching System)을 개발하였다. 도크에서 여러 척의 선박을 세미 탠덤(Semi-Tandem) 방식으로 건조하는 한편, 모듈 트랜스포터를 이용해 블록을 탑재하는 로즈(ROSE, Rendezvous On the Sea for Erection) 공법, 선박을 선수부와 선미부로 초대형화하여 탑재하는 PA/PF 공법 등의 혁신적인 생산 공법으로 생산 효율성을 극대화하며 일류 조선소로서의 위상을 강화하고 있다.

2007년 10월 세계 최대 크루즈선 건조사로서 전 세계 8개국에 18개 야드를 운영하고 있는 노르웨이의 아커야즈를 인수했다. 고부가가치 선박인 크루즈선의 시장 진입뿐만 아니라 다양한 조선 기술을 확보함으로써 시너지 효과가 있을 것으로 보인다. 2008년부터 STX조선의 다른 성장동력은 중국 대련의 생산기지이다. 2008년부터 가동에 들어간 이 기지는 STX가 직접 건립한 첫 해외 조선소로 '글로벌 STX' 의 성장을 이끄는 핵심 생산기지로 자리매김했다.

STX의 조선기지에서는 벌크선, 자동차 운반선, 석유제품 운반선, 컨테이너선, VLCC 등 다양한 선박을 건조하고, 해양플랜트 생산기지에서는 현재 드릴쉽, 해저파이프 부설선, 원유 저장설비(FSU) 등을 건조하고 있다. 엔진 생산기지에서는 선박용 프로펠러, 크랭크샤프트, 기타 엔진부품 및 엔진을 생산하며 주요 조선소에 엔진 등을 납품하고 있다. 이와 함께 태양광, 풍력 등 신재생에너지 분야에서 사업을 진행하며 STX그룹의 신성장동력인 그린 비즈니스 분야에서 경쟁력 확보에 노력하고 있다.

6. 조선 기자재 산업

6.1 선박 성능의 핵심은 선박 의장

6.1.1 조선 기자재 일반

선박이 선박으로서 기능을 완전하게 발휘하려면 사용 목적에 적합한 성능을 발휘할 수 있도록 하는 모든 장비들이 설치되어야 한다. 이러한 장비는 동력을 제공해주는 엔진, 발전기장치 및 동력 전달장치, 항해에 필요한 항해기기와 조타장치, 정박에 필요한 계선계류장치, 화물을 싣고 내리는 하역장치, 조난과 화재에 대비한 구명설비, 소화설비 및 승객과 선원이 생활할 수 있도록 하는 거주설비 등으로 크게 나누어 볼 수 있다. 이들 장치는 수많은 선박 의장품으로 구성되며 조선 기자재 산업이 제공하고 있다. 이들 조선 기자재는 철강, 화학 등의 기초 소재 산업과 기계, 전기 · 전자 산업에 이르기까지 수많은 산업과

표 1-5 조선 기자재의 용도와 기능별 분류

대분류	중분류	소분류
선체부	금속제품	연강판, 고장력강판, 아연판, 형강 등
	용접재료	전기 용접봉, 산소, 질소, 아세틸렌 등
	주단강품	타두재, 타 핀틀, 선미관 등
	화학제품	도료, 합성수지, 고무제품, 아교 등
기관부	추진기계	디젤엔진, 증기터빈, 보일러, 프로펠러, 축류 등
	보조기계	발전기, 공기압축기, 조수기, 펌프, 냉동기, 통풍기 등
의장부	조타장치	조타기, 타, 자동조차장치 등
	항해장치	레이더 장비, 방향 탐지기, 자이로 컴퍼스 등
	계선장치	닻, 양묘기, 캡스턴, 페어 리드 등
	하역장치	크레인 윈치, 데릭, 호이스트 등
	어로장치	어군 탐지기, 집어등, 와이어 드럼, 트롤 윈치 등
	안전설비	구명정, 구명동의, 불활성가스 시스템 등
	주거설비	위생기구, 공기조화장치, 주방설비, 수밀문 등
	배관설비	밸브, 플랜지, 엘보, 파이프류 등
전기 · 전자부	동력장치	모터, 배터리, 변압기, 전열기기 등
	배선장치	주배전반, 배선기구, 선박용 전선 등
	조명장치	조명등, 탐조등 등
	통신장치	무선 송수신기, 주파수 변환장치, 전화기 등
	제어장치	제어반
	계기류	압력 측정장치, 속도 측정장치 등

연계되어 있는 다품종 소량 생산품이다. 또한 대부분 해당 선박에 적합한 성능을 발휘해야 하므로 전문 기자재업체에 주문하여 공급받게 된다.

6.1.2 조선 기자재 특성

1) 우수한 내진 특성이 요구된다

선박은 출항해서부터 입항할 때까지 장시간에 걸쳐 엔진을 연속 운전하며 프로펠러를 지속적으로 회전시키게 된다. 기관이나 프로펠러에 의하여 발생되는 기진력은 직접적으로 기관 고정부에 손상을 일으킬 뿐 아니라 선체 진동과 소음을 발생시키는 원인이 되기도 한다. 프로펠러에서 발생되는 진동은 선미관 베어링의 과도한 마모를 일으키거나 선체에 진동으로 전달되고 소음의 원인이 된다.

펌프나 유체기계를 사용하는 경우에는 유체의 흐름으로 발생하는 진동이나 소음, 그리고 온도차로 인한 신축 변형이 연성되어 배관이나 전선 등을 손상시킬 수 있다. 따라서 조선 기자재는 충분한 내진 대책이 마련되어야 하며 공진을 일으키지 않도록 고유 진동에 대한 검토도 필요하다.

2) 선체운동에 대한 충분한 적응성이 요구된다

선박은 항해할 때는 물론이고 계선 계류 또는 접안되어 있는 상태에서 파랑이나 바람을 받으면 6자유도운동을 일으키게 된다. 선박이 맞파도를 받으며 운항할 때 슬래밍을 수반하는 종동요를 일으키면서 선수부에 과도한 충격력이 발생한다. 특히 선수부와 선미부에 설치된 각종 의장품들은 과도한 가속도를 받아 손상되거나 선체에 과도한 하중으로 작용하게 된다. 횡동요를 일으키는 경우에는 마스트의 높은 곳에 설치되는 레이더와 같은 의장품들도 횡동요로 인한 가속도에 견딜 수 있게 충분한 적응성을 가지도록 설계되어야 한다.

3) 우수한 내식성이 요구된다

해수나 해풍에 의해 선박의 기자재는 부식의 영향을 많이 받게 된다. 특히, 해수와 공기에 노출되는 부분은 더욱 심각하다. 노출 갑판에 설치되는 기기의 회전축 및 베어링부나 전기 · 전자 제품 등 정밀기기는 염분의 영향을 크게 받으므로 해수와의 접촉에 대한 방지 대책이 필요하며, 또한 갑판의 침수 등에 대해서도 성능에 영향을 받지 않는 기자재가 요구된다.

4) 우수한 내후성(耐候性)이 요구된다

갑판에 설치되는 기자재는 차광물이 없으므로 주간에는 강한 햇볕과 자외선에 노출되어 있으며 여름철 폭염 아래에서는 갑판부의 온도가 70℃까지 올라가기도 한다. 반면 야간에는 높은 습도로 인하여 기기의 외부는 물론이고 내부에서조차 쉽게 결로현상을 일으킬 수 있으므로 충분한 대책이 마련되어야 한다. 폭로갑판에서 사용하는 기자재를 보호하기 위한 장치용 재질을 선정할 때는 결로현상의 영향을 충분히 검토하여 충분한 내기후성을 가지도록 하여야 한다.

5) 유지보수가 용이하여야 하며 높은 신뢰성이 요구된다

항해 중 기자재에 고장이 발생하면 대부분의 경우 승무원이 직접 수리해야 한다. 만약 직접 수리가 불가능하고 항해에 긴요한 기자재인 경우에는 고장 발생지점에서 가장 가까운 항구까지 자력으로 운항할 수 있어야 한다. 기자재에 대해 전문가가 아닌 승무원이라도 선박 자체의 시설로 가능한 한 쉽게 다룰 수 있는 간단한 구조의 기자재를 사용하는 것이 바람직하다.

또한, 자동 운항장비, 레이더, 기관운전 감시 시스템 등과 같이 첨단기술 요소를 융합하여 만들어진 기술집약형 첨단 기술제품일수록 특수 재질의 소재를 사용하며 제작상 고도의 기술이 요구되므로 높은 효율과 신뢰성이 확보되어야 한다.

6) 국제적 품질 기준에 적합하여야 한다

조선 기자재는 선주의 선호도가 강한 제품으로서, 각종 국제협약이 규정하는 품질 관리 기준이나 선급의 검사 기준 그리고 국제적 규격을 충족하여야 하고 「선박안전법」 등 관계법규에도 적합해야 한다.

7) 조선소에서 필요로 하는 시기가 다양하다

통상 기자재의 수요는 선박의 건조 공정에 따라 필요로 하는 시점에 차이가 있다. 특히 강재 및 일부 다량 소모자재는 건조 초기부터 투입되어야 하므로 일찍 수요가 발생한다. 일반적으로 인도시점을 기준하면 착공은 13개월 이상, 탑재는 7.5개월, 진수는 5개월 정도 앞서서 추진되기 때문에 후판이나 선행 의장에 필요한 파이프류, 선행 의장 대상 기자재 등은 선박의 인도시점에서 8~12개월 앞서서 수요가 발생한다.

이 밖에 엔진 등의 기자재는 탑재시점에 공급되어야 하기 때문에 인도 기준 약 6~7개월 앞서 수요가 발생하고, 의장 및 거주구 등의 기자재는 6개월 정도 앞서서 수요가 발생하는 것으로 나타나고 있다. 한편 기자재는 대부분 주문 생산품이므로 제작기간이 긴 것들은 제작기간을 고려하여 주문해야 한다.

6.2 한국 조선 기자재

6.2.1 국가 경제에 대한 기여도

조선 기자재는 선가에서 차지하는 비중이 60~70%로서 매우 높다. 후판, 주강제품, 페인트, 용접재료 등의 소재류를 제외한 기계 및 기기류는 대략 25~35% 정도이다. 이들 기계 및 기기류 전체를 100으로 하였을 때 기관실 내의 보조기계류는 15~20%, 보조기기는 10~20%가 되고, 주기관이 60~75%에 달한다. 즉, 선박에서 차지하는 주기관의 비중은 매우 크다.

표 1-6 선종별 기자재별 선가 비중 (평균적 기준)

제품	강재	엔진	기기/장비	배관재	선실재	전장재	철의장	기타	전체 비중
VLCC	20.0	9.5	16.4	3.8	0.9	0.7	4.8	6.1	62.3
벌크선	26.1	9.0	13.8	2.3	1.0	0.7	3.6	7.0	63.5
컨테이너선	15.0	12.0	19.5	1.9	1.0	2.3	3.6	8.5	63.7
LNG선	10.3	6.2	24.3	5.4	0.6	1.4	2.3	11.5	62.1

우리나라의 선박건조량은 규모면에서 세계 선박건조량의 35% 수준에 이른다. 한국에서 건조되는 선박에 국산 기자재의 탑재율은 매우 높아서 초대형 원유 운반선이나 벌크선 그리고 컨테이너선의 경우 90%에 이른다. LNG선의 경우도 국산 기자재 탑재율은 80% 수준에 이르기 때문에 한국 조선 기자재 산업의 규모는 매우 크다. 국내 조선 기자재의 매출 규모는 2000년 이후 세계 조선 경기 호조 및 국내 조선소의 건조량 증가에 힘입어 최근 10조 원대로 3배 이상 증가하였으며, 연평균 20% 이상의 성장률을 보이고 있다. 우리나라 조선 기자재의 수출액은 2008년에 12억 4,000만 달러 수준으로 성장하였으며, 특히 엔진 및 부품이 9억 9,000만 달러로 수출을 주도하고 있다.

우리나라의 조선 기자재 업체는 조선소들이 밀집해 있는 부산, 울산 및 경남지역에

90% 정도가 모여 있어서 조선 산업과 조선 기자재 산업이 클러스터를 형성하여 산업 경쟁력의 기반이 되고 있으며, 우리나라 동남권의 경제를 떠받치는 주요 산업 중의 하나로 자리 잡고 있다.

6.2.2 분야별 주요 조선 기자재

철강재는 선박의 선체와 기계류의 주요 소재로서 후판(두께 6mm 이상)이 주로 사용되는데, 선급의 규정에 합격한 제품, 즉 선급 일반 강재와 고장력 강재가 사용된다. 최근 들어 선박의 경량화가 요구됨에 따라 고강도화, 저온 인성화, 대입열 용접 특성 우수화 등으로 강재의 고급화가 추진되는 추세이다.

포스코는 1975년부터 양질의 조선용 후판을 공급하면서 우리나라 조선 산업 발전에 크게 기여하였다. 현재 조선용 후판의 경우, 포스코에서 연간 400만 톤, 동국제강에서 180만 톤, 그리고 신설된 현대제철에서 190만 톤을 공급할 수 있다. 한편 국내 대형 조선소들은 철강재 거래처를 다변화시키고 있어서 일본산 강재를 많이 사용하여 왔는데, 근래에는 품질이 보장되면 중국산 강재도 선별하여 사용하고 있다.

선박의 추진이나 운항에 필요한 동력을 발생시키는 장치를 포함하는 기관 분야의 기자재에는 엔진, 터빈 등이 속하는 추진 동력장치 부문과 보일러, 발전기, 펌프, 공기압축기 등의 보조장치로 나누어 볼 수 있다. 최근에는 기관 분야의 장치들이 자동화되어 있는 경우가 많아서 제어장치도 복잡하고 고온, 고압의 파이프로 연결되는 경우가 많다. 선박에서 필요로 하는 동력을 발생시키는 엔진은 선종에 관계없이 모든 선박에 필수적으로 소요되는 핵심기계이다. 한국이 생산하는 선박용 저속엔진은 세계시장의 60% 가까이 차지하고 있으며, 중속엔진은 20~25%를 점유하고 있다.

엔진은 원천기술을 가진 독일의 MAN, 스위스의 Wartsila NSD 등의 브랜드가 생산되고 있으며, 현대중공업(주)은 2001년부터 '힘센' 엔진을 독자 개발하여 세계시장에 출시하고 있다. 현재 한국에서의 선박용 대형 디젤엔진은 현대중공업(주), 두산엔진(주), STX(엔진 및 중공업)의 3개 사에서 생산, 공급하고 있다.

6.3 '세계일류상품' 조선 기자재

지식경제부는 2001년부터 매년 우리나라 기업이 생산하는 제품이 세계 점유율 5위권 이내에 들면 이를 '세계일류상품'으로 선정하여 기업의 기술 개발과 마케팅 등을 정부가 종합적으로 지원해주는 제도를 시행하고 있다. 2010년까지의 상품들을 살펴보면 기관 분야의 엔진과 부품류 및 보조장치가 많이 선정되었으며, 그 다음으로 의장 분야의 안전설비와 거주설비 그리고 전기제품들이 선정되었다.

6.3.1 기관 분야

- 엔진으로서 선박용 대형 디젤엔진(6,000마력 이상)(두산엔진, 현대, STX중공업), 선박용 디젤엔진(4행정식)(STX엔진, 현대), 그리고 이중연료 디젤엔진(바르질라현대엔진)이 있다.
- 엔진의 부품 중 단독 수출도 하는 제품들로는 대형 엔진용 크랭크샤프트(현대, 두산중공업, STX엔파코)와 중형 디젤엔진용 크랭크샤프트(4행정)(STX엔파코, 현대)가 있다. 또한, 대형 디젤엔진용 실린더라이너(현대, 케이프, STX엔파코), 대형 디젤엔진용 실린더프레임(현대), 중속 디젤엔진용 피스톤(삼영기계), 중속 디젤엔진 실린더헤드(삼영기계)가 있다.
- 그 외에 중대형 디젤엔진용 메인 베어링 서포트(대창메탈), 대형 디젤엔진용 배기밸브(금용기계), 대형 디젤엔진용 가이드 슈(신아정기), 그리고 전자제어식 선박엔진 연료공급장치(화영) 및 이와 유사한 기능의 커먼레일 유닛(원일)이 있다.
- 추진장치 부문에는 고정익 피치 프로펠러(현대)와 주기관의 동력을 프로펠러에 전달하는 단조강 부품인 선박용 추진축(현대)이 있다.
- 보조장치로서 엔진 배기가스로 터빈을 구동하여 급기용 압축기 동력으로 활용하는 중형 디젤엔진용 과급기(5,000kw급 이하)(STX엔파코)와 대형 디젤엔진용 과급기(현대, STX메탈)가 생산되고 있다.
- 주 엔진의 배기가스의 폐열을 재활용하여 증기를 발생시켜 사용함으로써 연료를 절감시키는 이코노마이저(강림중공업), 스팀터빈으로 구동하는 원유 운반선용 박용펌프(현대), 엔진의 출력 및 효율 향상을 위한 장치로서 과급기를 통하여 흡입된 압축공기의 온도를 낮추어 다량의 공기를 엔진에 공급시켜주는 공기냉각기(동화엔텍), 엔진이나 시스템에서 발생하는 열을 식혀주는 판형 열교환기(엘에치이)와 해수를 담수화하는 조수기(동화엔텍)가 있고, 고액분리 자동여과기(유원산업)가 있다.

6.3.2 의장 분야

- 선박을 운항 조종하는 핵심장치인 조타기〔유원산업〕가 있다.
- 안전장치 부문에는 선박의 기본 소화장치인 고압 CO_2 소화장치〔NK〕와, 불활성가스 발생기〔강림중공업〕, 압축 고압가스 저장용기〔NK〕, 미세한 물입자를 사용하는 기관실용 미분무수 소화설비〔탱크테크〕, 그리고 가장 핵심장치인 구명정〔현대라이프보트〕이 있다.
- 거주설비 부문에는 해상거주용 벽체패널〔비아이피〕, 해상거주용 천정패널〔비아이피, 스타코〕, 해상거주용 욕실유닛〔비아이피〕, 조립식 화장실〔스타코〕, 해상거주용 객실유닛〔비아이피〕과 선박용 방화문〔코스모〕이 있다.

6.3.3 전기 · 전자 분야

- 전기 동력장치 부문에는 선박 내 주전원 공급용으로 사용하는 삼상교류 저압 및 고압용 발전기로서 엔진이나 터빈으로 구동하는 동기발전기〔현대〕, 고압 스러스트 전동기〔현대〕 및 사이드 스러스터〔현대〕가 있다.
- 배선장치 부문에는 선박용 전선〔극동전선, LS전선, 제이에스전선, 티엠씨〕과 선박용 배전반〔현대〕, 그리고 선박용 냉동컨테이너 전력공급반〔현대〕이 있다.
- 계기 부문에는 선박용 기관감시 제어장치〔현대〕가 있다.

* 〔 〕 안의 기업명은 해당 제품의 생산업체.

참고문헌

1. 김재근 저, 1980, 배의 역사, 정우사.
2. 김효철 외, 2006, 한국의 배, 지성사.
3. 대한조선학회 편, 1974, 조선공학개론, 동명사.
4. 대한조선학회, 2000, 선박의장, 동명사.
5. 인하대학교, 2006, 선박의장, 교육인적자원부.
6. 장석, 반석호 편저, 2002, 선박의 이해, 한국해양연구원.
7. 한국조선해양기자재공업협동조합, 2010, 한국조선기자재산업 발전사 및 조합 30년사.
8. 세계일류상품 클럽 홈페이지 http://www.wcp.or.kr/wcp/wd.list.asp?menuseqnum=10

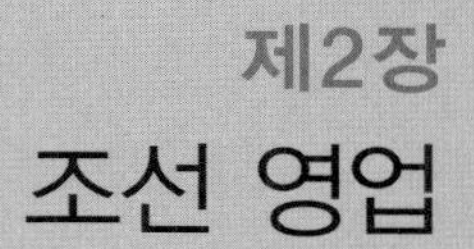

제2장 조선 영업

1. 조선 영업의 의미

1.1 영업의 범위

조선 영업은 조선소의 일감을 확보해가는 작업으로, 영업의 성패는 조선소의 존폐를 결정한다. 즉, 조선소는 선주가 의도하는 선박을 수주, 건조하기 위해 각종 조건을 준비하고, 선주가 운항하고자 하는 선박이 갖추어야 할 요구사항들을 최상의 상태로 충족해주어야 하며 그에 합당한 가격을 받도록 최선의 노력을 다하는 과정을 조선 영업이라 한다.

선주는 막대한 재정을 투입하여 해운시장에서 경쟁하여 수익성을 올려야 하는 만큼 최상의 성능을 요구한다. 따라서 조선소는 탁월한 기술을 배경으로 우수한 설계를 할 수 있어야 한다. 뿐만 아니라 선주와 조선소는 선박의 인도일자, 가격, 지불 조건, 법적인 구속력 등 수많은 상업적 요소들에 대해 상당한 기간 동안 반복적으로 협상하게 된다. 선주가 조선소의 표준보다 높은 시방(도면 외의 품질, 성분, 공법 등)을 요구할 때는 그에 맞먹는 가격을 추가로 지불하여야 하며, 빠른 납기를 원할 때는 그에 맞추기 위한 돌관작업에 드는 추가 비용을 부담해야 한다. 또한 지불 조건이 달라지면 추가되는 금융비용 등에 합의하여야 한다.

이러한 협상과정을 거쳐 선박의 기술 시방, 상업적 조건, 법률적 해석에 합의하면 계약에 이르게 된다. 선박의 건조계약은 조선소에 생명의 숨결을 불어넣는 일이다. 선박 건조를 위한 계약서에 서명을 함으로써 조선소의 관리, 설계, 생산의 모든 조직과 설비가 생명력을 얻고 움직이기 때문이다.

선박 건조를 위한 협상의 시작으로부터 계약의 서명에 이르기까지 조선소에서는 선박 영업부서가 모든 업무를 관리한다. 조선소와 선주가 계약서에 서명하여 선박의 계약이 체결되면 제반서류는 계약 관리부서로 넘어간다. 계약에 규정된 선주의 의무, 특히 1차 분할 납부금이 입금되면 조선소는 선박 건조에 착수할 수 있는 조건이 된다. 계약 관리부서는 계약에 서명한 날부터 선박이 인도될 때까지의 조선소의 공정 관리, 선주 감독관과의 협의 등 계약에 관련된 업무들을 관장하게 된다. 그리고 선박 건조과정 중 치러야 하는 행사들, 즉 기공식, 진수식, 명명식 등을 주관한다.

계약 관리부서의 마지막 업무는 계약상의 선주 의무가 충족되었음을 확인한 뒤 선박을 선주에게 인도하는 일이다. 선박이 선주에게 인도되면 계약의 규정에 따라 사후 관리부서가 인도 후 선박의 운항에서 나타나는 각종 상태를 확인하여 계약서에서 합의하였던 상태로 운항할 수 있도록 돌보게 된다. 이러한 선박 판매, 계약 관리, 사후 관리를 통틀어 조선 영업이라고 부른다.

1.2 시장에 대한 전망

수요 공급의 일반적 척도로서 선박의 수명은 대개 20년 정도로 잡고 있었으나, 2006년 발효된 선체구조에 관한 일반 규칙(CSR, Common Structural Rules)에 의해 25년으로 연장되었다. 선체의 부식, 선체 피로강도 및 모든 기계의 마모에 대한 내구연한을 25년 기준으로 설정하는 것이다. 돌발변수가 없는 한 선박은 25년이 지나면 해체하여 고철로 처리하는 것으로 가정한다. 따라서 이러한 가정에 따라 단순하게 계산하면 선박의 연간 대체 수요는 매년 총 선복량의 4% 정도에 달한다고 볼 수 있다. 예를 들어, 세계 선복량을 7억 GT로 보면 이론적으로 매년 약 2,800만GT가 대체되는 것으로 예상할 수 있다. 그러나 해운시장이 호황인 경우에는 대체시기가 지났음에도 불구하고 선박을 운항하는 경우가 있고, 불황일 때에는 수명이 다하기 전에 선박을 해체장으로 보낼 수도 있다. 따라서 이 대체 물량은 조선소가 기본적인 신조 수요를 예측하는 데 기준으로 사용할 수 있는 수치이다.

그림 2-1을 보면 1998~2008년의 10년 동안 물동량은 57억 톤에서 81억 톤으로 약 42% 증가한 것으로 나타나 연평균 3.6%의 물동량 증가를 예상할 수 있다. 이 물동량의 증가는 선박 신조 수요와 직결시켜 생각할 수 있다. 즉, 세계 선복량 7억 톤의 3.6%인 2,940만GT의 신조 수요를 고려할 수 있는 것이다. 따라서 앞에서 언급한 연차적인 선박

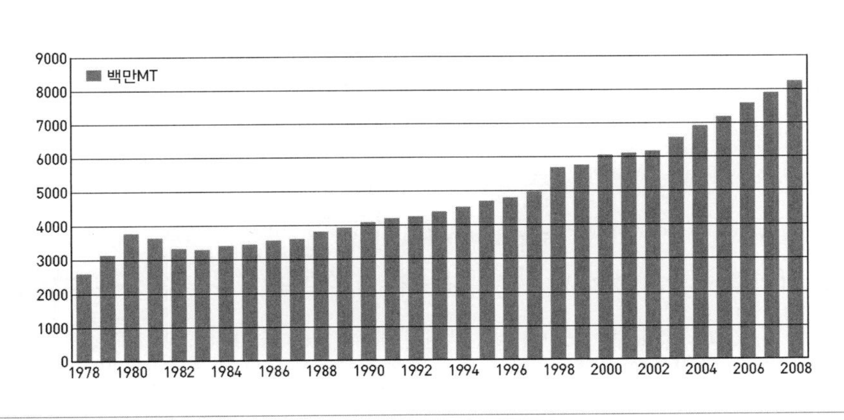

그림 2-1 세계 해상 물동량 증가 추세 (출처:UNCTAD&UN REVIEW OF MARITIME TRANSPORT, 2009)

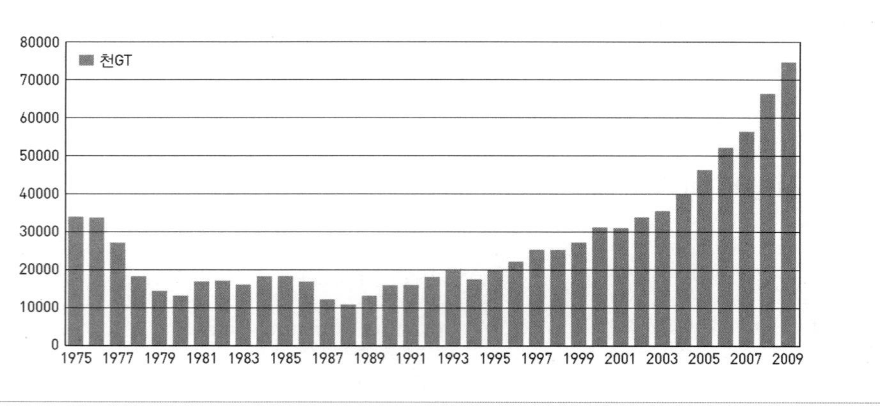

그림 2-2 전 세계 연간 건조량 (출처:UNCTAD&UN REVIEW OF MARITIME TRANSPORT, 2009)

대체 수요 4%와 합치면 매년 7.6%의 수요가 발생한다. 최근의 경제 변동이 지속된다면 단기적으로는 5,740만GT의 신조 수요를 예상할 수 있다.

이 수치를 참조하여 **그림 2-2**에 표기한 전 세계 연간 건조량을 살펴보면, 2000년대에 연간 3,000만 톤의 선박이 건조되던 것이 점차 증가하여 2006년에는 연 5,000만GT를 전후한 신조선이 건조되었음을 알 수 있다. 또한 2007년부터 급격히 증가하기 시작해서 2009년에는 7,500만GT 수준까지 이르렀고 그 3년 동안 과수요로 인한 선복량 증가가 있었음을 추측할 수 있다.

그림 2-3은 연도별 세계 선복량의 추이를 보여주고 있다. 세계 선복량은 사상 최악의 조선해운 불황기라고 일컬어지는 1982~1986년 사이 약간 감소하였으나 이후 꾸준히 증가하여 왔다. 1987~2002년 사이에는 완만한 증가를 보여주었다. 1987년 3억 5,000만 GT로부터 2002년 5억 8천만GT까지 증가하여 연평균 1,600만GT가 늘어났고, 그동안의 연간 평균 선복량 4억 6,500만GT로 나누면 연간 3.5% 정도의 증가를 보여주었다. 상기 물동량 증가량 4.2%와 비교하면 약간 저조했음을 알 수 있다. 그만큼 세계 선박해운시장이 1982~1986년 동안 극심한 침체를 벗어나지 못했음을 알 수 있다.

그러나 2002~2006년의 시장은 상황이 완전히 달라졌다. 5억 6,000만GT로부터 7억 2,000만GT로 증가하여 연간 평균 6,000만GT가 팽창하여 그 기간의 평균 선복량 6억 5,000만GT와 비교하면 9%가 넘게 증가하였다. 이는 중국, 인도 등 경제가 꾸준히 성장하고 있는 지역으로 향하는 철광석, 석탄, 원유 등 물동량 증가와 그에 대한 기대 수요를 반영한 수치로서 역사상 가장 빠른 증가속도이다. 한편 해체장으로 가야 할 노후 선박들이 시장 활동을 계속하고 있다는 것도 반영하고 있다. 결국 선주는 이러한 세계 선복량의

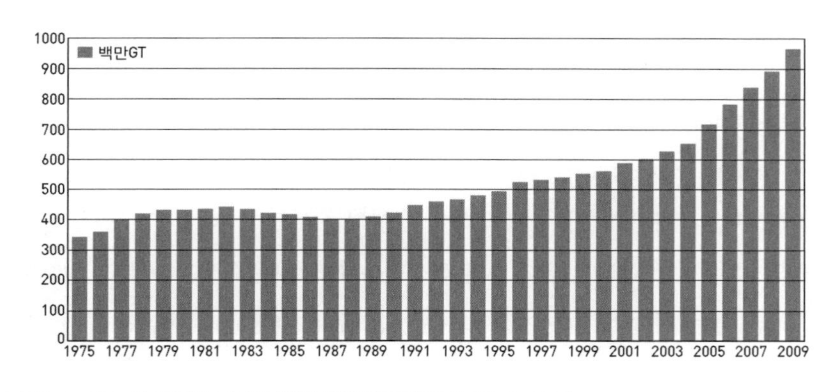

그림 2-3 연도별 세계 선복량의 추이 (출처:UNCTAD&UN REVIEW OF MARITIME TRANSPORT, 2009)

증가세를 예측하여 그들의 선대 교체 및 증감 계획을 세우게 된다.

2. 선주의 발주 준비

선주의 선박 발주는 여러 요인을 검토한 후 비로소 결정된다. 세계 경제 동향과 해운시장에 대한 전망, 운항 경제성을 고려한 노후 선박의 대체 계획, 신규 항로와 운송 화물의 개발 등에 근거하여 선주는 보유하고 있는 해운선단의 종합 운영 계획을 수립하고, 새로이 발주할 선박의 척수와 신규 발주를 위한 예산 확보 및 필요, 인도일자 등을 검토하여 결정한다.

2.1 운항 정책에 의한 선박의 교체

선주는 선박이 노후했을 때만 선박의 대체를 계획하는 것이 아니라 각종 선급(Classification Society)이나 주요 국가의 해운 관련 규정의 변화에 맞추어 탄력적 운항이 가능하도록 보유하고 있는 선단의 교체시기를 적절하게 결정해야 한다. 또한, 조선 기술의 개발로 연료소비량이 지속적으로 개선되고 있을 뿐 아니라 배기가스에 대한 환경규제가 강화되고 있으며 다양한 자동화기기의 설치와 친환경 시스템이 확대 적용되고 있어서, 선주는 지속적으로 선박 교체 요구를 받게 된다.

일반적으로 선진국의 해운회사들은 선령 5~7년 미만의 선박으로 선단을 구성하여 높은 운항 경제성을 유지하기 위해 노력하고 있다. 선령 5~7년을 경과한 선박은 중진국 해운회사에 매각하게 되는데, 중진국 해운회사들은 낮은 선가로 운항 경제성을 가져올 수 있는 해운 사업에 5~10년 동안 운항을 계속한다. 최종적으로 선령이 10년 정도를 경과한 선박들을 후진국 해운회사들이 구입하여 운항하는 패턴이 형성되어 왔다. 다시 말하자면 선박의 효율 극대화와 운항 기술의 선진화는 선진 해운회사가 이끌고 있으며 이들과 손잡고 끊임없는 기술 발전을 이끌어가는 것은 세계 10대 조선 대열에 들어있는 조선소들이다.

2.2 화물 및 항로의 변화

세계 경제가 활성화되면서 에너지 자원과 철광석 등의 주요 원자재의 수요가 증가하고 그 운송거리(Ton-Mileage)도 늘어나게 되었다. 얼마 전까지 중국과 인도는 철광석과 석탄 및 석유를 생산하여 수요를 충당하고 잉여 생산품을 수출하였으나, 이제는 대부분의 자원을 수입하게 되어 물류가 역전되었다. 여기에 덧붙여 지금까지 공업 생산품의 수입이 수출로 전환되고 수출입상품 수송에 컨테이너선의 수요가 대폭 늘어나게 되었다. 또한, 개발도상 국가들은 '자국 물품은 자국 건조 선박으로' 라는 강력한 지원 정책으로 선진국이 이끌어오던 선박 건조 사업에 뛰어들고 있다. 예컨대 중국 등에서도 LNG 관련 선박이나 시추 관련 해양구조물, 그리고 대형 컨테이너선을 건조하고 운영하는 데 적극적으로 나서고 있다.

3. 선주의 발주 결심

선박의 발주는 선주에게 미래를 약속하는 커다란 기회이기도 하지만 엄청난 위험을 동반하는 도전이기도 하다. 국제 항로에 취항하는 보편적 규모의 선박 한 척을 새로 건조하려면 선주는 적게는 수천만 달러(수백억 원)에서부터 수십억 달러(수조 원)의 투자가 필요하다. 이와 같은 규모의 투자 계획이 성공하는 경우에는 엄청난 부를 창출할 수 있지만 조금이라도 잘못되는 경우에는 회사가 무너질 수도 있다.

따라서 선주는 발주에 앞서 발생 가능한 모든 경우를 빈틈없이 면밀히 검토한 후 결정을 내리게 된다. 발주 전 선주의 결심과정은 마치 두드려 보고 건넌 돌다리도 무너질 수 있다고 생각하며 신중을 기하는 것과 같다.

3.1 선주의 선박 신조 계획

선주는 취항할 항로에서 충분한 경쟁력을 가지는 선박의 종류, 척수를 결정하고 건조를 위한 자금 계획을 수립한다. 경쟁력을 가지는 선박은 해당 항로에서 운항하는 우수 실적선보다 운항 경제성이 우수해야 하는데 이것은 항상 선주가 최고의 성능을 가진 선박을 추구하는 이유가 된다. 그와 병행하여 기존의 우수 실적선의 성능을 능가하는 새로운 선박을 설계하여 건조할 수 있는 적당한 조선소에서 선박을 공급받기를 원하게 된다.

이를 위하여 선주는 끊임없이 해운 시황의 변동과 신조 및 중고선 선가에 대한 정보를 수집하고 분석을 거쳐 시황에 적응할 수 있는 성능을 가지는 선박을 적정한 가격으로 신조할 계획을 세우게 된다. 또한, 선주의 요구 조건이 정해지면 조선소와 제반 요구조건을 협상해서 원만하게 타결해야 하므로 기술 요소의 공신력 있는 판단을 얻기 위하여 적정한 중개인이나 선급협회 등에 위임하여 요구 조건에 대한 조정과정도 거친다.

3.1.1 선박의 결정

선주의 선박 신조 계획은 선박의 크기를 결정함으로써 시작된다. 선박의 크기는 운송하고자 하는 화물의 종류와 특성에 크게 영향을 받는다. 석유나 광물과 같이 선적지에서 다량의 화물을 안정적으로 공급받을 수 있는 화물을 대상으로 하는 선박인 경우에는 수요자의 입장이 선박의 규모를 결정하는 주요 인자가 된다. 공급자와 수요자 사이의 물동량이 확정 지어진 경우에는 해운업자가 장기간에 걸쳐 가장 높은 운항 경제성을 가지고 운송할 수 있는 선박의 적재량과 운항속도를 화물의 선적항구와 하역항구의 조건 그리고 항로의 특성에 적합하도록 결정한다. 선적항과 하역항이 확정되어 있는 경우에는 양쪽 항구의 특성이 선박의 치수를 결정하는 주요 인자가 되며 운항 항로 또한 선박의 크기와 운항속도를 결정하는 중요한 요소가 된다.

대서양과 태평양을 잇는 운송은 파나마 운하의 통과 여부에 따라 결정된다. 일반 화물선이 파나마 운하를 통과하여 운항하면 남아메리카 남단의 케이프 혼을 경유하여 운항할 때보다 20일 정도 운항을 단축시킬 수 있다. 따라서, 파나마 운하를 통과하는 선박은 그 운하가 수용할 수 있는 최대 크기인 파나막스(Panamax)급, 즉 7만 톤 정도로 제한을 받는다. 2016년 제2 파나마 운하가 개통되면 42만DWT까지의 선박 통항이 가능해지고 운하 통과를 위한 선박의 크기 제한이 대폭 완화된다. 그러나 브라질에서 중국으로 철광석이나 석탄을 실어나를 때는 케이프 혼을 경유하는 것이 유리하므로 파나막스급에 제한을 받지 않고 케이프 사이즈(Cape size), 즉 17만DWT까지 키울 수가 있다. 요즘에는 40만 톤급의 광물 운반선(VLOC, Very Large Ore Carrier)까지 건조되고 있다.

수에즈 운하도 같은 경우이다. 지중해와 인도양을 홍해지역에서 연결하는 수에즈 운하를 통과하는 경우 아프리카 남단의 희망봉(Cape of Good Hope)을 지나는 때보다 약 15일 정도 운항시간을 단축시킬 수 있으나 크기는 수에즈막스(Suezmax)급, 즉 15만 톤급으로 제한을 받게 된다. 그러나 수에즈 운하가 폐쇄되거나 혹은 좀 더 많은 화물을 수송할 필요가 있을 때 선박의 크기를 키울 수 있다. 25만 톤에서 50만 톤까지의 VLCC(Very Large Crude Carrier) 혹은 ULCC(Ultra Large Crude Carrier) 같은 초대형 유조선이 계획될 수 있는 것이다. 항로나 하역항구의 조건에 따라 11만 톤급의 아프라막스(Aframax)급 유조선이나 아프리카 서안 캄사르 항에 접안할 수 있는 최대 크기인 8만 톤급의 캄사르막스(Kamsarmax) 벌크선도 탄생하게 되었다.

따라서 선주는 주어진 항로에 투입할 선박의 척수와 속도 등의 경제성 검토를 거쳐 결정할 수 있다. 일정한 시간 간격으로 일정량의 화물이 발생되는 것으로 예상되는 공산품이나 농수산물을 운반하는 선박인 경우에는 그에 적합한 규모의 선박 건조 계획을 수립할 수도 있다. 특히, 발전된 컨테이너선의 운송체계에서 어느 단계에 투입할 선박인가에 따라서 컨테이너선의 규모와 속도가 다르게 정해질 수 있다.

3.1.2 자금 계획

선주가 사업성이 있는 선박 신조 계획을 수립했을 때는 선박 건조를 위해 조선소와의 접촉을 시작하기 전 가장 먼저 검토해야 하는 것이 자금 사정이다. 선박은 그 투자 규모가 크기 때문에 아무리 자금력이 풍부한 회사라 하더라도 자기자본 외에 외부 자금의 유입을 필요로 하게 된다. 일단 가용할 수 있는 자기자본을 확인한 뒤 차입 가능한 금융기관으로부터의 자금을 예측한다. 신조 선박 인수 후 퇴역하거나 매각할 선박의 매각 또는 해체에 따르는 수입을 예상하고, 새로이 건조할 선박으로부터 예상되는 수입을 추정해서 그에 따른 자금 계획을 세운다. 또한 조선소가 금융 조건을 제시하는 경우 선주는 이를 무시할 수 없는 경우도 허다하다. 경쟁력을 잃어가는 일본의 조선 산업이 오래도록 유지할 수 있는 이유와 기술력이 뒤떨어진 중국의 조선 산업이 지속적으로 성장하고 있는 배경에는 그 나라의 선박 수주 관련 금융 조건이 파격적인 데도 있다.

3.1.3 정보의 수집

1) 정보매체

해운정보에 대한 대중 보도매체 수가 증가하고 취급하는 뉴스의 범위가 점점 넓어지면서 선주의 정보수집에 큰 도움이 되고 있다. 세계적인 해운조선 정보매체로는 〈Lloyd's List〉, 〈Trade Winds〉, 〈Fair Play〉, 〈Sea Trade〉 등이 있고, 각종 해사 연구기관 및 LNG선, 컨테이너선, 해양구조물 분야의 정보 분석기관들은 특수 분야의 연구보고서를 내고 있다. 또한 선박 중개회사들도 그들 나름대로의 시황분석 보고서를 내고 있어 선주는 언제나 넘치는 시황정보에 쉽게 접할 수 있다. 그 범람하는 자료의 취사 선택은 선주의 판단에 달려 있고 그 판단을 위해서는 경험과 지식, 결단력 등이 필요하다.

2) 선박 박람회

선박 박람회는 선주에게 중요한 정보원이 된다. 즉, 각 조선소 및 부품업체가 신기술을 도입한 제품들을 선보이며, 세미나가 동시에 열리기 때문에 새로운 논문과 정보가 발표되어 새로운 기술을 접하고 관련자들이 한꺼번에 모일 수 있는 기회가 된다. 어떤 선주는 선박을 발주하기 전에 선박 박람회에 가서 모든 부품들을 사전점검하고 조선소와 협상을 시작하기도 한다. 세계 주요 선박 박람회는 다음과 같다.

- Poseidonia : 그리스 Athens에서 짝수 해에 격년으로 개최되는 세계 최대 규모의 해양 기술, 선박 건조, 유보수 관련 박람회이다.
- Norshipping : 홀수 해에 격년으로 노르웨이 Oslo에서 개최되며 스칸디나비아 해운회사들을 중심으로 개최하는 조선해양 박람회이다.
- OTC(the Offshore Technology Conference) : 해마다 미국 Houston에서 열리는 해양 산업 축제이다. 석유 시추, 유전 개발, 원유 생산 및 환경보호와 관련된 세계 최대의 전시이며 토론을 위한 장이 마련된다.

- SMM(Shipbuilding, Machinery and Marine Technology) : 독일 Hamburg에서 짝수 해에 격년으로 개최되는 조선 · 해양 · 기자재 박람회이다.
- KOMARINE : 부산에서 홀수 해에 격년으로 개최되는 세계 상위급 조선해양 전시회로서 한국 조선의 위상을 반영하여 세계 45개국 1,200개 업체가 참가한다.
- Marintec China : 중국 상하이에서 홀수 해에 열리는 조선 박람회로서 87개국의 1,200개 업체가 참여한다.

3.1.4 선택적 결정사항

1) 조선소의 선택

선주는 선박 신조 계획 초기부터 선박 건조를 맡길 수 있다고 판단되는 몇 개의 조선소를 선택한다. 믿을 수 있는 조선소들의 선대 운용현황과 사용 가능 시기 그리고 시장에서 형성되는 신조가격이나 중고선 매매가격 등을 항상 파악하게 된다. 조선소를 확정지었을 때 신조선의 인수시기와 그와 연계하여 퇴역하게 될 자체 보유 선박의 매각시기와 신조선박 계약의 시기를 합리적으로 결정할 수 있으므로, 선주는 조선소와 관련된 정보를 매우 소중하게 취급하게 된다.

2) 중개인의 선택

여러 차례의 선박 건조 실적에 근거하여 확실한 신뢰관계가 이미 형성되어 있는 선주와 조선소 사이에는 중개인의 개입을 배제하는 경우도 있다. 그러나 일반적으로 선주는 중개인을 선임하게 된다. 중개인은 선주가 직접 밝혀내기 어려운 사항들이나 사전에 준비해야 할 사항들을 선주를 대신해서 확인한다. 중개인은 해운시장의 움직임을 명확히 파악하고 조선소들의 선가 동향과 전망, 선대 현황 등을 파악하여 초기 계획 단계부터 선주를 돕는다. 중개인은 선주뿐만 아니라 조선소로부터도 튼튼한 신뢰관계를 갖고 있어야 하고, 금융의 주선 능력, 법률 지식까지도 갖추고 있어야 선주와 조선소 모두에 도움을 줄 수 있다.

3) 선급의 결정

선주는 신조 계획 초기 단계부터 가입할 선급을 결정한다. 선급 가입은 선박의 보험에 큰 영향을 미치고 선박의 품질이나, 몇 년간의 선박 사용 후 잔존가치 산정에도 중요한 요소가 되므로, 선급의 선택은 신조 계획에 중요한 부분이 된다. 특히, 한 선급에 여러 선박을 오랫동안 가입하였을 때는 선원들이 그 선급에 익숙하여 다른 선급에 가입하는 것을 꺼리게 된다. 따라서 조선소가 제공한 기본 설계를 승인하는 선급이 있더라도 선주가 선호하는 선급과 달라 선급을 바꾸어야 하는 경우도 있고, 조선소는 설계의 변경과 강재중량 변동 그리고 기기의 변경이 이유가 되어 추가되는 금액을 선주가 부담하도록 요구하는 경우도 있다.

4) 선박의 국적에 대한 고려

선박의 국적을 결정하는 것도 중요한 일 중의 하나이다. 선진국 해운시장의 조세 부담과 엄격한 선박 운항 규제를 피하기 위하여 선주는 선박의 국적을 파나마, 라이베리아 등과 같은 편의치적 국가에 등록하는 것을 고려할 수 있다. 편의치적 제도 아래에서는 전 세계로부터 값싼 노동인력을 선원으로 고용할 수 있을 뿐 아니라 획기적으로 낮은 세금으로 기업을 유지할 수 있는 이점이 있다. 영국령 버진 아일랜드, 키프로스, 마샬 제도 등은 '과세 천국' 이라 불릴 만큼 낮은 세금을 부과하는 지역이다. 또한, 요즘에는 자국 선박의 국적 등록을 장려하기 위해 세금을 낮추는 나라도 늘고 있다.

3.2 선주의 입찰 초청

선주는 어느 정도 준비를 갖추었을 때 선택된 조선소를 초청해서 신조 선박 건조 협상에 들어간다. 단독 입찰의 경우도 있으나 일반적으로는 공개경쟁 입찰로 진행한다.

1) 단독 입찰

선주가 한 조선소와 특별한 신뢰관계에 있거나 건조 계획 준비 단계부터 상호협력을 해왔을 때는 단독 입찰이 가능하다. 특히, 선주가 건조 계획의 준비 단계부터 한 조선소와 기본 설계, 예산 수립, 기타 운항 계획 등을 함께 작업하였을 때는 다른 조선소와의 경합 없이 그 조선소에 발주하기도 한다. 물론 확실한 상호 신뢰관계가 전제 조건이다. 또한 그러한 협력관계가 있었다 하더라도 그 조선소를 포함한 다른 조선소를 입찰에 초청해서 경쟁을 시킬 수도 있다. 그런 경우 처음부터 참여한 조선소는 여러모로 기득권을 가질 수 있다. 이때 선주는 그 조선소에 '동일한 조건이면 우선권(First Refusal Right)' 을 줄 수 있다.

2) 공개경쟁 입찰

공개경쟁 입찰은 일반적으로 이루어지는 입찰방법이다. 선주는 그들의 기본적인 요구사항을 각 조선소에 공개한다. 조선소는 선주의 요구사항에 가장 유사한 자체 설계도서와 시방서를 선택하여 선주 요구사항을 구체적으로 반영하여 수정한 후 그에 따른 원가계산을 한다. 선주가 요구하는 선형을 수용하여 건조할 수 있는 가장 빠른 납기를 선택하고 금융 지원이 필요한 경우 그 가능성도 함께 검토한다. 선주는 자신의 기술부서나 외부기술자문기관을 이용하여 상세한 설계도와 시방서를 만들어 조선소에 제공하는 경우도 있다. 그때 조선소는 거기에 맞춰 원가 계산을 하여야 한다.

4. 조선소의 입찰 준비

선주의 기본적인 요구사항이나 상세 시방을 통보받으면 조선소는 선주에게 '기본적으로 흥미 있음(Basic Interest)' 을 알리고 '최선의 납기(Best Possible Delivery)' 를 일단 구속력 없이(Without Commitment) 선주에게 통보한 뒤 제안서를 준비한다.

4.1 원가 계산

원가는 자재비(재료비), 인건비, 경비, 일반 관리비 등으로 구분할 수 있다. 이를 그림으로 나타내면 **그림 2-4(왼쪽)**와 같고, 선종에 따라 차이가 나지만 총원가에 대한 각 항목의 대략적인 점유비율은 **그림 2-4(오른쪽)**에서 보는 것과 같다.

정확한 원가를 산출하는 것은 경쟁력 있는 선가 책정과 수주목표 달성에 가장 중요한 요소이므로, 각 조선소에서는 선박 건조에 투입될 물량을 정확하게 산출하여 그에 따른 자재비 및 생산에 투입될 인건비를 산출해야 한다. 이를 위해서는 건조 실적선 물량 자료를 이용하는 경우도 있고 조선소 나름의 물량 예측 기준 등을 이용하기도 한다. 일반 관리비는 조선소에 따라 다르다.

또한, 선주와의 계약 협상기간을 고려하지 않더라도, 계약 이후 인도할 때까지 2년 내지 3년의 기간이 소요되기 때문에 그 기간에 적용될 기자재 가격의 상승 예측, 인건비의 상승, 환율 및 유가 변동 등을 예상하여 원가 계산에 반영하여야 한다. 그러나 국내외 경

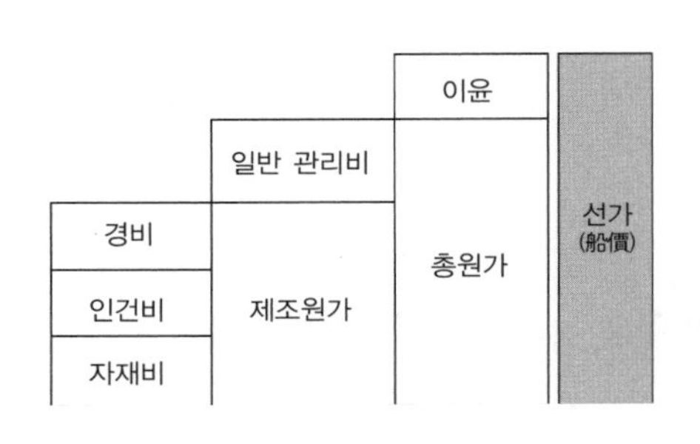

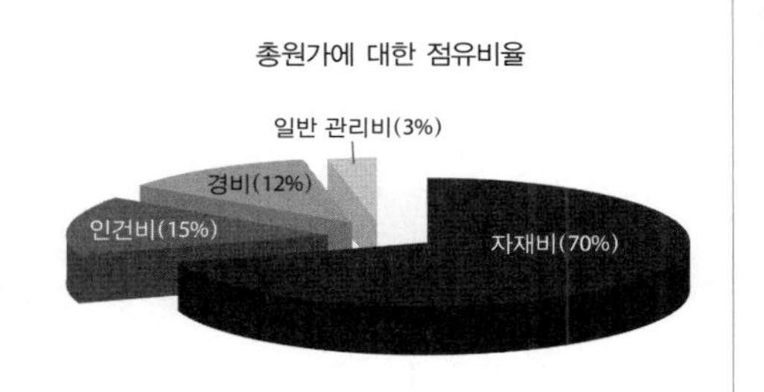

그림 2-4 원가 구조

제여건은 물론 국제 정세 변화에 따라 변동 폭이 심한 경우도 있어 이를 정확하게 예측하기는 대단히 어렵다. 그래서 보통 고정가격으로 원가를 계산하나 때로는 조건부 변동가격(Price Escalation with Subject)으로 계산하는 경우도 있다.

4.1.1 자재비

자재비는 강판, 기관실장비, 갑판장비, 전기설비, 운항장비 및 선원 거주구역 설비 등으로 이루어지며 그 구성비는 선종에 따라 다르다. 대략의 자재비 구성비율은 **그림 2-5**와 같다.

자재비의 산출에 있어서 주기관, 발전기 등 고가의 주요 장비는 매번 생산업체의 견적을 접수하여 책정하지만, 때에 따라서는 가장 최근의 견적가격 또는 최근 계약가격 등을 원용하기도 한다. 일반 원자재-강재, 파이프 등은 정확한 물량 산출이 중요한데 실적 유사선 자료들을 활용해서 물량을 산출하는 방법을 주로 이용한다. 최근에는 조선 설계 전용 컴퓨터 시스템을 이용해서 설계를 수행하므로 물량 산출에 대한 오차가 많이 줄어들고 있다.

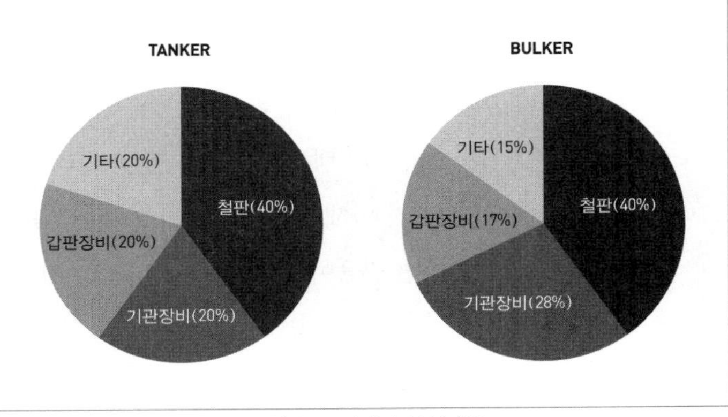

그림 2-5 자재비 구성비율

또한, 자재는 외자 또는 내자로 구입할 수도 있고, 환율의 변화에 연동되어 견적가격이 차이날 수 있으므로 항상 판매업체 견적의 유효 조건을 확인하는 것이 중요하다.

4.1.2 인건비

인건비는 생산에 투입되는 노동력, 즉 강재의 절단, 용접, 조립, 탑재와 장비의 설치 등과 같이 선박 건조에 소요되는 인력에 대한 모든 비용이다. 일반적으로 소요 생산 공수에 각 조선소에서 산출한 공수당 단가를 곱하여 산출한다. 이 경우 매년 예상되는 임금 인상분을 인건비에 반영하여야 하고, 생산성 향상에 따른 공수 절감도 함께 고려되어야 한다. 설계비의 경우에는 각 조선소마다 달리 책정하기도 한다. 예를 들어, 직접 인건비로 계산하기도 하지만 간접비용으로 책정하기도 한다.

4.1.3 일반 관리비

일반 관리비는 감가상각비, 예상이익, 건조이자 및 선급비용들을 고려하여 계산된다. 금융이자 등은 세계 금융시장의 움직임을 반영한다.

4.1.4 환율에 대한 고려

원가를 계산할 때 이자율의 변화와 환율의 움직임은 중요한 고려대상이 된다. 특히, 환율의 미묘한 변동이 원가에 미치는 영향은 지대하다. 원가 계산을 하는 시기와 선주의 분할납부금이 지불되는 시점 사이에 상당한 간격이 있기 때문에 환율의 움직임은 조선소의 경영 환경에 큰 영향을 미치게 되는 것이다. 달러화의 가치가 높아지면 원화로 환전하여 지불되는 조선소는 수익이 늘어나게 되고 반대의 경우에는 손실을 보게 된다.

환율 변동으로 인한 악영향을 최소화하기 위해 조선소는 환율연계 매매(Exchange Rate Hedging) 시스템을 도입하고 있다. 그러나 환율은 일방적으로 강해지기만 하는 것이 아니라 갑자기 약해지는 경우도 있다. 달러화의 강세에 대비하여 환율연계 매매에 합의하여 놓았다면 환율이 예상 외로 약해지는 경우에는 큰 손해를 보게 된다. 2008년 전 세계를 휩쓴 금융 위기 속에서 한국의 군소 조선소들이 도산하게 된 결정적인 요인은 환율연계 매매에 연계되어 파생된 금융상품인 KIKO(Knock In Knock Out)로 인하여 입은 금융 손실이 원인이 되었다. 원화 환율이 강세로 전환될 경우에 대비해서 안전장치로 생각하여 가입하였던 KIKO 시스템이 예상하였던 것과 다르게 환율이 큰 폭의 약세로 돌아서면서 판매절하 효과를 주어 속수무책으로 파산을 당하고 만 것이었다. 오히려 환율 변동의 위험요인에 대한 대비를 하지 않고 KIKO에 가입하지 않았더라면 큰 이익을 볼 수 있는 상황이었다.

4.2 납기의 설정

우선, 선주가 빠른 납기를 원하는지 또는 늦은 납기를 원하는지를 미리 확인해야 한다. 시황의 변화에 따라 선주가 보유하고 있는 선박들을 급속히 교체하고자 하는 경우도 있고, 계약 당시의 선가를 고정시켜 놓고 납기는 가능한 한 늦게 잡으려고 하는 경우도 있기 때문이다. 조선소는 도크 또는 선대 운영 계획에 따라 빠른 납기 요구를 수용할 필요가 있을 때는 기존선의 도크 또는 선대 사용 시기와 대체하거나 계획된 도크 또는 선대 사용 계획 사이에 끼워 넣어야 하는 경우를 고려할 수 있다. 납기는 원가를 계산할 때 관리비, 건조자금 이자, 생산 공수 책정, 적용환율 및 물가 상승의 고려 여부 등과 밀접한 관계가 있기 때문에 함께 검토되어야 한다.

4.3 지불방법

선가의 지불방법은 선주나 조선소 모두에 매우 중요한 사항으로서 원가 계산에 반영되어야 할 뿐만 아니라 회사의 현금 흐름과 밀접한 관계를 갖고 있다. 흔히 사용되는 지불방법으로서는 현금 지불방법과 연불금융, 선박 대여 등의 방법이 있다.

4.3.1 현금 지불

현금 지불에서는 보통 5회 균등분할 지불방법이 가장 흔히 쓰인다. 즉, 계약서에 서명한 시점, 6개월 후 또는 강재 절단을 시작한 시점, 용골거치 시점, 진수 시점 그리고 최종적으로 의장 공사를 마치고 시운전으로 선박 성능이 입증되어 선주에 인도하는 시점으로 나누어 각각 잔여 20%를 균등 분할하여 지급하는 방식이다.

그러나 선주는 그들의 현금 흐름을 검토하여 계약 직후 선가의 많은 부분을 우선 지급하는 방법(Top Heavy Payment)이나 선박을 인도할 때 많은 부분을 지급하는 방법(Tail

Heavy Payment) 등을 제안하는 경우가 있다. 선주가 자금력이 있고 조선소의 자금 사정이 어려울 때는 조선소 측에서 선가의 많은 부분을 우선 지급받는 것을 전제로 선주에게 높은 이자 이상의 혜택이 돌아갈 수 있도록 선가를 낮추는 것이다. 반대로, 선주의 자금 흐름이 인도시점에 많은 비용을 지급하는 것이 유리한 경우에는 조선소는 선박의 원가 계산에 해당 기간 소요자금의 금리를 포함시키기도 하며 선주에게 계약 이행 보증(Performance Guarantee)을 요구하기도 한다.

4.3.2 연불금융

각국마다 나름대로의 수출 촉진을 위한 선박수출금융(Deferred payment, 연불금융)을 제공하고 있다. 한국은 수출입은행(KOEXIM Bank)이 선박금융을 제공하고 있다. 선주의 신용등급에 따라 다르나 보통 2~3년의 거치기간, 그 후 6~12년의 상환기간을 정하고 이자는 세계 금융시장의 추이에 맞춰 결정한다. 보통 원금과 이자를 합하여 정해진 기간 동안 연 2회 원리금 총액을 균등 분할하여 상환토록 한다. 국제 금리가 높을 경우 정책금융에 대한 수요가 높으나 시장금융이 활성화되어 있을 때는 정책금융을 채택하는 경우가 드물다. 그러나 일본이 제공한 금융 조건이 세계 조선 경기 변화를 이끌어낸 일이 있으며, 중국의 공격적 금융 지원은 세계 선박시장을 왜곡시키기도 했다.

4.3.3 선박 대여

선박을 건조하는 조선소와 선박이 필요한 선주 그리고 자재를 지속적으로 공급받아야 하는 산업체 사이를 연계한 방법이다. 예를 들어, 자금력이 없는 영세한 수산업자가 조선소에 새우잡이 어선을 주문하였을 경우 조선소는 젓갈 가공업자와 연계시켜 신조 어선의 소유권을 확보한 상태에서 선박을 수산업자에 용선하여 준다. 그리고, 용선기간 중에 어획물을 젓갈 가공업자에 공급토록 하여 선가를 상계 처리하고, 상계 완료 후에 선박소유권을 선주에 귀속시키는 방법이 서해안 지역에서 쓰인 바 있다. 이와 유사한 방법이 조선소와 해운업자 그리고 철강업체나 정유공장과 같이 지속적으로 원자재를 공급받아야 하는 업체 사이에도 성립되며 금융 산업과도 연계가 가능하다.

4.4 선가의 산정

거래제안서의 가장 중요한 부분은 선가(Ship's Price)이다. 원가는 선박을 건조할 때 들어가는 제 비용에 대한 기계적 계산에 의해 결정된다. 그러나 선가는 경영층의 경험과 경영방침에 따른 자의적 판단에 따르는 경우가 많다. 시장동향을 파악하고 경쟁사의 움직임, 선주와의 관계 등을 고려하여 결정한다. 시장이 활성화되었을 때는 원가에 상당한 이익을 추가하기도 하지만, 시장의 침체기에는 원가의 상당한 부분을 희생시키며 조선소를 존속시키기 위한 선가(Survival Price)를 제출하기도 한다.

4.4.1 시장 동향

시장을 지배하는 기본 척도는 수요와 공급의 균형이다. 앞의 '1.2 시장에 대한 전망'에서 보다시피 1982~1986년의 기간 동안은 신조선 수요가 적고 조선소의 공급 능력은 남아도는 기간이어서 선주가 지배하는 시장(Buyer's Market)이 형성되었으며, 이때 조선소들은 선주의 선가 인하 압력에 따를 수밖에 없었다. 그러나 반대로 2003~2008년 기간은 선박을 건조하려는 선주는 많은 반면 조선소는 공급 능력이 제한을 받았으므로 조선소가 지배하는 시장(Seller's Market)이 형성되었다고 할 수 있다. 이러한 시황에서는 조선소가 값을 부르는 대로 선주가 따라올 수밖에 없다. 전자의 경우는 조선소가 상당한 손해를 감수해야 하나 반대로 후자의 경우에는 상당한 이익을 얻을 수 있다.

예를 들면, 17만 톤급 케이프 사이즈 벌크선인 경우 2002년 선가가 4,000~5,000만 달러 선이었으나 2007년 폭발적인 가수요 상황일 때는 1억 달러 수준까지 상승하였다. 뿐만 아니라 즉시 거래가 가능한 신조선은 1억 2,000만 달러까지 거래가 이루어진 바 있었다. 그러나 2008년 과잉 공급이 확인되자마자 그 선가는 5,000만 달러 수준으로 폭락하고 말았다.

초기에는 대형 우량 조선소들은 충분한 수주 잔량을 확보하고 있기 때문에 급격한 경기의 변동에도 큰 영향을 받지 않는다. 그러나 소형 후발 조선소들은 충분한 작업량을 확보하지 못한 상태에서는 경기 변동에 큰 영향을 받는다. 특히 불황 상태에서는 주문 확보에 큰 어려움을 겪게 되므로, 결국 어려운 상황에 놓인 소형 후발 조선소들부터 선가를 인하하기 시작한다. 그리고 일단 한쪽에서 저가 수주를 시작하면 그 선가가 시장가격을 형성하게 되므로 대형 조선소도 따르지 않을 수 없게 되어 시장의 전체적인 침체로 확산된다.

4.4.2 경쟁사 동향

조선소의 영업부서가 가장 주의를 기울이는 부분이 선박 건조 계획 참여에 대한 경쟁사의 진지성이다. 불황에 처해 있을 때는 조선소들은 물량 확보를 위하여 뼈를 깎는 경쟁도 불사한다. 시장이 어느 정도 희망이 보이는 호황일 때는 양보도 하고 선주의 건조 계획에 참여하여 물량을 나누어 가지기도 한다. 그러나 심각한 불황일 때는 상대방의 약점은 최대한 파고들고 자신의 장점을 최대한 부각시킬 뿐 아니라 보다 나은 선가를 견지하도록 한다.

건조 계약을 체결하기까지는 조선소는 경쟁사보다 유리한 납기, 선주가 거절하기 어려운 지불 조건을 제시하는 등 모든 방법을 동원한다. 다급해진 조선소는 말할 것도 없고 조선소가 속해 있는 국가는 선주에게 파격적인 금융 조건과 심지어는 화물운송 기회까지 제공하는 경우도 있다. 때로는 상대방의 국제법 위반사례 등을 과장하기도 하며 외교적 압력까지 불사하여 상대방을 궁지에 몰아넣기도 한다.

4.4.3 선주와의 관계

조선소는 업무 협조가 오래 지속된 선주를 최우선적으로 배려하는 것이 필요하다. 조선소의 약점을 잡아 쥐어짜고 떠나는 선주를 위하여 어려운 시기에는 어쩔 수 없이 선박을 건조하지만, 좋은 시기에는 동반자로 지속적인 관계를 유지하기 어렵다. 한편 조선소도 보다 나은 선가로 건조하는 선주만을 존중하다가는 어려운 시절이 돌아왔을 때 고정고객으로부터 외면받을 수 있다.

5. 선박 신조 협상

신조 계약은 길고 어려운 협상과정을 통해 한 걸음씩 마무리된다. 협상의 당사자는 물론 선주와 조선소이다. 그러나 선가 움직임의 미묘함, 계약서의 법률적 검토, 금융의 주선 등 복잡한 요소들을 부드럽고 확실히 결정해 나가기 위해 여러 관련자들이 협상에 참여하게 된다.

5.1 협상 진행

5.1.1 협상방법

선박 건조 계약은 쌍방이 엄청난 투자를 결정하는 일이므로 가용할 수 있는 모든 지식과 경험을 동원하게 된다. 보다 유리한 협상을 위해 중개인, 변호사, 기술 자문회사 등을 동원하고 때로는 선박 운용회사(SIMC, Ship Investment and Management Company)를 개입시키기도 한다. 협상장소는 협상에 참여하는 인원이 가장 쉽게 모일 수 있는 곳으로 한다. 선주 사무실이나 선주 측 변호사 사무실 혹은 중개인 사무실에서 모이기도 한다. 기술팀과 영업팀의 해외출장이 어려울 때는 선주가 조선소에 와서 협상을 벌인다. 여러 조선소가 경합하는 경우에는 선주가 지정하는 장소에 조선소들을 모아놓고 협상하는 경우도 많다. 여러 조선소가 한곳에 모여 시간대별로 협상을 벌이기 때문에 서로 얼굴을 마주치는 경우도 있다. 매일 윤번제로 반복해서 만나는 경우에는 서로 상당한 신경전을 벌이기도 한다.

서아시아 일대(중동)에서는 말 장수 흥정(Horse Trade)이라는 방식도 경험하게 된다. 즉, 말을 사고자 하는 사람이 여러 말 장수를 모아놓고 경쟁시키는 방법이다. 첫 번째 말 장수의 값을 받아 두 번째 말 장수에 보여주어 깎고, 두 번째 가격을 세 번째에 보여주는 식으로 계속 가격을 깎아 나가는 방법이다. 그것을 한 번으로 그치지 않고 마지막 것을 첫 번째로 옮겨가서 다시 시작한다. 그 절차를 몇 번 반복하게 되면 꼭 말을 팔아야 할 말 장사는 결국 비참한 가격에 동의할 수밖에 없다. 그런 극단적인 가격 쥐어짜기에 말려들지 않기 위해, 때로는 가격 협상을 중단시키고 시방서의 조정을 제안하여 재입찰을 유도하거나 본사와의 협의를 핑계로 시간을 버는 것도 하나의 방법이다.

5.1.2 중개인

조선공학을 전공한 기술자들이 활동할 수 있는 직종의 하나인 선박 중개인은 거래규모가 큰 업무를 취급한다는 점에서 선망의 대상이 되기도 한다. 선박 중개인은 선박을 잘 알아야 하며 선박의 운항, 용선, 관리 등의 업무에 대해서도 이해하고 있어야 한다. 다양한 사람을 만나야 하므로 좋은 대인관계를 유지할 수 있어야 하며, 품격에 맞는 대화를 나눌 수 있는 교양을 갖추어야 한다.

앞의 '3.1.4 선택적 결정사항'에서 언급했듯이 중개인은 선주가 지명을 하는 것이 관행이지만 조선소와도 가까운 관계를 유지해야 하는 것은 선주와 조선소 간의 대화창구 역할을 해야 하기 때문이다.

5.1.3 변호사

선박의 신조 계약서는 구석구석에 함정이 있는 지뢰밭으로 볼 수도 있다. 어떤 선주는 신조 계약 후 계약 관련 서류철과 함께 법적 분쟁에 대비한 서류철을 함께 준비한다고 한다. 조선소의 결격 사유를 모아놓은 서류철은 수시로 변호사의 자문을 받아 조선소에 보상을 요구하거나 심지어는 계약 취소까지도 요구할 수 있는 근거가 되기 때문이다. 시황이 유리할 때는 법적 분쟁이 많지 않으나 시황이 나빠지면 온갖 쟁점이 계약서의 조항 하나하나 단어 하나하나에서 나온다. 심지어는 'Will' 이냐 'Shall' 이냐, 정관사가 붙어야 하느냐 부정관사가 붙어야 하느냐를 가지고 상당한 시간 동안 신경질적인 논쟁을 계속하는 경우도 빈번이 볼 수 있다. 따라서 변호사는 조선소와 선주를 대표하여 최전방에서 협상을 주도하는 역할을 하게 된다.

5.1.4 기술 자문회사

협상의 대상 중 기술시방은 그 분량이 많고 다루어야 할 품목들이 다양해 전문성을 요하는 작업이며 많은 시간을 필요로 한다. 선주는 기술 자문회사를 참여시켜 선주의 기술부문 협상을 맡기는 경우가 많다. 선급협회 조직 내의 자문회사가 맡기도 하고 전문 기술 용역회사가 맡기도 한다. 자문회사의 업무는 선박 건조 도중에 건조 감독으로 연장되는 경우도 있다. 해운회사의 조직 내에 충분한 기술 관리 능력을 가진 팀이 있을 때는 자체 팀에 의해 해결한다.

5.1.5 금융기관

선주들이나 조선소들은 자신들의 기업 운영을 위해 거대한 자금을 운용할 능력을 갖고 있으나 선박 건조자금 전체를 자기 자본으로 100% 감당하기는 쉽지 않다. 선주는 10~20% 정도를 자기 부담으로 준비하고 나머지 80~90%는 금융기관으로부터 융자를 받게 된다. 조선소도 선주의 자금 흐름을 쉽게 하기 위해 수출입은행(EXIM Bank) 등 국책은행의 연불자금을 주선하게 된다. 시장의 자금 흐름이 좋지 않을 때에는 금융기관의 도움은 필수적이다. 이에 따라 금융기관도 계약의 당사자가 되어 계약이행 보증(Performance Guarantee), 환급 보증(Refund Guarantee), 선가 지불방법 등의 협상에 관여한다.

5.1.6 선박 운용회사

선주의 대차대조표상 자본 차입이 부담되는 경우에는 선박 운용회사(SIMC, Ship Investment and Management Company)를 개입시킨다. 이들은 조선소와 선주 사이에 합의된 선가와 제반 조건을 승계하여, 이에 따라 계산된 임대료 혹은 용선료(Lease or Charter Rate)를 받고 선주에게 일정 기간 나용선(Bareboat Charter)을 준다. 또한 시장이 붕괴되거나 경제적 위기가 와서 금융기관이 선박금융을 제공할 능력이 없어지거나 기피할 때 SIMC는 그 대안이 된다.

SIMC는 개별 소액투자자나 기관투자가들로부터 자금을 모아 건조자금으로 쓴다. 자금원이 되는 개별 투자가들은 투자한 금액에 대한 세금 혜택을 받는다. SIMC는 선박 건조에 투입된 금액에 적절한 이자를 추가하여 용선기간 동안 용선주로부터 용선료를 회수함으로써 보장된 이익을 확보할 수 있고 이를 투자자들에게 배분하게 된다. SIMC는 용선기간 중 선박의 시장가격이 높아질 경우 판매할 권리를 가지며 차익금을 합의에 따라 선주와 투자자들에게 배당한다. 이는 독일의 KG(Kommandit Gesellschaft)나 스칸디나비아의 KS(Kommandit Selskap) 시스템을 원용한 선박투자 형태로 상당수 투자자들이 관심 있어 한다.

5.2 건조의향서

복수의 조선소와 협상이 끝나면 선주는 그 결과를 종합 비교해서 한 조선소를 선택하고, 그 조선소와 기본 조건들에 합의한 뒤 최종 계약서의 협상에 들어가기 전 건조의향서(Letter of Intent)에 서명한다. 건조의향서는 공개 입찰에서 단독 계약 협상으로 옮기는 과정에서 조선소와 선주 사이에 맺는 계약의 기본 틀에 대한 합의서로서 계약 협상의 근간이 된다. 계약 협상에서는 기술적, 상업적 상세 내용의 변화로 약간의 수정은 피할 수 없으나 그 기본 골격은 지켜져야 하며, 그렇지 않을 경우 법정 분쟁의 요인이 될 수 있다.

대체적으로 건조의향서에는 선형 및 척수, 선가, 개략 기술 시방서, 지불 조건, 인도시기, 단서조항, 유효기간 등을 포함한다. 이때 단서조항에는 약정서를 무효화시킬 수 있는 조건 등이 포함되며, 약정서의 유효기간은 가능한 한 짧은 기간으로 설정하는 것이 일반적이다.

6. 계약서류

제2차 세계 대전이 끝나기 전까지 냅킨 계약(Napkin Contract)이라는 것이 지금의 계약서 역할을 하였다. 선주와 조선소의 대표가 아침식사를 함께하면서 새로 지을 배에 관한 협의를 하고 그 합의사항을 냅킨에 적어 계약서류로 남겼던 것이다. 항상 단골 조선소에서 배를 짓기 때문에 복잡한 서류작업 없이 선주와 조선소 대표의 개인적인 합의에 의해 선박 건조가 결정되었다. 예를 들면, 다음과 같은 내용이 계약서의 전부였다.

계약

- 선형 : 40,000DWT Bulk carrier
- 척수 : 2척
- 가격 : 100만 달러/척
- 납기 : 1944. 1. 31
- 시방 : 지난번 지은 배에 크레인 용량을 30톤으로 바꾸고, 속도는 12knot로 높인다.

제2차 세계 대전이 끝나고 국제무역이 활성화되었고 세계 어느 곳에서나 호환성이 있는 부품의 공급이 확대되었으며, 낯선 다른 나라 조선소에서도 건조하는 기회가 많아지면서 계약서의 조항이 복잡해졌다. 그 복잡한 조항을 조목조목 따지다보니 계약서와 시방서가 두꺼워져서 오늘날과 같이 100쪽에 가까운 계약서와 1,000쪽에 가까운 시방서를 만들게 되었다. 결국 변호사 업무의 활성화, 부품 및 기술 업무의 분업화에도 큰 몫을 하게 되었다.

6.1 계약서

합의내용이 여러 척의 배를 시리즈로 건조하는 것이라 하더라도 계약서는 배 한 척마다 독립된 계약서를 각각 작성한다. 계약서는 건조과정에서 헌법과 같다. 시방서와 일치하지 않는 조항이 있을 때는 항상 계약서 조항이 우선한다. 계약서는 영어로 작성하며 일반적으로 다음과 같은 사항을 담는다.

- 주요 항목과 선급으로 표기하는 내용은 선박의 주요 제원과 적용하고자 하는 선급기관의 규정 그리고 국내외의 각종 해사 관련 규정 및 요구사항 등이다.
- 계약금액과 지불 조건을 표기하는데 계약금액은 주로 미국의 달러화를 기준으로 표시하지만 상호 합의에 따라 다른 통화로도 계약한다. 국제적 환율의 움직임을 고려해서 유로 통화나 한국 원화 계약을 요구하는 경우도 있다. 지불방법(4.3 참조) 및 지불시기, 지불 조건, 지불보증 등을 명시한다.
- 계약금액의 조정과 관련된 사항으로, 계약 이후 선가 조정이 요구될 만큼 중대한 사안이 발생했을 때를 대비하여 작성하는 규정이다. 주로 다루어지는 내용은 인도 지연에 따르는 지체상금이나 재화중량이나 속도 그리고 연료소모율과 같이 계약서상에 명시되어 있는 중요한 용량이나 성능을 만족시키지 못했을 때 조선소가 선주에게 지불해야 하는 손해배상액 등을 규정한다.
- 건조 중 설계도면의 승인과 건조검사와 관련하여 건조 중 진행되는 설계도면 승인 및 작업 검사방법 등을 규정한다.
- 시방서의 변경이 불가피하여 선박 건조과정에 선주와 조선소가 합의하여 시방서를 변경해야 하는 경우를 규정한다. 시방서 변경에 따른 선가의 조정방법도 함께 규정한다.
- 시운전으로 성능을 확인하여야 하는 모든 기기의 개별 시운전과 선박의 해상 시운전을 망라한다. 조선소의 시험일정 및 방법의 통보 및 선주 감독관의 검사 참가에 대한 조건을 규정한다. 시운전 결과 선주의 승인 및 거절에 대한 조건도 포함된다.
- 인도일자와 인도와 관련해서는 계약 당시 합의된 인도일자와 실제 선박의 인도일자와의 관계를 규정한다. 쌍방이 인정할 수 있는 인도 지연사유에 대한 규정과 선박의 인도, 인수절차 및 인도, 인수서류 목록을 포함한다.
- 공정의 지연과 인도기간의 연장이 불가피하다고 상호 인정할 수 있는 중요한 불가항

력적 사항을 미리 규정한다. 불가항력적 사항이 지속된 기간만큼 인도기간의 연장이 허용되므로 조선소는 불가항력적 사항임을 입증하여야 하며, 선주의 승인 여부는 논란의 대상이 될 수 있으므로 분명하게 규정하는 것이 필요하다. 불가항력적 사항으로 인정되는 사항은 통상적으로 지진, 홍수, 태풍 등의 천재지변에 해당하는 사항과 전쟁, 폭동, 화재 등이 포함되며 그 이외 특수한 사항이 쌍방 합의로 포함될 수 있다. 허용된 최장일수 이상의 지연이 발생되는 경우 불가항력적 요인에도 불구하고 선주는 자동적으로 계약을 해지할 권한을 갖게 된다.

- 품질 보증은 선박을 인도한 후 품질보장에 대한 구체적인 사항을 규정한다. 하자의 통보 및 수리방법, 그때 발생하는 비용의 정산방법 등을 정한다. 동시에 쌍방이 합의하여 보증기사(Guarantee Engineer)를 승선시키기로 합의하는 경우에 보증기사의 승선에 따르는 처우와 비용 분담 등의 문제도 규정한다.
- 선주가 계약 해지를 요구할 만큼 조선소의 중대한 계약 해지사유가 있을 때 계약 해지의 통보, 선수금 환급(Refund by the Builder) 및 선박의 전손(Total Loss) 문제를 다룬다.
- 선주의 과실에 의하여 계약 해지에 이르는 선주의 의무 불이행 사례를 지정하고 그에 따른 계약 해지 절차와 보상방법을 규정한다.
- 분쟁이 발생하여 법적 판단이 필요하게 되었을 때 중재기관의 선정, 중재기관의 결정사항에 따른 집행방법 등을 정한다.
- 권리 승계가 요구되는 경우에 대비하여 계약상 권리와 의무의 양도, 양수 절차를 규정한다.
- 기타 계약기간 중에 발생되는 세금 및 관세, 특허권, 상표권, 선주 공급품목, 보험, 주의사항 표기언어, 계약 유효기간, 규정 해석 등 계약의 집행에 있어 문제가 될 수 있는 모든 가능한 문제점에 대해 그 관리방법을 규정한다.

6.1.1 계약서에 첨부되는 부속서류

계약서에 특정한 사항은 별도로 정리하여 부속서로 첨부하는데 대표적인 것은 조선소의 환급 보증과 선주의 계약 이행 보증이 있다. 환급 보증에서는 조선소가 선주로부터 수령한 선수금 및 선박 건조 중의 중도금에 대한 환급 보증서로서 조선소가 관련 은행을 통해 발급받은 뒤 선주의 선수금 지불과 교환하여 지급하는 문서이다. 합의된 형식과 문안은 계약서의 한 부분이 된다. 선주의 계약 이행 보증은 서류상의 회사와 같이 실체가 분명하지 않은 선주와 거래가 성립되었거나 계약서상의 선주의 계약 이행 능력이 불확실하다고 판단될 때, 조선소가 신뢰할 수 있는 모기업이나 금융기관 명의로 작성된 계약 이행에 대한 보증서를 요구할 수 있다.

6.2 시방서

선박 건조를 위해 기술 사항을 영문으로 작성한 것이 상세 시방서이다. 선박의 성능뿐 아니라 선박에 설치된 모든 장비와 시스템에 대한 용량과 성능, 시공방법, 시운전 절차 등을 규정한다. 계약서와 상치되는 사항이 발견되는 경우 계약서가 우선한다. 반면 이 시방서와 부속하는 서류 또는 도면들과 상치될 경우에는 시방서가 우선한다. 시방서에 포함되는 사항들은 다음과 같다.

- 일반 사항으로 선박의 용도, 주요 치수, 선급, 적용될 법규, 성능, 화물 적재량, 화물 적재 조건, 각종 탱크용량, 모형시험, 시운전(성능시험) 세부항목, 진동과 소음에 관한 허용 기준, 설계도면 승인절차, 도면의 제공방법, 예비품, 선주 공급물품 등 일반적인 사항들을 규정한다.
- 선각 부분과 관련하여 선각의 소재, 강도 설계를 위한 적용 하중, 각 부위별 선각 보강 형태와 방법, 장비설치에 대한 보강, 선각 부재의 크기, 용접방법, 조타기 관련 부분, 기타 선각에 부착되는 모든 철 구조물의 위치, 모양, 부착방법 등에 관한 일반 규정이다.
- 부식 방지는 중요하게 다루어지는 항목의 하나로서 선박은 해수에서 운항이 되고 밸러스트 수 또한 해수를 이용하므로 거친 부식 환경에 놓이게 된다. 이에 대한 대책이 여기에 기술된다. 주로 도료의 종류, 시공방법, 적용하기 전 강판 표면 처리작업을 부위별로 규정하고, 희생음극방식 또는 전류에 의한 부식 방지장치(impressed current cathodic protection)도 규정한다. 또한, 유조선이나 정제유 운반선 또는 화학제품 운반선인 경우에는 선주가 운반하고자 하는 화물에 내성이 있는 도료를 선정해서 기술한다.
- 선체 의장과 관련하여 조타기, 묘박장치와 계선계류장치, 갑판기계와 유압장비, 갑판 의장, 크레인, 해치커버, 환기장치, 선등, 구명기구 등 선박의 운항과 화물 취급에

필요한 주요 의장품들에 관한 상세한 시방을 포함한다.

- 거주 구획과 관련하여 선원의 거주 구획의 설비를 규정한다. 선박 운항 환경에 따른 보온, 방음, 환기, 편의시설, 공용실 등을 다루며, 거주인원의 직급에 따라 방의 배치, 크기, 구조 및 설치가구 등을 정한다.
- 선체 배관과 관련하여 파이프의 재질, 규격, 밸브, 배관부품 등 일반사항과, 연료유 계통, 밸러스트 관 계통, 빌지 수 계통, 환기 및 공기조화, 소화계통 등 선박에 설치되는 전반적인 배관 계통에 대하여 특수 요구사항을 규정한다.
- 화물 하역시설과 관련해서는 적재되는 화물의 운반 및 하역에 적합한 장비 및 제어 시스템에 대해 기술한다. 탱커인 경우에는 펌프 시스템, 화물유 배관 시스템, 화물유 제어 시스템 등을 기술하며, 일반 화물선인 경우에는 화물 취급을 위하여 해치커버 시스템, 하역설비, 화물보호 시스템, 환기 시스템 등에 대하여 기술한다. 그리고 가스 운반선인 경우에는 액화가스를 적재, 하역하기 위한 설비, 재액화장치, 보온장치, 불활성가스 시스템, 화물 제어 및 감시 시스템 등에 대해 기술한다.
- 기계설비와 관련하여 주기관, 축계, 프로펠러 등 주 추진기기의 성능 및 기관실 내의 보일러, 발전기, 각종 펌프, 연료 공급장치, 배관 시스템, 공기압축기, 연료유 청정기, 열교환기 등 보조기기들의 시방, 각종 탱크의 크기, 기기 성능 시험방법 등을 명기한다.
- 자동 제어 시스템으로서는 주기관과 발전기 엔진의 원격 및 자동 운전, 보호 시스템과 관련한 내용이 규정된다. 보일러와 기관실 보조기기들의 운전 상태를 기관제어실과 조타실에서 감시할 수 있도록 준비된 각종 기관실 계기 및 경보 등에 대한 내용도 기술한다. 또한, 야간 운항이나 운항에 방해 요인이 없는 항로에서는 가능한 한 적은 인원으로 혹은 무인화 운전이 가능하도록 기관 제어실과 조타실의 자동화 시스템을 규정한다.
- 전기기구와 전기 시스템과 관련해서는 전기 공급 시스템, 전기모터 시스템, 제어 예비품, 조명 시스템, 통신장비, 항해장비, 전기배선 등이 명기된다. 즉, 선박에 전원을 공급하기 위한 발전기 시방 및 배전방법, 각종 전기장비들의 시동방법, 비상조치 수단 등에 대한 내용이 명기된다. 안전한 항해를 위해 갖추어야 할 각종 항해장비, 선내 및 외부 통신장비들에 대한 시방과 수량, 항해등과 선원들이 생활하고 일하는 공간에 대한 조명의 종류, 시방 등을 기술한다.

6.2.1 시방서에 첨부되는 부속서류

시방서에서 언급하는 각종 내용을 보다 분명히 하기 위하여 일반배치도를 부속서로 첨부하게 된다. 일반 배치도는 전반적인 형상을 나타낼 뿐 아니라 여기에는 화물창 형태, 위치 및 개수, 기관실, 거주 구획 등 각종 구획의 배치, 크기, 선박의 건조 및 운용 목적에 맞는 주요 장비, 각 갑판들의 위치 등이 개략적으로 나타나 있다. 이 도면은 시방서에서 글로써는 명확한 설명이 힘들 경우를 대비해서 보완하는 성격도 포함하고 있다.

또 다른 주요 부속서로는 건조 선박의 부품 공급업체 목록을 준비하는데, 이 목록에는 시방서에 규정된 필요 장비들을 제작하는 업체들이 포함되어 있다. 각 조선소는 선종별로 표준 부품 공급업체 목록을 작성하여 관리하고 있으며, 등재된 각 장비들에 대해서는 대부분 복수의 업체들을 포함시켜서 가격과 품질 면에서 경합을 시킨다. 계약 협상 단계에서 이 부품 공급업체 목록을 협의하게 되는데 선주는 주로 그들과의 거래관계, 애프터서비스(A/S) 및 품질 면을 고려하고, 조선소는 이들뿐만 아니라 가격도 고려해야 하기 때문에 합의를 도출하기 위해 상당한 논쟁을 벌일 때도 있다.

7. 계약 관리

계약서의 서명과 동시에 모든 서류는 법적인 효력을 가지게 되므로 모든 서류를 계약관리부서로 이관한다. 계약 관리부서는 선박 건조 관련 각종 도면의 선주 승인 획득과 상주 선주 감독관과의 협조 그리고 계약서에 명시되어 있는 주요한 건조 공정을 추적하는 업무를 담당한다. 계약 관리 업무는 계약서에 서명이 이루어진 시점으로부터 선박의 인도까지 선주와 좋은 관계를 유지하는 경우 후속 계약으로 이어지는 교량 역할을 하기 때문에 단순한 계약 관리 업무 이상의 중요성을 지닌다.

분할납부금의 신청은 선박 건조 공정별로 선주 감독관이나 선급기관의 확인서 등을 받아서 계약서상의 단계별 공정이 완결된 시점에 선주에게 분할납부금을 신청한다. 계약서에 지정된 바에 따라 선주는 조선소에 계약 분할납부금을 납부하고 환급 보증서와 교환한다. 분할납부금은 강재 절단, 용골거치, 진수, 인도 등의 공정별로 선급의 확인서를 발급받아 신청하며 통상적으로 계약일에서 강재 절단까지는 기간이 길어지면 계약 후 6개월가량 소요된다.

건조기간 중 도면 승인 및 선주 감독관의 검사일정 관리가 원활하여야만 선박의 건조 공정이 순조롭게 이루어질 수 있다. 강재 절단 수개월 전부터 도면 승인절차가 선주 본사 및 선급과 시작되어야 하며, 이후 조선소 상주 감독관과 분담하여 선박 인도 시점까지 도면의 수정이나 승인작업이 지속적으로 이루어진다. 도면을 승인할 때 선주는 계약서, 시방서상의 내용이 전부 반영되었는지 여부를 확인한다. 때때로 도면 승인과정에서 선주가 계약시방서의 내용 변경을 요청하는 경우도 있는데 이때는 추가 금액과 작업공기 등을 고려하여 상호 합의 후 도면 수정작업을 진행한다. 선주 감독관 검사는 강재 절단 시점부터 시작되며, 품질 관리 담당이 상주 선주 감독관과 전체적인 검사 계획서를 합의하고 생산 공정을 확인하여 세부적으로 검사일정 및 결과를 조정, 관리한다.

1) 불가항력 관리

불가항력에 속하는 상황이 발생하였을 때 그것은 인도의 지연과 직접적인 연관이 있으므로 계약에 지정된 절차를 통해 선주의 확인을 받아두어야 한다. 불가항력의 인정 여부는 인도일자의 지연과 직결된다. 인정되지 않을 경우는 무거운 지체상금을 내야 하고 때로는 계약 취소의 빌미가 되기도 한다. 따라서, 선주와의 분쟁 가능성이 높은 민감한 사안이므로 특별한 주의를 기울이게 된다.

2) 선주 및 조선소의 계약 불이행 행위의 관리

계약사항을 적기에 이행하지 않는 경우에는 선주는 물론이고 조선소로서도 계약 취소의 요건이 되므로 특히 세심한 주의를 기울여 관리해야 한다.

3) 중재 준비

사소한 문제도 분쟁의 소지가 있으므로 논란이 있을 때마다 선주와의 교신을 통해 분쟁의 원인과 진행상황 그리고 결과를 명백히 밝혀두어야 한다. 추후에 중재가 필요한 상황이 발생했을 때는 중요한 판단 근거가 되므로 모든 증빙서류를 관리, 보관해야 한다.

4) 선가의 조정

건조기간 동안 시방서의 변경이나 선주의 추가 요구사항 등을 반영하였을 때는 선가의 조정과 직접적 관련이 있으므로 상세히 기록하여야 하고, 단계별로 선주 감독관의 확인과 선주와의 합의를 구하는 것이 필요하다.

5) 각종 행사 관리

선박 건조와 관련하여 조선소에서 일어나는 공정별 행사, 즉 착공, 용골 배치, 진수 등은 분할금의 지급과 관련되므로 단순한 행사 이상의 의미를 가진다. 명명식은 선박 건조에서 선주와 조선소 모두에게 가장 빛나는 행사이다. 인도 직전, 선주와 선주의 손님들, 조선소 간부들과 특히 선박에 많은 노력을 기울인 작업자들이 함께 벌이는 건조 공정 중 가장 중요한 축제이다. 교환할 선물도 준비하고 손님에 대한 접대에 최대한의 성의를 보여야 한다. 이후 건조가 완료된 후 인도는 건조 공정의 마무리이다. 모든 인도서류가 준비되고 최종 지불이 이루어진다.

6) 기타

선주 공급품의 적기 공급이 되도록 관리하는 것이 매우 긴요하며, 모든 선주 측의 관계 인력의 입출국 지원 업무 등도 매우 중요한 업무에 해당한다.

8. 사후 관리

선박이 인도된 뒤 보증기간이 끝날 때까지의 업무를 말한다. 사후 관리를 잘못하면 품질 좋은 선박을 인도하고도 그 품질을 의심받게 되며 부실한 조선소로 오인받을 수 있어 차후 영업에 결정적인 악영향을 끼치게 된다. 이와 관련해서는 사후 관리부서가 업무를 관장하게 된다.

1) 품질 보증

품질 보증(Warranty of Quality)의 범위나 기간은 계약에서 가장 긴 논란을 거치는 부분 중 하나이다. 인도할 때까지 발견되지 않았던 결함에 대해서는 보증기간 내 발견되었다면 조선소는 결함에 대해 수리 또는 그 부분을 대체해주기로 합의하게 된다. 그러나 선주는 보통 보증기간 이후 발견되는 결함에 대해서도 조선소에서 책임을 지고 처리할 것을 요구하는 예가 많다.

2) 보증기간

일반적으로 인도 후 1년으로 합의한다. 그러나 보증기간 중 수리 또는 대체된 기기에 대한 보증기간에 대해서는 논쟁의 소지가 있을 수 있다. 대체한 시기로부터 다시 1년을 연장해 주기를 바라는 선주가 많기 때문이다. 그런 경우 조선소는 인도 후 1년 동안만 보증을 하고 대체기기의 나머지 보증은 기기 공급업체가 선주에게 직접 보증토록 하고 있다. 페인트의 경우에는 4~5년까지 보증하는 경우도 있으나 일반적으로 페인트 제조업체가 선주에게 직접 보증하고 그들의 세계적인 판매망을 통해 애프터서비스를 하도록 한다.

3) 보증기사

종전에는 보증기사를 인도 후 1년 동안 승선시켜 선원들이 배의 시스템에 숙달될 동안 함께 운항토록 하였다. 그러나 보증기사의 대우문제, 책임의 한계 등 분쟁의 요소가 있어 그 기간을 단축시키거나 아예 승선시키지 않는 경우도 많다.

참고문헌

1. 조선자료집, 한국조선협회.
2. Fearnley Review, Fearnley.
3. World Fleet Statistics, Lloyds List.
4. World Shipbuilding Statistics, Lloyds List.
5. World Shipyard Monitor, H.Clarkson.

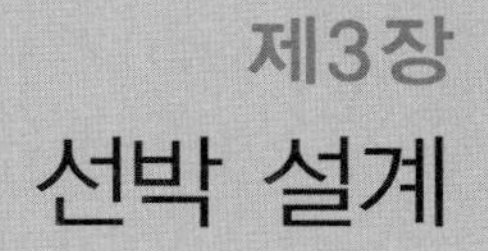

제3장 선박 설계

1. 선박 설계의 의미와 특징

1.1 선박 설계의 의미

선박 설계는 선주의 요구사항을 만족시키는 제품으로 구현하기 위한 일련의 의사 결정 과정이다. 즉, 설계 조건을 만족시켜야 하는 기능을 정의하고, 실현 가능한 형태로 구체화하여 제작 가능한 형태로 결정하는 과정이다. 따라서 선박 설계는 설계자의 과학적 지식과 기술적 경험을 바탕으로 선주가 요구하는 조건을 충족시키려는 노력과 최적화를 이루기 위한 조정과정, 그리고 실현 가능한 형태로 구현하는 창조적 요소가 필요하다.

그러므로 설계자는 선주의 요구 조건을 과학적 지식과 경험에 근거하여 균형을 이루도록 조정하는 능력이 요구될 뿐 아니라 선종에 따라서는 선주의 감성적 선호도에도 부응하는 예술적 요소가 요구된다. 즉, 선박 설계에는 설계자의 의도와 역량이 구체적으로 표현될 수밖에 없다. 설계자의 의도하는 바가 나타나지 않은 도면은 설계도가 아니라 단순한 제도이며 단순한 계산일 뿐이다.

선박은 사용자의 의도에 따라서 자유롭게 움직일 수 있는 구조물 중에서 가장 큰 것으로, 사용자가 요구하는 수많은 요소들을 고려하고 반영해야 한다. 따라서 선박 설계는 모든 요구사항들이 최적의 상태로 구현되도록 서로 상충요소들을 효과적으로 조정하여 표현하고 구체화하는 길고도 복잡한 과정이다.

선박 설계에서는 엄밀한 과학적 원리가 적용되므로 설계자는 각 원리의 본질과 응용과정에 대한 완벽한 지식이 요구된다. 또한 서로 상충요소의 조정을 위한 추론과정을 거쳐 사용자의 요구사항을 최적화하는 데는 수많은 경험적 요소도 요구된다. 그러므로 모든 설계과정에서 세부사항의 결정은 세심한 주의가 결합된 요소로 이루어져야 한다. 아울러 선박은 통상적으로 국제 항로에 취역하게 되므로 국제적으로 통용되는 각종 법규 및 규정 등을 만족시켜야만 취항이 가능하다.

최근 세계적으로 선박 때문에 발생하는 환경오염의 방지와 에너지 저감 기술 등 새로운 기술의 적용이 강조되고 있다. 선박의 운항 조건과 환경 및 안전에 대한 새로운 요구조건이 지속적으로 도입되고 있으므로 이들을 충족시키는 것은 물론이고, 세계 경제 및 시장 동향에도 적응할 수 있는 선박으로 설계되어야 한다. 따라서 선박의 설계자는 전문적인 지식과 풍부한 경험, 그리고 축적된 자료 등에 기초해야만 비로소 우수한 선박을 설계할 수 있다.

한편, 선박 설계는 선주가 세계 경제 동향을 면밀하게 조사 검토한 결과를 바탕으로 하며, 경제적 수익을 올릴 수 있다는 판단을 근거로 출발한 투자의 첫 단계이자 실질적으로 선박 건조의 시작이라 할 수 있다. 당연히 선박의 설계과정에서는 선주가 요구하는 모든 조건을 만족하는 선형으로, 안정성을 확보하고 구조 및 배치가 효율적으로 구성되도록 검토와 조정을 거쳐 확정하는 과정이 필수적으로 수반된다. 선주들로서는 우수한 성능이 공인된 실적선의 성능을 능가하는 조건을 요구 조건으로 설정하는 것이 현실이다. 따라서 개선 및 혁신의 80%는 설계 단계에서 구현되어야 하며, 실제 건조 및 생산 단계에서 선박을 혁신적으로 개선할 여지는 그리 많지 않다.

선박 설계는 전 세계를 활동무대로 사용할 수 있는 선박을 설계하는 일이므로 조선공학 이론과 설계자의 경험을 바탕으로 세계 어느 곳에서나 인정받을 수 있는 최적화된 공학적 추론과정이다. 그러므로 선박의 설계에서는 끊임없이 제품의 성능을 개선하고 생산성을 향상시켜야 할 뿐 아니라, 환경 변동 요인을 최소화하고 최적의 성능과 경제성을 추구하는 설계작업으로서 창조성이 요구되며 균형을 이룬 감성적 판단이 요구되는 예술작업이기도 하다.

1.2 선박 설계의 특징

선박을 하나의 구조물이라는 관점에서 생각하면, 육상의 구조물과는 달리 모든 기능을 독자적으로 가져야 하며, 인접한 구조물과 연계관계를 배제하고도 독립적으로 완벽하게 기능을 유지할 수 있어야 한다. 육상구조물은 지반에 건설되어 정적인 하중이 주된 하중이 되는 데 대하여 선박은 물 위에 부력으로 받쳐지는 구조물로서 자유롭게 이동할 수 있으며 파랑 중에서도 이동하며 안전하게 사용된다.

유조선의 경우는 항로에 따라 항속거리가 6,500Nautical Mile(1NM=1,852m) 이상이 되고 항로는 끊임없이 해상 상태가 변화하는데, 이러한 자연환경 조건을 극복하며 정시 운항을 보장할 수 없다면 해운업자는 합리적인 사업 계획을 세울 수 없다. 또한, 주 하중이 동적인 하중이 되는 실제 해역에서 운항해야만 하는 선박의 구조적 신뢰도나 파랑 중 안정성이 보장될 수 없다면, 선박으로서의 존재 가치를 상실하게 된다.

이와 같이 이동성을 강조하면 선박의 자중을 줄여야 하고, 구조적 안전성을 고려하면 중량이 증가되는 상반된 조건을 충족시키며 설계하여야 한다. 따라서 자체 중량이 크게 중요하지 않은 육상구조물을 설계하는 경우와는 다르게 설계의 난이도가 훨씬 높다.

부력을 받아 수면상에 떠서 이동하는 수송수단인 선박 중에서 기술적으로 매우 평이하다고 생각하는 30만 톤급 유조선과, 육상 운송을 담당하는 수송수단인 자동차 중에서 높은 기술력이 요구된다고 생각되는 고급 승용차를 비교해보자.

유조선은 다량의 화물을 장거리 항로에서 수송해야 하므로 수십 일에 걸쳐 연속 운전이 불가피한 데 비하여 승용차는 하루에도 수차례씩 단속적으로 운전하는 것이 일반적이다. 더욱 열악한 운전 조건 아래 운용되는 유조선은 수명을 20년으로 평가하는 반면에 고급 승용차의 수명은 평균 10년 정도로 본다. 선박은 파랑으로 끊임없이 변동하는 수면에서 항해함으로써 6개의 운동 방향이 연성된 조건에서의 안정성 확보에 노력하는 반면, 승용차는 고체 표면인 포장도로 위에서 이동하며 네 바퀴로 지지를 받고 있어서 안정성 확보가 선박에 비하여 매우 용이하다.

한편, 체중이 70kg 정도인 사람 4인이 승차하여 300kg 정도를 탑재하고 100km/hr로 수송하는 전장 5m 정도의 고급 승용차는 지면으로부터 얻는 마찰력을 제동에 활용할 수 있음에도 차량 길이의 20배 정도가 되는 100m 정도를 안전거리로 확보할 것을 요구받는 것에 대하여 의문을 제시하는 사람은 거의 없다. 반면에, 승용차 100만 대와 탑승 인원의 중량에 해당하는 중량인 30만 톤의 원유를 적재하고 수송하는 330m급 유조선은 유명 마라톤 선수가 달리는 속도의 1.5배 이상의 속도인 30km/hr 정도로 운항하는데, 물로부터 충분한 제동력을 얻지 못함에도 불구하고 승용차의 안전거리와 같은 비율인 약 7km의 안전거리를 제시하면 많은 사람이 쉽게 수긍하지 않는다.

한편, 초 거대구조물인 선박을 구조적으로 안전하며 경제성을 가지고 민첩하게 움직이게 하려면 구조 경량화가 절실하다는 점에는 누구나 쉽게 수긍한다. 하지만 계란의 껍데기 두께가 최대 치수의 약 1/100 정도로 얇은데, 유조선의 외판 두께는 최대 치수의 1/10,000보다도 작다는 점을 인식하면 유조선 구조 설계의 까다로움을 알 수 있다.

실제로 승용차를 타고 달리는 사람이 깊이 5cm의 고인 물을 갑자기 지나가게 되면 충격을 느끼는 것이 일반적이다. 유조선이 최대 각속도 1°/sec로 종동요를 일으켰다면 선수는 정 수면에 대하여 약 3m/sec의 상대속도로 물속을 헤치고 들어가거나 빠져나와야 한다. 더구나 파랑 중에서는 물에 대한 상대속도가 더욱 커진다. 이렇게 설명하면 선박이 파도 중에서 운항할 때 선체가 파도와 부딪쳐 충격을 받게 되어 손상을 입거나 더러는 큰 손상으로 발전하게 된다는 것을 일반인들도 이해할 수 있을 것이다.

예로 든 규모의 유조선은 선가가 1억 달러(2011년 4월 기준) 정도로 승용차 2,500대의 가격과 대등하므로 선주는 당연히 사업성 판단과 면밀한 조사로부터 얻어지는 경쟁력 요소를 요구사항에 담아서 발주한다. 그리고 조선소는 선주의 요구를 성실하게 충족시킬 것을 전제로 선체의 형상과 구조와 운용 시스템을 설계하게 된다. 설계되는 선박은 건조되는 동시에 국제 항로에 취항하므로 그 성능에 대한 평가는 운항 즉시 세계적으로 알려져서 설계자, 즉 조선소의 역량을 대변하는 셈이 된다. 이와 같은 상황에 비추어 볼 때, 우리나라의 조선소들은 이미 우수한 자체적 설계 능력을 세계에서 인정받고 있다.

한편, 승용차의 경우에는 자동차회사가 경제적인 요구와 특정 계층의 취향 변화를 예측하고 반영하여 수요를 촉발할 것으로 생각되는 승용차를 개발해야 하므로 소비자의 미적 감성을 중요하게 생각한다. 따라서 기대하는 사용 계층이 친밀감을 가지고 접근할 수 있도록 겉모양에 신경 써야 하고, 기술적으로는 가속 성능과 같이 감성을 자극할 수 있는 요소도 중요시해야 한다. 또한 다량 생산을 목적으로 설계되는 제품이므로 시제품을 만들어 장기간에 걸친 내구성시험을 거쳐 안정적 품질의 승용차를 지속적으로 공급할 수 있다고 판단될 때 비로소 개발된 제품을 출시하게 된다. 이와 같이 승용차는 수요 계층을 예측하여 다량 생산을 전제로 기획하여 설계되고 충분한 검증을 거쳐 출시한다.

그러나, 선박은 선주의 요구에 맞추어 설계가 시작되며 시험선을 사용한 성능 평가를 거치지 않은 상태에서 20년 이상의 성능을 보장해야 하므로, 설계 시작 단계부터 확연히 다르다. 사용 상태도 대부분의 승용차는 제한된 지역 내에서 국지적인 법규의 제약만으로도 사용이 가능하다. 하지만 선박은 전 세계를 대상으로 적용되는 IMO, ILO, ISO 등과 같은 국제협약을 반드시 지켜야 하는 것은 물론이고, 선급 기준에도 적합하여야 하며 주요한 산업 표준이 인정할 수 있는 성능을 갖추어야 한다. 특히 근래에 들어와서는 세계적 관심사로 대두되고 있는 환경오염을 방지하기 위한 각종 규제가 지속적으로 강화되고 있어서 선박 설계에는 항상 새로운 지식이 요구되고 있다.

2. 설계할 때 고려해야 하는 주요 치수

2.1 주요 치수

선박의 주요 항목을 설계자가 결정하면, 그때부터 선박을 건조하여 진수할 수 있는 조선소가 선정되고 통항할 수 있는 운하와 밑으로 지날 수 있는 교량 등이 결정된다. 또한

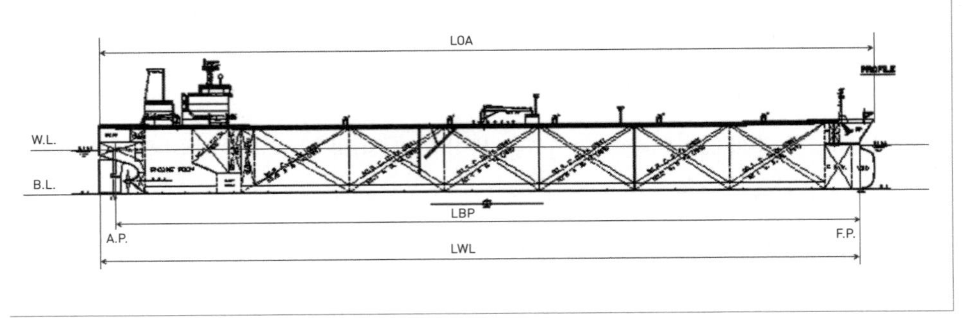

그림 3-1 종 방향의 주요 치수

접안 가능한 항만의 부두와 하역시설을 이용한 하역 가능성을 확인할 수 있다. 따라서 선박의 주요 치수로 해상인명안전협약(SOLAS)과 선급규칙 등에서는 **그림 3-1, 그림 3-2**에 표시한 요소들을 택하여 다음과 같이 정의하고 있다.

- 전장(Length Overall, LOA) : 선체에 붙여진 고정 구조물을 포함하여 선수부 앞쪽 끝에서부터 선미 뒤쪽 끝까지의 수평거리를 말하며, 주로 항만에 접안할 때나 도크에 입거할 때 소요되는 길이의 제약 등을 따질 때 쓰인다.
- 수선 간 길이(Length Between Perpendiculars, LBP) : 계획 흘수선(design draft)에서의 선수수선(F.P., fore perpendicular)으로부터 선미수선(A.P., after perpendicular)까지의 수평거리이며 선수수선은 선수재의 전면과 계획 흘수선의 교점이 되고, 선미수선은 현대적 개념의 선박에서는 타두재의 중심으로 한다. 이는 주로 물 밑에 잠겨 있는 선체의 길이를 대표하는 값으로 쓰인다.
- 수선 길이(Waterline length, LWL) : 계획 흘수선에서의 선수수선으로부터 선미 끝단까지의 길이로서 주로 선형을 설계할 때 사용한다. 이 길이는 주로 선박의 저항 추진과 같은 유체 역학적 특성을 살필 때 기준이 되는 길이로 쓰인다.
- 건현 길이(freeboard length, Lf) : 형 깊이의 85%에서의 수선 길이의 96%와 LBP 중에서 긴 길이를 말하며 건현 계산에서 기준 길이로 쓰인다.
- 선급 길이(rule length, L) : 만재 흘수선에서의 수선 간 길이(LBP at Ts, 최고 흘수). 단, 전장의 96%와 97% 사이에 있어야 하며 선급 규칙에 따른 계산에 사용된다.
- 형 폭(breadth molded, B) : 외판의 두께를 제외하고 계측한 배의 폭을 말한다. 여기서 형(型)을 앞에 붙인 것은 조선 공학자가 설계한 강선을 건조할 때, 설계자가 결정

한 매끄러운 선체 형상 곡면에 맞추어 구조를 계산하여 얻어지는 외판의 두께는 선체의 위치에 따라 다르다. 따라서 외판을 붙였을 때 선체 위치에 따라 선박의 치수가 바뀌는 것이 불가피하여, 설계자의 치수를 기준으로 삼기 위하여 선박의 치수를 정의할 때 외판 두께를 제외하는 것을 관행으로 하고 있다.

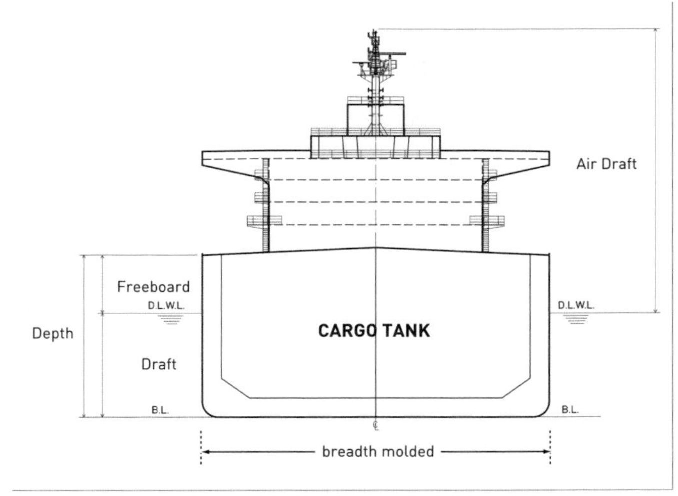

그림 3-2 폭과 높이 방향의 주요 치수

- 형 깊이(molded depth, D) : 선체 중앙부에서 기저선(baseline)으로부터 폭로 갑판의 바닥면과 선측 외판의 내측면의 교점까지의 높이이다.
- 계획 흘수(design draft, Td) : 화물 및 연료유 등의 소모품을 만재한 상태의 흘수이며, 선형 설계의 기준이 되는 흘수이다.
- 최고 흘수(scantling draft, Ts) : 선박의 구조강도가 허용하는 제일 깊은 흘수로서 선박이 실질적으로 운항할 수 있는 최대 흘수이다.
- 건현(freeboard, F) : 국제만재흘수협약(ICLL, International Convention on Load Line)이 규정하는 건현 측정의 기준은 선체 중앙부에서 만재 흘수선으로부터 최상층 전통 갑판의 현측 상면까지의 연직거리이다.
- 공 흘수(Air Draft) : 물에 잠긴 흘수와는 반대의 개념으로 잠기지 않은 높이를 말한다. 기준선으로부터 선박의 최고 지점까지 높이 또는 흘수선으로부터 선박의 최고 지점까지, 또는 산적 화물선일 때는 흘수선에서부터 화물창 덮개가 열려진 창구 주연까지의 높이를 말하기도 한다. 따라서 설계자는 설계할 때 이 중 어느 것인지 확인해야 한다.

2.2 취역 항로

일반적으로 선박은 국제 항로에 취역하므로 선급 규칙이 정하는 바에 따라 일반적인 조건에 맞도록 설계되어야 하며, 특정 해역에서 주로 운항하도록 정해져 있을 때는 그 해역의 해상 조건에 적합하도록 설계되어야 한다. 이러한 관점에서 북대서양 해역이 가장 험한 해역으로서 이 해역이 주 운항 항로인 선박일 때는 해상 상태에 적응할 수 있도록 선박 보강이 필요하다. 또한 캐나다 북해, 발트 해, 사할린 해역 같은 곳은 겨울철에 결빙이 되는 곳이므로 선체의 보강이 필요하다. 특히 러시아 북해 등지의 극지방 운항 선박은 극지 환경을 반영하여 설계하여야 하므로 튼튼한 선체 보강과 방한설비, 제빙설비 등 더욱 세심한 고려가 필요하다.

선박은 승객이나 화물을 운송하는 것이 주된 임무이기 때문에 필연적으로 어느 특정 지역을 통과하거나 특정 항구에 입항하여야만 한다. 세계 여러 나라의 해역 또는 항구마다 운항의 제약이 있으므로 설계 단계에서 이를 잘 파악하여 설계에 반영해야 한다.

2.2.1 운하

1) 파나마 운하

파나마 운하는 대서양과 태평양을 연결하는 46해리의 운하로서 여러 개의 호수와 두 줄의 인공 갑문으로 되어 있다. 기존 갑문은 최대 통과 폭이 32.32m로서 갑문에 들어서면 양안의 끌차가 선박을 끌어서 통과시킨다. 이때 선박에는 예인에 필요한 파나마 초크 및 파나마 플랫폼 등이 설치되어 있어야 한다. 또한 통과지점의 허용 최대 흘수는 12.04m이다. 이와 같이 파나마를 통과하기 위해서는 파나마 당국으로부터 선박의 운하 통항 설비가 운하 통항에 적합한지 관련 도면을 제시하고 승인받아야 한다.

기존의 두 줄의 갑문 이외에 새로운 갑문을 추가로 설치하여 초대형 컨테이너선까지 통행할 수 있도록 수로 확장공사를 진행하고 있어서, 2015년에 개통되면 **그림 3-3**과 같이 49m 폭과 15.2m 흘수를 갖는 선박까지 통항이 가능해진다.

2) 수에즈 운하

수에즈 운하는 지중해와 홍해를 잇는 약 88해리의 운하이다. 파나마 운하와 달리 평면 수로식의 운하로서 길이는 제한이 없고 통과 가능 최대 폭이 64m이다. 흘수의 제한은 선박의 폭이 49.98m 이하일 때는 18.9m이고, 선박의 폭이 그 이상으로 늘어나면 운하 당국이 정한 원칙에 따르는데 일반적으로 폭 증가에 반비례한다. 운하를 통과하는 선박은 적지 않은 통행료를 지불하여야 하며 통행료의 기준이 수에즈 톤수이므로 동일 화물을 운송하는 선박이라면 전체적인 폐위공간이 작은 것이 유리하다. 또한 운하를 통과하기

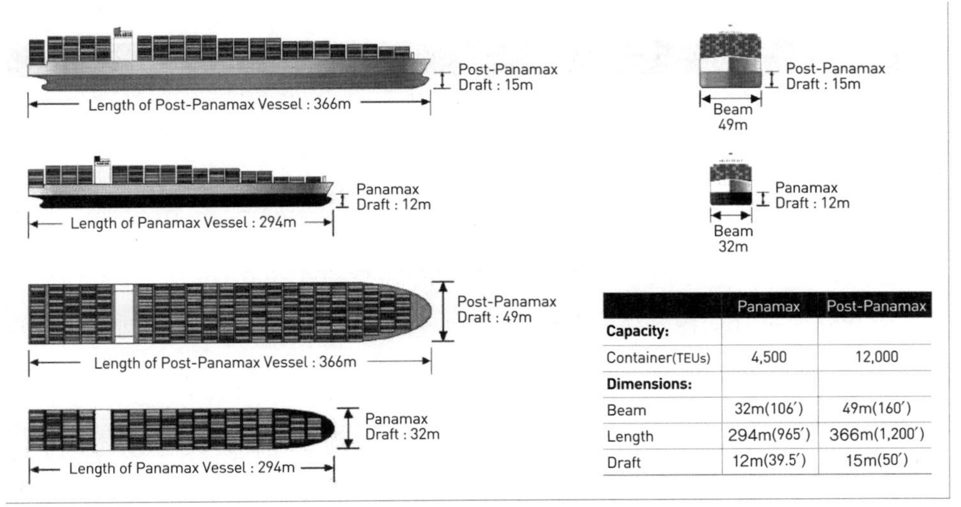

	Panamax	Post-Panamax
Capacity:		
Container(TEUs)	4,500	12,000
Dimensions:		
Beam	32m(106′)	49m(160′)
Length	294m(965′)	366m(1,200′)
Draft	12m(39.5′)	15m(50′)

그림 3-3 파나마 운하 확장 전후 통과 허용 선박 제원 비교

위하여 선수부에 수에즈 서치라이트의 비치가 요구된다.

3) 세인트로렌스 수로

세인트로렌스 수로는 미국 동북부와 캐나다 사이의 몬트리올 항에서 오대호까지 157마일에 이르는 여러 운하들을 연결하는 수로의 일반 명칭이다. 이곳에는 7개의 갑문과 3개의 운하가 있으며, 실제적인 제한 조건은 최대 길이가 222.5m, 폭이 23.2m이나, 특별 도면 검사 후에는 225.5m 및 23.5m까지 허용된다. 수선상부 공흘수(Air draft)는 35.5m이고 통상적인 최대 허용 흘수는 7.89m이다.

4) 키엘 운하

키엘 운하는 북해의 Brunsbuettel에서 Kiel-Hotenau까지 53마일에 이르는 운하로서, 덴마크의 해안을 따라 운항하는 것에 비해 약 280마일을 단축할 수 있다. 최대 허용 길이는 235m, 폭 32.5m, 흘수 9.5m, 공 흘수 40m이다.

2.2.2 항구

각 항구는 **표 3-1**과 같이 여러 가지 제약 조건이 있을 수 있다. 그러나 잘 알려진 몇 곳의 내용 외에 모든 항구에 대한 조건을 맞춰서 설계하는 것은 실질적으로 불가능하다. 따

표 3-1 주요 철광석 수출입항의 제약 조건 (단위 : m)

항구		전장	폭	최대 흘수	공 흘수
호주	Newcastle	290	47	15.3	18.5
브라질	Ponta Do Ubu	313	54	15.5	18.5
중국	Beilungang	290	45	17.1	20.0
프랑스	Dunkirk Solac	283	45	14.2	13.7
한국	Pohang	310	45	14.5	15.0

라서 특별한 요구 조건은 선주로부터 입수하여 설계에 반영하되 일반적인 계약 조건상 특수한 조건의 적용에 따라 추가되는 설계비와 건조비용의 증가는 선주 부담으로 하는 것이 보통이다.

2.3 소요 동력 및 추진 시스템

선박을 추진하기 위하여 필요한 동력은 전통적으로 저속 디젤기관, 중속 디젤기관, 증기터빈, 가스터빈 등의 주기관으로부터 얻고 있다. 최근 환경오염 규제의 강화로 인하여 배출가스 규제가 강화되고 있어서 효율이 좋은 엔진의 사용이 권장되고 있다. 또한 연료유와 천연가스를 같이 쓸 수 있는 저속 및 중속 엔진이 개발 완료되어 사용 중이거나 사용 예정이다. 이 밖에도 연료전지 추진선, 원자력 추진선 등의 실선 적용 연구가 활발히 진행 중이다.

3. 설계의 제약 조건

3.1 선주 요구

선박의 소유주인 선주는 선박을 활용한 경제 활동을 통하여 최대 수익을 올릴 목적으로 최상의 성능을 보장받기 위하여 선박이 구비해야 할 조건을 명시하여 발주한다. 따라서 선주의 요구사항은 선박의 계약이 이루어져서 설계와 건조하는 과정에 선박을 발전시키는 가장 큰 요소이다.

전 세계의 국영 선사, 대형 정유회사, 해운회사 등 다양한 형태의 선주사가 선박을 발주할 때 특유의 요구사항을 포함시키므로, 선박 설계자는 선주와 선급 그리고 조선소의 의견을 조화롭게 조정하여 선박을 설계해야 한다.

3.1.1 주요 선주 요구사항

선주의 요구는 경우에 따라 매우 다양한 형태로 이루어진다. 한 쪽 분량으로 정리한 요구사항을 팩스로 전하기도 하고, 수백 장 분량의 시방서 초안을 검토하여 합의할 것을 요구하기도 한다. 또한 신뢰하는 조선소에 대해서는 설계 시방을 제출받아 검토 승인하는 선주가 있는가 하면, 조선소 내의 보건과 안전뿐만 아니라 환경 측면까지 상세히 요구하는 선주도 있다.

일반적으로 선주들이 요구하는 기본사항은 다음과 같다.

- 선박의 종류 및 주요 치수
- 운송 화물, 화물의 하역 성능, 재화용적 및 재화중량
- 선박의 주기관 및 선박의 운항 속도
- 탑승 인원과 선실의 크기 및 구성
- 선적 국가(Flag) 및 선급협회(Classification Society)
- 적용할 각종 국제협약, 국제 표준 및 국제 규정 그리고 이해 당사국의 규정
- 기타 건조 선박설비의 실험, 계측 및 선박 인도 전까지 확인해야 할 성능 조건

3.1.2 선주 요구사항을 설계에 반영

선박 설계자는 선주 요구사항을 만족시켜야 하는 것은 물론이고, 따로 제시되어 있지 않더라도 선주에게 다음의 사항을 검토하여 선주가 최대한 만족할 수 있는 선박을 설계해야 한다.

- 선박과 선원의 안전
- 해양 오염의 방지 및 친환경 설비
- 지정 항로에서 운항 적합성과 방문하는 항구의 입출항 편이성
- 적정한 선박 건조비용 및 경제적인 선박 운항

3.2 국제 기준

선박은 국제 해상교역에 사용되므로 각종 국제기구의 협약, 방문 대상 국가의 규칙, 항만 및 운하의 요구 조건, 선급규칙 및 국제표준 등을 만족하도록 설계하여 건조한다.

3.2.1 국제해사기구

국제 해상교역에 종사하는 선박에 적용되는 통일된 규칙을 제정함으로써 국가 간의 분쟁 조정을 위하여 국제해사기구(IMO, International Maritime Organization)가 유엔 산하 전문기구로 설립되었다. IMO는 선박의 설계, 건조과정 및 운항할 때에 고려하여야 하는 해양 안전 및 오염 방지에 관한 국제조약을 작성 및 권고하며, 규칙을 결정하는 역할을 수행하고 있다.

3.2.2 선박 설계에 영향을 주는 주요 IMO 협약

- 국제해상인명안전협약(International Convention for the Safety Of Life At Sea : SOLAS, 1974)
- 국제해상오염방지협약(International Convention for the Prevention of Pollution from Ships : MARPOL, 1973)
- 국제만재흘수선협약(International Convention on Load Line : ICLL, 1966)
- 국제해상충돌방지협약(Convention on the International Regulations for Preventing Collisions at Sea : COLREG, 1972)
- 국제선박적량측도 기준(International Convention on Tonnage Measurement of Ships : ITC, 1969)
- 국제독성선박 방오도료 제한 규정(International Convention on the Control of Harmful Anti-fouling Systems on Ships : AFS)
- 국제 밸러스트 수 및 침전물 처리 규정(International Convention for the control and management of ship' s ballast water and sediments : BWMS)

3.2.3 선박 설계에 영향을 미치는 각국의 주무관청

- 오스트레일리아 해운주무관청(AMSA, Australian Maritime Safety Authority)
- 프랑스 민관 공동기구(CCS, Central Committee for Safety)
- 벨기에 해사행정처 대행기구(BMI, Belgian Maritime Inspectorate)
- 홍콩 상선 해사청(HKMD, Hong Kong Merchant Shipping)
- 인도 해운주무관청(IMS, Indian Merchant Shipping)
- 국토해양부(MLTM, Ministry of Land, Transport and Maritime Affairs)
- 영국 해안경비대(MCA, Maritime and Coastguard Agency)
- 노르웨이 해운주무관청(NMD, Norwegian Maritime Directorate)
- 독일 해운주무관청(SBG, See-Berufsgenossenschaft)
- 미국 해안경비대(USCG, United States Coast Guard)

3.2.4 국제기구

- 국제노동기구(ILO, International Labor Organizations)
- 발트 해 국제해운동맹(BIMCO, Baltic and International Maritime Council)
- 국제선급연합회(IACS, International Association of Classification Societies)
- 국제해운회의소(ICS, International Chamber of Shipping)
- 국제전기위원회(IEC, International Electrotechnical Commission)
- 국제독립탱커선주협회(INTERTANKO, International Association of Independent Tanker Owners)
- 국제선사연맹(ISF, International Shipping Federation Ltd.)
- 국제표준화기구(ISO, International Standardization Organization)
- 국제석유회사협의체(OCIMF, Oil Companies International Marine Forum)
- 국제가스탱커 및 터미널운영협회(SIGTTO, Society of International Gas Tanker & Terminal Operators)

3.2.5 그 외에 설계에 영향을 미치는 기준 및 표준

각 항구의 제한 및 요구 조건, 건조하는 선박이 취항할 주요 항로에 소재하는 수에즈, 파나마, 말라카 해협 등의 제한 조건에 영향을 받으며 Chevron, Exxon Mobile, Statoil 등의 선주사는 자체의 표준 및 규칙을 준수할 것을 요구하고 있다.

3.3 선급 기준

3.3.1 선급협회

국제해사기구(IMO)의 규칙 이행을 보증하기 위해 규칙을 해석하고 기술자문을 하는 한편, 선박의 설계를 승인하고 선박 건조과정을 감독하는 주요 기관으로 정부의 담당부서와 선급협회(Classification Society)가 있다. 각국의 선급은 개별적으로 독자적인 경험 및 기술을 바탕으로 선급규칙을 작성하고 이행을 권고하고 있다. 또한 이들은 국제선급연합회(IACS)를 조직하여 선급규칙을 세계적으로 통일하고 조선 해양 관련 기술자문 등의 역할을 수행하기 위하여 비영리 민간 공동체로 운영하고 있다. 한국선급은 1975년 국제선급연합회에 회원으로 가입하여 1998년에 정회원 지위를 부여받았으며 조선 산업의 발전과 더불어 국제적 지위가 크게 신장되었다.

3.3.2 선급 요구 조건의 이행

무역을 목적으로 국제 항로에 취항하는 선박은 선박 보증 및 보험을 위하여 하나 이상의 선급협회에 등록해야 하므로, 조선소는 선주가 가입한 선급의 규칙과 절차에 따라 설계 도면의 승인과 건조과정에 대한 각종 검사를 이행해야 한다. 또한 필요에 따라 각종 증서를 선급으로부터 발급받아 규정에서 요구하는 각종 도면 및 문서와 함께 선박에 비치하여야 한다.

선주는 조선소로부터 선박을 인도받은 후에도 정기적으로 선박의 상태에 대한 선급의 검사를 받아야 하는데, 해상에서의 인명과 재산의 안전을 확보하는 데 목적이 있다.

3.4 국가 기준

모든 선박은 사람의 국적에 해당하는 '선박의 국적'을 가져야 하고 선박 건조 후 국적을 명확히 하기 위하여 등록을 하게 된다. 일반적으로 선박을 운항할 때 선교에는 입항하는 나라의 국기를, 선미에는 국적 등록된 국가의 국기를 달도록 되어 있다. 선박이 특정 국가의 국적을 획득하려면 선박의 설계 및 건조 단계, 그리고 완성 후 국적 등록 때까지 그 국가의 요구 조건을 만족시켜야 한다. 한 예로, 그리스 국적선은 밸러스트 수 탱크와 식수 탱크 사이에 코퍼댐(Cofferdam)을 설치해야 하며, 화물창에 벌크화물을 적재할 때는 그리스 규정에 따른 복원성을 만족하여야 한다. 선박이 국적을 등록할 수 있는 조건은 선박의 소유권자가 국적국의 국민일 때, 선박에 승선하는 선원의 일정 비율 이상이 국적국의 국민일 때, 그리고 선박이 국적국 내에서 건조되었을 때 중에서 한두 가지가 충족될 때이다.

편의국적의 경우, 국적 취득은 소유권자의 국적만으로 취득이 가능하고, 소유권자가 법인일 때는 법인의 등기가 되어 있으면 국적 취득 조건이 만족되므로 법인등기가 용이한 국가에서는 법인의 실체가 애매한 경우가 많다. 선주들은 파나마, 라이베리아 또는 바하마와 같은 국가에 선박의 국적을 등록하는 편의치적을 선호하는 경향이 있다. 이들 국가에 편의치적을 하면 국제규정을 만족시키기만 하면 국적국 고유의 규제사항이 거의 없을 뿐 아니라, 통상적으로 요구하는 국적국 선원 최소 승선인원에 대한 제한조차도 없어 선박 운용이 자유롭고 세금도 절감되는 등 선주의 경제적 이득이 커지는 효과가 있다.

3.5 환경 기준

1989년 초대형 유조선 엑손 발데즈 호의 기름 유출 사건으로 인해 다량의 원유가 알래스카 해역에 유출되고 연이은 폭풍으로 해안에 기름띠가 퍼지는 환경 피해가 발생했다. 이를 계기로 원유 저장탱크를 **그림 3-4**에서 보듯이 2중 선체로 제작할 것이 의무규정으로 강화되었다.

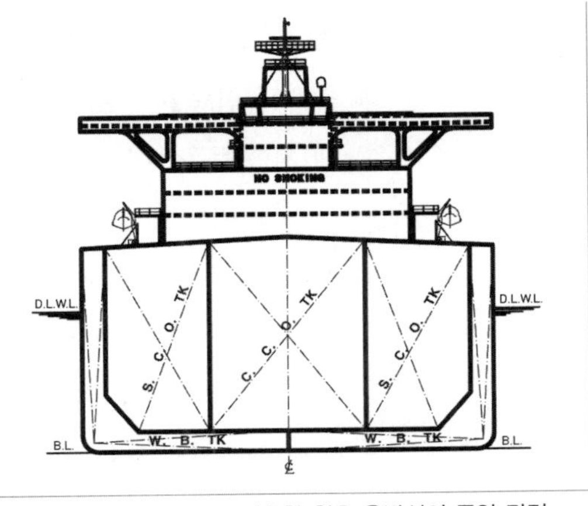

그림 3-4 2중 선체를 적용한 원유 운반선의 중앙 단면

이처럼 특정 사건을 계기로 환경 규제가 강화되었는데 근래에는 환경보호를 위해 국제적으로 배출가스 규제가 본격적으로 강화되고 있다. 선박은 전 세계 물동

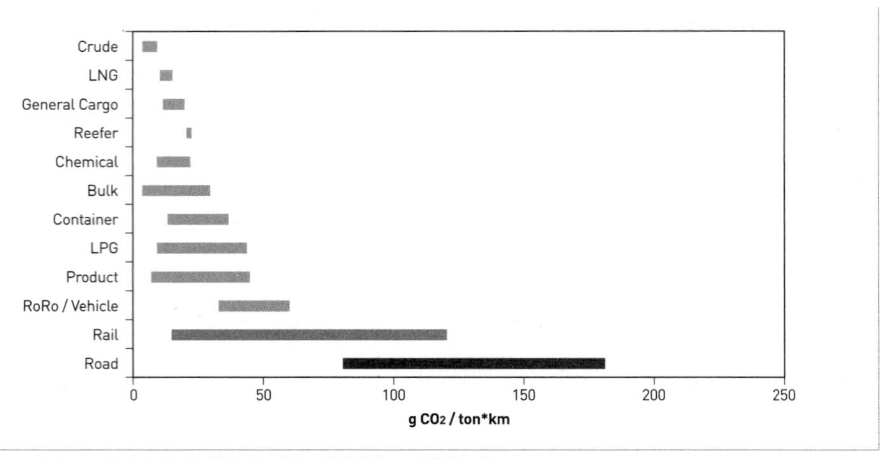

그림 3-5 운송수단 및 선종에 따른 이산화탄소 배출량 비교 (출처: IMO GHG study, MEPC 59/INF.10)

량의 90% 이상을 운송하고 있는데 다른 운송수단과 탄산가스 배출량을 비교하면 운송화물의 종류에 따른 차이는 있지만, **그림 3-5**에서 보는 것과 같이 매우 환경친화적이다.

기상이변을 방지하고 생태계를 보존하기 위한 배출가스 규제가 다각도로 검토되고 있어서 선박을 이용한 해상 운송에서도 보다 환경친화적이고 에너지 효율이 높은 수단으로 거듭나야 한다. 이와 관련한 대표적 규제로 황산화물(SOx), 질산화물(NOx)에 대한 배출 규제가 시행되고 있으며 탄산가스(CO_2) 배출에 대한 에너지 효율 설계지표(EEDI, Energy Efficiency Design Index)가 고려되고 있다.

그리고 질산화물, 황산화물 배출 기준을 시기에 따라 단계적으로 적용하도록 되어 있다. 이를 지키기 위하여 선박의 기관 자체를 조율하거나 배출량을 감쇄시키는 집진장치를 설치하거나 혹은 저유황유를 사용할 것이 요구되고 있다. 또한 에너지효율 설계지표는 단위 수송량에 대한 이산화탄소 배출량을 계산하는 지표로서 주기관 및 보조기관의 출력과 연료 소모량, 연료 사용 효율에 영향을 미치는 부가장치, 그리고 수송하는 화물량과 선속 등을 변수로 하는 수식이 제안되어 있다.

이 외에도 밸러스트 수를 매개로 하여 해역 간의 생태계에 영향을 미칠 수 있는 미생물, 오염물질 등이 배출되는 것을 원천 봉쇄하기 위하여 밸러스트 수 처리장치의 사용을 요구하고 있다. 또한 선박의 수명이 다하여 폐선할 때 인간과 환경에 영향을 주지 않고 친환경적으로 선박을 재활용하기 위한 요건을 규정한 협약 등 다양한 환경 관련 규제가 채택되었거나 논의되고 있다.

4. 설계의 절차와 과정

4.1 설계의 시작

선주는 선박의 선형, 항해속력, 화물의 종류, 항속거리, 주기관의 종류, 유효 화물 적재량, 적용 법규 또는 국적 등의 주요 항목을 명시하여 조선소에 선박 설계를 요구한다. 그래서 기본 설계에서는 선박의 형상, 주요 치수, 속도 등을 결정하고 관련된 국제규정을 조사하고 선주의 요구사항을 구체화하여 시방서 및 기본 도면을 작성한다. 선박을 설계할 때 제한 조건으로 부과된 선주의 요구 조건에 따라 여러 가지 선형과 장치를 계획에 포함시키기도 한다.

이렇게 계획되는 각각의 선박에 대한 총체적이고 종합적인 경제성 평가가 최적의 설계를 결정하는 기준이 되며, 실적선이나 유사선이 있을 때는 이를 참조하는 것이 일반적이다. 특히 선주 요구에 근접하는 조선소의 표준 선형이 있을 때는 선주와의 협의에서 크게 도움이 된다.

4.2 설계의 과정

4.2.1 주요 치수의 결정

선박의 기본 치수는 선박의 성능에 다음과 같은 영향을 주므로 이를 충분히 고려하여 주요 치수를 결정하여야 한다.

1) 배의 길이(L)

배의 추진 성능과 선체 강도에 민감하게 영향을 주는 요소로서 길이의 증감은 추진기관 중량과 선체 중량에 직접적으로 영향을 준다. 배의 길이를 증가시켰을 때는 추진 성능이 향상되어 고속 운항에 유리하며 하역작업이 개선되고, 운항할 때 직진 운항 성능, 즉 보침성(Directional stability)이 좋아진다. 그러나 배의 길이를 늘리면 선체의 종 강도를 확보하기 위하여 부재의 치수를 증가시켜야 하므로 선가를 상승시키며, 건현을 불필요하게 증가시켜 적재 능력을 저하시키고 선회 성능을 떨어뜨린다.

2) 배의 폭(B)

배의 복원 성능과 횡동요 주기 그리고 횡 강도에 직접적으로 영향을 준다. 배의 길이가 일정하다면 폭이 증가함에 따라 복원 성능과 적재 능력이 향상된다. 그러나 횡동요가 심해지고 추진 성능의 저하로 마력 증가를 초래한다. 동일한 흘수 조건에서 L/B비가 줄어들어 조종 성능에서도 불리해진다.

3) 배의 깊이(D)

선체 강도와 부재의 치수 그리고 선체 중량에 영향을 준다. 배의 길이가 일정하면 깊이의 증가는 L/D비를 줄여주고 종 강도를 향상시키므로 선체 중량을 경감시켜 선가를 줄여주는 효과가 나타난다.

4) 배의 흘수(T)

배의 저항 성능과 배수량 상태에 영향을 주며 선종마다 선주가 입항하는 항구의 특성상 특정 요구가 있는 경우가 많다.

4.2.2 선형 설계 및 마력 추정

최근의 지속적인 유가 상승은 연료 절감형 선박의 개발 수요 증대로 최적화된 선형을 만들어 저항을 줄이려는 연구가 활발히 진행되고 있다. 에너지 효율을 높이고 가스 배출을 줄이는 친환경 선박을 개발하는 데 많은 투자를 하고 있다.

선주가 요구하는 속도로 선박을 운항시키려면 설계자는 저항이 작은 선형과 추진 효율이 높은 시스템을 구축하려 노력하게 된다. 설계자는 선형 설계 단계에서 선주가 요구하는 조건들을 충족하며 저항 성능이 우수한 최적의 선형을 도출하는 것을 일차적 목표로 하게 된다. 따라서 설계자는 모형시험 자료와 실적선 자료들을 설계자의 경험을 토대로 종합하여 초기 선형을 설계한다. 얻어진 초기 선형을 모형시험으로 검증하여 설계 속력을 만족하지 못하면 선형을 수정하고 다시 모형시험을 수행하는 시행착오 방식으로 선형을 도출한다.

선박 설계에서 선형 설계과정은 우선 최초 선형을 정의한 후 설계작업을 진행하며 구체적 치수들을 최적화하는 과정으로 경험과 실적 자료를 바탕으로 이루어진다. 최근 수치유체역학 기법을 성능 검증 단계에서 사용하고는 있으나 아직 모형시험을 대체할 수는 없어서 반드시 모형시험으로 성능을 확인하고 있다.

4.2.3 구획 및 일반 배치 검토

선박의 일반 배치는 선박의 운항 성능과 밀접한 관계를 가지므로 선주의 요구에 부합되는 선박을 설계하려면 각각의 구획의 용도와 연계관계를 고려하여 합리적으로 배치하여야 한다. 예컨대, 연료유 탱크와 기관실, 그리고 화물탱크와 밸러스트 탱크를 함께 고려하여 배치와 크기를 정하는 것이 바람직하다. 이어서 선미부와 선수부를 결정하면 개략적인 일반 배치가 완성된다.

우선 여기에서는 **그림 3-6**에서 보는 것과 같은 선박의 일반 배치를 예로 하여 선미부로부터 선수 방향으로 순서대로 설명하고자 한다.

1) 선미부

그림 3-6에서 선박의 후단으로부터 기관실 후단까지의 구획을 선미부라 하며, 이곳에는 선박의 조타기가 배치되어 타의 방향을 조종함으로써 선박의 진행 방향을 바꾸어준다. 따라서, 조타기 및 타의 크기와 배치가 선미부 구획의 길이를 결정하게 되며 거주 구획이 인접하여 있으므로 청수탱크 등을 구획길이 결정에 함께 고려하게 된다.

2) 기관실 구획

화물선, 유조선, 가스운반선 등에서는 흔히 기관실 구획을 선미부에 이어서 배치하지

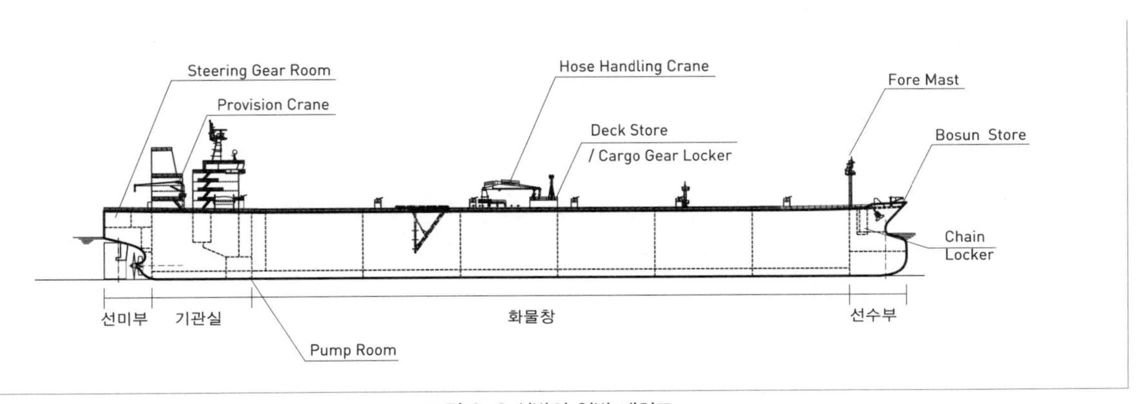

그림 3-6 선박의 일반 배치도

만, 대형 컨테이너선일 때는 선체 중앙부에 배치하는 경우도 있다. 기관실 구획에는 선박의 추진을 위한 주기관을 배치하며, 선원의 생활 및 기타 장비의 구동에 필요한 전기를 생산하기 위하여 보조기관, 발전기 및 보일러 등을 배치한다. 그리고 이들 장비를 구동하는데 필요한 연료유 탱크들도 배치한다. 기관실 구획의 길이는 선박의 추진에 필요한 주기관의 크기에 따라서 결정된다. 기관실 구획에서의 상갑판까지의 높이는 주기관의 피스톤의 유지 보수를 위하여 분리작업을 할 수 있도록 정한다.

3) 거주 구획

선박을 운항하는 선원이 거주하는 공간인 거주구역은 일반적으로 기관실 상부에 배치한다. 오래도록 선원이 거주하는 공간으로 취급되어 왔으나 현재는 선원의 편안한 생활이 가능하도록 진동과 소음을 최소화하는 데 힘을 기울일 뿐 아니라 건강 관리 측면에서도 세심하게 배려하여 설계해야 한다.

4) 화물창 구획

화물창 구획은 설계하는 상선의 주 운송화물을 적재하기 위한 구획이다. 화물창 구획의 바닥은 2중저 구조로 하여 선저에 가벼운 손상을 입더라도 화물은 보호할 수 있도록 설계하며, 2중저는 밸러스트 탱크로 활용한다. 유조선일 때는 종 방향으로 2개 또는 3개의 격벽을 두고 횡 방향으로는 5~9개의 격벽을 두어 화물창의 크기가 지나치게 커지는 것을 제한하고 있다.

컨테이너선이나 일반 화물선 또는 LNG선에서는 종 격벽을 두지 않고 선박의 크기에 따라 다수의 횡 격벽을 두어 여러 개의 화물창 구획을 둔다. 화물창은 선주가 요구하는 화물 적재 능력을 가지도록 형상과 길이를 결정하며 화물의 종류에 따라 관련 규정이 요구하는 코퍼댐 등의 설치가 필요한지 확인하고 길이를 결정한다.

5) 선수부

선박 화물창의 전단으로부터 선박의 앞쪽 끝까지의 구획으로 주로 창고, 밸러스트 탱크 등을 배치하고 선박을 정박하거나 계선 및 계류하기 위하여 사용되는 각종 투묘 및 양묘 그리고 계선 계류 장비를 선수부 갑판에 배치한다.

4.2.4 구조 설계 및 강도 평가

모든 구획과 화물창이 배치되면 용도에 적합한 강도를 갖도록 선박의 구조를 설계한다. 구조 설계에서는 선체구조를 대표하는 단면인 선체 중앙 횡단면의 구조를 우선 결정하고 외판 배치를 나타내는 외판 전개도를 작성한다. 구획 배치 계획과 선체 중앙 단면도와 외판 전개도를 기준으로 각 구획별 또는 위치별로 구조도를 작성한다. 이러한 도면들을 작성할 때는 선급 규정과 선주의 요구를 만족하도록 각 부재의 치수를 결정하여야 한다.

구조 설계에서는 선체에 작용하는 굽힘 모멘트에 대한 구조 강도를 우선 고려하고 국부하중에 대한 국부 강도를 고려하여 구조 설계를 한다. 선박이 물에 떠 있을 때 선체 중량과 적재화물의 중량 그리고 연료유 등의 중량 분포는 선체에 연직 하방으로 작용하는 분포하중이 되고, 선체가 받는 부력의 길이 방향 분포는 선체에 연직 상방으로 작용하는 분포하중이 된다. 이들 두 종류의 분포하중의 차이로부터 선체에 작용하는 전단하중의 분포와 종 굽힘 모멘트의 분포를 구할 수 있다. 선박의 화물창이나 연료유 탱크 그리고 밸러스트 탱크의 배치는 하중 분포에 직접적으로 영향을 준다. 특히 밸러스트 탱크는 사용상태에 따라 상당한 차이를 발생시키므로 사용 조건을 고려한 최적의 배치가 요구된다.

한정된 범위 내에 화물의 하중이나 외력이 집중되면 이에 대한 대비가 필요하다. 특히 선주가, 재화계수가 작은 특수 화물을 수송하는 것을 계획하고 있을 때는 화물로 인한 집중 하중에 견딜 수 있도록 충분한 국부 강도를 가지는 구조 설계가 필요하다. 선박의 주기관이나 프로펠러는 자체의 중량이 집중 하중으로 작용할 뿐 아니라 주기적인 진동을 유발하는 기진원이 되기도 하므로 선체구조와의 공진을 일으키지 않도록 하여야 한다. 공진까지는 아니더라도 선체구조를 따라서 거주 구역으로 진동이나 소음이 전달되어 선원의 거주 환경을 해쳐서도 안 된다.

흔히 조선소에서는 선급에서 개발한 선체구조 해석 프로그램을 사용하여 선체구조 설계를 평가하고 있다. 미국 선급(ABS)은 Safehull을, 노르웨이 선급(DNV)은 Nauticus를, 그리고 영국 선급(LR)은 ShipRight를 개발하여 선체구조 평가 업무에 활용하고 있다. 이들 프로그램을 활용하여 액체화물의 급격한 이동으로 선체구조에 작용하는 슬로싱 압력을 구조 계산에 포함할지를 판단하며, 구조 계산과 슬로싱 현상으로 인한 선체구조의 보강 필요성을 판단하고 있다. 또한, 선급규칙에서 요구하는 상세한 부재의 국부치수를 결정하며, 선주가 요구하는 조건에 대한 검토와 적정하게 설계에 반영하는 방안을 찾는 데 사용하고 있다.

4.2.5 주요 의장품 배치

다음의 주요 의장품은 개략적인 배치를 구획 배치와 함께 결정하는 품목들이다.

1) 조종 제어설비

조타기와 타는 선박의 진로를 조종하는 장치로 주로 선미부에 배치한다. 좁은 수역에서 선박의 조종을 용이하게 하기 위하여 선수 또는 선미부에 사이드 스러스터(Side Thruster)를 설치하는 경우가 있으며, 스러스터를 설치함으로써 선수부나 선미부 또는 기관실의 구획 배치가 변경될 수 있으므로 주의해야 한다.

2) 정박 계류설비

해상에서 선박을 정박시키기 위하여 선수부와 선미부에 닻과 닻줄을 수납할 수 있는 공간과 이들을 다룰 수 있는 계선설비를 선수부와 선미부 갑판에 설치해서, 선박이 조류, 바람, 파도 등의 외력을 받더라도 일정 위치에 정지시킬 수 있어야 한다.

3) 구명설비

구명설비는 선박에 일어날 수 있는 예기치 못한 사고로부터 선박과 인명 보호를 위하여 SOLAS가 국제규정으로 요구하는 설비로, 거주 구획 배치에 영향을 준다.

4.3 설계의 단계

선박 설계는 선주가 요구하는 수많은 요소를 복합적으로 고려하여 요구 조건들을 조화롭게 만족시켜 나가는 과정이다. 또한 선박의 건조에 이르는 일반적인 과정인 계약, 설계, 생산의 각 단계별로 필요로 하는 정보와 고려해야 할 기술적 내용이 다르기 때문에 일반적으로 몇 가지 단계로 나누어 진행한다. 크게 개념 설계, 기본 설계, 상세 설계, 생산 설계로 나눌 수 있다.

4.3.1 개념 설계

개념 설계는 제품이 반드시 지녀야 할 필수 기능들을 확정하는 설계 단계로 정의된다.

선박의 수주 단계에서 수행하는 설계로서 선주를 설득할 수 있는 요소를 포함하여야 한다. 그래서 기존 유사 실적선의 설계와 생산 경험, 그리고 시제품의 개발에 따른 기술적 차별성을 부각시킨 초기 시방서를 결정하며, 설계 선박의 가격을 추정하고 일정 계획과 물량 정보를 가늠할 수 있도록 하는 설계 단계이다. 따라서 개념 설계에서는 개략적인 일반 배치도와 시방서를 작성하며 기본적인 특성 계산과 개괄적인 성능 추정을 포함한다.

4.3.2 기본 설계

기본 설계 단계는 연구 개발 결과와 개념 설계의 내용을 보다 구체적으로 계산하고 해석하여 선주의 요구 조건을 충족시키고 좀 더 안전하고 경제적인 선박으로 구체화하는 단계이다. 이 단계에서 확정한 선박의 초기 선형에 대한 주요 구획 배치를 결정하여 복원성, 종 강도, 건현 계산 등의 기본 계산을 수행하고, 프로펠러 설계 및 모형시험을 수행한다. 구조 설계의 기본 사항이 결정되고 기관실, 선실 등에 대한 주요한 공간 배치를 결정한다. 따라서 기본 설계에서는 초기 일반 배치도, 초기 적하 계산서, 선체 중앙 단면도, 외판 전개도, 갑판 배치도, 횡 격벽 배치도, 전력 및 증기 소모량 계산서 등이 얻어진다.

4.3.3 상세 설계

상세 설계 단계는 시방서와 기본 도면을 바탕으로 선주의 요구 조건을 충족하며, 기능별 간섭이나 불일치가 일어나지 않도록 형상 정보에 대한 설계지침을 작성하고 도면을 생성하는 단계이다. 이 단계에서 기본 설계를 더욱 발전시켜 선박의 주요 기능을 결정하는 화물 구획, 밸러스트 탱크 및 연료 저장 탱크의 최종 확정, 기관실 내의 보기 배치, 보기 관련 구획의 확정, 화물 및 밸러스트 시스템 및 배관의 배치, 각종 철 의장의 배치를 확정한다.

구조 분야는 기본 설계 단계에서 확정한 중앙 횡단면도, 외판 전개도, 갑판 배치 등에 따라 각 구역별 상세 구조를 확정한다. 따라서 상세 설계 단계에서는 기관실, 선미, 선수, 화물창 등 각 구역의 구조도면, 배관 배치도, 철 의장 배치도, 선실 배치도, 각종 전기 및 항해 장비의 배치도 등과 관련 설계지침서, 성능을 나타내는 용적 계산서, 배수량 제곡선도 등의 기본 계산 등을 포함한다.

4.3.4 생산 설계

생산 설계 단계는 기본 설계와 상세 설계에서 얻어진 도면과 설계지침서를 바탕으로 실제로 선박을 제작할 수 있도록 형상을 작도하고 효율적인 작업 방법과 순서를 정하는 단계이다. 이 단계에서는 확정된 각종 배치도 및 구조도에 따라 선박을 건조할 수 있도록 상세 부품도와 조립도를 작성하고 조선소의 생산현장의 설비를 고려하여 설치도를 마련하며 조선소의 작업 표준, 기준, 작업 도구 등을 반영하여 작업도면을 작성한다.

5. 선박 설계의 전산 및 IT 기술 적용

5.1 선박 설계의 정보 기술 발달과정

선박 설계는 정보 기술 관점에서 선박이라는 제품의 정보를 생성하고 표현하는 과정이다. 선박 설계의 정보 기술은 이 과정을 단계적으로 전산화하며 발달하였다. **그림 3-7**에서 보는 것과 같이 국내에서 조선 정보 시스템을 적용하기 시작한 것은 1970년대 후반으로 경영 정보 시스템(MIS, Management Information System)과 수치 제어(NC, Numerical Control) 절단 등 생산 시스템의 자동화 채택으로 시작되었다. 1980년대 중반에는 전산응용 설계(CAD, Computer Aided Design) 시스템의 도입으로 설계의 전산화가 본격적으로

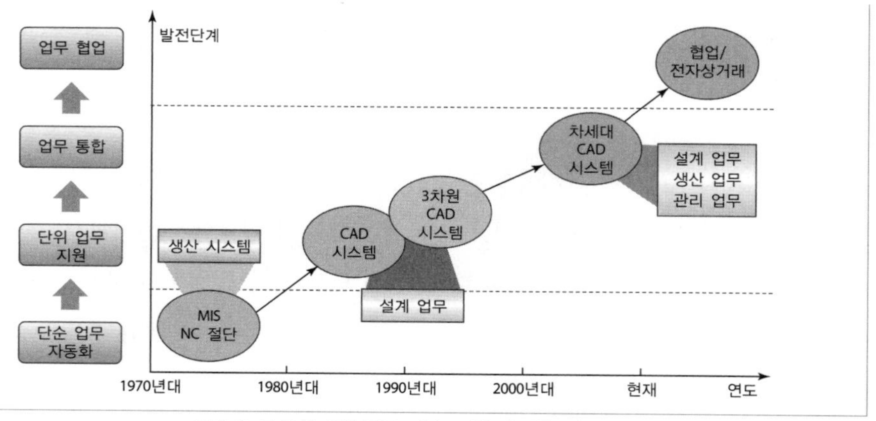

그림 3-7 조선 산업 정보 기술 도입 및 적용 단계

추진되었다.

초기 CAD 시스템은 2D 도면을 작성하는 도면 작성도구라는 측면에서 도입되었으며, 1990년대에는 3차원 CAD 모델을 중심으로 한 설계, 생산 관리 업무의 일관화 및 통합화로 확대되었다. 2000년 이후에는 인터넷 보급이 확산됨에 따라 조선소 내부는 물론 선주, 선급, 기자재업체 등 관련 외부 기관과의 협업 및 전자상거래를 위한 정보화 사업들로 확장되었다.

5.2 설계 분야 정보 기술

5.2.1 CAD

선박 설계에서는 과거 유럽에서 개발된 2D 기반의 조선 전용 CAD 시스템을 주로 사용하였다. 이 시스템은 조선 전용 CAD 시스템이 개발되던 시점까지의 조선 업무에 관한 지식과 생산 공정을 잘 반영하고 있어서 업무에 쉽게 적용할 수 있기 때문이었다. 그러나 조선 전용 CAD 시스템들은 개발 시점 이전의 기술 정보를 사용하고 있는 것이 단점이다. 그래서, 2000년 이후 한국의 대형 조선소들은 미국이나 유럽의 대형 CAD공급자들과 함께 최신 정보 기술을 이용한 독자적인 CAD 시스템들을 개발하여 사용하려 하고 있다. **그림 3-8**은 새롭게 개발 중인 선체와 의장이 통합된 3차원 조선 CAD 시스템의 이미지를 개념적으로 보여주고 있다.

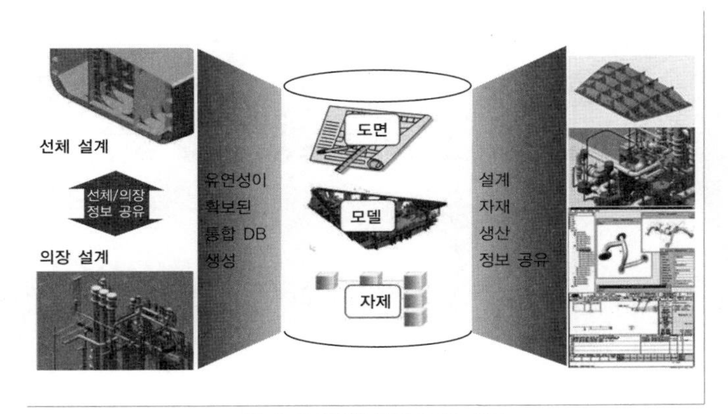

그림 3-8 3차원 통합 CAD 환경

5.2.2 CAE

선박은 대형 구조물이므로 선형 실험을 제외하면 대규모 축척 모형으로 실험 또는 확인하기가 현실적으로 어렵다. 따라서 설계에 필요한 성능 검증작업에 컴퓨터를 이용한 엔지니어링 작업 수행 시스템이 사용되고 있으며, 이를 전산응용 엔지니어링(CAE,

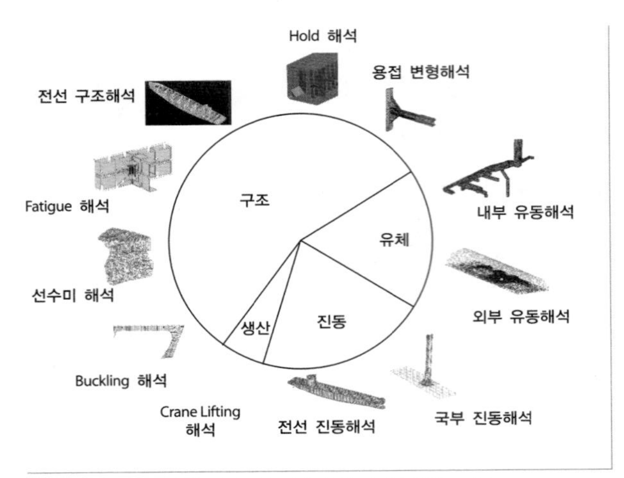

그림 3-9 조선 설계 생산 CAE 적용 분야

Computer Aided Engineering) 시스템이라 한다.

그림 3-9에서 보는 것과 같이, 한 척의 건조 선박에 대한 생산 설계를 완성하려면 구조 강도, 유체 유동, 진동 특성, 소음 규모, 생산 기법 등을 종합적으로 검토하고 해석하는 것이 반드시 필요하며, 이 과정을 지원하는 수많은 CAE 소프트웨어가 개발되어 있다.

5.2.3 전산응용 생산 공정 계획

선박의 생산 공정을 계획하기 위해서는 생산 일정에 적합한 생산 공정을 확인할 수 있어야 하고 적용할 생산 공법 정보를 현장 생산부서에 전달해야 한다. 생산 공법에 관련되는 정보로는 건조 블록의 분할, 조립, 탑재, 운반, 지지 정보 및 작업용 발판 정보 등이 있다. 이러한 정보들을 만드는 작업을 과거에는 수작업으로 하였으나 최근에는 3차원 컴퓨터 모델을 이용한 생산 공정 계획 시스템으로 전산응용 생산 공정 계획(CAPP, Computer Aided Process Planning)을 적용하기 위한 노력을 하고 있다. **그림 3-10**은 CAPP 시스템을 이용한 블록 탑재과정의 예이다.

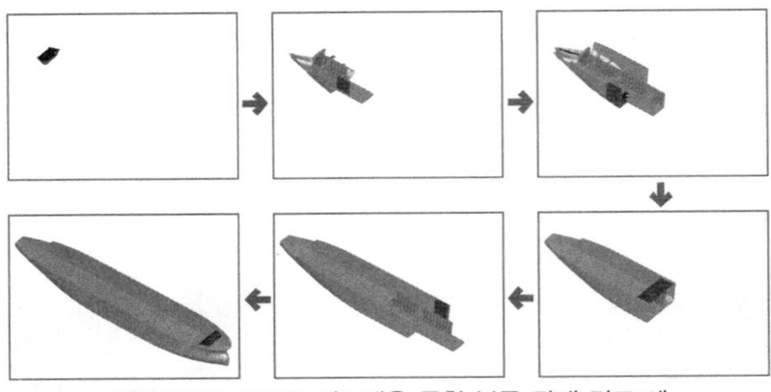
그림 3-10 CAPP 시스템을 통한 블록 탑재 검토 예

5.2.4 자산 통합운영 계획

조선소의 인력, 자금, 설비를 통합하여 운용하고 구매와 생산과정을 최적화하기 위하여 한국의 조선소들은 2000년 이후 자산 통합운영 계획(ERP, Enterprise Resource Planning) 시스템 도입을 경쟁적으로 추진하고 있다. ERP 시스템을 적용하여 기존의 업무 처리방식을 혁신하고 정보와 자재 그리고 자금의 흐름을 고객 지향적으로 바꿈으로써 시장의 변화에 따른 대응력을 높여서 경쟁력 우위를 확보하려는 것이다.

그림 3-11은 조선소에서 적용 또는 구축 중인 조선 ERP 시스템의 전형적인 구성 모듈

들을 보여주고 있다.

5.2.5 조달 체계 관리

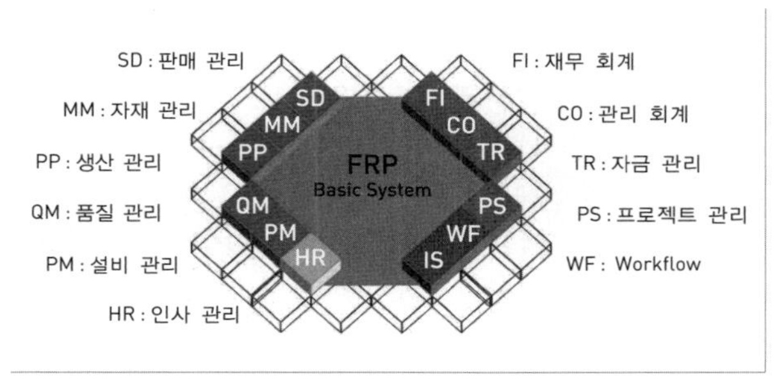

그림 3-11 조선 ERP 구성 모듈

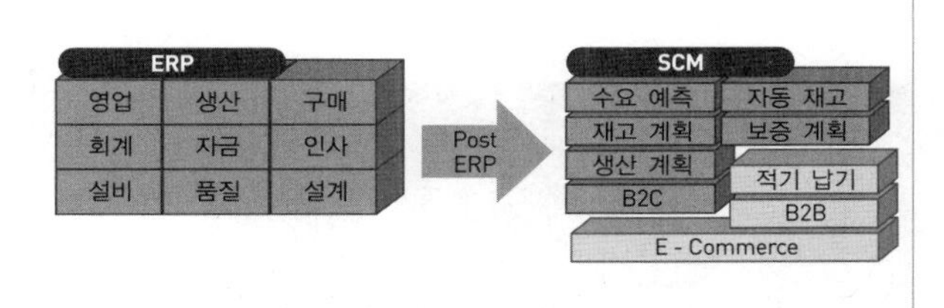

그림 3-12 ERP와 연계된 SCM 추진 전략

선박의 건조비 중 자재비가 차지하는 비중은 60~70% 정도이다. 따라서 과거에는 재고를 감소시키고 구매비용을 절감하는 한편, 안정된 공급을 도모할 목적으로 외부와 구매 조달 체계를 최적화하는 조달 체계 관리 시스템을 구축하였다.

그러나 최근에는 해외의 자재, 인력 등을 전략적 사외 공급자원으로 포함시키는 데 필요한 협업이 가능하도록 정보 공유 체계와 보안 체계를 구축하고, 주요 협력사와의 생산, 설계, 물류 등을 외주 협력하기 위한 계획, 실행, 결제 및 비용 지불 등을 관리하는 것까지 범위를 확대하여 공급망 관리(SCM, Supply Chain Management) 시스템 적용을 추진하고 있다. 즉, 물류 및 재고의 예측 관리, 원자재 및 주요 자원의 보급비용 추세에 대한 관리 기능 강화, 공급선 다변화에 따른 공급자 관리 강화, 주요 자원을 재분류하여 전 조선소 차원의 조달비용을 분석하며, 전략적인 조달을 위한 의사 결정 지원 목적으로 확장 개발하고 있다. 이를 위해 생산현황 모니터링과 ERP 시스템과의 통합을 요구하는데 **그림 3-12**는 ERP 구축 이후의 SCM 추진 전략을 보여주고 있다.

5.2.6 기술 정보 관리 시스템

업무에 대한 전문지식 활용 필요성이 증가하면서 과거에 전문가에 의존하던 지식을 공유하고 전달하는 과정을 기술 정보 관리 시스템(KMS, Knowledge Management System)으로 시스템화하여 업무에 활용하고자 하는 사업 계획들을 조선 분야에서 추진하고 있다. 이미 몇몇 대형 조선소는 KMS를 구축하여 업무에 사용하고 있다. 아직까지는 기존의 지식이 시스템 내에 충분하게 축적되지는 않았지만 업무 수행에 필요한 지식을 축적하고 정형화된 최적 업무 패턴을 찾아 모델링한다면 최적 업무 사례와 정보 템플릿을 이용할 수 있다. 이 과정에서 자연스런 학습효과를 통해 빠른 시간 내에 많은 전문가들도 양성할 수 있을 것이다.

5.2.7 시뮬레이션 응용 설계와 생산

조선 분야에서 3차원 CAD 시스템을 본격 적용한 이후 실제 선박 건조작업에 앞서서 설계도서와 생산방식을 검증하려는 시도가 점차 늘고 있다. 특히, 최근에는 고가의 선박 건조와 신개념 선박 건조 수요의 증가로, 설계 도서를 통하여 기능을 최적화하거나 적정성을 검증하며 생산비용을 최소화하고 생산 단계에서의 위험요소를 확인하여 제거하는 것을 목적으로 시뮬레이션 기법을 개발하고 있다. 따라서 대량의 설계 정보와 생산 정보, 그리고 불규칙적인 작업환경 변화를 처리할 수 있는 시뮬레이션 응용 설계와 생산(SBD&M, Simulation Based Design and Manufacturing) 시스템 환경 구축의 필요성이 커지고 있다.

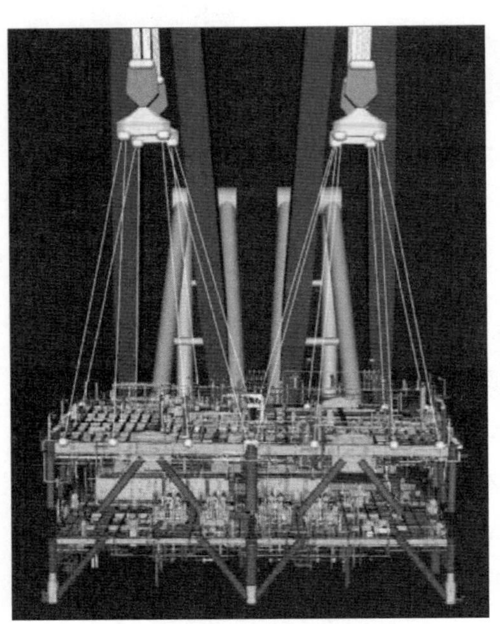

그림 3-13 해양구조물 탑재 시뮬레이션

따라서 기존의 컴퓨터를 이용하여 설계하고 생산한다는 기술 개념에, 컴퓨터를 활용하여 유체 성능과 구조 성능을 해석하는 기법과 새로운 공법 등의 엔지니어링 기술들을 컴퓨터를 이용하여 가상현실로 나타내려는 노력이 활발하게 이루어지고 있다. 이러한 기술들을 활용하여 선박 건조에서 동시 공학적인 설계, 가공, 조립, 설치, 테스트 및 유지보수 등을 효과적으로 적용하기 위한 노력이 SBD&M 연구로 활발하게 이루어지고 있다. 따라서 앞으로 기존의 설계 개념과 업무를 효과적으로 혁신할 방법론으로 활용될 수 있다.

그림 3-13에서는 해양구조물의 생산 및 탑재 작업과정을 동적으로 실제 시뮬레이션하는 예를 보여주고 있다.

5.2.8 자산 관리 시스템과 유지 관리 시스템

최근 수주되는 해양구조물의 가격은 수천억 원에서 수조 원대에 달한다. 이동이 가능

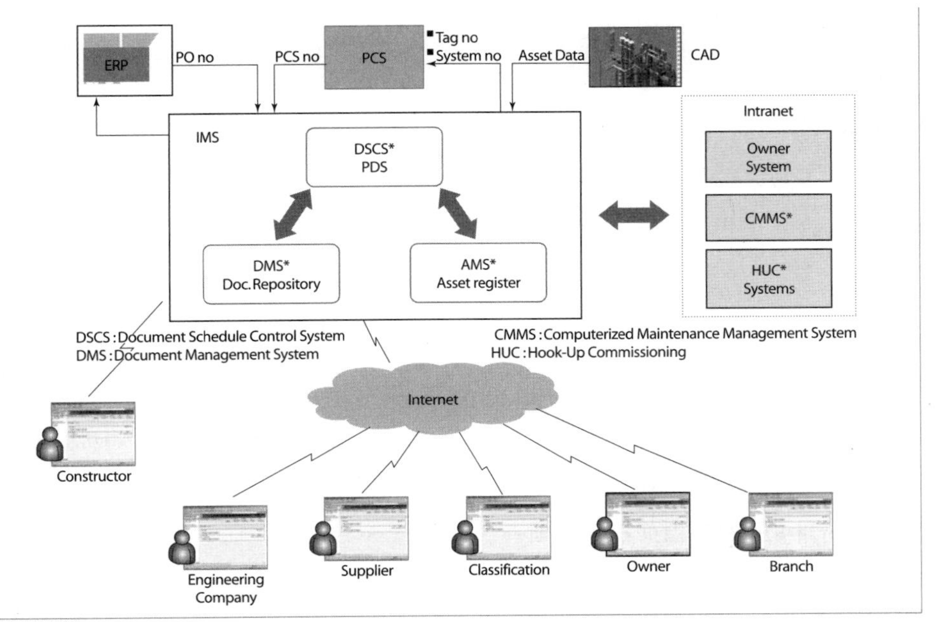

그림 3-14 해양 프로젝트 IMS 구성도

한 선박과는 달리 해양구조물은 특정 생산 위치에 고정되어 20년 이상 생산 활동을 해야 한다. 이때 자체적인 유지 보수를 위해 필요한 시스템이 조선소에서는 자산 관리 시스템(AMS, Asset Management System)이고, 발주자 입장에서는 유지 관리 시스템(CMMS, Computerized Maintenance Management System)이다.

해양구조물을 최대한 오랜 시간 동안 가동하기 위해서 필요한 각종 장비와 부품에 관한 시방, 메이커, 형상, 설치 위치, 성능 등의 정보와 정비이력 정보 등을 전산화시켜 종합 관리하고자 하는 것이 유지 관리 시스템의 목적이다.

장비나 부품의 유지 보수가 원활하지 않아 정상 가동이 되지 않을 경우 막대한 금액의 생산 매출이 감소되는 중대 상황이 발생할 수 있으므로 이를 방지하기 위해 꼭 필요한 시스템이다. 유지 관리 시스템은 최근 중요성이 부각되고 있는 미래 손실의 사전 예방을 목적으로 한 위기 관리 도구의 한 예라 할 수 있다.

그림 3-14는 조선 해양 분야의 협업을 위한 정보 관리 시스템(IMS, Information Management System)을 보여주고 있다. IMS는 내부적으로는 CAD 및 ERP 시스템과 연결하여 자산 관리 시스템을 구축하고 외부의 기관과는 작업 흐름에 따른 정보 교환 및 공유를 한다. 또한 발주자의 정보 시스템 중 하나인 유지 관리 시스템과 연계하여 유지 보수용 엔지니어링 정보를 제공한다.

5.2.9 생산 분야 정보 기술

조선 생산의 대표적 정보 기술은 생산 관리 정보 기술과 생산 자동화 정보 기술로 구분된다. 조선 생산 관리는 설계, 자재 수급, 공정 계획 및 관리, 일정 계획 및 관리, 물류 관리, 품질 관리, 설비 관리를 포함하며 대표적인 생산 관리 시스템은 다음과 같다.

- 통합 자원 관리 시스템
- 통합 물류 관리 시스템
- 통합 생산 계획 · 관리 · 분석 시스템
- 작업장별 디지털 생산 시스템
- 생산현황 실시간 정보 공유 체계
- PDA를 이용한 생산 정보 관리

생산 자동화는 조선소에서 선박을 건조하기 위해 사용되는 모든 설비와 소프트웨어를 포함한다. 설비에는 치공구, 로봇, 기계, 크레인, 정반 등이 있고, 소프트웨어에는 이러한 설비를 제어하는 응용 프로그램, 지식, 노하우 등을 포함한다. 조선에서의 대표적인 생산 자동화 시스템 개발사례로는 '대조립, 중조립, 소조립 용접 로봇', '로봇 CAD 인터페이스 및 DNC 등의 CAM 구축', '대형 블록 3차원 측정 시스템' 등으로 CAD/CAM이 통합된 모습으로 전개되고 있다.

참고문헌

1. 권영중 편저, 2006, 선박설계학, 동명사.
2. 대한조선학회 편, 1993, 조선해양공학개론, 동명사.
3. 대한조선학회 편, 2011, 선박해양공학개론, GS인터비전.
4. 미국조선학회 편, 임상전 역, 1971, 기본조선학, 대한교과서주식회사.
5. 박명규,권영중 저, 1995, 선박기본설계학, 한국이공학사.
6. 신종계 저, 2006, CAD 디지털 가상생산과 PLM, 시그마프러스.
7. 이창억 편저, 1984, 선박설계(SHIP DESIGN), 대한교과서주식회사.
8. CAD & Graphic 저, 2005, PLM GUIDE BOOK, BB미디어.
9. Kenny Erleben, Jon Sporring, Knud Henriksen 저, 2005, Physics-Based Animation, Charles River Media.

제4장

선형 설계

1. 선박의 주요 항목과 형상 계수

1.1 주요 항목 결정의 중요성

선주의 입장에서는 선박의 경제성을 판단할 때 선박이 적재할 수 있는 화물의 양과 선박이 항해할 수 있는 속력, 그리고 항해에 필요한 기관의 출력을 일차적으로 생각하게 된다. 선박 설계자의 입장에서는 선주가 희망하는 화물 적재량과 운항 속력을 만족시킬 수 있는 선박을 허용하는 기관 출력 범위 안에서 설계해야 하므로, 선박의 길이와 폭, 높이 등의 치수를 제일 먼저 결정해야 한다. 따라서 이들 6가지 항목이 선박의 초기 설계에서 주요 항목이 되며, 선주 또는 조선소가 기타 항목을 추가해 설계의 주요 자료로 사용한다.

선박의 초기 설계 단계에서 선주가 요구하는 재화 중량, 흘수, 속력 등이 주어지면, 설계자는 그 조건을 만족하는 범위 내에서 될 수 있는 한 선체 중량이 가볍고 기관 출력은 작으며, 건조비는 최소가 되도록 주요 치수를 선정한다. 이와 같이 주요 항목이 결정되면 개략적으로 구획을 배치하고 구획 배치에 따른 트림, 종 강도, 복원력들의 기본 성능을 검토하며 만족스러운 결과가 얻어지기까지 이 과정을 반복하여 주요 항목을 확정한다.

이렇게 최종적으로 주요 항목이 확정되면, 비로소 설계자는 주요 항목을 바탕으로 선체 형상을 구상하여 선체 선도로 나타낼 수 있다. 선체의 형상을 선체 선도로 나타내려면 선체 형상, 즉 주요 항목이 성능에 미치는 영향을 유체 역학적 관점에서 더 상세하게 조사하고 검토하여야 한다. 이 과정은 주어진 주요 항목을 만족시키며 구체적인 선체 형상을 결정하는 단계로서, 형상이 확정되면 선박의 유체 역학적인 성능은 확정되기 때문에 전체 선형 설계작업 흐름에서 가장 중요한 과정이다. 선체 형상을 결정하는 과정에서 주요 항목과 선박의 속도 성능, 조종 성능, 운동 성능 등의 관계는 형상 계수와 주요 치수비 등을 바탕으로 정리한 다양한 경험적 자료들이 있으므로, 선종별로 적합한 자료를 사용하면 선형 결정에 도움을 받을 수 있다.

1.2 형상 계수

배에서 물에 잠긴 부분의 형상이나 수면 형상의 날씬한 정도를 나타내기 위하여 몇 가지 형상 계수가 사용되고 있으며, 이들 형상 계수들은 배의 추진 성능, 복원 성능 등 여러 유체 역학적 성능과 밀접한 관계가 있다. 따라서 선박의 형상 계수들을 결정하는 것은 설계하는 선박의 유체 역학적인 성능을 결정하는 중요한 선형 설계과정이 된다.

1.2.1 방형 계수

주요 항목에 표시된 선박의 길이와 폭, 그리고 흘수로 나타내지는 직육면체를 다듬어서 주요 항목에 표시된 만재 배수량과 같은 크기의 부력을 얻을 수 있는 배 모양으로 만들 수 있다. 이때 방형 계수(C_B, Block coefficient) 는 직육면체의 체적과 물속에 잠긴 선체의 체적의 비로 나타내진다. **그림 4-1**에서 보는 것과 같이 C_B 값이 클 때는 배의 형상은 직육면체에 가깝고, C_B값이 작을 때는 날씬한 형상임을 알 수 있다.

현재까지 사용되고 있는 선박들에 대하여 살펴보면, C_B값이 여객선 및 컨테이너선 등과 같은 고속선일 때는 0.5~0.6, 중속의 부정기 화물선일 때는 0.65~0.75, 그리고 대형 유조선, 벌크 화물선과 같은 저속선일 때는 0.78~0.85 정도이다. 선박의 배수용적을 ∇로 나타내고, 길이를 L, 폭을 B, 흘수를 T라 하였을 때, 방형 계수 C_B를 식으로 나타내면 $C_B = \frac{\nabla}{LBT}$로 표시된다.

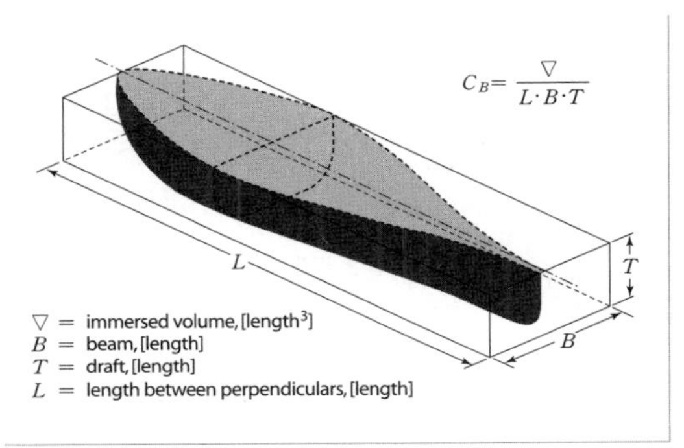

그림 4-1 방형 계수

1.2.2 최대 횡단면적 계수

최대 횡단면적 계수(C_x, Maximum section coefficient)는 선체의 폭이 가장 넓은 부분에서 물에 잠긴 부분의 선체 횡단면적 A_x와 배의 폭 B와 흘수 T로 형성되는 직사각형의 면적의 비로서 $C_x = A_x/BT$로 정의된다. **그림 4-2**와 같이 C_x가 1에 가까울수록 선박의 최대 횡단면의 형상은 직사각형에 가까워지고 1보다 작아질수록 날씬한 단면으로 바뀐다. 고속선일 때는 0.85~0.97이고, 중속선일 때는 0.98~0.99, 그리고 저속선일 때는 0.995 정도의 값을 갖는다. 비슷한 무차원 계수로서 선체길이 방향으로 중앙 위치에서 횡단면적 A_m을 사용하며 같은 방법으로 선체 중앙 횡단면적 계수 C_m을 결정하기도 한

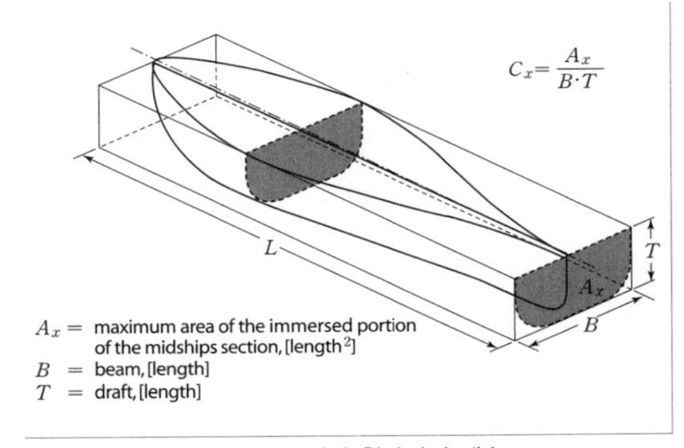

그림 4-2 최대 횡단면적 계수

다. 하지만 대부분의 경우 선박에서는 이 두 계수가 같은 값을 가진다.

1.2.3 주형 계수

주형 계수(C_p, Prismatic coefficient)는 특정 흘수에서의 선박의 배수용적과 그 해당하는 흘수에서의 최대 횡단면과 길이 방향으로 같은 단면적과 형상을 가지며, 배의 길이와 같은 길이의 주상체에 해당하는 용적과의 비를 나타낸다. 그러므로 **그림 4-3**에 나타낸 것 같이 계수가 1에 가까울수록 선박의 배수량 분포는 선수로부터 선미까지 균등화된다는 것을 뜻한다. 그리고 주형 계수 C_p는 방형 계수를 최대 횡단면적 계수로 나누어서도 구할 수 있다. 주형 계수 C_p는 고속선일 때는 0.56~0.62 정도이며, 중속선일 때는 0.66~0.76 정도이고, 고속선일 때는 0.78~0.86 정도의 값을 가진다.

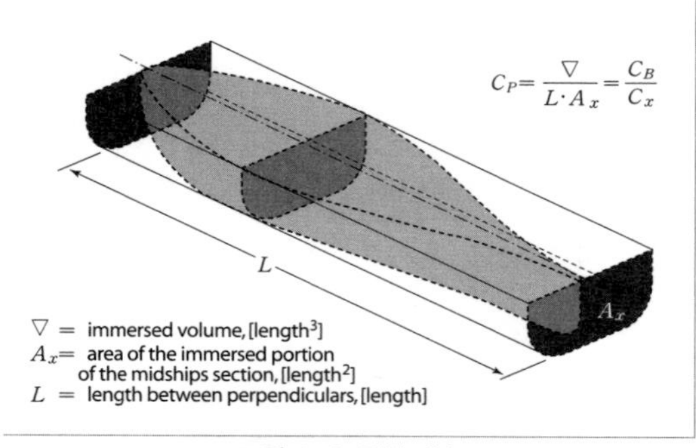

그림 4-3 주형 계수

한편, 가로축으로 배의 길이 방향 위치를 나타내고 세로축에 각 위치에서의 횡단면적을 표시하여 선박의 횡단면적에 대한 길이 방향 변화를 보이는 횡단면적 곡선을 그리면, 이 곡선은 배의 길이 방향으로 단위길이당 배수용적의 분포를 나타내므로 그 배의 저항 추진 성능과 밀접한 관계가 있다.

1.2.4 수선면적 계수

수선면적 계수(C_{WP}, Waterplane area coefficient)는 **그림 4-4**에 나타낸 것과 같이 선체 수선면의 면적 A_{WP}와 선박의 길이 L과 폭 B로 형성되는 직사각형의 면적 $(L \times B)$의 비로서, $C_{WP} = A_{WP}/LB$의 관계를 가지며 수선면의 날씬한 정도를 나타내는 계수이다. C_{WP}는 고속선일 때는 0.68~0.78 정도이며, 중속선일 때는 0.8~0.85 정도이고, 저속선일 때는 0.86~0.92 정도의 값을 가진다. 그러나 고속선이라도 복원성이 특히 중요한

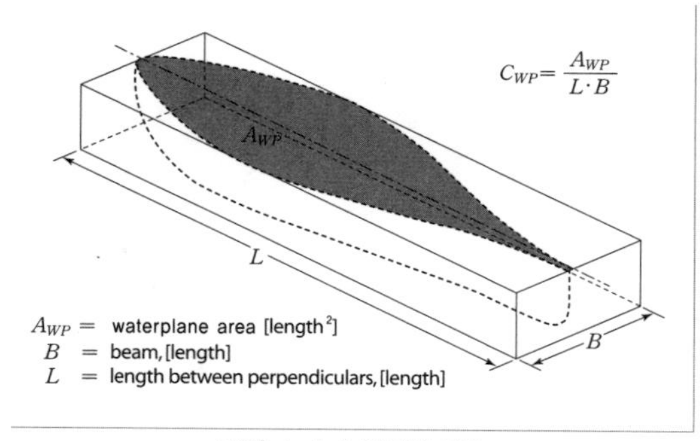

그림 4-4 수선면적 계수

소형 여객선에서는 일정한 범위를 벗어나 큰 값으로 설정하기도 한다.

1.3 주요 항목의 평가 및 결정

1.3.1 길이, 폭, 흘수

선박의 길이(L)를 증가시키면 폭이나 깊이를 변화시킬 때보다 선가 상승이 빠르게 나타나고, 사용할 수 있는 도크와 통항할 수 있는 운하의 갑문의 치수에 제약 조건으로 작용하기도 한다. 저항의 관점에서 보면 일정한 배수량에서는 길이가 길수록 조파저항은 감소하나 침수 표면적이 증가하여 마찰저항은 증가하므로, 항해 속력이 높은 선박에서는 길이가 긴 것이 유리하지만 낮은 속력으로 항해하는 선박에 대해서는 불리하다.

흘수(T)를 증가시키면 길이나 폭을 증가시킬 때보다 일반적으로 저항의 증가가 적고 선가 상승도 상대적으로 적게 나타난다. 그러나 흘수는 항구, 운하, 강 및 도크의 수심에 제한을 받게 되므로 흘수는 변경이 가능한 설계 파라미터로 생각하기보다는 배수량, 속력 등과 함께 설계 조건으로 취급하는 것이 일반적이다.

폭(B)은 선박이 적당한 복원성 확보에 지배적인 영향을 주는 인자 중의 하나이다. 복원성을 확보하기 위하여 폭 B를 증가시키면 그에 따라 저항이 증가한다. 이때 저항 증가를 피하려면 저항 증가를 상쇄할 만큼 방형 계수를 줄이거나 선형을 바꾸어야 한다. 그러나 대부분 저속 비대선인 경우에는 우선 길이를 약간 줄이고 그에 따라서 줄어드는 배수량을 보상할 만큼 폭을 증가시키면 복원성이 개선될 뿐 아니라 침수 표면적이 줄어드는 효과가 있어서 저항이 약간 증가하거나 거의 증가하지 않는다. 따라서 대형 유조선에서 선가를 낮추는 방안으로 이 방식을 채택하는 것을 흔히 찾아볼 수 있다.

1.3.2 길이-폭 비

길이-폭 비(L/B)는 방형 계수와 더불어 저항 추진 성능과 가장 관련이 있는 치수비이다. **그림 4-5**는 최근 건조되고 있는 선박의 L/B이 Fn나 C_B에 따라서 어떻게 변화하는지를 알아보기 위하여 실적 자료들을 Fn와 C_B를 수평축으로 하고 L/B를 수직축으로 잡아 실적자료를 표기한 것이다. 이러한 실적자료들은 그림에 표기한 실선 근사를 따라서 변화하는 경향이 있는 것으로 나타나 설계 선형의 C_B가 주어지면 L/B를 선택할 수

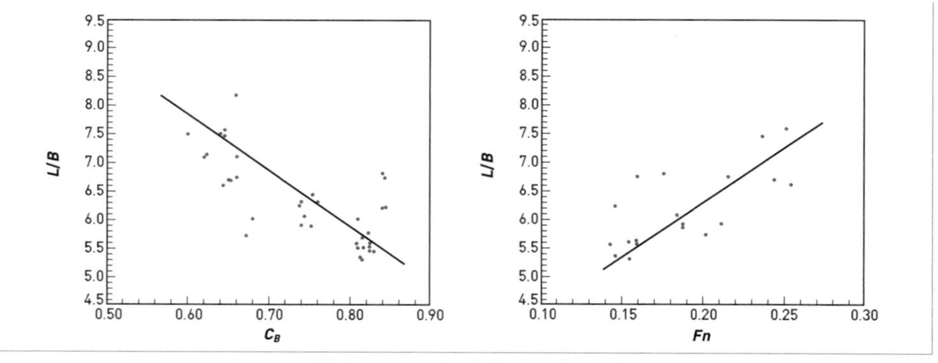

그림 4-5 C_B-L/B 관계, Fn-L/B 관계

있는 정보를 얻을 수 있다. 또한 설계하려는 선형의 Fn를 추정할 수 있으면 그에 적합한 L/B를 선택할 수 있는 정보를 얻을 수 있다.

C_B가 크고 Fn이 작은 선형일 때는 L/B가 작아져야 하는 것을 알 수 있다. 이것은 저속선을 설계할 때는 전저항 중에 조파저항이 차지하는 비율이 매우 낮으므로, 선박의 침수 표면적을 줄여 마찰저항을 줄이는 방향으로 선형 최적화가 이루어져야 하기 때문이다. 다른 한편으로 C_B가 작고 Fn이 큰 선형일 때는 L/B는 큰 값을 갖도록 설계하고 있음을 뜻한다. 이러한 범주에 들어가는 컨테이너선이나 여객선과 같은 고속선일 때는 속도가 높아서, 상대적으로 전체 저항 중에서 비중이 높은 조파저항을 줄이려는 방향으로 설계가 이루어져야 하기 때문이다.

만약 설계자가 **그림 4-5**에서와 같이 통상적인 통계실적 자료를 가지고, 일반적인 선박의 주요 항목을 결정할 때 C_B를 기준으로 선정한 L/B와 Fn를 기준으로 선정한 L/B는 합리적인 범위에 있어야 한다. 하지만, 그 차이가 큰 경우에는 일반적인 선형을 벗어나기 때문에, 저속선을 설계하며 조파저항의 감소에도 신경을 쓰거나 고속선을 설계하며 마찰저항 감소에도 노력해야 한다.

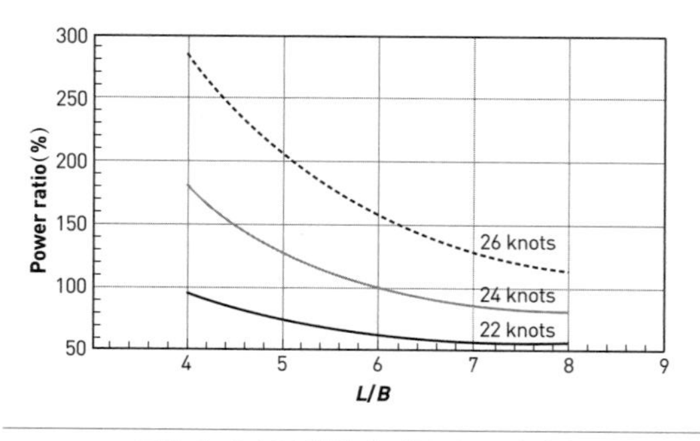

그림 4-6 L/B 변화에 따른 소요 마력비

선주의 요구에 따라서 배수량과 흘수가 정해졌을 때 설계자가 L/B를 키워주면 모든 속도에서 저항이 줄어든다. **그림 4-6**은 컨테이너선의 배수량과 흘수가 일정한 조건에서 L/B를 바꾸어주었을 때 3가지 선속을 유지하는 데 필요한 동력을 비교한 그림이다. L/B가 줄어들수록 저항이 급격히 증가하는 것을 알 수 있

으며, 그 경향은 속력이 클수록 두드러진다. 따라서 고속선을 설계할 때 L/B를 줄이는 시도에는 주의가 필요하다.

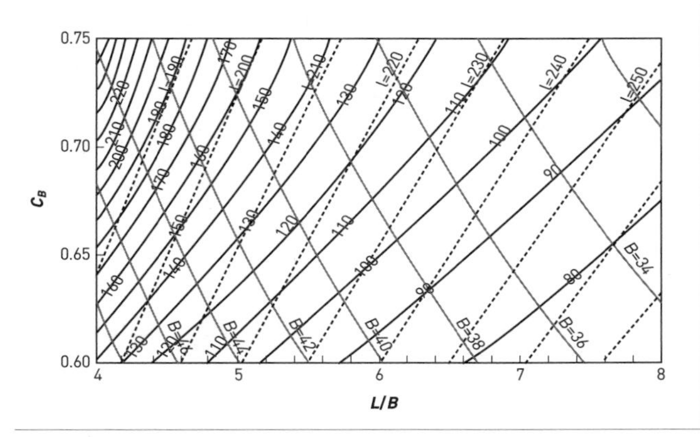

그림 4-7 L/B와 C_B 변화에 따른 마력 등고선

그림 4-7은 컨테이너선을 설계할 때 선주가 요구 조건으로 선속과 배수량 그리고 흘수를 지정하였을 때 선형을 결정하기 위하여 흔히 사용하는 도표이다. 이 도표는 수평축에 L/B를 표시하고 수직축에 C_B를 표시하여 소요 마력이 동일한 등고선을 그린 도표이다. 앞에서 정의한 것에 따르면 $C_B= \nabla/(L \cdot B \cdot T)$의 관계가 있고 선주 요구 조건에서 배수량과 흘수를 지정하였으므로 ∇/T는 일정한 값 c^2으로 나타낼 수 있다.

따라서 $C_B=c^2/(L \cdot B)$의 관계가 있고, 이 식의 우변에 L/L을 곱하고 L에 대하여 정리하면 $L=c\sqrt{(L/B)/C_B}$의 관계가 얻어진다. 그리고 B/B를 곱한 후 B에 대하여 정리하면 $B=c/\sqrt{(L/B)/C_B}$의 관계를 얻을 수 있다. 여기서 얻어진 관계를 이용하면 길이가 같은 선과, 폭이 같은 선을 그릴 수 있으며 도표에 그물망 모양의 선들을 형성하게 된다. 마력 등고선과 길이가 같은 선 그리고 폭이 같은 선이 함께 그려진 이 설계도표를 이용하면, 주어진 조건에서 다양한 방법으로 주요 치수를 변화시켜 마력을 절감할 수 있음을 알 수 있다.

예를 들어, 설계자가 초기 설계 단계에서 선박의 L/B와 C_B의 값이 각각 6.0과 0.65로 선정하였다고 가정하고 그때의 소요 마력을 100%로 잡자. **그림 4-7**에서 보는 것과 같이 초기 설계에서 얻은 선형보다 10% 소요 동력이 작은 선형이 **표 4-1**에서와 같이 몇 가지 있음을 알 수 있다. 이 과정에서 조종 성능이나 운동 성능 등을 함께 검토하면 최적값을

표 4-1 L/B와 C_B 변화에 따른 마력 등고선 계산도표를 이용한 선형 설계 사례

	L/B	L	B	C_B	Power ratio
기준선	6.0	231	38.5	0.65	100%
L/B 동일	6.0	237	39.6	0.615	90%
폭 동일	6.2	239	38.5	0.625	90%
C_B 동일	6.6	242	36.8	0.65	90%
최적 감소 방향	6.4	241	37.7	0.635	90%

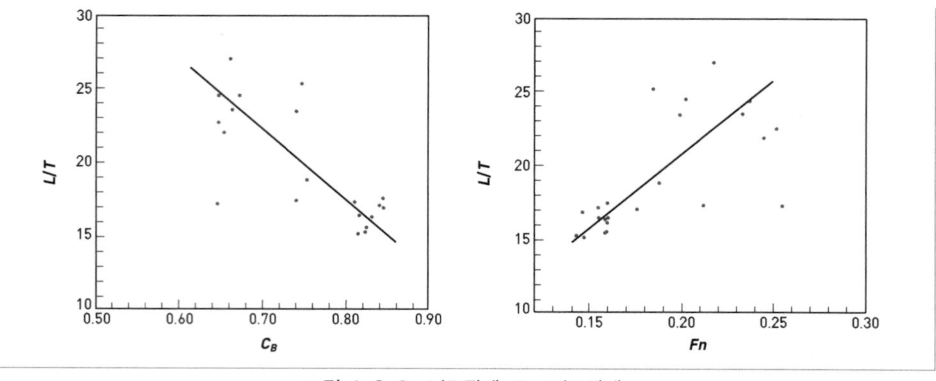

그림 4-8 C_B–L/T 관계, Fn–L/T 관계

선택할 수 있다. L/B는 조종 성능 판정의 개략적인 척도로 쓰이며 L/B가 클수록 직진 성능이 좋아지고 L/B가 작으면 선회 성능에 유리하다.

1.3.3 길이–흘수 비

실적선 자료들을 살펴보면 C_B가 큰 저속선일 때는 길이–흘수 비(L/T)는 작고, Fn이 큰 고속선에서는 L/T값이 커진다. **그림 4-8**은 선박의 실적자료들을 Fn와 C_B에 따른 L/T를 나타내는 그림에 점으로 표기하고 실적 점들의 변화 경향을 대표하는 것으로 판단되는 직선을 함께 표기한 것이다. 이 그림에서 C_B가 작고 Fn은 큰 컨테이너선이나 여객선에서는 L/T값이 커지며, C_B가 크고 Fn은 작은 저속 비대선일 때는 L/T을 작게 택하고 있는 것을 알 수 있다.

컨테이너선에서 단면 형상을 화물적재의 편의를 위하여 바지형(barge)에 가깝게 만들어주면, L/T의 영향은 크게 나타난다. 바지형 단면을 택하면 선체 주위의 주요 유동이 버톡 라인(Buttock line)을 따라 흐르고, L/T이 작으면 버톡 라인의 경사가 급해져서 유동이 잘 따라 흐르지 못하여 저항이 증가한다.

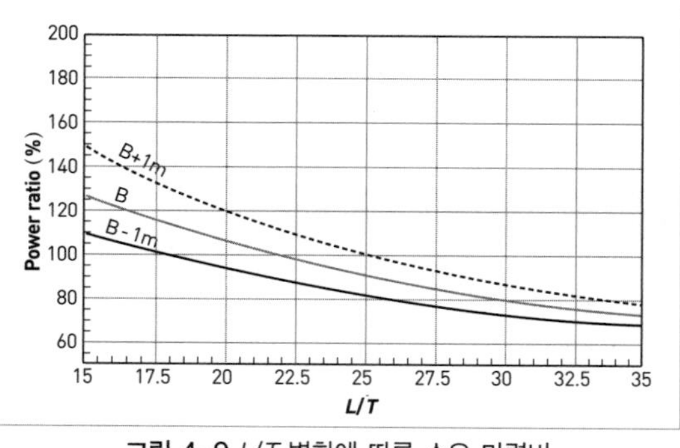

그림 4-9 L/T 변화에 따른 소요 마력비

그림 4-9는 여객선에서 배수량과 선속이 선주의 요구 등으로 확정되었을 때 L/T에 따라 소요 마력의 변화를 분석한 그림이다. 배수량이 일정한 상태에서 폭을 일정하게 유지하며 배의 L/T를 변화시키면, L/T

가 클수록 저항이 감소되어 소요 마력이 줄어드는 것으로 나타난다. 또 이와는 별도로 길이-흘수 비 L/T는 종동요의 크기에도 영향을 주므로 거친 해상에서 항해할 때 슬래밍에 의한 선수 선저 부분의 손상 가능성을 판단하는 데 참고하여야 한다.

1.3.4 폭-흘수 비

실적선의 자료를 폭-흘수 비(B/T)와 방형 계수 C_B를 기준으로 표시하면 길이-폭 비 L/B이나 길이-흘수 비 L/T와는 다르게 선종별 뚜렷한 경향을 나타내지 않는다. 그러나 **그림 4-10**에 나타낸 것과 같이 단축선과 쌍축선은 서로 다른 경향을 가지는 것으로 보이며, 쌍축선일 때가 단축선인 경우보다 B/T가 큰 값을 가지는 것으로 나타났다.

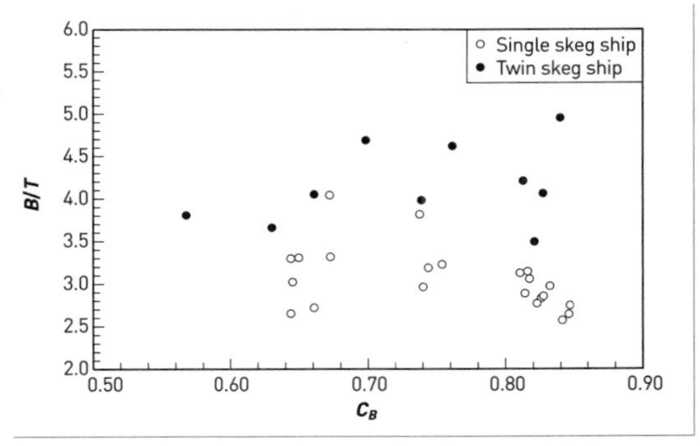

그림 4-10 C_B-B/T 관계

일반적으로 화물선이나 여객선에서 쌍축선을 선택하는 것은 다음과 같은 이유가 있기 때문이다. B/T가 커지면 단축선인 경우에는 조종 성능을 확보하기 어려워지지만, 흘수의 제한이 불가피한 선박에서는 배수량을 만족시키기 위해서는 폭을 과도하게 늘려야 한다. 이때 프로펠러의 직경을 키우는 것도 어려워질 뿐 아니라 하나의 프로펠러로는 필요한 추력을 얻을 수 없기 때문이다. 또한 선박의 추진기 하나가 기능을 상실하더라도 여분의 시스템으로 안전한 대처가 요구되는 선박에서 채택하게 된다.

B/T는 저항 특성과도 관계가 있다. **그림 4-11**은 저속 비대선으로서 단축선인 경우에 배수량이 동일하다는 조건에서 수평축에는 B/T를 나타내고, 수직축에는 동력비 %를 나타내고, 선박의 수선간 길이 L_{BP}와 방형 계수 C_B를 표기하면 이들은 그물망 모양의 그림으로 나타내진다. C_B가 일정한 곡선은 B/T에 따라 증가하는 곡선이므로 수선 간 길이 L_{BP}도 증가하며 동시에 전체 저항도 증가된다. 그러나 길이가 일정한 L_{BP} 곡선은 B/T가 증가하면 소요 동력이 줄어드는 것으로 나타나며 동시에 C_B도 줄어드는 것을 알 수 있다.

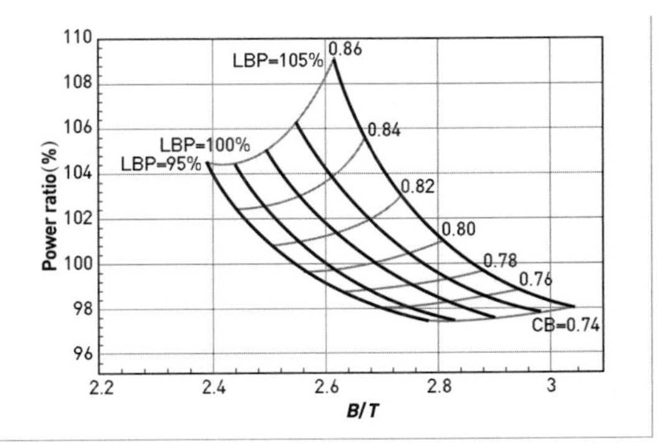

그림 4-11 B/T 변화에 따른 소요 마력비

1.3.5 종 방향 부심

형상 계수와 주요 치수들이 결정된 이후에도 선박의 저항 성능에 가장 큰 영향을 주는 핵심요소가 종 방향 부심(LCB, Longitudinal Center of Buoyancy)이다. LCB를 적정하게 선정하였을 때 비로소 보다 더 좋은 저항 성능의 선형을 얻을 수 있다. **그림 4-12**는 수평축에 Fn를 표기하고 수직축에는 LCB를 표시하여 우수한 성능을 가지는 선박들의 실적자료를 조사하여 점으로 나타내고, 이들 실적자료의 변동을 나타내는 대표 곡선을 실선으로 나타낸 것이다. 선형을 설계할 때 선정한 LCB를 이 도표와 비교하여 여기서 선정한 표준 LCB로부터 크게 벗어났을 때는 단면 형상이나 수선면의 형상을 설계할 때 최적의 설계가 되도록 노력하여 저항 성능이 나빠지지 않도록 해야 한다.

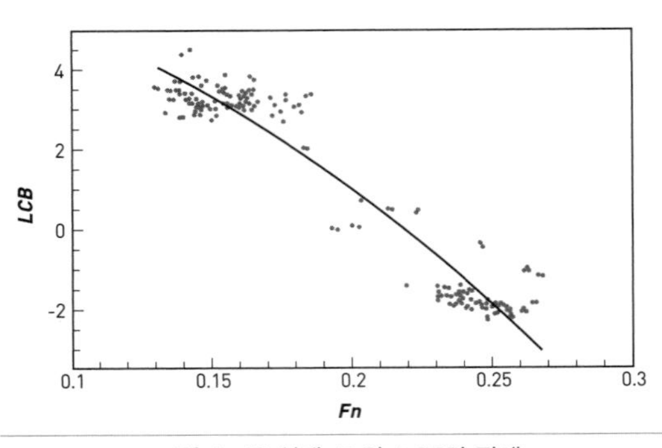

그림 4-12 설계 *Fn*와 *LCB*의 관계

이와 같이 방형 계수 C_B 외에도 설계 속도 Fn나 L/B 등의 인자들도 영향을 미치므로 이러한 인자들을 동시에 고려하여 적정한 LCB값을 최종적으로 확정해야 한다. 즉, 계획 속력이 빠른 선박에서는 조파저항이 증가할 가능성이 크므로 선수부를 날씬하게 해야 할 필요성이 커지며 표준치에 비해 LCB를 뒤쪽으로 이동시키는 것이 바람직하다.

반면에 계획 속력이 느린 선박일 때는 LCB를 앞쪽으로 이동시켜 점성저항 성분 중에서 선미부의 영향을 크게 받는 형상저항을 줄이도록 노력하여야 한다. 저속 비대선에서 L/B의 값이 작아지면 선미부 물모음각이 커지기 때문에 통상의 경우보다 LCB를 선수 쪽으로 이동시켜 물모음각을 줄여주므로 유동을 개선할 필요가 있다. 이렇게 하면 선수부에서 조파저항은 늘어나지만, 저속 비대선일 때는 전체 저항에서 조파저항이 차지하는 비율이 높지 않고 점성저항의 기여분이 훨씬 크다. 따라서, 선미부를 개선하여 형상저항이 줄어드는 효과가 더욱 크므로, 전체적인 관점에서 LCB를 선수 쪽으로 이동시키는 것이 바람직하다.

2. 선형 설계 기본

2.1 선형 일반

일반적으로 선형 설계는 설계자가 선주에게 재화 중량, 계획 속력 및 연료 소모율 등을 보증하기 위한 설계의 첫 단계에 해당한다. 모든 설계 공정에 앞서 우선 수행되어야 하는 설계과정의 하나로 선형의 결정 없이는 어떠한 후행 공정의 설계도 진행할 수 없다. 한편 조선소는 설계자에게 선박을 가급적 간결하고 건조 공정을 단축할 수 있도록 단순하게 설계 개발할 것을 요구한다. 이는 조선소의 경쟁력을 높이는 중요한 요소로 작용하기도 한다.

각 조선소에서는 선주와의 계약 조건을 만족하는 범위 안에서 경하중량은 가볍고 주기의 소요 마력도 낮아, 결과적으로 건조비와 운항비가 감소되도록 주요 항목을 먼저 선정한다. 그 다음에 주요 항목에 대하여 개략적인 배치를 구상하고 배치에 따른 트림, 종 강도, 안정성 등의 기본 성능을 검토한 후 문제가 없으면 처음에 선정한 주요 항목이 합당하다는 결론에 도달한다.

이와 같은 설계과정에서 주요 항목이나 구획 배치는 선형과 서로 밀접한 관련이 있으므로 설계 조건과 경제성을 고려하여 상충되는 요소들을 적절히 조화시키는 과정을 포괄적인 선형 설계라고 한다. 그러나 대체로 주요 항목과 개략적인 일반 배치가 결정되어 계약이 이루어진 후에 설계자가 성능에 영향을 주는 요소들을 면밀히 검토하여 요소들을 결정하고, 이들을 만족시키는 구체적인 선체 형상을 도면으로 나타내는 선도 작성 단계를 일반적으로 '선형 설계' 라고 한다.

대부분의 선박은 선종과 크기가 정해지면 주요 항목과 선형 계수의 적정범위가 정해진다. 포괄적으로 선형 요소들이 결정된 단계에서는 선박의 유체 성능이나 건조비, 그리고 운항비가 대체로 50~60% 정도가 결정되었다고 볼 수 있으며, 나머지는 일반적으로 선형의 구체화 단계에서 결정된다. 따라서 일반적으로 선형을 보다 더 구체화하는 단계에서 유체 성능을 개선하고 효율적인 배치가 이루어질 수 있도록 체계적인 검토를 거쳐 선형을 확정하는 최적화 과정도 매우 중요하다.

2.1.1 선형 구분

선박은 크기, 형상, 선종 및 속도에 따라 저속 비대선, 중속선, 고속 세장선 등으로 나누는 것이 일반적 관습이다. 그러나 선박이 수면 위로 떠서 운항할 수 있는 것은 선체가 **그림 4-13**에서 보는 것과 같이 유체 정역학적인 부력과 공기 역학적인 공기 압력, 그리고 유체 동역학적인 양력 등이 배를 떠받쳐주기 때문에 지지방식에 따라서도 선형을 분류할 수 있다.

유체 정역학적인 부력으로 지지되는 대표적인 선박으로는 통상의 배수량형 선박이 있으며, 특수 배수량형 선박인 쌍동선, 삼동선, 소수선면선 등도 이에 속한다. 유체 동역학적 양력으로 지지되는 대표적 선형으로는 수중익선이나 활주선 등이 있다. 마지막으로 공기 정역학적인 공기 압력으로 지지되는 대표적 선박으로는, 선체 바닥에 공기를 분사하여 선체를 지지하고 별도의 추진기로 전진하는 공기부양선과 표면효과선 등이 있다. 최근에는 이러한 3가지 지지방식 중 2가지 이상의 선체 지지방식을 복합적으로 사용하는 선형도 개발되어 있다. 또한 고속선을 중심으로 나눌 때는 공기부양선, 수중익선, 단동선, 다동선 등으로 나누기도 한다.

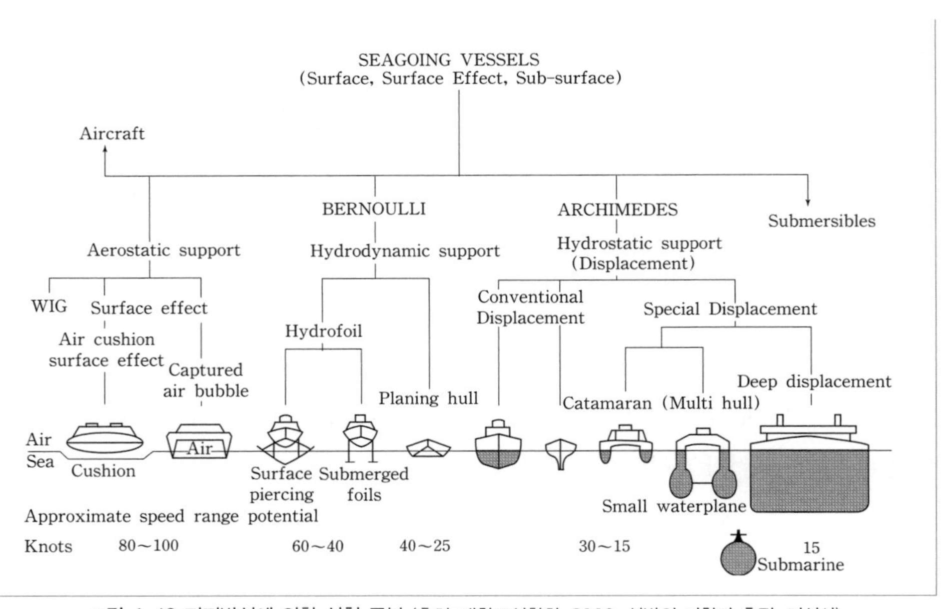

그림 4-13 지지방식에 의한 선형 구분 (출처: 대한조선학회, 2009, 선박의 저항과 추진, 지성사)

2.1.2 선형 분할법

선형을 설계하는 과정에서 선체를 분할하여 생각하는 것이 편리한 경우가 많다. 따라서 선체 중앙을 기준으로 선수부와 선미부로 나누는 경우와 선수부와 중앙 평행부(parallel middle body), 그리고 선미부와 같이 세 부분으로 나누는 경우도 있다. 이때 선수수선 F.P.로부터 최대 단면이 시작되는 위치까지를 물가름부(enterance part), 최대 단면 형상이 지속되는 구간을 중앙 평행부, 나머지 구간을 물모음부(run part)라 한다. 고속 세장선의 선형일 때는 물가름부와 물모음부가 배 길이의 대부분을 차지하며, 평행부는 거의 없다. 그러나 저속 비대선일 때는 물가름부가 상대적으로 짧고 평행부와 물모음부가 비교적 길다.

2.2 선형 개념

선형을 설계할 때 설계자는 선박 유체 역학적 성능이 우수한 형상이면서 경제적인 구획 배치가 가능한 선형을 얻기 위해 고심하게 된다. '어느 부분을 어떻게 깎아내고, 어느 부분은 어떻게 살을 붙일 것인가?' 즉, 배의 길이 방향으로 배수량 분포와 배수량 중심이 어디에 있는 것이 선수에서 발생되는 조파현상이나 쇄파현상을 줄이면서 화물창 배치를 유리하게 할 수 있는지 생각하게 된다. 그리고 동시에 선미부에 대해서는 점성저항이 적을 뿐 아니라 기관 배치에 적합하며 추진 효율이 우수할 것인지를 생각하게 될 것이다.

선형을 설계하는 단계에서 선박의 성능에 중요한 영향을 미치는 요소로서 LCB와 횡단면적 분포곡선과 횡단면 형상이 유체 역학적인 성능에 큰 영향을 주며, 선수 벌브의 형상과 선수, 선미 부분의 측면 투영 형상도 영향을 준다. 이러한 주요 영향인자들은 선박의 종류, 크기, 속력, 운항 조건에 따라 바뀌며 방형 계수나 구획 배치에 따라서도 영향을 받는다. 최적의 선형을 도출하기 위해서는 이들의 상관관계와 민감도에 대한 충분한 이해가 필요하다. 예를 들어, 주요 치수비 및 방형 계수, 계획 속력이 비슷한 300K급 유조선과 45K급 벌크 화물선의 선형을 비교해보면 선체 형상의 차이가 크게 나타난다. 이는 선박의 길이 차이로 인하여 무차원 속력이라 할 수 있는 Fn가 바뀜에 따라 저항 추진 특성이 달라지기 때문이다.

2.2.1 횡단면적 곡선

횡단면적 곡선(C_P curve)은 선박의 횡단면적이 배의 길이 방향으로 어떻게 변화하는지를 나타내는 곡선으로서, 선박의 길이 방향 배수용적 분포를 나타내기도 한다. 단면적 곡선 형상은 선수 쪽으로부터 배를 향하여 흘러들어온 물이 최대 폭이 되는 단면에 이르기까지 어떻게 갈라져야 하고, 최대 폭을 지난 후 선미 부분으로 흘러가며 어떻게 모여들어야 하는지를 나타내는 곡선이기도 한다. 따라서 이 곡선은 유체 성능에 미치는 영향이 절대적일 뿐 아니라 선체 내부 공간의 길이 방향 변화를 나타내는 곡선이기도 하므로 화물창과 주기관 등의 효과적인 배치에도 큰 영향을 미치는 매우 중요한 설계 변수이다.

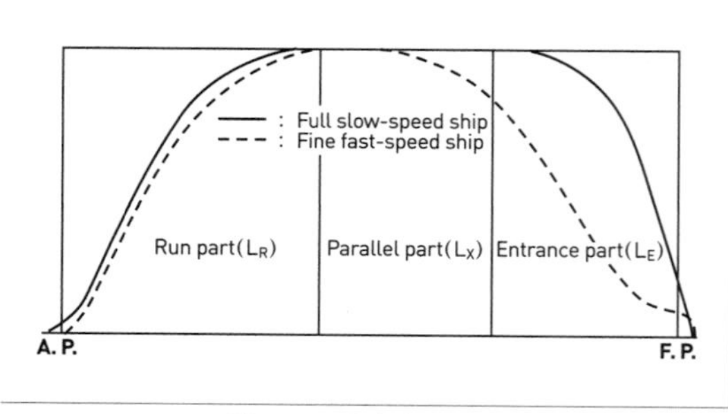

그림 4-14 단면적 곡선 형상

단면적 곡선은 배 길이-폭 비 L/B와 방형 계수 C_B, LCB 그리고 계획 속력에서의 Fn에 따라 형상이 달라진다. 그 예로서, 고속 세장선의 단면적 곡선을 **그림 4-14**에 점선으로 나타내고, 저속 비대선일 때는 실선으로 나타내었다. 고속선은 단면적 곡선의 선수는 날씬하여 부력 중심 위치가 뒤쪽에 있고, 실선으로 표시한 저속선의 단면적 곡선은 선수가 비대하여 LCB가 앞쪽으로 치우쳐 있다.

선형 설계방법 중에는 설계의 출발점이 될 수 있는 선박들을 세심하게 검토하여 기준 선형을 결정하고, 기준 선형의 단면적 곡선 형상을 경험적 방법에 따라 변환하여 설계선의 단면적 곡선을 먼저 결정하는 설계방법이 있다. 단면적 곡선 형상을 결정하는 방법으로 $1-C_P$법, Lackenby 방법과 스윙(Swinging) 방법 등이 있어서 기준선의 단면적 곡선을 변환하여 설계선의 단면적 곡선의 특성에 가장 부합되는 단면적 곡선 형상을 설계한다. 또한 단면적 곡선 형상은 LCB를 포함하여 Fn 및 방형 계수, L/B의 영향을 받으므로 가급적 많은 유사선 자료를 바탕으로 여러 단면적 곡선 형상을 설계하고, 모형시험과 수치 계산 결과를 비교해 본 뒤 최종 단면적 곡선 형상을 선정한다. 동시에 선수 어깨(shoulder) 부분과 벌브의 단면적 같은 국부적인 특성에 관해서도 저항 성능에 미치는 영향을 면밀히 검토하여 형상을 결정해야 한다.

선미의 단면적 곡선 형상은 선수만큼 중요하지 않지만 점성저항을 줄이고 추진 효율을 개선시키기 위하여 가급적 완만하고, 선미 어깨 부분이 부드러운 형상으로 설계한다. 특

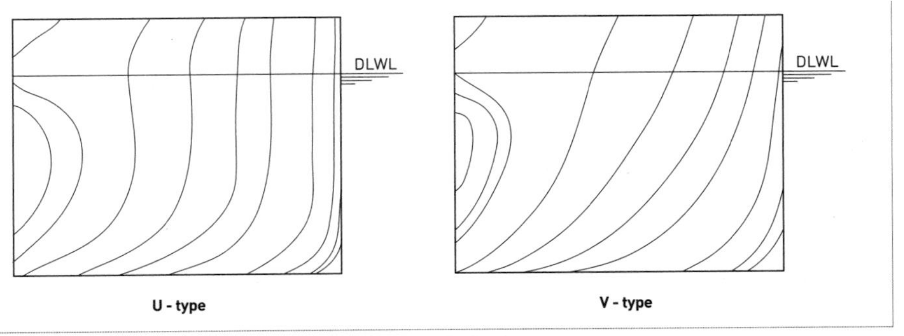

그림 4-15 선수 형상 비교

히 저속 비대선이나 초고속선의 선미 단면적 곡선 형상은 선미 와류와 선체 진동을 피할 수 있는 범위 내에서 트랜섬 선미를 수선하부로 잠길 수 있도록 설계하면, 단면적 곡선의 선미 부분 형상의 기울기가 완만하게 변화하여 유체 성능이 개선되기도 한다.

2.2.2 횡단면의 형상

일반적으로 선수 선형을 결정하는 요소 중에서는 단면적 곡선 형상이 가장 중요하고, 그 다음으로는 선수부 횡단면의 형상이 중요하다. 흔히 **그림 4-15**와 같이 U형과 V형 횡단면으로 형상을 구분하며 저속 선형일 때는 U형, 그리고 고속 세장선일 때는 V형 횡단면을 선수 선형으로 채택한다. U형 횡단면은 일반적으로 조파저항 및 구획 배치와 건조에 유리하고, V형 횡단면은 선수벌브 선형일 때 쇄파저항 감소에 효과적일 수 있다. 또한 U형과 V형을 복합한 UV형 횡단면은 주로 중소형 중속선에서 채택한다.

선미부의 횡단면 형상은 점성저항 및 형상저항, 추진 효율에 많은 영향을 미치고 있다. 그런데 선미 형상은 선수 형상보다도 훨씬 복잡하여 선미 횡단면의 판단 기준 위치를 우선 결정할 필요가 있게 되었다. 기준 위치는 **그림 4-16**에 나타낸 것과 같이 선미 수선(A.P.)으로부터 선체 길이의 10% 선수 쪽, 즉 20등분 스테이션을 사용할 때 2.0 스테이션을 길이 방향의 기준 위치로 잡는다.

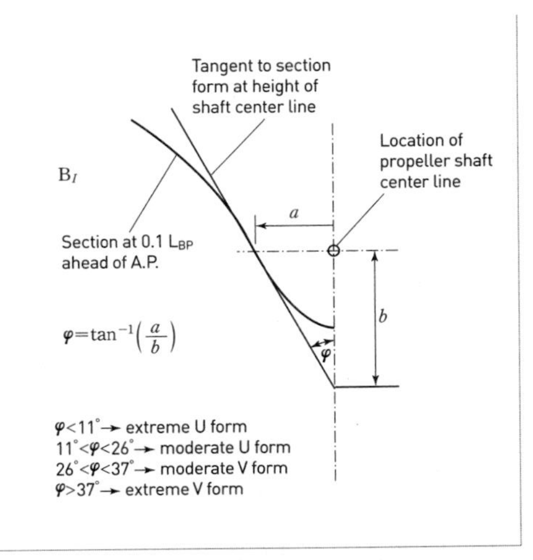

그림 4-16 선미 횡단면의 기준

기준 위치를 지나는 횡단면과 추진 축계를 포함하는 수선

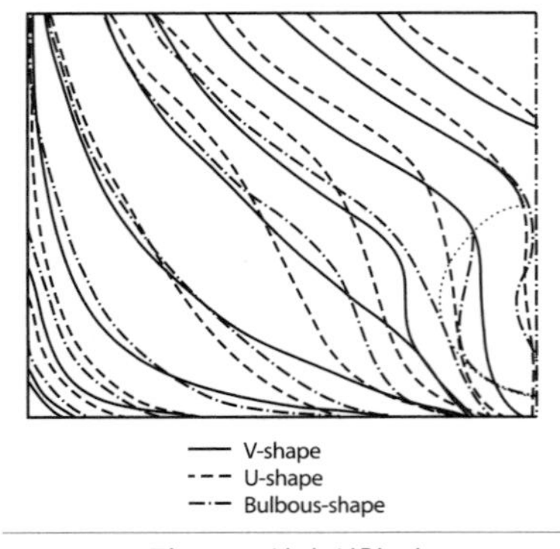

그림 4-17 선미 선형 비교

의 교점에서 횡단면에 접선을 **그림 4-16**에 나타낸 것과 같이 그려서, 그 접선의 경사각도에 따라 선미 단면 형상을 **그림 4-17**과 같이 U형, 벌브형, V형 등으로 선미 부분의 횡단면 형상을 구분한다. U형 선미 선형은 추진기 축을 둘러싸는 스케그 부분이 상대적으로 비대하나 주 선체 부분은 오히려 날씬한 선형이며, 벌브형은 추진기 축 주위의 수선면의 폭은 좁은 반면, 주 선체 부분은 반대로 넓어진 선형으로 저속 비대선에 주로 채택된다. V형 선미 횡단면은 고속 세장선에 주로 채택되는 선미 선형이다.

2.2.3 선수와 선미의 측면 형상

1) 선수 벌브

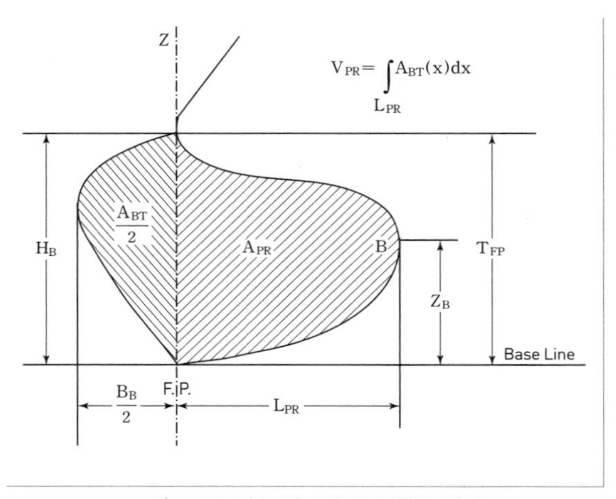

그림 4-18 선수 벌브의 주요 형상 정의

선박이 만드는 조파저항을 줄여주기 위하여 선체에 붙여주는 선수 벌브(bulbous bow)는 주 선체에서 발생하는 파도가 벌브에서 발생되는 파도와 간섭을 일으키게 하여 조파저항을 감소시키거나 소멸시키도록 한다. 선수 벌브에서 발생되는 파도의 파고는 벌브의 크기와 관계되며, 벌브의 위치는 간섭을 일으키는 데 중요하다. 벌브 설계 단계에서 벌브 형상의 특징을 나타내는 것들은 **그림 4-18**과 같은 주요 항목들이다.

선수 벌브의 주요 항목 중에서 벌브의 폭과 단면적은 벌브의 크기를 나타낼 때 사용하며, 벌브의 높

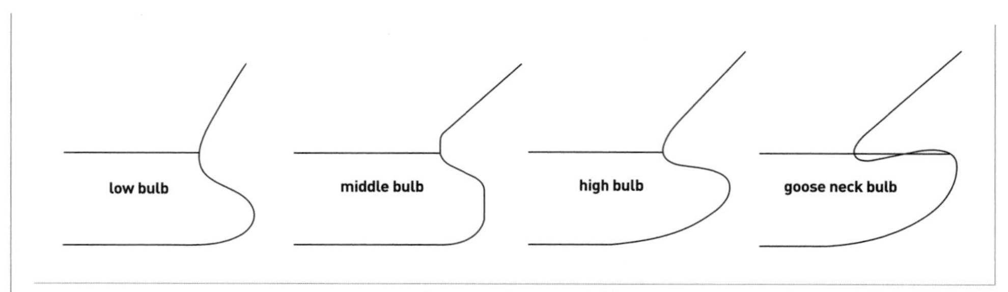

그림 4-19 선수 벌브의 형상

이와 선수 앞쪽으로 돌출되는 길이는 파도의 간섭과 관계가 깊다. 최근에는 선수 벌브의 용적을 크게 하기 위해 최대한 길게 하는 추세이다. 선수 벌브의 횡단면적($A_{BT}/2$)은 선속에 따라 결정되며 저속 비대선일 때는 12~18%, 고속 세장선일 때는 6~10% 정도가 적당하다. 선수 벌브의 측면 형상은 **그림 4-19**와 같이 나누어지며, 이들의 형상 결정에는 화물 적재 상태에 따른 운항 조건이 고려된다.

2) 선미부 측면 형상

선미부에는 **그림 4-20**과 같이 선박을 추진하기 위한 추진기와 축계가 설치되고 선박을 조종하기 위한 방향타가 부착된다. 따라서 선미 형상은 이들을 효과적으로 배치하여 점성저항 및 형상저항 성능이 우수하고 유동 특성에 적합하여 종합적인 추진 효율이 우수하여야 한다. 특히 추진기의 캐비테이션 현상과 추진 축계의 진동현상에 미치는 영향도 작아야 한다.

선미에 붙여지는 추진기는 직경이 클수록 효율이 좋으며, 추진기 주위의 유동 특성은 추진축 주위에 축대칭적 분포를 이루는 것이 추진 효율과 진동 특성에서 유리하다. 또한 추진기를 교체할 수 있는 공간이 있어야 하며, 진동 특성으로 선체 및 방향타와 적당한 간격을 유지하여야 한다. 특히 선미부 측면 형상(stern profile)은 트랜섬 선미의 잠긴 정도와 경사각도, 그리고 선속에 따라 **그림 4-21**과 같이 선미 후류에 큰 영향을 주므로, 선체와 추진기 간격과 트랜섬 선미의 높이와 경사각도 결정에 주의해야 한다.

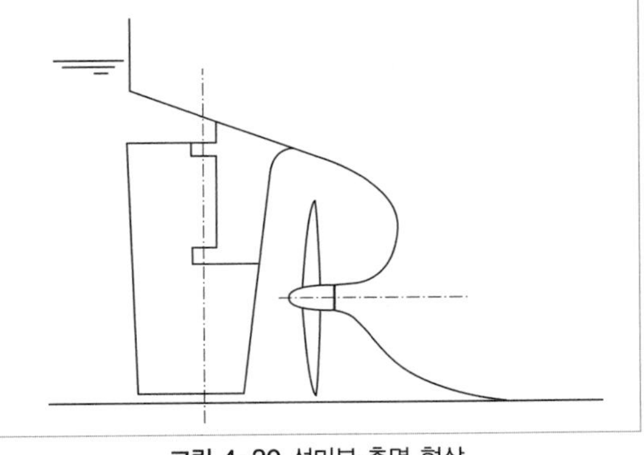

그림 4-20 선미부 측면 형상

트랜섬 선미의 잠긴 정도는 저속 비대선일 때는 저항 추진 성능과 조종 성능을 함께 개선하기 위하여 계획 흘수의 약 10%까지 잠기도록 할 수 있다. 반면에 고속 세장선에서는 트랜섬 선미를 깊게 잠기게 하면 안정성 견지에서 유리하고 반류 분포도 좋아지지만, 선체와 추진기 사이의 간격이 좁아져 진동의 견지에서 불리해지고 선미 와류에 의한 저항이 커질 위험이 있어서, 일반적으로 잠기지 않도록 설계한다.

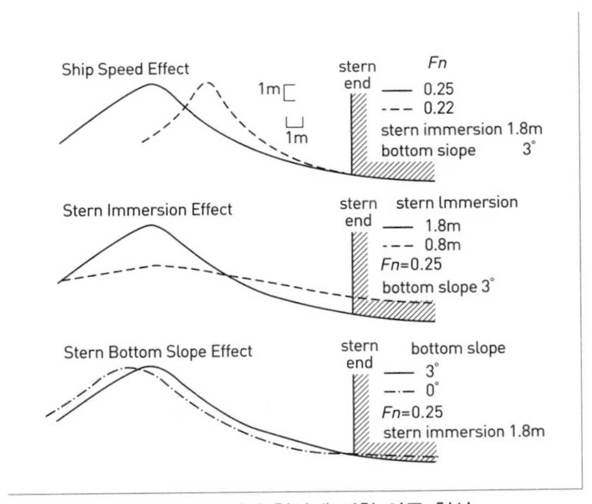

그림 4-21 선미 형상에 의한 와류 현상

2.2.4 계획 만재 상태에서 수선면의 형상

계획 만재 상태에서 선체 횡단면과 수면의 교차점들을 연결하면 계획 만재 상태에서의 수면 형상이 얻어진다. 이때 선수부에서 좌현의 접선과 선체의 중심선이 이루는 각을 물가름각이라 한다. 물가름각이 커지면 동시에 선수 횡단면의 경사각이 증가되므로 고속 세장선일 때는 선수부에서 발생되는 파도에 쇄파현상이 수반되며, 큰 진폭의 운동을 유발하여 선수 슬래밍이 발생되는 등의 나쁜 영향이 나타난다.

그러나 횡단면의 경사각을 줄여주면 수면의 폭이 줄어들고 물가름각도 줄어 쇄파현상과 슬래밍의 위험을 줄일 수 있다. 반면에 화물 적재 공간도 축소되므로 수면의 형상을 조절하여 횡단면이 적당한 경사각을 가지도록 하는 것이 바람직하다. 저속 비대선일 때에도 수선면의 물가름각을 줄이려면 선수부의 횡단면 형상에서 수면 근처의 면적을 빌지 부분으로 이동시켜 U형으로 변환시켜야 한다. 그러면 물가름각이 줄어듦에 따라서 선수 부분에서 발생하는 쇄파현상을 완화시킬 수 있다.

2.2.5 종 방향 부심 위치

선박의 배수량 중심 위치를 나타내는 종 방향 부심 위치 LCB는 단면적 곡선 아랫부분에 대한 도심의 위치가 된다. 종 방향 부심 위치의 변화는 횡단면적 곡선의 형상과 횡단면 형상의 변화와 직접적으로 관계되므로 선박의 유체 역학적 성능에 큰 영향을 주며 구획 배치와 화물 적재 조건에도 민감하게 영향을 미친다.

선박의 배수량이 선주가 요구하는 화물을 적재할 수 있으며, 계획 속력을 얻기에 적정한 방형 계수와 배의 길이/폭 비(L/B)를 일정하게 유지시키는 상태에서 LCB 위치를 결정하게 된다. 방형 계수가 매우 큰 저속 비대선일 때는 선수부에 LCB를 두어 점성저항과 추진 효율을 높이기 위해 노력하며, 고속 세장선일 때는 선미부 쪽으로 LCB를 이동시켜 선수에서 발생되는 조파현상으로 인한 저항의 급격한 증가를 억제시키는 노력을 하고 있다.

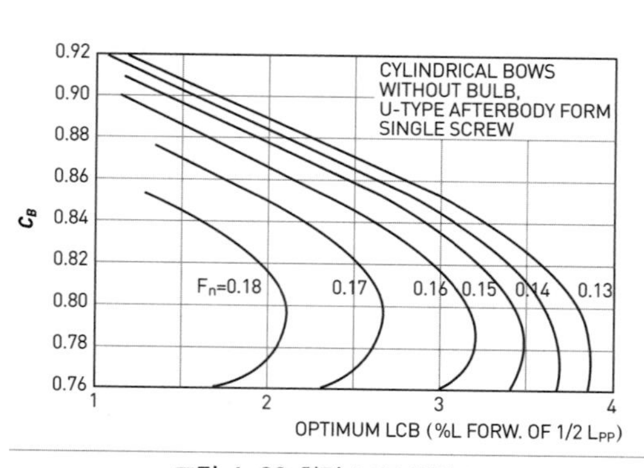

그림 4-22 최적 *LCB* 위치 도표

네덜란드의 선박연구소인 MARIN에서는 선수 벌브가 없는 단축선에 대하여 방형 계수를 변화시켜가며 설계 속도에 따르는 최적 LCB 위치를 구하여 **그림 4-22**와 같은 설계도표를 작성하였다. 이 설계도표는 초기 설계 단계에서 LCB 위치를 결정하는 주요한 참고자료가 되며, 구체적으로 벌브 형상이 결정된 후 수정작업으로 최적의 위치를 결정한다.

2.3 선형 설계법

일반적으로 선형을 설계할 때 선수 선형은 조파현상과 밀접한 관계를 가지므로 단면적 곡선과 횡단면 형상, 그리고 선수 벌브의 형상 및 수선면의 물가름각 등이 설계에서 결정해야 하는 중요한 요소들이다. 이와 반대로 선미 선형은 점성저항이나 추진 효율과 밀접한 관계를 가진다. 그리고 단면적 곡선과 횡단면 형상 이외에 선미부의 측면 투영 형상이 중요한 영향을 미치므로 설계 단계에서 이들을 우선 결정하게 된다.

선수 선형은 단면 형상에 따라 U형과 V형으로 구분하며, 일반적으로 고속 세장선은 V형(C_B<0.7) 선수, 저속 비대선은 U형(C_B>0.80) 선수, 중속선(0.7<C_B<0.8)은 중간 형태인 UV형 선형을 채택하고 있다.

선미 형상을 설계할 때는 점성과 3차원적 형상의 영향을 받아 복잡해진 유동 특성을 고려해야 하며 프로펠러, 타, 축계, 트랜섬 등의 영향도 섬세하게 검토해야 한다. 특히 선미부에서는 프로펠러가 적정하고 효과적으로 배치되어야 저항과 추진 성능이 향상되며, 프로펠러 축 기진력에 의한 선박의 진동, 소음문제도 향상시킬 수 있기 때문이다.

따라서 선미부 측면 형상, 프로펠러 날개 끝으로부터 선체까지의 연직거리와 수평 방향 거리를 적정하게 선정하여야 한다. 선미부에서 수선 위로 노출되는 부분이나 트랜섬 형상 등은 **그림 4-21**에 나타낸 것과 같이 선미파 형성에 영향을 주어 저항, 추진 성능뿐 아니라 캐비테이션 특성에도 영향을 준다. 또한 타 면적 확보와 직결되어 있어서 선박의 조종 성능에도 직접적인 영향을 준다.

2.3.1 선수 선형

선수 선형은 조파현상과 직접적인 관계를 가지므로 조파저항 최소화에 설계의 관점을 두어야 한다. 조파저항은 저속일 때보다 고속이 될수록 급격하게 커지므로 선수부 형상은 설계 속도에 따라 설계의 주안점을 다르게 두어야 한다. 선수부의 형상을 설계할 때 결정해야 하는 항목은 선수 벌브의 형상, 선수부 배수량의 분포, 즉 단면적 곡선의 선수 쪽 형상과 수선면의 선수쪽 형상 그리고 선수쪽 횡단면의 형상 등이다.

선수 벌브를 붙여주어 얻어지는 대표적인 효과는 주 선체에 의한 파도와 벌브에서 발생된 파도의 간섭으로 인한 조파저항의 감쇠효과이다. 그러나 선수 벌브로 인한 물가름각의 변화에 기인하는 선수부 쇄파현상 감소와 형상저항을 줄여주는 효과로 저속선일 때도 저항 감소가 나타나는 것으로 밝혀졌다. 이는 선수 벌브가 배수량을 효과적으로 분포시키는데 따르는 선체 주위 유선의 곡률이 개선되는 데 따르는 것으로 형상저항의 저항감소로 이어진다. 부수적으로는 밸러스트 상태에서 수선길이를 늘려주는 효과도 보게 되어 조파저항을 감소시키며 내항 성능도 개선되는 점이 벌브 채택에 따르는 또 다른 효과가 될 것이다.

선수부 단면 형상은 선체 표면을 타고 흐르는 유동이 조파저항 및 점성저항에 미치는 영향 등을 세심하게 고려하여 결정하여야 한다. 선체 주위의 유동을 지배하는 광의적인 지표는 단면적 곡선이 될 수 있다. 그러나 수심에 따른 배수량의 분포로 표현될 수 있는 횡단면 형상의 설계를 적절하게 보완하여야만 보다 바람직한 선수 형상의 개발이 가능하다. 일반적으로 전체 배수량을 일정하게 유지하며 선저부에 가까운 부분의 배수량을 증가시키면 U형 단면이 되고, 반대로 계획 만재 흘수선 쪽으로 배수량을 증가시키면 V형 단면이 된다. U형을 택하면 선저 만곡부에서 곡률 반경이 작아져서 형상저항이 증가할 염려가 있으나 그 외의 구역에서는 유체의 흐름을 단순화시키는 효과가 있다. 따라서 고속선을 제외한 선형에서는 만곡부 곡률 반경이 지나치게 작아지지 않는 범위에서 U형 단면을 택하고 있다.

한편 속도가 빨라지면 선수단에서 출발한 유동이 어느 곳이나 무리 없이 양 현측으로 갈라지며 원활하게 흘러야 한다. 이러한 관점에서 보면, U형 단면으로 인한 선저 만곡부는 유동의 급격한 공간적 변화가 촉진되어 저항 증가가 나타나는 등 우수한 성능의 선형을 얻기 어렵기 때문에 단면의 형상을 3차원 흐름에 적합한 V형으로 만들어준다. 특히 고속을 요구하는 컨테이너선, 여객페리선(Ro-Pax, Ro-Ro passenger ferry) 등에서는 복원성의 확보를 위해 배의 폭을 넓게 잡아 선형 자체의 메타센터 높이를 최대화시켜야 하므로, 수선면의 폭을 가능한 한 넓혀서 수선면 2차 모멘트를 증가시키도록 V형 단면의 채택이 더욱 필요하다.

그림 4-23은 폭이 같고 운항속도가 다른 대표적 선형의 선수부 단면 형상을 비교한 것으로, 속도가 빨라지면서 U형에서 V형 단면으로 변화하는 것이 잘 나타나 있다.

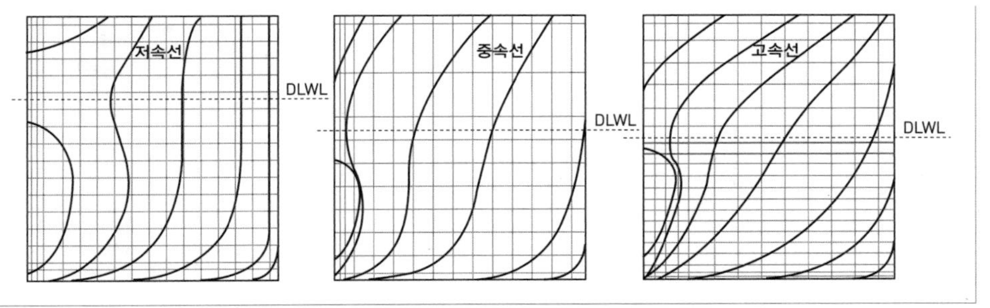

그림 4-23 저속선, 중속선, 고속선의 선수부 단면 형상의 특징

2.3.2 선미 선형

선박의 선미부는 점성저항에 미치는 영향이 매우 커서 전체 저항 성능의 우열을 결정하는 요소가 되며, 추진기가 설치되는 구역이므로 추진 효율을 지배한다. 또한 추진기에서 발생되는 공동(캐비테이션)현상과 선체 변동 압력과도 직접적인 관계를 가지고 있다. 따라서 최소 저항 설계뿐만 아니라 추진 효율을 극대화시킬 수 있으려면 추진기 성능이 발휘되도록 유동 분포의 균일화, 반류 최대치의 최소화 등 다양한 설계요소를 고려하여야 한다. 또한 선미부의 단면 형상과 측면투영 형상은 조종 성능에도 민감하게 영향을 주므로 비대한 선형의 선미 형상을 설계할 때 특히 세심한 주의가 필요하다.

선미 선형의 설계가 영향을 미치는 주요 유체 성능 및 핵심 고려사항들은 다음과 같다.

- 점성 · 형상 저항 최소, 반류 분포 균일화, 반류 최대치 최소화
- 자항요소 극대화, 추진기 설계 최적화, 공동현상 및 변동 압력 최소
- 타 설계 및 타 공동현상 및 조종 성능 고려
- 일반 배치, 작업성, 안정성 등의 충분한 고려

그림 4-24는 선미부의 단면 형상의 영향을 설명하기 위하여 준비한 것이다. V형 선미는 오래 전부터 채용되던 저항이 작은 선형으로, 축계 중심선 아래쪽은 작은 쐐기형이다. 쐐기 형상은 3차원 유동을 잘 받아주는 형상으로 설계되어야 한다. 하지만, 선미부의 구조 및 기관실 배치 등의 필요성으로 면적 확보를 위하여 폭을 넓게 잡으면, 프로펠러 면의 상반부로 유입되는 유동 분포가 불균일하고 반류 최대치가 흔히 쓰이는 U형(벌브형 선미)에 비해 크게 증가되는 결점이 있다.

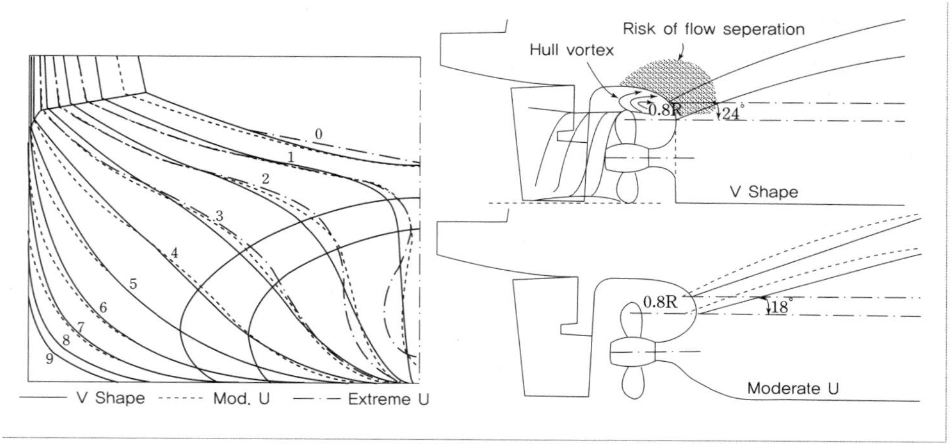

그림 4-24 V형, U형으로 표현될 수 있는 선미 형상의 예

한편, **그림 4-24**의 U형 선미 형상은 V형 선미 형상에 비하여 형상저항이 증가된다. 그러나 부분적인 U형의 선미 형상은 반류 증가로 인한 저항 증가보다는 추진 효율 면에서 유리하다는 장점이 있는 선형으로의 설계를 가능케 한다. 최근의 선미 선형의 일반적인 개념은 앞에서 언급된 U형 및 V형 선미 형상의 장점만을 따서 추진축보다 상방의 선형은 저항에서 유리한 V형을 택하고, 아래쪽은 반류 분포 균일화에 유리하고 추진 효율이 높은 U형을 결합한 벌브형 선미 형태가 쓰이고 있다.

그림 4-25는 대표적인 선미 형상과 이에 따른 프로펠러 평면에서의 반류 분포의 예이다. 그림에 원으로 표시되어 있는 프로펠러 내로 흘러드는 유속이 균일할수록 프로펠러의 효율이 개선되는 것을 생각하면 선미 형상을 이해하는 데 도움이 될 것이다.

또한 선미부에 설치하는 추진기와 타가 만족할 만한 추진 효율과 조종 성능을 발휘하려면 선미부 측면 투영 형상이 적절하게 설계되어야 한다. 먼저 충분한 조종 성능을 확보

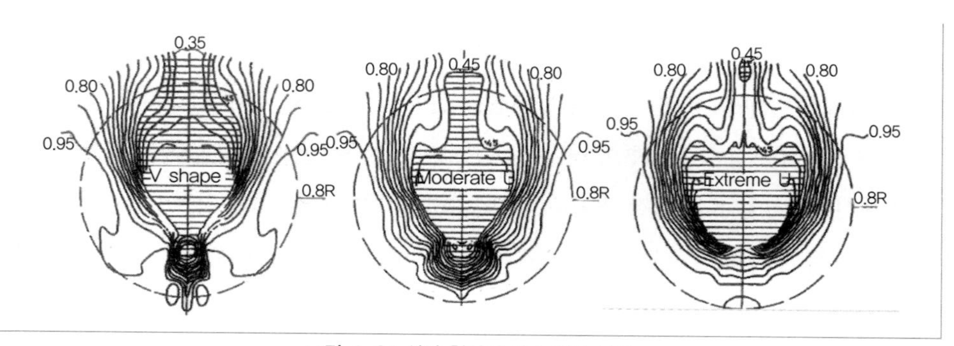

그림 4-25 선미 형상에 따른 반류 분포

하는 데 필요한 양력을 얻을 수 있는 타 면적을 결정하고, 추진기 날개 끝이 선저를 스치며 지날 때마다 발생하는 압력 변동의 영향을 생각하여 선체와 프로펠러 날개 끝 사이에 적정한 간격이 유지되는 선미부 측면 투영 형상을 결정한다.

참고로 타 면적의 확보가 쉽지 않거나 선박의 기본 제원이 조종성 확보가 어려운 영역에 들어 있을 때는 **그림 4-26**과 같이 선미 측면 하부의 측면적을 최대한 키워주는 것이 바람직하다.

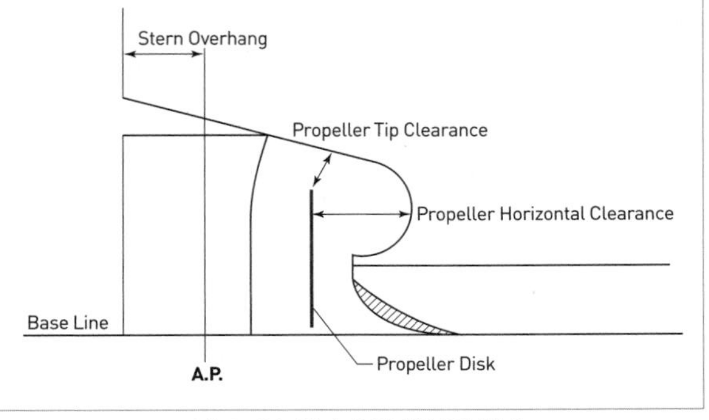

그림 4-26 선미 측면 형상의 설계

2.4 선형 변환

초기 선형을 새롭게 결정할 때 가장 흔히 사용하는 방법은 설계할 선박의 설계 기준이 될 만한 선형을 기준으로 주요 항목과 선형 계수를 설계 목적 선박의 특성에 가깝도록 변환하여 새로운 선형을 구하는 방법이다. 선형 변환방법으로는 주요 치수 변환, 단면적 곡선 변환, 그리고 늑골선 변환 등이 있다.

주요 치수 변환으로는 설계선의 주요 치수와 기준선의 주요 치수비에 따라서 치수를 변환하여 새로운 오프셋 데이터를 구하는 방법이 가장 간단한 선형 변환이다. 단면적 곡선 변환은 길이 방향으로 단면적 곡선을 선형 계수에 따라 일정한 비율로 이동시켜 새로운 단면적 곡선을 구하는 것으로서, 이러한 단면적 곡선 변환방법으로는 $1-C_P$ 방법, Lackenby 방법, 스윙(Swing) 방법 등이 있다.

2.4.1 주요 치수 변환

주요 치수 변환은 설계 대상선의 주요 치수에 맞도록 선체 치수를 변환하는 방법이다. 배의 길이와 폭, 그리고 흘수 등의 주요 치수와 빌지부 반지름이나 선수 벌브 길이도 함께 변환된다. 주요 치수를 변환하여 선형을 얻는 방법은 기준선과 설계선의 주요 항목별로, 즉 길이비와 폭비, 그리고 흘수비에 따라 오프셋 데이터를 변환시키는 것이다. 여기서 각각의 오프셋 데이터를 무차원화하면 별도의 변환 없이 적합한 선형을 알 수 있어서 편리하다.

길이 방향과 폭 방향, 그리고 흘수 방향으로의 치수비를 다르게 잡는 경우에는 먼저 흘수비와 길이비를 적용하여 선측 투영 형상을 구한다. 선수부 측면 형상은 주로 길이비와 흘수비로 변환하여 정면도에서 각 스테이션 위치와 일치시킨다. 이때 설계선의 벌브의 길이나 트랜섬 선미의 길이가 기준선에 의해 결정되므로 필요에 따라 수정을 한다.

주요 항목 변환에서 빌지부 반지름을 변환시켜주는 방법에는 먼저 중앙 횡단면적 형상을 치수 변환으로 구하고 중앙 평행부의 길이와 함께 수정하는 방법을 사용한다. 따라서 주요 치수 변환에서는 빌지부 반지름이 있는 중앙 평행부를 제외하고는 기준선과 무차원화된 계수로 동일한 정면도와 선수미 측면 형상 오프셋을 생성해야 한다. 그리고 횡단면적 곡선 변환이나 늑골선 변환도 자동으로 수행되어야 한다.

2.4.2 횡단면적 곡선 변환

선형의 비대한 정도를 나타내는 방형 계수는, 횡단면적 곡선(C_P 곡선)을 길이 방향으로 적분하여 면적을 구하면 배수량이 얻어지고 이를 $L \cdot B \cdot T$로 나누어주면 얻을 수 있다. **그림 4-27**과 같이 횡단면적 곡선을 물가름부의 길이 L_e와 중앙 평행부의 길이 L_x 그리고 물모음부의 길이 L_r로 나누며, 물가름부의 방형 계수는 C_{Be}로 나타낸다. 그리고 중앙 횡단면적 계수를 C_M, 그리고 물모음부의 방형 계수를 C_{Br}라 하면 수선 간 길이가 L_{BP}인 선체 전체의 방형 계수는 **식 (4-1)**과 같이 계산된다.

$$C_B = C_{Be}(L_e/L_{BP}) + C_M(L_x/L_{BP}) + C_{Br}(L_r/L_{BP}) \tag{4-1}$$

횡단면적 곡선의 변환방법은 주어진 방형 계수를 일정한 값으로 유지하며, LCB 위치를 만족스러운 위치로 이동시키기 위하여 횡단면적을 나타내는 스테이션의 위치를 길이 방향으로 이동시키는 방법으로서 $1-C_P$ 방법과 스윙 이동방법 그리고 Lackenby 방법 등이 있다.

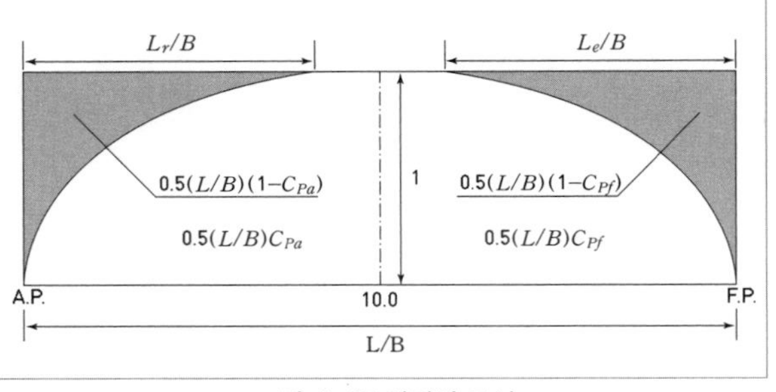

그림 4-27 단면적 곡선

$1-C_P$ 방법과 스윙 이동방법은 **식 (4-1)**에서와 같이 물가름부와 물모음부의 방형 계수는 일정하다고 보고 (L_e/L_{BP}), (L_x/L_{BP})와 그리고 (L_r/L_{BP})값을 조정하여 새로운 선형의 횡단면적 곡선을 구하는 선형 변환방법이다. Lackenby 방법은 중앙 평행부의 길이를 우선 결정하고 물

가름부와 물모음부의 방형 계수와 물가름부의 길이비(L_e/L_{BP}) 그리고 물모음부의 길이비(L_r/L_{BP})를 함께 조정하여 횡단면적 곡선을 변환하는 방법으로 고속 세장선처럼 중앙 평행부가 거의 없는 경우에도 선형 변환이 가능하다.

1) 1-C_p 변환방법

$1-C_P$ 변환방법은 가장 기본적인 횡단면적 곡선의 변환방법이다. 물가름부의 방형 계수 C_{Be}와 물모음부의 방형 계수 C_{Br}는 변화시키지 않으면서 L_e/L_{BP}와 L_r/L_{BP}를 조정하여 선형을 일차적으로 변환시키는 방법이다. 선수 선형을 변환시킬 때는 C_{Be}를 일정하게 유지하는 동시에 C_{Br}도 일정하게 유지하는 상태에서 LCB 위치를 바꾸기 위해서는 L_e/L_{BP}와 L_r/L_{BP}를 조정해 주어야 한다. 그리고 방형 계수 C_B가 일정한 값을 가지기 위해서는 C_B에 관해 앞에서 정의한 식을 만족시켜야 한다. 다시 말하면, 2가지 조건과 $L_{BP}=L_e+L_x+L_r$이라는 조건을 함께 사용하면 변형된 새로운 횡단면적 곡선의 형태를 구할 수 있다.

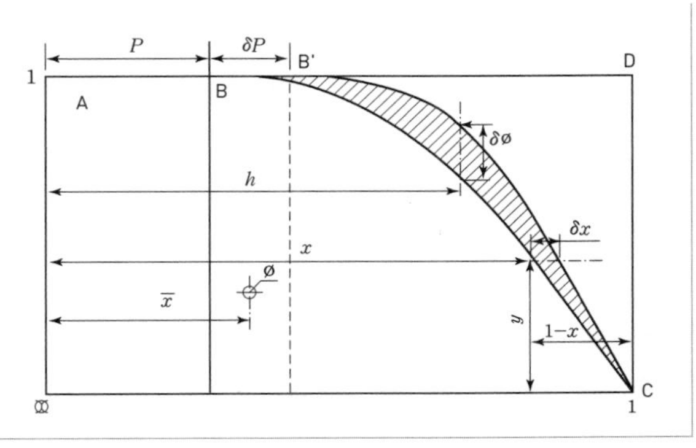

그림 4-28 1-C_p 변환방법

이 계산과정을 수행할 때 계산의 편의를 위하여 **그림 4-28**에서 보는 것과 같이 횡단면적 곡선에서 도형 BDC의 면적을 $1-C_P$로 표시하고 계산하는 간편한 방법이 제시되어 있다. 특히, 계산과정에서 Guldhammer의 도표를 이용하면 계산이 편리하다. 고속 세장선처럼 중앙 평행부가 없는 선형일 때 이 방법을 적용하면 선형 변환에 제약을 받는 문제점이 있다.

2) Lackenby 변환방법

Lackenby는 $1-C_P$ 변환방법을 개선하기 위하여 중앙 평행부의 길이 변화에 무관하게 선형을 변환할 수 있는 2가지 방법을 추가로 제시하였다. 첫 번째 방법은 중앙 평행부가 없는 경우에 횡단면적 곡선의 형상을 **그림 4-29**와 같이 이차식으로 변환시키는 방법이다. 두 번째 방법은 중앙 평행부의 길이를 임의로 변화시키면서 횡단면적 곡선을 이차식으로 변환할 수 있는 일반적인 변환방법이다.

중앙 평행부가 없는 경우에는 횡단면적 곡선의 양단 부분에서는 변화가 없고, 중간 부

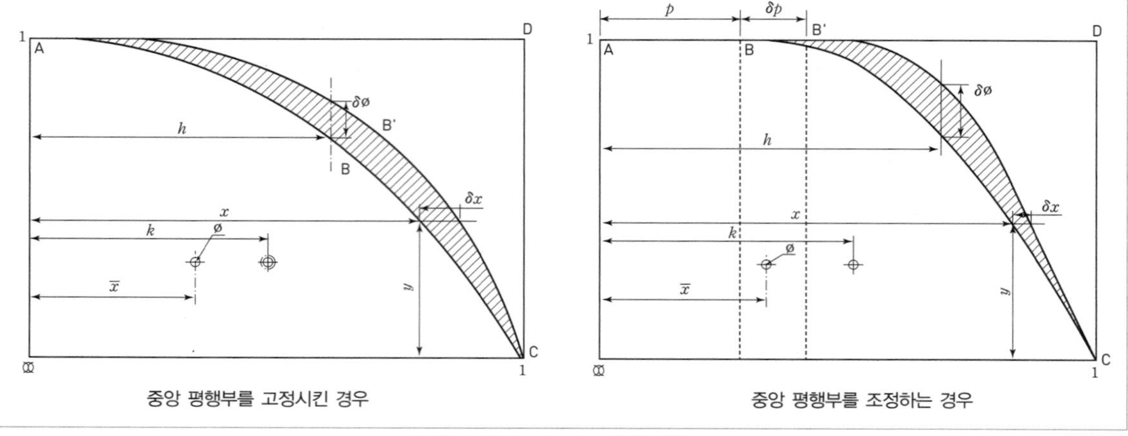

그림 4-29 Lackenby 선형 변환

분의 변화를 이차식으로 바뀌게 표현하여 새로운 횡단면적 곡선으로 변화시키고, 스테이션 위치를 변경시키는 방법이다. 후자의 방법은 물가름부와 물모음부의 방형 계수가 바뀌면서 선형을 이차식으로 변환시킨다. 이때는 $1-C_P$ 방법과 마찬가지로 선수 선형을 변환시킬 때는 F.P.로부터 중앙 평행부가 시작되는 위치까지, 그리고 선미 선형을 변환시킬 때는 A.P.로부터 중앙 평행부가 끝나는 위치까지 단면적 값이 이차식으로 변화되는 것으로 취급하고 중앙 평행부의 길이 변화량을 계산하는 방법이다.

Lackenby 변환방법은 전체 방형 계수와 LCB 위치를 직접 입력하여 선형을 바로 변환할 수 있다. 또한, 중앙 평행부가 인위적으로 조정되고 횡단면적 곡선이 이차식에 따라 각 스테이션에서 이동하므로, 횡단면적 곡선과 물가름부나 물모음부의 방형 계수가 바뀌게 되는 방법이다. 따라서 Lackenby 변환방법은 중앙 평행부의 길이를 인위적으로 조정하며 횡단면적 곡선의 형상을 변환시킬 수 있는 적응성이 높은 방법으로 가장 널리 사용되고 있다. 특히 고속 세장선처럼 중앙 평행부가 없을 때 방형 계수를 줄이거나 LCB 위치를 이동시킬 경우는 물론이고 방형 계수나 LCB 변화가 커질 경우에도 유용하게 사용된다. 이 방법에 대해 좀 더 상세한 내용을 알고 싶다면 참고문헌을 참조하기 바란다.

3) 스윙 이동 변환방법

앞에서 설명한 $1-C_P$ 변환방법은 물가름부와 물모음부 각각의 방형 계수는 동일하게 유지하면서, 물가름부와 물모음부의 길이비를 적용하여 스테이션 위치를 수평 이동시킴으로써 횡단면적 곡선을 일차적으로 변환시키는 방법이다. 이에 대하여 스윙 이동 변환방법은 물가름부와 물모음부를 스테이션으로 분할하고, 횡단면적 곡선과 스테이션의 교점, 즉 각 스테이션 위치에서의 횡단면적을 수평 방향으로 이동시키는데 각도 α만큼 경사된 스테이션 선과의 교점 위치로 이동시켜, 물가름부와 물모음부의 형상을 변환시키는 방법이다. 즉, 어떤 스테이션 위치에서 스테이션 선을 각도 α만큼 경사시킨 후 경사 전 스테이션 위치에서의 단면적을 경사된 스테이션 위치까지 수평 이동시킨 결과가 된다. 이와 같은 방법으로 모든 스테이션을 이동시켜서 새로운 단면적 곡선을 생성하면 새로운 방형 계수와 LCB 위치를 구할 수 있다.

스윙 이동 변환방법에서는 우선 **그림 4-30**에서 보는 것과 같이 어느 범위 내의 각도로 스테이션 선을 경사시키면 새로운 횡단면적 곡선을 얻을 수 있다. 그로부터 변형된 횡단면적 곡선으로 나타내지는 선형의 방형 계수를 구할 수 있다. 경사 각도를 달리하여 몇 개의 변환된 횡단면적 곡선을 구하고, 그에 따르는 방형 계수들을 구하면 스테이션 선의 경사에 따라 물가름부나 물모음부의 방형 계수가 어떻게 변화하는지를 알 수 있다. 이들 자료에 보간법을 적용하면 원하는 방형 계수와 스테이션 선의 경사각을 구할 수 있다. 물가름부와 물모음부의 방형 계수 변화를 경사각도에 따라 미리 조사하여 두면 각각에 대하여 보간법을 적용하고 이들을 조합하여 새로운 횡단면적 곡선과 방형 계수를 구할 수 있다.

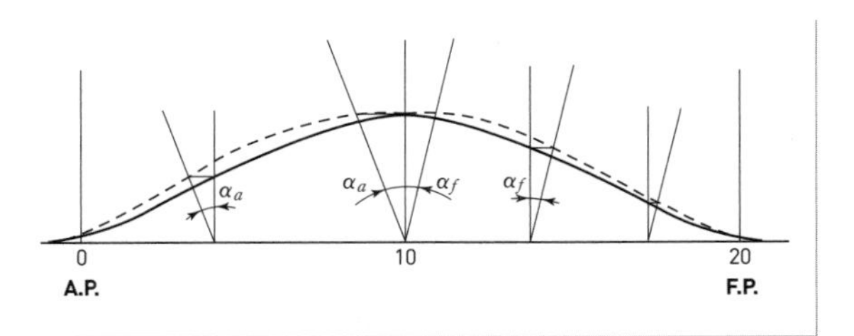

그림 4-30 Swinging-C_p variation

설계에서 목표로 삼고 있는 방형 계수를 가지는 횡단면적 곡선이 얻어지면, 이어서 방형 계수를 일정한 값으로 유지하며 LCB 위치가 적정한 위치에 놓이도록 횡단면적 곡선

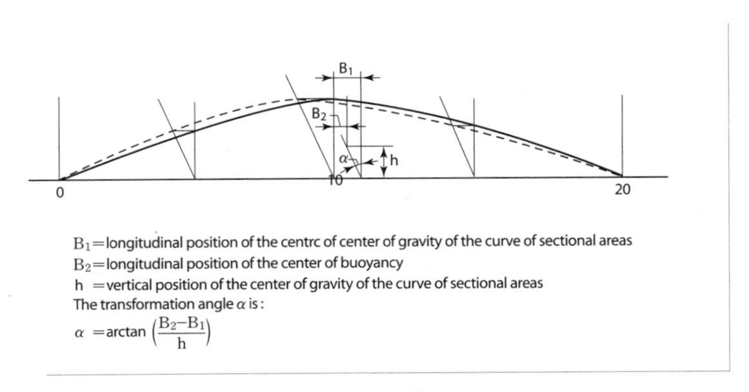

그림 4-31 Swinging-*LCB* variation

을 다시 변환한다. LCB 위치를 변환할 때는 **그림 4-31**과 같이 어느 범위 내의 각도로 경사시키고, 경사각에 따르는 LCB 위치 변화를 조사하여 이들 결과에 보간법을 적용함으로써 새로운 횡단면적 곡선을 구한다. 먼저 선수미가 같은 방향으로 각 스테이션의 횡단면적을 같은 각도로 이동시켜 횡단면적 곡선을 변환시킨 후 몇 개의 각도별로 각각의 LCB 위치를 구한다. 그 다음 방형 계수의 변환과 같이 이들의 LCB 위치를 구하고, 설계 LCB 위치에 대하여 보간하여 적당한 각도를 구하며, 그 각도에 따라 각각의 스테이션을 이동하면 LCB 위치가 변환된 횡단면적 곡선을 구할 수 있다.

스윙 이동 변환방법은 선체 중앙 평행부의 길이의 조절을 포함하여 선형을 변환할 수 있어서 $1-C_P$ 변환방법과 특징이 비슷하지만 전체 방형 계수와 LCB를 직접 입력하여 초기에 주어진 방형 계수와 LCB에 따라 선형을 가장 쉽게 변환할 수 있는 방법이다. 일반적으로 스윙 이동 변환방법으로 일차적인 선형 변환을 수행하고, 이어서 물가름부와 물모음부의 방형 계수를 구하고 이차적인 선형 변환을 $1-C_P$ 변환방법이나 Lackenby 변환방법으로 수행하는 경우를 흔히 볼 수 있다.

3. 선형과 소요 동력

3.1 소요 동력의 정의 및 주기관의 선정

3.1.1 소요 동력의 정의

마력(HP)은 영국의 James Watt가 자신이 발명한 증기기관을 설명하기 위하여 처음 사용하기 시작한 일률의 단위로서, 330lb 무게의 석탄바구니를 1분에 100ft 들어올리는 동력이다. 미터 단위계에서는 마력(PS)을 체중 75kg의 사람을 태우고 속도 1m/sec 이동시키는 일률, 즉 초당 75kgf · m/sec의 일을 하는 것으로 정의하고 있다. SI 단위계에서는 1뉴튼(N)의 힘으로 1m를 움직인 일의 양을 1줄(J)로 정의하고, 1초에 1J의 일을 하는 일률을 1와트(W)로 정의하고 있다. 이들 단위들의 관계는 다음과 같다.

$$1\text{HP} = 330\text{lbf} \times 100\text{ft/min}$$

= 33,000lbf · ft/min

= 550lbf · ft/sec

= 746W(watt)

= 0.746kW

1PS = 75kgf · m/sec = 735W

1W = 1Joule/sec = 1N · m/sec

선박이 특정한 속력으로 전진하고 있을 때 소요되는 동력을 계측 위치를 바꾸어가며 계측하면 각기 다른 값을 가지는데, 다음과 같이 6가지로 계측되는 값이 소요 동력을 평가하는 대표적인 값으로 다루어지고 있다.

- 지시 동력(Indicated Power, P_I)은 엔진이 작동할 때 실린더 내 압력 변동을 지속적으로 계측하여 구한 지압선도의 면적을 적분하여 얻어지는 엔진 동력이다.
- 제동 동력(Brake Power, P_B)은 기관의 출력축에 동력계를 부착하여 계측한 동력으로 엔진이 구동하며 발생된 마찰 손실과 캠축 구동 등과 같이 엔진 자체에서 소비되는 동력은 계측에서 제외된 상태의 기관 동력이다.
- 축 동력(Shaft Power, P_S)은 축을 통하여 프로펠러에 전달되는 동력으로 제동 동력에서 감속기나 베어링 등에서 발생되는 손실을 제외한 동력으로 선미관 바로 앞쪽 프로펠러축에서 계측한 동력으로, 제동 동력으로부터 감속기와 베어링에서의 손실을 제외한 동력과 동일하다.

  즉, 축 동력 = (제동 동력−감속기 및 베어링 손실)
- 전달 동력(Delivered Power, P_D)은 실제로 프로펠러에 전달되는 동력으로 축 동력에서 축지지 베어링과 선미관 베어링, 그리고 선미관 주위의 수밀을 확보하기 위하여 사용하는 실링 등에서 발생하는 손실을 제외한 동력이다.

  즉, 전달 마력 = (축 동력−축계 손실)
- 추진 동력(Thrust Power, P_T)은 프로펠러가 작동할 때 발생하는 동력으로, 예인수조에서 모형 프로펠러를 달고 자항하는 상태에서 계측된 추진기의 추력으로부터 계산되는 동력으로 추진기의 추력(N) × 전진속도

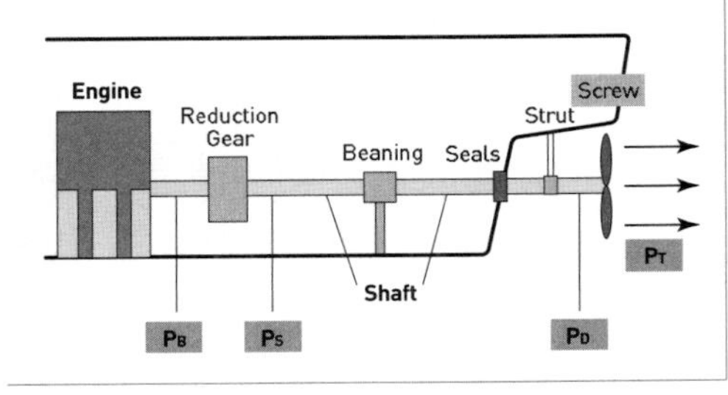

그림 4-32 동력의 종류

(m/sec)로 구할 수 있다. 이때 사용되는 추력은 모형시험에서 계측된 모형 추진기의 추력으로부터 Froude의 상사법칙을 적용하여 추정한 실선 추진기의 추력이다.

즉, 추진 동력 = 전달 동력 – 프로펠러에서의 손실

- 유효 동력(Effective Power, P_E)은 정수 중에서 선박이 어떤 일정 속력으로 전진할 때 선박에 작용하는 저항을 극복하는 데 소요되는 동력이다. 추진기가 없는 상태에서 계측한 동력으로서 예인수조에서 프로펠러를 달지 않고 모형선을 예인하며 예인속도 변화에 따라 저항을 계측한다. 이를 Froude 법칙에 의하여 실선으로 확장하여 실선저항을 구하고 이것에 실선의 속력을 곱하여 결정한다.

3.1.2 주기관의 선정

선박의 주기관을 선정하는 것은 설계하는 선박의 주요 항목 및 요구 속력에 가장 적합한 기관을 선택하는 과정이다. 주기관이 올바르게 선정되지 않았을 때는 불필요한 여유 동력을 가지거나 동력의 부족으로 요구 속력에 도달할 수 없는 상황을 초래할 수 있어서 대단히 중요하다. 이와 동시에 선정된 주기관은 선박의 전체 중량 및 선가, 그리고 선형 형상에 결정적인 영향을 준다. 따라서 주기관의 선정은 선박 설계에서는 가장 핵심적이고 기본적인 절차로서 기관 제작자가 공급하는 기관의 규격도 염두에 두어야 한다.

1) 주기관의 출력 분류

선박용 기관은 단속적으로 사용하는 차량용 기관과 다르게 수개월에 걸쳐 연속적으로 운전할 수 있어야 한다. 주기관의 출력은 연속 운전 특성을 기준으로 다음의 3가지로 구분하여 표기한다는 점을 주의해야 한다.

- 공칭 최대 연속 출력(NMCR, Nominal Maximum Continuous Rating)

해당 기관을 연속적으로 운전하며 얻을 수 있는 최대 출력으로서, 기관 공급자가 보증하는 기관 출력이다. 기관의 크기, 무게, 용적 및 가격 추정의 기준이 된다.

- 최대 연속 출력(MCR, Maximum Continuous Rating)

선박 설계자가 공급받은 기관으로부터 얻을 것이라 설정한 최대 연속 출력으로, 공칭 최대 연속 마력 범위 안에서는 어떠한 값도 MCR로 사용할 수 있다. 그러나 선박 설계자는 프로펠러 회전수나 연료 소모율, 프로펠러의 작동 범위 등이 변동되었을 때 나타나는 소요 동력의 변화와 기관의 회전수의 변화에 따르는 기관 출력의 변동을 함께 고려하여 기관 운전 조건을 결정하게 된다. 당연히 설계자 기관 운전 조건으로 설정할 때 기관 출력과 회전수는 공칭 연속 최대 출력일 때보다 낮추어 잡아야 한다. 일단 여러 가지 조건을 고려하여 MCR을 결정하면 그에 적합한 축계와 보조기기의 치수가 결정되며, 이때부터는 MCR이 선박 운항에서 연속 최대 출력과 회전수의 기준이 된다.

- 상용 연속 출력(NCR, Nominal Continuous Rating)

선박의 평상 상태로 운항할 때의 기관 출력으로 대부분의 선박은 바람이나 해상 상태에 따라서 추가 동력이 소요된다. 그리고 선령의 변화에 따르는 저항의 증가나 기관의 성능 저하 등으로 인한 속력 저하에 대비해 기관 출력의 여유도 두게 된다. 흔히 이들을 속력 마진이라 한다. 설계자는 속력 마진을 가지기 위해 최대 90% 부하에서 기관을 연속 운전하도록 주기관을 선정하는 것을 일반적으로 선호하며 이를 10% 기관 마진이라 한다.

2) 선체 저항과 주기관의 출력관계

선박이 운항할 때 소요되는 동력은 선체가 받는 전체 저항과 운항 속력을 곱하여 얻을 수 있으며 이를 유효 동력이라 한다. 유효 동력을 구하는 방법은 제5장에서 상세하게 다룰 예정이다.

설계하는 선박이 기관에서 발생한 동력의 일부는 동력 전달기구에서 소모하고, 프로펠러 직전까지 전달된 전달 동력으로 선박용 프로펠러를 구동시키면 추진 동력이 얻어진다. 추진 동력이 유효 동력과 평형을 이룰 때 선박은 설계자가 계획한 속력으로 전진할 수 있다. 유효 동력과 전달 동력 사이의 관계를 준추진 효율(Quasi-Propulsive efficiency)로 설명한다. 선박의 선형을 설계할 때는 프로펠러의 영향을 고려하지 않으며, 프로펠러를 설계할 때는 선박의 영향을 고려하지 않기 때문에 선박의 전진속도와 프로펠러 위치를 지나는 유동속도가 같지 않으므로 준추진 효율은 쉽게 추정할 수 없다. 준추진 효율을 추정하는 방법에 관해서는 제5장의 내용을 참조하기 바란다.

선박 설계자는 동력 전달장치에서의 동력 손실을 고려하면 프로펠러까지 전달 동력을 공급할 수 있는 기관의 제동 동력을 추정할 수 있다. 이때 추정되는 제동 동력은 이상적인 상태를 기준으로 얻어진 것이다. 따라서 선박이 운항하는 실해역의 해상 상태와 기상 상태 그리고 운항 조건 등으로 인하여 속력을 달성하지 못하는 경우가 허다하다. 그러므로 선주는 선박의 운항 조건과 경험을 토대로 기관 출력에 여유를 두기 원하는데 이를 시마진(sea margin)이라 한다. 통상적으로는 선주가 15%의 시마진을 요구하고 있으나 경우에 따라서는 35%의 시마진을 요구하는 특수한 경우도 있다. 따라서 설계자는 제동 동력을 추정한 후 시마진으로 기관의 상용 연속 출력을 구하게 된다.

3) 일반적인 주기관 선정과정

선박 설계자는 주기관의 크기나 프로펠러에 관한 정보가 있어야만 적합한 선형을 설계할 수 있으며, 선형이 확정되고 기관의 회전수가 정해져야만 프로펠러의 설계가 가능하다. 또한 기관 공급자는 선박의 저항 추진 성능과 시마진에 대한 명확한 정보가 있어야만 기관의 설계 조건을 설정할 수 있다.

따라서, 설계자는 흔히 **그림 4-33**에 예시한 것처럼 저항 추진 성능, 프로펠러 주요 치수의 결정 및 주기관의 선정과정을 반복하여 주기관의 상용 연속 최대 출력을 결정한다.

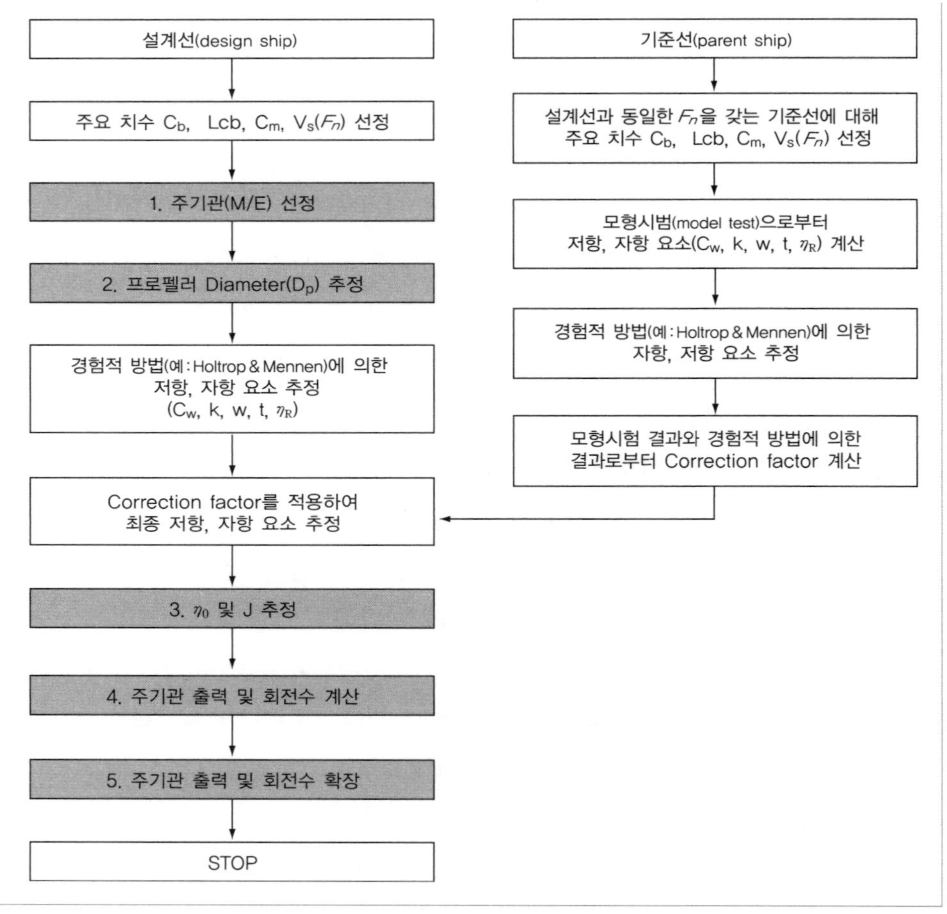

그림 4-33 주기관의 선정과정

3.2 소요 동력 추정법

3.2.1 계열시험을 이용한 소요 동력 추정

선박의 초기 설계 단계에서 소요 동력을 추정할 때 사용하는 전통적인 방법은 계열시험 자료를 통계적으로 분석 처리한 자료를 사용한다. 이 방법은 방대한 범위의 모형시험을 선행하여 수행하여야 하는 단점을 가지고 있다. 하지만 과거 많은 연구기관에서 선형 및 추진기에 대한 계열시험을 수행하였으므로 이들 자료가 초기 설계 단계에서 소요 동력을 추정하는 근간이 될 수 있었다.

1) 대표적인 선형 계열시험

- The Taylor Gertler Standard Series(Gertler,1954)
- DTMB Series 60(Todd, 1963)
- The SSPA Cargo Liner Series(Williams, 1969)
- MARIN Mathematical Model(Holtrop&Mennen Method)

상기의 대표적인 선형 계열시험은 수차례에 걸쳐 추가 시험 및 재해석으로 수정 보완되어져 왔다. 그 중 대표적인 방법인 MARIN의 이론선형에 대한 경우를 살펴보면 1977년에 Marin의 Holtrop과 Mennen이 처음으로 개발한 초기 추정법으로서 1978년에는 구상 선수와 큰 수선면적 계수에 대한 수정방법이 보완되었다. 그리고 1982년에는 큰 방형 계수와 낮은 L/B의 영향에 대한 수정방법이 제안되었다. 1982년에 개발된 추정법에 사용된 자료는 191개의 모형시험 및 실선자료이며 이후 1984년에는 334개의 자료로 추가 확대되었다.

이와 같은 방대한 자료를 바탕으로 작성된 속력 추정방법이라고는 하더라도 최근의 설계 영역을 모두 포함하는 것은 아니다. 특히 선형 및 추진기 설계 기술이 더욱 발전된 시점에서는 자료의 정도를 완전히 신뢰하기는 어려우므로, 각각의 수조에서는 지속적으로 자료를 수정 보완하고 있다. MARIN이 개발한 추정법의 활용 가능한 범위는 **표 4-2**와 같다.

2) 대표적인 추진기 계열시험

- Wageningen B-Screw Propeller Series(van Lammeren et al, 1969)
- Gawn-Burrill Propeller Series(Gawn & Burrill, 1958)

표 4-2 MARIN 추정법의 활용 범위

Ship type	Fn	C_p		L/B		B/T	
	max	min	max	min	max	min	max
Tankers, bulk carriers(ocean)	0.24	0.73	0.85	5.1	7.1	2.4	3.2
Trawlers, coasters, tugs	0.38	0.55	0.65	3.9	6.3	2.1	3.0
Container ships, destroyer types	0.45	0.55	0.67	6.0	9.5	3.0	4.0
Cargo liners	0.30	0.56	0.75	5.3	8.0	2.4	4.0
Ro-Ro's, car ferries	0.35	0.55	0.67	5.3	8.0	3.2	4.0

NSMB(현 MARIN)에서는 항공기에 사용할 것을 목표로 하여 개발된 날개 단면 A-Series를 선박에 사용할 때 캐비테이션 발생 측면에서 적합하지 않다는 것이 알려져서 이를 보완하기 위하여 1936년에 Wageningen B-Series 프로펠러를 완성하였다.

B-Series는 날개 수, 면적비, 피치비 등을 변화시켜 총 21개의 프로펠러에 대한 계열시험을 수행한 결과의 회귀 분석과 약간의 레이놀즈 수 영향을 보정하여 완성하였다. B-Series 프로펠러는 끝단 근처는 원호형의 흡입면을 가지는 단면으로 이루어지며 허브 근처는 항공기 날개 단면으로 설계되었다. 시험에 수행된 범위는 **표 4-3**과 같다.

Gawn-Burrill Propeller Series는 영국 Newcastle의 King's College의 캐비테이션 터널에서 16인치, 4익 프로펠러에 대하여 모형시험을 수행한 것이다. 시험의 범위는 피치비의 변화는 0.6~2.0이며, 프로펠러의 면적비는 0.5~1.1까지 변화시켜 계열시험을 수행하였다. 이 자료는 추진기 설계자가 초기 설계 단계에서 특성요소들의 적합성을 판단할 때 유용하게 사용된다.

표 4-3 B-Series 프로펠러의 범위

	Number of blades					
	2	3	4	5	6	7
Expanded area ratio (A_p/A_0)	0.30 0.38	0.35 0.50 0.65 0.80	0.40 0.55 0.70 0.85 1.00	0.45 0.60 0.75 1.05	0.50 0.65 0.80	0.55 0.70 0.85
Pitch ratio(P/D)	0.5~1.4	0.5~1.4	0.5~1.4	0.5~1.4	0.6~1.4	0.6~1.4
Blade thickness ratio(t/D)	0.055	0.050	0.045	0.040	0.035	0.035
Boss diameter ratio(d/D)	0.180	0.180	0.167	0.167	0.167	0.180
Pitch reduction at blade root	0	0	20%	0	0	0
Blade rake angle(φ)	15°	15°	15°	15°	15°	5°

이러한 선형의 계열시험 및 추진기의 계열시험의 자료를 바탕으로 설계 조건을 수학적 관계로 나타내고, 이를 이용하여 선박의 소요 동력을 추정하는 절차를 **그림 4-34**에 개략적으로 나타냈다. 물론 각 수조 및 기관에 따라, 상세한 내용까지 살펴보면 부분적인 차이는 있을 수 있으나 큰 틀은 차이가 없을 것으로 판단된다.

여기서 추정되는 값들은 앞에서 언급한 바와 같이 오래전 계열시험 결과에 근거하고 있다. 최근의 설계 기술의 발전에 따라 얻어진 개선된 선형과 프로펠러의 자료가 반영되지 못했으므로 지속적인 수정보완이 필요하다. 수조를 보유하고 있는 각 연구기관에서는 초기 추정값과 설계 확정 단계에서 수행한 모형시험값과의 차이를 항상 확인하여 추정 프로그램을 보완해야 한다. 그리고 통상적인 추정과는 별도로 선체에 붙여지는 각종 부가물이 소요 동력 증가에 미치는 영향을 정리하여 **표 4-4**에 나타냈다. 물론 각각의 부가설비의 형상 및 부착 위치 그리고 선형에 따라 약간의 차이는 발생할 수 있다.

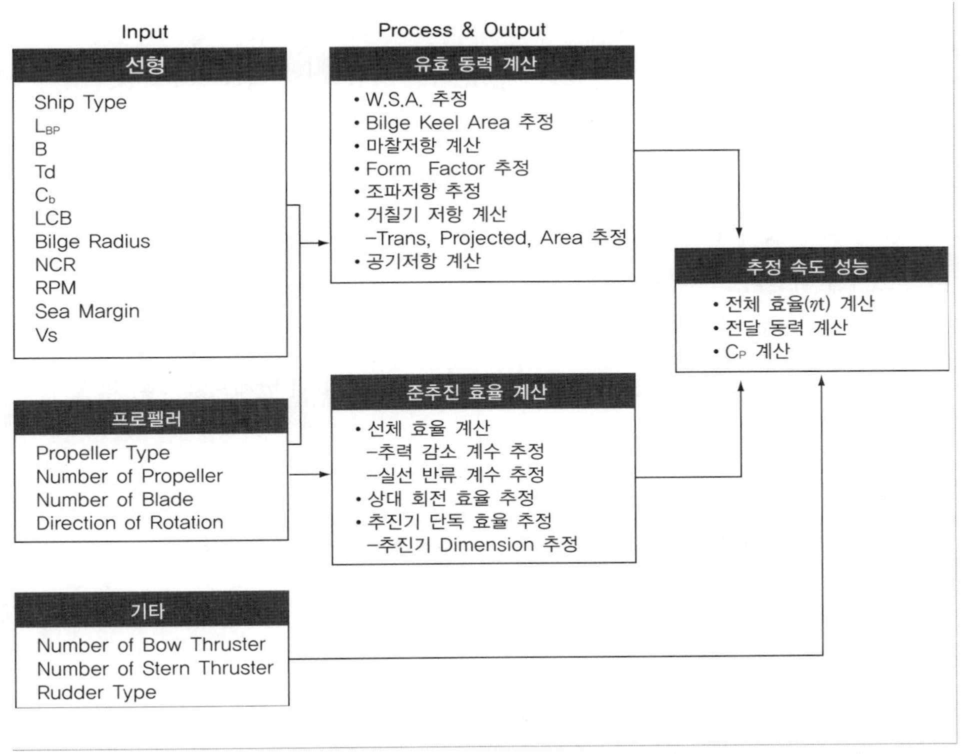

그림 4-34 선박의 소요 동력 추정 절차

표 4-4 부가물에 대한 동력 증가량 예

부가물	동력 증가량	비고
Bow / Stern Thruster	1.0 / 0.5%	
Schilling / Beck Rudder	6.0 / 1.0%	
CPP(Controllable Pitch Propeller)	1.5%	

3.2.2 유사선의 모형시험 및 수치 계산을 이용한 소요 동력 추정

1) 유사선의 모형시험을 활용한 소요 동력 추정

선박을 설계하는 단계에서 선체 형상이 구체적으로 결정되기 이전 단계에서도 소요 동력을 추정하는 것이 필요하다. 이를 위하여 흔히 다음의 3가지 방법이 사용되고 있다.

먼저 첫 번째 방법은 통계 해석 결과를 이용하는 것이고, 두 번째 방법은 유사 선박의 모형시험 결과를 활용하여 추정 정도를 검증하는 것이다. 두 번째 방법은 통계에 의한 고전적인 방법보다는 유사한 선박의 모형시험 자료를 함께 참조하는 방법으로서 상대적으로 신뢰성이 높다. 세 번째 방법은 설계하는 선박의 치수가 통상적인 치수범위를 넘어서거나 경험이 별로 없는 새로운 형상의 선박일 때는 선형 설계자가 직접 초기 선도를 작성하고 수치 계산으로 저항 및 추진 효율을 직접 추정하기도 한다.

그림 4-35는 계열실험을 참고하여 이루어진 통계 해석을 이용한 소요 동력 추정과 실적이 있는 유사선의 모형시험 결과를 함께 사용하여 새로운 선박에 대한 소요 동력을 추정하는 관계를 개념적으로 나타낸 것이다.

소요 동력의 추정이 선형 설계나 모형시험이 이루어지기 전 단계로 선주와 계약 단계

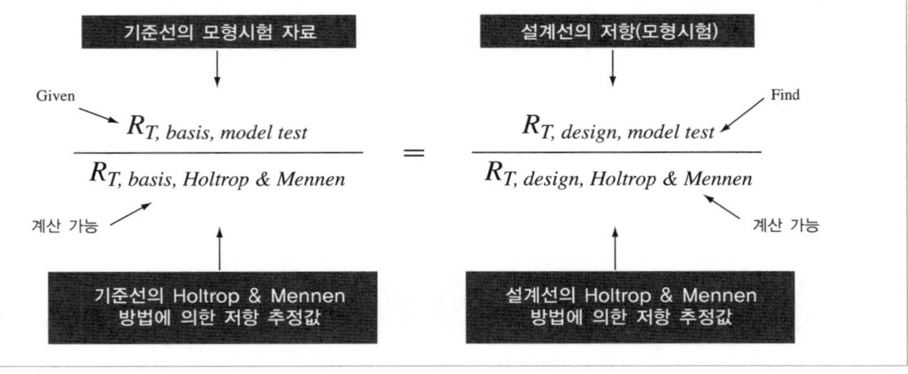

그림 4-35 통계적인 방법과 유사선의 모형시험 자료를 활용한 소요 동력의 추정

일 때라는 점을 생각하면 추정의 정확성은 대단히 중요하다. 그 이유는 추정된 동력으로, 선주와 조선소 간에 절대적으로 우선 만족시켜야 할 조건인 선박의 속력을 결정하는 것이기 때문이다. 이러한 이유로 인하여 소요 동력의 추정 정도는 전체 선박의 계약 여부를 결정 짓는 중요한 요소 중의 하나이다.

2) 수치 계산을 이용한 소요 동력 추정

1890년대에 Kelvin이 하나의 점이 이동할 때 생기는 파도를 이론적으로 계산한 이후 선박 유체역학 분야에서는 조파저항에 관한 이론연구가 늘어나기 시작하였다. 1950년대 후반에 T. Inui가 구상선수 선형을 이론적으로 제안하고 실선에 근사계산으로 적용하여 저항 감소 효과를 거둠에 따라 조파저항의 이론연구가 촉발되었다. 그러나 계산 능력의 부족으로 크게 발전되지는 못하였다. 1970년대에 들면서 배광준이 유체 역학적 문제 해석에 유한요소법을 도입하는 수치 계산법을 제안함으로써 선박 주위의 점성유동에 관해서도 수치 해법이 도입되기 시작하였다.

다른 한편으로, 전산기의 눈부신 발전에 힘입어 장차 실험을 대체하는 수단으로 전산기를 이용한 수치 유체역학의 역할을 기대하게 되었다. 1979년에는 전산기에 의한 조파저항의 계산에 관한 국제 회의가 개최되었으며, 이어서 다음 해에는 점성저항 계산에 관한 국제 회의가 개최되어 선박 유체역학 분야에 대한 전산기 응용의 길이 확대되었다.

최근 들어, 병렬 컴퓨터와 전산 유체역학의 눈부신 발전에 힘입어 RANS(Reynolds Averaged Navier-Stoke) 방정식을 직접 해석하는 상용 프로그램인 FLUENT, STAR CCM, 그리고 WAVIS 등이 선체 주위의 유동현상 평가뿐만 아니라 대상 선박에 대한 저항 및 소요 동력에 대한 추정에도 사용되고 있다.

수치 계산을 이용한 선박 동력 추정은 비교적 짧은 시간 안에 결과를 확인할 수 있을 뿐만 아니라 계산비용이 모형시험에 비교하여 훨씬 적게 소요된다. 그래서 선형 개발과정 중에 다양한 선형은 물론이고 프로펠러에 있어서도 설계한 결과를 시뮬레이션하여 우수한 것을 선택할 수 있도록 하는 유용한 수단이 된다. 이러한 수치 동력 추정방법은 크게 2가지로 분류될 수 있다.

첫 번째 방법은 실선에 대한 직접적인 수치 해석법을 통해 소요 동력을 추정하는 것이다. 이러한 추정법은 실선의 고 레이놀드 수에서 선체 및 프로펠러에 대해 직접적인 수치 해석을 필요로 한다. 하지만 고 레이놀드 수로 인하여 수치 계산에 필요한 적정한 격자계 생성 및 난류 모델의 한계성 등으로 소요 동력의 정확한 정량적 추정이 어려운 단점을 가

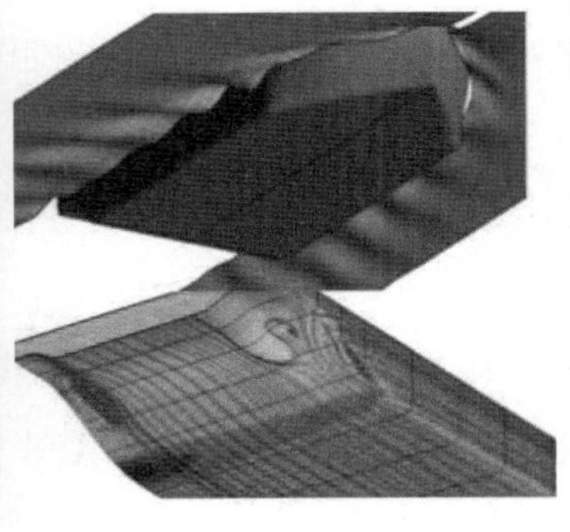

그림 4-36 특수 선박의 수치 계산 예

지고 있다.

두 번째 방법은 모형시험과 같은 방법으로, 모형 선박을 대상으로 저항시험과 프로펠러 단독시험(POW Test, Propeller Open Water Test), 그리고 자항시험 과정을 수치 계산으로 시뮬레이션하고, 모형시험에서 사용하고 있는 ITTC1978 해석법을 활용하여 실선의 소요 동력을 추정하는 방법이다. 이 방법은 최근에 들어 기존 통계 해석의 자료로부터 소요 동력 추정이 어려운 풍력발전기 설치선과 같은 특수 선박의 소요 동력을 추정하는 경우에 수치 계산방법을 사용하는 것이 유용한 방법이 될 수 있다. **그림 4-36**은 해상 풍력발전기 설치 선박의 작업 운용 상황과 운항 상태에서의 유체 성능을 수치 계산방식으로 검토하여 선체 주위의 파형과 선미부 유동을 조사한 수치 계산 결과를 보여준 예를 소개한 것이다.

이와 같은 수치 또는 전산 유체역학의 발전이 이루어지게 된 배경에는 실험기법의 정도를 높이기 위한 노력에 치중되었던 ITTC의 활동이 이론 유체역학을 중심으로 하는 수치 계산기법을 발전시키기 위한 활동으로 확대되어 CFD 기법의 정도 향상과 그 응용 분야에 많은 연구가 수행된 것에 근거하고 있다. 1978년대의 ITTC는 새로운 저항 추정방법을 제시하고 이어서 전산기를 이용하는 조파저항과 점성저항 수치 계산을 동일한 선박 모형에 대하여 국제 공동 연구를 수행한 적이 있다. 이어서 이론 계산 결과의 타당성을 확보하기 위하여 이론 연구에서 사용한 것과 동일한 선형에 대하여 세계의 22개 주요 연구기관이 참여하여 국제 공동 연구를 수행하였다. 1987년 Kobe에서 발표된 실험 결과에서, 실험시설을 뒤늦게 갖추었던 한국이 가장 신뢰도가 높다는 평가를 받았다.

이후 국제 공동 연구를 통하여 실험기법의 체계화가 국제적으로 이루어지는 계기가 되

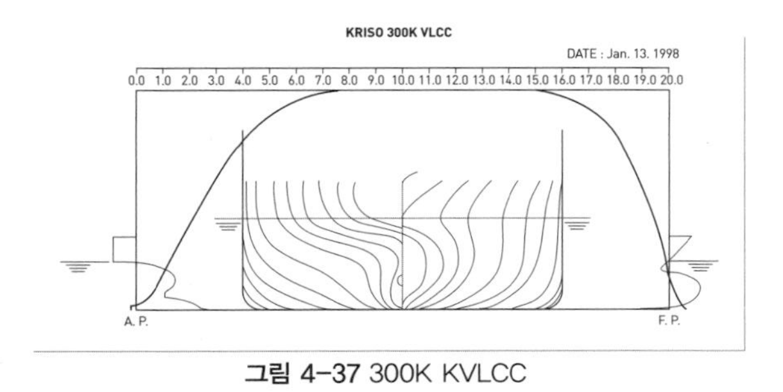

그림 4-37 300K KVLCC

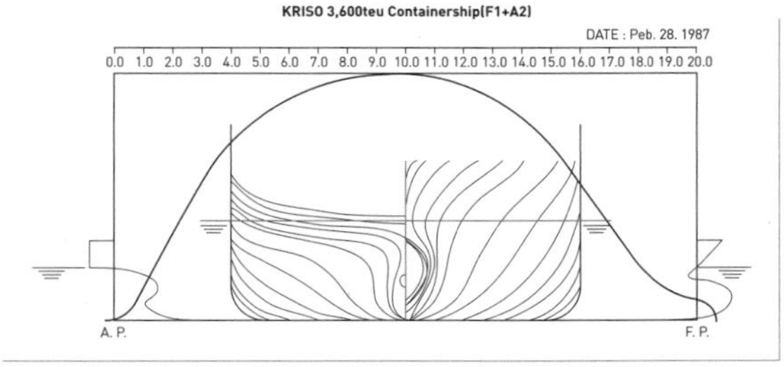

그림 4-38 KCS 3,600TEU Containership

었다. 한국에서 설계한 300K급 유조선(KVLCC)은 저속 비대선을 수치 계산을 위한 국제 표준 이론 선형으로 채택되었으며, KCS선형은 고속 컨테이너선의 수치 계산을 위한 국제 표준 이론 선형으로 채택되었다. 이들 두 선형은 **그림 4-37, 4-38**과 같다.

4. 선박의 안정성 및 복원성

4.1 선박의 안정성

4.1.1 부유체의 평형

배와 같이 물에 떠 있는 부유체는 물에 의한 부력이 작용하며, 수직상방으로 작용하는 부력은 부유체의 중량과 같다. 만약 부력이 물체의 중량보다 작으면 물체는 물속으로 가라앉게 되며 그 반대의 경우에는 물 위로 떠오르게 된다. 물에 접한 물체의 표면에는 물에 의한 압력을 받게 되며, 압력의 수직 방향 성분을 물체의 표면에 따라 적분한 힘이 부력이 된다.

물에 떠 있는 부유체가 정지 상태에 있으려면, 부유체의 중량이 물에 의한 부력과 크기가 같아야 하며 중력의 작용선과 부력의 작용선이 동일한 연직선상에 있어야 한다. 물 위에 정지 상태로 있는 부유체에 외력이 작용하면 외력의 크기와 방향에 따라 부유체는 운동을 하게 되며, 이때 경사운동으로 발생된 복원 모멘트로 부유체의 안정성을 판단할 수 있다.

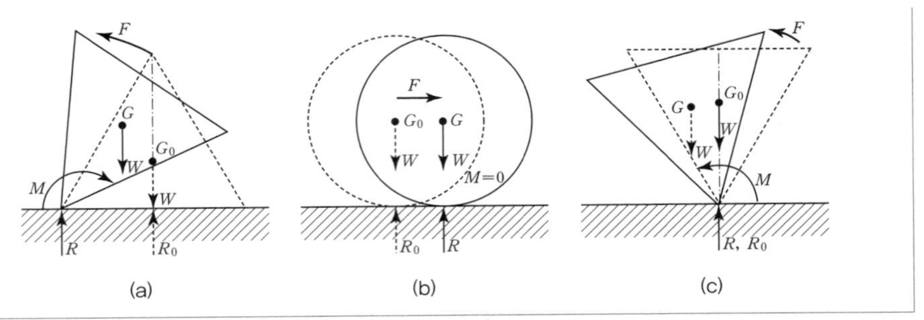

그림 4-39 물체의 평형

부유체의 안정성을 이해하기 쉽도록 평면 위에 놓여 있는 물체의 평형 상태를 살펴보자. 평형 상태에 있는 물체에 외력이 가해지면 물체는 정지 상태로부터 운동을 일으키며 이때 발생되는 반작용력에 따라 평형 상태가 달라진다.

점선으로 표시된 정지 상태에 있는 물체에 외력을 작용시켜 실선으로 표시된 것과 같이 위치 변화가 발생하였을 때, 그 외력을 제거한 3가지 경우를 **그림 4-39**에 나타내었다.

그림 4-39(a)의 경우는 접촉점 R에 대한 중력에 의한 모멘트가 물체를 원래의 위치로 되돌리려는 모멘트를 형성함으로써 안정평형 상태라 한다. **그림 4-39(b)**의 경우는 접촉점 R이 중력의 작용선상에 있어서 모멘트가 발생되지 않으므로 항상 변화된 위치에서도 평형을 이루기 때문에 중성평형 상태라 한다. **그림 4-39(c)**의 경우는 외력이 물체를 더욱 경사시키는 모멘트를 형성하여 더욱 경사가 증폭되므로 불안정 상태라 한다.

4.1.2 외력에 의한 선박의 거동 및 복원성

부유체의 안정성도 평면 위에 놓여 있는 물체의 평형과 같은 개념으로 평가할 수 있다. 이때 부유체를 경사시키는 모멘트를 경사 모멘트(heeling moment)라고 하고 원래 상태로 되돌리려는 모멘트를 복원 모멘트(righting moment)라고 한다. 물에 떠 있는 배는 파도, 바람, 중량물의 이동 등이 외력으로 작용하여 횡 경사가 일어나더라도 항상 안정평형 상태로 되돌아가도록 설계해야 한다.

물에 떠 있는 물체는 외력 및 외력 모멘트에 따라 6가지 자유도(6 freedom of degree) 운동을 할 수 있다. 직선운동으로 X축 방향으로의 전후 동요(surge)와 Y축 방향으로의 좌우 동요(sway), 그리고 Z축 방향으로의 상하 동요(heave)가 있고, 회전운동으로 X축을 중심으로 하는 횡동요(roll)와 Y축을 중심으로 하는 종동요(pitch), 그리고 Z축을 중심으로 하는 선수 동요(yaw)가 있다.

부유체에 작용하는 외력으로서는 수면 상부에 작용하는 풍력, 파도에 의한 파력, 내부 중량물의 이동으로 인한 중력이 있고, 선박이 선회할 때 발생하는 원심력 등이 있다. 외력이 작용하여 부유체에 운동이 일어나면 부력이나 부력에 의한 모멘트가 발생하여 운동을 억제하려는 힘으로 작용하여 부유체를 원래의 상태로 되돌리려는 복원력이나 복원 모멘트가 발생한다. 복원력이나 복원 모멘트는 부유체의 6가지 자유도의 운동 모두에서 나타나는 것이 아니고 부력의 변화를 동반하는 상하 동요와 횡동요 그리고 종동요 운동일 때만 나타난다.

4.1.3 메타센터

정지 상태에 있는 선박에서 선체의 중량은 중량 중심 G로부터 연직하방으로 작용하고, 선체 중량과 평형을 이루는 부력은 물에 잠긴 부분의 체적의 중심 위치에 놓이는 부심 B로부터 연직상방으로 작용하며 그 크기는 $g\Delta$에 해당한다. 직립 상태로 있을 때 중력과 부력은 중심선상에 있다. 선체와 같은 부유체가 외력으로 작은 경사가 지면 **그림 4-40**과 같이 물속에 잠겨 있는 물체의 중심인 부심 B는 B'으로 이동한다. 따라서 무게 중심 G를 지나 연직하방으로 작용하는 중량과 B'을 지나 연직상방으로 작용하는 부력의 작용선은 선체 중심선상의 M에서 만나게 되며 이 점을 메타센터라 한다. G와 B'이 동일 연직선상에 놓이지 않으므로 부력은 선박을 원래의 위치로 되돌리려는 복원 모멘트를 형성하며, 외력에 의해 선박을 경사시키려는 경사 모멘트와 크기가 같고 반대 방향으로 작용한다.

작은 경사가 이루어졌을 때는 메타센터 M의 위치가 선체 중심선상에 있다고 볼 수 있다. 그러나 일반적으로 경사각이 10°를 넘어서면 메타센터 M은 선체 중심선상에서 벗어난다. 이 영향을 고려하여야만 올바른 복원성을 판단할 수 있다. 이것은 보다 전문적인 서적을 참조하면 해석적으로 메타센터의 변화를 바르게 추정할 수 있다.

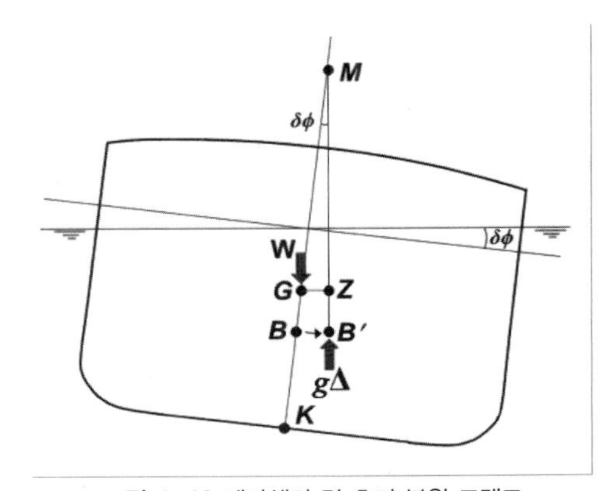

그림 4-40 메타센터 및 초기 복원 모멘트

메타센터 높이 KM은 **그림 4-40**에서 보는 것과 같이 $KM=KB+BM=KG+GM$의 관계가 있음을 쉽게 알 수 있다. 이 식에서 KB는 물속에 잠겨 있는 배수용적의 부심의 높이로 선형이 정해지면 계산으로 구할 수 있다. 따라서 BM을 알면 KM을 알 수 있는데, BM을 메타센터 반지름이라고 한다. 다른 한편으로 KG는 선체 중량의 중심높이이고, 이것은 선체의 중량 분포를 알면 구할 수 있으므로 GM을 구하면 KM을 알 수 있다. GM을 초기 메타센터 높이(initial metacentric height)라고 말한다.

KB는 물에 잠긴 부분의 선체 형상에 따라 결정되며 메타센터 반지름 BM은 **식 (4-2)**로 계산할 수 있다.

$$BM = \frac{I}{V} \tag{4-2}$$

여기서 I는 수선면의 중심선에 대한 2차 모멘트이고, V는 배수용적을 나타낸다. 길이가 L, 폭이 B이며, 흘수가 d인 육면체를 선박이라 생각하면, 선박이 횡 경사를 일으킬 때 횡 메타센터 반지름 BM_T와 종 경사를 일으킬 때의 종 메타센터 반지름 BM_L은 **식 (4-3)**과 같다.

$$BM_T = \frac{B^2}{12d}, \quad BM_L = \frac{L^2}{12d} \tag{4-3}$$

따라서 일반적으로 선박의 길이/폭비가 5~7인 점을 생각하면, 종 경사에 대한 메타센터 반지름과 횡 경사에 대한 메타센터 반지름의 비 BM_L/BM_T는 25~49 정도인 것을 알 수 있다. 또한 동요 축에 직교하는 방향으로 폭을 변경시켜주면 메타센터 반지름은 그 제곱에 비례하여 변화될 것임을 알 수 있다.

4.2 정 복원 모멘트

4.2.1 초기 복원 모멘트

선체가 직립 상태로부터 미소각도가 경사지더라도 메타센터 M은 선체의 경사에 관계없이 선체 중심선에 있다고 볼 수 있다. 따라서 중력의 작용선과 부력의 작용선 간의 거리 GZ는 $GZ(\phi) = GMsin\phi$의 관계를 가지며, 선박이 경사진 위치로부터 원위치로 돌아가려는 복원 모멘트는 **그림 4-40**에서 확인할 수 있는 것처럼 $W \cdot GZ(\phi) = W \cdot GMsin\phi$로 나타내진다. 이를 초기 정적 복원 모멘트(initial statical righting moment)라고 한다.

횡 메타센터 높이 GM_T은 초기 복원성을 평가하는 척도가 되며, GM 값에 따라 다음과 같이 선박의 평형 상태를 나타낼 수 있다.

- $GM_T > 0$이면, 안정 평형
- $GM_T = 0$이면, 중성 평형
- $GM_T < 0$이면, 불안정 평형

해상에서 선박의 안전은 내부구조가 튼튼해야 할 뿐만 아니라 선박이 경사졌을 때 원 상태로 회복하려는 복원성이 확보되어야 한다. 만약 충분한 복원성을 갖지 못하는 선박은 작은 경사각에서도 경사 모멘트를 감당하지 못하고 전복될 위험이 있다. 하지만 횡 복원 모멘트가 지나치게 커지면 횡동요 주기가 짧아져서 항해 성능과 승선감이 나빠져서 좋은 선박이 될 수가 없다.

k_x를 X축에 대한 회전 반지름이라 하면, 선박의 횡동요 주기는 근사식 (4-4)로 나타낼 수 있다.

$$T_\phi = 2\pi k_x / \sqrt{GM_T} \tag{4-4}$$

이 식으로부터 GM_T이 작은 선박, 즉 초기 횡 복원 모멘트가 작은 선박은 횡동요 주기 T_ϕ가 비교적 길고, 반대로 GM_T이 크면 횡동요 주기가 짧아지는 것을 알 수 있다. 따라서 횡 메타센터 높이 GM_T이 크면 복원 모멘트는 커지나 횡동요 주기가 짧아져서 횡동요 운동이 급격하여 승선감이 좋지 않다. 반면에 GM_T이 작으면 복원 모멘트도 작아져서 나쁘지만 횡동요 주기가 길어지고 횡동요 운동이 완만하여 승선감은 좋다.

선형의 설계에서는 서로 상반되는 조건을 적절히 절충하여 용도에 맞는 선박이 될 수 있도록 조절할 필요가 있다. 일반적인 선박의 종류에 따른 횡동요 주기는 **표 4-5**에 나타낸 것과 같이 택하고 있다.

표 4-5 선종별 횡동요 주기

선형	$T\phi(sec)$
여객선	20~25
화객선	10.5~14.5
화물선	9~13
유조선	9~10
어선	5.5~7.0
포경선	9~11.5
전함	14.5~17.0
순양함	12.0~13.0
구축함	9~9.5
어뢰정	7~7.5

4.2.2 큰 경사각의 복원 모멘트

작은 각도 경사가 일어나면 경사로 인해 수면 위로 드러나는 선체 부분과 물속에 잠기는 선체 부분의 형상이 동일하므로 초기 상태의 수선과 경사 상태의 수선이 선체 중심선에서 교차하게 된다. 그러나 경사각이 커지게 되면 초기 상태의 수선과 실제 경사진 상태의 수선이 선체 중심선에서 만나지 않게 된다. 따라서, 큰 경사각에서의 횡 메타센터 M_ϕ도 선체 중심선에서 벗어나게 되고 경사각에 따라 어떤 궤적을 만들며 변화하게 된다. 결국 초기 복원성에서 복원성의 척도로 이용하였던 메타센터 높이 GM_T은, 경사각이 커져 초기 상태의 수선과 경사 상태의 수선이 선체 중심선에서 만나지 않는 경우에는 그대로 사용할 수 없다.

경사각이 큰 경우에는 각 경우마다 메타센터의 위치 M_ϕ을 찾거나, 부력작용선의 연장선과 선체 중심선의 교점인 겉보기 메타센터(virtual metacenter) M_f를 찾아서 복원성을 확인해야 하므로 매우 번거로워진다. 큰 경사각에서는 이러한 어려움을 피하기 위하여 GM_T보다 복원 암 GZ를 이용하여 복원성을 확인하면 편리하다. 큰 각도로 경사진 상태에서의 선박 복원 안정성을 알기 위해서는 보다 전문적인 도서를 참조하기 바란다.

4.2.3 종 경사 및 트림

정지 상태에 있는 선박에서 중량물을 선체의 길이 방향으로 이동시키면 중량 이동으로 인한 모멘트가 선체에 종 경사를 일으킨다. 선체가 종 경사를 일으키면 선수 흘수 d_f와 선미 흘수 d_a도 정지 상태와 다르게 변하게 된다.

갑판 위에 있던 중량물 w가 **그림 4-41**과 같이 g에서 g'로 거리 l만큼 이동하면 선체 중량 W는 변화가 없지만 무게 중심 G는 gg'와 평행하게 G'로 이동한다. 이때의 모멘트 평형을 $W \cdot GG' = w \cdot l$로 표시할 수 있다. 따라서 화물이 이동함으로써 종 경사 모멘트 $W \cdot GG'$는 선박에 종 경사를 일으키므로 부심이 이동하여 새로운 부심 B'와 새로운 중심 G'가 동일 연직선상에 올 때까지 경사지게 된다. 종 경사각(angle of trim) θ가 작을 때는 B'을 지나는 부력작용선과 B를 지나는 중심선과의 교점 M_L은 종 메타센터가 되며 다음의 관계식이 성립하게 된다.

$$GG' = GM_L tan\theta$$

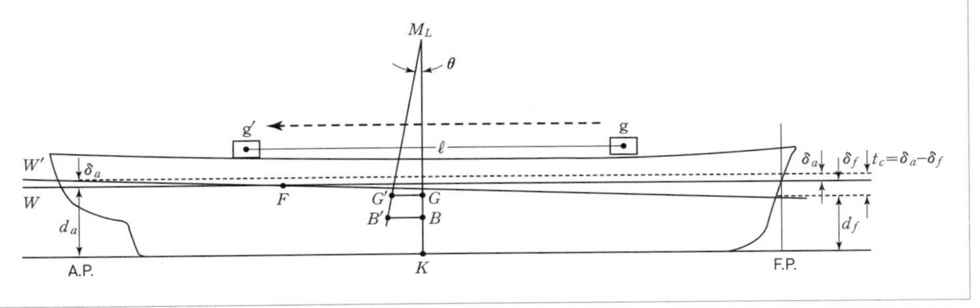

그림 4-41 선박의 종 경사 및 트림

선체의 종 경사로 인하여 나타난 선수 흘수 d_f와 선미 흘수 d_a의 차이를 트림(trim) t_c라고 하며 **식 (4-5)**와 같이 표시한다.

$$t_c=\delta a-\delta f \tag{4-5}$$

트림은 선수 흘수가 선미 흘수보다 깊을 때를 선수 트림(trim by the bow)이라고 하고, 반대로 선미 흘수가 선수 흘수보다 깊을 때는 선미 트림(trim by the stern)이라고 한다. 선체에 1cm 트림 변화를 일으키게 하는 종 경사 모멘트를 MTC라고 하며 이는 수선면의 형상으로부터 계산할 수 있다. 따라서 중량물 이동에 의해 발생하는 선체의 종 경사 모멘트 wl에 대한 트림 변화 t_c는 **식 (4-6)**과 같이 구할 수 있다.

$$t_c=\frac{w \cdot l}{MTC} \tag{4-6}$$

t_c가 구해지면, δ_f와 δ_a도 수선면의 특성을 이용하여 간단히 구할 수 있다.

4.3 동 복원 모멘트

선체에 경사 모멘트가 정적으로 작용하면 선체는 경사가 시작되고, 경사로 인하여 선체에 발생되는 정 복원 모멘트와 경사 모멘트가 같아지는 경사각에서 선체는 더 이상 경사지지 않고 정적 평형을 유지하게 된다.

선박의 정적 평형 상태에서의 경사각과 복원 모멘트를 조사하여 수직축에 복원 모멘트를, 복원 암 GZ로 표시하고 수평축에 경사각을 나타내면 **그림 4-42**와 같은 복원 모멘트 곡선을 구할 수 있다. 이 곡선과 수평축 사이의 면적은 해당하는 각도까지 선박을 경사시키는 데 필요한 일의 양이므로, 이를 동적 복원 모멘트라 하고 **식 (4-7)**과 같이 나타낸다.

$$Work=\int_O^A Md\phi=\int_O^A W\cdot GZ(\phi)d\phi=W\int_O^A GZ(\phi)d\phi=W\cdot h_d \quad (4-7)$$

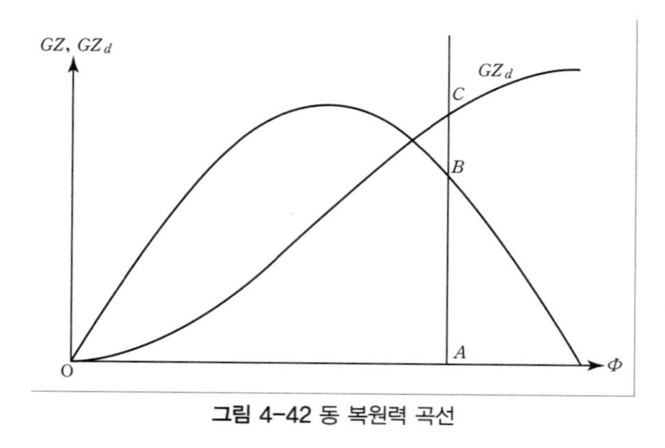

그림 4-42 동 복원력 곡선

정적 평형 상태에 있던 선박에 경사 모멘트를 형성하던 외력이 사라지면 복원 모멘트에 의하여 선체는 직립 평형 상태로 돌아가려 한다. 이로 인해 복원 모멘트 곡선과 수평선으로 둘러싸인 면적, 즉 일의 양이 줄어든다. 직립 상태에 도달하였을 때는 일의 양은 없어졌으나 선체는 관성력을 얻게 되었으므로 관성력에 의하여 연속적으로 반대 방향으로 경사를 일으키게 된다. 반대 방향으로의 경사에서도 복원 모멘트가 형성되므로 선체는 횡동요를 일으키게 된다. 이와 같이 선박의 정적 복원 모멘트 곡선 아랫부분의 면적은 선박의 경사를 일으키기 위하여 외력이 하는 일이 되고 이들의 평형관계로 동적 평형을 다루게 된다.

4.4 선형과 복원성

4.4.1 무게 중심의 영향

앞에서 설명한 것과 같이 선박의 복원 모멘트는 선체의 형상에 따른 형상 복원 모멘트와 중량 분포에 관계하는 중량 복원 모멘트 성분으로 구성된다. 선체의 중량이 동일하더라도 중량의 분포에 따라 무게 중심이 변하게 되며, 이에 따라 선박의 복원성이 영향을 받게 된다. 선내에서 중량의 분포가 변하여 선체의 무게 중심이 G에서 G′으로 높아졌다고 하면 원래의 복원 암 GZ는 새로운 G′Z′로 변하며 **식 (4-8)**과 같이 된다.

$$G'Z'=GZ-GG'sin\phi \quad (4-8)$$

만약 무게 중심 G′가 원래 상태보다 낮아질 경우에는 **그림 4-43**에서 알 수 있는 것처럼 **식 (4-8)**의 제2항의 부호가 (−)에서 (+)로 되어 새로운 복원 암 $G'Z'$는 원래보다 커진다.

선박의 복원 모멘트를 계산하기 위해서는 임의로 가정한 무게 중심 높이 KG에 대하여 경사각에 따른 복원 모멘트 곡선을 구해 두면, 무게 중심의 변화에 대한 복원 암은 가정 무게 중심 높이의 복원 모멘트 곡선에서 앞의 식을 이용하여 경사각 ϕ에 대해 계산할 수 있어 편리하다. 무게 중심이 상승하면 복원 암이 줄어들어 복원 모멘트가 감소하므로 작은 외력에 대해서도 선체가 쉽게 경사지게 되고, 무게 중심이 점점 높아져 복원 암이 0이 되면 복원 모멘트가 없어지므로 선체는 전복된다.

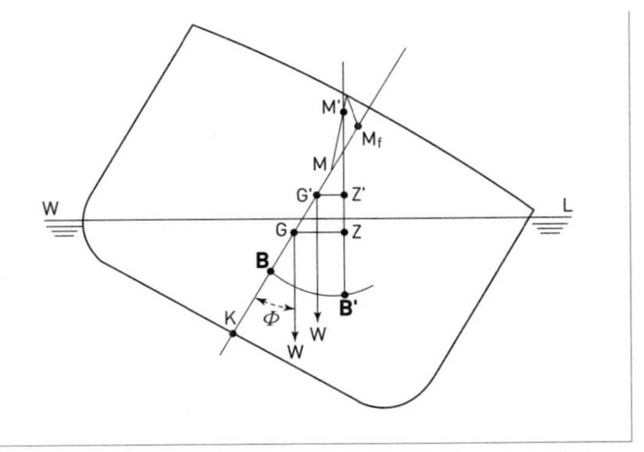

그림 4-43 무게 중심 높이에 따른 복원 암 크기의 변화

복원 모멘트는 선체의 무게 중심 위치에 민감하게 영향을 받는다. 선체가 충분한 복원 모멘트를 갖지 못한 경우에는 선박 내부의 중량물을 낮은 곳으로 이동시킴으로써 선박 전체의 무게 중심을 낮아지게 하여 그만큼 복원 모멘트를 키울 수 있다. 부족한 복원 모멘트를 향상시키기 위한 방법으로서 선저 부분에 철판이나 콘크리트와 같은 고정 중량물을 추가하여 무게 중심을 낮출 수 있고, 또한 선체의 트림을 조정하기 위한 밸러스트 탱크에 밸러스트 수를 채워줌으로써 무게 중심을 낮추는 방법이 있다.

4.4.2 주요 치수의 영향

1) 길이의 영향

선체의 길이가 증가하면 다른 선형 요소들도 영향을 받아 동시에 변화한다. 하지만, 길이가 증가함에 따라 비례적으로 배수량은 증가하고 단면 형상, 수선 위치, 무게 중심 위치 등은 변하지 않는다고 하면, 복원 모멘트에 영향을 주는 메타센터 반지름 BM이 어떻게 되는지 살펴보자.

원래 선박의 길이, 폭, 깊이, 흘수, 배수용적, 수선면적, 횡 방향의 회전 반경, 관성 모멘트, 메타센터 반지름을 각각 L_O, B_O, D_O, d_O, ∇_O, A_O, k_O, I_O, BM_O로 표시하면, 길이를 축적비 λ만큼 변화시킨 새로운 선박에서는 길이 변화에 영향을 받아 수선면적, 관성 모멘트, 그리고 체적이 축적비 λ에 따라 변화하므로 새로운 선박의 메타센터 반지름은 식 (4-9)와 같이 변화하지 않는다.

$$BM=\frac{I}{\nabla}=\frac{\lambda I_0}{\lambda\nabla_0}=BM_0 \tag{4-9}$$

이 경우 자체는 변화하지 않았으나 길이의 변화에 따라 체적이 축적비만큼 변화하였으므로 초기 형상 복원 모멘트는 다음 식과 같이 축적비에 따라서 변화한다.

$$S_f=\rho\nabla\cdot h\sin\phi=\rho\nabla\cdot BM\sin\phi=\rho\lambda\nabla_o\cdot BM_0\sin\phi \tag{4-10}$$

2) 폭의 영향

폭을 증가시키면 배수량은 비례하여 증가하고 관성 모멘트는 축척비의 3승에 비례하여 증가하므로, 새로운 배의 메타센터 반지름 BM은 **식 (4-11)**과 같이 변화한다.

$$BM=\frac{I}{\nabla}=\lambda^2\frac{I_0}{\nabla}=\lambda^2 BM_0 \tag{4-11}$$

따라서 초기 형상 복원 모멘트는 다음 식과 같이 축적비 λ의 세제곱에 비례하게 된다.

$$\rho\nabla\cdot BM\sin\phi=\rho\lambda^3\nabla_0\cdot BM_0\sin\phi \tag{4-12}$$

3) 흘수의 영향

배의 길이와 폭은 변하지 않고 흘수만 축적비 λ만큼 변화하게 되면 새로운 배의 BM은 **식 (4-13)**과 같아진다.

$$BM=\frac{I}{\nabla}=\frac{I_0}{\lambda\nabla_0}=\frac{1}{\lambda}BM_0 \tag{4-13}$$

이 경우 새로운 BM은 원래의 BM 반지름보다 $1/\lambda$로 줄어들고 초기 형상 복원 모멘트는 **식 (4-14)**와 같아진다.

$$\rho\nabla\cdot BM\sin\phi=\rho\nabla_0\cdot BM_0\sin\phi \tag{4-14}$$

초기 형상 복원 모멘트는 원래의 선박과 동일한 것을 알 수 있다.

4) 길이, 폭 및 흘수의 동시 변화에 따른 영향

길이, 폭 및 흘수가 모두 λ만큼 증가할 경우 각 요소에 대한 영향을 모두 고려하면 BM 및 초기 형상 복원 모멘트는 식 (4-15), (4-16)과 같이 된다.

$$BM = \frac{\lambda^2}{\lambda} BM_0 = \lambda BM_0 \tag{4-15}$$

$$\rho \nabla \cdot BM \sin\phi = \rho \lambda^4 \nabla_0 \cdot BM_0 \sin\phi \tag{4-16}$$

즉, BM은 λ배만큼 증가하고 초기 형상 복원력은 λ^4배만큼 증가한다.

4.4.3 단면 형상의 영향

1) 선수와 선미 단면 형상의 영향

배수량이 동일한 선박일 때 BM은 수선면의 x축에 대한 2차 모멘트 I_x에 비례하여 크기가 결정된다. 선체 중앙 평행부의 단면 형상은 동일하고 선수와 선미 단면 형상이 U형과 V형인 두 선형을 비교하면, U형 선형은 V형 선형에 비하여 수선면적이 작아지기 때문에 I_x가 작으므로 BM도 작아진다. 따라서 복원성 측면에서는 V형 단면이 U형 단면에 비하여 유리하다.

파랑 중에서 운항할 때 파장이 선폭에 비하여 충분히 긴 횡파 중에서 받는 횡 복원 모멘트는 정수 중에서의 횡 복원 모멘트로도 충분히 설명할 수 있다. 그러나 종파 중에서는 선체의 중앙부가 파의 파정 위치에 있는지 또는 파저에 놓이는지에 따라 수선면의 형상이 크게 달라짐으로써 메타센터 반지름의 크기에 큰 영향을 주므로 주의해야 한다.

2) 선형 계수의 영향

일반적으로 방형 계수 C_B가 클수록 동일한 B/d, f/d, KG에 대하여 복원성 범위가 커진다. 동일한 C_B일 때는 수선면 계수 C_w가 클수록 복원성 범위가 커지는 것은 동일한 C_B에서 C_w가 커지려면 단면 형상이 V형으로 바뀌게 되어 수선면의 2차 모멘트가 커지기 때문이다. 이는 다른 말로는 선수와 선미의 형상이 V형인 선형이 U형 선형보다 복원성이 유리하다는 것을 뜻한다.

3) 현측 형상 및 플래어의 영향

선형이 만재 흘수선 위쪽에서 수직 현측보다 안쪽으로 들어간 형상을 텀블 홈이라 하고, 수직 현측보다 외부로 나간 형상을 플래어라 한다. 텀블 홈은 범선에서 많이 볼 수 있는 선형으로서 범선의 마스트를 고정시키는 삭구 설치를 하는 데 편리하다. 플래어는 주로 선수부에서 파도나 스프레이가 갑판을 덮는 해수 유입현상인 그린워터(green water) 현상을 막기 위한 것이다.

현측을 수직하게 만든 수직 측벽선(wall sided vessel)과 비교하면 텀블 홈은 현측 부분에서 큰 부력 모멘트가 제거된 형태이고, 반대로 플래어는 큰 부력 모멘트를 증가시킨 형태가 된다. 따라서 수직 측벽선보다 텀블 홈은 복원력이 좋지 않고 플래어는 복원력을 증가시킨다.

4) 부가물의 영향

선체의 외부에 부착되는 부가물은 자체적으로 부력을 갖게 되며 이에 따라 선박의 복원성이 영향을 받게 된다.

그림 4-44는 선체 부가물로서 벌지(bulge)를 설치한 것으로 **그림 4-44(a)**는 수면하에 완전히 잠긴 벌지를 설치한 것이다. 이 경우에 부심의 위치가 바뀌어 BM이 변하게 된다. 함정에서 어뢰의 수중 공격에 대한 방어장치 역할을 겸할 수 있다. **그림 4-44(b)**는 복원력에 영향을 미치는 선수 선미부를 제외한 선체 중앙부 일정 구간에 설치하며 초기 복원 모멘트를 증가시키는 효과를 가진다. **그림 4-44(c)**는 흘수선 상부에 설치한 벌지이다. 함정에 방어용 장갑판을 설치하는 경우에 갑판의 중량 증가로 인한 복원력 감소 부분을 보상하여 대각도 경사에서 복원력 증가를 가져오는 효과를 가진다.

새로 건조된 선박이 용도 변경과 같은 특별한 이유로 복원성을 확보하기 위하여 선형

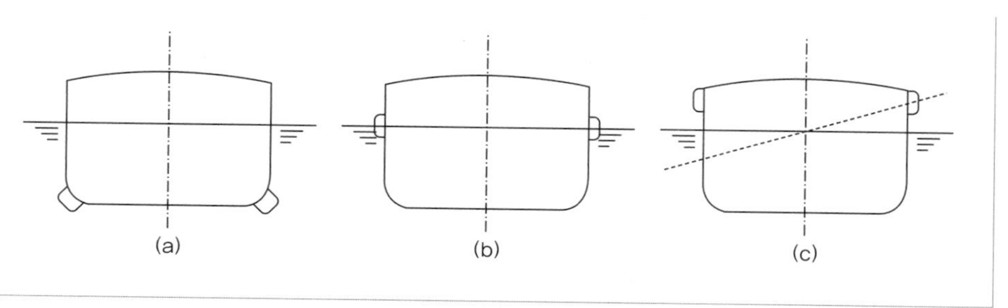

그림 4-44 벌지 위치

변경이 요구될 때가 있을 수 있다. 완성된 후에는 선체 개조를 위한 경비나 기타 여러 문제로 선체 주요부의 구조를 변형하지 않고 부가물을 설치하여 비교적 간단히 복원성을 개선하는 경우가 있다.

4.4.4 선체 외형의 영향

1) 건현의 영향

건현이 커지면 상갑판 인접 부분의 중량이 증가함으로써 무게 중심은 높아지지만 이에 따른 중량 변화는 선체 중량에 비하여 작다. 건현이 증가하면 복원성 범위가 커지고 최대 복원 암과 최대 복원 암이 생기는 경사각이 커진다. 또 건현을 감소시키면 선박은 충분한 폭과 큰 GM을 갖더라도 복원성 범위가 작아져 동적 복원성이 나빠진다.

2) 시어의 영향

파랑 중에서 운항할 때 선수 또는 선미가 파도를 덮어쓰거나 갑판 현단부가 물에 들어가는 것을 막고, 선체의 외관을 좋게 하기 위하여 갑판 상부에 시어를 준다. 또한 선박이 경사져서 현단이 물에 잠기는 경사각 이후에는 복원 모멘트가 급격하게 감소하는데, 시어를 주면 선수 선미부 갑판의 건현의 증가 효과가 있어서 복원 모멘트를 증가시킨다.

3) 선루의 영향

갑판 상부에 선루가 있으면 풍압에 의한 경사 모멘트가 커지는 단점이 있으나 경사가 졌을 때 예비부력을 가질 수 있어 유효 건현이 증가하므로 정 복원 모멘트에는 유리한 것으로 알려져 있다.

4) 트림의 영향

선박이 실제 운항할 때의 선수 및 선미 흘수는 횡 경사로 인한 흘수의 변화가 나타나 계획 트림과는 차이가 발생한다. 이러한 트림의 변화는 계획 트림 상태에서 계산한 복원 모멘트에 영향을 주게 된다. 따라서, 상세한 트림의 영향을 살피기 위해서는 상세한 선형 정보를 바탕으로 면밀한 검토를 수행하는 것이 바람직하다.

5. 선박별 선형의 특징

5.1 화물선

화물 운송을 목적으로 하는 화물선은 거주설비를 간소화하고 선창을 크게 하는 한편, 하역설비에 중점을 두어 일시에 다량의 화물을 안전하고 신속하게 운반할 수 있도록 설계한다. 화물선은 운송하는 화물에 따라 다양하게 분류하고 있으나 선형 설계 관점에서는 화물선이 운항하는 속력에 따라 설계 개념과 전략이 크게 달라진다. 따라서 운항 속력에 따라 저속선, 중속선, 고속선으로 나누어 선형의 특징을 살펴본다.

5.1.1 저속선

유조선과 살물선 등이 저속선에 해당하며 **그림 4-45**는 유조선의 일반 배치도(GA, General Arrangement)이다. 중앙 평행부가 배 길이의 상당 부분을 차지하며, 일반적으로 전방과 중앙부에는 화물 탱크들이 배치되고 조타실과 거주구, 기관실이 모두 배 뒤쪽에 배치되어 있다. 따라서 상대적으로 화물이 전방에 실리게 됨에 따라 선박은 선수트림이 지게 되므로 선박의 자세를 맞추기 위하여 LCB를 앞쪽에 배치해야 한다.

저속선은 상대적으로 선속이 낮고, C_B가 0.75~0.86 정도의 큰 값을 가지므로 전저항

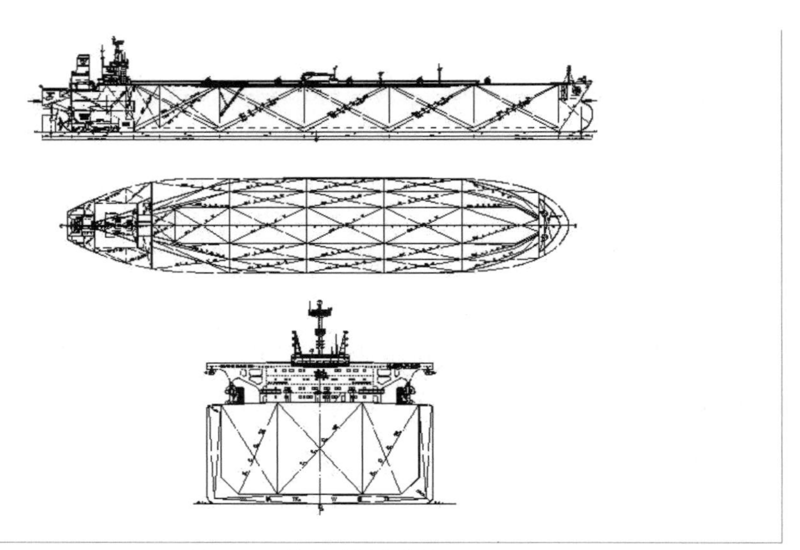

그림 4-45 저속선의 일반 배치도

중에서 점성저항이 큰 비율을 차지한다. 따라서 저속선을 설계할 때는 LCB가 가능한 한 선수 쪽에 놓이도록 상대적으로 날씬한 선미를 채택하여 점성저항이 최소가 되도록 설계한다. LCB를 선수 쪽에 놓이게 하는 전략은 앞에서 설명한 화물 적재에도 유리하다.

날씬한 선미는 선수에서 유입된 유동이 선미 표면을 따라 흐르면서 박리현상 발생을 최소화하고 프로펠러 평면에 유입되는 유동의 균일화를 돕기 때문에 추진 효율이 좋아지고, 프로펠러 변동 압력 및 조종 성능에도 직접적이고 결정적인 영향을 미친다.

선수부의 영향을 받는 조파저항은 저속선의 전저항에서 차지하는 비율은 낮으나, Froude 수에 알맞은 한도를 넘어서 선수부가 지나치게 비대해지면 곧바로 조파저항이 급격히 증가한다. 주어진 선박의 길이에서 가능한 한 화물을 많이 싣기 위하여 화물창의 크기를 점차 크게 함으로 인하여 최전방 화물창의 크기 때문에 선수부가 비대해지는 경우가 있다. 이때는 조파저항이 커지지 않도록 주의해야 한다.

그림 4-46은 저속선의 C_P 곡선 및 정면도 예이다. 앞에서 설명한 바와 같이 LCB가 앞쪽으로 많이 이동되어 있어 전체적으로 배수량 분포가 선수부에 치우쳐 있음을 알 수 있다. 선수부의 주요 단면 형상은 U형에 가깝고, 선미는 저항이 작고 효율은 높아지며 프로펠러 평면으로 유입 유동이 균일화되도록 U형으로 설계되어 있다. 이는 저속선에서 선미 형상은 저항의 감소를 위해 과거 V형을 많이 채택하였으나 추진 효율에 불리하여 최근에는 중간 정도의 U형으로 설계하고 있음을 보여주고 있다.

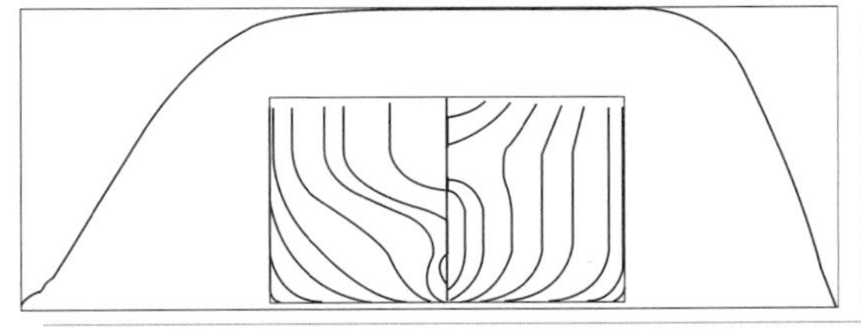

그림 4-46 저속선의 C_P 곡선 및 정면도의 예

실제 해상에서 운항 중인 선박은 다양한 파도로 인하여 정수 중에서 받는 저항보다 많은 저항을 받게 된다. 선박에 유입된 파도는 선수부에 부딪혀 반사파가 발생하고 이것에 의하여 저항이 증가되는데 파도와 부딪치는 선수 부분 형상을 날씬하게 하면 **그림 4-47**에서 확인할 수 있는 것처럼 반사파의 발생을 줄여서 파도로 인하여 증가하는 저항을 줄어든다.

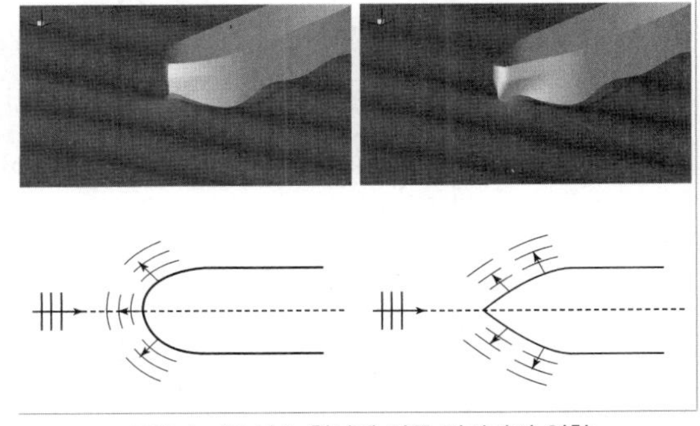

그림 4-47 선수 형상에 따른 반사파의 영향

5.1.2 중속선

LNG선(Liquefied natural gas carrier)은 모스(Moss)형과 멤브레인(Membrain)형으로 나뉘는데 두 종류 모

두 중속선에 속한다. LPG선(Liquefied petroleum gas carrier)도 마찬가지이다. 이들 선박 모두 기체 화물을 액화시켜 운반하는 선박으로 화물의 밀도는 높지 않지만 부피가 큰 화물을 운송하므로 화물창이 크다. 따라서, C_B가 0.65~0.75 정도이며 운항 속력은 상대적으로 빠른 19~20knot를 요구하고 있어서, 선형을 설계할 때 선수와 선미 모두 세심한 주의가 요구된다.

선미부 설계는 저속 비대선의 경우와 기본적인 설계 개념이 동일하지만 저속 비대선에 비하여 속도가 빨라 박리의 발생이 심하다. 따라서 선미 물모음각을 더욱 작게 하여 점성 저항이 최소화되도록 설계한다. 선수부도 설계 속력이 높아서 조파저항이 급격히 증가하기 시작하는 임계점에 위치하는 경우가 많으므로 주의를 기울여야 한다. 선수부 물가름각을 가능한 한 작게 하여 쇄파현상이 발생하지 않도록 하고, 파의 상쇄 효과를 극대화할 수 있게 벌브를 설계해야 한다.

그림 4-48은 중속선의 대표적인 C_P 곡선과 주요 단면 형상을 보여주고 있다. 저속 비대선에서는 대체로 선수 도입부를 약간 크게 하더라도 어깨 부분을 날씬하게 하여 어깨파를 줄인다. 하지만 중속선에서는 어깨 부분보다는 선수 물가름부를 날씬하게 하여 쇄파를 방지하는 설계를 한다. 왜냐하면 상대적으로 급격한 어깨부로 인한 파의 발생보다 물가름부에 의한 파 발생이 전저항에 미치는 영향이 크기 때문이다.

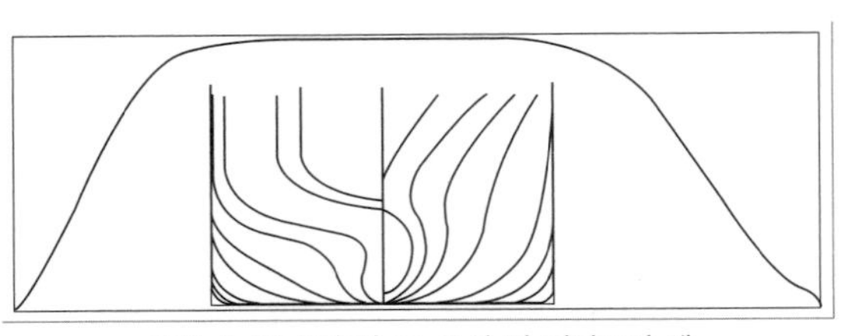

그림 4-48 중속선 C_P 곡선 및 정면도의 예

LNG선 화물창은 일반적으로 모양에 따라 모스형과 멤브레인형으로 나눌 수 있다. **그림 4-49**에서 확인할 수 있는 것처럼 모스형은 구 형태의 탱크를 선체에 탑재하는 선형이고, 멤브레인형은 상자 형태의 화물창으로 모스형보다 선체 내부 공간의 사용 효율이 좋다. 이런 특징이 있어서 화물창에 따라 선형의 모습이 다르다.

중앙 횡단면의 형상은 모스형 LNG선일 때는 구 형태의 화물 탱크에 맞추어 빌지 반경이 크고, 멤브레인형 LNG선일 때는 상자 형태의 탱크에 맞추어 빌지 반경이 작다. 이로 인하여 모스형 LNG선은 C_M이 작고, 구 형태의 화물창으로 인하여 폭이 증가하고 동일 화물용적을 만족하려면 C_B가 줄어든다. 따라서 모스형 LNG선은 증가된 폭으로 인해 조파저항에 좀 더 불리하다.

LPG선의 화물은 LNG선의 화물보다 무게가 무겁기 때문에 선박의 자세를 맞추기 위하여 LCB가 LNG선의 LCB보다 앞쪽에 놓이므로 증가된 선수부의 배수량 분포에 주의하

모스형 LNG선

멤브레인형 LNG선

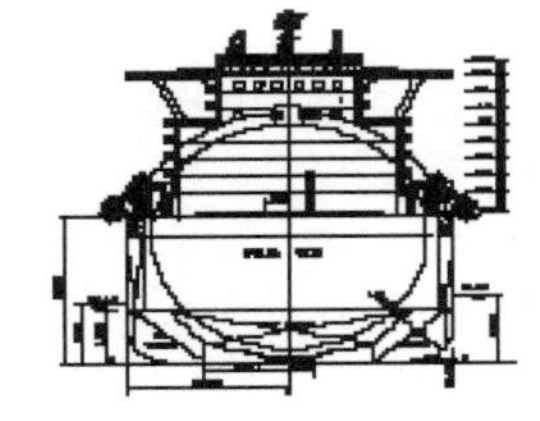

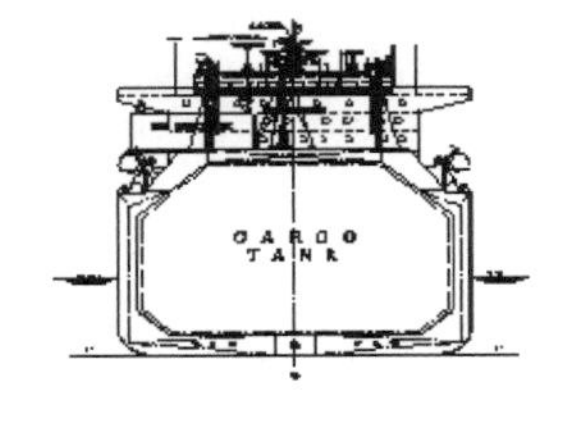

그림 4-49 모스 형식과 멤브레인 형식의 LNG선

여 설계해야 한다.

5.1.3 고속선

배의 선창과 갑판 위에 규격화된 화물을 운송하는 선박인 컨테이너선은 화물선 중 고속선에 해당하며 일반 배치는 **그림 4-50**과 같다. 그림에서 보는 것과 같이 컨테이너선은 유조선이나 LNG선과는 달리 갑판 아래뿐만 아니라 갑판 위에도 화물을 적재하므로 적재 능력을 극대화하기 위하여 넓은 갑판면적을 확보해야 한다. 또한 운항속도가 빨라서 전 저항에서 조파저항이 차지하는 비중이 크다. 따라서 설계할 때 조파저항과 깊은 관계가 있는 선수부의 제반 형상요소를 최적화하는 데 우선순위를 두어야 한다.

그림 4-51은 컨테이너선의 C_P 곡선 및 정면도를 나타낸다. 선수 물가름부를 가급적 날씬하게 설계하여 과도한 선수파 발생 및 쇄파현상을 방지한다. 또한 V형 단면 형상을 채택하여 수선면의 면적을 확보하고 수선면 아래의 유동이 자연스럽고 부드럽게 되도록 한다. 선미는 바지형으로 설계하여 유동을 단순화시켜 저항에 유리하게 하고 프로펠러 평면 근처에는 작은 스케그를 채택하여 추진 성능에 유리하도록 설계한다.

컨테이너선은 크고 높은 벌브를 채택하는데 그 이유는 벌브에서 발생된 파도가 선수부 선단 및 어깨부에서 파도를 상쇄시켜서 저항 감소 효과가 있기 때문이다. **그림 4-52**는 컨

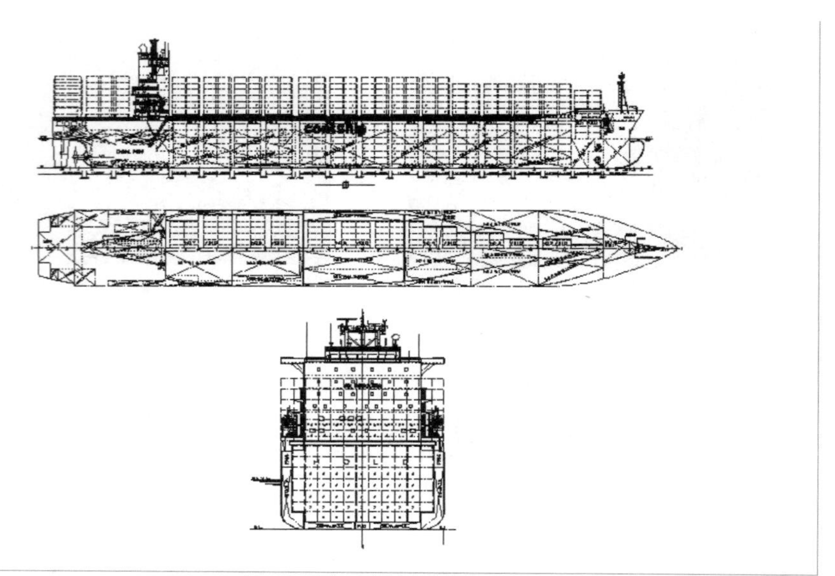

그림 4-50 고속선의 일반 배치도

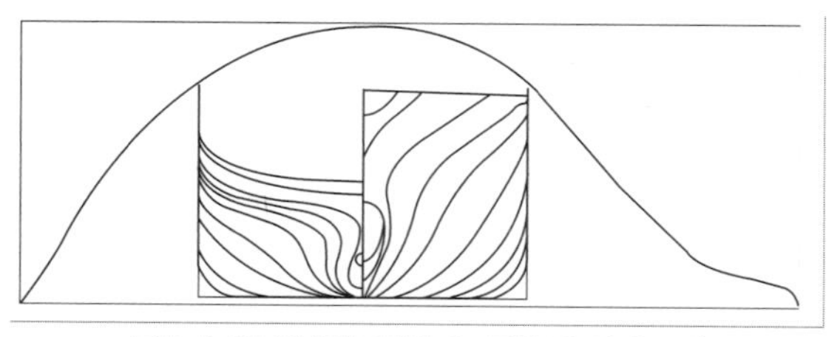

그림 4-51 컨테이너선의 C_P 곡선 및 정면도 예

테이너선의 선수와 저속선인 유조선의 선수를 비교한 사진이다. 컨테이너선의 벌브는 크고 높은 벌브인 반면에 저속선의 벌브는 중간 벌브로 그 목적과 형태가 다르다. 컨테이너선의 벌브는 크고 높게 하여 벌브에 의한 파도의 발생을 유발시켜 파도의 중첩 효과로 저항을 줄이려는 목적으로 채택되었고, 유조선의 벌브는 파도의 발생보다는 벌브로 인하여 수선 형상의 물가름각을 작게 하려는 목적으로 설계되었다.

그림 4-52 고속선의 벌브와 저속선의 벌브 비교

5.2 여객선

여객선은 여객을 운송하는 선박으로 항상 같은 구간을 정기적으로 운항하는 정기 여객선과 관광을 목적으로 관광지를 항해하는 순항 유람 여객선이 있다. 여객선은 높은 상부 구조물로 인하여 무게 중심이 높아서 선박의 안정성을 만족시키려면 충분한 KM_t, 즉 (KB+BM)의 확보가 중요하다. KM_t를 확보할 때는 선박의 안정성뿐만 아니라 승객의 승선감도 고려하여 결정한다. KM_t가 크면 복원성이 커서 안정성은 좋지만 승선자는 불쾌한 멀미를 유발하는 횡동요가 심해지므로 주의해야 한다.

여객선은 C_B가 크지 않지만 Fn가 0.25 이상으로 고속이므로 조파저항에 유의하여 설계를 해야 한다. 곡선은 **그림 4-53**과 같지만 조파저항을 줄이기 위해서 수선면의 형상 변화를 급격하지 않게 정면도에 보인 것처럼 설계하면 수선면 면적이 줄어들어 안정성을 위한 KM_t의 확보가 어려워진다. 이런 이유로 여객선의 선수 형상을 설계할 때는 상반되는 2가지 성능이 조화를 이루도록 설계해야 하는 어려움이 있다.

여객선의 선미 형상은 유동을 단순화하고 저항을 줄이기 위해 바지형 단면을 채택하는데, 이때 저항은 주 유선의 방향이 버톡 라인에 따라서 크게 좌우되므로 유동이 원활하도록 버톡 라인을 설계해야 한다. 또한 설계 속력이 고속으로 갈수록 선미 트랜섬 저항이 전체 저항의 상당 부분을 차지하므로 유의해야 한다. 트랜섬 저항은 선미 끝단의 버톡 라인의 기울기와 관련이 있는데, 버톡 라인의 기울기가 작고 선미수선 위치에서 선미 끝단까지의 길이가 길수록 트랜섬 저항이 작다. 트랜섬 저항을 줄이기 위한 다양한 부가물도 개발되어 사용되는데, **그림 4-54**와 같이 쐐기, 오리 꼬리형 정류판, 플랩 등이 있다. 아래쪽의 사진은 플랩을 붙이지 않은 경우(왼쪽)와 플랩을 붙여 저항 감소 효과를 얻은 경우(오른쪽)를 비교한 것이다.

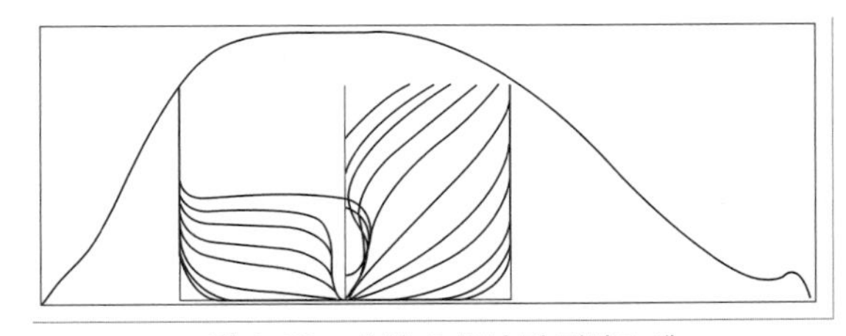

그림 4-53 고속선 C_P 곡선 및 정면도 예

여객선은 고속을 얻으려면 상당한 엔진 출력이 요구되는데, 계획 흘수의 제약으로 대직경 프로펠러 하나만을 장착할 수 없으므로 쌍추진기 선형으로 설계하는 것이 일반적이다. 이때 제한된 흘수에서 추진기의 직경을 최대한 키우기 위하여 선미의 단면 형상을 추진기 위치에서 터널 형상으로 설계하는 경우도 있다. 추진 시스템은 노출축이나 포드식 추진 시스템을 채택하여 프로펠러 평면으로 유입되는 유동을 최대한 균일화시킨다.

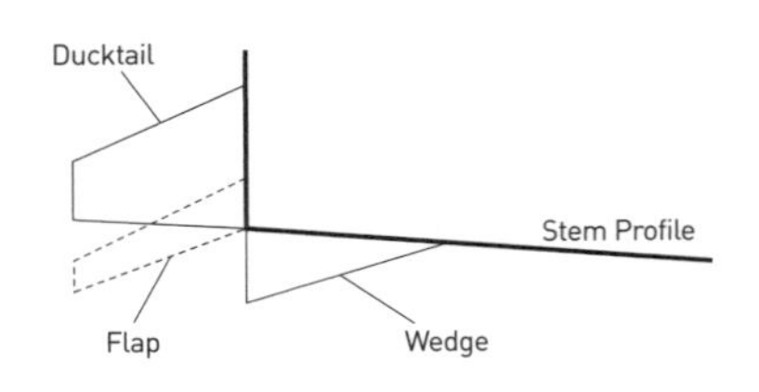

그림 4-54 트랜섬 부가물

5.3 쇄빙상선

러시아 북극해 항로가 공식적으로 대외 개방된 이후 관심이 증가되고 있는 쇄빙상선은 얼음이 덮여 있는 결빙 해역에서 얼음을 부수면서 독자적으로 화물을 운송할 수 있는 선박이다. 얼음을 부수는 목적으로만 설계된 쇄빙선(Ice Breaker)과는 달리 빙해역과 얼음이 얼지 않는 일반 해역 모두 운항한다. 따라서 쇄빙상선의 특징은 빙해역에서의 성능과 일반 해역에서의 성능 2가지를 모두 만족시켜야 하기 때문에 주 운항 루트 및 운항 시나리오에 따라 적절한 선형 형태가 되도록 설계해야 한다.

쇄빙상선의 선수 형상은 쇄빙의 능력을 높이고 깨어진 얼음을 좌우로 효과적으로 밀어내는 선형으로 설계되어야 한다. 쇄빙 개념과 관련된 선수 설계 파라미터를 **그림 4-55**에 나타냈다. 일반적으로 선수각 및 플래어가 작을수록 쇄빙에 유리하고 선수부의 수선면의 폭이 넓을수록 유리하다. 버톡 라인의 각도 선수각과 더불어 쇄빙 능력과 관계가 있는데 작을수록 얼음에 대한 저항이 작다. 각 파라미터의 적절한 각도는 운항하는 해역의 얼음 조건에 맞추어야 하므로 선수 형상은 **그림 4-56**에 나타낸 것과 같다. 이와 같은 형상을 택하는 이유는 쇄빙에 유리한 파라미터의 설계 방향이 일반 해역의 성능에는 나쁘게 작용하기 때문이다.

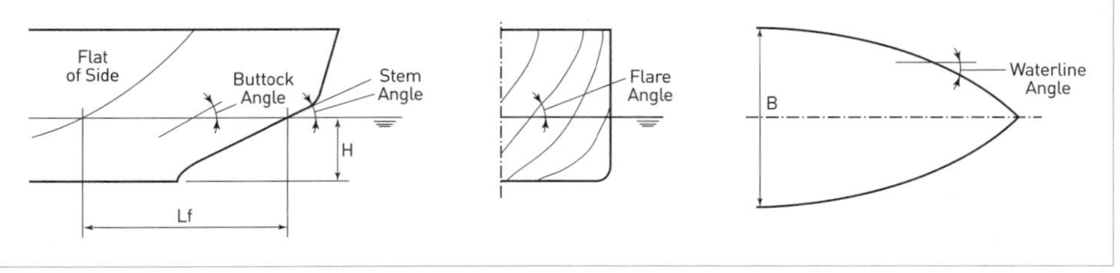

그림 4-55 쇄빙상선의 선수 설계 파라미터

그림 4-56 쇄빙상선의 선수

선미 설계는 선미 부근의 쇄빙 능력을 확보하기 위해서 선수부와 유사하게 넓은 수선면 형상을 가지도록 하고, 버톡 라인 및 단면 형상도 일반 상선에 비해 상당히 누워 있는 형상이 된다.

쇄빙상선은 빙판을 깨트리며 전진하므로 같은 크기의 일반 상선에 비해 엔진 출력이 크다. 또한 프로펠러와 얼음이 간섭을 일으키면 토크가 급격히 증가될 수 있기 때문에 충분한 토크마진을 확보해야 한다. 쇄빙상선의 추진기는 안전한 항해를 위해 후진 추력도 일반선보다 많이 필요하기 때문에 포드형 추진기나 가변피치 프로펠러(CPP, Controllable Pitch Propeller)를 채택하여 후진 출력을 확보한다. 또한 빙해역과 일반 해역의 서로 다른 부하 조건에서도 운항이 가능하게 한다.

참고문헌

1. 강국진 외, 2000. 4, 2500톤급 삼동선의 저항추진특성, 춘계 대한조선학학회.
2. 구종도, 1997, 함정 공학 특론, 해군사관학교.
3. 김효철, 2006, 선한국의 배, 지성사.
4. 대한조선학회, 2009, 선박의 저항과 추진, 지성사.
5. 신명수, 1993, 각종 고속선의 저항추진성능, 하계강습회, 대한조선학회.
6. 이영길 외, 1982, 어선의 유효 동력추정법 및 최소저항을 갖는 선형 요소들의 최적화에 관한 연구, 1982년도 요소기술사업.
7. 이춘주 외, 2003, 반활주형 선형에 대한 선형계열화 및 저항계수 추정 연구, 박사학위논문 충남대학교.
8. 전호환 외, 1993, 소수선면 쌍동선의 저항추진 특성, 하계강습회, 대한조선학회.
9. A. Verluis, Computer Aided Design of Shipform by Affine Transformation.
10. C. J. Lee. 2000, Setting a Systematic Design Concept and Development of Hull Form Design Program, Chungnam National University.
11. Gertler, M., 1954, A Reanalysis Original Test Data for the Taylor Standard Series, Navy Dept, DTMB Report 806.
12. H. Schneekluth and Bertam, Ship Design for Efficiency and Economy, Batterworth Heinemann.
13. Kracht, A. M., 1978, Design of Bulbous Bows, SNAME Transaction, Vol.86.
14. Lackenby, H., 1950, On the Systematic Geometrical Variation of the Ship Forms, Transaction I.N.A., Vol.92, pp 289~316.

제5장
저항과 추진

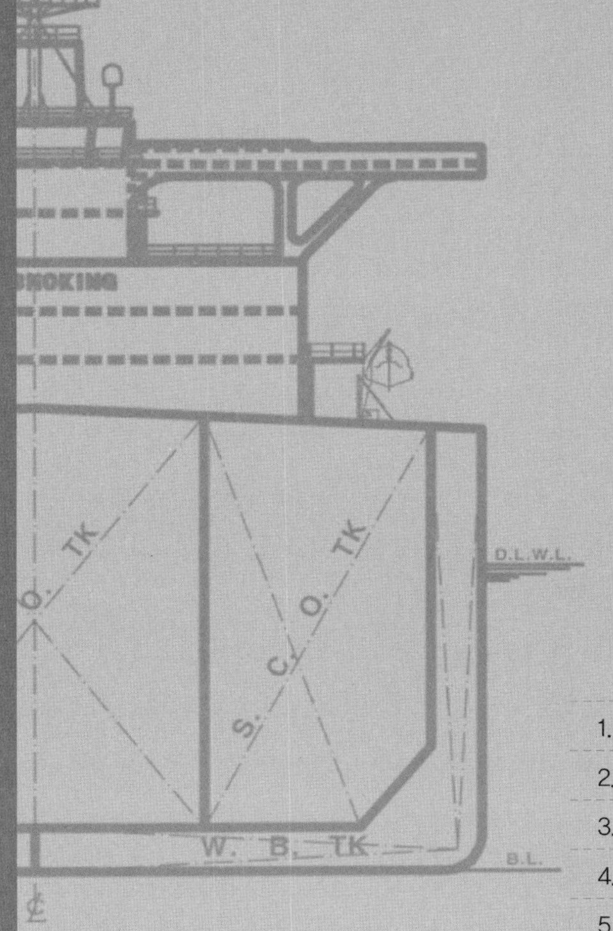

1. 저항의 개요

선박의 가장 중요한 기본 성능 중의 하나인 운항 경제성이 높은 선박을 설계하기 위해서는 선박의 저항은 되도록 줄이고 추진기의 효율은 높여야 한다. 따라서 초기 설계 단계에서 선박의 저항 성능을 정도 높게 예측하기 위하여 다양한 이론 및 실험적 방법들이 활용되고 있다.

William Froude가 실용적인 모형시험법을 제시한 이래, 선박의 저항 성능은 주로 선형시험 수조에서 축척모형을 예인시험한 결과를 바깥늘림(extrapolation)으로 추정하여 왔다. 지금도 이러한 실험방법이 가장 널리 사용되고 있다. 그러나 실선 주위의 유동을 역학적 상사 조건에 엄밀히 맞추어 모형선 주위에 구현하는 것은 현실적으로 불가능하기 때문에 모형시험 결과를 확장하여 실선 성능을 추정하는 과정에는 많은 불확실성이 내재되어 있다.

근래에는 컴퓨터와 수치 계산기법의 비약적인 발전에 따라 선박의 저항 성능을 추정하기 위한 다양한 계산 유체역학(CFD, Computational Fluid Dynamics)적 방법들이 제시되어 모형시험과 정성적으로 매우 가까운 결과들을 보여주고 있다. 그러나 아직도 실선 스케일에서는 선체 주위의 복잡한 난류 유동이나 자유수면 형상을 정량적으로 정도 높게 모사하는 데는 한계가 있다. 따라서 CFD 기법을 이용하여 실선의 저항 성능을 정확히 추정하기까지는 아직 상당한 시간이 필요할 것으로 보인다.

그 밖에도 선박의 주요 요목을 체계적으로 변화시켜 얻은 일련의 계열 모형시험 결과로부터 실선의 저항을 추정하는 방법들도 사용되어 왔다. 그러나 근래에는 CFD 기법의 발달로 잘 사용되지 않는다.

1.1 저항 성분의 분류

선박은 물속 또는 물과 공기의 경계면(자유수면)에서 움직이는 물체이므로 일반적으로 물과 공기로부터 저항을 받게 된다. 이러한 선박 저항은 서로 다른 원인으로 야기된 다양한 저항성분들로 구성되어 있으며 서로 복잡하게 얽혀 있기 때문에 그 특성을 쉽게 이해하기는 어렵다. 따라서 **그림 5-1**과 같이 선박의 전저항을 주요 구성 성분들의 단순 합으로 설명하는 것이 가장 손쉬운 방법일 것이다.

Froude는 선박이 정수 중에서 일정한 속도로 항해할 때 물로부터 받는 저항을 마찰저

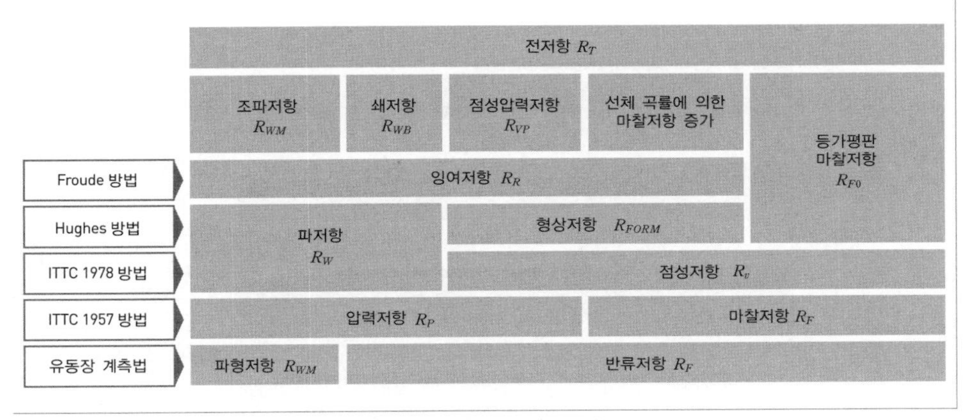

그림 5-1 선박 저항의 주요 성분

항(frictional resistance)과 나머지저항(잉여저항, residual 또는 residuary resistance)으로 구분한다. 이때 마찰저항은 선체의 침수 표면(wetted surface)과 같은 길이와 표면적을 갖는 평판(이후 등가평판이라고 함)과 물의 마찰로 단순화하였다. 그 이후에는 선박의 저항을 점성이 없다고 가정하였을 때 수면에서 전진하는 선박이 일으키는 파도에 공급되는 동력에 해당하는 파저항(wave resistance)과 물의 점성 때문에 생기는 점성저항(viscous resistance)으로 구분한다.

그리고 점성저항을 다시 세분하여 등가평판의 마찰저항, 선체가 평판이 아닌 3차원 곡면으로 이루어져 있기 때문에 발생하는 마찰저항의 증가, 그리고 선체 주위의 난류경계층 및 반류에 의한 점성압력저항(viscous pressure resistance)으로 세분하거나, 등가평판의 마찰저항과 형상저항(form resistance)으로 구분하기도 한다.

그리고 파저항은 선체로부터 충분히 멀리 떨어진 곳에서 파형을 계측하여 구한 파형저항(wave pattern resistance)과 선체 주위, 특히 선수부에서 파도가 부서질 때 발생하는 에너지 손실에 따른 쇄파저항(wave breaking resistance)으로 세분하기도 한다. 또한 많은 경우에 쇄파저항은 제외하고 조파저항(wave making resistance)만을 파저항이라고 하기도 한다.

그 밖에도 선박이 받는 저항 성분에는 선체에 부착된 부가물에 의한 부가물저항(appendage resistance), 물 위로 노출된 건현 및 선교루 등의 상갑판 구조물이 공기로부터 받는 공기저항(air resistance), 선박이 직선 항로를 유지하기 위하여 조타할 때 발생하는 조타저항(steering resistance), 고속선의 선수부나 수중익선의 선체와 수중익을 연결하는

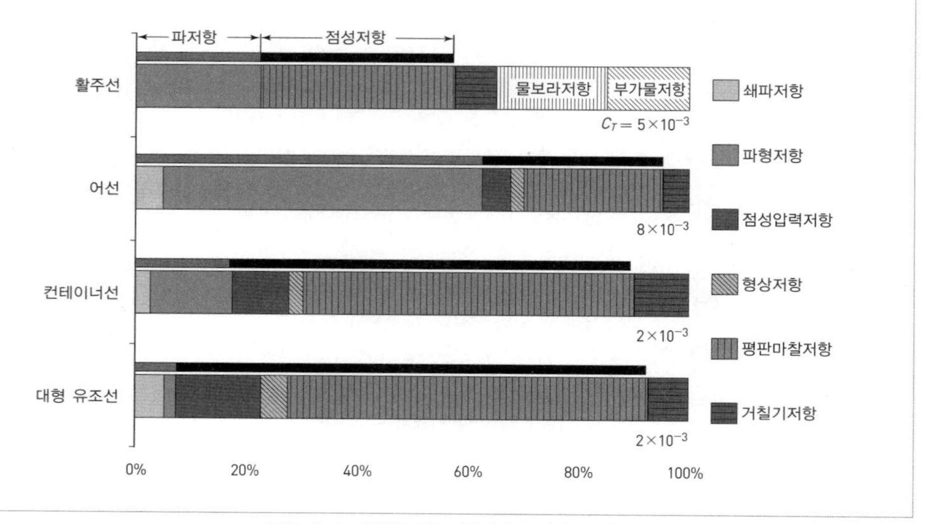

그림 5-2 선종별 저항 성분의 상대적 크기

지주(strut) 등과 자유수면이 만나는 곳에서 발생하는 물보라(spray)현상에 의한 물보라저항(spray resistance), 그리고 제한 수로 및 천수 효과에 의한 저항 증가, 선박이 실제로 항해할 때 선체운동 등에 의한 부가저항(added resistance) 등이 있다.

일반적으로 선박 저항의 대부분은 마찰저항과 조파저항 성분이 차지하며 선속이 느릴수록 전체 저항에서 조파저항 성분이 차지하는 비율이 커지고, 빠를수록 마찰저항 성분의 비중이 커진다. **그림 5-2**에서는 몇 가지 선종에 대한 주요 저항 성분들의 상대적 크기를 비교하고 있다. 가로축에는 각 저항 성분이 전저항에서 차지하는 비율을 백분율로 표시하였으며, 각 가로막대의 우측 하단에는 대략적인 전저항 계수 $C_T = R_T/\frac{1}{2}\rho SV^2$의 크기를 표시하였다. 여기에서 R_T는 전저항, ρ는 유체의 밀도, V는 선박의 속도이며, S는 선박의 침수 표면적을 뜻한다.

1.2 선박 저항에 대한 차원해석

선박의 저항을 알아내기 위하여 실제 선박을 직접 예인하여 계측하는 것은 소요 비용이나 시간 면에서 비현실적이다. 따라서 축척모형을 이용한 모형시험(model test)을 통하여 필요한 물리량을 계측하는 것이 일반적이다. 그런데 선박이 수면에 떠서 V의 속도로 이동하려면 **그림 5-3**과 같이 선체 주위에는 물과 공기의 교란이 일어나 수면에 변화가 생

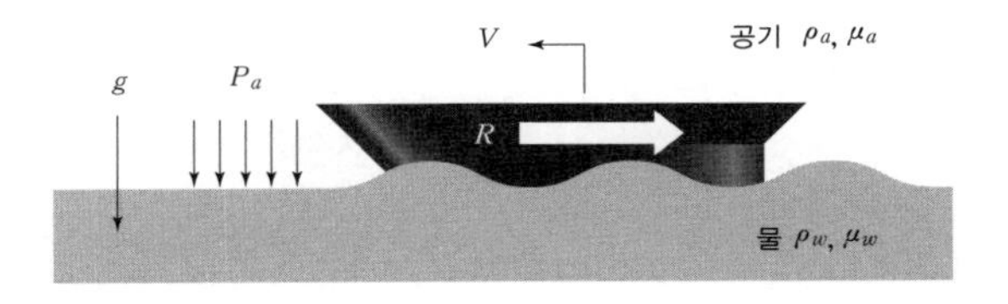

그림 5-3 수상선의 저항 성능에 큰 영향을 미치는 물리적 변수들

기고 수면의 변화는 중력가속도와 관계가 있다. 축척모형을 실험한 결과로부터 실선의 저항 성능을 추정하려면 실선이 이동할 때 나타나는 물리적 현상과 모형 주위의 물리적 현상 사이의 상사관계를 확인하는 것이 필요하다. 기하학적, 운동학적 및 동역학적 상사법칙이 만족되어야 하므로 우선 차원해석(dimensional analysis)으로 선박의 저항 성능에 영향을 미치는 물리적 변수들의 상관관계를 살펴보자.

고전물리학의 차원해석법에서는 길이 L, 질량 M, 시간 T, 열량 θ 등은 서로 변환될 수 없는 기본적인 물리량이다. A라는 물리적 현상이 B라는 물리적 현상과 같으려면 두 현상에 포함된 기본 물리량의 차원도 동일해야 한다.

정수 중에서 일정한 속도 V로 전진하고 있는 선박이 받는 저항 R은 대기압 P_a와 표면장력의 영향은 크지 않다고 가정하여 무시한다. 또한, 공기의 밀도와 점성 계수도 물에 비하면 매우 작은 값이므로 공기저항도 무시하면 **식 (5-1)**로 정의할 수 있다.

$$R=f_0(\rho,\ V,\ l,\ \mu,\ g) \tag{5-1}$$

즉, 선박의 저항 R은 물의 밀도 ρ, 선박의 속도 V, 선박의 특성 길이 l, 중력가속도 g, 물의 점성계수 μ의 함수로 나타내져야 한다. 이들 물리량의 차원을 살펴보면 각각 $[MLT^{-2}]$, $[ML^{-3}]$, $[LT^{-1}]$, $[L]$, $[ML^{-1}T^{-1}]$, $[LT^{-2}]$로 표시된다. 따라서 **식 (5-1)**의 저항 R은 **식 (5-2)**와 같은 차원 관계식으로 나타낼 수 있다.

$$[MLT^{-2}]=[ML^{-3}]^a[LT^{-1}]^b[L]^c[ML^{-1}T^{-1}]^d[LT^{-2}]^e \tag{5-2}$$

앞에서 a, b, c, d, e는 임의의 정수이다. **식 (5-2)**에서 좌변과 우변의 물리량이 같아지도록 하는 기본 물리량의 관계를 사용하면 a, b, c가 소거되어 **식 (5-3)**이 얻어진다.

$$\frac{R}{\rho V^2 l^2}=\left[\frac{\mu}{\rho V l}\right]^d\left[\frac{gl}{V^2}\right]^e=f_1\left(\frac{\mu}{\rho V l},\ \frac{gl}{V^2}\right) \tag{5-3}$$

또한, 이 식의 각 항은 무차원 양으로 나타내진 것이므로 선박의 전저항 계수 C_T는 다음과 같이 정의할 수 있다.

$$C_T = \frac{R}{\frac{1}{2}\rho V^2 l^2} = f\left(\frac{V}{\sqrt{gl}},\ \frac{Vl}{r}\right) = f(Fn,\ Rn) \tag{5-4}$$

이 식에서 동점성 계수(kinematic viscosity)는 $r=\mu/\rho$로 나타내고, 무차원 변수로 Froude 수 Fn와 Reynolds 수 Rn을 정의하였는데, 이들은 각각 관성력과 중력의 비와 관성력과 점성력의 비를 나타낸다. 대기압이나 표면장력의 영향을 무시할 수 없는 특수한 조건에서의 현상을 살펴볼 필요가 있을 때는 Euler 수 $\frac{P_a}{\rho V^2}$, 캐비테이션 수, $(P_a - P_v)/\frac{1}{2}\rho V^2$, 그리고 Weber 수 $\frac{\rho V^2 L}{r}$가 포함되어야 기하학적 상사모형(Geosim)들 사이에 주위 유동의 상사성(similarity)이 보장된다. 여기에서 P_v는 증기압, r는 표면장력 계수이다.

이상의 차원해석 결과를 정리하면, 모형시험을 통하여 실선과 기하학적으로 상사한 축척모형의 전저항 계수를 실선과 동일한 Fn와 Rn에서 구하면 그 값은 실선의 전저항 계수와 같아진다. 물의 동점성 계수나 중력가속도는 실선이나 모형선에서 같다고 보아야 한다.

우선 모형과 실선의 Fn를 일치시키려면 중력가속도는 일정하므로 모형선의 예인속도를 모형선 길이의 제곱근에 반비례하여 줄여주어야 한다. 이에 대하여 점성 계수를 변화시킬 수 없으므로 모형과 실선 사이에 Rn를 일치시키려면 모형선의 예인속도를 길이에 비례하여 늘려주어야 한다. 따라서 Fn와 Rn를 동시에 같게 만드는 모형과 실선의 치수가 같을 때만 가능하다.

따라서 축척모형을 사용하는 모형시험에서는 점성의 영향은 상대적으로 작다고 가정하여 실선과 모형선의 Fn만 일치하는 상태에서 수행한다. 그러나 Rn 영향을 무시하면 모형선과 실선 주위의 유동 특성이 서로 달라져 모형시험 결과로부터 얻은 전저항 계수와 실선의 전저항 계수가 일치하지 않는다. 따라서 모형시험 결과를 정도 높게 바깥늘임하여 실선의 저항 성능을 추정할 수 있는 효율적인 방법을 고안할 필요가 있다.

2. 점성저항

점성(viscosity)은 움직이고 있는 유체가 전단응력 또는 인장응력에 견디는 능력을 나타내는 척도로, 유체 입자 사이의 상대운동을 억지하는 내부저항(internal resistance) 또는 유체 마찰의 척도라고 생각할 수 있다. 모든 유체는 점성이 있으므로 인접한 유체 입자 사이에 상대운동이 존재하면 마찰을 일으키며 운동량의 전달이 이루어진다. 유체 마찰로 생성된 운동량이 대류(convection), 확산(diffusion), 소산(dissipation)되는 과정이 움직이는 물체 주위의 점성 유동을 특징 짓는 주요 특성 중의 하나이다.

실제 선박이 정수 중에서 움직이면 선체 표면에 붙어 있는 유체 입자들도 배와 함께 움직여야 한다. 이때 이 입자들은 유체의 마찰력에 의하여 인접한 유체 입자들도 함께 끌고 가게 된다. 따라서 선체 표면에 인접한 유체 입자들은 상대적으로 낮은 속도이지만 선체에 붙어있는 입자들처럼 선체를 따라 끌려간다. 이러한 현상은 점차 선체 표면에서 멀리 떨어진 곳까지 파급되어 선체를 따라가는 유체영역이 형성되는데, 이것을 경계층(boundary layer)이라고 한다.

경계층은 선미로 갈수록 점차 두꺼워지며 선미 부근에서는 선미 방향으로 압력이 증가하는 역 압력 기울기(unfavorable pressure gradient)의 영향으로 경계층 유동의 속도가 오히려 선체 표면의 속도보다 빨라져서 **그림 5-4**에서와 같이 유동 박리(flow separation)현상이 나타나기도 한다. 유동 박리가 일어나거나 선미를 지나가면 경계층은 선체 표면에서 떨어져 나가게 되는데, 그 이후에도 유속이 완전히 사라지지 않고 남아 있는 영역을 반류(wake)라고 부른다. 선박을 따라오는 유체는 선체로부터 지속적으로 운동량을 공급받아야 하므로 경계층과 반류에 의한 에너지 손실이 점성저항의 형태로 나타난다.

경계층은 점성의 영향이 우세하게 나타나는 물체 주위의 유체영역으로서 경계층 내부

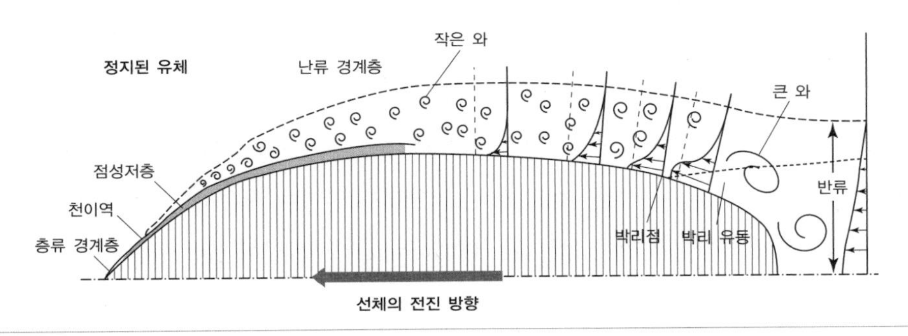

그림 5-4 선체의 전진속도에 의하여 유기된 선체 주위의 유동

의 유동 특성은 Reynolds 수 Rn의 크기에 따라 달라진다. 즉, 유체가 물체의 표면을 따라 흐르기 시작하면 점성의 영향을 받아 물체 표면 부근에서는 유속이 느려지기 시작하는데, 유동의 경로가 물체의 앞날 부근에서 어떤 길이에 이르기 전까지는 경계층 내부유동은 질서가 잡힌 층류유동(laminar flow) 상태를 유지한다. 유동의 경로가 어느 한도 이상으로 커지게 되면 경계층 내부의 유동이 불안정해져서 난류유동(turbulent flow)으로 천이된다.

실제 선박이 어떤 특정한 속도로 항주하는 상태를 유추해보면 선수부 선단을 지난 유체 입자가 선체를 스치며, 지난 유동의 경로가 길어질수록 점성의 영향이 커지는 것을 쉽게 짐작할 수 있다. 선수 선단으로부터 유동의 경로를 기준으로 Rn를 구하였을 때 그 값이 일정 수준에 이르기까지는 경계층 내부의 유동은 층류 상태를 유지하게 된다.

그리고 유동의 경로가 어느 이상으로 길어지면 점성의 영향이 누적됨으로써 층류가 형성되는 선수부 일부 구간을 제외하면, 대부분의 선체 표면을 둘러싸는 경계층 내부의 유동은 수많은 미소한 와류가 뒤섞여진 난류 경계층으로 바뀌게 된다. 난류 경계층 내부에서는 수많은 미소와류의 영향으로 활발한 운동량 교환이 일어나므로 경계층 내의 평균 유속 분포가 층류일 경우보다 균일하다. 그러나 속도 변화가 선체 표면에 가까운 좁은 구간에 집중되므로 선체 부근 표면에서의 속도 기울기는 **그림 5-5**와 같이 급격하게 바뀌는 것을 실험적으로 확인할 수 있다. 또한 속도 기울기의 증가는 표면에 작용하는 전단응력의 증가를 수반하기 때문에 결국 마찰저항의 증가를 초래한다.

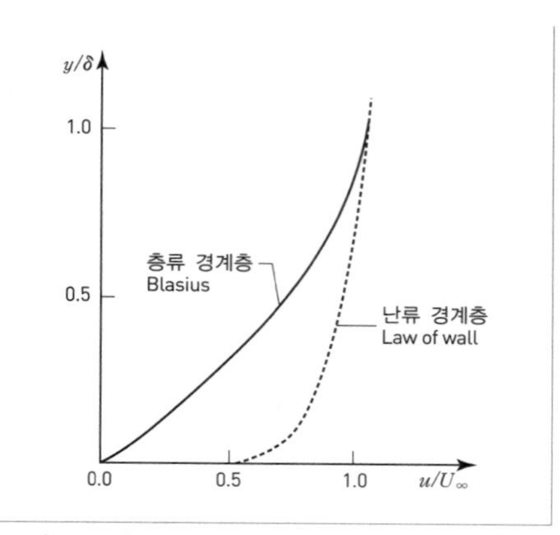

그림 5-5 층류 및 난류 경계층 안에서의 유속 분포

2.1 점성저항의 성분

물을 점성과 압축성이 없는 이상유체라 하면 무한한 물속에서 일정한 속도로 움직이고 있는 폐곡면으로 둘러싸인 물체의 표면에 작용하는 압력은 적분값이 항상 영(0)이 되므로 압력저항을 받지 않다. 또한, 점성이 없어서 마찰력도 당연히 작용하지 않으므로 수중에서 움직이는 물체는 저항을 받지 않는다는 D' Alembert의 가설이 성립하게 된다.

그러나 실제로 물에는 점성이 있어서 정수 중에서 일정한 속도로 이동하는 선박은 저항을 받는다. 즉, 점성이 있더라도 물체의 앞부분에 작용하는 압력 분포는 이상유동의 경우와 거의 동일하지만 뒷부분에서는 **그림 5-6**과 같이 점성으로 인하여 발달된 경계층과 반류 영역 내에서의 유동이 교란받기 이전의 상태로 쉽게 회복되지 않아 앞부분에 비해 압력이 낮아지는 걸 확인할 수 있다.

따라서 선체 표면 전체에 작용하는 압력의 선박 진행 방향 성분을 적분하면 점성압력저항이 얻어진다. 특히, 선체 표면 부근에 경계층이 발달하여 3차원적인 박리현상이 선수부에서 선저 만곡부를 휘감아도는 소용돌이 흐름 등으로 촉발되면 반류 영역이 확대되고 점성압력저항이 크게 증가한다.

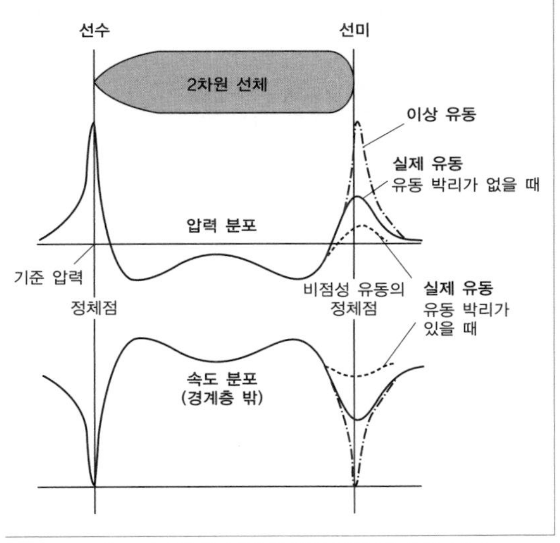

그림 5-6 2차원 선체 주위의 압력 및 속도 분포

선체 표면에 접선 방향으로 작용하는 전단응력의 선박 진행 방향 성분을 동일한 방법으로 적분하면 마찰저항을 얻을 수 있고, 이 성분과 점성압력저항을 합치면 점성저항이 얻어진다. 특히, 저속일 때는 점성저항이 선박 저항의 대부분을 차지하므로, 그 크기를 정확히 추정하기 위해서는 3차원 곡면으로 이루어진 선체 표면 주위의 복잡한 유동현상을 세밀하게 조사해야 한다. 그러나 선체 표면 전체에 걸쳐 조사하는 것은 현실적으로 어렵다.

따라서 William Froude 이후 많은 사람들이 기하학적 형상이 단순한 평판의 마찰저항 특성을 이용하여 선박의 점성저항을 근사적으로 추정하기 위해 꾸준히 노력하였다. 이러한 과정에서 3차원 곡면 형상으로 이루어진 선박의 점성저항과 이에 상응하는 평판의 마찰저항과의 차이를 형상저항이라 하기도 한다. 이때 형상저항은 점성압력저항과 3차원 곡면 효과에 의한 마찰저항의 증가를 뜻한다.

2.2 마찰저항

물속에 잠긴 선체 표면의 마찰저항을 예측하는 수단으로, 침수 표면적이 선체의 표면적과 같은 평판의 마찰저항과 대등하리라는 가정을 19세기 후반부터 사용해 왔다. William Froude는 다양한 가로-세로 비(aspect ratio)의 평판을 길이와 표면 거칠기를 바꾸어가며 예인실험하여 평판의 마찰저항 R_F를 계측하여 발표하였다. 또한, 1888년에 그의 아들 R. E. Froude는 평판의 마찰저항이, 평판의 침수 표면적 S와 예인속도 V를 사용하면 R_F는 $SV^{1.825}$와 비례관계를 가지고 있다고 주장하였다.

이 공식은 1935년에 열린 국제 선형시험수조회의(ITTC, International Towing Tank Conference)에서 채택되어 20세기 중반까지 선박의 마찰저항을 추정하는 표준적인 방법으로 사용되었다.

한편, Schoenherr는 1932년에 당시 수집할 수 있는 모든 실험자료들을 취합하여 **그림 5-7**과 같이 정리하고, 그 결과를 Prandtl과 von Karman의 평판 난류유동에 대한 이론식과 같은 형태가 되도록 계수를 결정함으로써 다음과 같은 마찰저항식을 얻었다.

$$\frac{0.242}{\sqrt{C_F}} = \log_{10}(RnC_F) \tag{5-5}$$

이 식은 1947년에 미국 수조협의회(ATTC, American Towing Tank Conference)에서 정식으로 채택되어서 'ATTC line'이라고도 불리며, 표면의 거칠기를 고려하기 위하여 0.0004라는 수정 계수의 사용을 장려하고 있다. 그러나 이 공식은 Rn가 낮을 때(즉, $Rn < 10^7$) C_F를 실제보다 너무 낮게 예측하는 경향이 있어 상사법칙을 엄밀하게 반영하지 못하고 있다. 뿐만 아니라 경험상수를 결정하기 위하여 사용한 실험자료들은 다양한 가로-세로 비의 평판에 대한 것으로 모서리 효과(edge effect)도 포함하고 있다. 따라서 완전한 2차원 평판의 마찰저항 공식으로 보기에는 무리가 있다.

이에 따라 1954년에 Hughes는 평판과 폰툰의 길이와 가로-세로 비를 넓은 범위에 걸쳐 체계적으로 변화시키며 실험을 수행하고, 그 결과를 가로-세로 비가 무한대인 경우로 바깥늘임하여 다음과 같이 매끄러운 2차원 평판의 최소 난류저항 곡선을 얻었다.

$$C_{FO} = \frac{R_F}{\frac{1}{2}\rho SV^2} = \frac{0.066}{(\log_{10}Rn - 2.03)^2} \tag{5-6}$$

앞에서 C_{FO}는 2차원 유동에서의 마찰저항 계수를 뜻한다. Hughes의 공식은 2차원 평판의 마찰저항에 대한 엄밀한 결과로 볼 수 있다. 하지만 같은 이유 때문에 유한한 폭을 갖는 실제 평판의 마찰저항을 정도 높게 추정하기에는 한계가 있다.

ITTC는 Hughes의 연구결과를 근거로 'ITTC-1957 모형선-실선 상관공식(또는 곡선)'을 채택하였다.

$$C_F = \frac{R_F}{(\rho V^2 - 2)S} = \frac{0.075}{(\log_{10}Rn - 2)^2} \tag{5-7}$$

식 (5-7)은 Hughes 곡선을 일률적으로 12% 증가시킨 것과 수치적으로 거의 동일하다.

또한 이 식은 평판의 마찰저항을 추정하기 위한 것이 아니라 모형시험 결과를 실선 스케일로 바깥늘임하기 위한 목적으로 사용되므로 '모형선-실선 상관 곡선' 이라고 부른다.

1977년에는 Granville이 경계층 내부의 속도 분포를 고려하여 다음과 같은 공식을 제안하였다.

$$C_F = \frac{R_F}{(\rho V^2 - 2)S} = \frac{0.0776}{(\log_{10} Rn - 1.88)^2} + \frac{60}{Rn} \tag{5-8}$$

그림 5-7에서 보는 것과 같이 Granville의 마찰저항 공식은 Rn가 5×10^5보다 작을 때 ITTC-1957 곡선과 거의 동일한 값을 나타낸다. Rn이 10^8 이상일 때는 ITTC 곡선뿐만 아니라 Schoenherr 곡선과도 비슷한 경향을 보인다.

모형시험으로 계측한 전저항 계수 C_{TM}과 앞에서 설명한 방법들로 추정한 모형선의 마찰저항 계수 C_{FM}과의 차이를 잉여저항 계수 C_{RM}이라고 정의한다. 또한, 그 값이 실선의 잉여저항 C_{RS}와 동일하다고 가정하여 실선의 저항을 예측하는 방법을 '2차원 바깥늘임법' 이라고 한다. 이때 실선의 전저항 계수 C_{TS}는 **식 (5-9)**와 같이 정의된다.

$$C_{TS} = C_{RS} + C_{FS} = C_{RM} + C_{FS} = (C_{TM} - C_{FM}) + C_{FS} + C_A \tag{5-9}$$

여기에서 두 번째 아래첨자 '$_S$'는 실선을, '$_M$'은 모형선을 뜻하며, C_A는 거칠기를 고려한 수정 계수로 보통 4×10^{-4}을 사용한다.

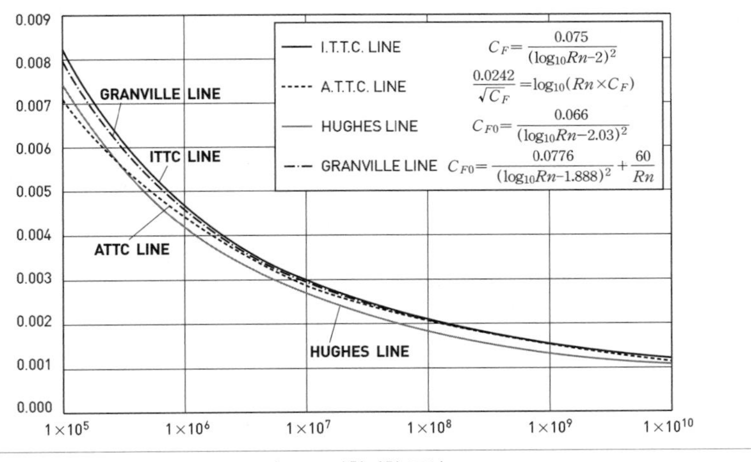

그림 5-7 마찰저항 곡선

2.3 형상저항

앞에서 말한 바와 같이 선박의 점성저항을 마찰저항과 점성압력저항으로 분리하거나 길이와 표면적이 같은 등가평판의 마찰저항과 형상저항의 합으로 정의하기도 한다. 따라서 형상저항에는 점성압력저항은 물론 선체의 3차원 형상 때문에 생기는 마찰저항의 증가량도 포함되어 있다.

Hughes는 모형선의 전저항 계수 C_T를 점성저항 계수 C_V와 조파저항 계수 C_W로 분리할 수 있다고 가정하였다. 그중에서 C_W는 Fn^4 또는 고차 항에 비례하므로 모형선의 예인속도를 낮추면 C_W가 급격히 감소하여, 결국 C_T 곡선은 평판의 마찰저항 계수 C_F 곡선과 거의 평행하게 되는데 이곳을 일치점(run-in point)이라고 한다. 이때 C_T는 C_F와 형상저항 계수 C_{FORM}의 합이라고 볼 수 있으므로 C_{FORM}이 C_F와 비례한다고 가정하면 비례상수 k를 다음 식과 같이 정의할 수 있다. 이 k를 형상 계수(form factor)라고 한다. 즉, Froude 수가 충분히 작으면 **식 (5-10)**의 관계가 성립한다.

$$C_T = C_W + C_V \xrightarrow[Fn \ll 1]{} C_T \approx C_V = C_F + C_{FORM} \approx (1+k)C_F \qquad (5\text{-}10)$$

원래 Hughes는 이 식에 사용되는 마찰저항 계수 C_F로 2차원 평판의 마찰저항 공식인 **식 (5-6)**을 사용하였다. 이것이 엄밀한 의미에서 합리적인 방법이다. 그러나, 1978년 ITTC에서는 비록 논리적으로는 문제가 있지만 **식 (5-6)** 대신 이미 형상 효과를 포함하고 있는 ITTC-1957 모형선-실선 상관공식을 사용하기로 결정하였다. 그 이후 주로 이 방법이 사용되고 있다. 그러나 많은 경우 저속 구간에서 선박의 전저항을 정확히 계측하는 것과 어느 속도에서 조파저항이 완전히 사라지는지를 결정하는 것은 쉽지 않으므로 이 방법의 실제 사용에는 많은 어려움이 있을 수 있다.

형상 계수를 체계적으로 구하기 위한 방법으로는 1966년 Prohaska가 제안한 방법이 가장 많이 사용되고 있다. 이 방법은 조파저항 계수 C_W가 Fn의 4제곱에 비례한다는 가정에 근거하고 있다[1]. 즉,

$$C_W = cFn^4 \qquad (5\text{-}11)$$

1 $4 \le n \le 6$이 제안되었지만 그중에서 $n=4$를 주로 사용.

이 식을 **식 (5-10)**에 대입하면 전저항 계수 C_T는 다음과 같이 표현된다.

$$C_T = C_V + C_W = (1+k)C_F + cFn^4 \quad (5\text{-}12)$$

여기에서 c는 상수이며, 양변을 C_F로 나누면 **식 (5-13)**이 얻어진다.

$$C_T/C_F = (1 \times k)C_F + cFn^4/C_F \quad (5\text{-}13)$$

따라서 Prohaska의 가정이 옳다면 계측된 C_T/C_F 값들은 $Fn\ /C_F$의 1차식으로 표현될 것이다. 실제로 낮은 Fn범위에서는 이러한 경향이 나타나며, 이때 얻어지는 수직축의 절편이 $1+k$, 기울기는 c가 된다. 그러나 이 방법에서도 아주 낮은 속도인 $Fn \sim 0.1$ 구간에서 저항을 계측해야 하므로 작은 모형선을 사용할수록 많은 어려움을 겪게 된다.

앞에서 설명한 방법들로부터 형상 계수 k가 결정되면 모형시험으로 계측한 전저항 계수 C_{TM}과 점성저항 계수 $(1+k)C_{FM}$의 차이를 조파저항 계수 C_{WM}이라고 정의한다. 그 값이 실선의 조파저항 계수 C_{WS}와 동일하다고 가정하면, 실선의 전저항 계수 C_{TS}를 결정할 수 있는데 이러한 방법을 3차원 바깥늘임(외삽)법이라고 한다. 이때 실선의 전저항 계수 C_{TS}는 다음과 같이 정의된다(ITTC-78 방법).

$$C_{TS} = C_{WS} + C_{VS} = C_{WM} + C_{VS} = [C_{TM} - (1+k)C_{FM}] + (1+k)C_{FS} \quad (5\text{-}14)$$

여기에서 두 번째 아래첨자 '$_S$'는 실선을, '$_M$'은 모형선을 뜻한다. 이렇게 구한 전저항 계수에 선체 표면의 거칠기를 고려하기 위한 수정 계수나 공기저항 계수 등을 포함시키는 것이 일반적이다.

2.4 점성 유동장의 수치 계산

예인수조에서의 모형시험을 통하여 선박의 저항을 추정하는 방법이 가장 보편적으로 사용되고 있다. 그러나 선형 개발 단계에서부터 이러한 모형시험을 반복적으로 수행하는 것은 소요 비용과 시간 면에서 효율적이지 못하다. 또한 효과적인 선형 개발을 위해서는 선박 주위의 국부 유동 특성에 대한 이해가 필요하다. 효율이 우수한 추진기를 설계하기 위해서도 추진기 주위의 유동 특성에 대한 이해가 매우 중요하다.

따라서 최근 급속히 발전하고 있는 계산 유체역학(CFD, Computational Fluid Dynamics) 기법이 선형 개발 단계에서 활발하게 이용되고 있다. CFD 기법을 이용한 유동해석에서는 주로 Navier-Stokes 방정식을 시간 평균한 RANS 방정식(RANS, Reynolds

Averaged Navier-Stokes)이 선체 주위의 난류유동 특성과 마찰저항, 형상저항, 그리고 프로펠러 평면에서의 반류 특성 등을 수치적으로 예측하기 위하여 사용되고 있다.

RANS 방정식을 풀기 위해서는 점성과 난류에 의한 유효응력(effective stress, τ)을 구해야 하는데, 이것은 난류 와점성 계수(turbulent eddy viscosity)에 큰 영향을 받는다. 또한, 난류 와점성 계수는 대부분의 경우 난류모형을 이용하여 근사적으로 계산해야 하기 때문에 사용하는 난류모형에 따라 최종 계산 결과에 차이가 나타날 수 있다. 난류모형은 추가로 풀어야 할 방정식의 숫자에 따라 다양한 수학적 모형으로 정의된다.

최근에는 계산기의 발달로 난류모형을 사용하지 않고 직접 난류현상을 모사하는 직접 수치모사(DNS, Direct Numerical Simulation) 기법도 점차 널리 사용되고 있다. 또한, DNS에 소요되는 과도한 계산 시간과 비용을 줄여주기 위하여 작은 규모의 와류는 난류모형으로 근사하고 대형 와류만을 모사하는 대형 와모사(LES, Large Eddy Simulation) 기법, 계산시간을 더욱 줄이기 위하여 물체 표면에 가까운 곳에서는 RANS 방정식을 사용하고 난류 규모가 격자 크기보다 큰, 먼 바깥쪽 영역에서는 LES 기법을 사용하는 분리 와모사(detached eddy simulation) 기법 등이 사용되기도 한다.

국내외에서 다양한 수치 계산 조직이 개발되어 선형 개발에 활용되고 있으며 그중에서 국내 조선소에서 주로 이용되고 있는 계산 조직은 KRISO에서 개발된 WAVIS이다. **그림 5-8**과 **그림 5-9**는 WAVIS를 사용한 계산 결과의 일례로 선체 표면의 압력 분포와 프로펠러 평면에서의 반류 분포를 보이고 있다.

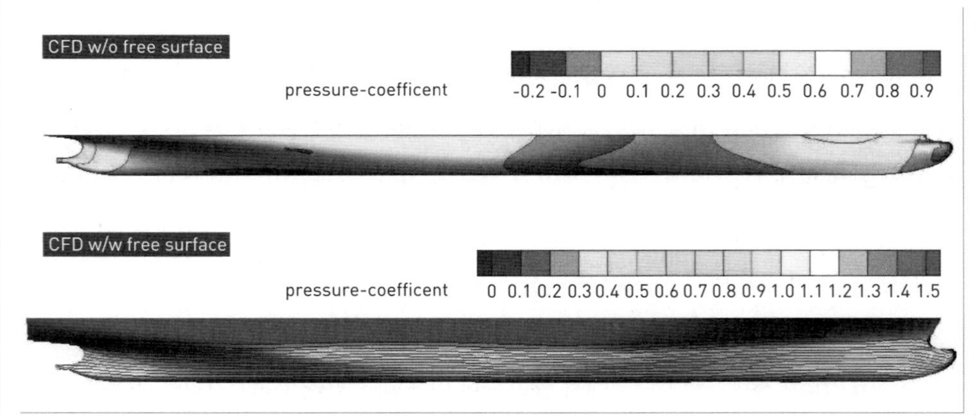

그림 5-8 선체 표면에서의 압력 분포 (출처: 현대중공업)

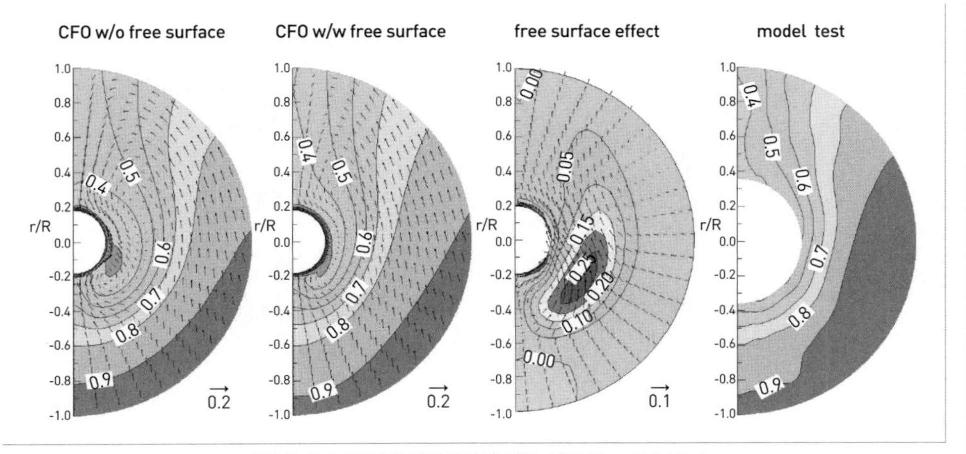

그림 5-9 프로펠러 평면에서의 반류 분포 (출처: 현대중공업)

3. 조파저항

잔잔한 호수에 돌을 던지면 수면에 떨어진 돌 주위로 둥근 파가 형성되어 넓게 퍼져 나가는 것을 볼 수 있다. 선박이 수면에서 움직이면 선체 주위의 수면에 파가 만들어져 퍼져 나가게 된다. 이러한 선박 파는 파동현상의 하나이며 모든 파동은 기본적으로 에너지의 전달에 의해서 일어난다.

선박 주위의 파는 선박이 지속적으로 주위의 물에 에너지를 공급하여 생겨나므로 이 파가 갖고 있는 에너지는 선박이 물에게 한 일과 같다. 물의 점성을 무시할 경우, 선박이 하는 일은 선체 표면에 작용하는 압력을 극복하고 전진하기 위한 것이다.

따라서 단위시간당 선박이 물에 한 일은, 선체 표면에 작용하는 압력의 선박 진행 방향 성분을 적분하여 얻어지는 힘이 조파저항과 단위시간당 선박이 전진한 거리인 선속의 곱으로 주어진다. 그리고, 조파저항의 크기는 선박이 만들어내는 파의 특성에 따라 결정된다. 이미 언급한 것처럼 조파저항은 기본적으로 Fn의 함수이므로 선속이 빠를수록, 즉 Fn가 클수록 전저항에서 조파저항이 차지하는 비율이 증가한다.

3.1 선박의 파계

1900년경에 Kelvin은 하나의 압력점이 수면에서 일정한 속도로 직진하는 경우에 생기

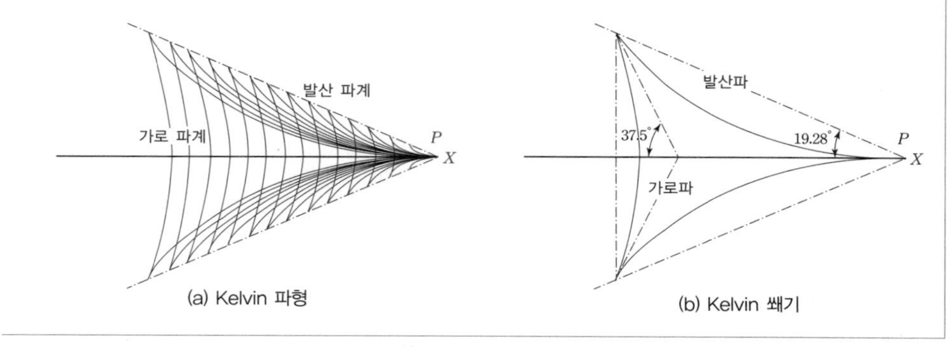

그림 5-10 Kelvin 파형

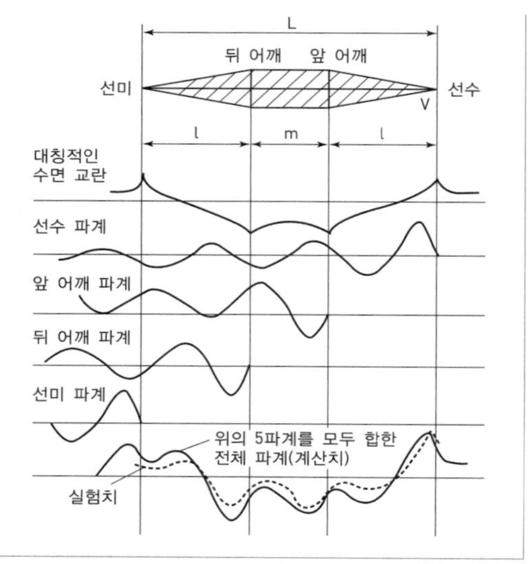

그림 5-11 쐐기형 선체 주위의 가로 파계

는 수면파의 특성을 연구하였다. 이때 압력점의 후방에 생기는 파의 형태는 파정선이 압력점의 진행 방향과 대략 직교하는 가로파(transverse wave)와 압력점으로부터 퍼져나가는 발산파(diverging 또는 divergent wave)로 구성된다. 이 파형의 에너지는 압력점 진행 방향의 좌우로 반각 19°28′를 갖는 삼각형 영역인 Kelvin 쐐기 안에 국한되며, 이것은 **그림 5-10**과 같다.

선체 주위에 형성되는 파 선체 각 부분에서 발생된 다양한 Kelvin 쐐기가 중첩되어 만들어진다. 그러나 설명을 단순화하기 위하여 가로 파계가 현저하게 우세한 선측과 중심선에서의 파형만 생각한다면 **그림 5-11**과 같이 선체 주위 파형의 특징을 설명할 수 있다. 즉, Wigley는 쐐기 선형 주위의 선측 파형이 다음과 같은 5가지 주요 성분의 중첩으로 이루어짐을 보였다.

① 선체 표면 주위의 수면 교란 : 선체 표면압력 분포에 따른 수면 교란으로 국부 교란 또는 Bernoulli 파라고도 함. 선체에서 멀어지면 급속히 감쇠되기 때문에 선체 후방에 파를 생성하지 못함.

② 선수 파계 : 파정(crest)으로 시작됨.

③ 앞 어깨 파계 : 파저(trough)로 시작됨.

④ 뒤 어깨 파계 : 파저로 시작됨.

⑤ 선미 파계 : 파정으로 시작됨.

이때 쐐기 선형은 전후 대칭이므로 국부 교란 역시 전후 대칭으로 나타나고 있다. 또한 선수와 선미에서는 압력이 기준 압력보다 높기 때문에 선수 · 선미파는 파정에서 시작되고 앞뒤 어깨(shoulder)에서는 압력이 낮으므로 파저로부터 시작되는 것을 알 수 있다.

이와 같이 각 파계의 첫 번째 파정 또는 파저의 위치는 고정되어 있으나 속도가 증가하면 파장이 길어진다. 따라서 두 번째 파정 또는 파저부터는 그 위치가 선미 쪽으로 이동하게 된다. 이때 성분파의 파정과 파정이 만나면 높은 파가 발생하고 파정과 파저가 만나면 서로 상쇄되는 효과가 나타날 것이므로 선형을 설계할 때 조파저항을 줄이려면 이 점을 유의할 필요가 있다.

3.2 조파저항의 계산

조파저항을 구하기 위하여 모형선이나 실선의 표면 압력을 직접 계측하고 그 값의 선박 길이 방향 성분을 적분하면 조파저항을 구할 수 있다. 그러나 이러한 방법은 비실용적이므로 보통 선박(또는 모형선)에서 충분히 떨어진 측면이나 후면에서 선박이 일으킨 파형을 계측하여 조파저항을 계산하는 방법이 주로 사용된다. 이 방법을 파형해석(wave pattern analysis)법이라고 부르며 조파저항을 추정하기 위하여 수치해석법들이 사용되기도 한다. 이때는 직접 계측한 파형이나 선체 표면압력이 아니라 수치적으로 모사한 값들을 이용하게 된다.

점성 효과는 일반적으로 점성압력저항에서 고려되므로 선체 주위의 유동을 비점성 유동으로 가정하자. 선박이 수면 또는 그 부근에서 움직이면 선체 주변에 파형이 형성되어 선체 표면의 압력 분포가 달라지므로 D′Alembert의 역설에서와는 달리 그 적분값이 사라지지 않는다. 따라서 조파저항은 **식 (5-15)**와 같이 정의할 수 있다.

$$R_W = -\iint_s (p \cdot n_x) dS \quad (5\text{-}15)$$

앞에서 S는 선측 파형을 고려한 실제 침수 표면적, n_x는 선체 표면에 수직하고 밖으로 향하는 단위 벡터(outward unit normal vector)의 배 진행 방향 성분, p는 유체 정압과 동압을 모두 포함하는 선체 표면 압력이다.

선박이 **식 (5-15)**의 압력저항을 이기고 움직이는 데 소요되는 에너지는 선박이 일으킨 파계를 유지하는 데 필요한 에너지와 같다. 따라서 정상 상태에서 선박 파형의 에너지 플럭스를 선체에서 멀리 떨어진 곳(far field)에서의 선박 파 스펙트럼으로부터 구할 수 있다. 즉, 속도 U로 직진하는 선박이 받는 파저항(또는 파형저항)은 **식 (5-16)**과 같이 정의할 수 있다(Havelock, 1934).

$$R_W = \frac{1}{2}\pi\rho U^2 \int_{-\pi/2}^{\pi/2} [A(\theta)^2 + B(\theta)^2] \cos^3\theta d\theta \tag{5-16}$$

앞에서는 선박의 진행 방향과 선박 파 파정선의 진행 방향 사이의 각도이며, $A(\theta)$, $B(\theta)$는 각각 선박에서 멀리 떨어진 곳에서 계측한 선박 파의 cosine 성분과 sine 성분의 진폭이다. 이 식으로부터 선박의 파저항은 파고의 제곱에 비례하며 가중치 $\cos^3\theta$로부터 파저항에는 가로파가 발산파보다 훨씬 중요하다는 사실을 알 수 있다.

J. Michell은 1898년에 선체가 충분히 얇다는 가정하에 선체 표면에서 만족되어야 할 경계 조건을 단순화하여 중심면에 적용하고 조파저항을 계산하였다. 얇은 배 이론(thin ship theory)으로 불리는 이 이론을 일반 선형에, 특히 저속 구간에 적용하면 상당히 큰 오차가 나타날 수 있다. 그러나 소요되는 계산시간이 매우 짧기 때문에 아직도 선형 최적화 기법이나 폭/길이비가 충분히 작은 고속 선박의 원거리(far field) 파형 계산에 유용하게 사용되고 있다.

컴퓨터와 수치계산기법의 비약적인 발전으로 조파저항의 정밀 계산이 점차 용이해지고 있다. 최근에는 자유수면 경계 조건을 만족하는 RANS 방정식의 해를 구하여 조파저항을 계산하는 기법이 점차 발전하고 있다. 그러나 아직은 점성을 무시한 패널법(panel method)이 주로 사용되고 있다. 패널법은 비점성, 비압축성[2] 유체영역의 경계면을 패널로 분할하고, 이 패널상에 특이점을 분포시키고 경계 조건을 만족하는 특이점의 세기를 결정하는 방법이다. 따라서 패널법으로 경계층 특성이나 유동 박리현상 등을 예측할 수는 없으나 점성 영향이 큰 선미 부근을 제외한 대부분의 영역에서는 초기 선형 설계에 유용하게 사용할 수 있는 계산 결과를 보여준다.

2 아음속 범위(Mach 수 <1)까지는 비압축성으로 근사할 수 있음.

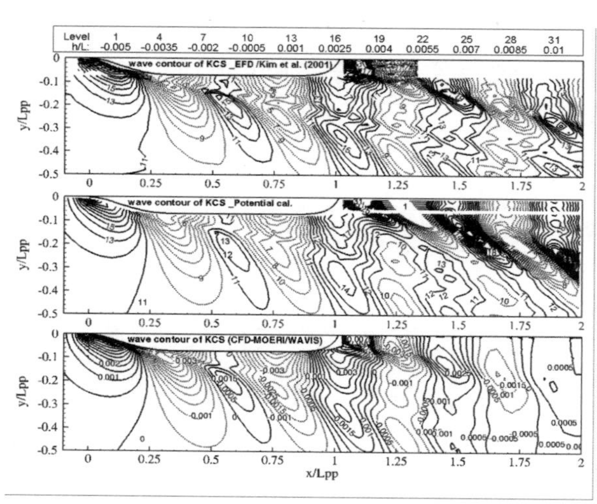

그림 5-12 선체 주위 파형의 실험 및 수치해석 결과의 비교
(출처:MOERI)

그림 5-12에는 KCS 선형 주위의 파형에 대한 점성 및 비점성 수치해석 결과를 실험치와 비교하고

있다. KCS와 KVLCC2는 KRISO(해사기술연구소, 전 MOERI)에서 설계한 컨테이너와 초대형 유조선으로 정밀한 실험자료들이 공개되어 있다. 따라서, 2000년 이래 전 세계적으로 CFD 기법의 검증 및 정도 확인에 활용되고 있는 선형들이다.

4. 실선저항의 추정

선박의 여러 특성 중에서 선박의 속도 성능은 가장 중요한 기본적인 성능 중의 하나이다. 우수한 속도 성능을 가지는 선박을 설계하기 위해서는 선박의 저항은 낮추고 추진기의 추진 효율은 되도록 높여야 한다. 앞에서 이야기한 것처럼 선박의 저항 성능을 수치적으로 추정하는 방법이 상당한 수준까지 발전하여 왔으나, 아직까지 실선 스케일에서는 많은 어려움이 있다. 따라서 아직은 예인수조에서 모형시험을 수행하여 실선의 저항 성능을 추정하는 것이 일반적이다.

4.1 모형시험과 시험수조

예인수조에서 일정한 속도로 정수 중에서 전진하는 모형선에 대한 저항 성능시험으로는 모형선의 저항시험, 추진 성능을 파악하기 위한 프로펠러 단독시험, 그리고 프로펠러가 장착된 상태에서 수행하는 자항시험 등이 있다. 이 외에 선형 개선과 높은 효율의 프로펠러 설계를 위한 프로펠러 평면에서의 반류 분포 계측시험, 페인트나 염료를 이용하여 선체 표면에서의 유동현상을 가시화하는 한계유선 가시화시험, 선수 · 선미 및 프로펠러 평면에서의 유동을 가시화하는 터프트(tuft) 시험 등이 있다.

1872년, 영국 Torquay에서 길이 300ft인 근대적인 최초의 예인수조가 영국 해군의 지원으로 건설되었다. 이 수조에서 W. Froude가 저항 성능 추정을 위한 모형시험법과 시험 결과의 실선 확장법을 제안하였으며, 그 효과가 확인되자 세계 각국에서 경쟁적으로 시험수조를 건설하였다. 현재 전 세계적으로 약 100여 개의 예인수조가 있으며 주요 예인수조의 제원은 **표 5-1**에서 보는 것과 같다.

우리나라에서는 1962년에 서울대학교에 길이 27m의 중력식 수조가 최초로 건설되었다. 예인식 수조로는 1971년 인하대학교에 건설된 길이 75m의 수조가 처음이다. 1978년

표 5-1 세계 각국의 주요 예인수조

기관명	수조 제원[m] (길이×폭×수심)	최대 예인속도 [m/s]
Krylov SRI (러시아)	1324×15×7	20
NSWCCD (이전 DTMB, 미국)	심해 : 575×15×5×6.7 천수 : 363.3(271+10+82.3)×15.5×(6.7+3) 고속 : 904(514+356+34)×6.4×(4.9+3)	심해 : 10.3 천수 : 9.3 고속 : 6.5, 25.7, 30.9
CSSRC (중국)	474×14×7	15
INSEAN (이탈리아)	470×13.5×6.5	15
NMRI (일본)	400×18×8	15
CEHIPAR (스페인)	320×12.5×6.5	10
HSVA (독일)	300×18×6	8
MHI (일본)	270×13×5	5
SSPA (스웨덴)	260×10×5	10
MARIN (네덜란드)	250×10.5×5.5	9

그림 5-13 예인수조의 개략도 및 예인전차 전경 (출처:KRISO)

에 한국선박연구소에 **그림 5-13**에서 보는 것과 같은 길이 210m, 최대 예인속도 6m/s의 수조가 건설되었다. 그 후 현대중공업, 삼성중공업에 차례로 상업용 수조가 건설되어 오늘에 이르고 있다. 국내의 주요 수조제원을 **표 5-2**에 정리하였다.

모형시험을 통하여 실선의 저항 성능을 정확하게 추정하기 위해서는 실선과 모형선이 기하학적으로 동일하고, 역학적 상사법칙에 맞추어 모형시험을 수행해야 한다. 그러나

표 5-2 우리나라 주요 시험수조의 제원

기관명	수조 제원[m] (길이×폭×수심)	최대 예인속도 [m/s]	완공 연도
서울대학교	26.6×3.1×1.5	1.2	1962년(1980년 폐기)
인하대학교	75×5×2.7	3	1971년
부산대학교	100×8×3.5 (건설 당시 87.3×5×3)	7 (건설 당시 5)	1974년(1989년 개축)
KRISO(전 MOERI)	203×16×7	6	1978년
서울대학교	110×8×3.5	5	1983년
현대중공업(HMRI)	188×14×6	7	1984년
삼성중공업(SSMB)	400×14×7	5, 18	1996년
국립수산과학원	85×10×3.5	3	2001년

저항을 추정하기 위한 역학적 상사법칙, 즉 Fn와 Rn를 동시에 일치시키는 것은 현실적으로 불가능하기 때문에 모형시험은 Fn만을 일치시킨 상태에서 수행되게 된다.

모형선을 작게 만들수록, 즉 축척비가 증가할수록 Rn는 크게 감소한다. 따라서 Rn 효과를 무시했기 때문에 나타나는 축척 효과(scale effect)를 억제하려면 모형선은 크게 만들수록 좋다. 그러나 모형선의 크기를 늘리는 데에는 제작비용의 증가뿐만 아니라 다른 많은 제약요인이 있다. 모형선의 길이가 증가하면 예인속도도 증가하므로 계측 가능 시간이 줄어들게 된다. 또한, 예인수조의 단면적은 한정되어 있으므로 모형선의 최대 횡단면적의 크기는 선체 주위 유동 특성에 영향을 미치는 제한수로 영향(blockage effect)이 나타나고 모형선의 크기는 가공하는 장비의 가공 능력에 따라서도 제약을 받는다. 대개의 상업수조는 길이 10m 이상인 모형선을 사용할 수 있도록 설계되어 있다. 하지만 길이 7~8m 정도의 모형선을 사용하는 것이 보통이다.

또한, Rn가 낮아져 층류 또는 천이역에서 모형시험이 이루어지면 모형선 주위의 유동 특성은 실선 주위의 난류유동과 크게 달라진다. 이러한 문제점을 보완하기 위하여 모형선 주위의 유동을 난류유동으로 강제하기 위한 난류 촉진장치를 선수 부근에 부착한다. 난류 촉진장치로는 대개 못(stud), 철사(wire) 또는 사포(sand strip) 등이 사용되는데, 대개 19.5 스테이션 부근에 스테이션을 따라 부착하는 것이 일반적이다. 벌브가 있는 경우에는 벌브길이의 1/3 또는 1/2 위치에 난류 촉진장치를 추가로 부착하고 벌브가 없을 때는 선수 경사와 평행하

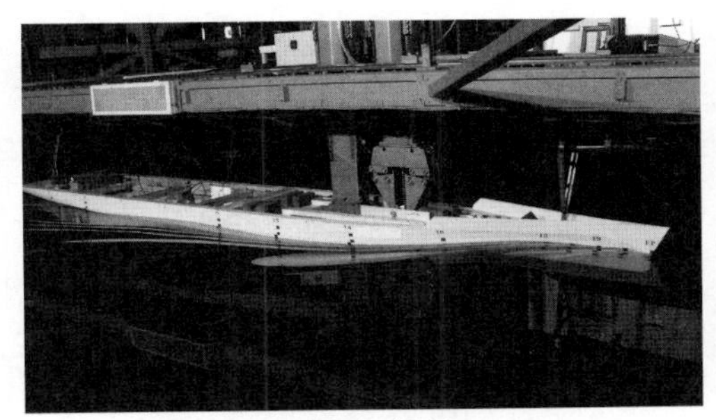

그림 5-14 예인전차의 계측부 (출처: 현대중공업)

게 부착한다.

제작된 모형선을 예인하는 전차에는 **그림 5-14**에서 보는 것과 같이 저항을 계측하는 저항동력계가 사용된다. 그리고 모형선의 진행 방향을 유지시키며 트림과 횡 경사는 허용하는 트림 가이드, 그리고 예인전차가 가감속할 때 모형선을 잡아주어 저항동력계 등의 계측기기를 보호하는 모형선 클램프 등으로 계측부가 구성된다.

4.2 저항시험

앞에서 설명한 바와 같이 모형시험을 이용하여 실선의 저항 성능을 예측하는 것이 일반적이다. 이때 모형시험 결과를 실선 스케일로 바깥늘임하여 실선의 저항 성능을 예측하는 방법은 크게 2차원 및 3차원 바깥늘임법으로 나눌 수 있다.

모형선의 전저항 계수 C_T에서 모형선의 Rn에 해당하는 마찰저항 계수 C_F를 빼서 얻은 잉여저항 계수 C_R에 실선의 Rn에 해당하는 C_F를 더하여 실선의 저항을 예측하는 방법을 2차원 바깥늘임법이라고 하며 **식 (5-9)**로 표현된다.

형상 계수 k가 Rn의 영향을 갖지 않는다고 가정하여 모형시험에서 k와 전저항 계수 C_T를 구하고 C_T에서 점성저항 계수 C_V를 빼서 얻어지는 파저항 계수 C_W에 실선의 Rn에 해당하는 C_V를 합하여 실선의 저항을 예측하는 3차원 바깥늘임법이 있으며, **식 (5-14)**로 표현된다. 이때 두 방법 모두 거칠기 효과 등을 감안하여 적절한 수정 계수 C_A를 사용하기도 하며 대표적인 바깥늘임법들의 상세한 절차를 설명하면 다음과 같다.

4.2.1 2차원 방법

W. Froude는 선박의 마찰저항은 등가평판의 마찰저항과 나머지 성분인 잉여저항으로 분리할 수 있다고 가정하였다. 즉, $C_T(Rn,\ Fn)=C_{FO}(Rn)+C_R(Fn)$의 관계가 있으며, Fn가 동일한 대응속도에서는 실선과 모형선의 잉여저항 계수 C_R도 동일하다고 가정하였다. 따라서 2차원방법으로 실선의 저항을 추정하는 절차는 다음과 같다.

① 축척비 $\lambda=L_S/L_M$인 상사 모형선을 제작하고 대응속도 $V_M=V_S/\sqrt{\lambda}$로 예인하여 모형선의 전저항 계수 C_{TM}을 계측한다. 여기에서 L_M, L_S는 각각 모형선과 실선의 길이이며 V_S는 실선의 속도이다.

② Huges의 **식 (5-6)** 또는 아래와 같이 ITTC-1957 모형선-실선 상관공식 **식 (5-7)**을 이용하여 모형선의 마찰저항 계수 C_{FM}을 구한다.

$$C_{FM}=\frac{0.075}{(\log_{10}Rn_M-2)^2} \quad Rn_M : \text{모형의 Reynolds 수} \tag{5-17}$$

③ 모형선의 잉여저항 계수를 다음과 같이 구한다.

$$C_{RM}=C_{TM}-C_{FM} \tag{5-18}$$

④ Fn가 동일하면 실선과 모형선의 잉여저항 계수가 동일하다고 가정한다. 즉,

$$C_{RS}=C_{RM} \tag{5-19}$$

⑤ 실선의 마찰저항 계수 C_{FS}를 구한다.

$$C_{FS}=\frac{0.075}{(\log_{10}Rn_S-2)^2} \quad Rn_S : \text{실선의 Reynolds 수} \tag{5-20}$$

⑥ 실선의 전저항 계수 C_{TS}를 구한다.

$$C_{TS}=C_{FS}+C_{RS}+C_A \quad C_A : \text{거칠기를 고려한 수정 계수로 0.0004} \tag{5-21}$$

⑦ 실선의 전저항 R_{TS}와 유효마력 P_E를 구한다. 즉,

$$R_{TS}=C_{TS}\cdot\frac{1}{2}\rho SV^2 \tag{5-22}$$

$$P_E=R_{TS}\cdot V_S \tag{5-23}$$

ITTC-1957 모형선-실선 상관공식 **식 (5-7)**을 사용하여 마찰저항 계수를 추정하는 방법을 특히, ITTC-1957 방법이라고 부르기도 한다.

4.2.2 3차원방법

3차원방법에서는 다음 식과 같이 선박의 전저항을 점성저항과 파저항으로 나눌 수 있으며, 점성저항은 다시 마찰저항과 마찰저항에 선형적으로 비례하는 형상저항으로 나눌

수 있다고 생각한다. 즉, $C_T(Rn, \ Fn)=(1+k)C_{FO}(Rn)+C_W(Fn)$의 관계가 있다. 앞에서 C_{FO}는 평판의 마찰저항 계수, 비례상수 k는 형상 계수라고 부르며 C_{FO} 대신 ITTC-1957 상관 곡선을 사용하기도 한다.

3차원방법으로 실선의 저항을 추정하는 절차는 다음과 같다.

① 축척비 $\lambda=L_S/L_M$인 상사 모형선을 제작하고 대응속도 $V_M=V_S/\sqrt{\lambda}$로 예인하여 모형선의 전저항 계수 C_{TM}을 계측한다.

② 다음과 같은 ITTC-1957 모형선과 실선의 상관공식 또는 Hughes의 평판 마찰저항 공식 **식 (5-6)**을 이용하여 모형선의 마찰저항 계수 C_{FM}을 구한다.

$$C_{FM}=\frac{0.075}{(\log_{10}Rn_M-2)^2} \quad Rn_M : \text{모형의 Reynolds 수} \tag{5-24}$$

③ Prohaska의 방법으로 형상 계수 k를 구한다.

④ 모형선의 파저항 계수 C_{WM}을 다음과 같이 구한다.

$$C_{WM}=C_{TM}-(1+k)C_{FM} \tag{5-25}$$

⑤ Fn이 동일하면 실선과 모형선의 파저항 계수가 동일하다고 가정한다. 즉,

$$C_{WS}=C_{WM} \tag{5-26}$$

⑥ 실선의 마찰저항 계수 C_{FS}를 구한다.

$$C_{FS}=\frac{0.075}{(\log_{10}Rn_M-2)^2} \quad Rn_M : \text{실선의 Reynolds 수} \tag{5-27}$$

⑦ 다음과 같이 거칠기를 고려한 수정 계수 C_A와 공기저항 계수 C_{AA}를 구한다.

$$C_A=\left[105\cdot\left(\frac{k_{MAA}}{L}\right)^{\frac{1}{3}}-0.64\right]\times10^{-3}, \quad C_{AA}=0.001\frac{A_T}{S} \tag{5-28}$$

앞에서 A_T는 실선의 수면 위 정면 투영 면적이며 k_{MAA}(micron)는 평균 겉보기 높이(MAA, Mean Apparent Amplitude) 법으로 계측한 거칠기의 평균 높이로, ITTC는 150micron을 대표적인 값으로 제시하였다.

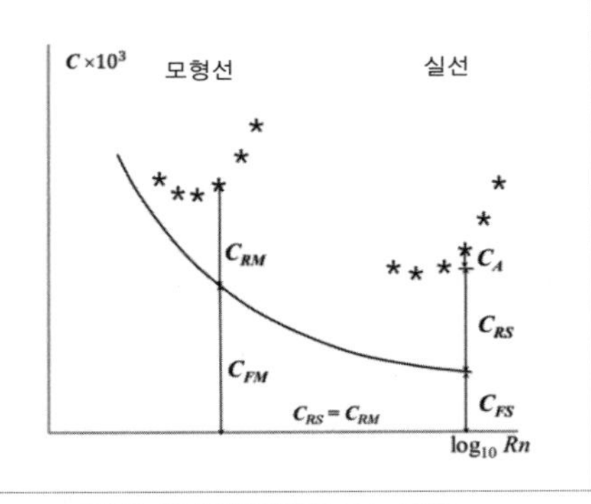

그림 5-15 2차원방법(ITTC, 1957)

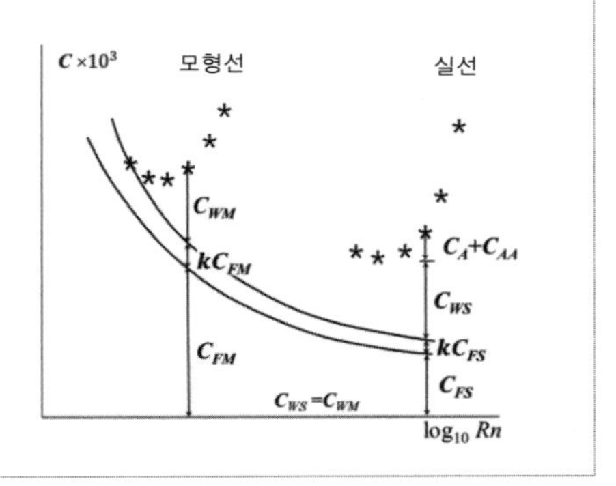

그림 5-16 3차원방법(ITTC, 1978)

⑧ 실선의 전저항 계수 C_{TS}를 구한다.

$$C_{TS}=(1+k)C_{FS}+C_{WS}+C_A+C_{AA} \tag{5-29}$$

⑨ 실선의 전저항 R_{TS}와 유효마력 P_E를 구한다. 즉,

$$R_{TS}=C_{TS}\cdot\frac{1}{2}\rho SV^2 \tag{5-30}$$

$$P_E=R_{TS}\cdot V_S \tag{5-31}$$

마찰저항 공식으로 ITTC-1957 모형선-실선 상관 곡선을 사용한 ITTC-1978 방법이 주로 사용된다.

5. 국부 유동장 계측시험

선박의 속도 성능을 추정하기 위해서는 예인수조에서 저항 추진시험과 프로펠러 특성 시험을 수행하여 선박의 저항, 추진기의 추력, 토크 및 회전수, 그리고 엔진의 소요 동력을 결정하여야 한다. 그러나 선체 주위, 특히 선수, 선미 및 프로펠러 주위에서의 유동장 및 파형 특성을 파악하는 것 역시 효율이 우수한 선형과 추진기의 설계에 대단히 중요하다. 이를 위하여 선체 주위 유동의 압력과 속도벡터 등을 정량적으로 계측하고 유동가시

화 기법을 이용하여 한계유선의 특성을 파악할 필요가 있다.

유속을 측정하는 방법에는 유체 내부에 계측기를 넣어 직접 계측하는 직접 계측법과 광학장비를 이용한 비접촉 계측법이 있다. 직접 계측법은 계측점 주위의 유동장을 교란한다는 단점이 있으나, 상대적으로 장비가 간단하고 저렴하며 계측이 쉽다는 장점 때문에 널리 사용되고 있다. 그중에서 피토관을 이용하는 방식이 가장 보편적이다.

비접촉 계측법으로는 레이저 광속(Laser beam)을 사용하여 계측점에서의 유속을 계측하는 LDV(Laser Doppler Velocimeter), 얇은 레이저 시트를 이용하여 유동장의 한 단면을 동시 또는 순차적으로 촬영하고 그 영상을 디지털 방식으로 처리하여 유동장을 계측하는 PIV(Particle Image Velocimeter), 또는 PTV(Particle Tracking Velocimetry) 방법이 있다. 이러한 비접촉식 계측법은 유동장을 교란시키지 않고 속도벡터뿐만 아니라 난류 특성 등 보다 자세한 유동 정보를 계측할 수 있다는 장점을 가지고 있다. 그러나 장비가 매우 복잡하고 비싸며, 계측범위에 제약이 있고 예인수조에서의 정밀한 계측에 많은 어려움이 있다. 그러나 근래 들어 관련 장비가 점차 소형화되고 있으며 성공적으로 사용하면 국부 유동에 대한 많은 정보를 얻을 수 있기 때문에 점차 활용도가 높아지고 있는 추세이다.

5.1 반류 계측

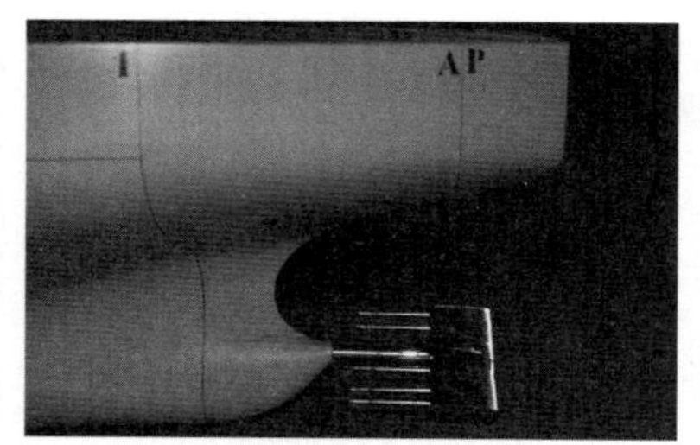

그림 5-17 회전식 반류 계측

그림 5-18 직교식 반류 계측

선미 뒤의 프로펠러 평면에서의 유동장인 반류 분포는 선체의 효율뿐만 아니라 프로펠러 설계와 성능 해석에 대단히 중요하다. 이러한 반류 분포는 대개 예인수조에서 피토관을 이용하여 계측한다. 피토 체계는 피토관-이송장치-압력 변환기-증폭기-A/D 변환기-PC로 구성되는데, 피토관을 계측하고자 하는 위치로 이동시키는 방식에 따라 회전방식과 직교방식으로 분류된다.

회전방식은 계측 효율을 높이기 위하여 회전식 레이크(rake)에 **그림 5-17**과 같이 다수의 피토관을 체결하여 한 번에 여러 반경 위치에서 반류를 계측하는 방식이다. 그리고 직교방식은 **그림 5-18**과 같이 한 개의 피토관으로 계측면을 상하, 좌우로 횡단하며 한 번에 한 점씩 계측하는 방식이다.

5공식 피토관은 계측점에서 유속의 3방향 속도 성분을 동시에 계측하기 위하여 사용하는 피토관으로서 일반적으로 5개의 구멍을 갖는 반구형 또는 원추대형으로 **그림 5-19**와 같이 제작하여 사용한다. 수직 방향으로 배치된 3개의 관에서 수직면 내의 유속의 방향과 유속을 알 수 있고 수평 방향의 3개의 관으로부터 수평면 내의 유속 방향을 알 수 있다.

그림 5-20에는 피토관을 이용하여 KVLCC2 선형의 프로펠러 평면에서 계측한 반류 분포와 수치해석 결과를 비교하고 있다.

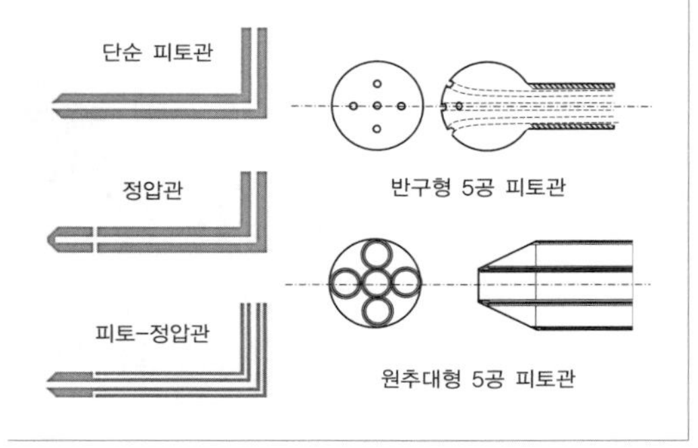

그림 5-19 피토관의 형상

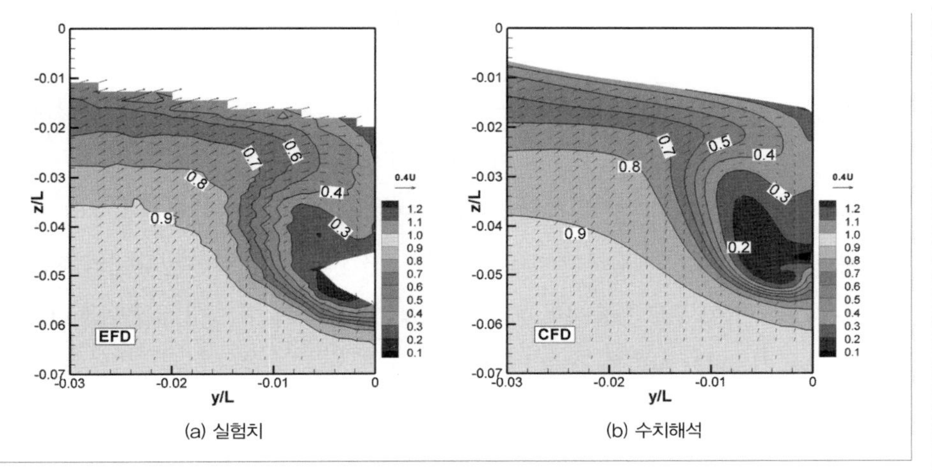

(a) 실험치 (b) 수치해석

그림 5-20 KVLCC2 선형의 프로펠러 반류 분포 (출처: KRISO)

5.2 유동가시화

유동가시화(flow visualization)는 유체의 흐름을 눈으로 볼 수 있게 하는 실험기법으로 선체 주위 국부유동 특성을 파악하여 선수 · 선미 형상, 선수 스러스터 터널(bow thruster tunnel) 등의 적절한 위치 및 형상을 결정하는 데 쓰인다. 또한 프로펠러, 타, 안정 핀이나 스트럿(strut) 등의 부가물 설계에도 활용되고 있다.

유동가시화 기법에는 페인트, 염료, 기름 등을 사용하여 선체 표면 가까운 곳에서의 한계유선을 가시화하는 벽 추적(wall tracing)법, 유동을 따라 흐르는 추적용 미세입자(tracer)나 염료(dye)를 주입하는 방법, 물체 표면에 실 모양의 술(tuft)을 부착하여 시간적으로 변하는 유동을 가시화하는 터프트(tuft)법, 수소 기포(hydrogen bubble)를 이용하는 수소기

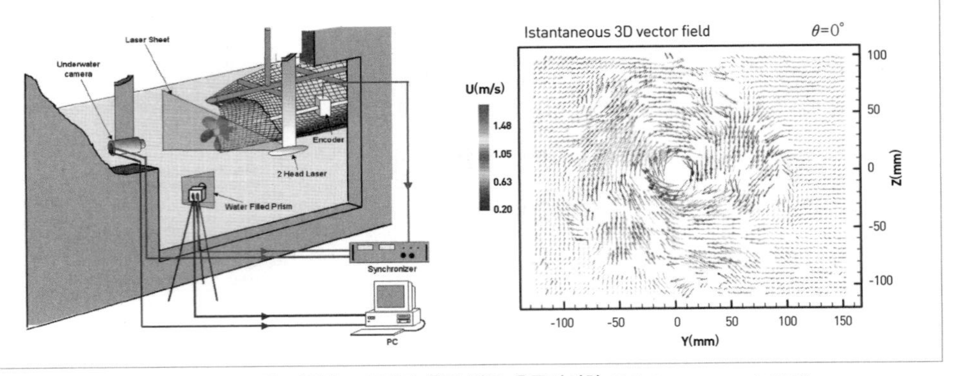

그림 5-21 PIV를 이용한 프로펠러 후류 반류 유동가시화 (출처:Calcagno et al. 2002)

포법과 같은 방법이 있다. 최근에는 레이저 광학 및 디지털 영상 처리기법을 사용하는 PIV 또는 PTV와 같은 광학적 가시화 기법이 많이 사용되고 있다.

예인수조에서 수행하는 선체 주위 유동의 가시화는 실험 환경의 제약 때문에 선체 표면에서의 한계유선을 가시화하는 기법과 공간적, 시간적으로 변화하는 유체의 흐름을 보여주는 터프트 법이 주로 사용하며 최근 들어 **그림 5-21**과 같이 선미 유동장을 PIV 기법을 이용하여 계측하는 사례도 늘어나고 있다.

페인트를 이용하는 가시화 기법은 비교적 넓은 속도 영역에서 **그림 5-22**에서 보이는 것과 같이 뚜렷한 한계유선을 찾아낼 수 있다. 이때 사용되는 페인트는 유화물감, 에나멜 페인트, 폴리왁스, 경유 등을 적절하게 배합하여 사용하며 각 기관마다 경험에 따른 고유한 혼합비를 사용한다.

터프트를 이용한 유동가시화는 보텍스나 박리현상 등에 의한 비정상 유동 특성을 확인할 수 있으므로 그 자료는 선형과 추진장치의 설계에 유용하게 쓰인다. **그림 5-23**은 예인수조에서 터프트를 이용한 선미 주위의 유동을 가시화한 시험장면이다.

그림 5-22 페인트 테스트에 의한 선수 스러스터 주위의 한계유선 가시화

그림 5-23 터프트를 이용한 선미부 주위의 유동가시화

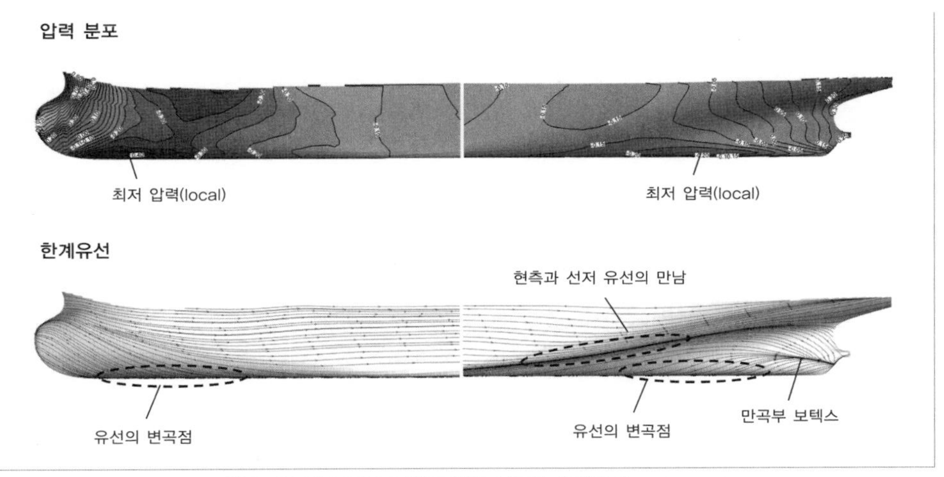

그림 5-24 KVLCC2 주위의 압력 분포와 한계유선 (출처: KRISO)

최근에는 **그림 5-24**에서 보는 것과 같이 수치적인 유동가시화 기법도 자주 활용된다. 이것은 수치적으로 구한 모형 스케일에서의 KVLCC2 선형 주위의 압력 분포와 한계유선이다. 물론 선체 표면 압력 분포는 유동의 가시화와는 큰 관계가 없지만 경계층 내부의 교차류 방향을 결정하므로 한계유선의 특성을 이해하기 위해 같이 나타냈다.

실험 및 수치적 유동가시화를 통하여 얻은 한계유선의 특성을 살펴보면 선체 주위의 유동 특성을 쉽게 이해할 수 있다. 예를 들어, **그림 5-24**를 보면 선수부에서는 벌브보다 위쪽에 있는 유선들은 선미 쪽으로 가면서 거의 수평을 유지한다. 반면에 벌브 주위를 지나는 유선들은 아래쪽으로 휘어져 결국은 선저 아래로 내려가게 되며 선저에 다다르면 거의 수평 상태를 유지하게 된다. 따라서 유선에는 선수부 만곡부 근처에서 변곡점이 나타나고, 그 점을 경계로 압력의 기울기 방향이 역전되므로 유선이 수렴되어 만곡부 보텍스가 나타난다. 그러나 일반적으로 그 세기는 크지 않다.

선미에서도 마찬가지로 선저에 있던 유선들이 다시 위로 휘어올라 만곡부 부근에 변곡점이 나타난다. 그리고 압력 기울기에 의하여 그 주위 유선들이 수렴되므로 만곡부 보텍스가 발생하는데, 선수부에 비하여 경계층이 크게 두꺼워졌기 때문에 그 세기는 선수부에서보다 훨씬 강해지게 된다. 그 앞쪽에서도 선저 아래에서 올라온 유선들이 선수에서부터 거의 수평하게 현측을 따라온 위쪽 유선들과 만나게 된다. 이 경우에는 만곡부에서와는 달리 압력 기울기에 의해 그 주위 유선들이 발산하게 되므로 거품 박리가 발생할 위험성이 높아질 것이다. 또한, 예시한 KVLCC2 선형의 경우에는 이러한 문제점을 피할 수 있도록 잘 설계되었음을 알 수 있다.

6. 프로펠러

6.1 프로펠러의 기본 용어

선박에서 사용되고 있는 여러 가지 추진기 중에서 나선 프로펠러(screw propeller) 또는 단순히 프로펠러는 일반적으로 큰 추력을 발생시키며 효율이 높기 때문에 가장 널리 사용되고 있다. 여기에서는 프로펠러의 형상 및 성능과 관련되는 기본적인 용어의 정의를 **그림 5-25**를 참고로 살펴보기로 한다.

1) 지름(diameter, *D*)

프로펠러가 축을 중심으로 1회전 했을 때 날개 끝(blade tip)이 그리는 원의 지름을 프로펠러의 지름이라 하고 대개 선미 흘수 T_A의 2/3보다 작게 정한다. 이것은 경하 상태나 배가 종동요를 일으켜 프로펠러의 날개 끝이 수면에 가까워지더라도 프로펠러의 작동에 의하여 프로펠러 날개면으로 공기가 빨려들어가서 성능의 저하가 일어나지 않도록 해야 하기 때문이다.

프로펠러의 날개 끝(tip)과 선체와의 간격(tip clearance)이 통상 지름의 10%보다 크고, 프로펠러에 의한 기진력이 선체 표면에 영향을 적게 미치도록 결정되어야 한다. 직경이 클수록 프로펠러의 축 회전수를 감소시킬 수 있고 추진 효율이 향상되는 경향이 있어, 많은 상선 프로펠러를 대직경-저 회전수로 운전하도록 설계하고 있다. 프로펠러의 지름은

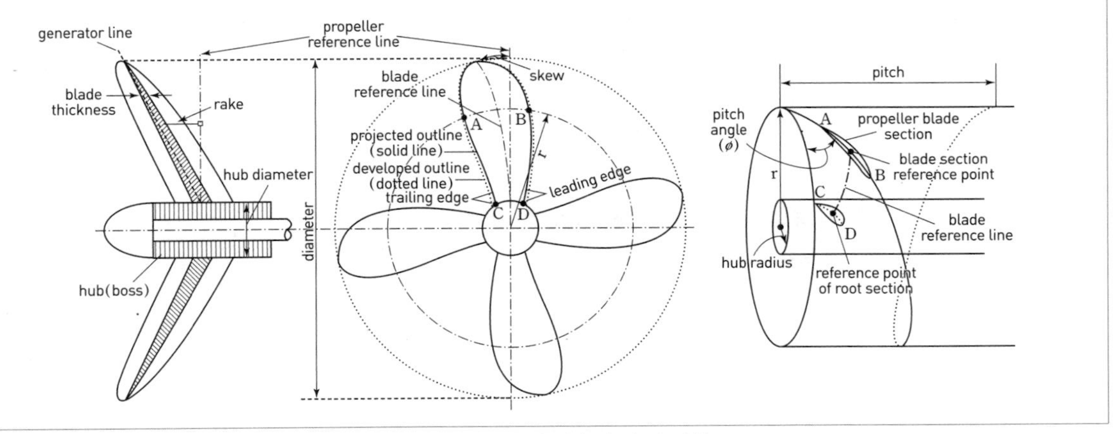

그림 5-25 프로펠러의 형상 및 각 부 명칭

최종적으로는 캐비테이션의 발생에 의한 피해를 최소화하는 관점에서 결정한다.

2) 피치(pitch, P)

프로펠러를 1회전 시켰을 때 프로펠러가 물을 밀어낸 거리로, 물속에 고정된 좌표계에서는 프로펠러가 전진한 거리에 해당한다. 프로펠러가 물을 고르게 밀어내도록 모든 반지름 위치에서 피치값이 일정해야 하며, 그러한 프로펠러를 일정 피치 프로펠러(constant pitch propeller)라 한다. 이에 대하여 반지름에 따라 피치를 다르게 하는 프로펠러를 변동 피치 프로펠러(variable pitch propeller)라고 한다. 피치는 흔히 지름으로 무차원화하여 피치비 P/D로 나타내기도 한다.

상선의 프로펠러를 설계할 때 피치를 설계 속도에 맞추어 한번 결정하여 제작하면 고정 피치 프로펠러(FPP, Fixed Pitch Propeller)가 얻어진다. 함정이나 특수선일 때는 설계에서 중요하게 고려해야 하는 운항속도가 여러 가지이므로 피치를 변화시킬 수 있는 가변 피치 프로펠러(CPP, Controlable Pitch Propeller)가 많이 쓰인다. 프로펠러의 피치는 설계에서 발생시켜야 하는 추력에 적합하도록 결정된다. 일반적으로 저속 선박의 피치비 P/D는 0.7 정도이고 고속 선박의 피치비 P/D는 1.0보다 큰 것으로 나타난다.

3) 피치각(pitch angle, ϕ)

반지름 r인 위치에서 프로펠러 날개 단면의 원주 방향 이동거리와 전진 방향 이동거리로부터 얻어지는 날개의 이동 방향각을 그 반지름 위치에서의 날개 단면의 피치각 또는 기하학적 피치각(geometric pitch angle)이라고 한다.

$$\phi = \tan^{-1}\frac{P}{2\pi r} \quad (5-32)$$

4) 프로펠러 기준선(propeller reference line)

프로펠러 형상을 정의하는 데 기준이 되는 직선이다. 보통 수평하게 놓인 프로펠러의 축 중심선에 직각되며 연직상방을 향하는 선을 기준선으로 정한다. 이 선을 축 주위로 회전시켜 얻어지는 궤적 평면을 프로펠러 평면(propeller plane)이라 한다.

5) 제작 기준선(generator line, generatrix)

프로펠러 축 중심선을 포함하는 연직평면 내에서 프로펠러 제작의 기준으로 삼기 위하여 프로펠러 기준선을 경사시켜 얻은 선으로 보통 직선이 된다. 제작 기준선이 프로펠러 축 주위로 회전하며 전진할 때 얻어지는 궤적 곡면은 나선면이 된다.

6) 레이크(rake, i_G)

각 반지름 위치에서 프로펠러 기준선으로부터 제작 기준선까지의 축 방향 직선거리이다. 하류 방향을 양으로 잡는다. 제작 기준선이 직선이면 레이크는 반지름에 비례하며, 프로펠러 기준선과 제작 기준선 사이의 각을 레이크각이라 부른다.

레이크를 주면 선체와 프로펠러 사이의 간격을 일정 수준 이상으로 유지할 수 있어서 선체 표면에 전달되는 프로펠러 기진력을 감소시킬 수 있다. 상선일 때는 선저 외판과 프로펠러 날개 끝까지의 간격을 기준으로 결정한다. 그러나 함정에 많이 쓰이는 가변 피치 프로펠러는 날개의 회전에 필요한 모멘트가 최소화되도록 결정한다.

7) 프로펠러 날개 단면(propeller blade section)

프로펠러의 날개를 프로펠러 축 중심과 동심을 이루는 반지름이 r인 원통으로 잘라서 얻어지는 날개 단면으로 나선면에 따라 정렬된다. 나선면에 정렬된 프로펠러 날개 단면의 앞면(face)은 압력이 높아지므로 압력면(pressure side)이라 하며 상대적으로 유속이 느리다. 프로펠러 날개 단면의 뒷면은 압력이 떨어지므로 흡입면(suction side)이라 하고 유속은 상대적으로 빨라진다. 날개 단면의 형상은 압력면 쪽이 직선이고 흡입면 쪽이 원호로 표현되는 원호형 단면(ogival section)을 제작하기 용이하여 많이 사용하고 있다. 최근에는 단면 형상이 비행 날개 단면(airfoil section)을 갖는 프로펠러가 많이 사용되고 있다. 대표적으로 네덜란드의 Troost 형 단면, 일본의 MAU 단면, 미국의 NACA 단면 등을 들 수 있다.

8) 앞날(leading edge) · 뒷날(trailing edge)

프로펠러가 회전하며 전진할 때 물을 먼저 가르는 날개의 앞쪽 끝을 앞날, 그 반대쪽 끝을 뒷날이라고 한다.

9) 날개 윤곽(blade outline, blade contour)

날개의 앞날과 뒷날의 윤곽선을 날개 끝에서 연결하면 날개 윤곽을 얻을 수 있다. 날개 윤곽의 종류로는 투영 윤곽(projected contour)과 확장 윤곽(expanded contour)이 있다. 투영 윤곽은 프로펠러를 축 방향으로 프로펠러 평면에 투영한 날개 윤곽선을 말하며, 확장 윤곽은 각 단면 위치에 있는 날개 단면을 평면 위에 펼쳐서 배열한 도형의 윤곽을 말한다. 확장 면적비(expanded area ratio)는 확장 윤곽도의 면적 A_E와 프로펠러 원판의 면적 $A_0(\pi D^2/4)$의 비로 프로펠러의 추진력, 날개 표면의 점성저항 크기를 지배하는 주요 인자가 된다.

10) 날개 단면 기준점(blade section reference point)

날개 단면의 기준이 되는 점이다. 날개 단면의 앞날과 뒷날을 연결한 직선을 코드(chord)라고 하며, 코드의 중앙점(mid-chord point)을 주로 날개 단면 기준점으로 잡는다.

11) 스큐(skew, θ_m)

날개 단면 기준점을 연결하여 얻어지는 프로펠러 날개 단면 기준선을 프로펠러 기준면에 투영하였을 때, 반지름 r 위치에서 프로펠러 기준선으로부터 프로펠러 날개 단면 기준선까지 잰 호의 길이를 스큐라 한다.

스큐는 프로펠러가 회전할 때 날개의 회전 위치에 따라 양력이 변화하는 것을 평준화하는 효과가 있어서 축 기진력을 감소시키는 효과가 있다. 통상 스큐가 크면 축 기진력이 감소하므로 최근에는 스큐를 증가시키는 경향이 있으나, 스큐가 증가할수록 프로펠러 날개의 구조 강도와 효율면에서는 손실이 나타나는 단점이 있다.

12) 허브(hub, boss)

프로펠러 날개를 프로펠러 축에 연결해주는 부분이다. 프로펠러 평면 위치에서의 허브의 최대 지름을 허브지름이라고 한다. 허브지름 d와 프로펠러 지름 D의 비를 허브비 d/D로 표시한다. 프로펠러 날개와 허브는 동시에 주조되는 일체형(solid type)이 주류를 이루는데, 운항하며 날개의 피치를 바꿀 수 있는 가변 피치 프로펠러(controllable pitch propeller)일 때는 날개와 허브를 따로 제작하여 조립하기도 한다.

13) 날개 두께(blade thickness)

각 반지름 위치에서 얻어지는 날개 단면의 최대 두께를 해당하는 반지름에서의 날개 두께로 정한다. 날개 두께 t_0와 지름 D와의 비로 날개 두께비 t_0/D를 정의한다. 날개 두께는 허브 쪽으로 갈수록 두꺼워지며, 그 두께를 프로펠러 축심까지 연장했을 때의 축심 위치에서의 가상적인 두께와 지름의 비로 축심 날개 두께비(blade thickness ratio at shaft center) t_{max}/D를 정의하여 두께의 대푯값으로 많이 사용한다. 지름이 일정하면 두께가 클수록 효율이 나빠지므로 강도상 허용 가능한 범위에서는 최대한 얇게 하는 것이 좋다. 대략 0.03~0.07 정도의 값이다.

6.2 프로펠러 추진의 원리

선박이 저항을 이기고 전진하기 위해서는 저항 R_T와 거의 같은 크기의 추력 T가 필요하며, 이 추력을 발생하는 장치를 일반적으로 추진기(propulsor, propeller)라고 한다. 추진기는 기관으로부터 동력을 전달받아 이를 축 방향의 기계적인 힘으로 변환하여 배 주위의 물을 뒤쪽으로 가속하여 밀어냄으로 배를 앞으로 나아가게 한다.

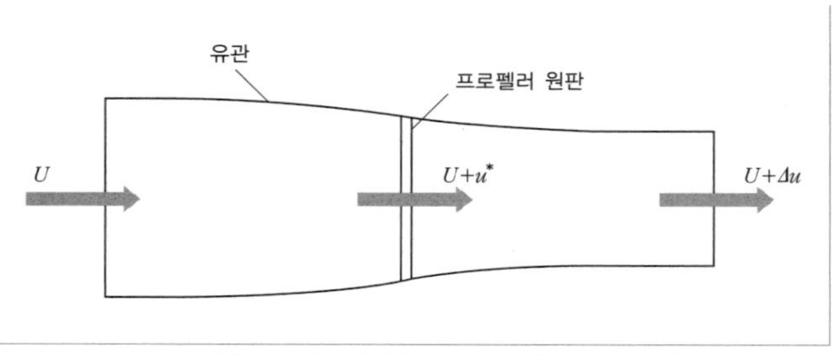

그림 5-26 프로펠러 유관을 지나 물이 가속되는 과정

1) 운동량 정리(momentum theorem)

일정 속도로 전진하고 있는 프로펠러가 만드는 추력 T(N)는, **그림 5-26**에 나타낸 것과 같이 프로펠러 상 하류에서의 축 방향 속도의 증가량 Δu(m/s)와 단위시간 동안에 지름이 D인 프로펠러 원판을 지나는 질량흐름(mass flux) $\dot{m}$(kg/s)의 곱으로 표

현될 수 있다. 즉, 지름 D인 프로펠러 원판을 지나는 질량흐름 $\dot{m}$은 프로펠러 원판에서의 속도 증가량을 u^*(m/s)로 표시하면, **식 (5-33)**으로 나타내진다.

$$\dot{m}=\rho\frac{\pi D^2}{4}(U+u^*) \tag{5-33}$$

또한, 추력 T가 단위시간 동안 한 일과 그동안 증가한 운동에너지가 동일하여야 하므로, u^*는 후류에서 증가된 속도 Δu의 1/2이고 이상효율 η_I는 $1/\left(1+\frac{u^*}{U}\right)$가 된다. 이러한 운동량 정리는 추진기의 기본 원리를 설명해주지만 추진기의 기하학적 형상 등이 성능에 미치는 영향을 정량적으로 고려하지 못한다는 단점이 있다.

2) 날개요소 이론(blade element theory)

프로펠러 날개를, 축 중심을 중심으로 하는 무수한 원통 면으로 잘라내어 얻어지는 날개요소는 **그림 5-27**의 위쪽 그림과 같이 2차원 항공기 날개와 같은 모양을 갖는다. 양력은 날개에 작용하는 유체력의 진행 방향과 직교하는 성분으로, 양력면 또는 날개 단면이 발생하는 양력을 수학식을 사용하지 않고 일반인들에게 쉽게 설명하기 위하여 균일한 유동장에 놓인 윗면이 더 볼록한 2차원 날개 단면 주위의 유선으로 나타냈다.

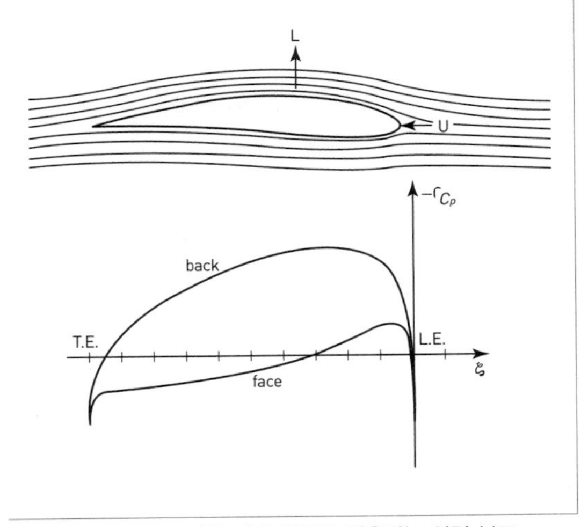

그림 5-27 2차원 날개 단면에 작용하는 압력 분포

그림을 살펴보면 날개 위쪽의 유선의 간격은 아래쪽보다 좁으므로 질량보존의 법칙에 따라 윗면을 지나는 유속은 아랫면을 지나는 유속보다 빨라진다. 따라서, Bernoulli 방정식을 적용하면 날개 윗면에서의 압력은 아랫면보다 낮아지며 2차원 날개 단면에 작용하는 압력 분포를 적분하면 양력이 얻어진다.

이때 무차원 압력 계수 C_P를 다음과 같이 정의하여 사용한다.

$$C_P=\frac{p-p_\infty}{0.5\rho U^2} \tag{5-34}$$

그림 5-27의 아래쪽 그림에서는 음의 압력 계수, 즉 $-C_P$값을 y-축으로 표현하기 때문

에 윗면의 압력이 위쪽에, 아랫면의 압력이 아래쪽에 나타난다.

이론적 방법 또는 풍동 등에서의 날개 단면에 대한 실험결과를 사용하여 날개요소에 작용하는 힘을 얻는다. 그리고 이들 날개요소에 대한 힘을 반지름 방향으로 적분하여 추력과 효율을 산정한다. 이 이론의 장점은 날개요소 주위의 유체역학현상을 고려함으로써 좀 더 실제에 가까운 설명을 해주는 것이다. 하지만 날개 단면들 사이의 간섭 또는 각 날개 사이의 간섭이 고려되지 못하는 단점이 있다.

3) 순환 이론(circulation theory)

그림 5-28에서 보는 것과 같이 밀도 ρ인 완전 유체 속에서 일정 속도 U로 운동하는 날개는 그 주위에 순환 Γ가 존재하며 양력 L을 받는데, 단위길이 폭의 날개에 작용하는 양력의 크기는 Kutta-Joukowsky의 법칙에 의해 $\rho U \Gamma$와 같고 그 방향은 U에 수직이다. 이와 같은 항공기 날개의 이론을 **그림 5-29(a)**에서 보는 것과 같이 날개에의 유입속도 $V_R{}^2 = \sqrt{V_A^2 + (wr)^2}$을 적용하여 단위 폭의 날개 단면에 작용하는 양력 δL을 구할 수 있고, **그림 5-29(b)**와 같이 모든 단면에 적용하여 프로펠러의 성능해석을 수행한다.

이 이론은 더 나아가 날개 표면에서의 유체역학적 문제를 더 엄밀하게 해석하는 양력

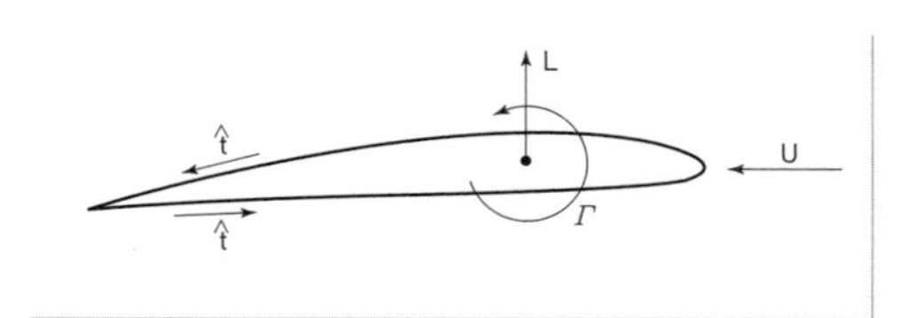

그림 5-28 2차원 날개 단면 주위의 순환

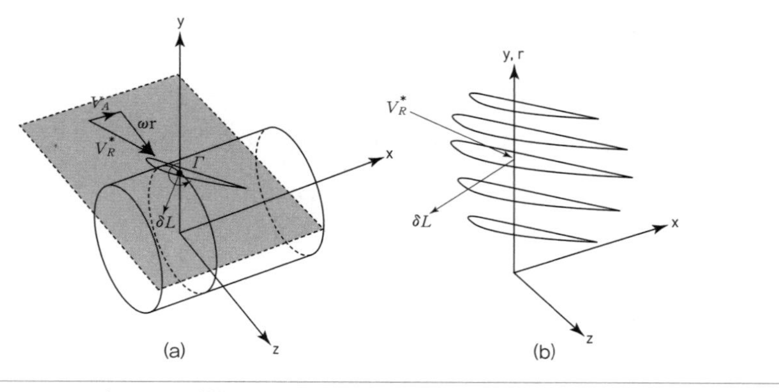

그림 5-29 2차원 날개 단면의 중첩으로 형성되는 3차원 날개

면 이론(lifting-surface theory)으로까지 발전되었다. 그 결과 복잡한 날개 단면의 상호작용 및 날개 수의 영향까지도 정밀하게 고려함으로써 실제 프로펠러 설계에 적용되고 있다.

6.3 프로펠러의 단독 성능시험

프로펠러는 선미의 불균일한 반류 속에서 작동하지만 설계는 균일한 유동 속에서 작동하는 것으로 설계한다. 따라서 선각과 프로펠러의 상호작용의 해석을 위해서는 균일 유장에서 작동하는 프로펠러 단독의 추진 성능을 알 필요가 있다. 프로펠러 단독의 성능을 이론적으로 계산하기에는 아직 그 정도가 신뢰할 수 있는 수준에 다다르지 못하였으므로, 대부분 예인수조에서 프로펠러 단독시험(propeller open-water test)으로 확인하며 **그림 5-30**과 같이 나타난다.

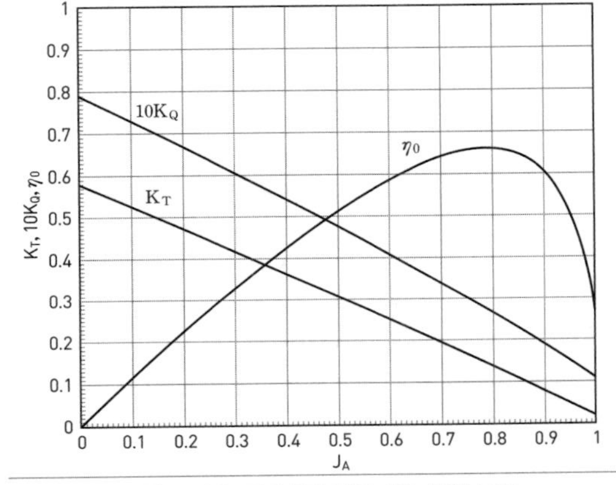

그림 5-30 프로펠러 단독 성능시험 도표

예인수조에 설치된 단독시험용 동력계의 축에 모형 프로펠러를 부착한 후, 전진속도 V_A(m/s)와 회전수 n(1/s)을 변화시켜 가며 프로펠러에 걸리는 추력 T(N)와 토크 Q(N · m)를 계측한다. 실험 결과는 다음과 같은 무차원 계수로 정리한다.

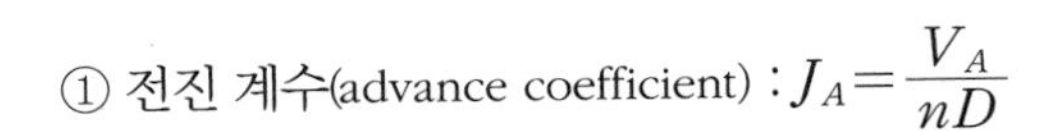

① 전진 계수(advance coefficient) : $J_A = \dfrac{V_A}{nD}$

② 추력 계수(thrust coefficient) : $K_T = \dfrac{T}{\rho n^2 D^4}$

③ 토크 계수(torque coefficient) : $K_Q = \dfrac{Q}{\rho n^2 D^5}$

④ 프로펠러 효율(propeller efficiency) : $\eta_0 = \dfrac{TV_A}{2\pi nQ} = \dfrac{J_A}{2\pi} \cdot \dfrac{K_T}{K_Q}$

7. 배의 추진

프로펠러의 추력으로 저항을 극복하고, 선박을 일정 속도로 전진시키는 문제를 다루기 위해서는 선체과 프로펠러 사이의 유체역학적 상호작용을 이해해야 한다.

7.1 추진 요소

프로펠러와 선체의 상호작용은 선체의 반류(wake) 영역에서 프로펠러가 작동하므로 선체의 영향이 프로펠러에 영향을 미치며, 프로펠러가 선체에 미치는 영향은 추력 감소(thrust deduction)를 통해 나타난다.

1) 반류

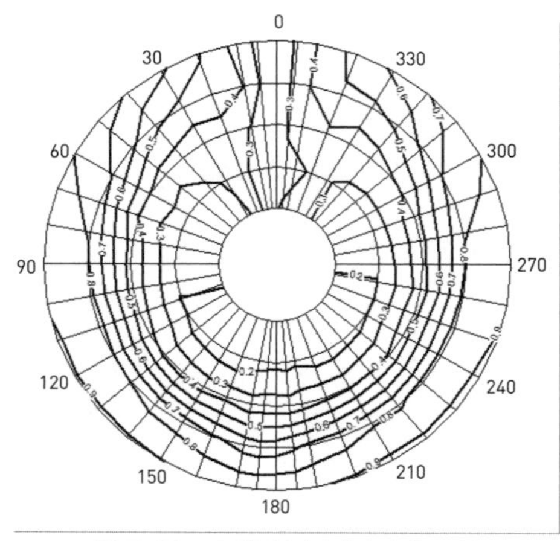

그림 5-31 프로펠러 평면에서의 속도 분포

배가 항주할 때 선체 가까이에 있는 유체 입자는 배의 전진 방향 운동량이 전달되므로 선체 주위에는 속도를 얻어 배를 따라가는 흐름이 생긴다. 배의 속도를 V(m/s)라 할 때, 어떤 한 점에서의 물의 흐르는 속도를 V_A(m/s)라 하면 유속의 차이 $V-V_A$가 반류속도 V_W(m/s)가 된다. 반류는 배의 진행 방향과 동일할 때를 양, 그 반대 방향일 때를 음으로 표시한다. **그림 5-31**은 프로펠러 위치에서의 속도 V_A(m/s)를 계측하여 상류 유속 V(m/s)로 무차원화하여 속도 분포를 등속도선으로 나타낸 것이다. 이와 같이 프로펠러에서 나타나는 반류는 일반적으로 다음의 3가지 성분으로 이루어진다.

① 퍼텐셜 반류(potential wake) : 물속에 잠긴 선체 형상과 정지된 수면에 대하여 대칭인 선체가 수면 위쪽에도 존재하는 이중 선체(double body)가 점성이 없고 비압축성인 이상유체의 무한 영역 안에서 진행할 때, 선체 주위의 유체는 교란되어 배의 속도와 다른 성분이 발생하며 이것을 퍼텐셜 반류라고 한다. 이 반류는 선수와 선미에서는 양의 값을 가지며 선수와 선미 사이의 중간 구간에서는 음의 값을 가진다.

② 마찰 반류(frictional wake) : 선체 주위의 물의 점성 때문에 발생하는 반류로서 배의 길이, 침수 표면적, 선체 표면의 거칠기 등에 의해 영향을 받는다. 특히 선미 근처에

서는 마찰에 의한 반류의 값이 크게 나타난다.

③ 파 반류(wave wake) : 선미파 중의 유체 입자의 운동에 의한 반류로서 배의 폭 방향의 변화는 적지만 깊이 방향의 변화가 크다. 보통 1축선의 경우에는 다른 반류 성분에 비해 그 값이 적지만, 고속의 세장선형 2축선에서는 파 반류가 커져서 합성된 반류가 음의 값을 갖는 경우도 있다.

프로펠러 면에서는 위의 성분들이 합해져 있는 반류가 계측되며 프로펠러의 전진속도 V_A(m/s)를 사용하여 반류 계수(wake fraction, w)를 정의한다.

$$V_A = V(1-w) \text{로부터 } w = \frac{V-V_A}{V} \tag{5-35}$$

프로펠러가 없을 때 선체 주위에서 계측된 반류를 공칭 반류(nominal wake)라 하고, 프로펠러가 작동 중일 때의 반류를 유효 반류(effective wake)라고 한다. 선미의 프로펠러 면에서의 반류 방향과 크기는 위치에 따라 다르다. 보통 프로펠러 원판 내에서 반류값을 평균하여 평균반류로 사용한다.

불균일한 반류 분포는 프로펠러가 작동할 때 날개에 걸리는 하중이 불균일하게 되어 프로펠러는 주기적인 힘과 모멘트를 받게 되며 이것은 나아가 선체 진동의 원인이 된다.

2) 추력 감소

프로펠러가 교란되지 않은 균일 유동 중에서 작동하면 상류의 유체를 흡입 가속하여 후방으로 밀어낸다. 따라서 프로펠러를 선체 후방에 배치하면 **그림 5-31**에서 보는 것과 같은 불균일한 유동 중에서 유체를 흡입하여 가속시켜 후방으로 밀어내게 된다. 프로펠러의 작용으로 프로펠러와 선체 사이의 유체가 가속됨에 따라 선체 후방에 압력이 저하되므로 선체에서는 저항의 증가가 나타난다. 또한 유속의 가속은 마찰저항을 증가시키기도 한다. 이때의 저항 증가를 ΔR로 표시하면 프로펠러가 발생하는 추력 T와 저항 사이에는 $T = R_T + \Delta R$의 평형관계가 성립하게 된다.

이와 같이 프로펠러와 선체의 상호작용으로 프로펠러의 추력 발생과 선박의 저항 특성이 동시에 변화하지만 공학적 관점에서 다음과 같이 가정한다. 선박의 저항 R_T는 변화하지 않으나 프로펠러가 선박을 원하는 속도로 추진하기 위해서는 프로펠러가 균일한 속도 분포에서 발생시킨 추력 T가 ΔR만큼 줄어든 상태에서 선박의 저항 R_T와 평형을 이룬다고 생각한다.

이러한 개념은 선체의 전저항과 선체-프로펠러의 간섭작용에 의하여 감소된 추력이 평형을 맞춘다는 개념이 되고 **식 (5-36)**으로 표현된다.

$$R_T = T(1-t) \tag{5-36}$$

이 식에서 t를 추력 감소 계수(thrust deduction fraction, t)라 하면 **식 (5-37)**과 같이 바꾸어 쓸 수 있다.

$$t = \frac{T - R_T}{T} \tag{5-37}$$

추력 감소 계수 t는 선형 혹은 프로펠러-선체의 상호 위치에 따라 변화하며 실험에 의해 구해진다. t와 w는 독립적인 값이 아니고 서로 관계가 있다. 다음은 이들 관계를 통계 해석으로 얻은 식의 한 예이다.

$$t = \frac{2}{3}w + 0.01 \quad \text{(단추진기선)} \tag{5-38}$$

$$t = \frac{2}{3}w + 0.03 \quad \text{(쌍추진기선)} \tag{5-39}$$

3) 선후 효율

프로펠러 선후 효율(behind efficiency, η_B)은 프로펠러를 선체의 뒤에 설치하였을 때 선체 뒤의 불균일한 반류유동 중에서 추력 T를 발생하며 물을 V_A로 밀어내는데 소요되는 동력 P_T와 프로펠러를 구동시키기 위하여 프로펠러에 전달한 동력 P_D의 비로서 정의하는 효율이다. 프로펠러에 전달되는 토크를 $Q(\mathrm{N \cdot m})$라 하면 선후 효율은 **식 (5-40)**의 관계를 갖는다.

$$\eta_B = P_T / P_D = \frac{TV_A}{2\pi Qn} \tag{5-40}$$

균일유동 중에서 작동하는 프로펠러, 즉 단독 상태에서 작동하는 프로펠러에 작용하는 토크를 $Q_0(\mathrm{N \cdot m})$라 하면 단독 효율은 **식 (5-41)**과 같아진다.

$$\eta_0 = \frac{TV_A}{2\pi Q_o n} \tag{5-41}$$

프로펠러 상대 회전 효율(relative rotative efficiency, η_R)은 프로펠러가 선체 후방의 불균일한 반류유동 중에서 작동할 때의 동력과 프로펠러가 균일한 유동 중에서 작동할 때 소요되는 동력의 비로 정의하면 **식 (5-42)**로 표시된다.

$$\eta_R = \frac{\eta_B}{\eta_o} \tag{5-42}$$

η_R은 1보다 크지만 1에 매우 가깝다.

4) 선체 효율

선박이 저항 R_T를 이기고 V_S의 속도로 전진하는 데 사용된 유효 동력 P_E와 프로펠러가 주위의 유체에 작용하는 추진 동력 P_T 사이의 비를 선체 효율(hull efficiency, η_H)이라 정의한다. 선체와 프로펠러의 상호 간섭의 척도를 보여주는 값으로 **식 (5-35)**와 **(5-36)**의 관계를 사용하면 **식 (5-43)**의 관계가 얻어진다.

$$\eta_H = P_E/P_T = \frac{R_T V}{T V_A} = \frac{1-t}{1-w} \tag{5-43}$$

선체 효율의 값은 1축선의 경우는 반류 계수가 크기 때문에 대체로 큰 값을 갖는다. 예를 들면, 방형 계수가 0.7일 때 약 1.16 정도의 값을 가진다. 반면에 2축선에서는 1.04 정도의 값을 가진다. 이러한 효율의 큰 차이로 1축선이 2축선보다 경제성이 높다는 것을 알 수 있다.

5) 준추진 효율

주기관에서 생성되어 프로펠러에 전달된 동력 P_D는 선체와 프로펠러 사이의 간섭현상에 의하여 여러 가지 형태로 손실이 일어남으로써 선박의 추진에 유효하게 사용되는 동력 P_E와는 차이가 있다. 이 손실의 척도가 유효 동력의 전달 동력에 대한 비, 즉 준추진 효율(quasi-propulsive efficiency, η_D)이다.

$$\eta_D = \frac{P_E}{P_D} = \frac{P_E}{P_T} \cdot \frac{P_T}{P_D} = \eta_H \cdot \eta_B = \eta_H \cdot \eta_o \cdot \eta_R \tag{5-44}$$

7.2 자항시험

선체와 프로펠러의 종합적인 추진 성능을 알기 위한 시험이 자항시험(self-propulsion test)이다. 자항시험은 저항시험과 거의 비슷한 배치로 수행된다. 다만, 프로펠러가 장착되어 있고, 프로펠러에 걸리는 추력과 토크 및 회전수를 추가로 계측하는 점이 다르다. 실선과 모형선 사이의 마찰 계수의 차이를 보정해주기 위하여 이에 해당하는 예인력(towing force)으로 모형선을 예인해주면서 자항시험을 수행하게 된다.

현재 전 세계적으로 채택되고 있는 '1978년 ITTC 추진 성능 추정방법'에 의해 추진요소들, 즉 반류 계수 w, 추력 감소 계수 t, 그 밖에 상대 회전 효율 η_R과 단독 효율 η_o 값을 모형시험에 의해 결정한다.

모형시험에서 얻은 이 값들은 경험 혹은 통계자료를 사용하여 실선에 대응하는 값으로 변환된다. 최종시험 결과는 **그림 5-32**에서 보는 것과 같이 주어진 흘수 상태에서 속도 V_S(knot)를 기준 가로축으로 하여 세로축에 전달 동력(DHP) P_D, 유효 동력(EHP) P_E 및 축의 회전수 N(rpm)의 형식으로 도표에 표현된다.

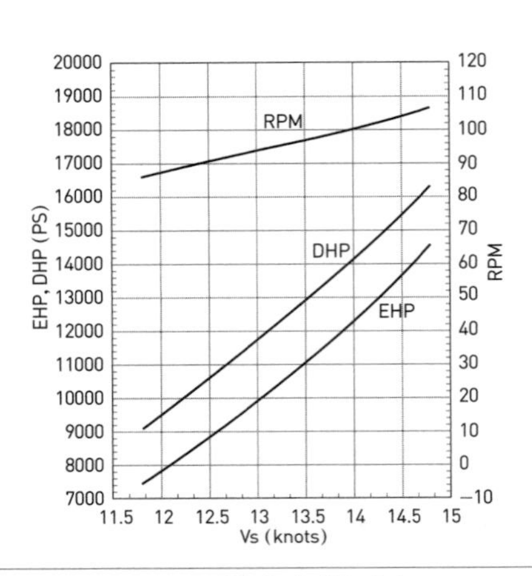

그림 5-32 저항 추진시험 결과 도표

8. 배의 동력

8.1 동력의 종류와 효율

추진기관의 동력이 프로펠러에 전달되어 추력을 발생하고 배를 추진하는 유효한 동력으로 쓰이기까지는 여러 단계에 걸쳐 동력의 전달과정을 거치게 된다. 그리고 이때마다 동력의 손실을 가져온다. 따라서 여기에서는 각 단계별로 정의되는 동력의 종류 및 효율의 정의를 살펴보기로 한다.

1) 지시 동력

지시 동력(indicated power, P_I)은 왕복동, 내연기관에서 실린더 내의 압력과 체적의 변화관계를 보여주는 도표로부터 구한다. 평균 유효 압력을 p(Pa), 실린더 행정의 길이를 l(m), 실린더의 원형 단면적을 a(m^2), 기관의 단위시간당 연소 사이클 수를 n(1/s)이라 할 때, 지시 동력 P_I(W)는 **식 (5-45)**와 같다.

$$P_I = p \cdot l \cdot a \cdot n \times (\text{No. } of \text{ } cylinders) \tag{5-45}$$

2) 제동 동력

제동 동력(brake power, P_B)은 내연기관에서 기관 바로 밖의 크랭크축 끝에서 계측한 동력이다. 지시 동력으로부터 동력이 기관의 크랭크축 끝까지 전달되는 동안 기관 마찰로 인하여 손실되는 마찰 손실 동력을 빼고 남은 값에 해당한다. 제동 동력 P_B와 지시 동력 P_I의 비를 그 기관의 기계적 효율 η_M이라고 한다. 즉, $\eta_M = P_B/P_I$이다. η_M의 값은 디젤기관의 경우 80~85% 정도가 되나, 동일 기관에 있어서도 부하 상태에 따라 다르며 저부하 운전에서는 더욱 낮아진다.

3) 축 동력

축 동력(shaft power, P_S)에서 증기터빈과 같은 회전기관은 기구상 P_I 측정이 불가능하다. 따라서 중간축에 전달되는 토크를 토션 미터(torsion meter)로 계측하여 산출한다. 토크를 Q_S(N · m), 회전수를 n(1/s)이라 하면 **식 (5-46)**과 같다.

$$P_S = 2\pi Q_S n \tag{5-46}$$

4) 전달 동력

전달 동력(delivered power, P_D)은 실제로 프로펠러에 전달되는 동력이며 프로펠러 설계상의 기준 동력이다. 기관이 발생한 동력으로부터 축계를 지지하는 베어링이나 선미관 등에서의 마찰 손실 및 기타 축계에서의 손실 동력을 뺀 값이다. P_D의 P_B(또는 P_S)에 대한 비를 전달 효율(transmission efficiency, η_T)이라고 한다.

$$\eta_T = P_D/P_B \tag{5-47}$$

η_T값은 기관의 종류, 설치 위치(선체 중앙 또는 선미), 주기축과 프로펠러축의 연결방법(직결 또는 감속기어 연결), 추력 베어링의 종류, 중간 베어링의 수, 축계 조립의 정밀도, 배의 재화 상태 등에 따라 달라진다. P_D를 직접적으로 계측하기는 매우 어려우며, 일반적으로 η_T는 0.95~0.98 범위 내에서 추정된다.

5) 추력 동력

추력 동력(thrust power, P_T)은 배를 추진시키는 동력으로, 프로펠러가 발생시킨 추력 T(N)와 주위의 물에 대한 프로펠러의 전진속도(speed of advance) V_A(m/s)의 곱으로 정의된다. 즉, $P_T = T \cdot V_A$이다. 추력 동력 P_T와 전달 동력 P_D의 비는 프로펠러의 선후 효율(behind efficiency, η_B)이라고 한다.

$$\eta_B = P_T / P_D \tag{5-48}$$

즉, 선후 효율은 프로펠러가 선미에서 작동할 때 내는 효율로서 프로펠러의 종류, 선체, 프로펠러 주위의 유체역학적 상호작용에 따라 변한다.

6) 유효 동력

유효 동력(effective power, P_E)은 물과 공기의 저항을 이기고 배를 전진시키는 데 필요한 동력이다.

$$P_E = R_T \cdot V_S \tag{5-49}$$

7) 각 동력 성분 사이의 관계

추진기관의 동력 P_I로부터 유효 동력 P_E까지의 전체 추진 효율(propulsive efficiency, η_P)은 위의 각 동력의 정의로부터 $\frac{P_E}{P_I} = \frac{P_E}{P_T} \cdot \frac{P_T}{P_D} \cdot \frac{P_D}{P_B} \cdot \frac{P_B}{P_I}$로 나타낼 수 있으므로 식 (5-50)이 성립하게 된다.

$$\eta_P = \eta_H \cdot \eta_B \cdot \eta_T \cdot \eta_M \tag{5-50}$$

8.2 추진기관의 소요 동력

선형과 프로펠러를 연관시켜서 배를 일정 속도로 추진하는 데 필요한 기관 동력을 알면 신조선의 설계 등에 유익하게 활동될 수 있다. 이에 대한 추정방법은 다음과 같다.

① 예인수조에서의 자항시험에 의한 방법 : 앞에서 설명한 자항시험방법에 의해 얻어진 전달 동력 P_D를 사용하고, 전달 효율 η_T 및 기계 효율 η_M을 가정하여 기관의 소요 동력 P_I를 구한다.

② 유효 동력과 추진 요소에 의한 방법 : 저항시험 혹은 유사선의 저항자료로부터 유효동력 P_E를 구하고, 추진 요소 또는 추진 효율을 추정하여 전달 동력 P_D 또는 직접 지시 동력 P_I를 구한다.

③ Admiralty 계수에 의한 방법 : 배를 일정한 속도로 항주시키는 데 필요한 기관의 동력(지시 동력 · 제동 동력 또는 축 동력)은 배수량 Δ(ton)의 2/3제곱과 배의 속도 V_K(knots)의 3제곱의 곱에 비례하는 것으로 가정한다. 이때의 비례상수를 Admiralty 계수라고 한다. 이 계수값을 기존 선박의 자료로부터 식 (5-51)에 의해 도출한다.

$$P_I(\text{또는 } P_B,\ P_S) = \frac{\Delta^{2/3} \cdot V_K^3}{C_{adm}} \tag{5-51}$$

여기에서 C_{adm}은 Admiralty 계수이다. 선형이 유사한 배 사이에서는 Froude 수가 동일하면 C_{adm}이 동일하다고 생각할 수 있다.

④ 유사선의 자료에 의한 방법 : 선형, 기관, 프로펠러, 속력, 흘수 상태 등이 가까운 배의 정확한 항해실적, 해상 시운전 성적, 또는 예인수조에서의 자항시험 결과가 있는 경우에 그들 자료를 수정하여 필요한 동력을 추정하는 방법이 있다.

9. 공동현상

9.1 공동현상의 원인

물이 액체 상태에서 기체 상태로 바뀌는 과정은 **그림 5-33**의 압력-온도($p-T$) 상태 관계도표에서 보는 것과 같이 2가지 경로를 생각할 수 있다. 이 중 물이 일정한 압력(예를 들어, 1기압)에서 온도가 상승하며 끓어서 수증기로 되는 현상을 비등(boiling)이라고 한다(**그림 5-33**에서 A-B 과정). 또한, 상온(예를 들어, 15°C)에서 주위 압력(p)이 증기압(vapor pressure, p_v) 이하로 강하되어 액체 상태에서 기체 상태로 바뀌는 현상을 공동현상 또는 캐비테이션(cavitation)이라고 한다(**그림 5-33**에서 A-C 과정).

공동현상이란 문자 그대로 이해하면 물속에 빈곳(공동, cavity)이 생긴다는 뜻이다. 이렇게 부르는 것은 물과 수증기의 밀도의 비가 약 1,000:1인 것을 감안할 때 공동의 내부는 역학적 관점에서 상대적으로 빈 곳이라고 부를 수 있기 때문이다.

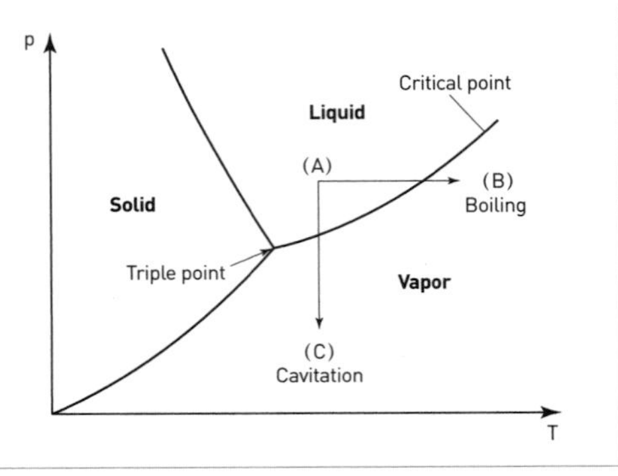

그림 5-33 물의 압력-온도 상태 관계도

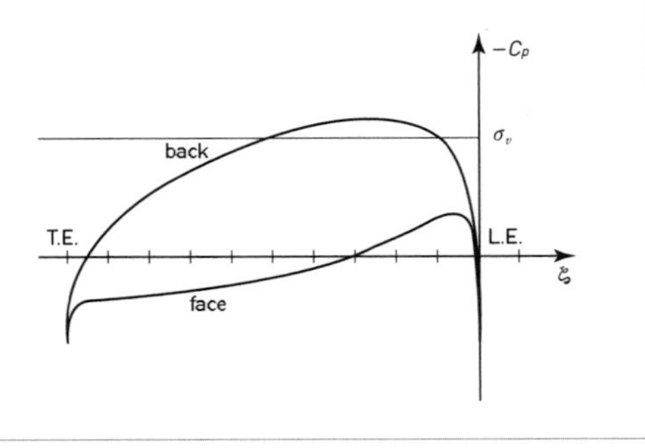

그림 5-34 2차원 날개 주위의 압력 분포와 캐비테이션 수

앞의 **그림 5-27**에서와 같이 정상 상태에서 전진하는 수중익 주위의 유선에 대하여 Bernoulli 방정식을 쓰면 **식 (5-52)**와 같다.

$$p+\frac{1}{2}\rho V^2=p_\infty+\frac{1}{2}\rho U^2=const. \qquad (5\text{-}52)$$

따라서 수중익의 표면에서는 속도 V가 증가하면 압력 p가 감소하게 되며, 속도 V가 계속 증가하면 압력 p가 포화증기압 p_v 이하로 내려가게 되고 공동현상이 발생하게 되는 것이다. 공동현상이 발생하는 부위의 압력은 증기압 p_v와 같으므로 앞에서 정의한 압력 계수의 식과 유사하게 캐비테이션 수 σ_v를 **식 (5-53)**과 같이 정의한다.

$$\sigma_v=\frac{p_\infty-p_v}{0.5\rho U^2} \qquad (5\text{-}53)$$

그림 5-34에서 $-C_P>\sigma_v$인 부분이 기본적으로 공동이 발생하는 범위가 되나, 실제적으로는 공동의 길이가

하류로 길어진다. 포화증기압 p_v은 온도에 따라 약간씩 변하나 15°C에서 1.7kPa 정도이다. 한편 대기압은 표준 상태에서 101.3kPa가 된다.

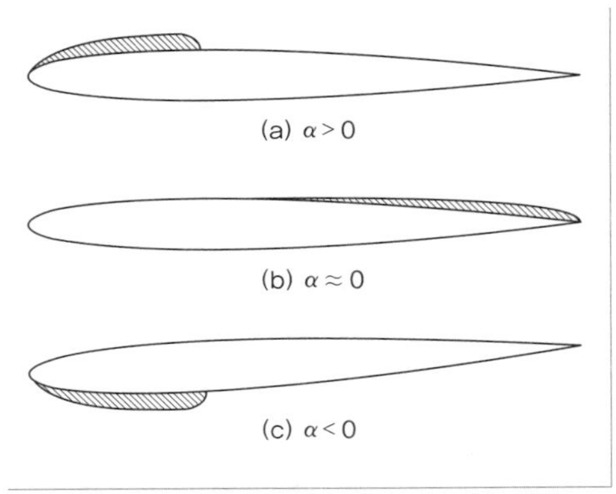

그림 5-35 받음각 차이에 따른 공동 발생 위치

9.2 2차원 수중익의 공동현상

공동현상은 날개 단면의 형상과 밀접한 관계가 있으며, 받음각 α의 크기 및 부호에 따라 날개 단면에 나타나는 공동의 위치와 형상이 달라진다. **그림 5-35**에서 알 수 있듯이 받음각이 양의 값을 갖고 비교적 큰 경우에는 날개 형상과 무관하게 뒷면(back)의 앞날 부분에 공동이 발생한다. 그리고 받음각이 0도 근처인 경우는 뒷면의 날개 두께가 최대인 위치에서부터 뒷날까지 또는 뒷날 부근에서 공동이 발생한다. 하지만 받음각이 음의 값을 갖는 경우에는 앞면(face)의 앞날 부근에서부터 공동이 발생한다.

날개 요소의 단면 형상만 가지고 비교하면, **그림 5-36**에서 보듯이 날개 단면의 경우는 주로 앞날 부근에서 공동이 관찰된다. 하지만 원호형 단면(ogival section)인 경우에는 날개 코드의 중앙 부근에서 공동이 쉽게 발생되는 것을 볼 수 있다.

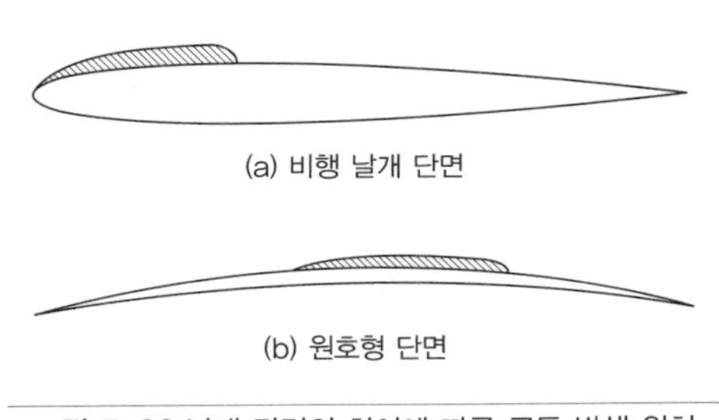

그림 5-36 날개 단면의 차이에 따른 공동 발생 위치

9.3 프로펠러의 공동현상

프로펠러의 날개는 **그림 5-29**에서 보는 것과 같이 2차원 날개 단면이 연속적으로 분포되어 형성된다. 불균일한 선미 반류 중에서 작동하는 각각의 날개 단면은 날개가 프로펠러 축심 주위로 회전함에 따라 받음각의 크기가 연속적으로 변하는 유입유동을 맞게 되며, 따라서 날개 단면의 위치에 따라 서로 다른 공동현상이 발생된다. **그림 5-37**은 프로펠러 날개 위에 공동이 발생하기 시작하고, 그 범위가 성장, 소멸되는 대표적인 공동현상을 보여준다.

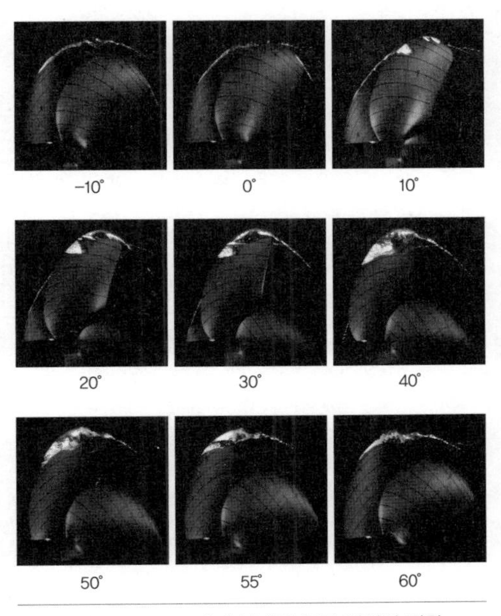

그림 5-37 프로펠러 날개의 공동 범위의 변화
(선체에서 하류 방향으로 관찰)

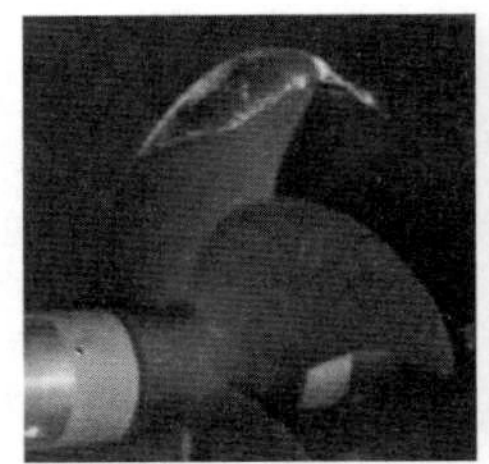
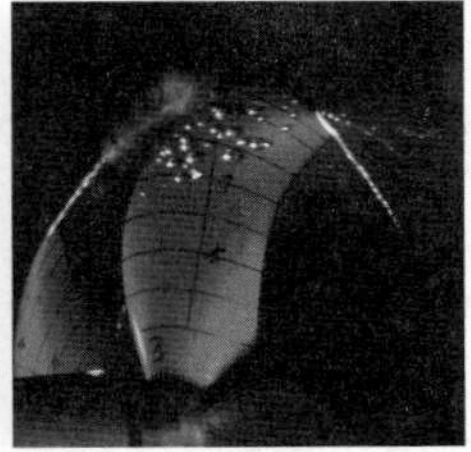

그림 5-38 얇은 층 캐비테이션(왼쪽)과 기포형 캐비테이션(오른쪽)의 예

공동현상은 그 발생 부위에 따라 그 거동이 프로펠러의 성능에 미치는 영향이 상이하므로 각기 다른 이름이 붙여져 있다. 그중 대표적인 것을 **그림 5-38**과 같으며, 각각의 거동 및 성능에 미치는 영향을 살펴보자.

1) 얇은 층 공동현상

얇은 층 공동현상(sheet cavitation)은 그리 크지 않은 받음각으로 작동하는 날개의 뒷면에 생성되는 음의 압력 때문에 날개 앞날에서부터 시작하여 얇은 층 형상으로 발생하는 공동현상을 말한다. **그림 5-38(왼쪽)**에서 보는 것과 같이 실선 프로펠러에서 가장 많이 관찰되는 것이다. 이런 종류의 공동현상은 대체로 안정적이나 공동 체적의 변화가 선체 진동의 주요 원인이 된다.

2) 기포형 공동현상

그림 5-38(오른쪽)에서 보는 것과 같이 프로펠러 날개의 두께가 비교적 두껍고, 받음각이 작은 경우에 날개의 최대 두께 위치 근처에서 기포형 공동현상(bubble cavitation)이 발생한다. 이러한 공동현상은 매우 불안정하기 때문에 프로펠러의 성능 저하와 날개 표면의 침식 등 손상의 원인이 된다. 이러한 공동현상이 공동시험과정에서 관찰되면 프로펠러를 다시 설계하여 이러한 공동현상을 회피하도록 해야 한다.

3) 앞면 공동현상

앞면 공동현상(face cavitation)은 받음각이 비교적 작거나 음의 값을 가질 때, 날개 앞면 앞날 근처에 발생하는 공동현상이다. 이러한 종류의 공동현상은 프로펠러의 허브 가까이의 날개 단면에서 많이 관찰되며, 프로펠러 날개가 6시 방향 위치에 있을 때 날개 끝부분에서 발생할 수 있다. 매우 불안정하여 날개 침식의 주요 원인이 된다.

9.4 공동 수조

공동 수조(cavitation tunnel, 또는 캐비테이션 터널)는 밀폐된 수조를 따라서 물을 흐르게 하고 터널 내부의 압력을 조정하면서 터널의 관측부에 모형 프로펠러를 장치하여, 프로펠러 주위의 공동현상을 관찰하고 프로펠러에 작용하는 힘, 토크 등을 계측할 수 있는 실험시설이다.

그림 5-39는 공동 수조(한국해양연구원의 대형 캐비테이션 터널, 수평 길이 60m, 수직 높이 19.8m)의 측면도를 보여준다. **그림 5-40**은 터널의 상층부의 계측부(단면 크기 : 2.8m 폭×1.8m 높이×12.5m 길이, 최고 유속 16.5m)의 내부에 길이 8m급 모형선이 설치된 모습을 보여준다. **그림 5-41**은 이 대형 캐비테이션 터널의 선미에서 작동하는 프로펠러가 공동을 발생하고 있는 모습을 보여준다.

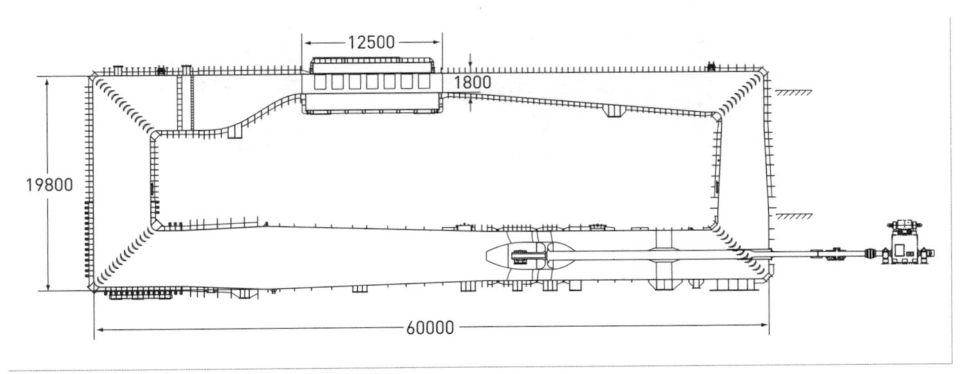

그림 5-39 대형 캐비테이션 터널의 단면도 (출처: 한국해양연구원)

그림 5-40 캐비테이션 터널의 시험부

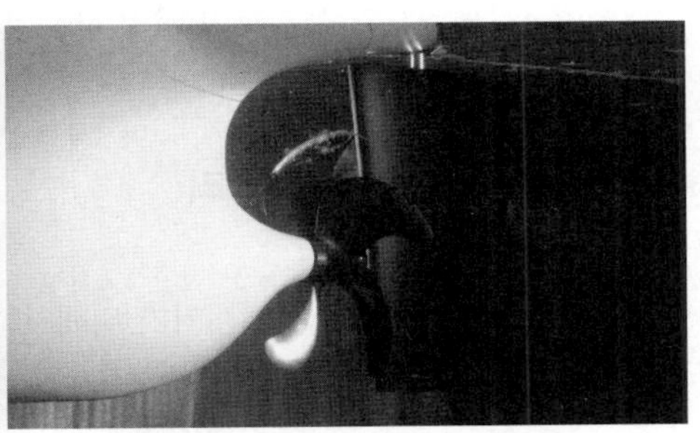

그림 5-41 캐비테이션 터널의 공동 관찰

10. 특수 추진기

10.1 물 분사 추진

일반적인 나선 프로펠러는 공동현상이 심화됨에 따라 그 추진 성능이 현저히 떨어진다. 그래서 초고속 선박의 경우에는 이를 피하기 위하여 나선 프로펠러에 의해 추력을 얻는 대신에 비행기의 제트 추진방식과 동일한 방법으로 **그림 5-42**에서 보는 것과 같이 선체 내에 설치된 임펠러를 사용하여 선저 부근에서 물을 끌어들여 선미로 직접 분사시킴으로써, 그 반작용으로 배를 앞으로 추진시키는 방식이 있다.

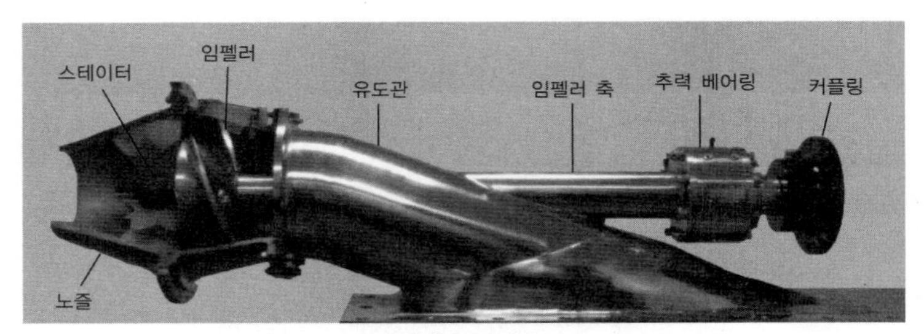

그림 5-42 물 분사 추진장치 (출처: 대성마린텍)

이러한 물 분사 추진(water jet propulsion) 방식은 이론적인 최대 추진 효율이 50%에 불과하고, 유입구와 토출구의 높이 차이에 의한 수두 차와 내부 관로에서의 수두 손실 등으로 효율이 더 떨어진다. 그래서 일반적으로 나선 프로펠러보다 적용에 불리한 경우가 많다. 그러나 나선 프로펠러를 적용할 경우에 공동현상이 크게 우려되는 고속 선박에서는 나선 프로펠러보다 유리하여 많이 사용되고 있다.

10.2 상반 회전 프로펠러

프로펠러가 추진력을 발생시키기 위해서는 **그림 5-26**에서 확인한 것과 같이 축 방향으로 u^*의 속도를 가속시키며, 실제 프로펠러의 경우는 프로펠러가 회전하는 방향으로도 유체를 가속하게 된다. 유체를 축 방향으로 가속하는 것은 선박의 추진을 위하여 불가피한 것이다. 하지만, 회전 방향으로 가속시키는 것은 추진과는 관련이 없는 순수한 손실로 프로펠러의 후류에 축 중심 회전 운동에너지를 남기게 된다.

상반 회전 프로펠러(CRP, Contra-Rotating Propeller)는 두 개의 프로펠러를 동심축의 앞뒤에 설치하여 서로 반대 방향으로 회전하도록 한다. 이로써 주위 유체에 작용하는 회전 방향 가속도를 서로 상쇄하도록 하여 궁극적으로 전체 프로펠러 시스템의 하류에 흘려버리는 회전 운동에너지를 최소화하도록 고안한 추진기이다.

그림 5-43 상반 회전 프로펠러 (출처: 현대중공업)

일반 프로펠러는 유체를 회전시킴으로써 반작용으로 축계에 토크를 유기한다. CRP는 양쪽 회전 방향으로 각각 유체를 회전시키므로 이로부터 유기되는 토크를 서로 상쇄시키는 장점도 갖고 있다. 이러한 CRP 추진방식은 동심 축 위에 서로 반대 방향으로 회전하는 축계를 설치해야 하므로, 신뢰성 있는 기어의 설계, 제작이 가장 큰 문제가 된다. 따라서 큰 동력이 필요한 대형 선박에서는 응용이 힘들고, 어뢰와 같이 적은 동력이 소요되고 토크 균형이 중요한 경우에만 널리 쓰여 왔다. **그림 5-43**은 모형시험을 위하여 선미에 설치되어 있는 CRP이다.

10.3 덕트 프로펠러

덕트 프로펠러(ducted propeller)는 프로펠러 주위에 덕트를 설치하여 덕트와 프로펠러의 상호작용에 의해 높은 추력을 내고, 효율을 향상시키기 위한 가속 덕트를 사용하거나 캐비테이션 성능을 향상시키기 위하여 감속 덕트를 채택한 추진장치이다. 가속 덕트는 특히 큰 추력이 필요한 예인선 등에 많이 사용된다.

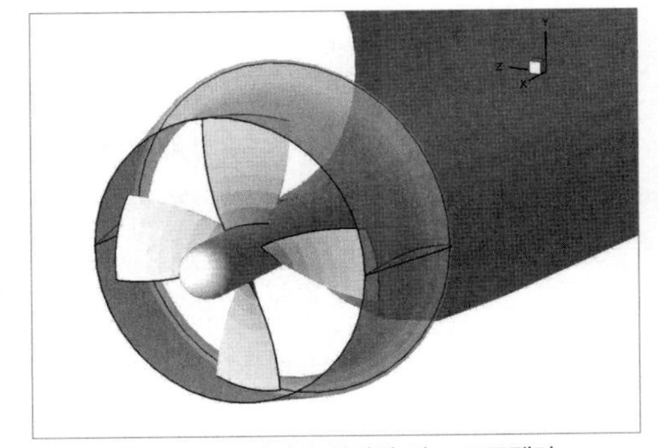

그림 5-44 선미에 설치된 덕트 프로펠러

그림 5-44에서 보는 것과 같이 프로펠러는 덕트의 코드 길이의 중간쯤에 두는 것이 가장 추진 효율을 좋게 하는 것으로 알려져 있다. 그러나 프로펠러 날개 끝과 덕트 사이의 간격을 좁게 유지하는 것이 효율 향상에 좋은 반면, 프로펠러 날개 끝의 하중을 증가시켜야 하기 때문에 날개 끝에 공동현상이 쉽게 발생하는 단점이 있다.

참고문헌

1. 대한조선학회 선박유체역학연구회, 2009, 선박의 저항과 추진, 지성사.
2. 이창섭 등, 2007, 선박추진과 프로펠러 설계, 문운당.
3. Calcagno G, Di Felice F, Felli M, Pereira F, 2002, Propeller wake Naval Hydrodynamics, Fukuoka, 3:112–127.
4. Harvald, Sv. Aa., 1983, Resistance and Propulsion of Ships, Ocean Engineering: A Wiley Series.
5. ITTC Resistance Committee Report, 2005.
6. Kim, MC, Park, WG, Chun, HH Jung, UH, 2010, Comparative study on the performance of Pod type waterjet by experiment and computation, INTERNATIONAL JOURNAL OF NAVAL ARCHITECTURE AND OCEAN ENGINEERING, vol 2–1:1–13.
7. Kim, W. J., Van, S. H., & Kim, D. H. (2001). Measurement of flows around modern commercial ship models. Experiments in Fluids, 31, 567–578.
8. Lars Lasson and Hoyte C. Raven, 2010, Ship Resistance and Flow, The PNA Series, SNAME.

제6장

선박의 운동과 조종

전진하는 선박이 파도를 만나면 여러 형태의 운동을 하게 된다. 때에 따라서는 탑승자가 불쾌감을 느끼거나 각종 기기장비에도 나쁜 영향을 준다. 배에는 파랑하중(전단력, 굽힘 모멘트, 비틂 모멘트 등)이 작용하기 때문에 선박의 구조 강도적인 측면에서 문제를 일으키기도 한다. 동시에 선박이 전진할 때 받는 물의 저항도 시시각각 달라져 속도가 증가하거나 감소한다.

특히, 파랑 중 고속으로 운항하면 선박운동이 더욱 심해져서 배의 밑바닥이 물 바깥으로 노출되었다가 다시 되돌아가며 물 표면과 충돌하는 슬래밍(slamming)이나, 바닷물이 갑판 위로 넘쳐 들어오는 갑판 침수(deck wetness)가 일어난다. 때문에 심한 진동과 함께 구조 손상을 일으키고 심할 때는 침몰하기도 한다.

배와 파도의 전진속도가 서로 비슷하고 전진 방향도 비슷할 때에는(following 또는 quartering sea) 배가 급격하게 선수동요를 일으키며 횡파 중에 놓이며 전복하는 현상(broaching-to phenomena)이 발생하기도 한다. 과거 배를 설계할 때는 선주의 요구사항인 배수량, 속도, 정적 안정성, 구조 강도 등이 주요 인자였던 반면, 배의 운동 성능은 부차적인 문제로 인식되어 왔다. 그러나 최근에는 배의 고급화 추세로 인해 배의 운동 성능은 배의 초기 설계 단계부터 추정하여 반영해야 하는 필수 항목으로 자리 잡았다.

지금부터는 배의 운동을 유발하는 파도의 기본 성질, 항해 중인 배의 운동을 추정하는 방법, 배의 운동 특성, 배의 운동에 의해 일어나는 각종 영향 요소들, 운동의 감쇠 방안, 그리고 설계 및 선박 운용에 대한 응용 등에 대해 알기 쉽게 설명할 것이다.

선박은 전진하면서 항로를 바꾸거나 급정지를 해야 하는 경우가 생긴다. 물 위에서 움직이는 배는 지면에서 반작용력(제동력)을 얻는 자동차나 자전거와는 달리, 물로부터 필요한 반작용력을 얻을 수밖에 없다. 따라서 배는 필요한 제동력을 얻기 어려울 뿐만 아니라 충분한 제동력이 주어져도 배가 이에 응답할 때까지 걸리는 시간이 매우 길다는 특징이 있다. 이 때문에, 바다 위에서는 충돌사고를 예견하고도 충돌할 수밖에 없는 상황이 빈번하게 발생한다.

배의 충돌, 좌초 등 해난사고에 의한 인명 손실, 기름 유출에 의한 환경 파괴와 경제적 손실, 외국 배의 연안 해역사고에 의한 국제 분쟁 등은 앞으로 더욱 심각해질 전망이다. 특히, 최근에 '생명, 안전, 환경'이 인류의 화두로 등장하면서 배의 우수한 조종 성능은 선택사항이 아니라 필수사항이 되었다. 국제해사기구(IMO, International Maritime Organization)는 배가 지녀야 할 조종 성능의 기준을 정량적으로 규정하고 있으며 그 기준은 시간이 갈수록 더욱 엄격해지고 있다. 따라서 이 장에서는 배의 조종 성능에 관한 IMO

의 기준, 침로 안정성과 선회 성능 추정방법, 설계에의 응용, 조종 제어 등을 알기 쉽게 설명하고자 한다.

1. 선박운동을 일으키는 원인

선박운동은 바다의 파에 의하여 발생한다. 파에는 여러 가지 종류가 있다. 파의 주기에 따라 분류하면 **그림 6-1**과 같이 주기가 0.1초 이하인 모세관파(Capillary Wave)를 비롯하여 단중력파(ultragravity wave), 중력파(gravity wave), 장중력파(infragravity wave), 장주기파(long period wave)와 주기가 24시간 이상인 초조석파(transtidal wave)로 나눌 수 있다.

파를 발생시키는 주요 교란력별로 보면, 일정 면적 이상의 해역(fetch)에 일정 시간, 일정 세기 이상의 바람이 지속적으로 불면 파가 발생하여 전진하게 된다. 이를 풍파(wind wave)라고 부른다.

바람의 세기와 지속시간 등에 따라 대략 파장은 1~1,000m에 이르며 파고가 20m를 넘는 경우도 자주 관측되고 있다. 해저에서 지진, 화산 폭발, 지각 변동 등이 일어나면 파장이 매우 긴 파가 발생하여 매우 빠른 속도로 전파할 수가 있다. 이 지진파(tsunami)의 파

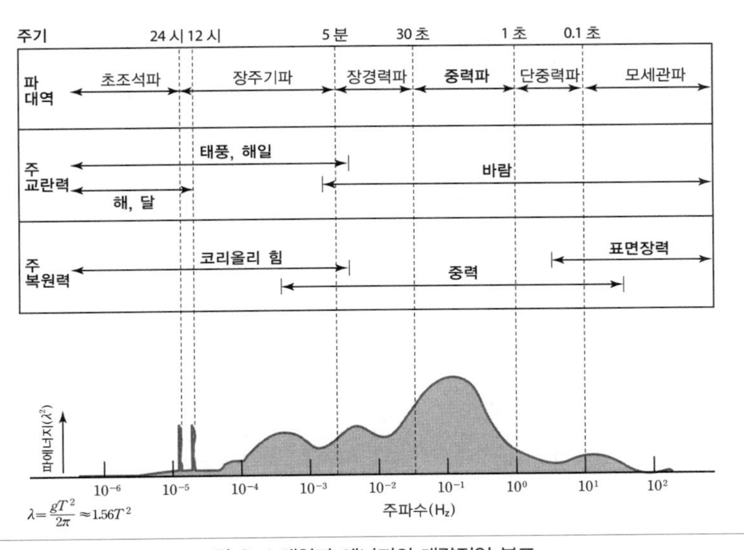

그림 6-1 해양파 에너지의 대략적인 분포

장은 수 km에서 수십 km에 이르기도 하며, 속도가 매우 빨라 태평양을 4시간 만에 횡단했다는 관측보고도 있다.

대체로 지진파의 파고는 50cm를 넘지 않아 겉보기에는 파도라고 인식할 수 없을 정도이나, 수심이 낮은 해안가로 진입하면 파장이 급격히 줄어드는 대신 파고가 갑자기 높아져 해일을 일으키기도 한다. 파장이 가장 긴 파도는 지구와 달 사이의 인력에 의한 조석파(tidal wave)이다. 주기가 12시간(semi-diurnal tide) 내지는 24시간(diurnal tide) 등으로 파장은 지구의 반경보다 크다. 일반적으로 조석은 파로 취급하지 않는 경우가 많다.

해양파 중에서 배의 운동과 직접 관련되는 파는 풍파, 그중에서도 중력파이다. 왜냐하면 중력파의 파장이 배의 길이와 비슷해 배의 운동을 유발하는 주요 원인이 되기 때문이다. 한편, 파에는 이론적 모형으로 규칙적인 모양을 가지고 진행하는 규칙파와 실제 바다에서 보듯이 모양, 파장, 파고, 진행 방향이 모두 불규칙한 불규칙 해양파로 나누어 생각할 수 있다. 여기에서는 이들에 대한 표현방법과 파의 특성 등에 대해 설명하기로 한다.

1.1 규칙적으로 진행하는 파도

그림 6-1과 같이 깊은 물에서 진폭 a(파고의 반)인 규칙파가 축의 양의 방향으로 속도 c로 전진하고 있다. 이러한 파도는 **그림 6-2**에 표기한 것과 같은 간단한 식으로 표시할 수 있다. 이 식에서 알 수 있듯이 수면의 높이는 위치를 나타내는 x값의 변화나 시간을 나타내는 t값의 변화에 대해서도 모두 sine 함수로 표현된다는 규칙성을 가지고 있다. 즉, 시간을 고정하고 사진을 찍어도 파면이 sine 함수요, 한 위치에서 파면의 움직임을 영사기로 찍어도 sine 함수의 규칙성을 가지고 오르락내리락하게 된다.

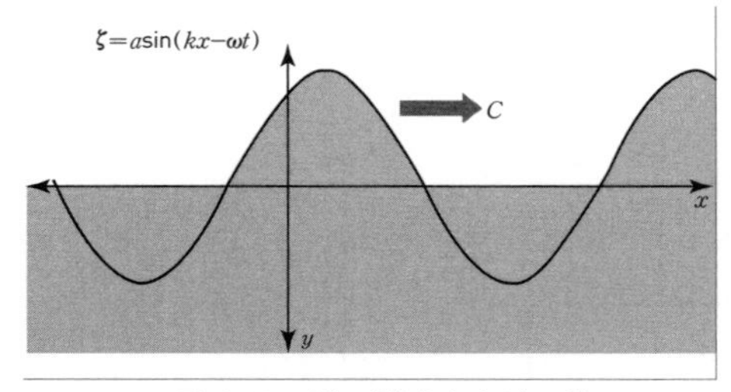

그림 6-2 규칙 진행파의 수식 표현

1.1.1 수면파의 파장과 진동수

sine 함수는 2π의 주기를 가지므로 시간이 $t=0$인 현재를 기준으로 하면, 파장을 λ라 할 때 몇 파장 만에 sine 함수의 한 주기가 돌아올 경우 $k\lambda=2\pi$의 관계가 성립한다. 이때 파장은 $\lambda=2\pi/k$가 되고 k를 파수(wave number)라고 부른다.

한편 파도의 각속도(진동수)를 ω(rad/sec)로 나타냈을 때, 자세한 유도과정은 생략하지만 파수 k는 진동수와 중력 가속도의 영향을 받으므로 $k=\frac{2\pi}{\lambda}=\frac{\omega^2}{g}$라는 매우 중요한 관계식이 성립한다. 이 식은 깊은 물에서 전진하는 규칙파의 파장과 진동수와의 관계를 나타낸다. ω가 크면, 즉 진동수가 큰 파도는 파장 λ가 짧다. ω가 작으면, 즉 느리게 진동하는 파도의 파장 λ는 길다.

1.1.2 수면파의 전진 속도

이번에는 위치를 $x=0$에 고정하고 시간만을 변화시켰을 때 T초 만에 sine 함수의 한 주기가 돌아온다고 하면 $\omega T=2\pi$가 성립하는 모든 ω와 T에서 sine 함수는 같은 값을 갖는다. 이 시간 간격 T(sec)를 파의 주기라고 하며 파장 λ와 $k\lambda=\omega T$라는 관계가 성립한다. 이때 파장을 주기로 나누면 파의 진행속도를 얻을 수 있고 따라서 파의 전파속도(wave celerity) $c=\frac{\lambda}{T}=\frac{\omega}{k}=\sqrt{\frac{g\lambda}{2\pi}}$라는 또 하나의 중요한 관계를 찾을 수 있다. 즉, 파도의 전진속도는 파장의 제곱근에 비례한다. 따라서 이상의 결과를 종합하면, ω가 크면 빠르게 진동하는 파로서 파장 λ가 짧고 전파속도가 느리며, ω가 작으면 느리게 진동하는 파로서 파장이 길고 전파속도는 빠르다.

앞에서 말한 지진파는 파장이 길기 때문에 속도가 커져야 한다는 것을 쉽게 알 수 있다. 또한 이러한 파의 경우, 물입자의 운동에너지가 전파되어 수면에 나타나는 파형의 변화가 마치 파가 진행하는 것처럼 보일 뿐이지 실제로 물입자가 이동하는 것이 아니므로 이동의 뜻을 가지는 속도(velocity)라는 어휘보다는 에너지의 전달의 신속성(celerity)을 뜻하는 전파속도라는 어휘를 사용하는 것이 일반적이다.

1.1.3 수면파에 의한 물입자의 운동

앞에서 말한 대로 파가 전진한다는 것은 물입자 자체가 이동한다는 것이 아니라 수면 아래 물입자들의 회전운동으로 나타나는 수면 형상의 변화가 마치 파가 진행하는 것처럼 보일 뿐이다. **그림 6-3**에서 보는 것과 같이, 깊은 물에서는 수면파 밑의 물입자는 원운동을 하고, 얕은 물에서는 타원운동을 한다. 원운동 내지 타원운동의 크기는 물속으로 깊어질수록 줄어들며 그

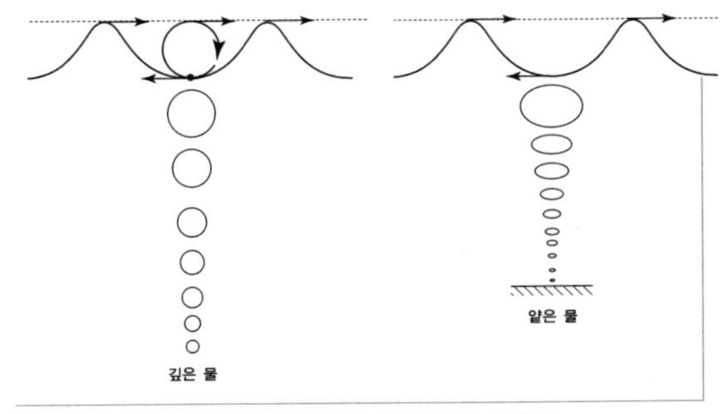

그림 6-3 수면파에 의한 물입자 운동

정도는 파의 파장에 따라 달라진다. 즉, 파장이 긴 파의 경우에는 입자의 원운동 반경은 깊이가 증가함에 따라 매우 천천히 감소하지만 파장이 짧은 파 밑에서는 매우 빨리 감소한다.

따라서 짧은 파일 때는 물속으로 조금만 들어가도 물입자가 거의 움직이지 않아 정수 중과 같은 평온한 상태가 유지되는 반면, 긴 파일 때는 물속으로 깊이 들어가도 파의 영향을 받는 것은 이러한 이유 때문이다.

1.1.4 수면파 밑에서의 물의 압력과 Froude-Krylov의 힘

배가 파를 만나면 운동을 일으키는 이유는 파가 배에 운동이 일어나도록 외력(힘)을 가하기 때문이다. 그 힘을 파랑외력 또는 파력이라 한다. 우리가 배의 운동을 다룰 때 우선 파에 대한 기초 지식을 배우는 가장 큰 이유가 바로 이 파력을 알아야 하기 때문이다.

물과 같은 유체 중에 물체가 있을 때 유체가 물체 표면을 수직 방향으로 눌러주는 압력을 작용하며 이 압력을 물체 표면에 따라 적분하면 유체가 물체에 작용하는 힘이 된다. 공기 중에서 물체를 잡고 흔든다든지, 공을 던진다든지 등의 많은 경우에 외력이 직접 운동을 일으킨다. 하지만 수면파가 물속에 있는 물체를 움직이게 하는 힘은 물체 표면에 분포하는 압력을 적분해야 얻을 수 있다. 따라서 파 중에 놓인 물체의 표면 요소에 작용하는 압력을 아는 것이 매우 중요하다.

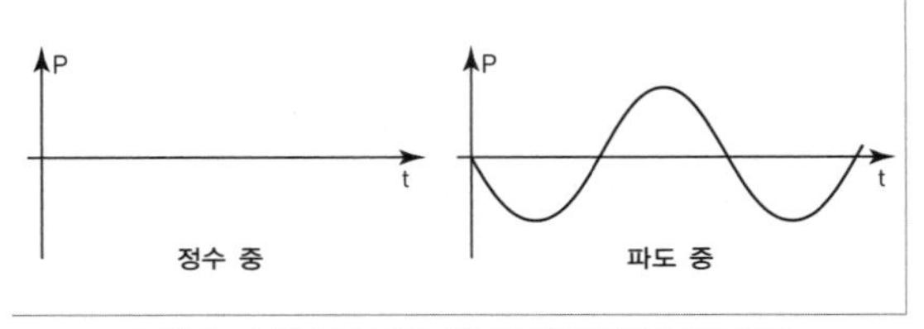

그림 6-4 정수와 파도 밑 한 점에서의 물의 압력

그림 6-4는 물속에 있는 한 점에 작용하는 물의 압력을 시간의 경과에 따라 나타낸 것이다. 정수 중에서는 물의 압력이 시간에 따라 변하지 않으나(정압), 파 중에서는 압력이 파의 주기와 같은 주기로 변한다(정압+동압). 물속 위치가 깊은 곳일수록 정압의 크기는 커지고, 동압(총 압력에서 정압을 뺀 값)의 크기는 작아짐은 물론이다.

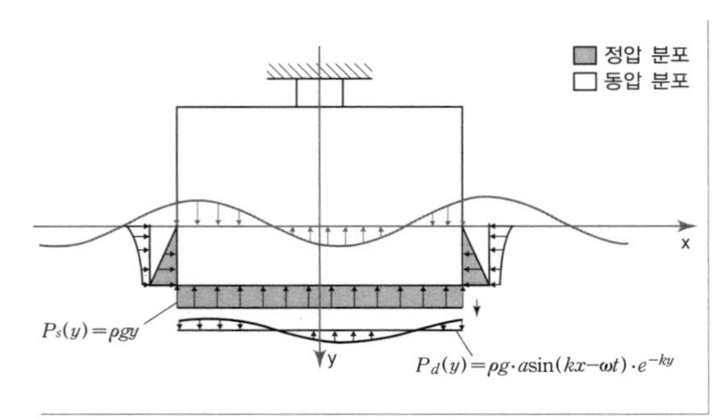

그림 6-5 물체가 파를 교란하지 않을 때 침수 표면에 작용하는 압력 분포(총 압력=동압+정압)

이제 **그림 6-5**와 같이 수면파 중에 움직이지 않는 고정된 물체가 떠 있다고 가정해보자. 그 물체가 파를 교란하지 않고 그대로 투과시킨다고 가정하면 물

체의 표면에는 그림과 같이 물의 압력이 작용할 것이다. 그 압력 중에서 정압 부분을 물체 표면에 대해 적분하면 위로 작용하는 힘을 얻게 되며, 이를 부력이라 한다.

선박과 같은 물체가 물에 떠 있으면, 부력의 크기는 그 물체의 무게와 같고, 방향은 서로 반대가 되어 물체의 운동에는 아무런 영향을 미치지 않는다. 그러나 파에 의한 변동 압력(동압)을 물체 표면에 적분하면 역시 변동하는 힘을 얻게 되는데, 이 힘을 Froude-Krylov 힘이라고 부른다. 바로 파가 물체의 운동을 일으키는 힘의 한 부분이 된다. 또 다른 힘으로는 회절현상에 의한 힘이 있으며 이에 대해서는 이어서 설명하기로 한다. 쉽게 상상할 수 있듯이 파도가 고정된 물체에 부딪히면 다음과 같은 현상이 일어날 것이다.

- 파장이 물체의 크기에 비해 매우 긴 파는 물체를 지나더라도 물체에 의해 교란되지 않고 늠름하게 거의 파형을 유지할 것이다.
- 파장이 물체의 크기에 비해 짧은 파는 물체를 지날 때 물체에 의해 일부분은 반사되어 교란을 일으키고, 나머지 부분은 교란되지 않고 물체를 지나치게 된다.

실제로 물에 떠 있는 배가 파를 만나면 위의 2가지 현상이 동시에 일어난다. 앞에서 설명한 파력의 하나인 Froude-Krylov의 힘은 파장이 매우 길어서 물체를 만나더라도 파의 성질이 전혀 바뀌지 않는다고 가정한 것이다. 따라서 파가 가지고 있는 변동 압력이 물체 표면에 고스란히 작용하여 물체의 운동을 일으키게 한다.

반면에 파가 물체를 에워싸듯 지나친 후 물체 뒤에서 다시 합쳐져 원래의 파형을 회복하게 되는 현상을 순수한 우리말로 에돌이(diffraction), 한자어로는 회절현상(回折現像)이라고 한다. 그러나 파가 물체를 지나칠 때 물체 주위의 일정 부분에서 파형의 변화가 나타난다. 이러한 파형의 변화를 일으키는 데 소요된 힘을 에돌이 힘(diffraction force)이라고 한다. 그러므로 물체가 실제로 받는 파력은 Froude-Krylov의 힘과 에돌이 힘의 합이 된다. 물체가 파장이 긴 파, 즉 진동수가 작은 파를 만나면 파력 중에서 Froude-Krylov의 힘의 비중이 크고 파장이 짧은 파, 즉 진동수가 큰 파를 만나면 오히려 에돌이 힘의 비중이 커질 수 있을 것이다. 실제로 배가 운항 중에 만나는 파의 파장은 이 두 힘 모두를 무시할 수 없는 범위에 들어있는 것이 상례이다.

1.2 불규칙적인 바다의 파도

1.2.1 불규칙 해양파의 특성

실제 바다의 파도를 관측해보면 앞에서 설명한 규칙파와는 전혀 다르게 파도의 파장이 바뀌면서 속도와 진동수가 바뀌고, 파고가 바뀌면서 진폭이 바뀌며 전진 방향 등이 서로 다른 파도가 뒤섞여 있음을 알 수 있다. 따라서 불규칙 해양파의 기술방법은 수식적으로 나타내기가 거의 불가능하여 통계적인 수단을 통해 기술하게 된다.

어느 특정 해역에서의 파도 상태를 나타내는 중요한 몇 가지 인자는 다음과 같다.

- H_1 : 그 해역의 평균 파고
- $H_{1/3}$: 그 해역에서 관측된 파도 중 높은 파고를 가진 파도 1/3에 대한 평균 파고. 일반적으로 유의 파고(significant wave height)라고 하며 설계할 때 주로 기준이 되는 파고이다.
- $H_{1/10}$: 그 해역에서 관측된 파도 중 높은 파고를 가진 파도 1/10에 대한 평균 파고. 당연히 $H_{1/3}$보다는 크며, 이 값을 설계할 때 H_{rms} 기준으로 사용하면 더욱 안전한 배가 된다.
- $H_{rms}=\sqrt{\frac{1}{N}\sum_{i=1}^{N}H_i^2}$: 자승 평균 파고라고 하며, 여기서 N은 관측한 파도의 총 개수이고 H_i는 계측한 각각의 파도의 파고를 나타낸다. 평균 파고 H_1과 다르며 통계학에서 사용하는 기준 파고이다.
- T_1 : 그 해역에서의 평균 겉보기 파도 주기. 관측시간 동안 어느 지점을 통과한 파도의 개수로 나누어 얻는다.
- λ_1 : 그 해역 파도의 평균 겉보기 파장

1.2.2 불규칙 해양파의 스펙트럼 표시법

어느 특정 해역에서 파 특성을 나타내는 방법으로 스펙트럼 표시법이 있다. 보통 파에너지 스펙트럼(wave energy spectrum) 또는 줄여서 파 스펙트럼은 그 해역의 파가 지니고 있는 에너지 밀도를 파의 진동수 영역에서 나타낸다. 파에너지는 파의 진폭(또는 파고)의 제곱으로 나타내며, 대표적으로는 Jonswap 스펙트럼, ITTC 스펙트럼(국제수조위원회가

제시한 스펙트럼), ISSC 스펙트럼(국제선체구조위원회가 제시한 스펙트럼) 등이 있다. 그중에서 ITTC 스펙트럼의 예를 **그림 6-6**에 나타냈다.

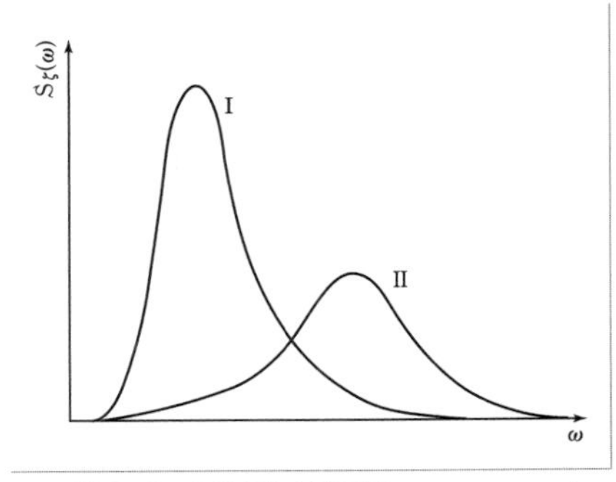

그림 6-6 파에너지 스펙트럼 (출처:ITTC, 1982)

그림 6-6에서와 같이, 스펙트럼 I은 겨울철 북대서양에서 관측한 파랑과 유사한 특성을 보이며 진동수가 작은 파(파장이 긴 파도) 영역에 에너지가 집중되어 있다. 스펙트럼 II는 봄철 인천 앞바다에서 관측한 파랑과 유사한 특성을 보이며 진동수가 큰 파(파장이 짧은 파)영역에 에너지가 집중되어 있다. 즉, 그 해역에 따라서 빈번히 발생하는 파의 성격(파장과 파고)에 따라 스펙트럼의 모습이 달라진다.

어느 해역의 파 스펙트럼을 구하기 위해서는 원래 긴 시간 동안 파도의 파고와 파장을 관측하여 이를 그림으로 나타내야 한다. 하지만 이것은 매우 번거로운 일이다. 따라서 어느 해역에서 $H_{1/3}$과 T_1과 같은 몇 가지 값만 알면 그 해역 파의 특성을 나타내는 스펙트럼을 구할 수 있는 근사식이 여러 해역자료를 바탕으로 제안되어 있다. 그중에서 ITTC가 제안한 식은 **식 (6-1)**과 같다.

$$S_\zeta(w)=\frac{A}{w^5}e^{-B/w^4}\ (A=173\frac{H_{1/3}^2}{T_1^4},\ B=\frac{691}{T_1^4}) \tag{6-1}$$

이 식은 지구상 여러 해역의 각종 실측 불규칙 자료를 바탕으로 얻은 스펙트럼과 대부분 일치한다. 이 스펙트럼 곡선 이하의 면적은 그 해역의 단위면적당(1m^2) 파도의 에너지를 나타내며 이 면적을 m_0, 면적의 y축에 대한 1차 모멘트를 m_1, 2차 모멘트를 m_2라 한다. 앞에서 설명한 그 해역의 파도의 특성을 나타내는 각종 인자들은 다음과 같다.

- $H_1=2.5\sqrt{m_0}$
- $H_{1/3}=4.0\sqrt{m_0}$
- $H_{1/10}=5.1\sqrt{m_0}$
- $T_1=2\pi\frac{m_0}{m_1}$
- $\lambda_1=2\pi\frac{m_0}{m_2}$

특정 해역에서의 파도 스펙트럼은 그 해역을 통과해야 하는 배의 운동과 각종 응답을 추정하는 데 사용된다. 이에 대한 자세한 내용은 다음에 설명하기로 한다.

앞에서 설명한 것처럼, 배의 운동을 일으키는 요인인 파도는 주로 바람 때문에 발생한다. 바람으로 파도가 만들어지려면 바람의 지속시간이 충분히 길고, 바람이 불고 있는 해상이 충분히 넓어야 한다. 이들 조건을 만족시킨다고 가정하면, 바다의 상태는 바람의 속도에 밀접하게 관련된다. 즉, 풍속이 빠르면 높은 파도가 발생한다고 볼 수 있다. 보통 해양학에서는 **표 6-1**과 같은 수치를 많이 사용하고 있다.

표 6-1 Beaufort scale과 바람의 속도

Beaufort scale	Wind speed				Description	Wave height	
	km/h	mph	kts	m/s		m	ft
0	<1	<1	<1	<0.3	Calm	0	0
1	1-5	1-3	1-2	0.3-1.5	Light air	0.1	0.33
2	6-11	4-7	3-6	1.5-3.3	Light breeze	0.2	0.66
3	12-19	8-12	7-10	3.3-5.5	Gentle breeze	0.6	2
4	20-28	13-17	11-15	5.5-8.0	Moderate breeze	1	3.3
5	29-38	18-24	16-20	8.0-10.8	Fresh breeze	2	6.6
6	39-49	25-30	21-26	10.8-13.9	Strong breeze	3	9.9
7	50-61	31-38	27-33	13.9-17.2	High wind, moderate gale, near gale	4	13.1
8	62-74	39-46	34-40	17.2-20.7	Fresh gale	5.5	18
9	75-88	47-54	41-47	20.7-24.5	Strong gale	7	23
10	89-102	55-63	48-55	24.5-28.4	Whole gale/storm	9	29.5
11	103-117	64-72	56-63	28.4-32.6	Violent storm	11.5	37.7
12	≥118	≥73	≥64	≥32.6	Hurricane-force	≥14	≥46

2. 선박운동의 기초

앞에서 이미 배가 운동을 일으키는 원인은 파이고, 파가 배를 움직이게 하는 파력은 2가지 성분으로 구성된다고 언급하였다. 이에 그 하나는 Froude-Krylov 힘, 나머지 하나는 에돌이 힘임을 보였다. Froude-Krylov 힘에 대해서는 이미 설명하였으므로 여기에서는 에돌이 힘에 대해 설명하기로 한다. 수면 근처에서 운동하는 선박과 공기 중에서 운동하는 물체 사이에는 그 현상이 몇 가지 점에서 다르다. 물체가 유체 중에서 움직이면, 그 주위의 유체도 물체를 따라 움직이게 되므로 주위 유체의 관성력이 증가한다. 이것을 물체 입장에서 보면, 늘어난 유체의 관성력을 물체의 가속도로 나눈 만큼 질량이 증가된 것과 같은 효과를 준다. 이러한 가상의 질량을 부가질량이라고 한다. 따라서 공기 중에서 운동하는 물

체는 관성력, 공기 마찰력 그리고 외력이 평형을 이루어야 한다. 관성력은 운동의 가속도에 비례하고, 공기 마찰력은 운동의 속도에 비례하므로 공기 중에서의 운동은 다음과 같은 간단한 **식 (6-2)**로 표현된다.

$$M\ddot{x} + C\dot{x} = F(t) \tag{6-2}$$

(M : 물체의 질량, C : 공기 마찰 계수, $F(t)$: 외력, $x, \dot{x}, \ddot{x}$: 물체운동의 변위, 속도, 가속도)

이때 공기의 밀도와 점성은 매우 작으므로 부가질량 m이 M에 비하여 작다고 가정하여 무시한다. 그리고 공기와의 마찰도 무시하면, 위 운동방정식은 **식 (6-3)**과 같이 더욱 간략히 나타낼 수 있다.

$$M\ddot{x} = F(t) \tag{6-3}$$

즉, 잘 알려진 Newton의 제2법칙이 된다. 한편, 물 위에 떠 있는 선박이 운동할 때는 다음 현상들이 추가로 고려되어야 한다.

- 선박이 물에서 운동할 때 선박 주위의 물이 선박을 따라 움직이며, 마치 선박의 질량이 증가된 효과를 주는 가상의 질량을 부가질량이라고 한다.
- 선박이 물 위에서 운동하면 선박은 스스로 파도를 만드는데, 이때 소모되는 힘을 조파 감쇠력이라 한다. 이 힘은 공기 마찰보다는 훨씬 크다.
- 선박이 물에서 운동할 때 물속에 잠긴 부분의 모양과 부피는 시시각각 달라지고 그에 따라 부력도 변화한다. 선박 무게의 변화 없이 나타난 부력의 변화량은 복원력으로 작용하게 된다. 따라서 선체운동에 의한 흘수 변화가 증가하면 복원력도 커진다. 결국, 물 위에서 운동하는 선박의 운동방정식은 **식 (6-4)**와 같다.

$$(M+m)\ddot{x} + N\dot{x} + Kx = F(t) = F_{FK} = F_D \tag{6-4}$$

(m : 물체의 부가질량, N : 조파 감쇠력 계수, K : 복원력 계수, $F(t)$: 외력(파도에 의한 운동기진력, 파력), F_{FK}, F_D : Froude–Krylov의 힘, 에돌이 힘)

이 운동방정식은 선형 2계 상미분방정식으로서 공학수학의 첫 단계에서 다루는 문제에 속한다. 이 문제에서 F_{FK}는 파로 인한 변동 압력을 선체 표면에 대하여 적분하므로 쉽게 구해진다. 방정식에 포함된 부가질량 m, 조파 감쇠 계수 N, 복원력 계수 K 그리고 에돌이 힘 F_D를 구하는 절차와 방법이 선박운동 문제의 핵심이 된다.

2.1 파력

앞에서 설명한 파력(파도의 힘)의 한 성분인 에돌이 힘을 구하는 방법을 간단히 알아보자. **그림 6-7**에서 보는 것과 같이 고정된 물체에 파가 입사한다고 가정하자. 이 파는 고정된 물체를 만나면 일부분은 반사되고 일부분은 물체를 지나치며 교란을 일으킨다. 이 교란현상 때문에 물체 표면에 생기는 유체 압력의 변동 성분을 물체 표면에 대하여 적분하면, 결국 교란을 일으키는 데 들어간 힘, 즉 에돌이 힘이 된다. 이 힘을 알아보려면 입사파가 물체에 의해 얼마나 교란되는지를 알아야 하는데, 이것은 다음과 같은 요소들에 영향을 받는다.

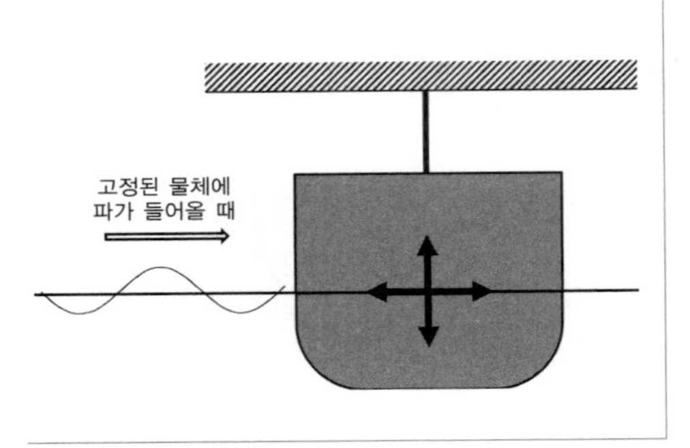

그림 6-7 산란문제 및 산란에 의한 힘

- 입사하는 파도의 파장(진동수)
- 입사하는 파도의 방향
- 물체의 물속 부분의 형상

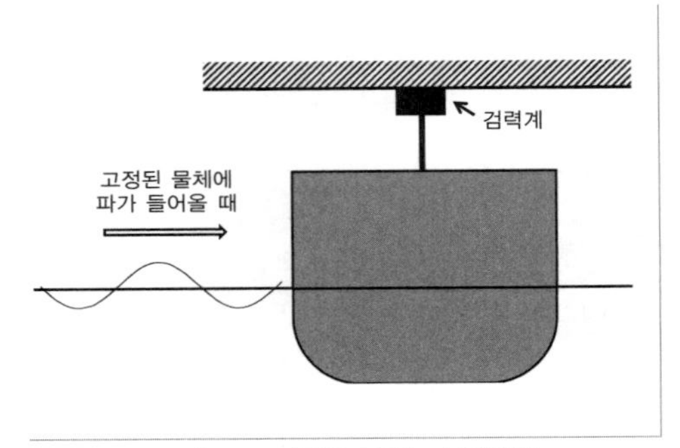

그림 6-8 파력을 구하는 실험방법

따라서 이 모든 경우를 포함하는 방정식을 풀어 궁극적으로 교란되는 유체의 압력을 구해야 한다. 이것을 구하는 구체적인 방법은 대학원 과정에서 다루는 내용이므로 여기서는 생략하기로 한다.

만일 파의 파장이 물체의 크기에 비해 훨씬 길면, 이 파는 물체에 의해 거의 교란되지 않을 것이다. 이 경우에는 에돌이 힘은 무시할 만하고, 파력을 구성하는 성분은 오직 Froude-Krylov의 힘이라는 사실은 앞에서도 설명하였다.

이들 파력을 구하는 또 하나의 방법은 실험으로, **그림 6-8**에서 보는 것과 같이 고정된 물체에 각종 파를 입사시켜 구할 수도 있다. 이 경우에 계측된 파력은 물론 Froude-Krylov 힘과 에돌이 힘의 합이 될 것이다.

2.2 물속에서 운동하는 물체

물체가 물속에서 운동할 때 반드시 고려해야 하는 부가질량과 감쇠 계수에 대해 알아보자. 잔잔한 물 위에 물체를 띄워 놓거나 물속에 잠겨 놓고 그 물체를 강제로 움직이면 그 영향이 모든 방향으로 전파되어 나간다. 물체를 유체 중에서 운동시켰을 때 나타나는 이러한 현상을 다루는 문제를 방사문제(放射問題, radiation problem)라고 한다.

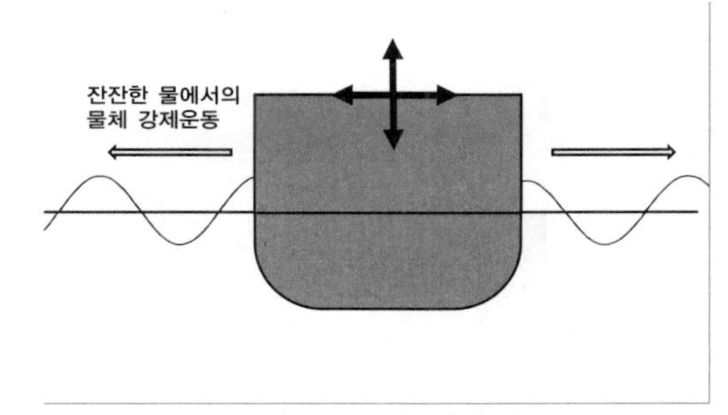

그림 6-9 방사문제의 예

그림 6-9은 방사문제의 예이다. 앞에서 말한 대로 공기 중에서 물체를 강제로 운동시킬 때와 비교하면 드는 힘이 매우 다르다. 즉, 앞에서 이미 설명한 것처럼 물체를 따라 움직이는 유체의 관성력 때문에 물체의 질량(관성력 계수)이 증가된 것 같이 보인다. 또한 물체가 운동할 때 나타나는 **그림 6-9**와 같은 방사파를 만드는 데 필요한 감쇠력도 생긴다. 물론 감쇠력에는 조파 감쇠 이외에도 물체 표면과 물 사이에 작용하는 점성 마찰, 운동이 거세지거나 물체에 뾰족한 부분이 있어서 생기는 와류 마찰 등이 있다. 그러나 선박 운동을 다룰 때는 횡동요운동을 제외하면 대체로 무시할 수 있다. 이러한 부가질량과 감쇠력 계수는 다음과 같은 요소들의 영향을 받는다.

- 물체의 물속 부분의 형상
- 물체를 강제운동시키는 형식(상하운동, 수평운동, 회전운동 등)
- 물체의 강제운동 진동수

앞에서도 말한 것처럼 관성력은 가속도에 비례하는 힘이고, 감쇠력은 속도에 비례하는 힘으로서 물체가 운동하며 파도를 만드는 데 사용한 힘이다. 물속에 충분히 깊게 잠겨있는 물체를 운동시키더라도 파도가 만들어지지 않으므로 감쇠력은 없다. 따라서 모든 힘은 오직 관성력으로 이루어진다. 그러므로 이 경우 감쇠 계수는 0이며, 부가질량은 운동 진동수의 함수가 아니라 오직 운동 모드와 물체의 형상으로 좌우된다.

이렇게 물체를 강제적으로 운동시킬 때 물체에 작용하는 힘은 물속에 잠긴 부분의 물체 표면에 작용하는 변동 압력을 구한 후 이를 물체 표면 전체에 적분하여 구한다. 이 힘의 운동 속도(예 : cosine 성분)에 비례하는 부분과 운동 가속도(예 : sine 성분)에 비례하는 부분으로 나누면 각각 감쇠력 계수, 부가질량을 구할 수 있다.

물체 표면에 작용하는 입력을 해석적으로 구하려면 수학적 지식이 요구되지만 부가질량과 감쇠 계수는 실험으로 구할 수도 있다. **그림 6-10**과 같이 강제 운동장치에 힘 계측장

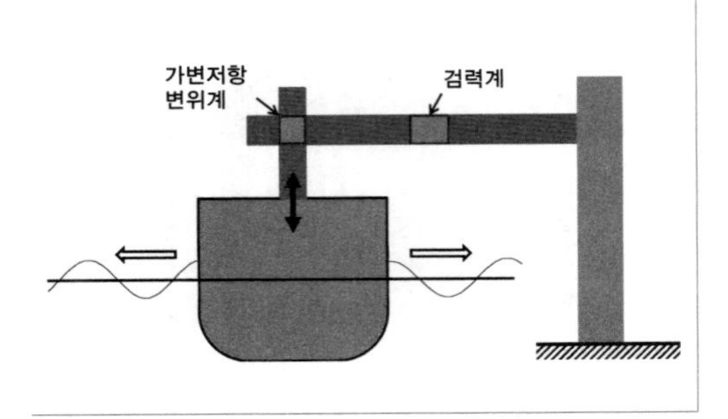

그림 6-10 부가질량, 감쇠 계수를 구하는 실험방법
(예 : 상하운동의 경우)

치(검력계)와 물체를 부착하여 강제적으로 물체를 운동시켰을 때 힘 계측장치에 작용하는 힘을 측정한다. 이때 계측되는 힘은 물체를 강제적으로 운동시키기 위하여 사용한 힘과 같다. **식 (6-5)**와 같이 주기적인 강제운동을 상하 방향으로 일으켜주는 경우를 생각하자.

$$z = Z_0 \sin wt \tag{6-5}$$

여기서 강제운동 진폭 Z_0와 강제운동 각속도 ω는 임의로 바꾸어줄 수 있으며 운동할 때 계측한 힘도 어느 정도 위상차는 있다. 하지만 당연히 운동과 같은 각속도 ω를 가지고 주기적으로 변동할 것이다. 따라서 물체에 작용하는 힘은 **식 (6-6)**과 같다.

$$f = F_0 \sin(wt + \alpha) \tag{6-6}$$

또, 상하로 진동하는 물체의 운동속도와 가속도, 변위와는 **식 (6-7)**의 관계가 성립한다.

$$(M+m)\ddot{z} + N\dot{z} + Kz = F_0 \sin(wt + \alpha) \tag{6-7}$$

이 식에서 M은 물체의 질량으로 주어진 값으로서 선박일 때는 배수량에 해당한다. K는 상하 변위에 대한 복원력으로 단위길이의 흘수 변화로 일어나는 체적 변화량이므로, 물의 밀도 ρ와 중력가속도 g 그리고 물체의 수선면적 A_W를 사용하면 $K = \rho g A_W$로 나타낼 수 있다. 따라서 z만큼의 흘수 변화에 의한 배수량 변화는 $Kz = \rho g A_w \times z$이고 계측되는 힘 f는 F_0와 위상차 α를 가지고 있다. 결국, 앞에서 정의한 운동방정식에서 f를 계측하여 구하고 나면 모르는 값은 부가질량 m과 감쇠력 계수 N이다. 강제운동의 변위 z로부터 운동의 가속도와 속도를 구하고 이를 운동방정식에 대입하면 **식 (6-8)**과 같이 sine과 cosine으로 표시되는 식을 얻을 수 있다.

$$[-w^2(M+m) + \rho g A_w] Z_0 \sin wt + wNZ_0 \cos wt = F_0 \cos\alpha \sin wt + F_0 \sin\alpha \cos wt \tag{6-8}$$

이 식에서 $\sin wt$가 포함된 좌변의 첫 번째 항과 우변의 첫 번째 항은 각각 서로 같아야 한다. 그 관계로부터 부가질량 m을 구할 수 있고, $\cos wt$가 포함된 좌변의 두 번째 항과 우변의 두 번째 항이 서로 같아야 한다는 조건으로부터 조파 감쇠 계수 N을 구할

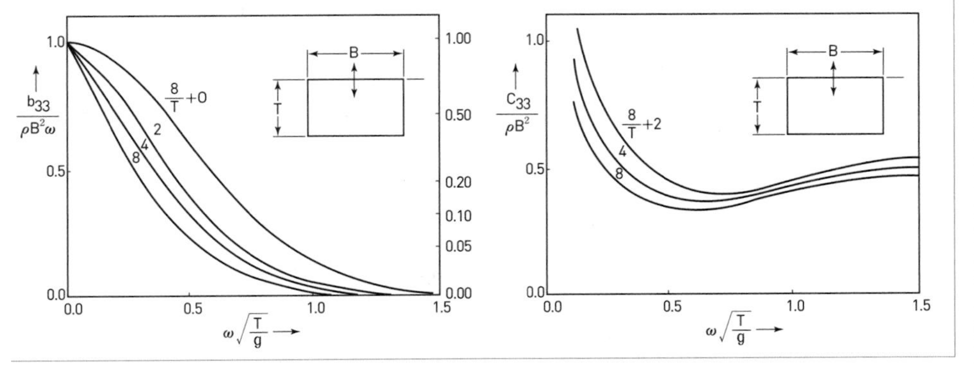

그림 6-11 상하운동하는 사각형 부유물체의 부가질량과 감쇠 계수의 주파수 의존성

수 있다.

또한 특정 형상의 물체를 강제운동 진동수(각속도) w를 변화시켜 가며 물체를 강제동요시키고 여러 번에 걸쳐 힘을 계측하는 실험을 반복하면서, 특정 형상의 물체에 대해 강제진동의 각속도 또는 주파수를 바꾸어 실험한다. 그러면 부가질량과 감쇠 계수의 변화를 알 수 있다. 한 예로 물 위에 떠 있는 사각형 물체의 상하운동에 대한 부가질량과 감쇠 계수의 주파수 의존성을 구한 것이 **그림 6-11**이다.

2.3 규칙적인 파에서 운동하는 물체

앞에서 설명한 것과 같은 실험적인 방법을 사용하면 단면 형상이 일정한 2차원 물체가 물에 떠서 운동할 때, 물체에 작용하는 각종 관련 물리량들을 모두 얻을 수 있다. 단면이 일정한 2차원 물체에서는 **그림 6-12**에서 나타낸 것과 같이 상하운동(heave), 좌우운동(sway), 횡동요(roll)의 3가지 운동 형식이 나타나는데 이들에 대하여 정리하면 다음과 같다.

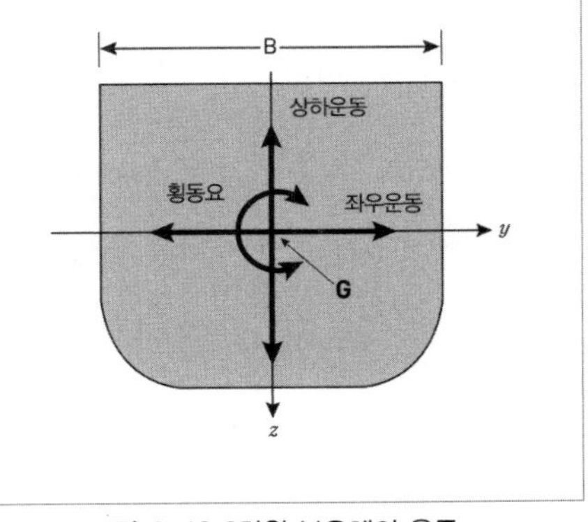

그림 6-12 2차원 부유체의 운동

2.3.1 상하운동

단위길이의 2차원 물체를 생각하였으므로 물체의 질량 M은 단위길이당 중량으로 나타낼 수 있다. 물체의 상하운동에

대한 복원력 계수는 $\rho g A_w$로 표시할 수 있다. 이때 수선면 면적 A_w는 수선 위치에서의 단면 폭으로 나타난다.

상하운동하는 2차원 물체에 작용하는 파력은 물체 표면에 작용하는 유체 동역학적 변동압력을 해석적으로 구한다. 그리고 물체 표면 전체에 대하여 적분하여 구하였을 때 얻어진 힘의 수직 방향 성분으로 표시된다. 이 힘은 앞에서 말한 Froude-Krylov 힘과 에돌이 힘의 합이다. 또한, 이 힘은 파도의 진동수(각속도)와 같은 진동수로 진동하는 규칙함수로 나타내거나 실험으로 직접 계측할 수도 있다.

2.3.2 좌우운동

물체가 좌우운동을 하더라도 질량 M은 상하운동일 때와 동일하다. 그리고 운동을 하더라도 물속에 잠긴 부분의 형상 변화가 없으므로 복원력 계수 K는 0이 된다. 좌우운동으로 인하여 물체에 작용하는 파력은 수평 성분으로 나타난다.

2.3.3 횡동요

횡동요는 상하운동이나 좌우운동과 달리 회전운동이므로, 힘의 방정식이 아니라 회전 모멘트 방정식으로 나타낸다. 직선 왕복운동과 회전운동은 기본적으로 같은 모양의 운동 방정식이지만 그 표기방법이 다르다. 즉, 질량 대신 질량의 관성 모멘트, 감쇠력 대신 감쇠 모멘트, 복원력 대신 복원 모멘트, 파력 대신 파력 모멘트 등이다. 또 가속도, 속도, 변위가 아니라 각각 각가속도, 각속도, 각도로 나타내는 것이 다를 뿐이다. 따라서 2차원 물체의 횡동요 방정식은 **식 (6-9)**와 같다.

$$(I+J)\ddot{\phi}+N\dot{\phi}+K\phi=M_0\sin(wt+\beta) \qquad (6\text{-}9)$$

여기에서 물체의 회전운동 중심, 즉 물체의 무게 중심에 대한 질량 관성 모멘트, 부가 2차 모멘트 I, 감쇠 모멘트 계수 J, 복원 모멘트 계수 N, 파력 모멘트 M_0 그리고 횡동요 회전각도 ϕ를 나타낸다. 여기서 각각의 계수들은, 물체의 질량 관성 모멘트 I는 단면 내 중량 분포로부터 구해야 한다. 하지만 통상적으로 관성 반경 $k(\fallingdotseq 0.25B)$를 물체 폭의 25%로 가정해 mk^2을 사용한다.

2차원 물체가 횡동요할 때는 복원력 계수 K는 단면적이 A인 2차원 물체 단위길이당

질량이 ρgA이므로 복원 모멘트 계수는 $\rho gA\overline{GM}$로 나타낼 수 있다. 2차원 물체에 작용하는 파력의 모멘트는 물체 표면에 작용하는 변동압력을 해석적으로 구하고 회전 중심(무게 중심)에 대해 모멘트를 구하거나 실험적으로 구할 수 있다.

2차원 물체를 횡동요시킬 때 소요되는 모멘트 I를 해석적으로 구하거나 실험적으로 구하면 모멘트가 J만큼 늘어난 것과 같은 결과가 나타나므로 J를 부가 모멘트라 한다. 같은 방법으로 2차원 물체가 횡동요운동을 일으켰을 때 나타나는 조파 감쇠 모멘트 계수 역시 강제 횡동요에 대한 방사문제를 풀어 해석적으로 구하거나 실험으로 구할 수 있다.

한편, 파 중에서 선박의 운동문제를 다룰 때 핵심이 되는 파력을 구하는 해석적인 방법이다. 따라서 고정된 물체에 파도가 들어올 때의 물체 표면 압력을 구하거나 잔잔한 물에서 물체를 강제운동시킬 때의 물체 표면 압력을 구하는 방법이 사용된다. 구체적으로는 각각 속도 퍼텐셜에 대한 Laplace 방정식을 지배방정식으로 하여, 유체영역을 둘러싼 경계면에서의 조건으로 구성되는 경계치문제로 구성된다. 이를 이론적 또는 수치적으로 푸는 데는 다극 전개법(Multipole expansion method), 특이점 분포법(Singularity distribution method), 유한 요소법(Finite Element Method) 등이 사용되고 있다.

3. 규칙파 중에서 선박운동의 추정방법

3.1 선박운동의 종류

선박이 항해 중에 파도를 만나면 **그림 6-13**과 같이, 전후운동(surge), 좌우운동, 상하운동의 3가지 병진운동과, 횡동요, 종동요(pitch), 선수동요(yaw)의 3가지 회전운동 등 6가지 운동이 자유롭게 나타날 수 있다. 이 6종류의 운동을 6자유도운동이라 한다. 이들 중에서 비교적 운동의 크기나 주요도가 떨어지는 전후운동은 생략하는 것이 보통이다.

주기가 ω인 파도의 진행 방향과 배의 전진 방향 사이의 각도를 χ라 하고, 배의 전진 속도를 U라 하면 배가 실제로 파도와 만나는 진동수(ω_e, 만남 주파수, encounter frequency)는 **식 (6-10)**과 같다.

$$\omega_e = \omega - kU\cos\chi \tag{6-10}$$

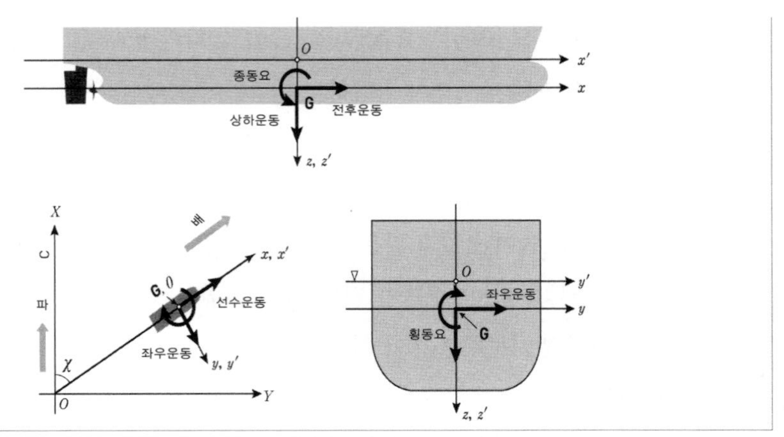

그림 6-13 선박운동의 정의

여기서 ω, k는 각각 파가 가지고 있는 진동수(각속도), 그리고 파수(ω^2/g)이다. 배의 운항 방향과 파의 진행 방향이 서로 반대인 $\chi=180°$ 상태에서는 배가 운항하며 파도를 마주 만나므로 파가 가지고 있는 원래의 진동수보다 더 많은 파를 만나게 된다.

그리고 배의 진행 방향과 파의 진행 방향이 같아지는 $\chi=0°$인 상태에서는 뒤쪽에서 들어오는 파를 만나는 상태가 된다. 따라서 파의 원래 진동수보다 더 적은 수의 파를 만나게 될 것이다. 나아가 배와 파의 진행 방향이 직교하는 ($\chi=90°$) 횡파 상태에서는 배의 속도에 관계없이 배는 파가 가지고 있는 원래 진동수와 같은 진동수로 파도를 만난다. 그러므로 배는 만남 진동수와 같은 진동수 ω_e로 변동하는 힘과 모멘트를 파로부터 받아 ω_e의 진동수로 운동하게 된다.

3.2 스트립 방법

선박은 3차원 형상을 가진 물체인데, 이에 작용하는 유체력은 선박을 구성하는 2차원 단면요소들에 작용하는 유체력을 선형적으로 더하여 구할 수 있다고 생각한다. 2차원 단면요소는 단면의 형상이 동일하고, 길이가 매우 긴 물체를 잘라내서 얻어진 요소를 말한다. 이러한 2차원 단면요소들에 작용하는 힘을 물체의 길이 방향으로 더하여 주면 선박과 같은 3차원 물체에 작용하는 힘을 얻을 수 있다.

이와 같이 계산하면 3차원 물체를 구성하는 2차원 단면요소들 사이에는 물체의 길이 방향으로 힘이 작용하지 않는다고 생각한 것이다. 실제로 배는 선수부터 선미까지의 길이가 배의 폭이나 흘수에 비해 매우 길며, 길이 방향으로 분포된 단면의 형상도 그 변화가 그다지 크지 않다. 이러한 특성을 고려하면 3차원 물체인 배에 작용하는 힘을, 2차원 단면요소들에 작용하는 힘들을 합한 값으로 구할 수 있다고 생각할 수 있다. 이러한 개념을 적용한 이론이 소위 스트립 방법이다. 스트립 방법이 성립하려면 배가 운동할 때, 배 주위의 물입자운동은 배를 구성하는 한 단면요소 주위로만 운동을 일으키고, 인접한 요소로 넘어가는 물입자의 움직임(3차원 유동 또는 교차류)을 무시할 수 있다는 전제가 필요하다.

앞에서 말한 것처럼 보편적인 배의 기하학적 특성은 앞의 전제를 대체로 만족한다고 할 수 있다. 그러나 길이가 폭이나 흘수에 비해 그다지 길지 않은 해양구조물이나, 길이 방향으로 단면 형상의 변화가 심한 고속정 등에는 이 스트립 방법이 적용될 수 없다. 그리고 물체에 작용하는 3차원 힘을 직접 구해야 한다.

선체를 n개의 단면으로 나누어 ($i=1$은 선수 단면, $i=n$은 선미 단면) 앞에서 말한 스트립 방법을 적용하면, 3차원 배에 작용하는 모든 힘은 다음 식과 같다.

$$\text{배에 작용하는 힘} : F_{ship} = \sum_{i=1}^{n} f_i \cdot dx_i$$

여기에서 dx_i는 i 번째 단면의 배의 길이 방향 두께이고 f_i는 단면에 작용하는 관성력, 감쇠력, 복원력, 파력 등을 모두 포함한 힘이다. 스트립 방법은 또다시 STF(Salvesen-Tuck-Faltinsen) 방법, OSM(Ordinary Strip Method) 방법, NSM(New Strip Method) 방법의 3가지 방법으로 나뉜다. 이들의 차이는 **표 6-2**와 같다.

표 6-2 STF, OSM, NSM의 비교($f_{단면}$ 중, 파력의 diffraction 힘 f_D와 조파 감쇠력 f_N을 구하는 방법의 비교)

비교 항목	STF 법	OSM 법	NSM 법
f_D	산란문제를 직접 풀어 구함	근사적으로 구함	근사적으로 구함
f_N	운동량법칙 적용 안 함	운동량법칙 적용 안 함	운동량법칙 적용함

*3가지 방법에 의한 운동 추정 결과는 거의 같음.

고정된 물체에 파도가 들어와 부딪쳐서 파계에 일어나는 산란현상을 해석적으로 직접 풀어 파력의 한 부분인 에돌이 힘을 정확하게 구하는 방법이 STF 법이다. 또한, OSM, NSM 방법은 '고정된 물체에 파도가 부딪치는 것은 잔잔한 물속에 있는 물체가 파도의 입사속도와 가속도로 움직이며 거꾸로 물을 교란시켜 그 영향이 유체 중으로 퍼져나가도록 하는 방사문제와 같다.' 라는 수학적으로 입증된 개념인 Haskind 관계를 이용한다. 따라서 OSM과 NSM에서는 방사문제를 푸는 것이 관건이 된다.

3.3 선박의 수직운동

선박의 형상은 통상 좌우 대칭이므로 파고(진폭)가 작아서 선박의 운동이 크지 않을 때는 선박의 운동을 다음의 2개 그룹으로 나누어 생각하는 것이 보통이다. 즉, 상하운동과 종동요를 한 그룹으로 하고, 좌우운동과 선수동요 그리고 횡동요를 또 다른 한 그룹으로 나눈다. 앞에서 말한 대로, 배의 단면요소에 작용하는 수직 방향 힘과 그 힘들이 선박 전체 중심에 대하여 일으키는 모멘트를 선미부터 선수까지 모두 합해서 0이 된다고 하면, 상하운동과 종동요 방정식은 다음과 같다.

$$\text{상하운동 방정식 : } \int_{\text{선미}}^{\text{선수}} (f_{\text{관성력}} + f_{\text{감쇠력}} + f_{\text{복원력}} - f_{FFK} - f_D)_{\text{단면}},\ z \cdot dx = 0$$

$$\text{종동요 방정식 : } \int_{\text{선미}}^{\text{선수}} (f_{\text{관성력}} + f_{\text{감쇠력}} + f_{\text{복원력}} - f_{FFK} - f_D)_{\text{단면}},\ z \cdot x \cdot dx = 0$$

여기서 x는 단면요소의 중심으로부터 선체 중심 사이의 거리이다. 이 연립방정식을 풀면 상하운동과 종동요의 해를 얻을 수 있다. **그림 6-14**는 길이가 175m인 컨테이너 표준선의 상하운동과 종동요를 규칙파 중에서 해석한 결과의 예이다.

그림과 같이 규칙파 중에서의 결과를 파의 진동수 또는 파장의 영역에서 나타낸 것을 진폭응답함수(RAO, Response Amplitude Operator)라고 하며 파고에 대한 배의 응답을 나타내는 전달함수(transfer function)라고 할 수 있다. **그림 6-14**에서와 같이 상하운동 진폭 RAO는 운동 진폭을 들어오는 파의 진폭으로, 종동요는 각운동이므로 들어오는 파의 최

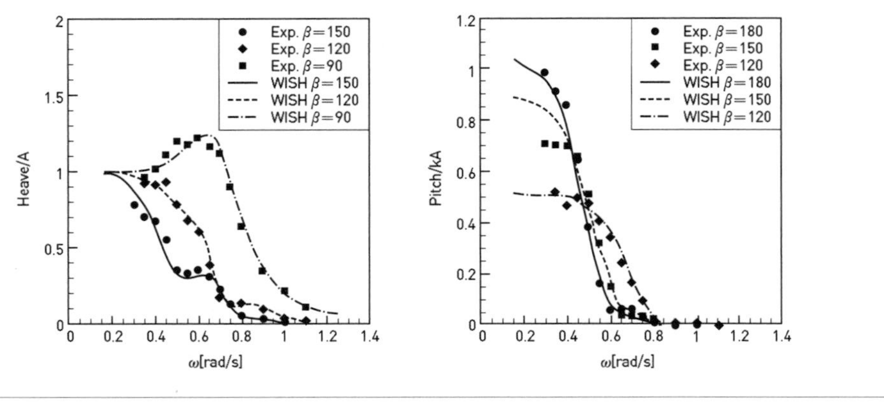

그림 6-14 규칙파 중 상하운동 진폭과 종동요 진폭 RAO (출처:Song et al, 2011)

대 기울기로 무차원화한 값이다.

3.4 선박의 수평운동

선박이 수평면 내에서 일으키는 운동인 좌우운동과 선수동요 그리고 횡동요에 대해서도 스트립 방법을 이용하면 다음과 같은 운동 방정식들이 얻어진다.

$$\text{좌우운동 방정식: } \int_{\text{선미}}^{\text{선수}} (f_{\text{관성력}}+f_{\text{감쇠력}}+f_{\text{복원력}}-f_{FFK}-f_D)_{\text{단면}},\ y \cdot dx=0$$

$$\text{선수동요 방정식: } \int_{\text{선미}}^{\text{선수}} (f_{\text{관성력}}+f_{\text{감쇠력}}+f_{\text{복원력}}-f_{FFK}-f_D)_{\text{단면}},\ y \cdot x \cdot dx=0$$

$$\text{횡동요 방정식: } \int_{\text{선미}}^{\text{선수}} (f_{\text{관성력}}+f_{\text{감쇠력}}+f_{\text{복원력}}-f_{FFK}-f_D)_{\text{단면}},\ x \cdot dx=0$$

여기서 횡동요일 때는 단면에 작용하는 힘은 사실상 x축 주위의 회전 모멘트를 의미한다. **그림 6-15**는 175m급 컨테이너선에 대하여 얻어진 좌우운동과 선수동요 그리고 횡동요의 예이다. 이때 좌우운동은 들어오는 파의 진폭으로 무차원화하고 선수동요와 횡동요는 들어오는 파의 최대 기울기로 무차원화하여 RAO를 나타냈다.

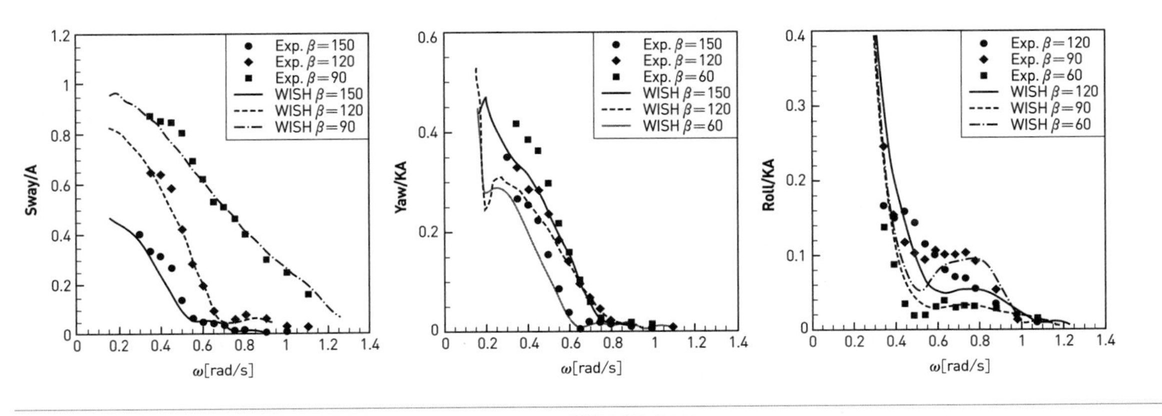

그림 6-15 Sway, Yaw, Roll 운동 진폭 RAO (출처:Song et al, 2011)

4. 불규칙한 바다에서의 선박운동과 설계에 응용

불규칙한 바다에서의 선박운동은 다음과 같이 추정한다. 해역에서의 파의 특징을 나타내는 파에너지 스펙트럼이 앞의 1.2.2에서 설명한 것과 같이 주어졌다고 하자. 한편, 선박은 규칙파 중에서의 진동수에 따른 운동 응답은 앞의 3.3과 3.4에서 설명한 RAO에 따를 것이다. 따라서 규칙파 중에서 파에너지 스펙트럼과 RAO를 만남 진동수영역으로 변환하여, 만남 파에너지 스펙트럼(encounted wave energy spectrum)과 해당되는 RAO를 얻는다. 그리고 스펙트럼에 RAO의 제곱을 곱해주면, 해당 해역을 지날 때 일어날 것으로 예상되는 운동에너지 스펙트럼을 구할 수 있다. 그 과정을 **그림 6-16**에 나타냈다.

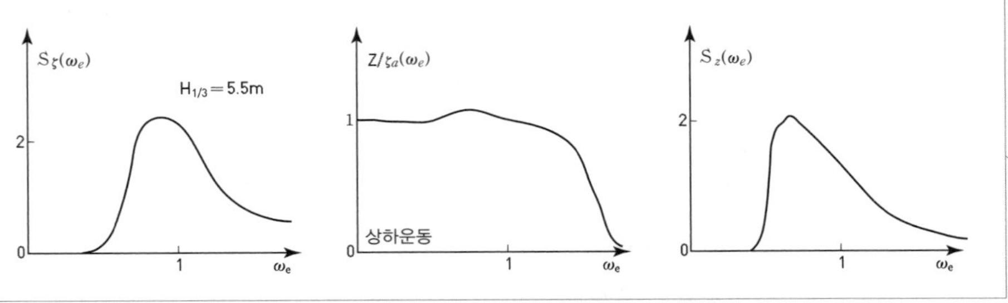

그림 6-16 불규칙한 해역에서의 운동에너지 스펙트럼 얻는 과정(상하 동요)
(파에너지 스펙트럼 × RAO² = 운동에너지 스펙트럼)

만남 진동수에서 얻은 운동에너지 스펙트럼을 진동수 영역으로 변환하면 그 해역에서 일어날 것으로 예상되는 선체운동의 진폭은 앞에서와 마찬가지로 스펙트럼 밑면적을 이용하여 예측할 수 있다. 예를 들면, 상하운동 진폭의 유기치 $Z_{1/3}$은 **식 (6-11)**과 같이 구할 수 있다.

$$Z_{1/3} = 4.0\sqrt{m_0} \tag{6-11}$$

여기서 m_0는 운동 스펙트럼 곡선 밑의 면적을 나타낸다. 그러므로 $Z_{1/3}$이 그 배의 흘수보다 크면, 그 배는 해당 해역을 지날 때 배 밑바닥이 수면 밖으로 돌출하였다가 파면에 부딪치는 슬래밍 현상을 일으킬 가능성이 크다. 그리고 $Z_{1/3}$이 그 배의 건현보다 크면, 갑판이 물에 잠기는 갑판 침수현상이 일어날 가능성이 클 것임을 예측할 수 있다. 이러한 일련의 불규칙 해석과정은 다음과 같이 응용된다.

4.1 설계에 응용

선박의 형상을 설계할 때는 해당 선박이 운항할 항로 중에서 가장 거친 해역의 파 특성에 적응할 수 있도록 설계하게 된다. 특정 해역의 파의 특징을 나타내는 스펙트럼은 이미 정해져 있으므로 설계자는 선박이 그 해역에서 일으키게 될 상하 유기 진폭을 최소화하는 데 목표를 두게 된다. 따라서 설계자는 규칙파 중에서의 운동의 RAO가 줄어드는 선형을 구하는 것을 목적으로 한다. 즉, 그 해역의 정해져 있는 파도 스펙트럼과 RAO를 곱하여 최종적으로 얻어지는 운동 스펙트럼 곡선 밑의 면적을 최소화함으로써 상하운동 유기 진폭을 줄이는 것을 설계의 목적으로 삼게 된다.

4.2 운항 매뉴얼의 작성

형상이 결정된 선박은 규칙파 중에서의 운동 RAO를 변화시킬 수 없다. 선박의 운동 특성과 해역의 파 스펙트럼으로부터 얻어진 불규칙운동 스펙트럼은 선박이 일으키게 될 운동 특성이 해역 통항에 적합한지를 판단하는 척도가 된다. 따라서 운항자는 시시각각으로 변화하는 해역의 파 스펙트럼을 관측자료를 전송받아 해역을 운항할 때 위험 정도를 판단하는 운항자료로 활용할 수 있다.

참고로 모든 배에는 그 배의 운동 RAO가 기본적으로 컴퓨터에 내장되어 있어서, 파 스펙트럼이 확인되면 바로 선박의 불규칙운동 스펙트럼을 구할 수 있도록 해야 한다.

5. 선박운동의 제어방법

선박의 운동을 줄여주는 것은 탑승자를 편안하게 할 뿐 아니라 선박에서 사용하는 각종 기기의 정확도를 높여주는 효과가 있다. 그러므로 군함에서는 운동을 줄여주려는 노력이 절대적으로 필요하다. 배가 일으키는 모든 운동은 그 배가 가지고 있는 고유한 운동 주기와 비슷한 주기를 갖는 파도를 만날 때 공진을 일으켜 운동이 커진다.

이러한 공진현상은 횡동요를 제외한 다른 운동들은 감쇠력이 매우 크므로 일반적으로 공진 주기에서도 과대 운동으로 위험을 초래하지는 않는다. 그러나 선박의 횡단면의 형상은 대체로 둥그스름하기 때문에 횡동요에 대한 감쇠력이 매우 작아서 공진을 일으키면 운동이 갑자기 커지는 특성을 갖는다. 따라서 선박의 모든 운동 중에서 특히 위험한 운동이 되며 선박운동의 제어는 대부분 횡동요를 제어하는 데 초점이 맞추어져 있다. 선박운동을 제어하는 장치는 여러 종류가 있으나 대표적인 몇 가지만 소개한다.

5.1 빌지 킬

빌지 킬(Bilge Keel)은 배의 횡동요를 제어하기 위한 가장 단순하고 경제적인 장치로서 이미 오래 전부터 사용되어 왔다. 빌지 킬은 **그림 6-17**과 같이 선측 양 옆에 배의 길이 방향으로 선체 표면에 수직하게 길게 붙이는 판이다. 그 주위의 유동 특성은 유동 방향에 수직하게 놓여 있는 평판 주위의 유동과 유사하다.

예를 들어, 배가 시계 방향으로 기울고 있을 때를 가정하자. 이때 빌지 킬에는 유체가 반시계 방향으로부터 흘러들어오게 되므로, 유동 방향에서 봤을 때 빌지 킬의 앞쪽 면에서는 유속이 줄어들어 물의 압력이 커진다. 반면에 빌지 킬의 끝단에서는 와류가 형성되므로 뒷면에서는 물의 압력이 낮아진다. 이러한 압력 차에 의해 빌지 킬에는 반시계 방향의 모멘트가 발생하여 배의 운동을 감소시키게 된다.

빌지 킬을 사용하는 방법은 여러 가지로 이점이 많으나, 물과 배 사이의 접촉면이 늘어나 마찰저항이 증가한다는 단점이 있다. 따라서 이 장치는 대개 유조선, 컨테이너선 등 중 · 저속선에 주로 사용된다.

5.2 감요수조

감요수조(ART, Anti-Rolling Tank)는 배 안에 U자형의 커다란 물탱크를 설치하고 물탱크 내부를 적절하게 설계하여 배의 운동과 탱크 내부 물의 운동이 서로 180° 의 위상차를

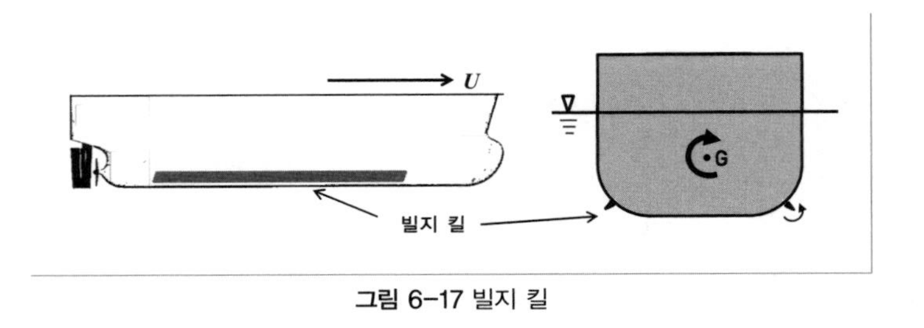

그림 6-17 빌지 킬

갖도록 한 장치이다. 즉, **그림 6-18**과 같이 배가 시계 방향으로 기울 때 탱크 안에 실린 물이 움직여 선체를 복원시키려는 반시계 방향의 모멘트가 발생하도록 만든 U-자형 탱크를 감요수조라 한다.

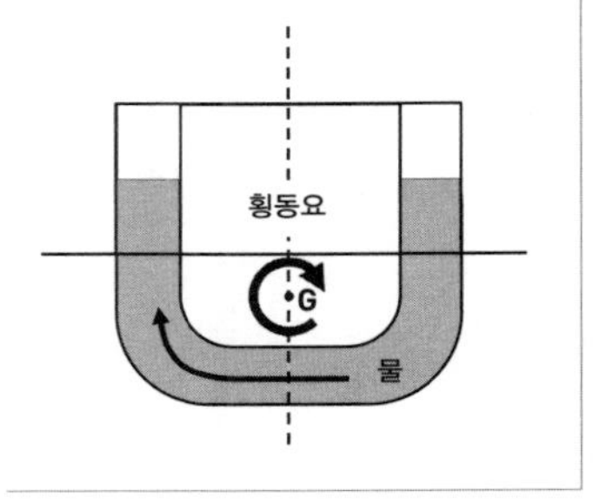

그림 6-18 감요수조

그러나 감요수조를 모든 횡동요 주기에서 순기능을 발휘하도록 설계할 수는 없다. 즉, 어떤 운동 주기에서는 탱크 내 물의 움직임이 배의 운동과 180°의 위상차를 이루지 못하고, 심한 경우에는 감요수조를 설치한 것이 오히려 횡동요를 더욱 조장할 수도 있다. 따라서 앞에서도 설명한 바와 같이 탱크 내부의 형상에 따라서 유체 유동 특성이 결정되는 이러한 수동형 감요수조를 설계할 때는 다른 주기에서는 다소 손해를 보더라도 배의 고유 주기에서 횡동요를 감소시킬 수 있도록 형상을 결정하게 된다.

최근에는 넓은 범위의 운동 주기에서 작동할 수 있도록 탱크 내 유동을 효과적으로 제어하는 능동형 감요수조가 대세를 이루고 있다. 그러나 감요수조는 무거울 뿐 아니라 배의 내부 공간을 많이 차지하므로, 화물을 운반하는 선박보다는 군함 등 특수 목적의 선박에 주로 채택되고 있다.

5.3 안정핀

안정핀(Stabilizing Fin)은 **그림 6-19**와 같이 배의 중앙부 양쪽에 날개를 부착하였을 때 날개에서 발생되는 양력은 선체에 전달된다. 잘 알려진 것처럼 날개에서 발생되는 양력은 받음각(attack angle)과 날개의 전진 속도(날개와 물의 상대 속도)에 따라 변화한다.

예를 들어, 배가 달릴 때 오른쪽으로 기운다면 오른쪽에 붙여진 날개의 받음각을 키워서 선체를 들어올리는 양력을 발생시키도록 조절한다. 그리고 왼쪽에 붙여진 날개의 받음각을 변화시켜 날개에서 작용하는 양력이 배를 가라앉히는 방향으로 작용하도록 조절하면, 좌우 날개에서 발생되는 양력은 배를 복원시키는 모멘트로 작용한다. 이 원리는 횡

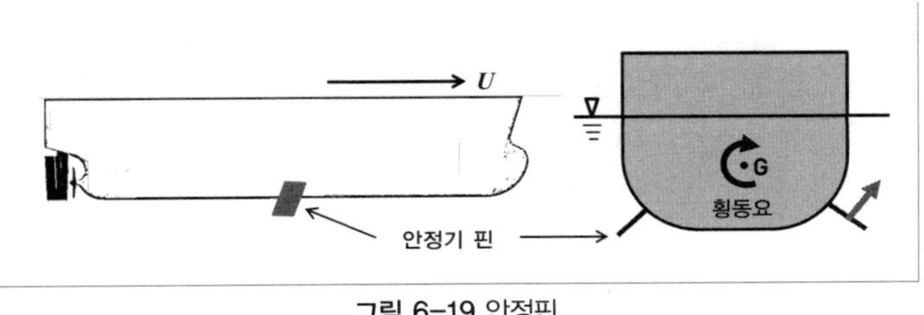

그림 6-19 안정핀

동요뿐 아니라 종동요 제어에도 적용되므로, 선수부와 선미부에 각각 한 쌍의 날개를 배치하여 선박의 항주 자세와 횡동요와 종동요를 동시에 제어하기도 한다. 양력을 확보하기가 유리한 고속선에서 흔히 이 방식을 사용한다.

6. 선박운동과 관련된 주요 이슈들

선박의 운항에서는 선체운동 자체가 중요할 뿐 아니라 선체운동으로 인한 여러 현상들도 중요하다. 여기에서는 선체운동과 관련된 주요 현상과 문제점들을 살펴보기로 한다.

6.1 파랑하중

파도 중에서 운항하는 배는 운동을 일으키게 되며 선체에는 파랑하중(Wave Loads)이 작용한다. **그림 6-20**에 나타낸 것과 같이, 선체에 작용하는 파랑하중 전체의 합력을 주 선체하중(global wave loads)이라 하고, 선체 표면 요소에 작용하는 전압력에 해당하는 하중을 국부하중(local loads)이라 한다. 즉, 파도 중에서 전진하는 배의 표면 요소에는 수직으로 누르는 압력이 파도의 운동에 따라서 지속적으로 변한다. 경우에 따라서는 배의 밑바닥이 수면 위로 노출되었다가 다시 입수하면 해당하는 선체 표면 요소에 나타나는 압력 변화가 강한 충격력이 되기도 한다.

이렇듯 선체 표면 요소에 작용하는 국부하중은 요소에 작용하는 압력 또는 충격력의

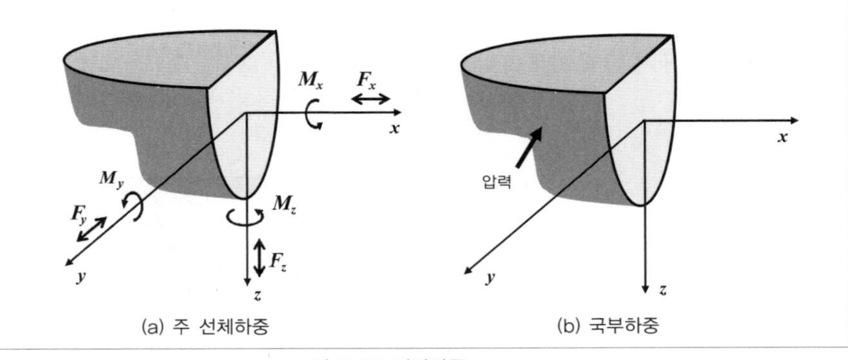

(a) 주 선체하중 (b) 국부하중

그림 6-20 파랑하중

변동으로부터 구해진다. 한편, 선체를 길이 방향으로 여러 개의 직교하는 평면으로 절단하고 표면요소에 작용하는 국부하중을 적분하면 2차원 단면요소들에 작용하는 힘을 구할 수 있다. 이들에 대하여 힘의 평형 조건과 모멘트의 평형 조건을 적용하고 적분을 수행하면, 주 선체에 작용하는 전단력과 굽힘 모멘트 그리고 비틂 모멘트의 배의 길이 방향 분포를 구할 수 있다. 이를 주 선체하중이라 한다.

선체 표면요소에 작용하는 국부하중은 선체 표면의 국부적인 손상을 일으키지만, 주 선체하중은 선체를 변형시키는 원인이 된다. 때로는 선체를 파단에 이르게도 하므로 구조 설계나 진동 소음을 예측하거나 저감시키는 데 매우 중요한 자료로 쓰인다.

실제로 선박의 구조를 설계할 때 선체 표면에 작용하는 충격 압력 분포로부터 얻어지는 충격하중을 제외하면 국부하중의 중요성은 주 선체하중의 중요성에 비하여 낮다. 기본적으로 주요 치수는 동일하지만 선형이 다른 두 척의 선박이 동일한 파도 중에 놓여 있을 때는 파도 중에서 큰 운동을 일으키는 배에는 작은 파랑하중이 작용하며, 작은 운동을 일으키는 배에는 큰 파랑하중이 작용한다.

배의 운동이 작으면 탑승자는 편안하게 느끼지만 선체구조는 큰 하중을 받아야 한다. 또한 배의 운동이 크면 탑승자는 불편하지만 선체구조는 상대적으로 안전하다. 따라서 최적 선형을 설계할 때 선체운동과 구조를 동시에 고려하여야 한다.

6.1.1 단동선에 작용하는 파랑하중

단동선(Single Hull Ship)의 어느 특정 단면에 작용하는 주 선체하중은 **그림 6-20**과 같다. 일반적으로 배가 진행 방향의 정반대 방향으로 파를 맞으며 진행할 때 파장이 배의 길이와 거의 같아지는 $\lambda/L \cong 1.0$에서 수직 전단력(F_V)과 수직 굽힘 모멘트(M_V)가 모두 최댓값을 가지므로 선체구조 설계에서 가장 중요한 인자로 취급한다.

한편, 배의 고유 횡동요 주기와 거의 같은 주기의 파를 45° 또는 135° 방향으로 비스듬하게 만날 때, 파장과 배의 길이비가 $\lambda/L \cong 0.4 \sim 0.3$인 범위에 놓이면 수평 전단력($F_H$)과 수평 굽힘 모멘트($M_H$) 그리고 비틂 모멘트($M_T$)의 중요성이 높아진다. 목재 운반선과 같이 갑판이 넓게 열려져 있는 배에서는 이들 하중에 의하여 선체가 파단을 일으키는 사고가 더러 보고되었다.

6.1.2 쌍동선에 작용하는 파랑하중

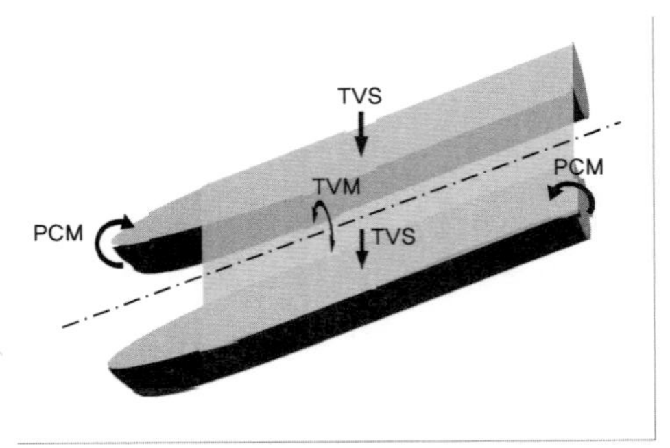

그림 6-21 쌍동선에 추가되는 파랑하중

그림 6-21과 같이 선체가 분리된 2개의 동체로 구성되어 있는 카타마란형이나 2개의 잠수체로 구성되는 소수선면 쌍동선체(SWATH, Small Waterplane Area Twin Hull) 등에 작용하는 파랑하중은, 단동선의 파랑하중에 비하여 횡방향 수직 전단력(TVS, Transverse Vertical Shear force)와 횡방향 수직 굽힘 모멘트(TVB, Transverse Vertical Bending moment), 그리고 종동요 연성 모멘트(PCM, Pitch Coupling Moment) 3개가 추가된다.

6.2 부가저항

일반적으로 선박이 잔잔한 바다에서 설계속도로 항주할 때 물로부터 받는 저항이 그 선박의 기준저항이라 할 수 있다. 선박이 파 중에서 운항할 때는 선박에 작용하는 저항은 정수 중에서와는 달리 파의 특성에 따라 변화한다. **그림 6-22**와 같이, 파 중에서 선박이 받는 저항은 시간에 따라 변화한다. 이때 변동하는 저항의 시간 평균값과 정수 중에서의 저항값과의 차이를 통상 부가저항(Added Resistance)이라 하는데, 파고가 높은 경우에는 전체 저항의 20~30%에 이르기도 한다.

파에 의한 부가저항은 배가 일으키는 파에너지 손실 때문에 생기는 조파저항과는 달리 배와 입사파의 간섭현상에 의하여 나타난다. 즉, 파 중에서 선박의 저항이 증가하는 물리

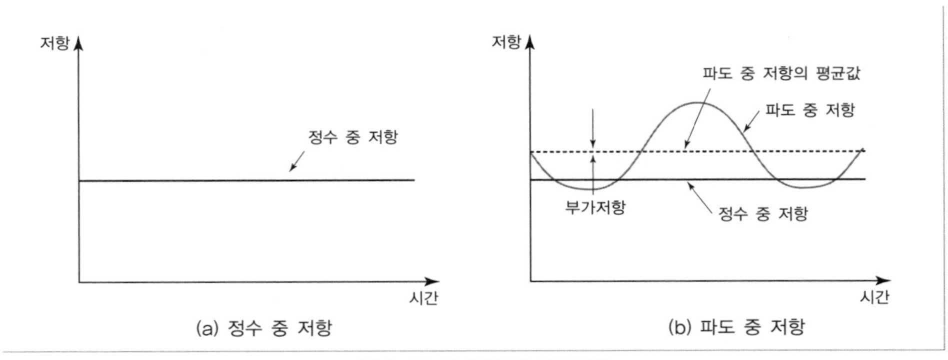

그림 6-22 파중에서의 부가저항

적인 이유는 입사파가 선체에 의하여 산란되기 때문이며, 이와 동시에 입사파에 의하여 야기된 선체운동이 파를 방사하기 때문이다(diffraction+radiation). 따라서 선수와 파 사이의 상대적인 수직운동이 커지면 부가저항도 증가한다. 선박이 취역 후 설계속도를 내지 못할 때가 있는데 그 원인이 선박의 저항 증가에 있는 경우를 찾아볼 수 있다. 선박의 저항을 증가시키는 원인으로는 부가저항 외에도 바람, 조류(current), 오손(fouling) 등이 있으나 선체운동에 기인하는 저항 증가와는 구별된다.

6.3 슬래밍과 갑판 침수

파 중에서 선박이 과다한 상하운동과 종동요가 일어날 때는 선저부의 일부가 물 밖으로 노출되었다가 되돌아갈 때 수면에 충돌하는 슬래밍 현상이나 물이 갑판 위로 넘쳐흐르는 갑판 침수와 같은 현상으로 선체에 과도한 충격하중을 일으키기도 한다.

이 같은 현상이 뒤의 **그림 9-3**에서와 같이 나타나면 물과 선박이 충돌하는 부근에 국부적인 충격하중이 작용하게 될 뿐 아니라, 선체구조가 과도한 탄소성 변형을 일으켜 구조적인 손상을 입어 파단에 이를 수 있다. 나아가서는 침몰에 이르는 엄청난 피해로 발전하기도 한다. 이러한 충격현상이 한두 차례 발생할 때는 문제가 없으나 연속적으로 몇 시간 동안 반복적으로 일어나면 피로 파괴로 이어질 수 있다.

따라서 선박의 운항자는 슬래밍이나 갑판 침수를 피하기 위하여 선속과 운항 방향을 조절하여 선체운동이 줄어들도록 운항하게 된다. 하지만 근본적으로는 충격하중에 충분히 견딜 수 있는 선체구조로 설계해야 한다.

6.4 브로칭 토 현상

배와 파의 전진 방향이 대략 ±15° 이내로 비슷하고 선미 방향으로부터 배의 속도와 거의 비슷하거나 약간 빠른 속도의 파를 만났을 때, 배가 파의 가파른 앞쪽 경사면에 놓이게 되면 배가 가속되어 파도를 타는(surf riding) 현상이 나타난다. 그리고 파의 영향으로 진행 방향이 갑자기 90° 정도 꺾이는 현상이 나타난다. 이때 배는 갑자기 횡파를 받게 되므로 매우 큰 횡 경사가 일어나 전복되는 등 위험한 상황에 부닥칠 경우가 있다. 이러한 현상을 브로칭 토(Broaching-to) 현상이라고 하며, 선미부에 작용하는 파압이 선수동요를 유발시키는 데 원인이 있다고 짐작하고 있다.

6.5 선박의 수탄성 거동

배가 정수 중이나 파 중을 항해할 경우에는 배를 강체로 간주할 수 있다. 즉, 앞에서 배운 상하운동, 전후운동, 좌우운동, 종동요, 선수동요, 횡동요 등의 운동이 중요하다.

그러나 파고가 높아져 배가 슬래밍이나 갑판 침수와 같은 충격현상을 동반하면 배는 강체운동뿐만 아니라 탄성체로서의 거동을 하게 된다. 이를 수탄성(Hydro-Elasticity) 거동이라고 한다. 스프링잉(springing), 휘핑(whipping) 진동 등이 그 대표적인 형태이며, 배의 운동 분야에서 앞으로 발전이 기대되는 세부 분야이다. 최근 전산 유체 및 전산구조역학 분야가 발달함에 따라 유체구조 연성(FSI, Fluid-Structure Interaction) 문제가 학문적인 관심을 끌고 있다.

6.6 비선형운동 및 3차원 해석법

앞에서 기술한 선박의 운동 해석법 등은 모두 입사하는 파의 높이(또는 진폭)가 작고, 따라서 운동도 매우 작다는 가정에서 출발하였다. 즉, 배가 파 중에서 운동할 때 배의 운동과 파의 크기가 모두 작다면, 물속에 있는 배의 부분(몰수 부분)에는 크기와 형상의 변화가 나타나지 않는다고 가정할 수 있다. 바로 이러한 가정에서 선형 이론이 성립했던 것이다. 그러나 파가 커지고 이에 따라 배의 운동도 커지면, 물속에 잠겨 있는 부분은 시시각각 많은 변화가 생기게 된다. 이러한 비선형적인 요소를 감안하여 더욱 정확한 해석을 도모하는 것이 비선형 해석이다.

나아가, 배와 같은 길고 가는 형태의 물체가 아닌 일반적인 물체, 예를 들어 해양구조물 등에 대해서는 2차원 스트립 방법이 성립하지 않는다. 따라서 이러한 물체의 운동문제를 다루기 위해서는 3차원 물체의 단면이 아니라 전체 형상에 대한 유체력 등 모든 힘을 구해야 한다. 이러한 해석법을 3차원 해석법이라 한다. 그러므로 배의 탄성까지 고려한 3차원 비선형 해석을 수행하는 것이 이 분야의 궁극적인 목표가 될 것이다.

7. 선박의 조종 성능

7.1 선박 조종 성능의 중요성

최근 해상 물동량의 급속한 증가, 선속의 증가 등으로 선박의 충돌, 좌초 등의 사고가 빈발하고 있다. 이러한 사고는 인명 및 재산의 손실은 물론 기름 유출 등으로 인해 해양오염을 가중시키는 주요 원인이 되고 있다. 육상의 수질, 대기오염 등은 결국 바다의 오염으로 이어진다. 그리고 바다의 자정작용은 이들을 정화시켜 다시 육상으로 환원하는 순환의 원천이 된다. 그러한 의미에서 깨끗한 바다는 환경적 측면에서 인류의 마지막 보루이며 후세에게 물려주어야 할 중요한 자원이다.

이러한 배경 아래 국제해사기구(IMO, International Maritime Organization)는 해양환경 보존과 관련된 각종 규제를 강화하고 있다. 또한 우수한 조종 성능을 보유한 선박의 설계, 건조를 강제 규정화하고 있다. 선박의 속도가 선주의 요구를 만족하지 못하면 페널티를 지불하는 것으로 해결이 가능하다. 하지만 조종 성능은 반드시 IMO 기준을 만족해야 인도가 가능할 만큼 중요한 사항이다. 참고로 선박의 조종 성능에는 크게 나누어, 침로 안정성, 선회 성능, 그리고 정지 성능이 있다. 배가 운항 중에 이들 성능들이 반드시 만족해야 하는 기준을 IMO는 **표 6-3**과 같이 규정하고 있다.

표 6-3 IMO의 조종성 기준

35° 선회 성능	advance $< 4.5L$, tactical diameter $< 5.0L$
초기 선회성	track reach $< 2.5L$
10°-10° 지그재그	1st 관성이탈각 $< 10°$ $L/V <$ 10초 이내인 경우 $< 5° + 0.5L/V$, 10초 $< L/V <$ 30초인 경우 $< 20°$ $L/V >$ 30초인 경우
	2nd 관성이탈각 $< 25°$ $L/V <$ 10초인 경우 $< 17.5° + 0.75L/V$, 10초 $< L/V <$ 30초인 경우 $< 40°$ $L/V >$ 30초인 경우
20°-20° 지그재그	1st 관성이탈각 $< 25°$
정지 성능	track reach $< 15L$

7.2 선박의 침로 안정성(직진 성능)

선박의 타각(rudder angle)을 0°로 두면 배는 직진해야 한다. 그러나 일반적으로 프로펠러는 한 방향으로 회전하므로 배의 뒤에서 본 선체 주위의 유동은 선체 중심면에 대하여 대칭이 아니다. 따라서 배는 일반적으로 아주 작은 각도이지만 타를 틀어주어야 비로소 직진하게 된다. 아무튼 배가 직진하고 있을 때 외부에서 약간의 교란이 주어졌다고 가정하자. 침로 안정성(course keeping stability)이 우수한 배는 이 교란으로 인해 침로를 이탈하여도 곧 안정되어 새로운 침로를 찾아 직진하는 반면, 침로 안정성이 나쁜 배는 이 교란 때문에 직진 항로를 벗어나게 된다.

그림 6-23에서 보는 것과 같이 침로 안정성이 우수한 배는 직진하려는 성질이 강한 반면 배를 선회시키는 것은 어렵다. 반대로 침로 안정성이 나쁜 배는 직진하려는 성질은 약하지만 배를 선회시키기는 오히려 쉽다. 그렇다면 침로 안정성이 나쁜 배는 취항할 수 없는가? 그렇지 않다. 실제로 항해하고 있는 배 중 많은 배가 침로 안정성이 나쁜 배이다. 그 이유는 뒤에서 자세히 알아보자.

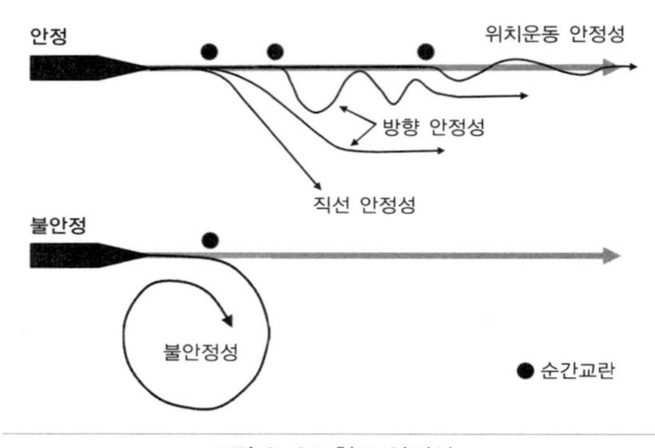

그림 6-23 침로 안정성

IMO는 침로 안정성의 지표로서 10° 지그재그(zig-zag), 20° 지그재그 시운전에서 **그림 6-24**에 정의된 관성이탈각(overshoot angle)이 어느 범위 이상이 되지 않을 것을 **표 6-3**과 같이 강제로 요구하고 있다. 지그재그 실험(또는 Z실험이라고도 함)은 배를 건조한 후 실해역에서 시운전할 때, 속도 시운전과 함께 실시하는 가장 중요한 성능시험의 하나이다.

예로 들면, 10° Z실험의 경우에 배가 달리면서 갑자기 타를 우측으로 10° 틀면 배도 오른쪽으로 선회하게 된다. 배가 타각과 같이 10°만큼 선회하면 다시 타를 왼쪽으로 10° 튼다. 타각을 갑자기 우현 10°에서 좌현 10°로 바꾸었기 때문에 배는 이에 즉각 반응하지 못하고 어느 정도 우현으로 선회를 지속하다가 좌현으로 선회하기 시작한다. 이때 10°를 초과한 배의 선회각을 관성이탈각이라고 한다. 10° Z실험은 첫 번째, 두 번째 관성이탈각에 대하여 기준이 정해져 있다. 또한 20° Z실험은 오직 첫 번째 관성이탈각에 대한 기준이 정해져 있다. 그리고 이때 관성이탈각이 너무 크면 침로 안정성(직진성)이 나쁜 것으로 간주된다.

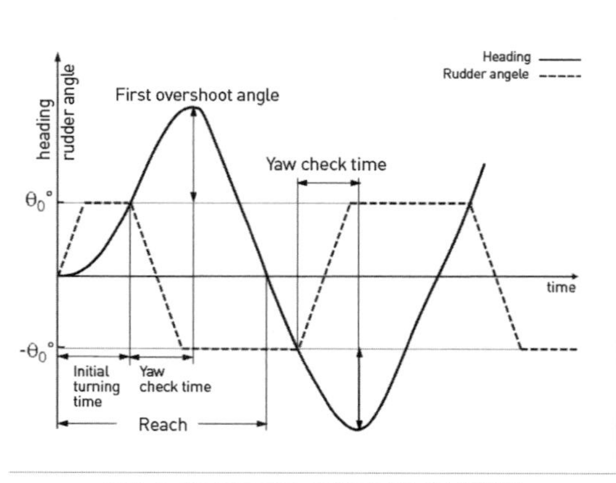

그림 6-24 지그재그 실험에서의 관성이탈각

7.3 선박의 선회 성능

선박의 선회 성능은 타각에 대한 배의 회전각속도의 비로 표현한다. 즉, A라는 배는 타각을 5° 틀었는데 회두각속도(선수가 회전하는 각속도)가 3°/sec이고, B라는 배는 타각을 5° 틀었는데 회두각속도가 4°/sec라고 하자. 이때는 B 배의 선회 성능이 A 배의 선회 성능보다 좋다고 한다.

선회 성능과 관련해서 매우 중요한 몇 가지 성질은 다음과 같다.

침로 안정성이 우수한(안정한) 배에서는 **그림 6-25(a)**에 보는 것과 같이 매 타각마다 고유의 회두각속도가 주어진다. 그러나 침로 안정성이 클수록 선회성은 나빠진다. 즉, 직진을 잘하는 배는 진행 방향을 바꾸기 어렵고, 직진을 잘 못하는 배는 방향 전환이 쉽다.

선형 이론으로 생각하면, 침로 안정성이 나쁜(불안정 한) 배는 선회성도 나쁘다. 즉, 불안정한 배는, 예를 들어 **그림 6-25(b)**에 나타낸 것과 같이 좌현 쪽으로 선회하고 있을 때 타각을 우현 쪽으로 바꾸어도 선수가 바로 우현으로 선회하지 않고, 좌현으로 선회를 계속하는 경우가 생긴다. 이러한 현상은 타각이 작을 때 나타나며 그럴 때에는 타각을 바꾸어도 배가 어떻게 응답할지를 예측하기 어렵기 때문에 배를 적절하게 제어할 수 없는 조종 불능 범위가 된다.

불안정하여 타각이 작을 때 적절히 제어되지 않는 배도 운항할 수 있다. 즉, 앞에서 말한 것처럼 불안정한 배란 타각이 작은 특정 구간에서 침로 안정성이 나쁘다는 뜻으로 그

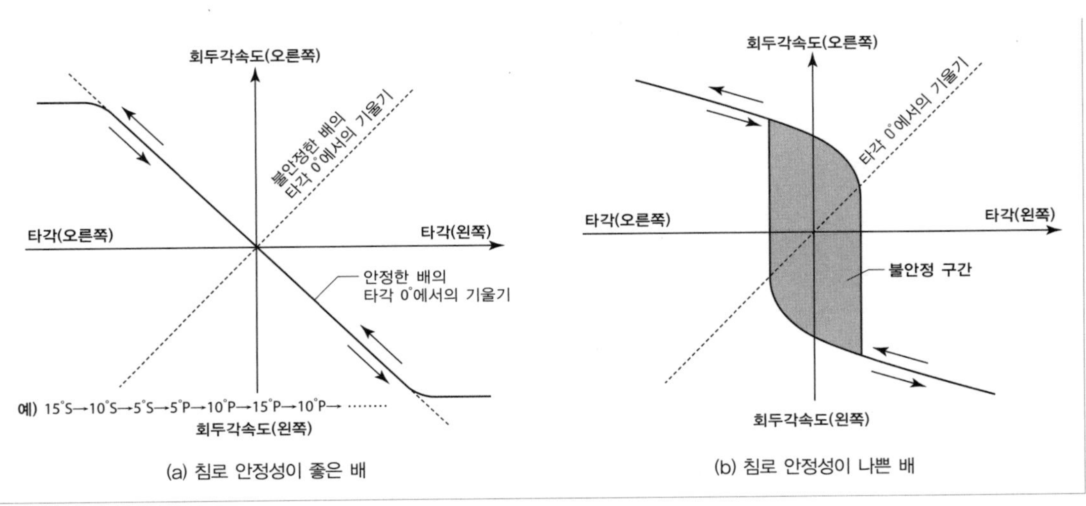

그림 6-25 나선 조종시험

범위를 벗어난 타각에서는 침로 안정성이 있으며 선회 성능은 오히려 우수하다.

실용적인 입장에서 IMO는 선박의 전진속도에 따라 35° 타각을 주었을 때에 선회지름(tactical diameter)과 전진거리(advance) 그리고, 10° 회두할 때까지의 항적거리(track reach)가 **표 6-3**에 규정한 기준치 이하여야 할 것을 요구하고 있다. 여기서 말하는 각종 용어의 정의는 **그림 6-26**과 같다.

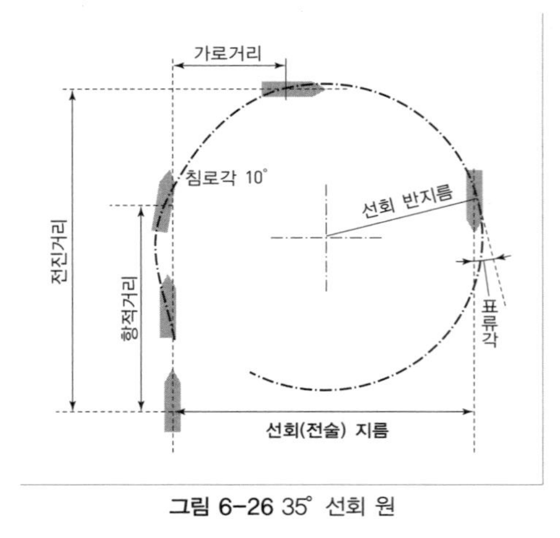

그림 6-26 35° 선회 원

7.4 선박의 정지 성능

선박이 운항 중에 충돌이나 좌초 등의 위험이 예상될 때 갑자기 정선해야 하는 경우가 생긴다. 일반적으로 이러한 경우에는 프로펠러의 회전수를 서서히 줄여가면서 궁극적으로는 역회전으로 배를 정지시킨다. 이 정지 성능에 대해서도 IMO는 **표 6-3**에 보인 것과 같은 엄격한 기준을 제시하고 있다.

8. 선박의 조종 성능 평가방법

8.1 조종 성능에 관련된 여러 가지 요소

앞에서도 언급했지만, 배의 조종에 관계된 선체운동(이하 조종운동)은 파도 중에서의 배의 운동과는 달리 복원력이 없는 운동들이다. 즉, 조종에 관여된 전후운동, 좌우운동, 선수동요 등의 운동과정에서는 물 밑에 잠긴 배의 형상 변화가 생기지 않으므로 부력의 변화가 없고 따라서 복원력이 없다. 복원성이 없는 만큼 위험성을 내포한 운동이라고 생각할 수 있다.

또한, 조종운동에서는 타각으로 내린 지령과 배의 선회라는 응답 사이의 지연시간이 매우 크다. 나아가 진동수영역에서도 배의 조종운동 응답이 매우 달라지는 경향을 보인다. 즉, 타각을 매우 느린 주기로 좌우로 변화시키면 배는 타각의 변화에 순응하지만, 빠른 주기로 변화시키면 배는 전혀 응답을 하지 않는다. 이와 같이 배는 일종의 저 진동수

선택 응답 특성을 보인다. 이러한 점이 배의 안전한 항해를 위협하는 요인 중의 하나가 되는 것이다.

한편 배를 정지시키려면 매우 긴 시간이 필요하다. 자동차와 같이 브레이크를 밟아 지면과의 마찰을 이용하지 못하고, 배와 물 사이에 작용하는 유체 저항력을 이용하므로 프로펠러 역 추진력의 도움을 받아도 제동거리가 길어져 뻔히 알면서도 충돌하거나 좌초하는 경우가 생긴다.

여기에서는 배의 조종운동에 관련하는 힘들을 조사해보자. 그 힘들은 크게 물 밑부분에 작용하는 힘과 물 윗부분에 작용하는 힘으로 나눌 수 있다.

1) 물 밑부분에 작용하는 힘
- 선박운동에 기인하는 힘(F_H)
- 프로펠러에 의한 추력(F_P)
- 타에 작용하는 힘(F_δ)
- 조류력, 계류력 등

2) 물 윗부분에 작용하는 힘
- 풍력 등

이들 힘 중에서 중요한 힘들은 선박의 운동에 기인하는 힘(F_H), 프로펠러 회전에 기인하는 힘(F_P), 타에 작용하는 힘(F_δ)이다. 이 힘들을 정확하게 구할 수 있다면 배의 조종운동을 추정할 수 있다. 이들 힘 중에서 프로펠러 회전에 기인하는 힘과 타에 작용하는 힘에 대해서는 이를 추정하기 위한 매우 정도 높은 식들이 알려져 있다. 물론 프로펠러와 타는 선체와 아주 가까운 뒷부분에 위치하므로 선체-프로펠러-타 사이의 간섭 효과 등을 고려하기 위한 더 많은 연구가 필요한 것이 사실이다.

즉, 어떤 프로펠러가 혼자 내는 힘과 선미에 가까이 놓여 있을 때 내는 힘은 다르기 마련이며, 타의 경우에도 프로펠러 후류의 영향 등이 고려되어야 한다. 그럼에도 불구하고 현존하는 추정식들은 이들 효과까지 어느 정도 고려하고 있으므로 실용적인 면에서 그 신뢰성이 인정되고 있다. 그러나 선박이 조종운동을 할 때 선체에 작용하는 힘(F_H)은 선체의 주요 치수, 형상, 국부적인 부가물, 선속 등 관련된 변수가 너무 많아 정도 높은 추정이 거의 불가능한 실정이다.

8.2 선체운동에 기인하는 힘

여기에서는 조종운동을 할 때 선체에 작용하는 힘을 얻는 방법에 대해 설명한다. 이 부분은 선박의 조종운동과 관련해서 가장 중요한 절차에 해당한다. 앞에서 말한 바와 같이, 조종운동은 매우 느리며 복원력이 없는 운동이므로 그 힘의 대부분이 물의 유체력에 기인한다. 하지만 물은 점성 유체이므로 선체에 작용하는 유체력을 이론적으로 구하는 것은 매우 어렵다. 아무튼 이 힘을 구하는 데는 크게 3가지 방법이 있다.

8.2.1 모형선을 이용한 실험에 의한 방법

정수 중에서 모형선을 표류각(drift angle), 회두각속도(rate of turning), 예인속도 등을 변화시켜 가면서 예인하면서 모형선에 작용하는 유체력과 그 미계수를 계측한다. 즉 **그림 6-27**에 나타낸 것과 같이 모형선을 침로(예인 방향)와 임의의 각도(표류각)로 돌려 고정한 채 예인하거나(사항 상태) 모형선을 일정한 각속도로 회두시키거나 좌우로 흔들면서 예인할 수 있는(선수동요 및 좌우운동 상태) 강제동요(PMM, Planar Motion Mechanism) 시험이 있다. 또한 모형선을 좌우로 흔들면서 예인시험하는 것이 아니라 회전 반경과 각속도를 바꾸어가며 선회시험하는 선회운동시험(CMT, Circular Motion Test) 등이 대표적인 시험이다.

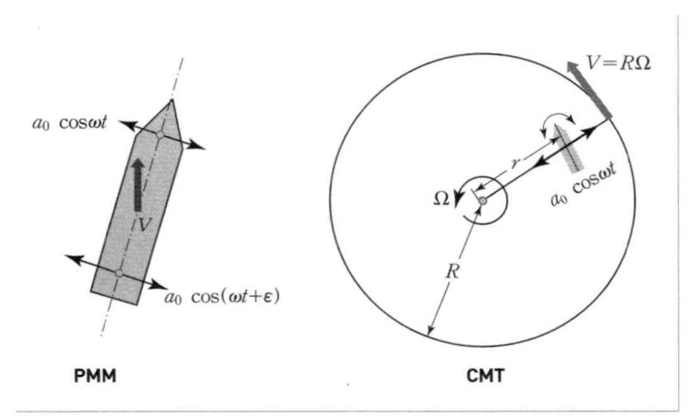

그림 6-27 강제동요시험과 선회운동시험을 이용한 유체력의 측정

이러한 시험을 여러 차례 시행하여 계측된 값들은 **그림 6-28**에 보인 것처럼 최소 자승법(least squre method) 등을 이용하여 적합곡선을 찾아내어 경험식으로 표현할 수 있다. 다만 이 방법으로 구한 유체력과 미계수들은 오직 그 배에만 적용이 가능한 값으로, 다른 배에 대한 값을 구하려면 다시 그 배의 모형선을 제작하여 같은 실험을 되풀이해야 한다.

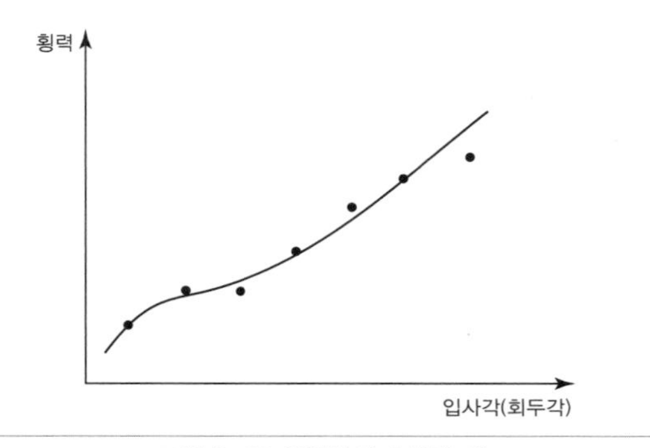

그림 6-28 유체력의 수식화 예

8.2.2 MMG 모형에 의한 방법

1972년 일본의 조종성 전문가들이 모여 구성한 수식모형 그룹(MMG, Mathematical Modeling Group)이 제시한 유체력 및 미계수에 대한 수식모형을 이용하는 방법이다. MMG는 오랜 기간 동안 수많은 실선과 모형선들에 대한 유체력과 미계수들을 회두각도, 선속, 배의 길이, 배의 폭, 흘수, 방형 비척 계수(C_B) 등의 함수로 수식화하였다. 이 수식 모형들은 일반에 공개되었으며, 이를 이용하면 주어진 배의 주요 치수를 대입하여 그 배에 작용하는 유체력 및 미계수를 예측할 수 있게 된다. 매우 간단한 방법이지만 배의 국부적인 형상 변화(부가물을 달았다든지, 선수부를 조금 변화시켰다든지 등)의 영향은 무시될 수밖에 없다는 단점이 있다.

8.2.3 CFD에 의한 계산

앞에서 말한 바와 같이 배의 조종운동은 매우 느린 운동이기 때문에 복원력과 관성력에 비해 점성력이 매우 지배적이므로, 점성유동에 대한 수치 유체역학(CFD, Computational Fluid Dynamics) 기법으로 유체력을 계산하는 방법이다. 최근 들어, 컴퓨터의 발달과 함께 점성 유체력을 수치적으로 구하려는 노력이 활발하게 이루어지고 있다. 그러나 아직은 엄청난 계산시간이 소요될 뿐 아니라, 계산 결과의 신뢰성에 문제가 있어 실제로 적용 가능한 정확한 결과를 얻기까지는 많은 시간이 필요할 것으로 보인다. 하지만 언젠가는 이 방법이 실용화될 것으로 기대된다.

8.3 조종운동의 사전 시뮬레이션과 시운전

선박의 해난사고로 인한 인명과 재산의 피해 나아가 해양환경 파괴에 대한 문제가 인류의 주요한 화두로 굳어지면서, IMO의 조종성 기준은 날이 갈수록 엄격해지고 있다. 이와 더불어, 선주 측에서도 배의 기초 설계 단계에서 이 배가 만들어진 후의 조종 성능을 사전에 예측하고 싶어한다.

실제로 선주 측 감독관은 초기 설계 단계에서 배의 조종 성능이 IMO 기준을 만족하는지 여부를 요구하는 것이 보통이다. 이에 대응하기 위해서 조선사 입장에선 초기 설계 단계에서 배의 주요 치수와 주요 운항 조건만 갖고 배의 조종 성능이 IMO 기준을 만족하는

지 여부를 요구하는 것이 보통이다. 이처럼 사전 시뮬레이션은 IMO 기준에 열거되어 있는 각종 항목, 즉 35° 선회 성능, 10°, 20° 지그재그, 정지 성능을 포함해야 한다. 이 중 어느 한 가지도 IMO 기준을 만족하지 못하면 안 된다. 배의 주요 치수나 타의 면적, 타의 형상 등을 미세하게 변화시키면서 이를 만족하도록 노력해야 한다.

한편 배가 완전히 건조된 후, 조선사는 시운전을 통해 조종 성능의 확인을 거쳐야 한다. 시운전의 가장 중요한 목적은 2가지로, 설계 속도를 만족하느냐와 IMO 조종성 기준을 만족하느냐의 확인이다. 소음 진동, 파도 중 운동 등도 확인 대상 항목이지만 가장 중요한 것은 역시 속력시험과 조종성시험이다. 앞에서도 언급했지만, 조종 성능의 예측은 정수 중에서 이루어지나 실해역 시운전의 경우에는 해류, 바람, 파도 등의 영향이 있다. 따라서 시운전은 바다 상태가 가장 좋은 날 실시하게 된다. 나아가 파고, 조류, 바람의 영향을 고려하여 조종 성능을 예측하는 문제 역시 앞으로 풀어야 할 중요한 숙제 중의 하나이다.

9. 선박 조종의 제어

선박 조종에서 제어는 목표하는 방향으로 배가 진행할 수 있도록 하는 방법을 통칭한다. 옛날에는 망망대해에서는 별들이 보이는 방향을 이용하였다. 그리고 육지 근방에서는 지도상에 나와 있는 주요 위치가 보이는 각도 등을 측정하여 현재 나의 위치를 파악한 후, 이전에 있었던 나의 위치와 비교하여 운항 방향이 옳은지 그른지를 판단하였다. 만일 잘못 가고 있다면, 인력으로 침로를 변경하면 되었다. 항해 전문용어로 전자를 천문항해, 후자를 지문항해라고 한다.

그러나 요즘에는 365일 24시간 동안 수많은 인공위성이 지구 위를 떠 다니므로, 위치 추적 시스템(GPS, Global Positioning System)과 방향 탐지기로 현재 나의 위치는 물론 전진 방향을 실시간으로 파악하면 된다. 따라서 선박의 전진 방향을 유지하기 위한 타각 변경(변침)을 인력이 아닌 자동으로 행하는 소위 자동 항해(Auto-Pilot)도 가능하여 항해사가 반드시 조타실을 지킬 필요가 없게 되었다.

이러한 자동 항해를 위해서는 몇 가지 중요한 사항이 고려되어야 한다. 전진 방향이 틀렸을 때마다 자동 변침을 한다면 최단거리로 운항할 수는 있다. 그러나 변침하는 데 소요되는 에너지 소비와 타각 변경에 따르는 저항 증가로 연료 경제성이 나빠질 수 있다. 따라서 전진 방향의 편차에 의한 항해거리 증가량, 조타로 인한 선체운동과 이로 인한 저항 증가, 타각 변화에 기인하는 저항 증가와 같은 3가지 항목을 가장 합리적으로 고려한 최적 상태에서 자동 변침을 하도록 하고 있다.

한편, 앞에서도 언급한 것처럼 조타에 의한 선박의 조종운동은 매우 느리게 반응하며, 같은 각도를 조타하더라도 조타의 빈번도(진동수)에 따라 조종운동이 달라진다. 즉, 1초에 한 번씩 우현 10°, 좌현 10°로 변침한다면 배는 말을 듣지 않을 것이고, 5분에 한 번씩 우현 10°, 좌현 10°로 변침하면 배는 말을 잘 들을 것이다. 이러한 진동수 특성은 배마다 다르다. 따라서 제어 시스템 설계를 위해서는 이러한 배의 특성도 고려해야 한다. 기타 세부적인 제어 이론, 제어 성능의 평가 등에 대해서는 생략하기로 한다.

참고문헌

1. Marine Hydrodynamics, 1977, J. N. Newman, MIT Press, Cambridge, MA.
2. Principles of Naval Architecture, 1989, vol III, Motions in waves and controllability, SNAME.
3. Seakeeping, A.R.J.M. Lloyd, 1989, Ellis Hormwood Limited, distributed by John Wiley & Sons.
4. Song, M.J. Kim K. H. and Kim, Y., 2011, Numerical analysis and validation of weakly nonlinear ship motions and structural loads on a modern container ship, Ocean Engineering, 38, pp. 77~87.

제7장
선박 추진기관

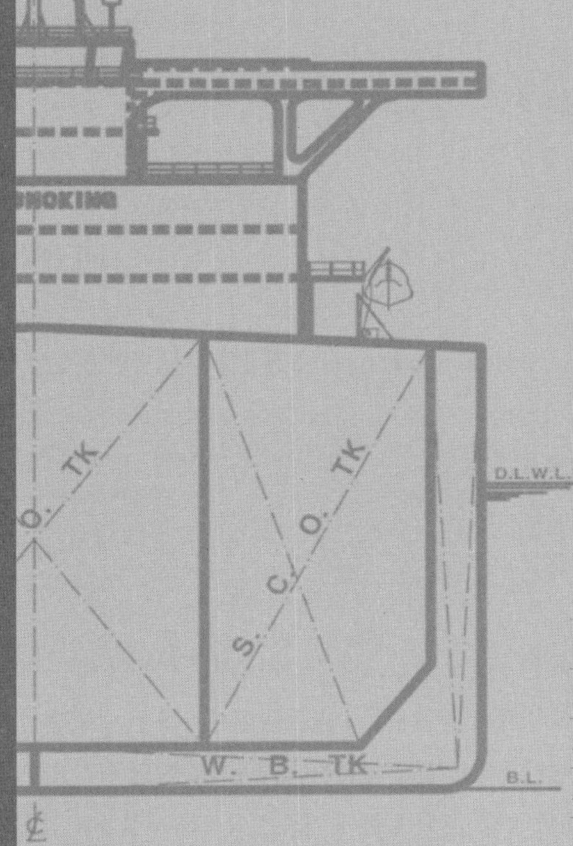

1. 선박 추진기관 발전사

선박 추진력은 인력, 풍력, 기계력으로 분류할 수 있다. 그리고 선박 추진의 발달과정은 노 추진시대, 범장 추진시대, 동력 추진시대로 나눌 수 있다. 노 추진방식은 원시시대부터 10세기경까지 계속되어 왔고, 범장 추진방식은 동력 추진방식이 보편화되기 전까지, 동력 추진방식은 19세기에 도입되어 현재까지 이어지고 있다.

1) 초기의 선박 추진

인류 최초의 배는 부력이 있는 물체를 손으로 저어서 앞으로 나아가는 형태를 취했던 것으로 추정된다. 이는 현재 카누에서 사용하는 것과 같은 노로 발전된 것으로 보인다. 울산광역시 울주군 태화강 상류 반구대의 암각화에 18명이 탄 배가 그려져 있는데, 이때 노를 사용하였을 것으로 판단된다. 이후 선체에 지지점을 두고 노를 구동하는 방식으로 발전되며 추진 효율이 높아졌으며 다수의 사람에 의해 동시 추진이 가능하게 되어 해상으로 진출이 가능해졌다. 한편, 서양 노는 날이 전후 방향으로 움직이며 물을 후방으로 밀어냄으로써 반작용력을 얻어 추진하는 충동형(impulse type) 추진장치이다. 단면 형상이 날개 단면으로 되어 있는 우리나라의 전통 노는 서양의 노와는 달리 날이 물을 가르며 좌우로 움직일 때 프로펠러와 같이 양력을 얻어 추진하는 발전된 추진방식인 양력형(lifting type) 추진장치이다.

2) 바람의 추진을 이용한 범선

인류가 언제부터 돛을 사용했는지는 분명하지 않으나 선사시대부터 이용한 것은 확실하다. 특히, 이집트의 벽화나 북유럽의 바이킹의 배는 노와 돛을 함께 이용한 대표적 선박이다. 우리나라의 경우, 고려의 동경이나 완도 출토 고려선을 기준으로 판단하고, 역사의 기록에 의하면 장보고 시절에 이미 중국으로부터 일본에 이르는 항로를 개설하고 청해진을 중심으로 우리나라의 범선들이 활동하였다.

초기의 범선은 1개의 마스트만 사용했다. 그러나 15~16세기 들어 식민지 개척 등으로 대양 항해의 필요성이 대두되자 3개의 마스트를 사용해 더욱 효율적으로 풍력을 이용하기 시작했다. 1592년 임진왜란이 발생했을 때 조선 수군의 군선과 왜란 이후 일본을 왕래한 조선통신사선은 2개의 마스트를 사용했다. 범선시대의 후기에는 식민지와 본국 간 교역의 확대로 함포를 장착한 대형 군함과 정기 항로를 운항하는 대형 범선이 등장하였다.

3) 증기기선의 출현

1787년 John Fitch가 건조한 길이 14m의 배가 성공적으로 시운전을 마치면서 증기선의 시대가 열렸다. John Stevens는 1802년에 스크루 추진 증기선을 건조하였으며, 이듬해에는 개량된 2개의 스크루를 갖춘 증기선을 완성하여 허드슨 강에서 운항에 성공했다. 1807년 Robert Fulton의 작품인 증기선 Clermont 호가 승객을 태우고 이틀 간 New York에서 Albany까지 240km의 장거리 운항에 성공하여 상업용 '증기선시대'를 열었다.

초기의 기선에는 선박용 증기왕복동기관(蒸氣往復動機關)으로 외륜차(外輪車)를 구동시켜 배를 추진하였다. 1811년에는 풀턴과 리빙스턴이 만든 뉴올리언스 호가 미시시피 강에 취항하였는데, 1814년까지만 해도 New Orleans에는 기선이 20척 정도밖에 없었다. 그러나 그 뒤 20년 동안 약 1,200척으로 늘어나서 미국의 중부지역 발전에 중요한 역할을 했다.

4) 증기터빈 추진

증기터빈의 시초는 BC 120년 Alexandria의 수학자 Hero로 알려져 있으며, 1480년경 Reonaldo da Vinci도 증기터빈의 원리를 제시했다. 1883년에 스웨덴의 Patrik de Laval은 다수의 원호형 날개를 장착한 임펠러에 수증기를 노즐에서 고속으로 뿜어 회전시켰다. 라발의 터빈은 회전속도가 매우 빨랐기 때문에 주로 펌프용 동력으로 사용되었으며 이후에 기어장치가 개발됨으로써 회전속도를 조절할 수 있게 되었다.

1884년에 영국의 기술자 Charles A. Parsons은 다단 증기터빈으로 만들어 회전속도를 조절하고 감속 기어장치를 통해 저속 회전시켜 발전할 수 있었다. 1894년에는 **그림 7-1**에서 보는 것처럼 최초의 터빈형 증기선인 Turbinia 호가 출항했다. 증기터빈은 증기 왕복동 기관의 효율을 금세 능가했을 뿐만 아니라 기능 면에서도 뚜렷한 장점이 있었다. 이후 디젤기관의 등장으로 선박 동력원으로서의 증기터빈의 경쟁이 뜨거워졌다.

5) 선박 추진기관의 승자, 디젤기관

Dr. Diesel이 고안한 디젤기관은 세계 최초의 원양 항해 선박인 Selandia 호에는 1911년 B&W Diesel 사의 중속 4행정기관이 탑재되었고, 1897년 첫 운전을 시작한 이래로 비약적인 발전을 거듭하였다. Selandia 호의 성과에 힘입어 점점 더 많은 선주

그림 7-1 최초 증기터빈선 Turbinia 호

가 디젤기관 선박을 건조하였다. 1914년 디젤기관을 탑재한 선박은 총톤수 23만 5,000톤에 300척 미만이었지만, 10년 후에는 대략 2,000척에 총톤수 200만 톤 정도로 증가하였다. 그리고 1940년에는 8,000여 척에 총톤수 1,800만 톤으로 증가하였다.

제1차 세계 대전을 거치면서 운항 중인 디젤기관 탑재 선복량의 비율은 전체 선박의 25%로 팽창하였으며 1939년에는 60%를 차지하게 되었다. 선박용 디젤기관은 한 세기를 지나는 동안 연료 분사장치 개발, 과급기의 적용, 저질 연료의 사용, 기관의 초대형화, 전자 제어기관 출현 등으로 눈부신 발전을 이룩하였다.

그리고 최근에는 LNG 운반선에서 증기터빈 대신 가스-기름의 2중 연료기관을 주 동력원으로 사용하기 시작함으로써 디젤기관이 모든 상업용 선박 추진 시스템의 동력으로 자리 잡게 되었다. 기관의 출력도 10만 마력 수준에 이르게 되었다.

2. 추진기관의 종류

2.1 디젤기관

디젤기관이란 경유 또는 중유를 연료로 압축, 점화에 의해서 작동하는 왕복운동형 내연기관으로 압축 착화기관이라고도 한다. 디젤기관은 분당 회전수(rpm)에 따라 고속, 중속, 저속으로 분류한다. 고속 기관은 1,000~2,400rpm 정도로 대체로 대당 출력 3,500마력이 상한이다. 중속 기관은 400~1,000rpm 정도로 대당 출력은 1만 마력이 상한이다. 그리고, 저속 기관은 처음부터 그 회전속도가 프로펠러의 최적 회전속도와 일치하도록 설계된 것이다.

대형 디젤기관은 모두 저속 기관으로서 120rpm 이하의 회전수를 가진다. 대당 출력은 통상 5,000~45,000마력이 보통이며 최근 10만 마력대의 기관이 출현하였으며, 경제성이 다른 어떤 추진기관보다 우수하다. 현재 저속 기관은 대형 컨테이너선이나 탱커 등의 추진에 이용되고, 중속 및 고속 기관은 카페리나 어선 등에 일반적으로 사용되며, 보조 동력원으로서도 광범위하게 사용되고 있다.

1) 고속 기관

고속 기관은 1,000rpm 및 그 이상의 속도로 운전되는 기관을 말한다. 소형선에서 주 추진기관, 대형 선박에서 주 발전기와 비상용 발전기 구동장치로서 널리 이용되고 있다. **그림 7-2**는 고속 기관의 예이다.

그림 7-2 MTU 20V 8,000 M90의 외형도
(출처 : MTU)

2) 중속 기관

중속 기관은 400~1,000rpm으로 1만 마력 이하의 기관을 말한다. 작은 선박과 크루즈선, 자동차 · 여객 페리 및 로로(Ro-Ro, roll-on roll-off)선과 같은 특수선의 추진에 일반적으로 사용되고 있다. 중속 기관은 원양선의 발전기 분야에서는 압도적인 위치를 가지고 있으며, 출력이 작은 경우에만 부분적으로 고속 4행정기관이 채택되고 있다. **그림 7-3**은 중속 기관의 예이고, **그림 7-4**는 한국에서 개발한 중속 기관인 현대 힘센 엔진의 형식별 출력을 나타냈다.

3) 저속 기관

저속 기관은 200rpm 내외로 피스톤 속도가 4m/s 미만인 기관을 말한다. 대표적인 저속 기관과 제조업체는 MAN B&W MC/ME 엔진(MAN Diesel&Turbo 사, 독일), Wartsila RT 엔진(Wartsila 사, 핀란드), UE 엔진(Mitsubishi 사, 일본)이다. MAN B&W 엔진은 현재 약 1,100kW부터 9만 7,300kW까지 출력 수요를 4~14실린더의 직렬 모델로 감당하고 있다. **그림 7-5**와 **그림 7-6**은 저속 기관의 예이다.

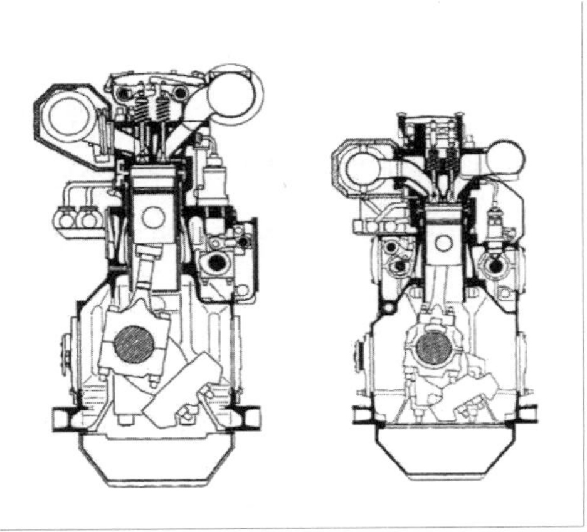

그림 7-3 MAN B&W의 중속 기관의 예

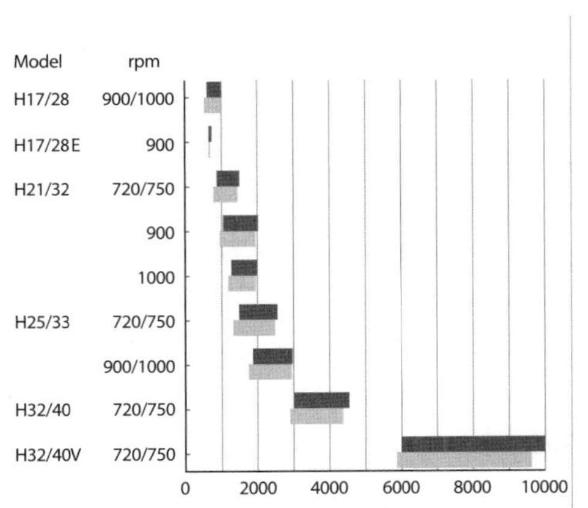

그림 7-4 현대 힘센 엔진 중속 기관의 출력 특성

그림 7-5 저속 기관의 예
Sulzer RTA (출처: Wartsila)

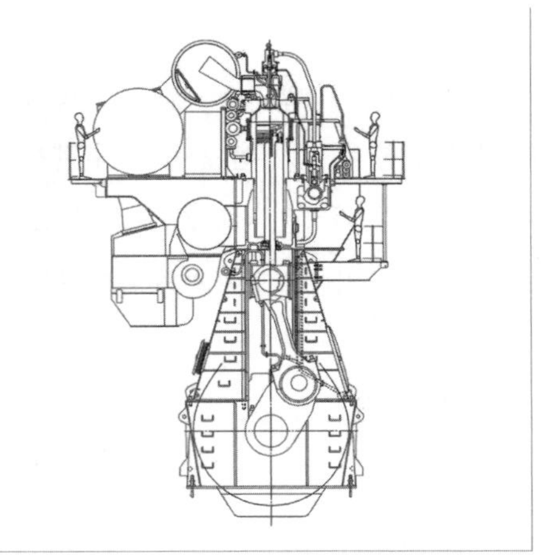

그림 7-6 저속 기관의 예
MAN B&W (출처: MAN B&W)

2.2 전자 제어 디젤기관

1) 전자 제어 디젤기관의 소개

디젤기관이 등장한 후 두 번의 획기적인 변화가 있었다. 하나는 과급기의 개발이었고, 또 하나는 전자 제어 시스템의 개발이었다. 과급기가 기관의 성능 향상에 큰 진보를 이루었다고 하면 전자 제어 시스템의 개발은 제어의 유연성을 확보하는 데 결정적인 계기가 되었다고 할 수 있다.

캠축(cam shaft)은 연료밸브, 배기밸브 및 시동공기 밸브를 제어하고 연료분사 펌프, 배기밸브 펌프 및 시동공기 분배기를 구동하는 유용한 하드웨어였다. 그러나 모든 부하 조건에서 연소과정을 어떤 목적에 따라 다양하게 제어하고자 할 때 캠축은 큰 장애요소로 작용하였다. 이는 캠축의 형상 및 위치를 운전 중에 바꿀 수 없다는 것 때문이었다. **그림 7-7**은 전통적인 캠축으로 작동하는 연료 분사 시스템의 예이다.

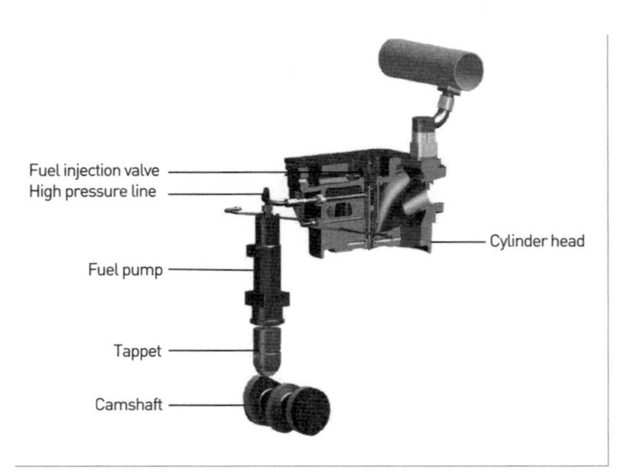

그림 7-7 전통적인 캠축으로 작동하는 연료 분사 시스템
(출처: Wartsila)

전자 제어기관에서는 이와 같은 캠의 기구학적인 제어 기능을 컴퓨터와 소프트웨어로 대체하고 유압 펌프, 축압기(커먼레일 등), 제어밸브 등을 채용하여 캠

의 구동 기능을 대신하게 하였다. 이러한 변화는 제조사 및 형식에 따라 조금씩 차이는 있다. 2사이클의 경우에서는 컴퓨터로 연료밸브, 배기밸브, 시동공기밸브 및 실린더 윤활장치를 제어하고, 4사이클에서는 연료밸브에 한정적으로 제어하는 것을 채택하는 추세이다. 연소과정을 전자 제어할 경우 배출가스 저감, 운전비용 절감, 저속 운전 성능 향상 등 여러 가지 이점이 있지만, 변화되었거나 추가된 하드웨어 및 소프트웨어의 신뢰성을 검증하는 것이 새로운 과제이다.

2) 전통적인 디젤기관과 전자 제어기관의 비교

그림 7-8에서는 Sulzer(현재 Wartsila) 사에서 생산하고 있는 전통적인 디젤기관(Sulzer RTA)과 전자 제어기관(Sulzer RT-flex)의 개략도이다. 그림에서 보는 것과 같이 RT-flex 기관에서는 RTA 시리즈에 있던 배기밸브 구동장치, 연료펌프, 캠축, 역전 서보모터, 연료 링크장치, 액추에이터, VIT 장치, 시동공기 분배기, 캠축 구동장치가 제거되고 커먼레일 플랫폼, WECS-9500 제어 시스템, 공급장치(supply unit) 및 관련 관 계통이 추가되었다.

전자 제어기관은 최적의 연소 상태 유지를 위한 튜닝 작업을 손쉽게 할 수 있도록 개발되었으며, 21세기에 대두되는 환경문제에 대처해 나가기 위한 진일보된 개념의 기관이라 볼 수 있다. 아울러 편의를 위해 적용되는 수많은 전기 · 전자적 시스템과 컴퓨터 프로그램의 효율적 활용 및 문제 처리 능력을 위해 보다 많은 노력이 요구되고 있다.

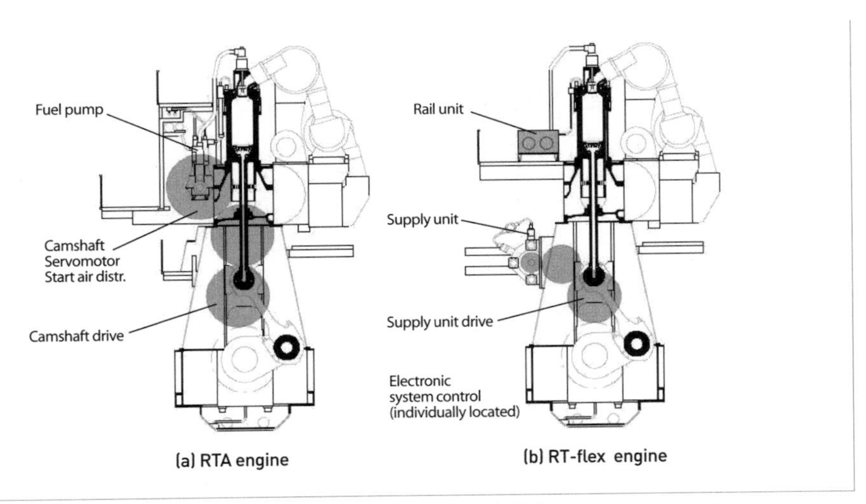

그림 7-8 전통적인 디젤기관과 전자 제어기관의 구조적 차이 (출처: Wartsila-Hyundai)

2.3 가스터빈

가스터빈이란 연소 가스의 흐름으로부터 에너지를 추출하는 회전 동력기관을 말한다. 가스터빈은 압축기와 터빈 그리고 연소실로 구성되어 있고, 압축기에서 압축된 공기가 연료와 혼합되어 연소함으로써 고온 고압의 기체가 팽창하고 이 힘을 이용하여 터빈을 구동한다. 에너지는 축을 통해 토크로 전달되거나 추력이나 압축공기 형태로 얻는다.

가스터빈은 주로 해군 함정의 추진에 많이 사용되어 왔다. 가스터빈의 잠재력은 해운 분야에서도 충분히 사용될 수 있는 상태이다. 컨테이너선, 소형 가스 운반선 및 1970년대의 발트 해의 페리 Finnjet 호에 설치된 것과 같이 가스터빈이 해운 분야에 보다 활발한 시장 진출을 모색하고 있다. 그러나 연료유의 가격 상승과 디젤기관의 출력비 상승, 저질 중유 연소 능력의 향상으로 진출이 용이하지 않은 점은 해결해야 할 과제로 남아 있다. **그림 7-9**는 선박용 가스터빈의 예를 보여준다.

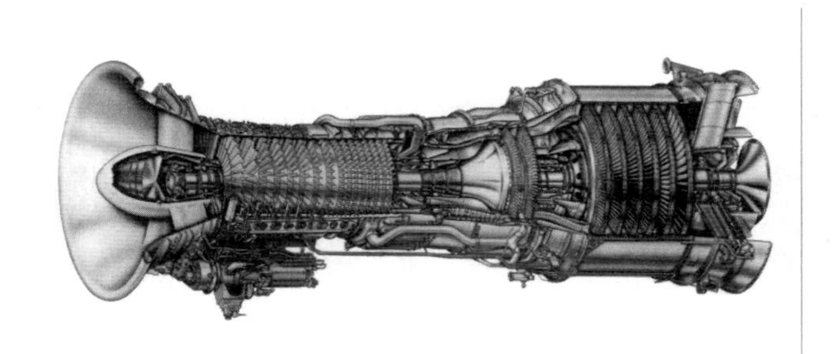

그림 7-9 대형 고속 페리용 GE 사의 LM2500 가스터빈

2.4 증기터빈

2.4.1 증기터빈의 개요

증기터빈(steam turbine)은 보일러 또는 원자로에서 얻은 고온 · 고압의 증기를 노즐을 통과시켜 팽창하도록 하여 고속의 증기를 만들고, 이 고속 증기를 회전익에 충돌시켜 충동력으로 작용하고, 방향 전환하여 회전익의 출구로 유출할 때는 반동력으로 작용한다. 즉, 충동과 반동 작용으로 동력을 생산하는 장치를 말한다.

2.4.2 증기터빈의 분류

증기터빈은 크게 증기의 작동방식, 유동 방향, 사용 조건, 차실 수, 차축에 따라 다음과 같이 나뉜다.

1) 충동터빈

충동터빈(impulse turbine)은 보일러로부터 공급되는 증기를 노즐에서 팽창시키고 얻어진 고속 증기를 회전익에 충돌시켜 충동작용으로 일을 한다.

2) 반동터빈

반동터빈(reaction turbine)은 보일러로부터 공급되는 증기가 고정익(stationary blade) 또는 고정 블레이드(fixed blade)를 통과하는 동안에 증기의 압력이 일부 강하시켜 속도를 얻는다. 그리고 이 속도를 가진 증기를 회전익(moving blade)으로 유도하여 회전익 사이를 통과하는 동안 충동작용에 의한 일의 일부를 하는 동시에, 증기의 압력 강하에 따른 반동에 의해서도 일을 한다. 에너지의 주 원천이 반동 단에서 이루어지므로 반동 터빈이라 한다.

3) 충동–반동 혼식 터빈

충동–반동 혼식 터빈(impulse–reaction turbine)은 단일 터빈에서 충동터빈과 반동터빈을 결합하여 장점을 살렸다. 고압부에 충동 단을 사용하면 첫째 단의 노즐에서 큰 온도와 압력의 강하를 얻을 수 있고, 회전익을 때리는 증기의 온도와 압력을 많이 낮출 수 있다. 이것은 속도–복식 단에서 가용 운동에너지의 대부분을 변환시키는 것을 의미하고, 남은 에너지의 적은 양도 반동 단에서 충분히 사용된다. **그림 7–10**에서는 실제 터빈의 거치 상태를 보여준다.

4) 축류터빈

축류터빈(axial turbine)은 증기의 흐름 방향이 터빈 축에 평행이고 고정익과 회전익 내에서 동일한 비로 팽창하도록 이들 두 단면의 모양을 같게 만든 터빈을 말한다.

그림 7–10 터빈 거치 상태 (출처: Wartsila–Hyundai)

5) 방사흐름터빈

방사흐름터빈(radial turbine)은 증기가 터빈 축에 직각인 평면 내에서 반지름 방향으로 유동하고 고정익은 없으며, 서로 반대 방향으로 회전하는 회전익으로만 구성되어 있는 터빈을 말한다.

6) 단차실 터빈

단차실 터빈(single casing turbine)은 차실(casing)이 1개인 것을 말하며 소형, 중형 용량의 터빈에 적합하다.

7) 복차실 터빈

복차실 터빈(multi casing turbine)은 차실이 2개 이상이고 고압, 중압, 저압 차실 등으로 나누어져 있다. 증기는 이들 차실에서 차례로 팽창하여 일을 한다.

2.4.3 터빈의 주요 구성

몇 개의 단을 차축에 배치하여 구성하는 것이 보통이다. 그 구조는 터빈의 형태에 따라 다소 차이가 있으나, 공통되는 주요 구성요소는 기초, 케이싱, 로터 및 블레이드, 노즐, 베어링, 차축 밀봉장치, 밀봉장치 등이다. **그림 7-11**은 증기터빈의 주요 구성품이다.

보일러에서 발생된 고압 증기는 증기밸브, 조속기로 개폐되는 가감밸브를 거쳐 증기실(steam chest)로 들어가서 팽창하면서 각 단을 지나 배기실에 이른다. 증기의 체적은 팽창하면서 현저히 증가하므로 이에 상응하는 통로를 주어야 하고, 노즐 및 회전익의 높이는 저압단으로 가면서 커진다. **그림 7-12**는 터빈 제어 시스템의 계통도이다.

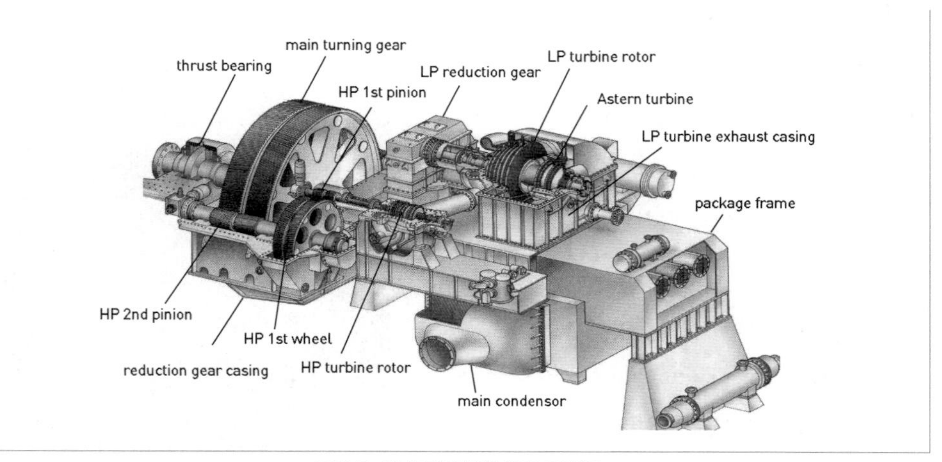

그림 7-11 증기터빈의 주요 구성품

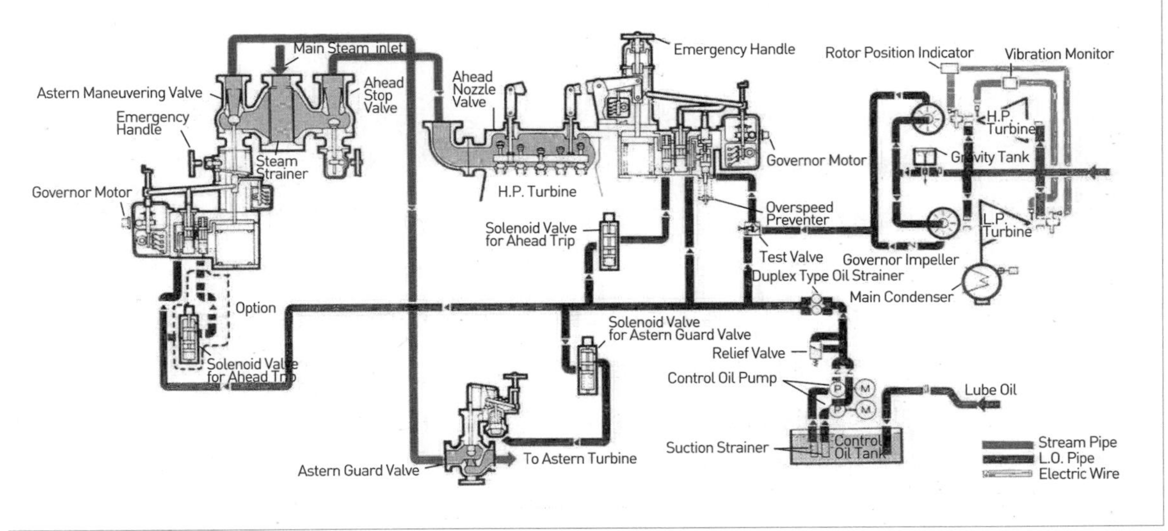

그림 7-12 터빈 제어 시스템 계통도

1) 로터

로터(회전자, rotor)는 터빈 차축, 바퀴 및 회전익으로 구성되며, 차축은 차실 밖에 설치된 베어링으로 지지되어 회전한다. 회전익은 회전바퀴의 끝에 고정되어 교대로 설치된 노즐과 더불어 고리모양의 증기통로를 만든다.

2) 회전익

회전익은 바퀴 또는 로터에 설치되어 증기로부터 운동에너지를 회전력으로 변환하면서 고속으로 회전하므로, 고온 · 고압의 증기에 견디어야 한다. 따라서 재료는 Cr 또는 Cr-Mo의 고합금강이 많이 사용된다. 저압의 증기를 사용하는 경우에 315℃ 이하에서는 Mn-Cu 합금 또는 Cu-Ni 합금을 사용하고, 증기온도가 220℃ 이하에서는 Cu-Zn 합금을 사용하기도 한다.

3) 노즐

노즐의 주 기능은 증기의 열에너지를, 증기속도를 증가하여 운동에너지로 변환하는 것이며, 부수적으로 블레이드에 증기를 안내하는 것이다. 노즐은 격판과 일체가 되어 있고, 이 격판은 수평의 중심선을 기준으로 하여 상하로 이등분되어 차실에 지지되어 있다. 노즐은 그 단면적 변화에 따라 선단 축소, 선단 확대 그리고 평행 노즐로 구분한다. 노즐은

입구, 목(throat) 및 출구로 구성되며, 여러 가지 형태가 있으나 축소 노즐과 축소-확대 노즐로 대별된다.

4) 회전축 밀봉장치

고압터빈에서 차실을 가로질러 차축이 있어서 차실 내외의 압력 차가 크기 때문에 차축과 차실 사이의 틈새로 누설이 생긴다. 이를 최소화하기 위하여 회전축 밀봉장치(shaft gland)가 있다. 이 밀봉장치는 여러 가지 형태가 있으나 일반적으로 래빌린스(labyrinth) 패킹과 카본 패킹으로 구분한다.

래빌린스 패킹은 축 주위에 기계 가공된 패킹 스트립을 케이싱에 설치하여 이 스트립 사이에 매우 작은 간극을 만든다. 래빌린스 패킹의 원리는 좁은 간극을 통한 증기가 누출되므로 그 압력이 떨어지는 것이다. 따라서 여러 개의 패킹 스트립을 통과할 때 이 증기압은 대기압과 가까워진다. 이 패킹은 고온 · 고압에 파손되는 카본 패킹을 대신하여 고압 밀봉에 사용한다.

카본 패킹은 래빌린스 패킹과 같은 원리로 사용되며, 카본 패킹 블록은 스프링에 의해 축에 밀착되며 키에 의해 자체 회전이 방지된다. 카본 패킹은 저온 · 저압인 곳의 누르개로 사용한다. 이러한 패킹을 사용하여도 증기 터빈으로부터 완전히 증기를 차단할 수 없다. 저압 터빈에서 차축과 차실 사이의 압력이 대기압 이하로 떨어질 때 이 사이로 공기가 유입되어 터빈을 거쳐 복수기에 들어갈 염려가 있다. 이 경우에는 밀봉 증기를 사용하여 공기의 유입을 방지한다.

5) 베어링

증기터빈의 베어링에는 메인 베어링과 추력 베어링이 있다. 이 메인 베어링은 회전자의 무게를 지탱하고, 회전자와 케이싱 사이의 반지름 방향으로 간극을 정확히 유지시키는 기능을 가지고 있다.

베어링에는 일반적으로 슬리브 베어링과 볼 베어링 또는 롤러 베어링이 있다. 그러나 단위면적당 하중이 지나치게 커지는 것을 막고, 냉각과 윤활을 위한 윤활유의 유동을 쉽게 하며, 설치와 수리를 용이하게 하기 위하여 대개 슬리브 베어링을 사용한다.

추력 베어링은 터빈축 중심선 방향으로 작용하는 힘을 받아주고 터빈축이 축 방향으로 설계 위치를 벗어나지 않도록 유지시켜준다. 이 베어링은 배빗 메탈로 씌워진 슈(shoe)가 차축에 고정된 칼라의 앞쪽과 뒤쪽에 설치된다. 이 칼라와 슈 사이의 간극은 매우 작고,

차축이 회전하게 되면 칼라는 슈와 접촉하게 되므로 축은 바른 위치를 유지할 수 있게 된다. 큰 추력을 전달하여야 하는 베어링은 축에 여러 개의 칼라를 설치하고 그에 맞추어 고정 슈를 설치한다.

2.5 2중 연료기관

2중 연료기관은 필요에 따라 디젤연료와 가스를 연료로 번갈아 사용할 수 있는 기관을 말한다. **그림 7-13**은 2중 연료기관의 예이다.

천연가스에 의한 운전은 연료의 청정 연소 특성과 낮은 오염물 함량 때문에 매우 낮은 유해 배출물을 발생한다. 주 구성 성분이 메탄인 이 연료는 일정량의 탄소당 에너지 함유량 차원에서 가장 효과적인 탄화수소 연료로서, 모든 화석연료의 에너지 단위당 최고의 수소량을 함유한다. 따라서 전형적으로 천연가스에 의한 운전 모드에서 중유(HFO)나 디젤연료 운전과 비교하여 20% 정도 이산화탄소의 배출 비율을 줄이게 된다. 산화질소(NOx) 배기의 상응하는 감소는 72%이고, 황산화물(SOx)과 검댕 배기(PM)는 거의 제거된다.

그림 7-13 2중 연료(DF) 기관의 예
Wartsila 6LDF 기관

더 나아가, 눈에 보이는 연기는 없으며 슬러지 침전물과 납(鉛) 배출은 없다. 벤젠 배출은 대략 97%까지 줄어든다. 천연가스는 기관에 있어서 매우 양호한 연소 특성을 가지며 공기에 비해 가볍고 높은 점화 온도를 갖기 때문에 매우 안전한 연료이다. **그림 7-14**는 디젤연료 운전일 때와 가스연료 운전일 때의 유해가스 배출 비율을 비교한 결과이다.

Wärtsilä 사의 2중 연료(DF, Dual Fuel) 4행정기관은 가스 모드 또는 디젤 모드로 운전할 수 있다. 가스 모드에서 기관은 연소실 내에서 미리 혼합된 공기-가스 혼합체에 의하여 희박 연소 오토 사이클(Otto cycle)에 따라서 작동한다. 희박 연소는 실린더 내에 공급되는 공기와 가스의 혼합체에 연료를 완전 연소시키는 데 필요한 것보다 더 많은 양의 공기를 가지고 있는 상태에서 연소가 이루어지는 것을 의미하며 최고 온도를 낮추어준다.

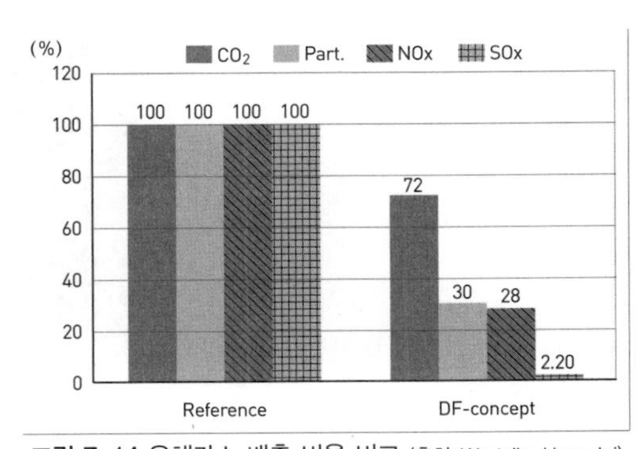

그림 7-14 유해가스 배출 비율 비교 (출처: Wartsila-Hyundai)

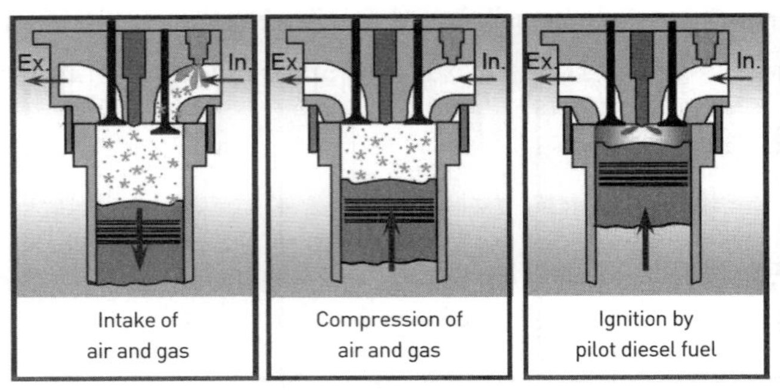

그림 7-15 DF 가스 모드

가스는 흡입 행정기관 중 흡입 공기 통로로부터 실린더 내로 공급된다. **그림 7-15**는 DF 가스 모드의 연소과정을 나타내고 있다. 가스 혼합체는 연소실 안으로 분사되는 소량의 디젤연료로 점화된다. 낮은 NOx 배출을 얻기 위해서는 파일럿 디젤연료의 양이 극히 작아야 하므로, Wärtsilä 사의 DF 기관은 표준 디젤기관 대비 발생되는 NOx 배출의 1/10을 달성하기 위해 표준 디젤기관의 정상적인 부하에서 분사하는 디젤연료의 1% 이하인 '미소-파일럿' 분사를 이용한다. **그림 7-16**은 미소파일럿 분사 노즐의 예이다. 또한, **그림 7-17**은 DF 디젤 모드의 연소과정을 나타내고 있다.

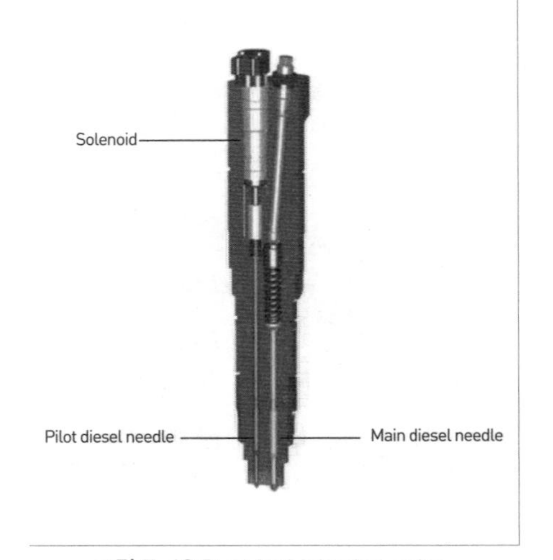

그림 7-16 Dual fuel injection valve

DF 기관이 가스 모드로 운전될 때 연소는 노킹과 착화 실패를 방지하기 위해 정확하게 제어되어야 하는데 Wärtsilä 사는

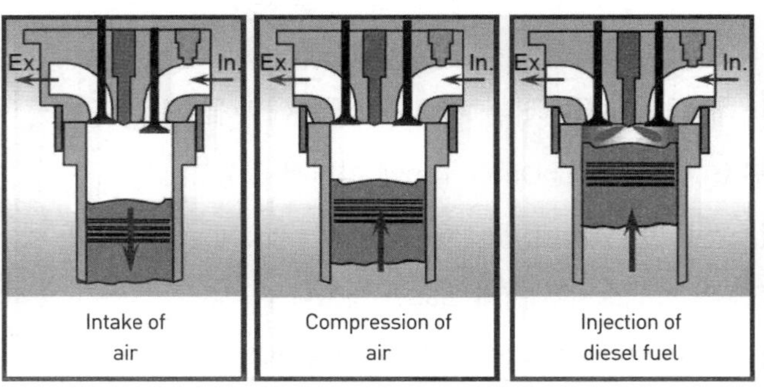

그림 7-17 DF 디젤 모드

이를 실현하기 위한 유일한 방법으로 각 실린더 헤드에서 파일럿 연료 분사와 가스 주입을 완전한 전자 제어로 수행하는 방법을 제안하였다.

그림 7-18에 실린더 헤드에서의 전자 제어의 연료유 시스템 예이다. 전체적인 공기-연료비는 배기밸브로 조절하고 배기가스의 일부가 터빈 과급기를 우회하도록 한다. 이것은 공연비가 온도와 같이 변화하는 주변 조건과는 독립적으로 올바른 값이 되도록 보장한다. 그리고 **그림 7-19**에는 공연비 그래프의 예를 나타냈다.

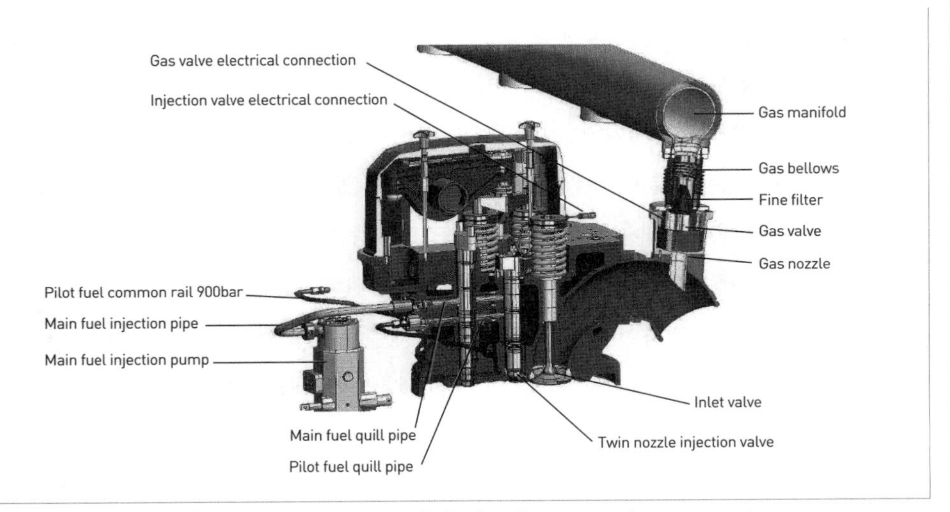

그림 7-18 Fuel system in cylinder head components (출처:Wartsila)

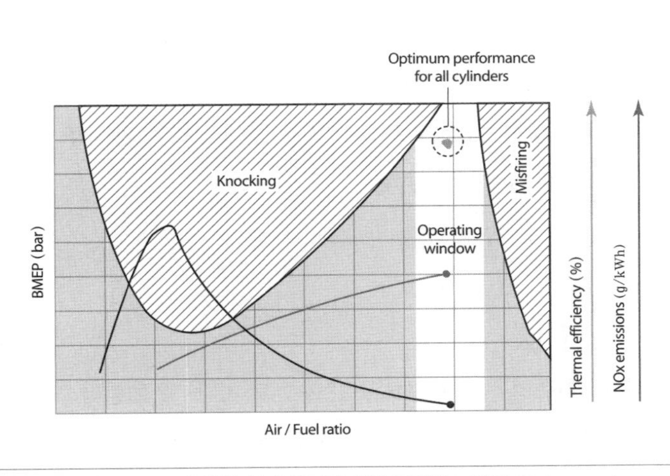

그림 7-19 노킹 착화 실패 방지를 위한 공연비 그래프 (출처:Wartsila)

3. 선박용 추진 축계

선박의 추진 축계를 일직선으로 배치하는 경우 각 베어링의 하중 배분이 고르지 못하므로 추진축 베어링의 이상 마모, 중간축 베어링의 무부하 상태, 또는 과열, 감속기어의 마모, 파손 등의 문제가 발생할 수 있다. 축계 배치 이론은 직선 배치 때의 하중 분배를 계산하고 각 지지 베어링을 단위 높이만큼 변화시켰을 때의 하중 변화량, 즉 반력 영향 계수를 계산하여 각 베어링의 배치를 수직 및 전후 방향으로 조절함으로써 자연 곡선에 가깝게 배치하여야만 여러 가지 축계의 변화에 대해 둔감하고 안정하게 된다.

추진 축계 배치에 관한 연구는 1950년대 후반 미국 해군 함정에서 중요성이 대두된 이후 개개의 베어링에 대한 최적의 위치를 결정하는 이론이 정립되기 시작하였다. 이 성과는 점차 일반 선박으로 확대되었으며, 1960년대 후반부터 1970년대 초반에 걸쳐 활발한 연구가 전개되어 많은 부분에서 관련 이론들이 확립되었다.

최근 선박이 초대형화됨에 따라 소요 동력도 크게 증가하여 대형 저속 2행정 엔진을 탑재한 선박에서 축계 배치의 잘못에 기인하는 주기관 선미 측 베어링과, 선미관 후부 베어링의 손상이 증가하는 경향이 있다. 이러한 경향 때문에 흘수 차이 및 온도에 의한 열변형 등으로 기관실 이중저 및 주기관 베드의 변형 같은 영향이 나타날 수 있다. 또한 출력 증가에 따라 추진축의 강성은 증가가 요구되는 반면에, 선체용 강재로 고장력 강재를 사용함에 따라 구조 부재의 치수가 얇아져서 선체의 선미부는 이전의 선체보다 훨씬 더 쉽게 변형하는 실정이다. 그래서 기존의 선박보다 더욱 정교한 축계 배치가 요구된다.

따라서 추진 축계를 설계 단계에서 최적 배치하기 위해서는 해석할 때 선박의 적하 하중에 따른 베어링 반력의 변화, 운항에 따른 메인 엔진의 변형 및 프로펠러 추력에 의해 발생되는 굽힘 모멘트, 하중에 대해 연직 방향으로 작용하는 베어링의 탄성 변형 등을 함께 고려해야 한다. 이에 대하여 학계, 조선소 및 선급에서 축계 배치로 인한 손상을 최소로 하기 위한 많은 연구가 진행되어 왔다.

3.1 축계의 구성

그림 7-20은 축계의 구성을 개략적으로 보여주고 있다. 프로펠러 축(①)은 선미관(②) 내에서 두 곳의 베어링(⑭)에 의해 지지된다. 선미관에서 선미 측은 바닷물이 선 내로 침입하는 것을 방지하기 위하여, 선수 측은 선미관 내에 있는 압력유가 선내로 새는 것을 방

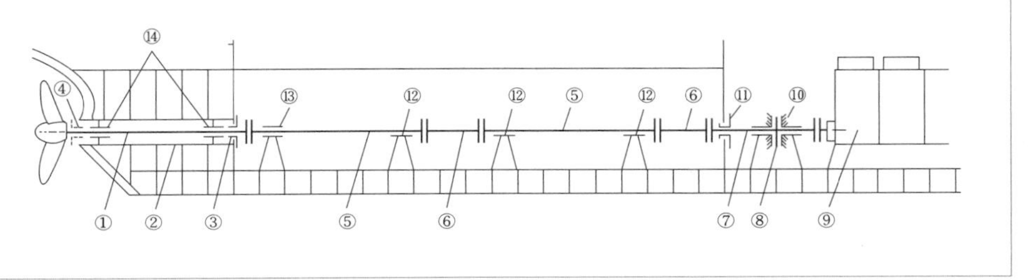

그림 7-20 축계의 구성 그룹

지하기 위하여 밀봉장치(③, ④)를 설치한다. 프로펠러 축과 중간축(⑤)은 축 커플링으로 결합된다. 제작상 편의와 설치 조립이 용이하도록 하기 위해 중간축은 적당한 간격으로 분할되고 커플링으로 각각 결합한다. 중간축은 미끄럼 베어링으로 지지되고 작동된다.

선박에서 기관은 대부분 선미 측에 설치되기 때문에 축계는 통상적으로 단축이 되며 중간축은 1개인 경우가 많다. 운전할 때 프로펠러에서 발생되는 추력은 추력축(⑦)과 추력 칼라(⑧)를 통해 선체로 전달된다.

3.2 추진 축계 배치 시 고려사항

1) 축계 배치에서 고려해야 할 운항 중 발생이 예상되는 핵심사항

- 흘수나 항로의 변경에 따른 이중저(double bottom)의 변형
- **그림 7-21**은 정지 상태와 운전 상태 간의 온도차로 인한 디젤기관, 또는 터빈과 감속 기어의 열 팽창과 연계되어 나타나는 베어링 반력 변화량을 보여준다.

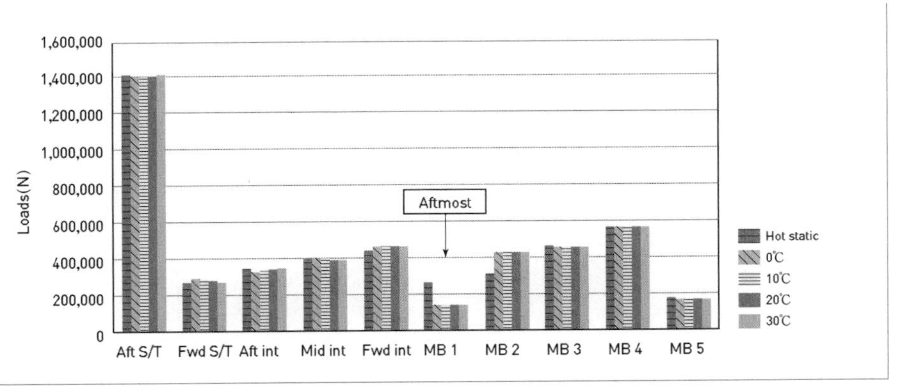

그림 7-21 온도 변화에 따른 베어링 반력 변화량 예

- 축이 회전하면서 발생하는 추력에 의한 굽힘 모멘트의 영향으로 선미관 선미 베어링의 유효 지지점이 이동하는 현상
- 추력 패드(thrust pad)의 배치 상태에 기인하여, 프로펠러의 추력 중심과 축계의 중심 위치가 어긋남으로써 추력 패드 위치에서 발생하는 굽힘 모멘트
- 추진 축계에 PTO(Power Take-Off) 시스템을 이용한 축발전기의 전자기저항에 의한 부가력
- 리그넘 바이트(lignum vitae)를 사용하는 해수 윤활 방식인 경우 베어링 마멸
- 축이나 프로펠러의 회전에 의한 불평형 관성력

2) 축계 설계에서 부차적으로 만족해야 될 사항

상기와 같은 사항에도 불구하고 다음과 같은 사항을 만족하여야 한다.

- 감속장치의 기어 양단 베어링에서 베어링 반력이 균등할 것
- 모든 여타의 축계 지지 베어링에서 면압이 균등할 것
- 모든 운전 조건에서 개개의 베어링 하중의 방향이 일정하고 크기가 불변할 것
- 가능한 한 선미관 후부 베어링에서 하중의 분포가 균일할 것, 즉 모서리에 베어링 하중이 국부적으로 편중되지 않을 것

감속기어를 갖는 터빈이나 디젤기관에서는 감속 기어장치가 비교적 짧기 때문에 축계 중심선의 평균 기울기가 베어링 중심선에 평행하게 되도록 축계 지지대나 베어링 및 감속 기어장치를 낮추어서 배치할 수 있다. 그러나 저속 디젤기관은 상응하는 기울기를 갖도록 설치하기에는 너무 길기 때문에 선미관 베어링에 상응하는 기울기를 갖도록 보링하거나 베어링 부시의 외경에 상응하는 기울기가 되도록 가공한다. 후자의 방법으로 정확한 기계 가공이 가능하기 때문에 바람직한 방법이다.

또한, 선미관 백색 합금(white metal) 베어링에서 모서리에 하중이 국부적으로 편중되는 현상을 완화하기 위하여, 후부 베어링 길이 1/3 정도를 부분 경사 보링 또는 이중 경사 보링으로 가공하기도 한다.

4. 연료유

내연기관의 연료는 액체연료와 가스연료로 나눌 수 있다.

4.1 액체연료

4.1.1 액체연료의 종류

내연기관에서 현재 주로 사용하는 액체연료는 다음과 같이 세분할 수 있다.

- 석유계 원료에서 얻는 것 : 가솔린, 등유, 경유, 중유 등
- 석탄계 원료에서 얻는 것 : 벤졸, 석탄을 액화한 가솔린, 등유, 경유, 중유 등
- 식물성 원료에서 얻는 것 : 에틸알코올, 메틸알코올

4.1.2 내연기관용 연료의 제조법

내연기관에서 사용되는 연료는 대부분이 석유계 연료이며 이들은 모두 탄화수소이다. 일반적으로 탄화수소는 그의 구조에 따라 지방족(脂肪族), 방향족(芳香族), 나프텐족(naphthen族)의 3가지 종류로 나누어진다. 그중에서 지방족은 연소하기 쉽고, 방향족은 연소하기 어려우며, 나프텐족은 그들의 중간에 위치한다.

석유는 많은 종류의 탄화수소의 복잡한 혼합물이다. 그러나 원유는 그의 산지에 따라 어느 계통에 속하는지 대체로 알려져 있다. 또한, 원유 중에는 소량의 유황, 수분, 회분 등을 포함하고 있다. 이 중에서 유황은 연소하면 SO_2, SO_3 등이 되고, 후자는 물과 결합하여 H_2SO_4 등을 생성하며 기관을 부식시킨다. 따라서 유황의 함량이 많은 것은 연료로서 적당하지 않아 특별한 처리를 해야 한다.

원유로부터 석유제품을 만들 때는 원유를 증류 솥에 넣어서 가열하여 비등점이 낮은 경질 유분부터 순차로 기화시킨 후 이것을 냉각해 액화시킨다. 증류온도에 따라 각종 석유제품으로 구분한다. 이 작업을 분류(分留, fractional distillation)라 한다.

표 7-1은 분류의 예를 보여주며, 각 제품에 대한 일반적인 사항은 다음과 같다.

표 7-1 석유의 증류온도 및 설정 예

명칭	증류온도 ℃		비중	저발열량	이론 공기량	
	파라핀계 원유	나프텐계 원유		(kcal/kg)[kJ/kg]	Nm³/kg	kg/kg
휘발유	150° 이하	125° 이하	0.60~0.74	(10500)[44.00]	11.44	14.79
등유	150°~300°	125°~275°	0.74~0.82	(10300)[43.16]	11.37	14.70
경유	300°~350°	275°~325°	0.82~0.88	(10170)[42.61]	11.00	14.22
중유	350° 이상	325° 이상	0.89 이상	(9900)[41.48]	10.72	13.86
윤활유			–	–	–	–
잔사물	핏치	아스팔트	–	–	–	–

1) 휘발유

휘발유(gasoline)는 일반적으로 무색 투명하고 매우 기화, 인화되기 쉬우며 가솔린기관의 연료로서 사용된다. 휘발유의 주요 생산방법은 다음과 같다.

① 직류 휘발유(straight-run gasoline)

직류 휘발유는 원유로부터 직접 증류에 의하여 얻는 휘발유를 말한다.

② 천연가스 휘발유(natural gas gasoline)

천연가스 중에는 많은 휘발유 증기를 포함하고 있으므로 이것을 압축, 냉각하여 액화한 것을 케이싱헤드 가솔린(casing-head gasoline)이라 한다. 또한, 경유 등의 용제에 흡수시킨 것을 흡수 휘발유라 하고 일반적으로 직류 휘발유에 섞어서 사용한다.

③ 분해 휘발유(cracked gasoline)

분해 휘발유는 중질 석유 잔유를 가압 분해하여 제조하는 휘발유를 말한다.

④ 개질 휘발유(reformed gasoline)

이 휘발유는 중질 휘발유를 사용하여 고성능의 휘발유를 만들 목적으로 촉매를 이용하여 휘발유의 조성을 바꾸어 제조하는 휘발유를 말한다.

2) 등유

등유(kerosene)는 일반적으로 석유를 말한다. 휘발성, 인화성 모두 휘발유보다 떨어지며 석유기관(등유기관)의 연료로 이용된다. 그 외에 석유난로용 연료로서 사용되기도 한다. 색은 무색에서부터 담황색까지 여러 가지가 있다. 휘발유에 비하여 연소속도가 느리고 실린더 내부에 그을음이 끼기 쉽고 악취를 내는 것이 있다. 시동은 휘발유로 걸고 기관이 가열된 다음 등유로 바꾸는 경우가 많다.

3) 경유

중간유(neutral oil), 가스오일(gas oil), 또는 디젤유(diesel oil)라고도 불린다. 경유(light oil)는 석유기관, 고속 디젤기관 등에 사용된다. 또한, 연료 외에도 기계류의 세척유 또는 절삭유로도 이용된다. 경유를 전기 점화식 기관에 사용할 경우에는 적당한 예열장치를 설치하지 않으면 연소가 불량해진다.

4) 중유

중유(heavy oil)는 흑갈색의 진한 성상을 갖는 기름으로서 원유의 상압 증류 잔유(常壓蒸留殘油)와 경유 유분(輕油留分)을 혼합하여 얻은 기관연료용 석유제품을 말한다. 경유 유분이 주된 성분이면 A 중유, 잔유분(殘油分)이 주된 성분이면 C 중유, 경유 유분과 잔유분이 반반이면 B 중유라고 구분한다. 따라서 A 중유, B 중유, C 중유 순으로 점도가 높아지고, 유황 성분도 같은 순서로 많아진다.

가격은 A 중유가 비싼데 시기에 따라 변동은 되지만 대략 C 중유의 1.7～2.0배이다. 발열량은 A 중유가 약 10,200kal/kg, C 중유가 약 9,700kal/kg 정도이다. A 중유를 사용할 때와 비교하였을 때, C 중유는 약 5% 정도 더 사용해야 하지만 가격 차가 커서 C 중유를 주로 사용한다. 따라서 다량의 연료가 소모되는 선박용 대형 디젤기관에는 C 중유를 사용하고 기동할 때나 저부하 운전일 때는 B 중유를 사용하는 경우가 많다.

중유의 단점은 중유에는 유황분이 많이 포함되어 있어 연소 후 유황분이 황산 성분이 되어 실린더 내면에 부착된다. 이 황산분이 실린더 내부(실린더 라이너)와 실린더 링의 부식과 마모를 일으킨다. 이러한 현상은 C 중유에서 특히 심하다.

4.2 가스연료

내연기관에서 현재 주로 사용하는 가스연료는 석유계의 원료에서 얻는 가스로, 크게 액화천연가스(LNG, Liquified Natural Gas)와 액화석유가스(LPG, Liquified Petroleum Gas)로 나눌 수 있다.

1) 액화천연가스

액화천연가스는 지하 또는 해저의 가스전(석유광상)에서 뽑아내는 가스 중에서 상온에서 액화하지 않는 성분이 많은 건성 가스(dry gas)를 수송 및 저장이 용이하도록 액화한 것으로 보통 '천연가스' 라 불린다. 주성분은 메탄(CH_4)이다.

2) 액화석유가스

액화석유가스는 유전으로부터 분출하는 가스나 석유 정제에서 생기는 부산물 가스를 액화한 것이다. 주성분은 프로판, 프로필렌, 부탄 및 부틸렌 등이다.

4.3 바이오 연료

바이오 연료(bio-fuel)는 바이오매스(biomass)로부터 얻는 연료이다. 살아있는 유기체뿐 아니라 동물의 배설물 등 대사 활동에 의한 부산물을 모두 포함한다. 바이오 연료는 화석연료와는 다른 신재생 에너지이다. 이러한 바이오 연료는 크게 식물기름을 변형한 바이오 디젤과 사탕수수, 옥수수 등을 발효시켜 나온 바이오 알코올로 나눌 수 있다.

장점은 우선 화석연료와 달리 식물체를 통하여 다시 탄소가 순환되는 것이므로 공기중의 이산화탄소 농도를 높이지 않는다는 것이다. 바이오 디젤인 경우, 일반 석유로 나온 디젤과 비교하여 스모그를 만드는 하이드로 카본의 생성이 훨씬 적다. 바이오 알코올도 매연의 발생량이 줄어든다. 하지만 단점으로는 연료에 산성이 높아 사용하는 기관의 부식 위험이 높고, 단위부피당 에너지가 작아 연료 탱크가 상대적으로 더 커야 한다는 것이다.

1) 바이오 디젤

바이오 디젤은 식물기름을 메탄올과 섞어 반응시키면 에스테르화를 통하여 바이오 디젤과 글리세롤이 생성된다. 글리세롤은 비중 차이를 이용해 분리해서 다른 용도로 사용하고 바이오 디젤은 직접 자동차나 비행기 디젤기관의 연료로 사용할 수 있다.

2) 바이오 알코올

바이오 알코올은 사탕수수, 옥수수 등의 탄수화물(전분이나 설탕 성분)을 발효시켜 알코올을 생산하는 것이다. 바이오 알코올은 일반 술의 성분과 같은 에탄올이나 경우에 따라 다른 알코올 종류인 부탄올이나 프로판올을 생산하게 된다. 사탕수수가 풍부한 브라질에서 원유 수입을 대체하기 위하여 본격적으로 이용하고 있다. 이러한 바이오 알코올은 가솔린 기관의 연료로도 사용할 수 있다.

5. 동력장치 및 추진장치의 미래 기술

여기에서는 미래에 선박의 추진 시스템으로 사용될 것으로 예측되는 장치에 대하여 알아보고자 한다. **그림 7-22**는 일본의 NYK에서 작성한 미래 선박 추진 시스템이 발전할 것으로 예상되는 방향을 나타낸 것이다.

① 현재(~2010년)

그림 7-22에서 알 수 있는 바와 같이 현재는 전통적인 주기관 직결 추진축 방식이 주를 이루고 있다. 여기에 디젤 발전기와 추진 모터를 결합한 전기 추진방식이 새롭게 도입되고 있음을 알 수 있다.

② 가까운 미래(~2020년)

전통적인 주기관 직결 추진축방식은 점점 쇠퇴하고, 그 자리에 바이오 연료를 사용하는 디젤 발전기와 추진 모터를 결합한 전기 추진방식, 메탄 또는 LNG를 사용하는 연료전지와 추진 모터를 결합한 전기 추진방식이 등장할 것으로 예상된다. 또한, 태양열을 이용한 배터리와 추진 모터를 결합한 전기 추진방식도 새롭게 사용될 것으로 예상된다.

③ Zero Emission 시대(~2050년)

2050년대에는 전통적인 주기관 직결 추진축방식은 완전히 소멸할 것으로 보인다. 대

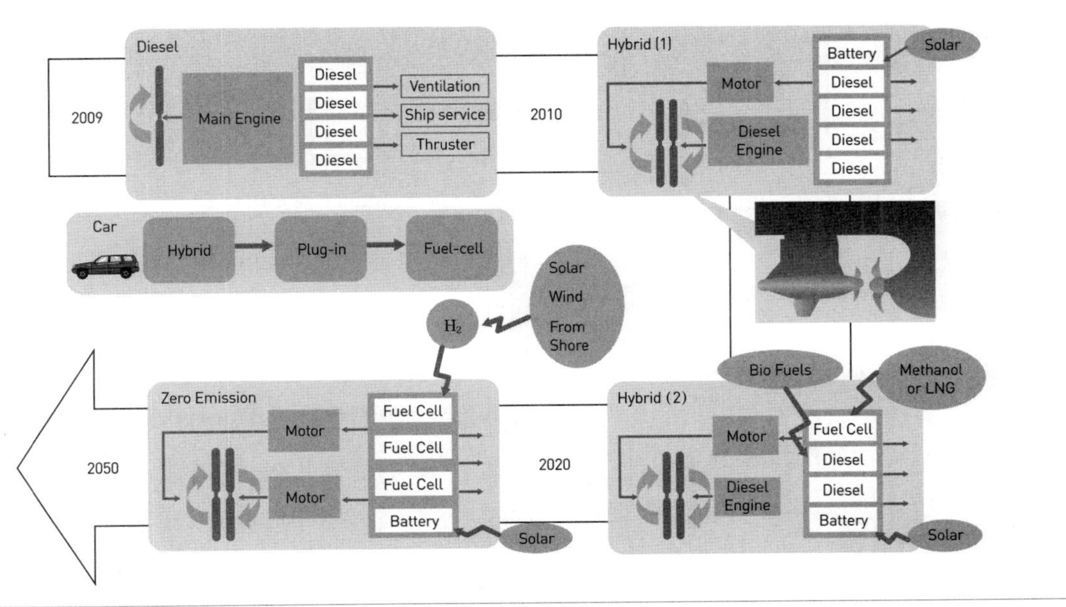

그림 7-22 미래 선박 추진 시스템 (출처:NYK, 일본)

신에 다양한 연료를 사용하는 연료전지와 추진 모터를 결합한 전기 추진방식과, 태양열을 이용한 배터리와 추진 모터를 결합한 전기 추진방식이 선박의 주 추진 시스템으로 사용될 것으로 예상된다.

5.1 동력장치 미래 기술

5.1.1 폐열 회수 시스템

1) 폐열 회수 시스템 일반

폐열 회수 시스템(WHRS, Waste Heat Recovery System)은 선박의 주기관에서 발생하는 폐열을 이용하여 파워터빈 혹은 스팀터빈을 구동하여 발전에 이용하는 시스템을 말한다. 이러한 WHRS는 1973년의 1차 석유 위기를 계기로 효율적인 선박의 개발과 더불어 관심이 대두되었다.

현재 선박용 주기관은 지속적인 기술 발전을 통해 50%에 달하는 열 효율을 보이며, 50%의 폐열 중 25%에 해당하는 에너지가 배기가스로 배출되고 있다. **그림 7-23**은 MAN 디젤기관(12K98ME / MC)의 열평형도(heat balance diagram)이다. 그림에서 보면 100%의 연료 소모량에 대해 축에 전달되는 효율이 49.3%, 배기가스로 배출되는 부분이 25.5%, 공기냉각기에 16.5%가 소모되고 있음을 알 수 있다. 따라서 배기가스로 배출되는 폐열을 이용하는 기술 개발이 시급하다.

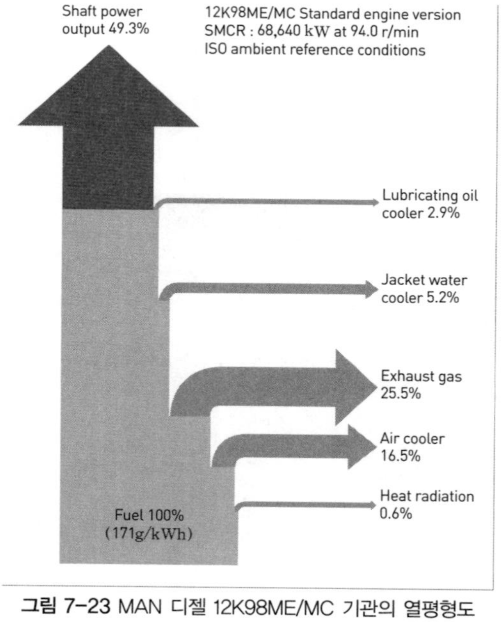

그림 7-23 MAN 디젤 12K98ME/MC 기관의 열평형도

이러한 이유로 현재까지 개발된 선박용 폐열 회수 시스템은 대형 선박에서 배출되는 배기가스 내에 잠재되어 있는 폐열을 활용하여 파워터빈을 구동한다. 그리고 파워터빈의 회전력으로 발전장치를 구동하여 전력을 생산함으로써 연료 효율을 증대시키고 연료를 절감하는 기술이다. **그림 7-24**는 파워터빈을 적용한 폐열 회수 시스템의 구성도이다. 주요 구성 요소로는 주기관(main engine), 과급기(turbo charger), 파워터빈, 감속기 및 발전기가 있다.

그림 7-25는 폐열 회수 시스템을 사용하였을 때 기존의 선박용 주기관에서의 연료 소비량 비교를 보여주고 있다.

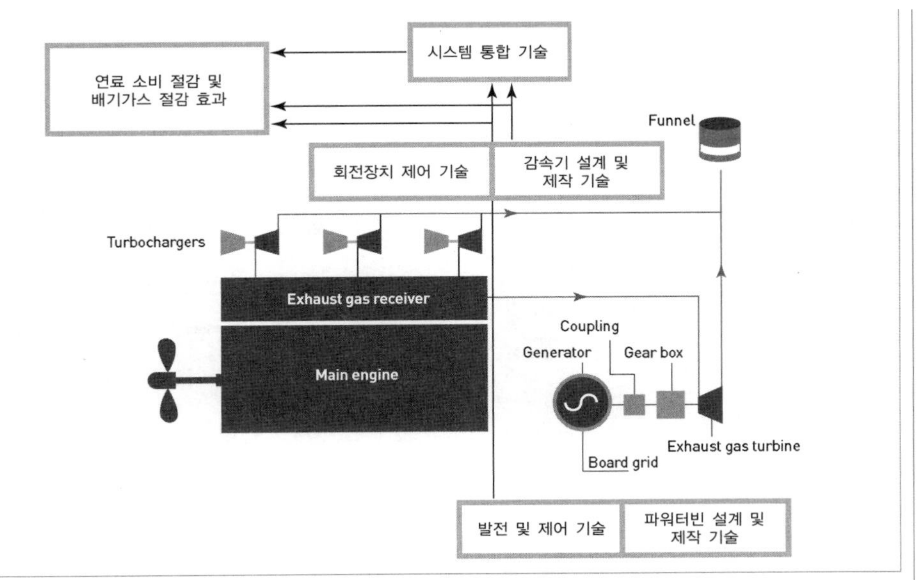

그림 7-24 폐열 회수 시스템의 구성도

폐열 회수 시스템을 이용함으로써 연료 절감 효과를 거둘 수 있으며, 아울러 배기가스 절감 효과도 동시에 거둘 수 있음을 알 수 있다.

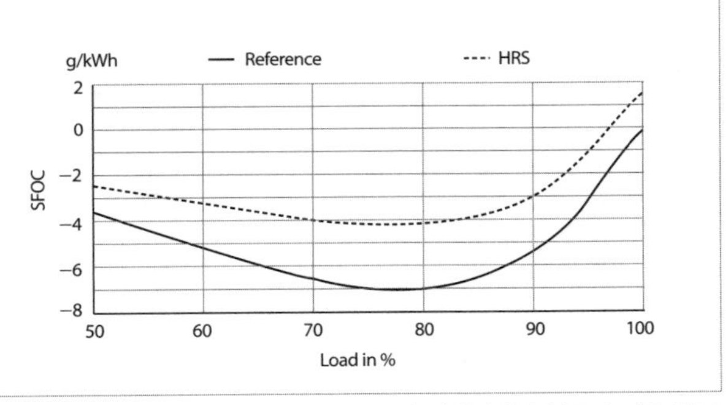

그림 7-25 폐열 회수 시스템과 기존 동력 발생장치의 연료 소비량 비교

2) 선박용 폐열 회수 시스템의 종류

선박용 폐열 회수 시스템은 파워터빈(PT, Power Turbine), 스팀터빈(ST, Steam Turbine) 및 PT-ST를 결합한 형태(Combined PT and ST)로 분류할 수 있다.

(1) 파워터빈

그림 7-26은 PT를 이용한 시스템을 보여주고 있다. PT의 경우, 배기가스 매니폴드로부터 과급기에 공급되는 배기가스의 일부를 파워터빈에 공급하여 파워터빈의 회전력을 발전에 사용하는 구조이다. PT 발전 계통에 있어서 배기가스의 14%까지 발전용으로 활용할 수 있고, 이러한 시스템을 통해 축 출력의 5%에 상당하는 힘을 생산할 수 있다.

PT를 이용한 폐열 회수 시스템의 구성요소는 배기가스터빈, 기어박스(감속기어), 발전기 및 발전기와 기어박스를 연결하는 커플링으로 구성되어 있다.

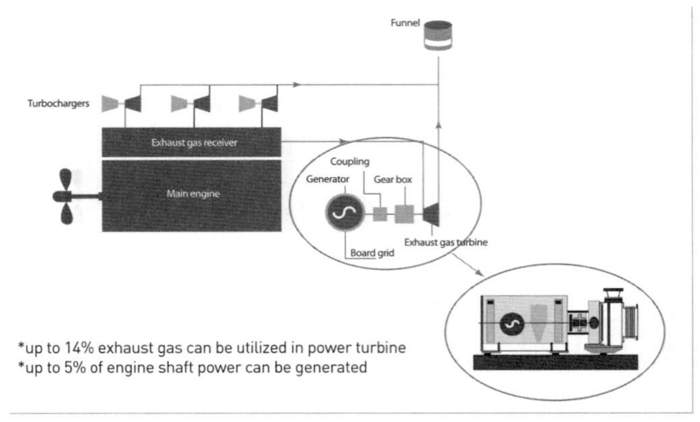

그림 7-26 PT 발전기의 구성

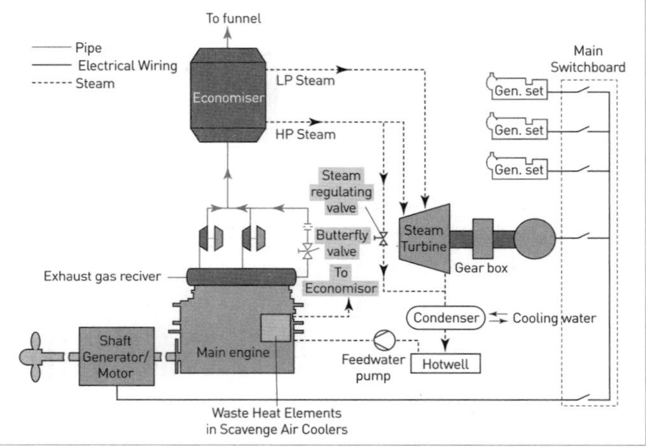

그림 7-27 스팀터빈 구동 발전 시스템

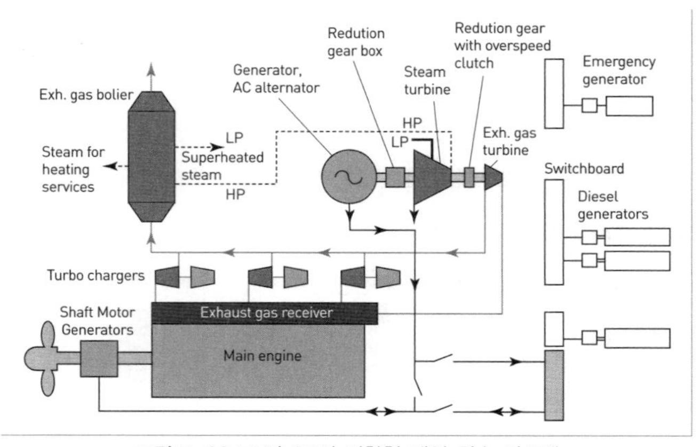

그림 7-28 PT와 ST의 결합형 폐열 회수 시스템

(2) 스팀터빈

스팀터빈(ST, Steam Turbine)은 **그림 7-27**과 같이, 배기가스 매니폴드에서 발생한 배기가스를 이코노마이저(economizer)를 통과시켜 이코노마이저에서 발생한 증기를 이용하여, 터빈을 구동시켜 발전하는 시스템이다. 이코노마이저에서의 증기 발생 및 이용 형태에 따라 단일 압력 증기 시스템과 이중 압력 증기 시스템으로 구분할 수 있다.

그림 7-27의 예는 단일 압력 스팀터빈 시스템을 보여주고 있다. 우선, 핫 웰(hot well)로부터 급수 펌프를 이용하여 보일러용 급수를 배기가스 보일러의 예열기로 예열하고, 순환 펌프로 증발기에서 증기를 발생시킨다. 이후 발생한 증기를 과열기를 거치게 하여 고온·고압의 증기를 발생시켜 이 증기를 증기터빈에 공급함으로써 발전하는 시스템으로 구성되어 있다.

(3) PT-ST 혼식 터빈

그림 7-28은 PT와 ST이 결합된 형태의 폐열 회수 시스템을 나타내고 있다. 주기관의 배기가스 매니폴드를 통해 발생한 배기가스는 과급기를 거쳐 이코노마이저를 거치도록 하여 저압과 고압의 증기를 발생시킨다. 그리고 과급기를 우회한 배기가스는 배기가스 터빈에 공급하여 증기터빈과 파워터빈을 회전시키는 파워터빈으로 사용하여 발전한다.

5.1.2 연료전지

연료전지는 화학 및 전기 에너지의 직접 변환에 의해 높은 효율(40% 이상)과 높은 전력 밀도의 에너지를 생산하는 차세대 청정 발전장치이다. 연료전지는 산화, 환원 반응을 통하여 화학에너지를 전기에너지로 직접 전환한다. 수소를 연료로 산소를 산화제로 사용하고 물이 유일한 부산물로 공해물질을 거의 배출하지 않으며, 기존의 발전 기술에 비해 발전효율이 높아 고효율, 친환경 기술이다.

1) 연료전지 발전 원리

연료전지의 발전 원리는 연료극(anode)에 유입된 수소가 전극 촉매에 의해 산화되어 수소이온(H^+)과 전자(e^-)로 분리된다. 분리된 수소이온은 전해질 막을 통과하고, 전자는 외부 회로를 통해 공기극(cathode)으로 이동한 후, 공기극으로 유입된 산소와의 환원반응에 의해 물, 열 및 전기 에너지를 생성하게 된다. **그림 7-29**는 고체 고분자 연료전지의 발전 원리를 보여주는 그림이다.

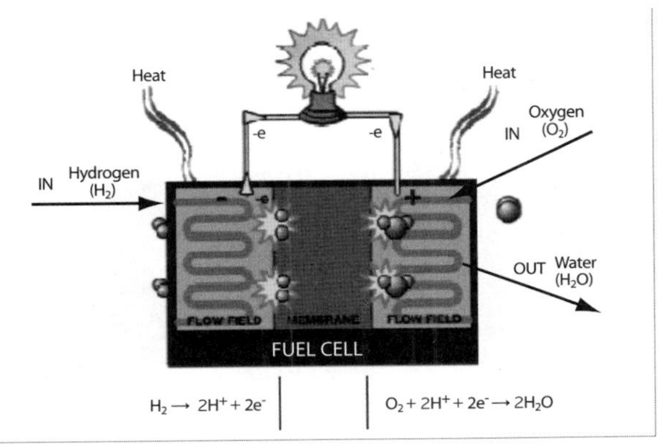

그림 7-29 고체 고분자 연료전지의 발전 원리

2) 연료전지의 분류

연료전지는 연료극과 공기극 사이에서 이온의 통로 역할을 하는 전해질의 종류에 따라서 5종으로 구분되며, 연료전지의 작동 온도에 따라서 저온형과 고온형으로 분류한다.

연료전지는 작동 온도와 출력에 따라서 수 W~수십 MW의 전력 생산이 가능하다. 따라서 휴대기기용 마이크로 전원에서부터 컴퓨터, 해상부이, 가정용 전원, 자동차용, 항공기용, 잠수선 및 선박용, 상업용 대형 발전 시스템에 이르기까지 현재 석유, 가스, 전력 등 에너지를 사용하는 거의 모든 분야에서 응용이 가능하다. **그림 7-30**은 연료전지의 적용 범위를 나타내고 있다.

3) 선박용 연료전지 시스템

선박용 연료전지 시스템은 기존의 발전기 및 주기관을 연료전지로 대체하여 전력의 생산 및 선박 추진의 동력원으로 이용하는 시스템이다. **그림 7-31**은 100kW급 소형 여객선

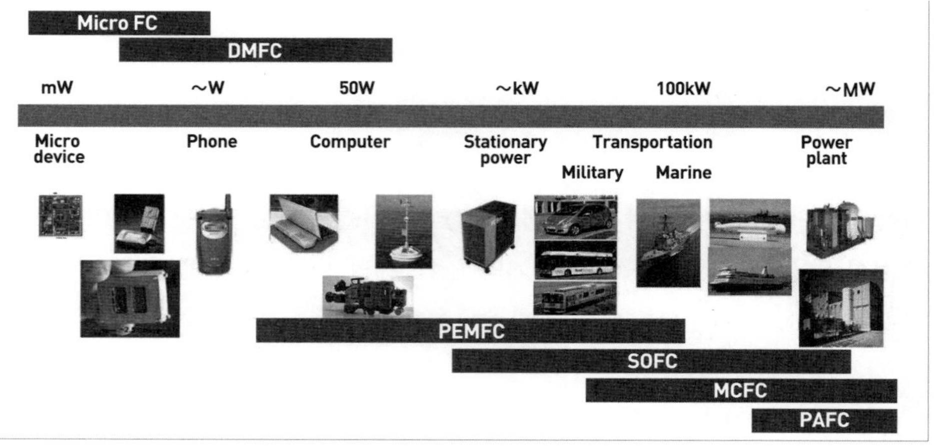

그림 7-30 각종 연료전지의 적용 범위

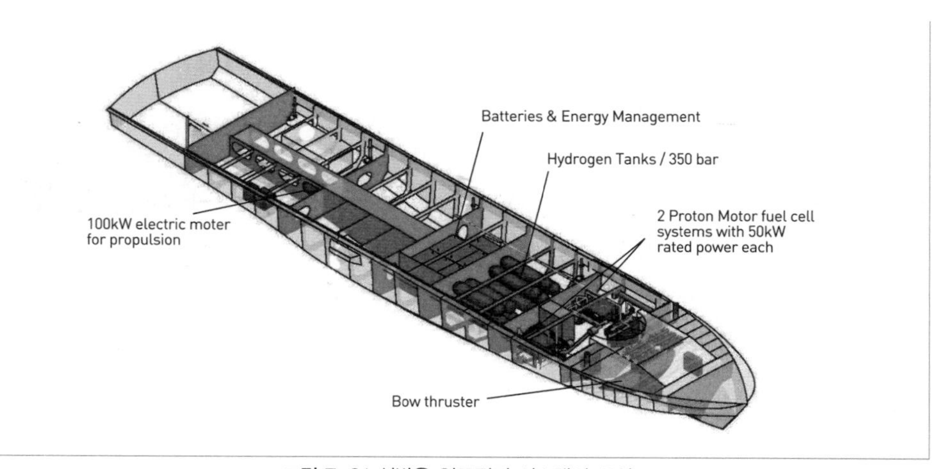

그림 7-31 선박용 연료전지 시스템의 구성

의 연료전지 시스템의 구성을 나타낸 것이다. 구성요소로는 기존의 발전기 및 주기관을 대신하여 수소 고압 용기, 배터리, 연료전지, 전기모터로 구성되어 있다.

5.1.3 풍력에너지

바람은 예전부터 선박의 주요 추진 동력원이었으나, 선박이 대형화되고 프로펠러 기관으로 추진되면서 현재는 화석연료가 주요 동력원이 되었다. 하지만 원유 가격의 급격한 상승과 지구 온난화로 인한 CO_2 절감이 의무화되면서, 바람을 추진 동력으로 이용하여 연료비를 절감하고 더불어 선박으로부터 배출되는 CO_2를 저감시키려 노력하고 있다.

1) 풍력에너지 개요

선박에 바람을 이용하는 방법은 두 가지로 나누어 생각할 수 있다. 바람을 직접 추진 동력으로 이용하는 방법과 간접적으로 이용하는 방법이 있다. 직접 추진 동력으로 이용하는 방법은 전통적인 돛(sail), 익형(wing sail, wind profile) 및 연(kite) 등의 방법과, 회전하는 물체에 바람이 불 경우 바람의 수직 방향으로 추진력이 발생하는 유체역학적 현상인 매그너스(Magnus) 효과를 이용하는 방법(Flettener-type rotor)이 알려져 있다. 이러한 방법을 이용할 경우 북대서양을 최적의 기상 조건에서 선박이 15knots로 운항할 경우 15%까지 연료를 절감할 수 있으며 10knots에서는 무려 44%까지 절감할 수 있다는 연구보고가 있다.

반면에 바람을 간접으로 이용하는 방법은 풍력발전기를 선박에 설치하여 운항 또는 정박 중에 발전을 하여 선박의 보조 동력원으로 활용하여 연료비를 절감하는 방법이다. 풍력발전기로는 수평축 풍력발전기(HAWT)와 수직축 풍력발전기(VAWT)가 있다. 수평축의 경우 1기당 5MW의 발전용량을 가지는 풍력발전기가 상용화되었으며 대형으로 갈수록 유리하다. 반면에 수직축은 대용량으로 갈수록 발전기의 사이즈가 커져서 소용량 발전에 유리하다.

2) 풍력에너지 사용 예제

(1) 플래트너 로터

매그너스 효과를 이용한, 회전하는 로터를 선박에 장착하는 개념은 1924년에 처음 시도되었다. 그러나 그동안 낮은 원유 가격으로 인해 큰 주목을 받지 못하였다. 최근 원유 가격의 상승으로 해운 산업계는 이러한 기술을 다시 고려하기 시작했고, 풍력터빈 제조업체인 독일의 ENERCON 사에서 25m 높이의 4개의 보조 플래트너 로터(Flettner rotor)를 장착한 선박을 2009년에 건조한 것으로 알려져 있다. **그림 7-32**는 보조 플래트너 로터의 설치 예이다.

그림 7-32 플래트너 로터 설치 예

(2) 연

선박의 추진을 위한 목적으로 연(kite)을 이용한 기술이 있으며, 현재 독일의 Skysails 사가 기술을 선도하고 있다. 640m²의 제품을 생산할 수 있으며 향후 5,000m²의 대형 연을 제작할 계획을 가지고 있다. 연은 선교의 제어반을 통해 산개 및 회수될 수 있으며, Skysails 사의 보고에 따르면 15knot에서 기관 동력을 15%에서 최대 20%까지 저감할 수 있다고 한다. **그림 7-33**은 연을 장착한 선박의 예이다.

그림 7-33 연을 장착한 선박 예

(3) 익형

선박은 오랫동안 돛을 사용해왔다. 익형(solid sail, wind profile)은 천이 아닌 단단한 재료를 사용하여 날개 형상으로 만들어 전통적인 돛과 같은 기능을 하는 추력 발생기구이다. 돛에 대신하여 갑판에 설치하고 전산기를 이용하여 제어하므로 전통적인 돛과 비교하여 더 많은 출력을 갖는다. **그림 7-34**는 익형을 전통적인 돛과 같이 갑판에 배치한 예이다.

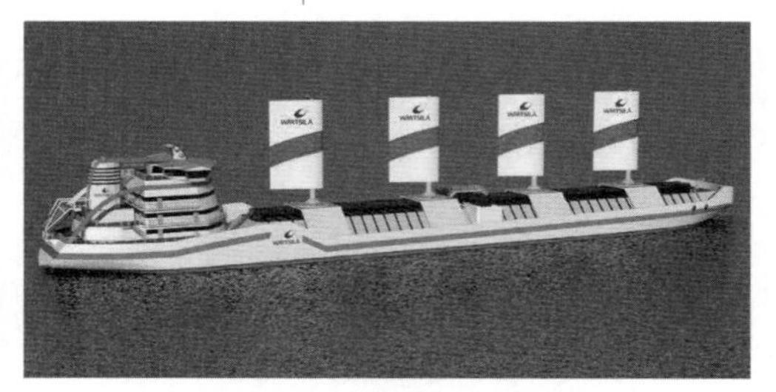
그림 7-34 익형 적용 개념도 예

익형을 RO-RO 선에 배치하였을 때, 선속이 15knots에서 이론적으로 최고 기관 출력의 25%까지 추진력을 얻을 수 있다고 보고된 바 있다.

5.2 추진장치 미래 기술

5.2.1 디젤 전기 추진

디젤 전기 추진 시스템은 추진 축계를 구동하는 전기 모터에 필요한 전력을 선박의 속도, 선박의 운항 조건 등에 따라 디젤발전기들을 이용하여 전력 생산량을 조절하는 추진 시스템이다. 일반적으로 서로 다른 출력을 가지는 4~5대의 디젤발전기를 설치하고, 전력 생산량을 최적화한다. 디젤 전기 추진 시스템을 설치함으로써 10% 이상의 설비 전력 저감, 화물 공간의 유연한 배치, 유연하고 효과적인 운전 및 뛰어난 부하 대체성을 확보할 수 있는 이점이 있다.

이러한 방식을 채택하면 선박의 에너지 효율을 5~20% 정도 향상시킬 수 있는 것으로 알려져 있다. 현재 가장 널리 쓰이는 에너지 절감방법 중 하나로 시스템의 일반적 특성은 다음과 같다.

1) 디젤 전기 추진 시스템 일반

전기 추진 시스템이 디젤기관, 발전기, 스러스터 등으로 구성된다. 이러한 시스템이 설치된 모든 선박에 있어서 발전설비는 필수적이다. 발전 시스템은 발전기를 구동하는 여러 대의 중속 가스 및 디젤 2중 연료기관으로 구성된다. 이 발전기들은 주 배전반에 고압 송전망으로 연결되며 추진 시스템, 스러스터, 각종 보조장치와 선박 시스템 등을 포함한 모든 부하들은 이 고압 송전망을 통하여 전기가 공급된다. 전체 부하는 운전되고 있는 발전기들이 적절히 서로 분담하게 되며, 선박의 발전 시스템은 전체 설치 전력, 운전 모드, 시스템의 유연성, 비상시를 대비한 예비 전력 등의 조건들과 장비 가격 등을 고려하여 설계된다.

일반적인 2가지 전기 추진 시스템을 **그림 7-35**와 **그림 7-36**에서 볼 수 있다. **그림 7-35**는 단축 프로펠러로 추진하기 위하여 2개의 중속 모터를 하나의 감속기어에 연결한 것이며, **그림 7-36**은 2개의 저속 추진 모터에 각각 1개의 프로펠러를 직접 연결하여 추진하는 쌍축 추진방식이다.

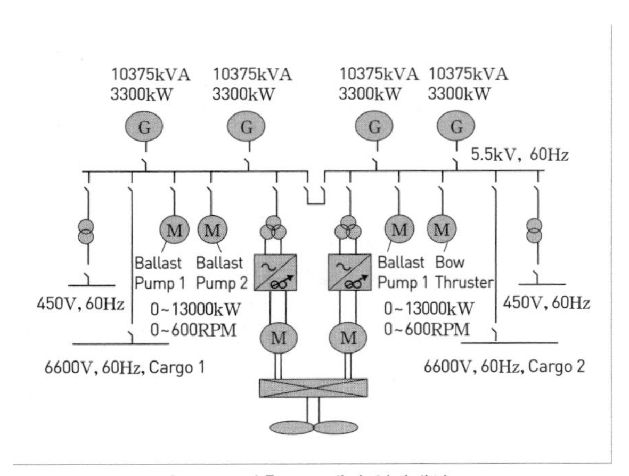

그림 7-35 단축 프로펠러 일반배선도

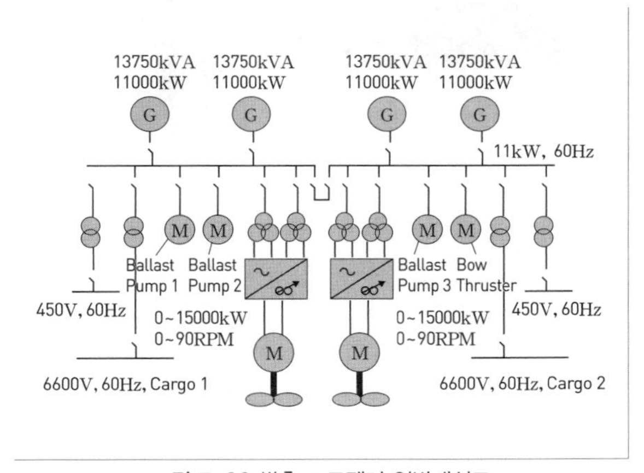

그림 7-36 쌍축 프로펠러 일반배선도

2) 추진 효율

정격 부하 상태에서 확인된 DF 기관의 효율은 일반적으로 약 47%이다. 전달 손실 8~10%를 포함하여 연료 소모량, 프로펠러 샤프트 출력까지 감안하면 최종 효율은 약 43%이다. 보일러, 스팀터빈 그리고 기어로 구성된 스팀터빈 추진 시스템에서 확인된 효율은 일반적으로 약 30% 이하이다. 수동 운전 모드나 속도 제한 영역에서의 운전 모드 등과 같이 소량의

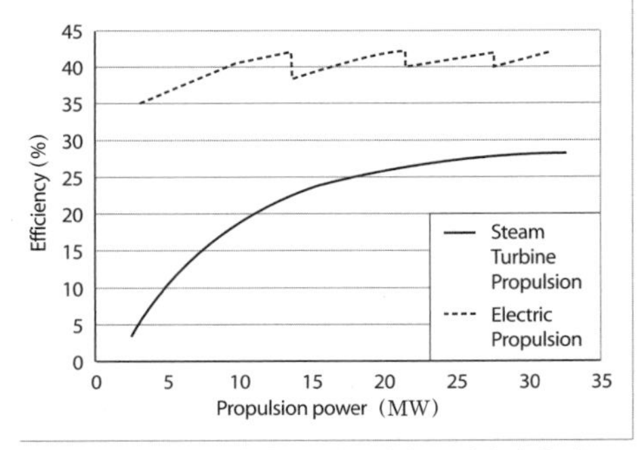

그림 7-37 전기 추진 시스템과 스팀터빈 추진 시스템의 추진 효율 비교

부하를 투입할 경우에는 스팀터빈 추진과 전기 추진 사이의 효율은 더욱 차이가 난다. **그림 7-37**은 전기 추진 시스템과 스팀터빈 추진 시스템의 추진 효율(propulsion efficiency) 비교 그래프이다.

5.2.2 포드 추진기

현재 가장 주목받고 있는 선박의 추진기가 전기 모터를 사용한 포드(pod) 추진기이다. 포드 추진기란 교류전기 모터를 선외에 붙인 '꼬치'형의 케이스에 격납하고 프로펠러를 회전시켜서 추진하는 것으로 전통적인 타가 필요 없는 새로운 추진기이다. **그림 7-38**은 포드 추진기의 예이다.

그림 7-38 포드 추진기

포드 추진기를 최초로 개발한 것은 핀란드의 조선소와 박용 전기기기 제조자였다. 그때까지도 선외에 돌출된 추진기를 회전시켜서 360° 어느 방향으로든 추력을 발생할 수 있는 추진기가 있었으며 Z-peller 등의 상품명으로 판매되고 있었다. 이 추진기는 선내에 둔 모터의 회전을 기어를 이용해서 프로펠러를 구동시키는 방식이었다. 그런데 포드 추진기는 모터 자체를 프로펠러와 일체화해서 선외로 뺀 것이 특징이다.

이 장치를 사용하면 선내에 모터가 없어져 긴 프로펠러축도 필요가 없어진다. 또한, 큰 기관을 설치하는 기관실이 필요 없어져 선내 여러 곳에 배치한 발전기로 발생시킨 전기를 선외에 배치한 포드 추진기로 보내면 되기 때문에 선내 배치의 효율성이 월등히 향상된다. 그리고 선체도 종래의 프로펠러 추진방식에서 벗어나 새로운 선형의 개발이 가능하게 되었다. 특히, 포드 추진기는 추진력 자체를 원하는 방향으로 발생시킬 수 있어서 항구 내 등에서의 횡 방향 이동을 동반하는 복잡한 선박 조종에 활용할 수 있다.

5.2.3 전자 추진

전자 추진(電磁推進)은 프로펠러가 없는 추진기이다. 이것은 강한 자장과 직각 방향으로 전류를 흘리면 자장과 전류의 직각 방향으로 힘이 움직인다고 하는 플레밍의 왼손법칙을 이용한 것이다. 이 힘으로 가속된 유체의 반력으로 선박의 추진력을 얻는다. 펌프 대신에 전자기력을 이용한 워터 제트기관이라고도 하며 회전기구가 없기 때문에 진동이나 캐비테이션 문제가 발생하지 않는 이점이 있다. **그림 7-39**와 **그림 7-40**은 일본에서 건조한 전자 추진 실험선 '야마토 1'과 전자 추진 시스템의 원리를 나타내고 있다.

그림 7-39 전자 추진선 '야마토 1'

이 전자 추진은 1960년 처음 제안된 이후 아메리카에서 개발이 진행되었고, 1966년에는 세계 최초로 전자 추진의 모형실험이 실시되었다. 그러나 당시에는 강한 자장을 발생시키는 것이 어려워서 단순히 전자 추진이 원리적으로 가능하다고 하는 결과를 보인 것에 지나지 않았다. 효율 면에서도 프로펠러 추진과 비교하면 성능이 굉장히 떨어졌다. 그 결과 전자 추진은 조선 기술자의 흥미를 거의 끌지 못했다.

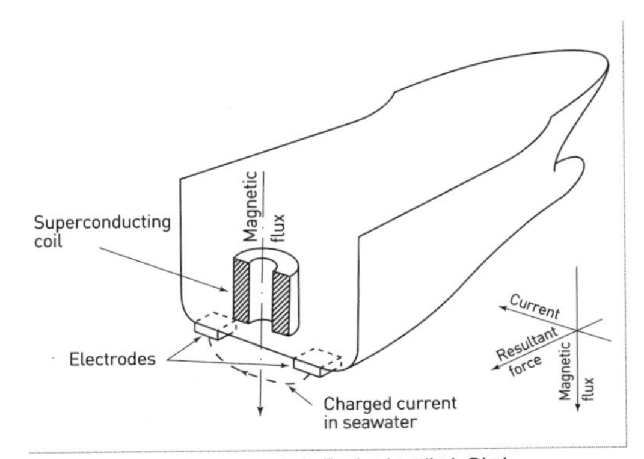

그림 7-40 전자 추진 시스템의 원리

하지만 1970년대 말에 초전도에 의해 종래보다도 수십배 정도의 자장을 발생시킬 수 있다는 가능성이 제기되어, 전자 추진이 다시 각광을 받게 되었다. 1979년에는 일본에서 세계 최초의 초전도 자석을 탑재한 전자 추진 모형선이 제작되었다. 그 후 1985년부터 쉽 앤드 오션 재단이 초전도 전자 추진선의 연구 개발을 실시하였고, 1992년에는 실험선 '야마토 1'을 건조하여 Kobe 항에서 각종 실험을 실시했다. 그러나 그 추진 효율은 프로펠러 추진 효율의 겨우 수분의 1이었다.

실용화를 위해서는 현재 실용화 연구가 진행되고 있는 상온 초전도 재료의 개발이 그 열쇠를 쥐고 있다. 하지만 그것이 완성되었다고 해도 강한 자기장이 인체나 해양환경에 주는 영향 등 아직 해결해야 할 문제가 많아 아직은 꿈의 추진기이다.

참고문헌

1. 김종수, 오세진, 김성환, 김현수, 김덕기, 윤경국, 2008, 전기 추진선박의 전력변환장치 성능 분석에 관한 연구, 한국마린엔지니어링학회지 제 32권 제8호.
2. Seehafen Verlag, 전효중, 이돈출 공역, 2010, 船舶機械工學便覽.
3. 이돈출, 선박교실.
4. 장성영, 박정태, 이갑재, 이광주, 김종규, 조성준, 2000, 선박용 전기추진 장치의 기술동향, 전력전자학회 2000년 학술대회 논문집.
5. 전효중, 1986, 선박동력전달장치, 태화출판사.
6. 전효중, 최재성, 1999, 내연기관강의, 효성출판사.
7. Pounder, 전효중, 이돈출 공역, 2011, 선박용 디젤엔진 및 가스터빈, 동명사.
8. 한국선급, 2004, 전자제어 디젤기관, 한국선급.
9. 한국선급 에너지환경산업단, 2010, 에너지 절약형 선박 기술 및 선박발생 CO_2 포집 기술개발을 위한 기획 연구', 해양수산부 기획연구보고서.
10. Juhani Hupli, 2008, Technical review and development 50DF, Wartsila-Hyundai Engine Co., Ltd.
11. 船舶を變えた先端技術, 1995, 瀧澤宗人 成山堂書店.
12. 船の仕組み, 2007, 池田良穗 ナツメ社.
13. 한국해양사연구소 : http://www.seahistory.or.kr/Menu03/Menu03Sub02_5_1.htm

제8장
일반 배치

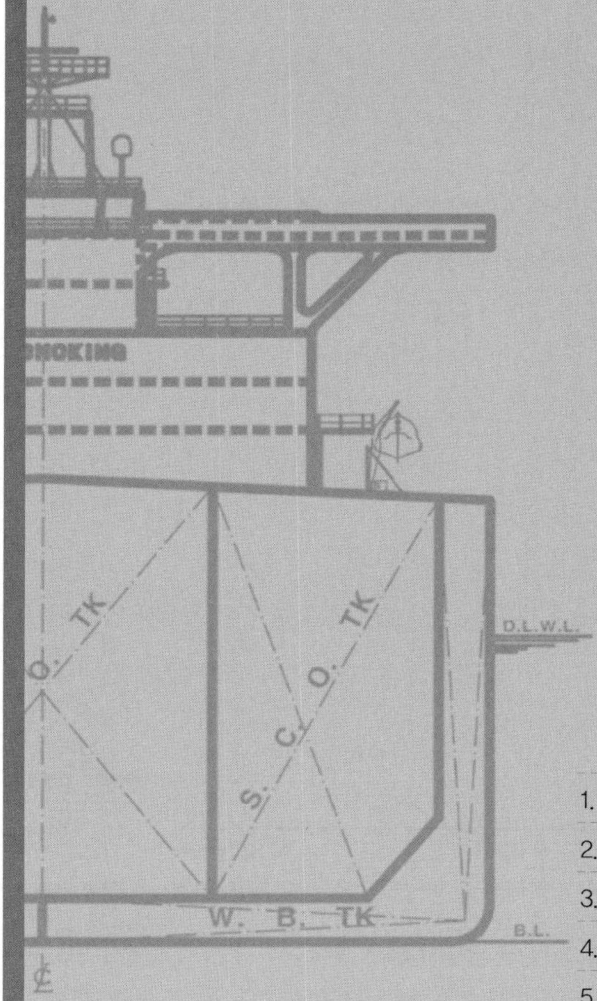

1. 구획 및 일반 배치 개요

1.1 용도별 구획의 분류

선박의 구획을 분류하면 화물창, 선수 탱크, 선미 탱크, 밸러스트 탱크, 연료유 탱크, 기관실, 펌프실, 조타기실, 선실, 조타실, 각종 창고, 선원 및 각종 배관 · 전선 등의 통행로, 코퍼댐(cofferdam) 및 보이드 스페이스, 매니폴드 구역, 예인 및 계류설비 구역 등으로 크게 구분할 수가 있다.

화물의 적재를 위한 화물창은 선박의 종류에 따라서 적재화물의 종류에 맞추어 설계되어야 하고, 각종 규칙과 규정에서 요구하는 적합한 설비를 갖추어야 한다.

원유 운반선, 살물선, 가스 운반선 등에서 화물창은 **그림 8-1**과 **그림 8-2**에서 보는 것과 같이 통상 선수 격벽과 기관실 전방 격벽의 사이에 배치된다. 또한 밸러스트 탱크 또는 보이드 스페이스로 둘러싸인 2중저 및 2중 선체구조를 가지게 된다.

원유 운반선, 액화가스 운반선에서는 **그림 8-2**에서와 같이 화물창 전후방으로 코퍼댐을 두어 기관실, 선실 및 선수 구역을 안전 구역으로 격리하도록 하고 있다. 또한, 밸러스트 탱크, 연료유 탱크, 그리고 펌프실 등을 코퍼댐에 대신하여 설치하는 경우도 코퍼댐과 동등한 기능을 갖는 것으로 인정된다. 화물 구역에 대한 선종별 주요 특성과 일반 배치도

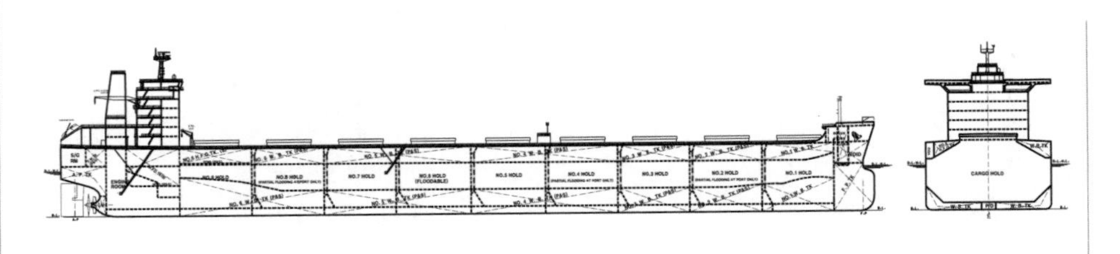

그림 8-1 산적 화물선의 화물창 배치

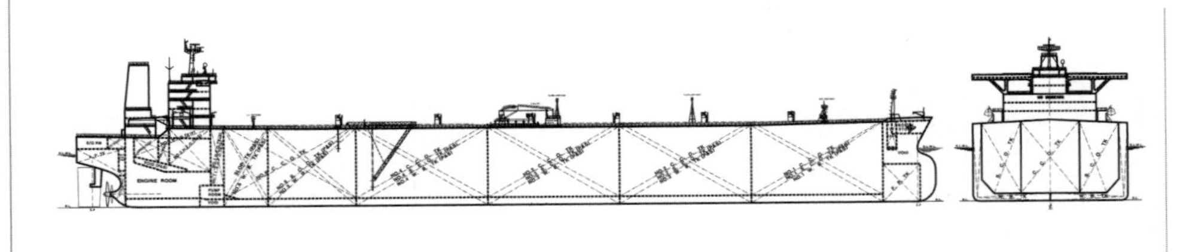

그림 8-2 원유 운반선의 화물창 배치

는 '5. 선종별 화물 구역의 배치' 의 설명을 참조하기 바란다.

1.2 일반 배치 고려 요소

선박의 안전성, 적재성, 편의성을 높이고 건조 비용, 연료비 및 운항 경비를 최소화할 수 있는 가장 경제성이 높은 선박을 건조하기 위해서는, 선박에 필요한 각종 구획들을 어떻게 적절하게 배치하느냐가 중요하다. 이것은 배치에 따라 성능이 크게 달라질 수가 있기 때문이다. 따라서 초기 설계 단계에서 최적화된 배치를 결정하기 위해서는 선박에 적용되는 해당 선급규칙, 각종 규정들과 함께 다음과 같은 요소들도 충분히 검토하여 반영해야 한다.

1.2.1 트림과 종 강도

구획의 배치는 선박의 트림 및 최대 종 강도에 직접적인 영향을 미치게 된다. 선박을 설계할 때, 운항 중 모든 적재 조건을 고려하여 각 경우마다 예상되는 트림과 최대 굽힘 모멘트 값을 계산한다. 화물을 모든 화물창에 균등하게 적재하는 경우에는 만재 상태에서 선수 트림이 발생하지 않도록 한다. 또한 밸러스트 흘수 상태에서는 트림이 과도하게 발생하지 않도록 하며, 적절한 선수 흘수 확보 및 선미 프로펠러 잠김이 충분하도록 해야 한다.

그리고, 초기 설계 단계에서 선박에 발생 가능한 최대 굽힘 모멘트 값과 최대 전단력을 계산하고 구조강도 설계도에 반영하여 지정 선급으로부터 선박의 최대 허용 종 강도값을 지정받게 된다. 이렇게 설계 및 건조된 선박의 운항에서는 승인된 허용치를 초과하는 응력이 발생되지 않도록 선주가 화물 적재에 항상 유의해야 한다.

1.2.2 전용 밸러스트 탱크

재화중량 2만 톤 이상의 원유 운반선 및 재화중량 3만 톤 이상의 정제유 운반선은 해상오염방지협약(MARPOL 73/78) 18규칙에서 요구되는 전용 밸러스트 탱크를 설치해야 한다. 탱크의 용량은 경하 상태에서 전용 밸러스트 탱크(Segregated Water Ballast Tank)만을 밸러스트 수로 채운 상태에서 설계 밸러스트 흘수 상태가 얻어져야 한다. 또한 선박의 중앙부 흘수(d_m)는 국제만재흘수선협약에 의한 건현길이 L을 기준으로 (2.0+0.02L) 이상이어야 하고, 선미 트림은 0.015L을 넘지 않아야 한다. 그리고 선미 흘수는 항상 프로펠러가 완전히 잠길 수 있도록 확보되어야 한다. 원유 운반선과 정제유 운반선에 대한 상기 규정은 화물유 탱크에 밸러스트 수를 적재했다가 배출함으로써 발생할 수 있는 해양오염을 방지하고자 하는 목적을 갖고 있다.

살물선(벌크 화물선)에 대해서는, 오염 방지보다는 안전한 운항을 위한 목적으로 충분한 밸러스트 탱크 공간 확보를 요구하는 규정이 별도로 있다. 그리고 컨테이너 운반선이나 자동차 운반선일 때는 화물이 없는 공선 상태의 운항이 거의 없다고 보기 때문에 별도로 밸러스트 탱크 확보에 대한 규정은 없는 상태이다.

1.2.3 손상 후 복원성

선박에 손상이 발생한 상태를 가정하는 손상 후 복원성(damage stability)에 대해서는 선박의 종류에 따라서 적용되는 복원성 요건을 충족할 수 있는 적정한 구획 분할과 배치가 이루어져야 한다. 선박의 손상 후 복원성 요건을 규정하는 규정에는 국제만재흘수선협약(ICLL 1966), 해상오염방지협약, 국제가스 코드(IGC Code) 및 해상인명안전협약(SOLAS 1974) 등이 있어 선박의 종류 및 목적에 따라 적용한다.

그리고 선박 크기 및 지정된 건현 형식에 따라서 차별되는 단독 또는 2개 이상의 침수구획 요건의 적용 등 손상 후 복원성이 충족되려면 선박의 구획을 추가 분할하여 적합한 배치를 하여야 한다.

1.2.4 안전 구역과 위험 구역

선박에서 위험화물 및 연료유 적재에 따른 위험 구역(dangerous space)의 지정은 선박의 종류에 따라 해당 규정(IMSBC, IBC CODE, IGC CODE, IEC 60092, IACS SC 79)들과 선급규칙에 따라서 이루어진다. 위험 구역으로 지정된 구역에서는 환기, 방폭, 안전설비 등 각 규정의 요건을 충족시켜야 하며, 주변의 안전 구역(safe space)과는 해당 규정이 허용하는 방법에 따라서 안전하게 격리하여 배치해야 한다.

특히, 액화가스 운반선 및 가스연료 추진선의 경우는 국제가스 코드(IGC Code), 국제전기표준협회 코드(IEC 60092)의 규정에 맞추어 가스 위험 구역의 지정 및 가스 안전 구역에서의 보호적 배치가 고려되어야 한다. 또한 현재 제정을 추진 중인 국제가스연료추진선 코드(IGF Code)의 규정도 반영되어야 한다.

1.2.5 항해 선교에서의 시야 확보

해상인명안전협약(SOLAS) 제5장 22규칙에서는 선박의 모든 흘수, 트림 및 화물 적재 상태에서 선박의 조종 위치에서 전방으로 바라보았을 때, 즉 항해 선교에서의 시야(navigation bridge visibility)는, 정선수를 기준으로 좌우 10° 사이의 구역에서는 선수재 끝단부터 선박 길이의 두 배 또는 500m 중에서 작은 거리까지의 해면을 직접 살필 수 있어야 한다. 따라서 선교 높이, 트림, 흘수 및 화물 적재 조건 등이 함께 고려되어야 한다. 특히, 컨테이너선에서는 상갑판상에 컨테이너를 적재하고 항해할 때 시야 확보가 되도록 적재를 제한하여야 한다.

1.2.6 공 흘수

선박이 통행하고자 하는 주요 항로에 교량 또는 구조물이 가로질러 있는 경우에는 선박이 통과할 수 있는 최대한의 높이인 공 흘수(air draft)가 충족되어야 한다. 공 흘수는 일반적으로 선박의 최저 흘수면 또는 선저 기준선(baseline)에서 선박에 가장 높게 위치한 고정 구조물까지의 거리로 표시되며, 요구되는 높이 제한조건을 충족시킬 수 있도록 선실과 조종실 층수, 안테나 마스트의 최대 높이 등을 결정해야 한다.

필요한 경우에는 안테나 마스트를 접을 수 있는 구조로 변경하여 공 흘수를 한시적으로 낮출 수 있도록 설계하기도 한다. 살물선인 경우에는 전용 터미널에서의 양 · 하역 장비의 가동 범위에 적합하도록 수선 면으로부터 화물창 창구 상부까지의 높이에 대한 제약 등을 공 흘수로 고려하는 경우도 있다. 선박에서의 공 흘수 설정 여부는 운항 예정 항로에 맞추어 선주가 판단하게 된다.

1.2.7 선수루

선수루(forecastle deck)는 선수부 예인 및 계류 장치를 설치할 수 있는 공간의 확보와, 황천 항해 중 선수 구역의 침수를 방지하기 위한 목적으로 설치한다. 또한, 국제만재흘수

선조약의 적용에 따라서 요구되는 선박의 건현 지정(freeboard assignment)을 받거나 예비 부력(reserved buoyancy)을 확보하기 위하여 선수루 구조를 설치하기도 한다.

1.2.8 선실 및 연돌 위치

선실 및 연돌은 통상적으로 기관 구역 및 연료 탱크 상부에 배치되며 주로 선미부에 위치한다. 근래에 들어서는 선박의 대형화와 연료유 탱크의 보호규정에 따라서, 초대형 컨테이너선에서는 선실 구역을 연통 · 기관실 구역과 분리시켜 선박 중앙부 전방으로 이동 배치하기도 한다. 선실 구역을 전방으로 이동시키면 항해 중 선교에서의 시야(navigation bridge visibility) 확보가 유리하여 갑판 상부에 적재하는 컨테이너 수량을 증가시킬 수가 있다. 그리고 중앙부 선실 구역 하부는 연료유 탱크 구역으로 활용되며, 운항 중에 연료가 소모되더라도 트림 발생 효과가 크게 나타나지 않는 특징을 갖는다.

1.3 배치 관련 규정

선박은 일반적으로 국제 항로에 취항하게 되므로 국제해사기구가 지정하는 모든 협약과 코드를 충족해야 한다. 운하와 같은 특정 항로를 이용하는 경우에는 해당 운하의 규칙을 만족해야 하며 선급 기준에 적합해야 한다. 국제 표준은 물론이고 기항지역의 국가규칙에도 적합하여야 한다. 이들에 관해서는 제3장 '3. 설계의 제약 조건' 에서 상세히 언급한 바 있다.

2. 격벽의 배치

격벽은 기하학적으로는 각 용도별 구획을 분할하는 경계면이다. 하지만 구조적으로는 강도 부재이므로 주어진 선형 내에서 최적의 공간 활용과 구조 부재 배치가 될 수 있도록 설계하여야 한다. 용도별 구획 구분의 역할 가운데에서도 기관실 격벽과 선수미 충돌 격벽 그리고 일부 수평 격벽은 국제규정에서 요구하는 요건에 맞추도록 설치되어야 한다.

2.1 선수미 격벽과 기관실 격벽의 배치

2.1.1 기관실 격벽

해상인명안전협약(SOLAS)에 의하면, 기관 구역을 전후방의 화물 구역 및 거주 구역으로부터 분리시키는 격벽이 설치되어야 하며, 그 격벽은 격벽갑판까지 수밀로 하여야 한다. 기관실 내부에는 각종 기기들이 배치되게 되므로 화물 구역 및 거주 구역과는 격리된 장소여야 한다. 특히, 유조선과 같이 화물 자체가 발화의 위험이 있는 경우는 화물 구역으로부터 연결되는 각종 배관의 배치도 그 설치에 있어 제한을 받게 된다.

2.1.2 선수 충돌 격벽

해상인명안전협약(SOLAS)에 의하면, 선박은 바닥에서 격벽 갑판까지 이르는 수밀의 선수 충돌 격벽(collision bulkhead)을 설치하여야 한다. 선수 충돌 격벽은 선수 수선(FP)으로부터의 거리가 0.05L 또는 10m 중에서 작은 쪽의 거리보다 큰 곳에 설치해야 한다. 그리고 주무관청이 인정하는 경우를 제외하고 0.08L 또는 0.05L+3m 중 큰 쪽의 거리 이내에 격벽이 놓이도록 설치한다.

선박의 흘수선 하방의 어느 부분이 구상 선수(bulbous bow)와 같이 선수 수선의 전방으로 돌출되어 있는 경우에는, 상기 규정거리를 다음의 위치 중 거리가 최소가 되는 점으로부터 측정한다.

즉, 당해 돌출 부분의 중간점, 전부수선의 전방으로 0.015L에 상당하는 거리에 있는 점, 전부수선의 전방 3m에 있는 점이다.

2.1.3 선미 충돌 격벽

선미 충돌 격벽의 설치 목적은 추진기 축계의 손상에 의한 선미부로부터의 기관 구역 침수 방지에 있다. 따라서 선수 충돌 격벽보다 완화된 규정을 적용하고 있다. 선체 바닥에서 상부로 격벽의 높이를 선정할 때도 선수 충돌 격벽인 경우에는 격벽 갑판까지 높이는 것을 요구하였으나, 선미 충돌 격벽은 높이가 하기 만재 흘수선 이상까지면 격벽 갑판보다 낮은 것이 허용된다.

2.2 수평수밀 격벽, 2중 선체구조의 배치

2.2.1 2중저 격벽

화물 구역에 있어서의 2중저 격벽은 유조선의 경우 기름 유출에 의한 해양오염 방지를 위해 요구되며, 기타 선종의 경우에는 좌초사고에 의한 침몰 위험을 감소시키기 위해 요구된다.

해양오염방지협약 이외의 협약에서 요구하는 손상 후 복원성 규정을 만족시켜야 하는 선종일 때는 주로 충돌에 의한 손상 대비에 생존 요건을 두어왔다. 그러다 보니 상대적으로 좌초에 대한 대비가 부족할 수 있다고 판단되어, 선미 충돌 격벽으로부터 선수 충돌 격벽에 이르기까지 일정 높이 이상의 2중저 격벽을 설치할 것을 해상인명안전협약 2-1장 9규칙으로 강제화하였다. 여기서 일정 높이란 선박의 폭(B)의 5% 이상인 2중저 높이를 뜻한다. 단, 2중저 격벽 높이는 최소 0.76m 이상이어야 하며, 2.0m보다 클 필요는 없다.

2.2.2 기타 수평수밀 격벽

확률론적 손상 후 복원성을 적용한 B형 건현을 갖는 건화물선일 때는 수평수밀 구획이 침수되더라도 생존 확률을 높이기 위하여 건현갑판 이외에 추가적인 수평수밀 격벽을 추가 설치하기도 한다. 이는 매우 높은 형 깊이(D)를 갖는 자동차 운반선에 한정된 내용이라고 이해해도 큰 무리가 없다. 다만, 여객선의 경우는 매우 복잡하고 엄격한 수평수밀 격벽에 대한 규정을 별도로 적용하여 안전성을 강화하고 있다.

2.2.3 2중 선체구조

해상오염방지협약(MARPOL 73/78) 19규칙에서는 유조선의 화물 탱크를 구성하는 격벽과 선체 외판과의 거리를 선측으로부터 w 이상 그리고 선저로부터 h 이상의 이격거리를 유지하도록 다음의 식과 같이 요구하고 있다.

w(측면 이격) = 0.5 + 재화 중량(DWT)/20,000 또는 2.0m 중에서 작은 값, 최소 1.0m 이상
h(선저 이격) = 선폭(B)/15 또는 2.0m 중에서 작은 값, 최소 1.0m 이상

3. 기관 구역의 배치

3.1 기관실의 구성 요소

기관실은 선박의 추진을 위한 동력 시스템이 배치되는 장소로, **그림 8-3**의 기관실 부분 단면도에 나타낸 것과 같다. 구성요소로는 주기, 발전기 엔진, 보조 보일러, 축, 기관실 크레인, 각종 펌프류, 공기압축기, 압축공기 탱크, 탱크류, 기관실 송풍기, 기관 제어실, 공작실, 기관실 부품창고, 기름 청정기실(purifier room) 및 기타 통행설비 등이 있다.

3.2 기관 구역의 배치 기준

기관실 크기는 선종, 선형, 주기, 보기 및 축계 등의 시방에 따라 결정되므로 선박 계획 시점에 있어서 가장 중요하다. 특히, 선미 기관실 선박에서 기관실의 길이는 선박길이의 11~13% 정도를 점유하고 있으며, 선체강도, 화물창 용적, 트림 등의 선박 기본 성능이나 가격 등 선박 전체에 미치는 영향이 크다. 그러므로 기관실 구획 계획을 수행할 때는 가능한 한 기관실 크기(특히, 기관실의 길이)를 줄이는 것이 요구된다. 또, 새로운 선형 개발의 경우 설계 기준선에서 사용된 방식을 근거로 기관실의 크기를 선주의 요구에 따라 허용 범위를 확장시킬 수 있도록 해야 한다.

주기의 위치를 결정할 때는 선박의 종류에 따라 보일러, 발전기용 엔진의 용량과 축계 연동 발전기의 유무와 설치 위치 등이 주기의 위치 결정에 큰 영향을 미친다. 하지만, 주기는 가능한 선미 쪽에 설치하는 것이 추진축의 길이를 축소시킬 수 있다. 전반적으로 기관실 구획의 최적화에도 노력해야 한다. 기관실 구획을 결정할 때 주요 검토사항으로는 주기의 설치 위치, 기관실의 길이 및 기관실의 높이가 있다.

3.2.1 주기 설치 위치

일반적인 기관실 배치에 있어서 주기 설치 위치를 결정하는 요소는 **그림 8-3**처럼 나타낼 수 있다.

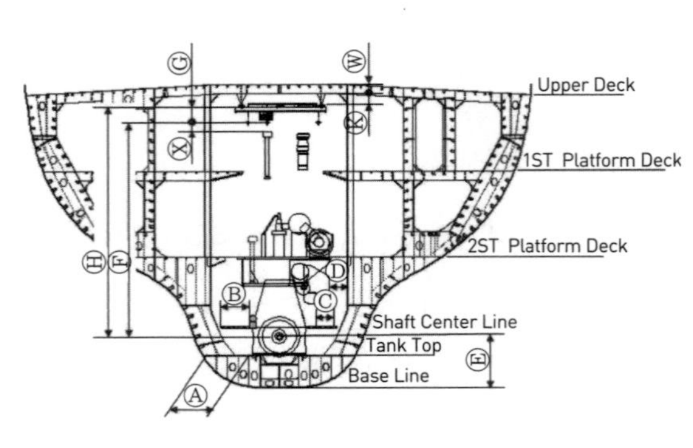

A : 측면 고정구(Side Stopper)의 설치 및 배관을 위한 공간
B : 출력 측 기어(turning gear) 측면의 통로
C : 공기냉각기 하부의 통로
D : 주기관 주위의 통로
E : 선저 기준선으로부터 출력 축 중심까지의 높이
H : 기관실 구획의 최상부 갑판 하면의 특설(web) 빔의 하면으로부터 축 중심선 사이의 거리
F : 축 중심선과 크레인 후크 사이의 높이(기관의 치수에 따라서 정해진다.)
G : 크레인과 크레인 주행을 위한 I-빔을 설치에 필요한 높이
W : 기관실의 최상부 갑판 용 특설 빔의 크기
X : 여유 공간(150~200mm)
K : 거주구로부터의 배수관로 설치를 위한 공간(250mm)

그림 8-3 주기 설치 단면도

3.2.2 기관실의 길이

일반적인 선미 기관실 배치에 있어서 기관실 길이를 결정하는 요소는 **그림 8-4**처럼 나타낼 수 있다.

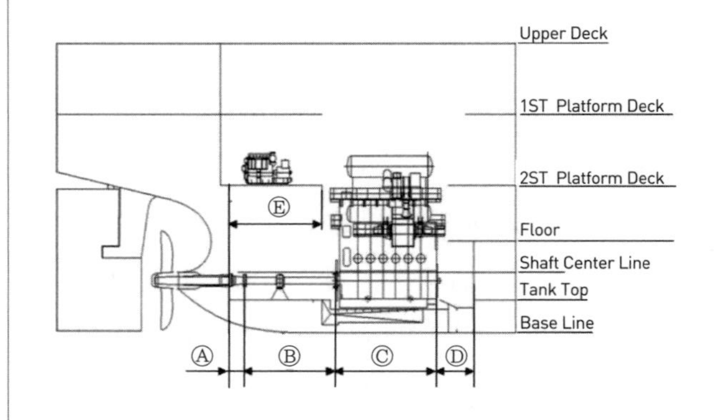

A : 기관실 선미 격벽(AFT BHD)에서 추진축 끝단까지 길이
B : 중간축 길이-추진축 교체용 공간의 길이 (A+B)
C : 주기관의 길이
D : 주기관과 기관실 선수쪽 격벽(FWD BHD) 사이의 길이
E : 발전기용 기관을 설치하기 위한 길이

그림 8-4 기관실 길이의 결정 요소

3.2.3 갑판 높이의 결정 기준

기관실 내에 배치하는 각 갑판의 수 및 높이(deck height)는 일반적으로 다음의 사항을 고려하여 결정한다.

- 갑판의 수가 많아지면 중량이 증가되므로 가능한 한 최소화한다.
- 각 갑판 상면은 수평하게 한다.

- 갑판 상면은 가능한 한 선각구조의 수직 부재와 일치토록 배치한다.
- 탱크의 상면과 플로어의 높이는 축 중심선과 주기관의 형식에 따라 결정한다.
- VLCC 및 일반상선은 흔히 2개의 플랫폼 갑판으로 구성한다.
- 대형 컨테이너 및 LNG 선은 흔히 3개의 플랫폼 갑판으로 구성한다.
- 주기관(M/E)의 피스톤 교체공간을 확보한다.
- 발전기용 기관(G/E)의 피스톤 교체공간을 확보한다.

4. 연료유 탱크의 배치

화물유에 의한 오염은 이미 해상오염방지협약 규정으로 규제하여 왔으나, 연료유에 의한 환경오염에 대해서는 통일된 국제규정이 없었다. 그러나 선박이 대형화, 고속화되면서 적재하는 연료유의 양이 비약적으로 증가하였다. 이에 따라 충돌이나 좌초를 일으키면 심각한 해양오염사고로 연결될 수 있다는 인식이 높아져서 2005년에 IMO에서 관련 규정을 채택하였고, 2010년 8월 이후 인도하는 모든 선박에 대해서는 연료유 탱크에 대한 보호 배치가 의무화되었다.

규정에 따르면 기본적으로 2가지의 선택이 허용되는데, 먼저 완벽한 2중 선체구조를 갖추는 것이다. 그리고 이것이 여의치 않은 경우에 손상을 가정한 유출 유량 계산의 허용치 만족을 입증하는 방법이다.

4.1 연료유 탱크의 설계 기준

연료유 탱크의 2중 선각구조 규정은 유조선의 화물 탱크 배치 규정과 거의 동일하지만, 요구하는 이격거리는 상대적으로 작다. 예를 들어, Panamax급 이상의 선박인 경우 유조선에 대한 이격거리는 측면/선저면 모두 최소 2.0m가 요구되나, 연료유 탱크에 대해서는 측면 1.0m, 선저면 2.0m를 요구한다. 손상 유출 유량 계산은 충돌을 가정한 선측 손상과 좌초를 가정한 선저 손상을 각각 고려하여 계산값을 합산한 뒤, 선박의 크기에 따라 주어지는 기준값과 비교하여 더 낮은 경우는 만족하는 것으로 인정하게 된다. 절차는 다음과 같다.

4.1.1 선측 손상인 경우

① 선측 손상(collision 가정)의 경우 각 연료유 탱크의 3차원 좌표상의 위치에 따라 길이 방향이나 폭 방향 그리고 높이 방향의 손상 확률값이 정해지고,

② 해당 탱크의 용량을 앞에서 구한 손상 확률값과 곱하며,

③ 개별 연료유 탱크마다 위 ①~②의 과정을 수행하여 모두 합산한다.

4.1.2 선저 손상인 경우

① 선저 손상(grounding 가정)은 선측 손상인 경우와 마찬가지로 해당 연료유 탱크의 위치에 따른 손상 확률값을 구하는데, 동일한 위치라도 선저 손상 확률과 선측 손상확률은 다르게 주어진다.

② 역시 개별 해당 탱크마다의 용량과 위의 확률값을 곱하여 합산한다.

③ 선측 손상 계산과 비교하여 추가로 고려할 점이 있는데, 이것은 선박이 선저부가 손상된 상태로 해수에 떠 있을 때, 수압이 존재한다는 사실을 고려해야 한다는 것이다. 즉, 선측 손상의 경우는 해당 탱크의 전체 용적에 해당하는 유출량을 가정하게 되나, 선저 손상의 경우는 선체 외부의 수압에 의하여 빠져나가지 못하고 선내에 남아 있는 잔류 기름은 계산에서 배제하게 되므로 상대적으로 적은 유출량을 얻게 된다.
이중 선체 규정이나 손상 유출 유량인 경우에 관계없이 선박에서의 개별 연료유 탱크의 최대 용량은 2,500m³ 이내로 제한된다.

5. 선종별 화물 구역의 배치

5.1 살물선

선박의 크기에 따라서 **그림 8-5**와 같이 5~9개의 화물창을 배치한다. 화물창 사이의 횡격벽은 파형 격벽(corrugated bulkhead)이며, 하부에 스툴(stool)과 파이프 덕트를 설치한다. 화물창 단면을 보면 상하좌우로 호퍼(hopper) 구조를 가지며, 단일 또는 2중 선체

구조가 모두 가능하다. 단일 선체구조는 화물창 용량을 최대로 확보할 수 있는 장점을 가진 반면에, 2중 구조는 선창 안으로 돌출하는 내부재가 없이 매끈하여 하역작업에 유리한 장점이 있다.

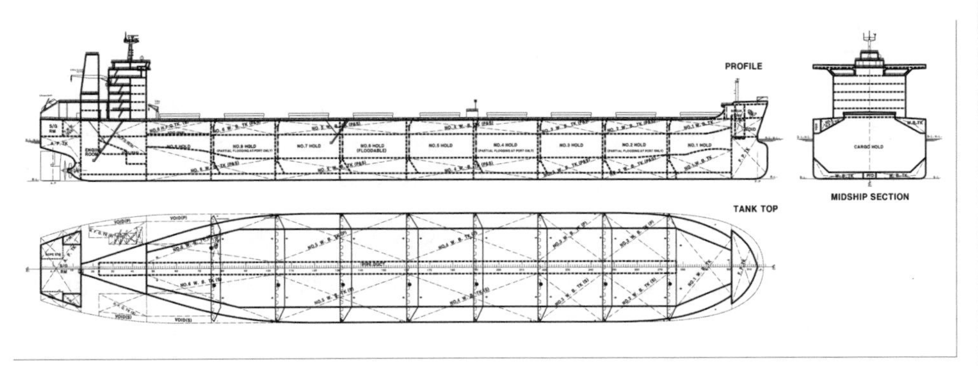

그림 8-5 살물선의 일반 배치도

5.2 컨테이너선

새로운 파나마 운하 건설을 계기로 선폭을 증가시켜 **그림 8-6**과 같이 컨테이너 적재 양을 크게 늘린 뉴 Panamax 제원으로 변화하고 있고, 대형화와 저속화 추세로 1만 1,000TEU급 이상의 건조가 확대되고 있다. 대형화에서는 저속 회전 엔진을 적용하여 효율을 증가시키고, 또한 폐열회수장치(WHRS)를 부착하여 연료 절감 효과를 극대화하는 추세이다. 2단 이상 래싱 브릿지(2 tier lashing bridge) 적용으로 갑판 상부의 화물 고박을 강화하고, 연료유 탱크를 중앙부 화물창 구역 및 화물창 간의 격벽 공간을 활용해 배치하여

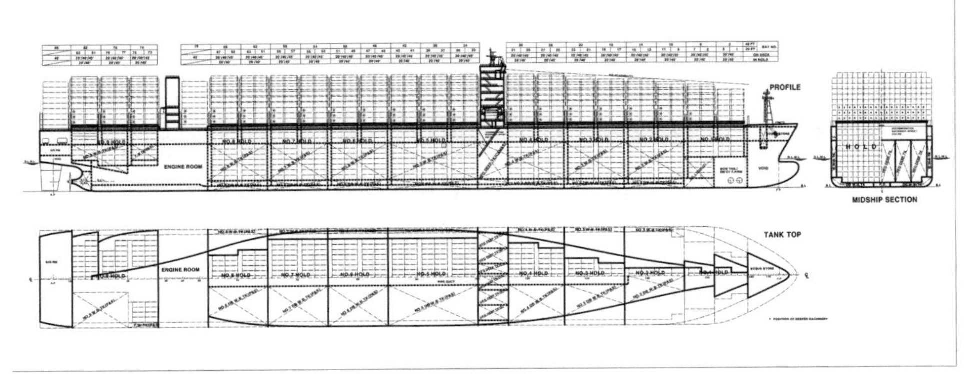

그림 8-6 컨테이너선의 일반 배치도

2중 보호구조 규정을 만족시키고 있다. 선실을 중앙부로 이동시켜 연료유 탱크 상부에 배치하는 중앙부 갑판실(twin island deck house) 구조를 적용하면, 선교에서 전방의 시야를 개선하여 화물 적재량을 증가시킬 수가 있다.

5.3 원유 운반선

그림 8-7에서와 같이 VLCC에는 2개의 화물창 종 격벽이 설치되며, Suezmax(160K급) 및 Aframax(118K급) 탱크는 종 격벽 1개를 설치하여 화물창을 좌현과 우현 탱크로 분할하고 있다. 화물창 전방에는 빈 공간을, 후방으로는 연료유 탱크와 펌프실을 두어 기관실 등 안전 구역과 격리시키고 있다. 매니폴드와 호스 취급 크레인이 중앙부에 배치되며, 상대적으로 좁고 높은 선실구조를 가지고 있어서 선교 지지구조 강도 및 진동에 대한 철저한 보강이 필요하다.

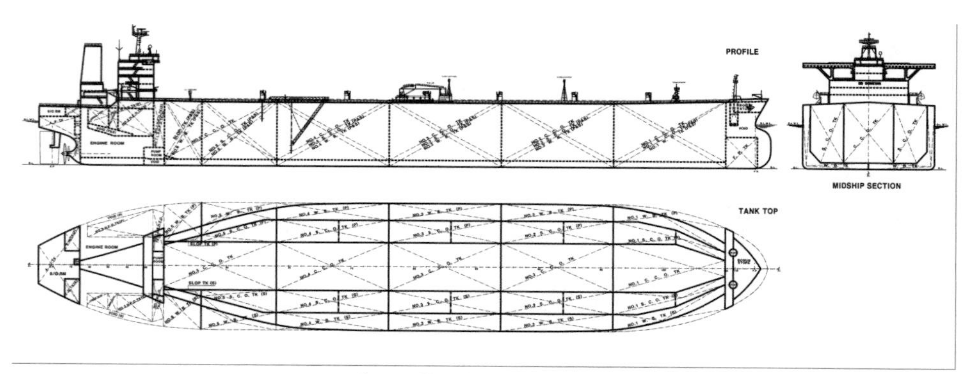

그림 8-7 원유 운반선의 일반 배치도

5.4 액화가스 운반선

그림 8-8은 액화천연가스 운반선(LNG carrier)의 일반 배치도이다. LNG선은 화물 저장용기(CCS, Cargo Containment System)의 형식에 따라서 모스(Moss)형, 멤브레인(membrane)형 및 에스피비(SPB)형으로 구분된다. 화물창은 온도가 −162°C인 LNG 특성에 적합해야 하고 단열재를 부착하여 증발가스(boil-off gas) 발생을 억제해야 한다. 각 화물창 사이 및 전후방에 코퍼댐을 설치하고, 멤브레인 탱크 상부로 트렁크 데크를 두어 전체를 2중구조로 감싸서 보호하고 있다.

트렁크 데크 상부에는 화물 압축기실과 전기 모터실, 벤트 마스트(Vent mast), 매니폴드가 설치되며, 내부에는 통행 및 배선로가 좌우현 선수까지 설치되어 있다. 또한 선수 연료유 탱크, 선수 스러스트 룸이 설치되고, 파이프 덕트를 2중저에 설치한다. 계획 흘수가 낮아 저 선미 갑판(sunken poop deck) 구조가 가능하다.

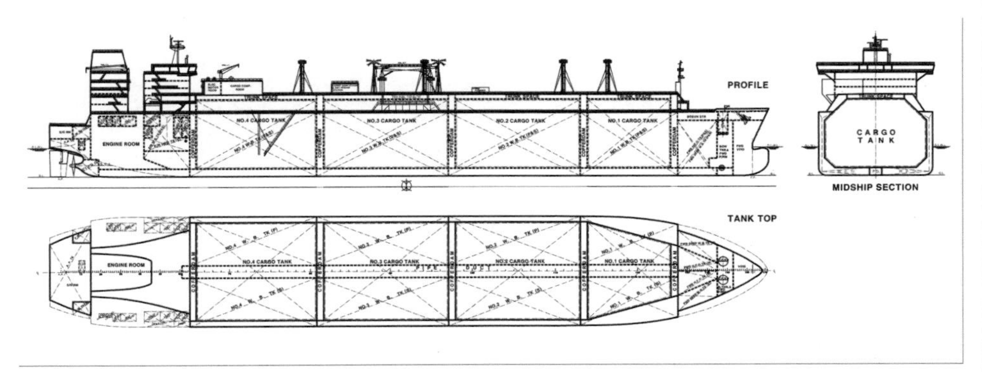

그림 8-8 멤브레인형 액화천연가스 운반선의 일반 배치도

5.5 자동차 운반선

그림 8-9의 자동차 운반선은 Ro/Ro(roll-on/roll off) 선이라고도 불리며 화물을 적재하는 방식에서 유래된 표현이다. 따라서 전용선이 아니라면 자동차뿐만이 아니라 트럭, 버스, 불도저, 컨테이너 등도 적재할 수 있도록 설계하는 것이 일반적이다.

일반 상선과는 달리 보통 9~13개의 카 데크(car deck)로 이루어져 있다. 화물의 양하

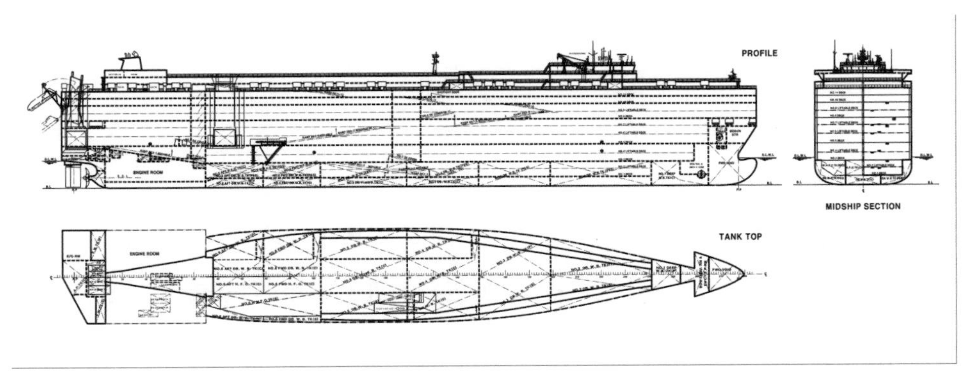

그림 8-9 자동차 운반선의 일반 배치도

역을 위해서 외부 램프(external ramp)를 선미, 선측 또는 선수에 설치하며, 내부 경사로가 각각의 카 데크 사이를 연결하여 설치되고, 고정식 경사로와 이동식 경사로로 나누어진다. 효과적인 양하역을 위해 차량의 회전반경이나 이동선을 고려하여 램프들의 위치 및 구조 보강을 위한 지주들의 간격 배치가 요구된다. 선박 건조 기술의 발달로 최근에는 2중 지주(two pillar) 대신 단일 지주(one pillar) 시스템에 대한 선주들의 선호도가 높아서 적용이 확대되고 있다.

6. 갑판 구역의 배치

6.1 양묘장치 및 계류 시스템

6.1.1 의장수

선박은 정박 중에 바람이나 조류에 의해 힘을 받으며, 조종상의 필요로 앵커를 이용하여 회두하거나 감속하는 경우가 있다. 이때 앵커 체인, 계류 로프의 절단이나 드래깅 앵커로 인하여 선체가 손상되지 않도록 앵커, 앵커 체인, 계류 삭, 예인밧줄 등의 크기와 수량을 다음의 경험적 근사식으로 정의하는 의장수(equipment number)에 따라 결정한다. 이에 따라 앵커 체인의 최소 파괴 하중과 직경에 적합한 양묘기의 인양 능력과 제동력의 크기를 결정한다.

EQ. NO=$(\Delta)2/3+2BH+A/10$

EQ. NO : 의장수

B : 선폭

Δ : 하계 만재 배수량

A : 만재 흘수선상의 선측 투영면적(m^2)

H : 만재 흘수선으로부터 최상층 전통 갑판 빔의 상면에 설치된 너비가 $B/4$를 넘는 선루 또는 갑판실 중 가장 높은 위치에 있는 것의 정부까지의 높이

6.1.2 양묘장치

양묘장치는 해상에서 선박의 정박과 좁은 수역에서 선수의 회전 및 항 내에서 다른 선박 혹은 물체와의 충돌을 피하기 위해 속력을 급감속시킬 때나 좌초된 선박을 고정시키기 위해 설치된다. 양묘 시스템의 구성에 포함되는 장비와 의장품에는 앵커, 앵커 체인, 양묘기, 체인 누르개, 체인 파이프, 호저 파이프와 벨 마우스 등이 있다. 양묘 시스템의 구성요소들에 관한 배치는 갑판 의장 부분에서 상세한 내용을 다루고 있다.

6.1.3 계류 시스템

선박은 해상에 떠 있는 일종의 구조물로서 정박 중에 조류, 바람, 파도 등의 외력에 대해 충분하고 안전한 계선을 위한 장치가 필요하다. 계류 삭은 안벽에서 횡으로 멀어지거나 안벽을 따라 선수미 방향으로 움직이는 배의 운동을 구속하게 된다. 브레스트 라인으로 배의 횡 방향 이동을, 스프링 라인으로는 배의 종 방향 이동을 억제한다. 계류를 위한 장비에는 계류 윈치, 캡스턴 등이 있고, 계류를 위한 의장품에는 선측 페어리더, 볼라드, 비트, 갑판 스탠드롤러, 비상 예인 부품, 일점 계류 부품 등이 있다. 계류용 장비들과 의장품들의 배치와 관련된 내용은 갑판 의장 부분에서 상세한 내용을 확인할 수 있다.

6.2 조타기실

선박의 침로 유지 및 방향 변경용 타의 조작을 위해서 반드시 조타기를 장착해야 한다. 또한, 출입이 용이하고, 가능한 한 기관실과 분리 독립된 구역에 조타장치를 설치하도록 규정하고 있다. 일반 상선의 경우, 기관실 뒤쪽의 독립된 구역에 조타기실(steering gear room)을 배치하고 조타기를 포함한 주변기기와 갑판기계용 유압 동력장치 또는 기타 설비를 배치한다. 조타기실 안에 배치되는 장치는 자동 조타장치, 작동유 저장 탱크, 윤활유 분배 펌프장치 등의 조타장치 등이다. 경우에 따라 비상용 소화펌프실을 배치하기도 한다.

6.3 갑판용품 창고

선수부 최상부 갑판 아래에 위치하며, 갑판원의 창고로서 선박의 갑판부 유지 및 보수

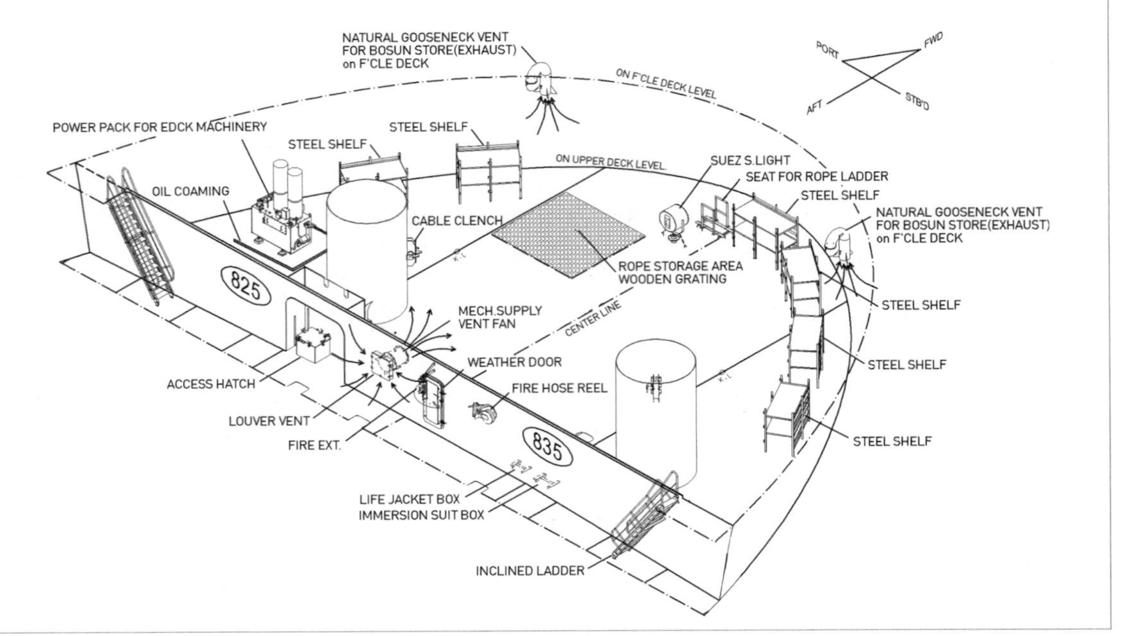

그림 8-10 갑판용품 창고 배치 입체도

를 위한 각종 예비품이나 작업도구 등을 보관하는 장소를 갑판용품 창고(bosun store)라 한다. 또한, 갑판용품 창고 내에는 갑판 기계류의 작동을 위한 유압장비나 전기배전반류 등이 배치되기도 한다. 갑판용품 창고 내에 설치되는 장비 및 의장품으로는 갑판 기계류 작동을 위한 유압 동력장치 및 전장배전반류, 철재 선반, 로프 적재를 위한 목재격자판, 수에즈 서치라이트, 로프, 예비 부속품 등이 있다. **그림 8-10**은 갑판용품 창고 내에 설치되는 장비 및 의장품을 배치한 입체도를 나타낸 것으로, 갑판용품 창고장비들의 간섭과 적정 배치 여부를 확인할 수 있다.

6.4 매니폴드

매니폴드(manifold)는 액체 화물유를 싣고 내릴 때, 육상에 있는 저장기름 탱크와 배의 기름 탱크 사이를 연결하는 배관 계통으로서 선박의 중앙부에 위치한다. 유조선에서 매니폴드의 배관 계통 구성은, 화물유를 적재 또는 하역하기 위한 화물유 라인, 연료유 라인, 디젤유 라인, 화물을 탱크에 적재할 때 발생하는 증기가스를 방출하기 위한 증기 배출 라인으로 되어 있다.

매니폴드는 석유회사 포럼인 국제석유회사협의체(OCIMF, Oil Companies International Marine Forum)의 권고사항으로 선박의 크기 및 화물의 종류에 따라 매니폴드의 개수와 위치, 외판으로부터의 거리, 갑판에서의 높이, 매니폴드의 간격 등이 결정된다. 또한, 매니폴드 하부에 작업용 플랫폼 및 스필 탱크에 대한 규정도 OCIMF에 상세히 기술되어 있다. 그 외에 상세 설계도 OCIMF 규정에 따라야 하므로 매니폴드를 설계할 때 반드시 '유조선의 매니폴드와 부속장구에 관한 규정'을 상세히 검토해야 한다. 화물이 유류가 아닌 액화천연가스일 때는 '액화천연가스 운반선의 냉동 매니폴드에 관한 규정'에 따라 설계되어야 한다.

6.5 조명설비

조명 설계는 주어진 장소의 사용 목적에 가장 알맞은 광 환경과 작업에 적합하도록 빛의 질, 양 및 방향을 고려하여 광원과 기구의 종류, 크기, 위치 등을 정하는 것이다. 좋은 조명의 조건은 첫째, 동작과 작업을 위하여 사람이 직접 물체를 보아야 한다. 하지만 물체가 명확히 보이는 것만이 아니라 사람이 물체를 보고 있어도 피로감이 최소가 되는 효과를 내어야 한다. 둘째, 사람이 심리적으로 안정된 분위기에서 활동할 수 있도록 하는 것이다.

조명시설의 설계 조건으로는 적당한 조도, 휘도 분포, 눈부심, 그림자, 분광 분포, 기분, 조명기구의 위치와 의장 및 경제와 보수 등이라고 볼 수 있으며 설계작업에서 충분히 고려되어야 한다. 조명기구로서는 형광등, 투광등, 백열전구 등이 사용된다.

6.6 마스트

마스트(mast)는 각종의 항해등, 신호등, 신호기와 항해용 장비들이 설치되는 기둥을 말한다. 마스트의 종류로는 선수부에 설치되는 선수 마스트와 거주 구역 상부에 설치되는 레이더 마스트 및 선미에 설치되는 선미 마스트가 있다. 이러한 마스트에 설치되는 항해등과 신호등 들의 위치는 해상충돌예방협약(COLREG, 1972)에 맞도록 배치되어야 한다.

6.7 펌프실

펌프실(pump room)에는 화물유를 화물 탱크로부터 퍼올리기 위한 화물펌프 및 밸러스트를 채우기 위한 밸러스트 펌프, 밸러스트 수에 포함된 미생물을 살균 처리하기 위한 밸러스트 수 처리장치(ballast water treatment system)가 주로 설치된다.

안전 구역인 기관실과는 독립적으로 배치한다. 보통은 기관실 앞쪽에 배치하여 위험 화물유를 취급하고 화물유 탱크와 바로 인접하기 때문에 위험 구역으로 간주된다. 화물 펌프는 안전을 위해 전동기가 아니라 증기터빈으로 구동하며, 밸러스트 펌프는 증기터빈도 가능하나 주로 전동기에 의해 구동된다.

7. 거주 구역의 배치

거주 구역은 선원의 안락한 휴식과 업무를 위한 공간이므로 선원들이 안전하고 편리하게 사용할 수 있도록 배치되어야 하며 거주실 배치도(accommodation plan)에 나타낸다.

7.1 거주실 배치도의 개요

선실 구역은 선원의 주거 및 위락 시설을 제공하는 공간이며, 항해를 위한 조타실, 항해통신 설비, 하역 조종실(loading & unloading control room), 소화 제어 및 공기조화실들이 배치되어 있는 공간이다. 각 갑판별로 선실 구역의 배치를 도면으로 표현한 것을 거주실 배치도라 한다.

거주 구역 배치는 선주의 선호도뿐만 아니라 해상인명안전협약, 국제노동기구협약, 국제만재흘수선협약, 선급규정, 소음 규정(IMO Resolution A468) 등을 따라야 한다. 또한 선박 등록국의 국내법도 적용하여야 한다.

7.2 선실의 구성 요소

선실은 선각구조, 선실의 경계와 장식 및 소음 차단 역할을 하는 구획 칸막이, 강갑판 상부의 마감자재인 갑판피복, 각 방의 출입구 역할 및 채광을 목적으로 하는 개폐장치 및 선원의 안전한 이동을 목적으로 하는 통행용 사다리, 계단, 난간 등으로 구성되어 있다.

7.3 선실 내 구역

7.3.1 거주 구역

거주 구역(living space)은 승무원들이 직접 생활하는 구역이다. 각 선실은 선박에 승선하는 선원의 등급별로 구분하여 구성하며 일반적으로 **표 8-1**의 표기를 따르는 것을 원칙으로 한다.

표 8-1 선원의 등급

Class	Grade	Person		
		Deck Part	Engine Part	Other Part
Office Class	Captain Class	Captain	Chief Engineer	
	Senior Class	Chief Officer	1st Engineer	
	Junior Class	2nd Officer	2nd, 3rd, 4th Engineer	Radio Operator
	Petty Class	Bosun(Chief steward)	No.1 Oiler	Chief Cook
Crew	Crew Class	Able Seaman	Oiler	Cook
Other				Suez Crew, Repair Crew

7.3.2 공용 구역

공용 구역(public space)은 선원의 선상 생활에 편의성을 위해 제공되는 구역 및 선원들이 공동으로 사용하는 구역들을 총칭하는 것이다. 식당, 휴게실 또는 흡연실, 체육실, 수영장, 사무실 등으로 구분되어지나 모든 선박에 공통으로 설치되지는 않는다.

7.3.3 제어실

제어실(control space)은 배의 항해, 화재 및 화물 하역을 조종하는 공간으로 하역 제어실, 밸러스트 제어실, 선교 및 해도실, 통신실, 소화 통제실 등이다.

7.3.4 기타 구역

- 주방 관련 구역(catering space) : 선원들을 위한 음식 요리, 공급 및 관련 장비 등을 취급하는 구역으로 음식 조리실, 식품창고 등이다.

- 위생 관련 구역(sanitary space) : 화장실, 세탁실 및 건조실, 사우나 등이다.
- 통로 구역(passageway space) : 기관실 비상 대피로(emergency escape route from engine room), 계단, 복도, 기관실용 계단(stairway to engine room) 등이다.
- 식료품 저장 구역(provision space) : 선원들의 식품을 보관하는 장소로 건조 식량창고, 냉동 식량창고 등이다.
- 기기실 구역(machinery space) : 각종 기기들이 설치되는 장소로 에어컨, 비상 발전실, CO_2실 등이다.

8. 조종 구역의 배치

8.1 조종 구역의 기기 배치 기준

8.1.1 배치 개요

조타실 및 해도실은 선박 조종의 중추 장소이다. 어떠한 항해 상황에 있어서도 필요한 정보의 수집, 상황 판단, 처치 혹은 명령 전달이 정확하고 신속하면서도 합리적으로 이루어져야 한다. 따라서 기기 배치에서 기능상, 운용상의 문제점들을 충분히 고려해야 하며 미관에 대해서도 관심을 가져야 한다.

8.1.2 배치의 일반 기준

1) 감시작업의 고려

조타실에서의 선박 조종은 감시 업무 결과로부터 비롯된다. 감시는 배의 모든 방향에 대해서도 중요하나, 특히 해상 충돌 예방법에 따라 타선을 우현으로 보아 충돌 위험이 있을 때 대피 항해 의무가 있다. 따라서 감시에 있어서 선수로부터 우현 범위의 감시 비중이 높다. 그리고 일반적으로 감시의 기준 위치를 조타실 전면의 중앙부 우현 쪽에 두고 그 위치에 대한 주위의 전망을 가능한 한 넓게 취하도록 고려해야 한다.

2) 당직자 작업 동선의 고려

항해할 때는 감시 기준 위치, 해도 테이블, 레이더, 조타기 조종석 상호 간은 밀접한 관계가 있다. 입출항 시에는 엔진 텔레그래프(engine telegraph), 전화기, 선내 지령장치 등의 통신기기 사용빈도가 높으므로, 이러한 각 기기의 관련성 및 기능을 고려하여 당직자의 동선이 최대한 짧도록 기기 배치에 유념해야 한다.

3) 실내 배치의 조화 및 미적 고려

실내에 장치하는 기기는 원칙적으로 매립형을 사용하고, 가능하면 콘솔이나 그룹 패널 등에 매립하여 미관 향상을 도모한다.

8.1.3 기기의 배치 기준

조타실 전체 구조도 및 기기목록이 준비되면, 다음의 배치 기준을 고려하여 기기 배치를 한다. **그림 8-11**은 조타실의 각종 기기들이 실제 배치된 모습이다.

1) 레이더 지시기

레이더 지시기는 해도 테이블과 밀접한 관계가 있으므로 지시기는 해도 테이블에 가깝

그림 8-11 조타실의 실제 배치 모습

게 설치하는 것이 일반 통례이다. 지시기를 2대 이상 설치하는 경우 선주에 따라 1대를 감시 기준 위치 부근 또는 앞면에 설치하는 경우가 있으므로 선주의 의향을 고려해야 한다.

2) 조타기 조종석

조타수의 조타 기준 위치가 되므로 조타실 중앙에 설치하여야 하며, 이 위치에서의 감시를 위한 시야 확보는 절대적으로 중요하다.

3) 자기 컴퍼스 투영통 및 전성관

자기 컴퍼스 투영통 및 전성관(voice tube)은 조타수가 조타발판 위치에 서서 투영통 하단을 통하여 조타실 전면 상부의 계기판을 지장없이 볼 수 있어야 한다. 또한, 자기 컴퍼스의 자침판이 잘 보이도록 위치 및 높이를 결정해야 한다.

4) 해도 테이블

해도 테이블의 넓이는 해도 2장을 충분히 펼 수 있는 정도의 넓이가 확보되어야 한다. 또한 해도 테이블과 해도실 뒷벽과의 공간은 적어도 해도 보관용 서랍을 충분히 열 수 있어야 한다.

5) 브리지 콘솔

콘솔을 설치할 때는 조타실 앞 벽에 밀착시키는 경우와 앞 벽에서 이격시키는 경우가 있으며, 감시 기준 위치를 고려할 때 조타실 중앙부에서 우현 쪽으로 배치하는 것이 일반적이다.

6) 브리지 그룹 패널

조타실에 장비되는 기기들을 한 패널에 집중하여 설치하는 그룹 패널은 조타실 중앙부 좌현 쪽에 자립식으로 설치하는 경우와 조타실과 해도실 중간 격벽에 매립형으로 설치하는 경우가 있다.

7) 조타실 전면 상부 지시계기판

조타수의 조타 기준 위치에서 잘 보이는 전면 상부에 보통 선속, 수심, 타각, 주축 회전 지시기 및 풍향 풍속계, 시계 등을 한 계기판에 모아서 설치한다. 중앙에 설치하는 경우가 대부분이며 선주에 따라서는 중앙에서 약간 우현 쪽으로 설치하는 경우가 있다.

8) 기타 기기

상기 외 기기류의 배치는 조타실 전체 구조도 및 기기목록에 따라 배치하며 기기류의 사용 목적에 따라 배치한다.

8.1.4 기타 사항

① 설치하는 기기에 대하여는 반드시 보수, 점검의 관점에서 고려되어야 한다. 특히 제작업체에서 요구되는 방열을 위한 공간 등 기타 요구 조건을 검토하여야 한다.

② 천정에 설치하는 기기 하단과 조종실 바닥과의 높이는 사람의 통행에 방해를 주지 않도록 고려되어야 한다.

③ 경보, 신호용 부저 및 벨 등은 당직자의 위치를 고려하여 가청거리 내에 배치한다. 혹시 동음질의 신호가 혼돈을 줄 우려가 있을 경우에는 적절한 표식을 하여야 한다.

8.1.5 참고 규정

조종 구역의 배치에 관련된 규정은 아래의 규정 외 선적 등록국에서 채택한 규정도 만족할 수 있도록 배치되어야 한다.

- DNV 항해 안전 규칙(Rules for Nautical, Safety) : 이 규정은 DNV 부가선급 NAUT-A, NAUT-B, NAUT-C를 채택할 때 적용해야 한다.
- 파나마 운하 규칙 : 브리지 제한 규정(International Maritime Pilots Association, Aug, 1976)이다.

9. 여객선의 일반 배치

여객선의 일반 배치는 그 종류에 따라 다소 상이하지만 크게 다음과 같은 특징이 있다.

- 개성 있는 외형 및 내부 디자인을 중시한다.
- 승객용 객실 구역과 공용실 구역, 그리고 승조원의 선실 구역으로 구성되어 있으며, 승객 구역과 승조원 구역은 분리 구성되어 있다.
- 승객 및 승조원의 안전을 고려한 설계가 중요하다.

여객선은 선사마다 고유한 특징을 가지고 있으며, 배마다 특색 있는 인테리어 디자인으로 차별화되는 만큼 개성 있는 외형을 중시한다. 이는 특성을 유지하면서 변화하는 승객의 요구에 맞추기 위한 노력으로, 일반 배치 측면에서는 매우 어려운 부분이다. 이로 인해 설계자의 역할이 중요한데, 일반 배치에서 고려할 요소와 상충되지 않도록 협력 및 상호 간섭 요인에 대한 점검이 필수적이다. 또한, 설계 및 건조 과정에서 잦은 설계 변경이 요구되는 부분이기도 하다.

승객 및 승조원의 안락성, 편의성을 위해 배의 운항에 필요한 기관 구역 및 보기 구역에 비해 상대적으로 많은 공간의 선실 및 공용실 구역이 필요하며, 이는 갑판 수가 늘어나는 요인으로 나타난다. 각 갑판에는 수영장, 산책로, 휴식 공간, 어린이 놀이방, 면세점, 카지노, 극장, 대형 식당, 나이트클럽 등이 설치된다. 또한, 전체 공간 중 승객 공간의 비율은 그 여객선의 안락성을 나타내는 요소가 되기도 하고 고급 여객선일수록 그 비율은 높아진다. 내부 배치에서 승객과 승조원 구역은 확실히 구분되며 통로, 계단, 엘리베이터 등 이동에 필요한 설비 등도 구분하여 이용한다. 원활한 승객 이동, 화물의 이동, 각종 서비스를 위한 이동 경로를 우선 고려하여, 그 흐름이 원활하도록 하는 것도 일반 배치에서 우선 고려해야 할 사항이다.

특히 여객선은 많은 인원을 수용하므로, 무엇보다도 엄격한 안전 관련 요구사항을 지켜야 한다. 기본적으로 화재 확산 방지를 위해 MVZ(Main Vertical Zone)을 설정하여 구분하며 그 길이도 제한이 있다. 또한 각 구역별 특성에 따라 갑판별, 격벽별 엄격한 방화 단열 처리가 요구된다. 충돌 및 침수에 대비하여 각 구역은 수밀 격벽으로 구분되며, 일반 상선에 비해 엄격한 복원성 기준을 적용받는다. 지역에 따라 SOLAS 요구 조건 이외에 추가적인 복원성 기준(예 : Stockholm Agreement) 적용을 요구받기도 한다. 기본적으로 탑승인원의 탈출을 위한 장비 및 설비도 엄격히 요구된다.

또한, 최근에는 안전에 대한 설계 기준이 점차 강화되고 있으며, SRtP(Safe Return to Port)라는 개념의 안전 설계 기준도 요구된다. 이는 여객선 자체를 하나의 구명정 개념으로 보고, 화재나 침수가 발생하더라도 근처 항구로 돌아갈 수 있는 능력을 가지도록 요구하고 있다. 이로 인해 추진 및 컨트롤, 서비스 시스템 등의 이중화 및 분산 배치가 요구되며, 일반 배치 측면에서 많은 제약을 받는 부분이기도 하다. 이론적인 적용 내용을 실질적으로 구현하기 위해 일반 배치에서는 각 시스템 설계 부분과의 협력이 무엇보다도 중요하다. 따라서 각 시스템 설계는 각자의 설계가 다른 부분에 미치는 영향을 파악하고 협력해서 설계하는 것이 중요하다.

최근 여객선의 일반 배치 경향은 위의 3가지 특성을 기준으로 다양하게 나타나고 있다. 또한, 개성 있는 디자인과 승객의 안락성 및 편의성 고려, 엄격히 요구되는 안전 설계 기준 외에도 기존의 규정으로는 규정하지 못하는 부분도 나타나고 있다. 이로 인해 대체 설계의 개념이 도입되고 있다. 이는 정해진 규정을 만족시키지 못하더라도, 그 안전성에 대해 증명하면 설계를 승인해주는 개념으로 최근에 설계 건조된 여객선에 적용되었다. 향후 지속적으로 이러한 적용이 요구될 것으로 예상되며, 이로 인해 여객선의 일반 배치는 그야말로 다양한 형태로 변화할 것으로 예상된다.

참고문헌

1. 권영중 편저, 2006, 선박설계학, 동명사.
2. 대한조선학회 편, 1993, 조선해양공학개론, 동명사.
3. 대한조선학회 편, 1996, 해양공학개론, 동명사.
4. 대한조선학회 편, 2011, 선박해양공학개론, GS인터비젼.
5. 미국조선학회 편, 임상전 역, 1971, 기본조선학(PRINCIPLES OF NAVAL ARCHITECTURE), 대한교과서주식회사.
6. 박명규, 권영중 저, 1995, 선박기본설계학, 한국이공학사.
7. 신종계 저, 2006, CAD 디지털 가상생산과 PLM, 시그마프러스.
8. 유홍성 외 공역, 1997, 해양공학의 기초지식, 동명사.
9. 이창억 편저, 1984, 선박설계(SHIP DESIGN), 대한교과서주식회사.
10. CAD & Graphic 저, 2005, PLM GUIDE BOOK, BB미디어.
11. Kenny Erleben, Jon Sporring, Knud Henriksen 저, 2005, Physics-Based Animation, Charles River Media

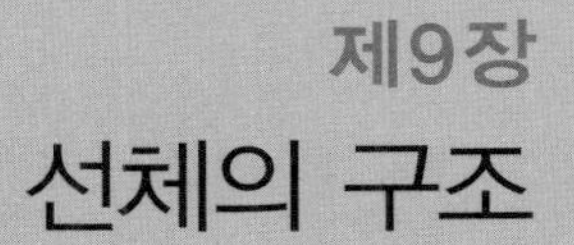

제9장
선체의 구조

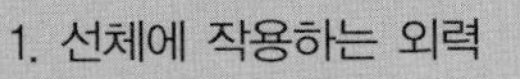

선박은 종류에 따라 외형 치수가 달라질 뿐 아니라 내부 구조가 다양하게 바뀐다. 또한, 거친 파도를 이겨내며 안전하게 대양에서 운항해야 하므로, 선체는 외판과 보강재를 적절하게 조립하여 튼튼한 구조로 건조되어야 한다.

선체를 구성하는 재료로는 선박용 압연강재, 고장력강, 알루미늄 합금, 목재 또는 보강된 유리섬유(FRP) 등이 다양하게 사용된다. 선체의 외판은 기본적으로 수밀(watertight) 기능을 가져야 하며, 선체는 필요한 배수량을 확보하는 동시에 추진 성능과 운동 성능이 확보될 수 있는 형상으로 설계된다. 또한, 선체 내부에는 화물을 적재하기 위한 공간, 선박의 운항에 필요한 기관, 의장품 등을 위한 공간, 승무원을 위한 안전한 거주 공간 등을 확보하기 위하여 적정한 구획으로 나눠진다.

선박이 설계 건조되었을 때, 외판과 내부 구획을 구성하는 각 부재들은 선박의 수명 동안 거친 해상환경 속에서 충분한 구조 강도를 유지하여 파손되지 않고 안전하게 운항할 수 있게 하는 역할을 한다.

1. 선체에 작용하는 외력

1.1 일반

선체구조는 다양한 외력으로부터 선박을 효율적으로 보호할 수 있도록 설계한다. 따라서 선체구조에 작용하는 외력의 종류, 특성 및 크기를 파악하고 이들이 선체구조에 어떻게 작용하는지를 이해하는 것이 선체구조 설계의 시발점이다. 선체구조에 작용하는 하중은 매우 다양하며 해석의 목적에 따라 여러 가지 구분이 있을 수 있다. 여기에서는 주로 선체구조의 설계 관점에서 하중을 다루고자 한다.

선체구조에 작용하는 외력은 시간에 따라 변동하지 않는 정하중과 변동하는 동하중으로 구분한다. 우선 정하중은 선박이 수면에 떠 있는 상태에서 부력과 자중에 의하여 선체구조에 작용하는 힘이다. 이때 부력과 자중은 정확히 평형을 이루게 된다. 이러한 평형 상태에서 파도와 같은 외부 환경이 선박에 작용하면, 선박은 평형을 유지하기 위해 운동을 시작하게 되고 선체구조는 이러한 동적인 외력과 선박운동에 의해 발생하는 관성력을 동시에 받게 된다. 정하중과 동하중은 하중을 발생시키는 근원에 따라 유체력에 의한 것인지, 질량에 의한 것인지로 다시 구분될 수 있다. **그림 9-1**은 이러한 하중 사이의 관계를 보여준다.

선박에 작용하는 외부 환경에 의한 하중 중 선체구조 전체에 영향을 미치는 가장 중요한 인자는 파도이다. 바람이나 조류의 경우 각각 선박의 복원성이나 계류장비에 큰 영향을 미치지만 전체적인 선체구조에 미치는 영향은 미미하다. 따라서 선체구조 설계에서는 주로 파도에 의한 힘과 이에 따른 선박의 운동에 의한 힘이 고려된다.

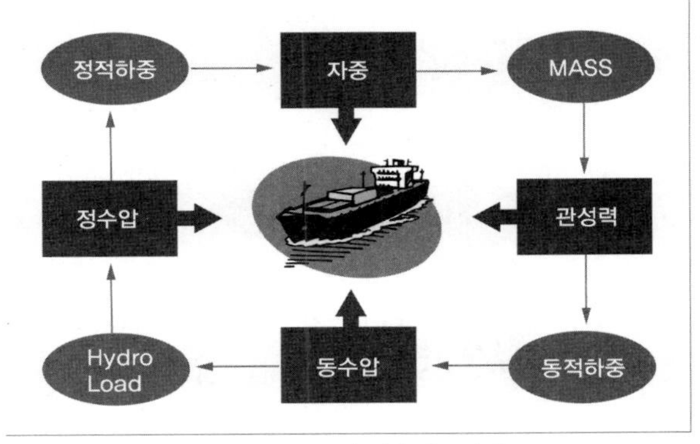

그림 9-1 선박에 작용하는 하중

1.2 정하중

파도가 없는 평형 상태에서 선박의 평형 상태는 **식 (9-1)**로 표현할 수 있다.

$$F_S = (-mg) \tag{9-1}$$

여기서 질량 m은 선박의 자중과 적재된 화물의 질량을 포함한 선박의 모든 질량을 뜻한다. 선박의 질량이 중력가속도를 받고 있으므로 선체 중량으로 나타나고, 선체가 밀어내는 물의 양은 선체 중량과 동일해지고 이는 부력 F_S로 나타난다. 이때 선박은 정적 평형 상태에 이르게 되는데, 평형의 의미는 부력과 중량의 전체적인 크기가 같을 뿐만 아니라 동일한 연직선상에서 작용하는 것을 뜻한다.

선체구조에는 중량과 부력이 길이 방향으로 분포하게 되는데, 중량과 부력의 차이는 선체에 작용하는 하중 분포가 된다. 이를 길이 방향으로 적분하면 전단력 분포를 구할 수 있다. 다시 전단력 분포를 적분하면 굽힘 모멘트 분포를 구할 수 있다. 선박 전체에 대한 구조해석을 직접적으로 수행한다면 중량과 부력을 외력으로 고려하는 것으로 충분하다. 하지만 선박을 단순한 보로 이상화하여 해석하거나 선박의 중앙 부분과 같은 특정 구역에 대한 구조해석에 관심을 두는 경우에는 해당 부분에 작용하는 전단력과 굽힘 모멘트가 유용하게 사용된다. 이때 사용되는 정적 전단력 및 굽힘 모멘트는 선박의 형상과 중량 분포를 알면 간단한 프로그램으로 쉽게 계산할 수 있다.

1.3 동하중

파도가 존재할 때 힘의 동적 성분은 다음과 같은 운동방정식으로 표현할 수 있다.

$$F_D = (-ma) \tag{9-2}$$

식 (9-2)의 F_D는 파도와 선박의 상호작용으로 선체에 유기되는 유체동압력이고, 우변의 ma는 선박이 파도 중에서 받고 있는 가속도와 질량의 곱, 즉 관성력이다. 좌변의 유체동압력에는 선박의 운동으로 발생하는 복원력, 부가질량 및 마찰의 영향이 포함되기 때문에 선박의 6자유도 운동을 가속도, 속도 및 변위로 표현되는 행렬 형식의 운동방정식으로 표현하고 해를 구하여야만 알 수 있다.

이런 운동방정식을 풀기 위하여 선박의 단위운동에 의하여 유발되는 힘 또는 입사되는 파도에 의해 유기되는 힘 등을 구해야 한다. 이때 유체를 포텐셜 유동으로 가정하여 해석하는 방법이 가장 많이 사용되고 있다. 최근에는 포텐셜 유동을 가정하는 대신 Navier-Stokes 방정식을 직접 풀어 선박의 운동, 슬래밍 및 갑판 침수 등을 동시에 해석하려는 시도가 이루어지고 있다.

1.4 설계하중

선박에 작용하는 설계하중은 IACS 통일규칙에 따르면 설계수명 25년을 기준으로 하여 산정된다. 해상구조물일 때는 황천에 대피할 능력이 없기 때문에 100년의 설계수명을 기준으로 안전 계수를 결정하는 것과는 대조적이다.

설계수명 25년이라는 의미는 25년 동안에 선체구조가 한 번은 만날 수 있는 파도 중에서 가장 높은 파고를 지닌 파도에 견딜 수 있도록 설계되어야 한다는 뜻이다. 따라서 설계하중을 결정하기 위해서는 확률통계적 방법이 사용되어야 하고, 이를 위하여 파도나 선박의 응답에 대한 적절한 확률 분포를 가정하여야 한다.

선체에 작용하는 최대 응력을 산정하는 방법에는 등가 설계파법과 스펙트럴 응력법의 2가지 방법이 있다. 등가 설계파법은 선박에 다양한 파랑하중의 최대치를 가함으로써 선체구조에 작용하는 최대 응력을 구할 수 있다는 가정하에, 파랑하중의 최대치를 확률 통계적 방법으로 구하고 이 하중을 구조모델에 가하는 방법이다.

반면, 스펙트럴 응력법은 모든 단위 파고를 지닌 파도에 대하여 구조해석을 수행하고 얻어진 응력의 전달함수를, 해양파의 스펙트럼, 장기 관측자료와 함께 통계적으로 처리하여 최대 응력을 결정하는 방법이다. 주로 피로수명 평가에 사용된다.

1.5 충격하중

일반적으로 선박이 선박의 길이와 비슷한 파장을 지닌 파도를 만날 때 선체구조에 가장 큰 영향을 받게 된다. 이때의 파도 주기가 꽤 길기 때문에 통상 하중의 변화가 시간에 따라 천천히 변한다는 가정하에 준정적인 방법으로 구조해석이 수행된다. 또한, 파도에 의한 하중은 선박 전체에 영향을 미칠 뿐 아니라 가장 중요하게 작용하기 때문에 전체 구조 설계의 가장 기본이 된다.

하지만 선박이 황천에서 극심한 운동을 할 때 선수나 선미 부위에 발생하는 슬래밍(slamming)이나 그린 워터(green water), 내부 유체화물의 유동에 의해 발생하는 슬로싱(sloshing) 등은 매우 짧은 시간에 큰 충격하중을 발생시키는 특성이 있다. 이러한 충격하중은 주로 국부적인 선체구조에 영향을 주므로 파도를 고려한 전체적인 구조 설계 이후에 보강 설계를 수행하며 검토하게 된다.

1.5.1 슬래밍

슬래밍은 선박이 황천 중에서 높은 파도를 만나 과도한 운동을 일으키면서 선수 바닥이 물 밖으로 드러났다가 다시 되돌아갈 때 수면과 충돌하면서 발생하는 선저 충격이 있다. 그리고 큰 플레어(flare) 각을 가지는 선박의 선수 플레어 부분이 수면과 충돌하면서 발생하는 플레어 충격도 있다. 전자를 선저 슬래밍이라 하고, 후자를 플레어 슬래밍이라고 한다.

선저 슬래밍은 유조선이나 벌크선과 같이 선저 바닥이 평평한 선박에서 주로 발생하고, 플레어 슬래밍은 컨테이너선과 같이 플레어가 큰 선박에 발생한다. 컨테이너선과 같이 아주 긴 평평한 트랜섬 선미를 갖는 경우, 선미 · 선저 슬래밍을 겪는 경우가 빈번하게 발생하고 있다. 이런 충격 압력으로 인해 외판이 변형되거나 보강재가 좌굴을 일으키는 등의 구조적 손상을 일으킬 수 있다. 슬래밍과 같은 충격 압력에 대하여 동적 구조해석을 수행하여 직접적으로 평가하는 방법과 등가의 정적 수두로 치환하여 구조 설계를 수행하는 방법이 있다.

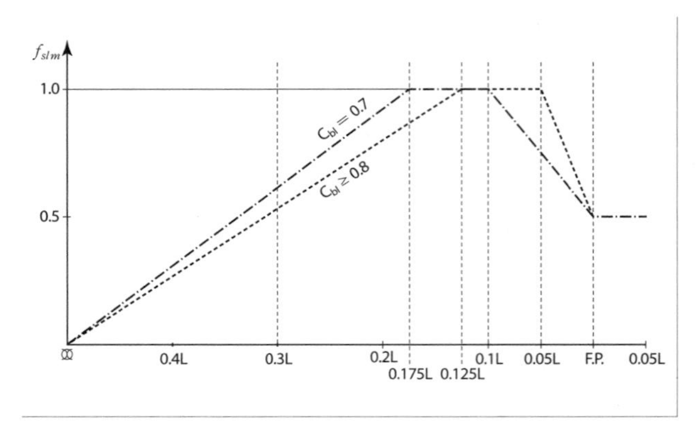

그림 9-2 선저 슬래밍 압력 분포

그림 9-2는 IACS(국제선급연합) 통합 규칙에서 사용하고 있는 선저 슬래밍 압력 분포를 보여주고 있다. 슬래밍에 의해 발생하는 충격력은 국부적으로 선저 외판과 플레어 부분에 발생하는 손상의 주요 원인이 될 뿐 아니라, 선체 종 방향으로 변위가 상당히 큰 진동, 즉 위핑(whipping) 현상을 유발함으로써 선체 전체의 구조 안전성에 큰 위협이 된다. 함정 설계에서도 수중에서 폭탄이 폭발하는 경우에 대비하여 충격파나 맥동하는 기체 버블(bubble)에 의한 위핑 영향을 고려하게 된다.

1.5.2 슬로싱

유조선이나 LNG선과 같이 큰 폭의 탱크에 액체화물을 싣고 다니는 선박인 경우, 선박의 운동으로 인해 액체화물이 내부유동을 일으킨다. 액체화물의 양에 따라 발생한 내부유동과 선체운동이 특정한 주파수에서 공진하면 매우 큰 충격 압력이 탱크 내부에 작용할 수 있다. 슬로싱 현상은 선박의 운동과 액체화물의 수위에 따라 매우 다양한 형태로 나타나므로, 여러 상황에 대한 모형실험 또는 수치해석법을 이용하여 선박의 탱크구조가 견딜 수 있도록 설계한다.

1.5.3 스프링잉

해상 상태가 그다지 나쁘지 않은 상태에서도 주기 회전수와는 무관하게 해양파의 고주파수 성분과 선체 거더의 저차 진동수가 공진하여 지속적인 진동이 발생하는 경우가 있는데, 이것을 스프링잉(Springing)이라고 한다. 최근 선체구조의 최적화와 고장력강 사용의 확대 등으로 인하여 선체 거더의 강성이 줄어들고 고유 진동수는 점점 낮아지고 있어서 스프링잉의 가능성은 더욱 커지고 있다. 이들 휘핑이나 스프링잉에 대해서도 구조적인 보강이 필요하지만 유탄성 거동의 정밀한 평가가 우선되어야 한다.

1.5.4 그린 워터

그린 워터는 피칭 운동을 일으킨 선수가 빠른 속도로 입수할 때 선수 앞쪽에 흰색 물보라와는 다르게 선수 갑판 위로 짙은 색의 부서지지 않은 해수 장벽이 보이는 **그림 9-3(a)**와 같은 현상이다. 선수의 하향 속도가 줄어들면서 해수가 붕괴되어 선수 갑판으로 쏟아져 들어오면서 갑판 침수가 일어나며 선수 갑판에 위에서 아래로 큰 충격을 가한다. 이어서 갑판 위를 빠른 속도로 흘러가면서 **그림 9-3(b)**와 같이 갑판상 구조물이나 의장품들에 부딪혀 충격을 가한다. 이에 대비하여 선수부에 물결막이를 설치하기도 한다.

(a) 해수 장벽이 형성된 상태(군함)

(b) 해수가 갑판에 넘쳐든 상태(화물선)

그림 9-3 그린 워터

1.6 기타 하중

앞에서 언급한 하중 외에도 국부적으로 작용하는 많은 하중이 존재한다. 즉, 프로펠러에 유기되는 축력 및 유체동압력, 엔진의 진동, 계류력, 화물의 상하역 시 발생하는 하중 등이 있다. 또한 폭발이나 충돌 및 침수 시에 발생하는 하중 등이 있을 수 있다. 따라서 선체구조는 이러한 모든 하중에 견딜 수 있도록 설계해야 한다.

2. 선체의 손상

선박은 승객을 승선시키거나 재화를 적재하여 원하는 장소로 이동시켜 가치를 창출하는 운송수단이다. 거친 해상 상태에 순응해야 할 뿐만 아니라 때로는 극복하는 것이 요구된다. 선박은 육상의 운송수단에 비하여 더욱 가혹한 환경에서 사용된다. 그래서 해양사고가 일어나면, 단순한 선체 손상에 그치지 않고 인명과 선박 손실 및 해양환경 오염을 유발하는 심각한 사고로 발전되어 피해가 크다. 하지만 사고의 발생원인은 매우 다양하고 복잡하게 연결되어.있으므로 원인 규명이 쉽지 않다. 따라서 선체의 손상 유형을 미리 파악하는 것이 하나의 대비책이 될 수 있다.

2.1 절단

선박이 항해 중 선체 중앙부가 절단(분리)되는 사고는 흔한 일은 아니지만, 가장 치명적인 경우로 볼 수 있다. 그 원인으로는, 좌초 후 해류에 의한 선체 절단, 높은 파고의 충격으로 인한 선체 절단, 선박 충돌로 인한 선체 절단, 어뢰 및 기뢰 피격 등이 있다.

그림 9-4(a)는 2002년 스페인 연안에서 발생된 유조선 Prestige 호의 좌초 후 침몰사고이고, **그림 9-4(b)**는 2004년 알래스카에서 발생한 산적운반선 Selendang Ayu 호 선체 절단사고이다.

Prestige 호는 황천에서 발생된 초기 균열이 점차 전파되어 절단에 이르렀으며, Selendang Ayu 호는 좌초 후 선체가 해류의 압력을 견디지 못하고 시간이 지나면서 피로가 누적되어 절단된 경우이다.

한편, 선박은 파랑에 의하여 길이 방향으로 휘어지는 힘을 받게 되는데, 특히 길이가 긴 유조선이나 화물선들의 중간 부분에 굽힘 모멘트나 전단력에 의하여 큰 응력이 발생하여 균열로 이어지고 이는 선체의 절단으로 발전된다.

(a) Prestige 호

(b) Selendang Ayu 호

그림 9-4 선체의 절단사고 사례

2.2 피로 파괴

피로 파괴(fatigue fracture)는 교량, 비행기, 기계 부품 등과 같이 동적인 반복 응력을 지속적으로 받는 구조물에서 나타나는 파괴현상이다. 또한 정적 하중 상태에서 재료의 항복 강도나 인장 강도에 못 미치는 매우 낮은 응력 상태일 때 일어나는 파괴현상이기도 하다. 이와 같은 파괴현상은, 특히 오랜 시간 동안 응력과 변형이 반복적으로 발생된 후에 일어나므로 '피로 파괴' 라고 부른다.

실제로 기계구조 부품에서 일어나는 파괴의 대부분은 피로에 의한 것이다. 자동차, 항공기, 펌프, 터빈 등의 사고원인도 피로 파괴인 경우가 많다. 모든 금속 파손의 약 90%가 피로에 의해 발생한다고 할 만큼 피로 파괴는 금속 파손의 가장 중요한 파괴의 원인이다. 특히, 피로 파괴는 사전에 어떠한 파괴 징후를 나타내지 않고 갑자기 일어나므로 적절한 대처가 어려워 대형 사고로 발전될 수 있는 아주 위험한 파괴현상이다. 따라서 설계의 측면에서 피로 강도를 고려하는 것은 대단히 중요하다.

구조물의 치수 변화가 급격하게 일어나는 노치(notch) 부분이나 홈, 구멍과 같은 기하학적인 불연속이 있거나 용접부의 결함이나 불연속적인 형상치수의 급격한 변화가 있는 경우에는 해당 위치에서 응력 집중이 발생하여 피로 균열이 시작된다. 따라서 해당하는 부위는 피로 파괴의 핵으로 여겨지는 중요한 위치가 된다. 그러므로 가능한 이러한 구조적 불연속성을 완화하거나 제거함으로써 피로 손상이 일어날 확률을 감소시킬 수 있다.

한편, 피로수명을 향상시키는 방법에는 용접 부분을 연마하여 기하학적 형상의 불연속성을 줄여주고, 후열 처리 등을 통해 용접 잔류 응력 수준을 완화시키거나 표면에 압축잔류 응력이 유발되도록 처리하는 방법 등이 있다.

그림 9-5는 컨테이너선의 선측 종 늑골 부재와 횡 보강재의 연결부이다. 선박에서는 구조적 특성으로 필렛 용접을 많이 사용하고 있다. **그림 9-5(a)**는 반복 하중을 받아 용접 토(toe)부에서 응력 집중이 발생하여 피로 균열이 발생하고 점차 전파하여 부재의 파단에 이른 예이다. 또한, **그림 9-5(b)**는 용입 부족부 선단에서도 응력 집중이 발생하여 피로 균열이 발생한 것이다.

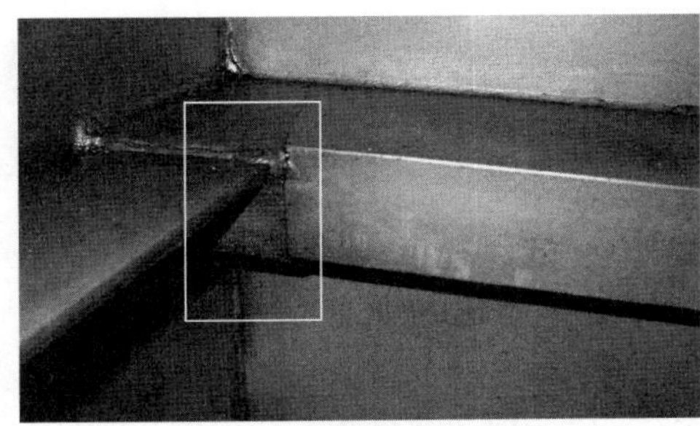

(a) 용접 토부

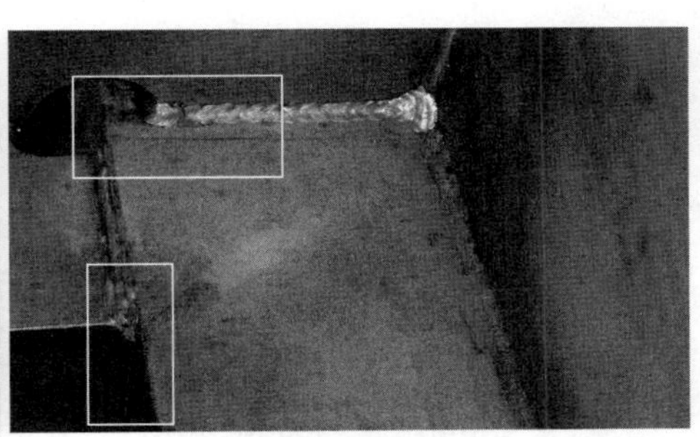

(b) 용입 부족부

그림 9-5 피로 균열

2.3 취성 파괴

구조물에 충격이 가해지는 경우, 재료 속에 존재하는 작은 결함이 급속히 전파되어 파단에 이르는 현상을 취성 파괴라고 한다. 용접 결함 등 공작이 불량한 부위나 노치(notch)라고 하는 구조적 불연속부에 응력이 집중적으로 나타나는 부위에서 발생한다. 하지만 초기 결함이 없는 경우라도 피로 균열로부터 취성 파괴로 이어질 수 있다. 최근에는 재료 기술의 발전으로 인하여 취성 파괴에 대한 저항력이 높은 강재들이 많이 개발되어 있다. 따라서 운용되는 온도에 따라 적정한 재료를 선택한다면 취성 파괴의 가능성을 낮은 수준으로 제어할 수 있다.

2.3.1 연성 파괴

연성 파괴(ductile fracture)는 취성 파괴에 대응되는 개념이다. **그림 9-6**은 연성이 큰 알루미늄 재료의 인장시험 시편으로서, 파괴가 일어나기 전에 시험편의 단면적이 크게 줄어들었으며 길이도 크게 늘어났음을 알 수 있다. 이는 재료가 파단에 이르기까지 에너지를 많이 흡수하고 큰 변형을 보여주는 연성 파괴의 전형적인 예이다. 파괴된 한쪽 면은 컵과 같은 모양이고, 다른 쪽은 볼록한 원뿔 모양으로 나타나는 것이 파단면의 대표적인 특징이다. 그래서 연성 파괴를 가리켜 컵-원뿔 파괴(cup-and-cone fracture)라고도 한다. **그림 9-6**의 파괴 시편에서 가운데 내부 면은 불규칙한 섬유질 모습을 띠고 있는데, 이를 바탕으로 파괴 전에 상당한 소성 변형이 일어난 것을 확인할 수 있다.

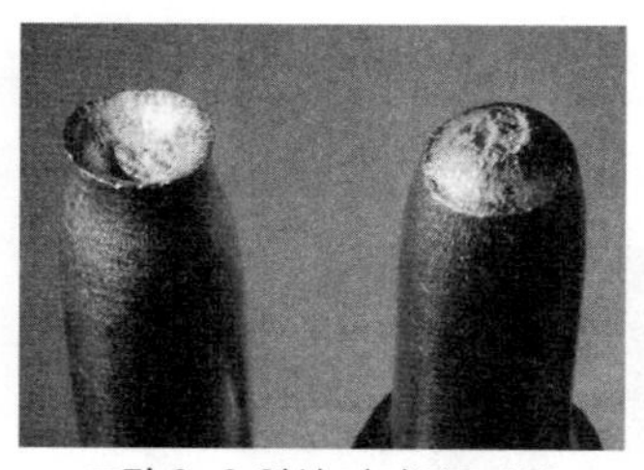
그림 9-6 연성 파괴(알루미늄)

2.3.2 취성 파괴

그림 9-7은 취성 파괴(brittle fracture)를 일으킨 연강 재질의 인장시험 시편이다. 파괴가 일어나기에 앞서서 시험편에 단면적이나 길이의 변화가 거의 없었음을 보여주고 있다. 시험편의 인장이 거의 일어나지 않았으므로 파괴에 이르기까지 재료가 흡수하는 에너지는 크지 않다는 것을 바로 알 수 있다. 파면의 특징으로는, 칼로 자른 듯이 반듯하며 금속 결정면이 나타나 있으며 흔히 낮은 온도에서 나타나는 파괴 형태이다. 유리, 콘크리트,

그림 9-7 취성 파괴(연강)

암석 또는 탄소 함유량이 높은 철(iron)이 전형적인 취성 재료에 속한다.

2.3.3 취성 파괴의 사례

제2차 세계 대전 당시 미국의 1만 6,000톤급 전시표준형 선박 T-2 Tanker가 500척 이상 건조되었다. 용접방식으로 건조된 T-2 Tanker가 1943년 1월 16일 미국 Oregon 주 Portland 항에 정박해 있던 중, 갑자기 선체가 마치 자로 잰 듯 함수와 함미로 잘려나간 채 선체 중앙부가 수면 위로 치솟았다. **그림 9-8**은 절단사고를 일으킨 부분을 촬영한 사진으로 파단된 단면의 형상이 잘 나타나 있다. 이후 T-2 Tanker의 파괴는 용접 결함과 취성 파괴의 전형적인 사례로 연구되어 왔다.

그림 9-8 T-2 Tanker SS Schnectady 호 절단사고

취성 파괴는 소성 변형이 거의 없이 매우 빠르게 균열이 전파하는 특징을 갖는다. 이러한 균열을 불안정한 균열이라고 하며, 작용 응력이 증가하지 않아도 일단 진전하기 시작하면 균열은 빠르게 전파한다.

그림 9-9는 유조선의 선체 중앙부에 균열이 발생한 뒤 급속히 전파되어 취성 파괴로 선체가 파단된 사례이다. 유조선이 바다에서 파도와 싸우면서 구조적 불연속으로 인한 노치 부분이나 용접 결함 부분 등에서 응력 집중현상으로 균열이 형성된 후, 어떤 요인에 의하여 균열이 급속히 전파하여 유조선이 완전히 두 부분으로 파단된 것이다.

그림 9-9 유조선의 취성 파괴

취성 파괴는 2가지 이유 때문에 앞에서 정의한 연성 파괴보다 위험하다. 첫째, 연성 파괴는 파괴에 앞서 상당한 소성 변형이 일어나므로 파괴가 일어나기 전에 예방 조치를 할 수 있는 여유가 있다. 하지만 취성 파괴는 어떠한 징후도 없이 갑작스럽게 발생하므로 예방 조치가 사실상 불가능하다. 둘째, 일반적으로 연성재료는 인성이 크므로 연성 파괴가 발생하는 과정에서 많은 변형 에너지를 흡수하지만, 취성 파괴는 소성 변형을 동반하지 않으므로 변형률 에너지의 흡수가 매우 작다.

2.4 국부 손상

2.4.1 충돌에 의한 국부 손상

(a) Scot Isles 호(피해선)

(b) Wadi Halfa 호(가해선)

그림 9-10 충돌 손상부 형상 1

대부분의 충돌사고에서 가해선의 선수와 피해선의 선측부가 접촉하게 된다. **그림 9-10**은 영국 화물선 Scot Isles 호와 이집트 산적화물선 Wadi Halfa 호의 사고 후 손상부 형상을 보여주고 있다. 그림에서 알 수 있듯이 피해선의 손상부 형상은 가해선의 구상 선수의 모양과 일치하고 있다. 또한, 가해선의 구상 선수부는 상대적으로 강성이 크기 때문에 거의 손상을 입지 않았으나 이와 접촉하는 피해선에는 큰 손상이 남는 것을 알 수 있다.

그림 9-11은 영국 탱커선 Amenity 호와 노르웨이 로로선(roll-on/roll-off vessel)[1]인 Tor Dania 호의 충돌사고이다. 또 다른 형태의 손상을 보여준다. 이 경우는 앞의 경우와는 다르게 가해선의 손상이 오히려 더 심한 경우이다. 주요 원인은 Amenity 호에는 구상 선수를 채택하지 않았으므로 상대적으로 선수부 구조 강도가 약하여 Amenity 호의 손상이 더 컸다. 그림에서 알 수 있듯이 충돌사고가 발생하면 가해선의 선수부 형상이 그대로 피해선의 손상부에 흔적을 남긴다는 것을 알 수 있다.

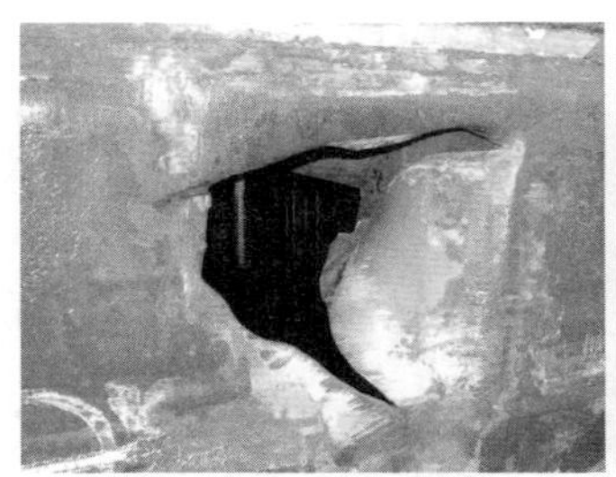
(a) Tor Dania 호(피해선)

(b) Amenity 호(가해선)

그림 9-11 충돌 손상부 형상 2

2.4.2 좌초로 인한 국부 손상

선박이 조종 능력을 잃고 해안의 모래밭이나 사구에 얹혀 조석 변화나 해류의 영향으로 사구의 침식이 일어나고 부력을 잃게 되면, 선박은 복원력 부족으로 옆으로 넘어질 수 있다. 이로 인해 선체 하부에 돌출되어 있는 타나 프로펠러가 손상을 입을 수 있다.

선박이 암초와 부딪히는 좌초사고를 일으켰을 때 암초의 깊이와 흘수의 차이가 크지

1 로로선 : 바퀴가 달린 차를 직접 운전하여 적재와 하역이 이루어지는 선박의 총칭이다. 자동차 운반선, 화물을 적재한 트럭이나 트레일러를 수송하는 화물선도 포함된다.

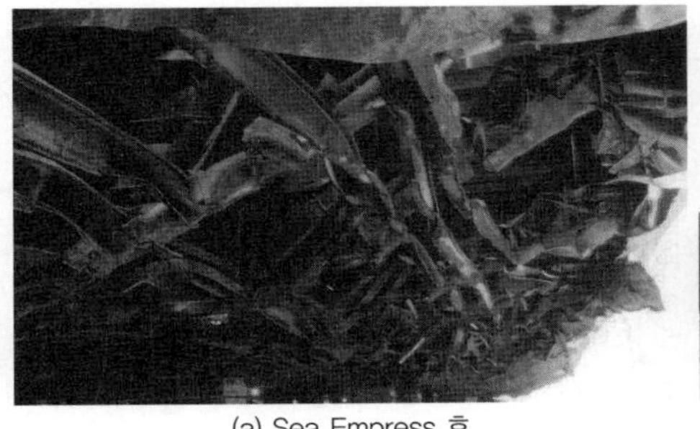

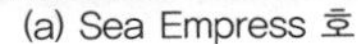

(a) Sea Empress 호

(b) Maersk Kendal 호

그림 9-12 좌초 손상부 형상

않으면 선수 선저부에 손상 깊이는 작으나 길이 방향으로는 긴 손상이 발생한다. **그림 9-12(a)**에서 보는 것과 같이 Sea Empress 호의 사고에서는 암초로부터 벗어나기 위하여 전진과 후진을 반복한 것이 원인이 되어 선저 외판의 손상이 확대되어 떨어져 나가고 내부의 구조부재들이 심하게 손상되었다. 또한, 선박이 빠른 속도로 암초에 부딪혔을 때 암초의 깊이와 선박의 흘수 차이가 크면 **그림 9-12(b)**와 같이 선수부 선체구조 전체가 큰 변위를 일으키며 위로 굽어지는 손상이 발생한다.

3. 선체의 구조방식

선체는 육상구조물과는 달리 해양에 부양한 상태로 파랑을 받고, 수밀 상태를 유지하며 운항해야 하는 구조적 특성을 갖는다. 배는 운항할 때 물로부터 받는 저항을 최소화하기 위하여 선수와 선미는 부드러운 유선형 형상을 이루게 된다. 하지만, 강도적인 측면에서 선체는 근사적으로 긴 직육면체로 이루어진 상자형 거더로 취급된다. 또한, 외표면(외각)은 완전한 수밀구조로서 선저 외판, 선측 외판, 갑판 등으로 이루어진 판각(plate and shell)구조이며, 목적에 따라 길이 방향 또는 폭 방향으로 격벽을 두어 구획하여 사용한다.

3.1 선체 구조부재의 형상

배에는 화물을 적재할 뿐 아니라 기관을 비롯한 각종 기계장치가 설치된 상태에서 파랑 중을 항행해야 한다. 따라서 이러한 화물의 하중에 견뎌야 하는 한편, 선체 외부로부터 작용하는 수압에 대하여 평형을 이루어야 하므로 여러 가지 형태의 구조부재들이 필요하게 된다. 그리고 많은 부분이 평판을 용접하여 건조되지만, 선수나 선미는 곡면판으로 이루어지기 때문에 여러 가지 방법에 의한 곡면 가공과정이 필요하다.

평판과 곡판은 판의 면에 수직 방향으로 작용하는 하중에 대해 쉽게 변형되는 취약성을 가지므로, 선체를 구성하는 평판 또는 곡판의 내면에는 **그림 9-13**, **그림 9-14**, **그림 9-15**와 같이 늑골, 늑판, 보 등을 종 방향 또는 횡 방향으로 배치하여 보강하게 된다. 또한, 화물이나 갑판의 하중을 지지하고 아래층과 위층 사이의 간격을 유지하기 위하여 부분적으로 기둥(pillar)을 설치한다. 그리고 선체에 작용하는 큰 굽힘 하중을 버텨낼 수 있도록 길이 방향 또는 폭 방향으로 대형 보(beam) 또는 거더(girder)를 설치한다.

한편, 배는 국부적으로 큰 하중이 집중되는 부분이 많고 특히 부재가 직각으로 꺾이거나 구조적 불연속 부분이 흔히 나타난다. 따라서 그러한 부분에는 응력 집중이 발생하여 균열 가능성이 높기 때문에 브래킷과 같은 국부적인 보강재를 설치해야 한다.

3.2 길이 방향 위치별 특성

선박에 작용하는 하중은 선박의 길이 방향으로 변화하며 그에 따라 응력 상태도 위치에 따라 변화하므로 구조적 특징도 함께 변화한다. 일반 상선에 대하여 대표적인 위치를 선정하고 구조적 특징을 살펴보면 다음과 같다.

3.2.1 중앙부 화물창

선체 중앙부에는 주로 화물창을 배치하고 화물을 적재하게 된다. 기본적으로 대부분 선박의 화물창 바닥에 내저판을 두어 선저에 2중저 구조를 채택하고 있다. 그리고 적재하는 화물의 특징에 따라 화물창 구조도 다양하게 변화한다.

3.2.2 선수부

선수부는 항상 파도를 직접 받으므로 파의 충격에 견딜 수 있어야 한다. 또한, 다른 선박이나 부유물 또는 부두에 충돌할 가능성이 큰 부분이기 때문에 견고한 구조로 설계한다. 충돌과 같은 사고로부터 화물창이 파괴되는 것을 방지하기 위해 선수단으로부터 일정한 거리를 두고 선수 격벽(fore peak bulkhead 또는 collision bulkhead)을 설치하여 선수부와 화물창 사이를 격리시키고 있다. 선수재와 선수 격벽 사이의 공간에는 닻줄을 보관하는 체인 로커와 밸러스트 탱크 등을 둔다. 선수루에는 양묘기 등을 배치하며 수면하에는 선수 스러스터(bow thruster) 등 선박 운항에 필요한 다양한 기기들을 설치한다.

3.2.3 선미부

선미부에는 대체로 기관, 추진기 및 추진축 등 선박의 추진과 관련된 설비들이 배치된다. 타, 조타기, 계선설비 등의 조종 및 운항 관련설비들이 집중적으로 배치되며 일반적으로 선미 격벽(after peak bulkhead)을 두어 기관실과 구분한다. 추진기와 주기관은 진동을 유발하는 주요 기진원이며, 항해사들이 근무하는 조타실과 선원들의 거주구가 배치되는 갑판실(deckhouse) 역시 주로 선미에 설치하기 때문에 진동과 소음을 줄여주기 위한 구조설계와 방진 대책이 꼭 필요하다.

3.2.4 기관실부

선박의 주기관은 선미의 추진기와 추진축이 서로 연결되어야 하기 때문에 추진축 길이를 최소화하여 기계 배치 공간을 줄이고, 구조를 간단하게 하기 위하여 선박의 기관실 역시 특별한 경우를 제외하면 선미부에 배치하는 것이 일반적이다. 기관실의 하부는 중량물인 주기관이 탑재되는 장소이므로 별도의 보강이 필요하다.

3.2.5 상부 구조

선박의 상부 구조로서 측벽의 선측 외판이 연장되어 형성된 상갑판 위에 위치하는 구조를 선루(superstructure)라 하며, 측벽이 현측으로부터 안쪽으로 들여져 있어서 선측 외판과 연속되지 않는 갑판 상부 구조물을 갑판실(deckhouse)이라 한다. 선루 또는 갑판실은 선박의 전체 길이에 걸치지 않고 필요 구간에 한정하여 설치된다. 따라서 구조 강도에는 도움이 되지 않으며 오히려 구조적 불연속으로 응력 집중의 가능성이 있어 보강이 요구된다. 갑판실은 일반적인 건물 형태의 구조로 주로 선원들의 거주구나 조타실로 사용되고 강도부재가 아니므로 얇은 부재로 제작한다.

3.3 선체의 구조양식

선체의 구조양식은 보강재의 배치 방향에 따라 종 늑골 구조방식(longitudinal framing system), 횡 늑골 구조방식(transverse framing system), 혼합식 구조방식(combined framing system)의 3가지 방식으로 분류한다.

3.3.1 횡 늑골 구조방식

갑판, 선측, 선저 등 주요 부분을 **그림 9-13**과 같이 횡 방향으로 늑골을 배치하여 보강하는 것이 기본인 구조방식을 '횡 늑골 구조방식'이라 한다. 구조가 간단하고 건조가 용이하며 늑골재가 종 방향의 대형 거더를 관통하지 않기 때문에 슬롯홀(slot hole) 가공이 필요 없고 비교적 쉽게 건조할 수 있다. 화물창 내부의 돌출부가 적기 때문에 과거에 많이 건조되던 일반 화물선과 어선 등의 중소형선에 적합하다. 그러나 선체가 길어지면 종 방향 강도가 부족해지기 때문에 이를 보완하기 위하여 외판의 두께가 증가되는 경향이 있어 대형 전용 화물선에는 부적합하다.

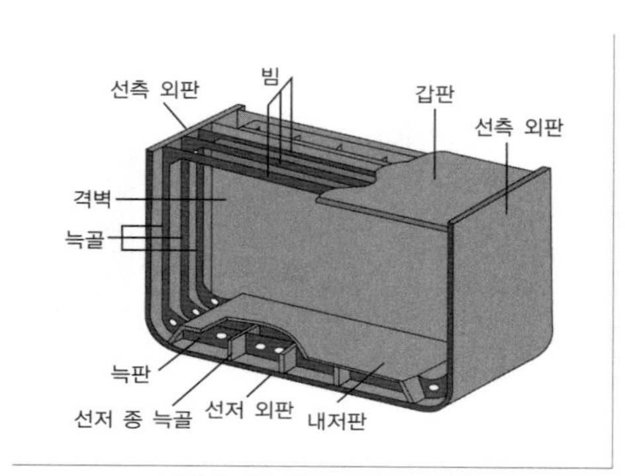

그림 9-13 횡 늑골 구조방식

3.3.2 종 늑골 구조방식

갑판, 선측, 선저 등 주요 부분을 **그림 9-14**와 같이 종 방향으로 늑골을 배치하여 보강하는 것이 기본인 구조방식을 '종 늑골 구조방식'이라 한다. 늑골재가 선체의 종 방향으로 배치되어 있으며, 횡 방향의 강도를 확보하기 위하여 특설 횡 늑골(transverse web frame)이 설치된다. 종 강도에 강하고 선체의 중량을 경감할 수 있는 이점이 있다. 그러나 화물창 내부에 돌출부가 많아 구조가 복잡하며 보강재가 횡 방향 늑골을 관통하여야 하기 때문에 수많은 슬롯 홀(slot hole)이 필요하게 된다. 따라서 일반 화물선에는 부적합하지만 유조선과 같은 액체화물을 싣는 선박이나 선폭과 길이비율(幅長比)이 상대적으로 큰 함정 및 대형 상선

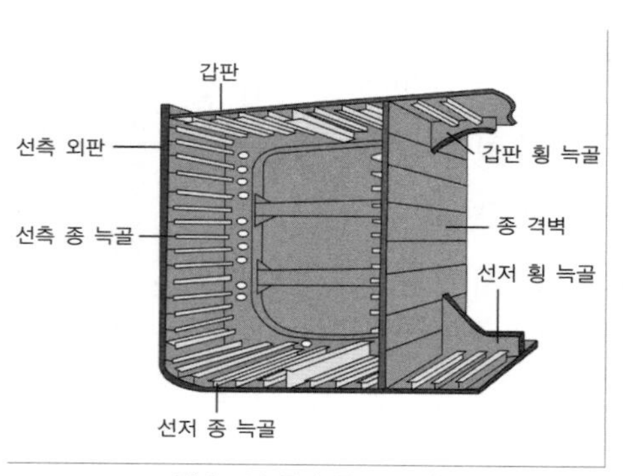

그림 9-14 종 늑골 구조방식

에서는 대부분 종 늑골 구조방식을 채택하고 있다.

3.3.3 혼합식 구조방식

종 늑골 구조방식과 횡 늑골 구조방식을 혼합한 구조이다. 갑판, 선저, 내저판(inner bottom) 등은 종 늑골 구조방식으로 되어 있고, 선측은 횡 늑골 구조방식이다. **그림 9-15**에서 혼합식 구조방식을 확인할 수 있다. 화물창에 비교적 돌출부가 적고 배의 종 강도 확보에도 큰 문제가 없다. 산적화물선의 화물창은 대표적인 혼합식 구조이다. 일반 종 늑골 구조방식 선박에서도 종 굽힘 모멘트가 크지 않은 선수, 선미 또는 큰 집중하중이 작용하는 기관실 바닥 등은 횡 늑골 구조방식을 채용하는 경우가 많다.

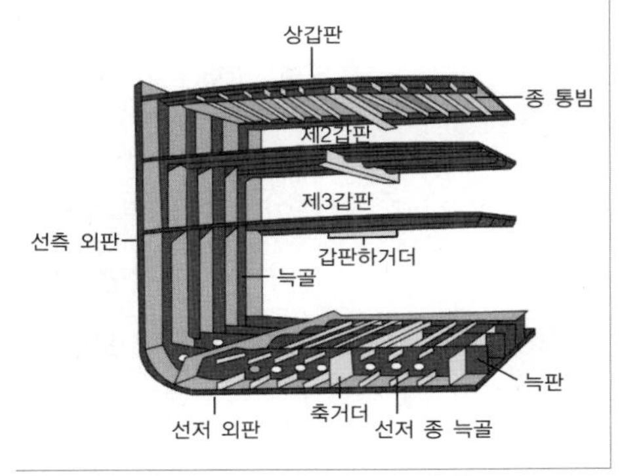

그림 9-15 혼합식 구조방식

4. 선체의 구조 강도

선박은 부양된 상태에서 전체적으로 화물을 포함하는 선체의 총 중량과 전체 부력이 평형을 이루었다. 하지만, 선체의 길이 방향으로 하중과 부력의 분포를 살펴보면 대부분의 위치에서는 평형을 이루지 못한다. 선체의 각 위치에서의 하중과 부력의 불평형은 선체구조에 전단력과 굽힘 모멘트를 발생시키는 원인이 된다. 특히, 화물이나 여객 등을 만재하고 거친 대양을 항해할 때 그 영향은 더욱 중요한 의미를 가진다.

따라서 선체의 구조가 주어진 상태에서 안전한 항해에 적합한지를 판단하는 것이 매우 중요하다. 그렇게 하기 위해서는 우선, 주어진 하중 상태에서 선체에 어떠한 힘이 작용하는지에 대하여 검토해야 한다. 선체에는 정수 중에서도 선체를 종 방향으로 굽히려는 힘, 횡단면을 변형시키려는 힘, 선체를 비틀어 찌그러트리려는 힘이 선체와 선체를 구성하는 각각의 부재에 작용하므로 이들에 대한 검토가 필요하다.

4.1 종 강도

정수 중에 떠 있던 선박이 파랑을 만나면 선체로부터 형성되는 부력의 분포가 파면의 높이에 따라 변화한다. 따라서 선체의 길이 방향으로 각각의 위치에서 평형을 이루지 못하고 있던 부력과 중력의 불균형이 파에 따라 주기적으로 변화한다. 이 때문에 선체에는 굽힘 모멘트가 **그림 9-16**과 같이 변화하므로 갑판과 선저부에는 교대로 인장과 압축을 받는 상태가 된다.

이때 선체 부재에 작용하는 인장 응력 혹은 압축 응력이 선체를 구성하는 재료의 허용 응력보다 커지면 선체구조 부재는 이를 감당하지 못하고 구부러지거나 찢어지게 된다. 그러므로 굽힘 모멘트에 의하여 선체구조가 파손되는 것을 방지하기 위하여 선체를 구성하는 부재들을 충분히 튼튼하게 배치하여야 하는데, 이를 종 강도(longitudinal strength) 설계라고 한다.

종 강도를 우선적으로 고려하는 종 늑골 구조방식에서는 주로 종 늑골이 종 강도에 기여하며 격벽과 대형 특설 늑골(web frame)이 횡 강도를 담당한다. 선측의 특설 늑골과 연결되는 선저의 횡 방향 거더와 갑판 거더는 선체를 둘러싸는 커다란 고리모양의 강도부재를 형성하게 된다.

4.1.1 정수 중 굽힘 모멘트

선박의 중량 분포와 파랑하중은 선체가 받는 하중의 지배적인 요소이다. 정수 중의 굽힘 모멘트(still water bending moment)는 세로 방향의 중량 분포에 따라 나타나므로 다루기가 용이하다. 그러나, 파랑 중에서 굽힘 모멘트를 구하는 계산은 상대적으로 복잡하고

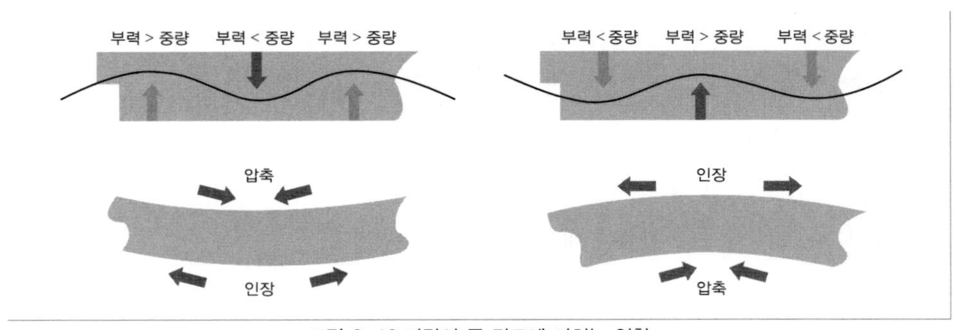

그림 9-16 파랑이 종 강도에 미치는 영향

불확실하며 통계적 특성을 갖는다.

단면과 밀도가 길이 방향으로 균일한 물체가 정수 중에 떠 있다면, 부력이 균일하게 분포하기 때문에 이 물체에는 굽힘 모멘트가 발생하지 않는다. 하지만 물체의 한 부분에 중량을 더함으로써 부력과 중량 사이의 평형을 부분적으로 깨뜨린다면, 중량이 더해진 부분에서는 중량이 부력보다 크고 나머지 부분에서는 부력이 중량보다 커지게 된다. 그 결과 이 물체에는 굽힘 모멘트가 작용하게 된다.

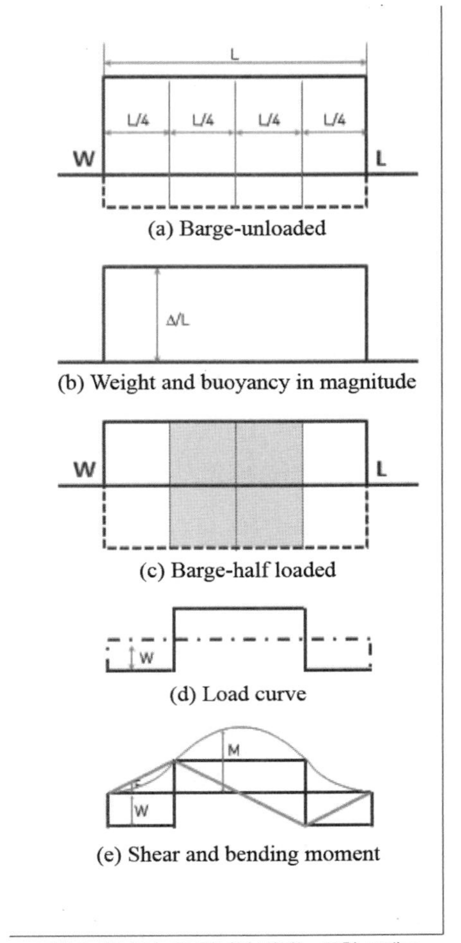

그림 9-17 정수 중 바지에 걸리는 굽힘 모멘트

그림 9-17(a)와 같이 직사각형의 바지(barge)가 정수 중에 떠 있을 때, 바지는 정역학적 평형 상태에 있으므로 길이 전체에 걸쳐 모든 위치에서 단위마다 중량과 부력은 **그림 9-17(b)**처럼 서로 같아야 한다.

하지만 **그림 9-17(c)**에 표시된 바지의 중앙부 2구획에 화물을 적재하면, 바지에는 평행 침하가 일어나며 적재한 화물의 중량만큼 배수량이 증가하면서 평형을 이루게 된다. 중량 곡선과 부력 곡선의 아래의 전체 면적은 서로 같아야 하는데, 바지의 길이 전체에 걸쳐 부력은 균일하게 작용하지만 중량은 중앙부에서 크므로 중량과 부력 분포를 함께 표시하면 그림 **9-17(d)**와 같이 서로 다른 값을 갖는다. 따라서 중량 분포와 부력 분포의 차이로 인하여 선수 부분과 선미 부분에서는 부력이 우세하고 중앙부에서는 중량이 우세한 하중 분포를 얻게 된다.

그림 9-17(e)는 바지선에 작용하는 하중 분포를 적분하면 직선적으로 증가하다가 하중 곡선의 부호가 바뀌면 직선적으로 감소하고 다시 하중 곡선의 부호가 바뀌면 직선적으로 증가하여 결과적으로 0이 되는 전단력 선도를 나타냈다. 동시에 전단력 곡선을 적분하여 포물선으로 변화하는 굽힘 모멘트 곡선이 얻어지는 것을 함께 표시하였다. 굽힘 모멘트 선도가 얻어지기까지 과정에 나타나는 여러 곡선들 사이의 관계를 요약하면 다음과 같다.

- 부력 곡선 아래 면적은 중량 곡선 아래 면적과 같다.
- 부력 곡선 아래 면적의 도심과 중량 곡선 아래 면적의 도심은 동일 연직선 위에 있다.
- 하중 곡선의 순면적은 0과 같다.

- 전단력의 최댓값과 최솟값은 하중 곡선이 기준선과 교차하는 모든 점에서 나타난다.
- 최대 굽힘 모멘트는 전단력이 0인 지점에서 나타난다.
- 전단력 곡선과 굽힘 모멘트 곡선은 양 끝점에서 그 값이 0으로 된다.

4.1.2 파랑 중 굽힘 모멘트

파랑 중 선체에 작용하는 부력의 분포는 선형이 정해진 상태에서는 파형에 따라 근사적으로 추정할 수 있다. 하지만, 중량 분포는 기계와 화물의 배 길이 방향 분포에 따라 달라지기 때문에 각각의 요소들의 중량과 중심 위치를 계산하여 구할 수 있다. 만일 파랑이 정지되어 있다면, 앞에서 제기한 정수 중에서의 굽힘 모멘트 계산방식으로 파랑 중 굽힘 모멘트(wave bending moment)를 계산할 수 있을 것으로 기대된다.

실제의 해상 상태는 여러 가지 크기의 파형이 서로 다른 여러 방향으로 전파되어 형성되는 것이며, 때로는 순간적으로 대단히 큰 파형으로 중첩되기도 한다. 또한 파도와 선박의 상대 위치가 지속적으로 변화하고 있으므로 배에 걸리는 굽힘 모멘트를 정확하게 계산한다는 것은 불가능하다.

따라서 과거에는 선체구조 계산에서 정지되어 있는 가상적인 표준 파형 위에 배가 정역학적으로 평형을 이루며 떠 있다고 가정하고, 선체를 하나의 거더라고 생각하여 강도에 대한 요구 조건을 결정하는 방법이 사용되었다. 그러나 이 방법은 선체운동에 기인하여 작용하는 관성력들의 영향을 고려하지 못하는 단점이 있다.

최근에는 IACS(국제선급연합)에서 제시한 길이, 폭, 깊이, 배수량 등 선박의 주요 항목만의 함수로 주어지는 간단한 식에 따라 굽힘 모멘트와 전단력을 계산한다. 이 약산식은 많은 선박에 대한 직접 해석 결과와 실적선의 자료들을 통계적으로 처리하여 얻어졌다.

좀 더 정밀한 해석이 필요한 경우에는 5.2.3에서 설명하고 있는 직접 해석법(direct analysis)을 적용할 수 있다. 만일, 실제 해상의 파도를 여러 개의 성분파가 중첩된 것으로 표현할 수 있다고 가정해보자. 이때는 그 각각의 성분파로 인하여 선체에 작용하는 굽힘 모멘트를 비롯한 파랑응답을 구할 수 있다면, 그 성분파들로 인한 파랑응답들을 중첩함으로써 실제 해상 상태에서 그 배가 받을 파랑응답을 근사적으로 계산할 수 있다. 이 파랑응답들은 유체역학적 정밀 해석법(panel 법 또는 strip 법)이나 모형시험에 의해 계산할 수 있고 그 결과에는 부력과 중력에 대한 관성의 모든 동적 효과가 자동적으로 포함된다.

또한, 실제 해상의 파도 상태와 항해 중인 선박의 선각 거더에 작용하는 응력에 관한 계측자료들이 통계적으로 축적되고 있으므로, 설계 목적을 위해서 충분히 정밀한 굽힘 모멘트를 예측할 수 있게 되었다.

4.1.3 선체 거더 단면 계수와 응력

선체구조를 하나의 거더라고 생각하여 굽힘 모멘트와 선체 단면 계수를 구하면, 이들을 간단한 보(beam) 이론에 적용하여 상갑판 또는 선저판에서의 응력을 구할 수 있다. 즉, 굽힘 모멘트 M_B와 단면 계수 SM을 이용하면 갑판이나 선저판에 작용하는 응력은 **식 (9-3)**과 같이 표현할 수 있다.

$$\sigma = \frac{M_B}{SM} \tag{9-3}$$

이론적으로 배의 강도를 철저히 해석하기 위해서는 배의 길이에 따라 단면 계수의 변화를 곡선으로 나타낼 필요가 있다. 만재 흘수선 규정에서는 단면 계수를 계산할 때 갑판의 아래쪽에 있는 연속 종통재는 모두 계산에 포함시키되, 지지의 목적으로 설치한 갑판이나 거더 등은 제외한다. 단면 계수의 계산에 포함되는 종통재는 연속 부재이고 일반적으로 인장과 압축에 모두 유효한 부재들만이 선각 거더를 구성하는 한 부재로 생각한다.

굽힘 모멘트 선도와 단면 계수 곡선을 이용하면 선체 길이 방향으로 작용하는 응력 분포 곡선을 작성할 수 있다. 보통 화물선에 대해서 중앙부 0.4L, 유조선에 대해서 중앙부 0.5L의 범위만을 조사하면 된다. 이 범위를 벗어나면 굽힘 모멘트가 단면 계수보다 빨리 감소하기 때문에 응력이 줄어드는 것이 일반적이다. 그러므로 중앙 단면에서의 굽힘 응력만을 고려하는 것으로 충분하다.

4.2 횡 강도

선저와 선측 그리고 갑판으로 이루어진 선체구조를 생각해보자. 갑판에는 적재된 하중에 의하여 균일한 하중이 분포하고 있으며, 선측과 선저에는 외부로부터는 수압이 작용한다. 그리고 선내에서는 구조의 자중과 내부에 적재된 화물 분포에 따라 최종적으로 **그림 9-18(a)**에서 보는 것과 같다.

선측과 선저에 균일한 하중이 작용하게 되면, 선저와 갑판은 선측에 의하여 받쳐지고

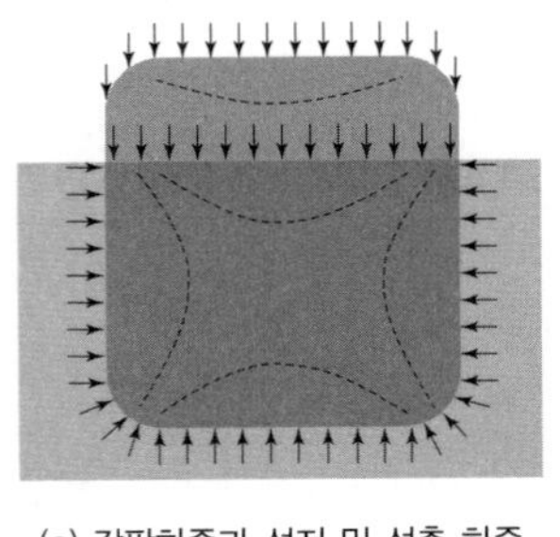

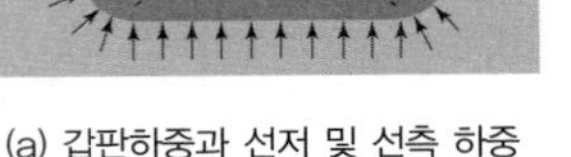

(a) 갑판하중과 선저 및 선측 하중

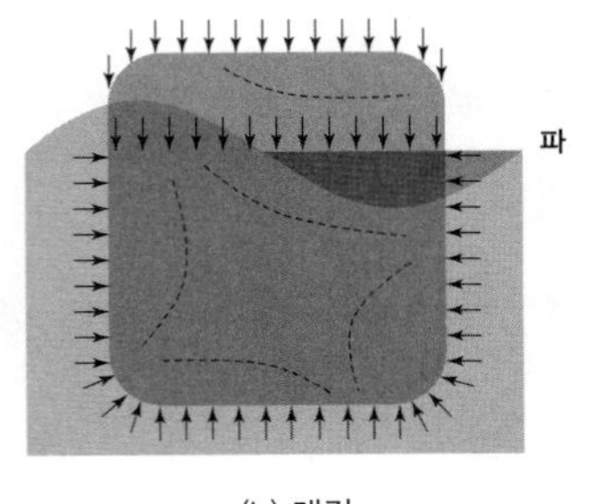

(b) 래킹

그림 9-18 파랑이 횡 강도에 미치는 영향

선측은 갑판과 선저에 의하여 받쳐지는 셈이다. 따라서, 선저와 갑판 그리고 양측 선측은 중앙부가 선체 내부로 휘어지는 변형을 일으키게 될 것을 쉽게 예상할 수 있다. 따라서 선체 횡단면구조는 이와 같은 변형에 견딜 수 있는 충분한 횡 강도(transverse strength)를 가져야 한다.

선박이 파랑 중에 놓여 있어서 좌우현의 수면 위치가 **그림 9-18(b)**와 같이 바뀌어 있거나 내부의 기기 또는 화물의 적재 상태에 따라서 하중 분포가 비대칭적으로 바뀌는 경우, 변형도 비대칭으로 바뀌는 것을 예상할 수 있다. 이처럼 단면 형상의 비대칭적 변형을 유발하는 현상을 래킹(racking)이라 한다. 당연히 선체는 래킹에 대하여서도 견딜 수 있어야 한다.

4.3 비틀림 강도

이번에는 비틀림 강도(torsional strength)에 대해 알아보자. 배가 선측으로부터 심한 바람을 받아 옆으로 기울어져서 **그림 9-19(a)**에서와 같이 경사진 상태에서 평형을 이루고 있을 때에는, 선박을 경사시키려는 바람의 힘과 선박을 복원시키려는 정수압의 분포가 평형을 이루고 있다는 걸 뜻한다. 그러나 선체에 작용하는 풍압의 길이 방향 분포와 선박을 복원시키려는 복원력의 길이 방향 분포는 동일하지 않으므로 횡단면들 사이에는 비틀림 모멘트가 작용하게 된다.

또 다른 경우로서, 배가 파랑의 진행 방향에 대하여 비스듬하게 운항하는 경우에는 **그림 9-19(b)**에서 보는 것과 같다. 선수부에서는 우현 측의 파면이 높아 선체를 반시계 방향으로 돌리려는 복원 모멘트가 작용하고, 선미부에서는 좌현 측의 파면이 높아서 선체를

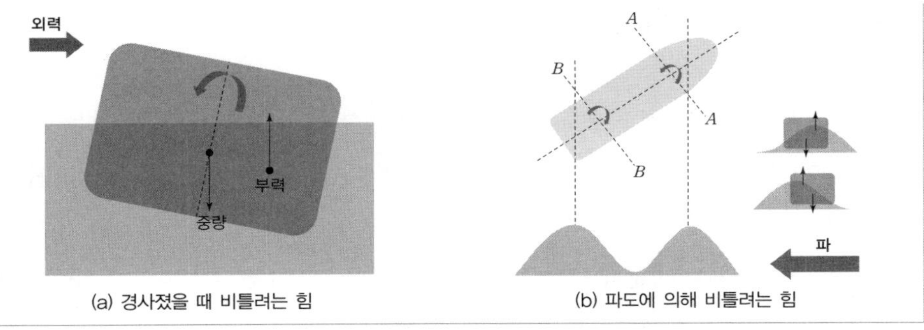

그림 9-19 비틀림 강도

시계 방향으로 돌리려는 복원 모멘트가 작용하는 경우가 나타날 수 있다. 이와 같은 상태에 이르면 선체는 비틀림 모멘트를 받는다. 이와 같은 비틀림 모멘트는 횡 격벽과 같은 구조에 전단력으로 인한 변형을 유발한다. 일반적으로 배와 파도의 진행 방향이 45° 인 상태에서 파정 또는 파저가 배의 중앙부에 위치하고 선체의 길이 방향으로 관측한 파장이 선체 길이와 비슷해질 때 비틀림 모멘트는 최대가 된다.

4.4 국부 강도

종 강도, 횡 강도 및 비틀림 강도 이외에 선체의 국부적인 강도(local strength)가 요구되는 경우가 있다.

- 선체운동으로 인한 슬래밍, 휘핑, 스프링잉
- 선체운동으로 인한 갑판 침수(green water)
- 폭풍으로 인한 풍압
- 용접으로 인한 부재 내부의 잔류응력
- 침수로 인한 수압
- 액체화물, 산적화물의 주기적 이동으로 인한 유체하중
- 접안 · 좌초 · 충돌 등에 의한 충격력
- 선체 진동에 의한 힘 등

앞에 표기한 현상들이 발생하면 수압과 같은 분포하중을 직접 받는 판재나 그 하중이 전달되는 기둥이나 내부 지지부재에 국부적 손상이 일어날 수 있다. 또한 선내에 배치된 중량물이나 화물의 영향으로 손상 가능성이 높은 부재들은 국부 강도가 문제된다.

5. 선체의 구조해석

선체는 앞서 '1. 선체에 작용하는 외력'에서 설명한 여러 종류의 정하중과 동하중들에 의해 다양한 형태의 변형이 발생된다. 이 변형들에 대응하여 적절한 강도를 갖도록 설계해야만 선박의 수명 동안 구조적인 손상을 입지 않고 안전하게 항해할 수 있다.

선박의 구조 설계는 기본적으로 선박이 일생 동안 겪는 이와 같은 다양한 하중에 대한 구조적 안전성 평가, 즉 구조해석을 바탕으로 한다. 이 과정은 합리적인 최신의 구조해석 기법을 적용하여 감독기관의 규정에 따라 엄격하게 진행하며, 조선소는 필요에 따라서 해석 결과의 타당성을 입증해야 한다. 대체로 운항 실적자료로부터 이미 구조적 안전성이 입증된 기존 선박과 비교하여 동등 이상의 강도를 갖도록 하는 비교 강도 개념(comparative strength concept)을 적용하여 구조를 설계하는 방식이 사용된다.

그러나 건조 경험이 없는 새로운 형식의 선박을 설계할 때에는 하중의 통계적 분석과 유한요소법을 이용한 정밀 구조해석 기법을 적용하는 절대 강도 설계 개념이 적용될 수 있다. 최근에는 일반 선박의 구조 안전성 검토에서도 이와 같은 개념의 적용이 점점 확산되고 있다.

5.1 구조물의 강도 평가법

구조물의 강도 평가를 위해서는 우선 그 구조물을 구성하는 재료들의 역학적 특성에 대한 정보가 필요하며, 작용하는 하중의 크기 역시 중요한 인자가 된다. 물론 구조물의 치수 등 설계자료 역시 필수적이다. 이러한 기본 자료들이 확보되면 구조물의 거동을 시뮬레이션하기 위한 수학적, 수치적 모델링 과정을 거쳐 실제 해석을 수행한다. 합리적인 해석법이 아직 개발되지 않았거나 추가적인 연구자료의 확보가 필요할 때에는 모형실험 또는 실선실험을 수행하는 경우도 있다. 해석 결과가 나오면 안전성 평가 기준과 비교 검토하여 최종적으로 설계를 확정한다.

5.1.1 재료의 특성치

구조해석의 목적에 따라 그 재료의 강도와 강성을 비롯한 다양한 재료 특성치가 필요하다. 재료의 역학적 특성은 반드시 시험을 통해서 결정되기 때문에 일반적으로 제철소와 같은 재료 생산업체에서 제품에 대한 재료시험 결과를 제공하고 있다. 많이 생산되고 있는 통상적인 재료인 경우에는 이미 발표되어 있는 여러 가지 자료집으로부터 쉽게 얻을 수 있다. 특별한 재료를 특수한 환경에서 사용하는 경우, 즉 원하는 재료 특성치를 구하기가 쉽지 않은 경우에는 재료실험이 요구될 수 있다.

5.1.2 하중의 평가

구조물에 작용하는 외력이 클수록 구조부재의 치수도 크고 튼튼하게 설계되어야 하는 것은 너무도 당연하다. 선체에 작용하는 하중의 종류와 특성 그리고 평가 절차는 앞의 **그림 9-1**에서 설명한 것과 같다.

5.1.3 구조해석 기법

구조해석 대상과 적절한 구조해석법이 결정되면 우선 대상 구조물을 해석법에 맞추어 수학적으로 모델링하는 과정이 실행되어야 한다. 이 단계에서는 문제를 단순화하기 위한 여러 가지 공학적 판단과 가정이 필요하다. 이와 같이 얻어진 해석 모델링에 예상되는 하중을 부가하여 구조 거동을 계산하게 된다. 해석 결과가 얻어지면 이 결과를 고찰하여 합리적으로 평가하는 과정을 거친다. 즉, 각 하중 조건에 대응하는 구조부재들의 손상 가능성을 예측하고, 이에 따라 필요할 때는 합리적인 보강 대책을 제시하여 재설계를 실시함으로써 구조물의 안전성을 확보한다.

5.1.4 유한 요소법

주어진 하중에 대한 구조물의 변형과 응력 등 구조응답을 정확히 구하기 위하여 여러 가지 해석법이 적용될 수 있다. 사용 목적에 따라 다양한 해석법이 적용될 수 있으나 실제 선체구조의 형상은 매우 복잡하다. 따라서 아직까지는 선체구조 거동을 완벽하게 모사할 수 있는 수단은 개발되어 있지 않다. 과거에는 간단한 부분 구조를 대상으로 이론적 해석법이 많이 적용되었다. 그러나 1960년대 초반에 구조물을 수많은 요소로 분할하여 실제 구조물과 매우 유사하게 모델링하여 해석하는 유한 요소법(FEM, Finite Element Method)이라는 수치해석 기법이 도입되었다. 그 이후 컴퓨터의 연산 능력과 기억용량의 비약적인 발

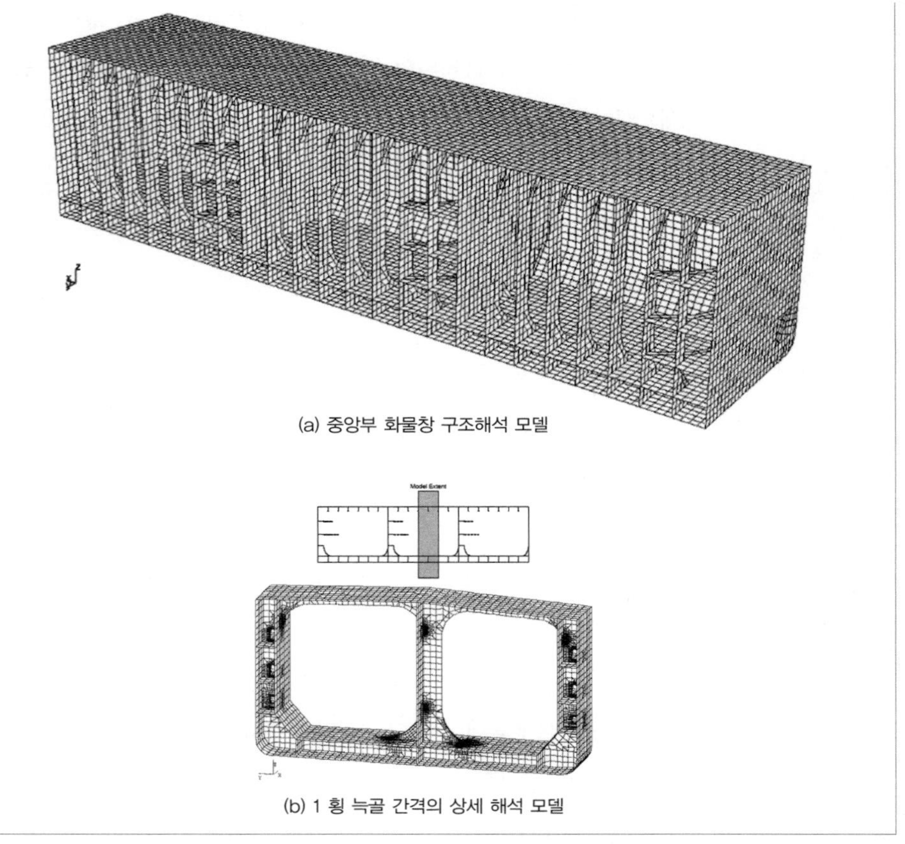

(a) 중앙부 화물창 구조해석 모델

(b) 1 횡 늑골 간격의 상세 해석 모델

그림 9-20 유조선의 유한 요소 구조해석 모델링

전에 힘입어 **그림 9-20(a)**에서 보는 것과 같이 해석하고자 하는 선체구조 부분에 대한 요소 분할이 가능하게 되었을 뿐만 아니라 구조부재의 상세 구조해석이 필요한 경우 **그림 9-20(b)**와 같은 상세 분할도 가능하게 되어 강력한 구조해석 수단으로 활용되고 있다.

유한 요소법은 역학적 문제에 있어서 해석 대상물체의 기하학적 형상을 유한 개의 절점과 요소들로 구성되었다고 정의, 분할하여 해석하는 수치적 해석 기법의 일종이다. 고차의 미분방정식으로 표현되는 지배방정식을 선형 연립방정식으로 변환하여 해석한다. 요소 수가 증가할수록 정해에 수렴하지만 해석시간이나 전산기 용량의 한계, 모델링에 필요한 공수(man-hour) 등의 한계를 고려해야 한다.

최근에는 조선 현장이나 선급, 연구기관, 대학 등에서는 구조해석의 객관적 신뢰도를 대외적으로 보장받기 위하여 전 세계적으로 통용되고 있는 상용 구조해석 프로그램인 MSC/NASTRAN, ANSYS, ABAQUS, MARC 등을 사용하고 있다.

이와 같은 유한 요소법의 등장으로, 일반적인 정적 하중에 대한 선체구조의 선형 탄성 해석뿐만 아니라 고유 진동해석 및 강제 진동해석 등 대부분의 정적, 동적 구조 거동을 매우 정밀한 수준으로 해석할 수 있게 되었다. 그래서 선체구조의 설계 및 안전성 확보에 커다란 진전을 보이고 있다. 그동안 어려움을 겪어왔던 탄소성 대변형 해석, 최종 강도해석, 열응력해석 등 비선형 거동해석 역시 상당히 효율적인 해석 기법들이 제안되고 있으며, 끊임없는 전산기의 발전에 힘입어 점차 일반화되고 있다.

최근에는 가장 난제로 여겨지고 있는 유체-구조 상호작용, 즉 유탄성 문제에 대한 정밀해석이 여러 가지 방법으로 시도되고 있다. 특히 슬로싱, 슬래밍 등 유체충격 응답문제에 ALE법[2] 기반의 hydro-code[3]들이 적용되어 부분적으로 성과를 거두고 있다. 그러나 아직 유체영역의 해석시간이 워낙 압도적으로 많이 소요된다. 때문에 복잡한 3차원적인 유동에서의 유체-구조 상호작용을 합리적 수준으로 해석하기에는 해석 알고리즘의 개선은 물론 전산기 하드웨어의 비약적인 발전이 더 필요한 실정이다.

2 Arbitrary Lagrangian and Eulerian Method : 유체유동의 지배 방정식을 기존의 Eulerian 표현법과 달리 grid의 운동속도를 고려한 형태로 표현하여 해석하는 방법이다. 유체의 자유 표면이나 변형 가능한 구조물의 표면에 접하는 경우를 쉽고 편리하게 다룰 수 있기 때문에 유체-구조 상호작용 해석문제에 많이 사용하는 정식화 방법이다.

3 탄소성, 크리프 등 재료 비선형 문제뿐만 아니라 대변형, 대변형률 등 기하학적 비선형 문제를 전문적으로 다루는 유한 요소 구조해석 프로그램이다. 충격, 폭발 등에 대한 구조 응답을 시간영역에서 해석할 수 있으며, 대개 해석의 정확도 측면에서 약간의 손실을 감수하고 엄청난 해석시간을 줄이기 위해 explicit 해법을 사용한다. MSC/DYTRAN, LS-DYNA 등이 대표적인 상용 hydro-code이다.

5.2 선체구조 설계 및 안전성 평가

선체구조는 매우 복잡하여 정확한 하중 추정과 구조해석에 바탕을 둔 설계가 사실상 어렵다. 실제 해상에서 발생하는 파도에 대한 정보가 많이 축적되어 있다고는 하지만, 아직도 불확실성이 크기 때문에 파랑하중의 추정 및 해석에는 확률적 고려가 필요하다. 선체구조의 거동을 해석할 때는 구조의 이상화 과정에 해석자의 주관이 개입될 개연성이 있고, 사용하는 재료의 특성 역시 이론적으로 가정하는 것처럼 균일하기 힘들다. 또한 배의 건조과정에서도 모든 부재가 도면대로 정확하게 제작되는 것은 사실상 불가능하다. 따라서 구조 강도 역시 어느 정도의 불확실성을 안고 있다.

이와 같은 여러 가지 이유 때문에 선체구조 거동의 추정에서는 확률적 특성을 무시할 수 없다. 예전에는 선체구조 설계과정에서 실적선의 경험을 바탕으로 하여 허용 응력, 안전 계수 등의 개념을 사용하여 처리하는 것이 일반적인 관행이었다. 그러나 최근에는 통계이론과 신뢰성 해석 기법을 적용하여 좀 더 합리적으로 구조 설계를 수행하고자 하는 노력이 경주되고 있다.

5.2.1 선체구조 설계 개념

선체구조 설계는 2가지의 서로 상충되는 조건을 조화롭게 만족시켜 최적의 결과를 이끌어내는 과정이라고 할 수 있다.

첫째, 선주가 요구하는 재화중량, 선속 등 선박의 성능과 관련된 기능적 요구 조건을 만족하면서 경제적으로도 배의 중량을 최소화함으로써 건조비와 운항비를 최소화할 수 있도록 설계해야 한다. 둘째, 승무원이나 승객 등 인명의 안전과 공익 차원에서의 해상 오염 방지 등을 위하여 선박의 안전성을 보장할 수 있도록 설계해야 한다.

이와 관련해서 각국 정부, 국제 기구 또는 선급에서 제도적으로 엄격하게 관리, 감독하고 있다. 다시 말하면, 선체구조 설계는 경제적 측면에서 최소의 건조비와 유지비를 추구하는 동시에 안전성 측면에서 예상되는 모든 경우의 하중 상태에 충분히 견딜 수 있도록 부재의 배치와 치수를 결정하는 과정이라고 할 수 있다.

5.2.2 구조해석 및 안전성 평가

앞에서 살펴본 것처럼 선체의 초기 구조 설계과정은 기본적으로 종 강도 및 주요 부재의 국부적인 강도 검토를 바탕으로 하여 이루어진다. 일단 초기 구조 설계가 이루어지면 앞에서 소개한 여러 가지 구조해석법을 이용하여, 이에 대한 좀 더 상세한 안전성 평가작업이 수행된다. 그리고 구조해석 결과를 감독기관(선급)의 설계 기준과 비교 검토함으로써 안전성을 평가한다. 구조 안전성의 확보는 결국 구조물의 파괴 가능성을 최소화하는 것이기 때문에 여러 가지 파괴 양식에 대한 면밀한 검토가 필요하다.

5.2.3 선체구조의 직접 해석법

선체구조 설계 단계에서 가장 중요하게 고려되어야 하는 외력은 파랑하중이다. 파랑하중은 선체의 안전성과 직결되는 길이 방향 변형을 유발하는 핵심 인자이지만 불확실성이 크기 때문에 정확한 값을 알기는 어렵다. 따라서 각 선급에서는 파랑하중의 추정을 위한 여러 가지 간단한 경험식을 제시하고 있다. 그러나 이전에 건조한 경험이 없는 새로운 선박을 설계할 때는 이러한 경험식만으로는 충분한 구조 안전성을 보장할 수 없다.

따라서 수동역학적 해석 기법에 근거한 선체 운동해석[4]의 결과로부터 파랑에 기인하는

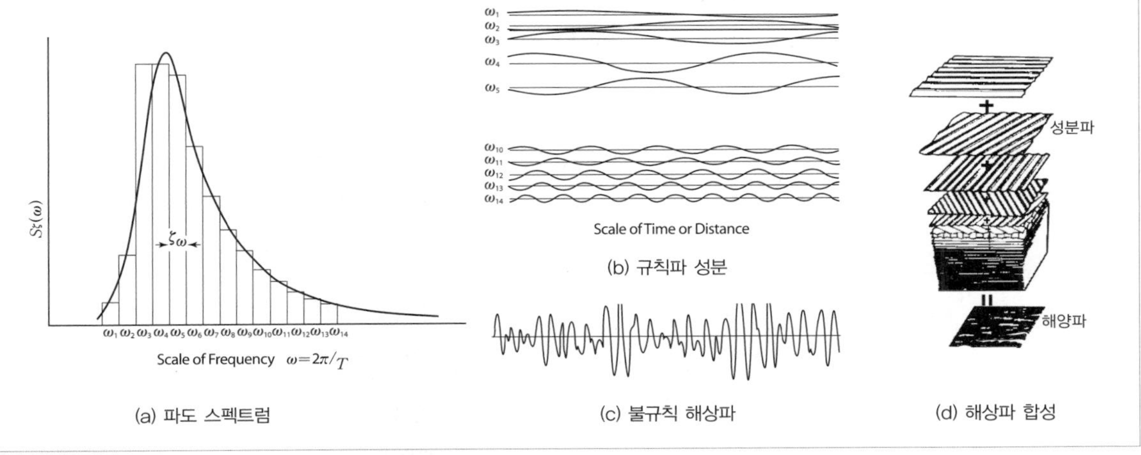

그림 9-21 해양파를 구성하는 성분파와 스펙트럼의 개념

선체 응답, 즉 파랑 단면력, 가속도 및 수압 등을 우선 계산한다. 선박이 운항할 해역의 해양파 스펙트럼[5]과 해양파 관측자료[6]로부터 얻어진 해양파에 대한 통계적 특성을 고려한다. 이는 **그림 9-21(a)**로 표현되는 해양파 스펙트럼은 **그림 9-21(b)**에서 보는 것과 같은 규칙파 성분들이 선형적 중첩으로 이루어진다고 가정한 것이다. 즉, 규칙파 성분들이 중첩되면 **그림 9-21(c)**와 같은 불규칙 해상파를 얻을 수 있다. 그런데 실해역에서는 성분파들의 진행 방향이 각기 다르므로 **그림 9-21(d)**와 같이 파도의 진행 방향을 고려해야 한다. 따라서 선체구조를 해석함에 있어서는 선체의 구조응답을 장·단기적 관점에서 확률적으로 평가하는 것이 필요하다. 이와 같은 일련의 선체구조에 대한 정밀구조해석법을 직접해석법(direct analysis method)이라고 한다.

4 파도 중에서 움직이는 선체의 거동, 즉 속도/가속도, 표면에 작용하는 압력, 각 단면에 작용하는 힘 등을 수동역학적인 방법을 사용하여 정밀하게 해석하는 방법이다. 과거에는 선체를 2차원 물체인 스트립의 합으로 간주하여 해석하는 스트립법이 주로 사용되어 왔으나, 최근에는 선체를 실제 형상과 유사하게 모델링하여 해석할 수 있는 3차원 패널법이 주로 사용된다.

5 6장 1.2.2에서 기술한 해양파 스펙트럼에 대한 설명과, 대표적인 스펙트럼으로 그림 9-21에 보인 Pierson-Moskowitz 스펙트럼을 참조한다.

6 전 세계 주요 해역을 수십 개 이상으로 분할한 다음, 각 해역의 해상 상태에 대한 파고, 주기, 풍속, 풍향 등의 정보를 선원들의 목측자료나 관측선 또는 무인 계측기기를 이용하여 수집, 통계적으로 정리한 자료이다.

5.2.4 구조물의 안전성 평가 기준

안전한 구조 설계는 예상되는 최악의 하중에 구조물이 파괴되지 않고 원래의 기능을 발휘할 수 있도록 하는 설계를 의미한다. 따라서 구조 안전성을 합리적으로 평가하기 위해서는 우선, 재료의 파괴에 대한 충분한 이해가 필요하다. 재료의 파괴 양식은 일반적으로 다음과 같은 4가지로 분류된다.

1) 재료의 항복

재료시험 결과를 보면 작용응력이 비교적 작은 범위 내에서는 재료는 탄성 거동을 한다. 그러나 응력이 재료의 항복응력을 초과하여 소성 변형이 발생하면 영구적인 잔류 변형이 생길 뿐 아니라 극한 응력에 도달하여 급속한 불안정 파괴의 가능성이 커진다. 따라서 특별히 예외적인 경우를 제외하면 대부분의 구조물에서는 주로 부재가 받는 응력이 항복응력 이하가 되도록 설계함으로써 소성 변형의 발생을 허용하지 않는다.

실제로 국부적인 재료의 항복현상이 발생하더라도, 주위 부재로 응력이 재분배되기 때문에 전체적으로는 큰 문제를 야기하지 않는 경우가 많다. 그래도 가장 우선적으로 고려되는 구조 설계 기준은 부재가 받는 응력을 항복응력 이하로 하는 것이다.

2) 좌굴 파단

기둥과 같은 긴 부재가 받는 축 방향의 압축응력 또는 얇은 판각의 면에 접선 방향으로 작용하는 압축응력의 크기가 어떤 수준, 즉 임계응력(critical stress) 이상이 되면 갑작스러운 변형이 발생한 후 즉시 붕괴에 이르게 된다. 이러한 현상을 좌굴(buckling)이라고 하며 구조 설계에 있어서 매우 중요한 검토 항목 중 하나이다.

통상 임계 응력의 크기는 항복응력보다 작으며, 이와 같은 경우에는 탄성 상태에서 바로 좌굴로 이어지기 때문에 탄성 좌굴(elastic buckling)이라고 한다. 임계 응력에 대한 여러 가지 이론식들을 사용하여 좌굴 안전성을 추정한다.

그러나 기둥의 길이가 짧아지면 임계 응력이 증가하므로 경우에 따라 임계 응력이 항복응력보다 커지며 소성 좌굴(plastic buckling)이 발생할 수 있다. 이에 대한 계산은 상당히 복잡하므로 일반적으로는 잘 사용하지 않는다. 임계 응력의 크기는 항복응력이나 인장 강도 등 재료의 강도와는 무관하며, 강성에 비례하는 특징을 가지므로 재료의 탄성 계수에 비례하며 횡단면의 형상에 따라 달라진다.

3) 피로 파괴

앞서 2.2에서 설명한 것과 같이 주기적인 변동하중이 구조물에 반복적으로 작용하면 응력의 크기가 항복응력이나 극한 응력보다 훨씬 낮은 경우에도 파손이 발생될 수 있다. 변동응력이 한 번 작용할 때마다 미량의 비가역적 손상이 발생하며, 이것이 누적되면 마침내 눈에 보일 정도로 큰 균열(crack)이 생긴다. 일단 균열이 생기면 그 끝부분에 응력이 집중됨으로써 균열은 조금씩 진전되어 마침내 부재의 파단에 이르게 된다. 이와 같은 파괴현상을 피로 파괴라고 한다. 고속 회전기계, 진동이 심한 구조물 또는 항공기, 선박, 자동차와 같은 운송수단에서 흔히 관찰된다. 부재에 작용하는 응력의 크기와 파단까지의 작용 횟수에 따라 저주기 피로(low cycle fatigue)와 고주기 피로(high cycle fatigue)로 구분한다.

저주기 피로는 항복응력 이상의 비교적 큰 응력이 반복적으로 작용하여 소성 변형을 유발함으로써 파단에 이르는 경우를 말한다. 우리가 못이나 철사를 좌우로 크게 굽혔다 펴기를 반복하여 자르는 것은 이와 같은 파괴현상을 이용하는 것이다. 파단까지 응력의 작용 횟수가 비교적 작고(10^3~10^4회 이하) 이론적 해석이 어렵지만, 선체구조에서는 자주 발생하지 않기 때문에 그다지 중요하게 다루어지지는 않는다.

이에 비하여 고주기 피로는 저주기 피로에 비하여 낮은 수준의 변동응력이 비교적 많은 횟수로 작용하여 파괴에 이르는 경우이다. 초기에 미소 균열 형태의 손상이 발생하여 성장함으로써 어느 순간 갑작스러운 불안정 파단으로 이어진다. 파괴 전에 변형이 눈에 잘 띄지 않기 때문에 미리 대처하기가 어렵고, 막대한 인명이나 재산의 손실을 유발하는 경우가 많다. 1994년 발생한 성수대교 붕괴사건이 전형적인 예이다.

구조물의 피로수명(fatigue-life)은 초기 균열이 발생하기까지의 수명, 즉 초기 균열 발생 수명에 균열이 진전하여 붕괴에 이를 때까지의 수명, 즉 균열 진전 수명을 합한 것으로 볼 수 있다. 균열 진전현상은 아직 물리적으로 명확하게 규명되어 있지 않아 균열 진전 수명의 예측을 위해서는 복잡한 이론적, 실험적 접근방법이 필요하다. 대체로 초기 균열 발생

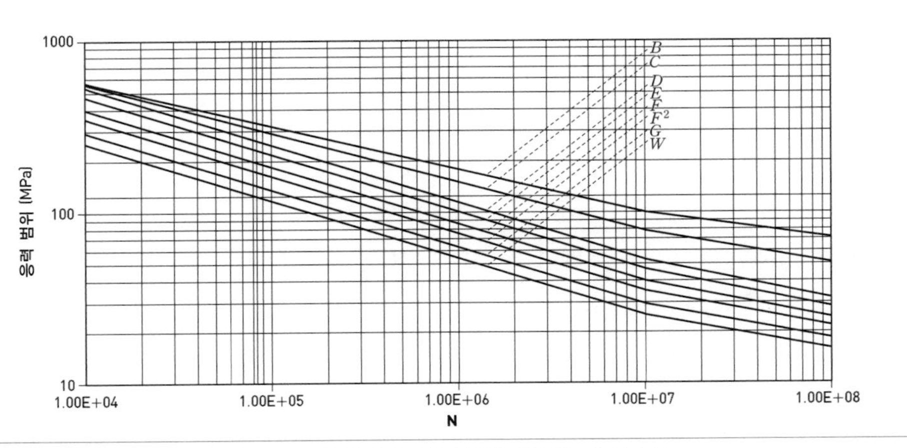

그림 9-22 2중 선체 유조선 설계에 사용되는 S-N 선도

7 S-N 선도는 재료의 시험편에 진폭을 변화시키며 조화함수의 변동 응력을 가하여 파괴에 이르기까지의 작용 횟수를 구한 다음, 이 진폭을 파괴까지의 작용 횟수에 log를 취한 값의 함수로 나타낸 선도이다.

수명이 전체 피로수명의 대부분을 차지하고 있고, 여러 가지 재료들에 대한 초기 균열 발생 수명 관련 실험자료(S-N 선도)[7]들이 많이 발표되어 있다. 따라서 이를 바탕으로 제안된 간단한 피로수명 추정방법이 보편적으로 사용된다. **그림 9-22**는 전형적인 S-N 선도의 예로서 재질에 따라 달라지지만 선도의 특징은 동일하다.

피로 파괴를 미연에 방지하기 위해서는 설계 단계에서 피로 강도에 대한 면밀한 검토가 우선되어야 한다. 하지만 건조과정의 용접 등 품질 관리가 무엇보다 중요하고, 운항 중인 선박도 정기적인 검사를 통하여 균열 발생 여부를 확인해야 한다.

최근에는 특히 피로에 의한 손상이 증가하는 추세를 보이고 있어 설계 단계부터 응력 집중 부위에 대한 피로 강도 검토의 중요성이 점점 커지고 있다. 각 선급에서도 이에 대비한 규정화가 이루어지고 있다.

4) 취성 파괴

상온에서는 연성이 뛰어난 재료라도 저온이 되면 취성을 보이는 경우가 많다. 이와 같이 저온 환경에서 구조물에 충격이 가해지는 경우, 재료 속에 존재하는 작은 결함이 급속히 전파되어 파단에 이르는 현상을 취성 파괴라고 한다. 용접 결함 등 공작이 불량한 부위나 노치라고 하는 구조적 불연속부에서는 응력의 집중현상이 나타나지만, 초기 결함이 없는 경우에도 피로 균열로부터 취성 파괴로 이어지는 경우도 있다.

최근에는 재료 기술의 발전으로 인하여 파괴 인성치가 높은 재료들이 많이 개발되고 있으며, 온도에 따라 적정한 재료를 선택한다면 취성 파괴 가능성은 낮은 수준으로 제어할 수 있다.

6. 진동과 소음

선박에 탑재된 주기관, 프로펠러, 보기류와 배관, 화물창 내의 유체유동 및 파도 등은 선박의 진동과 소음을 유발하여, 승조원의 안락성과 작업 능률 저하를 가져온다. 또한, 과도한 선박 진동은 탑재 장비나 기기의 오작동 또는 손상을 초래할 뿐만 아니라 심한 경우 선체구조가 피로 손상을 입을 수도 있다.

선박의 진동과 소음은 한국선급의 「선박 진동 소음 제어지침」이 기준이 되며 선주 계약

시방서, 선급규칙, 국제해사기구(IMO, International Maritime Organization), 국제표준기구(ISO, International Organization for Standardization) 등에서 제시한 기준 등에 의해 평가된다. 이에 조선사에서는 설계 단계에서 해석적, 경험적 방법으로 진동, 소음 저감을 도모하며, 건조 후 시운전 단계에서 계측을 통해 기준 만족 여부를 평가한다.

한편, 건조 후 발견된 기준치를 초과한 진동과 소음은 추가적인 방진, 방음 공사로 저감시킨다. 그러나 많은 비용과 시간이 소요되고, 심한 경우에는 선박의 적시 인도에 지장을 초래하므로 예방적 차원의 방진, 방음 설계가 중요하다.

6.1 선박의 진동

선박을 포함한 모든 물체는 자신의 관성과 탄성, 즉 복원성에 의해 물체 고유의 진동수(natural frequency)를 가진다. 또한, 기진력의 진동수가 물체의 고유 진동수와 가까워질수록 작은 기진력에 의해서도 진동의 크기가 매우 커지는 공진(resonance)현상이 나타난다. 선박의 방진 설계는 일반적으로 추진 시스템 등에서 발생하는 주요 기진력에 의한 선체 구조와 탑재장비 등에서의 공진 발생 가능성을 검토하고, 선체 진동 응답을 해석한 후 진동 성능 기준의 만족 여부를 평가하여 수행한다.

6.1.1 선박의 기진원

선박 진동은 **그림 9-23**에서 보는 것과 같이 프로펠러, 주기와 보기, 파도 등 다양한 기

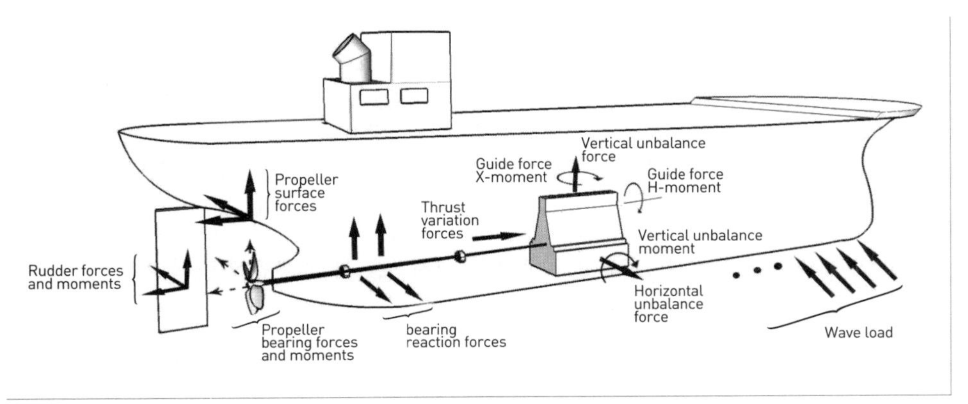

그림 9-23 선박의 주요 기진력

진원에 의해 발생한다. 선박 진동의 크기는 기진력의 크기에 비례하므로 기진력이 작도록 프로펠러, 주기와 보기를 설계 또는 선택해야 한다. 또한 주요 기진력과 선체구조 또는 장비의 공진 회피 설계를 해야 한다.

1) 프로펠러 기진력

프로펠러 기진력은 프로펠러 날개 회전에 의해 발생하는 유체 동역학적 힘(hydrodynamic force)으로서 표면 전달 기진력(propeller surface force)과 축 전달 기진력(propeller bearing force)으로 구분된다.

프로펠러 표면 전달 기진력은 프로펠러가 회전할 때 프로펠러 날개 주위에 생기는 와류(vortex)와 공동(cavitation)에 의해 프로펠러 부근의 선체 표면에 작용하는 변동 압력이다. 이로 인해 선체 거더 진동, 상부 구조 진동, 선미부 국부 구조 진동 등을 유발할 수 있다. 프로펠러축 전달 기진력은 불균일 유동장 내에서 회전하는 프로펠러 날개에 작용하는 압력이 위치에 따라 다르기 때문에 발생하는 변동력 및 변동 모멘트로서, 프로펠러축 및 베어링을 통해 축계와 선체에 전달되는 기진력이다. 축 전달 기진력은 추진 축계의 진동과 선체 거더 진동, 상부 구조 진동, 선미부 국부 구조 진동 등을 유발시키는 원인이 된다.

2) 주기관 기진력

선박의 주기관은 대부분 터빈이나 디젤기관을 사용한다. 터빈의 경우 기진력은 무시할 수 있다. 디젤기관에 의한 기진력은 피스톤의 운동에 따른 회전 및 왕복 질량에 의한 불평형 관성력 및 모멘트에 기인한 것과, 실린더 내의 주기적 연소 압력 변동에 기인한 것이 있다.

불평형 관성력과 모멘트에 의해서는 선체 전체, 2중저, 기관 본체 등의 진동을 유발하는데, 주기관 회전수와 같은 진동수의 기진력 성분은 크랭크축 등에 평형 질량을 설치하여 쉽게 상쇄시킬 수 있다. 하지만 고차 기진력 성분은 간단한 방법으로 없애기 힘들다. 일반적으로 6기통 이하의 저속 디젤엔진에서 기관 회전수의 2차 성분 기진력이 큰 경우가 많다.

실린더 내의 주기적 연소 압력 변동에 의한 기진력은 가스 폭발 압력에 의해 발생하는 것으로서 불평형 기진력에 비하여 고주파 성분의 기진력이다. 추진 축계의 비틀림 진동과 종진동의 직접적인 기진력으로 작용하며 기관 본체와 상부 구조 및 기관실 진동 등을 유발한다.

3) 파랑 기진력

해상 상태가 좋지 않을 때 선박이 항해하면 선수부 슬래밍이나 선수 갑판 침수 충격력에 의하여 선체 거더 진동이 발생할 수 있다. 이와 같은 충격력에 의해 유기되는 과도적 선체 거더 진동을 휘핑이라고 하며, 함정과 같은 고속선에서 발생하기 쉽다. 휘핑은 충격하중이 가해지는 국부 구조의 손상이나 선체구조에 과도한 부가응력을 유발할 수 있다.

또한 해상 상태가 그리 나쁘지 않은 상태에서도 주기관 회전수와 무관하게 선체 거더의 상하 진동이 지속적으로 유기되는 경우가 있다. 이를 스프링잉이라 하며 초대형 원유운반선과 같은 대형선에서 발생하기 쉽다.

4) 기타 기진력

발전기나 펌프 등과 같이 기진력을 발생하는 기계들에 의하여 기계 자체나 이의 지지 구조 진동이 유발될 수 있다. 또한 배관 계통에서 밸브를 급격하게 여닫는 데 따른 수격(water hammering) 작용이나 펌프를 작동할 때 불균일한 유체 유입에 의한 서징(surging) 현상에 의한 진동이 발생할 수도 있다. 액체가 부분적으로 채워진 탱크 내의 유체 유동현상인 슬로싱(sloshing)에 의해 탱크 구조 진동 등도 발생할 수 있다.

6.1.2 선박 진동 유형

선박 진동 유형은 선체 거더 진동, 상부 구조 진동, 각종 국부 구조 진동, 추진 축계 진동, 기관 본체 진동 및 기타 진동 등으로 분류할 수 있다.

1) 선체 거더 진동

선체 거더 진동은 **그림 9-24**와 같이, 판-상자 거더(plate-box girder) 구조인 선체가 전체적으로 하나의 보(beam)와 같이 진동하는 것이다. 선체 거더 진동은 변위의 방향에 따라 상하 진동, 수평 진동, 비틂 진동 및 종진동으로 구분된다.

일반적으로 형깊이/형폭 비가 1보다 작은 선박의 강성(rigidity)은 상하 방향이 상대적으로 작은 반면, 기진력은 상대적으로 크므로 상하 진동을 가장 중요하게 다룬다. 수평 진동과 비틂 진동은 수평력의 작용 중심점인 무게 중심과 비틂 거동 중심점인 전단 중심의 수직 방향 위치가 다르기 때문에 상호 영향을 끼쳐 연성되어 나타난다. 비틂 진동은 갑판에 큰 창구가 있는 컨테이너선과 같이 비틂 강성이 약한 선박일 때는 중요하다. 종진동은

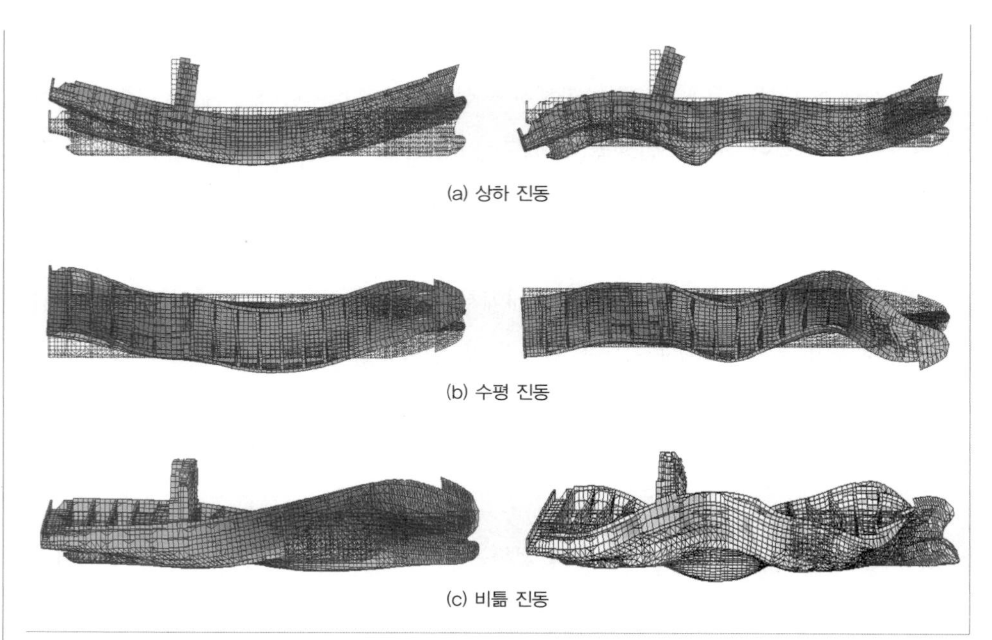
(a) 상하 진동

(b) 수평 진동

(c) 비틂 진동

그림 9-24 선체 거더의 고유 진동형[8]

8 고유 진동형 그림 9-24는 실제 진동 변형 형상을 확대 표현한 것이다.

다른 방향에 비하여 강성이 크고 종 방향의 기진력이 상대적으로 작기 때문에 일반적으로 고려하지 않는다.

과도한 선체 거더 진동이 발생하면 선체 전체에 걸친 진동으로 인하여 승무원의 안락성과 거주성을 크게 해칠 수 있을 뿐만 아니라 심한 경우에는 주 선체를 손상시킬 수 있다.

2) 상부 구조 진동

승조원의 거주 및 작업 구역, 기관 연돌구조 등으로 사용되는 상부 구조의 진동은 상부 구조 자체의 굽힘 변형과 전단 변형, 하부 지지구조의 탄성 거동으로 인한 회전 운동, 선체 거더의 진동 등으로 인해 유발되어 **그림 9-25**와 같은 진동 변형이 나타난다.

주기관 및 프로펠러 기진력 등과의 공진으로 인해 발생하는 과도한 상부 구조 진동은 승조원의 안락성 저하와 장비 및 구조의 손상을 유발할 수 있고, 진동 허용치가 계약시방서에 명시되므로 상부 구조의 진동 저감은 매우 중요하다.

3) 국부 구조 진동

갑판, 기관실, 2중저구조, 마스트, 연돌, 프로펠러 날개 등의 국부적인 구조물에 나타나는 진동이다. 인접한 기진원에 의해 직접 기진되거나 주 선체 또는 인접 구조물의 진동에

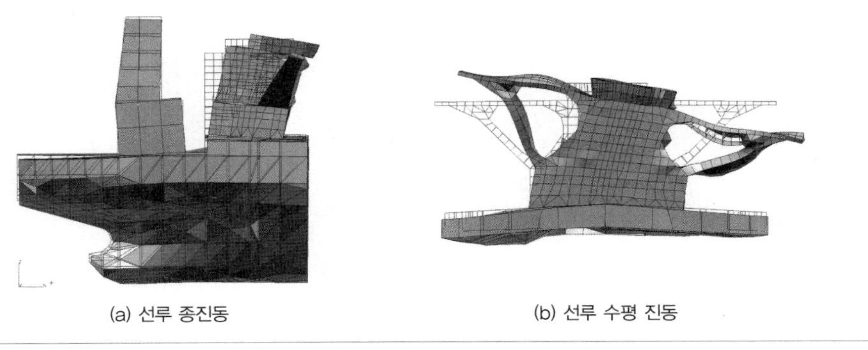

(a) 선루 종진동 (b) 선루 수평 진동

그림 9-25 상부 구조의 대표적인 고유 진동형

너지 전달에 의해 발생한다. 국부 구조물에 큰 진동이 발생하면 구조 자체의 안정성 측면에서는 물론 해당 구조에 설치된 기기 또는 장비의 성능 보전에도 해롭다. 특히, 정밀한 전자장비가 탑재되는 마스트, 항해사관 및 도선사가 출입하는 항해선교 내다지(navigation wing) 진동은 매우 중요하게 다루어지는 국부 구조 진동이다. **그림 9-26**에는 레이더 마스트와 갑판의 고유 진동 계산 예이다.

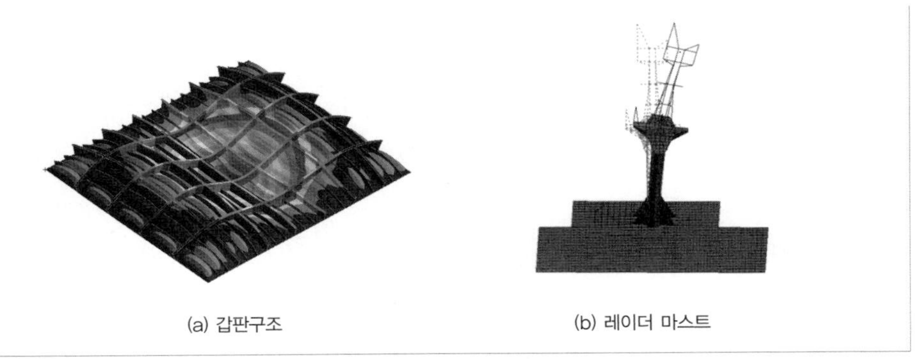

(a) 갑판구조 (b) 레이더 마스트

그림 9-26 국부 구조의 고유 진동형 예

4) 추진 축계 진동

주기관과 프로펠러를 연결하는 추진 축계에 발생하는 진동은 **그림 9-27**에서 보는 것과 같이 비틂 진동, 종진동, 횡진동으로 구분되며, 종-비틂 진동은 연성되어 나타나기도 한다. 추진 축계의 과도한 진동은

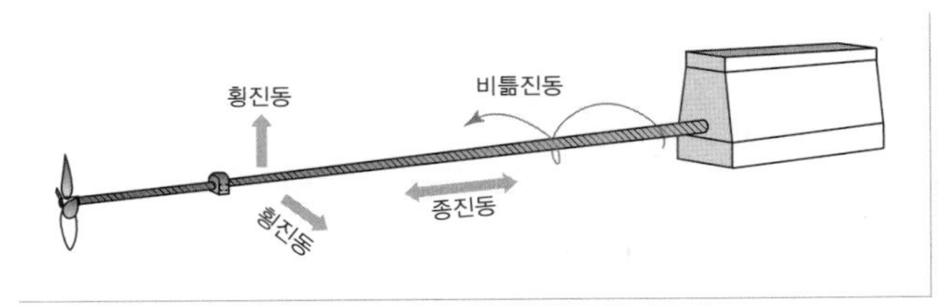

그림 9-27 추진 축계의 진동 분류

축의 피로 손상이나 베어링의 손상을 유발하여 선박의 안전 운항에 심각한 문제를 일으킬 수 있다. 이로 인해 선급 등에서는 추진 축계 비틂 진동으로 인해 축에 걸리는 부가응력에 대한 허용치를 규정하고 있다.

5) 디젤기관 본체 진동

주기관으로 널리 사용되고 있는 디젤기관은 기진력을 발생할 뿐만 아니라 기관 본체가 진동하여, 기관 자체 구조 또는 이의 구성부품 및 기관에 연결된 각종 장비와 배관의 손상을 유발할 수 있다. 디젤기관의 본체 진동은 진동 양상에 따라 **그림 9-28**과 횡 방향으로 진동하는 H-형 진동과 기관을 수평면 내에서 비틂 진동을 일으키는 X-형 그리고 기관을 전후 방향으로 진동시키는 L-형 진동으로 구분한다.

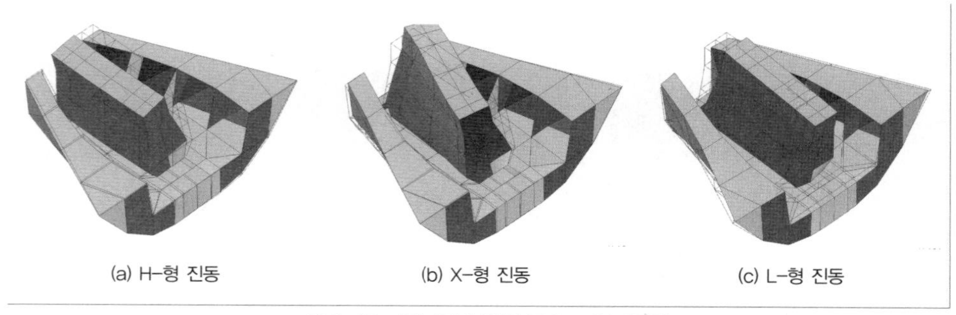

그림 9-28 디젤기관 본체의 주요 고유 진동형

6) 기타 진동

그 밖의 선박 진동으로는 보기 및 탑재장비의 진동, 배관과 화물창 등에서의 유체 유동 유기 진동, 파랑하중에 의한 진동 등이 있다. 이와 같은 진동이 심한 경우 선체구조, 탑재장비, 배관, 화물창 등에 손상을 초래할 수 있다.

6.1.3 선박 진동 제어와 평가

선박 진동 응답 크기 또는 진동 부가응력을 허용치 이하로 제어하기 위해서는 설계과정에서의 예방법과 건조 중 또는 건조 후 계측 결과의 분석 · 평가에 기초한 사후 대책법을 병행한다. 선박 진동 제어를 위한 작업 흐름의 순서 및 단계별로 다루는 주요 사항은 **그림 9-29**와 같다.

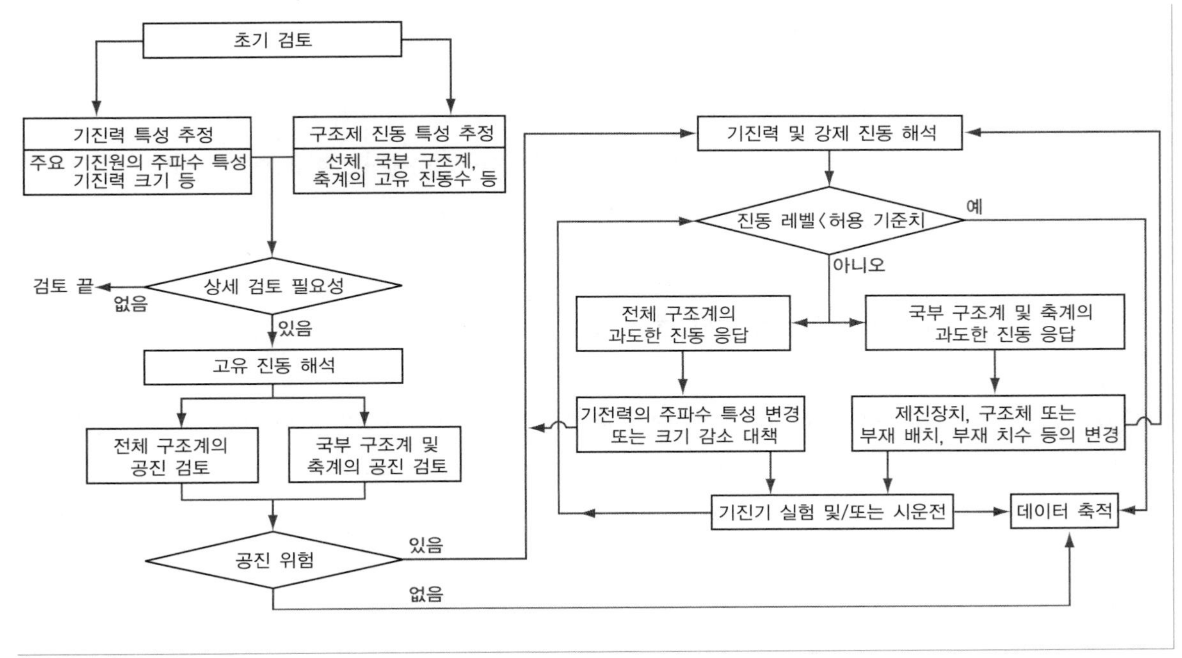

그림 9-29 선박 진동 제어작업 절차 예

선박 진동 응답의 객관적 평가를 위한 허용 기준은 국제표준기구, 선급 등에서 승조원의 거주성, 선체구조의 진동 피로 관점에서의 건전성, 주기, 축계, 기기류의 진동 허용 한계 및 환경 진동에 대한 계기류 및 기기류의 내진 성능 관점 등에서 마련해두고 있다. 또한, 이와 같은 기준들은 기술 발전과 사회환경 변화에 따라 필요할 경우에 개정되고 있다. **표 9-1**에는 대표적으로 적용되고 있는 기준들을 나타냈다.

표 9-1 선박 진동 관련 규격 및 지침 예[9]

평가 대상		관련 규격 · 지침
거주성		ISO 6954(19, 23), DnV 규칙 : Part 5 Ch. 12(14)
선체구조		ISO 20283-2(24), 선급규칙 또는 지침
왕복동 기관 및 추진 시스템		디젤엔진 : 제작사 지침, 일본 박용학회 지침 추진축 비틂 진동 : 선급규칙
탑재장비	진동	ISO 7919(21), ISO 10816(20), DNV 규칙 : Part 6 Ch.15(15)
	내진	ISO 10055(22), DnV Standard for Certification No.2.4(13)

9 표의 ( ) 안에 표기된 숫자는 관련 규칙과 지침으로 참고문헌의 번호이다.

6.2 선박의 소음

선박의 소음은 승조원의 거주성, 작업 능률 및 청력 보호 관점에서 신조선 계약 시 국제해사기구가 지정하는 선박의 진동 소음 기준으로 제시한 허용 기준이 시방서에 명시되는 선박 설계 · 건조 기술의 중요한 분야에 해당한다.

6.2.1 소음원과 전달 경로

선박의 소음원(noise source)으로서는 주 · 보기를 포함한 선내 각종 기계장치, 프로펠러, 공기조화장치, 배관 내 유체유동, 선체를 두들기는 파랑 등이 있다. 특히, 주기관과 발전기 및 프로펠러는 선박 전반에 걸쳐 소음을 유발시키는 주요 소음원이며, 공기압축기, 펌프 등의 기타 보조 기계류는 국부적인 소음원으로 작용한다.

선박 소음원의 대부분은 공기를 매질로 전파되는 공기음(air borne noise)과 선체구조의 진동으로 전파되는 고체음(structure borne noise)을 동시에 유발한다. 이들은 서로 형태를 바꾸어가며 선박의 격실로 전달되어 최종적으로 공기음의 형태로 나타난다. 공기음은 일반적으로 소음원실과 격벽 또는 갑판구조를 공유하는 인접 격실에 큰 영향을 미치며, 소음원실로부터 2개 이상의 격벽 또는 갑판으로 이격된 격실에 미치는 영향은 상대적으로 적다.

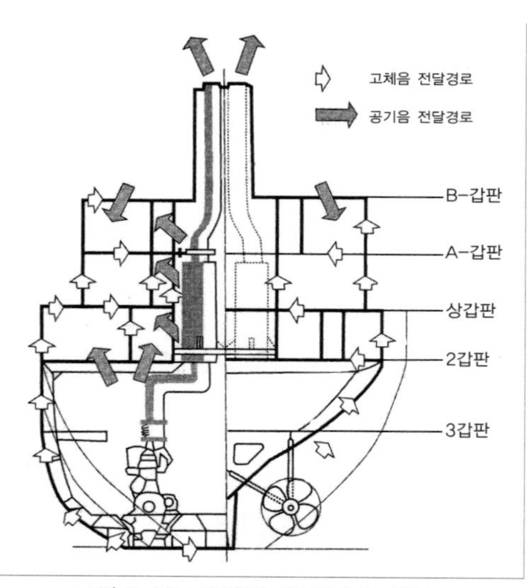

그림 9-30 공기음과 고체음 전달 경로
(출처: 선박진동소음 제어 지침)

이는 공기음은 격실구조를 투과할 때 음에너지 손실이 상대적으로 크기 때문이다.

반면에 진동으로 전파되는 고체음은 선체가 상대적으로 중량이 가벼우면서, 강도 유지 관점에서 구조적 연속성을 갖고 있다. 따라서 **그림 9-30**에 나타낸 것과 같이 소음원으로부터 멀리 떨어진 곳까지도 쉽게 전파한다. 한편, 공기조화장치에서 발생된 소음은 선체구조와 상관없이 공조 대상 격실까지 연결된 배관을 통해 공기음과 고체음을 전파한다. 따라서 소음원으로부터 멀리 떨어진 거주 구역의 소음도는 주로 고체음과 공기조화장치 소음에 의해 결정된다.

6.2.2 선박의 소음 제어와 평가

선박의 소음 제어는 설계과정에서의 예방법과 건조 중 또는 건조 후 계측 결과의 분석 · 평가에 기초한 사후 대책법을 병행한다. 일반적으로 소음 제어를 위한 격실의 흡음과 차음 성능 향상, 고체음 저감을 위한 뜬 바닥구조 적용, 장비 소음 전달을 저감하기 위한 탄성 지지대와 소음기 설치 등의 방음 설계는 건조 비용과 선박 중량 상승을 유발하며 공간 활용에도 악영향을 끼친다.

따라서 선박 일반 배치 설계 시에 방음 대책의 최소 적용을 위해 상대적으로 엄격한 허용치를 갖는 거주 구역 등은 소음원 구역으로부터 가능한 한 멀리 배치하는 것이 중요하다. 아울러, 소음원에 해당하는 탑재장비의 선정과 구매는 소음도와 직결되므로 구매시방서 작성 시 장비의 음향 출력 허용치를 명시하거나 관련 자료를 제출하도록 기술할 필요가 있다. 이를 통해 장비 제작사의 저소음 제품 개발을 촉진함과 동시에 선박 자체의 품질 향상도 도모할 수 있다. 선박의 소음을 제어하기 위한 작업 흐름의 순서 및 단계별로 다루는 주요 사항은 **그림 9-31**에 나타냈다.

선박 소음의 객관적 평가를 위한 허용 기준에 대해서는 국제해사기구, 선급 등은 승조원의 거주성, 작업 능률 확보 및 청력 보호 관점에서의 관련 기준을 마련해두고 있다. 일반 상선에 대해 가장 널리 계약사양으로 적용되고 있는 기준은 **표 9-2**에 주요 격실 소음 허용치를 나타낸 국제해사기구 기준이다. 한편 여객선, 드릴쉽(drill ship), FPSO선

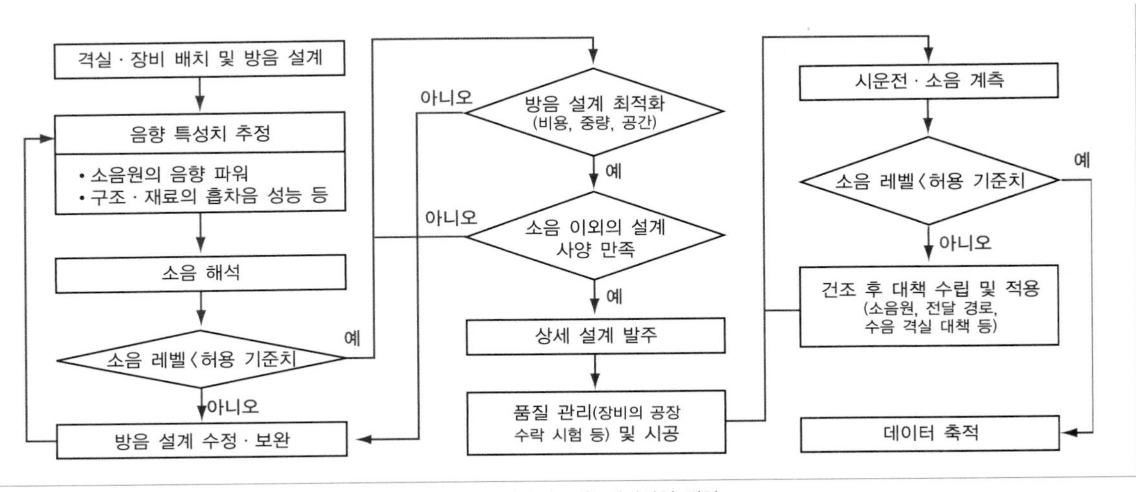

그림 9-31 선박의 소음 제어작업 절차

표 9-2 주요 격실의 소음 허용 기준(국제해사기구)

격실	허용기준, dB(A)
기관실(machinery spaces, not continuously manned)	110*
작업실(workshops)	85
기관 제어실(machinery control rooms), 주방(galleys)	75
항해실(navigation bridge), 사무실(offices), 식당(mess rooms)	65
선실(cabins), 의무실(hospitals), 통신실(radio rooms)	60

* 총톤수 1,600톤 이하인 선박에 대해선 목표치이다.

(Floating, Production, Storage, Offloading Ship)처럼 소음 제어가 중요한 선박과 해양구조물의 경우에는 국제해사기구 기준보다도 훨씬 엄격한 노르웨이 선급규정, 영국의 HSE, 호주의 AS 2254 등의 기준이 적용되고 있다. 이들 기준들은 인터넷에 공개되어 있다.

참고문헌

1. 대한조선학회편, 1996, 선박건조공학, 동명사.
2. 대한조선학회편, 2011, 선박해양공학개론, GS인터비젼.
3. 박승균, 1998, 해설 조선지식입문, 동명사.
4. 이수목, 박진화, 배종국, 2010, 선박 진동 기술개발의 현황과 미래전망, 한국소음진동공학회 춘계학술대회논문집.
5. 이재신, 1981, 선체구조역학, 한국해사문제연구소.
6. 한국선급, 1997, 선박 진동 · 소음 제어 지침, 한국선급.
7. 한국선급, 2010, 선급 및 강선규칙, 한국선급.
8. 한국해양수산개발원, 2003. 2, 프레스티지호 사고에 따른 선박안전 강화 동향과 파급효과, 해양수산 현안 분석.
9. 황종흘, 임상전 공역, 1989, 선박설계–상선설계, 문운당.
10. AS 2254, 1988, Acoustics–Recommended noise levels for various areas of occupancy in vessels and offshore mobile platforms, Australia.
11. Dept. of Energy, 1993, Offshore installations: Guidance on design, construction and certification–Annex 52, 4th Edition, HMSO, UK.
12. 寺澤一雄, 1971, 船體構造力學, 海文堂.
13. DnV, 1999, Rules for classification of ships/HSLC/MOU–Part 4 Chapter 5 Instrumentation and automation.
14. DnV, 2003, Rules for ships–Part 5 Chapter 12 Comfort class.
15. DnV, 2004, Rules for ships–Part 6 Chapter 15 Vibration class.
16. Hugh, O.F., 1983, Ship Structural Design–A Rationally Based, Computer Aided, Optimization Approach, John Wiely & Sons Inc.
17. Hydro Lance corp, http://www.hydrolance.net/RO–RO–container–FastShips.htm
18. IMO Resolution A. 1981, Code on Noise Levels on Board Ships, 468(XII).
19. ISO 6954, 1984, Mechanical vibration and shock–Guidelines for the overall evaluation of vibration in merchant ships.
20. ISO 10816–1, 1995, Mechanical vibration–Evaluation of machine vibration by measurements on non–rotating parts–Part 1 : General guidelines.
21. ISO 7919–1, 1996, Mechanical vibration of non–reciprocating machines–Measurements on rotating shafts and evaluation criteria–Part 1 : General guidelines.
22. ISO 10055, 1996, Mechanical vibration–Vibration testing equipments for shipboard equipment and machinery components.
23. ISO 6954, 2000, Mechanical vibration and shock–Guidelines for the measurement, reporting and evaluation of vibration with regard to habitability on passenger and merchant ships.
24. ISO 20283–2, 2008, Mechanical vibration–Measurement of vibration on ships–Part 2 :

Structural vibration.

25. Lewis, E.V.(Editor), 1988, Principles of Naval Architecture(second revision), The Society of Naval Architectures and Marine Engineering.
26. Marine accident Investigation Branch, 2009, Investigation report.
27. Olaf Doerk, 2010, Fatigue assessment of ship structures, GL.
28. R. W. Hertzberg, 1989, Deformation and Fracture Mechanics of Engineering Materials, 3rd edition, 1989, John Wiley & Sons, New York.
29. SNAME, 1983, Design guide for shipboard airborne noise control, T&R Bulletin 3-37.
30. The New York Times, 1942, Neal Boenzi.
31. Canadian Navy, www.navy.forces.gc.ca
32. JUNEAU, 2004, Alaska, http://upload.wikimedia.org/wikipedia/commons/thumb/c/c0/Selendang _Ayu.jpg/749px-Selendang_Ayu.jpg.

제10장
의장 시스템

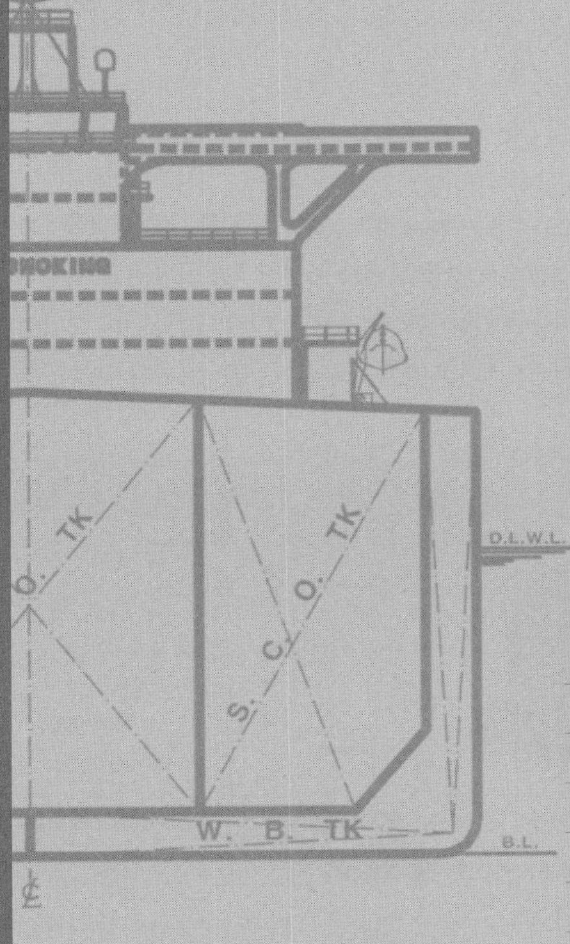

1. 조타장치와 타장치

1.1 조타장치

선박의 진행 방향을 원하는 방향으로 변경하거나 직선 항로를 유지하며 타(rudder)를 구동하기 위하여, 선미 부분에 설치되는 각종 기계장치를 조타장치(steering gear)라고 한다. 이것은 조타실(wheel house)에서 조타지시기(auto-pilot)의 제어신호로 구동한다.

1.1.1 선회 구동 조타장치

선회 구동 조타장치(rotary vane type steering gear)는 우선, 원통형 몸통의 안쪽에 방사상으로 고정 날개를 배치하고 방사상으로 가동 날개가 붙여진 회전 중심축을 삽입하여, 원통과 회전 중심축 사이에 형성되는 공간을 분할한다. 그리고 각각의 공간에 고압의 오일을 차등 공급하여 고정날개를 회전시켜서 타각을 조종할 수 있는 유압기계이다. 그 구조는 **그림 10-1**과 같다.

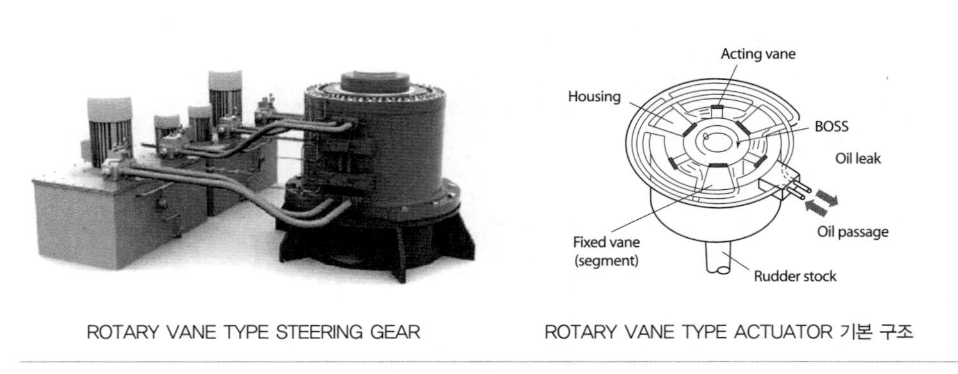

그림 10-1 선회 구동 조타장치

1.1.2 왕복 구동 조타장치

왕복 구동 조타장치(ram-cylinder type steering gear)는 Rapson 식 조타장치라고도 한다. 타 축의 앞뒤쪽으로 유압 실린더를 배치하고 유압으로 연동 구동되는 램이 타 축에 연결된 타 자루를 밀고 당겨 타 축을 회전시키도록 구성되어 있다.

RAM-CYLINDER TYPE STEERING GEAR

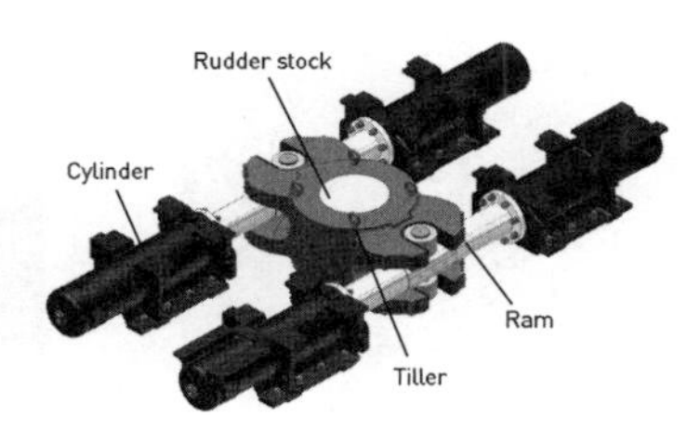

RAM-CYLINDER TYPE 기본 구조

그림 10-2 왕복 구동 조타장치

개략적인 평면구조는 **그림 10-2**와 같다.

1.2 **타장치**

일반적으로 타는 선미 또는 프로펠러 뒤에 설치한다. 유체가 타를 지날 때 날개의 앞뒷면에 발생되는 압력의 차이로 양력을 발생시키고, 이것을 선박의 진행 방향을 변경시키거나 유지시키는 데 사용한다. 대표적인 형태인 혼타의 설치를 설명하는 도면과 설치 상태는 **그림 10-3**과 같다.

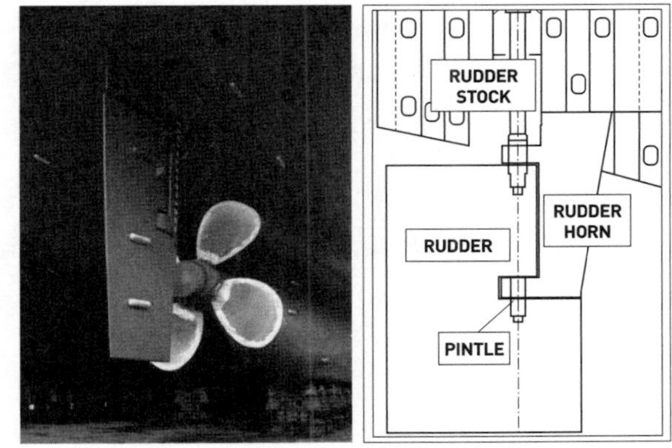

그림 10-3 타장치의 예

1) 설치구조에 따른 분류

(1) 힐 붙이 타

그림 10-4(a)의 힐 붙이 타(rudder with heel)는 선체의 밑바닥을 형성하는 구조물을 뒤쪽으로 연장하여 타 아랫부분에서 타를 받쳐주는 힐 부분이 형성되도록 하고, 타를 힐 거전(heel gudgeon)으로 지지하는 형식의 타이다.

(2) 반 평형타

그림 10-4(b)의 반 평형타(semi-balanced rudder/semi-spade rudder)는 선체에 고정되어 있는 혼(rudder horn)과 일체로 결합되어 있는 핀틀(pintle)과 타두재(rudder stock)가 힌지(hinge)를 구성하도록 조립되는 설치구조이며, **그림 10-3**에도 잘 나타나 있다. 핀틀 상부는 부 평형타이고 핀틀 하부는 평형타를 이룬다.

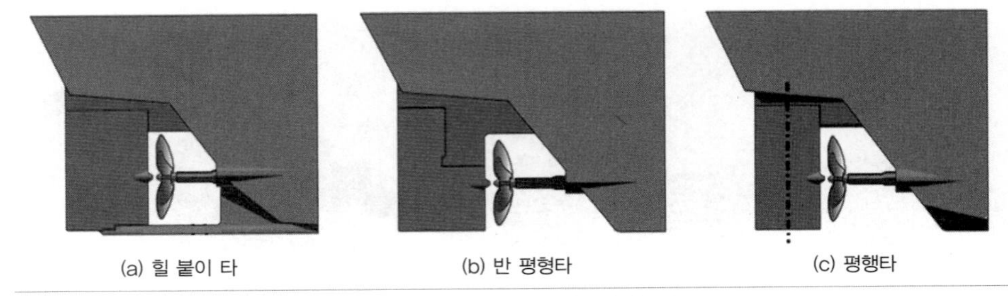

그림 10-4 설치구조에 따른 타의 종류

(3) 평형타

그림 10-4(c)의 평형타(balanced rudder/full spade rudder)는 타판의 회전 중심 근처를 지나는 하나의 긴 타두재로 타판이 선체에 매달리도록 설치하는 구조의 타이다.

2) 단면 형상에 따른 분류

(1) 앞날 비틂타

그림 10-5에서와 같이 앞날 비틂타(rudder with twisted leading edge)는 프로펠러 후류의 유동에 포함되어 있는 선회 성분을 효과적으로 정류하여 프로펠러 후류에 포함된 회전 운동에너지를 흡수할 수 있도록, 타의 상반부와 하반부의 앞날 부분을 엇갈리게 살짝 비틀어 제작한 타로서 동력 절감 효과가 있다.

(2) 플랩 타

그림 10-6과 같이 플랩 타(flap rudder)는 주 날개와 보조 날개에 해당하는 플랩으로 구성되어 있다. 주 날개의 타각 변화가 있을 때 그와 연동하여 플랩은 더 큰 각 변위를 일으

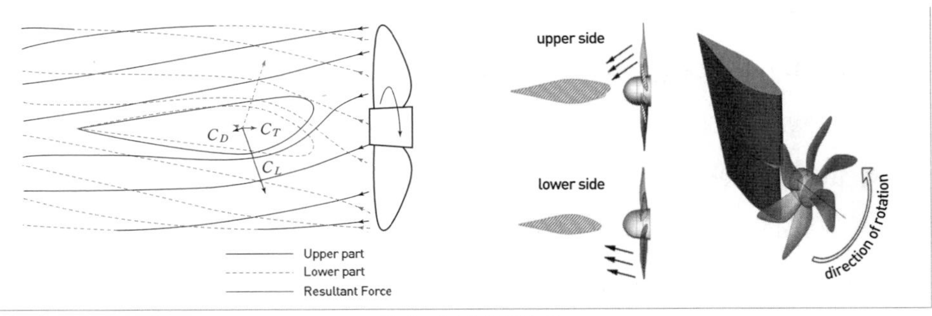

그림 10-5 앞날 비틂 타

켜 더욱 큰 양력을 발생시키도록 고안한 타이다. 일반 타에 비해 저속에서의 선회력과 선박의 조종 성능을 향상시킨다.

(3) Schilling 타

그림 10-7과 같이 Schilling 타 단면의 형상은 뒤쪽이 물고기 꼬리처럼 벌어진 형상으로 이루어져 있다. 이러한 타의 단면은 1970년대에 내륙 수로를 운항하는 바지형 저속 선박의 조종 성능을 향상시키는 목적으로 개발되었다. 대양 운항 선박에 적용하는데 문제가 되었던 선속 저하문제가 개선되어, 현재는 예인선으로부터 VLCC까지 모든 크기의 선박에 적용이 가능하게 되었다. 저속에서 침로 안정성이 뛰어나고 큰 타각에서도 조타기 떨림현상이 감소하며 우수한 후진 조종 성능을 갖는 특징이 있다.

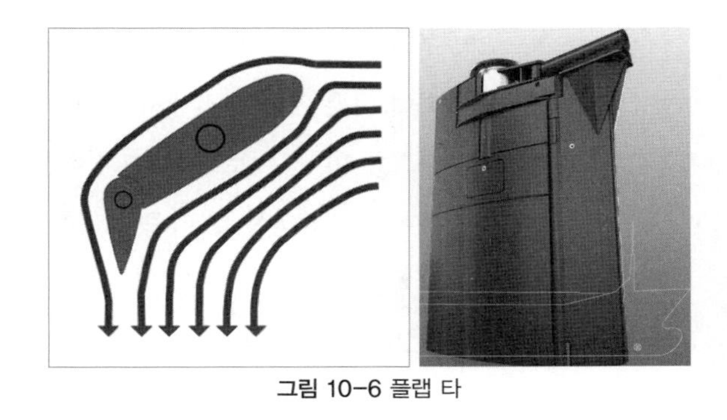

그림 10-6 플랩 타

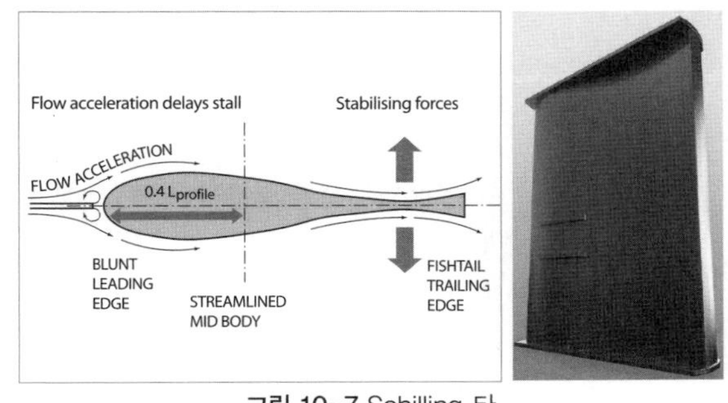

그림 10-7 Schilling 타

1.3 자동 운항

선박을 조종하는 방식의 하나로 **그림 10-8**에 보인 것과 같이 자동 조타장치(auto pilot)를 이용하는 방법이 있다. 자동 조타방법으로는 적응 제어방식(adaptive control)과 설정 제어방식(PID control)이 사용되며 다음과 같이 구분된다.

1) 적응 제어방식

재화 상태, 흘수, 선속, 풍향, 풍속 등에 따른 선박 운항 상태에서 동적 특성을 모델 기준 적응 제어(MRACS, Model Reference Adaptive Control System)로 파악한다. 그리고 이것을 기준으로 최적 항로를 유지하기 위한 타각을

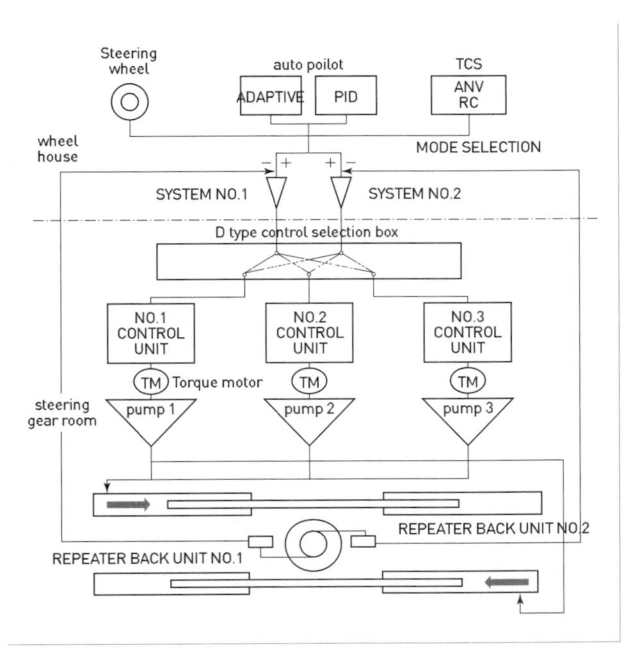

그림 10-8 자동 조타장치 제어 계통도

구하여 타각을 지시하는 제어방식이다. 기상 관측자료를 칼만 필터(Kalman filter)로 처리하여 나쁜 기상 조건에서 일어날 수 있는 선수 동요현상으로 인한 과도한 타각 제어를 피하도록 한다. 이로써, 숙련 항해사에 의존하는 부분을 줄이고 미숙련 항해사가 선박을 빈번하게 조종하는 데 따르는 운항 경제성 저하를 피할 수 있다.

2) 설정 제어방식

설정 제어방식은 항해사가 선박 운항 조건 및 기상 상태에 알맞게 적정한 타각 조정, 위치 조정, 기상 대응 조정 조건을 설정하고 측정 신호를 분석하여 타각지시 신호를 구하여 자동 운항하는 방식이다. 타각지시 신호는 지정 타각 제어와 타각 속도 제어 그리고 타각 보정 제어의 3가지 제어신호로 분류한다. 타각 속도 제어(differential control)는 새로운 항로로 변화될 때 과다한 동작을 감소시키기 위한 제어이고, 타각 보정 제어(integral control)는 바람이나 조류 등의 환경요인으로 인해 항로 이탈이 발생할 때 지정된 항로로 자동적으로 복귀시키는 제어이다.

2. 항해 및 통신 장비

항해 및 통신 장비는 크게 항해장비(navigation system)와 통신장비(radio system) 그리고 선내 통신장비(intercommunication system)로 구분된다. 특히, 무선 통신장비와 항해장비는 각각 해상에서의 인명 안전을 위한 국제규약인 SOLAS 4장과 5장에서 규정하고 있으며, SOLAS에서 요구하는 필수장비는 IMO의 권고 기준에 준해야 한다. 각각의 구성장비를 다음과 같이 간략하게 소개한다.

2.1 항해장비의 구성

1) 레이더 장비

레이더는 전파 탐지(RADAR, RAdio Detection And Ranging)를 뜻하는 합성어이다. 레이더 장비(radar plant)는 전파를 발사하고 전파가 물체에 반사되어 돌아오는 전파를 수신하여 전방의 물체를 탐지해 선박의 안전 항해를 도모하기 위한 항해용 무선기기이다. 특히,

야간 항해일 때나 시계가 불량할 때 필수적인 항해장비이다. 일반적으로 'X-band'와 'S-band'로 구성되며 조타실에 설치한다.

자동 충돌 예방장치(ARPA, Automatic Radar Ploting Aid)는 레이더 기능이 전방의 목표를 탐지하여 화면(display unit) 상에 나타내줄 뿐 아니라, 탐지된 전방의 물체를 기억하고 추적할 수 있는 기능을 가지고 있다. 따라서 화면상에서 선박의 진행 예정 항로와 비교하여 위험한 암초나 다른 선박 등이 출현하였을 때 경적을 울려 안전 항해를 도모할 수 있는 자동 레이더 추적장치이다. 기존 레이더와 연결하여 사용하거나 S-band 레이더나 X-band 레이더에 설치하여 사용한다.

2) 전자 해도 표시 및 정보 시스템

전자 해도 표시 및 정보 시스템(ECDIS, Electronic Chart Display and Information System)은 항해용 종이지도를 디지털화하여 화면상에 표시하는 전자 해도장치로서 항적 추적 기능도 보유하고 있다.

3) 선박 자동 식별장치

선박 자동 식별장치(AIS, Automatic Identification System)는 본래 항공용으로 개발된 것이다. 처음에 1993년도 영국 연안에서 유조선 Braer 호의 좌초사건을 계기로 선박에 도입하는 것이 논의되기 시작하였다. 이는 선박의 충돌 방지 및 VTS 관제를 목적으로 선박 명세, 종류, 위치, 항로 선속 및 기타 항해 안전에 관련된 정보의 송수신이 가능하다.

4) 위치 정보 응용 항해장비

위치 정보 응용 항해장비(DGPS, Diferential Global Position System)는 인공위성을 이용하여 운항 중인 선박이 자신의 위치와 속도를 보다 정밀하게 측정할 수 있는 위치 측정장비이다. GPS는 지구 표면으로부터 20,200km 상공에서 지구를 하루에 두 바퀴씩 선회하는 24개의 위성에 의해서 운용된다. 이 24개 위성 중 21개는 실제 운용에 이용하며 나머지 3개는 예비품으로 활용하고 있다. GPS는 지구상 어느 곳에서도 전천후 24시간 수신 가능하며 정밀하다.

5) 자이로 컴퍼스

자이로 컴퍼스(gyro compass)는 고속으로 회전하는 자이로 스코프를 이용해서 그 축이 자동적으로 진북 방향을 가리키도록 하고, 이를 기준으로 진방위를 측정하게 하는 장치이다.

6) 자기 컴퍼스

자기 컴퍼스(magnetic compass)는 지자기를 이용하여 방위의 기준을 설정하고 선박의 침로와 목표물의 방위를 측정하는 기기를 말한다. 지구의 양극을 잇는 선을 자오선이라 하고, 자침이 가리키는 북과 남을 이은 선을 자기자오선이라 한다. 양자의 극은 약간 틀리기 때문에 이들 자오선은 어느 각을 이루고 이를 편차라 한다. 그리고 자침 방위와 선박의 자기 컴퍼스 방위의 차를 자차라 한다. 자차는 선박의 자기 컴퍼스 자체의 오차로서 선박의 진행 방향에 따라 다르고 각 선박에 따라서도 다르다. 이 자차에 대한 수정에 필요한 정보를 선박의 해상 시운전에서 얻게 된다.

7) 타각 지시기

타각 지시기(rudder angle indicating system)는 타가 중립 위치로부터 회전한 방향과 각도를 전기적인 방법으로 조타실 및 기타 필요한 장소에 설치된 지시기에 나타내는 장치이다.

8) 음향 측심기

음향 측심기(echo sounder system)는 선박이 수심을 측정하는 기기로서 현재 반사 음향으로 수심을 측정하는 방식이 사용되고 있다.

9) 선속계

선속계(speed log system)는 선박의 속도를 측정하는 기기로서 도플러 효과를 이용하는 도플러 선속계(doppler log)와 음파를 이용하는 음향 선속계(acoustic speed log), 그리고 전자석식 선속계(electro magnetic log) 등이 선속 계측에 사용되고 있다.

10) 기준 시계

기준 시계(master clock system)는 표준시계(chronometer)와 수정시계가 사용되는데 선박용으로 주로 사용하는 표준시계는 전자회로로 수정 발진자를 진동시켜 시간의 기준이 되는 전기 신호를 얻어내는 원리를 이용한 시계이다. 주로 선박용 수정시계의 정도는 기온 −10~+50℃의 범위에서 하루에 ±0.2초 이내 오차 범위의 것을 사용한다. 수정시계는 표준시계에 비해 전기적인 방법으로 구동되어 온도, 습도 등의 영향을 받지 않으며, 자주 태엽을 감아야 하는 번거로움도 없다. 또한 선박 내 여러 종속시계(slave clock)와 연결할 수 있는 장점이 있다.

11) 풍속계, 풍향계

풍속계(anemometer)는 풍속을 측정하는 계기로서 풍차식(風車式)과 컵(cup)식이 있다. 또한, 풍향계(anemoscope)도 있다.

12) 항해자료 기록장치

항해자료 기록장치(VDR, Voyage Data Recorder)는 비행기의 블랙박스에 해당하는 것으로 선박의 운항 중 각종 데이터를 실시간 기록하고 유지 관리하는 장치이다. 항해 데이터, 엔진의 상태, 운항 정보, 기상 정보 등을 신호 변환장치가 인식할 수 있도록 디지털 신호로 변환하여 주 기억장치에 전송하여 저장하고 자료를 원하는 형태로 출력할 수 있다. 1994년 발트 해에서 900여 명의 인명을 앗아간 로로 여객선 Estonia 호 전복사고를 계기로 선박에 강제 탑재가 논의되기 시작하였다. 해난사고를 조사하여 동일한 해난을 방지하기 위한 목적을 가지고 있다.

13) 음향 신호장치

음향 신호장치(whistle system)는 고동(whistle)이라고 법규로 규정하는 짧은 신호음이나 긴 신호음을 낼 수 있는 음향 신호기구로서, 증기나 압축공기 또는 전기식으로 소리 내는 기구를 총칭한다. 음향 신호의 음색을 다양하게 하기 위하여 고동이 발하는 음향 신호의 주파수를 선박의 크기에 따라 **표 10-1**과 같이 나누고 있다.

표 10-1 음향 신호

선박의 길이	고동의 주파수	음색
200m 이상	70~200Hz	무겁고 깊은 소리
75m 이상~200m 미만	130~350Hz	크고 밝은 소리
75m 미만	250~700Hz	높고 급한 소리

14) 기상 수신기

기상 수신기(weather facsimile)는 전 세계에 걸쳐 있는 무선 송신국들로부터 보내지는 기상사진, 신문, 어업 정보 등의 무선 전파를 수신하여 본래의 형태대로 재생하는 장치이다. 3∼24MHz대의 주파수를 사용한다.

2.2 통신장비의 구성

1) 무선 전화

통신거리가 100해리 정도에서 주변의 선박 또는 육상과 통화를 목적으로 사용되는 중-단파 무선 전화(MF/HF radio telephone)와 통신거리가 20∼30해리 정도인 초단파 무선 전화(VHF radio telephone)가 선박의 필수 장비로 지정되어 있다. 통신 경로는 **그림 10-9**와 같이 연안 무선기지국과 통신 인공위성 그리고 인접 선박으로 구성된다.

세계 해상재난 안전 시스템(GMDSS, Global Maritime Distress and Safety System)에서 요구하는 장비이다. 조난 선박과 구조 선박 또는 구조 항공기 사이의 통신에 사용하는 156.8MHz FM을 포함하여 2파 이상의 해상 이동 업무용 초단파 주파수를 내장하고 있는 선박용 휴대형 무선 전화기(VHF/FM two-way radio telephone)가 있다.

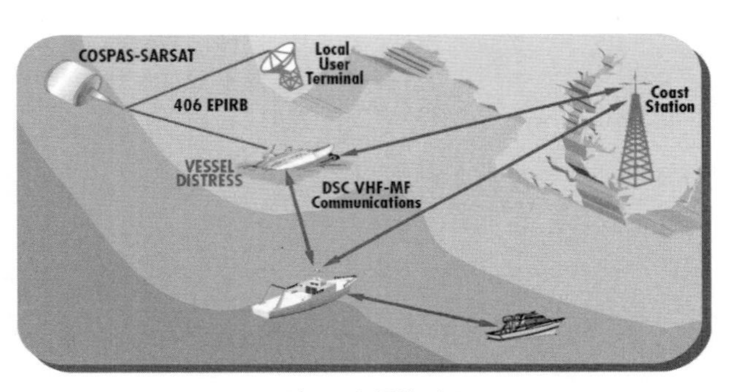

그림 10-9 통신 경로

그리고, 300∼3,000MHz의 대역에서 사용하는 선상 통신장비인 휴대용 통신장비(UHF onboard radio communication system)가 있다. 이 통신장비는 선내 통신, 인접 선박 사이 그리고 선박과 부두 사이 등에서 사용하는 휴대형 무선 전화기로서 화물의 하역작업, 구조작업, 기타 선박의 작업에서 사용하는 휴대용 통신장비이다.

2) 나브텍스 수신기

나브텍스 수신기(NAVTEX receiver)는 국제적으로 공통 주파수 518kHz를 사용한다. 또한, 연안국들이 인근 해역을 항해 중인 선박들의 항해를 돕기 위하여 기상 정보와 경보방송을 제공하는 국제 텔렉스 시스템(navigation telex system)의 해사안전정보(MSI)를 완전 자동으로 수신하여 출력하는 전용 수신장치이다. 일정한 형식에 따라 필요한 정보를 선택하여 수신할 수 있다.

항행 경보, 기상 경보 및 수색과 구조에 관계되는 모든 정보를 나브텍스 해안국이 수집하여 이를 해당 해안국들과 협조하여 필요로 하는 해역에 단독 또는 공동으로 방송한다. 공해상이나 원양 해역 및 나브텍스 업무가 지원되지 않는 해역을 항해하는 선박을 위한 해사안전정보는, 단파대의 8개 지정주파수로 지정된 NBDP 또는 INMARSAT의 고기능 그룹 호출(EGC) 시스템을 이용할 수 있다.

3) 비상 위치식별 무선 비콘

비상 위치식별 무선 비콘(EPIRB, emergency position indication radio beacon)은 세계 해상재난 안전 시스템(GMDSS)에서 요구하는 장비이다. 1,000km 상공의 COSPAS 위성과 850km 상공의 SARSAT 위성 등 총 6기를 이용하여 주파수 406MHz의 조난 신호를 송신하며, 극궤도 선회위성을 이용하여 조난 경보를 전달하는 것으로 지구 전 지역에서 사용이 가능하다. 하지만, 위성이 고도 약 1,000km의 낮은 궤도에서 돌고 있으므로 비콘으로부터 무선 신호가 발신되어, 송신에서부터 육상에 수신되기까지 시간이 약 70분이 소요될 수 있다.

이 시스템은 해상은 물론 육상이나 공중에서 조난이 발생하면 이 장치가 수동 또는 자동으로 작동하여 무선 신호가 발신되고, COSPAS-SARSAT 위성이 감지하면 조난 위치를 약 1~2마일의 오차 범위에서 파악할 수 있으며, 가까운 구조조정기구(RCC)에 통보하여 신속한 수색 및 구조가 가능해진다. 특히, EPIRB는 선박이 4m 이상의 깊이로 잠기거나 45° 이상 기울어지면 자동으로 작동할 수 있어야 하고, 수동으로도 작동할 수 있어야 한다.

4) 생존정 수색 구조 위치식별장비

생존정 수색 구조 위치식별장비(search and rescue location devices)는 세계 해상재난 안전 시스템에서 요구하는 장비로서, 선박사고를 당하여 조난자가 퇴선할 때 구명정에 휴대하는 장비이다. 선박이 조난을 당하였을 때 구명정의 위치를, 부근을 지나는 선박의 9GHz(X-band) 레이더의 화면 또는 선박자동위치식별장치(AIS)에 표시하는 것으로 수색 및 구조용 레이더 트랜스폰더(SART, Search And Rescue radar Transponder)라고도 한다.

5) 선박 보안 경보 시스템

선박 보안 경보 시스템(SSAS, Ship Security Alertly System)는 선박이 해적이나 테러범

등으로부터 공격을 받았을 때 선박 보안의 위협 또는 침해 상황을 알리는 선박 대 육상 보안경보를 육상 기지국으로 발신하도록 고안되었다.

6) 위성 통신장비

위성 통신장비(INMARSAT–C, satellite communication system)는 선박의 필수 장비이며 작고 가벼운 터미널(terminal)을 이용하여 축적 데이터 서비스(data service)를 한다. 음성은 지원되지 않는다.

7) 위성 통신장비 FLEET–F

위성 통신장비인 FLEET–F는 기존의 위성 통신장비 INMARSAT–C를 제외한 통신 서비스 기능을 통합하는 서비스로 추진하고 있다. 글로벌 빔을 이용하여 조난/안전 통신 지원 등 위성 해상 통신용으로 개발하여 FLEET F77, F55, F33 서비스가 있다. 이 중에서 FLEET F77는 2002년 4월부터 상용 서비스가 시작되었으나 2015년에는 서비스를 중단하고 FB500로 대체될 예정이다. 전화, 팩스, 데이터(최대 64kbps)를 이용할 수 있고, 이동통신 서비스 MISDN(Mobile Integrated Service Data Network) 또는 MPDS(Mobile Packet Data Service) 서비스를 선택하여 이용할 수 있다.

8) 위성 통신장비 Fleet Broadband 500

위성 통신장비인 Fleet Broadband 500은 INMARSAT 서비스 ISDN 기반으로 발전되었다. 그러나 보다 향상된 주파수 대역이 광대역 기반으로 바뀜에 따라 새롭게 개발된 서비스가 Fleet Broadband 해상 서비스이다. FB는 3개의 INMARSAT–4(I–4) 위성을 이용하여 태평양, 인도양 및 대서양 지역에 위치한 선박에 통신 서비스를 제공한다.

2.3 선내 통신장비의 구성

주로 선내에서 마이크와 스피커를 사용하여 방송으로 지령을 내리는 데 쓰이는 장치와 별도의 전원 없이도 호출이나 통화가 가능한 자석식 전화기, 자동 교환 전화(auto exchange telephone), 라디오 청취 및 TV 시청을 위한 공청 안테나 장치(CAS, Communal Aerial System)가 있다.

이와는 별도로 운항 자동화와, 주기관과 보기를 포함하는 각종 장비의 운전, 작동 상태를 감시하고 위 경보를 발하는 감시 경보장치(alarm monitoring system)로서 선박의 특정 한 화상 정보를 특정 사용자에게 전달하기 위하여 CCTV를 사용한다. 주로 주요 기계류나 하역장비를 감시 또는 보안의 목적으로 사용한다.

3. 하역설비

3.1 하역장치

선박에 탑재하여 화물을 싣거나 내리는 데 사용하는 크레인, 호이스트, 윈치, 마스트, 기둥, 스테이, 데릭 붐 등을 총칭하여 하역장치라 한다. 하역장치의 성능이 하역에 필요한 시간, 즉 하역속도(port speed)를 결정한다. 하역은 안벽 계류, 부표 계류 또는 닻 계류 상태에서 행하고 더러는 바지선을 선측에 대어 놓고 선박의 하역장치로 하역한다.

대표적인 하역장치로는 데릭(derrick)과 갑판 크레인(deck crane), 그리고 갠트리 크레인(gantry crane)의 3종류가 있다. 시멘트와 석탄 등을 운반하는 선박에서는 특수 하역장치로 컨베어(conveyor)가 쓰인다.

1) 데릭 하역장치

데릭 하역장치는 **그림 10-10**과 같이 2개의 데릭 붐(derrick boom)을 2개의 데릭 포스트(derrick post)에 설치하고 하역 밧줄을 윈치로 조작하여 하역하는 장치이다. 데릭 붐을 고

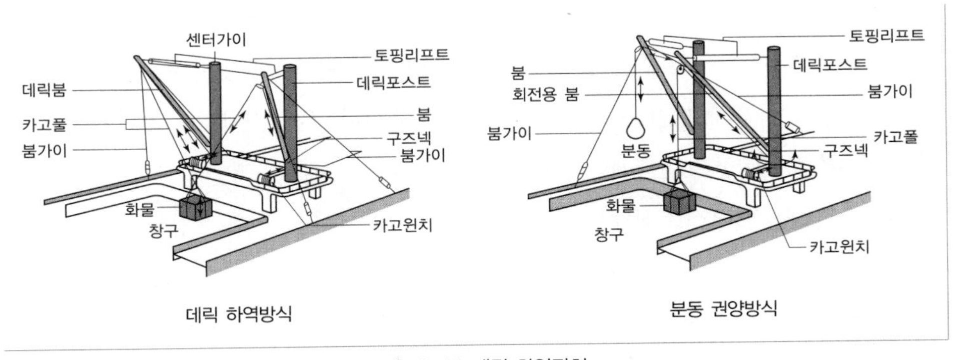

그림 10-10 데릭 하역장치

정 배치하고 윈치가 하역 밧줄을 당겨 화물을 들어 올릴 뿐 아니라 화물을 선측 방향으로 이동시키기도 하는 데릭 붐 맞당김식 하역법과, 윈치는 화물을 들어 올리는 데 사용하고 데릭 붐을 데릭 포스트를 중심으로 회전시켜 화물을 선측 방향으로 이동시키는 데릭 붐 선회식 하역법이 사용된다. 데릭 하역장치는 일반 화물이나 포장 화물을 다루는 데는 편리하지만 화물창 내부에서 화물을 정리하는 데는 불편하다.

2) 갑판 크레인 하역장치

갑판 크레인 하역장치는 갑판에 설치하는 하역용 크레인을 뜻한다. 선체 중심선상 고정 크레인, 좌우현 이동 크레인, 좌현 또는 우현 고정 크레인, 전후 방향 이동 크레인 등의 4종류가 있으며 데릭식보다 하역 능률이 좋다. 허용 하중 범위 내에서는 선회 반경 안에 있는 모든 화물을 취급할 수 있다. 하역을 위하여 크레인을 준비하거나 항해를 위하여 고정시키는 작업이 간편하고 화물중량에 맞추어 운전 전환이 용이하다.

3) 갠트리 크레인 하역장치

갑판 위에 설치된 레일을 따라서 이동할 수 있는 문형 크레인을 갠트리 크레인이라 한다. 묶음으로 된 목재 또는 신문용지와 같이 포장단위가 큰 화물을 취급하는 데 가장 적당하다. 일반 배치를 결정할 때 선박의 모든 상부 구조물을 선미에 배치하면 갠트리 크레인이 화물 구역 전체에 걸쳐서 이동할 수 있어서 하역 효율을 높일 수 있다.

3.2 승강램프

1) 선측 사다리

선측 사다리(gangway ladder, accommodation ladder)는 부두에서 승하선에 사용하는 통로이다. 배의 거주 구역 주변에 하역장치와 구명장치 운용에 지장은 주지 않으면서 파랑의 영향을 받지 않으며 사용에 편리한 위치에 설치한다. 선측 사다리는 양현에 모두 설치하며 유조선에는 한쪽 현측에만 설치하기도 한다.

선측 사다리는 밸러스트 상태를 기준으로 수면에 대하여 55°를 표준 경사로 한다. 사다리 전체 길이는 대체로 6m 이상이며 경하 상태와 만재 상태의 흘수 차가 2.5m 이상일 때는 2개로 접는 방식을 사용할 수 있다. 사다리의 폭은 난간 사이가 600mm 이상이고 발판의 유효 폭이 500mm 이상이어야 한다. 사다리의 강도는 계단 2단마다 체중 75kg인 사람이 있을 때도 충분하도록 안전율을 5~8로 택하며 상륙용 보트에 의한 충격에도 견딜 수 있어야 한다.

안벽에 배를 대었을 때 **그림 10-11**과 같이 설치하여 배와 육상 사이의 통로로 사용되는 안벽 사다리(wharf ladder)의 종류, 재료, 치수 및 제조방법 등의 상세한 내용이 KS V 2622와 KS V 2623에 규정되어 있다. 항해 중에는 보관하며, 설치가 용이하도록 경량인 사다리가 바람직하다.

그림 10-11 선측 사다리

2) 도선사용 사다리

도선사용 사다리(pilot ladder)로 줄사다리를 사용하며 줄사다리는 배 밖으로 드나들 때나 구명정 등의 소형 선박과의 교통에도 사용된다. 도선사용 사다리는 KS V 2625에서 종류, 재료, 치수 및 제조방법 등을 규정해 놓고 있다. 국제도선사협회(IMPA, International Maritime Pilot's Association)는 도선사용 줄사다리를 9m 이상 사용할 수 없도록 규정하고 9m 이상이 필요할 때는 **그림 10-12**와 같이 설치하여 선측 사다리와 함께 사용하는 방법을 규정하고 있다.

그림 10-12 도선사용 사다리와 선측 사다리의 복합사용 예

4. 갑판 의장

4.1 계선장치

계선장치는 선박이 파도나 조류 또는 바람에 의해 표류하는 것을 막기 위하여 닻을 내려 정박시키거나, 배를 고정시킬 수 있는 부표나 안벽 또는 해저에 매어놓는 데 쓰이며 **그림 10-13**에서 보는 것과 같이 체인(anchor chain), 계선윈치(windlass), 체인 누르개(chain compressor), 체인 결박구(chain clench), 닻(anchor)으로 구성된다.

1) 체인

체인은 θ형으로 만들어진 링크를 이어서 단위길이가 27.5m인 쇠사슬이다. 링크의 중

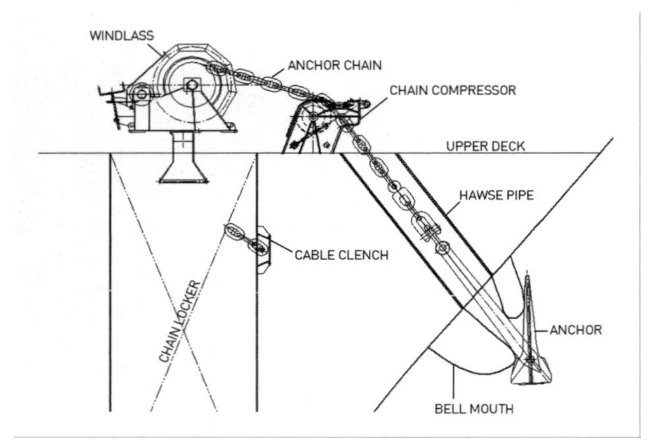

그림 10-13 계선장치

앙을 가로로 지탱하는 부재인 스터드(stud)는 앵커 체인의 강도를 높여주며 체인이 꼬이는 것을 막아준다. 대형 선박은 좌현과 우현에 10~15마디로 된 앵커 체인을 구비하며, 소형 선박에서는 앵커 체인 대신 와이어 로프 또는 섬유 로프를 사용하기도 한다.

2) 계선윈치

계선윈치는 체인과 닻을 끌어올리는 장치로, 구동에는 유압식, 전동식, 공압식의 3가지 방법이 사용된다. 보통 분당 9m 이상의 속도로 체인을 끌어올릴 수 있어야 하며 많은 하중이 걸리며 흔히 제동장치로 기계식 밴드 브레이크(band brake)를 사용한다.

3) 체인 누르개

선박이 닻을 내려 정박했을 때는 체인에 걸리는 힘이 계선윈치에 직접 전달되지 않도록 하며, 닻을 달아 올리고 선박이 운항할 때 닻이 떨어지지 않도록 체인을 눌러 고정시키는 장치이다. 계선윈치와 닻줄 구멍(hawse pipe) 사이에 설치한다.

4) 체인 결박구

체인의 끝을 선박에 결박하는 기구로서, 일반 상선에서는 체인 로커(chain locker)에 고정되어 있으며 체인을 선체에 고정시키는 데 사용한다. 비상시에는 고정 핀을 제거하면 체인이 벗겨지며 닻과 체인을 선박과 쉽게 분리할 수 있도록 설계되어 있다.

5) 닻

닻은 배에 항상 가지고 다니는 비품으로 해상에 내리면 선박을 붙들어 매는 고정점의 역할을 한다. 닻은 일차적으로 선박을 정박시키는 데 사용되지만 달리는 상태에서 닻을 일부만 내리더라도 큰 저항이 발생되므로, 달리는 선박을 급제동하거나 급회전이 요구되는 비상 상태에서 임기응변으로 닻을 내리기도 한다.

배가 좌초했을 때 안정성을 높이기 위하여 별도의 수단을 동원하여 적당한 장소에 닻을 내리기도 하며, 계선윈치로 암초에서 배를 끌어내리는 데도 사용한다. 닻은 사용 목적

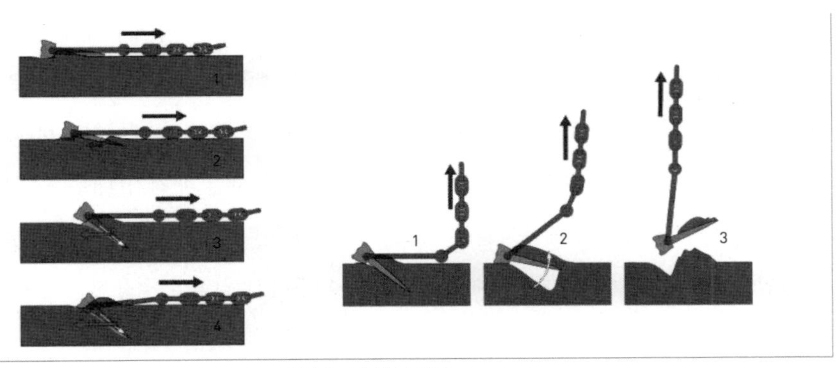

그림 10-14 닻의 작용

상 충분히 무겁고 해저에 잘 박히는 구조여야 한다. 현재까지 여러 형식의 닻이 고안되었는데, 크게 스톡 앵커(stock anchor)와 스톡리스 앵커(stockless anchor)로 구분된다.

일반 상선에서 주로 사용되는 스톡리스 앵커는 해저에 어떤 방향으로 떨어지더라도 체인으로 끌려지기 시작하면 **그림 10-14**의 왼쪽과 같이, 체인과 닻의 중량이 닻 날(fluke) 부분을 아래로 밀어넣는 역할을 하며 닻이 끌릴수록 점점 닻 날이 깊이 박혀 붙드는 힘이 커진다. 닻을 들어올릴 때는 **그림 10-14**의 오른쪽과 같이, 큰 힘을 주지 않아도 해저에 박혀 있던 닻 날이 쉽게 뽑힌다.

4.2 계류장치

선박이 화물을 싣고 내리기 위하여 항구에 정박하였을 때, 조류나 바람 또는 파도에 견딜 수 있도록 붙들어 맬 수 있는 충분하고 안전한 계류(mooring) 장치가 필요하다. 선박이 뜻하지 않게 표류하여 일으킬 수 있는 피해를 생각하면 선박의 계류장치는 매우 중요한 선박 고정장치이지만, 실제로는 단순한 방법을 사용하고 있다.

일반적으로 선박을 계류한다는 것은 선박을 계류삭(mooring rope)으로 부이 또는 안벽의 계선말뚝(dolphin)에 붙들어 매는 것을 말한다. 일점 계류(SPM, Single Point Mooring)나 밀집 정박 지역의 배치 및 급유 선박의 해상 계선에서도 같은 속구를 사용하고 있어서 계류 배치에 포함된다.

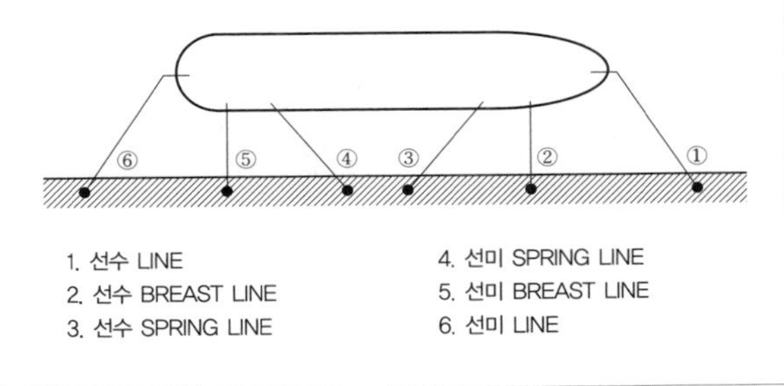

그림 10-15 계류삭의 배치

선박을 계류할 때는 **그림 10-15**에서와 같이 안벽으로부터 떨어지거나 안벽을 따라 앞뒤로 움직이는 운동을 구속하게 된다. 배와 안벽의 계류용 속구가 이상적으로 배치된 경우에는 2개의 계류삭으로 배의 횡 방향 이동을 막아주고, 2개의 계류삭으로 배가 앞뒤 방향으로 이동하는 것을 방지한다. 그러나 배와 안벽의 시설 배치가 대부분은 이상적이지 않으므로 선수와 선미에 계류삭을 추가로 배치해야 한다.

일반적으로 선박을 안전하게 계류할 때 다음의 5가지 원칙을 적용하고 있다.

① 배가 안벽에서 떨어지지 않도록 계류삭은 배의 길이 방향에 직각으로 배치한다.
② 배의 전후 방향 움직임을 막는 계류삭은 가능한 한 현측에 평행하게 배치한다.
③ 계류삭이 계류지점에서 안벽과 이루는 각은 가능한 한 예각을 이루도록 한다.
④ 계류삭의 배치는 가능한 한 선수 선미 대칭으로 배치한다.
⑤ 계류삭은 재질과 치수가 같은 로프를 사용한다.

4.3 계류용 속구

계류용 속구(mooring fittings)에서는 국제선급연합회의 통일규격 제10장과 의장수에 따라서 적합한 규격의 계류삭을 두어야 한다. 배 밖으로부터 배 안으로 끌어 들여지는 계류삭의 방향을 바꾸고 손상을 막아주기 위하여 개방형 초크(open chock) 또는 폐쇄형 초크(closed chock)를 두며, 파나마 운하를 지나는 선박은 파나마 운하 규정에도 적합한 파나마 초크를 둔다. 계류삭을 선체에 묶을 수 있도록 갑판에는 기둥이 2개인 볼라드 또는 1개의 기둥으로 된 비트를 배치해야 한다. 계류삭을 유도하며 방향을 전환하기 위하여 롤러 붙이 페어리드(roller fairlead), 갑판 스탠드롤러(deck stand roller), 유니버설 페어리드(universal fairlead), 수평 롤러와 가이드(horizontal roller and guide)를 사용하여 선체와 계류삭을 보호한다.

4.4 일점 계류와 비상예인

1) 일점 계류

유조선에서는 흔히 **그림 10-16**과 같이 사용하는 OCIMF(Oil Companies International Marine Forum)가 요구하는 계류방식으로, 항만에 접안하지 않고 해상 터미널에서 하역설비를 가진 부표에 계선하는 방법을 사용한다. 유조선의 선수에는 체인 멈추개(chain stopper)와 적합한 페어리드가 구비되어 있어야 한다. 또한, 용량 15톤 이상의 윈치 또는 캡스턴이 있어야 하고 직경 80mm의 로프 150m를 감을 수 있어야 한다.

그림 10-16 유조선의 일점 계류 예

2) 비상예인

IMO는 1996. 1. 1. 이후에 건조된 재화중량 2만 톤 이상의 유조선에 대하여 선수와 선미부 갑판에 계류를 위한 중구조를 둘 것을 요구하고 있다. 5만 톤 이하의 유조선에 대하여는 최소 1,000kN의 부하에 견딜 것을 요구하며 5만 톤 이상의 유조선에서는 최소 2,000kN의 부하에 견딜 것을 요구하고 있다.

5. 구명설비

5.1 해상 구명설비

해상 구명설비란 선박이 조난하였을 때 인명 구조를 위하여 갖춘 설비이다. 이것은 조난 선박으로부터 탈출을 지원하는 설비와 해상의 조난자를 구조하는 설비로 구분할 수 있다. 선박으로부터 탈출을 지원하기 위한 생존정(survival craft)으로는 구명정(life boat)과 구명뗏목(life raft)이 있고, 해상 인명 구조용으로 대표적인 것은 구조정(rescue boat)이다. 그 외에도 개인용 구명장비로 구명부환(life buoy), 구명동의(life jacket) 등이 있고, 각종 신호(signal) 및 통신장비들을 SOLAS 및 LSA CODE에 따라 갖추어야 한다.

5.2 생존정

1) 구명정

구명정은 해상에서 조난 선박을 버리고 탈출할 때 사용하는 자항 능력을 갖춘 보트이다. 모든 구명정은 정원이 탑승하고 의장품을 적재한 만재 상태에서 거친 해상에서도 충분한 복원력과 건현이 확보되는 형태와 구획으로 적정하게 제작되어야 한다. 조난 선박

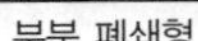
부분 폐쇄형

완전 폐쇄형

자유 낙하형

일반형

그림 10-17 구명정의 종류

에 10°까지의 트림이나 20°까지의 경사가 발생되었다 하더라도 구명정은 안전하게 진수할 수 있어야 한다. 모든 구명정은 구조적으로 충분한 강도를 가져야 하며, 만재 상태에서 직립되어 있다가 정수면 아래쪽 어느 위치에 구멍이 생기더라도 부력 손실로 침몰하지 않고 정복원력을 유지할 수 있어야 한다.

구명정에는 조난에 대비하여 일정 기간 동안 생존에 필요한 비상식량과 식수, 나침반, 낚시도구, 생존 지침서, 조난 신호 등 40여 가지 의장품을 비치하여야 한다. 구명정의 종류로는 부분 폐쇄형 구명정, 완전 폐쇄형 구명정, 자동 공기 공급 구명정, 내화 구명정 등이 있고, 진수방식에 따라 자유낙하형(free-fall type)과 일반형(conventional type)이 있다. **그림 10-17**은 이들 중 대표적인 것들이다.

2) 구조정

구조정은 조난자를 구조할 때 사용하는 **그림 10-18**과 같은 구명설비로, 충분한 이동성 및 조종성이 있어서 해상에서 신속하게 조난자를 구조할 수 있어야 한다. 승선인원은 6인승이며 앉아 있는 사람 5명과 누운 사람 1명을 수용할 수 있어야 한다. 6노트 이상의 속력으로 항해할 수 있고, 인원과 장비를 완비하여 탑재한 상태에서 4시간 이상 동안 그 속도를 유지할 수 있어야 한다. 또한, 구조정은 구명뗏목들을 통제할 수 있어야 하며, 선박에 적재된 가장 큰 구명뗏목을 정원이 탑승하고 의장품을 적재한 만재 상태에서 2노트 이상의 속도로 예인할 수 있어야 한다.

그림 10-18 구조정

구조정에는 구조작업을 위하여 물에 뜨는 노, 물에 뜨는 물푸개, 발광체 또는 적절한 조명수단이 있는 효과적인 나침반과 상자, 충분한 길이의 계선용 밧줄, 모르스 신호 발신 수밀전등, 응급 의료기구, 레이더 반사기, 보온기구, 이동식 소화기 등을 비치해야 한다.

그림 10-19 구명뗏목

3) 구명뗏목

구명뗏목은 구명정과 같이 조난선박으로부터 탈출용으로 사용하는 장비이다. 구명정 사용이 여의치 않거나 구명정으로부터 먼 위치의 작업자들이 비상 탈출할 때 사용한다. 구명뗏목은 그 진수방식에 따라 승선 후 대빗으로 달아 내리는 방식과 물에 띄운 후 승선하는 방식이 있다. 모든 구명뗏목은 모든 해상 상태에서 30일 동안 떠 있을 수 있도록 제작되어야 한다. 구명뗏목 또한 구명정과 동일하게 조난사고 후 일정 기간 동안 생존에 필요한 비상식량과 식수, 나침반, 낚시도구, 생존 지침서, 조난 신호 등의 의장품을 의무적으로 배치해야 한다. **그림 10-19**는 구명뗏목 앞에 의무 비치 품목을 정돈한 상태를 보여준다.

4) 승정 줄사다리

선박이 사고로 과다한 트림이 발생하였거나 20° 이상 기울어진 비상 상황에서 탈출할 때 사용하는 장비이다. 승정 줄사다리(embarkation rope ladder)를 구명정 진수 위치 또는 그에 인접한 위치마다 설치하여야 한다. 그러나 주무관청은 선박의 각 현에 1개 이상의 승정 줄사다리가 설치되어 있을 때는, 물 위에 떠 있는 생존정에 승선할 수 있다고 인정되는 장치가 있으면 이를 승정 줄사다리로 대체하여 인정할 수 있다.

5.3 개인 구명장비

1) 구명부환

구명부환은 코르크, 케이폭(kapok), 발사(balsa) 등을 둥근 모양으로 단단하게 성형하고 면포로 싼 다음, 주위의 네 군데에 손잡이 밧줄을 달아맨 것이다. 구명부환은 제조업체에 따라 다소의 규격 차이는 있으나 대개 중량과 사용 목적에 따라 두 종류로 대별된다.

(1) 일반형 부환

중량 2.5kg 이상으로 다음의 순간이탈장치를 필요로 하지 않을 때 사용한다.

그림 10-20 구명부환

그림 10-21 자기점화등 붙이 자기발연신호

(2) 순간이탈장치용 부환

최소 중량 4kg 이상으로 자기발연신호(self-activating smoke signal) 및 자기점화등(self-igniting light)이 장치된 순간이탈장치가 작동할 때 사용하며, 주로 선박의 조타실 양현에 설치한다. SOLAS chapter III Reg.32에서는 구명부환의 수량을 선박의 길이에 따라 규정하고 있다. 구명부환에는 자기점화등과 **그림 10-21**에서 보는 것과 같은 자기점화등 붙이 자기발연신호, 그리고 구명줄 등이 부속되어 있으며 수량과 배치도 SOLAS에서 규정하고 있다.

그림 10-22 구명동의

2) 구명동의

구명동의는 케이폭을 면포로 싸서 **그림 10-22**와 같이 조끼 모양으로 만들어 부력을 얻도록 만든 것으로, 구명조끼라고도 한다. 비상시에는 즉시 이것을 착용하고 구명정이나 구명뗏목에 갈아타고 구조되기를 기다린다. 구명정이나 구명뗏목을 타지 못했을 때도 구명동의를 입고 있으면 그 부력에 의하여 머리를 물 위로 내놓고 떠 있을 수 있다.

구명동의 비치 수량은 통상 선주나 파일럿을 포함한 승선 정원의 수와 같아야 하고 각 선실에 비치한다. 이에 더하여 선교나 선수 그리고 기관실 등의 당직자용을 추가로 비치하며, 비치 위치는 각 주무관청이나 선급에 따라 약간씩 다르게 정하고 있다.

구명동의는 무게 140kg, 가슴둘레 1,750mm 이상의 성인도 착용할 수 있도록 제작하며, 어린이나 유아용 구명동의는 그 용도에 맞게 구별하여 제작, 공급한다. 구명동의에는 LSA Code를 만족하는 손전등, 호각, 손잡이 고리 등을 장착해야 한다.

3) 방수복

방수복(immersion suite)은 차가운 해수로부터 체온을 보호하기 위한 보호복이다. 구조정 요원용으로 비치되는 장비로서 온난한 기후대에서 한정하여 운항하는 선박일 때는 비치하지 않아도 된다.

4) 구명줄 발사기

구명줄 발사기(life line throwing appliance)는 총톤수 500톤 이상의 국제 항로에 취항하는 화물선의 법정 비품으로서, 육상 또는 다른 배로부터 조난선이나 조난자에게 구명삭을 던져서 보낼 때 사용한다. 이것은 로켓 또는 탄환이 구명삭이라고 하는 가늘고 긴 밧줄을 끌고 날도록 고안된 장치이다. 통상적으로 조타실에 4개의 발사체와 길이 230m 이상의 구명줄 4개를 1개 조로 구성하여 비치해야 한다.

5.4 조난 신호장비

조난 위치를 알리기 위하여 쓰이는 각종 신호기구로서 비치 수량 및 종류는 SOLAS 또는 국가별 규정에 따르며 조타실에 보관한다. 각종 조난 신호(distress signals)장비의 규격, 수량 및 사용법은 LSA code에 명기되어 있으며, 그 종류로는 낙하산 붙이 로켓 신호(rocket parachute signal), 로켓 신호, 불꽃 수신호기, 자기발연 신호기 등이 있다.

6. 배관장치

6.1 밸러스트 시스템

1) 밸러스트 정의 및 목적

선박이 안전하고 효율적으로 항해하는 데 필요한 적정한 항주 자세와 복원력을 확보하기 위하여 추가로 적재하는 중량물을 밸러스트라 한다. 일반적으로 선박의 전후, 측면에 밸러스트를 적재할 수 있는 공간을 설치하며 밸러스트는 일반적으로 해수를 사용한다. 따라서, 밸러스트를 밸러스트 탱크에 적재한다고 하며 최소한의 밸러스트를 싣고 항해하는 것을 밸러스트 항해라 한다.

2) 밸러스트 배관

밸러스트 배관(ballast piping arrangement)은 해수 밸러스트를 흡입하기 위한 해수 흡입구, 해수 거르개, 해수 펌프, 해수 이송 배관, 배관용 밸브들과 밸러스트 탱크로 구성된다.

(1) 복식 주 배관방식

복식 주 배관방식(main line type)은 일반적으로 2개의 주 관이 각 밸러스트 탱크를 관통하도록 배치하고 서비스 탱크에 분기 서비스 관을 배치하는 방식이다. 탱크를 좌, 우현에 배치한다는 점과 예비 배관을 고려하여 대체로 2개의 주 관을 복식으로 배치한다.

(2) 분기 배관방식

분기 배관방식(manifold type)은 밸러스트 탱크를 독립적으로 운영할 수 있고 관의 치수가 작으며, 탱크의 수가 적을 때 사용하는 방식이다.

(3) 고리형 주 배관방식

고리형 주 배관방식(ring main type)은 복식 주 배관방식에서 2개의 주 관을 서로 연결하면 배관이 고리형이 되고, 연결부에 차단 밸브를 두어 차단하면 복식 주 배관방식으로 전환하여 사용할 수 있다. 상자형 용골이 있는 벌크 화물선에서 많이 사용된다.

(4) 상자형 용골 내 배관방식

상자형 용골 내 배관방식(duct keel type)은 벌크 화물선의 상자형 용골 내부를 배관 덕트로 사용하는 방식이다. 차단 밸브를 설치하여 분기 배관, 복식 주 배관 또는 고리형 주 배관방식으로 선택 운용할 수 있다.

3) 밸러스트 관과 배관 부속

일반적으로 해수를 밸러스트로 사용하므로 아연 도금하고 탱크를 도장할 때 함께 도장한다. 이보다 더 적극적인 부식 방지를 선주가 요구하여 조선소의 사내 표준을 변화하는 등 현재는 강도와 내식성 그리고 전도성이 좋은 유리섬유강화 에폭시 관(GRE pipe, Glass Reinforced Epoxy pipe)을 사용하고 있다. 밸러스트 탱크 내부의 밸브는 밸러스트 제어실(BCR, Ballast Control Room) 또는 화물 제어실(CCR, Cargo Control Room)에서 원격으로 조정한다.

6.2 빌지 시스템

1) 빌지

빌지(bilge)란 선내에 발생하는 각종 오수를 말하며, 각종 장비나 관 계통에서 발생된 배출수, 갑판상의 해수 또는 기름이 희석된 물 등이 있다.

2) 빌지 배관

빌지 배관(bilge piping arrangement)은 기관실 내부에 빌지 펌프를 배치하고 빌지 관을 빌지 발생 구역에 배치한다. 기관실 내부에서 발생한 각종 기름이 섞인 빌지 등은 저장하였다가 처리하거나 규정에 따라 육상에 배출한다. 갑판 상부에서 해수 유입으로 발생된 빌지는 배출관(eductor)으로 배출하기도 한다.

(1) 화물창 빌지

화물창 빌지(cargo hold bilge)는 주 빌지 흡입 관로를 상자형 용골에 배치할 때 각 화물창의 흡입 지관에는 나사식 체크 밸브(SDNR, Screw Down Non Return check valve)를 함께 배관한다.

(2) 기관실 빌지

기관실 내에 설치하는 빌지 펌프는 소방 및 일반용으로 함께 사용하며 기름 섞인 빌지는 육상으로 배출할 수 있도록 배관한다.

(3) 조타장치실 빌지

조타장치실 빌지(steering gear room bilge)는 조타장치실의 해치를 통하여 들어온 해수나 각종 장치로부터 배출된 기름 섞인 빌지를 중력을 이용하여 기관실 빌지 계통으로 배출하도록 배관한다.

(4) 갑판장 창고 및 선수 구역 빌지

갑판장 창고나 선수부 공간 또는 체인로커 등에서는 해수 유입으로 발생되는 빌지가 대부분이므로, 빌지를 배출관으로 직접 배출할 수 있도록 배관한다.

6.3 액체화물 배관 시스템

1) 액체화물

선박이 운송하는 액체화물로는 화학제품, 정제유, 원유 및 액화가스 등이 있으며, 이들은 배관 시스템을 이용하여 취급한다. 액체화물 운송을 위한 시스템으로서 펌프, 관로, 밸브, 탱크 등이 기본 구성요소이다. 화물의 양과 물성에 따라 인접 배치하거나 분리 배치한다. 화물의 하역작업에서 발생증기로 인한 폭발을 방지하기 위하여 불활성가스 시스템을 운용하거나 적재화물을 변경하기 위하여 탱크 세척 시스템을 사용하며, 원활한 펌프 가동을 위하여 가열기를 채택하기도 한다.

2) 화물 하역 배관

(1) 전용 펌프

화학제품 운반선과 같이 여러 종류의 화물을 적재하며 화물을 격리시켜 적재할 필요가 있을 때 적용된다. 각각의 화물 탱크에 펌프가 있고 화물 배관도 별도로 구성되어 있다.

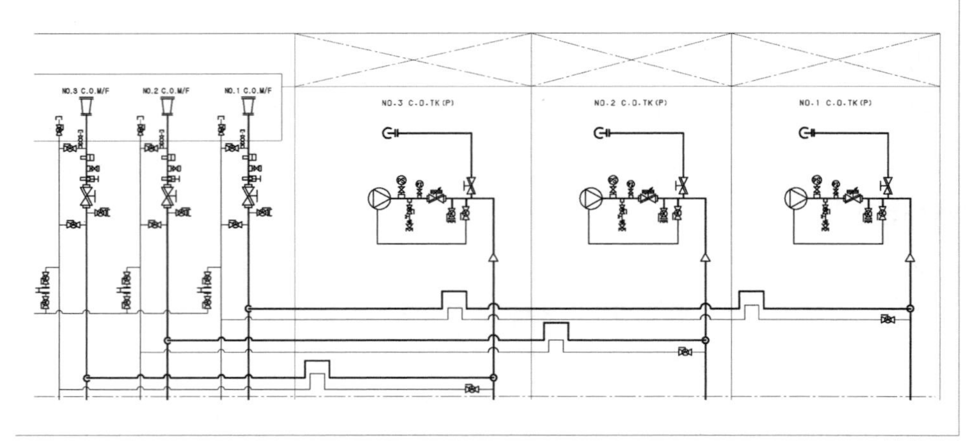

그림 10-23 전용 펌프 시스템 배관도 예

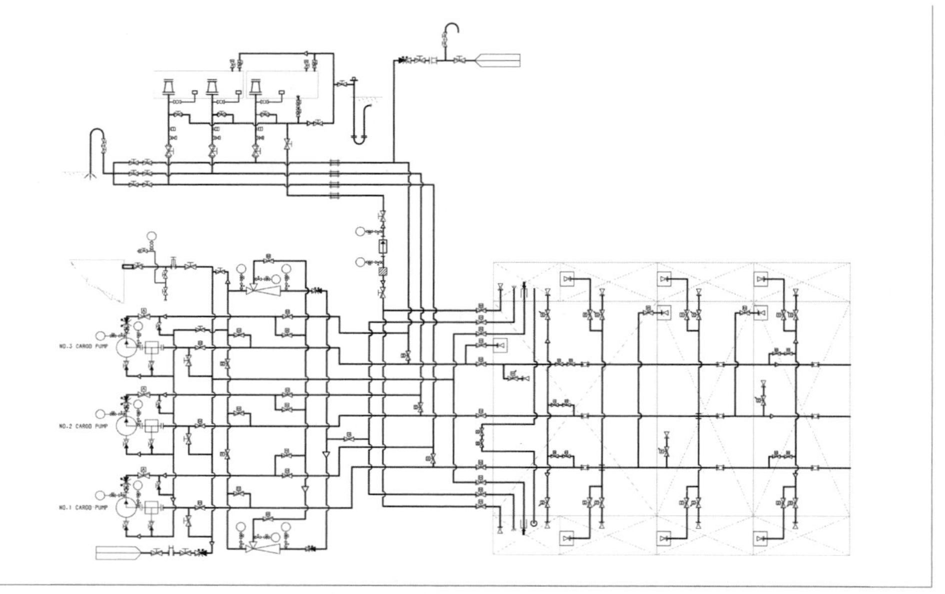

그림 10-24 범용 펌프 시스템 배관 예

각종 규정이 정의하는 격리방법을 지키며 배치하여야 한다. **그림 10-23**는 좌우대칭으로 배치되는 배관의 한쪽 현 부분의 배관을 나타낸 예이다.

(2) 범용 펌프

원유나 정제유 운반선과 같이 단일 유종이나 같은 계열의 화물을 적재할 때 적용되며, 일반적으로 펌프실에 펌프를 배치하고 화물의 계열별 또는 배관별로 같은 펌프를 범용으로 사용한다. **그림 10-24**는 3개의 계열로 구성된 화물 범용 펌프 시스템 배관의 예이다.

3) 화물 하역 배관과 배관 부속

화물 하역 배관의 재질로서는 화학제품 운반선인 경우에는 스테인리스강을 많이 사용한다. 특히, 운반 대상 화물에 독성이 있거나 산성인 경우에는 스테인리스강 사용을 규정하고 있으며, 스테인리스 용접구조를 채택하고 일부에 한하여 플랜지 이음을 사용한다. 정유제품 운반선이나 원유 운반선일 때는 일반 구조용 강재를 사용하지만, 정유 운반선일 때는 운반 대상 화물유의 종류와 선주의 취향에 따라 재질을 결정한다.

화물 하역 배관 설계에서는 펌프의 수두 및 유량을 기준으로 관련 규정에서 요구하는 설계 압력과 재질을 결정한다. 또한, 화물 하역 배관에 사용되는 각종 개스킷의 재질도 취급화물의 특성을 고려하여 NBR, VITON, Teflon 등에서 결정한다.

6.4 밸브

밸브는 관과 관 사이에 연결하여 유량의 조절 및 차단에 사용하며 대표적인 형식은 아래와 같다. 일부는 압력 조절 기능을 갖춘 안전밸브도 있다. 선박의 배관 시스템에 사용되는 대표적인 밸브의 형식과 특성은 다음과 같다.

1) 글로브 밸브

유량 조절이 가능한 밸브이다. 흘러들어온 유체가 밸브 내부에서 상방으로 흐를 때, 밸브 간격을 조절해주면 유량의 조절이 가능하고 다시 관로를 따라 흘러나가게 되므로, 밸브 내의 유동은 'S' 형태를 이룬다. 이 밸브는 압력 손실이 크고 와류현상이 발생하므로 저압의 유체에는 적절하지 않다. 밸브의 종류로는 유입관과 유출관의 방향이 동일한 경우와 직교하는 경우로 나눈다. 유출관에 호스를 연결하여 사용하는 형식의 글로브 밸브가 있고, 역류 방지 기능이 있는 글로브 밸브 등이 있다.

2) 게이트 밸브

밸브 판이 문형으로 생긴 밸브로서, 완전 차단과 완전 열림 형태로 사용한다. 완전 열림 상태에서는 저항이 작아 유리하지만, 부분 열림 상태로 사용하면 진동 발생 위험이 있으므로 유체의 이물질이 끼기 쉬운 곳에 사용한다.

3) 구면 밸브

밸브 판이 구형으로 생긴 밸브로서, 크기가 작고 간결하여 잔유 처리나 탱크 청소용 배관에 사용한다.

4) 나비형 밸브

대형 관에서 많이 사용되는 밸브로서, 밸브 판이 평판으로 되어 있어서 중앙의 밸브 축을 90° 회전시켜 밸브를 열고 닫는다. 무게가 가볍고 간결하여 공간을 적게 차지하므로 화물용이나 밸러스트용, 그리고 화물창 청소용 배관에 흔히 쓰인다.

5) 소형 밸브

각종 계장 라인 등에 사용되는 소구경 밸브로서, 주로 각종 게이지의 설치, 샘플 채취용 배관에 사용된다.

7. 방화설비

7.1 방화설비

선박이 항해할 때나 하역 중에 발생할 수 있는 화재로부터 선원의 안전과 보호를 위한 설비를 방화설비라 한다. 해상인명안전협약(SOLAS)에서 세부사항을 규정하고 있다.

7.2 관련 용어

1) 국제 화재시험 규정

1996년에 개정된 국제해사기구의 화재시험방법에 관한 국제규정(FTP CODE)이다. 1998년 7월 1일 이후에 건조되는 선박은 이 규정에 따라서 시험을 필한 제품 사용을 의무화하였다.

표 10-2 표준 화재시험

표준 화재시험	시간(분)	0	5	10	15	30	60	재료
	시험로내 온도(°C)	-	+556	+659	+718	+721	+925	
A급 구획 (격벽 및 갑판)	Fire GRADE	A-0	-	-	A-15	A-30	A-60	강 또는 이와 동등하고 적절히 보강되어야 한다. FIRE GRADE를 만족하는 방열을 한다.
	이면 온도(°C)	평균 온도가 최초 온도보다 140°C를 초과해서는 안 된다 (어느 한 지점이라도 180°C를 넘지 않아야 한다.)						
	보전성	연기 및 불꽃의 통과를 60분간 저지할 것.						
B급 구획	Fire GRADE	B-0	-	-	B-15	B-30	-	승인된 불연재로 한다.
	이면 온도(°C)	평균 온도가 최초 온도보다 140°C를 초과해서는 안 된다. (어느 한 지점이라도 225°C를 넘지 않아야 한다.)						
	보전성	불꽃의 통과를 30분 간 저지할 것.						
C급 구획	보전성	방열값 및 보전성은 규정하지 않음.						승인된 불연재로 한다.

2) 표준 화재시험

시험 대상 격벽 또는 갑판의 표본을 국제 화재시험 규정이 정하는 표준시간과 온도 곡선에 따라 시험로 내부 온도를 변화시킬 수 있는 불꽃에 노출하는 시험을 말한다. **표 10-2**는 구획 특성과 화재시험 조건과 내화등급(fire grade)을 나타낸 것이다.

3) A급 구획

A급 구획(A-class division)은 다음의 요건을 충족하는 격벽 또는 갑판으로 둘러싸인 구획을 말한다.

① 강 또는 이와 동등한 재료를 사용하고 충분히 보강된 구조이어야 한다.

② 60분의 표준 화재시험 시간 동안 연기와 화염의 통과를 저지할 수 있어야 한다.

③ 내화 등급에서 지정하는 시간 동안 불꽃에 노출되지 않은 면의 평균 온도가 최초의 온도보다 140°C 이상 상승하지 않아야 하고, 인증된 불연성재료로서 방열되어 있어서 이음 부분을 포함하는 어느 한 지점의 온도가 최초의 온도보다 180°C 이상 상승해서는 안 된다.

4) B급 구획

B급 구획(B-class division)은 다음 요건에 충족하는 격벽, 갑판, 천정재 또는 내장재로 구성되는 구획을 말한다.

① 표준 화재시험 개시 후 30분 동안 화염의 통과를 저지할 수 있는 구조여야 한다.

② 내화등급에서 지정하는 시간 동안 불꽃에 노출되지 않은 면의 평균 온도가 최초의 온도보다 140°C 이상 상승하지 않고 인증된 불연성재료로서 방열되어 있어서, 이음 부분을 포함하는 어느 한 지점에서의 온도가 최초의 온도보다 225°C 이상 상승하지 않아야 한다.

5) C급 구획

C급 구획(C-class division)은 인증된 불연성재료로 만들어진 구획이다. 이 구획은 연기 및 불꽃의 통과에 관한 규정 및 온도 상승 제한을 충족시키지 않아도 된다.

6) 격벽 및 갑판의 내화등급

격벽 및 갑판의 내화등급(fire integrity of bulkheads and decks)에서 선박의 구획에서 경계를 이루는 격벽과 갑판은 **표 10-3**, **표 10-4**, **표 10-5**, **표 10-6**에서 지정하는 내화등급을 만족하여야 한다.

7) 구획 정의

- 제어 구획(제1종) : 비상 동력장치 구획, 조타실 및 해도실 구획, 무선 통신 구획, 소방 제어 구획, 중앙 화재경보 구획, 기관실 내부의 기관 제어 구획 등이 포함된다.
- 통로 구획(제2종) : 복도와 로비가 포함된다.
- 거주 구획(제3종) : 공용 공간, 화장실, 선실, 사무실, 병실, 영화관, 오락실, 식료품 창고 등이 포함된다.
- 계단 구획(제4종) : 선내 계단, 승강기, 둘러막힌 비상 탈출로를 포함한다.
- 저 위험 공용 구획(제5종) : 세탁장 및 건조실, 가연성 액체화물을 보관하지 않는 창고나 보관실로 면적이 $4m^2$ 미만인 것을 포함한다.
- A급 기관 구획(제6종) : 다음 중 하나를 수용하는 장소와 그 장소와 연결되는 트렁크를 포함한다.
  - 주 추진기관을 구동하기 위한 내연기관
  - 주 추진 이외의 목적을 위해 사용되는 합계 출력 375kw 이상의 내연기관
  - 기름 보일러 및 연료유 장치
- 기타 기관 구획(제7종) : A급 기관 구획을 제외한 기타의 추진기관, 보일러, 연료유장치, 증기기관, 내연기관, 발전기, 주요 전기설비, 급유 장소, 냉동기계, 감요장치, 통

표 10-3 구획 격벽의 내화등급(탱커 이외의 화물선)

	(1)	(2)	(3)	(4)	(5)	(6)	(7)	(8)	(9)	(10)	(11)
제어 구획(1)	A-0 [e]	A-0	A-60	A-0	A-15	A-60	A-15	A-60	A-60	*	A-60
통로 구획(2)		C	B-0	B-0 A-0 [c]	B-0	A-60	A-0	A-0	A-0	*	A-30
거주 구획(3)			C [a, b]	B-0 A-0 [c]	B-0	A-60	A-0	A-0	A-0	*	A-30
계단 구획(4)				B-0 A-0 [c]	B-0 A-0 [c]	A-60	A-0	A-0	A-0	* *	A-30
저 위험 공용 구획(5)					C	A-60	A-0	A-0	A-0	*	A-0
A급 기관 구획(6)						*	A-0	A-0 [g]	A-60	*	A-60 [f]
기타 기관 구획(7)							A-0 [d]	A-0	A-0	*	A-0
화물 구획(8)								*	A-0	*	A-0
고 위험 공용 구획(9)									A-0 [d]	*	A-30
갑판상 구획(10)										–	A-0
차량 적재 구획(11)											* [h]

표 10-4 구획 격벽의 내화등급(탱커)

	(1)	(2)	(3)	(4)	(5)	(6)	(7)	(8)	(9)	(10)
제어 구획(1)	A-0 [c]	A-0	A-60	A-0	A-15	A-60	A-15	A-60	A-60	*
통로구획(2)		C	B-0	B-0 A-0 [a]	B-0	A-60	A-0	A-60	A-0	*
거주 구획(3)			C	B-0 A-0 [a]	B-0	A-60	A-0	A-60	A-0	*
계단 구획(4)				B-0 A-0 [a]	B-0 A-0 [a]	A-60	A-0	A-60	A-0	*
저 위험 공용 구획(5)					C	A-60	A-0	A-60	A-0	*
A급 기관 구획(6)						*	A-0	A-0 [d]	A-60	*
기타 기관 구획(7)							A-0 [b]	A-0	A-0	*
화물 구획(8)								*	A-60	*
고 위험 공용 구획(9)									A-0 [b]	*
갑판상 구획(10)										–

표 10-5 갑판의 내화등급(탱커 이외의 화물선)

	(1)	(2)	(3)	(4)	(5)	(6)	(7)	(8)	(9)	(10)	(11)
제어 구획(1)	A-0	A-0	A-0	A-0	A-0	A-60	A-0	A-0	A-0	*	A-60
통로 구획(2)	A-0	*	*	A-0	*	A-60	A-0	A-0	A-0	*	A-30
거주 구획(3)	A-60	A-0	*	A-0	*	A-60	A-0	A-0	A-0	*	A-30
계단 구획(4)	A-0	A-0	A-0	*	A-0	A-60	A-0	A-0	A-0	*	A-30
저 위험 공용 구획(5)	A-15	A-0	A-0	A-0	*	A-60	A-0	A-0	A-0	*	A-0
A급 기관 구획(6)	A-60	A-60	A-60	A-60	A-60	*	A-60 [f]	A-30	A-60	*	A-60
기타 기관 구획(7)	A-15	A-0	A-0	A-0	A-0	A-0	*	A-0	A-0	*	A-0
화물 구획(8)	A-60	A-0	A-0	A-0	A-0	A-0	A-0	*	A-0	*	A-0
고 위험 공용 구획(9)	A-60	A-0	A-0	A-0	A-0	A-60	A-0	A-0	A-0 [d]	*	A-30
갑판상 구획(10)	*	*	*	*	*	*	*	*	*	–	*
차량 적재 구획(11)	A-60	A-30	A-30	A-30	A-0	A-60	A-0	A-0	A-30		* [h]

표 10-6 갑판의 내화등급(탱커)

	(1)	(2)	(3)	(4)	(5)	(6)	(7)	(8)	(9)	(10)
제어 구획(1)	A-0	A-0	A-0	A-0	A-0	A-60	A-0	–	A-0	*
통로구획(2)	A-0	*	*	A-0	*	A-60	A-0	–	A-0	*
거주 구획(3)	A-60	A-0	*	A-0	*	A-60	A-0	–	A-0	*
계단 구획(4)	A-0	A-0	A-0	*	A-0	A-60	A-0	–	A-0	*
저 위험 공용 구획(5)	A-15	A-0	A-0	A-0	*	A-60	A-0	–	A-0	*
A급 기관 구획(6)	A-60	A-60	A-60	A-60	A-60	*	A-60 a/	A-0	A-60	*
기타 기관 구획(7)	A-15	A-0	A-0	A-0	A-0	A-0	*	A-0	A-0	*
화물 구획(8)	–	–	–	–	–	A-0 d/	A-0	*	–	*
고 위험 공용 구획(9)	A-60	A-0	A-0	A-0	A-0	A-60	A-0	–	A-0 b/	*
갑판상 구획(10)	*	*	*	*	*	*	*	*	*	–

풍기계 및 공기조절기계가 설치되는 장소 및 이에 준하는 장소와 이들과 연결되는 트렁크를 포함한다.

- 화물 구획(제8종) : 화물을 위하여 사용되는 구획과 이와 연결되는 트렁크를 포함하며 유조선에서는 화물유 펌프가 설치된 구획을 포함한다.
- 고위험 공용 구획(제9종) : 주방, 주방기구 창고, 사우나실, 면적이 $4m^2$ 이상인 페인트 창고나 보관실, 가연성 액체 보관창고, 기관 구역과 독립된 공작실을 포함한다.
- 갑판상 구획(제10종) : 개방 갑판상의 장소를 포함한다.
- 차량 적재 구획(제11종) : 로로 방식으로 차량을 적재하는 장소를 포함한다.

8) 구조 방화 보호방법

거주 구역 및 업무 구역의 구조는 다음의 보호방법 중 하나로 보호할 것을 요구하고 있어서 흔히 I-C 방법을 사용하고 있다. 그리고 유조선에서는 의무적으로 I-C 방식을 사용하도록 지정되어 있다.

- 방법 I-C : 모든 구획 격벽을 불연성 B급 또는 C급 구획 구조로 한다.
- 방법 II-C : 화재 발생 우려가 있는 모든 장소에는 내부 구획 격벽의 형식에 제한 없이 화재 감지 및 경보 장치가 포함되어 있는 자동 스프링클러를 설치한다.
- 방법 III-C : 화재 발생 우려가 있는 모든 장소에는 내부 구획 격벽의 형식에는 제한 없이 화재 감지 및 경보 장치를 설치하여야 하고, 어떠한 경우에도 거주 구역이나 A급 또는 B급 구획과 경계를 이루는 부분의 면적이 $50m^2$을 초과해서는 안 된다.
- 공통 규정 : 거주 구역 내의 모든 복도나 계단 및 탈출로에는 연기를 탐지할 수 있는

고정식 화재 탐지 및 경보 장치를 배치해야 한다.

9) 코퍼댐

코퍼댐(cofferdam)은 인접하는 구획 사이를 2개의 분리된 격벽이나 갑판으로 격리시키는 구역이다.

10) 제연 벽

제연 벽(draught stop, draft stop)은 연기 확산을 막기 위하여 천정이나 칸막이벽에 연하여 설치한다. 또한, 거주 구역이나 업무 구역 또는 제어 구역의 천정이나 칸막이벽을 따라서 14m 이내의 간격으로 두께 1mm의 강재로 된 제연 벽을 설치해야 한다. 다만, 계단이나 트렁크와 같이 수직 방향으로 연결되는 부분의 주위에는 모든 갑판마다 제연 벽을 설치해야 한다.

11) 전달 열 차단

전도현상으로 열이 벽을 따라 전파되는 것을 막기 위하여 단열이 필요한 구획 사이의 격벽과 교차하는 격벽이나 갑판에도 단열 벽으로부터 일정한 폭으로 단열 처리를 하여야 하며, 그 폭은 단열재의 두께를 포함하여 450mm 이상이어야 한다.

7.3 방화설비의 법규와 규정

1) 조리기구실

5kw 이상인 커피 제조기, 토스터, 식기세척기, 전자오븐, 물끓이개, 표면온도가 150°C 이상인 전기열판, 2kw 이상인 조리용 전기열판 등으로 SOLAS(CH.II-2, REG 3.45)에서 규정하고 있다.

2) 불활성가스 발생실과 소각로실

A급 기관 구획에 포함되며 SOLAS(CH.II-2, REG 3.31)에서 규정하고 있다.

3) 비상 소화용 펌프실

A급 기관 구획에 포함되어 있거나 주 소화용 펌프가 설치된 구획에 인접하여 있을 때,

경계는 제어실에 준하는 내화등급 A-60으로 단열 처리할 것을 SOLAS(CH.II-2, REG 10.2.2.3.2.1)에서 규정하고 있다.

4) 유증기 발생장소

기름이 스며들 수 있는 장소의 방열재는 기름 또는 기름의 증기가 스며들지 못하도록 금속판으로 씌우거나 유리섬유로 마감 처리할 것을 SOLAS(CH.II-2, REG 4.4.3)에서 규정하고 있다.

5) 공간 성립 조건

2개의 공간이 인접하여 있을 때 두 공간 사이의 격벽 면적의 30% 이상이 뚫려있으면, 2개의 공간은 하나의 공간으로 간주할 것을 SOLAS(CH.II-2, REG 9.2.2.4.2)에서 규정하고 있다.

6) 전기기구실

자동 전화기, 교환기, 에어컨용 덕트 공간 등을 포함하는 전기기구실은 제7종 기타 기관 구획에 포함시킬 것을 SOLAS(CH.II-2,REG 9.2.3.3.2)에서 규정하고 있다.

7) 사우나실

A급 구획이며 탈의실이나 욕실 및 화장실을 포함할 수 있다. 사우나실은 제5종, 제9종 또는 제10종 구획과 경계지어 있거나 구역 내에 포함되어 있는 경우를 제외하고, 인접한 구역과 사이의 벽은 A-60급으로 단열되어야 한다. 고온 표면으로부터 가연성 재료와의 간격은 최소 500mm 이상 떨어져 있거나 불연성재료로 보호되어야 한다. 사우나실 문은 바깥쪽으로 밀어 열리는 것이어야 하며, 가열용 전기오븐에는 타이머를 설치하는 것이 SOLAS(CH.II-2, REG 9.2.2.3.4)에서 의무사항으로 규정되어 있다.

8) 탈출설비

화재가 발생했을 때 탈출을 돕기 위한 설비를 SOLAS(CH.II-2, REG 13.3.3.4/5, REG 13.4.2.1, REG 13.4.2.3)에서 규정하고 있다.

- 끝이 막힌 통로는 길이가 7m를 넘어서는 안 된다.
- 탈출용으로 이용되는 계단이나 통로에 연결되는 출입문은 최소 700mm 이상의 폭

을 가져야 하고 화재 안전설비 규정을 만족해야 한다.

- A급 기관 구획으로부터 2개의 탈출설비를 설치해야 한다.
- A급 기관 구획 이외의 기타 기관 구획에는 통상적으로 사람이 출입하지 않으며, 문으로부터 최대 이동거리가 5m 이하일 때를 제외하고 2개의 탈출설비를 설치해야 한다.

9) 계단실 보호

계단실을 보호하기 위하여 SOLAS(CH.II–2, REG 9.2.2.5)에서 규정하고 있다.

- 갑판 사이를 연결하는 계단의 어느 한쪽은 자동 폐쇄형 문이 달린 B–0급 구획과 연결하여 보호받을 수 있어야 한다.
- 갑판 사이를 연결하는 승강기는 위아래의 층 모두가 강제문이 달린 A–0급 구획 내에 있어야 한다.
- 갑판 사이에서 사용되는 급배식용 운반구도 승강기로 간주하여야 한다.

10) 화물 구획과 A급 기관 구획 사이의 격벽

화물 구획과 A급 기관 구획 사이의 격벽은 내화등급 A–60급으로 단열 처리하여야 한다. 다만, 위험물을 해당 격벽으로부터 수평 방향으로 3m 이상 떨어뜨려 보관할 때는 제외할 수 있다고 SOLAS(CH.II–2, REG 19.3.8)에서 규정하고 있다.

11) 선실 구획과 화물 구획 사이의 경계벽

선실 구획과 화물 구획의 격벽에 대한 제한 조건과 단열에 관해서는 SOLAS(CH.II–2, REG 4.5.2)에서 규정하고 있다.

① 화물 구획과 거주 구획 사이의 경계 격벽으로부터 5m 이내에 업무 구획으로 통하는 출입문을 설치할 수 있다. 그러나 거주 구획이나 유증기 발생 구획으로 통하는 출입문을 3m 이내에 두어야 할 때는 내화등급 A–60급으로 단열 처리를 해야 한다.

② 위의 규정이 적용되는 범위 안에 있는 선루 및 갑판실의 현측에 설치하는 창과 현창은 고정식이어야 하며, 항해 선교 갑판의 창을 제외하고는 내화등급 A–60급 창으로 제작되어야 한다.

③ 내화등급 A–60급으로 단열이 요구되는 높이는 항해 선교갑판 아래쪽까지이다.

12) 비상 발전실

임시 비상 전원이나 비상 배전반이 설치되는 장소인 비상 발전실은 A급 기관 구획에 직접 접하지 않고 코퍼댐을 설치할 것을 SOLAS(CH.II-1, REG 43.1.3)에서 규정하고 있다.

8. 공기조화설비

8.1 공기조화설비

공기조화는 어떤 일정 장소의 공기 상태, 즉 온도, 습도, 청정도 및 공기 흐름을 사용 목적에 따라 가장 적합한 상태로 유지하도록 하는 것을 말한다. 따라서 공간의 규모와 사용 목적에 따라서 공기조화의 조건이 달라진다. 주택이나 사무실 또는 선실과 같이 비교적 적은 수의 사람이 사용하는 시설이나 백화점, 극장과 같이 다수의 사람이 사용하는 시설, 또는 호텔이나 병원과 같은 시설에서는 구체적인 공기조화의 목표값이 다르기 마련이다. 그러나, 이들 시설에서 공통적으로 적용할 수 있는 조건은 사용자가 상쾌감을 느낄 수 있으며 위생적 환경을 조성할 수 있어야 하는 것이다.

공장이나 연구소 등과 같은 시설에서는 사용자의 상쾌감보다는 항온, 항습을 유지하며 공기를 청정하게 함으로써 생산 공정 또는 연구 환경을 안정시키는 것을 목적으로 하게 된다. 이와 같이 산업용으로 활용되는 공기조화는 근무 환경을 개선하기보다는 생산 공정을 안정시켜 제품의 품질을 균일하게 하며 안정적 연구결과를 끌어내는 데 목적을 두고 있다.

8.2 공기의 성질

1) 공기의 종류

공기의 성질은 공기 중에 포함된 증기량에 따라서 바뀐다. 따라서 공기는 수분이 전혀 포함되지 않은 건공기(dry air)와, 일부 습기를 포함하고 있는 습공기(moist air), 그리고 해당하는 공기의 온도와 압력에서 최대한의 수증기를 포함한 포화공기(saturated air)로 나누어 취급한다. 공기의 온도가 상승하면 포화압력도 상승하여 공기는 더 많은 수증기를 함유할 수 있으며, 온도가 내려가면 공기 중에 함유될 수 있는 수증기의 한도는 작아져 포화 압력도 내려간다.

2) 공기 성질에 따른 공조부하

(1) 냉방부하

여름철에 실내의 온도와 습도를 공기조화 목표값으로 유지하기 위하여 밖에서 침입해 들어오는 열을 차단하는 한편, 실내에서 제거해야 하는 열을 현열부하라 한다. 또한, 열을 제거하여 온도가 떨어지며 발생되는 수분을 제거해야 하는데, 수분으로 복수될 때 발생하는 잠열부하를 합쳐 냉방부하라고 한다.

(2) 난방부하

겨울에 실내의 온도와 습도를 공기조화 목표값으로 유지하기 위해서는 실내에서 밖으로 빼앗기는 열 손실과 실내 공기로부터 함께 밖으로 나가는 습기를 보충하여야 한다. 이때 현열 손실과 수분 유출로 인한 잠열 손실을 합하여 난방부하라고 한다.

8.3 각종 공조방식의 종류

1) 단일 닥트식 공기조화

공기는 비열이 작아 다량의 공기를 취급하여야 하므로 닥트의 단면적이 커야 한다. 저속 닥트일 때는 풍속이 15m/s 이하이고 압력은 50~75mmAq 정도로서, 닥트 단면적이 제한을 받지 않는 공간, 다 구획 건축물이나 용적이 큰 단일 공간에서 사용한다. 고속 닥트일 때는 풍속이 15m/s를 초과하고 압력이 150~200mmAq 정도로서, 주로 저속 닥트 내 풍속의 2배 이상의 풍속이 요구될 때 사용한다. 닥트 단면적은 축소되나 송풍 소요 동력이 커서 설비비가 많이 들고 소음 대책이 필요하다.

2) 복식 닥트식 공기조화

중앙 기계실에서 냉각장치와 가열장치로 온도가 다른 더운 공기와 찬 공기를 소요 위치까지 분리된 2개의 송풍 닥트로 보내고, 공급 위치에서 혼합기로 혼합하여 적정량을 실내로 공급하는 방식이다.

8.4 장비의 선정 조건

냉방부하를 결정하고 장비를 설정할 때는 실내외의 열 발생원과 온도를 살피고, 온도차로 인한 열 전도현상을 고려하게 된다.

① 일반 상선에서는 각 선실 구역의 최소 환기 횟수를 **표 10-7**과 같이 요구하고 있다.

표 10-7 구획별 최소 환기 횟수

Compartment	Air conditioning	Mechanical	
		Supply	Exhaust
Cabin	6		
Public spaces	8		
Office spaces	8		
W/House&Chart space	12		
Hospital	8		
Navigation Locker	8		
Private toilet			10
Engine changing room	10		15
Ship's laundry room	15		15
Deck changing room	10		10
Galley	6	15	30
Pantry	6		15
Dry provision store	6		
Fire station	5		

② 갑판별 공기 공급 평형 조건

해당 갑판 내에서 일어나야 하는 순환 공기량을 구하기 위해서는 공급하는 공기량을 기계적 장치로 강제 공급하는 공기량 그리고 자연적으로 공급되는 공기량을 합하여 구하고, 이로부터 위생용 배기와 기계적으로 강제 배기되는 공기량과 자연적으로 배기되는 공기량을 차감한다.

③ 장비 선정을 위한 계산

선박에서 요구되는 온도 조건을 만족하기 위하여, 우선 각 선실 구역의 열원 열부하를 구한다. 그리고 선박에서 요구되는 최소 환기 횟수를 고려한 공기량보다 순환 공기량이 작으면 요구하는 최소 환기 공기량을 기준값으로 사용하고, 순환 공기량이 크면 그 값을 최대 환기 공기량으로 생각한다. 각 갑판별로 전체 공기 공급의 평형 조건을 고려하여 순환 공기량을 결정하고 냉방용량을 결정한다.

8.5 장비의 구성

1) 공기조화기기

각각의 구획별로 공기조화를 시행하는 주목적은 다음과 같다.

- 공기 혼합 구획 : 수동 혹은 자동으로 작동하는 댐퍼로 외부로부터 유입되는 신선한 공기와 거주 구역 내에서 재순환하는 공기를 혼합한다.
- 공기 청정 구획 : 공기 혼합 구획 이후에 설치하는 구획으로, 공기 중의 미세먼지를 걸러주며 필터는 청소나 교체를 쉽게 할 수 있는 구조로 되어 있다.
- 공기 가열 구획 : 공기 가열기는 동관 또는 알루미늄 핀 코일로 제작하며, 온수나 가열증기 또는 기름 등을 관 내부로 흘려주어 주위의 공기를 가열한다.
- 공기 가습 구획 : 증기나 물을 분무하여 공기 중의 습도를 적절하게 유지한다.
- 공기 냉각 구획 : 공기 냉각기는 동관이나 알루미늄 핀 코일에서 팽창 밸브를 지난 냉매가스와 공기의 열 교환을 일으켜 공기를 냉각한다.
- 수분 제거 구획 : 공기가 냉각될 때 응결되는 수분을 제거하여 송풍기 구획으로 수분의 유입을 막는다.
- 공기 송풍 구획 : 선박 거주 구역으로 필요한 공기를 송풍하는 구획으로, 흔히 양면 흡입 원심 송풍기를 사용한다.
- 공기 배출 구획 : 공기를 외부로 배출하는 구역으로, 송풍기로부터 발생하는 소음을 감소시키기 위하여 소음기를 설치한다.

2) 응축장치

공기조화장치의 응축장치(condensing unit)는 **그림 10-25**와 같다. 냉매는 증발기에서 증발할 때는 주변으로부터 열을 흡수하며 냉매증기를 압축시켜 응축기로 보낸다. 그러면 응축기에서 주변으로 열을 방출하고 응축하여 액상으로 환원된다. 이를 팽창 밸브를 거쳐 다시 증발기로 되돌아가는 순환과정을 되풀이한다. 응축장치를 구성하는 요소들을 살펴보면 다음과 같다.

- 압축기(compressor) : 일반 상선에서는 흔히 개방형 왕복동식 압축기를 사용한다. 증발기를 지난 저온, 저압의 냉매증기를 흡입한 후 압축하여 고온, 고압 상태의 냉매 증

그림 10-25 응축장치

기를 얻어 응축기로 보내며, 증발기 쪽의 압력을 일정하게 유지시키는 역할을 한다.

- 응축기(condenser) : 압축기를 지난 고온 고압의 냉매가스를 상온의 물이나 공기로부터 열을 흡수하며 액상으로 환원시키는 역할을 한다.
- 증발기(evaporator) : 팽창 밸브를 통과하며 저온, 저압의 습증기 상태로 바뀐 냉매가 증발하면서 주변의 열을 흡수하여 저온, 저압의 냉매 증기로 변환시키는 부분이다. 지나친 열 흡수가 일어나면 증발기 표면의 온도가 빙점 이하로 떨어져서 냉각기 표면에 응결 결빙되어 효율이 떨어지고 송풍량도 떨어지므로 서리를 제거해야 된다.
- 냉매 회수기(receiver) : 응축된 냉매액을 일시 저장하는 용기로서 응축된 냉매액만을 팽창 밸브로 보낸다.
- 팽창 밸브(expansion valve) : 냉매 회수기 안에 저장된 고온, 고압의 냉매액이 밸브를 지나며 팽창될 때 저온, 저압의 냉매액으로 바뀌도록 하여 증발이 쉽도록 하는 역할과 냉매의 유량을 조절하는 역할을 한다.
- 제습기(dryer) : 냉동장치의 냉각 계통에 수분이 섞이면 장치에 나쁜 영향을 주므로 냉매액에서 수분을 제거하는 역할을 한다. 수분을 흡수하면 색이 변하는 건조제를 사용하고 일정 간격으로 교환하여 사용한다. 시운전에 앞서 진공 펌프로 장치 내부의 수분을 제거한 후 제습기를 사용하는 것이 좋다.
- 액 분리기(liquid separator) : 압축기 입구에 설치하며 부하가 낮거나 부하 변동이 심하여 증발기에서 완전히 증발되지 않은 액상 냉매가 압축기로 유입되지 않도록 냉매를 모아들여 압축기를 보호하는 역할을 한다.

8.6 통풍

공기의 유동 상태와 공기의 온도와 습도를 이용하여 실내에 공기를 기계적 수단이나 자연적 방법으로 공급하거나, 실내로부터 배출시켜 실내의 공기와 외기를 교환시키는 것을 환기 혹은 통풍이라 한다. 선실이나 기관 구역을 제외한 화물 구역 및 기타 구역에서의 환기 또는 통풍은 신선한 공기의 공급, 유해한 가스의 배출, 온도의 조절 또는 습기 제거 등을 목적으로 한다.

1) 통풍방식

(1) 자연 통풍

자연 상태의 바람 방향과 속도 그리고 선내와 외부 공기의 온도 차로 인한 자연 대류현상 등을 이용하여 실내 공기를 자연적으로 교체하는 통풍방식이다. 자연 통풍은 구조가 간단하고 동력이 필요하지 않다는 장점이 있다. 그러나 충분하게 압력을 높이기 어려우며 공기 흐름을 균일하게 하거나 큰 풍량을 확보하기 어렵다는 단점이 있다. 또 기후와 기상 상태에 따라서 풍향, 풍속 및 파도 물보라의 영향에 대처하기 곤란하다.

(2) 강제 통풍

기계적인 장치를 사용하여 강제적으로 공기를 공급하거나 배출시키는 통풍방식이다. 통풍방식으로는 급기와 배기에 모두 기계력을 사용하는 방식과, 급기 또는 배기 어느 한 쪽에만 기계력을 사용하고 그에 상응하여 배기 또는 급기가 자연적으로 일어나게 하는 방식이 있다.

(3) 제습 통풍

종이나 임산물 수송 선박 또는 시멘트 운반선 등에 주로 사용한다. 신선한 공기를 흡입한 후 전열기나 증기로 가열하여 공기 중의 습기를 제거한 건조 공기를 화물창으로 주입하는 통풍방식이 있다.

2) 통풍 계획

우선 통풍할 구획의 용도와 환기를 필요로 하는 요인을 파악하여 계획한다.

① 산소 공급 통풍 : 기관실이나 디젤 발전기실과 같은 구획에서 필요로 하는 산소를 공급하는 것을 목적으로 하는 통풍

② 습기 제거 통풍 : 화물창 내의 습기를 제거하여 화물의 훼손을 방지하거나 선원들의

건강 유지를 위하여 습기를 제거하는 통풍

③ 온도 유지 통풍 : 스러스터실이나 조타 기계실과 같이 선내에 설치된 각종 기계장치의 과열을 방지하기 위한 냉각용 공기를 공급하거나, 선원들의 근무 및 주거 환경을 쾌적하게 유지하기 위하여 차거나 더운 공기를 공급하는 통풍

④ 가스 제거 통풍 : 위험물질로부터 발생되는 폭발성 가스 또는 유해가스 제거를 목적으로 하는 하역펌프실, 페인트 창고, 탄산가스 발생실 등의 통풍

⑤ 냄새 제거 통풍 : 거주 구역 내의 식당 또는 일반적으로 선원들이 생활하는 곳에서 냄새 제거를 목적으로 화장실 또는 창고에 적용하는 통풍

3) 환기량의 결정

환기량을 결정할 해당 구획의 사용 목적과 사용 상황을 충분히 고려하여 환기를 필요로 하는 인자를 정하고, 각각의 인자들이 요구하는 환기량을 계산하고 그중 최댓값으로 구획의 환기량을 정하는 것이 바람직하다. 그러나 일반적으로 환기 횟수에 의한 송풍량을 결정하는 방법과, 실내에서 발생되는 열량과 흡수하는 열량을 계산하여 실내를 적정 온도로 유지하는 데 필요한 송풍량을 결정하는 방법이 있다.

(1) 환기 횟수에 의한 통풍량의 결정

구획별로 용도에 따라 최소의 환기 횟수를 규정하고 있으므로 구획의 용적과 규정되어 있는 환기 횟수로부터 해당 구획이 요구하는 분당 통풍량을 결정한다.

(2) 공급되는 열량으로 통풍량의 결정

구획 내부에서 발생하는 열과 구획을 둘러싸는 벽으로부터 전달되는 열에 의하여 형성되는 구획 내부의 온도를, 목표 온도로 유지시키기 위하여 구획 내부로 공급해야 하는 공기량을 통풍량으로 결정한다.

(3) 통풍기의 종류 및 특성

날개를 회전시켜 발생되는 양력과 원심력으로 공기를 밀어내는 기계장치로, 공기의 유동 방향이 임펠러의 회전축 방향과 일치하는 축류형 송풍기가 있다. 축류형 송풍기는 회전 방향을 바꾸어주면 공기 흐름 방향도 바뀌게 되며, 선풍기와 같은 프로펠러를 이용하는 기기도 축류형에 속한다. 이에 대하여 날개의 회전으로 얻어지는 원심력으로, 공기의 유속과 압력을 높여 회전축에 대하여 직각 방향으로 공기를 밀어내는 송풍기를 원심형 송풍기라 한다. 회전 방향이 바뀌어도 공기 흐름 방향은 바뀌지 않는다.

(4) 통풍통의 종류 및 특성

일반적으로 선박에서 사용되는 환풍기로서는 다음과 같은 것들이 있다.

- 버섯형 : 높이가 낮고 실내에서 개폐가 가능한 통풍통으로 파랑의 영향을 적게 받는 위치에 설치한다.
- 거위목형 : 해수 또는 빗물의 내부 침입을 방지하기에 용이하며, 좁은 구획이나 창고 등의 통풍에서 사용한다.
- 벽붙이형 : 주로 항해 구획의 벽에 설치하는 통풍통이다.
- 고깔머리형 : 기관실이나 공기조화실 등에 설치하는 통풍통이다.

9. 오염 방지설비

9.1 기름 누출

1) 기름 배출 감시 제어장치

선박에 의한 해양오염 방지를 위한 국제협약(MARPOL, International Convention for the Prevention of Marine Pollution from Ships)에서는 MARPOL 73/78의 부속서1, REG.15(a)로 기름 배출에 대한 감시 제어장치의 설치를 의무화하고 있다. 기름 배출 감시 제어장치는 유조선의 밸러스트나 탱크 세척 수에 함유되어 있는 유분을 감시하기 위하여 선박에서 배출하는 배출수의 총량과 1해리당 배출량을 ℓ로 표기한다.

동시에 유분의 농도와 배출률을 지속적으로 기록할 수 있는 기록장치를 설치할 것을 의무사항으로 규정하고 있으며, 기록 일시를 판별할 수 있어야 한다. 그리고 기름의 순간 배출률이 허용된 기준을 초과할 때는 유성 혼합물의 배출을 자동적으로 확실히 정지시킬 수 있어야 한다.

이 감시 제어장치에 어떠한 고장이 나더라도 배출이 정지되어야 하며, 그 고장은 기름 기록부에 기재되어야 한다. 수동식 대체장치가 설치되어 있어야 하며 고장이 발생되었을 때 사용할 수 있어야 한다. 기름 배출 감시 제어장치는 A종 감시장치와 B종 감시장치가 있다. 기동 인터록 장치 및 선외 배출 제어장치가 설치되어 있는 A종 감시장치는 재화중량 4,000톤 이상의 유조선에 설치되며, B종 감시장치는 총톤수 150톤 이상 재화중량 4,000톤 미만의 선박에 설치된다.

2) 감시장치의 구성

① 배출 유분의 농도를 PPM 단위로 측정하기 위한 유분 농도계

② 해양에 배출되는 배출률을 측정하는 유량계

③ 선박의 속도를 노트 단위로 지시하는 선속계

④ 배출물의 대표적인 시료를 유분 농도계로 이송하기 위한 장치

⑤ 선외 배출을 막기 위한 선외 배출 제어장치

⑥ 감시장치가 완전히 정상적으로 작동하지 않을 때 선외 배출을 막는 차단장치

3) 제어장치의 구성

① 처리장치–배출 유분 농도, 배출 유량, 선박속도의 신호를 배출량(ℓ/nautical mile) 및 총 배출량으로 환산하는 장치

② 경보 및 A종 감시장치인 경우, 선박외 배출 제어장치에 신호를 제공하는 수단

③ 데이터 기록장치

④ 현재의 작동 상태를 나타내는 표시장치

⑤ 감시장치가 고장 났을 때 사용하는 수동식 보조장치

⑥ A종 감시장치일 때는 감시장치가 완전히 정상적으로 작동하지 않을 때, 배출물의 선외 배출을 막기 위하여 차단장치에 기동 신호를 보내기 위한 수단

4) 시료 채취장치

① 시료 채취장치에는 각 센서와 인접한 곳에 차단 밸브를 설치하여야 한다. 다만, 센서를 화물유관에 설치할 때는 시료 채취관에 2개의 차단 밸브를 직렬로 설치하여야 하며, 이것들 중 하나는 원격으로 제어되는 시료 채취 선택 밸브여도 된다.

② 시료 채취 센서는 배출관 직경의 1/4만큼 배출관 내부로 돌출되어야 한다.

③ 슬롭 탱크로 되돌아오는 시료는 탱크로 직접 떨어지게 해서는 안 된다. 불활성가스 장치가 설치된 탱크는 슬롭 탱크로 연결하는 관장치에는 적절한 높이의 밀봉장치를 설치해야 한다.

5) 배출 차단 경보 조건

① 유분의 순간 배출률이 해리당 30ℓ 이상인 경우

② 유분 총 배출량이 이전 항해에서 적재한 화물의 3만 분의 1에 도달할 경우

③ 동력 상실, 시료 채취 기능 상실, 측정 또는 기록장치의 중대한 고장, 특정 센서의 입력 신호가 그 장치의 유효 용량을 초과하는 등의 고장이 발생되었을 때

9.2 밸러스트 수 처리

밸러스트 수는 선박의 안전 운항을 위해 채우는 해수 또는 담수로서, 선박의 운항에 적합한 항주 평형 상태를 잡아주는 역할을 한다. 연간 30~50억 톤이 이용되면서 3,000여 종 이상의 생물이 밸러스트 수를 따라서 이동하게 된다. 그로 인해 외래 생물종 및 병원균 등이 전파되고 있다. IMO 규정 B-3로 외래 생물종 이동에 대한 규제가 실시되고 있다. 2009년부터 순차적으로 밸러스트 수의 살균 처리장치를 탑재하도록 의무화하고 있으며, 위반하는 선박의 입항을 전면 금지한다.

1) 선박 밸러스트 수 처리장치의 승인

처리장치는 활성물질의 사용 여부에 따라서 아래와 같은 2가지 승인 경로 중 하나를 따라 승인을 얻어야 한다.

① 정부의 장치 승인 : 정부의 관할부서에서는 장치가 IMO D-2 성능 기준을 만족하는지를 육상시험, 선상시험에 따라 환경시험과 적합성시험을 수행한다.

② IMO의 장치 승인(활성물질을 사용하는 처리장치만 해당) : 활성물질을 사용하는 처리장치에 대해서는 IMO로부터 초기 및 최종 승인을 얻기 위하여 육상시험과 선상시험에 더하여 독성시험을 수행해야 한다.

2) 살균 처리 기술의 종류

선박 밸러스트 수를 처리하는 위치를 살펴보면 밸러스트 수를 흡입 또는 배출하는 관로에서 처리하는 경우와 밸러스트 탱크 내에서 밸러스트 수를 처리하는 경우로 나뉜다. 처리방법으로는 여과, 원심분리, 자외선, 열, 초음파 등을 사용하는 물리적 처리방법과 살충제, 염소 처리, 금속이온 또는 오존 등을 사용하는 화학적 처리방법이 있다.

실제 처리장치에서는 2~3가지의 처리 기술이 복합적으로 사용되는데, 많은 장치에서

는 여과방식을 기본적으로 사용하고 살균 처리과정은 별도의 기술을 사용하는 경우가 일반적이다. 살균 처리 기술의 장단점을 **표 10-8**에 정리하였다.

표 10-8 살균 처리 기술의 장단점

방법		장점	단점
물리적 처리	여과	연속 처리가 가능하고 장치가 간단하다.	미세물질 제거가 어렵고 기본 처리비용이 많이 들며 여과장치 관리가 필요하다.
	원심분리	장치가 간편하고 세척과정이 필요없다.	에너지 효율이 낮으며 생물의 생존 가능성이 있다.
	자외선	효율성이 높고 환경친화적이다.	파장이 짧아 투과력이 약하고 효율이 낮다. 자외선장치의 해수 접촉으로 부식 위험이 높다.
	열처리	환경친화적이고 잠재적으로 가격 경쟁력이 높다.	대형 선박에 적용하기 어렵고 해수 온도가 높은 경우에만 효율적이다.
	전기 충격	처리 시간이 짧다.	신체를 통한 누전 가능성이 높다.
	초음파	신기술로 잠재력이 높다.	기술이 개발 단계에 있어 정착되지 않았다.
화학적 처리	살충제	유해 미생물 처리가 가능하다.	환경친화적이 아니며 화학물질 저장장치가 필요하다.
	염소 처리	처리 효율이 높다.	염소 처리된 밸러스트 수가 발암물질 생성 가능성이 있다.
	금속이온	효율이 높다.	일부 미생물은 구리와 은에 내성이 있어 미생물 생존 가능성이 있다.
	오존	설치가 간편하고 미세생물 처리에 유리하다.	설치 비용이 상대적으로 높다.

9.3 탱크 청소

탱크에 원유를 싣고 항해하면 항해 중 원유 속에 포함된 왁스나 아스팔트 성분 또는 모래 등이 침전하여 탱크의 바닥이나 탱크 내의 구조물 등에 쌓이게 된다. 여러 항해 동안에 침전물이 계속 쌓이면 하역 최종 단계에서 실시하는 잔유 모으기가 불량해져서 다량의 기름이 화물 탱크 내에 남게 된다. 또한, 침전물 자체가 차지하는 용적 때문에 그만큼 화물 탱크 용적이 감소하고 화물 탱크 내에 많은 기름이 남아 있어서 해양오염을 일으킬 확률이 높아진다.

이러한 이유로 화물탱크 내의 침전물을 제거하고 탱크 내의 잔유를 최소화하기 위하여 탱크 청소를 한다. 탱크 청소방법으로는 물 청소방법과 원유 세척방법이 있다.

1) 물 청소방법

물 청소는 화물 탱크 내의 침전물을 제거하는 전통적인 방법으로 해수를 사용하여 탱크를 청소하는 것이다. 이 방법은 해수를 약 80°C로 가열시킨 후 탱크 세척기를 이용하여 약 10kg/cm²의 고압 제트로 분사하여 침전물을 떨어내는 방법이다. 그러나 탱크 청소에 사용된 물은 기름에 오염되어 있으므로 바다로 직접 배출할 수 없다. 따라서 슬롭 탱크에서 가라앉힌 후 물만 바다로 배출시키는 방식을 사용하여 왔으며, 이를 부유 분리(LOT, load-on-top) 방식이라 한다. 부유 분리방식은 원유 세척방식이 채택되기 전에 해상오염을 최소화하기 위해 이용된 주요한 방법이었다.

2) 원유 세척방법

원유 세척방법은 하역작업 중에 원유 자체를 이용하여 침전물을 다시 용해시켜서 원유 적재 당시의 초기 상태로 환원시켜 화물유와 함께 육상으로 하역하게 된다. 즉, 하역작업 도중에 원유의 일부가 탱크 청소용 고정 배관과 탱크 청소기로 순환하여 하역하는 기름 탱크를 청소한다.

(1) 1단 세척방식

이 방식은 물 청소방법과 비슷한 방식으로 기름이 1m 정도 남아 있을 때 실시한다. 보통은 탱크 바닥이 드러나거나 거의 드러났을 때 탱크 내의 상부, 중부, 하부를 동시에 세척한다. 프로그램 응용이 안 되는 고정식 청소기를 설치한 선박에서 많이 쓰는 방식이다.

(2) 2단 세척방식

이 방식은 상부 청소와 하부 청소의 두 단계로 나누어 세척하는 방식으로 실무에서 가장 많이 사용되고 있다. 또, 프로그램 응용이 가능한 탱크 청소기도 이용할 수 있는 방법으로 1단 세척방식보다 많은 인력이 필요하다.

(3) 다단 세척방식

이 방식은 일반적으로 프로그램 응용이 가능한 고정식 청소기가 설치된 선박에서만 가능하다. 유면이 내려감에 따라 탱크 상부에서 바닥에 이르기까지 여러 단계로 나누어 실시하는데 보통 3단계로 나눈다. 가열한 원유를 취급할 때는 이 방식을 사용하면 탱크 내의 구조물에 원유가 응고되기 전에 세척할 수 있으나, 원유 세척이 중단되었을 때는 세척용 원유관로나 세척기에 들어있는 원유가 응고되기 전에 매번 배출하여야 한다.

- 상층부 청소 단계 : 상층부 청소 단계는 적재 원유의 액면이 수 m 정도 낮아졌을 때 실시하며, 노즐의 분사 방향을 수평 방향의 거더 등과 같은 주요한 구조물에 일치시킨다.
- 중층부 청소 단계 : 중층부 청소 단계는 적재 원유를 2/3 정도 하역하였을 때 실시하

며, 노즐은 하향으로 30～70° 정도의 범위에서 주요한 구조물들을 향하여 분사한다.

- 하층부 청소 단계 : 기름이 1m 정도 남아 있을 때 실시하며, 이 단계에서는 세척과 동시에 잔유 모으기가 이루어져야 하므로 가능한 한 트림을 최대로 유지한다. 세척기의 수는 기름 모으기 용량에 따라서 결정된다. 청소 반복 횟수는 여러 가지 요소에 의하여 결정된다.

3) 음영 분석도

IMO의 규정에 따라서 세척기의 대수와 위치는 탱크의 내부구조를 고려한다. 이때 세척기로부터 분사된 제트가 직접적으로 미치지 못하는 수평 부위가 10%를 넘어서는 안 되며, 수직 부위는 15%를 넘지 않도록 도식적으로 분석하여 결정해야 한다.

10. 선실 의장

10.1 선실 설계

선실은 선박이라는 제한된 공간에서 생활하는 승무원이나 승객의 생활공간으로 설계되어져야 한다. 따라서 육상 거주시설과는 다르게 고려할 점이 많고, 다양한 기술과 설비가 요구된다. 공동으로 취사하며 휴식 및 오락을 함께하는 소집단 생활이므로 보다 안전하고 쾌적하여야 하며, 동시에 개인의 사생활이 지켜지는 분위기와 시설로 설계하여야 한다. 설계 단계에서 선주의 취향에 따라 다양한 자재를 선택하고, 특히 선실의 방화 및 안전시설에 관하여서는 각 선급이나 정부 관할 부처의 규정을 따라야 한다.

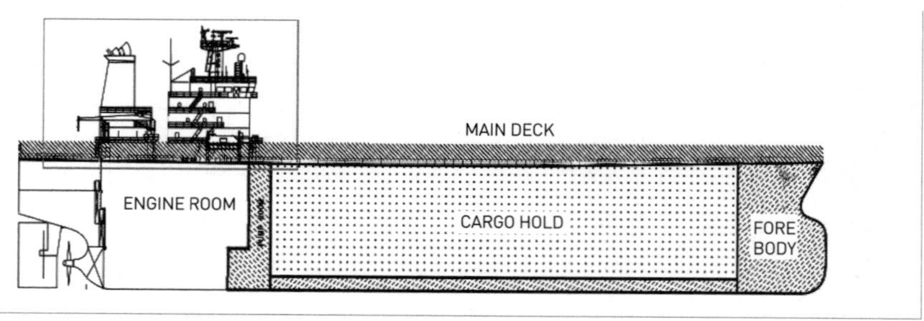

그림 10-26 선실 설계 수행 구역

선실 구역 배치도, 선실 색상 계획, 기관실과 화물창을 포함한 전 구역의 방화 설계, 선실 및 기관실 또는 화물창 주변 구역의 철 의장 설계, 선실가구 배치, 선실설비 배치, LPG선 및 에틸렌 운반선의 화물창 단열 설계, 선실 공기조화 설계, 선실과 기관실의 소음 측정 및 방음 설계, 레이더 마스트의 진동 해석 및 방진 설계 등을 포함한다. 구체적으로는 **그림 10-26**의 선루 부분을 대상으로 한다.

10.2 거주 구획 배치 계획

거주 구획을 배치할 때는 선실 구획과 항해를 위한 조타실, 항해 통신 설비, 하역작업 제어실, 소방 제어실 및 공기조화실 등의 배치를 다룬다. 거주 구획 배치도에는 상기의 구획들의 평면 배치를 각 갑판별로 도면으로 표현한다.

1) 선실 내 구역 정의

침실이나 집무실로 개인이 사용하는 개인 구역은 선장, 선임사관, 사관 및 일반 선원으로 나누어 계획하는 것이 관례이다. **그림 10-27**은 상급 선원의 개인 구역의 예이다. 이에 대하여 선상에서의 생활 편의를 위한 구역과 선원들이 공동으로 사용하는 공용 구역은 **그림 10-28**에서 보는 것과 같은 구역으로서, 식당은 일반 선원과 사관 그리고 당직자가 사용하는 공간을 분리시켜 별도의 공간으로 계획한다. 또한 선원 휴게실과 사관 휴게실을 분리하여 계획할 때 체육관이나 수영장은 함께 사용하도록 계획하기도 한다. 선박의 운항 중 필요한 갑판부 사무실과 기관부 사무실도 있어야 하며, 사무장, 기관장, 선장 등을 위하여 독립된 집무실도 구분하여 계획한다.

그림 10-27 개인 구역

2) 조종 제어실

배의 항해를 지원하며 화재 감시와 소화 작업, 그리고 화물 하역작업을 조종하는 공간과 관련 장비의 배치장소를 총괄 관리하는 **그림 10-29**에 나타낸 것과 같은 곳을 말한다. 탱커선일 때는 화물유의 하역작업을 위하여 하역작업 제어실을 거주 구획에 배치한다. 벌크선일 때는 화물 적재 상태에 따라 배의 복원성과 최적 항주자세를 확보

그림 10-28 공용 구역

그림 10-29 조종실

하기 위하여 밸러스트 제어실을 거주 구획에 배치한다. 선박을 조종하여 항해하는 조타실과 해도실이 있어야 하며, 무선 송신 및 수신에 필요한 통신설비를 배치한다. 또한, 화재를 감시하는 설비와 소화설비를 배치하고 조종하는 구획이 필요하다.

3) 주방 관련 구역

승무원들에게 음식을 조리하여 급식하는 데 필요한 장비 등을 배치하고 음식물을 조리하는 **그림 10-30**과 같은 구역이다. 국적에 따라서 주방장비 설치가 다르며 관련 법규와 규정의 적용을 받는다. 승무원을 위한 음식을 조리하는 주방 공간과 음식의 배식과 당직자용 조리 및 식사를 위한 간이 주방 공간이 있다.

그림 10-30 주방 구역

4) 위생 관련 구역

개인용이나 공용으로 사용되는 화장실, 세탁장, 건조장, 사우나실 등이 포함된다.

5) 통로 구역

기관실에서 개방된 갑판으로 직접 탈출할 수 있는 기관실 비상 탈출로와 갑판 간의 이동에 사용되는 계단과 복도, 그리고 기관실과 선실을 연결하는 계단 구획을 포함한다.

6) 식료품 저장 구역

항해 중 선원들의 식품으로 육류, 생선, 채소, 곡물 및 음료를 구분하여 보관하는 장소로 냉동, 냉장이 필요 없는 식품을 보관하기 위한 장소와 냉동, 냉장이 필요한 식료품을 보관하는 장소로 나뉜다.

10.3 주요 선실 의장

1) 개폐장치

주로 선실 구획과 연결되는 문이다. 60분의 표준 화재시험 시간 동안 연기와 화염을 차단할 수 있는 A급 방화문과 30분 간의 표준 화재시험 시간 동안 연기와 화염의 통과를 차단하는 B급 방화문, 그리고 승인된 불연성재료로 만들어진 C급 방화문을 방화 구획 기준에 따라서 등급별로 설계 제작하여 설치해야 한다.

외부와 직접 통하는 곳에는 어떠한 해상 상태에서도 해수 또는 빗물이 선실 내부로 침투하는 것을 막을 수 있도록 제작된, 속이 빈 금속제 수밀문을 달아야 한다. 조타실에는 배가 운항할 때 바람이 불더라도 쉽게 여닫을 수 있으며 열림 정도를 쉽게 조절할 수 있는 미닫이문을 달아야 한다.

2) 마감 공사

거주구 내에서 승무원들이 쾌적하고 안전한 해상생활을 할 수 있도록 침실, 사무실, 공용 구획 통로 등의 공간을 적절하게 마감하는 공사를 수행한다. 구획의 경계를 이루는 벽이나 천정은 화재의 확산을 방지하기 위하여 주 관청이 승인하는 마감재를 사용해야 한다. **그림 10-31**은 마감 공사의 예이다.

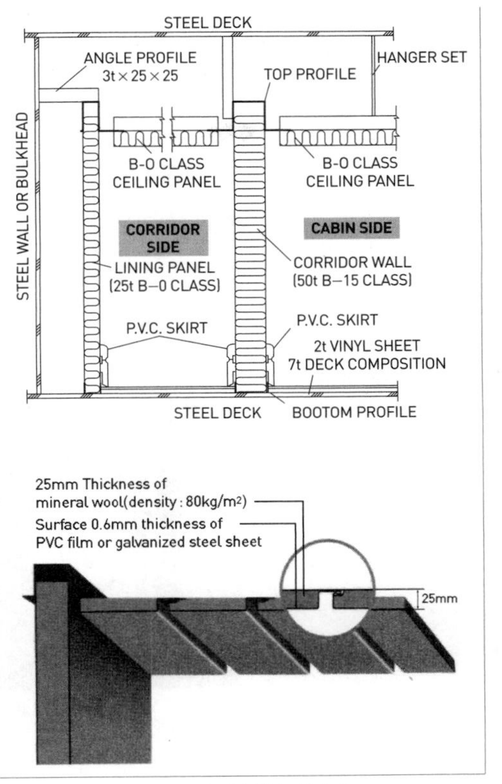

그림 10-31 벽체와 천정구조

3) 갑판 피복

갑판은 방진, 방음, 단열, 미관 및 미끄럼 방지 등의 조건을 고려하여 합성고무 라텍스, 비닐타일, 카페트, 고강도 방열 방음재를 사용하여 피복한다.

4) 채광창

실내 조명과 채광을 위하여 원형 창이나 사각 창을 두는데, 고정식과 개폐식으로 나눌 수 있다. 유조선에서는 선실 구획의 전면 벽이나 전면 벽으로부터 3m 이내에 있는 현측에는 A-60급의 방화창을 두어야 한다. 사각 창을 사용할 때는 폭이 400mm이고 높이가 600mm인 것을 주로 사용한다. 하지만 선주가 요구하는 경우에는 치수를 달리할 수 있으나 유리창의 두께는 ISO 5779에 의하여 계산하여야 한다. 원형 창으로는 직경이 350mm인 것과 400mm인 것이 사용되며, 유리의 두께는 ISO 5780에 따라서 계산하여 정한다.

추운 지방을 항해하는 선박의 조타실에는 전열 유리창을 사용한다. 이 유리창에 물이 응결되거나 눈 또는 얼음이 얼면, 전기로 열선을 가열하여 장애요인이 되는 얼음을 녹여 항해할 때 시야를 확보할 수 있다. 기관 조종실에는 아르곤가스가 채워진 2중 유리창을 사용하며 기관실로부터 전달되는 소음 감소에도 효과가 있다.

5) 강제 의장품

갑판실 외부에 붙여지는 강제 속구들로서 레이더 마스트, 강제 문, 경사 사다리, 수직 사다리, 난간, 옥외 난간 등이 있다. 선박에서 흔히 사용되는 대표적인 마스트의 예는 **그림 10-32**와 같다.

그림 10-32 RADAR MAST SYSTEM

6) 방화 및 방음 장치

선원들의 거주 환경을 쾌적하게 하며 선내의 화재 위험으로부터 인명 및 재산을 보호하고, 소음 차단과 단열을 목적으로 방화 구획 기준에 맞추어 A급, B급 또는 C급 구획으로 배치한다.

7) 가구

선박의 거주 구획에는 승선인원의 선상생활을 돕기 위하여 좁은 공간에 사용이 편리하며 견고하고 미려한 가구를 적절히 배치하여야 한다.

8) 기타 구역

선내에는 승조원의 작업 편의를 위하여 작업복으로 갈아입고 간단한 물품을 보관할 수 있는 장소가 있어야 한다. 장비 또는 물품을 보관할 수 있는 장소로 갑판 창고, 페인트 및 전기용품 창고, 청소도구 창고, 세관물품 창고, 세탁물 창고 등이 있어야 한다.

11. 전기 및 조명

11.1 선박의 전원

선박의 전원은 디젤기관, 터빈 또는 추진기관으로 주 발전기를 구동시키며 선박 운항에 필요한 전력을 충분히 공급할 수 있어야 한다. 또한, 한 대의 발전기가 고장이 나더라도 연속적으로 선박 운항에 필요한 전력을 공급할 수 있도록 2대 이상 설치한다. 그리고 주 발전기의 고장 및 사고로 주 전원의 급전이 중단되었을 때 조타기, 소화 펌프, 조명, 통신, 항해, 무선 장치와 같은 필수장비에 전기를 공급할 수 있는 비상 발전기가 설치된다.

일반적으로 교류 발전기를 설치하며 일반 상선에서 발전기의 용량은 수천 KVA에 이르고 AC450V 3상 60Hz가 사용된다. 컨테이너선이나 시추선과 같이 큰 부하가 요구되는 선박의 경우는 AC6.6kV 3상 60Hz 또는 AC11kV 3상 60Hz로 발전한다.

각종 보기용 전동기, 하역장치 등에는 AC440V가 사용되며, 조명, 통신, 항해, 무선 장치에는 AC220V가 사용된다. 때로는 AC110V 전원을 사용하기도 하므로 사용 전압을 떨어뜨리기 위하여 변압기를 사용한다. 그리고 선내 정전이 발생되었을 때 통신, 항해, 무선 및 경보 장치에 비상 전원이 작동하도록 전압이 DC24V이고 용량이 충분한 축전지를 설치한다.

11.2 선박 전원 계통의 구성

급전방식으로는 발전기 제어반을 중앙에 두고 그 양측에 급전 제어반을 배치한 양 모선방식을 채택함으로써 선박 자동화의 발달에 따른 주요 부하의 급전 지속성을 높이고 있다. 이 방식에서 선박의 추진용 필수 보기를 2개의 그룹으로 나누어, 각각의 급전 제어반으로 구성하여 하나의 급전 제어반으로도 충분히 항해가 가능하여야 한다.

그리고 **그림 10-33**에서와 같이 주 배전반과 비상 배전반 사이에 대용량 차단기를 설치하여 주 전원으로부터 전기를 공급받을 수 있을 때는 비상 배전반에도 주 전원으로부터 전력을 공급한다. 주 전원의 전력 공급이 중단되면 차단기를 개방하여 비상 발전기에서 발생된 비상 전원으로부터 전력을 공급한다. 선내 전력 계통의 구성요소 및 역할은 다음과 같다.

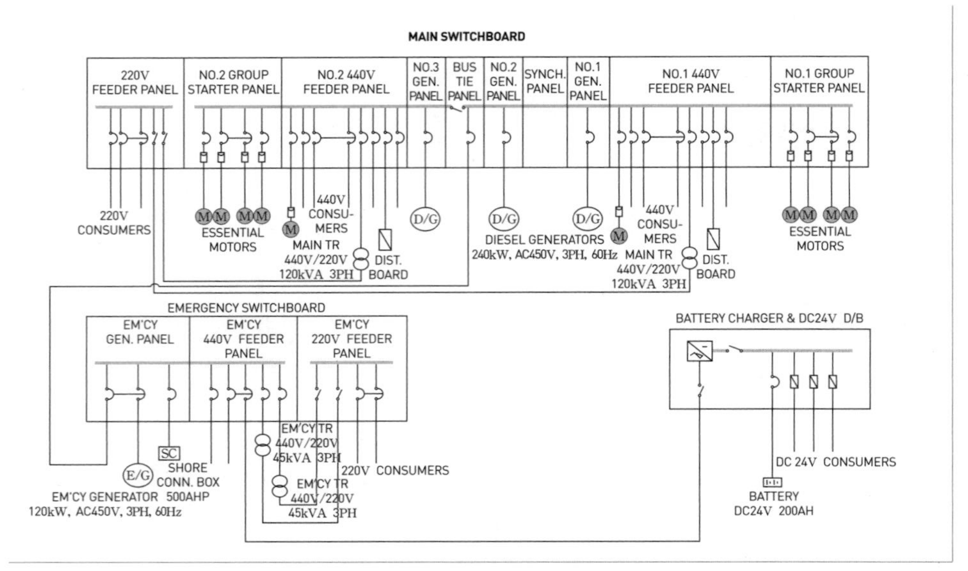

그림 10-33 POWER SYSTEM SINGLE LINE DIAGRAM

① 주 배전반에서는 주 발전기로부터 생산되는 전력을 감시, 제어 및 보호하도록 하는 동시에 변전, 수전, 배전 기능을 수행한다.

- 발전기 제어반은 발전기용 엔진을 제어하여 발전하고 수전하며, 각종 계기를 설치하여 발전기 상태의 감시를 수행한다.
- 동기 운전 제어반은 선박의 운항 상태나 조건에 따른 부하 변동에 맞추어 발전기를 단독 또는 병렬로 운전하며 각 발전기의 부하를 분담시키는 등 선박에 필요한 전력을 원활하게 수급할 수 있도록 제어한다.
- 주 전력선 제어반은 2개의 전력선을 연결시켜서 운전하는 것을 정상 운전으로 한다. 한쪽 선로에 고장이 발생되었을 때 연결시켜 주었던 회로차단기를 작동시켜 정상 상태의 주 전력선에만 전력을 공급하고, 고장이 발생된 주 전력선을 차단하여 보수가 가능하도록 제어한다.
- AC 440V 전원 공급 제어반은 발전 제어반과 동기운전 제어반으로 구성되며, 발전된 전력을 선박의 각종 모터의 기능별 기동 제어반이나 분전반으로 전력을 공급하여 선박의 운항에 필요한 전력을 사용하도록 제어한다.
- AC 220V 전원 공급 제어반은 AC 440V 전원 공급 제어반에서 공급된 전기를 AC 220V로 변압하여 선박의 필요 위치로 공급하는 제어를 한다.

② 주 변압기는 주 전원의 AC 440V 전원을 AC 220V로 변압하여 배전반을 거쳐 조명,

통신, 제어 및 항해 장비 등에서 사용할 전력을 공급한다.

③ 기능별 기동 제어반에서는 선박의 운항에 필요한 추진장치나 냉각장치 등에 필수적으로 사용되는 펌프나 팬 등의 기동장치를 기능별로 제어한다. 주 분전반과 연계하여 기관 제어실에 설치하며 펌프의 기동 및 제동, 과전류 방지, 자동 대기와 기동, 정전 자동 회복 기능 등을 가진다.

④ 비상 분전반에서는 주 발전기의 고장이나 사고로 전력 공급이 중단되었을 때 비상 발전기의 발전전력을 감시하고 제어하여 사용에 적합하도록 변전, 수전, 배전 등의 기능을 수행하고 있다.

- 비상 발전기 제어반은 발전기관을 제어하여 발전된 전력을 수전하는 동시에 설치된 각종 계기로 발전기의 상태를 계속 감시할 수 있도록 구성한 제어반이다.
- AC 440V 비상 전원 공급 제어반은 비상 발전 제어반에서 공급받는 전력을 AC 440V 전원을 사용하는 장비의 비상 전력으로 공급하는 제어반이다.
- AC 220V 전원 공급 제어반은 AC 440V 전원 공급 제어반에서 공급받은 전력을 비상 변압기에서 전압을 변압하여 AC 220V 전원으로 공급하는 제어반이다.

⑤ 비상 변압기에서는 AC 440V 비상 전원을 AC 220V 전원으로 변압시켜서 비상 배전반을 거쳐 비상용 조명, 통신, 제어 및 항해 장치 등에 사용할 수 있도록 한다.

⑥ 육상 전력 공급 단자함은 선박이 장시간 정박할 때 육상 전원으로부터 전력을 공급받아 선내에서 사용할 수 있도록 육상 전원과 연결하는 기능을 갖는다.

⑦ 기능별 기동장치 제어반에서는 선박에서 사용하는 각종 일반 펌프나 송풍기의 구동을 지원하기 위하여 구성한 제어반으로 주로 해당 펌프 근처에 설치한다.

⑧ 분전반에서는 주 전원으로부터 공급받은 전력을 각 구역 및 용도에 따라 필요한 부하에 따라 회로 차단기를 써서 배전한다.

⑨ 배터리 충전 및 방전 장치는 DC 24V 축전지를 충전하거나 방전시키고 필요기기에 전원을 공급하는 장치이다.

11.3 조명설비

조명은 주어진 장소의 사용 목적에 가장 알맞은 조명 환경을 구현하기 위하여 광원과 기구의 종류, 크기, 위치 등의 조명시설을 배치하는 것이다. 선박에서는 기관실, 거주구, 갑판 구역 및 기타 구역에 적합한 조명 조건이 관련 규정으로 정해져 있다.

비상 전원을 공급해야 하는 비상 조명의 설치장소는 SOLAS(Safety Of Life At Sea) 규정에 따르는데, 모든 집합 장소 및 승정 장소, 업무용 및 거주용 통로, 계단 및 출입구, 인원 승강기, 축 및 타 장치, 모든 제어 장소, 주 배전반 및 비상 배전반, 소화 펌프 그리고 소방원 장구를 보관하는 장소에 해당된다.

11.3.1 항해등

선박이 항해할 때 사용하는 등화 및 신호용구는 배의 선형에 따라 여러 종류가 있다. 그러나 무엇보다 항해등은 **그림 10-34**와 같이 배치한다. 운항하고 있는 해양 교통수단 상호 간의 충돌을 사전에 예방하고 안전을 확보하는 것이 매우 중요하다. 항해등은 주로 야간에 사용하지만 주간일지라도 강우, 농무, 연기 등으로 가시거리가 제한되는 경우에 사용한다. 각 항해등 명칭 및 용도는 다음과 같다.

1) 선수 마스트 등과 선미 마스트 등

현등이 보이지 않는 먼 거리에서도 항해 중인 선박이 있음을 미리 알려주는 백색 등기구이다. 2개의 마스트 등의 등화 간격을 관측하면 선박의 진행 방향, 침로의 변경 등을 다른 선박이 알 수 있으므로 방향등이라고도 한다.

2) 현등

선수 방향을 알 수 있도록 표시하는 등화로서 우현에는 녹색등을 달며 좌현에는 홍색등을 단다. 현등을 관측하면 상대 선박의 선수 방향과 진로를 추정할 수 있으며 자선의 진

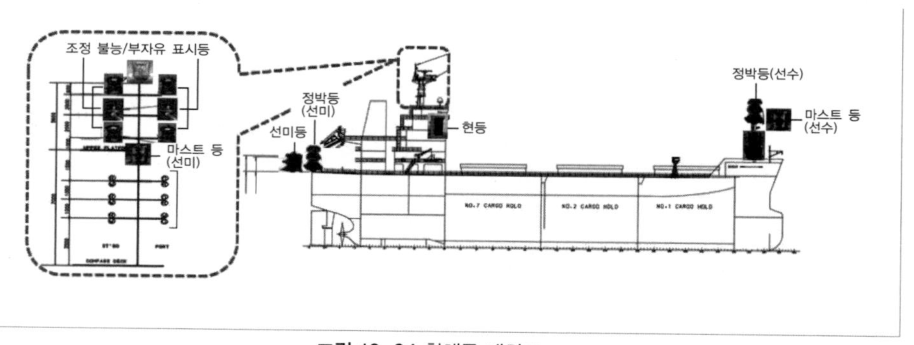

그림 10-34 항해등 배치도

로와 대조하여 양 선박의 관계 위치를 판단하는 기초가 된다. 양현에 붙여진 현등을 잘못 식별하지 않도록 빛을 비치는 방향을 제한하고 있으며, 등의 뒷면으로 빛이 새지 않도록 차광판을 설치하고 있다.

3) 정박등

정박 중인 선박은 이동 능력이 없으므로, 항해 중인 선박이 정박 중인 선박임을 식별할 수 있는 정박 신호를 360° 전 방향으로 빛을 발하는 백색등이다.

4) 선미등

추월 당하는 선박이 추월하고자 하는 선박이 안전하게 추월하는 것을 돕기 위하여 사용하는 백색등이다. 선미등은 가능한 한 선미 가까이 붙이도록 규정되어 있어서 마스트등과 함께 배 전체의 크기를 나타내는 역할을 한다.

5) 조종 불능 표시등 및 조종 부자유 표시등

조종 불능 표시등 및 조종 부자유 표시등(N.O.C., Not Under Command/R.A.M Light, Restricted Ability to Manoeuvering Light)은 조종이 자유롭지 못하거나 항해 불능 상태에 있는 선박이 다른 선박으로 하여금 피해갈 수 있도록 가장 잘 보이는 곳에 표시하는 등이다. 조정 불능일 때는 홍색등 2개를 2m 이상 간격으로, 조정 부자유 상태일 때는 홍색등–백색등–홍색등 3개를 2m 이상 간격으로 수직선상에 설치하여 360° 모든 방향에서 위험한 상태임을 식별할 수 있도록 표시하여야 한다. 다만, 범위를 나타내는 차단각은 최대 6°까지만 허용된다.

참고문헌

1. 대한조선학회, 2000, 선박의장, 동명사.
2. 박승균, 1998, 조선공학 입문, 동명사.
3. 한국조선공업협회, 1992, 선실의장설계기준, 한국조선공업협회.
4. 한국조선공업협회, 1995, 선장배관설계기준, 한국조선공업협회.
5. 한국조선공업협회, 1995~1998, 선장품표준, 한국조선공업협회.
6. 한국조선공업협회, 1996, 선장배관설계기준, 한국조선공업협회.
7. 한국조선공업협회, 1998, 전기의장설계기준, 한국조선공업협회.
8. 한국조선공업협회, 2000, VENTILATION 설계 지침서(I-2).
9. IMPA(International Maritime Pilot's Association) guidance, 2008년, Maritime International Secretariat Services Limited.

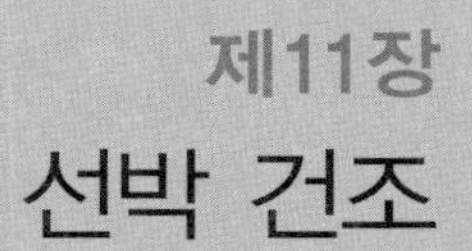

제11장
선박 건조

1. 생산 설계

1.1 생산 설계의 개요

생산 설계는 상세 설계에서 확정된 건조선의 구조와 배치에 따라 조선소의 능력에 맞게 효율적인 생산작업을 할 수 있도록 공작도면 작성과 네스팅(nesting) 작업 및 가공도면의 작성과 각각의 부재에 대한 일품도 및 취부도를 작성하는 작업이다. **그림 11-1**은 생산 설계작업의 흐름이다.

선박 건조작업은 조선소 자체의 공장 배치, 시설장비의 현황과 조선소의 작업 능력 및 공사 일정에 따라 적합한 공사용 도면(공작도)에 의하여 이루어지며, 모든 부재의 가공은 생산 설계에서 작성되는 절단가공도, 성형가공도와 취부도를 바탕으로 이루어진다. 그래서 조선소에 따라서는 생산 설계를 생산작업의 한 공정으로 분류하기도 한다.

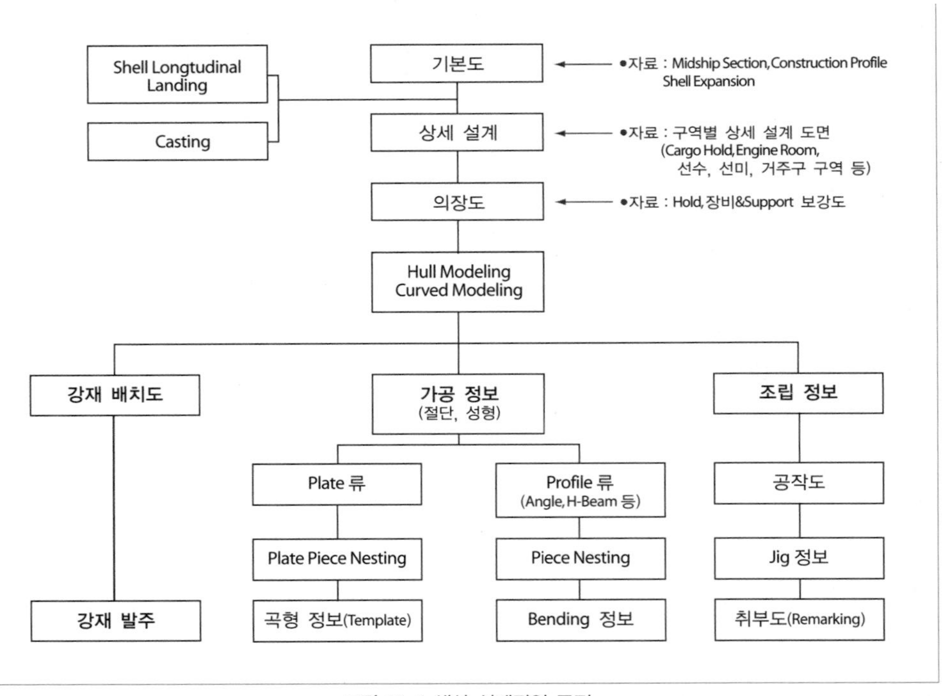

그림 11-1 생산 설계작업 공정

1.2 생산 설계의 단계

생산 설계에서는 먼저 건조선의 모든 부재를 구조별, 형태별, 작업 순서별로 분류한다. 그리고 강재의 효율적인 이용을 위해 같은 두께를 갖는 부재들을, 같은 두께를 갖거나 더 큰 두께를 갖는 강판 위에 조밀하게 배치하는 네스팅 작업으로 정리한다. 이후 가공도를 작성하고 일품도를 만들어 강재 리스트(list)와 함께 현장 생산작업으로 보낸다. 이때 생산 작업에서 만들어지는 선각구조의 모든 부분은 설계자의 의도대로 정확히 만들어져야 한다. 이를 위해서는 현장 작업자의 혼동 또는 착오를 배제한 생산 설계도면이 꼭 필요하다.

1.2.1 선체/곡면부재 모델링

CAD/CAM 시스템을 이용하여 2D로 작성된 상세 설계도면의 구조와 배치를 3D로 형상화하는 작업을 선체/곡면부재 모델링이라 한다. **그림 11-2**는 CAD로 모델링한 기관실 블록의 구조 형상을 3차원 형상으로 나타낸 예이다.

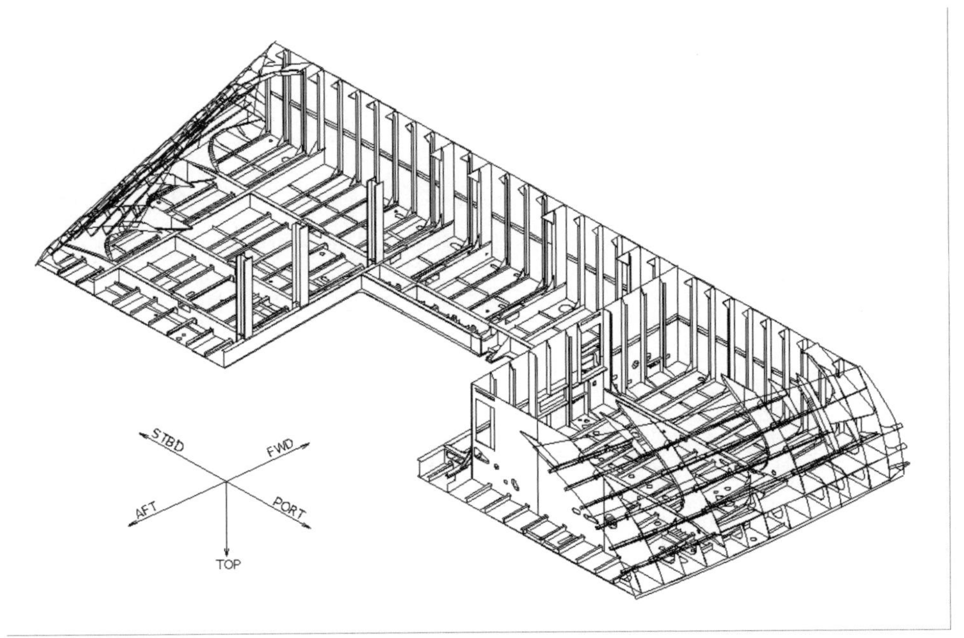

그림 11-2 CAD 모델링 형상(엔진룸)

1.2.2 공작도면 작성

조선소의 공장 배치, 작업장비의 특성과 공사일정 및 작업 조건을 고려하여 생산작업을 용이하게 할 수 있도록 작성된 현장작업용 도면을 공작도라 한다. 공작도에는 블록의 조립 및 탑재에 필요한 각종 가공 여유와 용접작업을 위한 용접 각장 및 용접 기법, 블록의 조립 순서, 조립 부재의 부재번호 등이 표현되며, 각 정보의 표현 방법은 조선소마다 정해진 약속에 따른다. **그림 11-3**은 공작도 작성의 예이다.

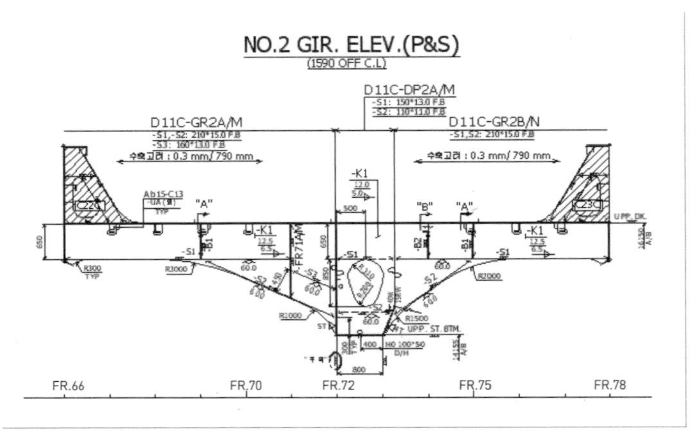

그림 11-3 공작도 작성 예

그 밖에 조립을 위하여 제공되는 정보로는 곡면을 포함하는 블록을 작업할 때 정반상에 핀 지그(jig)의 배치 정보와 지그 높이 정보를 제공하는 지그 정보, 그리고 블록을 작업할 때 필요한 외판 및 내부재를 취부하는 실제 길이와 취부 각도 등의 취부작업 정보를 표시한 취부도가 있다.

1.2.3 네스팅 작업과 가공도면 작성

두께와 재질이 같은 부재들을 함께 모아 규격강판 위에 배치하는 작업을 네스팅이라 한다. 네스팅 작업에서는 강판에서 부재를 절단하였을 때 스크랩으로 폐기되는 부분을 최소화하는 동시에 절단작업의 효율을 극대화해야 한다. 때에 따라서는 강판 사용 효율

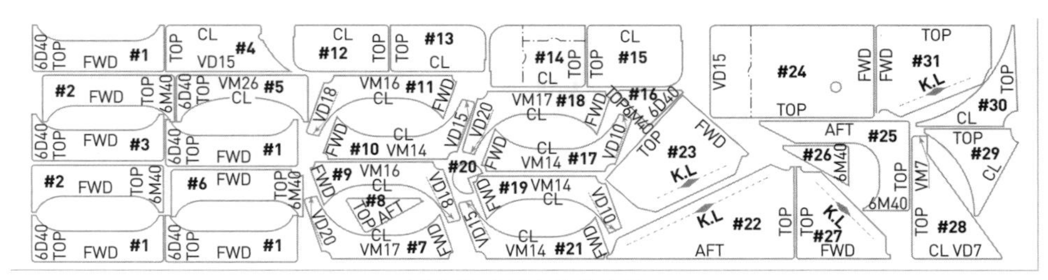

그림 11-4 네스팅 작업 예

을 높인다는 측면에서 부재의 규격 치수보다 두껍거나 등급이 높은 재질의 규격 강판에 함께 배치하는 것도 허용된다.

네스팅 도면에 의하여 NC(Numerical Control) 절단 데이터를 만들어 절단공장에 배치된 절단장비로 전송하여 절단작업을 수행한다. 절단된 부재들 중 곡면 가공이 필요한 것은 곡 가공 프레스 혹은 선상가열(line heating) 장소로 배송하여 곡면 가공 후 필요한 조립 단계로 배송된다. 생산 공정에서 절단 및 성형을 위하여 만들어진 도면을 통칭하여 가공 도면이라 한다. **그림 11-4**는 이러한 네스팅 작업의 예이다.

1.2.4 강재의 취재와 구매 및 작업지시서

선박용 강재는 선급의 승인을 받아야 하므로 주문 생산방식으로 구매가 이루어진다. 이때 건조 대상 선박에 투입될 강재는 절단일로부터 적절한 기간 이전에 취재가 되어야 한다. 이는 제철소의 생산기간과 운송, 입고 후의 선별기간을 고려한 것이다.

강재의 취재는 강재의 규격과 양을 결정짓는 작업이므로 취재가 결정되면 바로 건조원가에 반영되므로 현장 작업량을 최소화하면서 구매량을 최소화하는 노력이 필요하며, 이는 곧 스크랩의 최소화를 의미한다. 구매가 이루어진 강재는 블록별 네스팅 결과에 의하여 소요 강재 목록이 작성되며 작성된 소요 강재 목록에 의거 현장에 절단작업을 위한 작업지시서(W/O, Work Order)가 발행된다.

1.3 생산 설계의 전산화 기술

국내 조선사에서 처음 사용된 선박 설계 및 생산용 CAD/CAM 시스템은 1970년대 스웨덴에서 도입된 VIKING으로 선각 생산에 처음 사용되었다. 요즘 대부분 조선소는 선체와 의장뿐만 아니라 기본 설계와 생산 설계를 통합한 3D CAD 시스템인 TRIBON 또는 AVEVA MARINE, GSCAD 등을 현업에 적용하여 단일화된 설계 시스템을 구축하였다. 또한 수치 제어 기술과 연계하여 가공 공정 자동화에도 활용하고 있다.

최근에는 CAD 기술의 발달로 3D 모델을 활용한 시뮬레이션을 현업에 적용하여 모델 간 간섭 체크, RO-RO 선의 차량 이동 시뮬레이션, 블록 탑재 및 바로세우기 작업(turn over) 시뮬레이션, 생산 공정 진행상황 시뮬레이션 등 많은 분야에 활용하고 있다.

2. 조선시설

2.1 공장 배치

2.1.1 공장 배치의 요건

선박의 건조는 계획된 설계에 따라 재료를 구입하고 가공, 조립, 탑재, 진수, 의장 공사의 순서로 이루어지며, 여러 시험을 시행하고 해상 시운전으로 선박의 성능을 검증한 후 선주에게 인도하는 전 과정을 포함한다.

선박 건조를 위한 공장 배치는 생산 공정 및 광의의 공작법에 의하여 결정되는 인자가 대단히 크다. 따라서 공작법의 변천 및 이것에 수반하는 공장 배치의 변천을 분리하여 생각할 수는 없고 극히 다양한 여러 가지 인자로 이루어져 있으며, 다음과 같은 요건들을 충족시켜야 한다.

① 경영상의 채산을 고려해야 한다.
② 안전하고 위생적으로 작업할 수 있어야 한다.
③ 품질을 보증할 수 있어야 한다.
④ 생산 시스템으로서 타당한 공정 능력을 가질 수 있어야 한다.
⑤ 기능을 감독, 관리하고 유지할 수 있어야 한다.
⑥ 공해를 유발하지 않아야 하며 동시에 환경을 파괴해서는 안 된다.
⑦ 장래의 설비 확장에 대응할 수 있어야 한다.

2.1.2 공장 배치의 방향

조선은 주문 생산방식을 택하는 대표적인 산업이므로 여러 가지 다른 부품이 비교적 소량 생산하여 조립한다. 부품에 대한 작업의 순서도 균일하게 되기 어렵다. 그럼에도 불구하고 배치에 관하여는 개개 부품의 흐름을 저해하지 않아야 한다. 또한 배치 형식에서 보면 가장 능률적인 것이 흐름 계열방식이므로 채용이 가능한 한 부분적인 것일지라도 이 형식을 도입해야 한다. 다음으로 중요한 것은 생산이 가장 능률적으로 수행될 수 있도록 하기 위한 기계를 유효하게 사용하는 것과 모든 공정의 처리 능력이 균형을 이루도록 하는 일이다.

선각 계통은 중량물의 이동이 많으므로 공정 간의 운전 경로의 단축과 단순화가 특히 필요하고 작업의 흐름이 원활히 진행되도록 배치에 충분한 주의를 기울여야 한다. 의장 관계 공장은 대체로 의장 안벽이나 도크 근방에 설치된다. 또한 선행 의장으로서의 블록 의장이 근래에 극대화되면서 선각공장 가까이에 놓이고 있다. 공장 배치를 할 때 주의할 것은 조선소의 장래의 규모를 생각하여 각 공장별로 확장할 여지를 남기는 것과 각 공장의 건물 등의 규모를 가능하면 통일하는 것이다. 공장 배치의 방향은 절대적인 것이 아니고 공작법의 발전에 따라 끊임없이 변화하는 성격을 지니고 있다. 그러므로 항상 현장에 만족하지 말고 장래를 예측하며 검토하고 개선하도록 노력해야 한다.

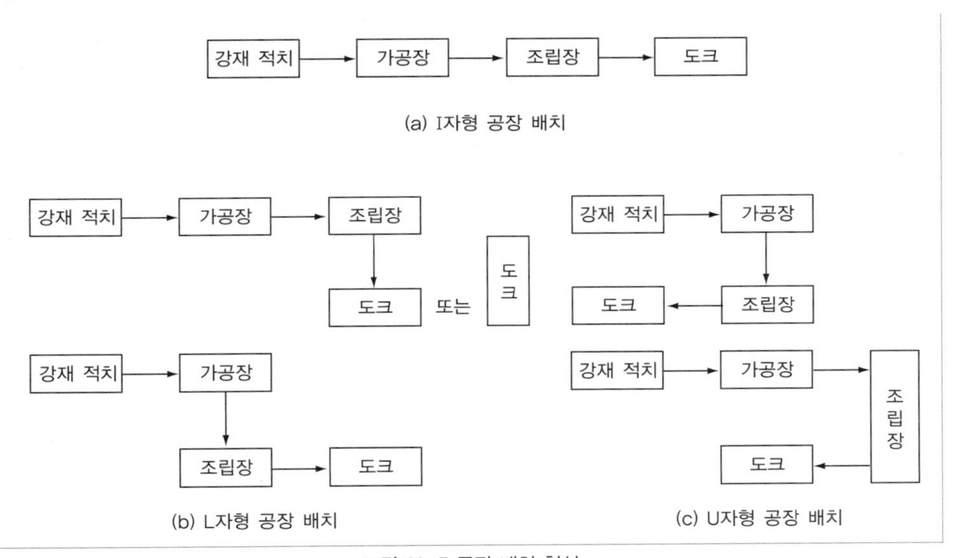

그림 11-5 공장 배치 형식

2.1.3 공장 배치의 예

부품의 흐름 선로에 따라서 각 공정을 살펴보면, 현재의 조선소 공장 배치는 대체로 **그림 11-5**와 같이 3개의 유형을 기본으로 한다.

그중 대표적인 조선소의 배치 상태인 U자형 공장 배치를 **그림 11-6**에 나타냈다.

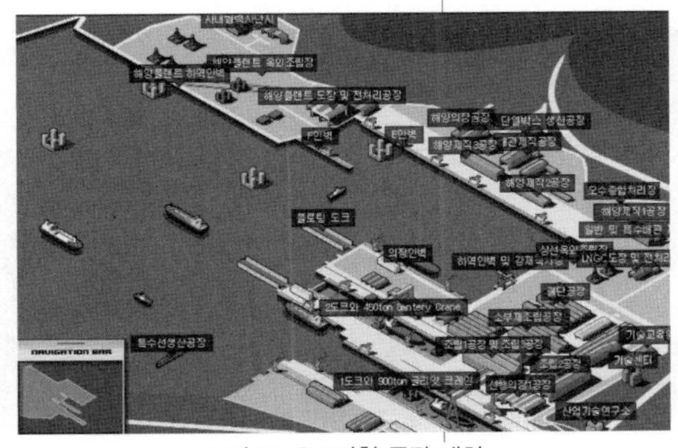

그림 11-6 U자형 공장 배치

2.2 주요 공장

2.2.1 강재 적치장

강재를 하역해 일정 기간 동안 적치하는 **그림 11-7**과 같은 곳이다. 마그네틱 크레인 및 지브 크레인, 그리고 강재를 가공공장으로 공급하는 롤러 컨베이어로 구성된다. 선박 건조 공정의 첫 단계로서 각 호선별 사양 및 공정에 따라 강재를 분류 이송시킨다.

그림 11-7 강재 적치장

2.2.2 가공공장

가공공장은 표면 가공과 전처리 도장을 거친 강판을 설계 정보에 따라 자동으로 절단하고 곡면 성형작업을 하는 공장이다. **그림 11-8**에서 보는 것과 같이 공장에는 자동 마킹 장비를 포함한 전 자동 플라즈마 절단장비와 자동 가스 절단기 등을 설치한다. 평강판은 물론 T-bar 등 형강재도 함께 절단하고 강판의 모서리를 가공한다. 대형 프레스와 선상 가열 가공 기술을 이용해서 3차원 곡면으로 이루어진 배의 선수와 선미의 곡면 성형작업도 수행한다.

그림 11-8 가공공장

2.2.3 소 · 중 조립공장

소 · 중 조립공장은 가공공장에 직렬 연결하여 배치한다. 이것은 소조립부재를 컨베이어를 통하여 가공 공정과 소 · 중 조립 공정 간의 흐름을 조절하는 데 편리하고 작업을 원활하게 할 수 있다. 소 · 중 조립공장에서는 부재 조립의 전문화와 단순화를 도모하기 위해서 반드시 부재 적치장이 필요하다.

2.2.4 옥내 대조립공장

옥내 대조립공장은 위치와 방향이 가장 중요하다. 위치 선정에 있어서 가공공장, 소 조립공장에 직결되는 위치에 있는 것이 바람직하며, 도크보다 옥내작업 공장과의 상호 관련성을 중요시하는 것이 바람직하다. 그리고 재료의 운반 능률과 자동화 설비 등을 고려하여 충분한 면적을 확보할 수 있어야 한다.

2.2.5 옥외 대조립공장

옥외 대조립공장은 가공공장으로부터의 흐름보다는 옥내 대조립공장을 주변으로 하여 그 위치를 결정해야 한다. 옥외 대조립공장은 주로 블록의 마무리 작업, 즉 선주, 선급의 블록 검사 준비 등을 수행한다.

2.2.6 조립 정반 면적

조립 정반 면적을 결정함에 있어서는 조선소의 입지 조건, 연간 건조량 및 도크의 건조기간, 가공 능력과 월간 조립 톤수, 옥내 및 옥외 조립장의 작업량 비율, 블록의 크기, 조립작업방법 및 정반 회전율 등을 고려해야 한다.

2.3 선행 의장공장

배의 각 부분에 설치할 파이프와 전선, 전기설비, 기계장치 등 각종 의장품들을 미리 제작하여 설치하는 공장이다. **그림 11-9**에서 보는 것과 같이 선행 의장공장에서는 의장품

그림 11-9 선행 의장공장

들을 사외 업체 또는 분공장에서 설계 정보에 따라 제작한 후 조립공장에서부터 의장품을 미리 블록에 설치하는 선행 의장작업이 이루어진다. 선행 의장공장에는 5톤 정도의 천정 크레인을 설치하여 중량물 이동 및 설치에 사용한다.

2.4 도장공장

도장공장에서는 **그림 11-10**에서 보는 것과 같이 제작이 완료된 블록을 블라스팅하고, 스프레이기를 이용한 도료 살포 및 붓 도장을 한다. 블라스팅 공장은 쇳가루를 고속으로 분사하는 블라스팅 머신, 집진기 및 진공 흡입 회수장치 등의 부대설비가 필요하며, 도장공장에는 집진설비와 습도 조절장치(제습기, 히터) 등을 완비하여 최상의 도장 조건과 대기 환경을 보호해야 한다.

그림 11-10 도장공장

2.5 선대 또는 건조 도크

선대나 도크는 블록을 결합하여 선체를 완성하는 장소를 말하며 블록을 달아 올릴 수 있는 크레인 설비가 필요하다. **그림 11-11**에서 보는 것과 같은 건조 도크에서는 최근 블록 대형화 추진으로 탑재 블록의 중량이 증가하여 대형 조선소에서는 1,500톤 골리앗 크레

그림 11-11 건조 도크

인이 사용되는 예도 있다.

2.6 의장 안벽

탑재 이후 진수된 선박을 물 위에 띄운 상태에서 후행 의장 및 시운전을 할 수 있는 **그림 11-12**와 같은 곳이다. 의장 안벽에는 선박을 안전하게 계류할 수 있도록 비트와 승하선용 사다리 그리고 안벽작업을 지원하는 30~60톤급 지브 크레인 설비가 필요하다.

그림 11-12 의장 안벽

3. 건조 공정

3.1 가공 공정

가공 공정은 강판이나 형강을 조립에 필요한 형상으로 절단하고 곡가공하는 **그림 11-13**

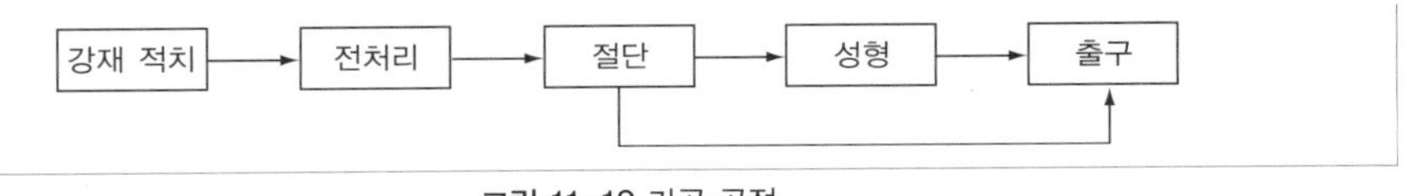

그림 11-13 가공 공정

과 같은 공정을 말한다. 강재의 효율적 사용과 절단 효율 증가를 위해 다양한 가공 계열로 구분하여 작업한다.

3.1.1 강재 적치

선급으로부터 검사 완료된 강재가 제철소로부터 조선소로 입고되면 강재를 안벽에서 크레인으로 하역하고 적치장별로 강판과 형강을 구분하여 적치한다.

3.1.2 전처리

강재적치장에서 출고된 강재의 최초 처리과정으로, 강판 압연과정에서 생긴 얇은 산화철 피막(mill scale)과 녹 제거, 초벌 도장을 위해 예열, 숏 블라스팅, 도장, 건조 작업을 거쳐 이동 장소(transfer bay)로 반출된다. 운송 또는 하역 중에 변형이 발생된 강재는 교정기(levelling machine)로 교정한 후 처리과정을 거친다.

3.1.3 마킹 및 절단

공급된 강재는 마킹 후에 가공 계열에 따라 절단 장비로 절단된다. 마킹은 부재의 외곽선이나 소부재 취부 위치를 표시하는 것으로서 절단장비 자체에 기능이 있는 자동 마킹과 작업자에 의해서 행해지는 수동 마킹이 있다. 절단은 장비의 사양에 따라 자동 절단과 반자동 절단으로 나눠진다. 절단된 부재는 각 조립공장으로 이송된다.

3.1.4 성형

절단된 부재 중에 곡형상이 필요한 부재를 굽힘 또는 꺾음 가공하는 것을 성형이라 하며 강판이나 형강을 곡면이나 곡선으로 굽히는 작업은 냉간가공(冷間加工, cold working)과 선상가열(線狀加熱, line heating)로 크게 구분된다. 냉간가공은 상온 상태에서 기계적인 힘을 가하여 재료에 소성변형을 일으키는 것이고, 선상가열은 약간의 곡이 필요할 경우 강재를 국부적으로 가열하여 급히 냉각시켜 국부적인 수축이 발생하도록 하여 부재를 굽히는 작업이다.

3.2 조립 공정

가공공장에서 제작된 선체의 부재는 선체 내부 구조물에 보강재를 붙이는 소조립 공정을 거쳐 선체 외판재에 늑골을 붙이는 중조립 공정으로 이어진다. **그림 11-14**는 소조립장과 중조립장 그리고 대조립장의 작업 상황을 나타낸다.

그림 11-14 각 가공 조립 공정

3.2.1 소조립 · 중조립

일반적으로 단순하게 판에 보강재, 브래킷류 등의 가공된 여러 개의 단일 부재들을 결합(취부, 용접)하여 작은 조립품을 만드는 것을 소조립이라 하며 여러 개의 소조립 부품들을 결합하여 보다 큰 규모의 블록을 형성하는 것을 중조립이라 한다.

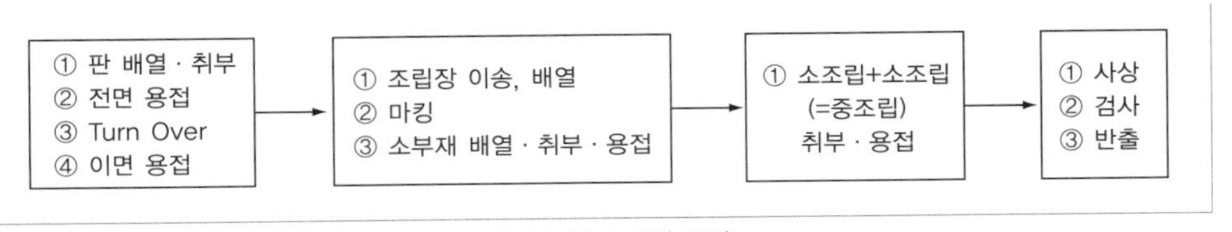

그림 11-15 소조립 공정

3.2.2 대조립

중조립된 블록은 다시 입체적인 블록으로 조립하여 도크에서 탑재될 수 있는 크기의 블록으로 만드는 공정을 대조립이라 한다. 경우에 따라서는 대조립된 블록을 도크 주변에서 탑재하기 전에 더 큰 블록으로 조립하여 탑재하기도 한다. 대조립은 선체 중앙부의 평 블록 조립과 선수 선미, 기관실 등의 곡블록 조립작업으로 크게 나뉜다. 대조립 공정은 **그림 11-16**과 같다. 흔히 대조립을 조립이라 부르기도 한다.

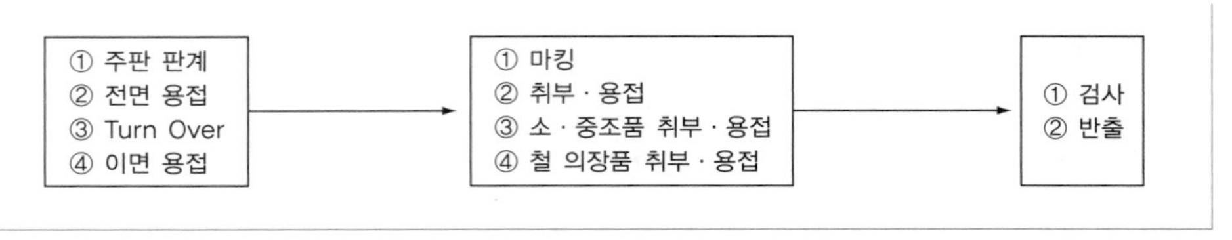

그림 11-16 대조립 공정

3.2.3 의장 생산

선박의 각종 시스템에 소요되는 배관부품을 주 생산품으로 제작한다.

- 배관공장 : 150A 이상의 소경관작업과 200A 이상 대경관작업, 유압관 · 수압관 제작
- 철 의장공장 : 기둥류 및 철 의장품 제작
- 기계공장 : 관공장의 부품 제작 및 설치 부서의 가공 의뢰품을 제작
- 도장공장 : 의장품(파이프 및 철 의장품)의 도장작업
- 적치장 : 의장품의 원활한 보급을 위하여 적치, 분류, 보급

3.2.4 선행 의장

과거의 의장작업은 주로 선대나 도크에서 이루어졌으나 작업 효율 향상을 위해 지상에서 미리 의장작업을 하는데 이를 선행 의장이라고 한다. 현재는 블록 조립이 완료되기 전에 설치해야 할 대형 파이프나 전선 설치대, 기계 받침대 등의 의장품은 조립공장에서 작업하고 있다. 전체적인 공사기간과 의장 공사량을 줄여서 품질과 생산성을 높여주는 공정이다.

3.2.5 선행 도장

선행 도장은 블록 탑재 또는 선행 탑재(PE, Pre-erection) 전에 행해지는 도장작업으로 크게 표면 처리와 도장으로 나눠진다. 표면 처리 공정은 **그림 11-17**과 같다.

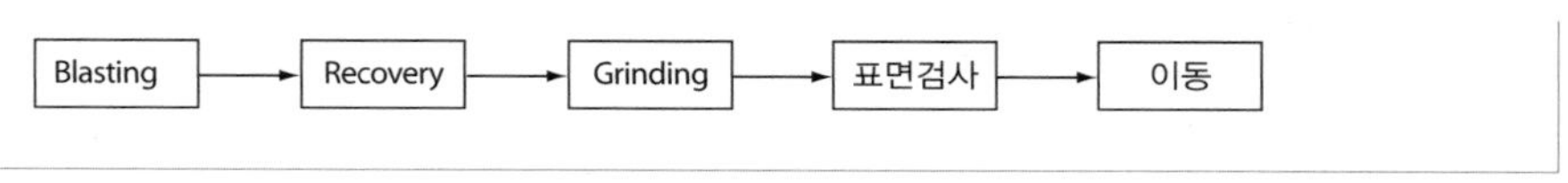

그림 11-17 블록 표면 처리 공정

도장 공정은 선체에 도막을 형성하는 **그림 11-18**과 같은 작업 공정을 거친다.

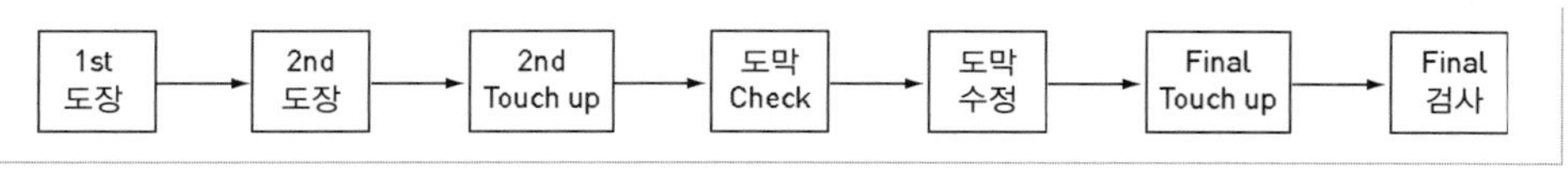

그림 11-18 도장 공정

3.3 탑재 공정

탑재 공정은 도장, 선행 탑재까지 완료된 블록을, 선대 또는 도크에서 설계도에 따라 순차적으로 서로 연결하여 선체의 전체 형태를 구성하도록 하는 선체 공사의 최종 공정이다. 그리고 탑재작업에서는 설계도에 제시된 선체의 형상이 완성되어야 한다. 선체의 치수가 정확한지 점검해야 하고 선체가 하나의 대형 구조물로 완성되었을 때 수면에 떠야 하기 때문에, 진수작업을 용이하고 안전하게 할 수 있도록 선대나 도크에서 선체 조립 작업을 수행해야 한다.

탑재방식에는 크게 선대 탑재와 도크 탑재로 구분할 수 있으며 건조방식에 따라서는 연속 건조와 탠덤 건조로 구분할 수 있다.

3.4 후행 의장 공정

블록 탑재 후 실시하는 후행 의장 공정은 크게 기관 의장, 선체 의장, 전기 의장, 선실 의장으로 나뉜다.

- 기관 의장 : 기관실의 의장작업으로 주기관과 관련된 주기 설치, 축 및 프로펠러와 관련된 축계, 타계 공사, 보일러, 발전기 등의 보기 설치작업 및 철 의장, 보온, 도장 작업을 말한다.
- 선체 의장 : 거주구와 기관실을 제외한 구역의 배관 및 철 의장작업으로 계선 계류 장치, 하역장치, 마스트장치, 해치커버장치 등을 설치하는 작업을 말한다.
- 전기 의장 : 선박의 전기장치, 표시장치 등의 설치와 항해 통신에 필요한 제반 장치를 설치하는 작업을 말한다.
- 선실 의장 : 거주 구역 환창, 출입문, 패널, 천장 내장(Ceiling), 냉난방설비, 위생설비, 주방설비, 냉동설비, 오락실, 거실, 침실 및 사무실 등을 설치하는 작업을 말한다.

3.5 잔여 공사 공정

3.5.1 후행 도장(선체 도장)

후행 도장은 블록 탑재 후의 선체 외판 도장으로서 색상에 의한 외관도 중요할 뿐 아니라 선체의 부식과 직접적인 관련이 있으므로 중요한 선체 도장 공정이라 할 수 있다.

3.5.2 안벽 작업

도크로부터 진수된 배는 안벽에 접안시켜, 시운전 및 인도 시까지 약 2~3개월 동안 도크에서 하지 못한 의장, 도장 공사를 수행하고 계류 상태에서 할 수 있는 각종 기기의 운전 및 성능 시험을 완료하여 시운전 출항을 위한 제반 잔여 공사를 처리한다.

3.5.3 시운전

선박의 모든 공사가 완료되면 외항으로 나가 선박 최종 검사인 시운전을 하게 된다. 시운전에는 조선소 구내 안벽에 계류하여 실시하는 계류 시운전과 배의 항해 성능을 시험하는 해상 시운전이 있다. 해상 시운전은 조선소 자체에서 실시하는 예비 시운전과 선주, 선급협회 및 관할 관청의 입회하에 이루어지는 공식 시운전(sea trial)으로 구분한다.

시운전 검사항목은 선종 및 선형에 따라 다르나 선급과 선주의 확인을 받아야 하며 모든 항목은 선급이나 해상 안전에 관한 규정의 범위를 만족하여야 한다. 시운전 결과, 연료 소비율, 속력, 톤수 등은 초과 또는 부족분에 대하여 보상금을 지불하는 것이 일반적이다. 이 시운전에서 합격해야만 비로소 선주에게 완성된 선박을 인도할 수 있다.

3.5.4 명명

선박을 인도하기 전에 배에 이름을 붙이는 명명식(naming ceremony)을 거행하는데, 이때 선박의 이름은 여성이 명명한다. 여성이 선박을 명명하는 이유는 선박이 여성으로 간주되기 때문이다. 또한, 명명식에서 선박과 명명식장 간에 연결된 밧줄을 도끼로 절단한다. 이는 아기가 태어날 때 탯줄을 끊는 것과 같은 의미로서 선박의 탄생을 뜻한다.

3.5.5 등록검사

선급협회나 국토해양부 등 관련 기관에서는 앵커, 앵커 체인, 로프, 보트, 구명장비 등의 의장품이 완비되어 있는지를 검사하고 시운전의 결과를 확인한 다음, 선박검사증서를 발부한다. 선주는 관청에 화물 적재량 측정에 대한 등록검사를 신청하여 그 측정을 받아야 한다. 그 다음에 선박을 관할하는 선적항을 지정하여 선박 등기를 하고 관청에 선박 등록을 신청하여 선박원부에 등록한다. 이와 같은 경로를 거쳐 선박 국적증서를 취득하면 비로소 정식 선박으로서 인정받게 된다.

3.5.6 인도

의장 공사와 시운전이 끝나면 선박은 선주에게 인도된다. 인도되는 날에는 선상에서 선주 측과 조선소 측의 대표자가 모여 인도식을 거행한다. 이때부터 선박의 관리는 조선소에서 선주에게 옮겨진다. 이 선박은 취항식을 마치면 실제 항해에 오르게 된다. 인도는 계약서에 정해진 위치에서 인도에 필요한 각종 문서를 수수(授受)하고 서명한 후 외항까지 예인해 줌으로써 완료된다.

4. 의장 공사

4.1 의장 공사 일반

선박을 건조하는 공정은 강재를 사용하여 선체 구조물을 만드는 선각 공사와 각종 기기들과 설비를 갖추어 화물과 여객을 운송할 수 있도록 하는 의장 공사로 나눈다. 의장 공사는 대상 장치가 다종다양하고 사용재료도 강재를 비롯하여 동, 스테인리스강, 비철금속, 합성수지, 복합재료, 세라믹, 신 금속 재료, 시멘트, 타일, 고무, 유리와 같이 종류가 많다. 그래서 의장 공사에는 많은 변화가 있었고 각종 공사 간의 연관 사항도 많아졌다. 또한 공정상 공사 간의 접점도 많아졌기 때문에 개개의 의장품이 장치로서의 기능을 충분히 발휘하도록 하는 기술도 요구될 뿐만 아니라 공정 관리상의 기술도 필요하다.

최근까지 의장 공사는 선체 공사가 완료되는 시점이나 선대나 도크에 블록이 탑재된 이후에 수행하는 것이 관례였으나, 요즘에는 의장 공사기간을 단축하기 위하여 가능한 지상에서의 작업을 늘리는 방향으로 공법을 개선했다. 동일한 작업에 대하여 지상-도크-안벽에서 소요되는 시간 및 작업량은 대략 1:3:5의 비율이기 때문에 도크보다는 지상, 안벽보다는 도크에서의 작업 완성도를 높이는 것이 바람직하여 선행 의장 공사방식을 많이 사용한다. 의장 공사는 작업 단계에 따라 크게 선행 의장, 선행 도장 및 후행 의장으로 구분한다.

4.2 선행 의장

선행 의장은 선대나 도크에 블록이 탑재되기 전까지 실시하는 선박의 의장 공사이다. 선박에 들어가는 강제구조물 설치, 전기 관련 작업, 기계장치 작동 조절 등 블록 도장 전에 가능한 모든 의장품을 설치하는 것과 블록 도장 후 선행 탑재 중에 의장품(group unit 포함)을 설치하는 것을 말한다. 이들은 각각 배관, 철 의장, 전장, 계장이라고 불린다.

선행 의장작업은 의장 공사를 가능한 한 지상화하여 블록 건조 단계에서 병행함으로써 선행 의장 공사의 비율을 높이고 의장 공사 능률을 향상시켜 비용을 절감시키는 데 있다. 의장 공사에서 선행 의장의 목적을 달성시키기 위해서는 여러 문제점을 해결해야만 하는데 문제를 해결하기 위해서는 다음과 같은 조치를 취한다.

① 선행 의장 공정의 장소를 고정화시켜야 한다.
② 설비와 도구를 전용화하여야 한다.
③ 허용되는 한 옥내 작업화시켜야 한다.

그리고 그 결과로,
① 장소의 고정화에 따른 작업 흐름의 변화로 작업 능률의 향상
② 작업의 옥내 작업화에 의한 작업 환경의 개선과 도장 품질의 향상
③ 공간의 입체화로 블록 저장 면적을 확대시킬 수 있는 쪽으로 개선하게 된다.

공정 계획에 따라 제작된 블록이 선행 의장작업장 내에 이송되면 각종 치공구와 설치될 의장품이 배송되고, 도면에 표기된 모양과 형태에 따라 우선 순위를 정해 취부작업이

먼저 이루어지고 용접작업으로 마무리한다.

작업 후에 선급이나 선주감독의 검사를 반드시 받아야 하는 항목은 검사를 받고 비파괴검사를 거친 후, 다음 후행 공정인 선행 도장으로 블록을 인계한다. 선행 작업 공기는 약 3개월이며 후행 의장부서에서 본선 의장품작업을 최소화할 수 있도록 배관, 철 의장, 전장, 목 의장품을 설치해야 한다. 이와 같이 선행 의장은 모든 직종이 무리없이 작업할 수 있도록 작업인원을 구성해야 한다.

조선소의 생산 능력을 가늠해 볼 수 있는 수치가 도크 회전율이다. 도크 회전율이 높다는 것은 동일한 설비에서 더 많은 선박을 건조할 수 있는 뜻이다. 이 도크 회전율을 높이는 데 있어서 빼놓을 수 없는 핵심요소가 블록 대형화와 선행 의장 기술이다. 조선소 도크 크레인이 달아 올릴 수 있는 최대 범위 내에서 블록 대형화와 선행 의장을 실시하고, 블록을 도크에 탑재하여 도크 내에서 선각 및 의장 공사 작업량을 최소화시켜야 도크 공사기간을 단축할 수 있다. 이와 같이 선행 의장은 조선소 생산 능력을 향상시키는 핵심요소로 최근 선행 의장 적용비율을 높이기 위해 끊임없이 노력하고 있다.

4.3 선행 도장

강판 및 형강과 같은 선체 재료를 가공하기 전 단계에서 공장 내에서 블라스팅하여 녹을 완전히 제거하고 일차 도장(shop primer)한 후 가공 공정을 실행한다.

선행 도장작업은 **그림 11-19**에서 보는 것과 같이 블록 조립 단계에서 이루어지는 작업으로서 크게 블라스팅과 도장으로 나누어진다. 블라스팅은 쇳가루를 압축기로 고속 분사하여 블록 표면에 흑피, 녹피, 오물 등을 제거하여 도장의 부착력을 향상시키는 표면 처리 작업이고, 도장은 스프레이기를 이용, 살포하여 일정 두께의 도막을 형성하고 도막이 부족한 부분은 붓 도장(brush touch-up)을 실시하여 규정치의 도막을 형성하는 작업이다.

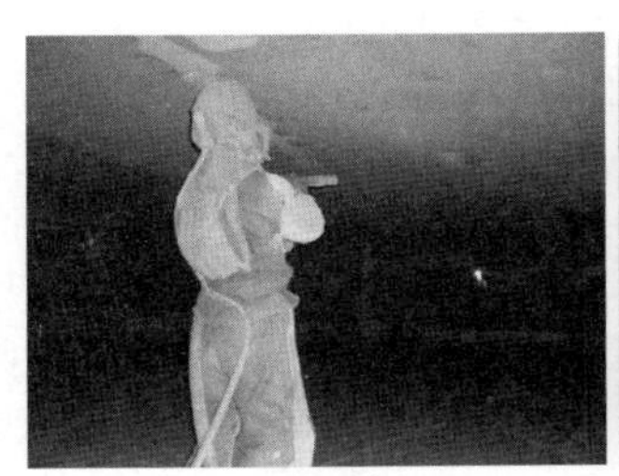
블라스팅

도장

붓 도장

그림 11-19 선행 도장

선행 도장은 건조 사양에 따라 차이가 있으나 보통 내부 2회 외부 4회 도장을 실시한다.

4.4 후행 의장

선대 또는 도크에서 블록 탑재 후 실시하는 의장 공사를 말하며, 크게 기관 의장, 선체 의장, 전기 의장, 선실 의장 및 선체 도장으로 구분한다.

4.4.1 기관 의장

선박이 항해에 필요한 동력을 발생시키고 제어할 수 있도록 하며 선박을 조정하며 항해하기 위한 **그림 11-20**과 같은 기기를 설치하는 작업이다. 기관 의장은 선박 기관실의 의장작업으로 주기관과 관련된 주기 설치와 축 및 프로펠러와 관련된 축 및 타 장치 공사 그리고 보일러, 발전기 등의 보기 설치작업 및 철 의장, 보온, 도장 작업을 말한다.

주기관(헤드부분) 발전기 청정기

그림 11-20 기관 의장

4.4.2 선체 의장

거주구와 기관실을 제외한 구역의 배관 및 철 의장 작업으로 **그림 11-21**과 같이 계선 계류장치, 하역장치, 마스트장치, 해치커버장치 등을 설치하는 작업을 선체 의장이라 한다.

4.4.3 전기 의장

선박에 동력을 전달하기 위한 전기 관련 의장 공사를 말한다. 선박이 항해를 하고 안벽에 계류하여 화물을 하역 또는 선적하며 승조원이 거주하기 위해서는 각종 기기를 작동

양묘기

컨테이너선 해치 커버

갑판 크레인

그림 11-21 선체 의장

해야 한다. 전기 의장 공사는 크게 케이블 포설, 전장품 설치 및 결선으로 이루어진다.

4.4.4 선실 의장

선박이 항해에 필요한 항해 통신장비와 승조원이 거주하기 위한 거주 구역 환창, 출입문, 패널, 천장 내장, 냉난방설비, 위생설비, 주방설비, 냉동설비, 오락실, 거실, 침실 및 사무실 등을 설치하는 작업을 말한다. **그림 11-22**에는 대표적 의장품을 예시하였다.

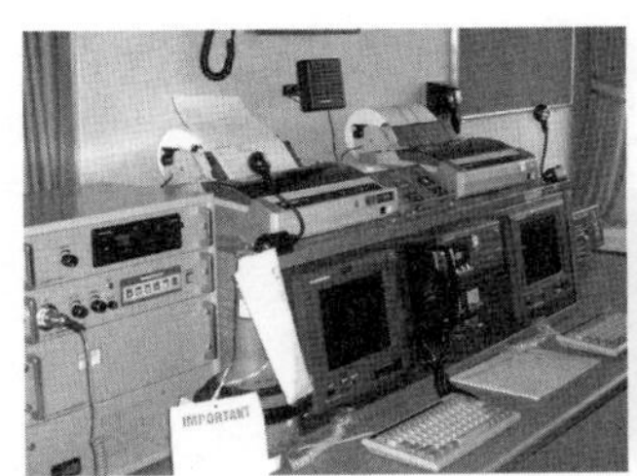
라디오

조타실

레이더

그림 11-22 선실 의장

4.5 최종 선체 도장

선대나 도크에 블록 탑재한 후의 도장 공사로서 선각 및 의장 공사 완료 후 선행 도장 이후 발생된 도장 손상부와 탑재 이음새(erection joint) 및 외판, 선체, 탱크 등에 대하여 시행하는 **그림 11-23**과 같은 최종 선체 도장작업을 말한다.

선박의 페인트는 해수와 직접 맞닿는 외판의 경우 습기와 온도가 적절하게 유지된 상태에서 도장을 하고 일정한 건조시간을 갖은 후 다음 도장을 반복한다. 또한 밸러스트 탱

외판 도장

컨테이너선 화물창 도장

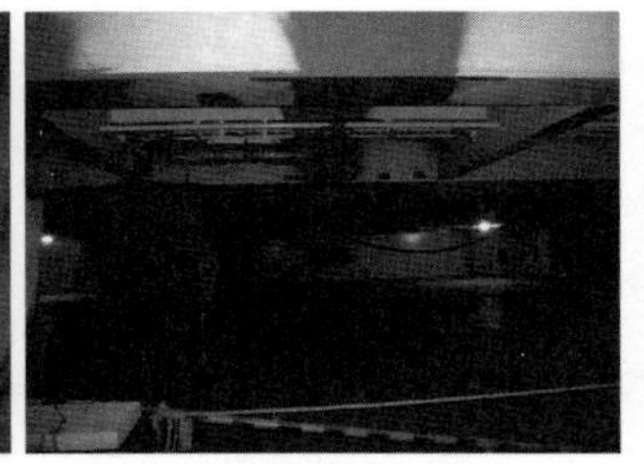

PCTC선 C/Deck 도장

그림 11-23 선체 도장

크 및 식수 탱크 등의 도장 횟수는 특성을 감안하여 도장해야 한다. 2012년 7월 1일 이후에 인도되는 선박은 밸러스트 탱크 도막의 조기 손상을 막아 선박의 안전을 강화하기 위한 규정(PSPC)이 적용되면서 도장의 중요성이 더욱 부각되고 있다.

선체 외판 도장 페인트는 색상에 의한 외관도 중요하지만 선체의 부식과 직접적인 관련이 있으므로 중요한 공정이라 할 수 있다.

5. 탑재

5.1 탑재 일반

5.1.1 선행 탑재

선행 탑재(PE, Pre-erection)는 조립이 완료된 2개 이상의 블록을 결합하여 대형 블록화하는 작업을 말하며 선행 도장 전에 하는 PE를 선행 PE(또는 1차 PE), 후에 하는 PE를 후행 PE라고 한다. 특히, PE 블록들을 결합하여 초대형 블록화하는 것을 총 조립이라고 하며, 총 조립 블록의 크기는 탑재 크레인의 능력에 따라 결정된다.

5.1.2 탑재

선각 공사의 최종 공정으로서 PE까지 공정을 마친 블록을 도크에서 선박의 형상으로 결합하여 선체를 건조하는 공정을 탑재라 한다. 보통의 경우 기관실 블록부터 탑재가 시작되어 진수할 때까지 약 2~3개월 간의 공기를 가진다.

조립 공정에서 이송된 블록들을 선대나 도크에서 블록 이음 부분을 자동 또는 수동으로 용접하여 선박의 전체 형태를 구성하도록 하는 선체 공사의 마지막 공정이다. 탑재작업에서는 설계도에 제시된 선체의 형상이 완성되어야 하므로 선체의 치수가 정확한지 점검해야 한다.

5.1.3 선대 탑재방식

선대 탑재는 경사진 선대에서 블록을 탑재하는 방식으로 선체를 일정한 기울기를 유지하면서 선체 블록을 탑재한다. 선체가 완성되면 선체와 선대 사이에 진수장치(Roller 대차, Fat 방법 등)를 이용하여 경사진 진수대 위로 미끄러지게 하여 진수시킨다. 이 방식은 종래에 많이 사용하던 방식으로 아직도 중소형 선박의 탑재 및 진수에 채택하고 있다.

그림 11-24 선대 탑재방식

5.1.4 도크 탑재방식

도크 탑재는 선체 탑재를 도크 내에서 수행하는 방식으로 건식 도크(dry dock)에서 선체를 탑재한다. 선체가 완성되면 도크에 물을 채워서 선체를 뜨게 한 후 도크 밖으로 예인하여 진수작업을 수행한다. 이 방식은 선체를 수평으로 탑재하므로 선체 형상을 유지하기가 편리하고 대형 선박의 경우에는 진수작업에 위험요소가 거의 없다. 그래서 현대적인 조선소에서는 대부분 도크 탑재 진수방식을 채택하고 있다.

그림 11-25 도크 탑재방식

5.1.5 부양식 도크 탑재방식

부양식 도크(floating dock)는 주로 선박 수리용으로 사용되어 왔으나, 신조선 건조 도크로 사용함에 따라 선대나 건조 도크를 사용하지 않고도 생산량을 늘릴 수 있는 방안으로 각광을 받고 있다. 최근에는 대형 해상크레인과 연계하여 신조 선박 건조에 효율적으로 활용 중이다.

그림 11-26 부양식 도크 탑재방식

5.2 탑재 공사

5.2.1 건조 반목

선체를 도크 내에서 건조하기 위해서는 선체의 중량을 효과적으로 분산시킬 수 있는 받침목을 **그림 11-27**과 같이 배치해야 한다. 반목은 주로 콘크리트와 목재를 조합하여 만들며 선체의 중량을 지지하는 역할을 한다. 높이는 1.7~2.0m가 되도록 하며 도크 측벽에서 3.0m 이상 떨어져 외판 선체작업 및 도장작업이 용이하도록 해야 한다. 일반적으로 선체의 중량을 고려하여 배치하며 1개 반목에 40~50톤 정도의 하중이 걸리도록 계획되어야 한다.

그림 11-27 도크 건조용 반목

5.2.2 블록 탑재

블록 탑재(block erection) 단계에서는 준비된 블록을 계획된 순서에 따라 **그림 11-28**에서 보는 것과 같이 크레인을 사용하여 도크나 선대의 정 위치에 탑재한다. 최근에는 선박의 대형화, 선행 탑재의 보편화로 탑재 블록도 거대화되어 그 중량이 1,000톤을 넘는 것도 있다. 탑재 위치 결정은 후속작업을 충분히 검토한 후 이루어져야 한다. 각 구조물의

그림 11-28 블록 탑재

탑재 순서와 시기는 탑재 일정표(erection network)로 계획되며, 탑재 일정은 건조 선표로부터 작성되고 선행 공정(가공, 조립, 탑재, 선행 의장, 선행 도장) 계획을 입안하는 기초자료가 된다. 탑재 기점은 일반적으로 기관실 블록으로부터 시작하여 선수미로 향해 탑재를 진행하여 선체를 완성한다.

5.2.3 블록 세팅

우선, 탑재된 블록의 폭, 길이, 수평 등의 정도 상태를 체크한 후에 체크된 치수를 바탕으로 도면상 정규 치수를 기준으로 블록을 이동하여 정렬시킨다. 이후 블록 리프트, 유압 실린더 등을 활용하여 블록을 정밀 정렬하는 공정을 '블록 세팅(block setting)' 이라고 한다. 블록을 세팅할 때 사용하는 측량기로는 자동 수준기, 3차원 광파 측량기, 데오도라이트 등이 있으며, 치구류로는 우마, T-bar, 고리피스 등이 있고, 공구류는 50ton 유압 실린더, 줄자, 마킹용 먹통, 수직추 등이 있다.

특히 측량기 중에 3차원 광파 측량기의 경우 블록의 3차원(X, Y, Z) 값을 1mm 오차 이내로 측정하므로 블록 세팅의 정밀도 향상과 선주 및 선급의 신뢰도 향상에 기여하고 있다. 세팅할 때 블록의 정도 상태에 따라서 블록을 절단하여 보정할 수도 있으며 이때는 화재에 주의해야 한다.

5.2.4 블록 취부

세팅을 마친 블록은 부재 간의 이음을 정확히 맞추기 위하여 블록 간의 이음새를 다듬질해야 한다. 블록 끝단에 여유가 있는 곳은 맞춤 절단을 하고 용접에 적합하도록 모따기 작업(開先作業)을 하며 이음새를 가용접(tack welding)하여 고정시키는 작업을 블록 취부라 한다. 가용접은 훈련된 숙련공에 의하여 기준에 따라 시공해야 하며 특히 맞대기 이음새에서 용접작업과 간섭을 일으키지 않도록 주의해야 한다.

5.2.5 블록 용접

취부작업을 마친 블록은 이음새를 용접하여 선체를 완성한다. 용접은 크게 반자동과 자동 용접으로 구분할 수 있는데 대표적인 반자동 용접으로는 **그림 11-29**와 같은 플럭스 피복 아크용접(FCAW, Flux Cored Arc Welding)이 있다. FCAW는 연속적으로 공급되는 플럭스가 내장된 와이어를 사용하고, CO_2 가스와 세경 와이어 속에 내장된 플럭스로 용착금속을 보호한다. 또한 효율이 높고 전 자세 용접이 용이하며 넓은 용접 조건 범위에서 안정된 아크를 얻을 수 있어 조선업의 대표적인 용접방법이다. 후판 맞댐 이음의 긴 용접 길이, 수직상향 용접에 주로 적용하며, 선박을 건조할 때 블록 탑재의 맞댐 이음선에 주로 적용하고 조립 단계에서도 적용한다.

그리고 대표적인 자동 용접으로는 **그림 11-30**과 같은 EGW(Electro Gas Welding)가 있

2 Torch형 Fillet Carriage

일반적인 1 Torch Type Carriage

그림 11-29 FCAW 활용 자동화 장비

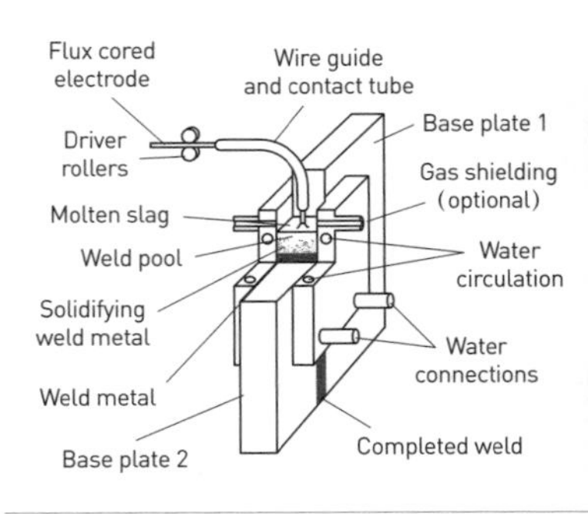

그림 11-30 EGW(Electro Gas Welding)

다. EGW는 수직 상향 맞대기 용접부에 적용되는 자동 용접방법이며, SEG-ARC(Simple Electro Gas ARC Welding)이라고 한다. EGW는 긴 용접길이를 연속적으로 한 번에 용접 가능하며 용접속도가 빠르고 효율이 높다. EGW는 연속적으로 공급되는 플럭스가 내장된 와이어를 사용하고(1.6mm 직경) CO_2 가스와 작은 직경의 와이어 속에 내장된 플럭스로서 용착금속을 보호하는 입향 자동 용접방법이다. 수직으로 용접이 이루어지므로 용융금속 및 슬래그가 유출되지 않도록 앞/뒤에 냉각수로 냉각하는 동합금 뒷댐재를 부착하여 용접 모따기 홈을 따라 용접과 함께 상승한다. 선박에서는 이면에 부착하는 동합금 재 대신에 세라믹 뒷댐(backing)재를 사용하거나 이면 비드를 FCAW로 형성시켜 용접하는 경우가 많다. 그래서 후판 맞댐 이음길이가 긴 수직상향 용접에 주로 적용한다.

5.2.6 검사

선각 공사가 완료된 구획에 대하여 선급과 선주감독에 의한 검사가 수행된다. 검사는 주로 선체구조 및 용접에 대해 이루어지며, 방법으로는 비파괴검사, 수압 또는 기압에 의한 누설검사 및 강도검사 등이 있다.

6. 도장 기술과 도료

6.1 도장 기술

도장은 선박 건조의 최종 공정으로서 건조한 선박의 수명과 성능을 지배하는 핵심적 기술 분야이다. 지금까지 도장 기술은 전통적인 방법에 의존하고 있는 것이 현실이다. 국내 조선업체에서 종사하고 있는 조선 부문 인원을 기준으로 1인당 선박 건조량이 높아지면서 지속적인 경쟁력 유지를 위한 도장의 자동화 개발이 요구되고 있다. 도장 관련 자동화 로봇 기술은 단순히 작업자를 대신하는 것이 아니라 인간의 한계를 극복하여 정밀한 작업 품질을 확보하는 것이 무엇보다 중요하다. 그러나 자동차 분야에서는 로봇 기술이 보편화되어 있는 것과 달리 선박의 경우에는 반복적인 동일 형상에 대한 도장작업이 아니어서 선박 도장로봇 실용화에는 상당한 시간이 소요될 것으로 전망된다.

6.2 방오도료

선박이 해수에 장시간 잠겨 있으면 해양생물, 즉 물때(slime), 해초류(sea grass), 따개비(barnacle) 등이 선체 표면에 부착하여 번식하게 된다. 결국 선체저항 및 무게 증가로 인한 엔진 부하가 늘어나서 항해 속도 저하 및 연료비 증가로 인한 경제적 손실이 생긴다. 이러한 오손(fouling)으로부터 피해를 줄이기 위해 선박 외판 선저 부위에 적용되는 제품으로 다양한 형태의 방오도료(AFP, Anti Fouling Paint)가 사용된다.

최근에는 유가 상승과 이산화탄소 배출 규제로 인하여 선저 부위에 적용되는 도료는 단순히 해양생물에 의한 오염 방지를 위한 방오 성능 외에도, 선박 운항 시 선체저항을 줄임으로써 연료 절감 효과와 함께 이산화탄소의 배출량을 줄일 수 있는 저 마찰형 방오도료 성능을 가진 제품이 있다. 또한 육상에서 정기 점검과 보수를 위한 도킹 의무기간이 90개월로 연장된 'Extended Dry-docking Program'에 따른 장기 방오 성능을 가진 제품의 수요가 증가되고 있다. 이처럼 해양생물 오염으로부터 피해를 줄이기 위해 과거부터 현재까지 **표 11-1**과 같이 도장제품 기술이 발전해 왔다.

현재는 주석 성분이 없는 자기 마모형(SPC Type, Self Polishing Copolymer Type) 도료가 가장 많이 사용되고 있으며, 원유 가격 상승과 각종 환경 규제에 대응하여 환경친화적 제품으로 방오제를 사용하지 않는 저 마찰형(foul-release type) 도료의 사용도 점차적으로 증가하고 있다. 일부 연안 선박이나 소형 선박은 경제적인 이유로 일반형(conventional type) 도료와 자기 붕괴형(CDP Type, Controlled Depletion Polymer Type) 도료도 함께 사용하고 있다. 각 종류별 특징은 **그림 11-31**과 같다.

표 11-1 도장 기술의 발전

연대	주요 내용
고대	피치, 구리 피복
~1700년대	납 피복이 사용되었으나 강선에 부식을 가속화시켜 1682년에 사용 금지
~1860년대	황산구리를 이용한 금속염 사용
~1970년대	산화구리와 산화수은을 송진과 혼합 사용
1970년 이후	산화구리를 다양한 합성수지 및 송진과 혼합 1) Conventional Type : 해수에 녹지 않는 불용성 수지 사용 2) CDP(Controlled Depletion Polymer) Type : 수용성 수지 사용 3) SPC(Self Polishing Copolymer) Type : 유기주석을 포함한 수지 이용
2000년 이후	해양 생태계 파괴를 막기 위한 유기주석의 국제 규제 법안 발효 1) Tin-Free SPC Type : 주석을 구리, 아연, 규소로 대체한 자기 마모형 수지 이용 2) Foul-Release Type : 표면장력이 낮은 실리콘 수지를 이용한 해양생물 부착 억제

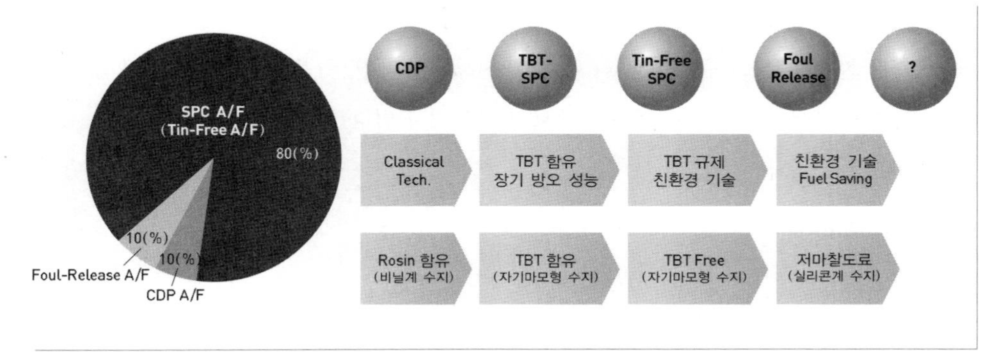

그림 11-31 방오도료 시장 현황 및 개발 진행 방향

6.2.1 일반형 도료

비닐계 또는 염화고무 수지와 같은 불용성 수지에 방오제를 혼합하여 사용하며, 방오제 확산 속도에 따라 방오 성능이 결정되므로 2년 이내로 반복적인 도장이 필요하다. 도료 자체의 가격은 저렴하나 방오제가 녹아내린 자리에 공극이 형성되므로 보수할 때 잔존 방오도료 도막을 제거해야 하므로 전처리 비용이 추가 발생되는 단점이 있다.

6.2.2 자기 붕괴형 도료

비닐계 또는 염화고무를 로진과 혼합하여 해수에 용해될 수 있는 수지에 방오제를 혼합하여 사용한다. 방오 성능은 로진의 용해 속도에 의존하게 됨에 따라 30개월까지는 유지되나, 용해 속도가 불균일하여 시간이 경과될수록 표면조도가 매우 거칠어지게 된다. 따라서 보수할 때 표면조도를 줄이기 위한 실러 도장이나 잔존 방오도료 제거가 필요하다.

6.2.3 자기 마모형 도료

건조한 조건에서 불용성 수지로 존재하며 해수와 접촉하면 가수화 반응을 통해 수용성 수지로 변화되어 부풀음층을 형성하여, 일정 선속에서 해수와의 마찰로 도막이 미세하게 마모되는 메커니즘의 방오도료이다. 비록 가격은 비싸지만 60개월까지 장기간 동안 방오 성능이 유지되며 운항기간 동안 평활한 표면을 유지함으로써 기존 일반형 및 자기붕괴형보다 탁월한 연료 저감 및 보수 비용 절감의 효과를 보여주고 있다.

1970년대 말부터 2000년 초까지는 유기주석 화합물을 이용한 자기 마모형 도료가 사용되었다. 현재는 IMO 규제에 따라 주석 대신 구리, 아연, 규소를 이용한 틴 프리(Tin-Free) 자기 마모형 수지를 이용한 방오도료가 사용되고 있다.

6.2.4 저 마찰형 도료

실리콘 또는 불소와 같은 표면장력이 매우 작은 수지를 이용한 도료로 도장 표면에 해양생물이 부착되더라도 운항 중 해수와의 마찰로 쉽게 부착생물이 제거되는 도료이다. 고가의 수지 사용으로 제품가격이 비싸고 작업성이 기존 방오도료보다 나쁘지만 방오제를 사용하지 않는 도료이다. 따라서 환경친화적이고 선체 표면조도가 낮아 해수 마찰저항 감소에 따른 연료 절감 효과를 기대할 수 있어 점차 사용이 늘고 있다.

6.3 방식

부식 환경으로부터 물체를 보호할 목적으로 적용되는 방법이며 선박에서는 대표적으로 도료에 의한 방식법이 적용된다. 선박용 도료의 경우, 해양에서의 혹독한 부식 환경하에서 강재를 보호하기 위한 고성능의 방식 성능 요구와 도장 환경을 조정하기 어려운 옥외에서 도장작업이 대부분 진행되는 점을 감안하면, 물을 기본으로 하는 수성보다는 유성 도료가 적용되어 왔다.

현재는 휘발성 유기화합물의 배출 규제로 인하여 무용제 도료 및 물을 희석제로 사용하면서도 유성도료의 성능을 유지할 수 있는 수용성 도료의 적용 확대를 검토하고 있다. 도료는 인공적으로 합성된 화학물질이므로 환경오염 및 인체에 유해한 물질이 포함될 가능성이 있기 때문에, 전 세계적으로 사용 원료 선택과 제조 공정을 엄격하게 규제하고 있는 실정이다. 도료업계에서도 이러한 문제점을 인식하여 환경친화적인 도료 개발에 박차를 가하고 있는 상황이다. 도료 사용자들도 기존 제품에 대한 선호보다는 친환경 도료에 긍정적인 검토 및 적용 확대를 위한 노력을 통해 친환경 도료의 지속적인 보완 연구 및 개발이 이뤄질 수 있는 환경을 조성할 필요가 있다.

또한, 조선 산업에 필수 불가결하게 사용되고 있는 선박 도료의 내구성 및 기능성 향상을 통해 선박의 안정성과 에너지 효율을 최대한 높일 수 있을 것이라 기대된다. 뿐만 아니라 환경오염을 최소화하는 길이 되므로 제품 개발에 적극적인 관심과 노력이 필요하다.

7. 한국의 특수 건조 기술

7.1 육상 건조 기술

2008년에는 조선 산업이 호황이었는데도 대부분 조선소들의 도크 일정이 꽉 차 있어서 추가 수주 및 건조가 어려워 선박의 수주를 포기하는 경우가 많았다. 이러한 문제점을 극복하기 위하여 일부 선진 조선소들은 기존의 선박 건조 도크를 사용하지 않고 육상에서 선박을 건조하는 새로운 선박 건조공법을 개발하였다. 이 기술은 건조 도크에서 건조하여 진수한다는 기존의 개념을 깬 사례로서 세계 조선 산업 역사 및 건조방식의 새 시대를 여는 계기가 되었다.

육상 건조공법은 메이저 석유 기업들이 발주한 여러 가지 석유 시추장비 및 여러 형태의 대형 해상구조물들을 건조 도크가 아닌 육상에서 성공적으로 건조하여 실용성이 확인되었다. 그러나 대형 선박 건조에 처음 이 공법을 채택한 것은 현대중공업이었다. 육상 건조공법을 채택함에 따라서 건조 도크의 작업물량과는 별개로 건조작업을 진행할 수 있어 연간 건조 능력을 향상시킬 수 있었다.

육상 건조공법은 육상에서 건조한 선박을 안벽에 계류된 진수용 바지(launching barge)에 선적 후 바지선을 예인선으로 진수 해역까지 이동시킨다. 이후 계류된 상태에서 바지선을 바다에 침하시켜 선박이 자체 부력으로 부상하도록 하여 안전하게 진수하는 등의 일련의 공정을 거쳐 수행된다.

여기에서 진수용 바지에 선적(load out)하는 것은 고도의 기술이 필요하며 선적방법에는 종(縱) 방향 선적과 횡(橫) 방향 선적으로 구분할 수가 있다. 현대중공업에서는 **그림 11-32**에서 보는 것과 같이 횡 방향으로 에어패드(air-pad)라는 장비를 이용하여 들어 올린 후 스키드(skid)를 이용하여 안벽에 계류된 진수 바지선에 선적하였다. 대부분의 육상

그림 11-32 육상 건조 횡 진수방법 (출처: 현대중공업)

건조공법에서 선적방법은 종 방향으로, 하이드로 휠 시스템(hydro wheel system)을 이용하여 들어 올린 후 윈치를 이용하여 종 방향으로 안벽에 계류된 진수 바지선에 선적한다.

7.2 선수부 수중접합 탑재공법(댐 공법)

건조 가능한 선박의 크기는 조선소 보유 설비 및 도크의 규모에 따라 제한되므로 조선소는 수주 단계에서부터 시설 규모를 벗어난 선박의 입찰에는 원천적으로 응찰할 수 없는 불리한 여건에 놓이게 된다.

한진중공업은 입지적 조건으로 도크의 길이가 300m로 제한되어 있어 이보다 길이가 긴 선박은 사실상 건조할 수 없다. 하지만 '선수부 수중접합 탑재공법' 이라는 새로운 공법을 창안하여 도크 길이 300m보다 25m나 더 긴 8,100TEU급의 컨테이너선을 건조하여 세계 조선업계로부터 경이적인 탑재 신기술로 평가받았다.

이 공법을 적용하는 선박의 건조 절차는 우선 도크에 수용할 수 있는 범위의 주 선체 부분을 도크 내에서 건조하고 도크 길이를 초과하는 선수 부분을 해상크레인이 도크 내로 진입하여 들어 옮길 수 있는 장소에서 탑재한다. 도크에서 건조된 미완성 상태의 주 선체 부분을 진수하고, 별도로 탑재된 선수 부분과의 물막이(DAM)를 이용하여 수중에서 나머지 부분을 용접하고 연결하여 선박을 완성하는 것이다. 세부적인 절차는 **그림 11-34**로부터 **그림 11-37**까지의 단계로 이루어진다.

① 1단계 : 선수부를 제외한 블록을 도크 내에서 스키드 공법이나 선미부 수중접합 탑재공법을 함께 적용하여 탑재하고, 선수부와 단을 지어 연결할 부분에 물막이(DAM)를 밀착시켜 고정시킨다.

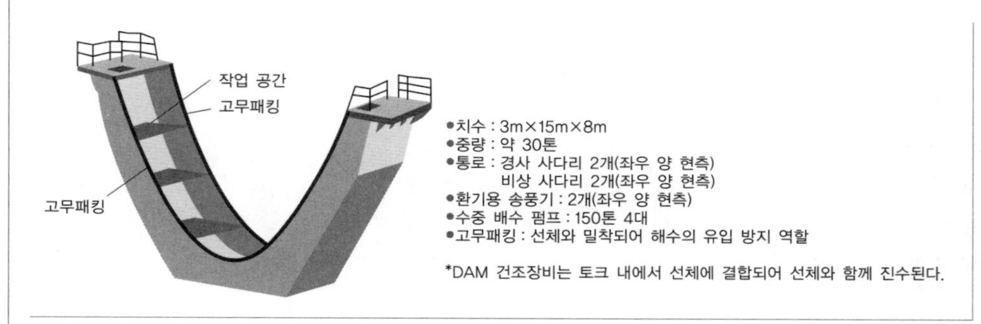

그림 11-33 물막이(DAM) 모형 및 건조 공정 (출처: 한진중공업)

② 2단계 : 도크에 물을 넣어 선체 부양시키고 도크 게이트를 열어 별도로 탑재할 선수 부분을 해상에서 연결할 수 있도록 준비한다.

그림 11-34 1단계 도크 내 블록 탑재 및 물막이(DAM) 설치

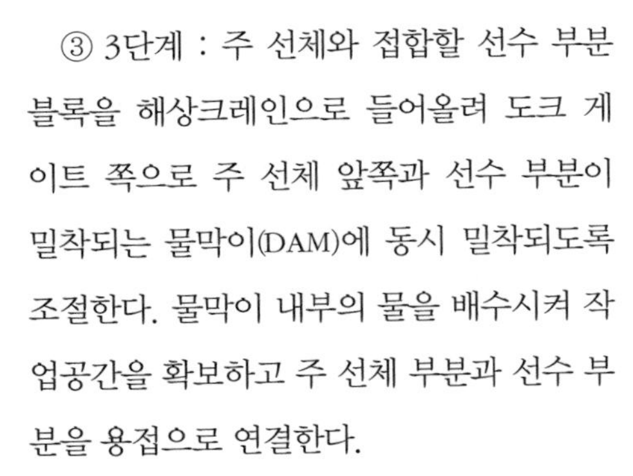

③ 3단계 : 주 선체와 접합할 선수 부분 블록을 해상크레인으로 들어올려 도크 게이트 쪽으로 주 선체 앞쪽과 선수 부분이 밀착되는 물막이(DAM)에 동시 밀착되도록 조절한다. 물막이 내부의 물을 배수시켜 작업공간을 확보하고 주 선체 부분과 선수 부분을 용접으로 연결한다.

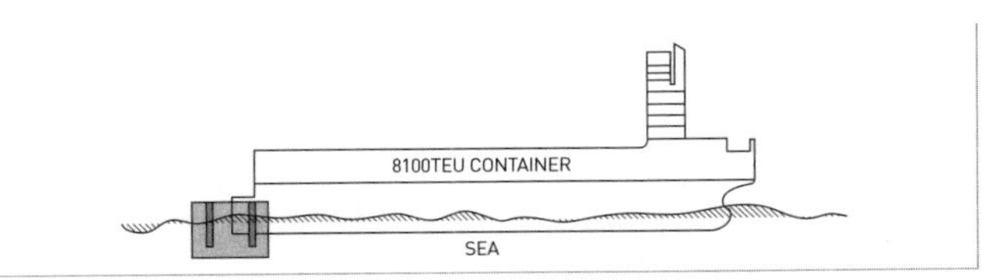

그림 11-35 2단계 선체 부양 및 해상 이동

④ 4단계 : 주 선체 부분과 선수 부분을 용접 후 물막이(DAM)을 제거하고 선수부 상부 블록을 탑재하여 선체 부분을 완성한다.

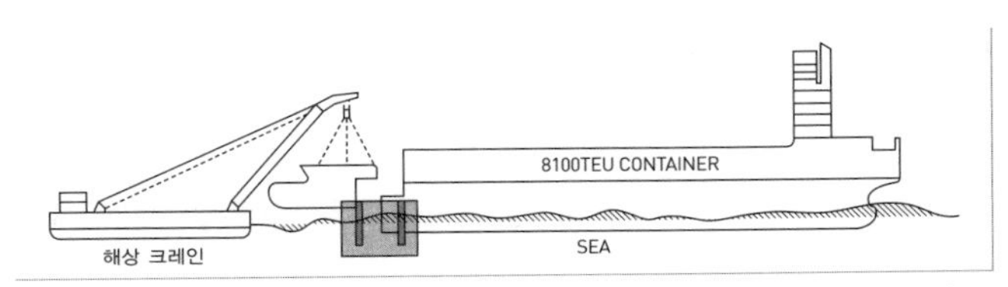

그림 11-36 3단계 해상크레인을 이용한 주 선체 부분과 선수 부분 탑재

7.3 초대형 블록 공법 (메가 블록 공법)

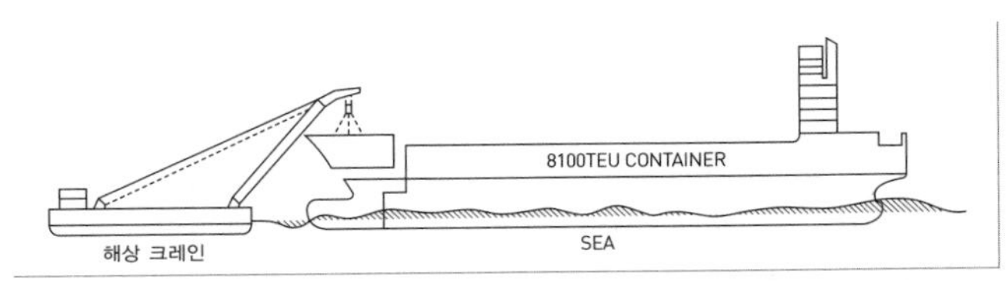

그림 11-37 4단계 물막이(DAM) 제거 및 선수부 상부 블록 탑재

초대형 블록 공법에서는 여러 개의 블록을 육상에서 묶어서 조립하여 메가 블록을 만들어 해상크레인으로 탑재한다. 이 공법은, 선체를 초대형 블록 10개 정도로 분할하여 기존의 수 개의 블록을 지상에서 조립하여 초대형 블록을 제작하고, 의장 및 도장 공사를 완료한 후 도크에 탑재한다. 이 공법을 적용함으로써 도크 기간도 기존의 2.5개월에서 1.5개월로 획기적으로 단축할 수 있어 선박 건조공법의 혁신을 가져온 기술로 평가된다.

7.3.1 초대형 블록 공법의 확대 적용

건조 도크에서 중량이 3,000톤에 달하는 메가 블록을 탑재하기 위해서는 블록을 도크 내로 운반하고 이동하는 것이 필요하다. 운송문제를 해결하기 위하여 전 세계의 중량물 운송 관련 정보를 수집하고 장비 시뮬레이션을 거쳐 3,000톤급 메가 블록 운송에 적합한

트랜스포터를 개발하였다. 1,000톤급 트랜스포터 3대를 조합하고 미세 제어(micro control) 기능을 추가하여 기존의 건조 도크에서 실선 건조에 적용하였다.

메가 탑재방식은 기존 도크의 탑재 크레인 능력의 제한을 받아왔다. 그러나 초대형 블록을 육상 또는 해상으로 운송하여 도크 또는 해상에서 탑재하는 방법을 적절히 활용하여 조선소 도크의 탑재 크레인 한계를 뛰어넘어 블록 탑재가 가능하도록 하였다.

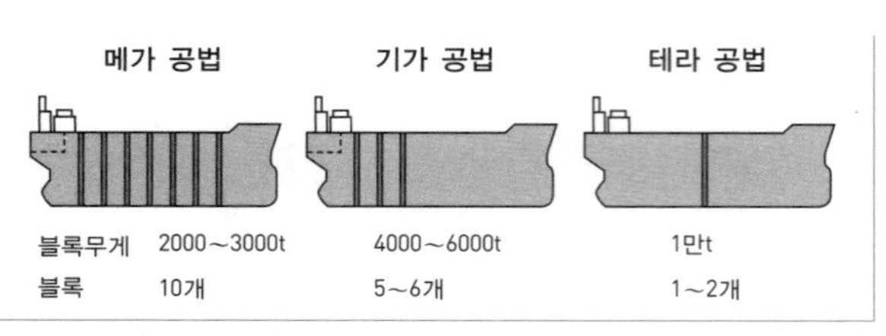

그림 11-38 메가, 기가, 테라 블록 구분 (출처: 삼성중공업)

메가 블록 공법이 구현되어 도크에서만 배를 짓는다는 개념은 사라지게 되었다. 현재는 어떤 조건에서도 배를 건조할 수 있는 형태로 발전하게 되었으며, 최근에 삼성중공업은 **그림 11-38**에서 보는 것과 같이 해상크레인 장비 2기 또는 그 이상을 활용하여 5,500톤급 이상의 극초대형 블록으로 탑재하는 기가(giga) 블록 공법과 1만 톤 이상의 초거대 블록을 탑재하는 테라(tera) 블록 공법으로 발전시켰다.

7.3.2 육상 스키드 진수

STX조선(주)이 개발하여 사용하고 있는 스키드 진수(SLS, Skid Launching System) 건조 공법은 도크가 아닌 육상에서 선박을 건조한다. 선박이 완성 단계에 이르렀을 때 선체를 유압식 운반차(hydraulic transporter)에 실어 스키드 레일(skid rail)을 따라서 육상의 건조장과 접안되어 있는 스키드 바지(skid barge) 위로 이동시킨다. 스키드 바지를 진수 위치로 예인하여 부유식 도크(floating dock)에서 진수시킬 때와 같이 바지선을 침하시켜 선박을 진수시키는 공법이다.

STX조선(주)은 이에 대형 선박을 초기에 적용할 때는 2개의 부분으로 나누어 공사 진행에 유리한 위치에서 두 부분을 따로 건조한다. 그리고, 이를 조립할 수 있는 시점에 스

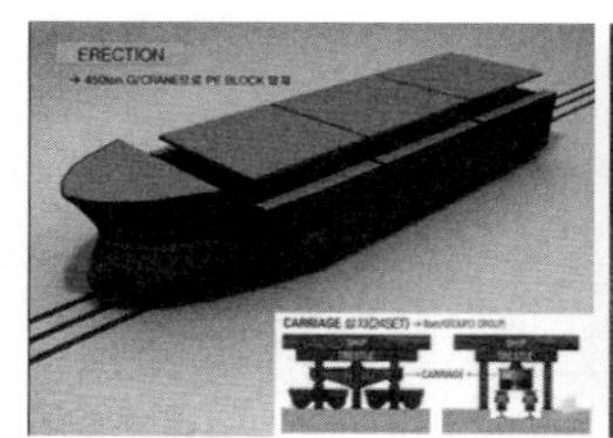

그림 11-39 육상 건조 종 진수방법 (출처: STX조선해양)

키드 바지로 옮겨서 선박을 완성하는 건조공법을 창안했다.

최근에는 대형 선박을 2개의 부분이 아닌 전체를 건조하여 완성 단계에 이르렀을 때 스키드 바지로 옮겨서 진수하는 방식을 사용한다. 도크가 아닌 육상에서 선체의 선박을 약 3개월 동안 건조하여 선박을 완성할 수 있어서 조선소의 종합적인 생산성을 극대화할 수 있는 새로운 건조공법이다. 현재 육상 건조 후 진수방법은 이와 같은 스키드 진수방식이 모든 조선소에서 유사하게 사용되고 있다.

8. 진수

8.1 진수의 정의

선대 또는 건조 도크(dry dock)에서 선박 건조 중 선각 공사가 대체로 완료된 시점에서 선체를 진수시켜 선체를 처음으로 물 위에 뜨게 한다. 이를 선대 진수 또는 도크 진수라 한다. 선대 진수에서는 선체 밑의 여러 받침목이나 지주로 지지되고 있는 선체 중량을 단시간 내에 진수대 위로 이동시킨 뒤 수십 초 이내에 수중으로 활주시켜서 물 위에 띄운다.

중량물을 순식간에 육상에서 해상으로 이동하므로 선체에는 급격한 응력이 작용하고 직립을 유지하지 못할 경우 전복의 위험성도 있다. 따라서 선대 진수 공사는 면밀한 이론적 계산으로 과거의 실적과 경험을 살려 진수 계획을 세운다. 또한 숙련된 작업원에 의하여 신중히 시행하여야 한다.

도크 진수는 건조 도크 내에 해수를 주입하여 선체를 뜨게 하는 진수로서 선저에 손상이 없도록 트림, 횡 경사의 수정을 위한 정밀한 밸러스트 계획을 수립하고 진행해야 한다.

8.2 진수의 종류

선대 또는 도크 건조에서 이루어지는 진수는 각 조선소의 지리적 조건, 설비 조건 및 전통에 의하여 여러 가지 종류의 진수방법이 적용되고 있다. 따라서 각 조선소에서는 그 규모에 따라 최적의 진수방법을 택한다.

8.2.1 선대 진수

1) 세로 진수

세로 진수는 중소 조선소에서 예로부터 가장 널리 시행해온 방법으로서 **그림 11-40**과 같이 선미로부터 진수시키는 방법이다. 일반적으로 선박은 선수를 육지 쪽으로 하여 건조되어 선미 쪽으로 진수시키지만, 이것은 다음과 같은 이유 때문이다.

- 일반적으로 선미로부터 진수시키는 것이 부력이 빨리 증가한다.
- 선미부가 물에 들어가며 부양하기 시작할 때 선체를 받쳐주는 육상 쪽의 지점이 되는데 선수부의 선체구조가 선미부 구조보다 조금 더 적합하다.
- 선미 골재, 프로펠러, 타 등의 운반, 부착 등은 선미가 해안에 면하는 것이 편리하다.

그림 11-40 선대 진수(세로 진수)

2) 가로 진수

가로 진수는 선체를 해안에 평행하게 건조하여 가로 방향으로 활강시키는 것이다. 하천, 운하 등에 면한 공장에서 전방의 수면이 좁고 세로 진수가 곤란한 경우와 소형 선박에 행한다. 이때 진수대의 경사는 1/6~1/10로서, 세로 진수의 경우보다도 상당히 급하므로 진수할 때는 상당히 큰 경사를 일으키기 때문에 중심 높이의 검토, 현창 등 출입구부의 수밀 등에 신중한 주의가 필요하다.

가로 진수방식을 채택하는 선대에서 선박을 건조할 때는 킬을 수평한 위치로 배치할 수가 있으므로 프레임, 격벽 등은 수직으로 세울 수가 있어서 공사가 쉽다.

8.2.2 도크 진수

주로 대형 조선소에서는 건조 도크 내에서 선박을 건조하고, **그림 11-41**과 같이 단순히 그 도크 내에 해수를 주입하여 선박을 뜨게 하는 진수방법으로, 가장 손쉬운 진수방법이

그림 11-41 도크 진수

다. 그러나 해수를 주입하는 중에는 큰 선체가 미리 뜨면 과대한 트림이나 횡 경사의 위험이 있으므로 세심한 주의가 필요하다.

이 도크설비는 건설에 막대한 경비와 오랜 시간이 소요되고, 상당한 유지비가 드는 등의 결점이 있다. 그러나 유조선 등 대형 선박을 건조하기에 매우 효율적인 방식이므로 대형 조선소에서는 여러 개의 도크를 보유하고 있다.

9. 경사시험

선박의 건조가 완성될 무렵이나 큰 범위의 개조 공사를 완료하면 경사시험을 실시하여 배의 중량과 중심의 연직 및 종 방향의 위치를 확인한다. 설계 단계에서 추정한 값을 실제 실험을 통하여 확정하는 단계이다. 이렇게 하여 얻은 결과는 선박의 안전한 항해뿐 아니라 정확한 중량의 화물을 적재하기 위한 기준이 된다.

9.1 경사시험의 원리

경사시험을 위해서는 배를 횡 경사시키기 위한 중량물이 필요한데, 중소형 선박의 경우 경사시험을 위해서 검증된 중량물을 사용한다. 그러나 대형 선박이나 중량물을 사용할 수 없는 특수선일 때는 선박 자체의 밸러스트 탱크를 활용한다. 다음은 일정한 중량물을 이용한 경사시험인 경우이다.

선박의 배수량을 Δ, 이동중량을 w, 이동거리를 d라 할 때, 중량 w를 d만큼 이동하였을 때 선박의 중심 변화 GG'과 횡경사 모멘트는 식 (11-1)의 관계를 갖는다.

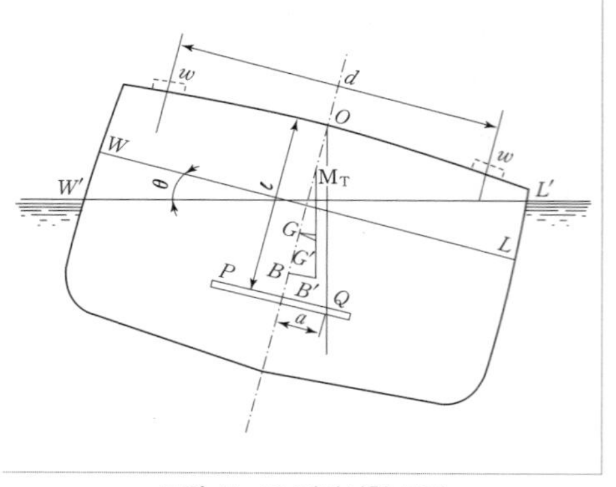

그림 11-42 경사시험 조건

$$w \times d = \Delta \times GG' \qquad (11-1)$$

그런데 선박의 경사각이 작은 경우에 **그림 11-42**에 표시된 선체 중심 이동거리 GG'는 **식 (11-2)**와 같은 관계식을 가진다.

$$GG' = GM_T \times \tan\theta \qquad (11-2)$$

따라서 **식 (11-3)**과 같은 관계가 성립한다.

$$GM_T = \frac{w \times d}{\Delta \times \tan\theta} \qquad (11-3)$$

이때 기선으로부터 횡 메타센타 높이를 알면 실험 상태에서의 선박의 중심 위치는 **식 (11-4)**의 관계로부터 구할 수 있다.

$$KG = KM_T - GM \qquad (11-4)$$

경사시험은 이미 준비된 절차에 따라서 실시되어야 한다. 또한 흘수 확인, 해수 비중 계측, 탱크 내 수량 계측, 그리고 미비 탑재 품목을 조사하여 중량 보정자료를 확인하는 배수량 확인 절차(deadweight measurement)와, 실험 대상 선박을 중량물을 이동시켜 횡 경사를 일으키게 하고 경사각을 측정하는 경사시험(inclining experiment)의 2가지로 구분된다.

9.2 경사시험 준비사항

9.2.1 선박의 계선 상태와 조건

① 해상 상태 : 무풍 상태가 이상적이나 최대 BF3가 넘지 않는 상태(**표 6-1** 참조). 기타 파도, 조류, 주위 이동 선박 등의 영향을 적게 받는 장소가 좋다.
② 계선 상태 : 계선줄을 느슨하게 하여 선박의 계선줄에 장력이 없도록 한다.
③ 선박 상태 : 직립 상태이거나 횡 경사 0.5도, 트림은 길이의 1.5% 이내로 한다.
④ 탱크 상태 : 필수 탱크를 제외하고 모든 탱크는 완전히 비우거나 만재시킨다.

9.2.2 경사시험 준비물

① 관련 도면 준비 : 경사시험 절차서, 배수량 테이블, 일반 배치도, 탱크 측심표

② 테스트 장비 : 고무보트, 흘수 계측기, 해수 채수통, 비중계, 온도계, 실험 기록지, 진자 설치, 통신장비, 손전등, 필기도구

9.3 중량 산정시험

중량 산정시험(deadweight measurement)은 경사시험을 면제받은 선박이 경사시험을 제외한 나머지 항목만을 테스트하는 것을 말한다. 경하중량 산정 항목은 다음과 같다.

- 보일러 내 및 복수기 내의 물
- 주기 냉각용 해수, 보일러 냉각용 해수
- 조타장치를 위한 기름
- 주기관 냉각기용 윤활유
- 선박 법규상에서 요구하는 비품 등 상기 항목은 경하중량에 포함한다.

9.4 경사시험

경사시험(inclining experiment)에서는 준비된 횡 경사 유동용 중량물을 좌현과 우현으로 이동시키면서 각 단계별로 선박의 횡 경사를 계측하는 단계이다. 단, 이때 사용하는 중량물은 선급으로부터 자중과 중심 위치를 검증받은 것이어야 한다.

9.4.1 흘수 계측

배수량을 알기 위한 공정으로 **그림 11-43**과 같이 흘수 계측기를 활용하여 계측한다.

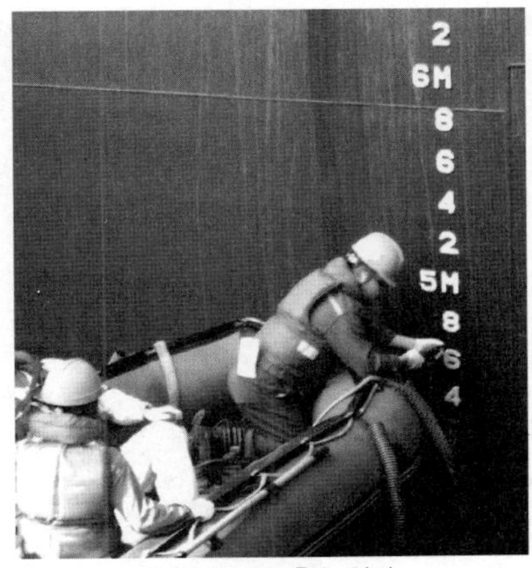

그림 11-43 흘수 읽기

9.4.2 진자의 설치와 계측

경사시험에서 **그림 11-44**에서 보는 것과 같은 진자는 최소 일정한 2곳 이상의 장소에 설치해야 하며, 진자의 이동 편차를 계측하여 진자의 길이에 대한 탄젠트값을 읽는다. 진자의 설치 상태는 총 8회에 걸쳐 중량을 옮겨 계측을 실시하고 탄젠트 곡선을 작성하여 **그림 11-45**와 같은 경사시험 결과를 얻으면 실험으로부터 중심 위치를 알 수 있게 한다.

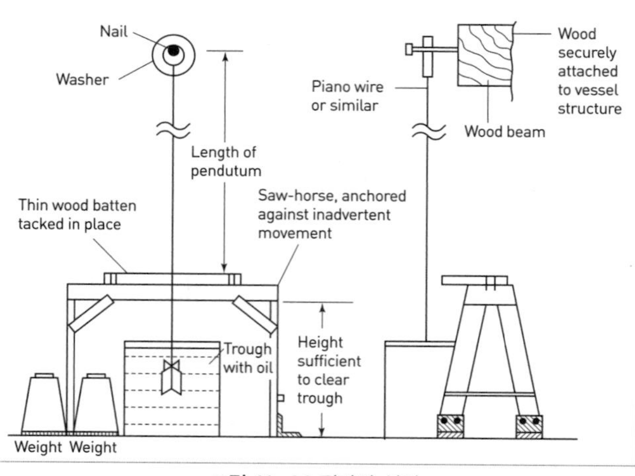

그림 11-44 진자의 설치

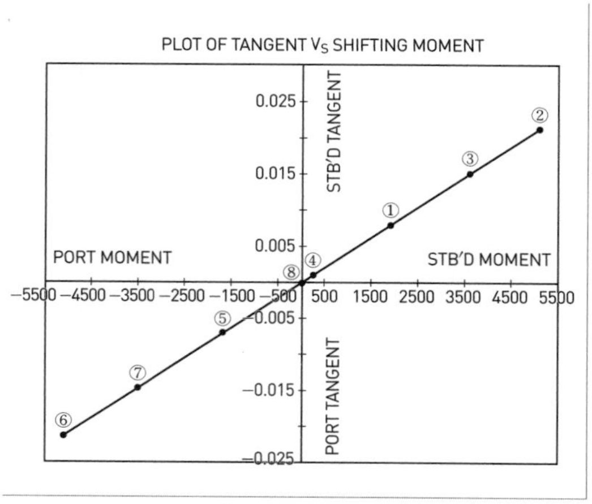

PLOT OF TANGENT V_S SHIFTING MOMENT

그림 11-45 경사시험 결과

9.4.3 경사 시험 시 주의사항

본 테스트 자체가 선박의 가장 중요한 결과물을 찾기 위한 목적이 있는 만큼 실시할 때 여러 가지로 그 절차 및 정도에 주의를 기울여야 한다.

- 인원 통제 : 테스트 중 인원의 출입이 없도록 통제한다.
- 흘수 계측 : 안전을 위해 구명조끼를 착용하고 보트와 본선 간 협착에 주의한다.
- 진자 계측 : 진자는 잦은 움직임을 방지하기 위하여 물속에 있어야 하나 움직임이 심한 경우에는 기름을 사용한다.

10. 해상 시운전

해상 시운전은 실제로 건조된 선박이 선주와의 약속에 따라 계약 사양을 만족하는지를 실제 운항 조건과 동일한 상태에서 선박의 성능을 확인하는 공정이다.

10.1 해상 시운전 주요 항목

1) 주기관 기동시험

주기관 기동시험(main engine starting test)에서 주기관은 주 공기압축기(main air compressor)에 의해 시동용 압축공기 탱크에 저장된 압축공기로 시동한다. 선급규정에 따라 엔진 시동 중에 공기압축기를 가동하지 않고도 최소 12회 이상 시동 가능한 용량의 압축공기 저장 탱크가 2개 설치되어야 한다.

선교에서 전진, 후진을 번갈아하면서 시동하여 시동공기 탱크의 압력이 저압 차단(low pressure blocking)이 될 때까지 작동하고, 작동 후 기관조종실(engine control room)에서 더 이상 시동이 안 될 때까지 계속 시도한다.

2) 주기관 부하 및 연료 전환시험

주기관 부하 및 연료 전환시험(main engine load up & bunker change test)은 선박이 시운전 출항하여 공해상에서 처음 주기관과 프로펠러를 돌려 엔진에 부하를 거는 과정이다. 또 시운전이나 정상 운항 중일 때에는 엔진에서 소모되는 연료유의 양이 많다. 이로 인해 상대적으로 저렴한 연료유를 사용하기 위해 현재 사용 중인 연료인 경유를 중유로 교환하게 되는데, 이를 연료 전환(bunker change)이라 한다.

3) 주기관 안전실험

엔진이 작동할 때 윤활유나 냉각수 등 엔진을 보호하기 위한 안전장치가 있다. 자동 감속시험(auto slow down test), 자동 운전 차단시험(auto shut down test) 등의 주기관 안전시험(main engine safety test)을 통해 이러한 엔진 안전장치가 정상 작동되는지 확인한다.

4) 정전시험

정전시험(black out test)은 비상시의 정전을 대비하는 시험이다. 정상적으로 항해하는 선박은 발전기 구동엔진 자체나 그 외의 다른 전기적인 문제로 정전이 될 수 있다. 이때 준비된 발전기가 즉시 정상적으로 시동되어 각종 펌프와 보조 기계 및 항해장비에 정상적으로 전기가 공급되어 계속해서 항해할 수 있어야 한다.

5) 기능 회복시험

기능 회복시험(dead ship recovery test)은 선박의 정전 상태(black out)에서 발전기가 시동되어 선박의 모든 에너지가 정상적으로 공급되고 주기관이 다시 시동되어 정상적인 항해를 할 수 있을 때까지 긴급 조치방법과 소요시간을 확인하는 시험이다.

6) 투양묘시험

투묘하였을 때는 닻이 해저로 원활하게 내려가야 하고, 운항 중인 선박을 긴급히 정지시킬 때 정상적인 제동 능력을 가져야 한다. 닻을 끌어올릴 때는 윈치의 능력을 규정속도 이상으로 양묘할 수 있어야 한다. 투양묘시험(anchoring test)에서는 투묘와 양묘에서의 성능을 확인한다.

- 최소 시험 길이 : 3shots(약 82.5m)
- 달아 올림 속도 : 9m/min 이상

7) 비상 역추진시험

비상 역추진시험(crash astern test)은 선박이 항해 중에 돌발 사고가 발생하여 배를 긴급하게 정지시키거나 급속 후진해야 할 경우에 엔진의 조종간을 전속 전진에서 전속 후진으로 바로 이동한다. 주기관 제어 프로그램(engine control program)에 의해 엔진이 정지 후 전속 후진으로 정상적으로 시동되어 전진타력이 후진타력으로 바뀔 때까지의 시간과 항진거리를 계측하는 조종 성능시험이다.

8) 선교 조종시험

자동화된 선박에서 엔진 운전을 선교에서 가능하도록 만들어 놓은 장치가 선교 조종 시스템(bridge control system)이다. 입항할 때나 출항할 때에 엔진, 즉 프로펠러 회전수의 변경을 실제 운항 선박에서 가장 빈번히 일어날 수 있는 상황을 테스트 프로그램으로 설정하여 선교 조종 시스템이 정확하게 작동하는지를 시험한다.

9) 속력시험

속력시험(speed test)은 선박 시운전 시 가장 큰 관심사인 항목으로, 인도 후 연료비, 선원비 등 화물 운송 비용에 가장 직접적인 영향을 미치는 부분이다.

속도를 계측하는 방법으로 요즘은 인공위성을 활용한 위치 정보 시스템(DGPS, Differential Global Positioning System)을 사용하고 있다. 해상의 조건은 선속에 많은 영향을 주기 때문에 잠잠한 해상이 이상적이나 일반적으로 해상 상태를 나타내는 Beaufort scale 3~6 정도이면 테스트는 가능하다. 해상 상태에 따르는 해면의 형태는 **그림 11-46**과 같으며 경험이 있는 운항자는 목측으로도 쉽게 판단이 가능하다.

단, 계약 조건에 따라 해상 상태는 보정되어야 한다. 일정한 간격의 두 지점 사이를 **그림 11-47**에 표시된 항로를 따라 왕복하여 계측하되 계측을 시작할 때 선속이 충분한 거리를 지나도록 일정 속도가 유지되어야 한다.

Beaufort Scale 3인 해면 상태 Beaufort Scale 4인 해면 상태

그림 11-46 속력 시운전이 가능한 시험 해면

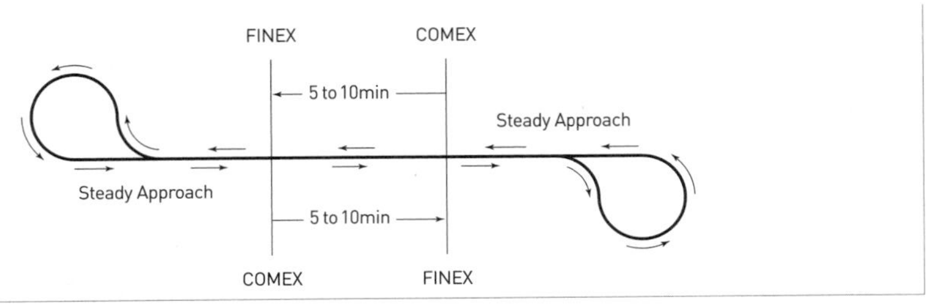

그림 11-47 시운전 항로

10) 조종 성능시험

조종 성능시험(maneuvering test)는 **그림 11-48**에서 보는 것과 같이 선박을 조종하여 선회 성능을 확인하는 선회 성능시험(turning circle test)과 타를 지그재그로 움직여서 **그림 11-49**에서 보는 것과 같이 배가 타각보다 얼마나 많이 관성 이탈(overshooting)하는지를

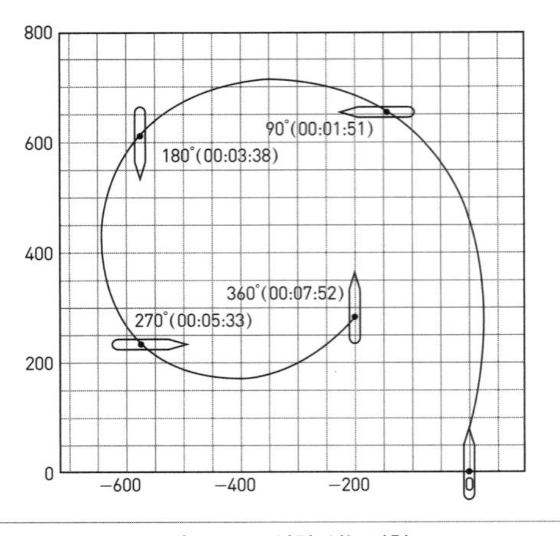

그림 11-48 선회 성능시험

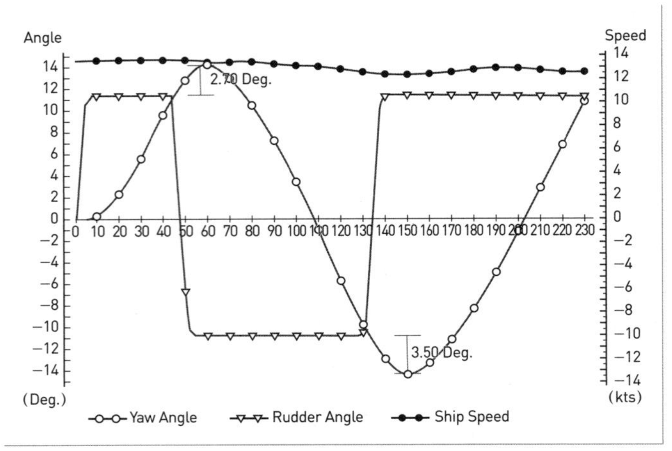

그림 11-49 지그재그 조종시험

확인하는 지그재그 조종시험(Z-maneuvering test), 항해 중 사람이 물에 빠졌을 때 다시 그 자리에 돌아오는 원점 복귀실험(man overboard test), 그리고 전속 전진하던 배에 선박의 엔진을 정지 신호를 내린 후부터 정지하는 데까지 소요되는 거리와 시간을 확인하는 제동 성능시험(stopping inertia test) 등이 있다.

11) 조타기 성능시험

선박에 장치되어 있는 방향타를 움직이는 장비가 조타기이다. 시운전하며 전속 전진 상태에서 타를 좌현 끝단에서 반대현의 끝단까지 움직일 때, 반대현의 30°까지 도달시간이 28초 이내, 비상 조타(emergency steering gear)일 때는 반속 상태(half speed)에서 한쪽 현의 15°에서 반대 현 15°까지 시간이 60초 이내여야 한다.

12) 화재 진압시험

선박에 화재가 발생하였을 때는 언제든지 화재를 진압할 수 있어야 한다. 화재 진압시험(fire-fighting test)은 선박에 비치된 화재 진압장비(fire-fighting system)가 정상적으로 작동하는지를 확인하는 시험이다. 소화 펌프나, 비상 소화 펌프로 해수를 끌어올려 기관실을 포함한 선박 전반에 설치되어 있는 소방 제어실(fire station)에서 충분한 압력으로 충분한 양의 소화수가 제대로 토출되는지 확인해야 한다.

13) 하역 펌프 성능시험

유조선의 경우 화물유 탱크에 화물유의 적재와 양하역을 확인해야 하지만 화물 사용의 어려움으로 해수를 화물 탱크에 만재하여 하역 펌프의 성능을 확인한다. 먼저 해수의 이송 후 화물유 감시 시스템(cargo monitoring system)을 통해 액면을 계측하여 실제 측정치와 같은지를 확인하고, 불활성가스 시스템(inert gas aystem)은 화물유 탱크의 화재 폭발을 방지하기 위하여 불활성가스를 화물유 상부에 주입하여 화재 발생을 방지한다. 이를 하역 펌프 성능시험(cargo pump capacity test)이라고 한다.

14) 기관실 무인화시험

기관실 무인화시험(unattended machinery space test)은 정상적인 항해 중에 기관실에 담당자 없이 선교에서 원격으로 기관을 조정, 감시 및 각종 경보 시스템을 가동하여 선교, 선실 구역에서 가능 여부를 확인하는 시험이다.

15) 내구도시험

내구도시험(endurance test)은 MCR과 NCR에서 주기관을 포함한 각종 장비의 운전 상태와 설정한 온도에 대한 열 평형(heat balance)의 유지 및 연료 소모량을 계측한다.

- 기관 성능 계측 : 주 엔진의 마력과 엔진 RPM을 계측
- 연료 소모율(F.O.C, Fuel Oil Consumption) 계측
- 조수기(fresh water generator) 용량 테스트
- 전력 해상 부하(electric sea load) 계측과 기타 소음 계측, 비상 가스보일러(EGB, Exhaust Gas Boiler) 용량 테스트, 비상 가스보일러 안전밸브 시험(EGB Safety Valve Test)을 실시한다.

16) 기관동력계 교정시험

주 엔진의 축 동력을 측정하는 장치로서 시운전 전에 스트레인 게이지를 축에 부착하여 비틀림 양을 측정하여 비틂 동력을 계산해낼 수 있다. 시운전 직전에 본선의 축 동력과 스트레인 게이지로 계측되는 동력이 일치하도록 미세 조정하는 과정이 필요한데, 이 과정을 기관동력계 교정시험(torsion meter calibration)이라 한다.

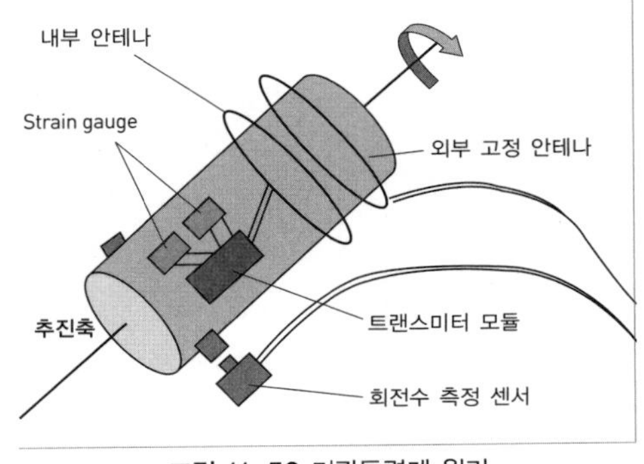

그림 11-50 기관동력계 원리

17) 기관 유기 진동 계측

기관 유기 진동(global vibration) 계측에서는 주기관에 의해 유기되는 진동을 주기관의 회전수를 변경해 가면서 측정한다. 만일 이 진동이 허용 한도 이상으로 발생하였을 때는 근본적인 대책이 있어야 한다.

18) 국부 진동 계측

항해 중에 엔진, 프로펠러, 발전기 등 기진력을 발생시키는 모든 기기로 인해 국부적으로 공진현상이 발생된 진동을 국부 진동(local vibration)이라 한다.

19) 비틀림 진동 계측

비틀림 진동(torsional vibration)은 엔진의 단속적인 폭발력 및 회전력과, 프로펠러의 반발력 사이에 축의 비틀림현상이 발생한다. 이 비틀림 진동은 축의 고유 진동수와 일치되었을 때 공진현상으로 인하여 큰 진동의 형태로 발전할 수 있다. 따라서 엔진의 회전수를 서서히 저속에서 고속으로 증가시켜 가면서 공진 회전수를 찾아낸다. 이때 공진 회전수를 위험 회전수 또는 위험속도라 한다. 엔진은 이 위험 회전수를 기관 조종실(engine control system)에 설정함으로써 공진 회전수를 피할 수 있다.

시운전은 선박 일생에 있어서 한 번밖에 실시하지 않는 중요한 이벤트이다. 그 시운전 기록은 선박 운항을 위한 선장의 지침이 되고 화주 간의 계약에서도 사용되는 자료가 된다. 또한 향후 조선소에서 선박의 성능을 개선하는 데도 기초 자료로 활용되므로 매우 중요하다.

참고문헌

1. 김효철 외, 2006, 한국의 배, pp. 524~536, pp. 543~547.
2. 대한조선학회, 1993, 조선해양공학개론, 동명사.
3. 대한조선학회, 2000, 조선건조공학, 제2판. pp. 240~249.
4. 대한조선학회 선박생산기술연구회, 2002, 선박건조편람(조립편), 한국조선공업협회.
5. 대한조선학회 선박생산기술연구회, 2003, 선박건조편람(탑재 및 의장편), 한국조선공업협회.
6. 송영주 · 이동건 · 우종훈 · 신종계, 2008, 시뮬레이션 기반 조선소 레이아웃 설계 시스템 개발, 대한조선학회 논문집, 제45권, 제1호, pp. 441~454, 대한조선학회.
7. 현대중공업, 조선 산업의 이해와 현황, 사내용. pp. 109~114.

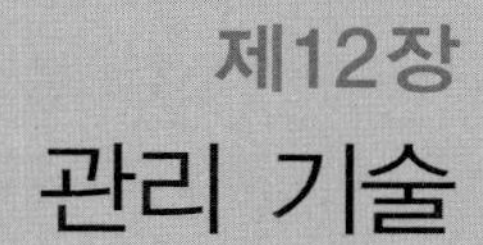

제12장
관리 기술

1. 생산 기획

1.1 블록 분할

1.1.1 블록 분할 계획

블록의 크기, 형상, 중량을 어떻게 결정할 것인가는 단순히 조립문제만이 아니라 각 조선소가 가진 시설장비의 능력에 따라 결정된다. 즉 이것은 부재의 가공, 조립, 의장, 탑재의 공정과 능률 등에 큰 영향을 미친다.

블록 분할을 계획할 때는 **그림 12-1**에 나타낸 것과 같이 가공장비의 능력, 조립공장의 능력, 선행 의장 등을 고려하여 조립 물량의 극대화, 선행 의장의 극대화, 도크 작업량의 최소화, 부대작업의 최소화를 기본 방침으로 한다. 이는 시설장비 능력을 최대로 활용하여 최적 공법, 최적 장소에서의 작업을 통해 총비용(total cost)을 최소화하기 위해서이다.

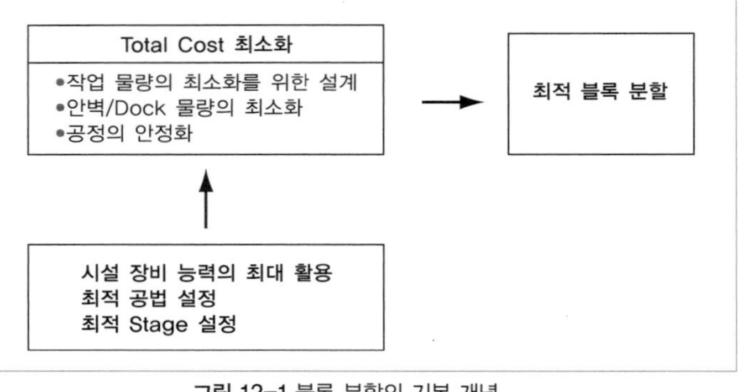

그림 12-1 블록 분할의 기본 개념

1.1.2 블록 분할 실무

1) 블록 분할의 원칙

조선소의 설비 능력에 적합하며 효율적 선박 건조가 가능하도록 최적의 블록으로 분할하는 기본적인 원칙은 다음과 같다.

- 크레인의 능력 범위 내에서 블록을 대형화하여 탑재 공사를 최소화한다.
- 블록은 가급적 같은 길이와 같은 형상이 되도록 분할하여 동일 정반에서 같은 기간

내에 작업할 수 있는 작업량이 되도록 가급적 블록의 규격화에 노력한다.

- 선수, 선미, 기관실 구역은 블록 의장, 단위(unit) 의장을 고려하여 의장 중심의 블록 분할을 한다.
- 조립작업 용이성과 고소작업의 감소를 고려한다.
- 탑재의 작업성 및 정도 유지의 편이성을 고려한다.

2) 블록 분할의 방침

선박 블록은 조립 단위의 블록과, 탑재 단위인 선행 탑재 단위의 블록으로 구분할 수 있는데, 보통 조립 단위의 블록을 주대상으로 분할한다. 블록 분할에서는 현장의 요구사항을 수렴하여 설계 조건을 만족시키면서 공작상의 최적 분할 방침을 확립하여 건조 방침을 결정하여야 한다. 또한 이 분할 방침은 보유 설비의 활용, 건조 기술의 향상에 따라 충분히 검토 분석하여 지속적으로 발전시켜 나가야 한다.

블록 분할은 **그림 12-2**에서 보는 것과 같이 선체를 구성하는 요소를 분할하는 것으로서 일반적으로 다음과 같은 제반 조건에 적합한 적당한 크기로 결정된다. 용골 설치 블록, 조립 및 탑재 크레인 능력, 조립공작상의 조건, 조립 정반 회전 조건, 탑재작업상의 조건, 의장 공사의 관련 조건 등이다. 이러한 조건에는 상충되는 경우도 있어서 모든 조건을 동시에 충족시킬 수는 없으므로 조선소에 따라, 또한 구조 특성에 따라 블록 분할을 결정하지 않으면 안 되므로 여기에 블록 분할의 어려움이 있다.

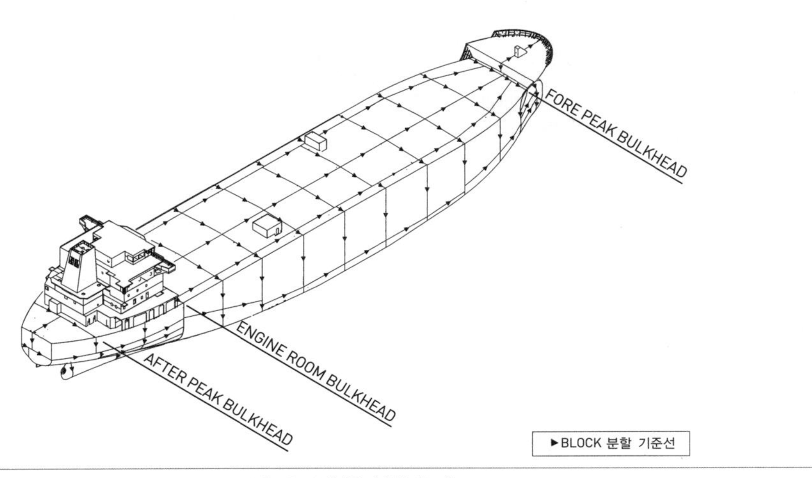

그림 12-2 블록 분할의 예

3) 블록 분할 시 고려사항

블록의 형상, 크기, 중량은 조선소의 설비를 충분히 고려하여 결정한다. 예를 들어, 블록의 크기는 조립 정반의 크기를 고려하고, 의장 중량을 포함한 중량과 크기를 크레인의 설비 능력에 맞도록 결정한다. 블록 조립을 외주로 제작할 때는 외주업체의 설비 능력을 함께 고려해서 결정한다. 그리고 탑재작업 물량을 최소화하는 동시에 고소작업 및 협소한 공간에서의 작업을 줄이면서 탑재작업 자세를 고려하여 작업자세가 나쁜 위보기 용접 작업이 최소화되도록 한다. 효율적인 건조 공정이 이루어지려면 부분 탑재 상태에서의 선체 형상 정보를 **그림 12-3**과 같은 3D 도면으로 확인하는 것이 바람직하다.

긴 블록은 뒤틀림현상이 발생하기 쉽고, 박판구조에서는 변형이 발생하기 쉬우므로 거더 또는 보강재 등에 의하여 정도를 유지하는 데 유리하도록 블록을 분할해야만 탑재 공정에서도 정도를 유지하기 쉬워진다. 선박의 각 구획별로 구조적 특성을 파악하고 선행 의장의 장점을 고려해야 하며, 특히 선수부와 선미부의 블록은 협소작업이 많고 의장 설치 구획이 많으므로 될 수 있으면 블록을 대형화하여 선행 의장을 통해 지상작업이 극대화되도록 하고 부대작업은 최소화한다.

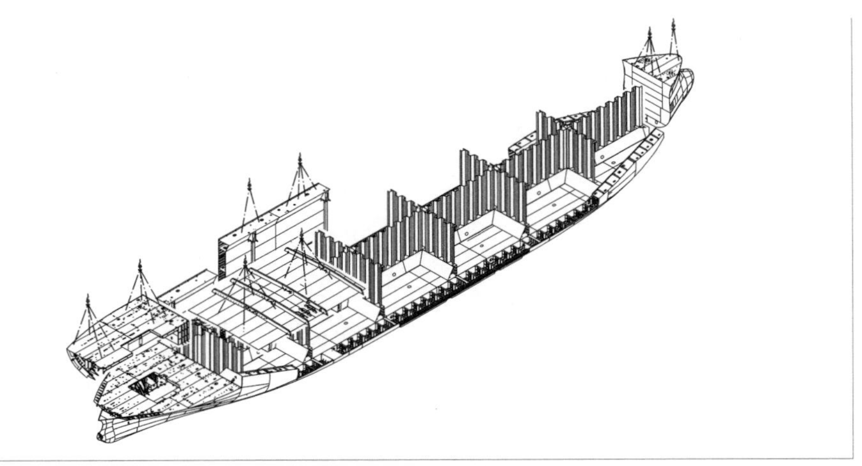

그림 12-3 분할된 블록의 탑재 모습

1.2 동시 건조

일반적으로 한 척의 배를 건조하는 동안 작업량은 전체 건조기간 동안 일정하지 않다. 초기에는 작업 면적이 좁고 작업량도 적지만 탑재가 진행됨에 따라 증가하여 절정기에

달하면 일정한 작업량이 이어진다. 하지만 진수 전에는 다시 감소하게 된다. 따라서 작업 인원도 시기에 따라 변동하고 건조 도크나 선대의 수가 적은 경우에는 작업량에 기복이 생겨 작업 인원이 남게 된다. 또한 기관실 부근의 선각 공사는 가능한 한 신속히 완료하여, 주기관 설치 공사 및 기관실 의장 공사를 조속히 착수하지 않으면 안 된다. 더욱이 선박의 대형화에 따라서 건조기간도 상당히 장기화되고 있으므로 도크를 가능한 한 효율적으로 회전시킬 필요가 있다. 이와 같은 문제를 해결하기 위하여 각 조선소는 다양한 건조방식을 고안하여 적용하고 있다.

1.2.1 세미 탠덤방식

세미 탠덤방식(semi-tandem system)은 도크 길이의 여유가 있을 때 건조 중인 선박과 병행하여 다음에 건조할 선박의 선미부를 여유 공간에서 건조하고 선행 건조 선박을 진수시킨 후, 도크 내의 지정 건조 장소로 이동하여 설치한 후 선미부를 기점으로 남은 부분을 탑재하고 동시에 후속선의 선미부를 도크 내의 여유 공간에서 다시 시작하는 방식이다. 대규모 도크일 때는 도크 중간에 게이트를 설치하여 진수를 용이하게 하고 선미부의 위치 이동에 대차를 이용하는 방식을 사용하기도 한다.

그림 12-4에서 보는 예와 같이 A선의 건조와 동시에 B선의 선미 구획을 선행 공정으로 건조한다. 그리고 A선을 진수하는 시기에 B선의 선미 부분을 동시에 부양시켜 도크의 입구 측으로 이동하고, 게이트를 폐쇄시키고 나머지 부분을 건조함과 동시에 다시 C선의 선미 구획 부분의 건조를 개시하는 방식이다.

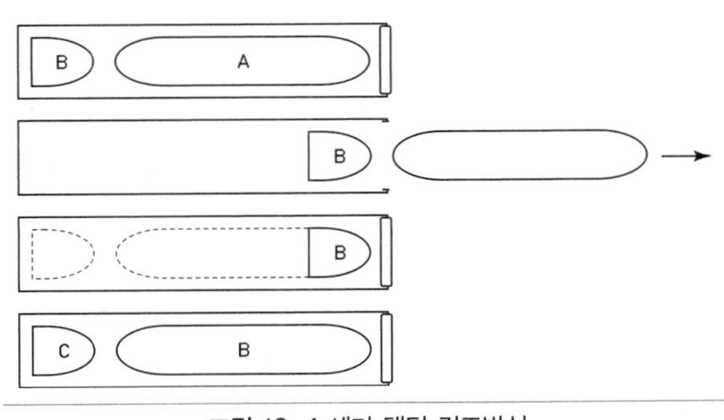

그림 12-4 세미 탠덤 건조방식

이 방식에서는 A선의 진수 전후의 남는 인원을 B선과 C선으로 흡수할 수 있어서 작업 인원 배치의 평준화가 가능하며 도크 회전율을 높일 수 있다.

1.2.2 양개 도크방식

양개 도크방식(canal dock building system)은 세미 탠덤방식과 같이 A선과 동시에 B선

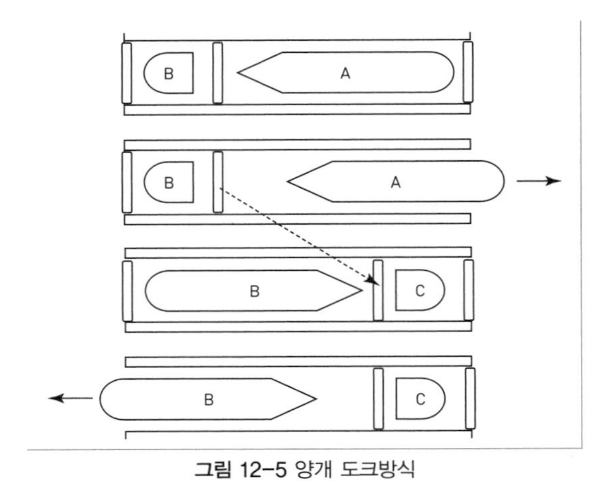

그림 12-5 양개 도크방식

의 선미 구획을 건조하는 방식이다. 하지만 이 경우 도크의 양단 및 중간에 게이트를 설치하여 2개의 분리된 도크와 같이 운영한다. **그림 12-5**에서 보는 것과 같이 A선의 진수에는 전혀 상관없이 B선의 작업을 진행하여 A선의 진수 후 중간 게이트를 이동하여 B선의 남은 부분과 C선의 선미 구획 건조를 시행한다. 마치 도크 2기를 갖는 것과 같은 효과를 기대하는 것이다. 이것은 한쪽 게이트만을 열 수 있는 도크인 세미 탠덤방식보다 설비 효율이 좋고 공정 평준화에 유리하다.

1.2.3 다단계 건조방식

다단계(multi-stage) 건조방식은 도크 내에서의 작업시간을 단축시키기 위해 작업 단계를 여러 단계로 나누는 방식이다. 종류로는 3단계 방식과 5단계 방식이 있다. 이 방식에서는 선박이 도크에서 나가면 곧장 시운전에 들어가는 건조방식으로 구체적인 예는 다음과 같다.

1) 3단계 건조방식

종래의 건조 도크에서 의장 안벽으로 이어지는 생산 라인을 모두 거대한 건조 도크 안에서 완료시키도록 하기 위해 작업 단계를 선미 건조, 선수 및 평행부 건조, 의장 공사의 3단계로 나눈다. 그리고 각 단계의 작업속도를 완전히 조절함으로써 공정 관리의 원활화, 작업 장소의 고정화, 작업의 전문화, 각종 인력 절감 설비의 활용을 가능하게 하는 방식으로 **그림 12-6**과 같이 나타낼 수 있다.

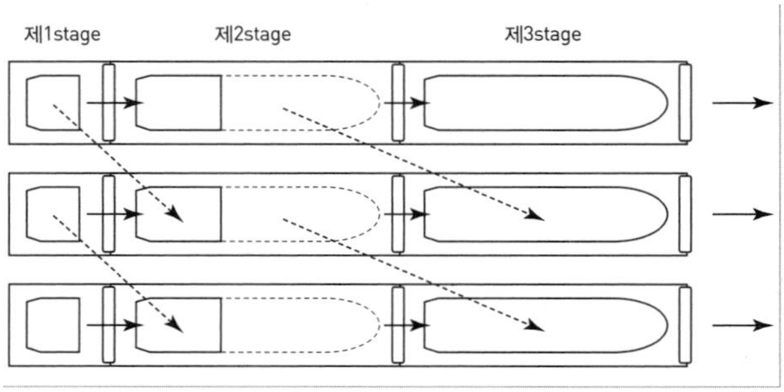

제1stage 제2stage 제3stage

그림 12-6 3단계 건조방식

건조 도크를 직선적으로 사용하는 예와 사이드 도크를 가진 T자형의 예가 있다. 이 방식을 따르면 선박이 도크에서 나가면 곧바로 시운전이 가능하고 대형선의 계선작업이 감소된다.

2) 5단계 건조방식

5단계 건조방식(dual dock system)은 앞에서

설명한 3단계 건조방식과 개념은 같다. 그러나 **그림 12-7**에 나타낸 것과 같이 선미부와 선수부를 별도의 도크에서 건조하고 최후에 양쪽 선체를 결합한 후 출거시키는 방식이다. 선미부와 중앙부의 생산라인을 분리하고, 선행 탑재작업과 탑재작업 그리고 도크작업의 상관성을 높여 공사량의 평준화를 꾀하는 것이 특징이다.

각 단계별 건조 공사의 주요 내용은 다음과 같다.

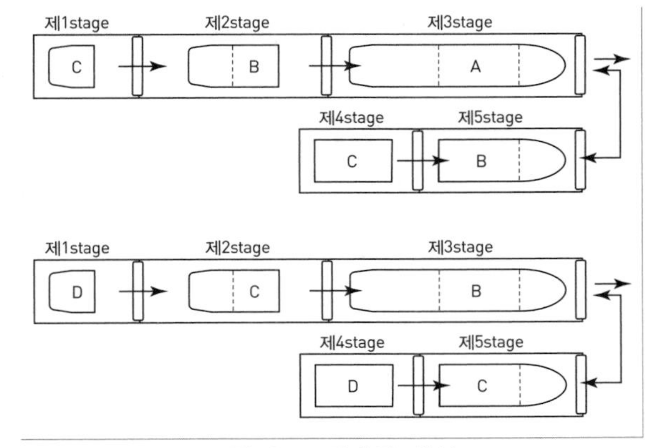

그림 12-7 5단계 건조방식

- 제1단계 건 조공사 : 선미부 건조, 주기주관 탑재
- 제2단계 건조 공사 : 상부 구조 탑재 기관실 펌프실 의장 공사
- 제3단계 건조 공사 : 선체 접합, 주기, 보기 시운전
- 제4단계 건조 공사 : 평행부 및 선체 건조
- 제5단계 건조 공사 : 평행부 및 선수부 건조

1.2.4 건조방식의 선택

이미 설명한 것처럼 각종 건조방식이 있으나 어느 건조방식이나 상황에 따라 장단점이 달라진다. 이것은 조선소의 입지 조건, 대상으로 하는 선형, 기술력 및 기업 방침에 관련된 것으로 건조방식을 선택하는 데는 다음 사항이 고려되어야 한다.

① 대상으로 하는 선형에 적합한 건조방식
② 조선소의 기술, 생산 능력에 알맞은 건조방식
③ 공사량의 평준화가 용이한 건조방식
④ 중노동을 피하고, 최대한 기계화, 장치화, 성력화를 꾀할 수 있는 건조방식
⑤ 상하작업, 혼재작업 등이 없고 양호한 작업 환경의 확보가 가능한 건조방식
⑥ 단순 반복작업이 아닌 다양한 작업에 종사할 수 있는 건조방식
⑦ 대조립, 소조립, 가공 공정의 작업량의 평준화가 가능한 건조방식
⑧ 선각뿐만 아니라 의장작업의 선행화 또는 선체 의장 일체화가 가능한 건조방식

2. 생산 관리 시스템

2.1 일정 계획 일반

선박 건조는 계약으로부터 인도까지 약 12~28개월이 소요되며, 생산과정이 복잡하고 생산에 필요한 자재의 종류가 다양하다. 따라서 복잡하고 다양한 과정을 합리적으로 수행하기 위해 단계적 관리 계획 수립이 필요하다. 관리 계획은 작업순서, 작업일정 등을 결정할 뿐만 아니라 장비 사용, 자재 수급, 인력 운용, 도면 운용 등의 기본이 된다.

생산 계획은 작업물량 및 부하 조정을 통한 장비 및 인력 가동 최적화, 자재의 적시 수급을 통한 작업 손실 최소화로 원가 절감, 생산성 향상, 공기 단축을 가능하게 한다. 즉, 생산 계획은 회사의 경영목표 달성을 위한 매출액 최대 증대와 생산 공정 검토를 통한 안정된 생산 활동을 가능케 하기 위해 수립된다.

2.2 일정 계획 계층도

표 12-1은 단계별로 운영되는 생산 계획의 종류와 계획 대상 그리고 기능을 요약하여 보여주고 있다.

표 12-1 일정 계획 계층도

	일정 계층	계획 대상	산출물	기능
대일정	대일정	호선 Dock Batch	선표 매출 계획 중장기 Load	최대 매출 구현 매출 판단(경영층 의사 결정) 중장기 사업 계획 수립 호선별 이벤트 계획
중일정	중일정	블록 부서 구획 공정	탑재 계획 블록 일정 도면 계획 자재 계획	일정 생성 및 분석 Stage별 공장별 시뮬레이션 부하 분석 및 적치 조정 사내외 물량 배분
소일정 일정 계획 계층도	소일정	생산부서 생산과	월 작업 계획 주 작업 계획 부하 분석	부하 분석 및 조정 상세 정반 계획 예산 관리

2.3 일정 계획방법

2.3.1 대일정(기본 선표 및 생산 선표)

기본 선표는 선박 건조 공정을 총괄하는 계획표로 회사 경영 활동의 기준이 되는 중요한 역할을 한다. 선표에는 3~5년간의 도크별 건조 계획을 표시하며 도크에 배치된 선박의 공정에서 발생한 매출액의 누계로 해당 연도 매출액을 산정한다.

영업부로부터 통보받으면 **그림 12-8**에 보는 것과 같은 흐름에 따라서 계약된 호선과 관련된 매출 및 손실, 자재 일정 등을 고려하여 기본 선표(안)을 작성한 후 표준화된 선종별 공정 부하곡선(load graph)를 바탕으로 대략적 공정 부하, 소요공수, 인원을 검토한다. 생산선표(안)을 바탕으로 가공 · 조립 · 탑재 등 세분화된 단계별 부하를 검토하며, 검토를 통해 공정 진행이 가능할 경우 선표를 생산 선표로 확정한다.

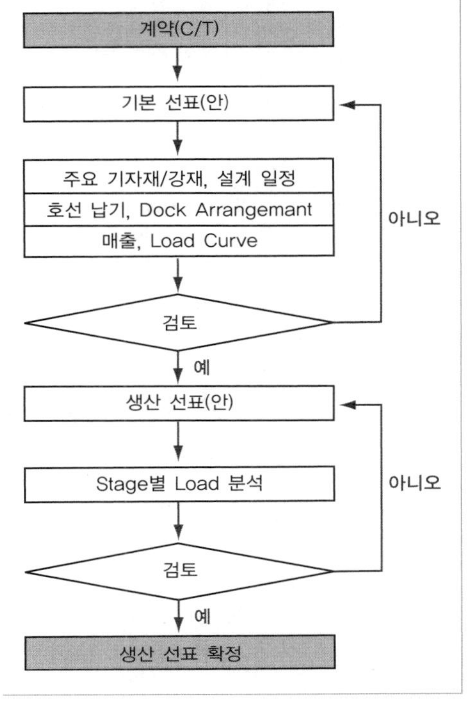

그림 12-8 생산 선표 작성 흐름도

2.3.2 중일정

중일정은 크게 선행 공정, 도크 공정, 후행 공정으로 구분된다. 선행 공정은 블록의 가공, 조립, 선행 탑재, 도장 등의 공정을 말하며 주로 옥내에서 이루어진다. 도크 공정은 조립 공정에서 완성된 블록을 탑재하는 공정을 말하며 후행은 탑재 이후의 도장과 의장 작업을 일컫는다.

중일정 계획은 세부 공정에 대한 계획을 담당하며 선박의 생산을 계획대로 진행하기 위해서 자재 입고, 생산도면 등은 중일정을 기준으로 마련된다. 따라서 중일정 계획은 선박 생산의 기준 일정이 되며 회사 생산 계획에 대한 기본 골격을 구성한다.

1) 탑재 네트워크 작성(도크 공정)

기본 선표에서 도크 기간이 확정되면 실적선자료를 참고하여 블록의 탑재 일정을 결정하고, 생성된 표준 일정 간격을 조정 · 검토하여 불가피한 경우 도크 기간을 변경한다.

생성된 블록 분할과 탑재과정을 바탕으로 탑재 시점 및 탑재 선후 관계 등을 조정한다. 실적선 자료를 참고하여 블록별 탑재기간인 일정 간격을 정해 놓고, 도크 기간을 고려하여 블록 탑재시기를 생성 · 조정하게 된다. 용골 거치(K/L)로부터 계산하여 최단 공사 시작시점(EST, Earlist Start Time)을 구하고 진수(L/C)로부터 역산하여 최장 공사 시작시점(LST, Latest Start Time)을 계산한다. 그리고 EST와 LST가 동일한 블록의 연결선을 임계경로(CP, Critical Path)라 한다. 크레인의 탑재거리 등을 고려하여 탑재 조건을 검토하며 이를 만족할 경우 탑재 계획을 확정한다.

2) 선행 중일정, 후행 중일정

선행 중일정과 후행 중일정 과정은 **그림 12-9**와 같으며 그 상세 내용은 다음과 같다.

(1) 선행 중일정

작성된 탑재 네트워크의 블록 탑재일을 기준으로 역산하여 작성하고, 실적을 바탕으로 블록별, 로트별로 작업일정의 기간 및 필요 공정을 표준화하여 선행 중일정 생성에 반영한다. 블록별 단계별 표준작업 범위를 결정하여 블록별 단계 건조일정 생성 후 이의 부하 조정을 통해 호선별 선행 중일정을 확정한다.

(2) 후행 중일정

후행 중일정은 안벽에서의 공정계획 또는 의장공정계획이다. 이 일정 계획들은 각각의

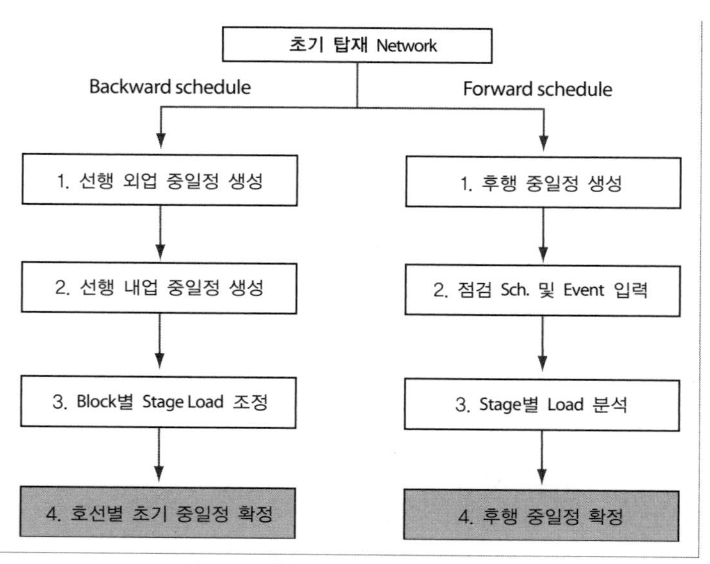

그림 12-9 선행 및 후행 중일정 생성 흐름도

구역에 대하여 마련한다. 이후 단계 건조별 부하 분석을 하며, 검토 후 후행 중일정을 확정한다.

2.3.3 소일정

소일정은 중일정이 확정된 후 **그림 12-10**과 같은 흐름에 따라 작성하는 일정 계획의 가장 작은 단위이다. 중일정을 지키기 위하여 구체적으로 작업에 옮기기 위한 계획표이다. 설비 · 기계 · 인원 등 여러 자원을 동원하여 일을 처리하기 위해 각 생산부서 사이의 업무 일정을 조율하게 된다. 그리고 이를 바탕으로 부서 및 팀별 일정인 소일정을 작성하게 된다. 각 생산부서 간 일정 조율에서는 현 공정 진행 상황, 부하 정도, 기상 상황 등을 반영하여 검토하며 소일정은 각 부서 및 팀별 일정까지 포함한다.

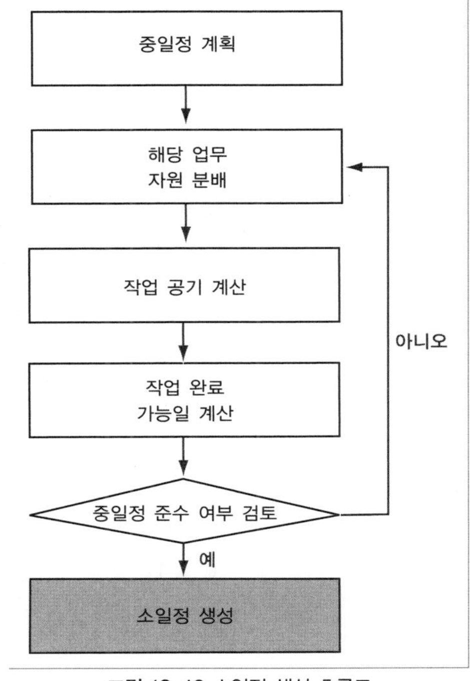

그림 12-10 소일정 생성 흐름도

소일정 계획에서는 중일정 계획을 바탕으로 해당 업무에 자원을 분배한다. 이때 자원은 설비, 기계, 인원 등 포괄적인 자원을 의미하며, 분배된 자원을 바탕으로 해당 작업 공기를 검토한다. 실제 착수 가능 일자에 해당 작업공기를 합하여 작업 완료일을 계산하고 이와 중일정 계획과 비교, 중일정 준수 여부를 검토하게 된다. 중일정이 준수 가능한 경우 그대로 소일정을 확정하여 진행하게 되며, 불가능하다고 판단되었을 때는 작업별 자원을 재분배하여 중일정을 준수해야 하지만 불가피한 경우 중일정 계획을 새로 검토하게 된다.

3. 생산과정 시뮬레이션

3.1 공간 배치

3.1.1 공간 배치의 개념과 종류

조선 산업은 선박제품의 특성상 크기뿐만 아니라 작업에 필요한 공간도 매우 크다. 그러므로 한정된 공간을 효율적으로 활용하기 위한 것으로서 '공간 일정 계획'을 수립하는 것이 특히 중요하다. 공간 일정 계획(spatial scheduling)은 여러 가지 자원들 중에서 공간 자원이 제품 생산의 병목현상을 일으키지 않도록 하는 계획이므로 중요하다.

공간 일정 계획문제에서 대상물의 실제 배치 가능성이 확인되지 않으면 그 대상물에 대한 일정 생성은 아무 소용이 없다. 따라서 공간 일정 계획의 가장 큰 제약은 대상의 실제 배치 가능성과 작업 부하를 동시에 만족시킬 수 있는 일정을 생성하는 것이다.

공간 일정 계획의 목표는 일정 계획문제의 요소들을 포함하면서 공간 제약의 영향을 받지 않도록 하는 것이다. 또한, 작업 공정상의 이유로 제한된 공간 내에서 작업이 이루어져 효율적인 공간 사용이 요구되는 경우에 필요한 계획 형태이기 때문에, 자원 능력과 납기 등의 전통적인 일정 계획의 제약뿐만 아니라 작업 대상물의 동적인 공간 배치(dynamic spatial scheduling)도 고려해야 한다.

통상적으로 공간 일정 계획문제를 다룰 때는, 대상물의 배치 가능성은 일단 무시하고 부하 조건을 만족하는 일정을 생성한 후 대상물의 배치 가능성을 나중에 확인하는 방법을 사용하고 있다. 즉, 부하 조건을 만족하는 일정을 찾기 위해 유전자 알고리즘을 사용하여 결정한 후 그 결과로 얻어지는 고정된 일정을 벗어나지 않는 범위 내에서 배치문제를 고려한다. 그러나 이 방법은 부하의 제약은 만족할 수 있지만 대상물의 실제 배치가 이루어지지 않는 경우에는 해당 블록에 대한 적절한 조치를 취하기 상당히 어렵다는 단점을 가진다.

그 외는 먼저 배치 가능 공간을 구하고 그 위에서 이루어지는 작업 부하를 고려하는 경우도 있다. 공간 일정 계획을 위해서는 주어진 공간 자원 중에서 작업의 위치를 할당하는 공간 할당(spartial allocation issue), 작업 시작 및 완료 시간을 지정하는 시간 할당(temporal allocation issue), 작업 부하에 맞추어 작업에 쓰이는 자원을 할당하는 자원 할당(resource allocation issue) 등의 3가지 결정변수를 포함시킨다.

고정 정반을 활용하는 경우에는 특수한 형태의 정반에서 이루어지는 조립작업에 관한 시스템을 개발하여 사용하기도 한다. 이들 작업장은 작업장의 폭이 좁아 블록들을 한 줄로 나열하는 방식을 택하고 있다. 또한 하나의 다각형 블록이 기존의 다른 다각형 블록과 작업 간섭이 일어나지 않도록 배치하는 방법을 적용한 시스템을 개발, 적용하기도 한다.

조선소에서 공간 일정 계획과 관련된 응용 분야는 블록 조립 공정, 선행 의장 공정, 블록 도장 공정, 탑재 공정 등을 들 수 있다. 예전에는 공간 일정 계획이 수작업에 의해서만 이루어졌다. 그러나 경험이 많은 담당자가 공간 일정 계획을 수립한다고 하더라도 그 복잡성 때문에 만족할 만한 일정을 수립하는 것은 매우 힘든 일이었다. 결국, 공간 일정 계획의 전산화를 통한 공간 자원의 효율적인 운영은 조선 산업의 생산성 향상에 있어서 매우 중요한 이슈로 등장하게 되었다.

3.1.2 블록 조립 공정과 정반 배치 시스템

블록 조립 공정은 가공된 자재를 받아 조립해서 후 공정에 인도하는 공정이다. 자재 도착일(ready date) 이후부터 조립을 시작할 수 있고 후 공정 요구일(due date) 이전까지 조립을 마쳐야 한다. 또한 많은 블록을 동시에 조립하기 때문에 제한된 자원으로 제품을 생산하기 위해서는 특정 기간에 생산량이 집중되지 않도록 **그림 12-11**에서 보는 것과 같이 기간과 작업장별로 부하를 조사하고 부하 평준화(load leveling)에 노력해야 한다.

블록의 조립작업은 다수의 작업(job)으로 구성되는데 이를 모두 마쳐야 블록이 완성되고, 각 작업들이 조립되기 위해서는 작업에 필요한 면적과 작업자가 필요하다.

작업장은 소조립장, 중조립장, 대조립장으로 전문화되어 있으며 각 조립장에서 단계별로 조립된다. 각 작업장은 제한된 가용 능력을 가지고 있기 때문에 이를 초과해서는 안 되고, 특정 시점에 생산이 집중되지 않도록 작업장의 시간별 부하를 평준화시켜야 한다. 또한 여러 작업장 간의 부하도 평준화시켜야 한다.

부하 평준화 방법은 크게 2가지로 나눌 수 있다.

첫째, 작업의 여유일 내에서 작업 개시일을 조절하면서 부하를 평준화시키는 방법이다. 작업 개시일을 옮기는 방법은 항상 작업공기가 고정되어 있고, 작업공기 동안 자원 사용량이 일정하며 작업 전체에 소요되는 자원 사용량이 고정되어 있는 경우이다.

둘째, 작업강도(work intensity)를 조절하면서 부하를 평준화시키는 방법이다. 이 방법

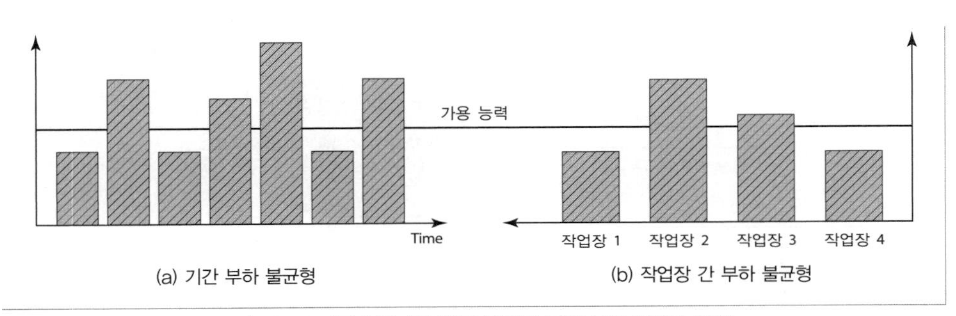

그림 12-11 기간 부하 불균형과 작업장 간의 부하 불균형 예시

은 앞의 방법과 반대되는 경우이다. 작업공기 동안 작업에 사용되는 자원량, 즉 작업강도에 따라 작업공기가 변하게 되는 이른바 '고무줄(rubber-band)' 작업공기라는 조건을 사용한다.

1) 조립 정반 배치 시스템

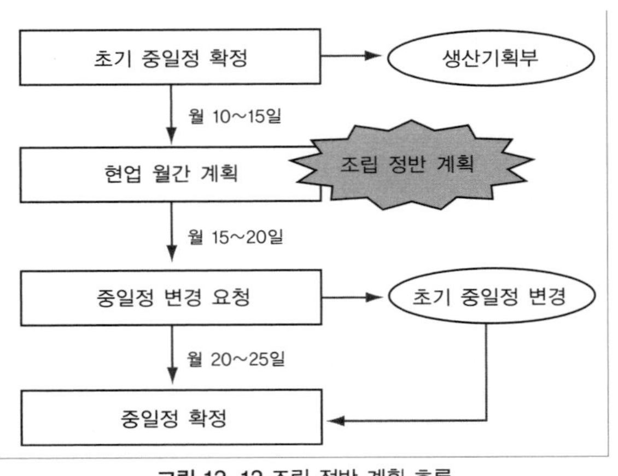

그림 12-12 조립 정반 계획 흐름

선박 건조에서 기본 단위가 되는 블록은 바닥면의 형상이 평면인 평 블록과 바닥 또는 옆면의 형상이 곡면인 곡 블록으로 나뉜다. 이러한 블록의 조립 생산방식에 있어서, 평 블록인 경우에는 롤러 위를 이동해가며 조립되는 흐름 생산방식이 사용되어지고, 곡 블록인 경우에는 바닥면의 높이를 조절할 수 있는 고정 정반에서 조립된다. 따라서 **그림 12-12**에서와 같이 현업 월간 계획에 맞추어 조립 정반 계획을 수립하는 것이 필요하다. 생성된 각 블록의 조립 완료 요구일을 만족시키면서 정반의 공간 제약과 선행 작업의 능력 제약을 고려한 효율적인 생산 일정을 수립하는 것이 조립 정반 배치 시스템의 목표라고 할 수 있다.

이와 같은 정반 배치 시스템의 개발은 선박 건조를 위한 작업 흐름을 변화시킨다. 즉, 작업 흐름의 변화를 보면, 전체 작업에 걸친 데이터의 공유 및 즉각적인 데이터 갱신이 가

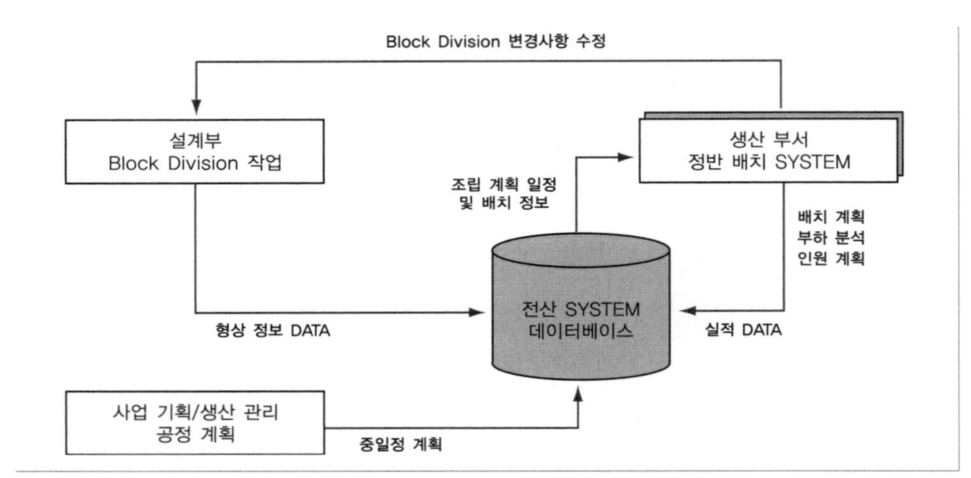

그림 12-13 조립 정반 배치 시스템 개발에 따른 작업 흐름의 변화

능해지게 됨에 따라 **그림 12-13**에서 보는 것처럼 각 단계 간의 정보 교환을 통해 보다 효율적인 작업 계획이 가능해지는 것을 알 수 있다.

2) 조립 정반 배치 시스템의 이용

정반 배치 시스템은 크게 정보 입력, 배치 상황도, 부하 분석 및 시뮬레이션, 출력 등 4가지 부분으로 이루어진다.

(1) 정보 입력

입력될 정보는 크게 공용 정보와 블록 관련 정보로 나눌 수 있다. 공용 정보에는 휴일 정보, 작업장 정보, 블록의 형태별 표준 형상 데이터를 뜻하는 표준 형상 정보 등이 있고, 블록 정보에는 이미 배치된 블록 및 배치될 블록의 정보가 있다. **그림 12-14**는 블록의 표준 형상과 정보 등록 변경을 예시한 것이다.

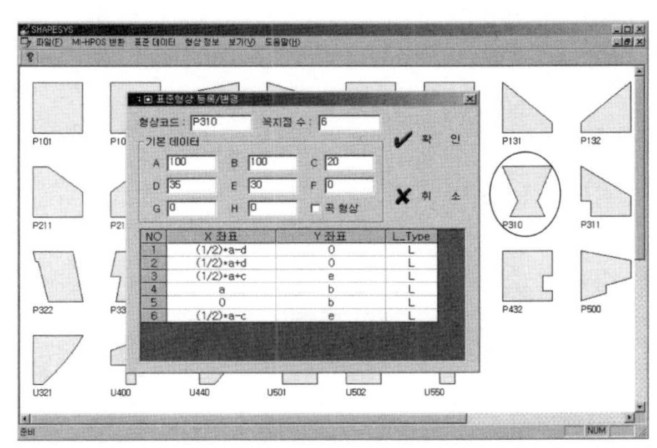

그림 12-14 표준 형상 등록 및 변경

(2) 배치 상황도

배치 상황도에는 **그림 12-15**와 **그림 12-16** 그리고 **그림 12-17**에서 보는 것과 같이 배치, 정보 표시 및 변경, 정보 생성 등의 기능이 포함된다.

(3) 부하 분석 및 시뮬레이션

부하 분석을 통해 조립장의 능력 및 부하 상황을 파악하며, 시뮬레이션 기능을 통해 변

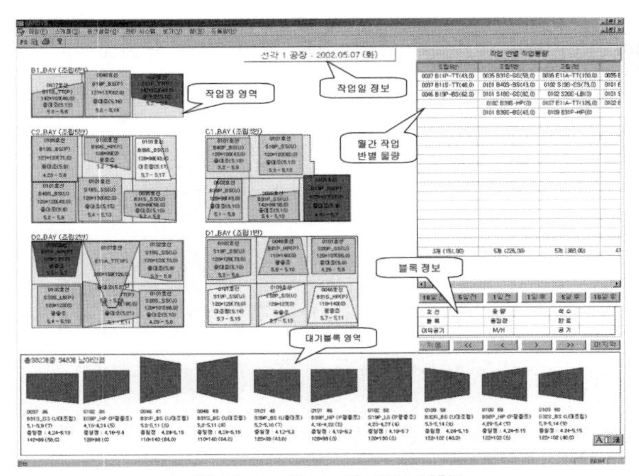

그림 12-15 작업장별 배치 상황도

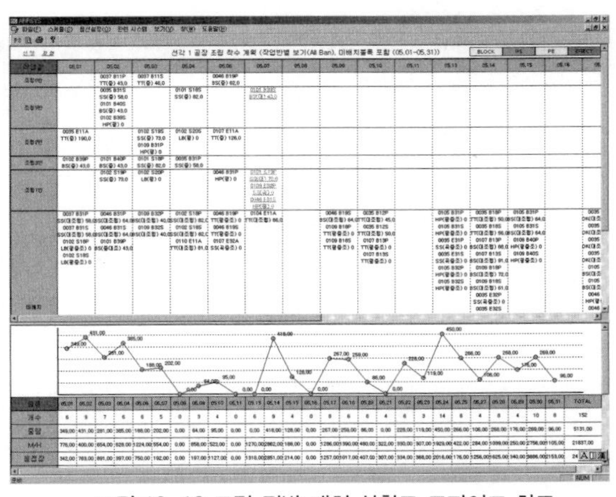

그림 12-16 조립 정반 배치 상황도 모자이크 차트

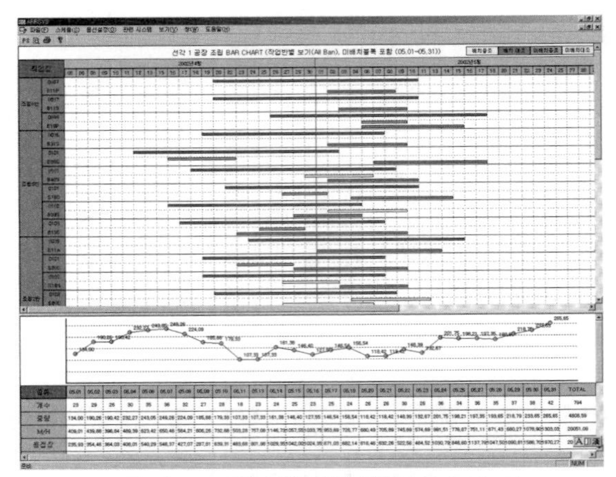

그림 12-17 조립 정반 배치 상황도 Bar_Chart

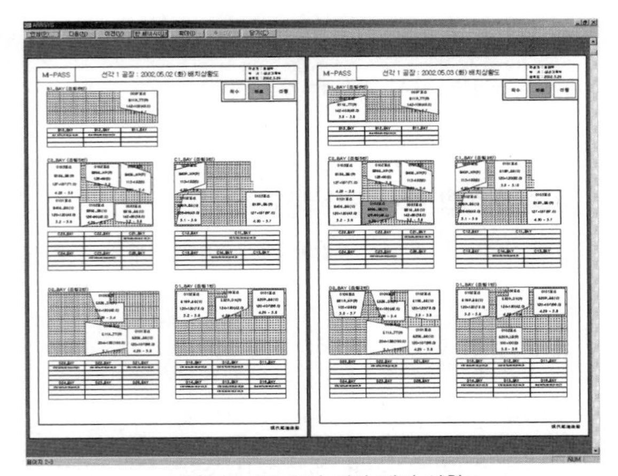

그림 12-18 조립 정반 배치 상황도

경되는 작업 계획에 따른 부하 변경을 분석하여 시뮬레이션 결과로 보여줄 수 있다.

(4) 출력

출력은 자동 혹은 수동 계획에 의해 생기는 계획 결과를 화면으로 보여주거나 인쇄해 주는 결과 보기 기능으로, 블록 배치도 및 작업 일정표에 대한 내용을 보여준다. **그림 12-18**은 일자별 조립 정반 배치 상황을 나타낸 예이다.

3.2 가상현실

3.2.1 가상현실의 중요성

가상현실(假想現實; VR, Virtual Reality) 기술은 조선 산업 기술 경쟁력을 강화할 수 있는 핵심 기술이다.

3.2.2 가상현실

가상현실이란 컴퓨터를 이용하여 만들어낸 가공의 상황이나 환경을 사람의 감각기관을 통해 느끼게 하여 사용자가 몰입감을 느끼고 상호작용하게 하는 기술을 말하는 것이다. 사람들이 일상적으로 경험하기 어려운 환경을 직접 체험하지 않고서도 그 환경을 가상의 공간에 구축함으로써 가상의 현실로 확인하고 경험하게 하는 기술이다. 구체적인 예로서 항공기 · 차량의 조종법 훈련, 수술 실습, 게임 등 다양한 분야에서 활용된다.

조선해양 산업에서 가상현실은 항공기나 차량의 조종법 훈련과 마찬가지로 선박 조종 훈련에 사용하기도 한다. 그러나 일반적으로는 설계 단계로부터 부재의 간섭이나 작업성 및 접근성을 판단하는 데 흔히 사용되고 있다. 예컨대 **그림 12-19**에서와 같이 로로선의 설계 단계에서 차량 적재의 시뮬레이션에 활용되고 있다.

그림 12-19 차량 운반선의 차량 적재 시뮬레이션

그림 12-20 가상현실 조선소의 예

선박의 생산 단계에서는 작은 경우로는 용접 도장작업의 접근성을 판단하여 작업 효율을 향상 시키는 데 활용하고 있다. 현재 잠수함, 해양구조물, 선박 기관실 등과 같은 복잡한 구조물에 대신하여 수치모형(digital mockup)을 구성하여 조립 공정을 합리화하는 데 활용하고 있다. 뿐만 아니라 **그림 12-20**에서처럼 3D 모델로 가상조선소(digital shipyard)를 구성하여 조선소 전체의 생산 공정을 시뮬레이션할 수 있는 단계에 이르러 선박 생산 기술에 크게 기여하고 있다.

첫째로, 동적 충돌(dynamic clash)를 이용한 간섭 체크를 통해 정도 향상 및 재작업 방지, 설계 검증, 축척모형 이용 시뮬레이션(mock-up test simulation) 등이 가능해진다. 예를 들면, 크레인 같은 장비 또는 설비의 조작을 통해 간섭 여부를 사전에 체크하여 설계를 변경할 수 있고, 블록 탑재 시뮬레이션을 통해 작업물량을 미리 고려할 수 있다. 또한 최적의 블록 탑재 순서 결정이나 작업자의 통로를 이용하여 이동할 때 안전 여부 체크 등도 수행할 수 있다.

둘째로, 조선소 전체(공장/설비 포함)를 모델링 후 공정 계획에 따른 시뮬레이션으로 공정 및 생산 계획의 정확도를 높일 수 있다. 즉, 조선소 설비 및 공장 배치의 변경을 시뮬레이션하여 물류 흐름 개선, 공기 단축 등의 효과를 볼 수 있게 되어 공장 최적 배치를 할 수 있다. 동시공학의 대표적 산업인 조선 산업은 동시에 수십 척의 프로젝트가 진행되기 때문에 여러 척의 선박을 동시에 건조하는 시뮬레이션을 구현하면 공정 계획 및 건조뿐 아니라 생산 공정 계획의 정확성으로 인해 영업에도 큰 도움이 될 것이다.

3.2.3 적용 분야

시뮬레이션의 기술적 구현보다 더 중요한 것은 어떤 항목에 어떻게 적용할지를 결정하는 일이다. 조선소에서 적용 가능한 분야별 항목을 개략적으로 정리하면 **표 12-2**와 같다. 이런 항목들 자체가 각 기업의 노하우이자 기술이고 그 항목을 실무에 적용하는 것은 그 회사의 핵심 시스템이 되는 것이다. 나아가 조선 산업의 경쟁력 향상을 위한 길이 될 것이다.

표 12-2 조선소 분야별 Simulation 적용 항목

영업	Simulation 및 설계 3D 시각화를 이용한 영업력 강화
사업 계획	일정/생산 계획 Simulation 등
가공	곡 가공 Simulation 등
조립	Digital Mock-up, Clash Simulation 등
건조	Block 탑재 등

가상현실 분야는 조선 산업에서 향후 10년 안에 가장 빠르게 성장할 분야 중 하나이며, 조선 산업의 경쟁력 강화를 위해 반드시 확보해야 할 고부가가치 산업 핵심 기술이라 할 수 있다. IT 융합이 산업계 큰 이슈가 되고 있는 가운데 국내 조선 산업도 IT기술을 접목하여 가상현실, 특히 시뮬레이션 기술을 통해 조선해양 산업의 기술 우위를 확보할 수 있어야 할 것이다.

4. 측정 기술

4.1 측정 기술 개요

선박의 건조는 설계 단계에서 만들어진 도면에 따라 자재를 가공하여 일련의 조립 공정을 거치는 동안 각 단계별로 제품이 허용 오차 범위 내에서 생산되고 있음을 감시하고 확인하는 품질보증 활동이 필요하다. 이러한 활동은 주로 검사 행위에 의해 이루어진다. 즉, 검사자의 주관적인 판단에 의한 오류를 최소화하고 보다 객관적이고 과학적으로 판정할 수 있도록 하기 위하여 수치화된 필요한 데이터를 수집하는 데 다양한 측정방법이 이용되고 있다. 측정방법은 좀 더 쉽고 신속하게 그리고 정확하면서 정밀하게 하기 위해

각 조선소별로 사용 목적에 적합한 지그 개발, 공법 개선을 하고 있다. 그리고 신기술이 도입된 측정도구, 계측장비 등이 개발됨에 따라 이를 이용하는 측정 기술은 조선소 고유의 노하우로 발전하여 생산 능력을 결정하는 중요한 요소가 되고 있다.

정도 관리란 설계 단계에서 고려되었던 다양한 치수들이 허용 오차 내에서 제작되도록 관리하는 것을 말한다. 이를 측정하기 위한 수단으로 다양한 계측기구가 이용된다. 현재 조선소에서 널리 사용되는 계측기구는 추, 줄자, 자동 수평기(automatic levels), 데오도라이트(theodolite), 3차원 광파측정기 등이 있다.

이러한 계측기구는 측정 시점의 온도 및 날씨 등에 따라 기구 자체의 오차가 존재할 수 있고, 사용자의 측정 오차로 인해서도 정확한 측정값을 얻는 데 어려움이 있다는 한계가 있다. 그러나 최근 조선소에서는 디지털화된 3차원 계측기를 많이 사용하여 계측기구 자체의 오차(誤差)와 측정 오차를 획기적으로 줄임으로써 선체 제작 정밀도(精密度)를 보다 쉽게 관리하게 되었다. 또한 이러한 3차원 계측기의 활용도를 높이고 사용 기술을 현장에 널리 보급시킴으로써 보다 좋은 품질의 선박을 건조하고 있다.

의장의 경우 건조된 선박이 건조시방서와 초기 설계에서 정해진 성능을 발휘하기 위해서는 주기관, 보조기기, 축계와 타장치 등의 각종 기계장치가 도면과 제조자의 안내서에 따라 정확히 설치되어야 한다. 그러므로 기계장치는 설치과정 중에 정해진 도구와 측정기를 이용하여 설치 정밀도가 규정된 허용치를 만족하는지 여부를 단계적으로 확인하고 데이터를 기록하여 장비별 설치 이력을 유지하도록 하고 있다.

일반적으로 축계와 타장치, 주기관, 발전기, 기타 보기류 순으로 설치된다. 건조 중 축계작업에서는 주기관과 프로펠러 사이의 축계 중심선을 확인하며, 축계 중심을 정렬하는 작업에서는 축 중심 위치 계측이 높은 정밀도가 요구된다. 디젤엔진의 경우 크랭크축의 처짐 계측 등이 중요하다. 그 외 해상 시운전 중에 실시하는 소음 및 진동을 측정하는 계측장비가 있다.

도장의 경우 최근 해수 탱크에 대한 보호도장 성능 기준(performance standard for protective coating)이 강화됨에 따라 전처리에서부터 도장 단계까지 각 공정별 엄격한 품질 관리와 측정이 요구된다. 피도면의 표면조도(profile), 염분(salt), 먼지(dust), 건 도막(dry film thickness), 온도와 습도, 도막의 부착력 등을 측정하여 시공된 품질의 적합 여부 판정을 결정하는 데 이용된다. 계측기는 기술의 발달과 함께 자동 기록이 가능한 장비 이용이 늘어나고 있다.

4.2 계측장비 소개

4.2.1 3차원 계측기

1) 3차원 계측기의 원리

3차원 계측기의 기본은 광파(光波) 또는 전자파를 쏘아서 왕복 위상 변화를 관측하여 거리를 계산한다. 이때 주파수는 일정하지만 관측 당시 대기의 물리적 상황에 따라 전자파의 전파속도가 변하므로 굴절 계수를 고려하여야 한다.

2) 3차원 계측기의 활용

선박의 건조과정에서 기존의 1차원 또는 2차원적 계측방법을 사용하면, 발생되는 오차와 블록의 정도 확인 및 데이터 해석이 쉽지 않다. 하지만 **그림 12-21**에 나타낸 것과 같은 3차원 계측기를 통한 디지털화된 입체적 정보를 사용하여 정확하게 블록을 제작함으로써 정밀도 높은 품질을 확보할 수 있다.

3) 3차원 계측기 활용 실례

중조립 및 대조립 단계에서 장차 탑재과정에서 발생될 수 있는 문제점을 사전에 발견하고 이를 해소함으로써 후행 단계에서의 오차와 그로 인한 손실을 감소시킨다. 그리고 후행에서의 관리 항목을 축소하여 높은 정도의 블록을 생산할 수 있다.

최근 대형 조선소에서는 한정된 건조 도크의 회전율을 향상시키기 위해 블록 탑재 시 메가급(2,500~3,000ton) 또는 기가급(6,000ton)의 대형 블록을 만들어 건조 도크 내에서의 크레인 사용시간을 줄이는 노력을 하고 있다.

대형 블록은 건조 도크에서 탑재 시 블록 연결부를 최적 조건으로 정렬하는 세팅작업에서 크레인 미세 조정량을 결정하는 것이 사실상 힘들기 때문에 탑재 전 도크 조건에 맞추어 탑재 조인트부의 수직도 및 치수, 부재 단차 등을 정확히 맞추는 작업을 실시한다. 이때 매우 유용한 계측도구가 3차원 계측기이다. 즉, 도크 내에서 블록이 탑재될 조인트부의 실제 단면 상태를 3차원 계측기를 이용하여 정확히 계측한 후, 탑재될 블록의 조인트부를 정렬시킬 정보를 만들고 이를 활용하면 한 번에 세팅작업을 마칠 수 있다.

2차원 계측기를 이용한 계측방법　　3차원 계측기를 이용한 계측방법　　3차원 좌표로 변환된 모습

그림 12-21 블록의 측정과 좌표 변환

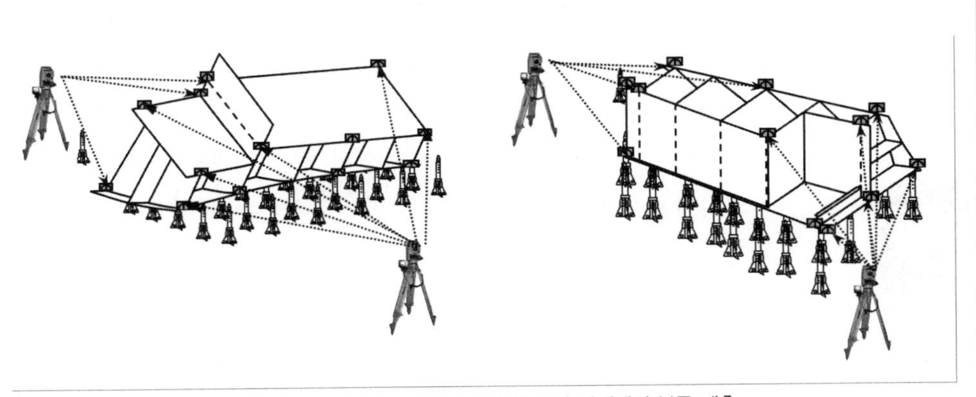

그림 12-22 3차원 측정기를 이용한 조립 단계에서 블록 계측

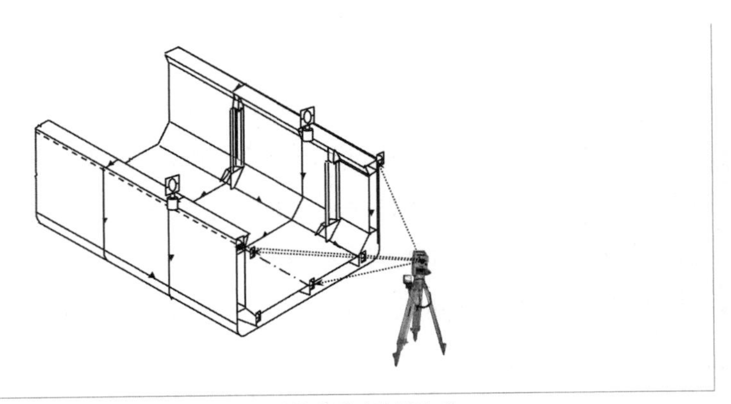

그림 12-23 건조 단계에서 3차원 측정기의 측정 예

4.2.2 자동 수평기

계측장비 상단의 렌즈를 이용하여 높낮이 차이, 근소한 거리의 측정이 가능하며 블록이나 조립 단계의 수평도 정밀도를 체크하여 제작 중 발생하는 오차를 최소화한다. 그리고 정밀도 확인 후 불량 부분을 수정하여 후행 공정의 업무 효율을 높이는 효과가 있다.

4.2.3 비파괴 검사장비

그림 12-24 비파괴 검사기

방사선 투과 검사장비는 방사선을 시험체에 투과하였을 때 투과 방사선의 강도 변화, 즉 건전부와 결함부의 투과선 차이에 의한 필름상의 농도 차를 2차원 또는 3차원 영상으로 기록하여 결함을 검출하는 방법으로 내부 결함을 검출하기 위해 적용된다.

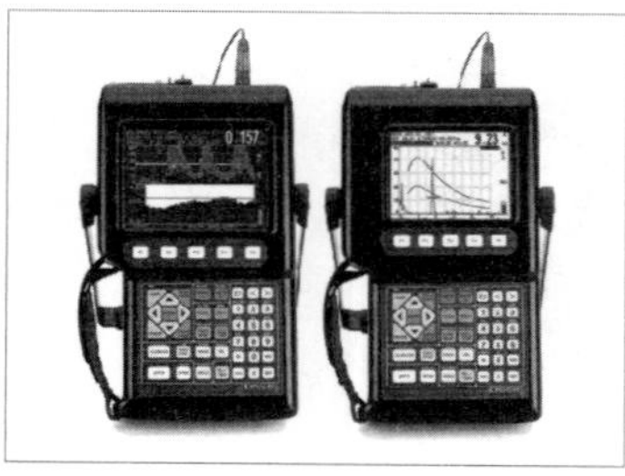

그림 12-25 초음파 탐상기

초음파 탐상 검사장비는 시험체에 초음파를 전달하여 내부에 존재하는 불연속 부위에서 반사한 초음파의 에너지양, 초음파의 진행시간 등을 스크린에 파장으로 표시해 이를 분석하여 불연속의 위치 및 크기를 알아내는 검사방법이다. 내부 결함을 검출하기 위해 적용한다. 또한, 같은 장비를 사용하여 판재 등의 두께 측정에도 이용된다.

기타 자분 탐상검사, 액체 침투 탐상검사 등이 선박 건조 중 비파괴검사용으로 사용된다.

4.2.4 건 도막 측정기

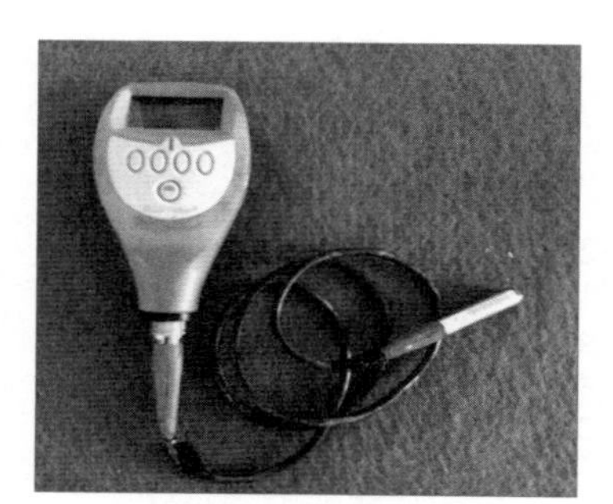

그림 12-26 건 도막 측정기

건 도막 측정기(dry film thickness gauge)는 강재 표면의 도장된 부위에 도막 두께를 측정하는 장비이며 일반적으로 **그림 12-26**과 같은 마그네틱 게이지를 주로 사용한다. 이는 자석의 원리를 이용해 탐침 끝에서 표면 조도의 피크(peak)로 자기장을 보내어 돌아오는 속도를 감지하여 도막 두께를 인지한다. 자기장이 가장 먼저 도달되는 부위는 피크이며, 마그네틱 탐침 끝에는 여러 개의 피크들이 존재한다. 이들의 평균을 계산하여 나타낸 값이 도막 두께이다. 측정된 표면 도막 두께의 적합 또는 부적합 판정은 각 구역의 도장시방서에 부합되는 정도에 따라 결정된다.

4.2.5 습 도막 측정기

습 도막 측정기(wet film thickness gauge)는 도장된 표면이 도장 직후 건조되기 전의 도막을 습 도막이라 하며 그 두께를 측정하는 데 사용되는 장비이다. 습 도막 두께는 게이지 지지대 사이에 도료가 묻지 않은 계측치와 도료가 묻은 계측치 사이의 수치이다. 즉, **그림 12-27**과 같이 습 도막은 60㎛과 70㎛ 사이의 65㎛이다. 측정 횟수는 특별히 규정되어 있지 않으며, 도장 직후 여러 번 습 도막을 측정하여 규정된 건조 도막 두께가 되도록 관리한다.

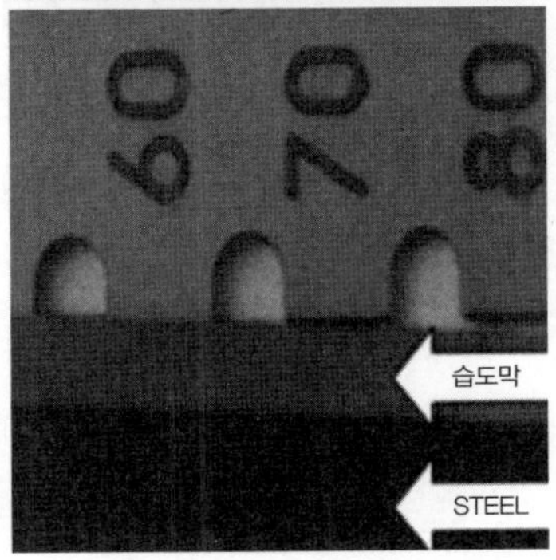

그림 12-27 습 도막 측정기

4.2.6 기타 계측장비

선체검사 측정장비는 각장 게이지, 언더컷 게이지, 갭 게이지, 판 두께 측정기 등이 있다. 그리고 의장검사 측정장비는 외경 마이크로미터, 다이얼 게이지, 실린더 게이지, 내경 마이크로미터, 적외선 방사온도계, 멀티미터(multi-function tester), 저항시험기, 전류계(digital clamp-on tester), 압력 센서 교정용 공기 펌프, 회전계, 경도계, 절연 테스터, 마모계, 변위계, 처짐 계측기, 펌프 게이지 등이 있다. 마지막으로 도장 환경검사 측정장비로 건습구 온도계, 표면 조도 측정기 등이 선박 건조 중 계측에 이용된다.

5. 국제 기준

5.1 국제해사기구

국제해사기구(IMO, International Maritime Organization)는 해사 안전과 해양오염 방지에 관련한 59개 협약과 의정서를 채택 및 개정하고 있으며, 2,000여 개의 코드를 채택하고 있다. IMO와 관련된 협약이나 의정서 제정의 초기 작업들은 위원회나 전문위원회에서 통상적으로 이루어진다. 초기 작업 결과를 IMO의 회원국들이나 비회원국들의 대표들이 협의하여 IMO 회의에서 협약으로 체결된다. 이러한 각종 협약과 권고안 등을 통하여 다음의 업무를 수행하고 있다.

1) 안전과 보안의 확보

① SOLAS(해상인명안전협약)

② STCW(선원 훈련 · 자격 증명 및 당직 유지의 기준에 관한 협약)

③ Load lines(국제만재흘수선협약)

④ COLREGS(국제 해상 충돌 예방규칙)

⑤ SUA(항해 안전에 관한 불법행위 억제 협약)

2) 해양오염 방지

① MARPOL(해양오염방지협약)

② LDC(폐기물 및 그 밖의 물질 투기에 의한 해양오염방지협약)

(Convention on the Prevention of Maritime pollution by Dumping of Wastes Other Matter)

③ Intervention(유류 오염사고 시 공해상 개입에 관한 국제협약)

④ Anti-fouling(방오도료규제협약)

⑤ Ballast water management(밸러스트 수 관리협약)

3) Response & Reaction

① SAR(해상 수색 및 구조에 관한 협약)

② OPRC(기름 오염의 대비, 대응 및 협력에 관한 국제협약)

③ HNS OPRC(위험 · 유해물질 사고 대비 대응과 국제 협력을 위한 협약의정서)

4) 책임과 보상(Liability and compensation)

① CLC(유류 오염 손해에 대한 민사책임에 관한 국제협약)

② IOPC Fund(국제유류오염배상기금)

③ HNS OPRC(위험 및 유해물질 사고 대비 대응과 국제 협력을 위한 협약의정서)

5.2 SOLAS

5.2.1 해상에서 인명의 안전을 위한 국제협약

1) 협약의 목적

1974년에 제정된 해상에서 인명의 안전을 위한 국제협약(SOLAS, The International Convention for the Safety of Life at Sea, 1974)은 IMO의 협약 중에서 해상 안전과 해양환경 보호를 위한 예방적 규제 규범의 가장 대표적인 것이라 할 수 있다. SOLAS 협약은 선박의 구조(선박의 설계와 건조, 구획 및 복원성, 핵심 추진설비와 전기설비 및 조종설비를 포함), 선박의 설비 및 선박의 인적 요소를 규제함으로써 해상 안전과 해양환경 보호를 확보하는 데 그 목적이 있다.

2) 주요 내용

현행의 1974년 협약은 1974년에 채택되어 1980년 5월 25일에 발효되었으며, 본문 13개 조와 부속서 9개의 장으로 출발하였다. 그러나 1994년에 3개의 장이 추가되었고 1997년에 1개의 장이 추가되어 부속서가 13개 장으로 확대되었다. 2002년에는 기존의 XI장 명칭이 XI-1장으로 변경되고 선박 보안에 대한 규정인 제XI-2장이 추가되어 현재 부속서는 총 14개 장으로 구성되어 있다.

협약의 본문은 당사국의 의무 및 당사국이 되는 방법과 시기와 적용 범위를 정한 것 외에 대체로 협약의 개정, 발효, 폐기 등 절차에 관한 규정이 주를 이루고 있다.

5.2.2 1978년 SOLAS 의정서

1) 의정서의 채택 배경

미국은 1970년대 후반에 들어 자국 연안에서 발생한 대형 탱커의 연속적인 사고로 막대한 유류 오염사고가 발생하자 1977년 3월 17일에 '미국 입항 탱커에 대한 규제 강화를 위한 성명'을 발표하였다. 이에 자극을 받아 1978년 2월 6일에 대형 탱커의 사고와 해양오염 방지를 위한 회의가 런던에서 개최되었다. 이 회의는 1973년 MARPOL 협약과 1974년 SOLAS 협약에 대한 의정서를 채택하게 되었다.

2) 주요 개정 내용

① 탱커의 불활성가스 시스템 채용

② 레이더의 추가 설치

③ 조타장치의 개선

④ 선박검사 및 증서 발급

5.2.3 1988년 SOLAS 의정서

1) 의정서의 채택 배경

협약마다 선박의 검사제도가 상이하여 선박 운항에 지장을 초래하는 등의 현실적 문제가 발생하였다. 그래서 이에 대한 대책으로 선박검사 및 검사증서 발급에 대한 통일제도(The Harmonized System of Survey and Certification)에 관한 국제회의가 개최되었고 1988년 SOLAS 의정서가 채택되었다.

2) 주요 개정 내용

선박검사 및 검사증서 발급에 대한 통일제도 규정

5.3 MARPOL 73/78

5.3.1 선박으로부터의 오염 방지를 위한 국제협약

1) 협약의 채택 배경

선박으로부터의 기름에 의한 해양오염의 규제 조치로는 1954년 5월 12일에 채택되어 1958년 7월 26일 발효된 1954년 유류에 의한 「해양오염방지협약」이 있었다. 그러나 1973년 10월 8일부터 11월 2일 사이에 런던에서 개최된 해양오염에 관한 국제회의에서 선박으로부터 배출될 수 있는 기름 이외의 각종 오염물질의 배출도 규제하기 위하여 1973년 「선박으로부터의 해양오염방지협약(The International Convention for the Prevention of Marine Pollution from Ships)」이 채택되었다. 이 협약은 1978년 2월 17일 1978년 의정서에 의하여 수정되었고, 1980년 11월 4일 그 명칭을 'MARPOL 73/78'로 통일하였다.

2) 협약의 구성

① 본문 : 20조의 조문으로 구성

② 의정서 I : 유해물질로 인한 사고의 통보에 관한 규칙

③ 의정서 II : 본문 제10조의 규정에 따른 중재에 관한 규칙

④ 부속서 I : 기름에 의한 오염 방지를 위한 규칙

⑤ 부속서 II : 산적된 유해 액체물질에 의한 오염 규제를 위한 규칙

⑥ 부속서 III : 선박으로 운송하는 포장 형태의 유해물질에 의한 오염 방지를 위한 규칙

⑦ 부속서 IV : 선박으로부터의 오수에 의한 오염 방지를 위한 규칙

⑧ 부속서 V : 선박으로부터의 폐기물에 의한 오염 방지를 위한 규칙

⑨ 부속서 VI : 선박으로부터의 대기오염의 방지를 위한 규칙

5.4 ISM Code

5.4.1 ISM CODE 도입 배경 및 적용 대상 선박

선박의 안전과 관련한 문제는 선박의 탄생과 함께 오랫동안 논의되어 왔다. 선박은 해상교통과 해상작업에 사용되는 것으로 기상, 해상 상태 등의 천재지변에 노출되어 위험에 처하는 경우가 많다. 또한 다른 교통수단에 비해 항해기간도 길어서 육지로부터 고립되어 행동하여야 할 경우도 많은 편이다. 따라서 선박은 항행 중 선내의 인명 안전, 화물 등 재화의 보호를 위해 충분한 내항성이 확보되어야 한다. 즉 무엇보다 안전해야 한다. 이에 따라 선체 및 기관설비는 물론 소화, 구명 설비 등 여러 가지 설비를 필요로 하게 되었다.

국제해사기구는 주로 선박의 안전 및 해양환경 보호를 위하여 최근까지 선박구조 및 설비의 강화와 선원의 자질 향상에 주력하는 등 주로 선박 자체의 물리적 측면, 즉 하드웨어만을 중요하게 생각해 왔다. 그러나 1987년 3월 Herald of Free Enterprise 호의 전복사고 및 1989년 4월 Exxon Valdez 호의 좌초사고 등이 잇따라 발생하였는데 **표 12-3**에서 알 수 있듯이 그 원인은 사람의 실수 등 인적 요인, 즉 소프트웨어에 기인한 것으로 밝혀졌다.

이는 조선 기술의 발달과 더불어 선박 및 설비의 결함에 의한 기술적 요인에 의한 사고는 줄어들고 있는 반면에 인적 요인에 의한 사고가 상대적으로 증가하고 있음을 보여준다. 이러한 인식을 통해 선박뿐만 아니라 선박을 관리하고 있는 회사가 보다 체계적인 안

표 12-3 해난사고와 선박 안전 관련 국제협약

선명	사고발생 연도/장소	사고 개요	관련 국제협약
Titanic	1912/북대서양	빙산과 충돌, 침몰하여 1,500여 명의 여객과 선원이 사망	해상인명안전협약 (SOLAS)
Torry Canyon	1967/영국 근해	좌초로 인해 선적된 119,000톤의 원유를 Dover 해협에 유출 편의치적선의 선원 자질 저하가 문제화됨	해상오염방지협약(MARPOL), 선원의 훈련, 자격 증명 및 당직 근무 기준에 관한 국제협약(STCW)
Herald of Free Enterprise	1987/벨기에 지브르그 항 인근	Bow Door가 개방된 채 출항 침수로 인한 전복으로 188명 사망	ISM Code 탄생 배경이 된 해난사고로 SOLAS 강화의 계기가 됨
Exxon Valdez	1989/미국, 알라스카 프린스 윌리암 수로	항해 중 좌초로 선적된 원유 45,000톤의 원유를 유출하고, 30억 달러의 오염 피해 발생	미국 오염방지법(OPA 90)
Scandinavian Star	1990/북해 해상	선실 화재로 159명의 여객 및 선원 사망	ISM Code 탄생을 가속화시킴

전 관리를 해야 할 필요성이 커졌고 국제적인 선박의 안전 관리 기준인 ISM Code가 탄생하게 되었다.

ISM Code의 시행은 지난 1998년 7월 1일부터 선종별로 적용되었으며, 2002년 7월 1일부터는 총톤수 500톤 이상의 모든 선박에 적용되었다. 발효 시기는 **표 12-4**와 같다.

표 12-4 ISM Code의 발효

발효일	적용 대상 선박
1998. 7. 1	국제 항해에 종사하는 여객선, 500톤 이상의 오일 탱커, 케미컬 탱커, 가스 캐리어, 벌크 캐리어 및 고속 화물선
2002. 7. 1	국제 항해에 종사하는 500톤 이상의 기타 화물선 및 MODU (석유시추선 등)

5.4.2 ISM Code의 요구사항

앞에서 기술한 것과 같이 ISM Code는 해운의 낮은 경영 수준에 대하여 관심이 고조된 1980년대 후반에 발생한 사고들을 조사한 결과 경영 부문에서 중대한 과실이 발견되었다. 이에 안전 운항을 보장하도록 선박 및 육상의 경영과 관련된 지침을 개발하여 현재까지 지속적으로 보완되었다. 그리고 IMO 총회 결의서 A.1022(26)로 개정되어 2010년 7월 1일부로 시행되고 있다.

5.5 ISPS Code

5.5.1 ISPS Code 도입 배경 및 적용 대상

2001년 9월 11일, 미국 뉴욕에 있는 세계무역센터 빌딩이 항공기 테러로 비극적인 사건을 겪은 이후 전 세계적으로 테러의 심각성을 다시 한 번 깨닫게 되었다. 그리고 LNG 및 LPG 등을 포함한 해상화물 운송 선박 및 항만시설에 대한 해상 테러에 대비한 제제를 갖출 필요성을 인식하게 되었다. 그래서 국제해사기구에서는 선박, 인원, 화물 및 항만의 보안을 강화하기 위하여 2002년 12월 런던에서 개최된 해상 보안에 관한 외교회의(The Diplomatic Conference on Maritime Security)에서 1974년 「국제해상인명안전협약」의 새로운 규정 동 협약 제11-2장에 '국제 선박 및 항만시설 보안 코드(ISPS Code, International Ship and Port Facility Security Code)'를 채택하였다. 주요 내용은 **표 12-5**와 같으며, 2004년 7월 1일을 기하여 발효되었다.

ISPS Code 적용 대상의 특징은 국제 항해에 종사하는 선박뿐만 아니라 동 선박이 사용하는 항만시설에까지 적용을 확대하였다는 것이다. 이에 따라 시행 초기에는 많은 혼란이 있었으나 현재는 선박 및 항만시설에 대한 보편적 보안 기준으로 활용되고 있다. 그

표 12-5 국제 선박 및 항만시설 보안 코드의 주요 내용

장 번호	제목	주요 내용
1	일반 사항	정의, 목표, 적용, 안전 경영 시스템의 기능적 요건
2	안전 및 환경보호 방침	안전 경영 시스템의 수립 및 이행
3	회사의 책임 및 권한	회사의 책임 및 권한
4	안전 경영 책임자(들)	안전 경영 책임자의 책임 및 권한
5	선장의 책임과 권한	선장의 책임과 권한
6	자원 및 인원	인적 · 물적 자원 및 정보의 제공과 적정 자격
7	선박 운항	선박의 운영 및 항해
8	비상 대책	비상시의 업무 절차 및 대응 수단 마련
9	부적합 사항, 사고 및 위험 상황의 보고 및 분석	부적합에 대한 관리 및 개선
10	선박 및 설비의 정비	선박의 상태가 적합하게 유지
11	문서화	문서 관리
12	회사의 검증, 검토 및 평가	내부 심사 및 안전 경영 시스템의 효과성 검증
13	증서 발급, 검증 및 관리	
14	임시 증서 발급	
15	검증	
16	증서의 양식	

적용 대상은, 국제 항해에 종사하는 고속 여객선을 포함한 여객선, 총톤수 500톤 이상의 고속선을 포함한 화물선, 이동식 해상구조물, 그리고 국제 항해에 종사하는 상기 선박들이 이용하는 항만시설이다.

5.5.2 ISPS Code의 주요 내용

ISPS Code는 크게 강제사항(Part A)과 권고사항(Part B)으로 나뉘어져 있다. Part A에는 용어 정의, 적용 대상, 정부 및 회사의 의무, 보안 선언서, 선박 보안 평가, 선박 보안 계획서의 작성 및 승인, 보안 책임자 등에 대한 요건으로 구성되어 있다. 그리고 Part B에는 보안 인증 대행기관의 지정 및 선박 보안 계획서의 요건 등으로 구성되어 있다.

5.6 ISO/TC8

5.6.1 조직

국제표준화기구의 조선해양기술위원회(ISO/TC8)는 1948년 유럽이 주도하여 발족하였고, 전문위원회를 구성하여 운영하고 있다. ISO/TC8의 업무 영역은 모든 해양구조물, 조선 및 선박 운항과 관련되는 설계, 건조, 구조물 요소, 외장용 부품, 장비, 방법, 기술과 해양환경에 관한 사항을 표준화하는 것이다. 그리고 IMO와 연계하여 국제 표준으로 제정하는 기구로서 조선 및 해양 산업계에 미치는 영향이 매우 크다.

이후 ISO/TC8은 2008년에 조선해양업계의 새로운 관련 기술 분야에 적합하게 전문위원회 업무를 조정하였다.

5.6.2 표준 개발의 필요성

지금 세계는 '표준화 전쟁'을 하고 있다고 할 만큼 표준화에 대한 인식이 높아져 있다. 특히 미국과 유럽연합(EU)은 보유 기술을 국제 표준화시키기 위해 '소리 없는 전쟁'을 하고 있으며, 기술을 개발한 제조업체 역시 자신에게 유리한 표준을 채택하기 위한 다양한 노력을 기울이고 있다.

무역의 자유화, 세계화로 관세 부과나 수입 수량 제한 등과 같은 전통적인 무역장벽은 축소, 철폐되어 가고 있다. 그러나 기술 규정, 표준, 적합성 평가절차 등의 기술장벽 관련 규제가 중요한 비관세장벽(NTB)으로 점차 부각되고 있다. 또한 WTO 체제와 함께 1995년 발효된 기술장벽(TBT) 협정은 자국의 기술적 우위성을 이용하여 배타적 수단으로 자국 산업을 보호하는 효과가 있다. WTO/TBT 협정에서는 새로운 기술 규정을 도입할 때, 관련 국제 표준을 우선 사용하도록 의무화하고 국가 표준의 국제 표준과의 일치화와 조화를 통하여 국가 간 표준 차이로 인한 불평등 무역 환경의 해소와 균형적 발전을 위하여 노력하고 있다.

6. 검사 기술

6.1 일반

6.1.1 선박검사의 목적

선박은 선박 소유자의 재산으로서 해당 국가의 국내법에 따라 검사를 받고 합격하여야 한다. 또한 한 국가에서 다른 나라의 항구에 이르는 항해인 국제 항해를 하고자 하는 경우에는 국제법(국제협약)에도 적용받아야 한다. 우리나라의 경우 해당되는 국내법은 「선박법」, 「선박안전법」 등이 있으며, 국제법으로는 「해상인명안전협약」, 「해양오염방지협약」, 「국제만재흘수선협약」 등이 있다.

선박검사는 이러한 선박과 인명의 안전 확보 및 환경오염 방지에 관하여 주어진 검사 기준에 따라 선박이 적합한지의 여부를 판정하여 그러한 기준에 맞도록 선박을 유지하게 함으로써 선박의 안전을 확보하는 데 목적이 있다.

6.1.2 정부 검사와 선급 검사

한편, 선박과 그 화물은 그 자체로도 막대한 고가의 재산이므로 선박 소유자는 선박을 해상보험에 가입할 필요가 있으며, 화주 또한 화물 운송을 맡기는 선박의 안전성을 확인할 필요가 있다. 그래서 해상보험업계에서는 이들 선박 및 화물에 대한 안전을 보장하는 과정에서 선박의 상태에 따라 적합한 보험료를 책정하기 위해 선박에 대한 정확한 기술 정보를 알 필요가 있다. 그러나 선주, 화주, 해상보험업자 등의 이해관계가 서로 다르므로 제3자의 공정한 입장에서 선박을 검사하고 선박의 상태를 판정하는 조직이 필요하다.

이러한 해상보험에 관한 여러 업무는 영국을 중심으로 주로 런던 등 무역도시의 커피숍에서 이루어졌는데, 1692년 Edward Lloyd가 경영하던 커피숍에 해사 관계업자들이 많이 모여 해운과 관계되는 뉴스를 수집하거나 선박의 매매 또는 화물의 주선 등이 활발히 이루어졌다. 이는 후일 선박에 대한 전문적인 지식과 경험이 많은 선장이나 기술자들로 구성된 선급협회(Classification Society)라는 조직으로 발전하였다.

초기의 선급협회는 자체적인 규칙을 정하고 이에 따른 검사에 합격한 선박에 대하여 등급을 분류하여(Classify) 선급증서를 발급해주었다. 이로써 선급협회에 등록시키고 등록된 선박들에 대한 정보를 상세하게 표시한 선명록를 발간하여, 이를 통하여 보험회사 등 관계자가 선박에 대한 정보를 얻도록 하는 것이 주요 업무였다.

그 후 선박의 건조 기술과 해운의 발달과 더불어 선급협회도 선체, 기관, 전기설비, 의장품 등의 설계, 건조 및 검사에 관한 독자적인 기술 규칙을 발전시켰다. 이후 선박의 최초 설계 착수로부터 건조 완료하기까지 선체구조 설비에 대한 도면 승인과 선박의 건조 과정 전반에 걸쳐 검사하는 것은 물론 선박이 취항한 후에도 정기적으로 선박을 검사하는 체계적인 선박 검사기관으로 발전하였다.

선급협회가 고도의 기술을 축적하고 우수한 검사원으로 하여금 양질의 검사를 수행하는 기술 서비스를 제공하게 됨으로써 선박의 구조, 성능 등을 평가하는 선급의 기술적 행위가 결국 선박의 안전 확보와 직결되게 되었다. 또한 선박의 안전성 유지 여부를 확인하는 정부 검사와 근본적으로 맥을 같이 함에 따라 오늘날 상당수의 국가는 제3자의 공정한 입장에서 수행하는 선급협회의 기술력, 공신력 및 검사 신뢰성을 인정하고 선급협회의 검사 실적, 전 세계 검사망 등을 평가하여 선급협회에 정부 검사 업무를 위임하고 있으며 선급검사의 대상 선박에 대해서는 정부 검사를 생략하거나 간소화하고 있다.

선급협회는 영국에서뿐만이 아니라 각 나라에 설립되었는데 20세기 중반에 들어 각 선급들이 상호 협력을 위한 연합체 구성의 필요성을 인식하게 되었다. 1969년에 영국선급(LR), 미국선급(ABS), 프랑스선급(BV), 노르웨이선급(DnV), 독일선급(GL), 일본선급(NK), 이탈리아선급(RI)들이 모여 국제선급연합회(IACS, International Association of Classification Society)을 결성하였다.

또한 국제해사기구로부터 해사 기술에 대한 자문 자격을 인정받아 국제협약의 제정이나 개정 등 국제 해사 업무에 직간접적으로 참여하게 되었으며, 보험업계에서도 IACS선급에 등록된 선박에 대하여는 해상보험료율면에서 유리한 대우를 하고 있다. 전 세계에 50개 이상의 선급협회가 있으며 IACS의 정회원은 다음의 12개 선급이다.

ABS	American Bureau of Shipping
BV	Bureau Veritas
CCS	China Classification Society
CRS	Croatian Register of Shipping
DNV, GL	Det Norske Veritas, Germanisher Lloyd
IRS	Indian Register of Shipping
KR	Korean Register of Shipping
LR	Lloyd's Register
NK	Nippon Kaiji Kyokai(ClassNK)
PRS	Polish Register of Shipping
RINA	Registro Italiano Navale
RS	Russian Maritime Register of Shipping

앞에서 살펴본 것과 같이 대부분 선박의 소유자는 선급협회에 가입함으로써 국내법 및 국제법에 따른 각종 검사를 대행하도록 하거나 보험 가입이나 선가 추정에서도 유리할 수 있다. 그러나 선급협회를 선택하여 선박을 등록하는 것은 선박 소유자의 선택사항이다.

6.1.3 선박검사의 종류

우리나라 「선박안전법」에는 선박에 대한 정부 검사의 종류로 건조검사, 별도 건조검사, 중간 검사, 임시 검사, 임시 항해검사, 국제협약검사, 특별검사 등을 명시하고 있다. 한국선급 등 선급검사의 종류는 제조 중 등록검사, 제조 후 등록검사, 정기 검사, 중간 검사, 연차 검사, 입거검사, 프로펠러축검사, 보일러검사, 계속 검사, 임시 검사, 개조검사 등이 있다.

이외에도 검사의 주체, 목적 등에 따라서 각 정부의 항만국 검사관이 시행하는 PSC(Port State Control) 검사, 화주가 시행하는 화주 검사, 손상보험 처리 등을 위한 감정

검사, 매선을 위한 현장검사 등이 있다.

6.2 건조검사

일반적으로 선박 제조자와 선박 소유자 사이의 계약에 따라 선박이 건조될 때는 선박 제조자의 신청에 따라 선급협회 등의 검사기관이 해당 정부의 국내법 및 국제협약, 그리고 해당 선급협회의 규칙 등에 따라 검사 업무를 수행한다. 우선, 설계도면을 승인하고 승인된 설계도면대로 선박 건조에 착수하여 완성될 때까지 전 건조 공정에 걸쳐 선박의 선체, 기관, 의장 및 비품의 설계, 재료, 구조 및 제작에 대하여 상세하게 건조검사를 수행한다. 또한 많은 선급에서 기술 자문 업무도 수행하고 있다.

6.2.1 도면 승인

선박 제조자는 해당 정부의 국내법 및 해당되는 경우 국제법 그리고 해당 선급협회의 규칙 등에서 요구하는 선박의 설계도면을 작성하여 미리 승인기관에서 도면 승인을 받아야 한다. 설계도면은 해당 정부의 국내법 및 해당되는 경우 국제법 그리고 해당 선급협회의 규칙 등에 적합하게 작성되어야 한다. 필요한 경우 화주의 요건 등 선박 소유자와의 계약에 따라 건조시방서에 명시된 모든 요건에 적합하게 작성되어야 한다.

도면 승인과정에서는 도면 내용에 대한 지적사항이 있을 수 있으며 이 경우 설계도면을 수정하여 승인을 다시 받거나 현장 검사원의 확인을 받아야 한다. 현행 규칙을 적용하기 곤란한 특이한 형태의 구조 등의 경우에는 별도의 구조해석, 피로해석 등의 방법을 통하여 설계 타당성을 확인한다.

6.2.2 현장검사

선박 건조과정에서 검사사항의 누락을 방지하기 위하여 검사원이 입회하여 검사를 수행하여야 하는 현장검사 항목들을 기술한 검사 및 시험 계획서를 검사 착수 전에 검사자의 검토 및 승인을 받고 이에 따라 검사를 시행한다. 또한 통상적으로 검사를 시작하기에 앞서 선박 건조 전반에 대하여 선박 제조자, 선급 검사원, 선박 소유자 등 관계자가 모여서 시작회의를 개최한다.

또한 건조과정의 각 단계에서 시행하는 각종 검사 및 시험에 대한 상세한 방안서(예를 들면, 구조시험 · 기밀시험 · 살수시험 방안, 비파괴검사 방안, 복원성 시험 방안, 도장 시공 방안, 시운전 방안 등)를 작성하여 검사 착수 전에 검사자의 검토 및 승인을 받고 이에 따라 검사를 시행한다. 검사를 시행할 때는 규칙에서 정하는 것에 따라 각종 시험 및 측정기기를 이용하여 시행한다.

건조과정의 각 단계별로 선체 및 기관에 대한 일반적인 검사는 해당 정부의 국내법 및 해당되는 국제법, 그리고 해당 선급협회의 규칙 등에 적합한지의 여부를 현장에서 확인한다. 모든 검사가 만족스럽게 완료된 후에는 국내법, 국제법 및 선급규칙에서 정하는 각종 증서 및 검사보고서 등을 발급하여 해당 선박에 비치하도록 한다.

현장 검사에서는 다음의 사항들을 검사 평가한다.

- 재료 및 기자재의 확인검사 : 재료 및 기자재(압연 강, 주강, 단강, 방화구조용 재료, 앵커, 앵커 체인, 로프 류, 현창, 하역설비, 창구 덮개, 수밀문, 조타기 등)가 승인을 받은 물건인지 확인
- 가공 공정의 검사 : 강재의 표면 처리, 마킹, 절단, 곡직, 성형 등이 건조 품질 기준에 적합한지 확인.
- 조립 공정의 검사 : 소조립, 중조립 등이 승인된 도면에 따라 정렬, 조립되는지 확인하고 건조 품질 기준에 적합한지 확인
- 선체 블록 검사 : 선체 블록에 대하여 승인된 도면에 따라 정렬, 조립되는지 확인하고 건조 품질 기준에 적합한지 확인
- 탑재 공정의 검사 : 검사된 선체 블록이 진수 위치에 탑재되어 승인된 도면에 따라 정렬, 조립되는지 확인하고 건조 품질 기준에 적합한지 확인
- 선체 완성검사 : 전체의 형상을 검사하고 승인된 도면과 다름이 없음을 확인
- 구조 · 기밀 · 살수 시험 : 미리 승인된 시방서에 따라 선체구조 및 폐쇄장치 등에 대하여 수압, 공기압 또는 호스에 의한 물줄기로 시험
- 선체 도장검사 : 미리 승인된 도장방안서에 따라 도장되는지 검사
- 주기관 거치 : 주기관이 정 위치에 탑재되었는지 검사
- 축계 및 프로펠러 압입 : 미리 승인된 시방서에 따라 프로펠러가 프로펠러축에 제대로 설치되는지와 중간축, 선미관축 등 나머지 축에 제대로 설치되는지 검사
- 타 및 타두재 취부 : 타 및 타두재가 제대로 설치되는지 확인

- 배관검사 : 배관공장 및 본선에서 미리 승인된 시방서에 따라 각종 관들의 이음부에 대하여 압력시험을 하고 승인된 도면대로 본선에 설치되었는지 확인
- 선체 의장, 기관 의장, 전기 의장 : 출입문, 맨홀, 해치, 핸드레일, 공기관, 측심관, 전선케이블, 통풍통 등 각종 의장품들이 승인된 도면대로 설치되었는지 확인
- 진수 전 검사 : 진수 전에 사용된 재료의 확인, 선체 주요 치수 계측, 용골 투시(keel sighting), 선체 외판에 대한 각종 표시(marking), 앵커 및 앵커 체인, 선체구조에 대한 비파괴검사 완료 여부 등을 확인
- 방화구조검사 : 방화구조, 통풍장치 및 탈출 설비 등에 대하여 확인
- 선내시험 : 하역설비, 창구 덮개, 사다리, 발전기, 보일러와 보조기계 등 각종 설비를 본선에 탑재하고 시험
- 복원성 시험 : 선박의 경하중량 및 무게 중심의 위치 등을 파악하기 위하여 경사시험 또는 경하중량 산정시험 및 필요시 동요시험 등을 시행
- 주기관 안벽 계류 시운전(main engine dock side trial) : 해상 시운전에 앞서 선박이 안벽에 계류된 상태에서 주기관의 작동시험
- 해상 시운전 : 선박을 완성한 후에는 선박의 모든 설비, 기계 및 전기 설비에 대하여 운전 상태에서 시운전을 실시하고 그 성능을 확인한다. 해상 시운전에 있어서는 속력시험, 후진시험, 조타시험, 비상 조타시험, 선회력시험 및 기관의 작동 상태와 운전 중 선박의 상태를 검사
- 국내법, 국제협약 등에 대한 검사 : 구명설비, 소화설비, 항해설비, 해양오염 방지 설비, 거주 위생설비 등 나머지 검사 사항에 대하여 검사

6.3 정기적 검사

선박을 인도한 이후에는, 선주의 신청에 따라 검사기관은 해당 국가의 국내법 및 국제협약, 그리고 해당 선급협회의 규칙 등에 따라 검사를 수행해야 한다. 또한 선박의 운항 개시 후에도 선박의 선체, 기관, 의장 및 비품의 적합 여부를 정기적으로 검사한다.

선박에 대한 정기적인 검사는 통상 5년 주기로 시행하는 정기 검사와, 정기 검사 사이의 중간쯤에 시행하는 중간 검사 및 매년 시행하는 연차 검사로 이루어진다.

6.3.1 정기 검사

정기 검사는 선박을 입거 또는 상가시켜 선체, 기관 및 의장이 만족한 상태에 있으며, 적절한 정비를 받으며 운항하는 것을 전제로 5년의 차기 정기 검사기일이 도래하기까지 선박을 의도하는 목적에 적합하게 사용할 수 있는지 확인하는 검사이다.

선체구조 부재에 대하여 외관 및 치수 검사, 기능을 확인하고, 기관 및 장치 등에 대하여는 개방검사와 작동 상태를 점검한다. 선박의 선령, 크기, 선종, 선박의 상태 등에 따라서 검사 범위가 결정된다. 정기 검사는 검사 범위를 나누어 5년 이내에 매년 검사로 실시할 수 있다.

6.3.2 중간 검사

중간 검사는 통상 정기 검사와 정기 검사의 중간에 선박의 전반적인 상태가 규칙에 만족하는지를 확인하기 위한 검사로서 정기 검사와 연차 검사의 중간에 시행한다.

6.3.3 연차 검사

연차 검사는 매년 선박의 전반적인 상태를 확인하는 검사로서 통상 외관검사를 중심으로 시행하며 일부 항목에 대해 보다 상세한 검사가 요구될 수 있다.

6.3.4 입거검사

입거검사는 통상 5년의 정기 검사기간 내에 적어도 2회 시행한다. 선박을 입거 또는 상가하여 선저, 선측, 선수, 선미골재, 타, 해수 흡입구 및 밸브, 프로펠러 등을 검사한다.

6.3.5 프로펠러축 및 선미관축 등의 검사

선미관축 등을 포함하는 프로펠러 축계에서 프로펠러축을 발출하여 검사한다. 통상 프로펠러를 축으로부터 분리시켜 검사하고 선미관 베어링, 밀봉장치 등을 검사한다.

6.3.6 보일러검사

보일러검사는 통상 5년의 정기 검사기간 이내에 적어도 2회 시행하여야 하며 보일러의 내부검사, 안전 밸브 분출장치 및 각종 안전장치의 작동시험 등을 시행한다.

참고문헌

1. 대한조선학회, 2001, 선박건조공학, 동명사.
2. 산업자원부, 1999, 계획과 생산의 최적화를 위한 조선 통합 생산 관리 시스템 개발에 관한 연구 (4차년도 중간보고서). pp. 105~134.
3. 송영주 · 이광국 · 이동건 · 황인혁 · 우종훈 · 신종계, 2008, 시뮬레이션 기반 조선소 레이아웃 설계 프레임워크 개발, 대한조선학회 논문집, 제45권, 제2호, pp. 202~212, 대한조선학회.
4. 송창섭 · 강용우, 대형 조선소의 물류 시뮬레이션, 2009, 한국CAD/CAM학회논문집 14(6) pp. 374~381, pp. 1226~1606.
5. 우종훈 · 오대균 · 권영대 · 신종계 · 서주노, 2005, 디지털 조선소 구축 및 활용을 위한 모델링 및 시뮬레이션 프레임워크 구축 방법론, 대한조선학회 논문집, 제42권 제4호, pp. 411~420, 대한조선학회.
6. 우종훈 · 이광국 · 정호림 · 권영대 · 신종계, 2005, 디지털 조선소 구축을 위한 물류 모델 프레임워크, 대한조선학회 논문집, 제42권 제2호, pp. 64~72, 대한조선학회.
7. 이광국 · 최동환 · 한상동 · 박주용 · 신종계, 2006, 디지털 생산 시뮬레이션 기반의 판넬라인 일정계획지원시스템 구축, 대한조선학회 논문집, 제43권 제2호, pp. 228~235, 대한조선학회.
8. 이춘재 · 이장현 · 우종훈 · 신종계 · 유철호, 2007, 조선소 옥외물류의 이산사건 시뮬레이션에 관한 연구, 대한조선학회 논문집, 제44권, 제6호, pp. 647~656, 대한조선학회.
9. 한국선급, 2010, 한국선급 50년사(1960~2010), (사) 한국선급.
10. 한국선급, 2011, 선급 및 강선규칙 제1편 선급등록 및 검사 2011, (사)한국선급.
11. 한상동 · 유철호 · 신종계 · 이종근, 2008, 시뮬레이션 기반 디지털 조선소 구축 및 활용, 한국CAD/CAM학회 논문집 vol. 13 no. 1. pp. 18~26.

제13장
함정

1. 함정의 특성

1.1 정의

함정은 무장 등 전투장비 및 병력을 탑재하고, 전투 및 전투 지원 임무를 수행하는, 군(軍)에 소속된 선박으로 정의된다. 함정은 군함이라는 용어로도 표기될 수 있으며, 영어로는 naval ship 또는 warship으로 표기된다.

함정은 해양에서 전투 및 전투 지원 임무를 수행해야 하므로, 선박의 형태를 가진 무기체계라고 말할 수 있다. 따라서 함정은 선박으로서의 특성과 함께 무기체계로서의 특성을 보유하고 있다. 이로 인해 체계 구성, 탑재장비, 소요 기술, 설계 건조 절차 및 방법 등 여러 측면에서, 화물 및 여객의 해상 운송과 해양레저를 주목적으로 하는 민수용 선박과는 다른 점이 많다.

1.2 종류

1.2.1 수상함

순양함 및 구축함 등 전투함의 작전 임무는 대수상함전, 대잠수함전, 대항공기전이다.

그림 13-1 수상전투함 예
(왼쪽 위부터 시계 방향으로 전함, 항공모함, 상륙함, 구축함)

최근 해전 양상이 연안 해전으로 전환됨에 따라, 대형 전투함이 대지상전까지 작전 임무를 수행하게 되었다. 또한 상륙함은 상륙작전, 기뢰전함은 기뢰 탐색 및 소해 등 대기뢰전을 수행하게 되었다. 해전 양상의 변화로 인해, 전함은 제2차 세계 대전 이후 함정 세력 구성에서 사라졌으며, 항모 기동부대의 중심인 항공모함이 군사 강국의 해군을 대표하는 주력 핵심 함정이 되었다.

현대 수상함은 작전 임무, 작전 해역, 크기 등에 의거하여 구분된다. 그 종류를 살펴보면 전함(battle ship), 항공모함(aircraft carrier), 순양함(crusier), 구축함(destroyer), 프리컷(frigate), 초계함(corvett), 고속정(high speed craft), 상륙함(amphibious ship), 기뢰전함(mine warfare ship), 지원함(auxiliary ship) 등이 있다.

그림 13-1은 수상전투함의 예로 전함, 항공모함, 구축함, 상륙함 등을 제시하였다.

1.2.2 잠수함

현대 잠수함은 은밀성을 토대로 평시에는 작전 해역에서 정찰, 감시 및 정보 수집 임무를 수행한다. 한편, 전시에는 아군 함정의 해상 교통로 보호, 기동전투단 방호 임무, 적기지 봉쇄 및 차단, 적의 함정 이동로 차단 등 전술적 임무와 육상 핵심 표적에 대한 정밀 타격 등 전략 임무 그리고 특수부대의 특수 작전 지원 임무를 수행한다.

현대 잠수함은 작전 임무, 추진체계, 크기 등에 따라 다음과 같이 구분된다. 그 종류를

그림 13-2 잠수함 예
(왼쪽 위부터 시계 방향으로 전략 잠수함, 공격 잠수함, 디젤 잠수함, AIP 잠수함)

살펴보면 원자력 추진 전략 잠수함(SSBN), 원자력 추진 유도탄 잠수함(SSGN), 원자력 추진 공격 잠수함(SSN), 디젤 전기 추진 잠수함(SSK), AIP 잠수함, 잠수정 등이 있다.

그림 13-2는 원자력 추진 전략 잠수함, 원자력 추진 공격 잠수함, 디젤 전기 추진 잠수함, AIP 잠수함 등 여러 종류의 잠수함이다.

1.3 함정의 무기체계 특성

이미 앞에서 설명한 것처럼, 함정은 선박 형태를 가진 무기체계이다. 따라서 함정은 현대 무기체계가 갖고 있는 일반적인 특성뿐만 아니라, 다른 무기체계들이 보유하지 않은 고유한 무기체계 특성들도 갖고 있다. 무기체계의 일반 특성 중 가속적 진부화 특성이란 군사과학 기술의 급격한 발전에 의해 무기체계의 유효 수명 및 운용기간이 급속하게 감소하는 현상을 뜻한다. 다른 일반 특성은 대부분 이해가 용이하므로 설명을 생략하였으며, 함정의 고유 특성에 대해서만 설명을 덧붙였다.

1.3.1 무기체계 일반 특성

무기체계의 일반적 특성으로서는 작전에 대처할 수 있는 다양성이 요구되며 기능적 특성이 매우 정교하고 복잡하다는 특징이 있다. 항상 새로운 기술 발전에 따라 새로운 성능이 요구되므로 무기체계는 가속적으로 진부화된다는 특징이 있다. 체계로서의 효율성이 보장되려면 무기로서의 은밀성이 요구된다. 무기체계는 기능에 따라 수요의 제한성이 매우 강하고 가격이 높다는 특성을 갖는다. 이는 무기체계를 개발할 때에 실패 위험성이 높기 때문이다. 개발과정에서 얻어지는 기술적 가치와 경제적 파급 효과는 매우 높다.

1.3.2 함정의 고유 특성

1) 대형 복합체계 특성

일반 무기체계는 대부분 부품단위의 구성품으로 체계가 구성된다. 그러나 함정은 대형 구조인 선체구조체계, 추진기관 등 추진체계, 보조기관 및 의장장비 등 기계장비체계, 레이더 및 소나 등 전자장비체계, 함포 및 미사일 등 무장체계 등 복잡하고 다양한 체계들이 결합되어 이루어지는 대형 복합체계이다. 따라서 영어로는 'System of Systems' 로 표기된다. 함정을 구성하는 체계 하나하나가 수많은 부품과 작은 장비로 이루어진 매우 복잡한 체계이다.

따라서 이러한 구성체계들이 하나의 유기적인 체계로 결합된 함정이야말로 현존하는 가장 복잡한 무기체계라고 할 수 있다. 이러한 대형 복합체계로서의 특성으로 인해, 함정은 다음에 열거하는 것과 같이 일반 무기와 다른 여러 특성들을 갖는다.

2) 단위 부대 특성

일반 무기체계들은 운용하지 않을 때, 지정된 공간에 보관 또는 격납되어 있기 마련이다. 그러나 함정은 작전 운용일 때는 물론, 작전 임무를 수행하지 않을 때에도 상당수의 병력이 함정 내에 상주하면서, 행정 업무와 정비작업 등 관련 업무를 수행한다. 함정 지휘관도 함정 내에 상주한다.

또한 일반 무기체계는 작전 운용기간이 수 시간 또는 수일에 불과하지만, 함정은 정기수리기간을 제외하고 연중 내내 운용한다. 따라서 함정은 일반적인 단위 무기체계와 달리, 단위 부대로서의 특성까지 보유하며, 설계 및 건조 단계에서 승조원의 함정 내 거주성은 물론이고 근무 및 생활 환경에 대한 고려가 필수적으로 요구된다.

3) 시제함 실전 배치 운용 특성

일반 무기체계인 경우, 연구 개발 단계에서 제작된 시제품의 용도가 양산 단계의 추진 여부를 결정하기 위한 시험 평가용으로 국한되며, 실전 배치용은 별도의 양산 단계에서 생산된다. 그러나 함정의 경우, 시제함을 건조하는 데 막대한 비용과 시간이 소요되므로, 시험 평가 단계를 거친 후 실전에 배치하여 운용한다. 따라서 함정의 경우, 실제적인 건조 작업에 들어가기 이전에 설계 단계까지 모든 기술적 문제점이 완전하게 해결되어야 한다. 다시 말해, 기술적 문제점들을 해결하기 위한 연구 개발 활동들이 설계 단계 및 그 이전 단계에서 수행되어야 한다.

앞에서 이야기한 일반적인 예와 달리 창의적인 형태의 특수 선형 함정을 개발하는 경우, 개념의 타당성과 기술적 가능성을 입증하기 위해, 시험시제선(prototype ship)을 최소한의 크기로 건조하여 시험 평가 용도로 사용한다. 이 경우 실전 배치용 함정은 별도로 건조한다.

4) 표준화 및 규격화 제한 특성

일반 무기체계인 경우, 시제품 제작 및 시험 평가의 최종 목표는 개발품의 성능 입증과 함께 대규모 생산을 위한 제작 시방을 준비하는 것이다. 다르게 표현하면, 대규모 생산을 위한 무기체계의 표준화 및 규격화 단계라고 할 수 있다.

그러나 함정은 일반적으로 장기간에 걸쳐 1척씩 순차적으로 건조한다. 이는 국방 예산 소요를 일정 수준으로 유지하고, 방산조선소의 건조 물량을 적정 수준으로 유지할 수 있기 때문이다. 이 때문에 같은 종류의 함정이라도, 매 함정마다 건조 시점이 다르게 된다. 이러한 건조 시점의 지연은 작전 요구사항 및 건조 사양 등의 변경을 초래하게 한다. 따라서 많은 척수를 건조하는 함정인 경우에도, 기본적인 사양은 동일하지만 상세한 수준에 이르게 되면 표준화 및 규격화는 제한될 수밖에 없다.

5) 다종 소량 건조 특성

일반 무기체계인 경우, 개발 단계가 완료되면 표준화 및 규격화된 제작 사양에 의거하여 대규모로 생산된다. 그러나 함정인 경우 다양한 해상 작전 임무를 효과적으로 수행하기 위해, 작전 임무별로 전문화시킨 함정을 필요한 척수만 건조한다. 앞에서 이미 언급한 것과 같이, 같은 유형의 함정이라도 건조 시점에서 변경된 요구사항에 맞춰 건조된다. 이런 측면에서 대량 생산을 전제로 하는 일반 무기체계와 함정은 크게 다르다. 제2차 세계대전 당시 미국 및 독일은 표준화된 함정을 동시에 다수 건조하여 운용한 사례를 갖고 있다. 그러나 이 사례는 전쟁 등 비상시에만 국한된다.

1.4 체계 구성 특성

함정의 주 임무는 해양에서의 작전 임무 수행이며, 항해는 기본적인 임무에 불과하다. 그러나 일반 민수용 선박은 목적지까지의 항해 자체가 주 임무이다. 이러한 수행 임무의 차이로 인해, 함정과 민수용 선박은 체계 구성 측면에서 큰 차이가 있을 수밖에 없다.

함정은 수행 임무에 의거하여 선박체계(platform system)와 전투체계(combat system)의 체계적인 결합으로 이루어지는 복합체계이다. 하지만 민수용 선박은 화물 및 여객 운송을 목적으로 하므로 선박체계만으로 구성된다.

또한 수행 임무의 차이로 인해, 선박체계의 특성에서도 차이가 있을 수밖에 없다. 함정의 선박체계는 일반적으로 고속이며 구성이 복잡한 반면, 민수용 선박은 중저속이며 구조도 단순하다. 승조원의 구성도 차이가 날 수밖에 없다. 또한 함정은 항해를 하기 위한 요원 외에도 작전 임무를 수행하기 위한 전투병력이 필요한 반면, 민수용 선박인 경우에는 항해를 하기 위한 승조원만으로 충분하다. 앞에서 기술한 체계 구성상의 차이를 정리하면 **그림 13-3**과 같다.

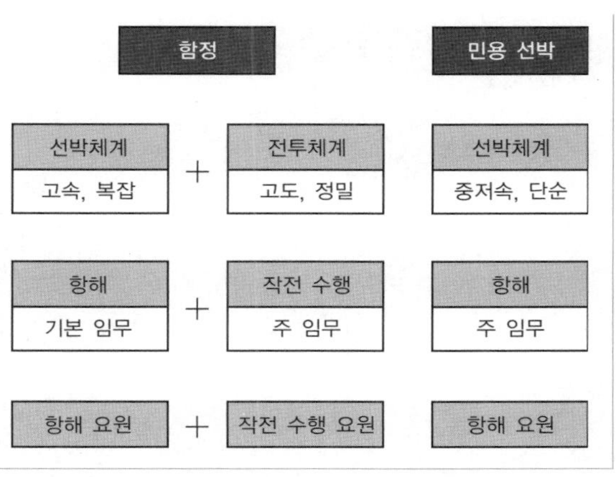

그림 13-3 함정과 민수용 선박의 체계 구성 특성

그러나 함정이라는 복합체계는 **그림 13-3**에 도식화한 것처럼 단순하게 선박체계 위에 전투체계를 탑재하여 만들어지지 않는다. 선박체계와 전투체계는 기능적으로 긴밀하게 연계되어 있으며 서로 미치는 영향 또한 크기 때문이다. 따라서 두 체계가 상호 요구하는 조건을 각기 충족시킬 경우에만, 함정으로서의 임무를 성공적으로 수행할 수 있게 되는 것이다. 이러한 선박체계와 전투체계의 상호 연관성을 함정의 운용 예를 통해 설명하면 다음과 같다.

그림 13-4에 나타낸 것처럼, 전자광학장비가 표적을 탐지하여 함포를 발사하였을 때는, 함포 발사로 인해 유기된 충격은 선체구조를 통해 갑판구조물에 전파되게 된다. 민수용 선박에 함포를 설치하였을 때는 선체구조가 함포 발사 충격에 대비하여 설계되어 있지 않으므로, 갑판구조물 상부는 과도 진동을 일으키게 된다. 이로 인해 전자광학장비는 표적을 잃어버리게 된다. 결국 함포에 발사 정지 명령을 내리도록 만들어 연속 발사가 불가능해진다. 다시 말해, 선체구조 강도가 함포 등 무장체계의 운용 조건을 충족시킬 수 있도록 설계되어 건조되었을 때만 함정으로서의 전투 기능을 발휘할 수 있음을 뜻한다.

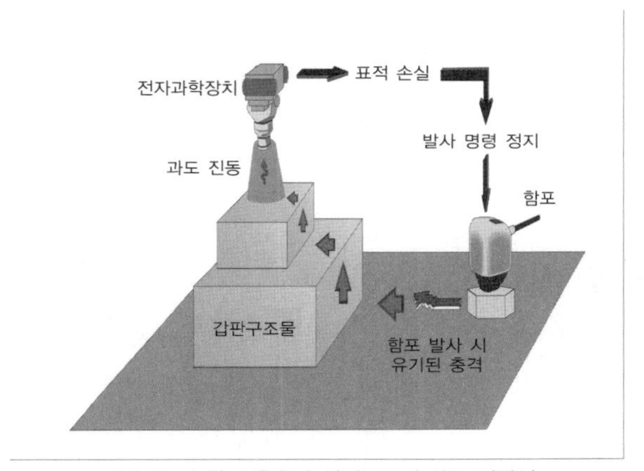

그림 13-4 함포 운용과 선체구조의 상호 연관성

선박체계와 전투체계의 상호 연관성은 함정의 선체운동 성능이 작전 운용에 미치는 영향을 통해서도 입증된다. **그림 13-5**에서 보는 것과 같이, 함정에 탑재 운용하는 헬기의 경우, 선체의 운동 성능이 일정 조건을 충족시켜야만 이함(離艦)과 착함(着艦)이 가능해진다. 만일 운동 성능 요구 조건이 해상 상태 4에서 충족된다면 헬기의 해상 작전 운용도 해상 상태 4까지 허용됨을 뜻한다. 이는 선박체계의 선형 성능이 전투체계의 한 요소인 탑재 헬

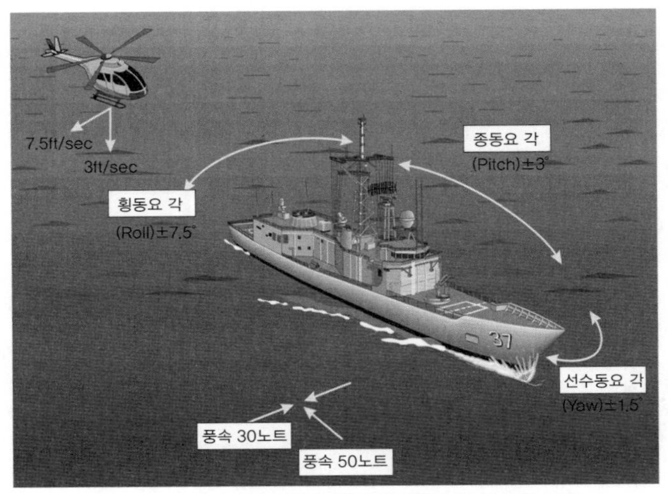

그림 13-5 탑재 헬기 운용을 위한 함정운동 특성 요구 조건

기의 작전 운용 한계를 직접적으로 결정짓게 됨을 뜻한다. 즉, 함정의 선형은 함정이 수행해야 하는 여러 작전 임무의 요구 조건을 충족시킬 수 있도록 설계되어야 함을 뜻한다.

선박체계와 전투체계로 이루어지는 복합체계로서의 특성은 함정의 개발 건조 및 운용유지 측면에서도 특이한 문제를 일으킨다. 신규 함정을 개발 건조할 때 중진국인 경우, 선박체계는 자국에서 건조하지만 전투체계는 외국에서 개발 생산된 체계를 도입한다. 이와 달리 미국 및 선진 강대국들은 탑재해야 할 무장 및 전투장비 자체를 새로 개발해야 한다. 이 경우 선박체계의 개발 건조 착수 이전에 수년이 추가로 소요되고, 함정 개발 건조기간이 10년 이상 장기화될 수밖에 없다. 이로 인해 개발 건조 사업 변경 및 실패 위험성 등 여러 가지 문제들이 발생할 수 있다.

함정의 체계 복합성은 건조 완료 후 운용 유지 단계에서도 문제를 일으킨다. 선체구조 및 추진체계로 구성되는 선박체계는 일반적으로 30년 이상 장기간 유효 수명을 갖게 된다. 반면에 무장 등 전투장비로 구성되는 전투체계는 군사과학 기술의 급격한 발전으로 유효 수명이 수년 미만으로 극히 짧다. 이에 따라 장기간의 개발 건조기간 및 막대한 투자비가 소요되었음에도 불구하고 신조 함정이 작전 임무를 수행할 수 있는 기간이 크게 감소될 수밖에 없다.

이러한 함정의 고유한 문제점들을 극복하기 위해, 미 해군의 경우는 함정 획득체계를 혁신하고, 점진적 획득기법(evolutionary acquisition strategy), 탑재체계 모듈화 기법(modular payload ship), ACTD(Advanced Concept Technology Demonstration) 기법, IPPD(Integrated Product and Process Development) 기법 등을 새롭게 개발하여, 신규 함정을 개발 건조할 때 적용하고 있다.

2. 함정의 선체 기술

2.1 선형

2.1.1 단동 선형

함정의 선체 기술을 살펴보면, 초계함급 이상 수상전투함의 선형은 대부분의 경우 전통적인 단동 선형(單胴船型, mono hull)이 주류를 이루고 있다. 그 이유는 유효 탑재중량 및 함 내 공간 활용 측면에서 타 선형에 비해 유리할 뿐만 아니라, 최근 일어나고 있는 함정의 대형화 추세에 부합하기 때문이다. 단동 선형의 가장 큰 단점은 속력을 높이기 곤란하다는 점이며, 단동 선형을 채택한 현대 수상전투함의 최고 속력은 30노트를 약간 넘는 정도에 머물러 있다. 그러나 이는 작전 운용상 큰 문제가 되지 않는다.

최근 정찰 · 감시 인공위성 등 해상 감시 능력의 대폭적인 발전, 항공기의 고속화, 첨단 무기의 유효 사거리 증대 및 고속화로 인해, 함정 속력이 작전 임무 수행에 미치는 영향이 상대적으로 감소되었기 때문이다. 그러나 연안 해역에서 작전을 수행하는 고속 초계함정의 경우, 고속 발휘가 필수적인 요건이므로 고속 운항이 가능한 고속 선형을 채택할 수밖에 없다. **그림 13-6**은 전통적인 단동 선형을 채택한 현대 수상전투함이다.

그림 13-6 전통적인 단동 선형 수상전투함

2.1.2 복수선체 선형

복수선체 선형(複數船體 船型)은 여러 개의 선체로 이루어진 선형으로서, 쌍동선(catamaran), 삼동선(trimaran), 반잠수 쌍동선(SWATH, Small Waterplane Area Twin Hull)으로 구분된다. 쌍동선은 일반 쌍동선(conventional catamaran)과 파랑 관통 쌍동선(wave piercing catamaran)으로 구분된다. 호주에서 개발된 파랑 관통 쌍동선은 미 육군 및 해군에 장기간 임차 운용되어, 40노트급 고속 군수 지원함으로써 유용성을 확실하게 입증한 바 있다. 중국 해군은 파랑 관통 쌍동 선형을 미사일 고속정에 적용하여 실전에 배치 운용하고 있다. 따라서, 현재 고속 여객선으로 널리 적용되고 있는 파랑 관통 쌍동 선형은 넓은 갑판 면적과 고속 운항 능력으로 함정 분야에의 적용이 더욱 활성화될 것으로 예상된다.

삼동 선형은 2000년 시제함 'RV Triton' 호의 개발 건조 및 시험 평가를 통해 영국이 주도해왔다. 또한 미 해군이 삼동체 선형을 적용한 2,700톤급 연안전투함 'Independence' 함을 2010년 1월 취역시킴으로써 수상전투함 선형으로서의 유용성을 입증하였다. 삼동 선형은 헬기를 탑재 운용할 때 요구되는 갑판 면적을 중소형 크기로도 확보할 수 있을 뿐만 아니라, 45노트급 이상의 고속 발휘가 가능하다는 점에서 차세대 수상전투함 선형으로 큰 주목을 받고 있다.

그림 13-7 미 해군 삼동체 선형 연안전투함 'Independence' 함

반잠수 쌍동 선형은 다른 선형에 비해 내파 성능이 비교할 수 없을 정도로 매우 우수한 선형이다. 1970년대 초반 미 해군에 의해 개발된 이래, 군용 및 민수용 분야에서 실용화 시도가 꾸준하게 있어 왔다. 민수용 선박으로는 여객선 및 관광 유람선으로 운용되고 있으며, 함정으로는 악천후에 장기간 임무를 수행해야 하는 음향 측정함으로 건조되어, 미 해군 및 일본에서 실전에 배치 운용되고 있다. 수상전투함 선형으로는 개념 연구 단계에 머물고 있다.

2.1.3 고속 선형

고속을 발휘할 수 있는 고속 선형으로, 활주선(planing hull), 수중익선(hydrofoil ship), 공기 부양선(air cushion vehicle), 표현 효과선(surface effect ship) 등이 있다.

1960년대 중동전에서 이집트의 Komar급 소형 미사일 고속정이, 이스라엘 구축함을 격파한 이래, 활주 선형은 고속 초계정에 널리 적용되어온 대표적인 고속 선형이 되었다. 최근 활주 선형을 적용한 고속정의 건조 운용이 다소 답보 상태에 있으나, 스웨덴, 핀란드, 덴마크 등 북유럽국가들은 자국의 해상 환경을 고려해 활주 선형을 적용한 고속 초계정을 다수 건조하여 운용하고 있다.

수중익선의 경우, 미 해군이 1970년대에 250톤급 미사일 고속정에 적용하여 고속정 편대를 운용한 적이 있으며, 이탈리아 및 일본에서도 수중익 선형 미사일 고속정을 건조 운용한 적이 있다. 현재 모두 퇴역한 상태에 있는데, 수중익 선형 고속 초계정의 건조 운용이 활성화되지 못한 이유는 수중익(hydrofoil)의 정비 유지가 용이하지 않은 데 기인하는 것으로 알려져 있다.

공기 부양선은 수륙양용이 가능한 고속 선형으로서 미 해군의 LCAC급 상륙정 및 핀란드 Tuuli급 상륙정 등 고속 상륙정에 적용되어 왔다. 공기 부양 선형은 큰 소음 및 대형화가 곤란하다는 단점으로 인해, 앞으로도 고속 상륙정 등 특정 분야에만 적용될 것으로 예상된다.

그림 13-8 노르웨이 Skjold급 표면 효과 선형 미사일 고속정

표면 효과선은 수상 전용 공기 부양선으로, 고속을 발휘할 수 있고 갑판 면적이 넓으며 대형화가 비교적 용이하다는 특성이 있어서, 중형급 수상전투함에도 적용할 수 있는 선형이다. 그러나 현재는 주로 미사일 고속정에 적용되고 있다. **그림 13-8**은 노르웨이가 개발하여 운용하고 있는 Skjold급 270톤 미사일 고속정이다.

2.2 선체구조

2.2.1 작용하중 특성

수상전투함인 경우 선체구조를 설계하며 고려하는 작용하중은 기본하중, 해상하중, 운용하중, 전투하중으로 구분된다. 이 중 전투하중(Combat Loads)이 민수용 선박의 구조 설계에서는 고려되지 않는 하중으로 다음과 같이 구분된다.

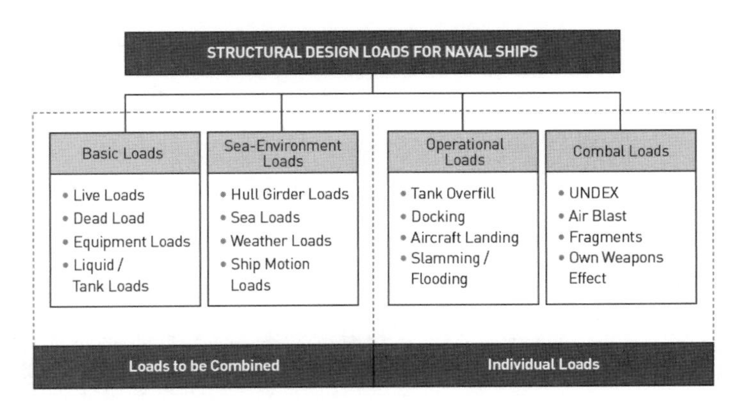

그림 13-9 함정의 구조 설계 하중

1) 수중 폭발 충격하중

수중 폭발 충격하중(underwater explosion shock load)은 어뢰 및 기뢰 등 수중무기가 수중에서 폭발했을 때 발생하는 작용하중이다. 충격파에 의한 충격력과 가스 버블(gas bubble)의 팽창 및 수축에 의한 기진력으로 구분된다. 충격파에 의한 충격력은 주로 항해 장비의 손상을 초래하므로, 함내 장비의 내충격 설계 시 필수적으로 고려되어야 한다. 또한 가스 버블의 기진력에 의한 선체 휘핑(whipping) 현상도 함정 선체구조 종 강도 설계에서 충분히 검토해야 한다.

2) 무장 발사 연동하중

무장 발사 연동하중(own weapons effects)은 함정에 탑재한 무장을 발사할 때, 선체구조에 작용하는 충격력 및 반동력을 뜻한다. 함포를 발사할 때 포구에서 발생하는 충격력(gun blast), 발사 반동력(gun recoil), 미사일 발사 충격력(missile blast) 등으로서 함포 및 미사일 발사대 주변 선체구조물 설계에서 고려해야 한다.

3) 파편하중

파편하중(fragments loads)은 폭탄 피격되어 파편에 의한 충격력으로서, 주요 구획에 대한 방호구조 설계에서 고려해야 한다.

4) 공기폭풍하중

핵폭풍 및 폭탄 피격 시 발생하는 높은 압력의 공기폭풍하중(air blast loads)으로서, 갑판에 노출된 장비 및 선체구조물 설계에서 고려해야 한다.

2.2.2 수상함 선체구조

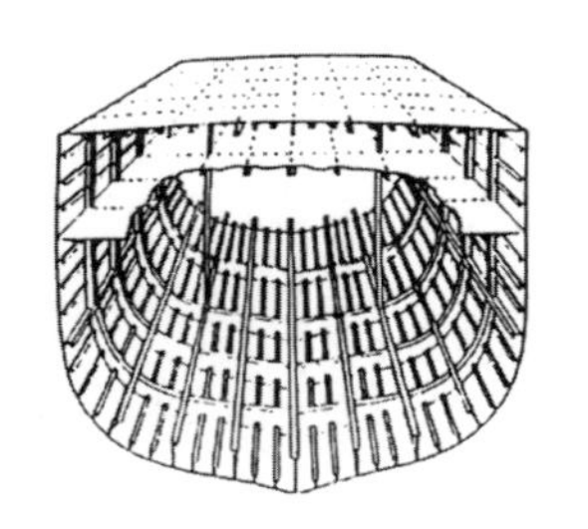

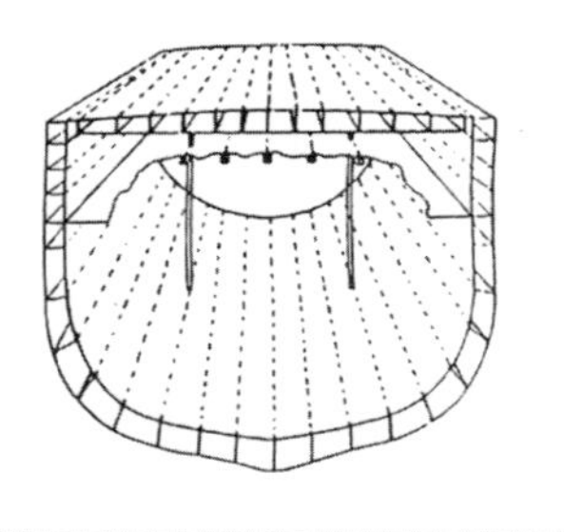

그림 13-10 종 늑골 선체구조방식 및 2중 선체구조방식

수상함의 주요 선체구조부재는 외판, 갑판, 격벽, 종 강도 부재 및 늑골이다. 민수용 선박이 주로 횡 늑골방식을 채택하는 데 반하여, 함정 선체구조는 대부분 중량 및 강도 면에서 유리한 종 늑골방식을 채택하고 있다. 미 해군은 차세대 함정용으로, 방호 성능 강화 및 함

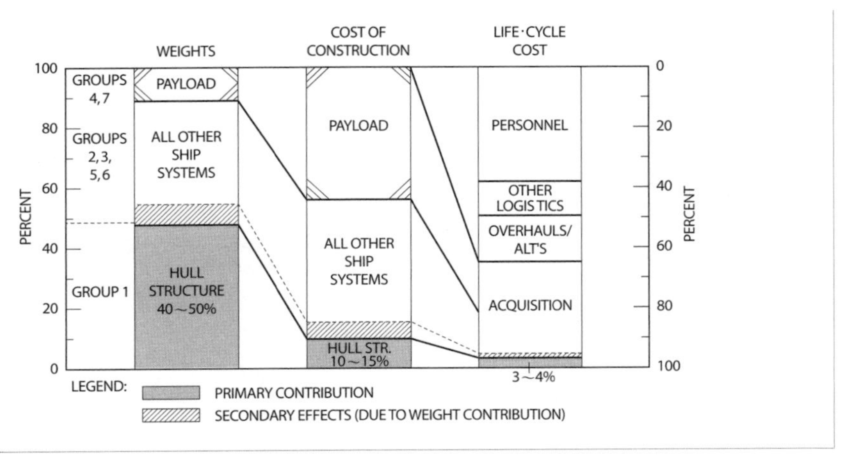

그림 13-11 함정 선체구조의 중량 및 비용 특성

정 내 공간 활용 증대가 가능한 2중 선체구조방식을 연구 개발하고 있다. **그림 13-10**에 전형적인 종 늑골방식에 의한 선체구조와 2중 선체구조방식을 나타냈다.

그림 13-11에는 선체구조가 중량 및 비용 특성 측면에서 함정체계에 미치는 영향을 나타냈다. 그림에 나타낸 것과 같이, 선체구조 중량은 전체 중량의 40～50%를 차지한다. 따라서 무장 등 작전 임무 수행을 위한 유효 탑재중량(Payload)을 증가시키기 위해서는, 선체구조 강도를 충족시키는 범위 내에서 선체구조 중량을 최대한 감소시켜야 한다. 현재 미 해군 및 러시아 함정인 경우에는 선체구조 중량비율은 45% 수준이며, 유럽국가 함정의 경우에는 39%～43% 수준으로 다소 낮다. 이는 각국이 적용하고 있는 함정 선체구조 설계규격이 상이함에 기인한다.

2.2.3 잠수함 선체구조

잠수함 선체구조를 구성하는 주요 부재는 외부 선체(outer hull), 잠수 중 수압에 견디기 위한 압력 선체(pressure hull), 격벽 등이다. 외부 선체와 압력 선체가 단일구조일 경우 단각식(單殼式) 구조, 별개의 선체구조일 경우 복각식(複殼式) 구조라고 한다. **그림 13-12**에서 보는 것과 같이, 단각과 복각을 절충한 선체구조도 널리 적용된다.

압력 선체가 수압으로 파괴 손상되는 여러 가지 현상을 **그림 13-13**에 나타냈는데, 이중 대표적인 파괴 손상현상은 다음과 같이 크게 3가지로 구분된다.

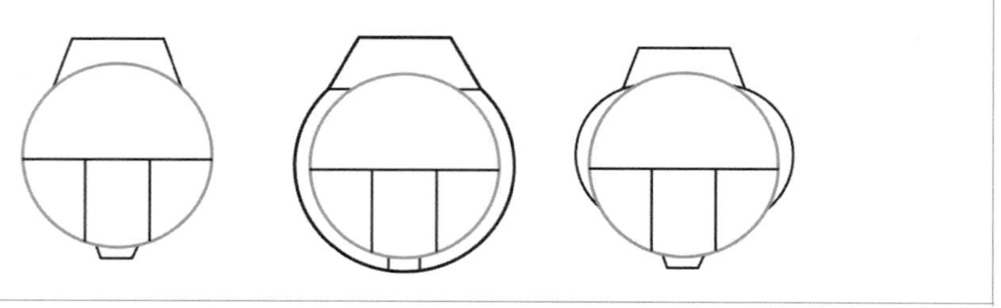

그림 13-12 대표적인 잠수함 선체구조 형식

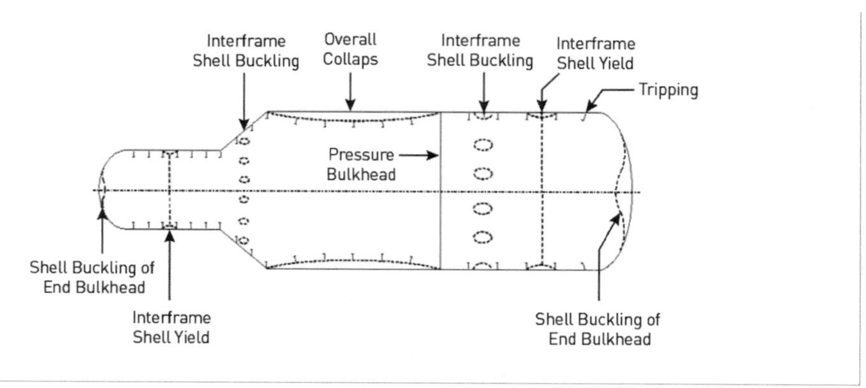

그림 13-13 압력 선체 파괴현상

- 늑골 사이 외판에서 일어나는 아코디언 주름 형태의 항복 또는 대칭 좌굴현상으로 나타나는 외판 항복(interframe shell yield)
- 늑골 사이 간격이 부적합할 때 일어나는 울룩불룩한 형태로 나타나는 비대칭형 외판 좌굴현상인 외판 좌굴(interframe shell buckling)
- 횡 격벽과 특설 늑골 사이 압력 선체에서 발생하는 전체 파괴 또는 좌굴현상인 전체 파괴(overall collapse)

압력 선체 재료로는 HY-80, HY-100, NS-100 등 고장력강이 일반적으로 사용되며, 구소련에서는 구조중량을 줄이기 위해 티타늄 합금강을 적용한 적도 있다.

2.3 추진체계

2.3.1 수상함 추진체계

수상함 추진체계는 추진기관, 추진축, 감속기어 또는 발전기 및 전동기, 추진기 등으로

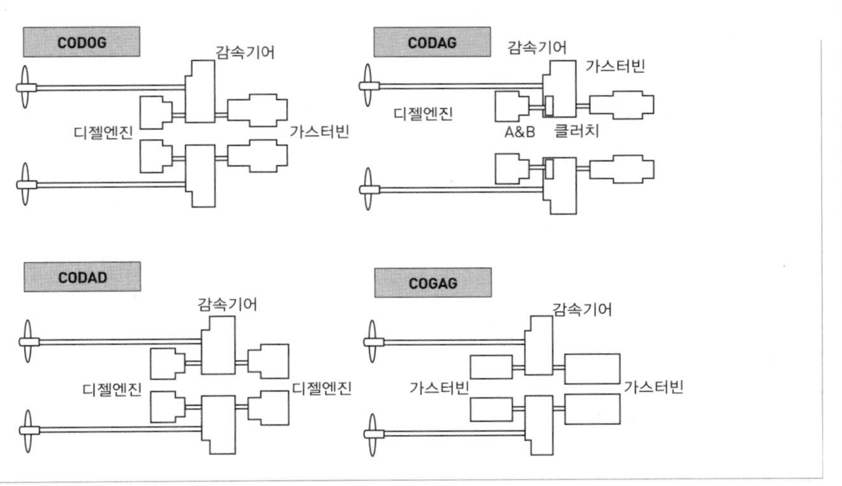

그림 13-14 기계식 추진체계

구성되며, 기계식 추진체계와 전기식 추진체계 방식으로 구분된다.

1) 기계식 추진체계

현재 대부분의 수상함에서 운용하고 있는 기계식 추진체계는 디젤기관과 가스터빈기관의 구성 및 결합방식에 의거하여 여러 형태들이 있으며, 이 중 대표적인 방식을 **그림 13-14**에 나타냈다.

2) 전기식 추진체계

그림 13-15와 같이 전기식 추진체계의 실용화를 위해, 선진 해군 강국들이 연구 개발에 많은 투자를 하고 있다. 그 이유는 무엇보다 추진동력원인 발전기와 추진전동기를 전기선으로 연결함으로써 함정 내 기관실 배치가 획기적으로 효율화될 수 있기 때문이다.

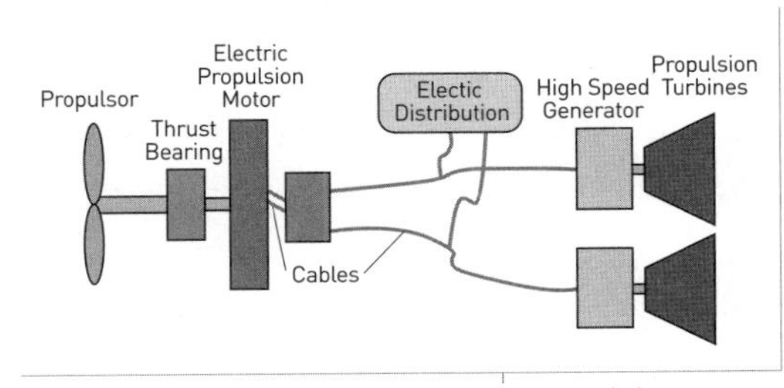

그림 13-15 전기식 추진체계 구성 개념

또한 우수한 시동성 및 저속 운전성을 토대로 연료비 등 운용 유지비도 절감할 수 있다. 전기식 추진체계의 실용화를 앞당기기 위해서는 고온 초전도 전동기 등 소형 고출력 전동기의 실용화가 선행되어야 하며, 이를 위해 많은 연구 개발이 이루어지고 있다.

2.3.2 잠수함 추진체계

1) 원자력 추진체계

잠수함에 원자력 추진기관이 최초로 적용된 것은 미 해군이 1954년에 취역시킨 3,500톤급 Nautilus 함으로서, 잠수함의 수중체재 능력을 획기적으로 극대화시킬 수 있는 계기를 만들었다. 원자력 추진 잠수함은 수명주기 동안 1회 또는 2회의 연료 충전으로 수상 및 수중 연속 운항이 가능하기 때문이다. 원자력 추진체계는 **그림 13-16**에서 보는 것과 같이 원자로, 터빈, 발전기, 감속기어 또는 추진 전동기로 구성된다. 따라서 터빈기관 및 감속기의 소음으로 인해 수중방사 소음 수준이 높아지는 단점을 갖고 있다. 그러나 냉전 기간 중 미국과 소련 간의 치열한 군사 기술 경쟁에 힘입어, 수중방사 소음 수준이 소형 디젤 잠수함 수준으로 크게 낮아진 것으로 알려져 있다.

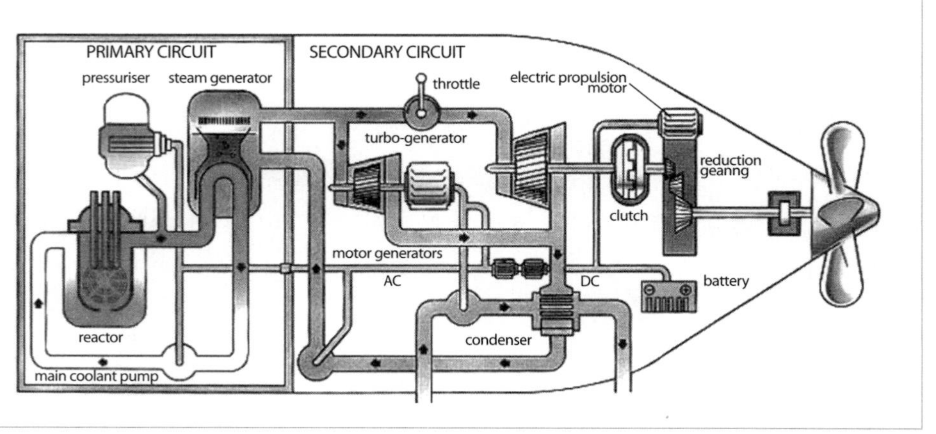

그림 13-16 잠수함 원자력 추진체계

2) 디젤 전기 추진체계

재래식 잠수함의 경우에는 보편적으로 디젤 전기 추진체계를 탑재한다. **그림 13-17**에 나타낸 것과 같이 디젤 전기 추진체계는 디젤 발전기, 축전지, 추진 전동기로 구성되며, 운용 측면에서 신뢰성이 높고 정숙 항해가 가능하다. 그러나 저속 항해 시에만 4~5일의 연속 잠항기간을 허용할 정도로 축전지의 용량이 제한된다. 따라서 재충전을 위해서는 공기흡입(snorkel) 항해를 통해 디젤 발전기를 구동하여야 한다. 공기흡입 항해할 때는 공기흡입 마스트(snorkel mast)가 수상에 노출되어야 하므로, 잠수함의 핵심 성능인 은밀성

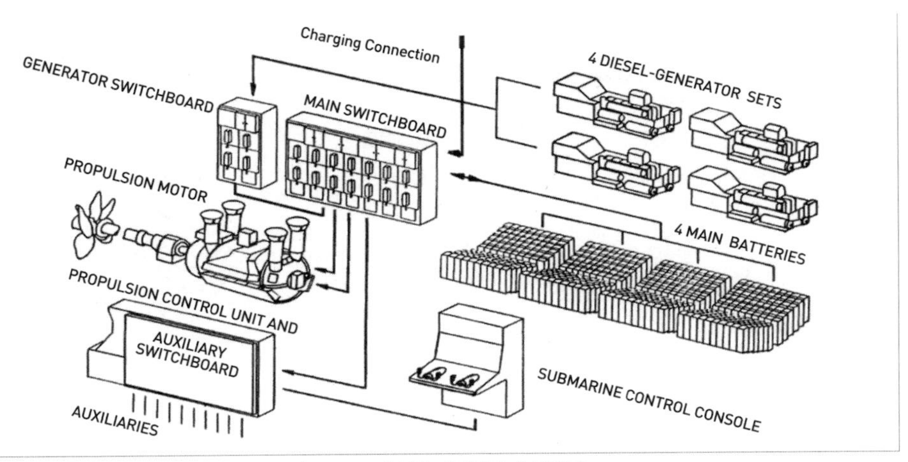

그림 13-17 잠수함 디젤엔진 추진체계

이 크게 저하된다.

3) AIP 추진체계

디젤 전기 추진 잠수함의 제한된 연속 잠항 능력을 증대시키기 위해 대기에 의존하지 않고 수중에서 추진동력을 발생시킬 수 있는 AIP 추진체계(air independent propulsion system)의 연구 개발이 1980년대 초부터 세계 각국에서 활발하게 진행되어 왔다. 현재 실용화된 AIP 추진체계는 폐회로 디젤기관, 스털링 기관, MESMA(폐회로 증기터빈), 연료전지 등 크게 4가지로 구분된다.

폐회로 디젤기관방식은 디젤기관의 배기가스에 따로 적재한 산소를 첨가하여 재순환시키는 방식이다. 요구 기술 수준이 비교적 단순하다는 장점이 있는 반면, 디젤기관 소음을 차단하기 위한 음향 차폐장치가 필수적으로 요구된다.

스털링 기관방식은 헬륨을 동작가스로 사용하는 외연기관으로서, 폭발과정이 없어 정숙하다는 장점을 갖고 있다. 그러나 기관 자체가 복잡하고 대용량화가 쉽지 않다는 단점을 갖고 있다.

MESMA 방식은 액체산소를 가스화하여 연료와 함께 연소시킴으로써 얻어지는 고온고압 가스를 이용하여 증기를 발생시키고, 이 증기로 터빈을 구동하는 방식이다. 고출력 및 소형화는 가능하나 산소 소모량이 과다하고 열효율이 낮다.

연료전지방식은 물의 전기 분해 원리를 역으로 적용, 수소와 산소를 공급하여 전기와 물을 생성시키는 방식이다. 소음이 전혀 없는 것이 장점이나, 수소의 적재 보관 등 안전성

표 13-1 AIP 추진체계별 성능 특성 종합

	폐쇄회로 디젤	연료 전지	Stirling 기관	MESMA
구동방식	내연기관	전기 화학반응	외연 기관	스팀 터빈
연료	디젤유	수소(메탄올)	디젤유	에탄올(디젤유)
잠항 심도	300m	300m	170m	300m
주요 장점	경제성, 신뢰성, 유지 · 보수성	저소음, 높은 열효율	저소음	신뢰성, 수명
주요 단점	디젤기관 소음	수명 및 비용, 수소 안전성	잠항 심도 제한, 신뢰성	낮은 열효율
개발국	영국, 독일, 네덜란드, 한국	독일, 러시아, 캐나다	스웨덴	프랑스

및 군수 지원 측면에서 기술적 과제를 가지고 있다.

1990년대 후반 스털링 기관방식의 AIP 추진체계를 탑재한 Gotland급 잠수함이 스웨덴에서 최초로 운용을 시작한 이래, 독일에서도 연료전지방식의 AIP 추진체계를 탑재한 잠수함을 다수 건조하였다. 이 결과, AIP 잠수함은 연속 잠항기간을 종전의 4~5일에서 약 2주 이상으로 연장할 수 있게 되었다. **표 13-1**에 AIP 추진체계별 성능 특성을 정리하였다.

2.3.3 추진기

수상함 및 잠수함의 추진기 설계 시 가장 큰 과제는 일정 속력 영역에서 발생하는 캐비테이션현상에 제대로 대처하는 것이다. 캐비테이션이란 추진기의 회전으로 날개 주변에 압력 강하가 일어나고 이로 인해 수증기 기포가 발생하였다가 붕괴하는 현상을 말한다. 이로 인해 추진기 날개 표면에 침식현상이 일어나게 되고, 선체 진동을 야기할 뿐만 아니라 수중방사 소음을 유발하는 근원이 된다.

수상함 추진기에서는 순항 속력 영역에서 캐비테이션현상이 발생하지 않도록 추진기를 설계하는 방법이 일차적인 대책이다. 고속 영역에서는 캐비테이션현상의 발생에 대하여 추진기 공기 분출(PRAIRIE, PRopeller AIR Induced Emission) 기법도 실제로 적용되고 있다. PRAIRIE 기법은 고압 공기를 추진축 내부관을 통해 추진기 날개에 뚫어 놓은 공기구멍으로 분출시켜 수증기 기포의 붕괴를 막는 방법이다. **그림 13-18**에서 PRAIRIE에 의한 기포 붕괴 방지 효과를 나타내었다.

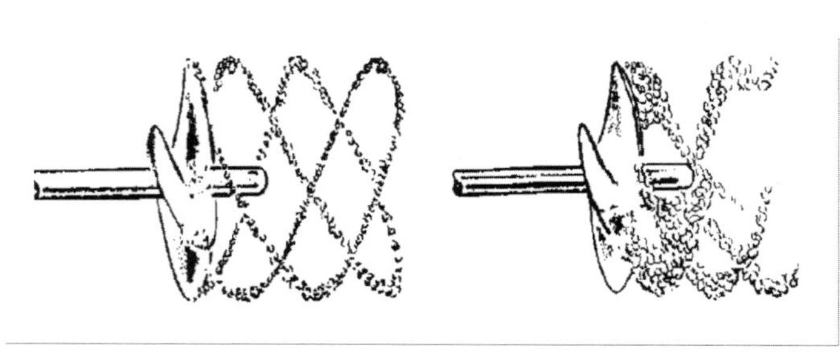

그림 13-18 PRAIRIE 기포 붕괴 방지효과

잠수함 추진기의 경우, 캐비테이션은

일반 프로펠러

고스큐 프로펠러

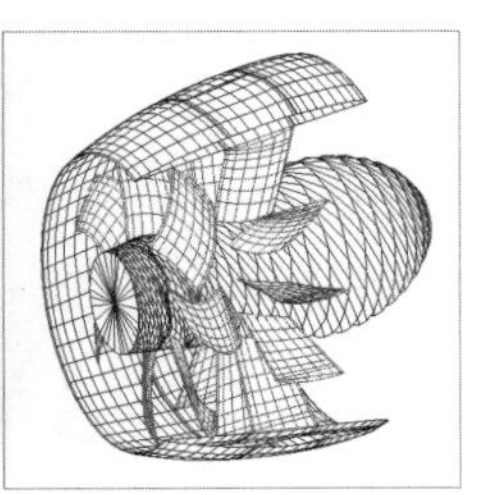
펌프 제트

그림 13-19 잠수함 추진기 발전과정

고속 영역에서 주도적인 수중방사 소음원이 되므로, 이를 줄이기 위해 많은 연구 개발이 수행되었다. 이 결과 잠수함 추진기로 스큐가 큰 프로펠러(high skewed propeller)가 널리 적용되고 있다. 최근 수중방사 소음 수준을 더 줄이기 위해 펌프 제트(pump jet) 형태의 추진기가 실용화되어 미국 및 영국의 공격 원자력 추진 잠수함에 탑재되었다. **그림 13-19**에 잠수함에 사용하는 추진기 형상을 소개하였다.

3. 함정의 전투체계 기술

3.1 전투체계의 정의

함정 전투체계(戰鬪體系, combat system)에 대한 광의의 정의는 지휘 통제체계, 탐지체계, 무장체계 등 전투 수행에 요구되는 모든 체계를 포함하지만, 협의의 정의는 지휘 통제체계만을 뜻한다. **그림 13-20**에 함정 전투체계에 대한 두 정의의 차이를 제시하였다. 전투체계에 대한 상이한 정의로 인해 생기는 혼란을 피하기 위해, 여기에서는 광의의 전투체계를 전투체계로, 협의의 전투체계는 지휘 통제체계로 정의하여 사용하였다.

3.2 지휘 통제체계

지휘 통제체계(指揮統制體系)는 탐지체계로부터 획득한 정보를 근거로 대응 전술을 검토하고 교전 계획을 수립하여 무장을 할당함으로써 함정의 전투 방책을 구체적으로 제시

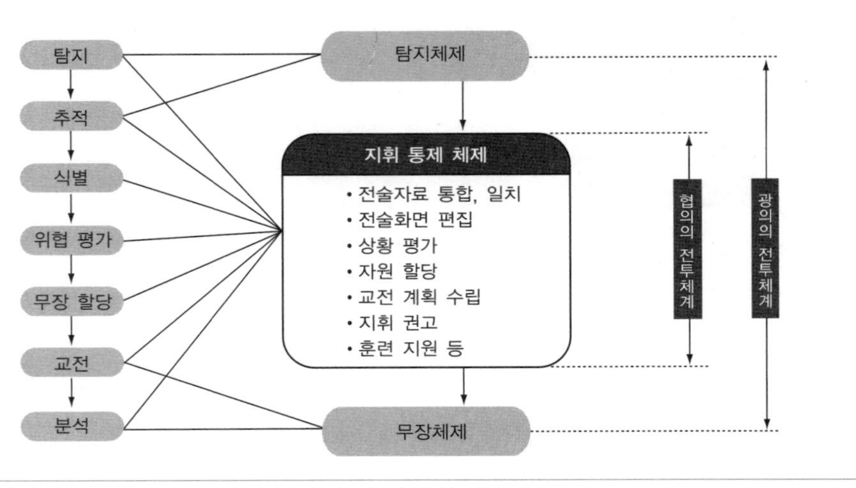

그림 13-20 함정 전투체계의 정의

하는 역할을 수행한다. 따라서 탐지장비 및 무장은 물론, 지휘관 및 전투조직 등 함정의 모든 체계와 연계된 종합 정보체계라고 할 수 있다.

또한 지휘 통제체계는 소프트웨어 위주의 정보체계로서, 소프트웨어 비용이 개발비에 차지하는 비중이 60% 이상을 차지한다. 따라서 적의 위협 및 무기체계의 변화 등 작전 운용 조건의 변경에 따라, 수명주기 동안 이루어지는 지휘 통제체계의 성능 개량 비용도 대부분 소프트웨어가 차지하게 된다.

지휘 통제체계의 핵심적인 기능을 다시 요약하면, 획득된 각종 전투 정보를 고성능 컴퓨터를 이용하여 실시간으로 처리함으로써 궁극적으로 함정의 전투 효과를 극대화시키는 데 있다.

그림 13-21 AEGIS 지휘 통제체계 운용 장면

대표적인 예가 대함유도탄의 동시 다발적인 공격에 대한 방어 작전이다. 대함유도탄의 경우 10～20해리 거리에서 탐지하더라도 대처 허용시간이 1～2분에 불과하고, 고고도 비행기의 경우 100해리 거리에서 탐지하더라도 발사된 대함유도탄에 대한 대처 허용시간은 10분에 불과하다. 따라서 수상함에 대한 대함유도탄의 동시 다발적인 공격은 가장 큰 위협이 되고 있다. 이에 따라 미 해군은 다수의 대공 표적을 고속으로 탐지, 추적할 수 있는 다기능 레이더를 토대로 AEGIS 지휘 통제체계를 개발하였으며, 1970년대부터 순양함 및 구축함에 탑재하여 운용하고 있다. AEGIS 전

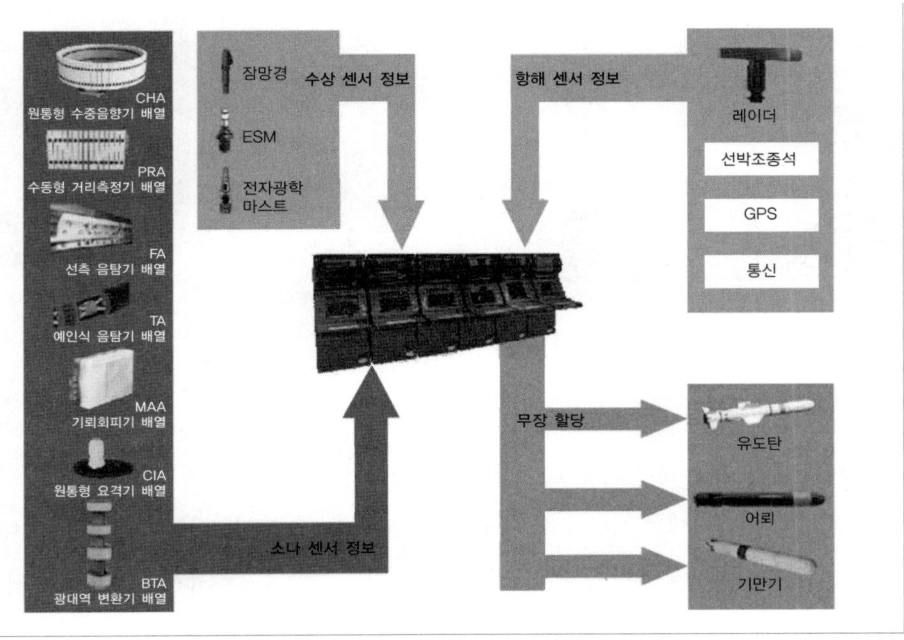

그림 13-22 잠수함 지휘 통제체계 기능

투체계의 경우, 200개의 공중 표적을 동시에 탐지 추적하고, 다수의 표적과 동시에 교전할 수 있다. 따라서 항공기는 물론, 대함유도탄의 동시 다발적인 공격에 얼마든지 대처할 수 있다. **그림 13-21**은 미 해군 수상전투함의 AEGIS 지휘 통제체계 운용 장면이다.

잠수함에 설치된 지휘 통제체계의 기능은 수상함과 동일하다. 단, 수상함의 지휘 통제체계는 주로 레이더에서 획득된 정보를 기반으로 하는 데 반하여, 잠수함의 지휘 통제체계는 주로 소나에서 획득된 정보를 기반으로 한다. **그림 13-22**에 잠수함의 지휘 통제체계 기능과 역할을 나타냈다.

3.3 탐지체계

3.3.1 레이더

탐지체계(探知體系)인 레이더(Radar, radio detection and ranging)는 공기 중에서 전자기파를 송신하고 표적으로부터 방사되는 전자파를 수신하여, 표적의 거리, 방위각, 고각을 측정하는 탐지 센서 체계이다. 함정용 레이더는 1940년대에 개발된 이래, 2차원 및 3

미국 AN/SPY-1D

독일 APAR

이탈리아 EMPAR

영국 SAMPSON

그림 13-23 주요 국가 위상 배열 다기능 레이더 형상

차원 레이더를 거쳐, 최근 위상 배열 다기능 레이더가 주류를 이루게 되었다.

위상 배열 다기능 레이더(phased array multi-function radar)는 미 해군이 1960년대 말부터 연구 개발을 본격화하여, 현재 모든 순양함 및 구축함급 함정에서 운용하고 있다. 영국, 독일, 프랑스, 이탈리아 등 유럽 주요 국가들도 1980년대부터 공동 또는 단독으로 다기능 레이더를 개발하여, 신규 건조하는 구축함 및 프리깃 함에 장착, 운용하고 있다. 이와 같이 위상 배열 다기능 레이더가 수상함의 탐지 센서 체계로 주목을 받는 이유는, 이미 지휘 통제체계에서 언급한 것과 같이 200개 정도의 다수 표적을 동시에 탐지, 추적할 수 있으며, 요격 미사일을 발사한 후 중기 및 종말 단계에서 유도할 수 있기 때문이다.

위상 배열 다기능 레이더는 빔 방사소자의 기능에 따라 능동형 및 수동형으로 구분된다. 미 해군의 AN/SPY-1급 레이더는 대표적인 수동형 다기능 레이더이며, 독일과 네덜란드의 공동 개발 APAR 레이더, 영국의 SAMPSON 레이더, 프랑스 및 이탈리아의 EMPAR레이더는 능동형 다기능 레이더이다. **그림 13-23**은 주요 국가의 다기능 레이더이다.

3.3.2 소나

소나(Sonar, Sound Navigation and Ranging) 체계는 수중에서 음파를 이용하여, 수중표적의 방위 및 거리 정보를 획득하는 장비로서, 현 단계에서는 수중 표적을 탐지, 식별 및 추적 할 수 있는 유일한 실용적 수단이다. **그림 13-24**에 나타낸 것과 같이 수중 온도 차이나 염분 차이 그리고 수중 지형에 의해 음파는 수중에서 굴절, 반사 및 복반사(이중반사)를 일으키므로 목표물로 바로 전달되지 못한다. 따라서 음파를 이용한 수중 표적 탐지는 결코 용이하지 않다. 게다가 수상함에 비하여 잠수함의 수중방사 소음 수준이 낮으므로, 수상함

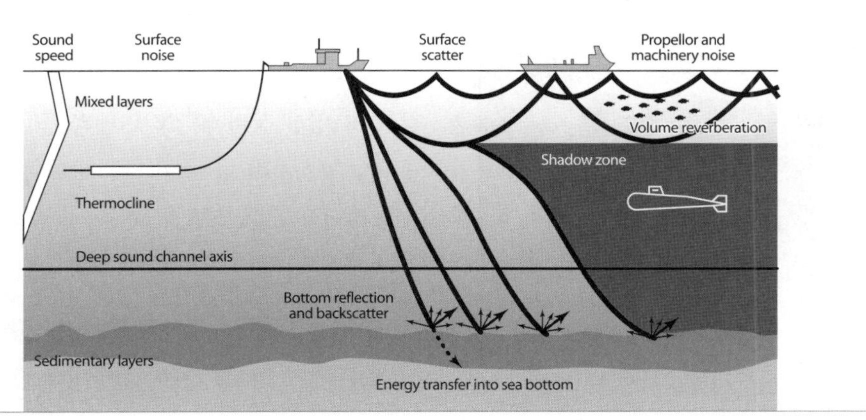

그림 13-24 수중 음향 환경 및 음파 전달 특성

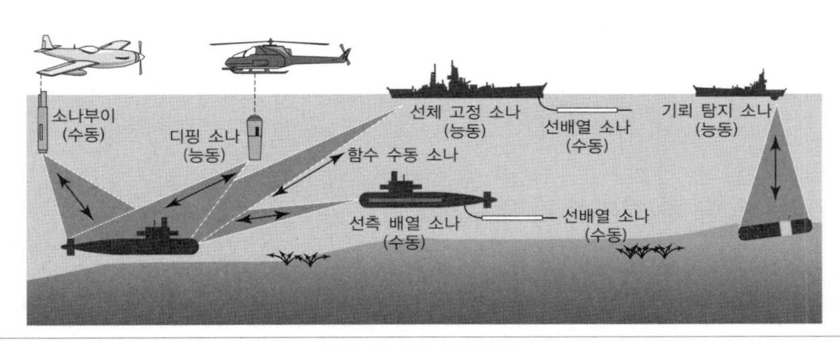

그림 13-25 소나 종류

이 잠수함을 탐지하는 것보다 잠수함이 수상함을 탐지하는 것이 훨씬 용이하다.

특히 **그림 13-24**에서와 같이 잠수함이 음영 구역(陰影區域, shadow zone)에 위치해 있을 때는, 수상함의 소나 음파가 음영 구역 내로 전달되지 않으므로 탐지가 불가능하다. 따라서 수상함의 경우 선체 고정 소나(HMS, Hull Mounted Sonar) 외에도 선상 배열 예인 소나, 탑재 헬기용 디핑 소나 등 다양한 방법을 사용하여 탐지하고 있다.

수중에서 작전을 수행해야 하는 잠수함의 경우, 소나는 더욱 중요하기 때문에 잠수함 또한 여러 종류의 다양한 소나를 장착, 운용한다. **그림 13-25**는 현재 널리 운용되고 있는 소나 종류이다.

3.3.3 잠망경

잠망경은 잠항 중인 잠수함이 수면 가까이로 부상할 경우에 최초로 운용하는 탐지장비

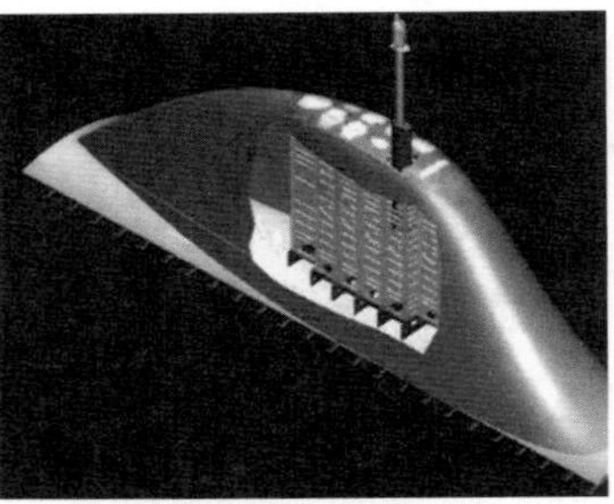
그림 13-26 관통형 잠망경 마스트 구조와 비관통형 모듈화 마스트 구조

로서, 육안으로 표적을 확인할 수 있는 장비이다. 잠망경은 장비 크기를 최소화한 공격 잠망경과 IR 영상 장비 및 TV 카메라 등 전자광학 센서를 장착하여 탐색 기능을 대폭 강화한 탐색 잠망경으로 구분된다.

일반적으로 공격 잠망경은 압력 선체를 관통하는 관통형이며, 탐색 잠망경은 비관통형으로서, 모든 영상 정보는 케이블에 의해 함정 내로 전달된다. 따라서 탐색 잠망경은 전자광학마스트(optronic mast)라 한다. 최근에는 잠망경 모두를 비관통형 전자광학마스트로 선택하기도 하며, 마스트의 교체 및 신규 설치가 용이하도록 모듈화 구조를 채택하기도 한다.

그림 13-26에 관통형 마스트 구조와 비관통형 모듈화 마스트 구조를 보인 것이다.

3.3.4 전자광학 및 적외선 탐지 추적장비

전자광학 탐지 추적장비(EOTS, Electric Optic Tracking System)는 표적의 광학적 영상을 디지털 자료로 전환하여 영상 정보를 획득하는 탐지장비이다. TV 카메라(DLTV), 적외선 영상 시스템, 레이저 거리측정기(LRF) 등으로 구성된다. 함정의 탐색 레이더에서 탐지한 대공 · 대함 표적 정보를 토대로 신속하게 표적을 추적하여 방위, 거리, 고도 등 표적 정보를 지휘 통제체계에 제공한다.

적외선 탐지 추적장비(IRTS, Infrared Ray Tracking System)는 수평선 근방에서 저고도로 접근하는 대함 미사일 등 표적으로부터 방출되는 원적외선과 중적외선을 탐지, 포착, 추적하여 표적 정보를 지휘 통제체계에 제공한다. 레이더 및 ESM 장비가 수면 위 저고도로 접근하는 대함 미사일을 탐지, 추적하지 못할 경우 이를 보완하기 위해 운용한다.

3.4 무장체계

3.4.1 함포

거함거포의 대명사인 전함은 원거리 고정 목표 공격에는 유리하였으나, 다수 항공기의

그림 13-27 미 해군 함정에서 운용 중인 127mm 함포 및 25mm 기관포

기동성 있는 공격에는 매우 취약하였다. 때문에 제2차 세계 대전 중 해전 양상이 수상함정과 항공기와의 전투로 전환됨에 따라 수상 해전의 주역이었던 전함은 항공기에 의해 대부분 침몰되거나 기능을 상실하였다. 제2차 세계 대전 이후에는 함정 세력 구성에서 완전히 사라지게 되었다.

전함의 퇴장에 따라 16″(406mm) 함포와 같은 거포도 사라지게 되었으며, 현재는 100∼130mm 함포가 수상전투함의 주포 역할을 하고 있다. 함포는 사거리 및 파괴력에서 유도탄에 비해 불리하다. 하지만 획득비, 유지비, 신뢰성, 공간 활용 등의 측면에서 유리한 점이 많기 때문에 수상함정의 주력 무기체계로 계속 운용되고 있다. 현재 운용되고 있는 함포의 구경은 127mm, 76mm, 57mm, 35mm, 27mm 등으로 각 국가별로 매우 다양하다.

연안 해전으로의 전환 이후, 대형 수상전투함에 대해 육상 화력 지원 임무가 새롭게 추가되고 있다. 따라서 127mm 주포인 경우, 사거리 연장 포탄(ERGM)을 사용할 수 있도록 성능이 개량되고 있다. 또한 2000년에 미 해군 구축함 Cole 함이 소형 선박에 의한 폭탄 테러를 당한 이후, 대형 수상전투함은 소형 함정의 기습 공격 및 해적선 나포 작전에 대비하여, 근접 사격이 가능하도록 25mm 기관포 및 기관총을 추가로 갑판에 설치, 운용하고 있다. **그림 13-27**에 미 해군 함정에서 운용하고 있는 함포와 기관포를 소개하였다.

3.4.2 유도탄

1) 대함유도탄

1960년대 중동전에서 Komar급 소형 미사일 고속정이 소련제 Styx 대함유도탄으로 이스라엘 구축함을 침몰시킨 이래, 대함유도탄(anti-ship missile)은 수상전투함에 대한

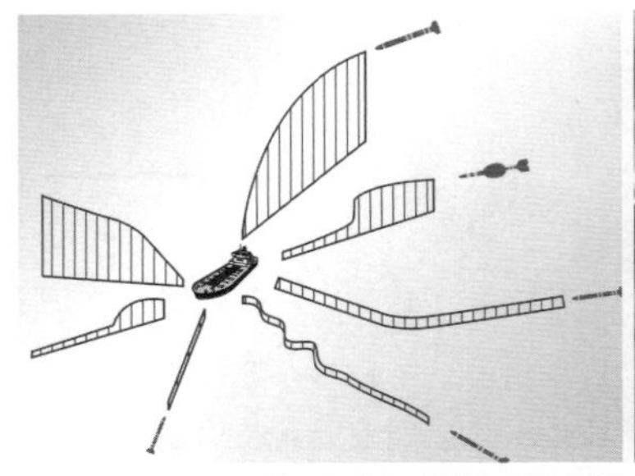

그림 13-28 대함유도탄 접근 기동경로 및 연안 작전 환경

가장 위협적인 무기로 등장하였다. 현재는 75개국에서 90여 종의 대함유도탄을 운용하고 있다.

대함유도탄에 대한 대항 수단이 계속적으로 발전하고, 연안 해역의 산악 및 인공구조물의 이용 등으로 연안 해역의 작전 환경이 나빠졌다. 대함유도탄 또한 초저고도 수면비행, weaving 기동, pop-up 종말 기동, 레이더 반사 면적 최소화, 탐색기(seeker) 송신 신호 최소화 등 지속적으로 성능이 고도화되어 왔다. **그림 13-28**에 대함유도탄의 다양한 접근 기동경로와 연안 작전 환경을 나타냈다.

2) 대공유도탄

1983년 포클랜드 전에서 아르헨티나 항공기에서 발사한 대함유도탄에 의해 영국 구축함이 격침됨으로써 수상함에 대한 항공기의 위협이 명확하게 입증되었다. 이에 따라 대형 수상전투함의 경우, 고고도 항공기를 공격할 수 있는 대공유도탄의 탑재 운용이 필수적인 요건이 되었다.

대표적인 대공유도탄은 미 해군의 SM 유도탄으로서, SM-3형 대공유도탄도미사일을

그림 13-29 미 해군 구축함 SM-3 대공유도탄 발사 및 수직 발사관체계

초기 및 종말 단계에서 요격할 수 있다. 때문에 SM-3형 대공유도탄을 탑재한 AEGIS 구축함 및 순양함은 탄도탄 요격 능력을 보유하게 되었다. 또한 수직 발사관의 발전으로 많은 양의 대공 및 대함유도탄을 적재할 수 있고 신속하게 발사할 수 있게 되었다. **그림 13-29**는 미 해군 구축함의 SM-3 대공유도탄 발사 장면 및 수직 발사관체계이다.

3) 대지 순항유도탄

미 해군의 Tomahawk 대지 순항유도탄(land attack cruise missile)은 1970년대 수상함 공격용 유도탄으로 개발되기 시작하였다. 그리고 1990년대 초부터 원거리 육상 표적을 정밀 타격하기 위한 순항유도탄으로 운용되기 시작하였다.

원해역의 안전지대에 위치하는 잠수함 및 수상함은 Tomahawk 순항유도탄을 이용하여 1,000해리 이상 원거리에 위치한 육상 전략 목표를 명중률 80% 이상으로 정밀하게 타격할 수 있게 되었다. 이에 따라 1991년 걸프전 이래, 보스니아전, 코소보전, 이라크전을 통해 대지 순항유도탄을 이용한 원거리 정밀 타격전은 군사 강대국의 군사력 투사 수단으로 정착되었다.

Tomahawk 대지 순항유도탄은 육상 공격용 유도탄으로서 사거리가 900~1300km이며 핵탄두 적재 시 2,500km에 달한다.

TERCOM(Terrain Contour Matching), DSMA(Digital Scene Matching Area Correlation), INS(Inertial Navigation System), GPS 등 여러 기법을 이용하여 원거리 목표물에 정밀하게 접근할 수 있다. **그림 13-30**은 Tomahawk 대지 순항유도탄의 순항 장면 및 잠수함 수중 발사 장면의 예이다.

그림 13-30 Tomahawk 대지 순항유도탄 및 잠수함 발사 장면

4) 대함유도탄 방어체계

이미 수차례 기술한 바와 같이, 대함유도탄은 수상전투함에 대해 가장 강력한 위협이 되고 있다. 따라서 일차적으로 대함유도탄의 발사 모함인 함정 및 항공기를 선제공격하여 격파해야 한다. 만일 이러한 대책이 성공하지 못할 경우, 접근해오는 대함유도탄을 직접 격파하거나 기만 회피하여야 하고 최종적으로는 근접 방어해야 한다. 일반적으로 접근해오는 대함유도탄에 대한 방어체계는 **그림 13-31**에서 보는 것과 같이 3가지 방식이 운용되고 있다.

- 첫째, 요격용 유도탄을 이용하여 대함유도탄을 직접 격파하는 방법으로서, ESSM 및 RAM 요격유도탄이 운용되고 있다.
- 둘째, 전자전 기만체계로서 잡음 신호를 이용한 재밍(Jamming) 기법 또는 허위 표적으로 기만하는 기만 재밍기법이 사용된다.
- 셋째, 20mm 함포 등 근접 방어체계(CIWS, Close-In Weapon System)를 이용하여 2km 이내에서 대함유도탄을 요격한다. 근접 방어체계는 분당 3,000발의 높은 발사 율을 갖고 있으며, 미국 Vulcan Phalaux 체계와 네덜란드 Goalkeeper 체계가 널리 운용되고 있다.

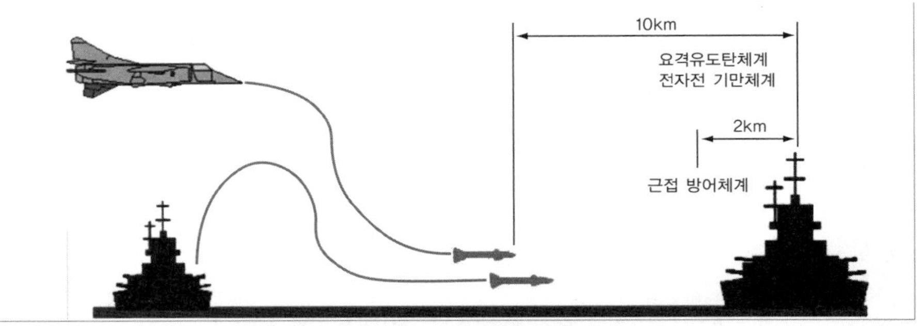

그림 13-31 대함유도탄 방어체계 운용 개념

3.4.3 수중무기

1) 어뢰

1866년 오스트리아의 Whitehead가 발명한 이래, 어뢰는 수상함을 공격하기 위한 무기로 출발하여, 현재 수상함 및 대잠 항공기의 잠수함 공격무기 그리고 잠수함의 수상함 및 잠수함에 대한 공격무기로 운용되고 있다. 따라서 어뢰는 수상함 및 대잠 항공

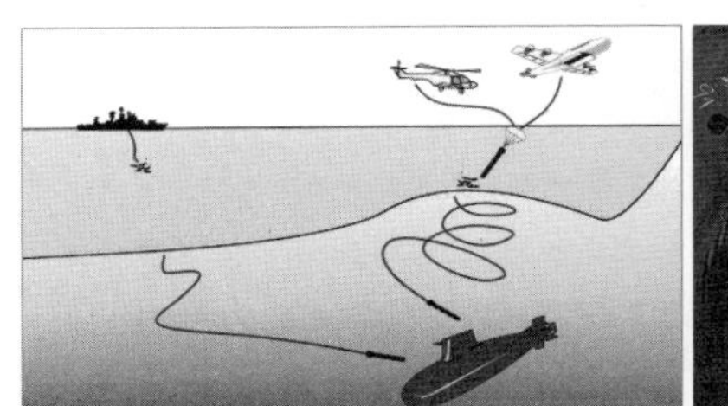

그림 13-32 경어뢰 운용 개념 및 잠수함 어뢰 발사관

기에서 잠수함 공격용으로 운용하는 경어뢰와 잠수함에서 수상함 및 잠수함 공격용으로 운용하는 중어뢰로 구분된다.

그림 13-32에서 나타낸 것과 같이 경어뢰는 다양한 함정에서 발사되며, 중어뢰는 잠수함 함수부에 위치한 어뢰 발사관(torpedo launcher)에서 발사된다. 어뢰 발사관은 대함유도탄 및 대지 순항유도탄도 발사할 수 있다. 잠수함의 어뢰 발사관 개수는 4~8개로서, 일반적으로 어뢰 무장발수는 20발 이내로 제한된다. 어뢰 발사 시스템은 자항식 발사(swim out) 방식을 비롯하여 공기압 발사방식, 수압램 발사방식, ATP(Air Turbine Pump) 방식 등 여러 종류가 있다.

2) 기뢰

제2차 세계 대전 이후 파손된 미 해군 함정 17척 중 14척이 기뢰에 의한 것이었다. 이처럼 기뢰는 수상함 및 잠수함에 대해 매우 위협적인 수중무기이다. 기뢰는 가격이 저렴할 뿐만 아니라 전략적 무기로도 사용할 수 있다. 또한 심리전 효과까지 노릴 수 있어 비용 대비 효과 측면에서 매우 유리한 수중무기체계이다.

따라서 1990년 초 걸프전 이후 세계 기뢰 보유량이 50% 증대된 것으로 알려져 있으며, 지능화되고 탐지 식별이 곤란한 신형 기뢰가 계속 출현하고 있다.

기뢰는 부설할 수 있는 플랫폼도 매우 다양하다. 그러나 은밀성을 유지하기 위해 잠수함이 선호된다. **그림 13-33**은 자기 · 음향 · 압력 등 함정 신호를 이용한 기뢰의 표적 탐지 원리와 잠수함의 기뢰 부설방법을 나타낸 것이다.

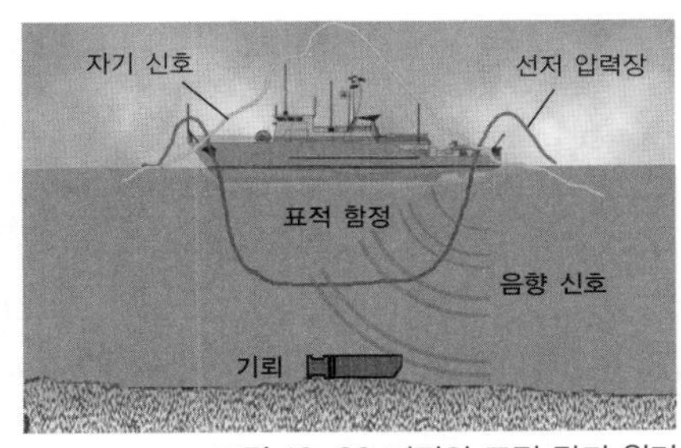

그림 13-33 기뢰의 표적 탐지 원리

4. 함정의 생존성 기술

4.1 생존성 구성요소

현대의 해전 양상은 육상, 해상, 공중, 우주 사이버 공간에서 수행되는 다차원 복합전으로 정의할 수 있다. 특히 냉전체제의 해체에 따라 해전 양상이 연안 해전으로 전환된 이후, 연안 해역의 복잡한 전장 환경 특성 및 잠수함 및 기뢰 등 연안국의 비대칭 전력이 강화되었다. 이로 인해 현대 해전은 군사 강대국에 일방적으로 유리하지 않게 되었다. 또한 군사과학 기술의 급격한 발전으로 인해 해상 무기체계는 다양화되었고, 성능도 매우 고도화되었다.

이러한 현대 해전의 전장 환경하에서 적의 위협을 완벽하게 차단하거나 회피하는 것은 불가능하다. 다르게 표현하면, 현대 해전 양상에서는 적으로부터 선제공격을 당할 가능성이 매우 높다. 따라서 선제공격을 당할 가능성을 차단하고 선제공격을 당하더라도 즉각적으로 반격할 수 있는 능력을 확보해야만 한다.

함정 생존성(生存性)은 이러한 반격 능력의 핵심 기반으로 현대 함정에서 공격력과 함께 생존성을 우선적으로 강화하는 이유가 바로 여기에 있다. **그림 13-34**에서 보는 것과 같이 함정 생존성(survivability)은 일반적으로 피격성(susceptibility), 취약성(vulnerability), 복구성(recoverability)의 3가지 요소로 구성된다.

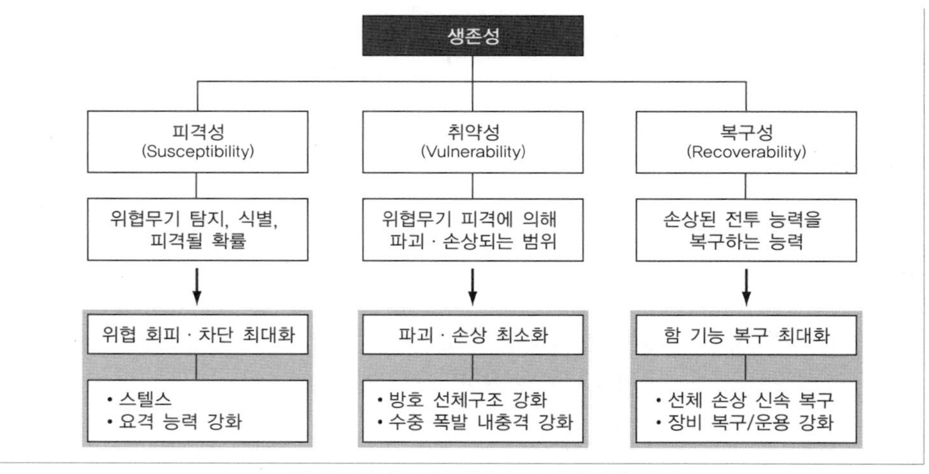

그림 13-34 생존성 구성요소 및 강화 대책

4.2 스텔스 성능

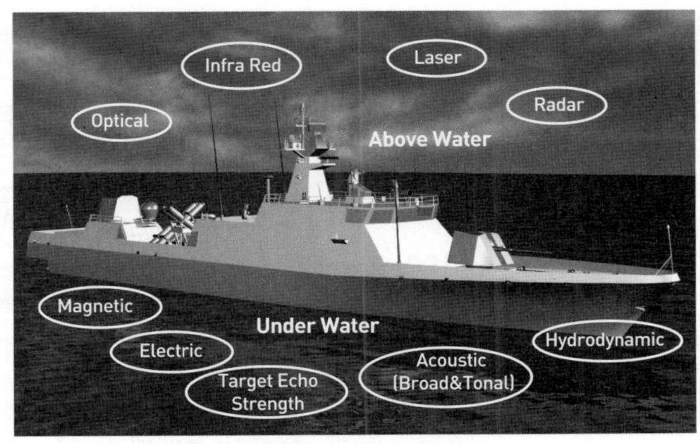

그림 13-35 함정 신호의 종류

앞에서 생존성의 구성요소에서 이미 기술한 바와 같이 생존성을 강화하기 위한 첫 단계는 피격성을 감소시키는 것이다. 그리고 피격성을 줄이기 위한 핵심요소는 상대에 의해 탐지되지 않는 것이다. 상대가 탐지하고자 하는 것은 함정이 갖고 있는 특정 징표, 즉 함정 신호로서 이러한 함정 신호를 최소화하는 것이 바로 함정 스텔스 기술이다.

그림 13-35에서 보는 것과 같이, 함정은 다양한 함정 신호를 갖고 있다. 이 중에서도 특히 수중방사 소음, 레이더 반사 면적, 적외선 신호, 전자기 신호를 감소시키는 것이 스텔스 기술의 주요 목표이다.

4.2.1 수중방사 소음 감소 대책

현재 운용되고 있는 각종 형태의 수동(受動) 소나는, 표적으로 하는 수상함 및 잠수함에서 발생하는 수중방사 소음(underwater radiated noise)을 탐지하여 식별한다. 따라서 수중방사 소음 수준에 따라 상대를 먼저 탐지할 수도 있고, 반대로 상대에게 먼저 탐지 당할 수도 있다. 이 때문에 수중에서 작전 임무를 수행하는 잠수함의 경우, 수중방사 소음 수준은 실제 작전 상황에서 잠수함의 생존 여부를 결정짓는 핵심적 요소이다.

잠수함에서는 수중방사 소음은 함정 내 기계류 작동에 따른 기계적 진동 및 소음이 전파되는 소음, 추진기에 의하여 발생되는 소음과 함선이 기동할 때 선체 외부와 유체유동의 작용으로 인한 유체유동 유기 소음, 함정 내부의 배관 계통이 작동할 때 발생되는 유체유동 소음이 함정 외부로 전파되어 나타나는 소음 등으로 다양한 소음이 소음원에 따라 발생된다.

이처럼 잠수함의 경우, 음색(tonal) 형태의 기계류 소음은 저속 및 중속 영역에서 주 소음원이 된다. 또한 광대역 형태의 유동 유기 소음은 중속영역에서, 광대역 형태의 추진기 소음은 고속영역에서 주 소음원이 된다. **그림 13-36**은 잠수함의 수중방사 소음원 및 전달

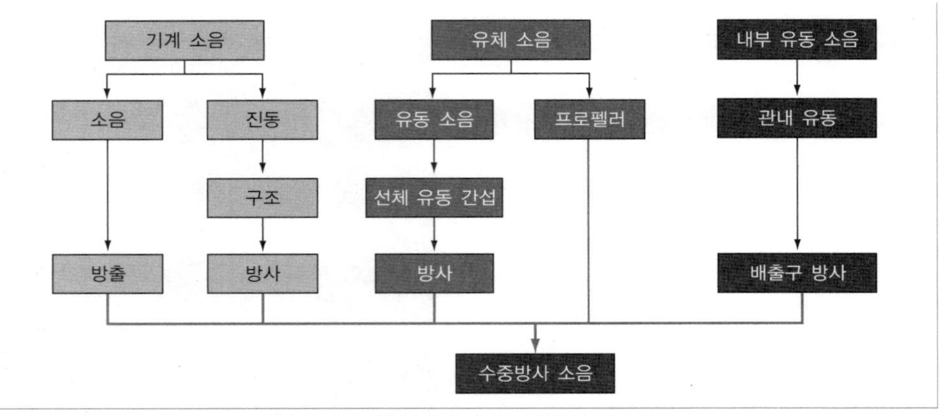

그림 13-36 잠수함 수중방사 소음원 및 전달 경로

경로를 나타낸 것이다.

함정의 수중방사 소음 수준을 낮추기 위해서는 우선 소음원 자체의 소음 수준을 낮추어야 한다. 이를 위해 기계류 소음인 경우에는 저소음장비를 탑재해야 한다. 잠수함 추진기일 때는 저소음화를 위해 스큐가 큰 프로펠러 또는 펌프 제트형 추진기를 장착해야 한다. 유동 유기 소음을 줄이려면 함수부 선형 및 함교(sail)의 유선형화를 통해 와류유동을 최소화하여야 한다.

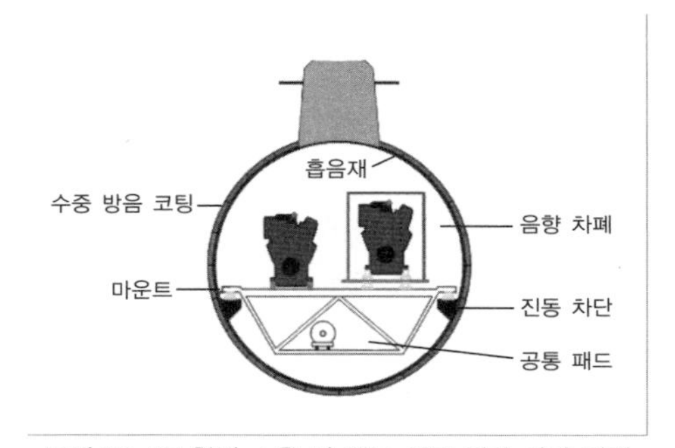

그림 13-37 함내 소음 및 진동 외부 전파 차단 대책

또한 함정 내 소음원으로부터 선체를 경유해 선체 외부로 전파되는 소음을 차단하여야 한다. 이를 위해 진동 차단, 감쇠재 적용, 흡음재 적용, 음향 차폐, 수중 방음 코팅 등 다양한 대책이 실용화되어 있다. **그림 13-37**은 기계류에서 발생되는 기계적 소음과 함정 내부에서 발생되는 각종 함정내 소음이 함정 외부로 전파되는 것을 막거나 줄여주기 위한 대책이다.

4.2.2 레이더 반사 단면적 감소 대책

레이더는 제2차 세계 대전 중 출현한 이래, 전천후 장거리 탐지 센서로서 수상 및 공중 표적의 탐지, 추적과 같은 전형적인 기능과 함께 전장 감시, 조기 경보, 미사일 유도 등 다양한 분야에 활용되고 있다. 따라서 레이더의 주요 표적인 함정의 경우, 레이더에 대한 스텔스 성능은 가장 우선적으로 고려해야 하는 과제가 되고 있다.

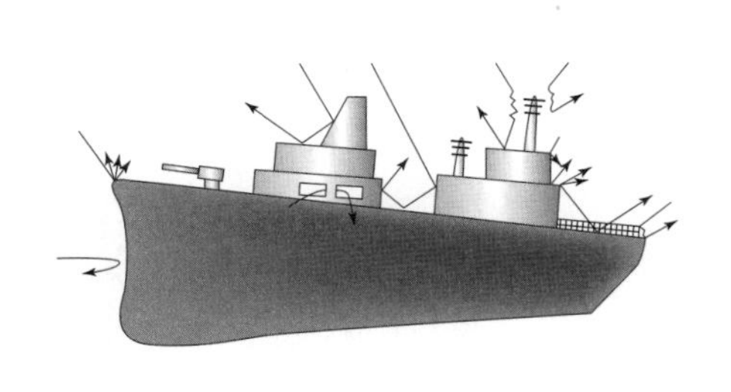

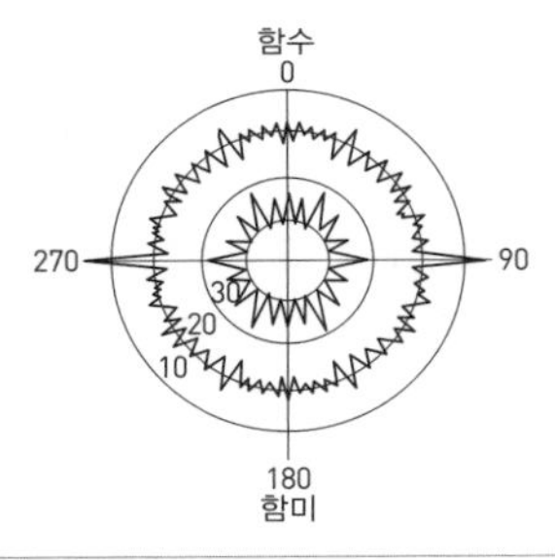

그림 13-38 함정의 전자파 산란 형태 및 방사강도

레이더에 의해 표적이 탐지되는 거리는 표적에 의해 방사되어 되돌아오는 전자파의 강도에 비례한다. 이때 표적의 전자파 방사 강도를 나타내는 지표가 바로 레이더 반사 단면적(RCS, Radar Cross Section)이다. 따라서 함정 RCS는 레이더에서 표적으로 입사되는 전력과 표적에서 레이더 방향으로 방사되는 전력의 비(比)로도 나타낼 수 있다.

전자파가 함정 형상에 의해 산란되는 형태는 **그림 13-38(왼쪽)**에서 보는 것과 같이 선체 상부 구조물의 형태에 따라 매우 다양하다. 이로 인해 나타나는 함정의 전자파 방사 강도 및 형태는 **그림 13-38(오른쪽)**과 같다. 바깥 부분은 RCS 감소기법을 적용하지 않은 상태에서 전자파 방사 강도를 나타낸 것이며, 안쪽 작은 부분이 RCS 감소기법을 적용할 때 목표로 하는 전자파 수신 강도를 나타낸 것이다.

따라서 함정이 상대 레이더로부터 탐지되는 거리를 줄이기 위해서는 함정 RCS를 감소시켜야 하며, 다음 4가지 기법이 주로 적용된다.

- 수선 상부 선체구조 형상 최적화(shaping)
- 차폐(shielding)
- 전자파 흡수물질(radar absorbing material) 도포
- 갑판구조물 형상(topside micro-geometry) 최적화

그림 13-39는 함정 RCS 감소기법을 체계적으로 적용한 이탈리아 신형 프리깃 함과 함정 RCS 감소기법을 적용하지 않은 러시아 구형 순양함의 수선 상부 선체구조 형상을 대비해서 보여준다. 두 함정의 스텔스 성능이 RCS 측면에서 크게 차이가 날 수밖에 없음을 명

그림 13-39 러시아 순양함 및 이탈리아 프리깃 함의 수선 상부 선체구조 형상 비교

확하게 나타내고 있다.

4.2.3 적외선 신호 감소 대책

적외선은 가시광선과 라디오파 사이에 존재하는 전자기파로서, 가시광선이 투과 못하는 불투명체도 통과할 수 있다. 그러나 대기 중의 가스 및 비, 눈, 연무 등 수증기에 의해 흡수되거나 산란되어 양이 감소한다. 따라서 적외선 탐지 센서를 군사적 목적으로 이용할 경우, 라디오파를 이용하는 레이더에 비해 해상도가 좋고 소형이며 상대적으로 저가이다. 그러나 거리 정보를 획득할 수 없고 습도 및 온도 등 환경에 민감하다는 단점을 가지고 있다. **그림 13-40**에 주파수에 따른 적외선 주파수 분포를 스펙트럼으로 나타내었다.

함정에서 발생하는 적외선 신호(IR signa-ture)는 연돌 배기가스에서 발생하는 중적외선과 태양열에 가열될 때 선체 갑판 및 상부구조물에서 발생하는 원적외선이다. 적외선 탐색기(IR seeker)를 장착한 대함유도탄의 경우에는 연돌에서 발생하는 중적외선을 탐지하여 함정을 공격한다. 또한 적외선 영상을 이용하는 전자광학탐지장비(EOTS)를 장착한 함정 또는 인공위성은 원적외선을 토대로 함정의 적외선 영상을 획득한다.

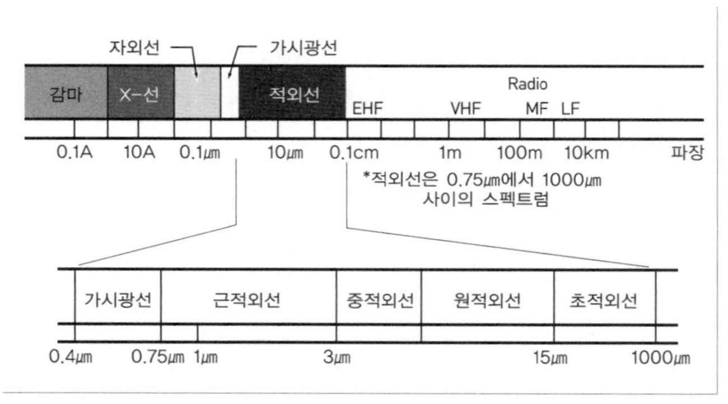

그림 13-40 적외선 종류별 주파수 대역

따라서 함정의 적외선 신호를 감소시키기 위한 가장 중요한 대책은 **그림 13-41**에서 보는 예와 같이 외부 공기를 이용하여 배기가스를 냉각시키거나 외부 공기를 배기가스에 혼합시킴으로써 연돌의 배기온도를 낮추는 것이다. 또 다른 대책은 살수냉각(water cooling) 장치를 이용하여 뜨거워진 선체 및 상부 구조물을 냉각시킴으로써 적외선 영상 장비의 탐지 식별 기능을 혼란시키는 것이다. 최신 함정 연돌이 채택하고 있는 외부 공기 냉각 및 혼합 구조를 **그림 13-41**에서 볼 수 있다.

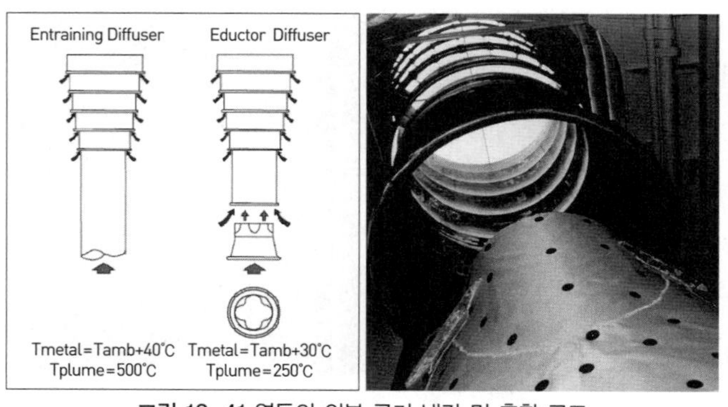

그림 13-41 연돌의 외부 공기 냉각 및 혼합 구조

4.2.4 전자기 신호 감소 대책

기뢰는 발명된 이래 200년 이상 매우 위협적이고 비용 대비 효과가 뛰어난 수중무기로 운용되어 왔다. 초기에는 접촉식 기뢰가 주로 운용되었으나 현대 기뢰는 함정에서 발생하는 음향, 전자기, 압력, 항적 등 다양한 특성 신호를 감지하는 감응식 기뢰가 주류를 이루고 있다. 그러나 감응식 기뢰의 대부분은 함정의 전자기 신호를 탐지하여 최종 폭발 시점을 결정하고 있다. 따라서 기뢰의 위협으로부터 벗어나기 위한 최우선적인 대책은 함정의 전자기 신호를 감소시키는 것이다.

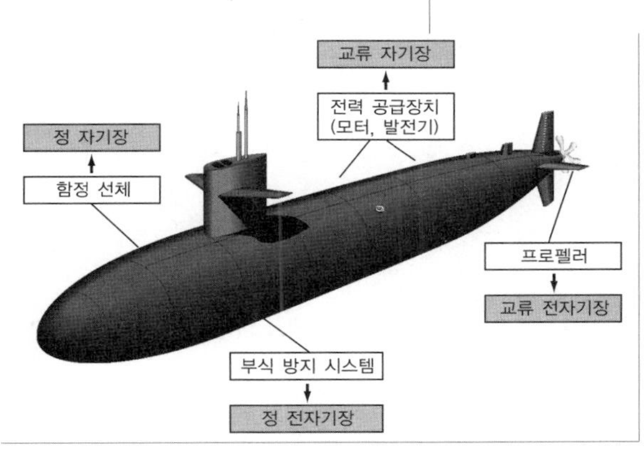

그림 13-42 함정 전자기 신호 발생원

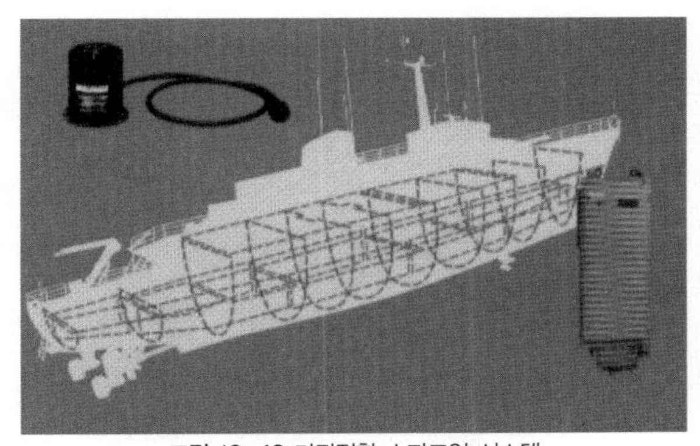
그림 13-43 기뢰전함 소자코일 시스템

지구의 자전에 의해 지구에는 자기장(earth magnetic field)이 형성된다. 또 지구 자기장의 존재는 강자성체로 만들어진 함정 선체 및 탑재장비를 자화(磁化)시켜 전자기 신호(electro magnetic signature)를 발생하게 만든다. 이 외에도 선체 부식 및 부식 방지장치, 추진기, 모터 및 발전기 등 함정 내 전력기기 등에 의해서도 함정에 전자기 신호가 발생한다. **그림 13-42**에 함정 전자기 신호의 발생원을 종류별로 나타냈다.

함정의 전자기 신호를 감소시키기 위한 대책으로, 부두 또는 항만 해저에 설치된 자기 처리설비를 이용해 함정 선체의 영구 자장을 최소화하는 자기 처리(deperming)와 함정 선체의 영구/유도 자장을 제거하기 위해 함내에 설치, 운용하는 소자코일 시스템(degaussing) 2가지가 있다. 수상전투함은 2가지 대책을 모두 적용하는 반면, 잠수함은 일반적으로 자기 처리기법만을 적용한다. 기뢰의 탐지, 식별 및 소해를 주 임무로 하는 기뢰전함의 경우, 목재 또는 GRP 등 비자성 재료를 선체에 적용하고 주요 장비 또한 비자성 재질로 제작함으로써 전자기 신호 수준을 근원적으로 감소시키는 데 중점을 둔다. **그림 13-43**은 기뢰전함에 설치된 소자코일 시스템을 나타낸 것이다.

4.3 방호 성능

4.3.1 수중 폭발 내충격

함정의 스텔스 성능을 고도화하여 방호 성능을 강화하더라도 위협무기에 의한 피격 가능성을 완전히 제거할 수는 없다. 따라서 함정의 생존성을 강화하기 위해서는 피격에 의해 발생하는 손상 수준, 즉 취약성(vulnerability)을 최대한 감소시켜야 한다. 취약성 감소 대책의 대표적인 예가 수중 폭발 충격에 의해 발생하는 선체 및 장비의 손상을 최소화하기 위한 대책, 수중 폭발 내충격(水中爆發 耐衝擊) 기술이다.

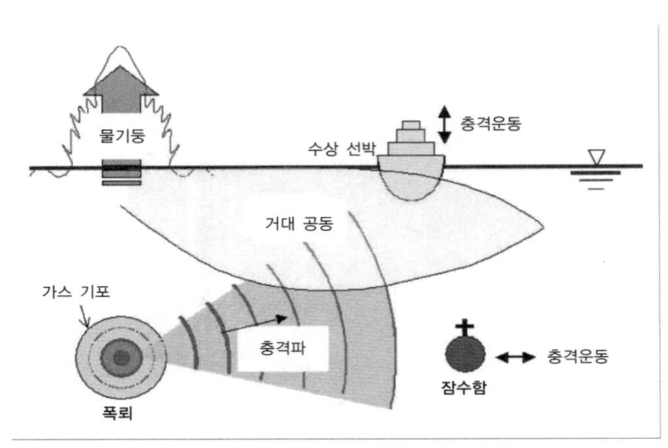

그림 13-44 비접촉성 수중 폭발 시 발생현상

어뢰 및 기뢰 등의 수중 폭발물이 선체에 직접 접촉하거나 매우 근접한 거리에서 폭발할 경우에 함정의 침몰 또는 완파 등 복구 불능의 파괴와 손상을 입힌다. 그러나 함정 선체와 상당한 거리에 위치한 수중 폭발물이 폭발할 때 발생하는 비접촉성 수중 폭발(non-contact underwater explosion)인 경우에도, 충격파와 가스 기포(gas bubble)의 맥동에너지에 의해 함내 장비체계와 선체 거더에 손상을 입힌다. 따라서 침몰이나 완파를 당하지 않더라도 작전 임무 수행 능력을 상실하게 만든다. **그림 13-44**는 비접촉성 수중 폭발과정에서 발생하는 현상이다.

비접촉성 수중 폭발이 일어나게 되면 **그림 13-44**에서 볼 수 있듯이 강력한 충격파가 발생하게 된다. 충격파는 함정 선체에 작용하여 함정 선체가 극히 짧은 시간에 충격운동(shock response)을 일으키게 만든다. 그리고 이 충격운동은 충격 거동(shock behavior) 형태로 함정 내 탑재장비와 받침대 등 구조물에 전달된다. 따라서 내충격 설계가 되어 있지 않을 경우, 전달된 충격 거동에 의해 탑재장비와 받침대 등 내부 구조물은 손상을 입게 된다. 근접 폭발이 아닌 경우 손상을 입지 않을 정도로 대부분의 선체구조는 충분한 내충격 강도를 확보하고 있다. 그러나 근접폭발인 경우에는 손상을 입을 수도 있다.

비접촉형 수중 폭발이 발생하는 가스 기포는 팽창과 수축 과정을 반복하며 수면 위로 상승한다. 그리고 이 과정에서 펄스 형태로 맥동에너지가 발생한다. 만일 가스 기포의 팽창-수축 주기가 함정 선체 거더(hull girder)의 고유 진동수와 공진을 일으킬 경우, 선체 거더는 큰 변위를 일으키며 휘핑(whipping)이라 칭하는 저주파진동을 하게 된다. 이로 인해 선체 거더는 큰 손상을 입게 되고, 심할 경우 선체가 중앙부에서 꺾어진다. **그림 13-45**에 비접촉성 폭발에 의한 함정 손상을 나타내었다.

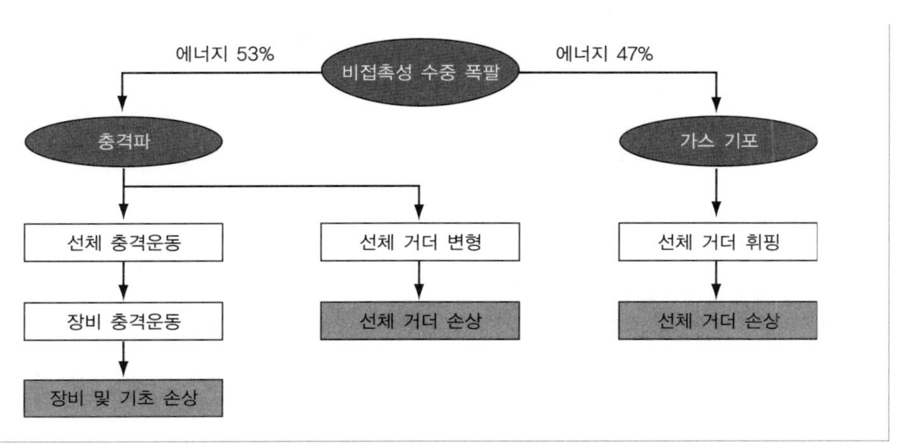

그림 13-45 비접촉성 수중 폭발에 의한 함정 손상

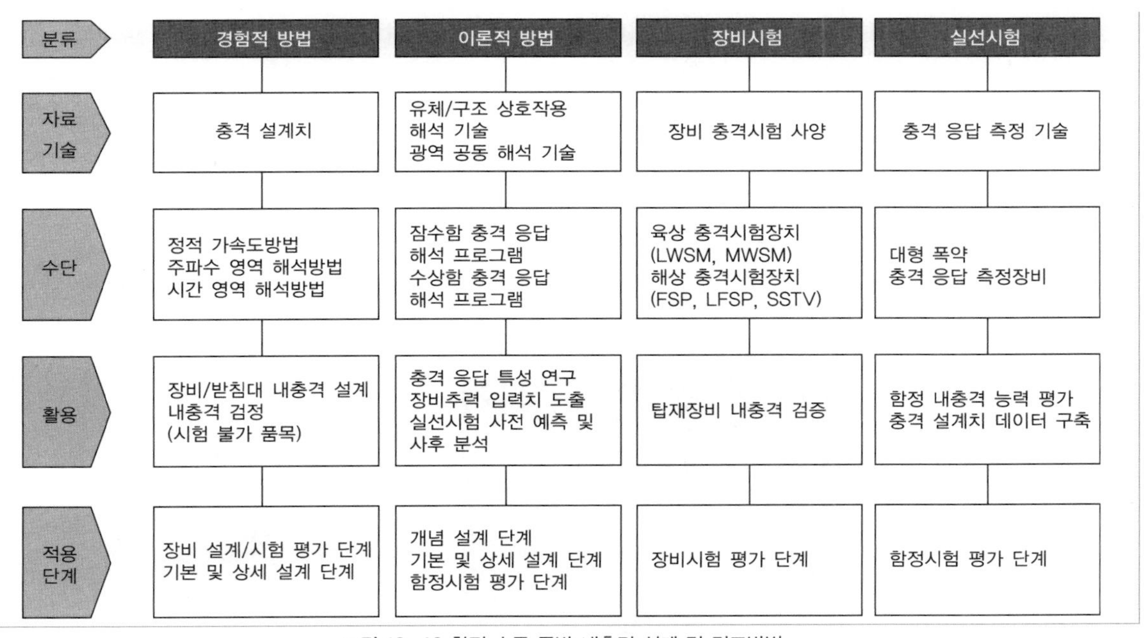

그림 13-46 함정 수중 폭발 내충격 설계 및 건조방법

수중 폭발 내충격 설계 기술이란 제시된 충격 기준을 충족할 수 있도록, 선체 및 탑재 장비의 내충격 성능을 설계하고 검증하는 기술을 뜻한다. **그림 13-46**에 나타낸 것과 같이 내충격 설계 및 검증은 크게 4가지 방법에 의해 수행된다. 경험적 자료 및 추정식에 의거한 경험적 방법과 충격에 대한 이론적 분석을 기반으로 하는 이론적 방법이 설계 단계에서 적용된다. 탑재장비가 제작되면 최종적으로 충격시험기를 이용하여 내충격 성능을 검증한다. 시제함의 경우 건조가 완료되면 꼭 필요한 경우에 설계 충격 계수의 1/3 수준 정도로 수중 폭발 충격시험을 해상에서 수행한다.

4.3.2 방호 선체구조

중동전, 포클랜드전 등 현대 해상전투에서 단 한발의 대함유도탄, 어뢰, 기뢰에 의해 대형 전투함이 침몰되거나 완파되는 실제 사례가 발생하였다. 2000년에는 폭탄을 탑재한 소형 보트의 돌진으로 인해 미 해군 8,000톤급 구축함이 큰 선체 손상과 인명 피해를 입는 사건이 발생하기도 했다. 이는 선진 해군 강국으로 하여금 다음과 같은 신개념의 방호 선체구조(防護 船體構造)를 실용화하게 만드는 계기가 되었다.

내폭발 강화 격벽(blast hardened bulkhead)은 폭발이 함 내부에서 일어날 경우, 선체 길이 방향으로 손상이 확산되는 것을 방지하기 위한 대책이다. 이 방법에서는 격벽구조의 파단 및 손상을 억제하거나 격벽 하단부를 유연하게 설계하여 격벽이 파괴되는 대신 대변형을 허용하는 기법을 적용한다. 미 해군 DDG-51급 구축함, 독일 및 네덜란드의 신형 프리깃에 적용된 적이 있다.

선체 거더 강화 선체(box girders type hull)는 폭발 시 손상된 선체구조의 잔류 종 강도를 향상시키기 위해, 주갑판 또는 선저에 상자형 구조 또는 두꺼운 판재를 선체 길이 방향으로 설치하는 기법으로서 독일에서 개발되어 신형 프리깃에 적용되었다. **그림 13-47**은

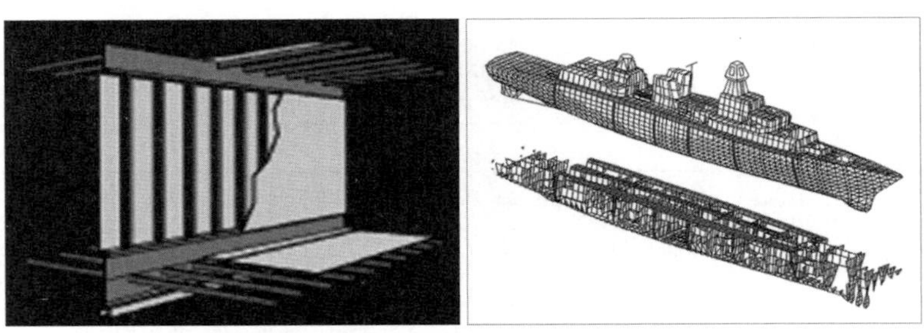

그림 13-47 내폭발 강화 격벽 및 선체 거더 강화 선체

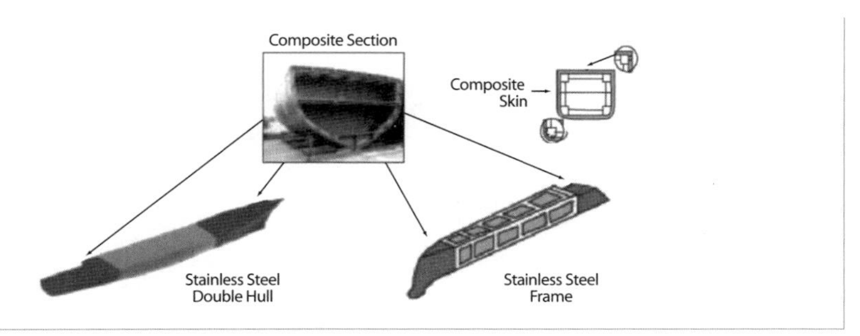

그림 13-48 미 해군 복합 선체 구조 개념

앞에서 설명한 방호 선체구조를 나타낸 것이다.

미 해군에서 연구 개발하고 있는 2중 선체구조(double hull)는 내부 및 외부의 이중 선각으로 구성되는 선체구조로서, 방호 성능 및 함내 공간의 활용성 제고를 목표로 하고 있다.

복합 선체구조는 차세대 수상함에 적용하기 위해, 미 해군에서 연구 개발하고 있는 선체구조로서 중앙부 구조는 비자성 강재를 이용한 2중 선체구조로, 함수함미 선체는 GRP 등 복합재를 적용한 선체구조이다. **그림 13-48**은 미 해군이 연구 개발하고 있는 복합 선체구조 개념이다.

참고문헌

1. 김영주 외, 1999, 세계 스텔스 함정 적용 기술 및 발전동향 분석 보고서, 국방과학연구소 연구보고서, NWSD-119-990207.
2. 송준태, 박의동, 2004, 미래 전장환경 변화에 따른 잠수함 발전방향, 국방과 기술, 제309호, pp. 34~47,
3. 송준태, 2000, 함정체계 발전현황 분석, 국방과학연구소 연구보고서, NSDC-113-001340.
4. 송준태, 2004, 미래 전장환경 변화에 따른 수상전투함 발전방향, 국방과 기술, 제308호, pp. 38~51.
5. 송준태, 2011, 함정공학 강의교재, 울산대학교 조선해양공학부.

제14장
해양레저선박

1. 해양레저의 유형

1.1 해양레저의 정의

해양레저란 해양레저장비를 이용하여 바다 및 수상에서 취미, 오락, 체육, 교육 등의 목적으로 이루어지는 활동을 일컫는다. 또한 일반적으로는 '일상에서 벗어나 이루어지는 여가 활동 중에서 공간적으로 해역과 연안에 접한 지역에서 일어나는 활동을 직접 또는 간접적으로 해양 공간에 의존하거나 연관되어 이루어지는 모든 레저 활동' 으로 정의한다. 또한 '바다, 강 등에서 동력과 무동력의 각종 장비를 이용하여 이루어지는 경제적, 체계적인 스포츠형의 해양스포츠와 취미적, 비체계적인 레저형 해양스포츠를 포괄하는 광의의 개념' 으로 정의하기도 한다. **표 14-1**에 해양레저 활동의 종류를 정리하였다.

표 14-1 해양레저 활동의 종류

구분	주요 형태	주요 내용
해양 의존형	스포츠형	• 보딩(서핑, 윈드서핑) • 요트 및 보트(세일링 요트, 카누, 제트스키, 모터보트 등) • 다이빙(스노클링, 스쿠버다이빙 등) • 고무보트, 패러 세일링, 수상스키, 수상오토바이 등
	친수형	• 해수욕(바다 수영, 물놀이, 일광욕 등) • 조개잡이, 갯벌 체험 등 • 바다낚시(보트낚시, Trolling, 해안낚시, 암벽낚시 등)
	크루즈형	• 해상 유람(관광유람선, 여객선 등) • 해중 경관 관람(관광잠수정, 해중전망대 등)
해양 연관형		• 비치스포츠, 모래놀이, 해변 레크리에이션 활동 등 • 해안 경관 조망, 산책, 조깅 등 • 해양 문화 탐방(해양생물 관찰, 문화재 답사 등)

*출처 : 이수호, 우리나라 해양레저 산업의 현황과 전망(2001)

1.2 해양레저장비 산업의 범위

해양레저장비의 제조 기술은 제품별로 적용되는 소재, 생산공법, 부품 등이 다양하여 종합 산업적 성격을 지니고 있으며, 전후방 산업과의 관계가 밀접하여 파급 효과가 크다. 또한 설계와 생산 기술이 조선 산업에 근간을 두고 있으나, 슈퍼 요트와 메가 요트를 제외하면 소재와 제품 규모, 용도 등이 상이하여 중 · 대형선을 건조하는 조선업과는 차이점이 많다. 특히, 생산 시스템은 자동차 산업과 유사하고 다품종 소량 생산형 제품이 많아

부가가치가 높다. 또한 자동차, 전기전자, IT, 섬유, 완구 등 다양한 산업 분야에서 신규 진입과 제품 다각화가 용이하다.

장비의 수요층이 개인, 사업자, 단체 등으로 다양하여 기능 구현을 위한 설계, 제조 기술과 함께 시각 및 인간공학적 디자인 기술을 동시에 겸비해야 하는 특징이 있다. 해양레저장비 산업은 장비의 생산과 판매를 중심으로 하기 때문에 관련 문화 확산을 통한 수요층의 확보가 매우 중요하다. 앞으로 이벤트, 경기, 마케팅 등 수요 창출에 영향을 주는 분야와 공조체제가 구축되어야 할 것이다.

1.2.1 산업적 측면

요트 · 모터보트 등 해양레저장비 산업은 **그림 14-1**에서 보는 것과 같이 조선 · 기자재 산업, 해양스포츠 산업, 전시 산업, 금융 · 보험 산업 등 전후방 산업 연관 효과가 큰 산업

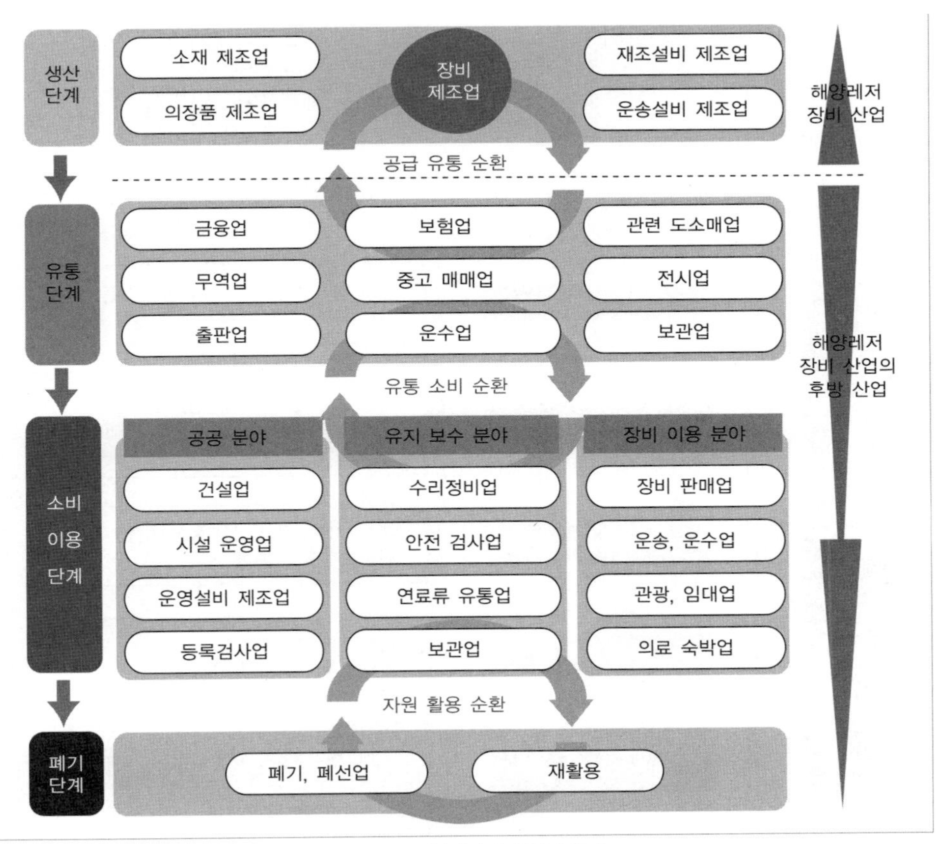

그림 14-1 해양레저의 산업적 측면

이다. 새로운 해양레저선박 수요 창출을 통해 한일, 한중 어업 협상에 따른 수요 감소로 어려움을 겪고 있는 소형 조선 산업의 구조 전환, 활로 개척을 할 수 있다. 또한 기존 어선 건조 위주에서 탈피한 해양레저장비 등의 고부가가치 선박의 생산 및 기술 확보, 수출 산업화 등을 통해 활로를 모색할 수 있다.

한미 FTA 타결로 요트, 모터보트 등 양국 해양레저장비 시장 전면 개방이 예정되어 있어 미국 유수업체가 국내의 해양레저장비 시장을 선점할 우려가 높은 것이 사실이다. 이러한 한미 FTA 체결은 해양레저장비 분야의 위기와 기회 요인이 되고 있으나 공급 기반을 구축할 때 기회 요인으로 전환이 가능하게 된다.

1.2.2 기술적 측면

해양레저장비 산업은 **그림 14-2**와 같이 다양한 고급 기술을 결집한 첨단 종합 산업으로 조선 기술 외에도 부품 소재, 자동차, 메카트로닉스 기술 등 품목에 따라 다양한 기술의 적용이 요구되며, 기술 파급 효과가 큰 산업이다. 요트 · 모터보트의 경우에는 미학, 감성공학, 인테리어 기술 등 하이테크 기술의 도입이 필수적이며, 자동차 산업과 같은 브랜드 로열티가 강한 소비재, 기술적 요소에 버금가는 소비자 분석 등 고도의 마케팅 기법 또한 요구된다. 국내에서는 세계 최고의 기술력을 보유하고 있는 선박의 기술력과 자동차 부품 공

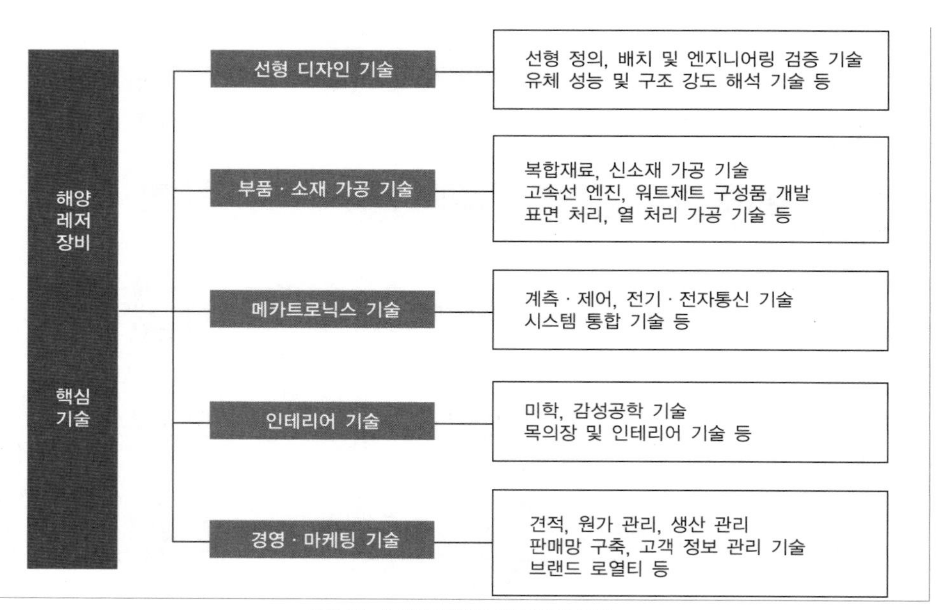

그림 14-2 해양레저의 기술적인 측면

표 14-2 해양레저장비 기술 분류 체계

레저장비 분야	기술 분야	핵심 기술
선박형 레저장비	공통 기술	선형의 유체 특성 및 추진 시스템 해석 평가 기술 선체구조 안정성 해석 및 강도 해석 기술 컴퓨터 성능 해석 시뮬레이션 기술(CFD, FEM 등) 세일 요트/파워 보트 모형시험기법 및 황천 항해 성능 해석 기술 생산 시스템, 생산 자동화, 공정 관리 및 표준화 기술 선체 High Gross 고품질 도장 기술 친환경 선박 라이프사이클 관리 시스템 선체동요 대응 선내설비 수평 설계 기술 실내외 자재 경량화 및 마감재 기술 의장품, 부품 규격화 및 표준화 기술 간편 초소형 구명 시스템 기술 복합 소재 등 고강도 초경량 신소재 가공 및 조립 기술 자동 항해 시스템 기술 및 운항 항로 모니터링 시스템 기술 선박 안전 및 조난 대응 시스템 기술 복합소재 선체 비파괴검사 기술 인테리어 및 익스테리어 설계/생산 기술 레저선박 수출을 위한 국제 검사규정 개발 레저선박의 디자인 개발 기술 선체 표면 고품질 마감 기술
	세일 요트	세일 요트 선형/부가물 및 세일 추진 시스템 설계 기술 세일 성능 추정 및 설계기법 세일 요트 및 모터보트 복원 성능 평가 및 설계기법 내부 의장 설계 및 인테리어/디자인 설계 기술 세일 요트 리깅류 최적 설계 및 생산 기술 세일 마스트 설계 기술 선체 및 마스트 소재/복합재료 가공, 조립 기술 세일 요트 리깅류 등 의장품 개발
	파워 보트	모터 보트 선형 및 부가물 설계 기술 선체 소재/복합재료 가공, 조립 기술 모터 보트 의장품 개발 내외장 흡차음 성능 개선 패널구조 시스템 개발 비상용 추진 시스템 기술 Internal Communication 시스템의 Redundancy 설계 기술 고속 소형 선내기 및 선외기 엔진 개발 해양레저용 워터제트 등 추진 시스템 개발
친환경 하이브리드 레저장비	재생에너지 활용	저탄소 및 친환경 재생에너지 활용 기술 친환경 재생에너지 충방전 콘트롤 기술 친환경 재생에너지 활용 하이브리드 추진장치 기술 친환경 재생에너지 선실 활용 기술
	친환경 시스템	하이브리드형 고효율 프로펠러 기술 친환경 선외기 시스템 기술 개발 친환경 선내기 배출가스 저감 시스템 기술 친환경 오폐수 발생 저감 및 정화 시스템 기술 하이브리드형 선체 부가물 설계 기술 친환경 폐선 처리 시스템
해양레저 시설 및 개인용 레저장비	계류장 설비	계선 계류설비 개발 유지/보수/관리 설비 개발
	기타 해양레저장비	수상 오토바이 개발 기술 윈드서핑/수상스키 등 보드 및 부품류 기술 개발 공기주입식 해양레저장비 개발 기술 호버크라프트 개발 기술 수륙양용차 개발 기술 전기 충전 리버 크루저 개발 기술

급체계를 해양레저장비 산업에 적용하여 단기간에 경쟁력을 확보할 필요가 있다.

또한 해양레저장비 관련 핵심 기술은 선박형 레저 장비, 친환경 하이브리드 레저 장비, 해양레저시설 및 개인용 레저장비 분야로 나누어 분류할 수 있다.

선박형 레저장비 분야의 핵심 기술은 세일 요트와 파워 보트에 함께 적용 가능한 공통 기술, 세일 요트 기술, 파워 보트 기술 분야로 나눌 수 있으며 친환경 하이브리드 레저장비 분야의 핵심 기술은 재생에너지 활용 기술과 친환경 시스템 기술 분야로 나눌 수 있다. 또 해양레저 시설 및 개인용 레저장비 분야의 핵심 기술, 계류장 설비 기술과 기타 해양레저장비 기술로 나눌 수 있다. **표 14-2**에 해양레저장비 기술의 분류 체계를 정리하였다.

2. 해양레저선박의 종류

2.1 국내 해양레저장비의 범위

국내 해양레저장비의 분류는 「수상레저안전법」 제2조 제3항 및 동법 시행령 제2조에 의거하여 14종으로 구분하고 있다. 국내 장비 분류 기준은 형태와 운용방법을 기준으로 구분하고 있으나, 제조 기술 관점에서는 동일한 제품군으로 묶을 수 있는 장비도 존재하여 명확한 분류 기준 확립이 필요하다.

특히, 최근에 해양레저 활동이 다양해지면서 아이디어 상품들이 속속 출시되고 있는 실정을 감안하면 **표 14-3**의 분류 기준만으로는 분류에 한계가 있다. 따라서 장비의 형태, 추진방식, 제조 기술 등 다양한 요소를 기반으로 제품의 분류기준을 새로 정립할 필요가 있다.

표 14-3 해양레저선박의 종류

No.	품명	No.	품명	No.	품명
1	모터보트(Motor Boat)	6	호버크라프트(Hovercraft)	11	카누(Canoe)
2	요트(Yacht)	7	수상스키(Water Ski)	12	워터슬래드(Water Sled)
3	수상오토바이 (Personal Watercraft)	8	패러세일(Para Sail)	13	수상자전거 (Water bicycle)
4	고무보트(Rubber Boat)	9	조정(Rowing Board)	14	서프보드(SurfBoard)
5	스쿠터(Scooter)	10	카약(Kayak)	15	노 보트(Paddle Boat)

*출처 : 해양경찰청, 수상레저안전법(2009)

2.2 국내 해양레저장비의 종류

2.2.1 모터보트

1885년 독일의 Gottlieb Daimler가 1.5마력의 고속 엔진을 설계하여 이것을 보트에 설치한 것이 세계 최초의 모터보트로 알려져 있다. 국외에서는 요트와 모터보트 모두를 레저용 선박의 개념에서 요트라 부르고 있으며, 고속 운항을 목적으로 경량화하기 위하여 FRP(Fiber Reinforced Plastics)와 복합재료를 이용하여 가벼운 소재로 제작된다.

동력 발생장치로는 내연기관 또는 전기기관을 주로 이용하고, 추진기관의 선미에 장착되어지는 방식에 따라서 선내기, 선내외기 또는 선외기로 구분된다. 추진에 의해 빠른 스피드를 즐길 수 있으며, **그림 14-3**과 같이 연근해 유람 관광 및 낚시, 스킨스쿠버 등에 활용된다.

그림 14-3 모터보트

2.2.2 요트

요트의 어원은 네덜란드어 야겐(jagen)의 '사냥하다', '쫓는다'라는 의미이며, 일반적으로는 운동경기 또는 유람용으로 주로 풍력으로 추진하는 것으로 보조 추진동력을 갖춘 것을 말한다. 또한 상업, 군사 및 과학 등의 목적으로 사용되지 않는 범선을 의미한다.

요트는 레저 · 경기용 딩기(dinghy)급과 연안 · 대양 항해용 크루저(cruiser)급으로 분류된다. 레저 · 딩기급 요트는 동력 없이 풍력에 의존하여 조종자의 체중 이동과 돛의 방향에 따라 조종하도록 건조된다. 또한 3~6m 이하로 돛대 1개와 세일 1~2개를 갖추고 있으며, 1~2명이 탈 수 있는 소형 요트이며 거주 공간이 없고 동력 없이 풍력에만 의존하여 항해하기 때문에 비교적 근해지역에서 이용된다. 크루저급 요트는 딩기에 비해 대형 요트로 거주 공간 및 각종 항해 통신장비를 갖추고 있으며 **그림 14-4**와 같이 동력 추진기관과 풍력을 이용하여 대양 항해가 가능하다.

그림 14-4 요트

2.2.3 수상오토바이

제트스키가 처음 발명된 곳은 일본이며, 1972년 모터사이클 회사인 '가와사키'가 제트스키를 생산해낸 이래 세계 각국에 보급되어 80년대 초부터는 폭발적인 인기를 누리며 해양레저기구로 각광을 받고 있다. 우리나라에 보급되면서 **그림 14-5**와 같이 육상의 오토바이처럼 운용되는 특징에서 유래되어 수상오토바이로 불리고 있다.

그림 14-5 수상오토바이

주 동력원은 내연기관을 이용하며, 워터제트 추진기를 통해 물을 분사하여 추진하는 방식을 이용한다. 이는 모터보트의 경우에는 스크루를 사용하기 때문에 일정한 수심이 확보되어야만 안전하지만 제트스키는 수심 30cm 이상이라면 어느 장소에서든 운용이 가능하다. 또한 내수면과 해수면에서 모두 사용이 가능하며, 수상스키와 워터스레드 등을 견인할 수 있다.

2.2.4 고무보트

공기를 주입하여 물 위에 뜨도록 한, 선박의 형태로 만들어 운항하는 수상레저기구이다. 선외기를 장착함으로써 추진이 가능하고, 선외기를 장착할 수 있는 트랜섬(transom)이 없는 제품은 노(paddle) 보트로 분류될 수 있다. 주로 래프팅용으로 사용된다. 또한 대마력의 선외기를 장착하면 다인승 워터스레드, 패러 세일 등을 견인할 수 있다. 공기 주입식으로 사용하는 인플래터블 보트(inflatable boat)와 FRP선체에 고무튜브를 결합한 콤비 보트(combi boat)에 대한 각각의 명칭이 혼용되어 사용되고 있다.

그림 14-6 고무보트

공기 주입과 배출이 가능하고 중량이 가벼워 보관이 용이하므로 차량용 트레일러를 이용한 이동이 편리하다. 또한 가격이 저렴하여 유람, 낚시 및 구조 등 다양한 레저 활동에 사용되고 있다. 소재는 주로 PVC, 하이파론 등 고무 특성을 지닌 원단을 접합하여 **그림 14-6**에서 보는 것과 같이 제작한다.

2.2.5 스쿠터

잠수용 수중 호흡기(aqualung)를 단 잠수자가 수중에서 이동을 돕기 위해 고안된 추진장치이다. 군사적 목적으로 수중 침투를 위해 개발되었으나 레저용으로 개량되어 보급되고 있다.

수중중량과 부력과의 균형을 충분히 고려하여 만들어졌으며, 경량화를 위해 플라스틱 케이스를 주로 사용한다. 수중에서의 연소용 공기 흡입이 불가능하므로 **그림 14-7**과 같이 금속제의 원통 속에 축전지를 내장하고, 그 축전지를 동력원으로 원통 끝에 있는 프로펠러를 회전시켜 추진한다.

그림 14-7 스쿠터

2.2.6 호버크라프트

선체의 하면에서 압축공기를 수면으로 강하게 내뿜어서 에어쿠션(air cushion)을 만들어, 이것으로 무게를 지지하며 수면에서 약간 부상하여 항주하는 선박을 일컫는다. 일반적으로는 영국에서 최초로 개발한 브리티시 호버크라프트사의 상품명인 호버크라프트가 현재는 배의 종류처럼 사용되고 있다.

공기로 선체를 부양하고 프로펠러로 바람을 불어내는 힘으로 추진하며, 수면과 지면 모두 운항이 가능한 수륙양용 장비이나 소음과 바람 발생의 문제로 인해서 지면 운행에 한계가 있다. 초기에는 군사용으로 사용되었으며, 1980년대 중반 이후 **그림 14-8**과 같은 호버크라프트가 레저용으로 보급되었다. 현재 국외에서는 1인승 자가 제작 키트가 출시될 만큼 대중화되어 있으나, 국내에서는 사용 빈도가 낮은 실정이다.

그림 14-8 호버크라프트

2.2.7 수상스키

수상스키는 **그림 14-9**와 같이 수면을 미끄러질 수 있는 스키를 타고 모터보트에 매달려 달리는 수상레저기구이다. 1922년

그림 14-9 수상스키

미국의 랄프 새뮤얼슨(Ralph Samuelson)이 창안하였으며, 전 세계로 전파되었다. 유럽에서 1946년 세계수상스키연맹이 설립된 후 활발히 보급되고 있다.

수상스키는 서핑과 스키의 특징이 결합된 형태로 조정력, 예측력 및 균형 감각을 익힐 수 있다. 용도에 따라 크게 점프스키, 슬라로움스키, 트릭스키 및 웨이크보드로 구분이 된다. 스스로 추진하지 못하므로 수상오토바이, 모터보트 및 고무보트 등으로 견인하여 사용한다.

2.2.8 패러세일

특별히 만들어진 낙하산(parasail)을 이용하여 모터보트로 견인할 때 발생되는 양력에 의해 하늘을 날 수 있는 수상레저기구이다. 1950년대에 프랑스에서 공수부대 훈련용으로 개발되었으나, 이후 영국으로 전해져 해양레저용으로 발전하였다. 1960년대에는 미국 등지에 도입되어 각광을 받기 시작하였고, 1980년대에 들어서부터는 미국에서 흔히 볼 수 있는 수상레저기구로 보급되었다.

그림 14-10 패러세일

스스로 추진하지 못하고 **그림 14-10**과 같이 수상오토바이, 모터보트 및 고무보트 등으로 견인하여 사용한다. 안전하게 이용하기 위해서는 주변에 장애물이 없어야 하므로 가까운 해변에서 벗어난 한적한 바다에서 이용할 수 있다.

2.2.9 조정

17세기 중엽 영국의 템즈 강을 중심으로 육상 교통수단보다 편리한 보트가 보급되었는데 이것이 조정의 시초이다. 1715년에는 최초의 조정경기인 프로페셔널 스컬 경기가 열린 기록이 있으며, 최초 레이스는 1829년에 영국의 대학교에서 시작되었다. 이후 1892년 세계조정연맹(FISA)이 창설되었다.

그림 14-11 조정

조정은 선체의 형상이 길고 좁은 것이 특징이며, 양쪽으로 설치된 노를 저어서 추진한다. 수상레저기구보다는 레이스용으로 많이 이용되고 있으며, 규정된 보트를 통해서 여러 척의 배가 일제히 출발하여 정해진 거리에서 스피드를 겨룬다. 또한 우수한 조법과 팀워크 외에 체력과 지구력이 요구된다. 현재 세계조정연맹에서 인정하는 조정 일반 종목은 총 8개 종목으로 싱글스컬, 더블스컬, 쿼드러플스컬, 무타페어, 무타포어, 유타페어, 유타 포어 및 에이트로 나뉜다. 스피드를 중요시하는 장비이므로 경량화가 중요한 요소이며, 첨단 복합재료를 사용하여 **그림 14-11**과 같은 선체를 제작한다.

2.2.10 카약

에스키모가 사용하는 가죽배로 대개 한 사람이 타도록 되어 있으며 여름에 바다에서 사냥을 할 때에 주로 사용하던 것이 시초이다. 선체가 가벼워서 혼자서 운반이 가능하며, 선체의 형상이 **그림 14-12**와 같이 길고 좁아서 속도가 빠르고 중심이 낮아 높은 파도에도 잘 견딘다. 또한 캔버스(윗덮개)가 설치되어 있어 전복되더라도 노를 움직여 원상으로 돌릴 수 있다.

그림 14-12 카약

주로 그린란드에서 사용되지만 캐나다의 일부 지방에서도 쓰이며, 경기용으로도 널리 이용된다. 소재는 전통적인 목재선과 플라스틱, 복합재료 등 다양한 재료가 사용되고 있다.

2.2.11 카누

배를 의미하는 스페인어 'CANOA'에서 유래된 것이다. 원시인이 강이나 바다에서 교통수단 또는 수렵을 위한 도구로써 조그만 배를 고안하여 사용한 데서 유래되었으며, 인류와 기원을 같이 한다고 할 수 있다. 북아메리카 캐나다 지역에 거주하던 인디언이 사용하던 보트를 카누라고 원주민들이 부른 데서 유래되어 캐나디안 카누라 부르기도 한다.

그림 14-13 카누

그림 14-13에서 보는 것과 같이 한쪽에만 날이 달린 외날 노(single-blade paddle)를 이용하여 추진하며, 방향과 속력을 조절한다. 크기에 따라 5명 내외의 인원이 탑승할 수 있다.

현재 국내의 지형에서는 기존 카누의 재질이 맞지 않아 점차 인플레터블 카누를 선호하는 추세로 바뀌고 있다. 기존의 카약과 래프팅의 장점을 혼합한 인플레터블 카누는 카약보다 안정성 면에서 뛰어나므로 일반 시민들이 쉽게 즐길 수 있는 수상레저기구이다.

2.2.12 워터슬래드

폴리염화비닐(PVC)이나 합성고무 소재로 만들어진 로켓트 모양의 무동력 보트를 수상오토바이, 모터보트나 고무보트 등으로 견인하여 수면 위를 미끄러져 달리는 수상레저기구이다. 보트의 형태가 **그림 14-14**와 같이 바나나 모양을 하고 있어 '바나나 보트' 라고 불리기도 한다.

그림 14-14 워터스레드

모터보트에 매달려 달린다는 점에서 수상스키와 유사하면서 물 위에서 균형을 잘 잡아야 하기 때문에 래프팅과도 닮은 점이 있다. 전문 기술 없이도 즐길 수 있으며, 모두 3개의 주 공기막이 형성되어 있고 길이가 길수록 팀워크와 균형이 요구된다.

2.2.13 수상자전거

쌍동형의 안정된 선체를 기본으로 **그림 14-15**와 같이 데크 위의 자전거와 같은 페달을 사람의 힘으로 돌려서 추진하는 수상레저기구이다. 주로 1인승과 2인승이 대중적으로 널리 사용되고 있다. 또한 수상자전거는 국내에서는 페달로 추진하는 오리보트를 포함한다.

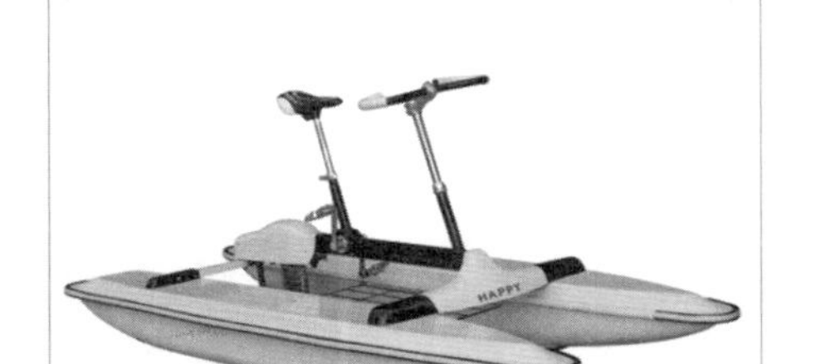
그림 14-15 수상자전거

수상자전거의 대부분의 추진기는 프로펠러가 사용되며, 전동으로 추진되는 기구도 출시되고 있다.

2.2.14 서프보드

서프보드는 서핑보드와 동일한 의미로 사용된다. 국내에서는 서핑과 윈드서핑을 총칭하는 용어이기도 하다. 하지만 윈드서핑과 서핑을 총칭하는 용어로 서프보드를 사용하기보다는 추진 방식이 상이하므로 재분류가 필요하다.

그림 14-16 서프보드

서프보드는 하와이의 원주민이 사용한 것에서 유래되었다. 소재는 주로 나무나 폴리우레탄폼제로 만드는데, 보드의 부력이 좋아야 하고 단단해야 하기 때문이다. 윈드서핑은 **그림 14-16**과 같이 요트의 돛과 서핑보드를 결합하여 만든 수상레저 기구이며, 돛을 잡고 바람의 강약에 맞추어 균형을 잡으며 세일링을 한다. 또한 서핑보드는 해안으로 밀려드는 파도를 이용하여 보드를 타고 파도 속을 빠져 나가면서 묘기를 부릴 수 있다.

2.2.15 노 보트

노 보트는 FRP나 목재로 **그림 14-17**과 같이 만든 선체에 노를 장착한 소형 보트로 2~5인승이 많으며, 주로 잔잔한 내수면과 해수면에서 저속으로 물놀이를 즐기는 데 사용되고 있다. 최근에는 이동과 보관이 편리한 접이식 보트의 형태나 고무보트의 형태의 제품이 사용되고 있다.

그림 14-17 노 보트

2.3 슈퍼 요트 및 메가 요트

국내 해양레저장비 분류에는 명시되어 있지 않다. 그러나 최근 크루즈 선박과 함께 높은 부가가치를 가지는 길이 24m 이상의 레저용 선박인 슈퍼 요트와, 40m 이상의 레저용 선박인 메가 요트가 세계적으로 부각되고 있다.

슈퍼 요트 및 메가 요트는 **표 14-4**에서 보는 것처럼 일반적인 대형 선박이 가지는 제반 요소를 모두 포함하고 있으며 레저선박으로서의 기능도 포함하기 때문에 크기나 기능면에서 소형 레저선박과 크루즈선의 중간 형태의 특징을 가지고 있다.

그림 14-18 슈퍼 요트 '경기바다호'

슈퍼 요트 및 메가 요트는 **그림 14-18**에서 보는 것과 같으며 크루즈선에 비견될 정도로 고급스러운 선박이다. 선박의 안정성, 선회성, 스피드 측면에서 최고의 성능을 가질 뿐만 아니라 감성공학 기술을 적용한 아름다운 외관과 쾌적하고 안락한 실내 공간을 가지고 있다. 슈퍼 요트 및 메가 요트는 대부분 주문 생산한다. 주로 FRP, 고장력 강제, 알루미늄 합금제로 선체를 제작하며 일반적인 항해속력은 30knots, 고출력 가스터빈 엔진을 채택하고 있다. 해외 선진국에서 대형 조선 산업은 쇠퇴하는 반면 슈퍼 요트 등 레저선박을 생

표 14-4 슈퍼 요트 및 메가 요트 특성

용도	• 호화 승객 거주 공간을 갖춘 최고급 레저선박
크기	• 길이 80ft (24m) 이상 : 슈퍼 요트 • 길이 130ft (40m) 이상 : 메가 요트 • 최근 100m 이상 메가 요트 출현(선가 2억 달러)
성능	• 쾌적성 : 사용자 중심의 쾌적한 실내 공간 • 시각성 : 외관이 미려한 선형 • 안전성 : 원양항해에도 안전하고 안락한 선박 • 기능성 : 편리한 선박 조종 및 운항 성능 보유
현황	• 세계적으로 매년 슈퍼 요트 시장 10% 이상 증가 추세 • 이탈리아, 미국 등 레저선박 선진국에서 독점 생산 • 국내에서는 아직 미개척 분야

산하는 중소형 조선 산업은 매출과 고용이 지속적으로 증가하는 추세이다.

세계 최고의 기술력과 경쟁력을 가지고 있는 국내의 대형 선박 설계 및 건조 인프라를 적극 활용하여 슈퍼 요트 및 메가 요트 건조 산업을 활성화하는 경우, 세계 시장에서 충분한 경쟁력을 가질 것으로 예상된다.

3. 해양레저선박의 설계

3.1 해양레저선박의 설계 개요

해양레저선박은 설계 · 생산 과정상의 작은 인자가 전체 성능에 민감하게 영향을 미친다. 그러므로 설계의 주안점을 안정성이 우수하고, 안락한 거주 환경과 유지 보수비가 적게 들도록 하여야 한다. 또한 앞으로 기술적으로 해결해야 할 과제가 많으며, 기존의 대형 선박과는 달리 제한된 정예인원에 의해 집중적으로 연구 개발되는 특징을 갖고 있다.

최근 선진국에서는 레저선박을 건조할 때 **그림 14-19**와 같이 설계에서 제품의 폐기에 이르는 제품의 수명주기 동안 발생한 설계, 생산, 서비스, 구매, 품질 등의 정보 관리를 위한 3차원 기반의 제품 생애 관리(PLM, Product Lifecycle Management) 기술이 활발하게 개발되고 있다. 국내에서도 이러한 선진국의 기술을 바탕으로 레저선박, 자동차, 항공기 제품 개발에 PLM 기술을 적용하여 개발 및 설계 · 생산의 체계적인 기술을 확보하고 있는 추세이다.

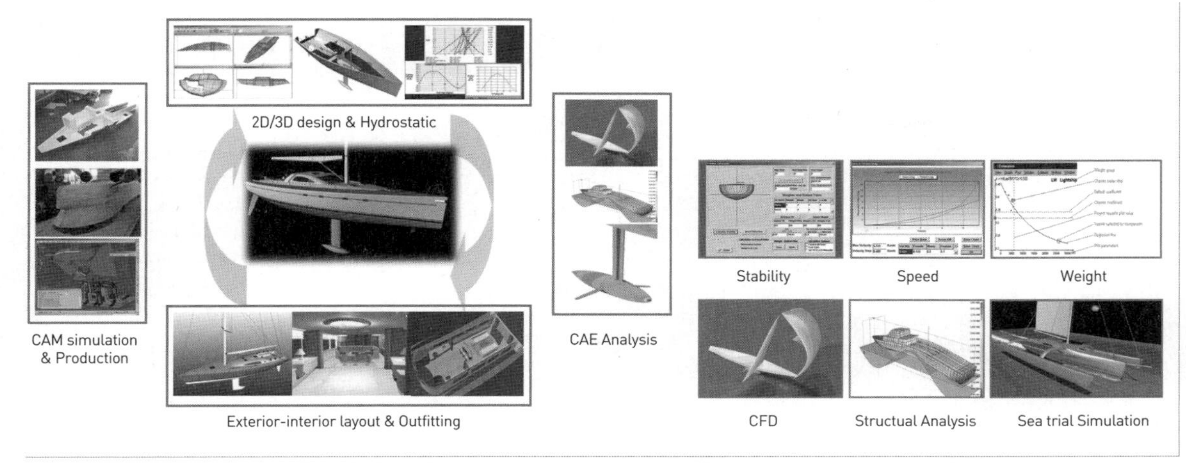

그림 14-19 PLM 기반 해양레저선박 설계 시스템

3.2 해양레저선박의 설계

3.2.1 선형 설계

전통적인 해양레저선박의 선형 설계는 사람 손을 통해 순차적인 절차로 이루어져 왔다. 선형 설계는 선박의 주요 항목을 결정하고 기본 계획 및 구상을 구체화한 후 기본 선형을 도출하고 이를 바탕으로 선형에 대한 유체정역학적인 특성 분석을 통해 선형을 평가하는 과정으로 완성된다.

최근의 선형 설계는 기존의 도면에 수기로 작성하는 고전적인 형태를 벗어나 전산 응용 설계(CAD, Computer Aided Design) 시스템을 활용하여 이루어지며 분절되어 있던 일련의 설계과정을 하나의 통합된 정보 수단인 CAD 설계 산출물을 활용하여 체계적이고 통합적인 형태를 갖추고 있다. 해양레저선박의 선형 설계를 위한 CAD 시스템은 기계 및 자동차 분야에서 활용하던 입체 기준 CAD(solid based CAD)를 모태로 하고 선형 생성을 위해 표면 기준CAD(surface based CAD)의 기능을 더하여 발전하여 왔다.

일반적인 해양레저선박을 설계하기 시작할 때 **그림 14-20**에서 보는 것과 같이 어떠한 해양레저선박을 개발할 것인가를 명확히 해야 하며 특히 사용 목적, 크기, 기상 조건, 성능 목표, 일반 배치, 스타일, 의장품 등에 대한 기준은 반드시 고려하여야 할 항목이다. 이러한 사항들은 선주의 요구사항을 고려하여 구체화되며 설계자는 이를 통해 설계 목표

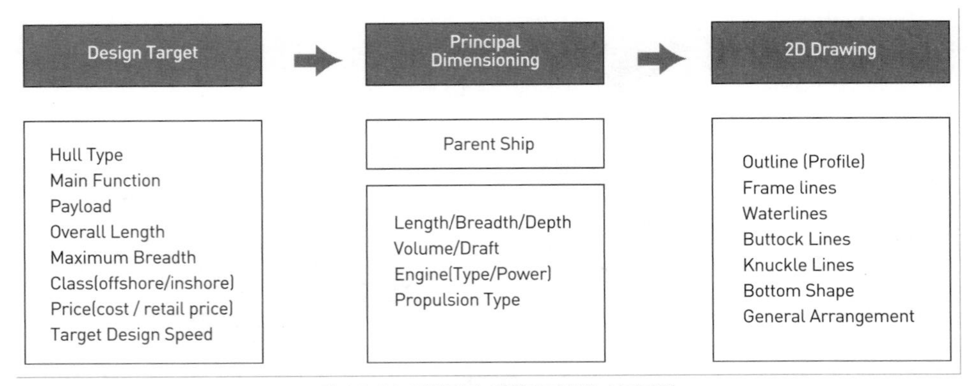

그림 14-20 일반적인 해양레저선박 설계과정

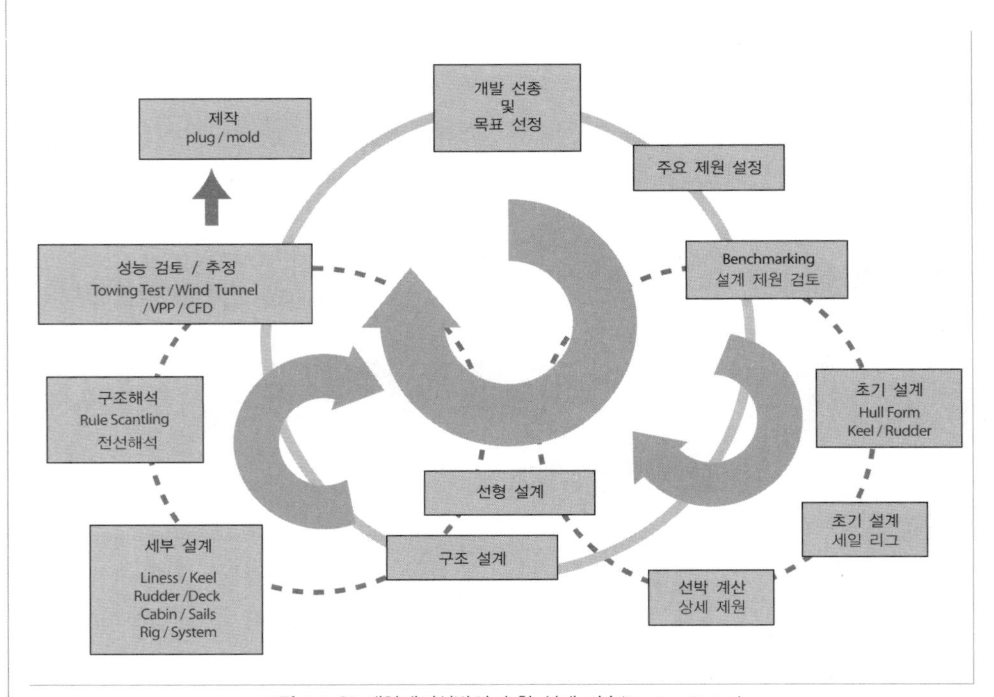

그림 14-21 해양레저선박의 순환 설계 기술(Design Spiral)

(design target)을 구체화하고 최적의 선형 설계를 수행한다. **그림 14-21**에서 보는 것과 같은 순서에 따라서 선박의 주요 항목을 결정하고 기본 구상 및 계획을 구체화하는 과정에서 사용되는 것이 바로 해양레저선박의 순환 설계 기술(design spiral)이다. 순환 설계 기술을 통해 설계자는 일련의 과정을 몇 번이고 반복함으로써 선박의 성능, 안전, 구조, 중량, 배치, 비용 등에 대한 평가 및 검증을 수행하게 된다.

설계 이전에 수행되는 초기 계획은 성능 목표 등을 설정하는 과정으로 선박 개발에 소요되는 초기 비용을 도출할 수 있는 단계이다. 일반적으로는 모선의 경험을 바탕으로 대체적인 비용을 도출하지만 구체적인 시방서를 통하여 선박의 제조사에 견적을 의뢰하는 경우도 있다. 이는 해양레저선박 설계의 경우 DIXON yacht design, 3IDEE, Ocke Mannerfelt design 등과 같은 레저선박 디자인 전문업체가 다수 존재하여 설계 및 생산 주체가 다른 특성에 기인한다.

선체의 선형을 표현하는 방법은 다양한 형태가 있지만 기본적으로 곡면상의 특정 형태에 격자의 눈금을 입히고 평면도, 입면도, 정면도로 투영하는 방식이 주로 활용되고 있다. 이는 지도의 등고선과 같은 형태로 표현되며 선체를 수직한 평면으로 잘라서 얻어지는 단면 형상을 보이는 늑골선(frame line)과 수평한 평면으로 잘라서 얻어지는 단면 형상을 나타내는 수선(water line)의 조합을 통해 표현된다.

이는 해양레저선박뿐 아니라 상선, 군함, 잠수함에 이르는 다양한 조선 분야에서 전통적으로 활용되는 방법으로 사용이 편리하여 오래 전부터 사용되는 방식이지만 일반 선박에서는 선저에 기준선을 두고 있으나 요트에서는 흔히 수면을 기준선으로 삼고 있다.

최근에는 3차원 기반의 CAD 시스템을 활용한 모델링 기술을 많이 활용하고 있으며 AutoShip, FastShip, MaxSurf 등과 같은 요트 및 레저선박 전용의 모델링 시스템이 존재한다. 이러한 시스템들은 초기 형상 스케치부터 출발하여 기본적인 선형을 정의하고 유체정역학적인 성능 계산, 저항, 추진 등의 해석 등도 수행 가능하며 하나의 완성된 기본 설계 시스템으로 활용되고 있다.

기존의 세일링 요트 개발과정에서는 디자인이 완료된 후에 설계가 순차적으로 진행되며 설계 진행 도중에 디자인 변경이 발생하면 연관된 부분의 재설계작업이 이루어진다. 그러나, PLM 기반의 설계 기술에서는 3차원 모델링을 통해 디자이너로부터 디자인 데이터를 받지 못한 상황에서 설계자는 디자인 형상을 임시로 가정하여 기본 설계를 진행한다. 그리고 추후에 디자인 형상이 완성되면 이 형상으로 교체하여 상세 설계를 진행할 수 있다.

상세 설계가 완성될 시점에서 세부 디자인이 변경되는 경우에도 새로운 디자인 형상으로 업데이트하면 공차, 곡면 처리 등의 설계 조건을 유지하는 모델이 자동으로 생성되며 재설계와 같은 불필요한 작업을 생략할 수 있다.

3.2.2 부가물 설계

해양레저선박의 경우 선체의 설계만큼이나 용골, 타, 돛 등의 부가물의 설계가 매우 중요한 요소로 다루어진다. 특히 세일링 요트의 경우 용골, 타, 돛의 성능 향상이 설계의 주안점이며 이를 향상시키기 위해 오랫동안 연구가 진행되고 있다. 용골의 역할은 크게 2가지로 나누어볼 수 있다. 세일링 보트의 경우 돛의 양력으로 인한 옆 밀림을 막아주는 역할과 돛의 양력으로 인한 횡 경사 모멘트를 상쇄시켜 횡 경사가 작아지도록 복원력을 발생시키는 역할이다. 고성능의 세일링 요트의 경우 경기용으로 제작되는 경우가 많아 출전하는 경기의 규칙, 복합재료의 중량 배분, 선체 선형 등을 종합적으로 고려한 용골 설계가 이루어진다.

일반적인 세일링 요트는 총중량의 30~50%의 중량을 용골에 할당하며 선박의 총중량을 가볍게 하기 위해서는 용골의 중량을 줄이는 것이 큰 역할을 하게 된다. 일반적인 크루징 선박에서는 용골을 부착하지 않으며 설계 역시 생략되는 경우가 있다. 물론 순항 중 용골은 안정성이나 직진성 유지 등에 큰 기여를 하지만 옆 밀림과 횡 경사 방지의 역할이 중요하지 않은 상황에서는 큰 저항만 유발하는 요인으로 작용하기 때문이다.

타는 선박의 진로를 변경하는 가장 기본적인 장치이다. 세일링 요트에서는 용골과 함께 옆 밀림을 방지하는 중요한 역할도 담당한다. 대부분의 해양레저선박들의 조향장치로 사용되는 타는 저항을 줄이고 범주 성능을 향상시키기 위해 작으면서도 성능이 우수한 타의 설계가 요구된다.

또한 타는 선박의 조종장치와도 직접적인 연관을 갖고 있어 선박의 평형이나 조향 등을 가늠할 수 있도록 설계되어야 한다. 타는 그 기능상 선체의 가장 뒤쪽에 위치하는 경우가 많고 항주 중에 크게 횡 경사가 일어나면 타의 상부가 수면 위로 노출될 때가 있다. 이와 같이 양력을 급격히 상실하는 경우를 실속(stall)이라고 하며, 이를 극복하기 위해 타의 설계에서는 조종 성능 면에서 허용 가능한 범위 내에서 가능한 한 타를 앞쪽에 설계하는 것이 좋다.

타에서는 그 축을 어디로 할 것인지의 문제가 가장 중요한 요소이며 타력 토크의 균형과 조종장치에서의 타력 감지 정도를 고려한 설계가 요구되며, 기본적으로 그 성능을 높이기 위하여 가로세로비를 높여주고 작은 면적으로 효과를 발휘하도록 최소의 마찰저항과 유도저항이 되는 방향으로 설계를 진행한다.

PLM 기반 부가물 설계과정에서는 이러한 부가물 설계 기준을 바탕으로 앞서 선형 설

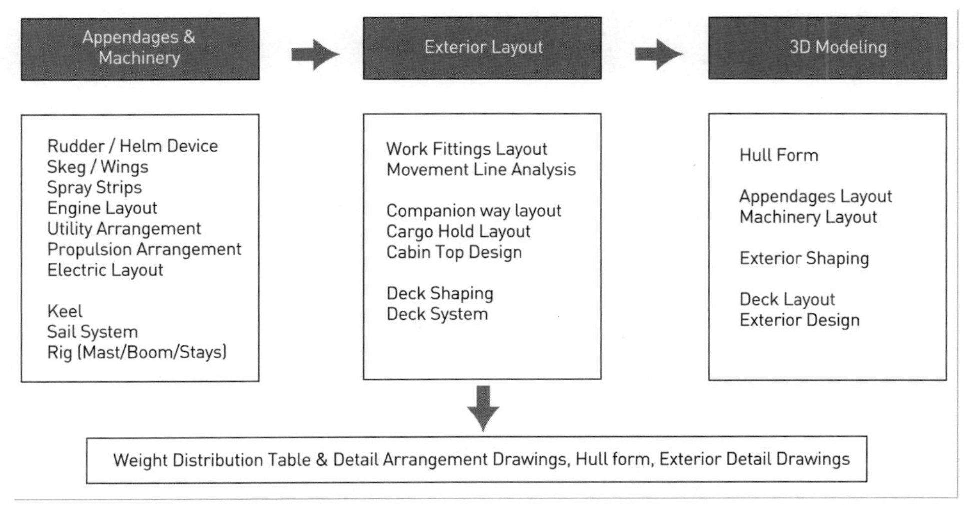

그림 14-22 PLM 기반 부가물 설계과정

계를 통해 얻어진 선체 선도와 초기 배치도를 기준으로 부가물의 설계가 **그림 14-22**에 나타낸 PLM 기반 부가물 설계과정에 따라서 이루어지며, 주요 장비의 구체적인 배치를 3차원 모델에 반영하게 된다. 이때 고려되는 부가물 및 장비는 배의 조종, 추진, 작동, 운항을 위한 것으로 아래 내용을 포함한다.

- 타 및 조종장치
- 용골 및 돛
- 선체 표면에 부착되는 저항 저감장치
- 기관 및 축계, 추진 시스템의 배치
- 유틸리티(청수/오수/화장실 등)의 배치
- 전기 공급 및 각종 전장품의 배치

선체의 외부, 즉 데크를 포함한 선체 상부의 외형 설계와 함께 이에 장착되어지는 의장품을 배치한다. 그리고 먼저 기능성 의장품을 각 의장품의 고유 기능을 분석하여 작동을 위한 최적 위치를 산정해 배치하고 이를 기준으로 동선 분석 및 접근성을 분석하면서 데크의 외형을 결정한다. 이 단계에서 결정되어진 사항은 다음과 같으며 최종적으로 일반배치와 함께 상세 배치도를 작성하게 된다.

- 기능성 의장품 배치
- 동선 분석 및 접근/작동 공간 설정

- 화물 및 비 고정 의장품 적재 공간 배치
- 캐빈 탑 외형 설계
- 데크 형상 설계
- 일반 의장품 배치 설계

앞서 언급되었던 일련의 과정들은 3차원 모델링을 통해 통합되며 선체의 곡면 정보뿐만 아니라 형상, 속성 정보도 포함하고 있다. 이는 직관적인 평가를 가능하게 시각 모델을 생성하는데 용이하고 생산 설계로의 연계를 용이하게 한다.

4. 해양레저선박의 생산 공정

4.1 레저선박의 생산 개요

해양레저선박 시장은 Sunseeker, Blohm+Voss Shipyards, Master Craft, YAMAHA, Bayliner 등 레저선박을 전문적으로 생산하는 업체가 주도하고 있으며 이들은 설계뿐 아니라 생산까지 아우르는 프레임워크를 통해 국내외에서 높은 시장 점유율을 확보하고 있다. 국내의 레저선박 제조사는 푸른중공업, 광동FRP, 어드밴스드 마린테크 등 소규모의

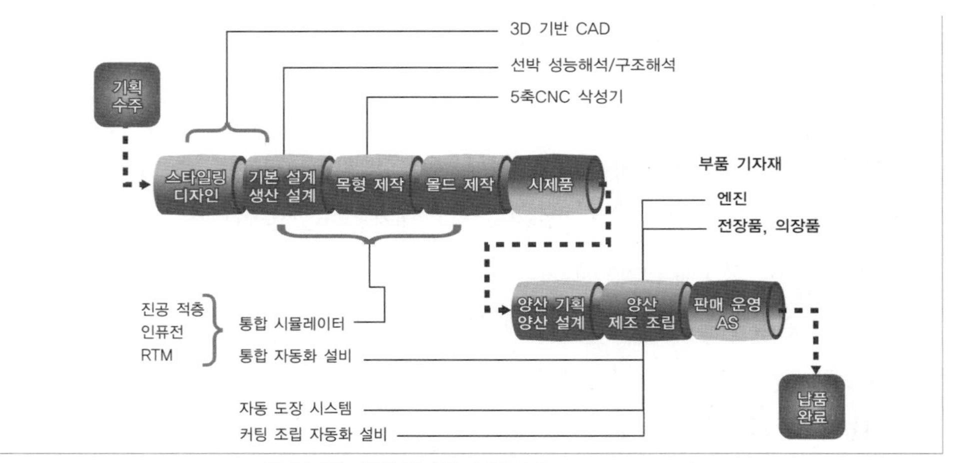

그림 14-23 레저선박제품 수명주기(Product Lifecycle)

업체가 다수이다. 하지만, 최근 선진 설계 및 생산 기술의 도입과 정부 지원을 바탕으로 자체 브랜드 도입 등 활발한 성장을 보이고 있다. 레저선박의 생산 기술은 크게 생산 설계와 생산공법 적용의 단계로 나누어볼 수 있다. 그리고 RTM(resin transfer molding), VaRTM, 5축가공기 활용 modular 공법 등 고품질 핵심 생산 기술을 개발하여 세계 시장을 주도하는 제품을 설계, 생산하고 있다. 레저선박의 생산은 **그림 14-23**에서 확인할 수 있듯이 선박의 제품 수명주기(product life cycle) 측면에서 많은 부분을 차지하고 있으며 선가 및 공기에 가장 큰 영향을 주는 요소이다.

생산 단계에서는 5축 CNC 삭성기, 진공 적층장비, 인퓨전 장비 등 고가의 설비가 필요하다. 이는 설계 단계에서 소요되는 시스템 및 설비에 비해 큰 비중을 차지하기 때문에 공정 및 공장 레이아웃의 설계, 확정 단계에서 향후 선박의 제작 및 운영을 고려한 설계가 필요하다.

4.2 레저선박의 생산 기술

4.2.1 생산 공정

해양레저선박의 생산 공정은 제조업체의 환경이나 주 생산 품목에 따라 다소 차이를 갖지만 기본적인 절차는 목형(mold) 제작부터 시작한다고 볼 수 있다. 일반적인 선박은 생산 설계 및 일정 계획 단계에서 제품 리드타임의 비중이 크지만 실제 국내의 레저선박 생산 현황은 생산 설계 등의 단계는 생략하거나 설계 전문업체를 이용하는 실정이다. 이러한 이유로 레저선박을 다루는 업체에서의 생산은 **그림 14-24**에 나타낸 것과 같은 순서에 따라 이루어진다. 대개 목형을 준비하고 겔코트 도장 등의 작업을 수행하는 도장 공정부터 생산의 영역으로 고려되기도 한다. 이는 크게 몰드 제작, 선체 제작, 선체 조립, 의장 조립, 마감 및 검사의 5단계로 이루어지며 세부적인 절차는 **그림 14-25**에서와 같이 생산 공정 상세 다이어그램으로 확인할 수 있다.

FRP 재료는 크게 합성수지와 강화재로 나누어볼 수 있다. 합성수지의 주된 기능은 강화섬유 간의 압력을 전달해주고 섬유들을 결합시키는 접착제 역할을 하고 역학적 환경적 손상으로부터 섬유를 보호한다. 이러한 합성수지는 그 특징에 따라 열경화성과 열가소성으로 구분된다.

열가소성 수지는 가열하면 부드러워지고, 가열된 반 유체 상태에서는 형성이나 성형이

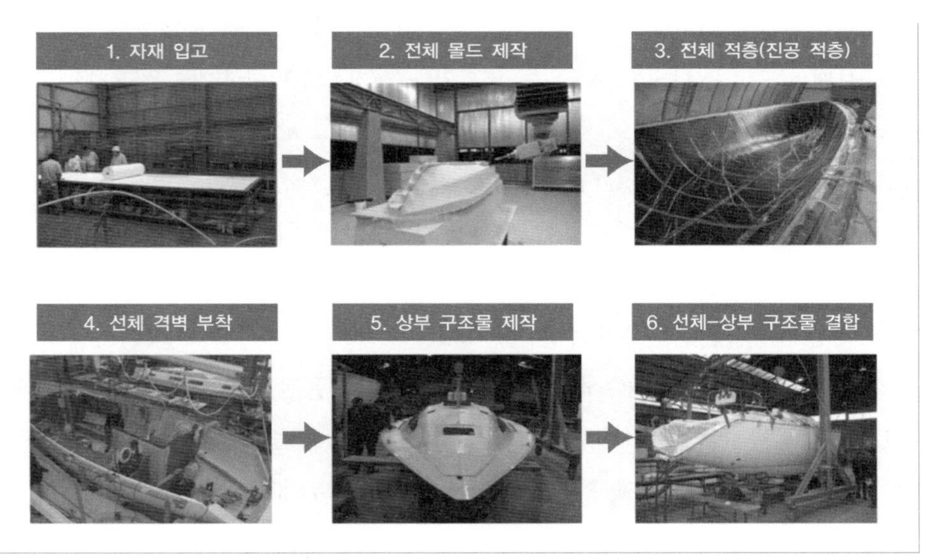

그림 14-24 해양레저선박 생산 공정

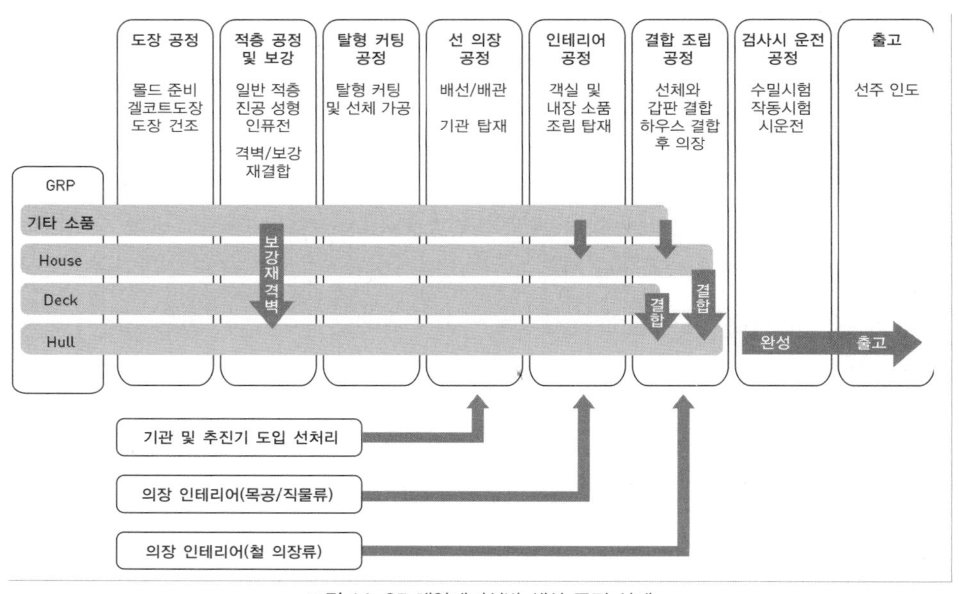

그림 14-25 해양레저선박 생산 공정 상세

가능하며, 식었을 때는 딱딱해지는 특징을 갖는다. 전형적인 열가소성 수지는 폴리에틸렌(PE), 폴리비닐클로라이드(PVC), 폴리프로필렌(PP)이 있다. 열경화성 수지는 초기 형태에서 액체 형태를 갖고 있으며 완제품 생산에 사용될 때 촉매, 열 또는 2가지의 결합을 사용함으로써 경화된다. 열경화성 수지에는 불포화폴리에스테르(UP), 에폭시, 폴리우레탄(PURs)이 있다. 대개 해양레저선박 생산에 소요되는 수지는 불포화 폴리에스테르 수지로 전체 사용되는 수지의 약 75%를 차지한다. 하지만 적용되는 분야와 목적에 따라 다양한 수지가 사용되기도 한다.

해양레저선박에 사용되는 강화재는 선체의 하중을 섬유의 길이에 따라 전달하여 강도, 강성을 유지하는 역할을 하며 강화된 속성을 전달하기 위해 최종 선박에 국부적으로 집중되는 하중의 위치에 집중될 수 있다.

강화재 중 가장 많이 사용되는 재료는 유리섬유이며 카본, 아라미드, UHMW(Ultra High Molecular Weight) 폴리에틸렌, 폴리프로필렌, 폴리에스테르, 나일론 등이 사용된다. 강화재는 그 형태에 따라 5가지로 나누어 분류되며 멀티-엔드 및 싱글 엔드 로빙, 매트, 직물 및 3D 섬유, 비방향성 강화재, 프리프레그가 그 구성요소이다. 이러한 강화재는 넓은 범위의 공정과 최종 생성물 요구 조건을 따르는 제한요소 내에서는 어떤 형태에서든지 가능하며 위에서 언급한 형태 외에도 다양한 섬유구조로 만들어질 수 있고 생성물 요구 조건과 생산과정에 따라 미리 형성되어 사용되기도 한다.

4.2.2 5 축가공 선체 몰드 제작 기술

기존의 선체 몰드 가공 기술은 대부분 수작업에 의존하기 때문에 공간 각 부의 연결 부위의 치수 오차가 발생하여 가공의 정확성이 부족하였으며, 최종 품질을 저하시키는 요인으로 작용하였다. 이러한 취약점을 극복할 수 있는 자동화 생산설비가 5축가공기를 이용하여 선체를 다듬는 기술이다. 이는 전 세계적으로 다품종 소량화, 자동화, 고기능화의 요구에 대응하기 위한 기술로 평가받고 있다. 또한 이 기술은 해양레저선박과 같은 복잡한 자유 곡면을 신속하고 정밀하게 가공하는 기술로 유럽, 일본 등에서 활발히 연구 개발하여 활용하고 있다.

그림 14-26 5축 가공 선체 몰드 제작

4.2.3 RTM/인퓨전 진공 성형 기술

RTM(Resin Transfer Molding), 인퓨전 진공 성형은 FRP선박의 새로운 건조방법이다.

그림 14-27 RTM/인퓨전 진공 성형

균등한 선체 강도, 비교적 저렴한 초기 투자비, 유리섬유 이외의 복합재료의 적용 용이성, 불필요한 작업 절감, 악취 발생을 저감하는 신기술로 해양레저선박 선진국에서 주목하고 있는 공법이다.

기존 국내의 생산 기술은 주로 수 적층(hand lay up)이 다수를 차지하고 있으나 이는 특수선 및 해양레저선박에 적용하기에 품질 및 강도 등에서 다소 부족한 면이 있다. 이에 반해 본 기술은 균등한 강도, 표면 마감작업 절감, 경량화 및 고강도, 생산성 향상, 작업 환경 개선 등에서 큰 장점을 갖고 있으며 높은 품질의 제품을 보장받을 수 있다. RTM/인퓨전 진공 성형 기술 적용에 있어 수지, 강화제, 샌드위치 폼(sandwich foam) 등의 부가 소재를 적용하여 적정량의 수지만 사용하여 제품을 구성하도록 경량화하는 것이 기술 적용의 핵심 요인이다. 한번 제작에 들어가 실패하는 경우 막대한 금전적, 시간적 손실이 초래된다. 따라서 이를 제작에 반영하기 위해서는 사전 사후에 완벽한 시뮬레이션과 검토, 검사가 수반되어야 한다.

5. 해양레저장비 계류시설

5.1 마리나 개요

마리나의 어원은 라틴어로 '해변의 산책길'을 뜻한다. 1900년대 초에 미국의 NAEBM (National Association of Engine and Boat Manufactures)에서 현대와 같은 마리나의 의미가 부여되었다. 마리나(marina)란 여가(recreation)를 목적으로 하는 보트와 세일 요트, 즉 레저보트를 정박할 수 있으며 급유시설(refuel), 수리시설(repair facility), 선구점(ship chandler), 상점과 음식점, 숙박시설 등 다양한 부대시설을 갖추고 있는 항구를 일컫는다.

마리나는 보트의 육로 이동시 필요한 트레일러 및 차량의 주차 공간 같은 부대시설도 갖추고 있으며, 트레일러를 이동하여 보트를 해상에 진수할 수 있는 선대도 갖추고 있다. 그리고 보트를 육상으로 끌어올릴 수 있는 하역장치(크레인 등)를 갖추고 있으며, 육상 계류를 할 수 있는 시설도 갖추고 있다. 육상 계류시설은 특정 기후에 따르는 레저보트의 휴

그림 14-28 마리나(Marina)

식기를 가질 필요가 있을 때 해상보다는 육상 계류로서 레저보트를 보호하며, 보관하는 장소로 이용된다. **그림 14-28**은 마리나의 한 예이다.

5.2 마리나 시설

마리나는 **표 14-5**에서 보는 것과 같이 11종의 필수 시설이 설치되어 있어야 하는데 이들은 가장 기본적인 시설로 볼 수 있다. 이 외에도 오락, 숙박, 장비 대여, 금융 등 다양한 시설이 갖추어진다면 이용자의 편의를 향상시킬 수 있다. 여기에서는 **표 14-5**에서 언급한 11개의 필수 시설에 대한 내용에 대해 설명하고자 하며, 이에 대한 내용을 바탕으로 하여 마리나 전체 시스템에 대한 이해를 돕고자 한다.

표 14-5 마리나 필수 시설

No.	시설명	비고
1	접안시설(Berthing systems)	해상시설
2	청수 공급시설(Potable water service)	
3	소방시설(Fire suppression systems)	
4	전원 공급시설(Electrical power services)	
5	접안시설 연결 통로(Gangway)	
6	주유시설(Refueling system)	
7	화장실(Restroom facilities)	육상시설
8	주차장(Vehicle parking)	
9	보트 진수설비(Boat launching facilities)	
10	선구점(Ship chandler)	
11	정비시설(Repair facilities)	

5.2.1 접안시설

접안시설(berthing systems)은 마리나에서 가장 근간이 되는 시설로, 항구로서의 주된 역할을 하는 접안 및 정박을 위한 시설물이다. 마리나의 경우 대개 해안에 설치되며, 바다의 특성상 조수 간만의 차이가 발생한다. 따라서 접안시설은 물에 떠 있을 수 있으며 조수 간만현상에 대해 적절하게 대응하기 위한 부유식 접안시설(floating berthing systems)을 일반적으로 채택하여 사용하고 있다. 하지만 강, 호수 등 조수현상이 없거나 현상이 극히 미약한 바다인 경우에는 고정식 접안시설(fixed berthing systems) 형태를 사용하기도 한다.

한편 접안시설의 설계 단계에서 정박 대상 보트의 규모를 정확하게 파악하여 접안시설의 규모를 산정하는 것이 가장 중요하다. 그리고 부유식 접안시설의 경우 접안시설 상부에 설치되는 각종 장비의 하중과 사람의 하중에 대한 평가를 하여 충분한 부력이 유지되는지 평가하여야 한다. 또한 고정식 접안시설인 경우에도 부유식과 마찬가지로 각종 장비의 하중과 사람의 하중을 평가하여 구조적으로 안정한가에 대한 평가를 수행해야 한다.

5.2.2 청수 공급시설

청수 공급시설(potable water service)은 일상에서 사용되는 수도와 같은 역할을 하는 시설로서, 정박 중인 보트에 청수를 공급하는 데 사용한다. 항해 준비 단계에서는 청수를 공급받아 보트의 청수 저장장치에 청수를 공급하는 **그림 14-29**와 같은 장치로 사용된다.

청수를 공급할 수 있는 각각의 호스는 수전(hose bibb)이 설치되어 있는 것이 사용의 편리성을 극대화할 수 있으며, 접안시설에 설치된 청수 공급용 호스는 마리나 이용자들이

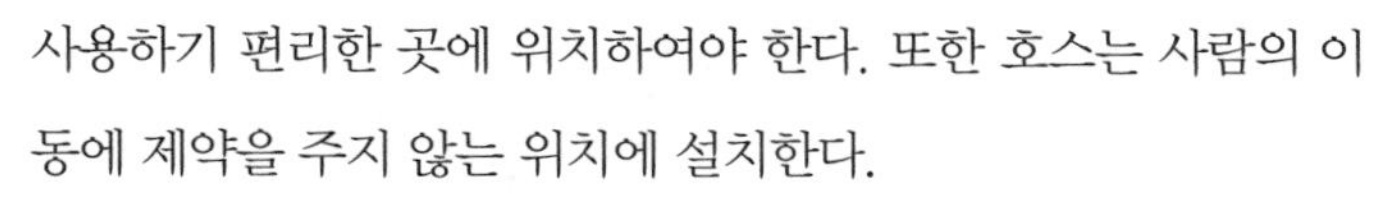
사용하기 편리한 곳에 위치하여야 한다. 또한 호스는 사람의 이동에 제약을 주지 않는 위치에 설치한다.

그림 14-29 청수 공급장치

5.2.3 소방시설

마리나의 소방설비(fire suppression systems)는 소방장비와 소방 시스템을 구성하며 보트, 접안시설, 건물, 급유시설, 부대시설 등 다양한 시설에서 발생할 수 있는 화재를 진압할 수 있는

Emergency First Aid Capability

Major Capability

그림 14-30 소방설비

위치에 설치해야 한다. 또한 화재 대상시설물을 충분히 진화할 수 있는 소화물질 공급장치와 시스템을 이루도록 **그림 14-30**과 같이 설치해야 한다.

일반적으로 소화 시스템은 다음과 같은 2가지 형태로 분류된다.

- 저용량 저압 1차 비상소화기 : 화재가 발생한 시점에 초기 화재를 진압할 수 있는 시설이며, 접안시설 곳곳에 소규모로 설치되어 있는 소방시설
- 고용량 고압 주 소화기 : 화재가 확산되어 소규모 소방시설로는 진압이 어렵다고 판단될 때 사용되는 소화전 형태의 대규모 소방시설

5.2.4 전원 공급시설

전원 공급시설(electrical power services)은 110～220V용 일반 전기를 사용한다. 이때 각각의 나라 혹은 지역 특성에 알맞은 전원을 채용하면 된다. 보트를 정박할 때 전기는 가정용 가전제품과 마찬가지로 텔레비전, 에어컨, 냉장고, 전기스토브 등에 전원을 공급받을 수 있는 **그림 14-31**과 같은 시설이다.

그림 14-31 전원 공급시설

5.2.5 접안시설 연결 통로

이 시설은 마리나의 핵심 기능을 담당하고 있는 접안시설과

육상을 이어주는 통로를 일컫는 것이다. 앞에서 언급하였듯이 접안시설은 수면의 변화에 따라 높낮이가 수시로 변화하는 형태를 띠고 있는 특수성을 감안하여, **그림 14-32**와 같이 구름다리 구조로 하여 수위 변화에 대응할 수 있게 육지와 접안시설의 연결에 힌지를 이용하여 고정하는 방식을 사용한다.

접안시설과 마찬가지로 구름다리 또한 사람의 하중과 시설물의 하중을 고려하여 초기 설계 단계에서 검토가 이루어져야 한다. 또한 응급 사태에 대비하기 위해 여분의 구름다리를 설치하는 것이 합리적이며, 이 시설물의 너비는 성인 두 명이 교차하여 걸을 수 있는 약 0.9m 이상이 적합하다. 그리고 인명의 추락을 방지하기 위한 난간의 설치는 필수이다.

그림 14-32 접안시설 연결 통로

5.2.6 주유시설

레저보트(파워보트, 세일요트)의 추진기관은 휘발유, 경유 등의 연료를 사용함에 따라 육상의 주유소와 동일한 기능을 하는 주유시설을 겸비해야 한다. 이 주유시설은 특히 화재에 취약하므로 소방시설을 갖추고 있어야 하며, 기름 유출에 따르는 해양오염 방지를 위한 시설도 갖추어야 한다.

5.2.7 화장실

마리나에 설치된 화장실은 남녀 공용, 남성 전용, 여성 전용 등 다양한 형태가 존재하며 대변기, 소변기, 세면대, 거울, 샤워시설, 조명, 음용수 등의 시설을 갖추어야 한다. 또한 화장실은 접안시설 및 주차장 등과 근접한 곳에 설치되어 접근성이 뛰어나야 하며, 장애인이 사용하기에도 불편하지 않게 설계 시공되어야 한다.

5.2.8 주차장

마리나의 주차장은 육상의 것과 다소 차이가 나며, 주차할 차량의 종류에 따라 single-vehicle space, recreational vehicle space, vehicle/trailer space, recreational vehicle/trailer space 등으로 분류된다.

마리나의 경우, 마리나의 사용 용도나 성격에 따라 마리나를 이용하는 보트의 특성이 달라진다. 예를 들어, 동일한 척수의 보트를 정박할 수 있는 마리나라 할지라도 세일 요트, 파워 보트, 낚시보트 등에 특화된 마리나가 존재한다고 하면, 각각의 보트는 승선 인원 혹은 필요 장비 등이 각기 다르다. 따라서 주차장의 규모 및 차량의 분류를 세분화하여 주차공간을 설계, 시공해야 한다.

5.2.9 보트 진수설비

보트 진수설비(boat launching facilities)는 마리나에서 보트를 육상 계류한다든지, 육로를 통해 이동 혹은 보트의 수리를 위해 육지에 상가하였을 경우 다시 바다나 강으로 보트를 입수하는 작업을 수행해야 한다. 이때에 진수설비가 사용된다. 진수설비는 **그림 14-33** 이나 **그림 14-34**에서 보는 것과 같이 선대를 이용하는 방식과 크레인을 사용하는 방식이 있다.

선대를 이용하는 방식은 비교적 규모가 작은 보트를 진수할 때 사용하며, 인력이나 차량을 사용하여 트레일러를 경사면으로 이동시켜 바다나 강으로 보트를 진수한다. 크레인을 이용하는 방식은 규모가 큰 보트를 진수할 때 사용하는 장비로서 이용 목적은 선대와 동일하다.

그림 14-33 선대

그림 14-34 크레인(Crane system)

5.2.10 정비시설 및 선구점

정비시설(repair facilities)은 차량의 정비소와 마찬가지로 보트를 정비하고 수리하는 시설이고, 정비를 위해 필요한 장비 및 소모품을 판매하는 곳은 선구점(boat chandler)이다. **그림 14-35**의 크레인이나 **그림 4-36**의 정비시설은 보트를 유지 관리하기 위한 부대시설이다.

그림 14-35 보트 정비용 크레인

그림 14-36 정비시설

6. 해양레저선박의 국내 기술 현황

6.1 요트

1970년대에 우리나라 조선 산업이 자리 잡기 시작하면서 해양레저선박의 중요성을 인식하여 요트를 생산하여 보급할 목적으로 몇몇 회사가 선박의 생산 및 보급에 관심을 두고 기업을 설립한 바 있었다. 대표적 기업으로 현대그룹의 자회사인 경일산업과 미원그룹이 소형 레저선박 사업에 진출하여 요트의 수출 산업화에 착수한 바 있었다. 1980년대 초 외국 주문자 상표 표기방식(OEM)으로 국내에서 체계적인 생산 라인을 갖추고 35피트급 요트 파랑새호를 건조하여 요트 시장 진입을 꾀하였다. 그러나 생산된 요트는 주문자가 제시한 품질을 충족시키지 못하여 수출 기회를 잡지 못하였다. 이들은 국내 내수용으로 공급되었으나 국내 시장이 성숙되지 못한 상태여서 사업화에 실패하였다.

파랑새호는 **그림 14-37**과 같은 요트였는데 선진국에서 요구하는 품질을 만족시키지 못하여 수출에는 실패하였으나 요트로서의 성능은 매우 우수하였다. 1980년 노형문과 이재웅이 파랑새호로 태평양 횡단에 도전하여 출항 후 76일 만에 로스엔젤리스에 도착하여 기존에 일본이 가지고 있던 태평양 횡단 기록인 94일을 무려 19일이나 단축하는 큰 성과를 올렸다. 현재 부산 수영만 요트장 및 충무 마리나에는 경일산업에서 생산한 파랑새호의 자매선들이 아직 남아있다.

그림 14-37 파랑새호

파랑새호 이후 강남조선에서도 몇 척의 수출용 요트를 만들기는 했지만 곧 중단되었으며 1980년대 말 이후에도 소형 FRP 조선소들이 개발 혹은 외국 요트를 복제 생산하였으나 기술력 부족으로 활성화되지는 못하였다.

해양시스템안전연구소에서는 **그림 14-38**에 소개한 해양수산부의 보급형 해양레저선박 개발 사업의 일환으로 2005년에 30피트급 세일링 요트 KORDY30을 개발하였다. 개발과정에서 유체역학적인 부분과 구조역학적인 부분으로 나누어 설계와 성능 평가가 체계적으로 이루어진 바 있다. 유체역학적인 면에서는 주로 요트의 세일 메커니즘, 항주저항 성능과 조종성 및 내항성을 포함한 항해 성능 등을 실험, 수치화하는 시뮬레이션 기법이 개발되어 선체의 형상과 부가물 형상, 그리고 각 부가물의 배치에 응용할 수 있게 되었다. 구조역학적인 면에서는 요트가 항주 중에 겪게 되는 여러 가지 상황을 단순화된 외력 조건으로 치환한 후 선체와 갑판, 마스트 및 각종 부가물의 연결 부분에 대한 구조해석과 구조 안전성과 강도를 확인할 수 있게 되었다. KORDY30은 2004년 12월 목형 및 몰드 제작에서 2005년 10월 부산 수영만에서의 시운전에 이르기까지 내부 인테리어 설계, 선체 제작, 의장품과 각종 부가물 제작, 마스트 및 리그의 조립과 부착에 이르는 전체 과정에 대한 체계적인 연구 수행의 계기가 되었다. KORDY30은 실 해역 시운전 및 성능 평가작업을 통해 국가대표 요트선수들을 포함한 전문가들로부터 해외 유수의 요트에 비하여 손색없는 기능과 성능을 가진 것으로 평가받았다. 또한 고성능 세일링 요트 개발과 요트 산업 기반을 구축한 첫 걸음으

그림 14-38 계류 중인 KORDY30

그림 14-39 월드 매치 레이싱 투어 경기

로 평가받고 있다.

2008년에는 경기도가 해양 산업 활성화 방안의 하나로 전 세계 3대 요트 축제 중의 하나인 월드 매치 레이싱 투어를 유치하게 됨으로써 공인 경기용 요트를 국내에서 제작하는 기회를 잡게 되었다. 뉴질랜드의 유수한 디자이너가 월드 매치 레이싱 규정에 적합한 경기정을 설계하고 국내의 어드밴스드 마린테크가 제작을 담당하여 36피트급 공인 레이싱 세일 요트 Beyond 36을 제작하여 공급하였다. 세계 랭킹 10위 이내의 우수한 선수들이 2008년도 경기에 참여한 후 국내 제작 공인 경기정에 대한 품질과 그 기술력을 극찬하였으며 동시 개최한 '경기국제보트쇼'와 더불어 국내의 소형 선박 제작 기술의 현황을 알리는 계기가 되었다. 또한 우남마린, 블루 갤럭시 등의 업체가 고도의 기술을 요하는 레이싱용 요트 생산에 뛰어드는 계기가 되었다.

6.2 파워 보트

국민체육진흥공단이 2002년부터 미사리에서 경정 사업을 시작하게 되면서 경정용 모터보트와 경정용 선외기 그리고 각종 경정경기 판정장비를 국산화하는 계기를 맞게 되었다. 경기정은 체중 50kg의 선수가 승선한 만재 상태에서 배수량이 170kg 정도이며 출력 32hp의 2행정 선외기를 장착하고 40knot 이상의 속력을 요구하고 있다.

경정경기는 **그림 14-40**에서 보는 것과 같이 이루어지므로 경정 경기용 공인 경기정이 되기 위해서는 균일한 성능이 요구되므로 균일 품질의 제품을 다량 생산하는 새로운 제조 기술이 정착되는 전기가 마련되었다. 뿐만 아니라 경정 수익금의 일부는 소형 선박 개발 및 해양레저장비 산업 육성을 위하여 기술 개발 지원에 쓰이므로 기술 발전에 도움을 주게 되었다.

그림 14-40 국산 경정보트의 경기

다른 한편으로 해양수산부는 국민의 안전한 해양레저 활동을 지원하기 위하여 2001년부터 보급형 해양레저선박 개발 사업으로 패밀리보트 개발에 착수하였다. 이로 인하여 한국해양연구원 해양시스템안전연구소는 2003년 11월에 가족형 모터보트 '마린 패밀리'를 개발하였다. 개발 사업을 통하여 선형 설계, 모터보트 모형선 제작 및 고속 예인 수조실험, 목형 및 몰드 제작, 모터보트 시제선 건조, 실해역 운항시험 등에 이르는 전 과정에 걸친 기술적 요소를 검증하는 계기가 되었다. 또한 마린 패밀리는 가족 단위의 승선에 적합한 식탁, 간이 화장실, 샤워기 등을 포함하는 인테리어 설계 기술을 습득하는 계기가 되었다. 우리나라 연안 해역의 파도 및 조석 등 해양 환경 특성을 고려한 선형 설계를 통하여 우수한 운항 성능과 조종 성능을 확보하였다. **그림 14-41**과 같이 보급형으로 개발된 마린 패밀리의 주요 제원은 전장 6.52m, 선폭 2.18m, 흘수 0.27m, 총톤수 1.3톤, 순항속도 시속 46.3km(25knot), 승선 인원 6~8명이다. 국내 해양레저 전문가들로부터 우수한 운항 성능과 조종 성능이 우수할 뿐 아니라 승선감이 뛰어나 해양레저의 보급 및 활성화에 기여할 것으로 평가받고 있다.

그림 14-41 마린 패밀리 실해역 성능시험

그림 14-42 횡동요 성능이 우수한 활주형선

2006년에 중소조선연구원은 경정 수익금으로 조성된 연구비를 활용하는 해양레저장비 산업 육성 사업으로 횡동요 성능이 우수한 선형 개발 연구를 수행하였다. 시제선을 건조하여 해상 시운전에서 최고 선속은 51knot이고 최고 선속에서의 횡동요 각은 0~3°이며 약 3~4°의 일정한 트림 각에서 안정된 항주자세를 보이는 선형임을 확인하였다.

또한 해난사고가 발생되었을 때 해상 악조건 상황에서도 조난자의 신속한 구조 활동을 지원하기 위한 고속 구난정 개발 사업에서는 사업목표 선속 35knot를 MCR 90% 상태에서 달성하는 단이 있는 활주형 구난정을 설계함으로써 소형 고속선 설계 기술의 기반이 구축되었다고 평가받고 있다.

참고문헌

1. 김상현, 강병윤, 도순기, 변량선, 신수철, 심상목, 유재훈, 2010, 해양레저선박 원천기술 확보전략, 대한조선학회지, 제47권, 제2호, pp. 36~44, 대한조선학회.
2. 미야타 히데아키 외, 홍성완, 김사수, 김효철, 이승희, 이영길, 김용재, 김상현 역, 2006, 요트의 과학, 지성사.
3. 신종계, 이재열, 이장현, 반석호, 이상홍, 유재훈, 2006, 소형 요트의 기본 구조설계 및 구조해석 기법에 대한 연구, 대한조선학회 논문집 제43권, 제1호, pp. 75~86, 대한조선학회.
4. 심상목, 김동준, 강병윤, 2006, 항주자세를 고려한 세일링 요트의 선형기법 시험연구, 대한조선학회 논문집 제43권, 제1호, pp. 32~42, 대한조선학회.
5. 이희범, 이신형, 유재훈, 2011, 변형을 고려한 요트 세일의 2차원 단면 해석, 대한조선학회 논문집 제48권, 제4호, pp. 308~317, 대한조선학회.

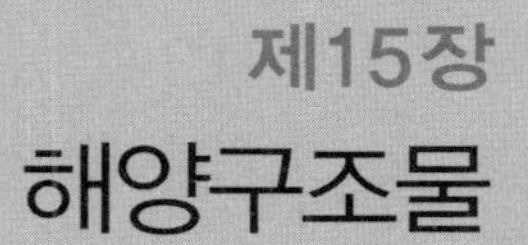

제15장
해양구조물

1. 해양자원 개발을 위한 주요 설비

산업화가 가속화되면서 화석연료의 소비는 지속적으로 늘어난 반면 서서히 그 한계에 다다르고 있는 것 또한 현실이다. 아직 대체에너지와 재생에너지는 효율성 및 실용성 측면에서 화석연료의 자리를 대신하지 못하고 있는 실정인데 반해 원유 생산국들은 생산량 조절과 적정 유가 유지를 고수하고 있고, 국가 간 자국 자원 보호 정책이 발효되어 무력 충돌까지 발생하고 있다. 이러한 자원 부족 사태의 해결을 위한 범세계적 해양자원 개발 활동들이 점차 활성화되어, 이제는 해양에서 생산되는 원유의 비중이 지속적으로 늘어나고 있다.

해양자원 개발과정은 **그림 15-1**에서 보는 것과 같이 육상보다 훨씬 많은 단계를 거치게 되어 더욱 많은 비용을 필요로 하게 된다. 따라서 원유 판매가격이 그보다 낮을 경우 수지 타산이 맞지 않을 수도 있다. 하지만, 에너지 소비가 증가함에 따라 유가의 가치는 지속적

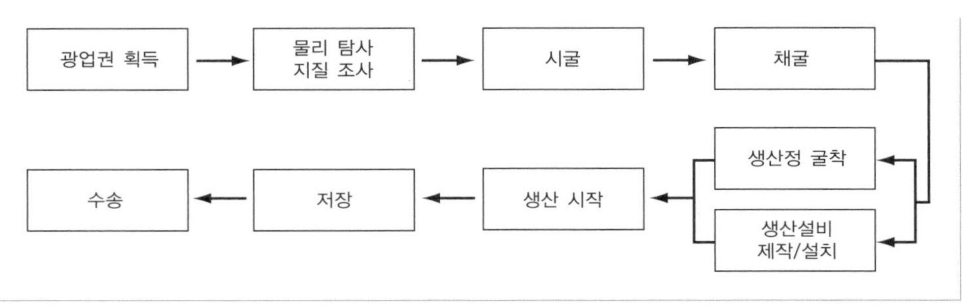

그림 15-1 해양자원 개발 단계

Summerland, California

(출처 : http://en.wikipedia.org/wiki/File:Oil_wells_just_offshore_at_ Summerland,_California)

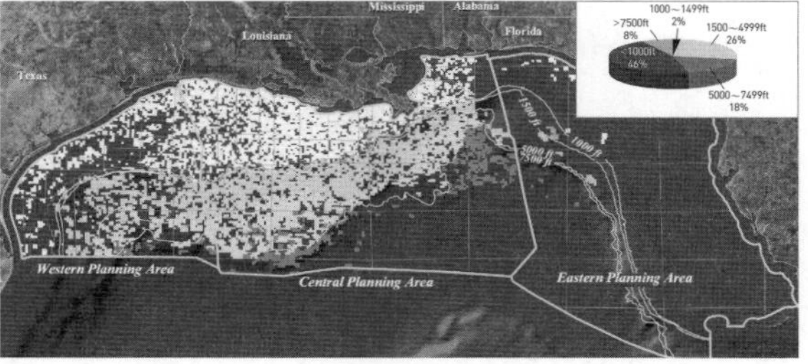

Gulf of Mexico

(출처 : Deepwater Gulf of Mexico 2009, U.S. Minerals Management Service)

그림 15-2 해양 개발의 역사와 생산설비의 수심별 분포

으로 상승하고 있어서 원유 생산 · 판매의 손익 분기점을 이미 넘어섰기 때문에 대형 오일메이저 회사들이 해양 탐사 · 생산(E & P, Exploration & Production)에 많은 투자를 하고 있다. 이를 바탕으로, 해저 석유 개발은 19세기 말 미국 서부 해안의 Summerland 해안에서부터 시작되어 최근에는 **그림 15-2**와 같이 수심 3,000m급에서 시추와 개발 작업이 진행되고 있다.

표 15-1은 2009년 기준으로 걸프 만(Gulf of Mexico)에서 운용 중인 생산설비의 수심별 분포를 보여주고 있다. 7,000여 개의 설비가 운용 중이며 앞으로도 깊은 수심 지역으로 확대될 것으로 전망된다.

해양에서 자원을 개발하기 위해서는 육상과는 다른 별도의 설비들이 갖춰져야 한다. 해양자원 개발을 위하여 현재 운용 중인 주요 설비와 제품을 개발 단계별로 **표 15-2**와 같이 구분할 수 있다.

표 15-1 걸프 만 수심별 생산설비 운용 수

수심		운용 설비의 수
ft	m	
〈 1,000	〈 305	3,096
1,000~1,499	305~457	152
1,500~4,999	458~1,524	2,066
5,000~7,499	1,525~2,286	1,398
7,500	2,286	598

*출처: Deepwater Gulf of Mexico 2009, U.S. Minerals Management Service

표 15-2 해양자원 개발 단계별 주요 설비

개발 단계	주요 설비	해양 제품
탐사	인공위성, 물리탐사선, 잠수 조사선, 항공기	탐사선
시추	고정식 시추설비	잭업리그(Jack Up Rig)
	부유식 시추설비	드릴쉽(Drillship), 반잠수식 시추설비(Semi-Submersible Rig)
생산	고정식 생산설비	고정식 자켓 생산설비(Fixed Jacket Production Platform), 중력 기반형 구조물(Gravity Based Structure, GBS)
	부유식 생산설비	FPSO(Floating Production, Storage and Off-loading), TLP(Tension Leg Platform), SPAR, Semi Submersible Production Platform Unit
저장	생산설비의 저장 탱크	FPSO, FSO(Floating Storage and Off-loading)
이송 수송	선박 원유 이송, 해저 파이프라인	셔틀 탱커(Shuttle Tanker), 해저 파이프라인

2. 시추설비

해저에 매장된 석유나 가스를 탐사하고 천공하는 작업을 시추작업이라 하며 이를 전문적으로 수행할 수 있도록 투입하는 설비를 시추설비라고 한다. 대표적인 시추설비로는 **표 15-2**와 **그림 15-3**과 같은 고정식 잭업리그(jack up rig)와 부유식 시추설비가 있다.

Jack up Rig
(Noble Bill Jennings)
(출처 : http://www.noblecorp.com)

Drillship
(Navis Explorer I)
(출처 : 삼성중공업)

Semi Submersible Rig
(Pride Portland)
(출처 : http://www.prideinternational.com/fw/main/Home-59.html)

그림 15-3 해양 시추설비

2.1 부유식

1) 드릴쉽

일반적으로 드릴쉽은 선박과 같은 형상을 하고 있으며 해저 유전의 개발을 위하여 선박에 굴착장치(drilling package)를 탑재한 **그림 15-4**와 같은 시추장비가 1953년경부터 사용되기 시작했다. 굴착작업 시의 위치 유지는 다점 계류 또는 동적 위치 제어 시스템(DPS, Dynamic Positioning System)에 의한다.

그림 15-4 세계 최초 드릴쉽 Submarex(1953)
(출처 : The Offshore Industry, Mike Utt, Society of Petroleum Engineers)

선박 형태의 드릴쉽은 다음과 같은 이점이 있다.

① 선박 형상으로 유체저항이 작고, 자항이 가능하여 빠른 속도로 이동할 수 있다.

② 배수량이 커서 화물을 많이 적재할 수 있어 빈번한 보급이 필요없다.

③ 선박 복원 성능이 좋고, 검증된 구조적 안정성을 가

진다.

또한 드릴쉽은 선박 형태의 시추설비로 추진 성능이 좋아 이동성이 뛰어나고, 상부 구조물의 공기저항과 수중 면적이 반잠수식 시추설비보다 작으므로 DPS의 용량이 상대적으로 작아도 된다. 그리고 선박 형태이므로 안정성이 높다는 장점을 가지고 있다.

그림 15-5와 같이, 시추장비가 발달함에 따라 자동화를 통하여 시추기간 단축과 적은 인원(총 150명, 1일 2교대 운영)으로 운영이 가능하다. 기존에는 한 번에 1개의 시추공만 시추(single drilling) 가능하였지만, 최근에는 **그림 15-6**과 같이 2개의 시추공을 동시 시추(dual drilling)할 수 있는 장비를 탑재하기도 한다. 반잠수식 시추설비에서도 동일하게 적용하고 있다.

그림 15-7의 DPS는 동적 위치 제어 시스템으로서 위성 항법장치와 해저 음파탐지기를 이용하여 현재 위치를 감지하며, 360° 회전이 가능한 추진기(azimuth thruster)로 수심에 상관없이 지정된 위치를 유지 제어하며 작업을 지속할 수 있도록 하는 장치이다.

그림 15-5 드릴링 장비 (출처: 삼성중공업)

그림 15-6 드릴쉽(단일 시추방식 시추선과 동시 시추방식 시추선) (출처: 삼성중공업)

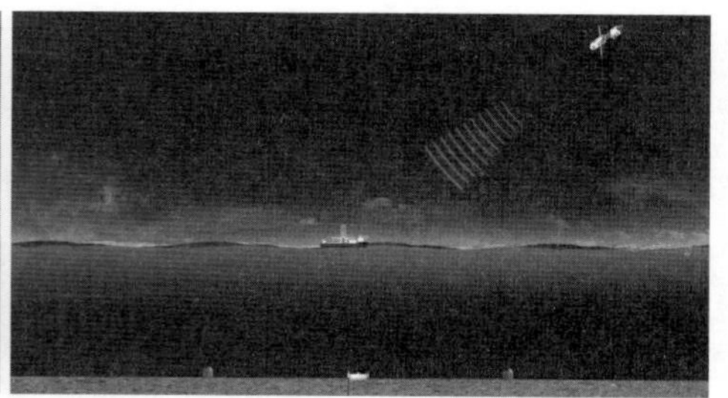

그림 15-7 동적 위치 제어 시스템 (출처: 삼성중공업)

2) 반잠수식 시추설비

반잠수식 시추설비는 드릴쉽과 동일한 부유식 설비로서 DPS를 구비하고 있으며, 투입되는 해역의 수심에 상관없이 작업이 가능하다. 현재 최고 3,400m(12,000ft) 수심에서 작업이 가능한 제품이 개발되어 있다.

반잠수식 시추설비는 상부 구조물(topsides)과 하부 선체로 구성된다. 하부 선체는 부력체인 폰툰과 기둥으로 구성되며, 그 위에 갑판부를 설치하여 생산(process) 또는 시추 설비(drilling package), 거주 구획, 발전설비가 설치되도록 고안된 구조물이다.

일반적으로 반잠수식 해양구조물은 하부 선체의 부력체가 수면에 노출되도록 하여 자체 추진기(thruster)를 사용하여 이동한다. 하지만 자체 추진기가 없는 경우에는 **그림 15-8**에서와 같이 예인선이나 해양구조물 전용 운송 선박을 이용하여 이동한다.

목적지에 도착하면 폰툰과 기둥에 설치된 탱크에 밸러스트를 주입하여 가라앉혀 반잠수 상태로 만든다. 반잠수 상태인 경우 파도에 의한 유체 입자운동은 수심이 깊어질수록 **그림 15-9**에서와 같이 급격히 작아져 구조물에 미치는 힘이 줄어들어 구조물의 운동에 있어 중요한 응답 변수인 상하 동요(heave motion)가 작아진다. 이는 파랑 중 운동 응답을

그림 15-8 반잠수식 시추설비 (출처: 삼성중공업)

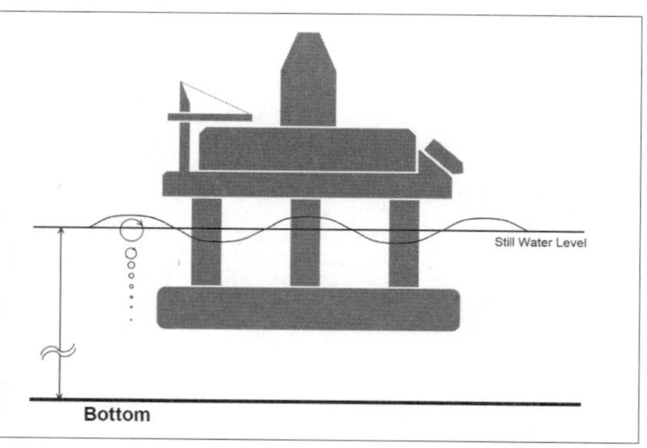

그림 15-9 표면파의 영향

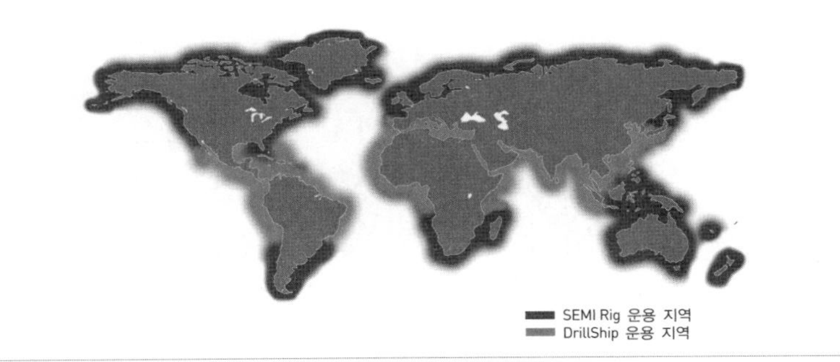

그림 15-10 시추설비의 지역별 구분

작게 하여 안전하게 시추작업을 수행할 수 있도록 한다. 이때의 흘수는 갑판 하부에 파도가 부딪치지 않도록 설계해야 한다.

갑판 상부의 시추설비는 드릴쉽과 차이가 없으나, 설비의 하부 선체는 선박 형태가 아닌 구조물 형태로 되어 있다. 같은 크기의 선박과 비교하면 수선면적이 적어 파랑하중을 적게 받아 수직운동이 크게 줄어드는 장점이 있다. 대신 부력이 선박에 비해 상대적으로 작아져 적재중량이 줄어드는 단점을 갖는다. 앞으로 시추에 필요한 장비 및 생필품을 충분히 실을 수 없어서 필요에 따라 인근 항구로 귀항하거나 별도의 정기 보급선으로부터 추가적 지원을 받아야 한다.

그림 15-10은 설비별로 투입되는 지역을 나타내는 그림으로 반잠수식 시추설비는 옅은 색으로 표시된 해역에 많이 투입되고, 짙은 색으로 표시된 해역에는 드릴쉽이 많이 투입된다. 이와 같이 해상 조건이 나쁜 지역에서는 **표 15-3**에 나타나 있는 것처럼 반잠수식 시추설비가 상대적으로 많이 사용되고 있다.

표 15-3 시추설비의 제원 및 성능 비교

구분		드릴쉽		반잠수식 시추설비		비고
Size		Length	227.8m	Hull	118m	–
		Breadth	42m	Topsides	83x73m	
Draft		19m		22m		–
Displacement		96,000t		33,000t		약 3배
Transit Speed		12knots		9knots		반잠수식 시추설비는 자항 능력 거의 없음
시추 제한 조건	Hs [m]	6m		9.6m		반잠수식 설비가 드릴쉽보다 운동 성능이 우수하여 연중 작업일수가 많음
	wind speed [m/s]	27m/s		32m/s		
	Tz [s]	7.0s		12s		

3. 생산설비

연안 및 대륙붕 지역은 **그림 15-2**에서 보는 것과 같이 석유 개발을 위해 수천 개의 생산설비(production platform)가 설치되어 이미 포화 상태에 이르렀다. 또한 수심이 깊어질수록 구조물의 크기가 기하급수적으로 커지므로 이를 제작, 운송 및 운영함에 있어서 비경제적이다. 이는 고정식 생산설비(fixed type production platform)는 깊은 수심의 자원을 개발, 생산하는 데 적합하지 않다는 것을 뜻한다. 따라서 수심이 깊어지면 질수록 FPSO와 같은 부유식 생산설비가 필요하다.

부유식 생산설비에서는 **표 15-4**에서 설명한 장비들이 핵심적 장비로 사용되고 있다. 해상의 바람과 파도에 적응하면서 유정으로부터 뽑아 올린 유정 혼합 유체에서 기름, 가스, 물을 분리해 화학 처리 및 안정화하여 원유 또는 액화천연가스 상태로 저장 및 이송의 기능을 수행할 수 있어야 한다. 이와 같은 기능을 수행하기 위해 부유식 구조물 상부 갑판 위에 생산설비를 설치하고, 하부 폰툰에 별도 공간을 확보하여 저장 탱크로 이용한다. 또한 원유를 이송할 수 있는 이송설비와 해상에서 정박을 위한 계류 시스템을 구비한다. 저장 탱크가 없을 경우에는 해저 파이프라인 또는 전용 운송 선박으로 셔틀 탱커(shuttle

표 15-4 생산설비의 주요 장비

장비	기능
Oil Processing	유정으로부터 유정 혼합물을 받아들여, 기름, 가스, 물로 분리하고 원유를 안정화시켜 저장 가능하도록 함
Gas Processing	유정 혼합물에서 분리된 가스를 압축하고, 탈수 처리하여 육상으로 이송하거나, 유정으로의 재투입을 위한 장비
Produced Water Treatment	유정 혼합물에서 분리된 물을 정제시키고, 해상에 배출 또는 유정으로 재투입 가능하도록 처리하는 장비
Water Injection	유정의 압력을 유지하기 위하여 바닷물을 끌어올려 이물질을 분리 및 탈기 처리하여 유정으로의 재투입을 위한 장비
Off-loading system	원유를 저장 탱크로부터 셔틀 탱커로 이송하는 장비
Turret & mooring system	생산 라이저(Production Riser)와 선체의 연결 및 구조물의 해상 계류를 위한 시스템
Flare system	생산설비에서 발생하는 폐가스를 모아 소각하는 장비
Safety & Fire Fighting	화재 감지 및 폭발 방지를 위한 안전장비 및 구조물
Utility system	해상에서 독자적으로 생산 활동이 가능하도록 필요한 전력, 압축 가스 등을 지원하는 시스템
Hull & Marine system	부력 유지 및 항해, 항법 통신 장비를 포함하며 해상에서 설비가 운용될 수 있도록 하는 시스템
Living Quarter	해상 생산 활동에 필요한 사람이 거주할 수 있는 장소 및 폭발, 화재 등 사고 시 대피 장소

tanker)를 사용한다.

3.1 부유식 생산 플랫폼

1) FPSO

그림 15-11의 부유식 FPSO(Floating Production, Storage and Off-loading)는 육지에서 멀리 떨어진 해양에서 독립적으로 생산 활동이 가능한 부유식 설비로서 심해 석유 개발에 적합하다. 특히, 육상으로 원유 이송을 위한 해저 파이프라인 같은 인프라 시설이 없어도 스스로 원유 저장이 가능하다. 다만, 정기적으로 원유를 운반하는 셔틀 탱커가 일반적으로 2~3척 정도 있어야 한다.

FPSO와 같은 부유식 생산설비일 때는 선체의 움직임에 따라 모든 장비들이 동적 거동(dynamic motion) 상태가 되어 중력을 이용한 유수 분리나, 기둥, 소각탑 등 장비들의 효

그림 15-11 부유식 생산설비(FPSO) (출처: 삼성중공업)

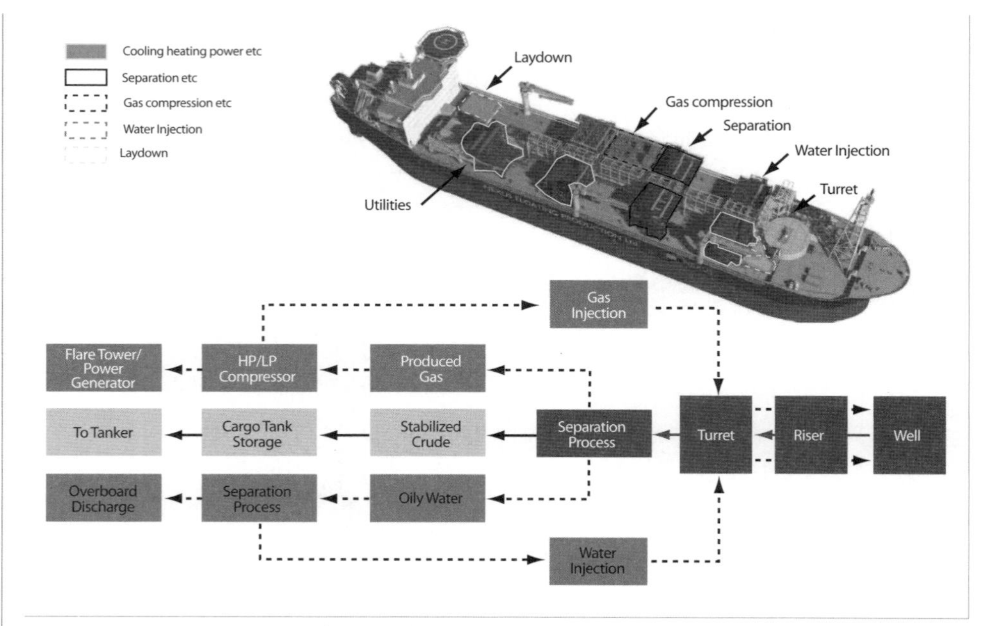

그림 15-12 생산설비의 생산 공정 (출처: 삼성중공업)

율과 정제 정도가 고정식 생산설비에 비하여 떨어지는 단점이 있다. FPSO 상부의 생산 공정을 간략히 도식화하면 **그림 15-12**와 같다.

유정에서 뽑아 올린 유정 혼합물은 3상 분리기를 통하여 기름, 가스 및 물로 분리하며 기름은 2차 정제작업을 거쳐 선체의 탱크에 저장된다. 원유가 FPSO의 탱크에 일정량 저장이 되면 정기적으로 셔틀 탱커가 선미 또는 선측에 연결이 되며, 송유관을 이용하여 FPSO로부터 셔틀 탱커로 원유를 이송한다.

분리기에서 발생된 가스는 **그림 15-13**에서와 같이 수분을 제거하고 고 · 저압 압축기를 거쳐 원유를 생산함에 따라 감소되는 유정의 압력을 지속적으로 유지시키기 위해 유정에 재투입되거나 소각 탑(flare tower)을 통해 소각시킨다. 생산 공정을 거치면서 부수적으로 생산된 물(produced water)은 마찬가지로 정제과정을 통해 유정 압력 유지를 위해 재투입되거나 별도의 라인을 통하여 외부로 배출한다.

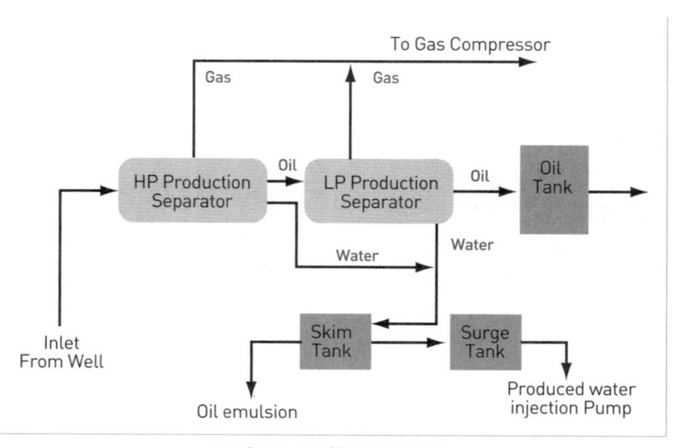

그림 15-13 원유 생산 공정

2) LNG-FPSO

향후 천연가스의 수요는 그린 에너지의 깨끗함과 연료 활용이 늘어남에 따라 다른 화석 에너지보다 공급과 수요가 빠르게 성장할 것으로 예상된다. 최근 개발도상국들의 천연가스 수요 증가와 선진국들의 화력 발전용 천연가스 수요 증가에 힘입어 전 세계 천연가스 수요는 연간 약 8% 성장세를 보이고 있다. 하지만 **그림 15-14**의 종전 처리방식과 같이 얕은 수심인 경우에는 가스를 해양 플랫폼에서 생산하여 해저 파이프라인으로 육지까지 이송하여 액화 처리한 후 소비자에게 공급하였다. 그러나 그 과정이 복잡하고 주변 지역에 인프라가 구축되어야만 한다. 깊은 수심인 경우에는 가스를 유정에 재투입하거나 소각 시스템을 이용하여 해상에서 태워버렸다. 이와 같은 이유로 해저 가스 생산량은 적고, 수요 시장은 국한적일 수밖에 없었다.

천연가스의 수요 증가와 관련 산업의 성장세를 따라가기 위해 해상에서 천연가스를 생산 · 정제하는 많은 기술들이 개발되어 구현되고 있다. 신개념의 LNG-FPSO를 사용할 경우, 개발 해역의 수심에 상관없이 천연가스를 생산할 수가 있으며, 그 자리에서 정제 및 액화하여 LNG 선박에 직접 공급할 수 있다. 따라서 개발 단계의 단축과 초기 설비 투자비용이 급격히 감소하여 저렴하게 소비자에게 공급할 수 있게 된다. 아직까지 LNG-FPSO는 실용화되지 못하였지만, 필요한 핵심 기술로는 소형/고효율 액화설비 안전장비 기술, 대형 액화 가스 저장설비 및 슬로싱 방지 기술, 액화가스 하역 기술, 계류 시스템 기술, 동적환경에서 가스 처리 기술, 극저온 배관설비 및 CO_2/H_2S에 의한 배관 부식 방지 기술 등이 있다. 현재 기술이 안정화되면서 개발 완료 단계에 이르렀다.

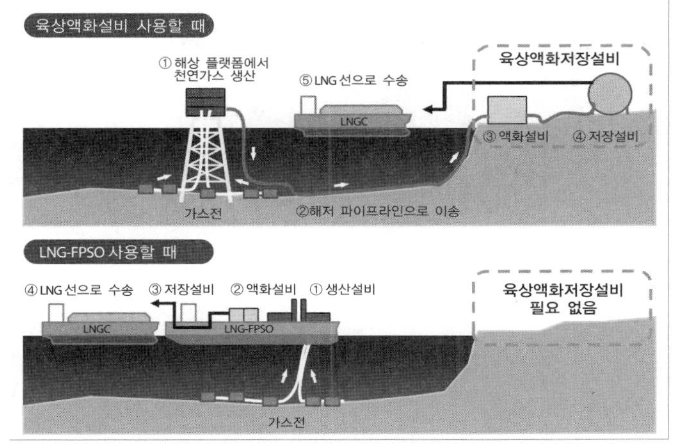

그림 15-14 LNG-FPSO의 생산과정

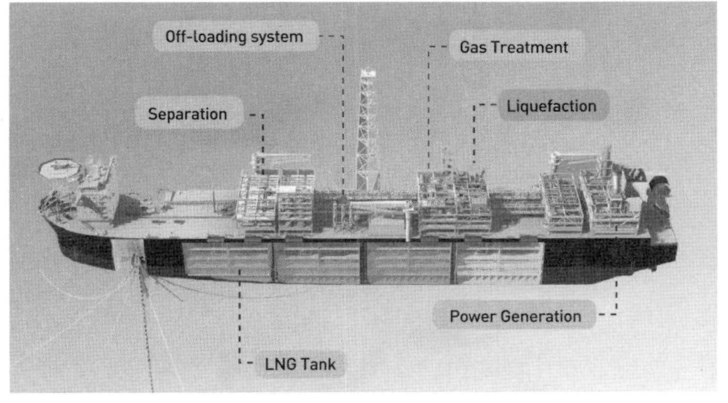

그림 15-15 LNG-FPSO의 구성 (출처: 삼성중공업)

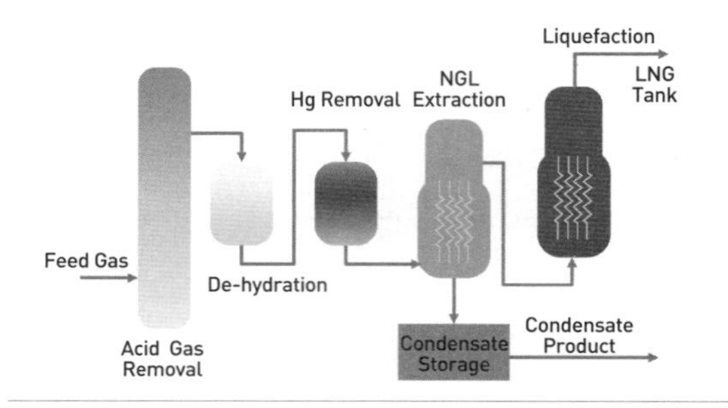

그림 15-16 LNG 생산과정

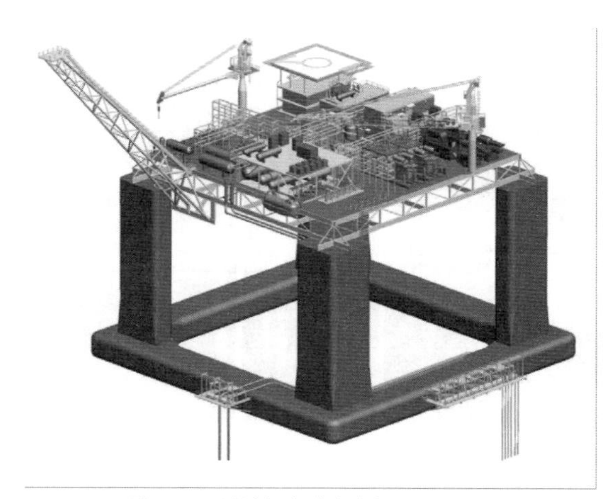

그림 15-17 반잠수식 생산설비 (출처: 삼성중공업)

그림 15-15는 LNG-FPSO의 생산설비의 주요 모듈과 설치 위치이며, **그림 15-16**은 LNG 생산과정을 나타낸 것이다.

3) 반잠수식 생산설비

앞서 시추설비에서 반잠수식 시추설비를 설명하였다. **그림 15-17**의 반잠수식 생산설비(semi submersible production unit)는 FPSO와 같이 부유식 생산구조물로서 운동 성능을 향상시키기 위하여, 반잠수식 구조물 상부에 생산설비를 구비한 부유식 생산설비이다. 상부 생산설비의 기능과 구성은 FPSO와 유사하다.

특히, 상부 생산설비의 공간이 직사각형 또는 정사각형 형태이므로 설계할 때 장비 배치가 FPSO 대비 상대적으로 유리하다. 하지만 원유 저장 탱크가 없으므로 해저 파이프 등 이송설비가 구축된 환경 또는 주변 FPSO와 연결하여 복합 형태로 투입이 가능하다.

4) TLP, SPAR 및 이외 구조물 등

(1) 인장각식 해양구조물

그림 15-18의 인장각식 해양구조물(TLP, Tension Leg Platform)은 고정식 구조물과 부유식 생산설비 대안으로 주로 중간 정도 수역에 투입하기 위해서 고정식 생산설비의 장점을 더하고 부유식 생산설비의 초기 비용 절감문제를 해결하고자 개발되었다. 구조물 하부에 tendon이라는 쇠파이프를 해저의 앵커 템플레이트(anchor template)에 고착하여 고유 주기를 짧게 하였다. TLP의 형상은 **그림 15-18**과 같지만 운동주기는 뒤의 **그림 15-38**에서 보는 것과 같은 운동 특성으로 TLP의 주요 운동주기가 파도의 주요 주기 범위에서 벗어나 있어 파도에 의한 상하운동 응답이 최소화될 수 있음을 알 수 있다. 외형상으로는 상하운동을 최소화한 반잠수식 구조물과 매우 흡사하다.

하지만 원유 저장 탱크가 없으므로 해저 파이프 등 이송설비가 구축된 환경 또는 다른 FPSO와 연결하여 복합 형태로 투입이 가능하다. 구조물 상하운동이 우수하기 때문에 생산량 조절 밸브 및 안전 밸브로 구성되는 노출식 크리스마스트리 구조(dry christmas tree)

가 수면 밖의 구조물 내부에 설치할 수 있다. 따라서 원유 생산과 운용에서 위기 대처가 빠르고 유지 보수가 쉬운 장점이 있다.

(2) SPAR

스파는 **그림 15-19**와 같이 긴 원통형 부유식 구조물로서, 주기가 짧은 파도(일반적인 해양 파도)에서는 우수한 상하운동 응답을 보인다. 하지만 너울과 같은 긴 주기 파도에 의하여 종동요가 일어났을 때 구조물의 작은 감쇠력 때문에 공진이 발생할 수 있다. 상하운동 안정성을 높이기 위해 구조물 하부에 감쇠판을 설치하여 부가질량(added mass)을 늘리고, 구조물의 옆면에 보텍스 유기 진동(VIV, Vortex Induced Vibration)을 방지하기 위해 보강재를 부착하였다.

스파는 기름 저장 공간이 없고 갑판 상부의 공간이 매우 협소하여 중 · 소규모의 설비만 설치 가능하다. TLP와 같이 상하운동 성능이 우수하기 때문에 생산량 조절 밸브 및 안전 밸브를 집합한 구조물인 노출 크리스마스트리를 수면 상부의 해양구조물 내부에 설치할 수 있으므로 원유 생산 운용에서 위기 대처가 빠르고 유지 보수가 쉬운 장점이 있다.

그림 15-18 TLP (출처 : 삼성중공업)

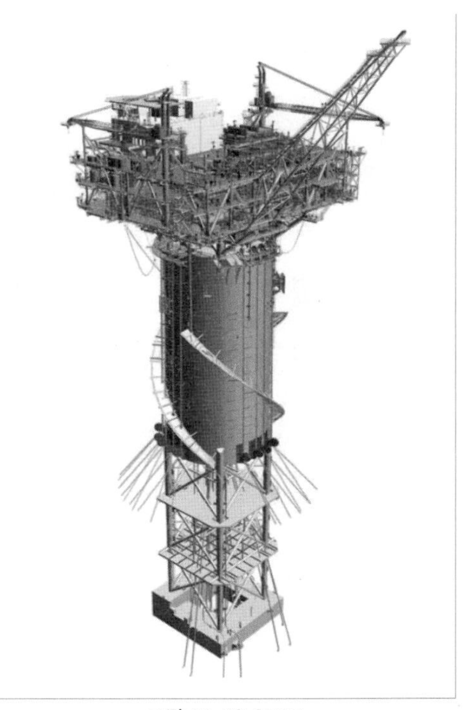

그림 15-19 SPAR
(출처 : http://www.pagiticas.com/cronus/tahitiflowlines.php)

4. 해양 특수선 및 구조물

4.1 해양 특수선

1) 해저 케이블 및 송유관 설치 전용 선박

지속적인 해양자원 개발 증가와 에너지 수요 증가로 인해 해저 파이프의 설치도 늘어나고 있다. 이에 원유 및 천연가스의 수송은 물론이고 유전 개발에 필요한 각종 유체들을 공급하거나 이동시키는 수단으로 해저 파이프가 사용된다. 또한 노후 파이프의 교체 및 제거 수요도 지속적으로 발생할 것이므로 해저 케이블 또는 송유관 설치 전용 선박(pipe layer)의 활용이 전망되고 있다.

해양설비 단지를 구축하려면 해저 파이프라인의 매설이 반드시 필요하다. 특히 원유 저장설비가 없는 경우 해저 파이프를 통하여 멀게는 수백km까지 떨어진 육상 저장설비에 연결된다. 파이프 부설 선박은 이러한 기반설비를 구축하기 위한 특수 목적용 선박이다. 또한 기름이나 가스를 이송하는 파이프 이외에 대용량의 전력 케이블, 통신용 광케이블을 매설하는 데 사용되기도 한다. 연안 지역 및 대륙붕에서는 해저 파이프라인들을 체계적으로 설치하면 부유식 설비에 별도 저장공간을 갖는 것보다 효율적일 수 있다.

해저 파이프의 설치방법은 설치 지역의 특성과 공사기간 및 비용 등을 종합적으로 고려하여 결정하며 파이프 또는 케이블이 부설되는 지역의 수심에 따라 적절한 선박을 선택하여야 한다. 설치방법에는 여러 가지가 있지만 전용 선박을 이용한 방법들을 **표 15-5**에 요약하였다.

설치 선박이 작업할 수 있는 최대 수심은 다음과 같은 조건들에 의하여 결정된다.

- 설치 선박의 계류 시스템의 용량
- 스팅거(stinger)[1]의 크기
- 인장기(tensioner)[2]의 용량
- 파이프 직경과 두께
- 파이프 코팅 두께

1 설치 선박으로부터 해저에 파이프를 설치할 때 파이프의 과다 굽힘 부분을 지지하는 장치.
2 파이프가 해저면으로 내려갈 때 파이프를 잡아주어 파이프의 곡률 한계를 유지시키는 장치.

표 15-5 해저 파이프 부설방법

설치방법		특징
S-Lay	Bottom	대표적인 부설공법으로 설치 선박의 능력에 따라 설치 가능한 수심과 설치속도가 크게 좌우된다. 선미에 스팅거를 부착하여 파이프가 'S' 모양을 유지하며 설치작업이 되도록 한다. 비교적 얕은 수심에 적합하다.
J-Lay	Bottom	기존 S-Lay 방법으로는 설치 수심이 한계에 도달하여, 심해에 적합한 설치방법이 개발되었다. 파이프를 'J'자 모양처럼 수직에 가깝게 내릴 수 있도록 타워가 선체 중심에 설치되어 있다.
Reel-Lay	Bottom	파이프를 육상에서 미리 조립하여 Reel에 감아 놓고 해상에서 이를 풀어서 파이프를 설치하는 방법이다. 비교적 빠른 속도로 설치가 가능하다. 단, 콘크리트 코팅이 불가능하며 파이프의 직경이 제한적이란 단점이 있다.

2) 해양 플랫폼 제거 선박

자연환경 보호의 중요성이 인지되면서 폐허처럼 남아 있는 생산설비들에 대한 처리가 주요 문제로 떠오르고 있다. 이 때문에 해양 플랫폼 제거 선박(decommissioning unit)의 활용도가 높아지고 있다.

1950년부터 본격적인 해양자원 개발이 시작되었고, 이후 투입되었던 설비들이 20~30년 가동 후 장비 노후로 퇴역하고 있다. 이러한 폐설비들이 남아 있을 경우 시각적으로 혐오스러울 뿐만 아니라 언제 폭발이나 붕괴가 일어날지 모르며, 항상 추가적인 환경오염의 가능성을 가지고 있다.

이러한 문제를 해결하고자 관련 법규가 신설되고 폐설비를 해양에서 제거하고 재생하는 산업이 뒤따르게 되었다. 해상에서 생산설비를 설치하는 것도 어렵지만 **그림 15-20**에서처럼 폐설비를 제거할 때도 아래와 같은 문제점들이 따른다.

- 구조물의 부식에 따른 약화로 붕괴 가능
- 잔류 기름 및 가스로 인한 폭발 및 환경오염 가능
- 파도에 의한 움직임으로 작업이 어려움
- 대형 폐기구조물 운송 선박 및 크레인 필요
- 상부 구조와 하부 구조 분리를 위하여 구조물 절단 필요

상부 구조물 제거
(출처: http://gcaptain.com/the-twin-marine-lifter-heavy-lift-monster?157)

하부 구조물 제거
(출처: http://www.gomdata.com/ ecommission.html)

그림 15-20 해양구조물의 제거

그림 15-21은 1950년대부터 설치된 고정식 생산설비의 수량과 1970년대 들어 노후 설비가 제거된 실적을 보여주고 있다.

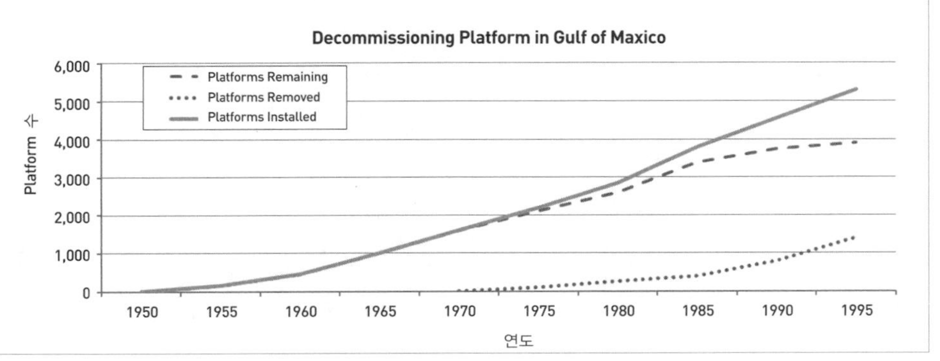

그림 15-21 해양 생산설비의 설치와 제거 실적
(출처: U.S. Minerals Management Service)

3) 대형 크레인 선박

해양구조물 제작 또는 설치과정에서 제작 효율 향상을 위하여 대형 크레인 선박(heavy lift vessel)을 이용한다. 해양구조물을 제작할 때 구조물의 모듈 단위를 가급적 크게 하여 모듈과 모듈의 연결 작업량을 최소화하여 생산 비용과 기간을 단축할 수 있는 장점이 있다. 또는 중 · 소형 생산설비인 경우에는 하부 구조물 상부에 생산설비를 한 번에 들어올려 설치할 수 있다. 인양 능력은 3,000톤에서 1만 4,000톤 정도이며 형태와 목적에 따라 선회가 가능한 선회식 크레인 또는 선체 고정식이면서 붐의 폭이 넓어 대형 구조물을 달아 올릴 수 있는 해상크레인도 있다.

육상 대형 크레인인 경우, 지반 침하 등의 문제로 이동에 제한이 있지만 바다에 떠 있는 선박 형태이므로 중량물 인양 중에 이동이 가능한 장점이 있다. 작업 장소의 해상 조건을 고려하여 크레인을 **그림 15-22**에서 보는 것과 같이 반잠수식 구조물 상부에 설치하거나 일반적인 바지선 위에 설치하는 경우도 있다.

해상크레인(8,000톤)

반잠수식 해상크레인(14,200톤)

회전 가능한 바지 해상크레인(7,450톤)

해상크레인을 이용하여 해양 플랫폼 설치

그림 15-22 해상크레인 (출처: 삼성중공업)

4.2 해양구조물 및 장비

1) 해상 풍력 발전 구조물

화석에너지 부족문제의 해결책으로 재생에너지에 많은 이목이 집중되고 있다. 특히 풍력 발전은 북미와 유럽에서 시작되어 육상에서는 많이 상용화되었다. 개발 활동은 우리나라뿐만 아니라 전 세계로 퍼지고 있다. 특히 발전 효율을 높이고 발전용량을 대형화하기 위하여 풍력 발전설비가 **그림 15-23**과 같이 해양으로 옮겨지고 있다.

풍력 발전 기술이 발달하면서 1기당 3MW급 이상으로 발전용량이 커지고 규모도 대형화되는 추세이다. 하지만 대형 풍력 발전설비를 육상에 설치할 경우 대상 부지 확보가 어렵고, 소음 및 미관상 좋지 않은 문제가 있다. 해상 풍력 발전인 경우 대단위 단지를 개발하기 위한 장소를 육상보다 쉽게 확보할 수 있다는 장점이 있다. 또한 해상인 경우 전방 장애물이 없어 풍력 발전에 필요한 풍부한 바람의 양과 균질한 속도를 육상보다 쉽게 확보할 수 있어 발전 효율이 상대적으로 높다.

그림 15-24에는 해상 풍력 발전설비의 종류를 소개하였으며 **그림 15-25**는 풍력 발전

그림 15-23 해상 풍력단지

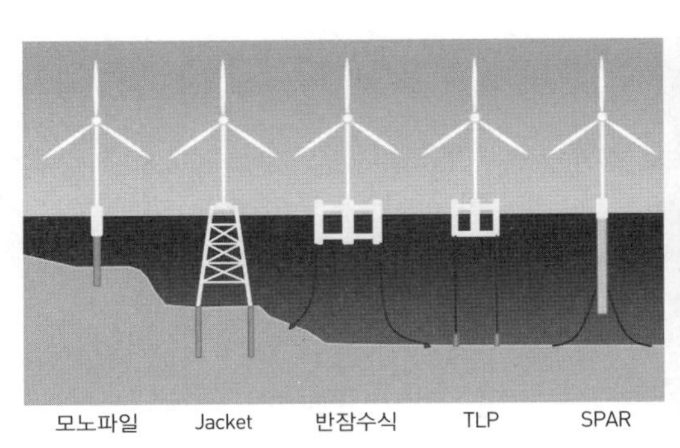

그림 15-24 해상 풍력설비의 종류

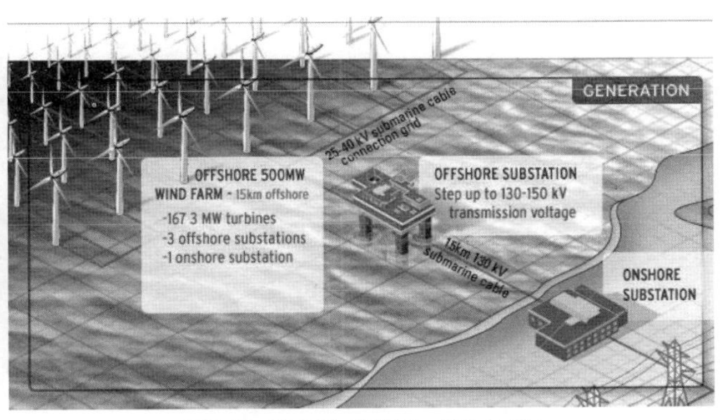

그림 15-25 해상 풍력단지 개발 구성도

(출처: Offshore Wind Farms for Prevailing Westerlies, oceanenergy.org)

단지의 구성을 보여준다.

해상 풍력 발전은 주로 연안 지역(10km 이내)에 집중 설치되었으나 선박 운항과 어로 활동에 제한을 주므로 수심이 깊은 지역으로 풍력단지가 확대되고 있다. 이에 따라서 부유식 해상 풍력 발전설비들이 지속적으로 개발되고 있다. 이러한 해상 풍력단지는 모두 해저 송전 케이블로 연결되며, **그림 15-25**에서 보는 것과 같이 해상 송전설비로 집합되고 육상 변전소와 연결된다.

2) 심해 유전 개발

주요 시추 및 생산 설비는 해수면에 위치하고 있고, 실질적인 작업은 해저바닥에서부터 땅속 깊은 곳까지 이루어지므로 해양에서 유전 개발을 하려면 심해 유전 개발 시스템(subsea system)이 필수적으로 필요해진다. 이러한 이유로 얕은 바다에서의 생산 활동이 마무리되고 심해로 들어갈수록 심해 유전 개발 시스템의 중요성은 더욱 강조된다.

심해 유전 개발 시스템의 목적은 부유식 생산설비에서 원격으로 모니터링과 제어를 수행함으로써 원유 생산을 사고 없이 원활하게 유지하는 데 있다. 이는 크게 시추 심해 유전 개발 시스템과 생산 심해 유전 개발 시스템으로 구분이 가능하며 그 구성은 **그림 15-26**과 같다. 시추설비 또는 생산설비와 해저의 장비 사이에는 라이저(riser)가 연결되며, 작업 종류에 따라 그 기능이 달리 구분된다.

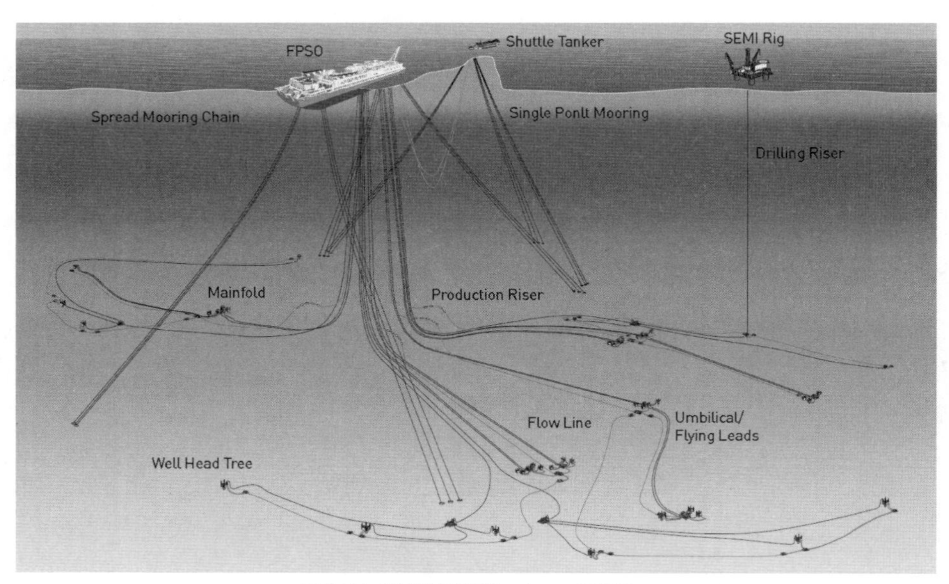

그림 15-26 생산설비와 subsea 구성도
(출처: Construction Management Services, INTECSEA, WorleyParsons Group)

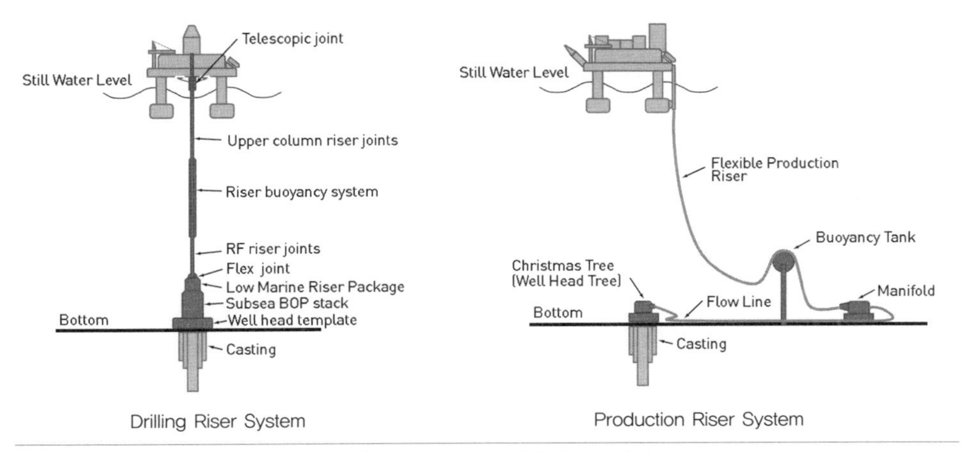

그림 15-27 시추 라이저와 생산 라이저

표 15-6 Subsea 시스템의 주요 장비

명칭	기능
Manifold	주변 well head tree들을 연결, 모든 유정 혼합물이 이 장비를 통하여 생산 라이저와 연결
Well Head Tree	해저바닥 유정 구멍 상부에 설치되며, 유정의 유량 및 압력을 제어
Flow Line	유정 혼합물이 이동할 수 있도록 해저 바닥의 Well head tree들과 Manifold를 연결하는 파이프라인
Umbilical Cable (Flying Leads)	부유식 생산설비에서 해저설비들의 제어 및 전력 공급을 위한 전용 케이블
BOP (Blow-Out Preventer)	폭발 방지 안전 밸브로 유정 시추시 압력을 제어하는 밸브
Production Riser	주변 well head tree로부터 집결된 유정 혼합물이 Manifold를 통하여 생산설비까지 연결되는 송유 파이프라인(Flexible Riser)
Drilling Riser	시추작업 시 시추용 Mud의 이송과 회수, 드릴파이프 보호 등 시추작업을 위한 전용 파이프라인으로서 BOP 및 시추설비와 close-loop를 구성

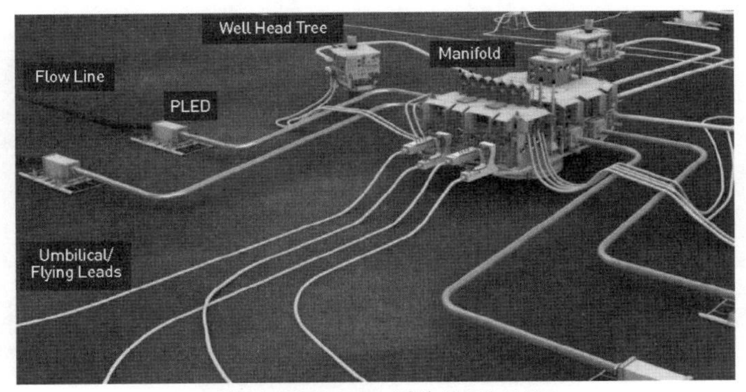

그림 15-28 Subsea 장비 시스템 구성도
(출처: 해양플랜트양성사업단, 2010년, Introduction Subsea System)

시추 라이저는 시추에 윤활제로 쓰이는 머드(mud) 순환과 시추 파이프 보호를 목적으로 사용되며, 생산 라이저는 유정에서 올라오는 유정 혼합물이 라이저를 통하여 해수면의 생산설비까지 연결되도록 한다. 특히 생산 라이저인 경우 부유식 생산설비의 움직임 등의 영향을 고려하여 구부러질 수 있는 파이프(flexible pipe)를 사용하게 된다. 심해인 경우 유연 라이저의 중량 감소, 피로하중 및 굽힘 모멘트를 줄이기 위해 부력 탱크를 중간 부분에 설치한다. **그림 15-27**에서 보이는 주요 subsea 시스템의 주요 장비와 기능을 **표 15-6**과 **그림 15-28**에 요약하였다.

3) 심해 잠수정

해양 원유 생산 활동이 점점 깊은 바다로 들어가게 되면서 사람이 접근하여 작업할 수 있는 영역을 넘어서고 있다. **그림 15-28**에서 보는 것과 같은 심해 유전 개발장비들을 사람 대신 심해에 설치하고 운영을 하기 위해서는 별도의 특수 장비가 필요하다. 대표적으로 사용되는 장비가 원격 조종 무인 잠수정(ROV, Remotely Operated Vehicle)이며, 탐사 연구용으로는 최대 수심 1만m급 ROV가 개발되어 있다. 최근 운용 중인 부유식 시추설비인 경우 수심 3,000m까지 작업이 가능하도록 설계되어 있으며, 해저작업을 위하여 ROV가 1~2기 정도 시추설비에 설치되어 있다.

ROV는 **그림 15-29**의 왼쪽 사진에 나타나 있는 것과 같이 6~10개의 추진기, 카메라, 조명, 각종 계측장비, 수중 로봇 팔, 밸러스트 탱크 및 배터리 등으로 구성되어 있다. ROV의 운영은 외부 제어 신호와 전력을 공급하는 탯줄(umbilical) 케이블이 부유식 시추설비와 연결되어 있다. 이러한 ROV는 심해 또는 위험도 높은 초기 유정 시굴작업 등 위험한 작업을 사람 대신 수행하게 된다. 조종실에서 해저의 상황을 실시간으로 확인하고

심해 무인 잠수정(ROV)
(출처: http://www.moeri.re.kr/study/post03.aspx)

무인 잠수정을 이용한 심해 시추작업

그림 15-29 심해 무인 잠수정(ROV)

로봇 팔을 이용하여 해저설비의 유지 · 보수가 가능하다. 크기와 용도에 따라 장비의 무게는 0.3톤에서 2톤 정도이다. **그림 15-29**의 오른쪽 사진에는 심해 유정 개발 단계에서 폭발 방지 밸브 시스템이 유정 템플릿에 정확히 설치되는지를 확인하는 작업과정을 나타낸 것이다.

ROV의 주요 업무

- 해저 유정(well head)의 모니터링
- 드릴링 파이프 시추공 진입 지원
- 해저장비 설치 및 유지 보수
- 파이프 절단 및 고압 분사시추(jetting)
- 해저지형 탐사 및 해저장비검사
- 해저장비 부품 교환
- 해저작업 비디오 촬영 및 녹화

2010년 미국 걸프 만에서 발생한 시추선 사고에서 **그림 15-30**에서 보는 것과 같이 ROV가 사람을 대신하여 원유 유출 감시 및 방제작업에 활용되었다.

그림 15-30 걸프 만 기름 누출 사고 처리에 투입된 ROV
(출처: http://blog.energytomorrow.org/2010/05/)

4) 계류 시스템

FPSO를 비롯하여 부유식 구조물은 파도, 조류, 바람 등 외력을 견디고 정위치를 유지하기 위하여 해상 계류가 필요하다. 수심에 따라 해상 계류 라인의 재질과 형태가 **그림 15-31**과 같이 다르다.

그리고 계류방식은 터렛의 설치 여부에 따라 **그림 15-32**와 같이 2가지로 분류된다.

그림 15-33은 터렛을 이용한 계류방법으로 계류 라인(mooring chain)과 생산 라이저(production riser)의 배치를 보여주고 있다. 계류 라인은 등 간격으로 배치하며 다른 라인들과 겹치지 않도록 주의해야 한다. 터렛의 크기는 FPSO의 크기와 환경하중에 따라 다르지만 **그림 15-34**처럼 약 10~30m의 대구경 수직 실린더 형태로 FPSO의 선체를 관통하여 외력하중을 계류 시스템에 전달하도록 되어 있다.

Wire Type	Chain Type	Wire & Chain Combined Type	Intermediate Sinker Type
50~200m	20~500m	400~1,500m	20~1,500m

그림 15-31 부유식 구조물의 수심별 계류 라인 종류
(출처 : 이재신, 1989, 해양구조물 설계 개요)

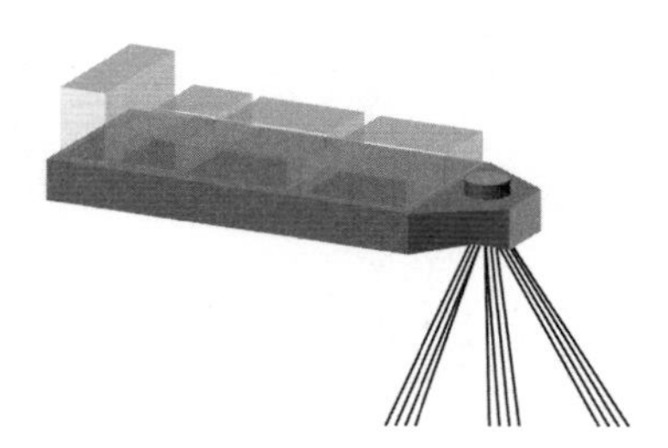

Single Point Mooring System
외력이 강하고, 방향성이 있는 경우 터렛을 이용하여 부유식 구조물이 바람, 조류 또는 파랑의 작용 방향으로 선수가 향하도록 선회 가능하도록 함.

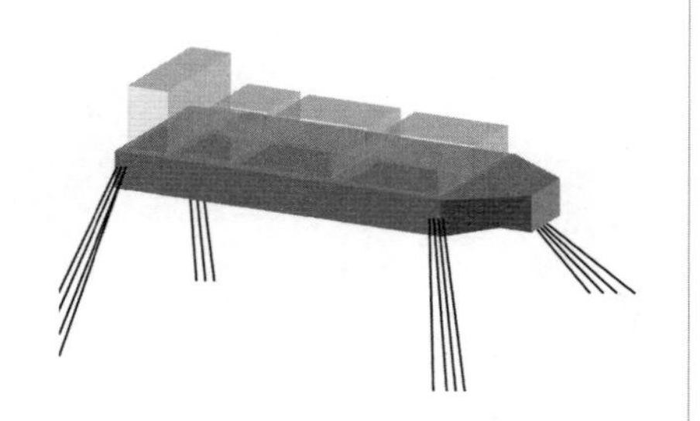

Spread Mooring System
외력이 약하고, 방향성이 없어 부유식 구조물이 선회하지 못하도록 선체 외부를 둘러 계류함.

그림 15-32 계류방식 비교

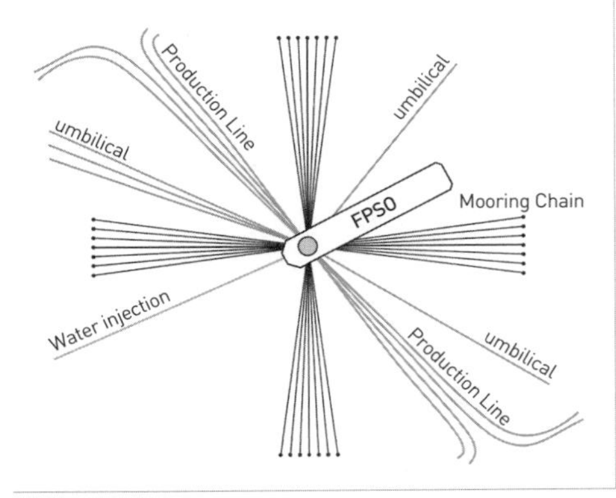

그림 15-33 Single Point Mooring System 계류 라인 및 생산 라인 배치도

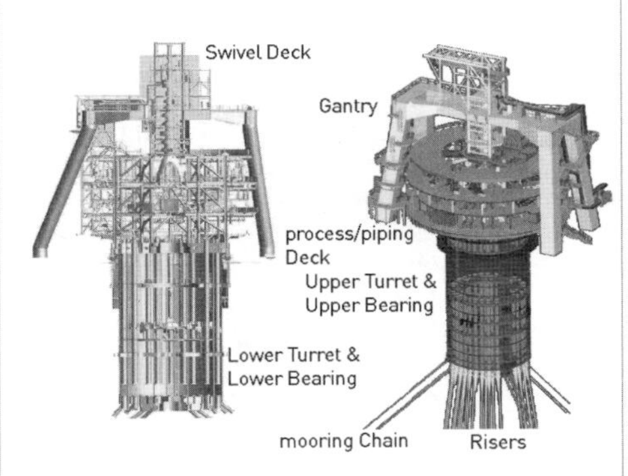

그림 15-34 Internal Turret System

5. 해양구조물의 구조 및 유체역학적 특성

5.1 모듈구조 및 연결

육상의 일반적인 구조물은 지진 또는 바람의 영향을 고려하여 최적 설계를 하게 된다. 하지만 해양구조물인 경우 움직이는 선박 또는 좁은 하부 구조물 위에 놓여 있어 고려할 사항들이 육상구조물에 비하여 상대적으로 많다. 육상의 일반적인 철구조물인 경우 대부분 볼트, 너트를 이용한 체결방식을 사용하는 반면, 해양구조물인 경우 용접구조물로 제

그림 15-35 상부 구조물의 모듈 형상
(출처: http://www.offshore-technology.com /projects/exxon_hebron/exxon_hebron1.html)

작되어 오랜 기간 구조물이 혹독한 환경을 이겨내도록 한다.

그림 15-35와 같이 용접구조물 내부에 원유 생산에 필요한 각종 장비 및 계측기가 설치되며, 이러한 모듈이 적게는 4개에서 많게는 20여 개가 모여 하나의 생산설비로서 해상에서 기능을 수행하게 된다.

해양 생산설비의 안전성과 제작 효율을 높이기 위하여 구조 및 장비의 기능, 크기, 중량 등을 고려하여 여러 개의 구조물로 나눈 것을 모듈이라고 한다. 해양구조물을 모듈단위로 분할하면 제작 단계에서 작업장 활용 극대화, 제작 일정 단축, 도장 및 선행 의장 최대화, 고소작업 최소화 등을 도모할 수 있다.

제작 순서상으로 선박 제작이 완료되어야만 갑판 위에서 작업이 가능해지므로 상부 생산설비 제작이 늦어지면 전체 제작기간이 길어진다. 하지만 제작기간을 단축하기 위해 선박 건조와 생산설비 제작을 별도의 공간에서 동시에 수행하도록 하여 작업장 활용을 극대화한다. 그리고 선박 건조의 완료 직후 모듈을 갑판 위에 올려놓아 설치작업을 마무리할 수 있어 일정을 단축할 수 있다.

선상일 때는 좁고 높은 위치에서 작업을 하게 되어 효율이 떨어지며 안전에 위협을 초래한다. 따라서 접근이 용이하고 안전한 육상에서 용접, 도장 등 선행 의장작업을 가급적 최대한 수행하여 선상작업을 줄이고자 한다. 이와 같은 이유로 구조물을 육상에서 제작하여 선체 위에 설치하게 되는데, 모듈을 갑판 상부에 설치하기 위해서는 대형 크레인 장비를 보유해야만 한다.

이때 해상크레인 장비로 달아 올릴 수 있는 능력에 따라서 **그림 15-36**에서 보는 것처럼 모듈 크기는 제한받을 수 있다. 크레인을 이용하여 인양할 때 구조물의 처짐 및 굽힘, 거친 해상에서 생산설비를 파손 없이 보호할 수 있도록 구조해석을 수행하여야 한다.

모듈 육상 제작

해상크레인을 이용한 모듈 설치

그림 15-36 모듈 제작과 설치 (출처: 삼성중공업)

특히 부유식 구조물인 경우 파도에 의한 선체구조물이 호깅 또는 새깅 변형을 일으키므로 상부 구조물 구조 설계에 큰 영향을 미친다. 하부 구조물의 영향이 상부 구조물 설계에 미치는 영향을 최소화하기 위해 베어링 지지방식(bearing support system)을 적용한다.

베어링 지지방식은 상부 구조물의 상판과 하부 구조물 사이에 설치되어 상부를 지지하면서 상부 구조에 가해지는 충격 및 유동의 변화를 완화해주며 상부에서 전달되는 하중을 안전하게 하부 구조물로 전달 및 분산시키는 장치이다.

구조물의 운동에 의한 충격과 운동에너지를 효과적으로 흡수하고 진동을 줄이기 위하여 **표 15-7**에 예시한 것과 같은 베어링 지지방식에 탄성중합체(elastomer)를 중간에 삽입하게 된다. 이 탄성중합체의 여러 겹은 수직 강성과 하중 전달에 영향을 주며 전체적인 수평변위는 탄성중합체의 두께에 의해 결정된다.

또한 각 모듈은 선체와 고정되지 않고 **그림 15-37**과 같이 연결 경계 조건을 갖도록 한다. 이를 통해 구조물들을 선체 또는 이웃한 모듈과 독립되도록 하면 각각의 고유 진동주기를 가지게 되어 에너지의 전달 및 공진을 막을 수 있다.

표 15-7 모듈 서포트의 종류

구분	형상	특징
Weld Type Support	Weld	모듈구조가 상대적으로 유연하거나 소형 플랫폼인 경우 사용 선체 변형이 구조물에 영향을 크게 줌
Sliding Pad Type	Sliding Pad	중 · 소형 모듈에 사용 수직 변형이 없어 Weld Type과 혼용이 가능하다. 하부 구조물 변형이 상부 구조물에 영향이 작음
Elastomeric Type Support		대형 또는 일반적인 FPSO 모듈에 적용 선체 변형이 구조물에 영향이 거의 없음 시스템이 복잡하며 가격이 비쌈 동적 하중에 강한 구조, 수직/회전 변위를 잘 흡수함
Pot/Spherical Type Support		일반적인 FPSO 모듈에 적용 선체 변형이 구조물에 영향이 거의 없음 방향성이 뚜렷하여 설치 정도 관리가 필요

그림 15-37 모듈의 형상과 지지 조건

5.2 운동 성능

부유체가 파도에 놓이게 되면 구조물 형상에 따라 운동 응답이 각각 다르게 나타난다. 이러한 운동은 파도의 주기, 부유체의 고유 주기, 그리고 계류 시스템의 진동주기에 기인하게 된다. **그림 15-38**을 보면 구조물별 파도에 의한 대표적인 상하운동 응답을 볼 수 있다. 파도의 에너지가 가장 큰 4초~16초대의 주기일 때는 선박 형태의 FPSO에서 가장 큰 상하운동이 나타난다. TLP인 경우 텐돈(tendon)에 의한 고유 진동주기가 2~4초대로 파주기보다 짧아 파도에 의한 공진을 피할 수 있다. 이러한 운동 응답은 상부 생산설비의 운용과 직접적으로 관련되며 특정값 이상의 운동에서는 생산 활동이 중단된다. 예를 들면, FPSO의 3상 분리기의 기울기가 ±4° 이내여야 하고, 시추설비인 경우에는 상하운동 진폭이 5m보다 작아야 하는 제한이 있을 수 있다.

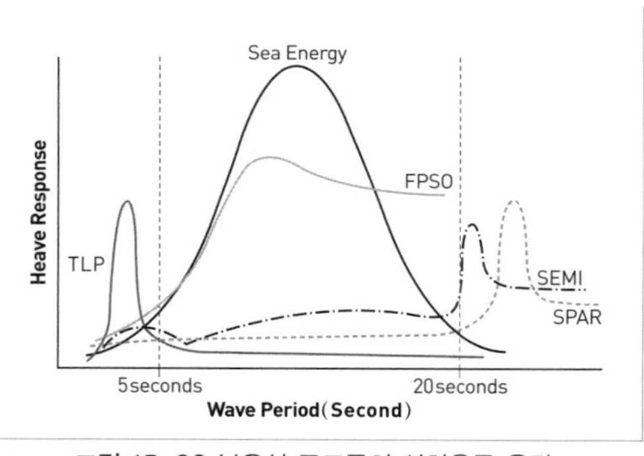

그림 15-38 부유식 구조물의 상하운동 응답

선박인 경우, 파고에 따라 회항하거나 경로를 수정하여 안전하게 운항할 수 있지만 해양구조물은 지정된 장소에서 지속적으로 생산 활동을 하여야 하므로 태풍이 불어도 그곳에서 견뎌내도록 설계해야 한다. 일일 원유 또는 가스 생산량 목표가 정해져 있는 이러한 설비들은 365일 휴일 없이 생산 활동이 지속될 수 있어야 한다. 파도가 심한 조건에서도 부유체의 운동 성능이 좋아서 다른 구조물 대비 연중 휴무일수가 적다면 경제적으로 이득이 될 것이며, 운동 성능이 생산 활동에 직접적으로 영향을 미치는 부분이라 볼 수 있다. 따라서 해상 환경, 생산설비의 규모, 수심에 따라 구조물 형태를 달리 선정하여야 할 필요가 있다.

6. 해양구조물의 일반 배치

6.1 드릴쉽의 개요

드릴쉽(drill ship)은 시추 시스템과 필요로 하는 부대 시스템을 가진 선박을 말한다. **그림 15-39**에서 보듯이 외형상 가장 큰 특징은 선체 중앙부 부근에 시추탑을 가지고 있다는 점이다. 시추탑은 시추작업을 할 때에 상부 구동장치가 위아래로 왕복할 수 있도록 지지해주는 탑 역할을 하는 것이다. 육상에서 시추작업을 하던 시기에 만들어진 용도에서 외형이나 기능에 큰 변화 없이 현재까지 발전되어 왔다.

드릴쉽은 반 잠수식 석유 시추선(semi-submersible drilling unit)과 비교할 때 적재성, 이동성이 좋은 반면에, 바람, 파도, 조류에 상대적으로 영향을 많이 받는 형상이므로 비교적 해상 상태가 온순한(유효 파고 약 7~8m 미만) 지역에 투입된다. 바람, 파도, 조류 환경에서 시추작업을 하기 위해서는 시추작업공의 위치를 중심으로 선체가 일정 범위를 벗어나지 않도록 위치 제어 시스템을 구비해야 한다. 이를 위해서는 묘박장치와 계류장치를 갖추어야 한다.

현재 산업계에서 사용되고 있는 시추 시스템은 회전 시추 시스템으로서, 시추작업의 윤활제 역할을 하는 액상 점토 순환 시스템(liquid mud circulation system)을 가지고 있는 것이 특징이다. 따라서 육상용과 해상용을 불문하고 모든 시추장비들은 시추 시스템과 액상 점토 순환 시스템을 가지고 있으며, 추가로 시추작업 플로어에서 파이프 등을 공급

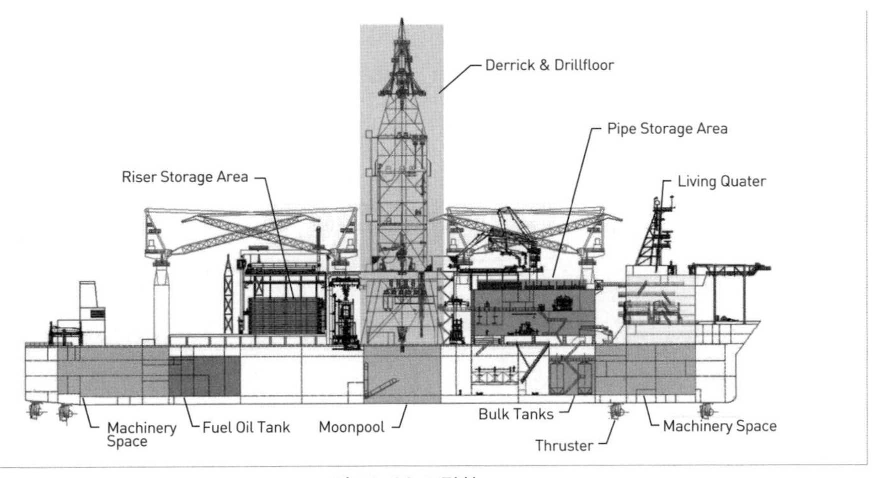

그림 15-39 드릴쉽

해주는 취급 시스템을 가지고 있다. 현대의 시추방법은 점점 사람이 하던 일을 기계로 자동화하고 있으며, 이에 발맞추어 시스템 자체도 날로 변화하고 있다.

드릴쉽, 반잠수식 시추선 등과 같이 해양에서 시추작업을 하는 시추장비인 경우에는 해저면과 시추장비 사이의 통로 역할을 해주는 라이저 시스템, 작업 위치를 유지시켜주는 계류 시스템, 동적 위치 제어 시스템을 가지고 있다.

지금까지 열거했던 요소들을 배의 안팎에 배치한다고 생각하면, 드릴쉽의 배치를 대략 상상해볼 수 있을 것이다.

일반적으로 드릴쉽의 배치는 선각 내부 배치와 상부 배치 2가지로 나누어서 생각할 수 있다. 먼저 선각 내부에는 기관 구역, 밸러스트 탱크, 염수 탱크, 기준오일 탱크, 펌프실, 시추작업공(moon pool), 연료유 탱크, 청수 탱크 등이 설치된다. 선각 상부에는 시추작업 플로어, 시추탑, 라이저 보관장소, BOP 저장장소, 크리스마스트리 저장 장소, 파이프와 케이싱 저장 장소, 거주 구역, 점토 모듈 등이 설치된다.

6.2 반잠수식 시추선의 개요

반잠수식 석유시추선(semi-submersible drilling unit)의 경우에는 드릴쉽에 들어가는 요소들이 전부 동일하게 배치된다. 다만, 그 생김새가 일반적인 선박과는 전혀 다른 특징을 가지고 있다. 반잠수식 장비(semi-submersible unit)라는 말 자체는 시추작업과는 관계가 없으며, 다만 형상 특징에 근거한 명칭이다. 드릴쉽 역시 선박형 시추장비(ship-shaped drilling unit)라 부르기도 한다는 점을 기억할 필요가 있다.

그림 15-40은 반잠수식 시추선이 이동 흘수(transit draft) 상태로 이동하고 있는 모습이며, 작업할 때는 선체의 일부가 수면 아래로 잠기게 된다.

반잠수식 장비의 가장 큰 특징은 일반적인 선박형 장비에 비하여 내항 성능과 운동 성능이 우수하다는 점이다. 이런 특성 덕분에 반잠수식 장비는 부유식 생산장비(FPU, Floating Production Unit), 시추선, 보급선, 해상크레인, 수상 호텔 등 여러 가지 용도로 널리 사용되고 있다. 특히 거친 해역에 투입될 장비에 주로 채택되고 있다. 다만, 특성상 비슷한 경하중량을 가지는 선박형 장비에 비해서 재화중량이 상대적으로 많이 작으므로 FPSO와 같이 큰 재화중량을 필요로 하는 용도로는 선택되지 않는다.

반잠수식 장비는 기본적으로 폰툰, 기둥, 갑판부의 3가지로 구성되어 있다. 폰툰은 가장 아래쪽에 있는 선박 또는 바지 형상을 하고 있는 부분을 말하며, 보통은 2개로 이루어져 있으며 흔히 연료유 등의 소모성 액체를 저장하는 공간으로 사용된다.

기둥은 말 그대로 기둥처럼 생긴 부분을 말하며, 일반적으로 4개로 이루어진다. 따라서 각 폰툰에 2개씩 연결된다. 다만, 경우에 따라서는 6개 혹은 8개의 기둥을 가지기도 하는데, 이 경우에는 각 폰툰에 3개 혹은 4개의 기둥들이 연결된다. 보통은 벌크 탱크 및 폰툰과 갑판부를 연결하는 통로가 설치되며 필요에 따라 일부 다른 용도의 구획이 배치되기도 한다.

그림 15-40 Semi-Submersible drilling unit
(출처: 대우조선해양)

갑판부는 기둥의 상부에 위치하며 모든 기둥과 연결되어 있다. 갑판부는 보통 거주 구획, 발전기용 엔진 등이 기본적으로 설치되며, 추가적으로 그 시추장비의 목적에 맞는 장비들이 설치된다. 예를 들면, 부유식 생산장비인 경우에는 생산 모듈이 설치되며 시추장비인 경우에는 시추탑 등 시추설비가 설치된다.

반잠수식 시추장비는 앞서 드릴쉽이 가지고 있는 모든 요소를 구비하게 된다. 폰툰에는 밸러스트 탱크, 염수 탱크, 기준오일 탱크, 펌프실, 연료유 탱크, 청수 탱크 등 대부분의 액체용 탱크가 설치된다. 기둥에는 갑판부와 폰툰을 연결하는 통로, 배관 및 전선이 필수적으로 설치되며 용도에 따라 벌크 탱크, 밸러스트 탱크 등이 설치된다. 갑판부에는 기계실, 시추작업공, 시추작업 플로어, 시추탑, 라이저 저장장소, BOP 저장장소, 크리스마스트리 저장장소, 파이프와 케이싱 저장장소, 거주 구획, 점토 처리 구획 등이 설치된다.

드릴쉽과 비교하여 간단하게 설명하면, 선각 내부에 있는 구획 중 습식 구획은 폰툰에, 벌크 탱크는 기둥에, 이를 제외한 대부분의 구획들은 갑판부 내부 및 상부에 설치된다.

6.3 FPSO 일반 배치 개요

그림 15-41과 같은 부유식 원유 생산 저장 하역설비(FPSO, Floating Production Storage Off-loading)는 해상에 떠 있는 상태로 해저 유전에서 뽑아 올린 유정유체를 일련의 복잡한 처리 공정을 거쳐 원유로 정제 생산하고, 저장하였다가 유조선으로의 하역까지 '일관 지원'할 수 있는 장비로서 심해 유전 개발에 적합한 형태이다. FPSO는 근해(대륙붕)에서의 유전자원이 점차 고갈되어감에 따라 종전의 잭업 플랫폼 방식의 설비로는 불가능한 심해

그림 15-41 FPSO
(출처: 대우조선해양)

에서의 원유 생산 개발에 적합하도록 개발되었다.

FPSO는 원유의 생산을 담당하는 상부 구조와 상부 구조를 지지하면서 생산된 원유를 저장하는 선각 구조, 그리고 선원들이 생활하면서 전체 시스템을 제어하는 공간이 있는 거주구로 크게 구분된다. FPSO 설계를 위해서 설치될 해역과 수심, 해저 유정의 정보를 비롯하여 유정과 연결되는 해저 생산 시스템, 생산용 파이프(집중 도관, 라이저와 흐름관) 등의 정보가 필요하다.

상부 구조는 유정유체 처리량, 원유 생산량, 물 처리량, 가스 처리량, 물 주입양 등의 요구사항에 맞추어 설계된다. 일반적으로 거주 구획에서 가까운 순서로 집기, 발전설비, 수처리, 물 주입장비, 유수 분리기, 가스 처리, 압축설비, 가스 소각의 순으로 배치된다. 폭발이나 화재의 위험이 큰 모듈과 소각 탑은 안전을 위하여 가능한 한 선원들이 거주하는 거주 구획에서 먼 거리에 배치한다.

상부 구조는 선체구조 상부의 한정된 장소나 공간에 효율적인 생산과 장비 배치를 고려하여 모듈화시켜 제작 설치하며, 모듈의 크기는 모듈의 무게에 따라 달아 올릴 수 있는 기능과 배치를 최적화시킬 수 있는 적정 크기로 결정한다. 일반적으로는 30m 전후로 설계한다. 모듈은 갑판상에 설치되는 모듈 지지대 위에 설치되며, 모듈의 크기와 무게에 따라 한 모듈에 4개 또는 6개의 지지대를 설치한다.

선체는 요구되는 원유 저장 탱크의 크기와 상부 구조 배치에 필요한 갑판 면적, 기관 구역의 크기, 연료유 · 윤활유 · 식수 등 각종 소모품 탱크의 크기 그리고 효율적인 운영을 위하여 필요한 밸러스트 탱크의 크기 등을 고려하여 주요 치수를 결정한다.

200만 배럴 정도를 저장하는 대형 FPSO의 경우 운영의 편의를 위하여 횡 방향으로 중심, 좌현, 우현에 3개의 화물 탱크를 배치하는 것이 일반적이나, 저장량이 적은 FPSO는 좌현과 우현에 2개의 탱크를 배치하기도 한다. 화물 탱크의 크기와 개수는 하루에 생산되는 원유량과 한 번에 선적하는 원유량을 가지고 최적의 적재와 선적 빈도를 가질 수 있도록 결정하여야 한다. 화물 탱크의 개수가 많아질수록 운영의 제약이 줄어드나 각종 장비와 구조 물량이 증가하게 되므로 많은 연구를 통해 결정해야 한다.

유정 성분의 특성과 상부 구조 생산 공정에 따라 선체에 원유 생산과 관련된 처리 공정 탱크가 설치되는 경우도 있으므로 초기에 확인해 반영해야 한다. 서아프리카 지역과 같이 해상 상태가 온화한 지역에 설치되는 FPSO는 일반적으로 대형 저장용량과 바지형 선형을 가지고 다점 계류방식을 사용하여 위치를 유지하는 특징을 가지고 있다. 또한 북해와 같이 거친 해상에 설치되는 FPSO는 100만 배럴 이하의 중소형 저장용량과 선박 형상의 선형을 가지고 터렛으로 위치를 유지하며 스러스터를 사용함으로써 기상에 순응 변향하여 환경에 의한 외력을 최소화한다.

FPSO는 설치되는 해상에서 약 20년 정도 수리 입거 없이 계속 작업해야 하므로, 안전을 최우선으로 하고 신뢰성이 높은 장비를 사용하며 장비의 유지 보수와 관련해서도 원활한 운영에 문제가 없도록 설계에 반영해야 한다.

7. 부유식 해양플랜트의 상부 구조 설계

7.1 해양플랜트

부유식 해양플랜트의 상부 구조를 설계할 때는 **그림 15-42**에 나타낸 것과 같이 육상플랜트와는 다르게 환경, 공간, 제작 그리고 안전에 대한 조건을 고려해야 한다. 또한 운영할 때 나타날 수 있는 높은 사고 위험도와 운영 차질에 따른 막대한 손실을 막기 위해 완벽한 설계와 감리가 요구된다.

이를 관리하기 위해 뒤의 **표 15-15**와 같이 각종 표준, 가이드 지침 및 국가별로 규정을 제정하여 준수할 것을 엄격히 규제하고 있으며, **표 15-8**과 같이 설계할 때 복잡한 절차와 문서들을 요구한다. 이러한 관리규정에 익숙한 유럽 및 미국(휴스턴) 지역의 전문 설계회사에서 해양구조물 설계를 주도적으로 수행하고 있으며, 최근에는 조선소에서 많은 경험을 반영하고 새로운 제작기법을 고려한 기본 설계 및 상세 설계를 시작하고 있다.

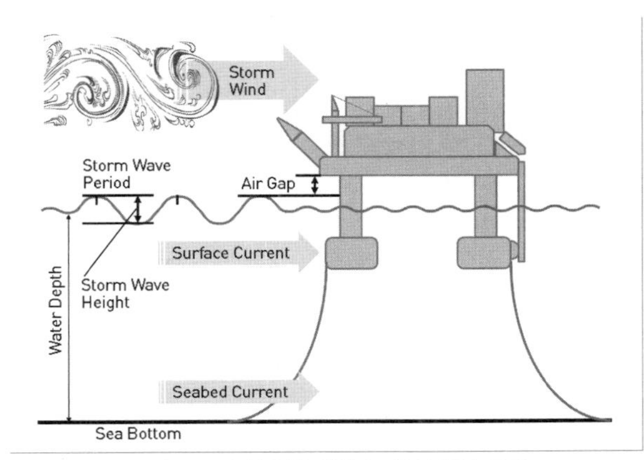

그림 15-42 부유식 해양구조물의 환경 조건

해양플랜트와 육상플랜트의 차이를 간략히 정리하면 **표 15-9**와 같으며, 육상플랜트 생산과정

표 15-8 해양구조물 설계 제작을 위한 절차서

구분	관련 문서 또는 절차서
설계 도면 관리	Design Philosophy Develop Design Basis HAZOP HAZID Study and Review Document Control Design Verification / 3rd Party Assessment Calculation / Analysis Engineering Deliverables and Report Design Approval (IFD, AFC)
구매 및 자재 관리	Request for Quotation Technical Bid Evaluation Procurement Specification Place Order Material Handling Procedure Vender Data / Drawing Approval
생산 및 품질 관리	Material Preservation Procedure Material Traceability Procedure Inspection and Test Procedure Weight Control Report Test and Commissioning Procedure

표 15-9 해양플랜트와 육상플랜트와의 비교

구분	해양플랜트	육상플랜트
프로세스	• 유전 성분의 다양 • 유정 혼합물 → 원유	• 정형화된 프로세스 최적화 • 원유 → 석유 정제
환경 조건	• 파랑 중 부유체의 운동 제어 • 염분에 의한 부식	• 임해 미개발 지역 • 지반 개량 및 안벽 조성 필요
공간 배치	• 제한적 공간 → 복층화 • 장비 배치 최적화	• 평면적 배치 • 대단위 규모
제작 설치	• 조선소 제작 → 운송 • 구조물 대형화	• 건설현장에서 제작 설치

에 비하여 비교적 단순하지만 부유체운동과 위치, 공간적 제약이 많아 설계 및 제작이 용이하지는 않다.

또한, 해양플랜트와 선박의 특성을 비교하면 **표 15-10**과 같이 정리할 수 있다.

표 15-10 해양플랜트와 선박의 비교

구분	해양플랜트	선박
목적	해양 석유 및 가스 시추, 생산 및 저장	해상 화물 운송
설계 목표	시스템 성능 및 운용 (시추, 생산 및 저장) 계류 또는 위치 제어 안정성	화물 적재량의 최대 확보 속도 및 안정성 운항 경제성
공통점	해상 부유체 강구조	해상 부유체 강구조
구조 형식	빔구조 빔구조+판구조 판구조	판구조
주요 장비	3상 분리, 정제설비	추진장치 화물적하장치 항해장치
기술 변화	대형화 & 심해화 신규 타입으로 대체	대형화 성능 개량 신모델 연구
기술 주도	Oil Major 전문 설계회사	조선소 & 선급
참여 형태	EPCI[3]	설계 및 제작 일괄 수행
참여 주체	다수(설계, 제작, 운송, 설치) 회사	조선소(1개 회사)

3 Engineering Procurement Construction Installation을 포함하는 수주방식.

7.2 안전성 검토

1) 위험도 분석

원유와 가스를 다루는 생산설비는 초기 설계 단계에서부터 위험에 대한 예방을 고려한다. 위험 발생 시 긴급 대처 방안을 미리 마련하여 위급한 상황인 경우 신속히 탈출할 수 있도록 한다. 현장에서 발생 가능한 사고를 분석하고 이를 통계학적으로 발생 빈도와 피해의 규모를 산정하여 관련 규정 또는 사전에 설정하였던 기준과 비교해서 문제가 되는 부분은 보완 및 설계 변경을 해야 한다.

2) 위험 지역

공기 중에 위험한 혼합물이 존재할 가능성을 분석하고 위험 지역(Hazardous Area)을 상세히 표기하기 위해 마련되었다. 누구든지 위험 및 비위험 지역을 확인 가능하도록 매뉴얼 및 일반 배치도상에 **표 15-11**과 같이 확실하게 표기해 주어야 한다.

표 15-11 위험 지역 구분

Non-Hazardous Area		폭발성이 있는 탄화수소 혼합물이 없고, 위험이 없는 지역
Hazardous Area	ZONE 0	폭발성이 있는 가스-공기 혼합물이 연속적으로 존재하거나 장기간에 걸쳐 존재하는 지역
	ZONE 1	정상적인 운전을 하는 동안 폭발성 가스-공기 혼합물이 일어날 가능성이 있는 지역
	ZONE 2	폭발성 가스-공기 혼합물이 발생할 가능성이 없는 지역, 또는 비교적 짧은 시간 동안만 존재하는 지역

3) 위험도 확인

생산설비를 여러 구역으로 나누어 위험 가능성과 작업 환경의 문제점 등을 분석하여 위험도 확인(HAZID, Hazard Identification)을 하게 된다. 원유와 가스 등 폭발 가능성이 높은 위험물질이 다루어지는 문풀 지역, 누수 및 누출 가능 지역, 헬기 추락사고 가능 지역, 유해 화학물 저장장소, 중량물 낙하 가능 지역 등에 사고 예방 및 사후 처치 절차를 검토하여 설계에 반영토록 하는 기준이 된다.

4) 장애 대처

생산설비의 운영에 문제가 발생되어 설비가 멈추거나 고장이 발생할 수 있는 지역을 예측하고, 장애 대처(HAZOP, Hazard Operability) 절차를 검토한다. 주요 장비에 대해 손상 영향 평가(FMEA, Failure Mode Effect Analysis)와 비상 차단 조치(ESD, Emergency Shut Down) 등을 검토한다.

5) 안전장비

탄화수소를 다루는 생산설비에서 화재는 폭발을 동반하며 위험도가 매우 높다. 이러한 상황에서 인명과 설비를 안전하게 보호하기 위하여 안전장비로 **표 15-12**와 같이 능동 및 수동 형태의 화재 보호 시스템을 갖춰야 한다.

표 15-12 화재 보호 시스템 종류

Active Fire Protection AFP	화재의 확산을 제한하고 유사시 화재 진압 인원에게 화재의 영향을 최소화한다. 위험 지역을 설정하여 소화기, 스프링클러 등 화재 방지설비를 구비하고, 구조물이나 주요 장비의 화재로 인한 손상을 최소화하도록 한다.
Passive Fire Protection PFP	화재 지역으로부터 격리 구역을 설정하고 확산을 제한한다. 구조물 붕괴 방지를 위하여 중요 구조물 보호 코팅과 안전대피로 확보 및 소화전과 같은 소화장비를 구비한다.

생산설비의 사고를 미연에 방지하고자 각종 계측기들을 설치하여 주 조종실에서 24시간 감시할 수 있도록 한다. 주로 설치되는 장비들은 **표 15-13**의 목록과 같다. 안전장비는 해상에서 심하게 움직이거나 악천후 속에서 작동되도록 각국의 규정과 시방서(rule and regulation & specification)에서 엄격한 품질 관리를 요구한다.

안전 시스템이 하나의 유기체처럼 작동되도록 일관된 안전지침을 기준으로 설계 당시부터 장비 수량, 위치, 운영까지 고려하여 적용하게 된다. 감시장비 이외에 화재 진압용

표 15-13 화재 경보 시스템

안전장비	용도	사진
Open path flame /gas detector	원유 및 가스를 다루는 장비 근처에 불꽃 및 가스를 감지하는 장비	
Smoke detector	ionization 또는 photo electric 형태의 스모크 감지	
Heat detector	주변 열 온도를 감지하는 장비	
Gas detector	가연성 가스, 독가스, H_2S 등 유독 가스 감지용	
Visual strobe	경광등을 이용하여 시각적으로 알람 경보	
Platform status indicator	신호등처럼 여러 색의 등으로 현재 상황 알림	
Audible speaker alarm	스피커를 이용하여 알람 경보	
Manual break glass station	위급 상황 시 수동으로 경보 작동	

*출처: http://directindustry.com

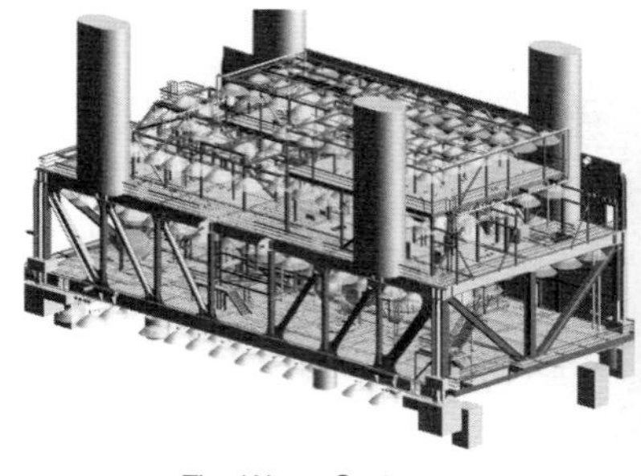

Fire Water System

대피로 확보

그림 15-43 해양구조물의 안전설비 (출처:삼성중공업)

소화전 배관 라인, 스프링클러 및 소화기들도 배치된다.

안전을 고려한 설계에서는 장비뿐만 아니라 출입구, 통로, 계단, 손잡이 등 사람이 작업하거나 이동하는 경로에도 적용하게 되며, 특히 위급 상황에서 최단 시간에 안전하게 대피 가능하도록 **그림 15-43**에서 보는 것과 같이 공간 확보도 고려해야 한다.

7.3 재질 선정

1) 구조강재

해양구조물에 사용되는 강재는 일반적으로 각 나라별로 정하는 표준 또는 선급에서 규정하는 기준(API, ABS, DnV, Norsok 등)에 발주처 또는 선주가 요구하는 추가 조건을 만족하도록 특수 제작된 강재를 주로 사용한다. 그 예로 **표 15-14**와 같이 해양구조물이 운용되는 지역에 따라 달리 추가 요구 조건들이 제시된다.

4 Charpy V-Notch TEST는 V-Notch를 가진 시편에 충격을 가해 파단이 일어날 때까지 흡수한 충격 에너지를 값으로 측정하는 시험.

5 Crack Tip Opening Displacement는 구조물에 작용하는 항복점 이내의 아주 작은 하중이라도 계속 연속적으로 반복되는 하중이라면 구조물에 Crack이 발생하게 한다. 이는 결국 구조물이 파괴에 이르게 하므로 이에 대한 검증을 위하여 파괴인성(Fracture Toughness)을 확인하는 시험이다. 해양구조물인 경우 각 Code별로 기준을 마련하고 있다.

표 15-14 지역별 요구 Code의 예시

구분		걸프 만 지역 구조물	북해 지역 구조물	극지방 구조물
Grades		API 2W50T-M	NV E420/F36 NV E36/D36/A36	RS FH36/EH36 RS DH36/AH36
추가 요구 조건	SR	S1, S4, S11	UT, Z-testing, Stain Aging Test	UT, Z-testing
	CVN[4]	41J@-40℃, T	34J@each grade condition, L	34J@each grade condition, L 41J@-60℃, T
	CE	Report	Report	Report
	CTOD[5]	-10℃ as per API RP2Z	N/A	-10℃ as per API RP2Z
Third Party Inspection		N/A	DNV	RMRS

저온에 노출되는 강재는 저온에서 피로, 충격 등 여러 요인에 의하여 취성 파괴가 발생할 위험이 있다. 따라서 해양구조물은 설계 온도에서의 CVN값이 검증되는 강재를 사용해야 한다.

2) 도장

도료는 물체의 표면에 도포되어 건조 피막층을 형성시킴으로써 물체에 방청, 방습, 방오 등의 기능을 부여하는 화학제품으로 제품을 보호하는 기능을 한다. 이 외에도 도료 기술의 발달로 전도성 조절, 해양생물의 부착 방지 및 색에 따른 온도 표기 등 특수 기능이 부가되기도 한다.

도장의 내구기간은 도포된 도장 사양뿐만 아니라 표면 처리된 정도에 따라 크게 영향을 받으므로 표면 처리에 대한 신중한 검토가 요구된다.

해양구조물에 적용되는 도장 순서는 **그림 5-44**와 같으며 도장방식은 **그림 15-45**와 같이 크게 3가지로 구분된다. 이는 일반적인 도장의 예시를 보여준다.

- 대기 폭로부(Atmosphere Zone) : 방청 및 미관이 중요시 되는 부분
  유기 · 무기 징크 + 에폭시 + 우레탄 도료 사용
- 수면 노출부(Splash Zone) : 방청력 및 내마모성이 중요시 되는 부분
  에폭시 프라이머(Epoxy Primer) + 에폭시 글라스 플레이크(Epoxy Glass Flakes)
- 잠수부(Immersion Zone) : 방청력, 방오력이 중요시 되는 부분
  에폭시 프라이머 또는 에폭시 글라스 플레이크 + 방오도료

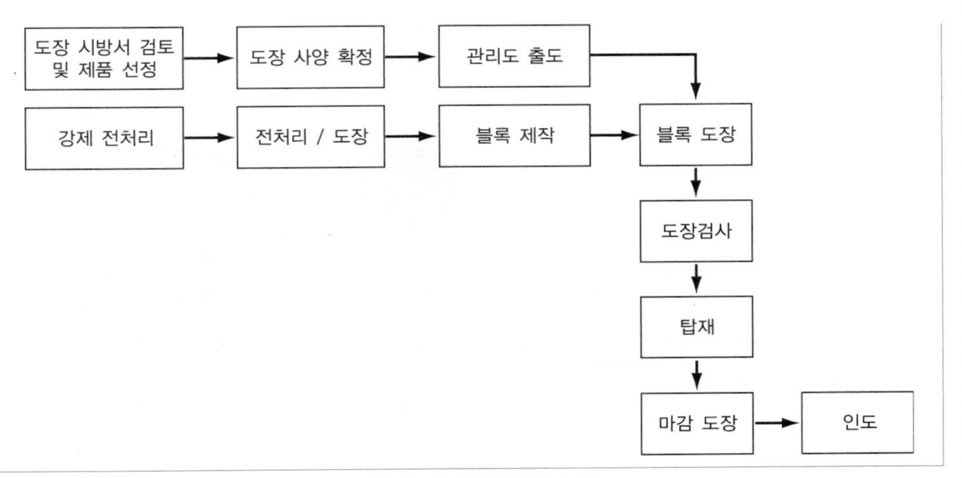

그림 15-44 도장작업의 순서

그림 15-45 해양구조물의 부분별 도장 특성 (출처: 삼성중공업)

7.4 제작공법

1) Load-out / Mating

육상작업장 또는 도크에서 제작된 해양 생산설비들은 제작의 용이 및 일정 단축을 위하여 상부 생산설비와 이를 지지하는 하부 구조물로 분리하여 제작하여 해상 운송 전 또는 해상 설치 지역에서 상부와 하부 구조물을 결합하는 작업(Hook-up)을 수행하게 된다. 앞서 '5. 해양구조물의 구조 및 유체역학적 특성'에서 설명하였던 생산설비의 모듈 제작과는 조금 다른 형태로 상부 구조물을 육상에서 일체형으로 제작하여 운송하게 된다. 상부 구조물을 일체형으로 제작할 경우 구조물 중량이 1만~4만 톤으로 매우 무겁다. 이러한 중량물인 경우 크레인을 이용하여 설치할 수 없으므로 육상에 레일을 설치하고, 레일

유압장치(Strain Jack)

Skid Rail

그림 15-46 Load-out 장비 (출처: 삼성중공업)

위에서 **그림 15-46**과 같은 유압장치를 이용하여 구조물을 잡아당겨 운송 선박까지 옮기게 된다.

이렇게 상부 구조물 또는 하부 구조물을 전용 작업장에서 **그림 15-47**에서 보는 것과 같이 해상의 바지로 이동시켜 탑재하는 로드아웃 작업을 수행한다. 이러한 작업을 위해서 안벽의 수심, 파고, 조수 간만의 차, 바지의 배수 처리 능력을 고려해야 한다.

결합은 대형 크레인이나 잠수 바지를 이용해 상부 구조물과 하부 구조물을 **그림 15-48**

생산설비 Load-out

반잠수식 구조물 Load-out

그림 15-47 Load-out 사례 (출처: 삼성중공업)

Guide Cone

mating 작업

그림 15-48 Mating Guide Cone (출처: 삼성중공업)

에서 보는 것과 같이 원추형 안내기구를 이용하여 결합하는 작업이다.

파도 중 움직임을 최소화하기 위해 잔잔한 바다 상태에서 작업을 수행하지만, 결합되기 전에는 여전히 파도에 의해 상부 구조물과 하부 구조물의 상대 운동은 있을 수밖에 없다. 이러한 운동 중 구조물이 맞닿을 때 큰 힘이 작용하지 않도록 **그림 15-48**과 같이 경사면을 가진 오목한 자리와 원뿔 형상의 돌출구조를 활용하여 결합하는 구조를 사용한다. 결합작업 중 충격 흡수를 위하여 구조물이 닿는 부분에 모래로 채우거나 충격 흡수 유압 장비들을 활용하기도 한다.

8. 해양 관련 법령과 안전 규칙

8.1 법규와 관할 관청

해양 생산설비는 바다 위에서 원유를 생산하는 독립된 설비로서 육상설비에 비해 이동 및 외부 지원에 있어서 폐쇄성을 갖고 있다. 특히, 원유 및 가스를 다루는 고위험성 작업이므로 항상 폭발과 화재의 위험에 노출되어 있다. 한 번의 사고 발생이 많은 인명사고와 더불어 돌이킬 수 없는 환경오염 등 대형 사고가 될 수 있다. 또한 석유 산업과 직결되는 대규모 장기 투자로, 문제 발생으로 생산 활동이 중단될 경우 경제적으로도 막대한 손실이 발생된다.

표 15-15 Rule & Code

Rule, CODE 및 Standard	
AISC	미국공업규격강재규정협회 : American Institute of Steel Construction
API	미국석유협회 : American Petroleum Institute
AWS	미국용접학회 : American Welding Society
BS	영국표준협회 : British Standard
DEn	영국에너지국 : Department of Energy (United Kingdom)
DNV	노르웨이선급협회 : Det Norsk Veritas
ASTM	미국 시험 및 재료협회 : American Society for Testing and Materials
NMD	노르웨이보건환경안전국 : Norwegian Maritime Directorate
NACE	미국부식공학자협회 : American Society for Testing and Material
Oil Major Company	발주처 시방서 : Owner Specifications

이러한 사고들의 발생을 방지하기 위하여 나라별, 기관별로 **표 15-15**에 표시한 것과 같이 지역 특성에 맞게 관련 법률 및 표준을 엄격하게 규정하고 있다. 뿐만 아니라 Exxon, Shell, BP 등 석유회사들도 자체적으로 엄격한 시방을 기준으로 관리하고 있다.

선박과는 다르게 해양설비는 운영회사의 국적보다는 투입되는 유전 지역의 영유권을 갖는 국가의 법률을 따라야 한다.

8.2 해양구조물의 사고 사례

그림 15-49에서 **그림 15-53**은 해양구조물의 사고 사례들을 소개한 것이다.

- Newfoundland에서 전복, 84명 사망
- 설계 및 건조과정에서의 결점
- Regulation 무시와 관리 소홀
- 밸러스트 조절 시스템 문제 발생
- 구명장비와 비상 훈련 부족
- 캐나다의 Offshore Regulation 개선
- IMO MODU Codedp 반영
- 밸러스트 조절과 손상 시 복원성에 대한 Rule 및 Requirement 개정
- 탈출 장비와 승무원 교육 강화

그림 15-49 Ocean Ranger, 반잠수식 시추설비, 1982년
(출처 : http://en.wikipedia.org/wiki/Ocean_Ranger)

- UK, 북해에서 가스 누출 폭발, 167명 사망
- 35억 달러 손실
- 설계 시 폭발을 고려하지 않음
- 승무원 탈출을 고려하지 않음
- 영국 해양구조물 관련 법규 제정의 전환점
- 구조물의 안적 지역 설정 및 방화벽 설치
- Process Safety 개정
- 사고 손실 감소나 방지를 위한 설계 도입
- 전 승무원 안전 교육 실시

그림 15-50 Piper Alpha, 고정식 생산설비, 1988년
(출처 : http://en.wikipedia.org/wiki/Piper_Alpha)

- 브라질 해상에서 전복, 11명 사망
- 배수 탱크 파손으로 침수
- 장비 폭발 및 누수로 인하여 침몰
- 3억 5,000만 달러 손실
- 절차 무시하고 밸러스트 탱크 수리
- 비상 사태 대비에 대한 지식과 훈련 부족
- 오작동 대비한 강화된 시스템 설계 요구
- 비정상 상태에 대한 위험성 평가
- 안전 대비책 수립
- 총괄적 위험 분석 필요

그림 15-51 반잠수식 시추설비, 2001년
(출처: http://en.wikipedia.org/wiki/Petrobras_36)

- 티모르해 연안에서 사고
- 유정에서 기름 누출
- 지속적 정유작업 실시로 인하여 화재 발생
- 작업자의 안전 불감증
- 1억 8,000만 달러 손실
- 작업 안전 지침서 필요
- 안전 대비책 수립

그림 15-52 West Atlas, West Atlas, Jack-up Rig, 2009년
(출처: http://en.wikipedia.org/wiki/West_Atlas)

- 미국 걸프 만에서 폭발 침몰, 11명 실종
- 안전규정 미 준수, BOP 미 작동
- 490만 배럴 원유 누출로 환경오염 심각
- 주변 지역 어업 활동 금지
- 손실 규모 추정 중
- 사고 수습 비용으로 지출
- 해상 안전 요건 제정
- 원유 시추에 대한 인허가와 안전 규제 강화
- 석유업계 위기 관리 기금 조성

그림 15-53 Deepwater Horizon 반잠수식 시추설비, 2010년
(출처: http://en.wikipedia.org/wiki/Deepwater_Horizon)

참고문헌

1. 권순홍, 부성윤, 최항순, 2000, 해양환경하중, 동명사.
2. 이재신, 1989, 해양구조물 설계 개요, 광문출판사.
3. 조희철, 2001, 해저관로개론, 도서출판 대선.
4. Angus Mather, 1995, Offshore Engineering An Introduction, Witherby & Company Limited.
5. Minerals Management Service, 2001, Forecasting the Number of Offshore Platforms on the Gulf of Mexico OCS to the Year 2023, Minerals Management Service.
6. OPL, 2002, Offshore Drilling & Production Concepts of the World, Oil field Publications Limited.

제16장

선박의 수명과 기술의 전망

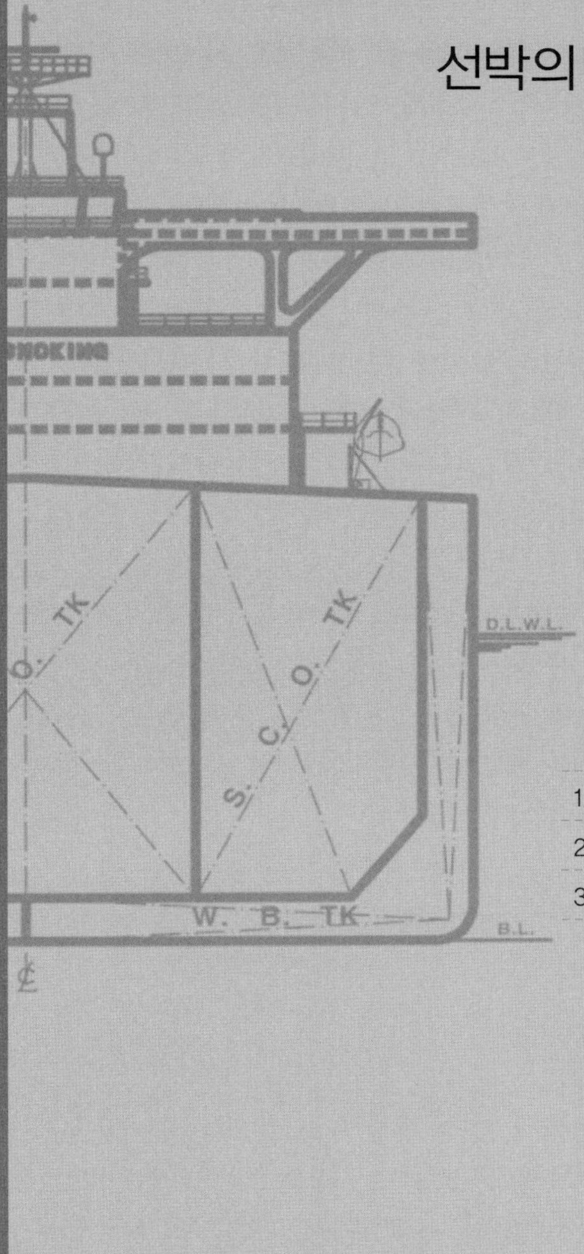

1. 선박의 일생

일반적으로 선박은 투자자의 경제적 · 사회적 이윤을 위한 투자 기획에서 시작하여 건조 계약, 생산, 운항 및 유지 보수(검사 등 포함)를 거쳐 재활용을 포함한 폐선 단계를 거치게 된다. 이를 선박의 수명이라고 한다. 보다 광의의 관점으로 접근하면, 다양한 선박 투자 주체들이 투자에 나서는 원인, 그리고 선박을 통한 이윤 활동 이후 마무리 단계인 폐선까지의 의사 결정과정을 포함한다. 즉, 선박을 발주하는 주체와 이를 건조하는 주체로만 이해되던 미시적 수요–공급의 관계에 더해 다양한 이해관계의 주체들이 참여하고 있는 시장 환경을 분석하면 선박의 일생을 좀 더 효과적으로 이해할 수 있다.

글로벌 해사 산업과 같이 대규모 자본 투입 및 운영이 요구되는 산업에 투자하기 위해서는 산업을 둘러싼 대내외적 환경의 이해가 필요하다. 투자란 불확실한 미래로부터 얻을 수 있는 기대 가치가 현재 투입되는 확실한 현금 가치보다 클 경우에 이루어진다. 선박 투자의 경우에는 목적과 형태를 정확히 살펴보아야 한다. 상업적 혹은 공적 주체의 투자 목적 및 형태 역시 구분될 수 있다. 한편, 상업적 투자의 경우에는 대체 투자, 확장 투자, 신규 진입 투자 및 선박 개량 등의 기타 투자 형태로 나타난다.

나아가 투자 대상을 신조선과 중고선 등으로 구분할 경우 신조선에 자금이 투자되는 것은 선대가 늘어나는 것이지만 절대적인 선복량은 폐선, 손실 등의 영향을 파악해야 한다. 즉, 확장적인 신조선 투자는 시장에 의한 해운 서비스의 공급 증가를 의미하지만 퇴역하는 선박에 대체하여 중고선을 매입하는 형태로 처리하면 공급이 감소된다. 따라서 확장 투자와 신규 진입 투자가 중고선 매입으로 이루어지면 기존 선박의 대체만 이루어져 해운 서비스의 공급에는 영향을 끼치지 못하게 된다.

그 외 IMO 등 국제협약에 의거 선박의 환경, 재활용 분야에 대한 의무사항 또는 강제 규정에 의해 규제받는 선박의 경우 그 수명이 영향을 받게 된다.

1.1 선박 시장의 순환 주기

교역에 의한 세계의 상품 이동 중 90% 내외 물량이 선박에 의해 이루어진다. 이러한 해상 물동량이 일정한 주기에 의해 영향을 받는다는 사실을 감안하면 해운 산업의 투자 사이클은 물동량의 주기적 변화에 대응하는 시장 참여자들의 반응으로 볼 수 있다. 즉, 선박의 수요주기는 해사 산업에 참여하는 주요 주체들(선주, 금융, 정부, 조선, 용선, 해체 등)이 시장 조건의 변화에 반응하여 운임 수준, 신조선 발주 규모, 선박 해체, 고용, 정부의 규제 및 금융 조건 등을 어떻게 결정하는가 하는 반응 패턴과 연결되어 있다.

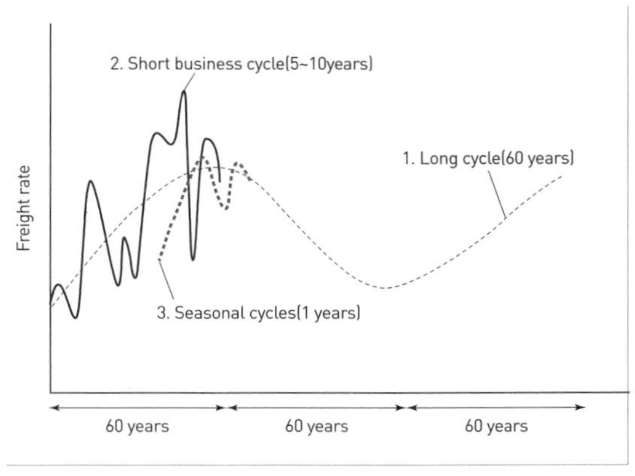

그림 16-1 선박 시장의 순환주기

해사 산업의 시장 반응 메커니즘 혹은 요소는 크게 시간의 흐름에 따라 일정한 장기적 경향(long cycle)과 함께 쇠퇴, 불황, 회복 및 호황으로 진행되는 단기 산업주기 요소(short business cycles) 및 계절적 요소(seasonal cycles)로 이루어진다. 지난 17세기 해상 교역이 급증하던 시기에 최초의 선박 수요 주기를 연구한 자료에 따르면 7년 주기설이 대두된 적이 있다. 하지만 이후 해사 산업이 세계 경제와 밀접한 관계를 보이면서 일반적인 산업주기와는 독립적인 장기적 경향이 존재한다는 사실이 제기되었다. 이러한 장기적 경향은 보통 100년 이상의 시차를 두고 나타나는 것으로 알려져 있다. 주로 획기적인 기술 혁신, 커다란 경제 변동 혹은 지역적 변화 등에 의해 나타나지만, 이를 정확히 구별하는 것은 **그림 16-1**과 같은 자료를 가지고 있더라도 쉽지 않다.

또 다른 형태인 단기 산업주기 요소는 세계 경제 성장에 따른 물동량의 증감, 그리고 그에 따른 운임, 신조선가, 중고선가, 해체선가로 이루어지는 선박의 사용·교환 가치와 자본 투자(이익률, 금융 조달비용 등) 변화에 의해 결정된다고 할 수 있다. 단기 산업주기 요소는 결론적으로 장기적 경향과 수반되면서 3～12년을 주기로 고점과 저점을 향한다. 주로 해운 산업 시황에 의해 결정된다. 마지막으로 시간적 흐름의 영향을 덜 받는 1년 주기의 계절적 요소(seasonal cycles)를 들 수 있다. 예를 들어, 산적 화물선의 경우 매년 7, 8월경에는 계절적 비수기에 접어들어 운임이 하락하는데, 비록 단기 산업주기적 요소에 수반되는 경향이기는 하지만 보다 세분화된 요소로서 독립적인 성향을 띠게 된다.

앞에서 살펴본 바와 같이 해사 산업(maritime business)은 시간의 흐름에 의한 일정 주기가 존재하지만, 핵심요소는 해운 산업(shipping business)에 의한 단기 산업주기 요소라고 할 수 있다. 즉, 이는 시장에 참여하는 개별 참여자들의 집합적 행태를 의미하는데, 확장기에는 단기 산업주기 요소와 함께 미래에 대한 긍정적 기대로 집단적 확장현상을 보인다. 이후 확장 상태의 최고점을 벗어나게 되면 앞서 이루어진 집단 확장의 결과로 과잉 공급이 이루어지고, 결국 일정 기간 수정 국면에 진입하게 된다. 물론 이러한 수정 국면이 장기화되면 소규모의 회복기가 나타나기도 한다. 이러한 과잉 공급이 여러 이유로 해소되면 다시 확장주기가 시작되게 된다.

1.2 시장의 구성

한 척의 선박이 제공할 수 있는 서로 다른 재화 혹은 상품을 기준으로 선박 소유 주체가 참여할 수 있는 시장은 **그림 16-2**에 나타낸 것과 같이 다음의 4개로 구분할 수 있다.

- 새로운 선박을 발주하기 위한 신조선 시장(new building market)
- 보유 선박의 용선 및 운임을 거래하기 위한 용선 시장(freight market)
- 기존 선박 매매를 위한 중고선 시장(sale & purchase market)
- 보유 선박을 최종적으로 처분하기 위한 해체 시장(demolition market)

선박을 소유한 시장 주체는 대부분 선주 혹은 선사이며, 4종류의 시장과 모두 밀접한 관계를 유지하고 있다. 예를 들어, 용선 시장에서의 운임이 급증하면 단기적으로는 중고선 시장을 거쳐 신조선 시장 그리고 해체 시장까지 그 영향을 미친다. 다시 말해, 선박이라는 상품을 매개로 각각 다른 시장 주체로부터 수입이라는 재화가 교환되는 것이다. 결국 4종류의 시장에서 이루어지는 수입의 형태와 양에 따라 해운 시장의 수요주기도 변화하게 된다.

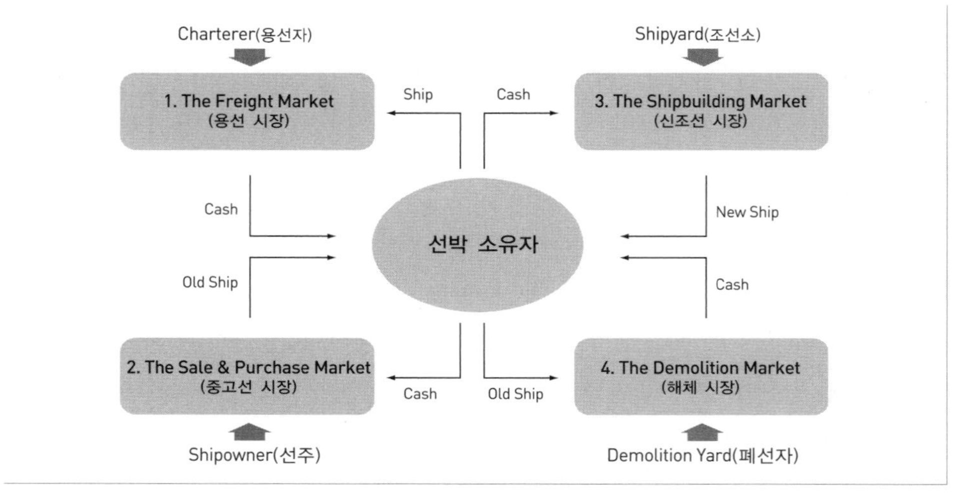

그림 16-2 선박의 시장 구성

최근에는 화주의 요구, 그리고 선물 거래와 같은 금융의 이동이 더욱 복잡해지고 다변화되면서 보다 세분화된 시장이 출현하고 있다. 이러한 시장들의 특성이 기존의 것과는 다른 듯하지만 결국 해운 물동량 확보를 중심으로 한 시장 메커니즘은 동일하다고 할 수 있다.

2. 선박 수명의 판단

2.1 선박의 요구 수명(물리적 수명)

지난 수십 년간 해상 물동량 수요를 만족시키기 위한 선복량의 증가로 시장의 투자가 확대되었다. 이로 인해 선박의 경제적 수명을 연장하기 위한 조선소의 건조 기술도 중요한 변수로 자리 잡게 되었다. 선체구조물은 선박 운항 중 예측되는 모든 하중에 견딜 만한 강도와 강성을 보유하는 실체라고 할 수 있다. 또한 그 실체의 정도가 내구성, 즉 선박의 물리적 수명을 의미한다.

선박의 대형화 추세와 함께 새로운 화물 운송에 따른 신 선종이 등장하면서 기존 실적선 자료를 바탕으로 경험식 위주의 선체 강도 및 강성을 결정하던 방법은 한계에 도달하게 되었다. 선박이 대형화되면 종 강도뿐만 아니라 비틀림 강도, 횡 강도 및 국부 강도에 대한 해석과 보강이 필요하게 된다. 예를 들어, 컨테이너선에서는 갑판에 크게 열려져 있는 곳이 있으므로 비틀림 강도의 해석이 반드시 뒤따라야 한다. 따라서 기존 경험식 위주의 해석 이외에도 최적화된 선체구조물 해석을 위한 직접 강도 계산과 함께 해양파의 통계적 이론을 바탕으로 한 선체를 구성하는 주요 부재의 치수 산정방법들이 선체구조 해석 및 설계에 적용되고 있다.

최적 선체구조의 일반적 해석 원리는 표준 파도를 만날 때 길이 방향의 굽힘으로 인한 인장 혹은 압축 응력을 직접 계산하여 크기로 허용 여부를 판단하는 것이다. 이 계산은 보 이론(beam theory)에서 쓰이는 직접 응력을 구하는 보 공식을 선체 거더에도 적용할 수 있다는 가정하에 이루어진다. 하지만 종 강도 부재의 두께는 종 굽힘 상태에서 직접 받는 응력의 크기 외에 부식 등에 의한 강재 소모의 허용 한계를 최종 부재 두께에 더해주어야 한다. 즉, 선체구조 부재의 최종 두께는 일반적으로 이론해석에 의한 요구치에 부식 등의 운

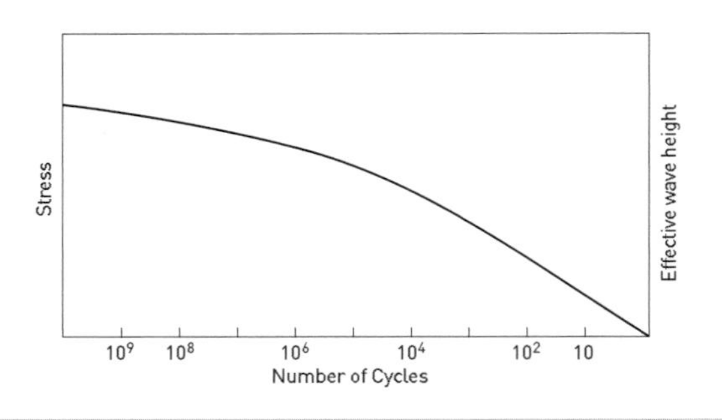

그림 16-3 선박 설계수명 결정을 위한 확률 수준 접근

항 중 소모로 인한 허용 가산치의 합으로 정해지게 된다.

한편, 국제해사기구(IMO)는 선박의 구조적 결함에 의한 최근의 크고 작은 해양사고의 근본적 해결 필요성을 인식하게 되었다. 결국 제90차 이사회(C90, 2003년 12월)부터 선박의 수명주기 동안 확보해야 할 안전 목표(Safety Goal) 및 기능 요건(functional requirement)의 설정을 담은 신개념 선박구조 기준(GBS, Goal Based Standards for new ship construction)에 대한 전략 작업을 진행하였다. 이후 관련 규정은 제87차 해사안전위원회(MSC87, 2010년 5월)를 통해 최종 승인 및 채택이 이루어졌으며, 2016년 7월 1일 이후 건조 계약되는 150m 이상의 산적화물선 및 탱커에 우선적으로 적용되게 되었다.

이 새로운 기준의 최상위 개념에 해당되는 목표에는 선박의 특정 설계수명을 운항, 환경 조건과 부식 환경 등을 결정하기 위한 주요 설계인자로 규정하고 있다. 또한 목표를 달성하기 위한 구체적 요건에는 이를 25년으로 정하고, 이에 대응하는 환경 조건은 북대서양 해상 상태를 근거로 **그림 16-3**과 같은 조건을 제시하고 있다. 즉, 설계수명 25년이라는 특정값은 선체 최종 강도 분석에 쓰이는 최대 기대하중 등의 여러 하중 계산은 물론 예상 피로수명 및 부식으로 인한 강재수명 등을 결정하기 위한 입력요소로 쓰이게 된 것이다. 물론 실제 선박의 운항기간은 운항 조건 및 유지 보수에 따라 이보다 길어지거나 짧아질 수 있다.

2.2 선박의 기대수명(경제적 수명)

선박이 건조된 후 실질적 운항 또는 영업 활동을 통해 선주 혹은 용선자에게 항구적인 경제적 이익을 제공할 수 없는 시점까지의 기간을 경제적 수명이라고 할 수 있다. 선박의 경제적 수명을 결정짓는 중요한 요인들로는 유지 보수, 시장 상황, 용선 정책, 기술적 진보 및 진부화, 폐선 가치 및 규제적 입법 등을 들 수 있다.

1970년대 유조선과 산적화물선의 평균 경제수명은 각각 15년, 20년이었다. 그러나 1980년대 들어 건조 기술 및 유지 보수 관리 기술이 향상되면서 1980년대 후반에는 각각의 경제적 수명이 25년, 30년으로 늘어났다. 중고선의 잔존수명은 당연히 신조선보다 짧아 수익을 내는 기간이 단축된다. 또한 선박의 가격 상승에 따른 자본이익을 얻을 수 있는 기간이나 폐선의 잔존 가치의 증가에 따른 이익을 얻을 수 있는 기간도 짧다. 반면 신조선을 매입하면 선박의 기대수명이 매우 길 것으로 생각할 수 있으나, 오히려 유지 보수가 잘된 중고선이 상태가 나쁜 신조선보다 수명이 더 긴 경우도 예상할 수 있다.

신조선의 경우 초기에 대규모 자금을 투자해야 하는 것은 물론이지만 신조선을 매입하기 위해서는 상대적으로 단순한 중고선의 매입보다 해운 산업 환경의 특성을 파악하고 분석하기 위한 노력이 필요하다. 즉, 신조선 계약과정, 건조 및 인도 시점까지의 절점 관리 및 시차, 복잡한 자금 조달 메커니즘 등은 초기 시장 참여자에게는 또 다른 시장 장벽으로까지 확대될 수 있다. 따라서 신조선을 발주하는 선주들은 일반적으로 시장 진입 단계가 확장 상태에 있어 선박을 경제적 수명이 다할 때까지 사용하거나 아니면 기존의 관행에 기초하여 일정 시점이 지나면 매각 또는 폐선을 하게 된다.

예외적으로 시장이 불황일 때 신조선 계약을 하고 서서히 시황이 호전되는 상황에서 신조선을 인도받아 이를 바로 매각하여 이익을 얻는 투기적 신조선 계약도 존재한다. 반면 중고선을 매입하는 경우에는 신조선의 경우보다 해운 산업의 몰입 정도가 낮다.

물론 기존 시장 진입자들의 필요에 의해 장기적 관점에서 중고선을 매입하는 경우가 다수이지만, 상대적으로 매입하기가 쉽다는 점에서 또 다른 투기자본이 참여하기도 한다. 즉, 단기에 선박가격이 급격히 오를 것을 기대하고 투자를 하는 투기적 선박 매입은 중고선을 대상으로 하는 경우가 대부분이다. 신조선의 경우에는 발주하기 전에 철저한 신조선 계획을 검토해야 하지만, 중고선 매입의 경우에는 일정한 수량의 선박 매입에 대한 검토만 요구되므로 선박 매입에 대한 의사 결정이 비교적 쉽게 이루어질 수 있다.

2.3 선박의 실제수명

선복량에 기초한 운항 선박의 선령을 살펴보면 최근 수년간 새롭게 시장에 진출한 신조선의 물량 증가와 함께 세계 금융 위기 여파로 인한 해체선박의 급증으로 선령 감소 추세가 이어지고 있다. 특히 화물 적재 능력을 기준으로 한 선령 감소세가 두드러지게 나타나고 있다. 이는 최근 인도된 선박의 대형화를 의미한다. 실제로 최근 인도된 선박의 평균 화물 적재 능력은 1990년에 비해 6배 가까이 증가했다.

2010년 1월을 기준으로 주요 선종별 평균 선령을 정리한 **표 16-1**을 보면, 컨테이너선이 10.6년으로 가장 적고, 이어 산적화물선(16.6년), 탱커(17.0년), 일반 화물선(24.6년) 및

표 16-1 주요 선종별 평균 선령 현황 (2010년 1월 기준)

구분		0-4년	5-9년	10-14년	15-19년	20년+	평균 선령		증감
							2010년	2009년	
Bulk carriers	Ships	19.0	16.0	14.2	10.8	40.1	16.58	17.22	-0.64
	dwt	25.2	19.4	15.7	12.4	27.4	13.77	14.27	-0.50
Average vessel size(dwt)		74,809	68,046	62,375	64,563	38,537			
Container ships	Ships	31.3	21.7	20.9	12.8	13.3	10.56	10.92	-0.37
	dwt	38.9	26.0	17.2	9.5	8.4	8.72	9.01	-0.29
Average vessel size(dwt)		44,701	43,151	29,644	26,579	22,653			
General cargo	Ships	9.6	8.0	9.1	11.1	62.3	24.63	24.44	0.18
	dwt	16.1	9.8	13.5	9.8	50.8	21.40	22.12	-0.72
Average vessel size(dwt)		8,260	6,083	7,372	4,391	4,043			
Oil tankers	Ships	24.2	16.0	10.7	12.0	37.1	17.03	17.55	-0.52
	dwt	31.8	28.2	16.7	13.0	10.2	10.13	10.72	-0.59
Average vessel size(dwt)		55,138	74,066	65,636	45,454	11,514			
Other types	Ships	9.2	9.3	9.1	8.7	63.8	25.33	25.26	0.07
	dwt	28.3	14.1	11.3	8.4	37.9	17.47	18.24	-0.77
Average vessel size(dwt)		4,923	2,444	1,980	1,548	953			
All ships	Ships	12.7	10.8	10.2	9.9	56.4	22.93	23.00	-0.07
	dwt	28.8	22.2	15.8	11.7	21.5	13.35	13.97	-0.62
Average vessel size(dwt)		28,401	25,665	19,266	14,799	4,764			

*출처 : Review of Maritime transport 2010(UNCTAD), 2010년 12월

기타 선박(25.3년)을 나타내고 있다.

이를 2010년 기준으로 국가별, 즉 선진국, 개발도상국, 체제 이행국 및 개방 치적국으로 세분화해서 살펴보면 개방 치적국이 보유하고 있는 선복량의 평균 선령이 16년 이하로 가장 적다. 또한 이들 중 약 25%가량은 5년 이내에 인도된 선박들로 구성되어 있다. 이는 개발도상국의 15%, 선진국의 10% 그리고 체제 이행국의 8%에 비해서도 현저히 높은 비중을 보이고 있다.

최근의 선박 해체 현황을 살펴보면, 2009년 1월 기준으로 100GT 이상, 선복량은 척수 기준으로 9만 9,741척을 기록했다. 또한 이 해에 새로 인도된 선박은 3,658척, 해체된 선박은 1,205척으로 2010년 1월 현재 전체 선복량은 전년 동월 대비 2.5% 증가한 10만 2,194척을 기록하고 있다.

선박 해체 혹은 재활용 시장은 신조선 시장에 비해 매우 변동적인데, 이는 선박 최종 소유자의 의사 결정이 시황에 따라 예측 불가능하게 이루어지고 있음을 의미한다. 즉, 해상 물동량과 운임의 변화에 따라 해체 시장의 굴곡이 나타나며, 이는 결국 해체 시장에서

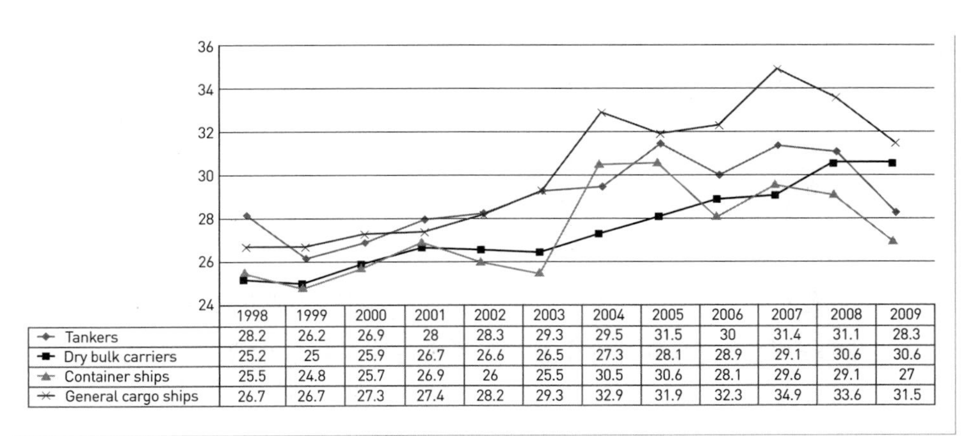

	1998	1999	2000	2001	2002	2003	2004	2005	2006	2007	2008	2009
Tankers	28.2	26.2	26.9	28	28.3	29.3	29.5	31.5	30	31.4	31.1	28.3
Dry bulk carriers	25.2	25	25.9	26.7	26.6	26.5	27.3	28.1	28.9	29.1	30.6	30.6
Container ships	25.5	24.8	25.7	26.9	26	25.5	30.5	30.6	28.1	29.6	29.1	27
General cargo ships	26.7	26.7	27.3	27.4	28.2	29.3	32.9	31.9	32.3	34.9	33.6	31.5

그림 16-4 선종별 해체 선령

의 강재 재활용 가격으로 나타나게 된다. 시황 악화로 운항 수요가 급격히 줄어들기 시작한 지난 2008~2009년의 강재 재활용 가격을 살펴보면, 200달러/ton에 머물러 수년 전의 650달러/ton에 비해 현저히 하락했음을 알 수 있다. 하지만 2010년 이후 시황이 다소 회복되면서 400달러/ton을 유지하고 있다.

선박 해체 선령은 30~35년 사이가 가장 많이 차지하고 있으며 선령 18년 이하의 선박은 거의 해체되지 않고 있다. 또한 40년 이상의 선령을 가진 선박이 운항 중인 경우도 더러 있기는 하다. 하지만 최근 선박 건조 기술 및 유지 보수 관리 기술의 발달로 점점 선주의 해체 선령이 **그림 16-4**에서 보는 것과 같이 증가하는 추세이다.

최근 산적화물선 및 컨테이너선의 해체율이 2009년 기준 전체 해체량의 각각 23%를 차지하고 있으며, 이어 자동차 운반선 15% 그리고 탱커가 13%를 차지하고 있다. 탱커와 산적화물선의 경우에는 1970년대 건조된 선박의 해체율 증가와도 밀접한 관계를 보이고 있다. 반면, 컨테이너선의 경우에는 2009년 해체량이 급격히 증가하였다. 하지만 비교적 1980년대 이후 등장하여 전체 컨테이너 선복량에 비해 차지하는 비중은 크지 않으며, 일반 화물선의 경우 다른 선종에 비해 해체 비율이 낮은 편이다. 현재의 선복량에는 심지어 1960년대 건조된 선박들도 보이고 있다.

2.4 선박수명 전 과정 평가

최근 지구 환경문제가 국제적 이슈로 등장하면서 선박 설계도 '요람에서 요람까지 설계(C2C Design, Cradle to Cradle Design)'를 지향하여 선박의 설계에서부터 건조, 운항, 폐선과 재활용에 이르는 전 과정 평가(LCA, Life Cycle Assessment)가 추진된다.

선박 수명의 전 과정 평가는 환경 평가 시스템으로서 현재 유럽과 일본을 중심으로 연구되고 있으며, 국제적인 표준이 추진되고 있다. 건조 부문 평가는 선종, 구조, 기능, 주기관, 선체 중량 등 정보를 기반으로 한다. 또한 운항 부문 평가는 재하중량, 사용연수, 선체 도장 횟수 및 주기관 교환 횟수를 나타내는 선박 유지 보수 계획과 항로, 항해시간, 속도, 항해거리 등을 나타내는 항해 계획을 기반으로 한다. 그리고 해체 부문 평가는 해체 시 분리되는 자재와 해체에 필요한 에너지 및 부품 등에 관한 정보를 기반으로 하고 있다.

선박에 있어서 환경 부하 항목은 소비자원으로서는 석탄, 원유, LNG, 천연가스, 원목, 철광석, 유리 원료 및 보크사이트이다. 또한 배출물로는 스티렌모노머, 고형 폐기물, 강재 스크랩 및 운항 중 발생되는 슬러지 등이다.

1) 건조 단계 LCA

선종별 건조 공정의 흐름을 분석하고, 각 세부 단계별로 선박을 건조하기 위해 사용되는 에너지, 소재, 부품과 배출되는 배출물 또는 폐기물의 항목과 양을 표로 나타낸다. 이러한 데이터를 바탕으로 에너지, 소재, 부품의 제조에 관한 인벤토리(inventory) 데이터를 구한다. 이 과정에서 각종 전 과정 평가 지원 데이터베이스가 적용된다. 일반적으로 모든 소비자원과 배출물들을 고려할 수 없으므로 대상 자원 및 고정 폐기물 등에 대한 데이터만 계산한다. 이와 같은 데이터 분석을 통하여 건조 공정의 각 단계별 산업적 입출력(프로세스량)과 환경적 입출력(환경 부하 항목) 과정을 해석할 수 있다.

2) 운항 단계 LCA

선박의 운항 단계에서도 건조 단계와 마찬가지로 먼저 선종별 운항과정의 흐름을 분석한다. 이러한 과정에는 운항 항로 및 일정, 도장이나 주기관의 교환 등 유지 보수에 대한 내용이 포함된다. 이러한 데이터를 바탕으로 선박의 운항 세부 과정에 대한 인벤토리 데이터를 구한다. 이와 같은 데이터 분석을 통하여 운항과정의 각 단계별 산업적 입출력(프로세스량)과 환경적 입출력(환경 부하 항목) 과정을 해석할 수 있다.

3) 해체 단계 LCA

해체 단계의 인벤토리 분석을 위해서는 먼저 입력물과 출력물에 대한 항목을 정리한다. 즉, 선박을 해체하면서 회수할 수 있는 폐기물(널빤지, 강재 스크랩 등)의 인벤토리를 분석한다. 이때 함께 배출된 고형 폐기물 등의 인벤토리도 분석한다. 그리고 해체 단계에서 수행되는 작업들과 그 흐름에 대해 조사한다.

마지막으로 위의 단계를 거치면서 전 과정 평가의 진행 결과에 대한 문제점이나 과제를 도출한다. 미래에는 선박 수명 중 경제성, 효율성 및 법과 규제에 의한 인벤토리 분석과 평가에 따라 선박의 수명이 직접적인 영향을 받게 될 것이다.

3. 조선 기술의 전망

3.1 미래 조선 기술의 발전 방향

중장기적으로 예상되는 미래 조선 기술은 온실가스 저감을 위한 친환경 기술, 심해 에너지자원 개발 기술, 해양 안전 확보 기술과 해양 대체에너지 기술 등이 중심이 될 것이다. 또한, 북극권 항로 개척에 따른 조선 기술도 지속적으로 발전될 것이다.

선박 기술에 국제적인 영향을 주는 UN 산하의 국제해사기구(IMO)는 최근에 지속적으로 선박과 해양구조물의 환경 및 안전과 관련된 규제를 더욱 엄격하게 강화하고 있어 미래 조선 기술의 개발에 지대한 영향을 줄 것으로 예상된다.

IMO 산하 해양환경보호위원회(MEPC, Marine Environment Protection Committee)는 선박 온실가스 배출량 감축을 위한 기술, 운항 및 시장 기반 조치를 개발하고 있다. 또한, IMO 산하 해사안전위원회(MSC, Maritime Safety Committee)는 모든 선박에 적용할 SLA(Safety Level Approach) 기반 Generic GBS(Goal Based Standard)의 제정 작업을 추진하고 있다.

현재 범세계적으로 추진되고 있는 지속 성장 가능한 기술 부문은 환경, 생물학, 정보, 안전 등으로 미래의 조선 기술의 발전 방향도 이와 궤를 같이 하고 있다. 즉, 다음의 4개 분야인 차세대 선박 기술, 친환경 기술인 녹색선박(green ship) 기술, 친환경 녹색 물류 기술, 글로벌 공급사슬 관리(SCM) 시스템에서의 해운물류와 물류 보안 기술 분야가 발전할 것으로 전망된다.

차세대 선박 기술은 **표 16-2**에 나타낸 것과 같은 중점적으로 개발해야 할 핵심 기술로 구성된다. 즉, LNG · CNG 운반선 핵심 기술, 고성능 선박 기술, 선박 설계 및 건조 시스

표 16-2 차세대 선박 기술의 주요 추진 내용

구분	주요 추진 내용
LNG 운반선 핵심 기술	• LNG 이송 및 추진 장치 기술 • LNG 저장 제어 기술
CNG 운반선 핵심 기술	• CNG 고속 충전 및 하역 시스템 기술 • CNG 대형 화물창 및 압축용기 설계 기술
고성능 선박 기술	• 초대형 컨테이너 선박 • 크루즈(Cruiser)선 • 빙해선박 • 근해 운송(Short Sea Shipping) 선박
선박 설계 · 건조 시스템 기술	• 조선 PLM 기술 • 친환경 건조 기술 • 생산성 향상 자동화 기술 • 목적 기반 선박 건조 기술(GBS, Goal Based Standard) • 해운 안전용 특수 구조 설계 등
해양 복합플랜트 기술	• 부유식 석유생산 시스템(FPSO, Floating, Production, Storage & Off-Loading) 기술 • 해양 LNG 터미널(FSRU, Floating, Storage & Re-gasification Unit) 기술

템 기술 및 해양 복합플랜트 기술 등이며 주요 추진 내용을 표에 함께 표기하였다.

녹색선박 기술의 경우는 지구 온난화의 주원인이 되고 있는 화석에너지의 오염원에 대한 IMO의 MEPC의 배출량 감축 규제 조건에 의거, 배출 저감 기술과 대체에너지 기술 등이 핵심 기술이다. 그리고 녹색 물류 기술은 물류 활동에서 투입 자원과 배출량을 극소화하는 시스템 기술로, 해운에서는 엔진 배기가스와 선박 수선 하부의 도료 및 선박에서 배출되는 쓰레기, 빌지 등 각종 환경오염원의 저감 기술이 핵심 기술이다.

물류 정보 기술과 안전 관리 기술로 구성된 해운 물류 기술은 공급자 사슬(SCM, Supply Chain Management)의 안전 관리, 정보 보안 관리 시스템으로서 생물 측정학 기술, 컨테이너 보안 봉인 기술 등의 주요 기술을 포함하고 있다. 물류 정보 기술은 통합 물류 구축을 위한 주요 기술로서 컴퓨터간 육해공 물류 정보 교환 기술(EDI, Electronic Data Interchange), 물류 정보 창구 단일화 개념(SWC, Single Window Concept), 화물의 식별, 분류 및 마킹 기술, 화물 추적 기술 등을 포함하고 있다.

안전 관리 기술의 대상 범위는 해상 테러리즘, 범죄, 자연재해, 사고, 해상오염, 전염병 등으로서 이에 대한 구분은 **표 16-3**과 같다. 향후 조선 기술은 IT를 기반으로 한 기술 개발에 과감하고 지속적인 투자를 함으로써 조선해양 기술의 혁신이 지속적으로 이루어져 나갈 것이다. 또한 인력 양성 사업에도 과감하게 투자하여 미래 조선 기술을 이끌어갈 차세대 인재 양성이 업계 차원에서 전략적으로 추진되어갈 것이다.

표 16-3 해운 안전 관리 기술의 대상 범위

안전 관리 대상 범위	안전 관리 기술				
	Security	Safety	D&H	Environment	Spec. Proj.
Terrorism	●				
Crime	●				
Natural Disaster		●			
Accidents		●	●		
Pollution			●	●	
Epidemic					●

* D&H : Dangerous & Hazardous Cargo
* Spec. Proj. : Special Project : SARS, 신종 플루, 구제역 등 전염병

3.2 녹색선박 기술

3.2.1 국제해사기구의 온실가스 배출량 규제 동향

국제해사기구(IMO)의 연구보고에 의하면 전 세계 선박의 연간 이산화탄소 배출량은 2007년 기준 총 10억 톤으로 전 세계 이산화탄소 배출량인 300억 톤의 약 3.3%를 차지하고 있다. 산업별 이산화탄소 배출량에 대하여서는 **그림 16-5**에 나타낸 것과 같다고 국제해사기구가 평가하였다.

1997년 채택된 교토의정서 2.2조에 따라 선박 온실가스문제는 국제해사기구에 위임된 이후 제57차 해양환경보호위원회(MEPC, Marine Environment Protection Committee) 회의에서 본격적으로 논의되었다. 이후 제60차 회의에서는 협약 초안을 검토하고 감축 목표를 협의했으며, 2012년 하반기에 발효가 예상된다.

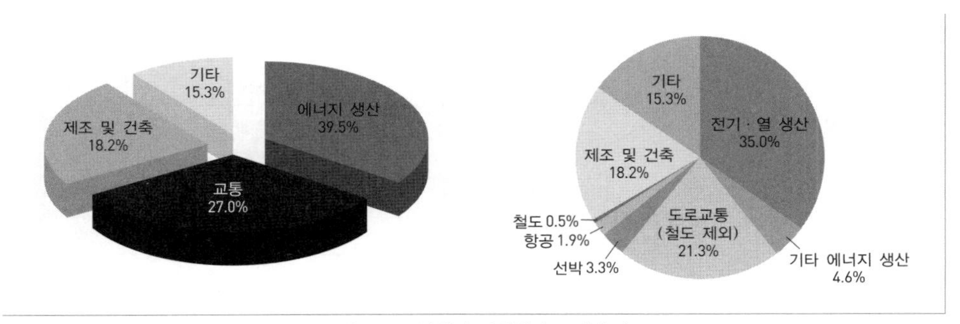

그림 16-5 산업별 이산화탄소 배출량
(출처:IMO/MPEC 59th session, Prevention of Air Pollution from Ships, April, 2009)

1) 국제해사기구의 규제 조치

국제해사기구는 선박 온실가스 배출량 감축을 위한 기술, 운항 및 시장 기반 조치를 개발 중이며 그 내용은 **표 16-4**와 같다.

기술적 조치인 에너지 효율 설계지수(EEDI)는 신조 선박에서 설계 조건과 시운전 결과를 근거로 계산된 선박의 예상 배출량을 기준하여 산출된 EEDI가 요구 EEDI를 만족하지 못할 경우, 선박의 운항을 금지시키는 요건이다. 또한 2011년 IMO MEPC에서 제정된, **그림 16-6**으로 제시된 이 요건은 2013년부터 국제협약으로 강제화될 것이 확실하다.

운항적 조치(SEEMP, EEOI)와 시장 기반 조치(MBM)는 강제 요건은 아니지만 실질적인 강제 요건이 될 가능성이 높다.

- SEEMP : 선박의 에너지 효율을 자체적으로 관리하는 문서화된 업무 체계
- EEOI : 운항선의 실제 배출량 계산방법 및 관리 체계
- MBM : 선박에 대한 탄소세, 배출권 거래제, 차등 탄소세 등 논의 중

표 16-4 IMO의 선박 온실가스 배출량 감축 조치사항

규제 방법	적용 기술	대상선	진행 현황
기술적 조치 에너지 효율 설계지수 (EEDI)[1]	에너지 효율 향상 기술 엔진 및 배기가스 처리 신재생에너지 및 차세대 동력원	신조선	강제화 추진 MARPOL 부속서 6 개정 (MEPC 62 개정 추진)
운항적 조치 에너지 효율 관리 계획서 (SEEMP)[2]	에너지 효율 관리 기술 (Best Practices)	신조선/ 현존선	자발적 참여 MARPOL 부속서 6 개정
운항적 조치 에너지 효율 운항지표 (EEOI)[3]	효율적 운항 기술 및 지표 (Operational Indicator)	신조선/ 현존선	자발적 참여 MARPOL 부속서 6 개정
시장 기반 조치 (MBM)[4]	탄소 배출권 거래제(ETS) 탄소세-기금(Bunker Levy)	신조선/ 현존선	별도 협약 추진

1 Energy Efficiency Design Index
2 Ship Energy Efficiency Management. Plan
3 Energy Efficiency Operation Indicator
4 Det Norske Veritas, Pathways to low carbon

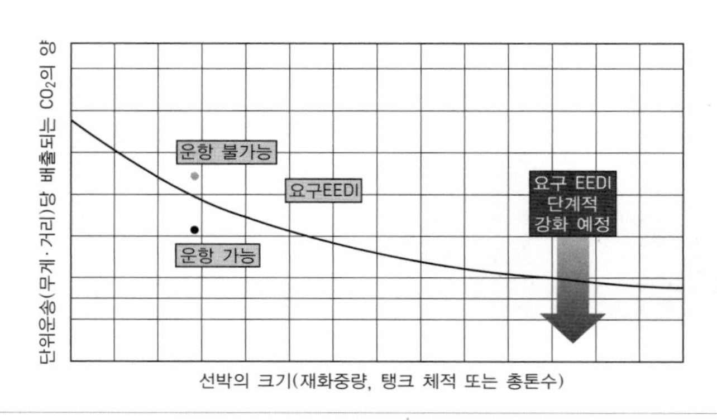

그림 16-6 IMO EEDI 요건의 개념도

3.2.2 선박 및 해운의 환경 영향과 친환경 기술 현황

선박이 배출하는 이산화탄소는 이미 **그림 3-5**와 **그림 16-5**에 나타낸 것과 같이 도로 수송이나 철도 수송보다 훨씬 적은 것으로 IMO의 연구보고서에 밝혀져 있다. 그러나 IMO의 연구보고에 따르면 전 세계 온실가스(GHG, Green House Gas) 배출량 중 선박의 이산화탄소 배출량은 전체의 3~5%를 차지하며, 이산화황 배출량은 전체의 4~8%, 질산화물은 전체의 15%를 차지하는 것으로 조사되었다.

따라서 IMO의 환경 규제에 따라 해운사와 조선소는 고도의 환경 표준을 만족해야 한다는 국제적 압력을 받고 있다. 선박의 환경오염원은 추진기관과 발전기 등 각종 엔진의 연료 및 윤활유와 밸러스트, 빌지, 위생 시스템 등 선박에서 배출되는 오폐수 등이다.

이러한 환경오염을 극소화하기 위해 현재 세계적으로 개발되고 있는 녹색선박의 기술 분야는 에너지 절감과 추진 시스템 효율 향상이라 할 수 있다. 에너지원으로 바이오디젤(Biodiesel), 풍력 및 태양력(Wind and Solar power), 액화천연가스(Liquefied Natural Gas)를 채택하며 공기 윤활(Air lubrication) 방식을 도입하여 저항을 절감하는 등 에너지 절감형 선형 설계에 힘을 기울이고 있다.

1) 에너지 절감과 추진 시스템 개선

에너지 절감은 환경오염원과 운영 원가 절감이라는 일거양득의 효과가 있으며, 탄소 배출의 규제에 의한 에너지 저감 기술의 개발은 향후 지속적으로 추진해야 할 과제이다. 현재 추진되고 있는 에너지 저감 기술은 속도 감속 방안, 배기 시스템의 필터 적용, 조류 이용 방안, 바이오 디젤 이용 방안 등이다. 추진 시스템 개선으로서는 광전지 패널 설치, 풍력 이용, 선체의 공기 윤활(air lubrication) 및 선체 형상 개선 등이다.

2010년 노르웨이 선급(DNV, Det Norske Veritas)의 연구보고에서는 2030년 전 세계 선박의 에너지 사용에 따르는 연간 예상 배출량을 15억 3,000만 톤으로 추정하고 있다. 보고서에 따르면 연간 100만 톤의 발생을 저감시키는 것을 목표로 하였을 때 가능한 저감 기술 부문별 감소량을 횡축에 표기하고 해당 기술별로 톤당 감소를 위한 비용은 종축에 표시한 내용이 **그림 16-7**이다.

그림에서는 2030년 연간 예상 배출량을 15억 3,000만 톤으로 예상하였으며 연간 100만 톤의 CO_2 발생을 저감시키려 하였을 때 각 기술 부문별 기대되는 감소량을 막대그래프의 폭으로 표시했다. 또한, 각 부문별 톤당 감소를 위한 비용은 좌측에서 우측으로 증

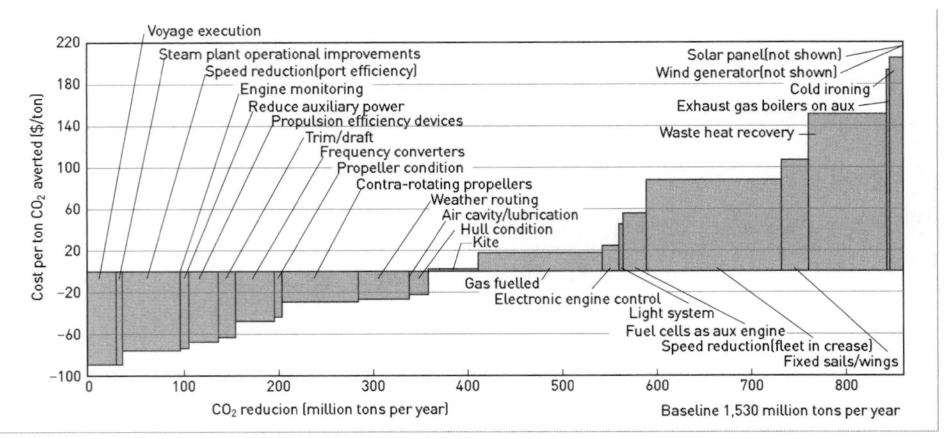

그림 16-7 2030년 전 세계 선박의 에너지 저감 기술 부문별 감소량 및 소요비용

가하는 것을 높이로 나타내고 있다. 이 보고서는 2030년 이후에야 상용화가 예상되는 생물연료(bio-fuel) 및 수소연료는 제외하고 있다. 이 보고서에서는 감소 효과가 가장 큰 부문은 운항속도 감소, 상반 회전 프로펠러 채택, 돛이나 연을 활용한 풍력 이용, 청정 가스 연료 사용으로 발생 억제, 폐기물 소각에너지 이용(waste heat recovery) 등으로 예상하고 있다.

결론적으로 2009년 전 세계 선박의 CO_2 배출량인 9억 2,500만 톤을 2030년까지 증가 없이 유지하려면 매년 40%의 CO_2가 감소되어야 하며, 감소비용은 톤당 35달러가 요구될 것으로 예상하고 있다.

2) 바이오디젤

바이오디젤은 디젤엔진에 사용되는 생물연료로 식물성 기름과 동물성 기름으로 제조된다. 바이오디젤은 자동차 제작사가 실험을 했으며 그 결과 온실가스, 이산화황은 감소되었으나 질산화물(NOx)은 오히려 증가한 것으로 나타났다. 바이오디젤의 사용은 역시 경제성 문제인데 국제 유가가 급등하거나 바이오연료용 식물 수확이 증가하게 되면 선박의 바이오디젤 사용이 실현될 것으로 예상된다.

3) 풍력 및 태양력

범선은 수백 년 동안 선박의 동력으로 사용되었으며, 최근 풍력은 친환경에너지로 다시 부활하여 대형 돛 또는 연을 이용한 선박이 출현하고 있다. 2008년 컴퓨터로 조정되는 연을 장착한 Beluga Sky Sails 호의 경우 연평균 35%까지 연료가 절감될 것으로 예상하고 있다. 이에 반해 태양에너지는 새로운 선박의 에너지로 떠오르고 있으며, 소형선에는 일부 사용되고 있으나 아직 대형 화물선까지 상용화되지는 않고 있다. 현재 대형 화물선을 위한 광전지 패널 적용실험은 추진되고 있으나 실용화까지는 다소 시간이 걸릴 것으로 예상된다.

4) 액화천연가스

액화천연가스는 근해 운송(short sea shipping) 및 내륙 수운(inland water shipping)에서 발생되는 오염물질 배출 절감에 효율적이다. LNG를 연료로 사용하면 모든 황산화물(SOx)이 제거되며, CO_2는 20%, NOx는 80% 각각 저감된다. 그러나 LNG 사용에 가장 장애가 되는 점은 저장 탱크 문제이다. 동일 에너지 조건에서 LNG 탱크의 용량은 일반 벙커 연료 저장 탱크 용량보다 배 이상 커야 하기 때문이다. 또 다른 문제점은 항만에 LNG 연료 공급시설의 설치문제가 있다.

5) 공기 윤활 시스템

공기 윤활(air cavity)은 선박이 항해할 때 물과의 마찰 부분에 **그림 16-8**과 같이 공기를 불어넣어 선체의 저항을 감소시키려는 것으로 상용화가 시도되고 있다. 공기 윤활 시스템은 화물선 선저의 약 80%를 차지하는 평평한 바닥(flat bottom) 부분에 공기를 강제로 주입하여 마찰저항을 감소하여 약 15%의 연료를 절감할 수 있을 것으로 기대하고 있다.

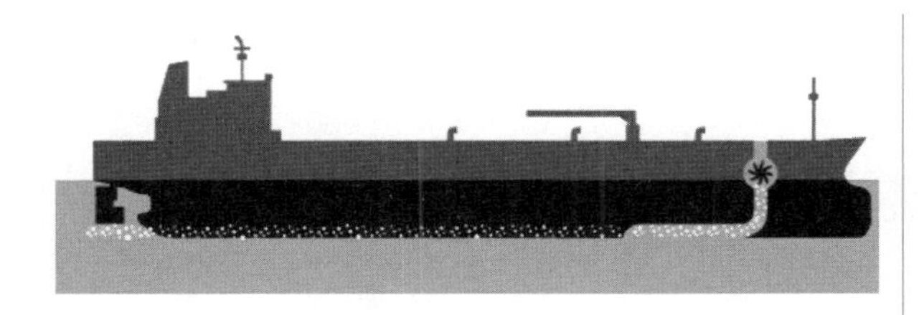

그림 16-8 공기 윤활 시스템

6) 선형 설계

대체 연료와 동력의 개발과 함께 조선소에서는 에너지 효과가 높은 선체 형상 설계 기술을 개발하고 있다. 즉, 선체저항 및 조파저항의 최소화로 최대의 에너지 효과를 얻도록 선체 형상을 개발하는 기술이다. 이러한 기술 개발에는 전산 수치 유체역학과 같은 전산 기술의

그림 16-9 X-bow Ship

도움이 크게 기여할 것으로 기대된다. 그리고 각 선체 형상에 대한 해상 상태별 저항 성능 추정에 컴퓨터 시뮬레이션 기법이 활용되어 정성적 성과를 거둘 수 있을 것으로 기대된다. 또한 선체 형상별 안정성, 안전, 소음 및 진동 등 기타 요소들의 최적화에도 활용될 것이다.

예를 들면, **그림 16-9**에서 보는 것과 같이 X-bow 선박은 악천후에서 조파저항을 크게 감소시키고 약 7~16%의 연료 절감 효과가 있는 것으로 기대하고 있다.

3.2.3 저탄소 녹색선박 기술

저탄소 녹색선박의 기술은 크게 3가지 기술, 즉 선박 개념 설계 기술, 기자재 개발 기술 및 차세대 동력원 활용 기술로 분류되며 세부 기술체계는 **표 16-5**와 같다.

표 16-5 저탄소 녹색선박 기술 분류

선박 개념 설계 기술	기자재 개발 기술	차세대 동력원 활용 기술
• 전기 추진 선박	• 초전도 발전기 · 모터 · 인버터/지능형 전력 제어	• 태양광 발전, 풍력 활용
• 신개념 선형 · 추진장치	• 배기가스 처리(WHRS, SCR)	• Li-Ion Battery
• 운항 자동화 및 최적화	• 친환경 엔진(LNG 등)	• 연료전지

선박 개념 설계 기술은 전기 추진 시스템, 차세대 동력원 등 신기술을 활용하여 온실가스 배출을 최소화한 기술이다. 또한 녹색선박 기자재를 장착하여 최적 운항 성능을 유지하면서 다양한 분야의 기술을 종합하는 시스템 종합화 기술과 신개념의 선형 및 추진 장치를 설치하기 위한 플랫폼 설계 기술이 포함된다.

기자재 개발 기술은 저탄소 추진 동력 또는 배기가스 저감 기술로 다음 기술이 포함된다.

- 초전도 기술을 적용한 고효율 초전도 발전기, 추진 전동기, 인버터 등 차세대 전기 추진 시스템(HTSG, HTSM[5], Inverter 등)
- 선내 통합/지능형 전력 제어 시스템(smart grid)
- 첨단 기술을 적용한 신개념 추진 시스템(POD, CRP[6] 등)
- 엔진 배기가스 처리 기술(WHRS[7], SCR[8], CCS[9] 등)
- 친환경 엔진 시스템(LNG 엔진, duel fuel 엔진, smart gas turbine 등)

차세대 동력원 활용 기술은 태양광 발전 시스템, 풍력 활용 기술, 연료전지 및 2차 전지

5 HTSG(M) : High Temperature Super-conducting Generator (Motor)
6 Contra-Rotating Propellers
7 Waste Heat Recovery System
8 Selective Catalytic Reduction
9 Carbon Capture and Storage

기술(fuel cell, Lithium-Ion battery)이 포함된다. 현재 진행 중인 세계 각 지역별 대표적인 기술 개발 사례는 다음과 같다.

1) 유럽

유럽은 선박의 안전성 향상과 온실가스 감소를 위한 연구를 지속 수행하여 가장 빠른 행보로 관련 기술을 선도하고 있다.

노르웨이 선급(DNV)은 차세대 신개념 컨테이너선(Quantum: A container ship concept for the future, DNV)을 개발했다. 이 선박은 배출 온실가스의 최소화 및 급변하는 미래 해운 환경을 고려하였다.

- 길이 : 273m, 적재량 : 6210 TEU(냉동컨테이너 1,200TEU)
- 추진 시스템 : 전기 추진, 이중 연료 엔진 : 4대(33MW), 포드 추진장치 : 2대(11.5MW)
- 연료유 : LNG 5,000m^3, 디젤유 3,000m^3

2) 미국

미국은 연안 · 항구에 정박하는 선박의 안전성과 배출 규제를 강화하고 있다.

- BP사 멕시코 만 유정 폭발사고(2010년 4월 20일 발생)로 해당 규제 강화 예상
- 세계 1위 해군력을 유지하기 위한 함정 건조 기능만 유지

미국은 전 세계적인 온실가스 감소와 관련하여 2020년까지 해군 총 에너지 소모량의 50% 이상을 대체에너지로 교체할 계획이다.

3) 일본

일본은 2001년부터 2008년까지 초경제성 선박 계획(Super Eco Ship Project)을 추진했으며, 이 사업은 국토교통성이 지원하고 일본 해상기술안전연구소(NMRI)[10]를 중심으로 수행한 선박 온실가스 감소 핵심 기술 연구 사업이다.

세계 10대 해운사인 일본 NYK Line(Nippon Yusen Kabushiki Kaisha)은 2009년에 **그림 16-10**에서 보는 것과 같은 'Super Eco Ship 2030' 이라는 친환경선박 청사진을 제시했다. 이 기술 연구 개발 사업으로 이산화탄소의 발생을 69% 감축시킬 수 있다고 하며, 여기에는 선형 최적화 기술, 풍력 이용 기술, 전기 추진 기술, 연료전지 기술 등 다양한 기술이 종합적으로 적용되어 있다.

기술 개발자들은 조선소에 선박을 주문하는 선주 측 요구 조건의 향후 방향을 예측 가

10 National Maritime Research Institute

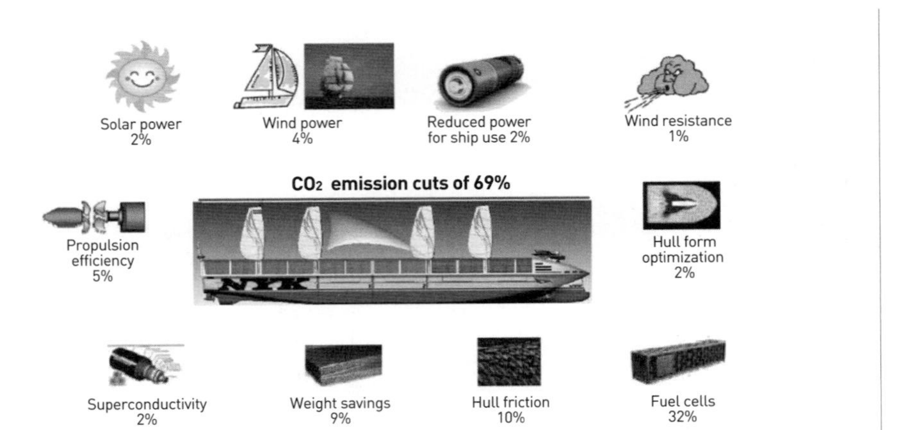

그림 16-10 일본 NYK Line의 Super Eco Ship 2030 청사진 개요

능하다고 생각하고 판단하고 있다. 그리고 기술의 구현을 촉진하기 위하여 기술연구조합을 설립하여 타당성 평가, 핵심 기술 개발, 시제품 제작, 실 해역 실증 시험[11]을 실시했으며, 현재는 주요 선박별 모델을 선정하여 적용 중이다.

11 주력산업정책관실, 2010. 10, "저탄소 녹색선박 개발 동향 및 전망".

4) 한국

현재 우리나라에서 진행 중인 대표적인 기술 개발 사례는 다음과 같다.

(1) 현대중공업

이중 연료 디젤 · 전기(DFDE) 추진 시스템, 저항 감소 날개, 하이브리드 엔진, 에코 밸러스트 등을 개발하고 있다. 대표적인 연구 성과는 다음과 같다.

① 저항 감소를 위한 날개 달린 선박타 장치 개발

이 장치는 프로펠러 뒤 방향타에 추력을 발생시키는 날개를 장착하여 추진력을 극대화하는 장치로 약 4~6% 연료 절감 효과가 있을 것으로 기대된다. 이 장치를 대형 컨테이너선에 채택하는 경우 연간 240만 달러의 연료비가 절감될 것으로 기대된다. 따라서 선박의 수명기간인 25년간 약 6,000만 달러의 연료 절감이 기대되는 데 대하여 날개 장착 비용은 50만 달러 수준일 것으로 현대중공업은 추정하고 있다.

(2) 대우조선해양

전류 고정 날개, 가스 비등(BOG, Boil-off Gas) 손실이 없는 LNG 화물창, 폐열 회수 시스템(WHRS, Waste Heat Recovery System), LNG 엔진 등을 개발하고 있다. 이 중 대표적인 연구 성과는 다음과 같다.

① 전류 고정 날개 개발

프로펠러 앞쪽에 4개 고정 날개 설치, 프로펠러에 유입되는 물 흐름을 균일하게 하는 전류 고정 날개를 장착함으로써 약 5%의 연료 절감을 얻는 한편, 프로펠러로 인한 변동 압력을 크게 완화시키는 효과가 있다. 그리스 해운회사 크리스텐사의 32만 톤급 VLCC '아스트로 카프리콘' 호에 설치하였으며, 앞으로 VLCC 12척, 컨테이너 운반선 12척 등에 설치할 예정이다.

(3) 삼성중공업

2010년 1월 녹색 경영 선포식을 거행하여 2015년부터 온실가스 30%를 감축한 친환경 선박 건조, 녹색 사업장 실현 및 녹색 네트워크 구축, 조선소 내 발생목록 구축을 목표로 하고 있다. 삼성중공업의 대표적인 녹색선박 기술 개발 사례는 세이버 핀 기술 개발이다.

① 세이버 핀(saver fin) 개발

초대형 유조선(VLCC) 등의 선체 외판에 가로 2.5m, 세로 0.5m 크기의 홑겹 철판을 선체 외판에 지느러미 형태로 부착함으로써 선체 주위의 유동현상을 개선하여 3~5%의 연료를 절감했으며 선체 진동을 50% 이상 감소시킨 바 있다. 20여 척의 선박에 세이버 핀을 장착하였으며 VLCC 기준으로 연간 5억~10억 원 정도의 연료비 절감 효과가 있는 것으로 평가하고 있다.

3.3 녹색선박 건조 기술

1) 조선 산업에서 환경문제를 유발하는 작업

조선소의 직접적인 환경에 영향을 주는 요소는 선박을 건조할 때나 수리할 때 발생된다. 선박을 건조할 때 조선소에서 환경문제를 유발하는 작업은 다음과 같다.

- 원자재의 적하역, 강재의 표면 처리 및 가공
- 선체 블록의 가공 및 조립
- 선체 탑재작업에서 의장재료 조립 및 블록 간 용접
- 전기전자장비 조립
- 선체 외각 가공제품의 설치 준비작업 및 설치

선박을 수리할 때 환경문제를 유발하는 작업은 다음과 같다.

- 선박의 표면, 화물창, 탱크의 세척 및 도장
- 선박 운영용 각종 유류 공급 및 폐유 처리
- 각종 선박용 기계장치 수리

2) 금속 가공과 환경오염 방지 방안

일반 선박의 선체는 대부분 강재이며, 소형선 및 함정 등 특수선의 경우 선체는 강재 외에 알루미늄, 목재, FRP 등으로 구성된다. 금속 가공은 표면 세척, 절단, 프레스, 보링, 밀링, 그라인딩 등 가공 절차를 거친다. 이때 사용되는 금속세척제, 절삭유, 윤활유, 솔벤트 등과 금속 가공에서 발생되는 금속 절삭 부산물이 환경오염의 원인이 된다.

금속의 절단은 산소 가스 절단과 플라즈마 절단이 가장 많이 사용되며, 산소 가스 절단을 할 때 발생하는 입자(PM, Particulate Matter)와 가스가 환경오염의 원인이 된다. 용접할 때 발생되는 오염물질은 온실가스, 화학 독성물질, 오존, PM, 일산화탄소, 질산화물(NOx), 이산화황(SO_2), 납 등이다.

이러한 오염물질의 제거는 작업 공간에 용접 칸막이, 후드, 토치 연기 제거기, 이동식 덕트(duct) 등을 설치하여 배출된 오염물질의 집진 처리 방안이 가장 널리 이용된다.

3) 표면 처리 및 도장작업과 환경오염 방지 방안

표면 처리는 선박의 건조와 수리 과정에서 도장작업을 위해 선체 표면을 청소하는 과정이다. 표면 처리와 도장작업에서 발생되는 환경오염물질은 구리, 납, 수은, 아연 등 중금속과 솔벤트, 시너 등 휘발성이 강한 유기물이다. **표 16-6**은 표면 처리 및 도장 과정에

표 16-6 표면 처리 및 도장작업의 오염물질

오염원	오염물질
원재료 금속 강재, 스테인리스강, 아연 도금 강재, 알루미늄, 동-니켈 및 기타 동 합금	알루미늄, 카드뮴, 크롬, 동, 철, 납, 망간, 니켈, 아연
페인트 Primer, AC(anti-corrosive), AF(anti-fouling) 페인트 등	동, 바륨, 카드뮴, 크롬, 납, 주석화합물, TBT(Tributyltin)
표면 처리제 금속 표면 처리제(steel grid, steel shot 등, 슬래그 표면 처리제(석탄 슬래그, 동 슬래그, 니켈 슬래그), 화학 합성물(산화알루미늄, 실리콘 카바이드), 자연 산화물(모래 등)	비소, 베릴륨, 실리카, 비결정질 실리카, 카드뮴, 크롬, 코발트, 납, 망간, 니켈, 티타늄, 바나듐

서 발생되는 오염물을 보여준다.

표면 처리 및 도장작업에 대한 환경오염 방지 방안은 우선, 표면 처리 및 도장작업에서 대기오염 방지를 위한 보호막을 설치하고, 사용한 폐수는 정화 처리하여 정화된 물만 해상으로 배출한다. 또한, 표면 처리과정에서 사용한 모래 및 금속 슬래그는 수거하여 재생기를 통해 사용함으로써 회수율을 높인다.

4) 선박 수리

선체 및 선박에 탑재된 각종 장비의 정기 수리, 개조, 손상 부위 수리 등이 이 범주에 속한다. 환경문제를 유발하는 작업은 선체 청소, 도장 등 표면 처리 및 도장작업과 엔진 등 각종 장비의 개방, 청소, 윤활유를 교체할 때 발생되는 폐유 처리, 그리고 빌지, 밸러스트, 위생 시스템 등 배관 시스템의 각종 오폐수 처리작업 등이다. 선박의 오염물을 처리하는 장비에 관한 규정은 「해양오염방지협약」에서 규정하고 있으나 많은 항만들이 이 규정을 위반하고 있어 IMO는 이를 개선하기 위한 실천 계획을 추진하고 있다.

3.4 국제 해운 물류 및 물류 보안

최근 국제 해운의 동향은 1만TEU 이상의 대형 선박이 출현함에 따라 부산, 상하이 등 글로벌 허브 항만을 연결하는 메인트렁크(main trunk) 라인과 허브 항만 주변의 지역 항만을 연결하는 피더(feeder) 라인으로 구성되는 허브와 스포크(hub & spoke) 해운 물류 체계가 더욱 확고하게 형성되고 있다.

물류는 화물수송을 효율적으로 계획, 조직, 관리, 시행 및 조정하는 행위이다. 물류는 각종 수송수단을 가장 효율적으로 종합하여 글로벌 공급 사슬의 문전 송달 시스템(D2D, Door To Door system)을 형성한다. 이러한 관점에서 최근의 해운 물류는 표준화된 물류 정보통신망을 바탕으로 한 복합 수송망의 구축과 새로운 기술이 결합된 자동 항만 처리 시스템을 지향하고 있다.

EU에서는 막힘없는 물류 흐름과 환경친화적인 물류 정책으로 효율적인 복합 운송 네트워크를 형성하기 위한 범 EU 차원의 근해 운송(SSS, Short Sea Shipping) 시스템을 포함한 국제 해운 물류 구축과 육상 수송망의 연계를 집중 육성하고 있다. 이러한 목적을 위해 최근 개발되고 있는 물류 정보 기술이 '전자 항해'와 '물류 정보 창구 단일화 개념'으로 현재 국제 표준화가 추진되고 있다.

한편, 근해 운송 시스템은 1990년대 이후 유럽에서 추진하고 있는 새로운 개념의 시스템으로 통합 물류를 구현하는 해운 중심의 복합 수송 시스템이다. 이 시스템은 재래식 연안 해운과는 차별화된 신기술이 적용된 새로운 개념의 수송 모드로 육 · 해 · 공 수송 모드의 긴밀한 연계를 통한 고부가가치를 창출하는 시스템이다. 또한, 육상 수송 모드를 해운모드로 전환함으로써 물류 적체와 사회적 비용을 저감하는 효율적이고 친환경적인 수송 시스템이다.

해운은 세계 물동량(톤-km) 전체의 98%를 차지하는 가장 중요한 물류 수단이다. 미래의 해운 물류 시스템은 교통 혼잡과 온실가스 배출을 해결하는 친환경 수송수단으로 발전되어야 하며 이를 위해 정보 기술을 기반으로 한 통합 물류 기술과 해운의 녹색 물류 기술이 발전될 것으로 전망된다.

3.4.1 녹색 물류

1) 해운과 녹색 물류

녹색 물류(green logistics)는 통상적인 물류 활동과 역물류(reverse logistics) 활동에서 환경오염원의 배출을 최소화하는 동시에 재활용을 최대화하는 것으로 **그림 16-11**에 나타낸 것과 같은 개념의 물류를 의미한다.

일반적인 물류 활동은 자재와 제품이 최종 소비자에게 이르는 단계에서 발생하는 포장, 운송, 하역, 보관과 관련된 물류 활동이다. 반면에 역물류 활동은 일정 기간 사용된 후 최종 소비자로부터 폐기되는 제품 및 자재를 회수하여 각각의 상태에 따라 분류한 후, 필요한 2차 가공과정(reusing, recycling or remanufacturing) 또는 최종 폐기 처분을 위하여 운송 및 재분배하는 과정과 관련된 물류 활동이다.

해운은 단위화물의 중량-거리에 소모되는 연료가 차량과 철도 등 육상 운송수단보다 훨씬 적어 배출량이 낮다. 하지만 총량으로 보면 전 세계 배출량의 약 3.3%를 차지(2007년 기준)하고 있다. 그래서 국제해사기구(IMO)에서는 2013년부터 배출에 대해 강제 규정으로 강력하게 제한할 것으로 예상된다.

선박 운행 중 선박에서 배출되는 물질들은 해수와 대기환경에 직접적인 영향을 준다. 해운에서 배출되는 주요 환경오염원은 **그림 16-12**에 나타낸 것과 같다.

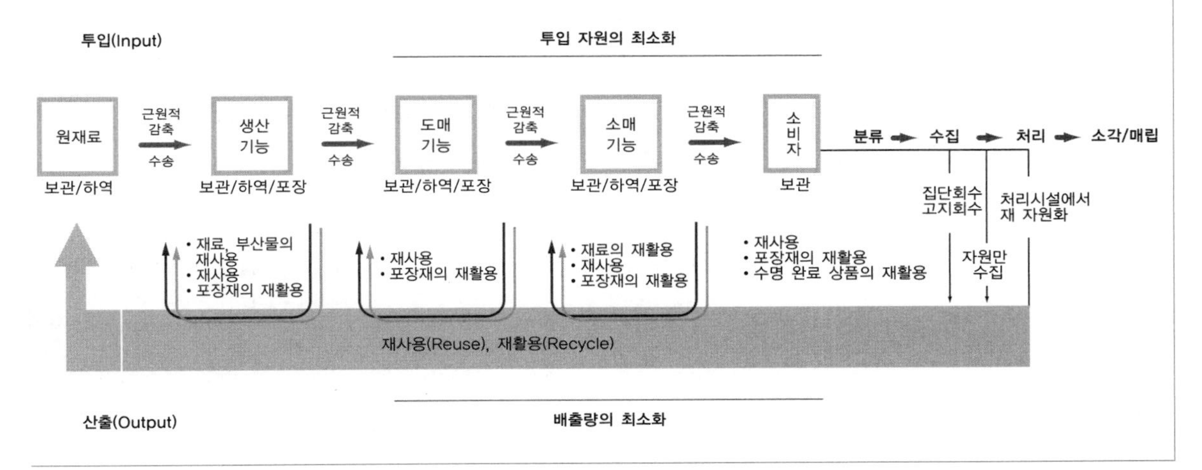

그림 16-11 녹색 물류의 개념

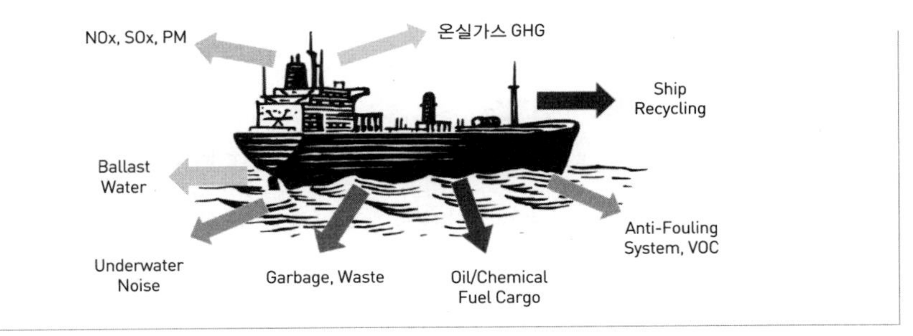

그림 16-12 해운의 환경오염원

2) 국제해사기구의 선박 재활용에 대한 녹색인증제도

녹색인증(green passport)제도는 국제해사기구의 해양환경보호위원회(MEPC, Marine Environment Protection Committee)가 추진하고 있는 제도이다. 먼저, 조선소가 선박을 건조한 후 선박의 위험, 유해물질을 기록하여 선박 인도 시 선주에게 인계한다. 그리고 선박 존속기간 중에는 선박 운항업자가 이 인증서를 소지하게 하고, 개조, 추가, 유해물질이 포함될 때는 이를 기록하며, 선박을 해체할 때 이를 해선장에 제시하여 안전 처리하도록 하는 제도이다. 2009년 5월부터 제도화되었으며, 규제 대상은 GT 5,000톤 이상 외항선과 선박 재활용 조선소이다.

3) 미국의 선박 배출가스 저감제도

선박의 배기가스 발생을 억제하기 위해 2005년 1월 1일부터 그린선박 프로그램을 실시하여 항만에서 20마일 이내의 선박에 대해 12노트 이하로 감속하도록 했으며, 2009년부터는 40마일로 확대했다. 이 제도는 강제력은 없으나 이 프로그램에 동참하는 선박에 대해서는 녹색인증기를 게양토록 하여 접안료를 감면하고 있다.

미국은 선박의 저유황 연료 사용을 의무화하고 있다. 2006년 11월 항만 40마일 이내에서는 유황 함유량 0.2%를 초과하는 선박 가스오일(MGO, Marine Gas Oil) 사용을 금지하였다. 이후 2008년 7월에는 기준을 강화하여 연안 24마일 이내에서 유황 함유량 0.5% 이상의 선박 디젤유(MDO, Marine Diesel Oil)와 1.5% 이상의 선박 가스오일(MGO) 사용을 금지했다. 2010년 이후에는 유황 함유량 기준을 0.1% 이하로 강화하고 있다.

선박의 배기가스 방출을 막기 위해 항만에 접안한 모든 선박은 본선의 발전기 사용을 금지하고 육상 전원을 쓰도록 강제화하고 있다.

4) EU의 선박 배출가스 저감제도

EU는 2005년 7월부터 EU의 내륙 수운에서 유황 함유량 0.5%를 초과하는 선박의 연료사용을 금지시키고 2010년 1월부터는 0.1% 이하로 규제하고 있다. 발트 해 통과 선박에 대해서는 2006년부터 유황 함유량 1.5% 이상의 연료 사용을 금하고 있으며, 2007년부터는 북해 및 영국해협으로 확대 적용하고 있다.

EU는 국제 해운에 대해서도 선박 배출 가스 규제 정책을 강력하게 요구하고 있다. 2009년 1월 EC는 COP15(제15회 체약국 회의)에서 합의해야 할 국제 해운의 목표안으로서 배출총량을 2020년까지 2005년 수준, 2050년에는 1990년 수준으로 대폭 낮출 것을 주장했다. EU의 선박 배출 가스 규제 정책은 IMO의 온실가스 배출량 규제 조치에 반영되어 2013년부터 CO_2 배출에 대해 강제 규정을 적용할 것으로 예상된다.

5) 녹색 물류와 조선 설계 개념

선박의 오염원은 엔진 배기가스, 선박 도료, 화물, 쓰레기, 오폐수, 빌지, 밸러스트 수와 선박 운행 시 발생하는 소음 등이다. 이들 오염원의 저감을 위해 추진해야 할 주요 설계 개념은 **표 16-7**과 같다.

표 16-7 녹색 물류 실현을 위한 선종별 주요 설계 개념

선종	주요 설계 개념
모든 선박	연료 : cleaner fuel, gas fuel, hydrogen fuel 빌지 : clean engine room – integrated bilge system 재생 : design for recycling
컨테이너선	diesel-generators in bottom of ship electric propulsion(front drive) + rear side-thruster forecastle navigation bridge and accommodation
벌크 캐리어	non-ballast ships
유조선	non-ballast ships, semi-submerged tanker

3.4.2 물류 보안 규정

1) 물류 보안 시스템의 적용 범위

물류 보안 기술은 한 국가나 조직 또는 개개인에서부터의 안전 범죄 행위, 테러, 공격 또는 자연재해와 같은 위협으로부터의 보호에 이르기까지 광범위한 상황에 적용되고 있다. 특히 2001년 발생한 9 · 11 테러 이후 물류 보안 시스템은 국제적인 문제로 대두되고 있다. 국제표준기구(ISO)는 '보다 안전한 세상을 위한 표준(Standards for a Safer World)'을 슬로건으로 하여 물류 보안의 국제 표준화를 추진하고 있다.

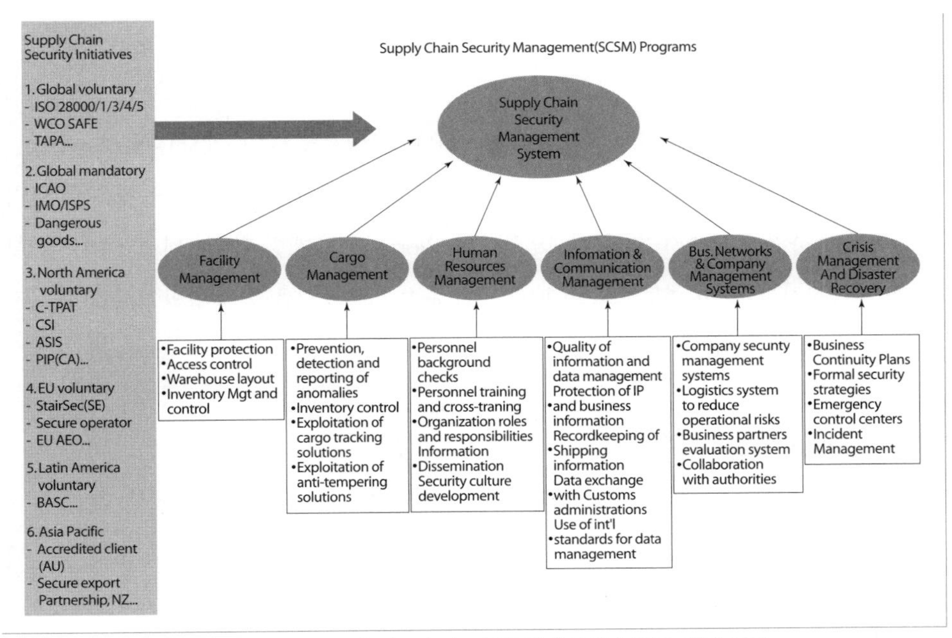

그림 16-13 물류 보안 정보 수집과 보안 관리(SCSM) 프로그램의 구성

그림 16-13은 물류 보안을 위한 법적 제도적 지원 근거와 물류 관련 보안 정보 수집체계와 보안 관리 시스템(SCSM)의 구성을 표시한 것이다. 보안 관리 프로그램 내용은 시설 관리, 화물 관리, 인적 관리, 정보 및 통신 관리, 비즈니스 네트워크와 기업 관리 시스템, 위기 관리와 재난 복구 등 6개 부문으로 이루어져 있다. 이들 각각의 분야와 관련되는 정보를 수집하고 제도적 보안에 근거한 적정 보안 관리가 이루어진다.

상기 6개 부문에 대한 세계의 글로벌 및 지역별 보안 정보 수집의 보안 규정은 다음과 같다.

- 글로벌 임의 규정
  - ISO : 28000/28001/28002/28003/28004/28005 등
  - WCO : SAFE Framework
  - TAPA 등
- 글로벌 강제 규정 : ICAO, IMO/ISPS, 위해물질 등
- 북미 지역 임의 규정 : C-TPAT, CSI, ASIS, PIP(CA) 등
- EU 임의 규정 : EU/AEO, StairSec(SE), Secure Operator 등
- 남미 임의 규정 : BASC 등
- 아시아태평양 임의 규정 : 성실 의뢰인 규정(호주), 안전 수출 협력자 규정(뉴질랜드) 등

그림 16-14는 현재 세계적으로 통용되고 있는 주요 보안조치의 제도별 보안 정보 수집 시스템 적용 범위를 나타내고 있다. 즉, ISO 28000 Series 및 WCO SAFE framework는 전 과정의 보안 정보 수집 범위에 적용되며, 미국 C-TPAT 및 IMO/ISPS 규정은 선적 항만으로부터 하역 항만까지, 미 항만보안법(SAFE Port Act)은 개별 컨테이너 집신기 시점부터 최종 목적지까지, 미 국토안보부(DHS) 안전 운송 프로그램은 선적 항만에서 최종 목적지까지 적용되고 있다.

2) 시설 관리 분야

화물이 제조되는 생산지 시설을 포함하여 화물이 재구성되거나 적재, 혼재, 혹은 환적을 위해 저장되는 주요 시설에 대한 보안 시스템이다. 시설 자체에 대한 담장 등 물리적 통제를 포함하여 출입 통제, 시설 모니터링, 창고 레이아웃 등에 관한 물류 보안장비가 주요 보안시설이다.

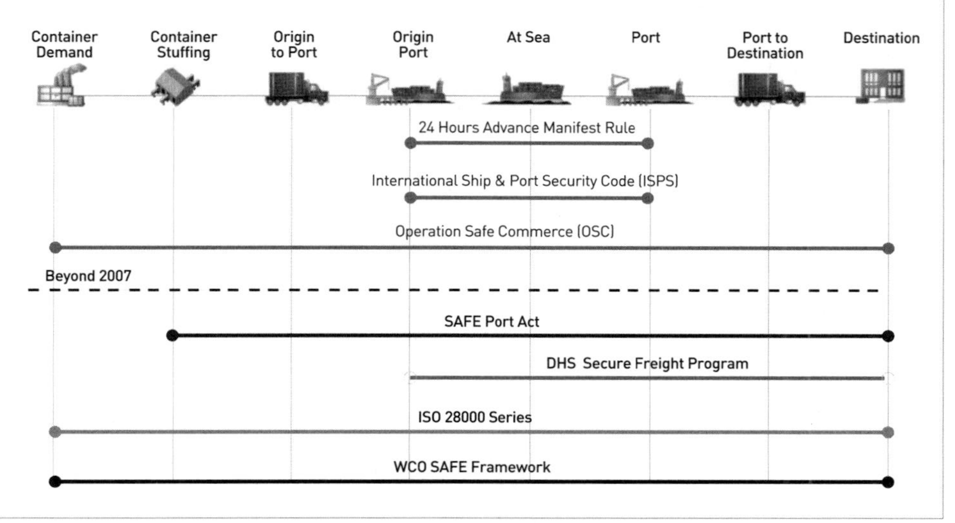

그림 16-14 주요 보안조치 제도별 보안 정보 수집 시스템 적용 범위

3) 화물 관리 분야

화물과 화물 적재용기에 대한 보안을 주요 대상으로 한다. 화물에 대한 불법적인 접근이나 침입을 예방 또는 감지하며, 실시간으로 모니터링할 수 있는 장비 및 소프트웨어 솔루션이 보안 시스템에 포함된다. 관련 시스템은 화물 검색 시스템, 화물 추적 및 모니터링 시스템, 화물 침입 방지 시스템 등이다.

4) 인적 관리 분야

물류 공급 사슬의 시설과 프로세스를 관장하는 인적 관리 시스템이다. 화물과 화물 관련 시설에 직간접적으로 접근하는 직원들의 과거 경력 검사, 보안과 관련된 교육, 조직 내에서의 물류 보안 역할과 책임에 관한 훈련 등이 포함된다. 보안 관련 정보의 유포 및 공유에 대한 기본 원칙이나 조직 내 보안의식을 향상시킬 수 있는 조직 문화 구축도 포함된다.

5) 정보 및 커뮤니케이션 분야

비즈니스와 관련된 내부 정보의 비인가자 접근 금지를 핵심으로 하는 보안 시스템으로, 정보 및 데이터 관리의 질적 수준 관리도 포함된다. 또한 고객 또는 공급 사슬 파트너들과의 보안 관리 데이터에 대한 호환성 관리, 보안 관련 데이터 관리를 위한 국제 표준의 활용 등이 포함된다.

6) 비즈니스 네트워크 및 기업 관리 시스템 분야

물류 보안은 단일 기업의 책임과 역할만으로 해결될 수 없는 책임의 공유로 간주되기 때문에 물류 보안은 비즈니스 네트워크 전반에 걸친 보안 관리가 필요하다. 기업의 물류 보안 전반에 걸친 총체적 보안 관리 시스템과 물류 공급 사슬에서의 파트너에 대한 보안 평가 시스템도 기술적 범위에 포함된다.

7) 위기 관리 및 재난 복구 분야

현재 추진되고 있는 물류 보안 관련 법적 · 제도적 규제들은 대부분 보안 위험에 대한 조기 감지와 위험 예방에 중점을 두고 있다. 그러나 실제로 사고가 발생하면 사고 관리와 복구가 뒤따라야 한다. 이를 위해 비즈니스 지속성 계획과 공식적인 보안 전략의 수립이 필요하며 위기 발생 시 비상대책본부 운영에 관한 매뉴얼, 사고 관리도 포함되어야 한다.

3.4.3 물류 보안장비

1) 컨테이너 봉인장치

컨테이너 봉인장치는 기존의 기계적인 봉인과 RFID 등 각종 전자 봉인장치가 결합된 장치이다. 이러한 봉인장치는 컨테이너 용기에 대한 기록과 모니터링을 실시간으로 감지함으로써 각종 위험을 사전에 방지할 수 있다. 컨테이너에 대하여 사용되는 봉인장치는 **그림 16-15**와 같다.

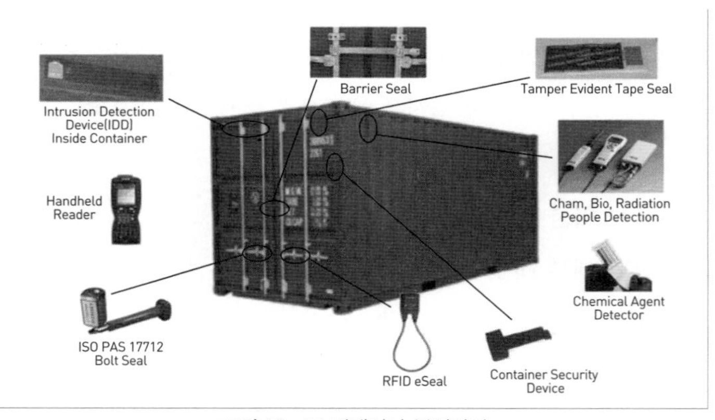

그림 16-15 컨테이너 봉인장치

2) 스마트 컨테이너

스마트 컨테이너는 일반 컨테이너에 지능형 시스템이 설치된 차세대 컨테이너 보안장치이다. 스마트 컨테이너는 설계에서부터 모듈화된 형태의 개방형 시스템을 지향하며 다음과 같은 주요 기능을 제공한다.

- 컨테이너 위치 추적 : 단거리 및 장거리
- 커뮤니케이션 : 다중 주파수 대역, 다중 통신 규약, 전산 부호, 광대역 통신, 저속 데이터 비율, 위성통신 · 휴대전화 · 국지통신
- 6면 감지 센서(six walls instruction sensors) : 자외선 감지장치, 주변 감지 센서, 음향 센서, 공기 감지 센서
- 전면 출입구 감지 센서 : 광섬유 센서, 빛 탐지기, 밀봉 케이블, 출입구 마이크로 스위치
- 인적 감지(people detection) : 센서, 음향 센서, 자외선 센서
- 대량 살상무기 및 폭발물 : 외부 동력 추적장치, 감마선 센서, 생화학 센서

3) 컨테이너 탐색장치

컨테이너 탐색장치는 **그림 16-16**에서 보는 것과 같이 컨테이너 내부를 X선과 같은 주사선을 이용하여 이미지화하거나 기타 기술을 활용하여 내부를 탐색하는 장치이다. 이미지화 탐색장치는 중성자 활성화 방식을 활용하거나 X선 또는 감마선을 이용한다.

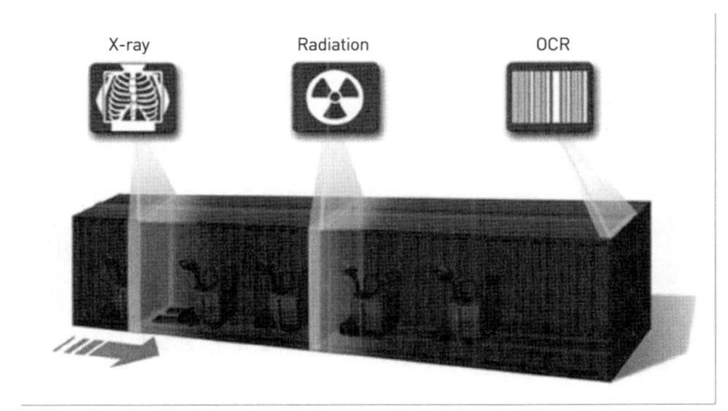

그림 16-16 컨테이너 탐색장치

4) 보안 관리 솔루션 등

현재의 보안 관리 솔루션은 대부분 하드웨어 보안장치를 개발 · 판매하고 있는 회사들이 자신의 제품과 연계된 솔루션을 개발하여 시장에 진출해 있다. 대표적인 기업으로는 GE와 SAIC 등이다.

대부분의 보안 관리 솔루션 판매업체가 초기 시스템과 기존 시스템과의 인터페이스를 구축한 후 통합 정보 시스템을 아웃소싱(ITO, Information Technology Outsourcing)하는 방법으로 인증받은 업체로서 물류 보안 업무를 수행하고 있다.

참고문헌

1. 김규형, 김상진, 박찬재, 2009, 선박금융론, 전영사.
2. 한국공학한림원, 2010, 공학인들의 정책제언.
3. 한국공학한림원, 2010, 조선해양산업의 1등 경쟁력 유지전략.
4. 한국공학한림원, 2010, 한국 주력산업의 기술발전 과정과 과제.
5. 한국무역협회, 2009, 녹색물류 경영전략.
6. Alan E. Branch, 2011, Elements of Shipping, 8th Edition.
7. Det Norske Veritas, December 15, 2009, Pathways to low carbon shipping, Abatement potential towards 2030.
8. IMO, 2010, Second IMO Greenhouse Gas Study 2009, IMO.
9. Koichi Yoshida, October 20, 2010, Green ship future environmentally friendly ships, ISO TC8 Seminar.
10. Martin Stopford, 2009, Maritime Economics, 3rd Edition.
11. OECD, November 2010, Environmental and climate change issues in the shipbuilding industry, OECD Council Working Party on Shipbuilding(WP6).
12. SIMS, September 17, 2009, The 2nd Seoul International Maritime&Shipbuilding Conference, presentation papers.
13. UNCTAD, 2010, Review of Maritime Transport 2010.

찾아보기

ㄴ

ㅅ

ㅎ

영문